国家级一流本科专业建设成果教材

战略性新兴领域"十四五"高等教育教材

氢能化学：基础与应用

李光兴　主编

王得丽　蒋炎坤　李　涛　顾彦龙　副主编

HYDROGEN ENERGY CHEMISTRY: BASIC AND APPLICATION

化学工业出版社

·北京·

内容简介

《氢能化学：基础与应用》从化学化工学科的视角出发，以氢能源开发利用为目的，是全面、系统、详细讨论氢能源化学的高校规划教材，涉及氢气基础化学性质、制备原理、工艺路线、储运以及氢能源转化等领域的开发与应用。

全书共 11 章，主要内容包括氢的基础化学、"灰氢"和"绿氢"制备、氢气分离与储存、氢燃料电池、氢能与热能转化、氢能与碳基能源转化等。本书在全面收集整理国内外前沿权威资料的基础上精心编排撰写而成，斟酌取舍内容、认真绘制图表、全面审读校对，以达到顺应时代潮流、开阔视野、拓宽知识面、强调开发应用等多重目的，并注重教材的政治性、前瞻性、学术性、实用性。

本书可作为高等院校能源、动力、化学、化工、材料、环境等专业课程教材，也可供相关行业领域从事科研、设计和生产的技术及管理人员参考。

图书在版编目（CIP）数据

氢能化学：基础与应用 / 李光兴主编；王得丽等副主编. -- 北京：化学工业出版社，2025.6. --（战略性新兴领域"十四五"高等教育教材）. -- ISBN 978-7-122-47961-7

Ⅰ. TK91

中国国家版本馆 CIP 数据核字第 2025Z0T066 号

责任编辑：陶艳玲　　　　　　　文字编辑：杨振美　孙倩倩
责任校对：王　静　　　　　　　装帧设计：史利平

出版发行：化学工业出版社
　　　　　（北京市东城区青年湖南街 13 号　邮政编码 100011）
印　　装：河北鑫兆源印刷有限公司
787mm×1092mm　1/16　印张 35　字数 860 千字
2025 年 9 月北京第 1 版第 1 次印刷

购书咨询：010-64518888　　　售后服务：010-64518899
网　　址：http://www.cip.com.cn
凡购买本书，如有缺损质量问题，本社销售中心负责调换。

定　　价：98.00 元　　　　　　　版权所有　违者必究

系列教材顾问委员会名单

系列教材编写委员会名单

主　　任：吴　锋　北京理工大学

执行主任：李美成　华北电力大学

副 主 任：张　云　四川大学

　　　　　吴　川　北京理工大学

　　　　　吴宇平　东南大学

委　　员：（以姓名拼音为序）

　　　　　卜令正　厦门大学

　　　　　曹余良　武汉大学

　　　　　常启兵　景德镇陶瓷大学

　　　　　方晓亮　嘉庚创新实验室

　　　　　顾彦龙　华中科技大学

　　　　　纪效波　中南大学

　　　　　雷维新　湘潭大学

　　　　　李　星　西南石油大学

　　　　　李　雨　北京理工大学

　　　　　李光兴　华中科技大学

　　　　　李相俊　中国电力科学研究院有限公司

　　　　　李欣欣　华东理工大学

　　　　　李英峰　华北电力大学

　　　　　刘　赟　上海重塑能源科技有限公司

　　　　　刘道庆　中国石油大学

刘乐浩　华北电力大学

刘志祥　国鸿氢能科技股份有限公司

吕小军　华北电力大学

木士春　武汉理工大学

牛晓滨　电子科技大学

沈　杰　武汉理工大学

史翊翔　清华大学

苏岳锋　北京理工大学

谭国强　北京理工大学

王得丽　华中科技大学

王亚雄　福州大学

吴朝玲　四川大学

吴华东　武汉工程大学

武莉莉　四川大学

谢淑红　湘潭大学

晏成林　苏州大学

杨云松　基创能科技（广州）有限公司

袁　晓　华东理工大学

张　防　南京航空航天大学

张加涛　北京理工大学

张静全　四川大学

张校刚　南京航空航天大学

张兄文　西安交通大学

赵春霞　武汉理工大学

赵云峰　天津理工大学

郑志锋　厦门大学

周　浪　南昌大学

周　莹　西南石油大学

朱继平　合肥工业大学

本书编写人员名单

主　　编：李光兴
副 主 编：王得丽　蒋炎坤　李　涛　顾彦龙
编写人员：李光兴　王得丽　蒋炎坤　李　涛
　　　　　顾彦龙　白荣献　唐从辉　梅付名
　　　　　廖荣臻　吴华东　杨小俊　何　霏
　　　　　张　鹏　雷以柱

新能源技术是 21 世纪世界经济发展中最具有决定性影响的五大技术领域之一，清洁能源转型对未来全球能源安全、经济社会发展和环境可持续性至关重要。新能源材料与器件是实现新能源转化和利用以及发展新能源技术的基础和先导。2010 年教育部批准创办"新能源材料与器件"专业，该专业是适应我国新能源、新材料、新能源汽车、高端装备制造等国家战略性新兴产业发展需要而设立的战略性新兴领域相关本科专业。2011 年，全国首批仅有 15 所高校设立该专业，随后设立学校和招生规模不断扩大，截至 2023 年底，全国共有 150 多所高校设立该专业。更多的高校在大材料培养模式下，设立新能源材料与器件培养方向，新能源材料与器件领域的人才培养欣欣向荣，规模日益扩大。

由于新能源材料与器件为新兴的交叉学科，专业跨度大，涉及材料、物理、化学、电子、机械、动力等多学科，需要重新整合各学科的知识进行人才培养，这给该专业的教学工作和教材编写带来极大的困难，致使本专业成立 10 余年以来，既缺乏规范的核心专业课程体系，也没有相匹配的核心专业教材，严重影响人才培养的质量和专业的发展。教材作为学生进行知识学习、技能掌握和价值观念形成的主要载体，也是教师开展教学活动的基本依据，故急需解决教材短缺的问题。

为解决这一问题，在化学工业出版社的倡导下，邀请全国 30 余所重点高校多次召开教材建设研讨会，2019 年在北京理工大学达成共识，结合国内的人才需求、教学现状和专业发展趋势，共同制定新能源材料与器件专业的培养体系和教学标准，打造《能量转化与存储原理》《新能源材料与器件制备技术》《新能源器件与系统》3 种专业核心课程教材。

《能量转化与存储原理》的主要内容为能量转化与存储的共性原理，从电子、离子、分子、能级、界面等过程来阐述；《新能源材料与器件制备技术》的内容承接《能量转化与存储原理》的落地，目前阶段可以综合太阳电池、锂离子电池、燃料电池、超级电容器等材料和器件的工艺与制备技术；《新能源器件与系统》的内容注重器件的设计构建、同种器件系统优化、不同能源转换或存储器件的系统集成等，是《新能源材料与器件制备技术》的延伸。三门核心课程是总-分-总的关系。在完成专业大类基础课的学习后，三门课程从原理-工艺技术-器件与系统，逐步深入融合新能源相关基础理论和技术，形成专业大类知识体系与新能源材料与器件知识体系水乳交融的培养体系，培养新能源材料与器件的复合型人才，适合国家的发展战略人才需求。

在三门课程学习的基础上，继续延伸太阳电池、锂离子电池、燃料电池、超级电容器和新型电力电子元器件等方向的专业特色课程，每个方向设立 2~3 门核心课程。按照这个课程体系，制定了本丛书 9 种核心课程教材的编写任务，后期将根据专业的发展和需要，不断更新和改善教学体系，适时增加新的课程和教材。

2020 年，该系列教材得到了教育部高等学校材料类专业教学指导委员会（简称教指委）的立项支持和指导。2021 年，在材料教指委的推荐下，本系列教材加入"教育部新兴领域教材研究与实践项目"，在教指委副主任张联盟院士的指导下，进一步广泛团结全国的力量进行建设，结合新兴领域的人才培养需要，对系列教材的结构和内容安排详细研讨、再次充分论证。

2023 年，系列教材编写团队入选教育部战略性新兴领域"十四五"高等教育教材体系建设团队，团队负责人为教指委委员、长江学者特聘教授、国家"万人"科技领军人才李美成教授，并以此团队为基础，成立教育部新能源技术虚拟教研室，完成对 9 本规划教材的编写、知识图谱建设、核心示范课建设、实验实践项目建设、数字资源建设等工作，积极组建国内外顶尖学者领衔、高水平师资构成的教学团队。未来，将依托新能源技术虚拟教研室等载体，继续积极开展名师示范讲解、教师培训、交流研讨等活动，提升本专业及新能源、储能等相关专业教师的教育教学能力。

本系列教材的出版，全面贯彻党的二十大精神，深入落实习近平总书记关于教育的重要论述，深化新工科建设，加强高等学校战略性新兴领域卓越工程师培养，解决新能源领域高等教育教材整体规划性不强、部分内容陈旧、更新迭代速度慢等问题，完成了对新能源材料与器件领域核心课程、重点实践项目、高水平教学团队的建设，体现时代精神、融汇产学共识、凸显数字赋能，具有战略性新兴领域特色，未来将助力提升新能源材料与器件领域人才自主培养质量。

吴锋

中国工程院院士

2024 年 3 月

能源科学对于推动人类社会进步及世界经济发展、促进人与自然和谐共存有巨大的作用。能源化学是一门交叉学科，它从化学与化工的视角出发，运用化学化工语言对现代能源的基础知识、能源开发与利用进行较全面的讨论，同时也探讨化学与化工在现代能源中的交叉渗透与相互促进关系。能源化学主要内容包括：不同形态能源的物理与化学基础理论、能源的制备生产以及相互转化，涵盖碳基能源、氢能、生物质能源、太阳能、燃料电池和其他新型能源和储能系统以及各类能源物质使用中的化学化工原理及过程。

从 18 世纪工业革命开始，人类大量使用化石能源，也使大气中的污染物以及 CO_2 浓度急剧增加，极大地破坏了人类生存环境。为保护人类生存环境，在 21 世纪将全球温升控制在正常范围，各国对今后全球能源发展达成以下共识：①石油和天然气将继续在能源结构中占有重要地位；②煤炭使用量应显著下降；③对非生物可再生能源（如太阳能、风能、水电等）和生物能源的需求会显著增加。为实现可持续发展目标，全球所有行业及经济活动需要采取以下三大关键行动：①开发新能源和储能技术；②提升能源使用效率；③提高低碳能源使用比例。

氢能化学是新能源化学的重要组成部分，氢能是公认的清洁能源，作为真正意义上的绿色能源、零碳能源正在脱颖而出，受到各国的高度重视。21 世纪，世界各国都制定了氢能发展规划，我国也在氢能领域取得多方面的进展，是被国际上公认为最有可能率先实现绿氢工业化生产和氢能大量应用的国家。目前，我国各级政府部门、社会各界、高校及研究开发单位都给予开发氢能源极大关注，政府相继出台了重要的指导性政策文件，企业界正积极建设氢能源化工产业链，高校及研究单位积极布局氢能各个环节的新工艺、新技术研究开发工作。然而，迄今为止，尚未见到全面系统介绍氢能化学的教材或专著面世，面对全国高校能源化工、能源材料、化学化工等专业的教学科研急需，有必要及时编著一部氢能化学教材或专著。

《氢能化学：基础与应用》秉承"紧跟时代潮流，掌握发展动态，加强基础知识，深化应用技术，培养学生开发氢能意识"的编写原则，编写内容沿"时代背景-基本理论-学术内容-应用技术-发展前景"这条主线展开，力图实现教学内容与科研内容的有机融合。本书将氢能源化学化工系统梳理为氢能基本知识、氢气制造与储运以及氢能使用三大板块，特别是对绿色制氢化学原理、氢气纯化及储运以及氢燃料电池应用、氢能与热能转化、氢能与碳基能源转化等有代表性的化学工艺进行了较为详细的介绍。系统集成创新、重点突出、学术性强是本书的一大特色。相信本书的出版，对于能源动力、能源材料、化学化工等专业的广大师生将有所裨益，同时可对从事氢能源研究开发及工程管理的广大科技工作者提供有益借鉴。

本书编著团队来自华中科技大学、武汉工程大学、南京理工大学、上海大学、六盘水师范学院等高校。主编李光兴教授长期从事化学化工及能源化工领域教学科研工作，主持或参与了国家、省市以及工业界多项涉氢项目研究，如合成氨、水煤气变换反应（WGSR）、费-托合成（F-T synthesis）、氢甲酰化以及生物质气化等项目的研究开发工作，积累了较为丰富的涉氢化学知识及化工研发经验。副主编王得丽教授、蒋炎坤教授、李涛教授、顾彦龙教授等长时间从事物理化学、化学化工及内燃机燃烧等领域研究与教学的专家学者，具有坚实的化学化工、能源及材料等专业背景，在化学化工及能源化工相关领域教学与科研方面都取得了显著成就。

本书主编为华中科技大学李光兴，副主编为王得丽、蒋炎坤、李涛、顾彦龙。各章具体执笔分工如下：第一章由李光兴撰写，李涛校对；第二章由李光兴撰写，梅付名校对；第三章由李光兴撰写，唐从辉、廖荣臻校对；第四章由白荣献、李光兴撰写，李光兴校对；第五章由何霏、张鹏、李涛共同撰写，李光兴校对；第六章由顾彦龙、李光兴撰写并校对；第七章由吴华东、李光兴撰写，李光兴校对；第八章由杨小俊、唐从辉、李光兴共同撰写，李光兴校对；第九章由王得丽撰写并校对；第十章由蒋炎坤、李光兴撰写并校对；第十一章由李光兴、雷以柱撰写并校对。

本书成书过程中得到了华中科技大学及化学工业出版社的大力支持，特别感谢化学工业出版社陶艳玲编辑的大力支持与协助；陈胜利、赵海波、余洪波、尹国川、陈朱琦、黎明、倪友明、李小定等教授对有关内容提出了有益建议；廖祥翔、张芮、张天键、王子健、赵博、宋敏、安露露、张倩、罗官宇、陈颖、丁乾召、卢奕鑫、郭小川、张逸夫等同学参与了图表绘制及文献整理工作。本书编写过程中广泛参阅了国内外出版的相关图书和学术论文，在此向相关单位及作者一并表示衷心的感谢。

氢能化学是一个全新的知识领域，知识更新速度快，体系十分庞杂，新概念、新工艺、新技术、新材料不断涌现，本书作为首次编撰尝试，编者学术水平有限、经验不足，全书难免有疏漏与不足之处，敬请各位专家、广大师生批评指正。

编者　于武昌关山
2025 年 3 月

目 录

第五章	水分解制备"绿氢"

第六章	碳氢化合物分解制"绿氢"

第七章　氢气分离及提纯

第十章　/// **氢热转化：氢氧燃烧**

第十一章	氢烃转化：加氢反应

第一章

绪 论

 导言

能源是人类赖以生存和发展的物质基础，新能源开发和利用始终贯穿于社会文明发展的全过程。由于氢能源具有许多显著优势，近年来，世界各国已经将氢能研究与开发上升到支撑国家新能源开发战略高度，不断加快部署和推进氢能产业发展，抢占能源发展的制高点。我国也确认氢能是战略性新兴产业重点发展方向，对于实现"双碳"目标具有重要支撑作用。据统计，截至 2023 年底，全球已经有 40 多个国家制定"国家氢能战略"，覆盖全球三分之一人口。

《氢能化学：基础与应用》一书将氢气化学知识与氢能开发应用结合，从化学化工学科的角度出发，详细介绍氢气的基本性质、制备原理及生产工艺、分离提纯、储运供应以及氢电转化、氢热转化、氢能-碳基能源转化等使能技术，将氢能源全产业链展示出来，并对氢能化学的学科范围、知识体系、各个知识点的内涵及特点进行系统、科学、全面地分析讨论。

1.1 能源科学

能源是为人类生存和发展提供能量的物质基础，人类社会的发展与文明形态的演变离不开优质能源开发和先进能源技术应用。能源的开发利用、能源与环境的关系是全人类共同关心的问题。毫不夸张地说，能源安全甚至关乎国家的安危和社会的稳定。能源科学对于世界经济的发展以及人类社会的可持续发展、促进人与自然和谐发展具有巨大的作用。

关于能源，有多种学术定义，《不列颠百科全书》对能源的注释是：能源是一个包括所有燃料、流水、阳光和风的术语，人类采用适当的转换手段，给自己提供所需的能量。《科学技术百科全书》中的解释为：能源是可从其获得热、光和动力之类能量的资源。而《能源百科全书》中提到：能源是可以直接或经转换提供人类所需的光、热、动力等任一形式能量的载能体资源。总之，能源就是可以提供能量的资源，它既不能被创造也不能被摧毁，它只能被改变或转变。

能源也称能量资源或能源资源，是能够直接取得使用或者通过加工、转换而取得有用能的各种资源，包括煤炭、原油、天然气、核能、水能、风能、太阳能、地热能、生物质能等一次能源和电力、热力、成品燃油等二次能源，以及其他新能源和可再生利用的能源（图1-1）。能源按来源可分为三大类：①来自太阳的能量，包括直接来自太阳的能量（如太阳光热辐射能）和间接来自太阳的能量（如煤炭、石油、天然气、油页岩等可燃矿物及薪柴等生物质能、水能和风能等）。②来自地球本身的能量。一种是地球内部蕴藏的地热能，如地下热水、地下蒸汽、干热岩体；另一种是地壳内铀、钍等核燃料所蕴藏的原子核能。③月球和太阳等天体对地球的引力产生的能量，如潮汐能。

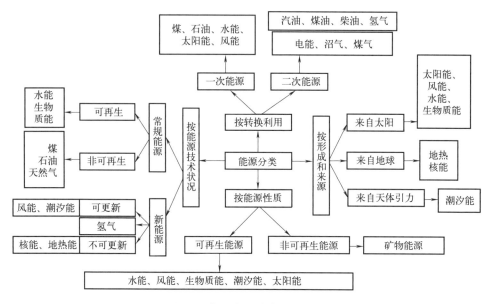

图 1-1 能源来源分类及其特点

新能源科学与工程主要研究新能源的种类、特点、应用和未来发展趋势以及相关的工程技术等，其研究对象包含太阳能、风能、生物质能、地热能、潮汐能、核能、氢能等，这些新能源也称绿色能源。纵观人类社会发展的历史，人类文明的每一次重大进步都伴随着能源的更替或能源利用方式的改进（图 1-2）。能源科学是研究能源在勘探、开采、输运、转化、存储和利用中的基本规律及其应用的科学，属于国际科学前沿。

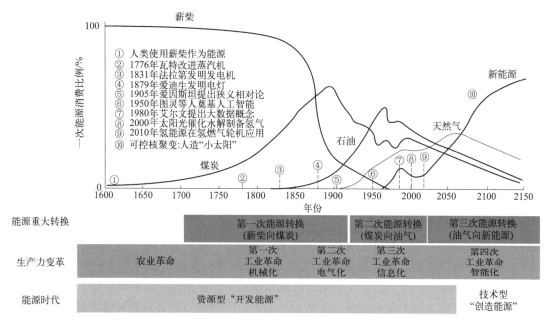

图 1-2 世界能源结构发展变化趋势及特点

1.2 能源化学

能源化学是能源科学的一部分，也是化学的一门重要分支学科，化学变化一般伴随着能量的变化，而能源使用实质就是能量形式的转化过程。能源化学通过化学反应，直接或者通过化学材料间接实现能量的转化与储存。能源化学从化学角度出发，研究能源的分类、组成、性质、结构、反应原理、制备、高效转化以及能源可持续发展等基础理论和工程技术问题，以更好地为人类社会和经济服务。

人类由于长期使用化石能源，正面临化石能源资源耗尽的危机，同时大量使用煤炭、石油、天然气引发的全球性环境污染也使人类的生存环境面临重大危机。实现能源结构多元化和提高能源利用效率是解决能源问题的关键，这些都离不开化学的理论与方法，离不开以化学为基础的新型能源体系、能源材料及能源转化技术的开发、设计和应用。特别是在能源的开发和利用方面，无论是化石能源的清洁高效利用，还是可再生能源的高效化学转化，都涉及重要的化学基元反应问题，也都必须依赖于能源化学的基础研究。

能源利用实质上就是能量在不同形式之间转化的过程，通过化学反应可以直接或者间接实现能量的转化与储存。化学能够在分子水平上揭示能源转化过程中的本质和规律，为提高能源利用效率提供新理论、新思路和新方法，如煤化工、石油化工和天然气工业中的许多重要过程所涉及的催化材料及其表界面控制，化石能源和生物质的均相、非均相高效催化和绿色转化过程等领域，今后，在绿色氢能（绿氢）开发领域，化学在提高转化效率等关键问题方面具有无法替代的重要作用。

另外，化学已成为突破新能源开发与转化各环节瓶颈的关键学科。为了满足人类发展对能源用量越来越多、能源质量越来越高的需求，必须开发新的能源资源，特别是具有重要战略意义的新能源，包括太阳能、生物质能、核能、天然气水合物及次级能源（如氢能、电能）等。新能源开发与转化过程中的重大科学问题不断对化学提出新的挑战，迫切需要化学家从战略高度提出新思想、发展新方法，为新能源的开发与转化提供低成本、高效率的新材料和新技术。

因此，能源化学作为新兴学科应运而生。能源化学是能源科学和化学科学这两门学科与物理学、材料学、工程学、生物学、环境学等多个学科交叉融合形成的能源学科下的一门二级学科。能源化学主要利用化学的理论和方法来研究能量获取、储存、转化及传输过程的规律，探索能源新技术的实现途径。

1.3 碳基能源

传统化石能源如煤炭、石油、天然气是目前全球消耗的最主要能源，是不可再生的，且消耗过程中排放温室气体二氧化碳，对全球气候影响极大。随着化石能源的日渐枯竭，寻找清洁可替代的能源成为全球关注的焦点。相对于煤炭、石油、天然气等传统化石能源，氢能清洁高效，基本无污染，无地域限制，使用方便，因此各国都相当重视氢能产业的发展。各类常规碳基能源与氢气性能对比见表1-1。

表 1-1　各类常规碳基能源与氢气性能对比

项目	煤炭	石油	天然气	生物质	氢气
能源密度	大	大	小	小	气态小、液固态大
用途	发电、热源	发电、热源	发电、热源	民用	电、热等
运输和操作	容易输送、流动性差	好运输，效率高	可液化，运输效率高	不易运输，距离短	不易液化存储
废弃物排放	有灰，CO_2排放大	无灰，CO_2量大	无灰，CO_2较少	有 CO_2	无渣，无 CO_2
碳排放系数/(t/TJ)	24.7	18.8	13.5	15～20	0
资源分布	地区分布偏差较小	OPEC（石油输出国组织）各国约占总量的2/3	亚洲、中东、其他各国各占1/3	受地区环境条件影响大	可再生
存储运输	容易	容易	容易	难	难

　　从化学角度看，碳基能源的核心是关于碳氢化合物的氧化和还原两个方面的对立和统一。氧化和还原的操作基于由碳、氢、氧三种元素组成及互动形成的三元素体系（图 1-3）。它们的操作过程中产生了大量的反应产物，也通过氧化反应释放了大量热能。碳基能源化学就是要全面理解煤炭、石油、天然气三大化石能源组成，研究如何将碳基能源（也可以说是烃基能源）清洁、高效地转化为载能分子、化学品以及热能。碳基能源化学重点发展碳资源优化利用的新方法、新技术与新材料，特别注重发展非石油化石资源的高效绿色利用技术，是推动我国能源进步的一个重要方向。

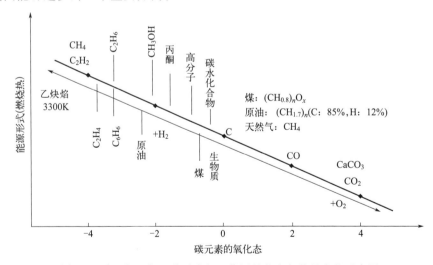

图 1-3　碳、氢、氧三种元素相互作用的价态与能量变化示意图

　　从煤炭、石油、天然气三大化石能源组成来看，煤炭的氢/碳原子比在 0.2～1.0 之间，而石油的氢/碳原子比达 1.6～2.0，天然气为 4。煤炭组成中碳多氢少，煤替代石油生产石化产品的过程必然伴随着氢/碳原子比的调整，其大规模、低成本来源只能是与水发生反应，

从而不可避免地排放大量的 CO_2，消耗大量水资源并排放大量的污水（表1-2）。因此，如何最大化利用化石能源才能实现能源高效利用是值得我们深思的重要课题。虽然我国现代煤化工发展迅速，但是产业仍处于提质增效阶段，面临着高能耗、高耗水量、高污染排放等问题。化石燃料的不断消耗以及由此带来的环境问题是当今社会关注的焦点，所以提出了"氢经济"的概念。

表1-2 碳基能源能量转化效率、碳排放、耗水量比较

利用方式	原料消耗或转化能耗	直接能量转化效率/%	生产过程 CO_2 排放量/(t/t)	耗水(废水)量/(t/t)	能量主要利用形式	最终能量转化率/%
煤发电	0.278kg/(kW·h)	44(超超临界)	0.975kg/(kW·h)	—	电动机	30～35
	0.300kg/(kW·h)	41(超临界)	(0.25kg/MJ)			
煤制天然气	2.3t/1000m³	52	5t/1000m³ (0.14kg/MJ)	7t/1000m³	民用气	约27
煤制烯烃	5.7t/t	—	11	22	—	—
煤液化制油	3.5t/t	42	8(0.17kg/MJ)	11	内燃机	约17
石油产汽柴油	63kg/t	94	0.33	0.5	内燃机	约38

1.4 氢能化学

1.4.1 氢能化学定义

氢气与氧气进行氧化反应放出的能量称为氢能，两者的热化学反应放出的是热能，两者的电化学反应放出的是电能。氢能化学将氢的化学知识与氢能应用结合，从化学角度对氢的基本性质、制备原理、分离提纯、储运以及氢电转化、氢热转化、氢能-碳基能源转化等使能技术进行全方位的归纳、分析、研究，是一门将化学与能源科学紧密相连的交叉分支学科。氢能化学是随着新能源革命及"双碳"目标到来而出现的新词，它既不是无机化学中的氢化学，也不是能源学科中的能源化学，而是化学与能源有机结合的新分支学科。

氢是宇宙中最丰富的元素，也是地球上最丰富的元素，但在地球上氢气不可以随意"挖到"，它与许多常见的元素结合在一起，组成了包括含有氢元素的水、生物质和深埋地下的化石燃料等。在氢能开发、利用的过程中，涉及氢元素、氢分子的基础物理化学知识是非常重要的，氢元素、氢分子的基础知识会像灯塔一样指引人类开发氢能源的前进方向。

发现氢气虽然已有近两百年历史，直到20世纪70年代初，氢才首次被正式提出作为一种新的替代能源，但直到目前，它还远未被证明作为一种新能源具有一定规模的竞争力。近年来，世界各发达国家都将氢能经济开发利用作为今后国家经济发展的核心，未来几十年全球对氢的需求将大幅增加。随着制氢成本的逐步下降，储氢以及使能技术的不断突破，发展绿氢、大规模使用氢能源的愿望终将实现。

氢能是一种多用途能源载体，对能源体系清洁、低碳转型具有重大推动潜力。为实现这一潜力，需要重视以下几点：

① 增加非化石能源制氢产量；

② 使用可再生电力进行水解制氢，大幅增加清洁氢气产量；

③ 建造大规模制备和储运氢能的基础设施，以满足不断增长的氢能源需求；

④ 随着制氢规模不断扩大、制氢成本不断降低，氢能将与电能共同成为二次能源主体。

如今，氢气主要通过煤气化或天然气蒸汽重整来生产，天然气部分氧化（催化和非催化）和自热重整等技术也在小范围使用。在一些国家，特别是在亚洲国家，主要是通过煤制氢。通过电解食盐水生产氢气也是一种商业化技术，但污染较为严重，成本较高。甲烷热解或利用可再生电力对天然气进行甲烷裂解以生产氢气目前正处于商业阶段。另外，还有多种途径可以生产低碳氢，例如热化学分解水、直接光催化、微生物的生物生产等，都处于不同的研发阶段。

目前国内氢气的生产主要来源于石油化工行业（图 1-4），其中煤气化制氢约 $1000 \times 10^4 \mathrm{t/a}$，天然气制氢约 $300 \times 10^4 \mathrm{t/a}$，石油制氢约 $300 \times 10^4 \mathrm{t/a}$，工业副产氢约 $800 \times 10^4 \mathrm{t/a}$，电解水制氢约 $100 \times 10^4 \mathrm{t/a}$，总制氢为 $2500 \times 10^4 \mathrm{t/a}$，可见石化工业产氢目前约占总产氢的65％。氢气在化工加氢过程、氢氧燃烧、新能源等领域有重要的用途，由石化基地提供的氢资源，技术是成熟的，具有地域优势明显、集中制氢产能大、成本低等优点。石化工业制氢原料大部分来自化石原料，氢气由煤、石油和天然气等碳基材料等经气化、裂解、重整反应而得。但是，传统制氢过程中有大量 CO_2 等温室气体排放，生产 1kg 氢伴生的 CO_2 排放量为：煤制氢约 11kg，轻油制氢约 7kg，天然气制氢约 5.5kg（表 1-3）。从大气环境保护角度出发，温室气体 CO_2 严重污染大气。因此，氢气作为一种二次能源的环保属性有其多重性，由化石原料经重整脱碳反应工艺生产氢气过程中既耗用大量能量又排放大量 CO_2 等温室气体，不仅成本高，受能效的制约，而且生产的这类氢气全过程生命周期评价是不"绿色"的。燃料电池汽车使用这类氢气，虽然此时汽车不会直接排放温室气体，但它所使用的氢气

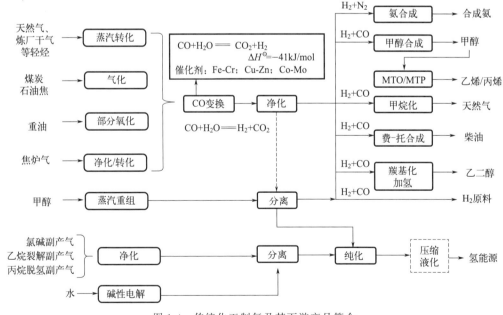

图 1-4 传统化工制氢及其下游产品简介
（MTO：甲醇制烯烃；MTP：甲醇制丙烯）

在制造过程中已提前排放出大量温室气体，实际是一种大气"污染前移"或是温室气体的"提前排放"现象。其他如工业用电解食盐水制氢，严格讲也不是"纯绿色"，电力供应目前以燃煤火力发电为主，也要排放大量 CO_2 等温室气体，基本上也是一种"污染前移"现象或是温室气体的"提前排放"现象。

表 1-3　各类制氢工艺的能量转化效率、单位成本、CO_2 排放比较

制氢技术	能量转化效率/%	单位成本/(元/kg)	CO_2 排放量/(kg/GJ)
煤制氢	59	9	193
工业副产氢	63	10～16	74～147
天然气制氢	76	27	69
电解水制氢	80	48	15

1.4.2　氢能源分类

氢气制备途径多样，根据氢气制取过程中的碳排放量不同可以分为"灰氢""蓝氢"和"绿氢"。"灰氢"指通过煤炭、石油、天然气等化石能源气化或重整制氢，以及以焦炉煤气、氯碱尾气、丙烷脱氢（PDH）等为代表的工业副产氢，生产过程中释放大量的二氧化碳，但因技术成熟且成本较低，是当前主流制氢方式；"蓝氢"是在"灰氢"的基础上，将 CO_2 通过碳捕集、利用与封存（CCUS），减少生产过程中的碳排放，实现低碳制氢；"绿氢"是通过可再生能源（如风电、水电、太阳能）制氢、生物质制氢等方法制得的氢气，生产过程基本不会产生二氧化碳等温室气体，保证了生产过程零排放。

2019 年 3 月，世界能源理事会发布的《氢能—工业催化剂（加速世界经济在 2030 年以前实现低碳目标）》中把生产氢能源过程中排放的 CO_2 作了比较（图 1-5），简而言之，制取过程中伴有大量 CO_2 的氢称为"灰氢"，通过 CO_2 捕集、利用与封存技术处理后避免 CO_2 排放的氢称为"蓝氢"，"绿氢"则是通过可再生能源如太阳能催化水分解制氢、电解水或生物质分解制氢等工艺制备的氢。显然"灰氢"制备工艺不可取、要改进，"蓝氢"可以用，"绿氢"工艺发展是方向。

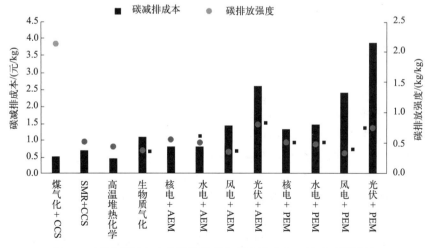

图 1-5　不同制氢方式碳排放强度和碳减排成本（相对于煤制氢）
（CCS：碳捕集与封存；SMR：蒸汽甲烷重整；AEM：阴离子交换膜；PEM：质子交换膜）

图 1-6 是各类制氢技术的全球增温潜能值（GWP，以 CO_2 计）以及酸化潜能值（AP，以 SO_2 计），可以看出，煤炭、天然气、生物质等碳基能源在制氢过程中对环境污染严重，引起人们的高度关注，要想改变这种状况，又要得到持续的能源供应，人类开始寻找新能源，氢能源就此进入人们的视野。

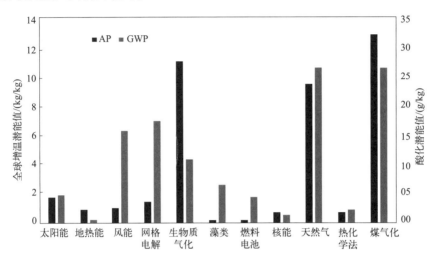

图 1-6　各类制氢技术的环境污染值 GWP 和 AP 平均值

（GWP：全球增温潜能值，global warming potential，作为 CO_2 排放量的衡量标准；AP：酸化潜能值，acidification potential，作为废物特别是 SO_x 排放到土壤和水中的酸值，是工艺对环境影响的主要指标）

氢能作为新一代绿色能源，具有热值高、低排放甚至零排放、利用形式多样等特征，正受到世界各国广泛关注，各国纷纷将其作为能源结构转型的关键能源。氢能化学作为发展氢能的基础学科也正在日益引起人们的普遍重视。

从氢的制备、储运到应用产业链组成及结构来看，其中最重要、难度最大以及亟待突破的三个关键化学过程分别是绿氢制备、氢气储存以及一系列氢能使能技术。这三个过程目前还未取得完全工业价值进展，虽然其化学原理也很清楚，但是要对这三个过程进行优化，使其高效、便捷、廉价、安全，今后相当长一段时间内仍需付出艰苦努力。

1.4.3　"氢能中国"计划

当前，我国已开启氢能产业顶层设计，我国政府对于开发氢能予以高度重视，高校、科研部门都积极开展氢能源研发工作，地方政府与企业积极参与氢能生产应用布局，氢能技术链逐步齐全完善，氢能产业链也正在逐渐形成，"氢能中国"正悄然实现（图 1-7）。

2016 年，联合国开发计划署在中国设立的首个"氢经济示范城市"项目在江苏正式启动，目前已拥有九十余家氢能企业且发展态势强劲。2016 年，中国标准化研究院和全国氢能标准化技术委员会联合组织编著的《中国氢能产业基础设施发展蓝皮书（2016）》，首次提出我国氢能产业基础设施和技术发展路线图。2021 年 11 月，《氢能汽车用燃料　液氢》（GB/T 40045—2021）、《液氢贮存和运输技术要求》（GB/T 40060—2021）、《液氢生产系统技术规范》（GB/T 40061—2021）三项标准正式实施，中国氢能现行国家标准已达到 98 项，已初步构建较为完善的氢能标准体系。

图 1-7　现代氢能源开发应用示意图

（AQE：表观量子效率）

1.5　世界氢能开发简史

有明确记录氢气研发的相关报道摘要，见表 1-4。

表 1-4　世界氢能开发简史

时间	人物/机构	国家/地区	事件描述
1766 年	亨利·卡文迪什	英国	通过锌与盐酸反应发现氢气
1839 年	威廉·格罗夫爵士	英国	发明首个燃料电池装置，利用铂电极在硫酸溶液中分离氧气和氢气产生电流
1860 年	勒努瓦	比利时	发明煤气（H_2/CO）发动机，采用混合气体驱动气缸、活塞等机械结构
1867 年	尼古拉斯·奥托	德国	提出内燃机四冲程理论，奠定现代内燃机基础；后续奥姆勒和卡尔·本茨基于此研制汽油发动机
1874 年	儒勒·凡尔纳	法国	在《神秘岛》中预言水电解制氢及氢能应用，被视为氢能革命的先知
1932 年	尤里等科学家	美国	发现氢同位素氘，获 1934 年诺贝尔化学奖，开创氢核聚变研究
1936 年	齐柏林公司	德国	建造氢气飞艇"兴登堡号"，1937 年爆炸事故终结氢气浮力交通工具时代
1944 年	德国军方	德国	二战期间首次将液氢用作 V-2 火箭燃料，开启氢气军工应用
1952 年	美国原子能委员会	美国	建造首台大型氢液化器（320L/h），改装 B57 轰炸机实现氢动力飞行
1954 年	美国政府	美国	在比基尼环礁试验首枚氢弹，威力为广岛原子弹的 500 倍
1962 年	布朗教授	澳大利亚	发明布朗水焊机，采用即产即用氢氧混合气技术，解决安全难题
1970 年	通用汽车	美国	提出"氢经济"概念；1972 年大众氢发动机汽车获低污染赛事冠军
1976 年	国际氢能协会	国际	创办《国际氢能杂志》，成为该领域权威学术交流平台
2002 年	美国能源部	美国	发布《向氢经济过渡的 2030 年远景展望报告》
2003 年	多国政府	国际	18 国及欧盟签署《氢经济国际伙伴计划》，达成氢能发展共识
2014 年	日本政府	日本	第四期《能源基本计划》确立氢能为核心二次能源，提出"氢能社会"

时间	人物/机构	国家/地区	事件描述
2020 年	德国政府	德国	通过《国家氢能战略》，明确绿氢生产及电解槽部署目标
2021 年	马可·阿尔韦拉	国际	出版《氢能革命》专著，引发全球政商学界关注热潮
2022 年	国家发展和改革委员会/国家能源局	中国	发布《氢能产业发展中长期规划》，定义氢为重要能源载体
2023 年	德国政府	德国	更新"国家氢能战略 2.0"，设定 2030 年绿氢生产 30TW·h/a 等量化目标
2022—2024 年	美/法科研机构	国际	美国实现核聚变净能量增益，法国维持聚变等离子体 6 分钟，预示氢同位素能源潜力

1.6 氢能"彩虹"

氢气本无色，但是人们依据制氢化学的原则，按照制取方式和碳排放量对环境的影响，将制氢工艺形象地分为"灰氢""蓝氢""绿氢"三种工艺，随着工艺的不断发展，人们细化了制备过程中的碳排放及其他污染，又派生出"黑氢""黄氢""粉氢""金氢"等各种特色氢，形成了所谓氢气的"彩虹"。其本质都是描述制氢工艺或技术本身对环境的"友好"程度。

如今，绝大多数氢气都是从煤炭中"挖掘"出来的，在化学方式"挖掘"过程中会释放出大量二氧化碳及废渣，这种氢被人们戏称为灰氢，但如果对排放的二氧化碳加以捕集、利用与封存，它就被称为蓝氢。如果使用的主要能源是以核能为基础得到的氢，通常称为粉氢，或黄氢。自然存在的氢气被称为白氢，但人们一度认为它不会大量存在。如果利用取之不尽的可再生能源，如太阳能或风能产生电，再通过电解水分解产生氢，则称为绿氢，或使用任何在此过程中不产生温室气体的可再生能源的组合产氢，这就是我们现在所说的广义绿氢。

（1）灰氢

通过化石燃料（例如煤、石油、天然气）通过各种化学加工方法得到的氢气，由于产氢的同时会有大量的"三废"产生，因此人们形象地称其为"灰氢"。这种传统氢气工艺约占当今全球氢气产量的 95%。它的缺点是"三废"特别是碳排放量很高。当前，传统工业中生产的氢气还是以碳基化石燃料为主的生产模式，有大量 CO_2 及灰尘排放，典型的例子是煤造气，再经过水煤气变换制得的氢气。

（2）蓝氢

蓝氢是在灰氢的基础上，应用碳捕集、利用与封存技术，对灰氢制造过程中产生的 CO_2 进行治理，减少污染，同时，也要对排放的灰尘进行处理，减少排放到大气中的固体颗粒物，实现低碳制氢。

蓝氢不是绿氢的替代品，而是一种必要的技术过渡，可以加速社会向绿色氢气过渡。然而，为了使蓝氢生产变得切合实际，政府应当制订氢能发展战略，明确其社会可接受程度、制定运输和储存、价格体系，并在必要的时候将其纳入支持低碳技术发展计划。

（3）绿氢

绿氢是通过光伏发电、风电以及太阳能等可再生能源电解水制氢，或者通过清洁能源将生物质等自然界有机物分解制备氢气，制氢过程中基本上不会产生温室气体，因此也被称为"零碳氢气"。绿氢生产过程中转化的只是可再生的绿色能源，不产生污染，不会破坏环境，就像绿色森林一样，造福人类。

（4）黄氢或粉氢

由核电站高温余热采用化学方法制造的"第四类氢"被称为"黄氢"或"粉氢"，这项前瞻性技术有望兼顾低成本和脱碳成本。"黄氢"一词源于重铀酸铵（铀燃料的原料，它是一种浅黄色固体）。

（5）白氢

地球上是否存在天然氢气，人们长期都是持否定态度，但是近年来人们惊奇地发现，在多地地层深处存在大量氢气聚集区，这类氢气被称为"天然氢"（natural hydrogen）或"地质氢"，或简称"白氢"，也称"橙氢"或"金氢"。白氢是一种由地质作用及地球化学作用生成的可持续产生的氢。各地多次在地表下或深井下检测到自然氢气存在，大大颠覆了人们之前的认知。

近年来，一些国家已尝试对天然氢资源进行开发，并已取得较好的成果。如1987年，在马里巴马科（Bamako）北部钻井作业时意外发现了纯度为98%的氢气，2011年加拿大Hydroma公司第一次在马里利用天然氢进行发电。2019年在堪萨斯州钻探了美国第一口天然氢井。氢气含量随深度增加逐渐升高，氢气体积分数在地下1250m处达20%，据估算，该地下天然氢气储量可达 $(0.1\sim2.5)\times10^8$ t。澳大利亚 Gold Hydrogen 公司于2021年取得南澳大利亚的袋鼠岛和约克半岛氢气勘探许可证，初步评估了勘探区内天然氢气资源量约为 130×10^4 t，商业价值可与马里氢井相媲美。目前我国已开始关注白氢开发，在多个地区发现了天然氢，但对天然氢分布特征、地质条件、氢气产生与形成机理的研究尚处于起步阶段。

天然氢气的成因可概括为无机和有机两大类型，已发现的天然氢气多为无机成因。有机成因的天然氢气主要是通过地热作用和微生物作用产生的，如有机质的分解、发酵以及固氮过程等。无机成因可进一步分为多种类型，如橄榄石水分解、地球深部脱气、水的辐解、岩浆热液、岩石碎裂以及地壳风化等，其中蛇纹石化作用是最重要成因，其次为地球深部脱气和水的辐解。

各类不同来源的氢能被形象地表示为氢能"彩虹"，如图1-8所示。

我国发展"绿氢"具备良好的资源禀赋，我国有着广阔的国土，有十分充足的光照，发展光能利用、进行水分解制氢有得天独厚的条件，还有可观的生物质、海洋能、地热、风电和光伏资源以及固体含碳废弃物资源化利用潜力，随着近年来技术的进步，可再生能源的发电成本越来越具有竞争力，与此同时，我国拥有强大的基础设施建设能力，为发展"绿氢"提供了得天独厚的条件。

据国际能源署（IEA）报告，2018年绿氢生产占全球氢产能不到0.1%，这有很明显的

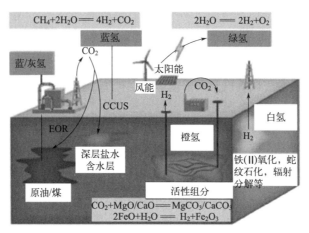

图 1-8 氢能"彩虹"示意图

(EOR：提高采收率)

原因：灰氢生产成本为 $0.9 \sim 3.2$ 美元/kg，绿氢的生产成本却是 $3 \sim 7.5$ 美元/kg。随着可再生能源成本下降，绿氢的生产成本在不远的未来会下降，据估计，在资源最佳地理位置，可以降至 1.6 美元/kg。

蓝氢-绿氢大战中间一定会产生第三方力量，于是一种新颜色氢又诞生了，它介于蓝绿之间，被称为"蓝绿氢"(turquoise hydrogen)。蓝绿氢一样采用天然气，但不用水蒸气转化法，而是采用热裂解技术，把甲烷直接裂解为氢与碳。固态的碳不会排放到大气中，可以直接储存起来，或是用于炼钢等，取代煤炭的碳排放。这乍听之下很完美，然而不幸的是，热裂解的过程需要耗用大量燃料，结果是总碳排放并没有减少。

1.7 氢能产业链

氢能产业链主要包括：上游氢气的制取、净化等；中游为储存、运输及加氢站；下游为氢能应用等环节。氢能将广泛应用于传统交通领域，如氢能交通车（包括公交车、乘用车、商用车、物流车、叉车、轨道车等）、氢能发电（包括分布式发电、氢能发电站、备用电源等）以及其他行业如航天、船舶、通信、建筑等。氢能产业链如图 1-9 所示。氢能产业链的每一个环节都涉及氢能化学知识的应用。

根据能源转型委员会（Energy Transitions Commission，ETC）预测，全球在 2050 年，仅工业及氢燃料电池领域将有 3.6×10^8 t 的氢能需求量。目前氢能已成为欧盟、美国、日本、韩国等发达经济体能源转型的战略方向。全球氢能产业链正逐渐形成，对氢能的高效利用已然成为全球的共识。

总之，在"双碳"目标背景下，氢能行业迎来大发展是必然趋势。我国正在构建制氢、储氢、运氢、加氢、用氢等氢气能源工业体系。针对氢能行业在技术、经济性及布局规划方面面临的挑战，结合产业链各个环节，对氢能未来发展进行如下展望。

1.7.1 氢能源产业上游——制氢

根据国际能源署（IEA）公开统计数据：2021 年全球氢气产量约 9.4×10^7 t/a，氢能产

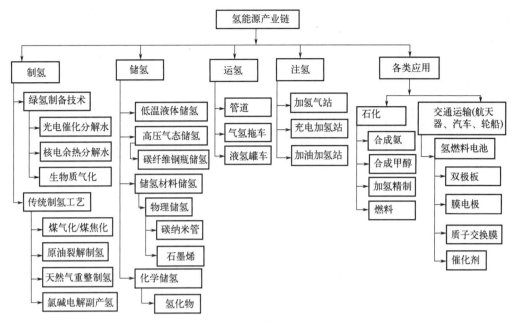

图 1-9　氢能产业链简图

量主要来源于化石能源制氢，占比高达 81%，其中天然气制氢占 62%、煤制氢占 19%；低碳排放制氢占比仅 0.7%，电解水制氢的产量仅为 3.5×10^4 t，仅占 0.04%。由于化石能源制氢可为行业引入低成本氢源，近 10 年天然气制氢占比较大，我国氢气年产量约为 3.3×10^7 t，主要由化石能源制氢和工业副产氢构成，其中煤制氢占 62%、天然气制氢占 19%、工业副产氢占 18%，与我国"富煤、贫油、少气"的能源结构相符，可再生能源制氢还处于起步阶段，占比很小。在"双碳"目标背景下清洁能源加快发展，电解水制氢将逐步占主导地位，未来全球氢气将逐步转化为利用可再生能源电解制氢的方式进行供给。2021 年全球和中国制氢来源统计如图 1-10 所示。

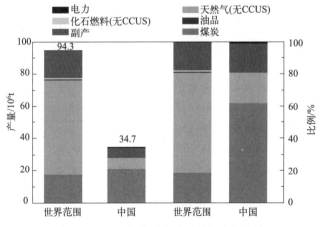

图 1-10　2021 年全球和中国制氢来源统计

以煤、石油及天然气等为原料制取氢气是当今制取氢气最主要的方法。该方法具有成熟的工艺，并建有大型工业生产装置，有一些行业也有大量的副产氢气（图 1-11）。

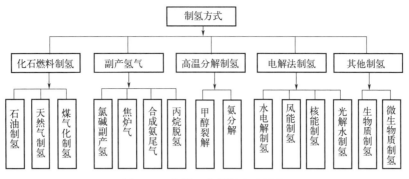

图 1-11 各类工业制氢方法汇总

（1）煤制氢

煤制氢涉及复杂的工艺过程。煤炭经过气化、一氧化碳变换、酸性气体脱除、氢气提纯等关键环节，可以得到不同纯度的氢气。煤的气化是煤在高温、常压或加压条件下，与气化剂（水蒸气、氧气或空气）反应转化产生合成气的过程。合成气中的氢气等组分的含量因气化工艺而异，煤气中有效气体（$CO+H_2$）高达 90% 以上。合成气中的 CO 还可通过水煤气变换反应转化为氢气，一般在催化剂作用下，在变换塔中，在 $180\sim300℃$、常压及中压条件下，可以将 CO 全部转换为 H_2，同时产生 CO_2。

（2）天然气转化制氢

天然气（CH_4）制氢是在一定压力、高温及催化剂作用下，将甲烷和水蒸气转化为一氧化碳和氢气，在变换塔中将一氧化碳变换成二氧化碳和氢气的过程，再将混合气体通过变压吸附（PSA）提纯得到氢气。天然气是常见化石燃料中氢/碳比最高的有机分子，以甲烷转化制氢意味着减少了温室气体二氧化碳的排放。

（3）化合物分解制氢

① 甲醇分解制氢。甲醇是液体，便于运输，其分解制氢虽然不是一次能源直接制氢的方法，但是以甲醇分解制氢具有很多优势，甲醇蒸汽转化制氢工艺发展迅速。该技术以甲醇为原料，采用甲醇重整生产氢气，目前已广泛应用于电子、冶金、食品以及小型石化行业中。与大规模的天然气、轻油、水煤气等转化制氢相比，甲醇重整制氢技术具有流程短、投资省、能耗低、无环境污染等特点。如果 CO_2 加氢得以大规模工业生产，那将是氢能与碳基能源的优化组合，对于人类长期稳定绿色能源供应将具有深远的战略意义。

② 氨气分解制氢。氨分解制氢虽然是一种重要的制氢方法，但也不是一次制氢的方法。由于液氨可以方便安全运输，到达目的地后进行氨分解制氢，即把液氨加热至 600℃，在镍基催化剂作用下，对氨进行分解，分解效率可达 99% 以上，得到含 75% H_2 和 25% N_2 的混合气体。

（4）工业副产氢

工业副产氢主要来自氯碱工业联产氢气、煤化工焦炉煤气、丙烷脱氢、合成氨产生的尾气、炼油厂副产尾气等，其总量较大。氯碱工业所产氢气纯度高（体积分数＞99%），主要用于生产氯化氢，最终产品为盐酸及 PVC（聚氯乙烯）。焦炉尾气是制取焦炭时产生的含氢副产品，氢气比例占 50%～80%。焦炉尾气可作为优质燃料用于炼钢。所以，工业含氢排放气是中国不可忽视的氢源，应统筹规划、充分合理利用。

（5）光电催化水分解制氢

利用太阳能、风能、地热能获得电能，再就地转化利用光电水分解制氢是一种清洁绿色制氢的新方法，也是制备绿氢最主要的方法之一。光催化水分解制氢是当今世界科学研究开发的重点。但是，寻找合适催化剂、提高效率、规模化、大型化是今后需要解决的难题。

光催化分解水的反应是将光能转变为化学能，当光能大于半导体光催化剂的禁带宽度时，价带吸收光能将电子激发到导带，导带中产生光生电子，价带中产生光生空穴，光生电子-空穴对能氧化还原水，即电子还原水生成氢气，空穴氧化水产生氧气。

光解水制氢技术始于 1972 年，东京大学 A. Fujishima 教授发现 TiO_2 单晶电极光催化分解水可以产生氢气，从而揭开了利用太阳能直接分解水制氢的序幕，开辟了利用太阳能光催化分解水制氢新纪元。

我国西安交通大学、中国科学院大连化学物理研究所等单位也一直在探索太阳能制氢工艺及规模化应用。目前，太阳能-氢能转化过程受到诸多动力学和热力学因素限制，半导体材料实现的最高太阳能转换氢能效率与实际应用要求还有很大差距。开发高效产氢光催化剂是光解水制氢技术规模化应用的核心问题，需要加强基础理论研究，促进这一研发领域的进展。

（6）生物质制氢

① 生物质气化分解制氢。生物质制氢技术是指利用生物质作为原料，通过化学反应或生物反应制备氢气。生物质制氢技术具有广泛的原料来源和较高的氢气产量，其原料可以是农作物秸秆、木材、废弃物等，这些原料在传统意义上只能被视为垃圾。生物质制氢使得废弃生物质得到资源化利用，减少了环境污染，还可以为能源转型提供更多的选择，是一种具有发展潜力和前景的制氢技术。生物质制氢技术主要分为热化学制氢与生物法制氢两大路径，其中生物质热化学制氢技术相对较为成熟。热化学制氢是指将生物质在高温下分解产生气体，再通过催化剂的作用将气体分解为氢气。该方法的优点是原料广泛，生产氢气的效率较高，且可以得到多种有用的副产物，如甲醇、乙醇、乙酸等。但由于高温条件下易产生焦化和积炭现象，所以需要采取高温快速反应的方法来解决。

2022 年 10 月，我国首个生物质气化制氢多联产应用研究中试项目在安徽马鞍山一次"点火"成功。该项目全流程成本测算远远低于目前通用的电解水制氢项目，制备氢气纯度达 99.99%，年产氢量 11 万立方米，产出的氢气可用于燃料电池发电和多业态氢能商业应用，能源利用率可达 90% 以上。生物质制氢虽然取得了一定的突破，但是目前大部分生物质制氢过程都是在小型设备上完成的，要将其用于大规模的工业化生产还面临一定挑战。

② 生物质发酵制氢。生物法制氢也叫微生物降解法、生物质发酵法制氢，是通过氢化酶和固氮酶两种关键酶将生物质中水分子与有机底物催化降解转化为氢气。常见的技术包括生物光解产氢、光发酵、暗发酵、光暗耦合发酵、无细胞生成酶生物转化等多种细分技术。这种方法的优点是不需要高温反应，不会产生焦化和积炭现象，同时也可以得到有机肥等有用的副产物。但是由于微生物的生长受到环境因素的影响，所以需要控制好反应条件，以确保产氢效率。

1.7.2 氢能源产业中游——储运

氢能产业中游定义尚未完全统一，一般认为，氢气存储、运输、加氢站以及相关的连带行业等都属于产业链中游。

（1）氢的存储

氢的储运难度远高于传统碳基燃料，目前较成熟的方式是液化或高压储存运输，但要耗费能源来液化或压缩氢气。灰氢制造成本可能为 1 美元/kg，但运费就要 2～4 美元/kg，比输配电网输电更贵。储氢技术是氢能源推广环节中的一项关键技术。然而，由于氢气的特殊性质，氢气的储存成为现今阻碍氢能推广应用的瓶颈。为了解决这一难题，各国科学家纷纷研究开发了多种储氢技术。目前使用比较广泛的储氢手段主要有高压储氢、液态储氢、固体合金材料储氢、碳基材料储氢等（表 1-5）。

表 1-5　几种主要储氢方式的优缺点以及目前的主要应用

储氢方式	优点	缺点	目前主要应用
高压气态储氢	技术成熟，结构简单，充放速度快，成本低	体积储氢密度低，安全性能较差	普通钢瓶（少量储存）、轻质高压储氢罐
低温液态储氢	单位体积储氢密度大，安全性相对较好	氢液化能耗大，储氢容器要求高	可大量、远距离储运，主要用于火箭推进剂
有机液态储氢	液氢纯度高，单位体积储氢密度大	成本高，能耗大，操作条件苛刻	分布式加氢站
固体材料储氢	单位体积储氢密度大，能耗低，安全性好	技术较成熟，质量储氢密度低，充放氢效率低	研究开发阶段

① 高压气态储氢。在氢燃料电池汽车领域，目前发展较成熟且应用广泛的技术是高压气态储氢。高压气态氢储存装置有固定储氢罐、长管气瓶及长管管束、钢瓶和钢瓶组、车载储氢气瓶等。

目前压力等级可达到 45MPa、77MPa 和 98MPa，国内相关技术指标达到国际领先水平，但高压储氢的质量密度一般都低于 3%～4%，没有达到美国能源部提出的质量分数为 6.5% 的质量储氢密度标准。

② 低温液化储氢。低温液化储氢指的是将纯氢气冷却到 −253℃，使之液化，而后将其装到低温储罐中。液态氢的密度为 70.6kg/m^3，其质量密度和体积密度都远高于高压储氢，对于交通工具用氢内燃机和燃料电池而言，应用前景十分诱人。然而，氢气的深冷液化过程十分困难，首先要对氢气进行压缩，再经热交换器进行冷却，低温高压的氢气最后经节流阀进一步冷却，制得液态氢。目前，液态储氢在火箭、卫星等航天领域已得到应用。液态储氢技术虽前景诱人，但是制备成本过高，其缺点也是显而易见的。液态储氢对低温储罐的绝热性能要求苛刻，因此低温储氢罐的设计制造及材料选择的成本也高昂，尚属难题。

③ 固态合金储氢。自然界中某些金属具有很强的捕捉氢的能力，在一定的温度和较低的压力条件下，这些金属能吸附大量氢气，反应生成金属氢化物，同时放出热量。要把氢气重新释放出来，只需将这些金属氢化物加热。这些吸附氢气的金属称为储氢合金。常用的储氢合金有钛锰系、镧镍系、钛铁系、镁系。这种采用储氢合金储氢的方式称为固态合金储氢

或者金属氢化物储氢。

固态合金储氢的优点是加氢站无须配置高压设备，可以简化加氢站的建设，减少前期投入，对阀体等部件要求降低，降低成本和故障率。金属氢化物储氢目前存在的问题主要有以下三个方面：由于金属氢化物自身重量大而导致质量储氢密度较低；很多金属氢化物吸脱氢气温度高，吸脱速率慢；某些金属合金自身制造成本过高，难以普及。但是，利用固体物质储氢仍然是奋斗的主要目标。

④ 有机液态储氢。有机液态储氢是利用烯烃或芳香烃作为储氢载体，与氢气反应生成烷烃或环烷烃，以载氢有机分子形式存储，再由烷烃、环烷烃脱氢释放氢气的可逆储氢体系。有机液态储氢具有储氢量高、循环性能好、价廉易得、储运安全、污染小等优点。

（2）氢的运输

目前，氢气主要输送方式有高压气态输送、液氢输送，有机液体氢气运输、固态氢气运输由于受技术、成本等条件制约，尚未进入广泛应用阶段。气态氢输送主要为管道输送、长管拖车和氢气钢瓶输送。管道输送一般用于输送量大的场合，长管拖车运输存储压力为20MPa，经济运输半径为200km左右，用于输送量不大、氢气用量吨级或以下的场合；氢气钢瓶则用于用量很小、用户比较分散的场合。液氢输送一般采用罐车和船，可长距离输送。尽管氢气运输方式很多，但从发展趋势来看，在今后相当长一段时期内加氢站氢气主要通过长管拖车、槽车和氢气管道进行运输。

（3）加氢站

加（注）氢（气）站是为燃料电池车辆及其他氢能利用装置提供氢源的重要基础设施，燃料电池汽车产业要发展，加氢站建设是关键。目前一座加注能力为500kg/d的固定式加氢站在不包括土地成本的情况下，投资规模高达1200万～1500万元，相当于传统加油站的2～3倍，高昂的建设成本是推广加氢站建设的巨大阻力。

（4）分布式制氢

分布式制氢是指在氢气使用地附近或直接在加氢站内，通过甲醇裂解制氢、甲醇水蒸气重整制氢、天然气化学链制氢、电解水制氢等技术就地制氢，采用变压吸附法、膜分离等技术制备高纯氢气，分布式制氢在储运环节优势明显，难点在制氢环节，面临投资大、能耗高、成本高等问题。

1.7.3　氢能源产业下游——应用

氢能目前主要应用在能源电力、钢铁冶金、石油化工、民用交通、火箭燃料等领域，随着政策设计重视和氢能产业技术的快速发展，氢能的应用领域将呈现多元化拓展，在储能、燃料、化工、钢铁、冶金、材料加工等领域的应用必将越来越广泛。

（1）氢燃料在热机中的应用

在民用领域，如能源电力工业，氢可作为多种动力机械的直接燃料在内燃机中燃烧产生热功，带动动力机械工作，也可通过氢燃气轮机带动发电机工作；液氢作为一种高能燃料，可用于航天飞机、火箭发射。

氢能是一种二次清洁能源，具有高效、清洁、方便等特点，从能量密度比较，氢能是木材的 1000 倍、煤的 5 倍、汽油的 3 倍、天然气的 2.5 倍。从燃烧热值比较，氢的燃烧热值为 135×10^6 Btu/t[①]，汽油、柴油、天然气分别为 45×10^6 Btu/t、43×10^6 Btu/t、53×10^6 Btu/t，可以看出氢的燃烧热是这几种燃料中最高的。推广氢能产业的前提和基础首先在于确保绿氢资源的稳定供应与有效落实。氢氧燃烧原理及技术在氢燃气轮机、液氢液氧空间火箭发动机、内燃机、燃氢锅炉以及其他小型民用燃烧器中的应用将在第十章详细讨论。

（2）氢在石油化工中的应用

氢气可用于对石脑油、渣油、汽油、粗柴油等进行加氢精制，得到高品质的燃油；氢气也是化学工业中多种加氢过程，如氨合成、甲醇合成、费-托合成、油脂加氢等工业中重要的原料。石油化工中也有很多重要的加氢反应。各类加氢反应、反应机理、工艺过程以及 CO_2 加氢合成绿色甲醇新工艺等将在第十一章讨论。

（3）氢在冶金材料化工中的应用

氢气在冶金工业中可以作为还原剂将金属氧化物还原为金属，氢冶金已经在钢铁行业取得很大进展。氢气在金属高温加工过程中可以作为保护气，电子工业如集成电路、电子管、显像管等的制备过程中，都是用氢作为保护气。

在"双碳"目标背景下，以氢代碳的氢冶金成为钢铁企业优化能源结构和实现绿色低碳可持续发展的有效途径之一。从"以煤代焦、以气代焦"到"以氢代碳、以氢减碳"，铁矿石冶炼工艺由以减少焦炭和焦煤依赖为初衷，转变为以降低碳排放为重心，再到以净零碳排放为最终目标，逐渐形成高炉富氢冶炼和全氢直接还原工艺两大创新技术路线。从目前中国钢铁生产结构以及降碳目标来看，高炉炼铁碳排放占比大、基数大。高炉低碳冶炼是规模化实现中国钢铁工业低碳化的重要路径，而高炉富氢冶炼对"双碳"过渡时期的炼铁工业应用具有重要意义。从未来钢铁行业发展及能源结构转变来看，全氢直接还原工艺是实现钢铁行业净零碳排放的重要路线。

（4）为交通工具提供动力

我国正在构建制氢、储氢、运氢、加氢、用氢等氢气能源工业体系，氢能源汽车，也称燃料电池汽车，是用氢的一个重要环节，它是一种使用氢气作为燃料，利用燃料电池将氢气与氧气反应产生电能，再通过电动机驱动车轮的新型绿色交通工具，具有发电效率高、环境污染少等优点（图 1-12）。由于其电能转换不经过燃烧这一过程，故不受卡诺循环的限制，能量转化效率可以达到 40%～60%。

氢燃料电池可发展为各类氢能源汽车、氢燃料电池电站、工业叉车等的动力来源；进一步可用于轻轨氢能列车、船舶等。与传统的燃油交通工具相比，燃料电池具有零排放、无振动噪声等优点，与燃煤火力发电相比，燃料电池具有负荷响应性好、可靠度高等优点，对于提高发电效率、减小环境压力等也有显著的效果。

（5）氢在其他民用工程中的应用

氢气在其他民用工程中还有一些小规模、多用途应用，如玻璃瓶封口、氢氧切割焊机、金属板材表面处理等。

---

❶　1Btu（英国热量单位）＝ 1.055kJ。

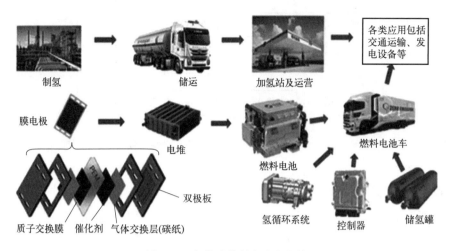

图 1-12　氢能及燃料电池产业链

（6）氢能安全

安全是氢能产业大规模、高质量发展的首要保障，贯穿氢气生产、储运、加注、使用等所有环节。中国氢能安全技术研究起步晚，缺乏安全研究机构，研究体系不健全，已有的氢能安全研究主要集中在氢燃料电池安全、涉氢设备的材料安全性等基础领域，应该加强对于氢能全产业链安全技术研究。严密验证、科学评估，结合实际逐步调整，持续开展氢安全标准化工作。

1.8　绿氢-绿氨-绿色甲醇转换

甲醇与氨是两种含氢比例最高的烃化物及氮化物，在常温低压下极易液化便于运输储存，是全球产量最大的化工产品，也是最好的两种载氢化合物。除了作为基础化工品外，也是重要的新型燃料和氢气载体，绿氢-绿氨-绿色甲醇之间可以通过催化反应很方便进行相互转换，也是作为弃风（电）和太阳能等可再生能源就地消纳的有效解决方案（图 1-13、图 1-14）。虽然当前绿氨和绿色甲醇的生产成本高于传统合成氨和甲醇，但在"双碳"目标刺激、科研开发力度加大及资金投入的推动下，绿色氢基能源制取技术将迅速发展成熟，绿氨和绿色甲醇的产量有望大幅增长，未来在间接制氢储氢方面的发展前景将非常广阔。

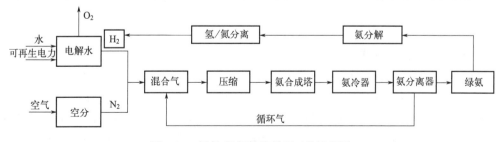

图 1-13　绿氢-绿氨转换循环工艺流程图

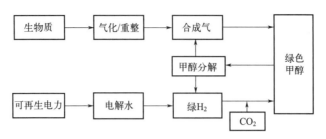

图 1-14　绿色甲醇合成-分解循环途径路线图

1.8.1　绿氨制取技术新路线

通过哈伯法合成氨，是氢气最大的消纳途径之一，同时又是最好的载氢化合物。合成氨作为全球第二大化学品，是现代社会中最为重要的化工产品之一。氨是制造硝酸、化肥、炸药的重要原料，氨对地球上的生物相当重要，它是所有食物和肥料的重要成分，也是所有药物直接或间接的组成。由于氨具有广泛用途，氨是世界上产量最大的无机化合物之一，超过八成的氨被用于制作化肥。氢气和氮气在催化剂的作用下反应生成合成氨，氨合成与氨分解是一个可逆平衡过程，因此，可以很方便地进行相互转换。

绿氢与空分的氮气生产的合成氨称为绿氨，绿氨全程可以再生能源为原料进行制备，真正做到可持续全程无碳。绿氨合成与传统氨合成在工艺流程、关键设备、设计与操作指标上并无本质差别。目前绿氨大部分的制备方式基于哈伯合成法，用绿氢和氮气在催化剂作用下合成为绿氨，工艺主要分为三部分：氢气-氮气压缩、氨合成及冷凝分离、氨压缩冷冻。

在"双碳"目标背景下，利用可再生能源合成绿氨已经得到了快速发展，目前已大致形成了三代合成氨技术，第一代为传统的哈伯法合成氨技术，第二代为低温低压合成氨技术，第三代则为多种新技术路线并进，主要包含直接电催化合成氨，等离子体结合催化剂合成氨和低温常压合成氨。

1.8.2　绿氢-绿醇技术

甲醇是氢应用的另一条途径。甲醇作为一种基本的有机化工原料，用途十分广泛。甲醇可以用于合成纤维、塑料、染料、医药、农药、甲醛、合成蛋白质等化工产品，也可以用作甲醇燃料电池和甲醇发动机的液体燃料。甲醇还可以通过裂解释放出氢气，甲醇放氢的量可以达到 18.75%。1t 甲醇可以放出 187kg 氢气，从而成为氢气储运最理想的载体。关于绿色甲醇的定义，目前全球没有统一明确的说法。一般认为，绿色甲醇需要原料来源全部符合可再生能源标准。目前绿色甲醇主要有两种生产途径：一种是生物质甲醇，另一种是绿电制甲醇（图 1-14）。

1.8.3　生物质制绿色甲醇

我国拥有丰富的生物质资源，如秸秆、稻草、木屑、稻壳等，通过热化学转化和生物转化等方式，转化为液体燃料甲醇，这不仅是实现生物质资源绿色发展的途径，同时也是替代传统化石能源的有效手段。生物质制甲醇主要有两种途径：一是采用生物质气化-合成气的途径，二是生物质发酵制甲烷再制甲醇。其中，生物质气化技术具备可持续生产绿色甲醇的潜力。生物质气化制甲醇包含生物质气化和合成气制甲醇两个部分，首先是生物质气化形成合成气，再经催化加氢合成甲醇。其中，生物质气化技术是将生物质转化成合成气的最具前景的关键工艺之一，合成气制甲醇的技术原理，至今虽然已有多年历史，工艺路线已经成熟稳定。但是由于生物质原料大规模供应的局限以及气化技术开发的成熟性，目前暂未实现大规模化工业应用。生物质制氢、制甲醇的有关技术原理将在第六章予以详细介绍。

1.8.4　CO_2-绿氢制甲醇

甲醇可以 CO_2 为原料，与绿电分解水得到的氢气进行加氢反应得到。其技术路线分为：绿电制绿氢与 CO_2 反应制甲醇；CO_2 电催化还原制甲醇。其中，CO_2 电催化还原制甲醇工业化尚存一些关键性挑战，相比之下 CO_2 加氢制甲醇被证明是最具可实施性和规模化的路线。甲醇分子结构简单，利用二氧化碳制备甲醇，可以依托现有的化工体系来实现，二氧化碳加氢合成甲醇是实现二氧化碳资源化利用的重要途径之一，也是解决温室效应、发展绿色能源和实现经济可持续发展的现实选择，对碳捕集、利用与封存（CCUS）产业链条的发展具有重要支撑作用。绿氢与二氧化碳经过高温高压合成绿色甲醇，尽管后续甲醇燃烧时还会产生二氧化碳，在全生命周期中绿色甲醇的碳排放为零。二氧化碳和氢气在催化剂表面吸附，逐步转化为气态的甲醇。其中所使用的催化剂多为铜基 Cu-Zn-Al 体系催化剂。二氧化碳加氢制甲醇工艺流程主要分为三个部分：氢气制备、二氧化碳捕集、甲醇合成和精馏分离。工艺路线主要根据不同的催化剂体系而发展，国内基于不同催化剂已形成多条工艺路线，并建成多个示范装置。中国科学院上海高等研究院和海洋石油公司完成了 5000t/a 的二氧化碳加氢制甲醇示范装置；中国科学院大连化物所在兰州建成千吨级液态太阳燃料合成示范工程（图 1-15）。国外冰岛碳循环国际公司（CRI）是将 CO_2 直接制甲醇过程商业化的先驱，在冰岛建成世界上第一座二氧化碳加氢制甲醇装置，并已实现商业运行，甲醇产能 4000t/a，据称其具备 10^4t/a 的技术推广能力。

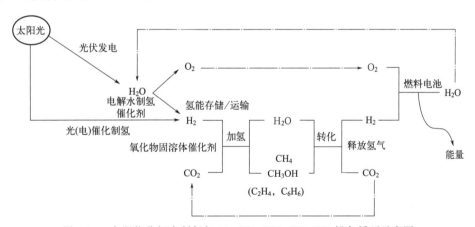

图 1-15　太阳能分解水制氢与 H_2-CO_2-CH_4-CH_3OH 绿色循环示意图

CO_2 加氢制甲醇工艺技术结合了可再生能源电解水制氢技术和二氧化碳资源化利用，可实现二氧化碳减排的同时又生产出用途广泛的绿色甲醇，实现了可再生能源到绿色液体燃料甲醇生产的全新途径。随着技术的进步，光伏板、电解水槽等关键设备成本将逐步降低，催化剂性能也进一步提升，绿色甲醇产业必将迎来更加广阔的发展前景。

1996 年，诺贝尔化学奖获得者 George A. Olah 就提出了"甲醇经济"的概念，他认为通过二氧化碳循环再加氢生产甲醇，甲醇发挥能源或化工原料的作用，产生的二氧化碳又进入下一轮循环，这将不再依赖化石燃料，这样简便形成了零碳排放的闭路循环，从而在一定程度上使人类摆脱对化石燃料的依赖。

1.9　氢能源开发的堵点

尽管氢能源有许多优点，人们在氢能研究开发的道路上取得了一些可喜的成绩，但是，在氢能研究开发的高速公路上，还存在四大堵点：

第一个堵点是制氢问题。众所周知，虽然灰氢生产制备过程非常成熟，但是也严重污染环境，大量消耗资源；而绿氢工艺研究开发虽取得了一些可喜成果，目前还没有取得实质性突破，距离工业化生产、商业化应用还有很长一段距离。

第二个堵点是氢气储运。氢气密度小、沸点低，很难液化，也很难气固储存，能量密度太低，所以无论气、液、固三态储运，成本都会很高，同时由于氢气在特定条件下与金属存在氢脆等负面原因，所以无论何种方法储运，都必须使用特殊材料，这是一个需要克服的短板。

第三个堵点就是安全隐患。氢气爆炸范围为4%～70%，比天然气范围宽，另外，由于氢气扩散速度快，氢气的泄漏率比天然气要高出六倍，所以氢气泄漏经常发生。氢气驱动的新能源汽车要是停在地下车库等密闭场所，危险性倍增，氢气是高度易燃和易挥发的物质，这都给制氢、运输、储存、使用带来极大安全隐患。

第四个堵点就是建设加氢站的难度。加氢站占地面积大，设备昂贵，安全措施要求也更加严格，现有加油站也几乎没有可整改利用价值，而且供氢与氢的消费要及时同步。这些问题，目前还没有实质性技术突破，具有很大的不确定性。

氢能作为新能源大规模使用，在其生产、设备制备、储存、运输、加注和使用过程中均具有潜在的泄漏和爆炸的危险。因此在大规模商业化推广使用前安全是必须解决的核心问题，全产业链中氢安全也将是决定氢能能否广泛使用的前提和条件。

氢能具有十分光明的前景，但也有很多障碍，不可能一蹴而就，由于基础研究、技术开发、工程建设、安全使用等诸多技术因素，同时，每个阶段的技术进步又需要巨大投入，这才是真正的挑战。

氢能并不是能源转型的"万能良药"，也无法解决能源转型中的所有问题，但其作为解决能源危机、减少碳排放的一种路径是值得肯定，如果绿氢能源能够实现可持续发展，便能够大大减少当前的碳排放量，降低全球环境污染，实现清洁能源的发展目标。

1.10　氢能源前景

当前世界能源发展面临诸多严峻挑战，伴随国际政治格局变化、经济发展和技术进步，全球能源发展呈现出能源结构向低碳化演变、能源价格持续震荡、地缘政治环境日趋复杂、气候变化刚性约束增强，新一轮能源革命正在孕育重大发展。我国是世界能源消费第一大国，也面临着能源资源短缺、消费总量大、化石能源比例高、能源安全形势严峻和环境污染严重等问题。具体表现在以下几个方面：

① 从传统化石能源资源储量看，我国煤炭资源相对丰富，但石油日益匮乏，且近年来

对外依存度高达 $60\% \sim 70\%$（国际公认的安全警戒线为 50%），能源安全状况堪忧。亟须在进一步提升原油利用效率的基础上，发展替代石油的煤炭利用技术，并且积极开发各类新能源。

② 从化石资源绿色利用技术看，目前 CO_2 排放量居全球第一位，SO_x、NO_x 等污染物排放量也很大，每年排放量近数千万吨，直接或间接地造成空气、土壤和水体的污染。研究指出，近年来我国频发的雾霾天气也与能源的开发和利用有关。要解决日益严重的环境污染问题，当务之急是发展化石资源的高效清洁利用技术，实现我国"双碳"目标的宏伟目标。

③ 从新能源研发和能源多元化发展的角度看，我国在能源领域的研发还较为落后，凸显我国在能源战略决策人才和研发队伍方面的窘迫。构建全面满足能源发展需求的人才培养体系已是燃眉之急。

④ 氢能与碳基能源的战略交汇点。氢能源与碳基能源相互转化，相互依存，有极大的交集，通过煤炭、燃油初级产品加氢制备碳基燃料，而在新能源领域也存在许多的战略交汇点。

光伏发电通过水催化分解得到绿氢，然后再通过 CO_2 加氢转变成液态阳光——甲醇，太阳能光伏发电，这是太阳能利用最直接，也是最有效的技术。但是太阳能是一个广义的词，其实风能和水能乃至生物质能，也都是从太阳能起源的。光伏发电是直接将太阳能变成电，但是还有很多地方发电以后由于地方偏远，入网成本太高，我国科学家也提出，可以把光伏发的电能变成氢能储存下来，然后再转变成液态阳光——甲醇，这样太阳能就转变成方便储存和运输的液体燃料，从而可以便捷、廉价、安全地使用。

国际空间站正在尝试用航天员呼出的二氧化碳和电解水产生的氢气来制造水以及副产甲烷。在这个过程中，有一半的氢会变成废气甲烷。如果采用这种方式，人们只需要向国际空间站运送水就行了，还外加一点氢。在未来的空间站里，我们可以通过甲烷裂解，建立一个水、氧和二氧化碳之间的闭循环，不浪费一个分子，从而实现自给自足。这种氢技术让人们向实现首次载人火星任务更进一步。

如果人类真的想要探索太空，甚至开拓太空，我们就需要找到在访问地就地取材制造燃料的方法。最近科学家发现，从月球的极区到冥王星，水在太阳系中无处不在，这是非常令人鼓舞的消息。根据美国国家航空航天局（NASA）的一项保守估计，月球上可能有 6 亿吨的水冰可供我们收集。记住，哪里有水，哪里就有氢和氧，哪里就有燃料，哪里就有无穷无尽的能量源泉！

目前，我们虽然取得了共识，也有了一些成绩，还不能说氢能革命形势一片大好，事实也远非如此。但氢能革命是可行的，我们应该用乐观、勇气和决心来应对这些挑战，这是通往成功的唯一道路。套用一句名言："前途是光明的，道路是曲折的！"

1.11 结语

《氢能革命》的作者马可·阿尔韦拉在罗马写完最后一章，他在全书结尾深情地写道："在这里，我们仍然在使用古老的道路和高架桥。当时建造这些设施历尽千辛万苦，但在 2000 年后的今天，我们可以肯定地说，当时的付出和汗水非常值得。今天，我们需要相同的雄心壮志来建设新的里程碑式的基础设施项目：一个可以永久利用的能源系统。有氢气做桥梁，我们以后的清洁能源将会取之不尽，用之不竭。"[马可·阿尔韦拉著，《氢能革命》（中译本），机械工业出版社，2022年，217页]

赞同阿尔韦拉的精彩论述，氢能源科学是一个朝气蓬勃的新生学科，现在只是氢能革命的开端，我们也仅仅是为人类这个宏伟的目标铺路搭桥，纵观人类能源开发波澜壮阔的历史，今天在此也写下我们的总结祝愿：

人类物质活动的原始阶段，微碳无序排放；

人类物质活动的历史教训，高碳污染排放；

人类物质活动的成熟阶段，低碳有序排放；

人类物质文明的高级阶段，多氢少碳排放。

思考题

1-1. 讨论能源在人类活动中的作用及地位，经历了哪几个发展阶段？各有什么特点？

1-2. 能源化学研究的意义及其主要研究内容是什么？

1-3. 碳基能源的优点及缺点是什么？如何发挥其优点，克服其缺点？

1-4. 氢能源开发应用的时代意义是什么？如何认识氢能的重要性？举例说明。

1-5. 为什么要特别关注氢能化学？氢能化学的主要内容有哪些？

1-6. 讨论灰氢、蓝氢、绿氢、黄氢、白氢的定义。如何使灰氢变为蓝氢？

1-7. 详细讨论氢能源产业链的上游、中游、下游涵盖的领域，各自有何开发难点。

1-8. 光电催化水分解制氢的主要化学反应是什么？困难在哪里？

1-9. 储氢技术与关键材料有哪些？固体储氢材料是今后发展的方向吗？

1-10. 为什么说氢燃料电池是今后氢能应用开发的重点？

1-11. 氢能开发的路上，太阳能的开发利用有哪些重大意义？

1-12. 下列两个过程是否都是循环过程？

（1）由 H_2 与 O_2 合成水，然后再电解成 H_2 与 O_2；

（2）金属铜在试管中氧化成氧化铜，然后再通入氢气，使氧化铜还原为铜（以铜为体系与以铜和氧为体系有何不同）。

1-13. 自然氢（白氢）的发现，对于人类开发氢能有何重要意义？是否值得期盼？

1-14. 讨论在氢能开发的道路上，可能会遇到哪些重大困难及挑战？

1-15. 氢能化学这一化学分支学科的建立与发展对于人类的能源科学有何意义？

参考文献

[1] 国家自然科学基金委员会，中国科学院. 能源科学[M]. 北京：科学出版社，2012.

[2] 陈军，陶占良. 能源化学[M]. 北京：化学工业出版社，2014.

[3] 周建伟，周勇，刘星. 新能源化学[M]. 郑州：郑州大学出版社，2009.

[4] 李星国，等. 氢与氢能[M]. 2版. 北京：科学出版社，2022.

[5] 马可·阿尔韦拉. 氢能革命：清洁能源的未来蓝图[M]. 刘玮，万燕鸣，张岩，译. 北京：机械工业出版社，2022.

[6] 国家自然科学基金委员会，中国科学院. 中国学科发展战略：能源化学[M]. 北京：科学出版社，2018.

[7] 中国氢能联盟. 中国氢能源及燃料电池产业白皮书[R/OL]. (2019-06-29)[2020-11-27]. http://www. h2cn. org/uploads/File/2019/07/25/u5d396 adeac15e. pdf.

[8] 王革华. 能源与可持续发展[M]. 北京：化学工业出版社，2014.

[9] 刘坚，钟财富，我国氢能发展现状与前景展望[J]，中国能源，2019,41(2),31.

[10] 毛宗强，毛志明. 氢气生产及热化学利用[M]. 北京：化学工业出版社，2015.

[11] 张欢欢，曲双石. 全球氢能产业：现状及未来[J]. 能源与矿产. 2019, 8(15)：83.

[12] 王彦哲，周胜，周湘文，等. 中国不同制氢方式的成本分析[J]. 中国能源，2021，5：29.

[13] 何盛宝，李庆勋，王奕然，等. 世界氢能产业与技术发展现状及趋势分析[J]. 石油科技论坛，2020，39(03)：17-24.

[14] 宋永臣，宁亚东，金东旭. 氢能技术[M]. 北京：科学出版社，2009.

[15] 申洋文. 21世纪的能力：氢与氢能[M]. 天津：南开大学出版社，2000.

[16] 毛宗强. 无碳能源：太阳氢[M]. 北京：化学工业出版社，2010.

[17] Dincer I, Acar C. Review and evaluation of hydrogen production methods for better sustainability[J]. International Journal of Hydrogen Energy，2015，40(34)：11094-11111.

[18] Muhammad A, Hamad H S, Anaiz G F, et al. Hydrogen production through renewable and nonrenewable energy processes and their impact on climate change[J]. International Journal of Hydrogen Energy，2022，47(77)：33112.

[19] Ozbilen A，Dincer I，Rosen M A. Comparative environmental impact and efficiency assessment of selected hydrogen production methods[J]. Environmental Impact Assessment Review，2013，42：1-9.

[20] Ren X S, Dong L C, Xu D, et al. Challenges towards hydrogen economy in China[J]. International Journal of Hydrogen Energy，2020，45(59)：34326.

[21] Liu G，Sheng Y，Joel W A，et al. Research advances towards large-scale solar hydrogen production from water[J]. Energy Chemistry，2019，1(2)：100014.

[22] 苏树辉，毛宗强，袁国林. 国际氢能产业发展报告(2017)[M]. 北京：世界知识出版社，2017.

[23] 张灿，张明震. 氢能产业标准化体系：中外比较及启示[J]. 科技导报，2022，40(24)：38-49.

[24] International Energy Agency. Global hydrogen review 2022[R/OL]. (2022-09-01)[2023-05-20]. https://www. iea. org/reports/global-hydrogen-review-2022.

[25] 田黔宁，张炜，王海华，等. 能源转型背景下不可忽视的新能源：天然氢[J]. 中国地质调查，2022，9(1)：1-15.

[26] 魏琪钊，朱如凯，杨智，等. 天然氢气藏地质特征、形成分布与资源前景[J]. 天然气地球科学，2024，35(6)：1113-1122.

[27] 窦立荣，刘化清，李博，等. 全球天然氢气勘探开发利用进展及中国的勘探前景[J]. 岩性油气藏，2024，36(2)：1-14.

[28] Chen R，Ren Z，Liang Y，et al. Spatiotemporal imaging of charge transfer in photocatalyst particles[J]. Nature，2022，610(13)：296-301.

第二章

氢的基础化学

 导言

　　氢元素（Hydrogen，H）在地球上似乎无影无踪，但又无处不在。氢仅占地球总质量的 1%，然而，放眼整个宇宙，氢却是最主要的元素，氢原子占整个宇宙原子数的 89%，处于主导地位。

　　地球上一切生命所需的能源全部来自太阳氢聚变释放的能量，太阳中的氢元素含量至今都十分丰富，在太阳内部高温高压的环境中，大量氢原子发生聚变反应，释放出巨大能量，并以光和热的形式向宇宙空间辐射，使地球生命的生存和繁衍成为可能。现在，我们称氢能是人类未来能源，其实不然，氢应该是宇宙中最原始、最永恒的能源。

2.1 氢的前世今生

　　氢是宇宙中最丰富的元素，它的历史波澜壮阔。研究表明，大约 138 亿年前，在一个没有昨天的一天，一个密度极大，体积极小的时空奇点（spacetime singularity）发生了大爆炸，宇宙大爆炸后"仅仅"过了约 38 万年，当这一团由质子、中子、电子和光子所构成的炽热稠密的等离子体，也就是遥远的宇宙初期开始冷却和膨胀时，电子和质子聚集从而形成了原子。4 亿年后，在引力坍塌的作用下，氢气云演变为恒星，太阳就是如此诞生的。氢在历史上的第三次巨变大约发生在 44 亿年前，当时地球的温度降到了 100℃ 以下，氧化氢（水）开始在地球表面凝结，在这个新的水环境中生命才得以孕育。

　　大爆炸理论认为：宇宙"大爆炸"后，产生了一种相变使宇宙发生暴胀，在此期间宇宙的膨胀是呈指数增长。暴胀结束后，构成宇宙的物质包括夸克-胶子等离子体，以及其他所有基本粒子。之后，飞来飞去的三种夸克相互吸引结合形成了诸如质子和中子的重子族，此时的宇宙仍然非常炽热。在大爆炸发生的几分钟后，当温度下降到 $10^8 \sim 10^9$ K 时，质子和中子结合成氘，氘又俘获质子经过蜕变生成 $^3_2$He，$^3_2$He 又俘获中子生成 $^4_2$He，结果当时宇宙中的大多数物质就以 H（89%）和 He（11%）的形式存在，相关核同位素反应过程见式（2-1）～式（2-3）。

$$n+p \Longrightarrow {}^2_1H + \gamma \tag{2-1}$$

$$^2_1H + {}^2_1H \Longrightarrow {}^3_2He + n \tag{2-2}$$

$$^3_1H + {}^2_1H \Longrightarrow {}^4_2He + p \tag{2-3}$$

　　现在估计，宇宙中 90% 的原子都是氢，它是构成物质世界的基础。对人类而言，氢也是必不可少的，我们身体中近 2/3 的原子是氢原子。元素周期表的第一位元素绝不是无用的，氢作为一种极好的化学燃料，已经引起了人们越来越多的关注。

氢是元素周期表中的第一号元素。所有元素中，氢的组成最简单，原子核中只有一个质子，核外一个电子，所以可以说氢是最原始的元素，所有元素皆由氢演化而来。氢是整个宇宙中最普遍的元素。

氢气无色无味无臭，是一种易燃易爆的双原子分子，是最轻的气体。氢气是目前用途最广的化学化工原料之一，氢能源是最有前途的清洁能源。

在地球上和地球大气中只存在极稀少的游离氢。氢气是所有气体中分子量最小的，所以运动速度最快，很容易扩散到太空中去。这造成空气中氢气含量极低，几乎只有 0.5×10^{-6}，而且大多数集中在大气层的顶层。在地壳里，如果按质量计算，氢只占总质量的 1%，如果按原子分数计算则占 17%。氢在自然界中分布很广，水是氢的"仓库"，其在水中的质量分数为 11%；泥土中约有 1.5% 的氢；石油、天然气、动植物体也含大量氢。在整个宇宙中，按原子分数计算，氢却是最多的元素。

虽然氢元素无处不在，但是，氢元素并不像一些金属那样能够以单质形式存在，所以人们对于氢元素的认知远落后于金、银、铜、铁这样的金属元素，也远远落后于氧、硫、磷、氮这样的非金属元素。

早在 16 世纪，瑞士医药化学家帕拉塞尔苏斯（Paracelsus，1493—1541 年）就发现了氢气。他说"把铁屑投到硫酸里，就会产生气泡，像旋风一样腾空而起"，他还发现这种气体可以燃烧，然而他并没有做进一步的研究。

直到 1671 年，爱尔兰化学家波义耳发现铁屑和稀盐酸之间会发生反应，并产生一种气体。1766 年，英国化学家卡文迪许同样利用金属和稀盐酸之间发生反应，首次发现氢气是一种独立的物质，并将其命名为"易燃气"，他认为是酸将金属中的"燃素"释放出来，形成了可燃空气。1781 年，他发现该气体在燃烧后会生成水，因此，卡文迪许被人们认为是元素氢的发现者。当时的化学家认为氢气是燃素和水的化合物，1782 年，拉瓦锡重复了他们的实验，并用红热的枪筒分解了水蒸气，明确提出正确的结论"水不是元素而是氢和氧的化合物"，纠正了两千多年来把水作为元素的错误概念。1787 年，拉瓦锡将曾被称作"易燃空气"的这种气体命名为"Hydrogen"（氢），意思是"产生水的"，并确认它是一种元素，从此，氢元素正式进入科学家的视野。

氢（Hydrogen，H）的符号来源于希腊语 Ydor（意思是水，演变为拉丁语就是 Hydra）和 Gennao（产生）。氢的拉丁文意是"水之源"。我国曾译作"轻气"，喻其密度很小，以后"圣"入气变成了"氢"。

2.2 氢及其同位素

氢在地球上尽管无处不在，却极少以单质存在，这是因为氢分子非常轻，很容易从大气层中逸出飘向太空。氢的电子构型十分简单，但它能以多种形式存在，它们中多数的性质已经有很充分的描述。在气相中氢有原子、分子及离子化的物种（H、H_2、H^+、H^- 和 H_2^+）。氢有三种同位素（H、D、T），氚 T 由于增加了第二个中子而不稳定，从而表现出放射性，放射出低能量的 β 粒子。

氢原子由两种稳定的同位素构成，轻氢即氕（$_1^1H$，拼音：piē，英文：protium）和重氢即氘（$_1^2H$ 或 D，拼音：dāo，英文：deuterium）。氕是天然氢中原子的主要成分，约占 99.984%，而氘仅占 0.0156%。第三种同位素超重氢即氚（$_1^3H$ 或 T，拼音：chuān，英文：tritium）为放射性同位素，半衰期 $t_{1/2}=12.35$ 年。在化学元素中氢占有特殊的位置，其电子结构由正电质子核和第一电子层 s 能级一个电子组成，氢分子中，由每个氢原子各提供一个 s 电子形成共价键，这种共价键很稳定，是造成氢分子反应能力较低的部分原因。

哈罗德·克莱顿·尤里(Harold C. Urey, 1893—1981)，美国宇宙化学家、物理学家。1931年，发现氘(氢的同位素)，1934年荣获诺贝尔化学奖。1953年设计了一套研究生命起源问题的仪器。1968年，提出了太阳系由陨石形成的理论

图 2-1　因发现氘而获得诺贝尔化学奖的科学家

1932 年，哈罗德·克莱顿·尤里（Harold C. Urey）和墨菲（George R. Murphy）等人发现了氘，Urey 独自获得了 1934 年的诺贝尔化学奖（图 2-1）。他们给 $_1^2H$ 取名"氘"（deuterium），在希腊语中是"第二"的意思。同时也为当时尚未被发现的 $_1^3H$ 取了"氚"（tritium）。为什么 $_1^3H$ 被称为氚，而不是直接叫氢-3 呢？更确切地说，为什么只有 $_1^2H$ 和 $_1^3H$ 仿佛独立的元素一样，拥有自己的名称，而其余大量的同位素却无此殊荣？其实，在 20 世纪初期，许多放射性同位素都拥有各自的名称，但它们早已停用。1957 年，国际纯粹与应用化学联合会（IUPAC）正式禁止了除氘和氚之外的同位素命名，只有少数未经批准的特例，当同位素这一概念被认识到之后，许多以前被认为是独立元素的同位素，因为具有明显相同的化学性质，而被归类为元素周期表上的某个单一元素。

在地表层约 15km 厚度的地壳和海洋中，氢的原子丰度位于第三，仅次于氧和硅。氢以三种同位素存在：$_1^1H$ 氕（H），$_1^2H$ 氘（D），$_1^3H$ 氚（T）。它们的重要物理化学性质列于表 2-1。氢元素形成的化合物的数目多于其他任何元素。

表 2-1　氢及其同位素的一般物理化学性质

性质		H_2	D_2	T_2
分子量		2.016	4.0282	6.034
摩尔体积(标准状态)/L		22.43	22.38	22.43
密度(标准状态)/(kg/m³)		0.08988	0.18	0.269
临界点	温度/K	33.18	38.34	40.44
	压力/MPa	1.315	1.665	1.850
	密度/(kg/m³)	29.88	—	—
沸点	温度/K	20.38	23.66	25.04
	气体密度/(kg/m³)	1.333	2.28	—
	液体密度/(kg/m³)	71.021	162.9	257.1
	汽化热/(kJ/kg)	446.65	304.38	231.1

性质		H₂	D₂	T₂
三相点	温度/K	13.947	18.71	20.62
	压力/Pa	7.042	17.134	21.582
	密度/(kg/m³)			
	气体	0.126	—	—
	液体	77.09	174.1	273.64
	固体	86.79	196.7	
熔点	温度/K	13.947	18.7	20.61
	熔解热/(kJ/kg)	58.20	49.19	272.69(升华)
比热容(101.3kPa,15.6℃)/[kJ/(kg·K)]	c_p	14.428	7.243(20 ℃)	—
	c_V	10.228	—	—
热导率/[mW/(m·K)]	气体(在标态下)	166.3	122.1	
	液体(20.0 K)	117.9	126.1	
黏度/(μPa·s)	气体(在标态下)	13.54	11.8	—
	液体(21.0 K)	12.84	37.4	67.8

2.3 氢的物理化学和热力学性质

2.3.1 氢气的物理化学性质

氢气是无色、密度比空气小的气体，在各种气体中氢气的密度最小。标准状况下 1L 氢气的质量是 0.0899g，相同体积比空气轻得多。氢气在空气中为 4%~75% 时遇到火源可引起爆炸。氢气难溶于水，可以用排水集气法收集。在 101kPa、−252.87℃ 时，氢气可转变成无色液体，−259.1℃ 时，变成雪状固体。常温下氢气的性质很稳定，不容易与其他物质发生化学反应。但当条件改变时，如点燃、加热、有催化剂等情况就不同了，例如氢气被钯或铂等金属吸附后具有较强的化学活性。

由于氢有同核双原子物种的核自旋异构体，即正氢和仲氢、正氘和仲氘、正氚和仲氚。正氢（n-H_2）和仲氢（p-H_2）是分子氢的两种自旋异构体，这种异构现象是由于两个氢原子的核自旋有两种可能的耦合而引起的。正氢中两个核的自旋是平行的，仲氢中两个核的自旋则是反平行的。因此正氢的自旋量子数 J 相当于奇数值，仲氢的 J 则相当于偶数值。仲氢分子的磁矩为零，正氢分子的磁矩为质子磁矩的两倍。

氢气通常是正氢和仲氢的平衡混合物。室温热平衡态下，氢气大约是 75% 正氢和 25% 仲氢的混合物。仲氢为低温下的稳定物，不过这个平衡根据温度变化进行的调节是相当缓慢的。为了加速平衡的建立，可以使用原子氢将氢气活化，或使用催化剂。正氢和仲氢的比例取决于温度，在小于 80K 的较低温度范围内，仲氢是更稳定的形式。在正氢中，两个氢原子核的自旋方向相同，而在仲氢中两个氢原子的自旋方向相反（图 2-2）。随着温度的降低，当氢被深冷液化时，99％以上的正氢可以转化成仲氢。若要使 H_2 保持液态不沸腾，需在 20K 以下通过加压获得。在液态氢中核自旋为 0 的仲氢占了绝大多数。

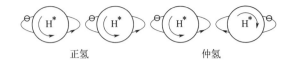

图 2-2　正氢和仲氢的分子结构示意图

在 20K 下平衡时，仲氢为 99.8％，正氢为 0.18％。这个转变发生在一个较长的时期内（3～4 天），直到达到一个新的平衡状态。然而，磁性杂质和较低的氧浓度能够催化正氢和仲氢的转化，各种过渡金属氢氧化物如氢氧化铁都有很好的催化效果，能将转化率提高几个数量级，转变时间缩短到几个小时。通过催化剂的作用，可以在任何温度下产生任意浓度的自旋态。在这两种自旋态之间，大多数物理性质只有细微的差别。在正氢和仲氢分子中，因两核自旋方向不同，核间距离略有差异。有人采用傅里叶变换拉曼光谱技术，精确测定出正氢和仲氢的转动拉曼光谱，计算出正氢和仲氢分子的核间距离分别是 75.03pm 和 74.98pm。

仲氢是低温下比较稳定的形式，在 20K 时，平衡液氢混合物中仲氢的含量高达 99.8％，而在较高温度下的平衡混合物中，正氢的含量有所上升，但正氢的含量不会超过 75％（表 2-2）。对于大型氢液化装置，产品中仲氢含量应超过 95％。标准液氢一天内释放的转化热在无漏热的情况下可蒸掉 18％的液氢，2100h 后损失将超过 40％，因此长时间贮存液氢必须重视正-仲氢转化。表 2-3 中对正氢和仲氢的物理和热力学性质进行了比较。

表 2-2　正-仲氢平衡组成与温度的关系

温度/K	p-H_2 平衡含量/％	ΔH[①]/(kJ/mol)	温度/K	p-H_2 平衡含量/％	ΔH[①]/(kJ/mol)
0	100		50	77.05	-1.062
20	99.82		100	38.62	-0.9710
25	99.01		150	28.60	
30	97.02		200	25.97	-0.3302
40	88.73		≥500	25.0	

① 正氢转化为仲氢的转化热。

表 2-3　正氢和仲氢的物理和热力学性质比较

性质	p-H_2	n-H_2	性质	p-H_2	n-H_2
密度(0℃)/(mol/L)	0.05459	0.04460	黏度(0℃)/(mPa·s)	0.00829	0.00839
压缩系数(0℃),$Z=pV/RT$	1.0005	1.00042	热导率(0℃)/[mW/(cm·K)]	1.841	1.740
压缩系数(300K)/MPa^{-1}	7.12	7.03	介电常数(0℃)	1.00027	1.000271
体积膨胀系数(300K)/K^{-1}	0.00333	0.00333	等温压缩系数(300K)/MPa^{-1}	-9.86	-9.86
c_p(0℃)/[J/(mol·K)]	30.35	28.59	自扩散系数(0℃)/(cm^2/s)		1.285
c_V(0℃)/[J/(mol·K)]	21.87	20.30	水中扩散系数(25℃)/(cm^2/s)		4.8×10^{-5}
焓(0℃)/(J/mol)[①]	7656.6	7749.2	解离热(298.16K)/(kJ/mol)	435.935	435.881

性质	p-H$_2$	n-H$_2$	性质	p-H$_2$	n-H$_2$
内能(0℃)/(J/mol)[①]	5384.5	5477.1	碰撞直径 $\sigma \times 10^{10}$/m		2.928
熵(0℃)/[J/(mol·K)][①]	127.77	139.59	互作用参数(ε/k)/K		37.00
声速(0℃)/(m/s)	1246	1246			

①基准：理想气体在温度0K，压力101.3kPa时，焓、熵、内能均为0。

2.3.2 氢及其气液固三态

氢有气、液、固三态，气态氢是最轻的气体，液态（$T<33$K）和固态（$T<13$K）分别是最轻的液体和固体。天然氢原子混合物的原子量为1.00797，与其他物质比较，除氦外，氢的分子间作用力最小。常温下，氢分子由两个氢原子组成，高温（2500～5000K）生成原子氢。氢分子的共价键 H—H 键断裂能为430.95kJ/mol，氢分子电离能为1490J/mol，对电子的亲和能为71kJ/mol，核间距为 1.6×10^{-10} m。

氢气液固三态及其相图：氢气在 0.1MPa、-252.87℃条件下时可转变成无色液体，-259.1℃时变成雪状固体，其气液固三相点为温度 13.8K、压力 7.0kPa。氢的三相相图如图 2-3 所示。

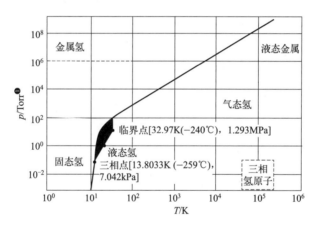

图 2-3　氢的相图（固态、液态、气态，金属氢）

2.3.3 氢气的气体状态方程

氢气在高温低压时可看作理想气体，通过理想气体状态方程 $pV=nRT$ 来计算不同温度和压力时的量。然而，由于实际气体分子体积和分子相互作用力的原因，随着温度的降低和压力升高，氢气越来越偏离理想气体的性质，范德华将理想气体方程修正为式（2-4）。

$$\left(p + \frac{a}{V_m^2}\right)(V_m - b) = RT \tag{2-4}$$

式中，a 为偶极距相互作用力或斥力常数（对于 H$_2$，$a=2.475 \times 10^{-2}$ m^3·Pa/mol）；

❶ 1Torr=133.3224Pa。

b 为气体分子所占有体积（对于 H_2，$b = 2.661 \times 10^{-5} \mathrm{m}^3/\mathrm{mol}$）。实际气体与理想气体偏差在热力学上可用压缩因子 Z 表示，即 $Z = \dfrac{pV}{nRT}$。

根据气体对比状态原理发展了各方程的对比态形式，此时方程中的常数不再随气体的不同而不同，而是为一定压力温度范围内的同类气体通用。将对比参数引入压缩因子，则有式（2-5）。

$$Z = \frac{pV_m}{RT} = \frac{p_c V_{m,c}}{RT_c} \times \frac{p_r V_r}{T_r} = Z_c \frac{p_r V_r}{T_r} \tag{2-5}$$

Z_c 近似为常数（$Z_c \approx 0.27 \sim 0.29$）；$Z = f(T_r, p_r)$，适用于所有真实气体。

通过美国国家标准与技术研究院（NIST）材料性能数据库提供的真实氢气性能数据进行拟合，可得到简化的氢气状态方程 [式（2-6）]。

$$z = \frac{pV}{nRT} = (1 + ap)/(nRT) \tag{2-6}$$

其中，$a = 1.9155 \times 10^{-6} \mathrm{K/Pa}$。

【例题 2-1】 氢气从 $1.43 \mathrm{dm}^3$，$3.04 \times 10^5 \mathrm{Pa}$，298K 的始态绝热可逆膨胀到 $2.86 \mathrm{dm}^3$ 的终态。已知氢气的 $c_{p,m} = 28.8 \mathrm{J/(K \cdot mol)}$，可按理想气体处理。

（1）求终态的温度和压力；

（2）求该过程的 Q，W，ΔU 和 ΔH。

解：（1）$c_{p,m} - c_{V,m} = R$，$\gamma = \dfrac{c_{p,m}}{c_{V,m}} = \dfrac{28.8}{28.8 - 8.314} = 1.4$

$$T_2 = \left(\frac{V_1}{V_2}\right)^{\gamma-1} T_1 = \left(\frac{1.43}{2.86}\right)^{0.4} \times 298 = 226 \; (\mathrm{K})$$

$$\frac{p_1 V_1}{T_1} = \frac{p_2 V_2}{T_2}$$

$$p_2 = \frac{p_1 V_1 T_2}{V_2 T_1} = \frac{3.04 \times 10^5 \times 1.43 \times 226}{2.86 \times 298} = 1.15 \times 10^5 \; (\mathrm{Pa})$$

（2）$Q = 0$

$$n = \frac{p_1 V_1}{RT_1} = \frac{3.04 \times 10^5 \times 1.43 \times 10^{-3}}{8.314 \times 298} = 0.1755 \; (\mathrm{mol})$$

$$\Delta U = nc_{V,m}(T_2 - T_1) = 0.1755 \times (28.8 - 8.314) \times (226 - 298) = -259 \; (\mathrm{J})$$

$$W = -259 \; (\mathrm{J})$$

$$\Delta H = nc_{p,m}(T_2 - T_1) = 0.1755 \times 28.8 \times (226 - 298) = -364 \; (\mathrm{J})$$

2.3.4　氢气热力学函数与压力及温度的关系

表 2-4 及表 2-5 分别列出了氢气热力学函数随压力的变化（300K）及随温度的变化（1bar，1bar = 100kPa）的关系。

表 2-4　氢气热力学函数随压力的变化（300K）

p/bar	$V_m/(\mathrm{cm^3/mol})$	$\Delta H/(\mathrm{J/mol})$	$\Delta G/(\mathrm{J/mol})$	$\Delta S/[\mathrm{J/(mol \cdot K)}]$
1	24943.02	8506	−30724	130.77
10	2508.87	8515	−24968	111.61
50	513.73	8560	−20895	98.18
100	264.51	8620	−19091	92.37
1000	40.98	9954	−11924	72.93

表 2-5　氢气热力学函数随温度的变化（1bar）

T/K	$V_m/(\mathrm{cm^3/mol})$	$\Delta H/(\mathrm{J/mol})$	$\Delta G/(\mathrm{J/mol})$	$\Delta S/[\mathrm{J/(mol \cdot K)}]$
100	8314.34	2999	−7072	100.71
300	24943.02	8506	−30724	130.77
700	58200.38	20131	−88622	155.36
1000	83143.39	28852	−136879	165.73

2.3.5　氢气的溶解度

不同温度下，氢气在水及各种溶剂中的溶解度数据分别列于表 2-6 和表 2-7。表中，a 为实验测量标准状态（273.15K，101.3 kPa）溶解于 1mL 溶剂中的气体体积，mL；q 为当气体压强与水蒸气压强之和为 101.3 kPa 时，溶解于 100g 水中的气体质量，g。

表 2-6　氢气在水中的溶解度

温度/K	$a \times 10^3/\mathrm{mL}$	$q \times 10^3/\mathrm{g}$	温度/K	$a \times 10^3/\mathrm{mL}$	$q \times 10^3/\mathrm{g}$
273.15	21.48	0.1922	278.15	20.44	0.1824
276.15	20.84	0.1862	281.15	19.89	0.1772
284.15	19.40	0.1725	299.15	17.42	0.1522
285.15	19.25	0.1710	300.15	17.31	0.1509
287.15	18.97	0.1682	302.15	17.09	0.1484
290.15	18.56	0.1641	313.15	16.44	0.1384
294.15	18.05	0.1588	343.15	16.0	0.102
296.15	17.79	0.1561	363.15	16.0	0.046
297.15	17.66	0.1548	373.15	16.0	0.00

表 2-7　氢气在有机溶剂中的溶解度

溶剂	温度/℃	$a \times 10^2/\mathrm{mL}$	溶剂	温度/℃	$a \times 10^2/\mathrm{mL}$
丙酮	−81.9	3.90	三氯甲烷	18.7	5.84
	−60.7	4.84		25.5	6.14
	−40.6	5.85	乙酸乙酯	0.5	7.08
	−20.9	6.69		10.0	7.24
	0	7.83		21.0	7.61
	20.9	8.99		30.0	8.08
	40.0	9.86		39.8	8.03
乙醇	0.6	7.18	乙酸甲酯	−78.5	3.50
	25.0	7.84		−20.1	6.24
	40.0	8.40		20.9	8.27

除水和有机溶剂外，由于氢气的分子量很小，符合格雷姆（扩散）定律，与其他气体相比，具有更大的扩散能力和渗透能力，因此，氢气还能大量溶于 Ni、Pd、Pt 等金属中，若在真空中把溶有氢气的金属加热，氢气即可放出，利用这种性质，可制得极纯的氢气。氢气还可以化学吸附于许多金属（主要是过渡金属）表面。这一性质对采用金属催化剂的很多加氢化学反应过程特别重要。

2.3.6 氢气的热导率

表 2-8 列出了常态氢在常压及不同温度下的热导率，表 2-9 为仲氢和正氢热导率，可以看出，温度高于 30K 时，仲氢的热导率总是高于正氢的热导率。表 2-10 列出了液氢的热导率。

表 2-8 常态氢在 0.101325MPa 压力下的热导率

温度/K	热导率 /[mW/(m·K)]	温度/K	热导率 /[mW/(m·K)]	温度/K	热导率 /[mW/(m·K)]
10	7.41	110	72.9	210	134.4
30	22.9	130	85.4	230	145.3
50	36.2	150	98.0	250	156.2
70	48.1	170	110.5	270	166.6
90	60.3	190	122.7	290	177.1
100	66.6	200	128.1	300	181.7

表 2-9 仲氢（$p\text{-}H_2$）和正氢（$n\text{-}H_2$）热导率的比值

温度/K	30	40	50	75	100	125	150	175	200	225	250	273	298
λ_p/λ_n	1.000	1.001	1.004	1.051	1.136	1.196	1.203	1.175	1.135	1.096	1.065	1.044	1.028

表 2-10 液氢的热导率

温度/K	热导率 /[mW/(m·K)]	温度/K	热导率 /[mW/(m·K)]	温度/K	热导率 /[mW/(m·K)]
16	108.6	21	120.2	26	131.9
17	110.9	22	122.6	27	134.3
18	113.3	23	124.9	28	136.6
19	115.6	24	127.3	29	138.9
20	117.9	25	129.6	30	141.3

2.3.7 氢及其同位素的黏度

氢及其同位素的黏度见表 2-11。

表 2-11 氢及其同位素的黏度

单位: mPa · s

H₂						HD		D₂	
温度/K	动力黏度	温度/K	动力黏度	温度/K	动力黏度	温度/K	动力黏度	温度/K	动力黏度
10	0.51	110	4.507	210	7.042	20	1.19	20	1.34
20	1.092	120	4.792	220	7.268	30	1.81	30	2.08
30	1.606	130	5.069	230	7.489	40	2.40	40	2.74
40	2.067	140	5.338	240	7.708	50	2.95	50	3.35
50	2.489	150	5.598	250	7.923	60	3.47	60	3.92
60	2.876	160	5.852	260	8.135	70	3.97	70	4.46
70	3.237	170	6.100	270	8.345	80	4.40	80	4.97
100	4.210	200	6.813	300	8.959				

2.3.8 氢及其同位素的表面张力

三相点以上, $n\text{-}H_2$、$p\text{-}H_2$、D_2 的表面张力见表 2-12。

表 2-12 氢及其同位素的表面张力

$n\text{-}H_2$		$p\text{-}H_2$		D_2	
温度/K	表面张力 $\sigma \times 10^3$/(N/m)	温度/K	表面张力 $\sigma \times 10^3$/(N/m)	温度/K	表面张力 $\sigma \times 10^3$/(N/m)
13.947 (t. p.)①	3.004	13.803 (t. p.)	2.990	18.5	4.07
14	2.995	14	2.958	19.0	3.98
20	2.008	20	1.973	20.0	3.80
20.38 (b. p.)②	1.946	20.268 (b. p.)	1.930	20.5	3.71
22	1.686	22	1.651	21.0	3.62
31	0.296	31	0.266	22.5	3.55

①t. p. 表示凝固点; ②b. p. 表示正常沸点。

2.3.9 氢气燃烧及其应用

人类生存及社会活动中, 获得食物及获取能量是两个最基本的需求, 在获得能量方面, 从原始社会到现代社会, 经历了野火、薪材、煤炭、石油、天然气等一系列碳基能源的漫长演变过程。如今, 随着碳基化石能源逐步消耗殆尽, 以及化石能源产生的严重环境污染, 人们的眼光又投向了氢能源。氢与氧燃烧为强放热反应, 通过氢氧燃烧获取能源在清洁能源发展中就显得特别重要。氢气及几种主要燃料的燃烧性能见表 2-13。

表 2-13 可燃气体物理化学性质以及燃烧性能

特性	氢	乙炔	甲烷	丙烷	丙烯	丁烷
分子式	H_2	C_2H_2	CH_4	C_3H_8	C_3H_6	C_3H_{10}
沸点/℃	−252	−81.6	−161.5	−42	−47	−0.5
密度/(kg/m³)	0.089	1.16	0.71	1.96	1.87	2.58

特性	氢	乙炔	甲烷	丙烷	丙烯	丁烷
燃烧值/(kJ/m³)	12800	54714	39000	93100		
燃烧速度/(m/s)	11.2	8.1	1.25	3.9		
自燃温度/℃						
空气中	510	335	645	510		490
氧气中	450	300	550	490	459	238
火焰温度/℃	2600	3200	2000	2700	2960	2600
爆炸极限/%	18.3～59	2.2～80.5	6.5～12	2.17～9.5	2.4～11	1.5～8.5

【例题 2-2】 氢氧燃烧反应生成水，在 298K 和标准压力下的摩尔反应焓变为 $\Delta_r H_m^{\ominus}$(298K) = −285.8kJ/mol。

计算该反应在标准压力下，2400K 时进行的摩尔反应焓变。已知 $H_2O(l)$ 在 373K 及标准压力下的摩尔蒸发焓为 $\Delta_{vap} H_m^{\ominus}$(373K) = 40.6kJ/mol。

$$c_{p,m}(H_2,g) = 29.07 J/(mol \cdot K) + [8.36 \times 10^{-4} J/(mol \cdot K^2)]T$$

$$c_{p,m}(Q_2,g) = 36.16 J/(mol \cdot K) + [8.45 \times 10^{-4} J/(mol \cdot K^2)]T$$

$$c_{p,m}(H_2Q,g) = 30.00 J/(mol \cdot K) + [10.7 \times 10^{-3} J/(mol \cdot K^2)]T$$

$$c_{p,m}(H_2Q,l) = 75.26 J/(mol \cdot K)$$

解: 设计计算过程框图如下。

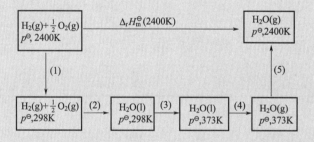

$$\Delta_r H_m^{\ominus}(1) = \int_{2400K}^{298K} \left[c_{p,m}(H_2) + \frac{1}{2} c_{p,m}(O_2)\right] dT = -102679.3 J/mol$$

$$\Delta_r H_m^{\ominus}(2) = -285.84 kJ/mol$$

$$\Delta_r H_m^{\ominus}(3) = \int_{298K}^{373K} \{c_{p,m}[H_2O(l)]\} dT = 5644.5 J/mol$$

$$\Delta_r H_m^{\ominus}(4) = 40.65 kJ/mol$$

$$\Delta_r H_m^{\ominus}(5) = \int_{373K}^{2400K} \{c_{p,m}[H_2O(g)]\} dT = 90881.7 J/mol$$

$$\Delta_r H_m^{\ominus}(2400K) = \Delta_r H_m^{\ominus}(1) + \Delta_r H_m^{\ominus}(2) + \Delta_r H_m^{\ominus}(3) + \Delta_r H_m^{\ominus}(4) + \Delta_r H_m^{\ominus}(5)$$
$$= -251.3 kJ/mol$$

2.4 氢气的液化原理及过程

2.4.1 液氢的汽化热

氢的汽化热可由式（2-7）计算。

$$\Delta H_{vap} = 34551.2117(T_c - T) - 2031.7979(T_c - T)^2 - 43.74048(T_c - T)^3 \quad (2-7)$$

式中 ΔH_{vap}——汽化热，kJ/kg；

T——液氢温度，K；

T_c——临界温度，K。

液氢中，考虑到正氢（n-H_2）浓度变化的影响，可采用式（2-8）计算汽化热。

$$\Delta H_{vap} = 907.9 - 1.13(T - 16.6)^2 + 5.86x + 12.1x^2 \quad (2-8)$$

式中 ΔH_{vap}——汽化热，J/mol；

T——液氢温度，K；

x——正氢（n-H_2）的物质的量浓度。

正氢和仲氢的汽化热见表 2-14。

表 2-14　正氢（n-H_2）和仲氢（p-H_2）的汽化热

正氢(n-H_2)				仲氢(p-H_2)			
温度/K	汽化热/(J/mol)	温度/K	汽化热/(J/mol)	温度/K	汽化热/(J/mol)	温度/K	汽化热/(J/mol)
17.8	900.0	30	620.8	14	908.3	24	840.1
22.0	871.3	32.5	337.4	17	913.8	27	749.8
24	849.4	33	168.7	19	907.1	29	651.9
26	798.0	33.1	126.5	20	900.4	30	586.2
				22	876.5	32	379.9

2.4.2 氢的焦耳-汤姆孙效应

氢的焦耳-汤姆孙效应（Joule-Thompson effect）讨论如下，室温常压下的多数气体，经节流膨胀后温度下降，产生制冷效应，而氢、氦等少数气体经节流膨胀后温度升高，产生制热效应（逆焦耳-汤姆孙效应，氢气的焦耳-汤姆孙系数：$\mu_{J-T}<0$，是制热效应，气体通过节流过程温度反而升高，氢气很难液化）。因此，氢气在降压后温度升高，可能导致燃烧。但当温度低于 193K，即达到反转温度时，氢也表现出正焦耳-汤姆孙效应。例如，如果压力突然从 20MPa 降至环境压力，温度变化为 6K，由于这种效应而自燃的概率很小。焦耳-汤姆孙系数计算见式（2-9）。

$$\mu_{J-T} = \left(\frac{\partial T}{\partial p}\right)_H = \frac{T\left(\frac{\partial V}{\partial T}\right)_p - V}{c_p} \quad (2-9)$$

对于理想气体则有式（2-10）：

$$\left(\frac{\partial V}{\partial T}\right)_p = \frac{R}{p} = \frac{V}{T} \tag{2-10}$$

所以 $\mu_{\text{J-T}}=0$，温度不变，$T_1 = T_2$。

实际气体的节流温度变化视 $T\left(\frac{\partial V}{\partial T}\right)_p - V$ 而定。

当 $T\left(\frac{\partial V}{\partial T}\right)_p - V > 0$，$\mu_h > 0$，节流效应是正的，节流后温度降低，$T_1 > T_2$；

当 $T\left(\frac{\partial V}{\partial T}\right)_p - V = 0$，$\mu_h = 0$，节流效应是零，节流后温度不变，$T_1 = T_2$。

$\mu_{\text{J-T}}$ 也可由式（2-11）计算。

$$\mu_{\text{J-T}} = \frac{-\left[\frac{\partial(U+pV)}{\partial p}\right]_T}{c_p} = \left\{-\frac{1}{c_p}\left(\frac{\partial U}{\partial p}\right)_T\right\} + \left\{-\frac{1}{c_p}\left[\frac{\partial(pV)}{\partial p}\right]_T\right\} \tag{2-11}$$

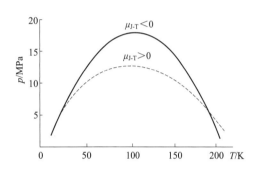

图 2-4　$n\text{-}H_2$ 的转化曲线（实线）及理论计算的转化曲线（虚线）

$\mu_{\text{J-T}}$ 值的正或负由两个括号项内的数值决定。

对于任何真实气体而言，在压力、温度曲线上，当压力的降低不能改变温度时，由这些点连成的曲线称为该气体的转化曲线（inversion curve）。正氢（$n\text{-}H_2$）的转化曲线以及理论计算的转化曲线见图 2-4，转化曲线上各点的焦耳-汤姆孙系数 $\mu_{\text{J-T}}=0$，除了转化曲线上的点，任何节流操作引起的压力变化都会引起温度的变化。当 $\mu_{\text{J-T}}<0$ 时，温度升高，当 $\mu_{\text{J-T}}>0$ 时，温度降低，因此要使气体制冷甚至液化，可以把这种气体在一定的温度范围内强制节流获得，如图 2-4 所示。引起温度上升和下降的原因分别分析如下：

① 温度上升：当分子碰撞时，势能暂时转化成动能。由于分子之间的平均距离增大每段时间的平均碰撞次数下降，势能下降，因此动能上升，温度随之上升。

② 温度下降：当气体膨胀时，分子之间的平均距离增大。因为分子间存在吸引力，气体的势能上升。又因为该过程为等熵过程，系统的总能量守恒，所以势能上升必然会让动能下降，因此温度下降。

液氢是一种无色、无味的液体，是高能低温液体燃料，其物理和热力学性质见表 2-15。H_2 的临界温度-253℃，必须低于此温度才能液化，高于-253℃，无论加多高的压力，它也不会变成液体。临界压力 1.2858MPa，临界体积 0.065dm³/mol，常压下氢沸点为 20.37K（-252.78℃），凝固点为 13.96K（-259.19℃），密度为 70.85kg/m³。

表 2-15　液态氢的物理和热力学性质

性质	$p\text{-}H_2$	$n\text{-}H_2$	性质	$p\text{-}H_2$	$n\text{-}H_2$
正常沸点/K	20.268	20.380	体积膨胀系数/K^{-1} 在三相点	0.0102	0.0102
临界温度/K	32.976	33.18	在沸点	0.0164	0.0164

性质	p-H$_2$	n-H$_2$	性质	p-H$_2$	n-H$_2$
临界压力/kPa	1292.8	1315	汽化热/(J/mol)		
临界比体积/(cm^3/mol)	64.144	66.934	在三相点	905.5	911.3
密度(沸点)/(mol/cm^3)	0.03511	0.03520	在沸点	898.3	899.1
密度(熔点)/(mol/cm^3)	0.038207	0.03830	c_p/[J/(mol·K)]		
压缩系数 $Z=pV/RT$			在三相点	13.13	13.23
在熔点	0.001606	0.001621	c_V/[J/(mol·K)]		
在临界点	0.3025	0.3191	在三相点	9.50	9.53
绝热压缩系数(在三相点)/MPa^{-1}	0.00813	0.00813	在沸点	11.57	11.60
声速(在沸点)/(m/s)	1093	1101	表面张力/(mN/m)	2.99	3.00

注：测定基准：理想气体温度 0K，压力 101.3 kPa 时，焓、熵、内能均为 0。

2.4.3 氢气液化工艺过程

(1)氢气液化过程开发历史

由于氢的临界温度和转化温度非常低，且汽化潜热小，所以液化起来比较困难，但是，与氢气相比，液氢具有很多的优点，如单位能量密度大、便于运输、安全系数较高等，因此也受到极大关注，尤其是液氢大量用作运载火箭的推进剂。美国拥有 9 座液氢生产工厂，生产能力为 5~34 t/d；欧洲有 4 座，总生产能力为 5~10 t/d；亚洲有 11 座，总生产能力为 0.3~11.3 t/d。北美对液氢的需求和生产最大，占全球液氢产品总量的 84%。在美国，33.5% 的液氢用于石油工业，18.6% 用于航空航天，仅 0.1% 用于燃料电池。中国也建有液氢生产装置（表 2-16）。

表 2-16　氢液化系统的类型

规模	容量	制冷方法	工作压力
小型	<20L/h	预冷型 J-T 节流	10~15MPa
		磁制冷	—
		低温制冷机	—
中型	20~500L/h	氦膨胀制冷	H$_2$：0.3~0.8MPa He：1~1.5MPa
		氢膨胀制冷	约 4MPa
大型	>500L/h	氢膨胀制冷	约 4MPa

由于氢的临界温度和转化温度低，汽化潜热小，其理论最小液化功在所有气体当中是最高的，所以液化比较困难。在液化过程中进行正、仲氢催化转化是一个放热反应，反应温度不同，所放热量不同；使用不同的催化剂，转化效率也不相同。因此，在液化工艺流程当中使用何种催化剂，如何布置催化剂温度计，对液氢生产和贮存都是十分重要的。在液氢温度下，除氦气之外，所有其他气体杂质均已固化，有可能堵塞液化系统管路，尤其固氧阻塞节流部位，极易引起爆炸。所以，对原料氢必须进行严格纯化。生产液氢一般可采用三种液化循环，即节流氢液化循环、带膨胀机的氢液化循环和氦制冷氢液化循环。

1845 年，迈克尔·法拉第发表了一篇关于气体液化的论文。当时，他使用醚和固体二氧化碳，将制冷温度下降到 $-110℃$，而沸点低于该温度的气体，包括氢气，不可液化被称为"永久气体"。这一发明对人类化学研究做出突出贡献。1895 年，由德国的卡尔·林德和威廉·汉普森分别提出了一种简单的液化循环来液化空气，所以也叫林德（或汉普逊）循环（L-H 循环），即"节流循环"。然而，由于氢的焦耳-汤姆孙系数转化温度低，在低于 80K 时进行节流才有较明显的制冷效应，林德-汉普森系统等并不能用于液氢，因此采用节流循环液化氢时，必须借助外部冷源（如液氮）进行预冷，只有在压力高达 $10\sim15MPa$，温度降至 $50\sim70K$ 时进行节流，才能以较理想的液化率（约 25%）获得液氢。1898 年，詹姆斯·德瓦尔（James Dewar）首次实现了氢液化（产量 $4mL/min$），该工艺利用碳水化合物和液态空气在 180bar 前冷却压缩氢气，该系统与林德用于空气液化的系统类似，为后来的氢液化技术发展奠定了坚实的基础。1902 年，法国的乔治·克劳德（Claude）成功研制出新的空气液化工艺，首先实现了带有活塞式膨胀引擎的空气液化循环，也叫"克劳德液化循环"，其温度远低于林德提出的等焓膨胀产生的低温。二次氦气冷箱也可以用来液化氢，但该系统从未用于任何实际的大型工厂，这种循环用氦作为制冷工质，由氦制冷循环提供氢冷凝液化所需的冷量，被称为"氦-制冷氢液化系统"。

（2）氢液化流程

19 世纪末提出的 L-H 循环通过高压 H_2 回热和节流过程实现低温后获取液氢（一般需要液氮预冷），但由于该类流程液化能耗高，液氮预冷 L-H 循环的理论液化比功耗高达 $68kW\cdot h/kg$，除部分微小型氢液化装置使用外，目前极少应用，氦膨胀制冷氢液化流程基于氦气逆布雷顿循环发展而来，通过氦气的多级回热和膨胀过程实现低温、冷却并液化原料 LH_2。

氦膨胀制冷氢液化流程，通过氦气多级回热和膨胀过程实现低温、冷却并液化原料氢气，流程如图 2-5 所示。据统计，目前氦制冷循环通常应用于产能≤2.5t/d 的中小型氢液化装置，一般不用于大型氢液化装置。对于更大产能（≥5t/d）的氢液化装置，国际上多采用氢膨胀制冷循环，即通过循环 H_2 回热和膨胀过程制取冷量，对原料 H_2 进行冷却和液化，工艺过程中主要基于 Claude 循环等循环构型。由于简单的液氮预冷单压 Claude 循环的比功耗也高达 $30kW\cdot h/kg$（以 LH_2 计），为进一步降低液化能耗，Baker 等人提出一种液氮预冷的双压 Claude 氢液化流程，如图 2-6 所示。该流程理论液化比功耗为 $11kW\cdot h/kg$，是目前主流氢液化流程，已广泛应用于大型氢液化装置。

氢液化流程中正仲氢需提前转化以免储存的液氢大量蒸发，典型的液氢产品仲氢体积分数为 95% 或 97%。由于温度越低转化热越大，一般在较高温度下催化加速正-仲氢转化以减小制冷负荷。目前正-仲氢转化形式主要有等温、绝热和连续 3 种形式。等温转化一般以液氮或液氢浴为冷源，低温冷量消耗大。绝热转化采用独立转化器，转化完成后升温的原料氢返回上一级换热器被再次冷却，流程较复杂。连续转化则将催化剂集成在换热器中，原料氢冷却降温与催化转化同时进行，流程简单且低温冷量需求小，是氢液化流程的发展趋势。

2007 年，Linde 公司建造了液化能力为 5t/d 的 Leuna 氢液化系统，采用液氮预冷的双压 Claude 循环，2 组膨胀机串联，采用气体轴承。区别在于 Leuna 流程采用连续转化，正-仲氢转化在填充催化剂的换热器通道内完成，不设绝热转化器，进一步降低了能耗（比功耗 $12kW\cdot h/kg$）并简化了流程。由于冷却负荷包含转化热后分布特征变化，氢膨胀机布局做出相应调整，另外，为处理液氢节流产生的闪蒸气，流程中设置了引射器，利用高压原料氢引射闪蒸气将其增压后继续利用。其流程如图 2-7 所示。

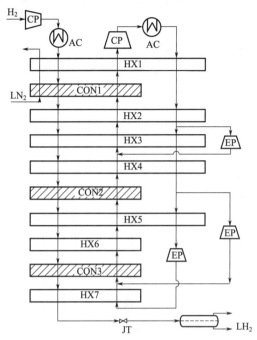

图 2-5　液氮预冷氢膨胀制冷氢液化流程
（CP 为压缩机，AC 为冷却器、冷凝器，
HX 为换热器，LH$_2$ 为液氢，JT 为节流阀，LN$_2$ 为液氮，
EP 为膨胀机，CON 为正仲氢转化器）

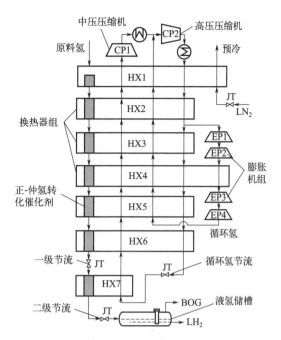

图 2-6　液氮预冷双压 Claude 氢液化流程

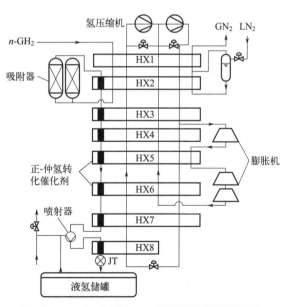

图 2-7　Linde 公司 Leuna 氢液化系统流程简图
（GH$_2$ 为气态氢，GN$_2$ 为气态氮，其他标注同图 2-5）

第二章　氢的基础化学

但是，由于氢的临界温度和转化温度非常低，且汽化潜热小，所以液化起来比较困难。因此在液化工艺流程当中如何使用催化剂，以及液化温度的选择，对液氢生产和储存都是十分重要的关键点。有关催化剂性能见表 2-17。在 20K 时，正氢转换为仲氢释放的热非常大，为 670kJ/kg，而在相同温度下汽化潜热为 446kJ/kg。

表 2-17　常用正-仲氢转化催化剂反应速度常数

催化剂名称	反应速度常数 (k) / [10^3 kmol/ (L·s)]	
	78K	22K
$Cr_2O_3 + Ni$	1.5～1.7	1.6～2.1
$Cr(OH)_3$	0.56～0.73	0.9～1.6
$Mn(OH)_4$	0.73～1.2	1.6～2.1
$Fe(OH)_3$	1.0～2.3	0.9～2.1

液氢需要在低温下储藏，低温系统的故障将导致 H_2 的泄漏，因此在液氢的存储和运输过程中需十分小心。对于开放的液氢（LH_2）池，低温氢气相对于环境气体挥发性较低，更容易与空气形成可燃混合物。此外，LH_2 由于空气组分的冷凝和凝固而迅速杂质化，可能导致富氧区形成冲击-爆炸混合物。在封闭区域，当 LH_2 加热到环境温度时，体积会增大845 倍，气压可能急剧变化，这一现象带来了额外的危险。在封闭空间中，最终压力可能上升到 170MPa，这会使系统增压到爆裂。液氢是重要的高能燃料，氢气液化又是一个十分复杂的过程，有兴趣的可以参阅有关专著。

2.5　固态氢及金属氢

2.5.1　固态氢

液氢体系温度进一步降低到沸点以下，产生液体和固体氢的混合物，或泥浆氢（SLH_2）。泥浆氢具有密度高、延展性好以及吸收热量时冷冻剂储存时间长等优点。当固体形成时，正氢向仲氢的转化与相应的转化热的释放有关，需要进行考虑。三相点为温度13.8K、压力 7.2kPa，在此状态下，三相均能保持平衡。也可在液氢中加入胶凝剂，成为凝胶液氢（gelling liquid hydrogen），即胶氢。胶氢像液氢一样呈流动状态，但又有较高的密度。和液氢相比，胶氢具有以下优点：

① 安全性增加，液氢凝胶化以后黏度增加 1.5～3.7 倍，降低了泄漏带来的危险。

② 蒸发损失降低，液氢凝胶化以后，蒸发速率仅为液氢的 25%。

③ 增大密度，液氢中添加 35% 甲烷，密度可提高 50% 左右。

④ 减少液面晃动，液氢凝胶化以后，液面晃动减少了 20%～30%，有助于长期储存，并可简化储罐结构。提高比冲，提高液氢燃料火箭发射能力。

氢气固化时形成六方结构晶体，此时绝大多数分子是仲氢，固态仲氢的晶格参数为：$a = 376pm$，$c/a = 1.623$。六方结构的固态氢随着压力不同呈现出 3 种不同的物相（表 2-18）。

表 2-18　固态氢的物理和热力学性质

性质	p-H_2	n-H_2	性质	p-H_2	n-H_2
熔点（三相点）/K	13.803	13.947	焓（熔点）/(J/mol)[①]	−740.2	321.6
熔点下的蒸气压/kPa	7.04	7.20	内能（熔点）/(J/mol)[①]	−740.4	317.9
10 K 时的蒸气压/kPa	0.257	0.231	熵（熔点）/[J/(mol·K)][①]	1.49	20.3
熔点时密度/(mol/L)	42.91	43.01	热导率（熔点）/[mW/(cm·K)]	9.0	9.0
熔解热（熔点时）/(J/mol)	117.5	117.1	介电常数（熔点）	1.286	1.287
升华热（熔点时）/(J/mol)	1023.0	1028.4	解离热（0K）/(kJ/mol)	431.952	430.889
c_p(10 K)/[J/(mol·K)]	20.79	20.79			

①测定基准：理想气体温度 0K、压力 101.3kPa 时，焓、熵、内能均为 0。

如果氢维持在其临界温度和压力之上，就会形成单相的"超临界流体"。因为是可压缩的，其具有类似气体的性质，同时具有类似液体的密度，在两者之间有一种短暂的状态，其特征是强烈的结构波动导致在临界点附近流体性质的不寻常行为。与液体相比，它也表现出更高的流速。在超临界状态下，低温氢的热物理性质与温度和压力有很强的作用关系。热物理性质变化很大，特别是在近临界区。比热容在准临界温度（"热峰现象"）时存在极大值。超临界氢气的黏度随温度的变化而变化，可能发生湍流到层流的转变。

2.5.2　金属氢

固态氢在高压状态下呈现金属导电性能的导电体，由于导电是金属的特性，故称金属氢。金属氢是一种高储能材料。据科学家估算，金属氢具有密度小、强度高的特点。其密度可能仅为 0.7g/cm³，只及铝密度的 1/3、铁密度的 1/10，但强度却是铁的两倍。如果用它来制造武器装备，肯定要比普通材料节省燃料。金属氢内储藏着巨大的能量，比普通 TNT 炸药大 30～40 倍。金属氢是一种高温超导体。已掌握的超导材料大多需在液氢（−269℃）或液氮（−196℃）冷却下使用，这使超导技术的发展受到限制。金属氢的超导临界温度是 −223℃，能够在固态二氧化碳温度（−78.45℃）下使用，这将大大推动超导技术的发展。

科学家曾运用不同的实验装置，包括制备人造金刚石用的超高压设备，试图将氢气转变成金属氢，但是，迄今为止，金属氢还没有真正在实验室研制出来。

2.6　氢同位素分离

同位素有相同的核内质子数和核外电子数，故其化学性质极为相似，分离难度很大。但它们的核内中子数不同，因而其原子量不同，引起同位素在热力学性质上的差异，利用同位素间在物化性质上的差别，达到分离目的。一般认为，同位素分离方法可分为四类：

① 直接利用同位素质量差别，如电磁分离、离心分离；
② 利用平衡分子传递性质的差别，如扩散、热扩散、离子迁移、分子蒸馏；
③ 利用热力学性质上的差别，如精馏、萃取、吸收、吸附、离子交换、结晶；
④ 利用同位素反应动力学性质的差别，如电解、光化学分离（包括激光分离）。

实践表明，前两类适用于重元素分离，后两类对轻元素的同位素分离比较有效。同位素的发现依赖于同位素分离的实现，直至 20 世纪 30 年代初，同位素分离的目的主要是为了分析、研究元素的同位素组成。1931 年发现重氢后，建立了重水生产工厂。

氢同位素分离技术在聚变反应燃料循环和尾气处理过程中发挥着重要作用。目前应用范围最广泛的主要是低温精馏法与热循环吸附法两种，其中热循环吸附法是一种半连续的色谱分离技术，具有自动化程度高、分离效率高、分离能力强以及主系统体积小、便于二次密封等优点。影响氢同位素分离过程的因素很多，总理论板数、回流比、进料位置、操作压力等都影响分离效果。此外，工程应用中氢同位素涉及的体系很多，要用多柱级联的手段分离，为降低系统滞留量和增强分离能力，通常还需加入侧线歧化器。理论计算能揭示影响分离性能的各种因素，揭示分离过程各组分浓度及温度等参量的变化规律，为精馏柱设计和系统操作运行提供理论指导。

精馏是利用混合物中各组分挥发度不同而将各组分加以分离的一种分离过程，而各组分挥发度不同与饱和蒸气压有关，饱和蒸气压又由物质的操作温度、沸点、汽化潜热等因素决定。饱和蒸气压安托万（Antoine）方程，即 $\lg p = A - B/(T+C)$。式中，T 为操作温度；A、B、C 为 Antoine 常数。Antoine 方程是对克劳修斯-克拉佩龙（Clausius-Clapeyron）方程的简化，在 $1.333 \sim 199.98$ kPa 范围内误差小。考虑到氢与其同位素 D、T 的分离，H_2、D_2、T_2 三者的沸点相差很小 [H_2，20.38K；D_2，23.66K；T_2，25.04K（见表 2-1）]，氢本身又有易燃易爆的特点，因此，三者的精馏分离难度是很大的。而且，这三种物质的汽化潜热也有差别，这就更加增加了分离难度。

在 $20 \sim 25$K 温度下，根据氢同位素 6 种分子（H_2、HD、D_2、HT、DT 和 T_2）沸点存在微小差异的特性，选择低温精馏工艺将其分离。近十年来发展了多种氢同位素分离方法，但低温精馏比这些工艺处理量大、分离因子高，仍是工业规模氢同位素分离的首选工艺，国外已应用于重水生产、重水堆除氚和升级、聚变堆氘氚燃料循环、氚生产等各领域。

1971 年法国 Laue-Langevin 研究所基于气相催化交换（VPCE）-低温蒸馏技术组合工艺建成了世界上第一座重水提氚实验工厂。在欧洲联合托卡马克装置（JET）和国际热核聚变实验堆（ITER）上均采用低温精馏工艺对未燃尽的氘氚和从含氚废水处理系统（WDS）与中性束注入器（NBI）回来的气体进行同位素分离。低温精馏法有许多优势：分离系数大，处理量相对较大，能耗相对较低，可忽略的氚渗透等。

氢是由正氢（$n\text{-}H_2$）和仲氢（$p\text{-}H_2$）的混合物组成的。正氢向仲氢的转化是放热反应，转化热约为 1421J/mol，大于氢的汽化潜热。同样氢的同位素氘和氚也存在着正、仲 2 种结构形式和类似的性质。氢同位素的另一特点是氚具有衰变热。纯氚衰变热速率为 1.95 W/mol。当精馏塔生产氚时，塔内总的衰变热与再沸器或冷凝器的热负荷相当。另外，当一种同位素在另一种同位素中含量低时，它的存在形式不是以这种同位素的分子形式存在。如天然氢中氘的存在形式不是氘分子 D_2，而几乎完全以 HD 分子形式存在。因此若将氢和氘在一个精馏塔中完全分离必伴随化学反应的发生。氢的同位素之间可进行如下化学平衡反应，见式（2-12）~式（2-14）。

$$H_2 + D_2 \Longrightarrow 2HD \tag{2-12}$$

$$H_2 + T_2 \Longrightarrow 2HT \tag{2-13}$$

$$D_2 + T_2 \Longrightarrow 2DT \tag{2-14}$$

由以上 3 个平衡反应，还可演化出另外 3 种平衡反应，见式（2-15）～式（2-17）。

$$HT + D_2 \rightleftharpoons HD + DT \tag{2-15}$$

$$DT + H_2 \rightleftharpoons HD + HT \tag{2-16}$$

$$HD + T_2 \rightleftharpoons HT + DT \tag{2-17}$$

通常情况下这 6 个平衡反应进行得十分缓慢，但在 Pt、Pd 催化剂作用下会迅速达到平衡。

低温精馏分离氢同位素主要有 4 种工艺：四塔流程、三塔流程、二塔流程和带有侧线返回进料平衡装置的二塔流程。目前在这 4 种流程上都进行了氢同位素的低温精馏实验，取得了低温塔分离特性和控制特性的实验数据。针对不同的流程和塔型建立了描述塔稳态和动态操作特性以及控制特性的数学模型。在最初发展的模拟模型中，忽略 6 种同位素分子汽化潜热的差别以及氚的衰变热。假设溶液符合拉乌尔（Raoult）定律，可按照常规精馏原理进行塔分离特性的粗略估计。在此，不再进一步讨论氢同位素精馏分离的工程化问题。

2.7 氢核聚变反应及核能

2.7.1 核反应的定义

核反应（nuclear reaction）指核素自身导致或入射粒子（如中子、光子等或原子核）与原子核（称靶核）碰撞导致的原子核状态发生变化或形成新核的过程。反应前后的能量、动量、角动量、质量、电荷与宇称都必须守恒。核聚变反应是宇宙中早已普遍存在的极为重要的自然现象。核反应包括自发核反应（放射性衰变）和诱导核反应（核裂变与核聚变）两部分。已知现今存在的化学元素除氢以外都是通过天然核反应合成的，在恒星上发生的核反应是恒星辐射出巨大能量的源泉。值得注意，原子核通过自发衰变或人工轰击而进行的核反应与化学反应有根本的不同：

① 化学反应涉及核外电子的变化，但核反应是原子核发生了变化；

② 化学反应不产生新的元素，但在核反应中一种元素衰变为另一种元素；

③ 化学反应中各同位素的反应是相似的，而核反应中各同位素的反应不同；

④ 化学反应与化学键有关，核反应与化学键无关；

⑤ 化学反应的能量一般为 $10 \sim 100 \mathrm{kJ/mol}$，而核反应的能量变化在 $10^8 \sim 10^9 \mathrm{kJ/mol}$；

⑥ 在化学反应中反应物和生成物的质量数相等，但在核反应中会发生质量亏损。

即使核反应与化学反应有区别，但是，氢核反应对于氢能贡献太大，在此作简单的介绍。

2.7.2 质量亏损和核结合能

原子核是核子之间靠核力（nuclear force）结合而成的。核力是核子之间的短程吸引力，作用范围为 2 fm。尽管原子核由质子和中子组成，但其质量总是小于构成它的全部核子的质量和。例如，氘（D）的核素由两个核子（1 个质子和 1 个中子）组成，两个核子的质量和应为 2.0159413Da，而氘核的实际质量却是 2.013552Da，少了 0.0023893Da。核素质量与其组成核子质量和之差称为质量亏损（mass defect），用 Δm 表示。公式 $E=\Delta mc^2$ 来自爱因斯坦的狭义相对论，此时能量 E 就是核反应放出的巨大能量（表 2-19）。这里原子质量单位的定义和计算见式（2-18）。

$$1\mathrm{Da}=\frac{12}{6.022\times10^{23}}\times\frac{1}{12}\mathrm{g}=1.66\times10^{-27}\mathrm{kg}, E=\Delta mc^2=\left[(m_\mathrm{p}+m_\mathrm{n})-m_{(_1^2\mathrm{H})}\right]c^2 \quad (2\text{-}18)$$

表 2-19　两种不同能量转化及其能量释放值

反应	反应方程式	质量亏损	能量释放 $E=\Delta mc^2$
正常太阳核心（质子链）	$4_1^1\mathrm{H}\longrightarrow4\mathrm{He}^{2-}+2e^++2\nu_\mathrm{e}$	$4\times1.0078\mathrm{Da}\longrightarrow4.0026\mathrm{Da},\Delta m=0.287\mathrm{Da}$	26.73MeV
烧煤	$\mathrm{C}+\mathrm{O}_2\longrightarrow\mathrm{CO}_2$	$\Delta m=4.39\times10^{-9}\mathrm{Da}$	4.09×10^{-7} MeV

2.7.3　氢核聚变反应

核聚变（nuclear fusion），又称聚变反应或热核反应。这是一种核反应的形式。原子核中蕴藏巨大的能量，原子核的变化，从一种原子核变化为另外一种原子核，往往伴随着能量的释放。其中，涉及轻原子核的氢核聚变尤为重要。氢核聚变，即轻原子核氘和氚结合成较重原子核时放出巨大能量。

聚变释放的是原子核中核子（质子或中子）的结合能。在形成原子核时，每个核子都会受到相邻核子的短程吸引力，由于核子数较小的原子核中位于表面的核子数目较多，受到的吸引力较小，因此每个核子的结合力随原子序数增加而增加，但当原子核直径约为 4 个核子时达到饱和。与此同时带正电的原子核和质子会由于库仑力而相互排斥，该作用力随原子序数增加而单调下降。这两个效果相反的作用力的综合作用使得原子核的稳定性首先随原子序数增加而升高，当达到最大值后又随原子序数增加而下降。结合力最强的原子核是 Fe 和 Ni。很重的原子核（核子数大于 208，直径约为 6 倍核子直径）是不稳定的。轻、重原子核的分界线为 Fe。对于轻原子核，获得原子核结合能的方式是核聚变（nuclear fusion），而对于重原子核，获得原子核结合能的方式是核裂变（nuclear fission）。

参与核聚变反应的轻原子核，如氢（氕）、氘、氚、锂等从热运动获得必要的动能而引起聚变反应。冷核聚变是在相对低温下进行的核聚变反应，这种情况是针对自然界已知存在的热核聚变而提出的一种概念性假设，这种设想将极大地降低反应要求，只要能够在较低温度下让核外电子摆脱原子核的束缚，或者在较高温度下用高强度、高密度磁场阻挡中子或者让中子定向输出，就可以使用更普通更简单的设备产生可控冷核聚变反应，同时也使核聚变反应更安全。虽然国际上曾有过关于冷核聚变成功的报道，但后来被证实报道不实。

^{1}H-^{1}H 聚变。在恒星中最主要的核燃料是质子，因此最重要的聚变反应是质子聚变形成氦核（α 粒子）的反应，其净效果是 4 个质子发生聚变，形成 α 粒子，同时释放两个正电子（positron）、两个中微子（neutrino）和能量。但上述反应所需的能量阈值极高，即使在恒星中心的高温高压条件下进行得也十分缓慢，因此在地面的人工聚变设施中实现十分困难。

2.7.4　可利用的聚变反应

可以看出，人类若要选择某种聚变反应作为能源，除了考虑单次反应释放的能量，更应该考虑反应发生概率，或者说聚变反应截面 σ。如表 2-20 所示，氘氚（DT）聚变反应截面高出其他所有聚变反应两个数量级以上，是人类最容易实现的聚变反应，因此也成为人类开发聚变能的首选。并且，单次 DT 聚变释放的能量达 17.6MeV，仅次于氢聚变成氦，可以获得较高的聚变功率密度。当然了，DT 聚变反应并不完美：T 的半衰期只有 12.35 年，因此自然界并不存在 T，需要建设"氚工厂"来生产（这是目前聚变反应面临的主要问题之一）；DT 聚变产生的 14 MeV 中子将给材料带来巨大挑战。此外，氘氘、氘氦-3 聚变反应截面也不太小，属于人类跳一跳也有可能够得着的反应，同时还有储量丰富（氘氘）、中子产额较小的优点，属于潜在的备选聚变反应。

表 2-20　核聚变参数及释放能量值

聚变反应	截面(10keV)/m²	截面(100keV)/m²	释放能量/MeV
$4H \longrightarrow {}_2^4He + 2e^+ + 2\nu_e$	3.6×10^{-54}(计算值)	4.4×10^{-53}(计算值)	26.73
$D + T \longrightarrow {}_2^4He + n$	2.72×10^{-30}	3.43×10^{-28}	17.6
$D + D \longrightarrow T + H$	2.81×10^{-32}	3.3×10^{-30}	4.04
$D + D \longrightarrow {}_2^3He + n$	2.78×10^{-32}	3.7×10^{-30}	3.27
$D + {}_2^3He \longrightarrow {}_2^4He + H$	2.72×10^{-35}	1×10^{-29}	18.35

在受控核聚变反应中获取能量的反应主要有如下几种，见式（2-19）～式（2-23），其中反应截面最大的大多数是涉及氢同位素的聚变反应。

$$ {}_1^2D + {}_3^1T \Longrightarrow {}_2^4He(3.5MeV) + n^0(14.1MeV) \tag{2-19} $$

$$ {}_1^2D + {}_1^2D \Longrightarrow {}_1^3T(1.01MeV) + p^+(3.02MeV) \quad 50\% \tag{2-20} $$

$$ \Longrightarrow {}_2^3He(0.82MeV) + n^0(2.45MeV) \quad 50\% \tag{2-21} $$

$$ {}_1^2D + {}_2^3He \Longrightarrow {}_2^4He(3.6MeV) + p^+(14.7MeV) \tag{2-22} $$

$$ p^+ + {}_3^6Li \Longrightarrow {}_2^4He(1.7MeV) + {}_2^3He(2.3MeV) \tag{2-23} $$

其中以 D-D 反应为例：两粒氘核都带正电，要发生聚变，它们必须克服库仑力，彼此接近到原子核内核子与核子之间的距离。此时库仑势能 $E \approx 10^{-13}$ J。把此值作为热运动的平均能量 $E \approx (3/2)kT$（k 为玻尔兹曼常数），便可算出 $T = 10^{10}$ K。但热运动中能量是按照统计分布的，考虑到隧道效应，可算出当反应温度达到 $10^8 \sim 10^9$ K 时就可以发生聚变反应。但这依然是相当高的温度，由此可见，受控聚变反应对温度的要求是十分苛刻的。核聚变反应中，使用氢同位素氘与氚的核聚变是最容易实现的核聚变反应。目前，如何控制高温状态下，氘和氚的混合气体形成的电浆的温度以实现最佳的核聚变反应速率，是相当关键的技术。核聚变能利用的燃料是氘（D）和氚（T）。氘在海水中大量存在，大约每 6500 个氢原子中就有一个氘原子，海水中氘的总量约 45 万亿吨。每升海水中所含的氘完全聚变所释放的聚变能相当于 300 升汽油燃料的能量。按世界消耗的能量计算，海水中氘的聚变能可用几百亿年。氚可以由锂制造。锂主要有锂-6 和锂-7 两种同位素。锂-6 吸收一个热中子后，可以变成氚并放出能量。锂-7 要吸收快中子才能变成氚。地球上锂的储量虽比氘少得多，但也有两千多亿吨。用它来制造氚，足够用到人类使用氘、氚聚变的年代。

因此，热核聚变能是一种取之不尽用之不竭的新能源。但是，即使对于氘与氚的热核聚变这样最容易实现的核聚变反应，也需要达到 $10^8 \sim 10^9 K$ 这样的高温，也是十分困难的。通常有三种方式来产生热核聚变，即重力场约束、惯性约束、磁约束，其中激光惯性约束核聚变或磁约束核聚变可控核聚变方式被认为是最有前途的。

1954 年 3 月 1 日，美国在太平洋比基尼珊瑚礁上进行了第一枚真正的氢弹试验，通过铀-235 核裂变产生的极度高温引发加热并压缩氘氚燃料，引发核聚变，也就是引爆氢弹。氢弹给人类安全带来极大担忧，但是，其原理是否可以和平利用也是人们需要考虑的问题。

2022 年，美国能源部宣布，美国科学家在劳伦斯利弗莫尔国家实验室国家点火装置上，首次使用激光点火式诱发的氘和氚核聚变反应中实现了净能量增益；2024 年法国则在超导托卡马克装置 "WEST" 中将约 5000 万℃的热聚变等离子体维持了创纪录的 6 分钟，创下聚变反应新纪录。这些突破预示，人类在可控核聚变产生增益能量艰难道路上又有一个重大进展，或许最终有一天，可以提供一种颠覆性的、永恒的新能源方案，希望这一能源领域的"圣杯"早日实现。

2.8 氢的主要化学反应

氢是第一主族元素，但同时具有第一主族和第七主族元素的特征，也就是说氢在周期表中处于还原及氧化两性状态。氢可与碳直接化合，碳氢化合物已知有数以百万种，这些化合物是构成有机化学的基石。氢可以与非金属反应，生成数量庞大的酸、碱、盐，这些物质又是无机化学的基础。氢也可以与氟、氧、氮成键，可生成一种较强的非共价键，称为氢键，氢键在化学键理论中有重要意义。氢气还可以还原大量的金属氧化物，得到相应的金属单质，这些又是材料化学、冶金化学、信息新材料等工业化学的基础。氢也与电负性较低的元素，生成化合物，这样的化合物称为氢化物。氢几乎同所有的元素都能形成化合物，而且很多情况下可以直接反应。

2.8.1 氢与非金属单质的反应

氢的电离能比碱金属大 $2 \sim 3$ 倍，电子亲和能不及卤素的 $1/4$，其电负性处于中间地位。氢与非金属单质可以发生各种反应，其中，氢与卤素（X_2）直接化合生成卤化氢的反应最为重要，这是生成酸酐的反应，见式（2-24）。

$$H_2 + X_2 \Longrightarrow 2HX \qquad (X = F, Cl, Br, I) \tag{2-24}$$

氢-卤素反应为放热反应。氢-氟在低温和黑暗环境就能自发地发生爆炸性反应，此反应有可能应用于火箭推进剂系统；氢与氯、溴的反应属自由基链式反应，须在加热或光照条件下进行，与碘反应亦须在加热或催化剂存在条件下进行。在上述的反应中，氢气与氯气燃烧生成 HCl 的反应最为重要，HCl 溶于水中成为盐酸，这也是现代化学工业基础之一。

氢与氧在加热条件下或借助于催化剂可直接发生反应，见式（2-25）。

$$H_2 + \frac{1}{2}O_2 \Longrightarrow 2H_2O \qquad \Delta H^{\ominus}_{298K} = -285.83 kJ/mol \tag{2-25}$$

注意，这是一个极为重要的反应，常用的氢-氧反应催化剂有 Pt、Pd、Cu、Ni 等金属催化剂，以及 NiO、Co_2O_3 等金属氧化物催化剂。氢氧化合反应是可逆的，反方向即水的催化分解反应，在氢能源化工中起到了核心作用。通过不同的水分解催化方法，如光催化、电催化、光电催化等绿色化学的方法，可以找到清洁、绿色、零碳排放的制取氢气的方法，从而彻底解决人类面临的严峻能源问题、环境挑战。这些问题都是本书的主要内容，在后续各个章节都会详细讨论。氢与硫或硒在 250℃ 下也可直接化合，但氢不同第六主族其他非金属或半金属单质在高温下直接反应。

氢与氮气在催化剂、高温高压条件下直接合成氨，反应见式（2-26）。1910 年，Haber 等人发明了工业合成氨的铁催化剂，开创了现代化肥工业，并推动了人类化学工业及农业技术的现代化。

$$3H_2 + N_2 \rightleftharpoons 2NH_3 \qquad \Delta H_{298K}^{\ominus} = -91.44\text{kJ/mol} \qquad (2\text{-}26)$$

石墨电极在氢气中发生电弧时能产生烃类化合物［式（2-27）］，这个反应没有很大的工业意义，但是，也说明了氢的化学多样性。

$$2H_2 + C(\text{焦炭}) \rightleftharpoons CH_4 \qquad (2\text{-}27)$$

从热力学观点看，氢-碳反应生成甲烷在低温下就能进行，因为反应的平衡常数在 300K 时为 108.8，而在 1000K 时只有 10^{-1}。但是，为了加速石墨的气化并加快反应的进行，必须用催化剂在高温条件下反应。镍催化剂可以将反应速度加快，反应温度多数选在 1000K 附近，Ni 催化剂在反应中，主要能够起到解离氢分子的作用。

2.8.2　氢与金属的反应

氢与金属互相化合生成氢化物。按照与其相结合的元素在周期表中的位置和氢化物在物理和化学性质上的差异，可以分成如下五类。

① 离子型氢化物。氢在和碱金属、碱土金属（镁除外）反应时，会得到一个电子（H^-），形成离子型氢化物。如式（2-28）～式（2-30）所示。

$$H_2 + 2Li \rightleftharpoons 2LiH \qquad (2\text{-}28)$$

$$H_2 + 2Na \rightleftharpoons 2NaH \qquad (2\text{-}29)$$

$$H_2 + Ca \rightleftharpoons CaH_2 \qquad (2\text{-}30)$$

离子型氢化物一般可由金属单质在氢气中加热制备，加压或催化剂均可提高反应速度。离子型氢化物都是白色或无色的晶体，不纯的产物呈灰色至黑色，产物中若有过量的金属则呈蓝色。离子型金属氢化物的结构类似于相应的金属卤化物，都具有离子化合物的共同特征，如熔点、沸点较高，熔融时能导电等。氢化物的密度都比相应金属的密度大。离子型氢化物反应活性很高，是强还原剂。所有离子型氢化物在水中均能分解并放出氢气。

② 共价型氢化物。当氢与某些金属（如铍、镁）反应时，电子不会完全从金属原子转移到氢原子而形成 H^-。氢与铍反应生成 BeH_2，属共价型氢化物，而氢与镁反应生成 MgH_2 则介于离子型和共价型之间。周期表中绝大多数 p 区元素与氢反应都形成共价型氢化物。共价型金属氢化物在固态时为分子晶体，大多无色，其熔点、沸点都较低。

③ 过渡金属氢化物。大部分过渡金属元素或它们的合金可以大量吸收氢，例如，在以

钯作电极的电解过程中，可以吸收几百倍相当于金属自身体积的氢气。金属吸收和储存氢的过程是可逆的，储存密度往往超过液氢密度。过渡金属吸氢成键有三种模型：

　　a. 氢以原子状态储存于金属晶格中（类似于溶解在液体溶剂中）；

　　b. 氢以 H^+ 形式存在，将氢的电子供入导带中；

　　c. 氢以 H^- 形式存在，氢原子从导带中取得一个电子，与金属结合成氢化物。

　　过渡金属氢化物的最大特点在于组成不稳定，常保留金属的一些典型性质，如电导率高、具有金属光泽等。现在已弄清楚，这些氢化物都有很明确的物相，其晶体结构完全不同于母体金属的结构。

　　目前，最有希望获得实际应用的金属间化合物（合金）是 $LaNi_5$ 和 FeTi。$LaNi_5$ 吸氢-放氢反应见式（2-31）。

$$LaNi_5 + 3H_2 \rightleftharpoons LaNi_5H_6 + Q \tag{2-31}$$

　　$LaNi_5$ 吸氢在常温下即能进行，当 $LaNi_5$ 形成氢化物时，晶体结构并无太大变化，但晶格参数发生显著变化，晶胞体积约膨胀 27%。$LaNi_5H_6$ 的脱氢速度随温度的升高而增大，在脱氢时必须补充热量，否则会因温度降低而停止脱氢，$LaNi_5$ 是目前最受关注的储氢材料之一。FeTi 也是一种有希望的储氢材料，它的价格比较低廉，储氢的重量比高于 $LaNi_5$。FeTi 合金吸氢和脱氢的速度较快，其反应见式（2-32）。

$$FeTi + H_2 \rightleftharpoons FeTiH_2 + Q \tag{2-32}$$

　　④ 配位氢化物。配位氢化物是一大类在工业上和许多化学领域中广泛应用的物质，主要是由 Al 或 B 参与配位生成的金属氢化物。这些配位氢化物大多作为还原剂使用，其中，在有机化工中应用较多的有氢化铝锂（$LiAlH_4$）、氢化铝钠（$NaAlH_4$）、硼氢化钠（$NaBH_4$）等。配位氢化物在一定条件下可以由氢和金属单质直接合成。这些配位氢化物都是重要的储氢材料。

　　除由 Al 或 B 参与配位的金属氢化物外，还有一类就是过渡金属的氢配位化合物，如 ReH、$Fe(CO)_4$。这类氢化物主要是作为催化剂在有机化学中应用，例如烯烃的加氢、异构化、醛化、二聚和低聚反应等，而这类氢化物最有吸引力的一个方面则是催化固氮，有许多过渡金属配位氢化物能同氮分子直接反应，且可逆，已有一些实验结果表明这类反应中可以生成氨，展示出生物固氮的美好前景。

2.8.3　氢与金属氧化物的还原反应

　　氢气与金属氧化物接触，是一种在高温下使用氢气将金属氧化物还原以制取金属的方法。这种方法相比其他还原方法，如碳还原法或锌还原法，可以获得性质更易控制、纯度更高的金属产品，广泛用于钨、钼、钴、铁等金属粉末和锗、硅的生产。氢气还原金属氧化物的反应过程中，通常会观察到金属氧化物的颜色变化。例如氧化铜变为红色；氧化铁还原时，有颜色变化，并伴有水珠的生成。

　　根据金属活动性顺序表，氢气可以还原铝之后的金属氧化物。铝之前的金属氧化物通常通过电解法制备单质，而铝之后的金属则可以通过热还原法来制备。此外，某些金属碳化物也可以与氢气发生类似的氧化还原反应。

　　需要注意的是，尽管氢气可以用于还原金属氧化物，但工业上更常用一氧化碳或 $H_2/$

CO 混合气体还原，因为一氧化碳的成本较低。氢气的还原能力虽然不如一氧化碳，但在某些情况下仍然是可行的选择，具有节能及环保双重重大意义。

（1）还原金属氧化物的埃林汉姆图（Ellingham diagram）

根据热力学原理，还原金属氧化物为金属时，还原吉布斯自由能与还原剂种类以及还原条件相关，据此，哈罗德·埃林汉姆（Harold Ellinham）于 1944 年制作埃林汉姆图，该图是根据 $\Delta G = \Delta H - T\Delta S$ 的关系推出。ΔG 跟温度 T 的关系应为线性函数，斜率是 $-\Delta S$。从金属到金属氧化物，氧气被用掉，系统的熵变是负数。所以，斜率 $-\Delta S$ 是正数，直线向上。

金属氧化物生成吉布斯自由能 $\Delta G(MO)$ 大于水生成自由能 $\Delta G(H_2O)$ 时，该金属氧化物可被 H_2 还原。从埃林汉姆图（图 2-8）可知，在一定温度条件下，铅、锡、铜、镍、钴等多种金属对应氧化物 $\Delta G(MO)$ 高于 $\Delta G(H_2O)$，具有 H_2 还原的可行性。而且，低温条件下，$\Delta G(H_2O)$ 小于由碳生成 CO_2 的 $\Delta G(CO_2)$，即 H_2 还原能力强于碳，具备替代碳还原剂的潜能。近年来，在发展绿色冶金的形势驱动下，氢冶金在有色金属冶金领域也越来越受关注，特别是与钢铁冶金相关度较高的镍、钛、铜、锰、钼等冶金行业。

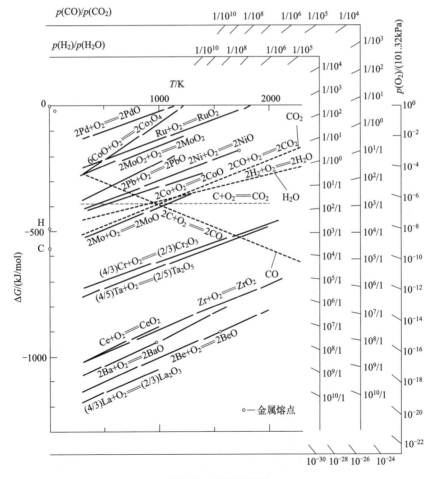

图 2-8　埃林汉姆图

埃林汉姆图是一种在热力学中用于说明物质稳定性对温度依赖性的图表。该图通常用于评估还原金属氧化物和硫化物的难易程度。在冶金学中，埃林汉姆图被用于预测金属及其氧化物和氧气间的平衡温度关系；在延伸使用中，还包括金属与硫、氮和其他非金属的反应。这种图表还可用于确定在某种条件下一种矿石是否会被还原为其对应的金属单质。这种分析本质上属于热力学范畴，只考虑了热力学可行性，而忽略了化学动力学因素。

在冶金过程中，大多使用焦炭或一氧化碳还原金属氧化物（MO），发生的反应见式（2-33）~式（2-35）。

$$MO(s)+C(s)\longrightarrow M(s)+CO(g) \tag{2-33}$$

$$2MO(s)+C(s)\longrightarrow 2M(s)+CO_2(g) \tag{2-34}$$

$$MO(s)+CO(g)\longrightarrow M(s)+CO_2(g) \tag{2-35}$$

也可以用氢气还原，见式（2-36）。

$$MO(s)+H_2(g)\longrightarrow M(s)+H_2O(g) \tag{2-36}$$

由图 2-8 可知，还原反应 $H_2+O_2\rightarrow H_2O$ 的 ΔG_m-T 线在图中位置较高，使它同某些金属氧化物的 ΔG_m-T 不能相交并低于这些金属的 ΔG_m-T 线，所以它能还原的金属氧化物种数比碳少得多，用氢气可还原钼、钨和铁的氧化物，一些不能直接由氢气还原的氧化物可以先将其酸解成为金属离子，然后在液相条件下将该金属离子还原为金属。若 ΔG_m-T 图上的直线斜率突然发生变化（即 ΔG_m-T 图出现转折），说明在升温过程中金属氧化物的晶型发生了改变或金属氧化物发生了相变。在冶金过程中，可使用此图查找合适的还原剂和反应温度等条件，使得复杂的理论知识得以简化，使用更加简便、直观。在 CO 线以上的区域，如元素 Fe、W、Pb、Mo、Sn、Ni、Co、As 及 Cu 等的氧化物均可被 C 还原，在高炉冶炼中，如果矿石中含有以上的元素，这些元素将被还原为金属，在 CO 线以下的区域，如元素 Al、Ba、Mg、Ca 以及稀土元素等氧化物不能被还原，在冶炼中它们以氧化物的形式进入炉渣。

（2）氢气直接还原金属氧化物

氢气作为一种高效还原剂，用于还原金属氧化物，还可以作为清洁燃料。与其他可燃气体相比，氢气具有以下优势：①燃烧速度快，在空气中为 2.7m/s，是天然气、丙烷的 7 倍，穿透能力强；②氢气的热值为 1.4×10^5 kJ/kg，是丙烷的 2.7 倍，汽油的 3 倍，除核燃料外高于其他燃气，即同等情况下，燃烧 1kg 燃气，氢气燃烧放出的热量比其他燃料都多，火焰温度高；③氢燃烧后生成水，不产生 CO_2，为清洁燃气。

氢冶金就是在还原冶炼过程中主要使用氢气作还原剂。用氢气还原氧化铁时，其主要产物是金属铁和水蒸气。而水蒸气是极易分离的气体。还原后的尾气对环境没有任何不利的影响，可以明显减轻对环境的负荷。用氢气取代碳作为还原剂的氢冶金技术的研究有望彻底改变钢铁行业的能源与环境现状，为可持续发展带来了希望。

氢气直接还原是指在矿石尚未熔化的温度下，采用氢气对矿粉进行还原，直接将铁氧化物还原成金属铁的工艺方法，还原产品呈多孔低密度海绵状结构，被称为直接还原铁（direct reduced iron，DRI），也称直接还原海绵铁。作为气体还原剂，在温度大于 810℃ 的条件下，氢气还原能力强于一氧化碳，且氢气的还原反应速率比碳还原剂高 1~2 个数量级。全世界直接还原铁技术大致可分为两类：一类是煤基回转窑和煤基熔融还原法，另一类是气基竖炉法。煤基法是通过煤热解产生的 H_2 和用 H_2O 做气化剂经碳气化反应产生的 H_2 对铁矿石进行还原，气基氢冶金是利用天然气经热裂解产生的还原性气体（70% H_2，30% CO）进行还原。前者生产约占总产量的 10%，而后者则占总产量的 90%。现有的气基法和煤基法都还是含氢气的混合气体直接还原法，随着绿色制氢的规模化以及低成本化的发展，直接还原铁会向着纯氢气的还原方向发展。

（3）还原热力学及相图

目前，气基还原炼铁主要采用 H_2、CO 混合气体作为还原气，H_2、CO 还原铁氧化物时，热力学平衡图如图 2-9 所示，还原过程分为 Fe_3O_4 稳定区、FeO 稳定区和金属铁稳定区。反应温度小于 570℃时，铁氧化物的还原历程为 $Fe_2O_3 \rightarrow Fe_3O_4 \rightarrow Fe$；反应温度大于 570℃时，铁氧化物的还原历程则为 $Fe_2O_3 \rightarrow Fe_3O_4 \rightarrow FeO \rightarrow Fe$。

在反应温度小于 810℃时，CO 还原平衡曲线位于 H_2 还原平衡曲线下方，相同温度条件下，还原铁氧化物生成金属铁所需 CO 平衡分压小于 H_2，表明此温度范围内 CO 还原能力强于 H_2；而反应温度大于 810℃时，则 H_2 还原能力强于 CO。由于实际反应温度一般大于 810℃，因此，采用富氢或纯氢还原气体进行铁矿还原在热力学上具有一定的优势。

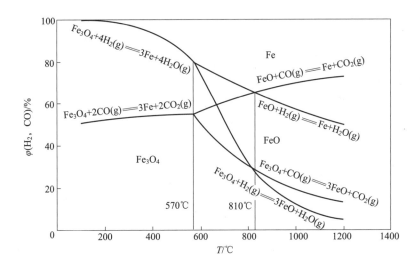

图 2-9　H_2、CO 还原铁氧化物平衡相图

（4）H_2 还原铁氧化物的影响因素

H_2 对固态铁矿物的还原反应速率受多条件影响。在动力学上，提高温度有利于加快 H_2 扩散及界面反应速率；热力学上，氢气还原铁氧化物总体反应见式（2-37）。

$$Fe_2O_3 + 3H_2(g) \!=\!\!=\!\! 2Fe + 3H_2O(g) \qquad \Delta H_{298K}^{\ominus} = 95.8kJ/mol \qquad (2-37)$$

上述反应是吸热反应，提高温度，可增强反应趋势。因此，一定范围内提高温度，有利于 H_2 还原铁氧化物，这与文献研究结果一致。不同矿物粒度导致反应过程速率控制环节的差异，也影响 H_2 对铁矿物的还原反应速率。有人提出，随着赤铁矿粒度增大，H_2 还原反应速率降低，最终还原率则基本不变。对竖炉内 H_2 直接还原铁矿球团进行了模拟分析，也认为在最优反应温度 800℃ 条件下，球团粒径越小还原反应速率越快。有学者则认为，对于微米级磁铁矿，还原速率随粒度减小显著提高，而纳米级磁铁矿还原速率则随粒度减小显著降低。此外，气体压力、铁氧化物孔隙率等因素对 H_2 还原反应也有影响。

H_2 直接还原铁氧化物过程的热化学反应见式（2-38）～式（2-41）。

$$3Fe_2O_3 + H_2(g) = 2Fe_3O_4 + H_2O(g) \qquad \Delta H^{\ominus}_{298K} = -12.1 kJ/mol \qquad (2\text{-}38)$$

$$Fe_3O_4 + H_2(g) = 3FeO + H_2O(g) \qquad \Delta H^{\ominus}_{298K} = 164.0 kJ/mol \qquad (2\text{-}39)$$

$$FeO + H_2(g) = Fe + H_2O(g) \qquad \Delta H^{\ominus}_{298K} = 135.6 kJ/mol \qquad (2\text{-}40)$$

总反应：$Fe_2O_3 + 3H_2(g) = 2Fe + 3H_2O(g) \qquad \Delta H^{\ominus}_{298K} = 95.8 kJ/mol \qquad (2\text{-}41)$

CO 还原铁氧化物过程的热化学反应见式（2-42）～式（2-44）。

$$FeO + CO = Fe + CO_2 \qquad \Delta H^{\ominus}_{298K} = -11 kJ/mol \qquad (2\text{-}42)$$

$$Fe_2O_3 + 3CO = 2Fe + 3CO_2 \qquad \Delta H^{\ominus}_{298K} = -25 kJ/mol \qquad (2\text{-}43)$$

$$2Fe_3O_4 + 8CO = 6Fe + 8CO_2 \qquad \Delta H^{\ominus}_{298K} = -28 kJ/mol \qquad (2\text{-}44)$$

可以看出，CO 还原铁氧化物过程的热化学反应是强烈的放热过程，而氢气还原反应过程表现为强烈的吸热反应，导致纯 H_2 还原体系热量平衡耗氢量远大于化学平衡耗氢量，炉内化学能和物理能不匹配，须解决还原过程的热量平衡问题，以维持稳定的反应温度。

纯氢还原存在以下三方面问题。①氢还原是强吸热反应，反应中大量热量被吸收，导致散料层局部温度迅速降低。②缺少"碳源"，导致炉内热量补偿转化利用非常困难。③H_2 密度小，进入炉内的 H_2 会迅速向上逸出，导致竖炉底部的高温区 H_2 浓度降低，影响还原速率。

（5）氢气还原铁氧化物动力学

从动力学性质上来说，氢是最活泼的还原剂，原子半径小，传质阻力小，对铁氧化物具有良好的还原反应动力学潜质。在铁氧化物的气-固还原反应过程中，提高气体还原剂中氢气的比例，可以明显提高其还原速率。根据热力学分析，在一定温度条件下（大于 810℃），用氢气还原铁氧化物所对应的氢气的平衡含量比用一氧化碳还原时所对应的一氧化碳的平衡含量低，这意味着用氢气还原时可以降低还原剂的使用量，从而减少化学能的消耗。与一氧化碳的还原潜能相比，氢气的还原潜能大大高于一氧化碳，前者是后者的 14.0 倍。

对于 H_2 还原铁氧化物的反应动力学机制，国内外研究者提出了不同的数学模型。一般认为，H_2 对固态铁氧化物的还原过程符合未反应核模型，反应速率主要由外扩散、内扩散、化学反应控制。由于铁氧化物的还原是分步进行，且不同温度范围内反应历程不同，因此，不同温度条件下 H_2 还原铁氧化物的动力学机制存在差异。

在大多数条件下，H_2 对铁氧化物的熔融还原反应速率则非常快，反应速率主要受气体层中的传质速率控制。在 1673K 条件下，H_2 对纯铁氧化物熔体的还原反应是关于 H_2 分压的一级反应，其速率函数可表示为式（2-45）。

$$r = k_a[H_2][p(H_2) - p(H_2O)/K_H] \qquad (2\text{-}45)$$

式中，速率常数 $k_a[H_2] = 1.6 \times 10^{-6}$；$K_H$ 为气体中 H_2O 与 H_2 的分压比，即

$p(H_2O)/p(H_2)$。

（6）氢气还原三氧化钨及氧化钼

钨粉制备使用氢还原三氧化钨或蓝色氧化钨的氢还原法。此法能精确地控制钨粉的粒形、粒度及粒度组成。其反应见式（2-46）～式（2-47）。

$$4WO_3 + H_2 \Longrightarrow W_4O_{11} + H_2O \tag{2-46}$$

$$W_4O_{11} + 3H_2 \Longrightarrow 4WO_2 + 3H_2O \tag{2-47}$$

一般而言，在氧化钨粉的还原过程中，每千克钨粉的理论耗气量为 $0.35m^3$，而实际消耗量一般达到 $0.50m^3$。目前粉末冶金企业多数采用电解水制氢。然而近年来天然气重整制氢技术作为一种新的制氢方法，正在得到推广。

也可用仲钨酸铵（APT）或三氧化钨为原料，先经氢还原制得（蓝色）氧化钨，再将（蓝色）氧化钨置于还原炉中，通以氢气，进行氢还原，调整工艺参数，可制得各种类型的还原钨粉。该法生产工艺成熟，效率高，成本低，有工业生产规模，粒度可达 $1.00\mu m$ 左右，钨粉的质量也有保证。

利用 $W_{18}O_{49}$ 为原料进行氢还原可以制备细钨粉粉体。该工艺采用仲钨酸铵为原料，将仲钨酸铵置于回转炉内，在一定温度和弱还原气氛中热分解和预还原连续制得单 $W_{18}O_{49}$。$W_{18}O_{49}$ 氢还原制取钨粉在电热四管还原炉中进行，由于 $W_{18}O_{49}$ 可以直接生成钨粉，避免了氧化钨水合物 $WO_2(OH)$ 形成所导致的钨颗粒增粗，制得超细钨粉粒径一般为 $80\sim90nm$。

一次还原法比二次还原法节省电、氢气和冷却水，钨粉成本低，但生产难度较大。氢还原法制备钨粉的流程，第一步还原把 WO_3 或 $WO_{2.9}$ 还原成 WO_2，第二步还原把 WO_2 换成钨粉。

钼和钨性质很接近，利用同样的方法也可以制备钼粉。以工业级氧化钼为原料，加入氢气还原成钼粉。钼粉末及其他钼产品的生产工艺，核心的步骤是从原料经纯化获得的 MoO，氧化钼通过氢气还原获得金属钼粉。

（7）氢气还原钒钛磁铁矿制备钛

可采用 H_2/CO 混合气体，对钒钛磁铁矿球团进行还原，动力学研究发现：随着还原温度、$V(H_2)/V(CO)$ 比例的升高以及球团粒径减小，金属总还原率呈升高趋势；还原反应表面活化能为 $60.8kJ/mol$，反应过程初始阶段由表面化学反应控制，末尾阶段则由化学反应与内扩散环节联合控制；对含 FeO 26.3%、TiO_2 9.3%、V_2O_5 0.6%、Cr_2O_3 1.5% 的钒钛磁铁矿，采用焙烧-富氢气基直接还原-熔融分离工艺，进行铁、钛、钒、铬金属的提取；在焙烧温度 $1200\℃$、焙烧时间 15min、还原温度 $1050\℃$、$V(H_2)/V(CO)$ 为 2.5、还原时间 30min、熔融温度 $1580\℃$、熔融分离时间 30min 的优化条件下，铁、钛、钒、铬回收率分别达到 98%、90%、97%、98%。H_2 还原钛铁矿的实验研究结果表明，钛铁矿还原过程中发生了以下反应［式（2-48）］。

$$FeTiO_3 + H_2 \Longrightarrow Fe + TiO_2 + H_2O \tag{2-48}$$

可采用 H_2 辅助镁热还原 TiO_2 制备钛金属粉末。由于钛对氧具有极强的亲和力，Mg 难以直接还原 TiO_2，而高温条件下 Ti-H-O 固溶体稳定性低于 Ti-O 固溶体，因此可采用

H_2 气氛增强 Mg 与 Ti-O 反应的热力学驱动力，通过镁的进一步脱氧作用，获得钛金属粉末。

（8）氢气还原金属氧化物的重大意义

随着全球能源危机加剧，以及对温室气体排放的限制越来越严格，传统的碳冶金工艺面临巨大挑战。因此，近年来欧洲和日本相继启动了"超低 CO_2 炼钢"计划，他们都提出了包括天然气部分氧化、焦炉煤气改制获得高 H_2 浓度还原气，直接进行高炉还原炼铁，以期大幅度降低冶金工业 CO_2 的排放。同时对于镍、钨、钼、钛等金属重要战略资源的需求加大，氢气还原金属氧化物更是具有重大的全球战略意义。

【例题 2-3】 氧化钴 CoO（s）能被 H_2 或 CO 还原为 Co，在 721℃、101325Pa 时，以 H_2 还原，测得平衡气相中 H_2 的体积分数 $\phi(H_2)$ 为 0.025；以 CO 还原，平衡气相中 CO 的体积分数 $\phi(CO)$ 为 0.0192。求此温度下 $CO(g)+H_2O(g)\Longrightarrow CO_2(g)+H_2(g)$ 反应的平衡常数。

解：
$$CoO(s)+H_2(g)=Co(s)+H_2O(g) \tag{1}$$

$$K_1^{\ominus}=\frac{p(H_2O)/p^{\ominus}}{p(H_2)/p^{\ominus}}=\left[\frac{p(H_2O)}{p(H_2)}\right]_{eq}=\frac{100-2.50}{2.50}=39.0$$

$$CoO(s)+CO(g)\Longrightarrow Co(s)+CO_2(g) \tag{2}$$

$$K_2^{\ominus}=\frac{p(CO_2)/p^{\ominus}}{p(CO)/p^{\ominus}}=\left[\frac{p(CO_2)}{p(CO)}\right]_{eq}=\frac{100-1.92}{1.92}=51.08$$

用式(1)减式(2)可得式(3)：
$$CO(g)+H_2(g)\Longrightarrow CO_2(g)+H_2(g) \tag{3}$$

$$K_3^{\ominus}=\frac{51.08}{39.0}=1.31$$

可以看出，氢气与一氧化碳一样，具有很强的还原金属氧化物的特性，而氢气还原后产生水，而一氧化碳还原氧化物后产生二氧化碳，有温室气体排放。有关内容将在第十一章讨论。

2.8.4 合成气反应

合成气主要由 H_2 和 CO 组成。在不同条件下，使用不同催化剂，氢和一氧化碳反应可以合成多种有机化合物，重要的合成气反应有：费-托合成、甲醇合成、甲烷化反应、氢甲酰化反应、醇同系化反应、不饱和烃反应制醛等。详细内容参见第三章有关部分。上述反应中，最值得关注的就是费-托合成、甲醇合成以及甲烷化反应，这三个反应是现今氢能源化工中的三要素。

费-托合成工艺（Fischer-Tropsch synthesis），又称 F-T 合成，由 1923 年在德国马克斯·普朗克煤炭研究所工作的科学家弗朗兹·费歇尔（Frans Fishcher）和汉斯·托罗普施（Hans Tropsch）首先发明，它是以合成气（CO/H_2 混合气体）为原料在铁钴催化剂和适当高温中压条件下合成液态的烃或碳氢化合物（hydrocarbon）的工艺过程［式（2-49）］。

调整催化剂及反应条件，又可以分别得到以甲醇为主，或以甲烷为主的产品（图2-10）。

$$(2n+1)H_2 + nCO \longrightarrow C_nH_{(2n+2)} + nH_2O \tag{2-49}$$

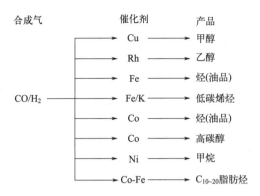

图2-10 合成气的各类加氢反应及产物

费-托合成是典型的碳基能源型工艺，能从煤或甲烷出发合成燃料，以应对石油危机，具有重大的战略意义。但F-T合成工艺路线长、投资巨大、耗水量巨大、CO_2排放大等问题都不可回避，自1923年以来，受化石能源的供给变化和经济、政治的影响，F-T合成过程虽然经历了曲折的发展历程，但在世界一些富有煤、天然气、生物质的特殊地区，如南非、卡塔尔、马来西亚以及中国，仍然有很大的生存空间，在我国北方富煤地区也有好的发展机遇。从能源角度来看，费-托合成是氢能向碳基能源转化的一座桥梁。F-T合成十分重要，将在第十一章详细讨论。

2.8.5 氢甲酰化反应

氢甲酰化反应（hydroformylation reaction），又称羰基合成（oxo-synthesis），是指氢气和一氧化碳与烯烃在催化剂存在和压力下生成比原来所用烯烃多一个碳原子的脂肪醛的过程［式（2-50）］。

$$H_2 + CO + H_3C-CH=CH_2 \longrightarrow H_3C-CH_2-CH_2-CHO \tag{2-50}$$

氢甲酰化反应以烯烃为原料获得醛，进一步加氢可以得到醇，其他产物还可以是高级脂肪酸、高级脂肪醇以及高级脂肪胺，如下所示。这类反应在石油化工中有重要价值。

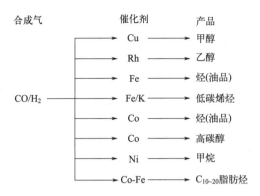

氢甲酰化反应是均相催化反应过程，按照实际生产过程及催化体系，可分为两种情况：
① 在钴或铑催化剂作用下，烯烃与氢及一氧化碳进行氢甲酰化生成两种异构醛，经分

离出催化剂后，在另一反应器中，再催化加氢成醇；

② 在改进的钴催化剂作用下，在同一反应器中同时进行烯烃、氢与一氧化碳的氢甲酰化反应和醛的催化加氢反应而制得醇。

$$CH_3CH{=\!=}CH_2+CO+H_2 \longrightarrow CH_3CH_2CH_2CHO \begin{array}{c} \xrightarrow{H_2} CH_3CH_2CH_2CH_2OH \\ \begin{pmatrix} +H_3C-CH-CH_3 \\ | \\ CHO \end{pmatrix} \xrightarrow[2.H_2]{1.碱} H_3C(H_2C)_3-\underset{\underset{C_2H_5}{|}}{CH}-CH_2OH \end{array}$$

2.8.6 其他反应

（1）原子氢的反应

原子氢是强还原剂，有多种方法可以合成原子氢。在 0.1MPa 压力和高温（约 4000K）下，约有 62% 的氢气解离为原子氢，见式（2-51）。

$$H_2 {=\!=} 2H \tag{2-51}$$

在烃基催化热裂解过程中，催化剂表面也会有原子氢聚集 [式（2-52）]。

$$n CH_3CH_2 {=\!=} n CH_2{=}CH_2 + n H \tag{2-52}$$

原子氢对包括烃的热裂解在内的许多反应有着十分重要的阶段性作用，如式（2-53）～式（2-55）所示。

$$H+C_4H_8 {=\!=} CH_3 + C_3H_6 \tag{2-53}$$

$$H+C_3H_6 {=\!=} C_4H_7 \tag{2-54}$$

$$H+C_2H_6 {=\!=} C_2H_5 + H_2 \tag{2-55}$$

（2）加氢反应

氢气的另一大类反应就是有机化合物中不饱和键加氢反应。其中，炔烃加氢制烯烃在工业上有重要价值 [式（2-56）]，苯加氢生产环己烷也是石油化工中的典型例子 [式（2-57）]。

$$HC{\equiv}CH + H_2 {=\!=} CH_2{=}CH_2 \tag{2-56}$$

$$C_6H_6 + H_2 {=\!=} C_6H_{12} \tag{2-57}$$

（3）加氢脱硫、脱氮及脱氧反应

化石燃料石油、煤、油页岩中含有硫、氮、氧等有害杂原子，可以通过加氢反应脱除有害杂原子。通常，硫元素以有机硫和无机硫两种形式存在，在高温下，通过式（2-58）和式（2-59）等具有代表性的反应同时脱除有机硫和无机硫：

$$FeS_2 + H_2 {=\!=} FeS + H_2S \tag{2-58}$$

$$FeS + H_2 {=\!=} Fe + H_2S \tag{2-59}$$

硫醇及氧硫化碳是典型的有机硫，用 Co-Mo 或 Ni-Mo 催化剂可以促进加氢脱硫进程。此外，加氢反应还能脱出其他硫化物［式（2-60）、式（2-61）］。

$$RSH + H_2 \xlongequal{\quad} RH + H_2S \tag{2-60}$$

$$COS + H_2 \xlongequal{\quad} CO + H_2S \tag{2-61}$$

含氮杂质也可以通过加氢反应净化：

$$5H_2 + \underset{N}{\bigcirc} \xlongequal{\quad} C_5H_{12} + NH_3$$

有机含氧化合物也能用氢气还原，例如式（2-62）～式（2-64）。

$$RCOOH + 2H_2 \xlongequal{\quad} RCH_2OH + H_2O \tag{2-62}$$

$$RCHO + H_2 \xlongequal{\quad} RCH_2OH \tag{2-63}$$

$$3H_2 + \underset{}{\overset{NO_2}{\bigcirc}} \xlongequal{\quad} \bigcirc - NH_2 + 2H_2O \tag{2-64}$$

（4）环保中的还原反应

为去除工业废气中 SO_2 和 NO_x 对大气的污染，可以在催化剂存在下，用氢将 SO_2 直接还原为硫和硫化氢，生成的硫化氢在 Al_2O_3 催化剂作用下采用克劳斯法除去。用 Ru 作催化剂，NO_x 和 H_2 发生如式（2-65）～式（2-66）所示的反应。

$$2NO_x + 2H_2 \xlongequal{\quad} N_2 + 2H_2O \tag{2-65}$$

$$SO_2 + H_2 \xlongequal{\quad} S(s) + H_2S \tag{2-66}$$

【例题 2-4】 气相反应 $2NO + 2H_2 \xlongequal{\quad} N_2 + 2H_2O$ 的速率方程为：$-\dfrac{dp(NO)}{dt} = k(NO)p^x(NO)p^y(H_2)$

700℃时测定动力学数据为：

$p_0(NO)/kPa$	$p_0(H_2)/kPa$	$-(dp_{NO}/dt)_{t=0}/(Pa/min)$
50.5	20.2	486
50.6	10.1	243
25.3	20.2	121.5

求反应对 NO 及 H_2 各为几级，并计算 700℃时的速率常数 $k(NO)$。

解： 本题的速率方程中压力变量有两个，而且是相互独立的，又没有提供 c-t 数据或 $t_{1/2}$ 数据，故不必考虑用微分法或者半衰期法来确定反应级数。可以题中给的数据加以分析，有一个初压力相等或成简单比例，对比第 1、2 组数据：

$$\left[-\left(\frac{dp(NO)}{dt}\right)_{t=0,1}\right] \bigg/ \left[-\left(\frac{dp(NO)}{dt}\right)_{t=0,2}\right] = 486/243 = 2$$

$$= \frac{p_{0,1}^x(NO)p_{0,1}^y(H_2)}{p_{0,2}^x(NO)p_{0,2}^y(H_2)} = \left(\frac{p_{0,1}(H_2)}{p_{0,2}(H_2)}\right)^y = \left(\frac{20.2}{10.1}\right)^y = 2^y$$

可得 $y=1$。再对比第 1、3 组数据：

$$\left[-\left(\frac{\mathrm{d}p(\mathrm{NO})}{\mathrm{d}t}\right)_{t=0,1}\right] / \left[-\left(\frac{\mathrm{d}p(\mathrm{NO})}{\mathrm{d}t}\right)_{t=0,3}\right] = 486/121.5 = 4$$

$$= \frac{p_{0,1}^x(\mathrm{NO})p_{0,1}^y(\mathrm{H}_2)}{p_{0,3}^x(\mathrm{NO})p_{0,3}^y(\mathrm{H}_2)} = \left(\frac{p_{0,1}(\mathrm{NO})}{p_{0,3}(\mathrm{NO})}\right)^x = \left(\frac{50.6}{25.3}\right)^x = 2^x$$

可得 $x=2$。速率方程为：

$$-\frac{\mathrm{d}p(\mathrm{NO})}{\mathrm{d}t} = k(\mathrm{NO})p^2(\mathrm{NO})p(\mathrm{H}_2)$$

以任一组数据代入速率方程得

$$k(\mathrm{NO}) = \frac{\left(-\frac{\mathrm{d}p(\mathrm{NO})}{\mathrm{d}t}\right)_{t=0}}{p_0^x(\mathrm{NO})p_0^y(\mathrm{H}_2)} = \frac{486\mathrm{Pa/min}}{(50.6\times10^3\mathrm{Pa})^2\times(20.2\times10^3\mathrm{Pa})}$$

$$= 9.4\times10^{-12}\mathrm{Pa}^{-2}\cdot\mathrm{min}^{-1}$$

2.9 氢的重要化合物

2.9.1 水

水是世界万物之源，也是氢最重要的化合物，谈到氢能化学，水是永远也绕不开的话题，氢氧可以化合成水，水又可以分解成氢氧！水分子仅含两种不同的元素：氢和氧。尽管是又小又简单的分子，但是水的行为复杂又独特。每个水分子的直径约 4×10^{-10} m。它的质量约为 2.99×10^{-26} kg，体积约 3×10^{-29} m³。水是地球表面上最多的分子，除了以气体形式存在于大气中，其液体和固体形式占据了地面 $70\%\sim75\%$ 的组成部分。水以多种形态存在，气态的水即我们所说的水蒸气，固态水即我们熟知的冰，而一般只有液态的水才被视为水（图 2-11）。在其临界温度及压力（647K，22.06MPa）时，水分子会变为一种"超临界"状态，液态般的水滴漂浮于气态之中，超临界水有许多重要用途，其中在超临界水中煤气化制氢是化石能源制氢的一项新技术，详情将在第四章介绍。

水存在于地球上各个角落，包括海洋、河流水、地下水、大气层。地球上水的总量大约是 1.36×10^9 km³，主要包括：

① 1.32×10^9 km³ 在海洋中（地球总量 97.1%）。

② 0.25×10^8 km³ 在冰川、冰盖、冰原中（地球总量 1.8%）。

③ 1.30×10^7 km³ 是地下水（地球总量 0.9%）。

④ 0.25×10^6 km³ 是淡水（内陆江湖海）（地球总量 0.02%）。

水有比热容高的特点，能很好地稳定温度，升温与降温都不容易，因而人的体温能稳定在 37℃。水的温度稳定效应在生物界以外也有重要应用。

碧波荡漾的海洋为什么又是蔚蓝色的呢？这是太阳光所引起的，当太阳光照射在浅薄的水层时，光线几乎毫无阻挡地全部透过，因此，水看上去是无色透明的。而当太阳光照射在深水层时，情况发生了变化。不同波长的光的特征就表露出来，产生不同效果。波长长的光线穿透力强，容易被水吸收；波长短的光穿透力弱，易发生散射和反射。红光、橙光和黄光一类波长较长的光，进入水体，在不同的深度被相继吸收，并利用它们自己储蓄的能量将海

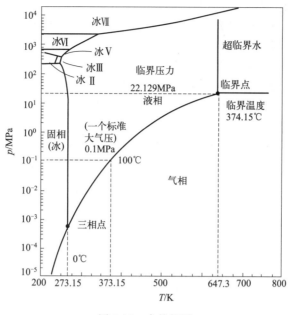

图 2-11　水的相图

水加热；蓝光、紫光波长较短，经散射和反射后映入眼帘，因此，浩渺海水显得蔚蓝一片。

（1）水的化学特征

① 水的 pH 值　pH 值是衡量水体系酸碱度的值，是以水溶液中氢离子活度为基准的一种标度。pH 值在化学化工、医学生理、湿法冶金、工业农业上等诸多方面都有广泛的用途。

水是一种既能释放质子也能接受质子的两性物质。水在一定程度上也微弱地解离，质子从一个水分子转移给另一个水分子，形成 H_3O^+ 和 OH^-。通常将水合氢离子 H_3O^+ 简写为 H^+，电离方程式为：$H_2O + H_2O \rightleftharpoons H_3O^+ + OH^-$。这是一个吸热过程，因此升高温度水的电离平衡向右移动。通常情况下（25℃，298K 左右），水的 pH 值为 7，即中性。

② 氢氧燃烧反应　氢气在空气里燃烧，氢气与氧气发生了反应，生成了水并放出大量的热。氢氧燃烧反应是人类利用氢能最重要的反应。从热力学考虑，这个反应可以自发进行，但是，从动力学上考虑，常温常压条件下反应速率是非常缓慢的，需要在 Pt、Pd、Rh 等贵金属催化剂上进行。

③ 水电解制氢　水电解制氢是一种较为方便的制取氢气的方法。在充满电解液的电解槽中通入直流电，水分子在电极上发生电化学反应，分解成氢气和氧气。

（2）水的物理特征

水是一种温标物质。标准大气压下，水的冰点为 0℃，沸点为 100℃。

表面张力是水以及固体的边界分子联结、"集合"、缩小体积（内聚力）的一种能力。水的表面分子凝聚形成张力膜，若要破坏张力膜需要相当大的力，也就是说，水的表面张力比较大。比水重多倍的东西，如刀片和针等能够平放在水面上而不会沉入水下。水的强表面张力控制着土壤和植物中的水分存在状况，影响着地球表层的自然地理现象。

水除了具有上述较为奇异的物理性质外，还有一些其他异常的物理特性，例如，水的导热性较其他液体小，20℃时水的热导率为 0.00599J/(s·cm·℃)，冰的热导率为 0.0226J/(s·cm·℃)，雪的热导率与雪的密度有关，当密度为 0.1kg/L 时，其热导率为 0.00029J/

（s·cm·℃）。水的压缩率很小，体积压缩系数仅为 4.7×10^{-10} m^2/N，一般认为不可压缩。光在水中的传播速度为空气中的 75%。水的折射率为 1.33，所以在以空气为界面的情况下，光在水中可以产生全反射。

水的比热容比大多数物质的比热容都大（只有氧、铝等的比热容比水大）。例如，土和砂之类的物质，比热容为 0.84J/（g·℃），铁和铜等金属仅为 0.42J/（g·℃），这种水与土之间比热容的巨大的差异，反映在气候学上，就是海洋性气候比大陆性气候升温慢，降温亦慢，变幅较小的现象。

固态水-冰-雪：水在凝固时的膨胀是由于其以氢键不寻常的弹性而排成的纵列分子结构，以及能量特别低的六角形晶体形态。那就是当水冷却的时候，它尝试在晶格形态下成堆，而该晶格会把键的旋转及振动分量拉长，所以一个水分子会被邻近的几个分子推挤，这实际上就减少了当水在标准状态下成冰时的水密度 ρ。这一特性在地球生态系统中的重要性是不言而喻的。

（3）水的生物特征

生物细胞中，水占 70%～85%。在人体中，水占 60%；在人体的大脑中，水占 70%；在人体的骨骼中，水的重量占 20%。正常人的平均体重为 70kg，其中水占 38kg。生命体中的水是保持生命活动的基本要素。

人体的生物功能中，心脏跳动、血液流动、肺部呼吸、关节活动、肌肉运动，都要得益于人体的冷却系统——水循环。人发烧与出汗时，皮肤将汗水蒸发，带走热量，使人体降温，水是人体的冷却剂。在血液中，水占 93%，可溶解营养素、激素和代谢产物，在人体细胞中循环，传递有用物质，代谢无用废物。医学上，人体血液的 pH 值通常在 7.35～7.45 之间，如果发生波动，就是病理现象。没有水就没有生命，世界就是另一个样子。

2.9.2 氨

氨气（NH_3）是氢气与氮气化合的产物，无色，有强烈气味，密度 $0.7710kg/m^3$，沸点 -33.5℃，熔点 -77.8℃，可以固化成雪状，易被液化成无色的液体，在常温下加压即可使其液化（临界温度 132.4℃，临界压力 11.2MPa，即 112.2 个大气压）。氨气可以方便液化，液氨很容易存储及运输，在催化剂及常压、高温时氨会分解成氮气和氢气，得到的氢气可以作为绿色能源使用。在此意义上，氨气是一种优秀的氢能源中转载体。

工业上氨是 1912 年以哈伯法（Haber-Bosch process）（图 2-12，图 2-13），通过 N_2 和 H_2 在高温高压和 Fe 催化剂存在下直接化合 ［式（2-67）］ 而制成的产品。

$$3H_2 + N_2 \Longleftrightarrow 2NH_3 \qquad \Delta H_{298K}^{\ominus} = -92.4kJ/mol \qquad (2-67)$$

弗里茨·哈伯(Fritz Haber，1868—1934)奠定了氨合成理论以及氨合成工艺，获得1919年诺贝尔化学奖。

卡尔·博施(Carl Bosch，1874—1940)实现了氨合成工业化，获得1931年诺贝尔化学奖。

阿尔温·米塔施(Alwin Mittasch, 1869—1953)氨合成工业化熔铁催化剂主要开发者，提出了助催化剂概念。

格哈德·埃特尔(Gerhard Ertl, 1936—)提出熔铁催化剂表面催化反应机理，获得2007年诺贝尔化学奖。

图 2-12　在氨合成工艺开发历史中作出巨大贡献的四位科学家

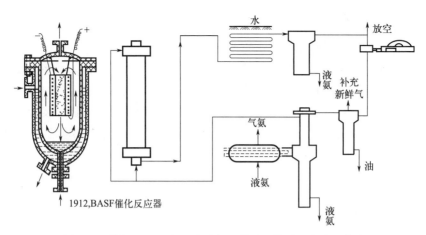

1912,BASF催化反应器

图 2-13　早年（1912 年）合成氨工艺流程简图及合成反应器

氨是重要的化工产品，全球每年产量在亿吨以上，氮肥工业、含氮化合物有机合成及硝酸、铵盐和纯碱的制造都离不开它。液氨汽化时吸收大量的热，因此还可以用作制冷剂。氨还是氢分子的主要氢能载体，通过催化氨分解得到氢，并提供分布式氢能源。

近年来，以"可再生能源发电→电解制氢→NH_3 合成→NH_3 利用"为路线的可再生能源驱动的合成工艺因氨合成节能环保而备受关注。氨合成和电解水的整合将促进氨合成的小型化，实现局部规模、分布式储能。然而，通过水电解，H_2 的输出压力和温度通常分别小于 5MPa 和 400℃。它们与工业合成氨的条件是无法比拟的。为了避免使用昂贵的高压装置，开发高效的温和条件下氨合成催化剂是关键。

（1）氨-氢新型能源体系应用

氨氢融合新能源指的是：以氨和氢作为直接能源或能源载体的新型能源体系。氢和氨（NH_3）都是零碳清洁能源，都可以通过可再生能源获得，二者可以相互转化；通过绿氢可以合成绿氨，通过绿氨裂解可以高效制备绿氢，二者在不同应用场景可以分别使用，也可以混合使用、协同增效。2019 年，全球氨能源联盟提出"Ammonia＝Hydrogen 2.0（氨＝氢 2.0）"新理念，打造氨-氢新型能源体系。

氨作为发动机燃料，近年来，氨燃料在发动机领域的实际应用取得了进一步突破，研究表明，只需稍加改造发动机中氨进气管线，现代柴油汽车即可转变为氨-柴油双燃料动力车；而且在氨含量不超过总量 70％时，尾气中氮氧排放量较低。试验发现，通过增加内燃机压缩比提高氨的输出功率，可以将发动机热效率提升至 50％以上，远高于普通燃油汽车。

由于氨的最低着火限高，燃烧速度慢，在作为车用燃料时通常需要使用助燃剂，如二甲醚、柴油、氢等。现有以氨作为发动机燃料的汽车系统中，一部分氨会在旁路系统中经催化分解生成氢气，与主系统的氨气形成氨-氢混合燃料后，进入发动机气缸内燃烧，达到裂解氢引燃氨燃料的目的。

氨在完全燃烧的情况下只生成氮气和水，但在实际燃烧过程中由于许多不可控因素，往往难以避免氮氧化合物的产生，因此如何处理尾气是氨作为发动机燃料面临的主要挑战。大部分氨燃料发动机研究中，关键任务是降低氮氧化合物排放浓度。掌握氨与各种引燃助剂混合燃烧的反应机理和动力学过程，分析尾气中氮氧化合物形成路径和处理技术以及各类发动机尾气特性是未来氨作为汽车发动机燃料的研究重点。

（2）氨燃料电池燃料

燃料电池是一种可以将燃料的化学能直接转化成电能的发电装置。它的阴阳两极只是反应过程的能量转化器，所需的化学原料由外部供给，不储存于电池内部。作为新能源汽车的核心技术，燃料电池曾被美国《时代》杂志列为 21 世纪改变人类生活的十大新科技之首，是业界公认的未来汽车最佳动力源。氨含氢量高、能量密度大且重整制氢装置简单、产物不含可导致燃料电池中毒的 CO_x，作为燃料电池原料优势十分突出。20 世纪 60 年代以来，氨作为燃料电池的原料进入了广泛的实用性开发阶段：Allis-Chamber 公司曾为大众公司开发过 8kW 的氨-空气燃料电池系统；如今，日本及欧美等国家纷纷计划利用氨燃料电池取代传统发电机及内燃机。

在直接供氨式燃料电池内，氨直接在燃料电池的阳极经催化剂作用下发生氧化反应，见式（2-68）。

$$4NH_3 + 3O_2 = 2N_2 + 6H_2O \tag{2-68}$$

在直接供氨式碱性燃料电池中，阳极反应为式（2-69）：

$$2NH_3 + 6\,OH^- = N_2 + 6H_2O + 6e^- \tag{2-69}$$

阴极反应为式（2-70）：

$$6H_2O + 3\,O_2 + 12e^- = 12OH^- \tag{2-70}$$

碱性燃料电池是一种成本低廉、能量转化效率较高的低温型燃料电池，氨作为零碳氢源可从根本上解决这一问题，从而拓宽了车载燃料电池的原料选择范围。

氨是一种便于液化及运输的无碳含氢化合物，其燃烧值高、无 CO_2 排放、合成技术成熟、储运安全便捷，总体而言，是符合绿色经济特点的，在现有的车用内燃机及其他能源设施中可直接燃烧供能，也可在燃料电池中催化分解制氢供能。清洁高效发展氨能-氢能零碳循环路线，"氨-氢结合"能源结合是理想的发展方向之一。

（3）氨氢融合解决氢能储运的重大难题

氢气液化温度为 $-253℃$，液化能耗很高。氢气储运密度很低，一辆 40t 氢气运输车（20MPa），只能运输氢气约 250kg，氢气的经济运输半径小于 200km。氨是高效储氢介质，含氢质量分数 17.6%。合成氨已有百多年的历史。氨在常压、$-33℃$ 或室温、1MPa 即可液化。液氨的储运技术、基础设施、运输标准都很成熟，可通过公路、水路和长距离管道运输，且运输成本低廉（公路运输成本仅为氢气的 1%，水路和管道运输成本仅为氢气的 0.1%）。液氨作为氢的高效储运介质可以将经济运输半径从 200km 增加至数千公里以上。

（4）分布式氨分解制绿氢

氨分解制氢作为一种分布式提供绿氢新能源的方式也日益引起人们的关注，但是，氨分解是一个可逆的吸热反应。从表 2-21 可以看出，在常压、400℃ 时，理论上氨基本能完全分解转化。然而实际上氨分解的活化能非常高，有实验证明在常压及不加催化剂的条件下，即使反应温度高达 700℃，氨分解的实际转化率也不超过 10%，因此选用合适的催化剂降低反应活化能是促进氨有效分解的核心技术。

表 2-21　氨分解热力学平衡转化率　　　　　　　　　　　　单位:%

$T/℃$	1atm[①]	2atm	3atm	4atm	5atm	6atm
300	92.4	85.8	79.8	74.4	69.7	65.1
400	99.2	98.3	97.5	96.8	96	91.2
500	99.8	99.5	99.3	99	98.8	97.3
600	99.9	99.8	99.7	99.6	99.6	98.9

① 1atm=101325Pa

　　对于氨分解催化剂，研究较多的有铁基、钌基、镍基、过渡金属氮化物等催化剂。钌是目前发现的催化氨分解反应活性最高的催化剂，特别是用碳纳米管（CNTs）作为载体，CNTs良好的导电性降低 Ru 离子电势，有利于从 Ru 表面脱出吸附的氢，显示了很高的催化活性，但是钌基催化剂掺入量多，高的成本限制了其广泛应用；铁基催化剂来源丰富、成本较低，但其与镍基和钌基催化剂相比有活性较低的不足；镍基催化剂从成本和活性考虑是一种应用前景较好的催化剂，但需要在较高的温度下反应。为提高催化剂活性，降低成本，扩大其应用范围，在上述催化剂研究的基础上，国内外研究人员从不同方面进行了催化剂改性的开发和研究，以期获得性能更好的氨分解制氢催化剂。

　　为了更加适应分布式制氢的要求，新型反应器的开发也很受重视，进展比较突出的是膜反应器和等离子体反应器。

2.9.3　甲烷

　　甲烷（CH_4）是化学结构最简单的气态碳氢化合物，无色无味，极难溶于水。甲烷由一个碳和四个氢原子通过 sp^3 杂化的方式组成，因此甲烷分子为正四面体结构，四个键的键长相同、键角相等。

　　自然界存在的甲烷俗称天然气，大量存在于煤层气之中，也作为可燃冰形式存在于深海海底处，是制造合成气和许多化工产品的重要原料，也是优质含氢的最高效、最简单的有机气体燃料，也是仅次于二氧化碳的第二大温室气体。

　　甲烷是重要的燃料和重要的化工原料。以甲烷为主要成分的天然气，作为优质气体燃料，已有悠久的历史，其热值为 882kJ/mol。天然气被大规模开采利用，成为世界第三大能源；广泛用于各类交通工具，不但有高速度，而且节省燃料；同时，甲烷通过各种工艺制备合成气，在化学工业中有很广泛用途。

2.9.4　甲醇

　　甲醇（CH_3OH）是一种无色、透明、挥发性强、易燃液体。其蒸气在空气中的爆炸限为 6%~36.5%。与水不能形成共沸物，能与水、乙醇、苯、卤代烃和许多有机溶剂混溶。

　　甲醇用途广泛，是基础的有机化工原料和优质燃料。工业甲醇几乎全部采用一氧化碳催化加氢方法生产，工艺过程包括造气、合成净化、甲醇合成和粗甲醇精馏等工序。由于甲醇易于合成及分解，也便于储运，其在氢能化工中是一种重要的中间循环转化物。1996年，诺贝尔化学奖获得者乔治·安德鲁·欧拉（George A. Olah）提出了"甲醇经济"的概念，他认为通过二氧化碳循环再加氢生产甲醇，将使人类不再依赖化石燃料来提供运输燃料和烃类产品，从而使人类摆脱对化石燃料的依赖。

甲醇燃烧的热化学方程式如式（2-71）所示。

$$CH_3OH(l) + 3/2\ O_2(g) = CO_2(g) + 2H_2O(l) \tag{2-71}$$

可见，甲醇作为液体烃类燃料运输使用方便，燃烧热值高，没有 CO_2 以外的严重污染，是值得大力发展的一种优质液体燃料。

目前，中国由于"富煤、缺油、少气"的资源现状，因此多采用煤原料生产甲醇。煤制甲醇的生产成本主要由原料煤、燃料煤和其他费用构成。我国是煤化工大国，煤化工生产甲醇具有明显的成本优势。但是，煤制甲醇有高碳排放的劣势。二氧化碳加氢制甲醇很有前途，但核心问题还是绿氢生产，从反应原理可以看到二氧化碳加氢制甲醇相比于传统的合成气制甲醇需要多消耗一分子的氢气。今后，获得廉价绿氢制备甲醇才是根本出路。

液态太阳燃料合成甲醇技术路线本质上是一种人工光合成反应，可类比自然界中的光合作用，但是效率较高，工业化规模生产是可行的。液态太阳燃料的关键是如何利用绿色路线制氢，即如何制备廉价、高效、清洁的氢气。同时也表明，一项新技术最终要成功应用于工业生产绝非朝夕之功可完成。有关液态太阳燃料合成甲醇的技术路线将在第十一章中详细介绍。

2.9.5 氘的重要化合物

（1）重水

重水（heavy water）是由氘和氧组成的化合物。分子式 D_2O，分子量 20.0275，比水分子量高出约 11%，因此叫做重水。在天然水中，重水的含量约 0.015%。由于氘与氢的性质差别极小，因此重水和普通水也很相似。

重水核反应在核能源工业中有重要作用，重水是原子能工业的减速剂，它可以减缓中子的速度，使之符合发生裂变过程的需要，也是制取重氢的原料。另一种重水称为半重水，HDO，它是只有一个氢原子多一个中子的重氢。半重水都并不纯正，通常是 50% HDO、25% 的 H_2O 及 25% 的 D_2O。除了由重氢组成的重水分子外，还有一种由重氧原子（氧-17 或氧-18）组成的重水分子，称为"重氧水"。由于分离出重氧水分子的难度较高，因此提炼纯正重氧水的成本会比重氢水更高。浓而纯的重水不能维持动植物的生命，其致死浓度为 60%~80%。

（2）氘化锂

氘化锂 LiD，含 D 98% 的白色固体，分子量 8.96，由熔融金属 ^6_3Li 和氘气反应生成，是可以运输储存的稳定化合物。遇水分解生成氘气和 ^6_3LiOH。它是氢弹装料的主要部分，也可做受控核聚变装置的装料。^6_3Li 在热中子辐射下发生反应，产生的氚与氘发生聚变反应。反应点火温度 4×10^7 K，是各聚变反应中点火温度最低的。用作氢弹装料时，1kg ^6_3LiD 爆炸力与 5×10^4 t TNT 相当。

（3）氘代有机化合物

氘代化合物是近年来新药研发领域热点之一，由于碳氘键稳定性优于碳氢键，在药物开发中，氘代反应可用于改善药物药代动力学特征。基于其独特性能，氘代化合物在生物代谢分析、核磁共振、光电材料、科研检测、中间体标记、药物开发、污染源跟踪等场景展现出良好应用前景。氘代有机化合物包括氘代三氯甲烷、氘代二甲基亚砜、氘代甲醇、氘代乙醇、氘代丁苯那嗪等，其中氘代三氯甲烷是市场主流产品。这些化合物在有机化合物合成、结构鉴定方面有一定用途。

目前氘代药物的发展趋势主要包括两大类。一是对已上市药物进行氘代改造。二是在药物新分子中引入氘原子，得到全新的化学实体。其中，美国食品药品监督管理局 FDA 于 2017 年批准上市了 Teva 公司首个氘代药物氘代丁苯那嗪，用于治疗亨廷顿病。亨廷顿病（Huntington disease，缩写 HD），又称大舞蹈病或亨廷顿舞蹈症（Huntington chorea），是一种常染色体显性遗传性神经退行性疾病。

2.10 氢气分析化学及其检测原理

氢气的快速、准确检测，不论是在物理化学性质测定，还是在制备生产、存储运输等各类应用以及性能分析上都非常重要，为了保证各项化学过程顺利进行，保障数据准确、设备安全、人身安全以及科研工作的精密性，需要有对氢气的含量、杂质种类、氢气泄漏的地点及浓度进行快速准确的检测技术。根据氢气的物理化学性质，一般可将氢的分析方法分为热导法、光谱法、电化学法等，实验室中，最常用的方法是热导色谱法。现在已经开发出了各种各样的便携式氢气浓度检测器。

在 Al_2O_3 的载体上涂上白金系列的催化剂催化 H_2 的接触燃烧（氧化反应），此反应的发热引起 Pt 线圈的温度升高和电阻变化，检测范围可达 10^{-6}。

除此之外还开发了其他一些类型的氢气检测器，如电阻与半导体 PET 复合型、应力变化型的镀 PdNi 膜水晶球、在 Al_2O_3 基板上固定的 ITO/YSZ/Ag 复合体的电化学型等多种新型氢气传感器。此外连续监控氢气浓度变化，提高检测器的反应速度，是目前氢气检测器一个新的发展方向，另外将眼睛看不见的氢燃烧火焰可视化也是一个发展方向。尽管如此，氢气检测器还需在检测浓度范围、反应速度、小型化、低耗电、低成本方面提高。除了载氢系统安全外，在金属的腐蚀防护上，氢气检测器也能发挥重要的作用。氢损伤对石油设备的破坏变得越来越严重，为了预防重大恶性事故的发生，炼油设备腐蚀的在线无损渗氢监/检测很重要，氢渗透传感器能用来检测腐蚀反应产生的氢含量及对设备的腐蚀程度。在此背景情况下，研究氢渗透传感器监测设备的运行状况，采取有效的防护措施来解决腐蚀问题，实现生产安全与长周期运行，具有重要的实际意义。

2.11 氢的特殊性及科学地位

纵观元素周期表中所有元素，氢元素有极大的特殊性，可概括为以下几点：

① 氢是在周期表中第一号元素。氢可以为 +1 价，也可以为 -1 价，它可以排在周期表的第一主族，也可以排在周期表的第七主族，这是所有元素中绝无仅有。

② 氢是宇宙中，也是地球上最丰富的元素。

③ 氢的同位素原子量差别巨大，在氢的同位素之间，原子量是成倍变化，其他同位素

之间原子量一般差异不大，比如，^{238}U 比 ^{235}U 大约重了 0.1%，^{208}Pb 比 ^{207}Pb 大约重了 0.5%，^{13}C 比 ^{12}C 也仅仅重了约 8.5%，但是 ^{3}H 却比 ^{1}H 重了约 200%。原子量差异如此之大，^{3}H 和 ^{1}H 之间的差异绝对是一个极端异常值。

④ 氢是最简单的原子，最简单的分子是 H_2 和 H_2^+。

⑤ 氢是化合物最多的元素。从氢化物元素周期表就可见一斑（图 2-14）。

1	2	3	4	5	6	7	8	9	10	11	12	13	14	15	16	17
H																
LiH	BeH$_2$											BH$_3$	CH$_4$	NH$_3$	H$_2$O	HF
NaH	MgH$_2$											AlH$_3$	SiH$_4$	PH$_3$	H$_2$S	HCl
KH	CaH$_2$	ScH$_2$	TiH$_2$	VH VH$_2$	CrH (CrH$_2$)	Mn	Fe	Co	NiH$_{<3}$	CuH	ZnH$_2$	(GaH$_3$)	GeH$_4$	AsH$_3$	H$_2$Se	HBr
RbH	SrH$_2$	YH$_2$ YH$_3$	ZrH$_2$	(NbH$_2$)	Mo	Tc	Ru	Rh	PdH$_{<1}$	Ag	(CdH$_2$)	(InH$_3$)	SnH$_4$	SbH$_3$	H$_2$Te	HI
CsH	BaH$_2$	LaH$_2$ LaH$_3$	HfH$_2$	TaH	W	Re	Os	Ir	Pt	(AuH$_3$)	(HgH$_2$)	(TlH$_3$)	PbH$_4$	BiH$_3$	H$_2$Po	HAt
Fr	Ra	AcH$_2$														
		CeH$_3$	PrH$_2$ PrH$_3$	NdH$_2$ NdH$_3$	Pm	SmH$_2$ SmH$_3$	EuH$_2$	GdH$_2$ GdH$_3$	TbH$_2$ TbH$_3$	DyH$_2$ DyH$_3$	HoH$_2$ HoH$_3$	ErH$_2$ ErH$_3$	TmH$_2$ TmH$_3$	(YbH$_2$) YbH$_3$	LuH$_2$ LuH$_3$	
		ThH$_2$	PaH$_2$	UH$_2$	NpH$_2$ NpH$_3$	PuH$_2$ PuH$_3$	AmH$_2$ AmH$_3$	Cm	Bk	Cf	Es	Fm	Md	No	Lr	

图 2-14　氢化物的元素周期表

⑥ 氢是所有元素之母，现存所有元素由氢演变而来。宇宙大爆炸后产生的气雾态中含有约 89% 的 H、约 11% 的 He，慢慢冷却下来后，产生了万物；太阳中的氢元素含量至今都十分丰富，其质量约占到太阳总质量的 70%，而地球上一切生命所需的能源全部来自太阳氢聚变释放的能量。

⑦ 氢、氧化合生成水，水是地球上最普通、最重要的化合物，一切生命的源泉！

⑧ 氢是生命元素之一，人体中含氢约 10%，是构成 DNA 的一种不可缺少的重要元素，DNA 双螺旋结构都依靠氢键形成，以及解旋、复制、再生这些极为重要的生物反应全都依赖于 DNA 中的氢键。

⑨ 由于氢氧化合生成水，放出热量；而水又可以利用各种绿色能源，如太阳能、风能、地热能，进行催化水分解产生氢气与氧气，所以，氢在这一轮循环中扮演一个重要角色，氢能源是最有希望的清洁能源、是人类的永恒能源。

⑩ 人类对于宇宙奥秘的探索及认识，始于氢元素，始于原子结构、原子轨道理论，分子的化学键理论发展也是从理解氢分子开始，以至于开创了现代化学理论新篇章；而在现代社会，人类为了解决世界面临的严重生存环境问题、化石能源耗尽问题，又把目光投向了氢原子、氢同位素、氢分子以及相关的载能分子，相信有朝一日，人类可以通过氢核聚变，通过氢分子转化为电能、热能、碳（烃）基能源，为人类生存提供无穷无尽的能源。

思考题

2-1. 元素周期表中哪几个位置可放氢元素？说明理由。氢元素有几种价态？

2-2. 氢气可以有三态，如何液化？如何形成固态？形成固态有何难度？

2-3. 氢气有哪几种不同的同位素？各自有何特点？有何用途？

2-4. 氢的三种同位素（H、D、T）在物理化学性质上各有什么特点？各有什么用途？

2-5. 氢气液化有何意义？为什么氢气液化很困难？人们是如何克服这个困难的？

2-6. 结合文中图 2-4，讨论氢气的焦耳-汤姆孙效应系数 μ 变化规律，这种特殊情况对于氢气液化有什么不利影响？

2-7. 氢的几种重要而又简单的化合物 H_2O、NH_3、CH_4、CH_3OH 都是新能源的热点化合物，试分析这几种化合物作为能源的特点。

2-8. 氢氧焰以及炔氧焰都可以产生高温，根据他们各自的燃烧值以及汽化热，讨论为什么氢氧焰燃烧的最高温度不及炔氧焰。

2-9. 氢气、汽油和甲醇的燃烧热分别为 $-286kJ/mol$、$-5470kJ/mol$ 和 $-726kJ/mol$，试计算这三种燃料每千克的燃烧热。

2-10. 航天飞机的运载火箭可用液氢和液氧作燃料，若发射一次需液氢 $1.5 \times 10^3 m^3$，如此大量氢气，最好用什么方法制备？使用时要注意什么问题？

2-11. 健康成年人身体中几种主要元素的平均质量分数分别为氧 62%、碳 23%、氢 10%。某人体重为 70kg，试问他体内含碳氢氧各多少摩尔？

2-12. 氨氢融合在解决氢能应用方面有何重大意义？

2-13. 氢核聚变在人类开发新能源方面有何重大意义，又会遇到哪些困难？

参考文献

[1] 施普林格. 自然的音符：118 种化学元素的故事[M]. 自然科研，译. 北京：清华大学出版社，2020.

[2] 黄建彬. 工业气体手册[M]. 北京：化学工业出版社，2002.

[3] 徐光宪，王祥云. 物质结构[M]. 2 版. 北京：高等教育出版社，1987.

[4] 胡英. 物理化学[M]. 中册. 4 版. 北京：高等教育出版社，1999.

[5] 江元生. 结构化学[M]. 北京：高等教育出版社，1997.

[6] 周公度. 结构和物性：化学原理的应用[M]. 2 版. 北京：高等教育出版社，2000.

[7] 周公度. 氢的新键型[J]. 大学化学. 1999，14(4)：8-16.

[8] 施风东. 实用氢化学[M]. 北京：国防工业出版社，1996.

[9] Sherif S A，Goswami D Y，Stefanakos E K，et al. Handbook of Hydrogen Energy[M]. New York：CRC Press，Taylor & Francis Group，2014.

[10] Eisenberg D. Kauzmann W. The Structure and Properties of Water[M]. Oxford：Clarenton Press，1969.

[11] Dean J A. Lang's Handbook of Chemistry[M]. 15th ed. New York：McGraw-Hill，1999.

[12] Manchester F D. Metal-Hydrogen Systems，Fundamentals and Applications，Volume Ⅰ and Ⅱ[M]. Lausanne：Elsevier，1991.

[13] 陈双涛，周楷森，赖天伟，等. 大规模氢液化方法与装置[J]. 真空与低温，2020，26(3)：173-178.

[14] 王昊成，杨敬瑶，董学强，等. 氢液化与低温高压储氢技术发展现状[J]. 洁净煤技术，2023，29(3)：102-113.

[15] 王志斌，沈炀，余羿，等. 我国磁约束核聚变能源的发展路径、国际合作与未来展望[J]. 南方能源建设，2024，11(3)：1-13.

第三章

氢的结构化学

 导言

　　氢原子及氢分子的微观结构对于物理学、化学的发展都有极其重要的影响，早期物理学家普朗克（M. Planck）、玻尔（N. Bohr）以及薛定谔（E. Schrödinger）等人对于原子结构、量子力学建立与发展作出了杰出贡献，美国化学家鲍林（Linus Pauling）在化学特别是结构化学领域作出了巨大贡献。鲍林竭力将量子力学和化学结构问题结合，从而阐明了电子在化学键生成过程中的成键作用，揭示了化学键的本质，为近代结构化学、量子化学的建立和发展作出了突出贡献。1954 年鲍林获得了诺贝尔化学奖，他最主要的研究成果于 1928 年到 1932 年间获得，借鉴对于氢分子的研究，揭示了化学键的本质和分子结构的基本原理。毫不夸张地说，一切化学分支学科的成果，包括能源化学、材料化学及生物化学，都是源于对氢原子、氢分子结构的研究基础。

　　我国已故著名教育家、化学家傅鹰教授曾指出："一门科学的历史是这门科学中最宝贵的一部分，因为科学只能给我们知识，而历史却能给我们智慧。"因此，在本书编写过程中，我们特别注意氢原子、氢离子、氢分子、氢键以及氢与金属材料相互作用的研究开发过程与历史背景，查阅了大量书籍及论文，使用原始文献，更有利于理解和学习伟大科学家的创新思维和科学研究方法，使广大师生及读者对氢能源的起源、发展、现状有更加深入的理解。

3.1 薛定谔方程与氢原子波函数

　　化学反应的本质就是化学键的重构，也就是原子核外电子重新排布的过程。要理解原子光谱、化学键、反应性能等就必须理解原子轨道和分子轨道，就要有描述微观粒子的规律、定律。薛定谔方程是化学键理论的基石，正如牛顿力学是经典力学的基础一样。对于氢分子及后续关于氢能的讨论当然要从氢原子以及薛定谔方程这个源头说起。

　　量子理论建立之初，也就是普朗克（M. Planck）提出能量量子化和能量子概念的时候，完全没有描述量子的数学公式。玻尔（N. Bohr）的原子模型仍然是唯象地假定了轨道角动量量子化和能级分立（1913 年）。德布罗意（L. de Broglie）提出物质波理论（1923 年）之后，才有了海森堡（W. Heisenberg）、波恩（M. Born）等的矩阵力学和薛定谔（E. Schrödinger）的波动力学（1925 年）。1923 年，德布罗意在他的博士论文中提出："几个世纪以来在光学方面，人们过于重视波动的研究，而忽视了它的粒子性，在实物的理论方面，我们是否犯了同样的错误，过分重视它的粒子性而忽视了它的波动图像？"他提出一个大胆的设想，认为微观粒子除有粒子性外，也具有波动性，这种波称为物质波（或德布罗意波），并假设粒子能量与物质波频率的关系仍服从公式 $E = h\upsilon$，物质波的波长 λ 与粒子动量 p 的关系仍遵从式（3-1）。

$$\lambda = \frac{h}{p} = \frac{h}{mv} \tag{3-1}$$

此式又称德布罗意关系式。式中，h 为普朗克常数；m 是微观粒子质量；v 是微观粒子的运动速度。后来的许多实验都验证了德布罗意假设。这个伟大的猜想一下子打开了人们科学处理微观世界现象的大门。

既然微观粒子的运动具有波粒二象性，其运动规律需用量子力学来描述。量子力学是在研究微观粒子的波粒二象性设想的同时提出来的。根据德布罗意关于物质波的观点，1925年物理学家薛定谔根据上述微观粒子运动具有波粒二象性这个关键新思想，对经典光波方程进行改造后提出了薛定谔方程，薛定谔提出的这个量子力学基本方程，是一个非相对论的波动方程。它反映了描述微观粒子的状态随时间变化的规律，它在量子力学中的地位与牛顿定律对于经典力学一样，是量子力学的基本假设之一。设描述微观粒子状态的波函数为 $\Psi(r, t)$，质量为 m 的微观粒子在势场 $U(r, t)$ 中运动的薛定谔方程见式（3-2）。

$$\left(-\frac{h^2}{8\pi^2 m} \nabla^2 + U(r,t) \right) \Psi(r,t) = \frac{ih}{2\pi} \times \frac{\partial}{\partial t} \Psi(r,t) \tag{3-2}$$

在给定初始条件和边界条件以及波函数所满足的单值、连续、平方可积的条件下，可解出波函数 $\Psi(r, t)$。由此可计算粒子的分布概率和任何实验可观测量的平均值（期望值）。当势函数 U 不依赖于时间 t 时，粒子具有确定的能量，粒子的状态称为定态。定态时的波函数可写成 $\psi(r)$，称为定态波函数，满足定态薛定谔方程，见式（3-3）。

$$\left(-\frac{h^2}{8\pi^2 m} \nabla^2 + U(r) \right) \psi(r) = E\psi(r) \tag{3-3}$$

这一方程在数学上称为本征方程。式中，E 为本征值，是定态能量；$\psi(r)$ 又称为对应本征值 E 的本征函数。

1927年，海森堡提出了量子力学中的不确定原理，他认为：如果用经典力学所用的物理量（位置和动量）来描述微观粒子的运动状态，所测位置的准确度愈高，其动量准确度就愈低，反之亦然。也就是说经典力学中总有办法同时准确定道宏观物体的运动速度和位置，在描述微观粒子运动时却有质的不同：确切知道微观粒子的运动速度时，却不能确定它的位置。

薛定谔方程的起源，按照费曼（R. P. Feynman）的说法，"不可能从你所知道的任何东西中推导出它，是薛定谔瞎想出来的。"（It is not possible to derive it from anything you know. It came out of the mind of Schrödinger.）当然，乱猜不行，最重要的是，从这个方程出发，所有那些不符合牛顿力学的微观粒子的行为，都可以得到圆满的解释了，而且被广泛运用。对于氢原子、氢分子那就更是如此。Schrödinger 方程是一个在微观粒子运动体系中，原子核及外围电子运动时的动能加势能等于其体系总能量，而且能量守恒的偏微分方程式［式（3-4）］。

$$\frac{\partial^2 \psi}{\partial x^2} + \frac{\partial^2 \psi}{\partial y^2} + \frac{\partial^2 \psi}{\partial z^2} = -\frac{8\pi^2 m}{h^2}(E-V)\psi \tag{3-4}$$

式中，ψ 称为波函数；E 是总能量即势能和动能之和；V 是势能；m 是微观粒子的质量；h 是普朗克常数；x，y 和 z 为空间坐标。就氢原子系统而言，在玻恩-奥本海默（Born-Oppenheimer）近似下不考虑核的动能，m 是电子的质量，E 相当于氢原子的总能量，势能 V 是原子核对电子的吸引能，$V = -Ze^2/r$，其中 Z 为核电荷数，e 为电子电荷，r 为电子离核的距离。ψ 为电子空间坐标的某种函数。可见，Schrödinger 方程把体现微观粒子的粒子性（m、E、V 和坐标等）与波动性（Ψ）有机地融合在一起，从而能更真实地反映出微观粒子的运动状态。求解 Schrödinger 方程需要较深的数学基础，将不在此书讨论。我们所要了解的是量子力学处理原子结构问题的思路和一些重要结论，在此，我们将重点放在图示法及定性介绍上。关于定态薛定谔方程，简单来理解，就是讲了"粒子的动能加势能等于其总能量，而且能量守恒"这样一个道理。

在不同条件下可以解出不同 E 和 ψ，这里所说的条件要用三种量子数来表示，或者说，只有引用了这三种量子数，才能使氢原子的 Schrödinger 方程解出有意义的结果来。量子数及自旋量子数和它们可取的数值如下。

① 主量子数 $n = 1$，2，3，…（n：任意非零的正整数）；n 决定电子层的能量。

② 角量子数 $l = 0$，1，2，…，$n-1$（l：从零开始的正整数）；l 决定电子轨道角动量的大小。

③ 磁量子数 $m = +l$，…，0，…，$-l$（m：从 $+l$ 经过零到 $-l$ 的整数），m 决定其电子轨道角动量在磁场方向的分量。例如：当 $n=1$ 时，l 可取数值是从 0 到 $n-1$，即只有 0 一个数；$n=2$ 时，l 可取 0，1 两个数；$n=3$ 时，l 可取 0，1，2 三个数。当 $l=0$ 时，m 可取 0 一个数；当 $l=1$ 时，m 可取 $+1$，0，1 三个数，其余可类推。上述三个量子数可以从 Schrödinger 方程直接解出，但是，光谱实验观察结果与理论仍有少数不符合之处，于是，人们根据实验和理论作进一步研究，又引入一个用来表征电子自旋运动的第四种量子数 m_s。

④ 自旋量子数 $s = 1/2$，自旋磁量子数 m_s 决定了电子自旋角动量在外磁场方向上的分量，$m_s = +1/2$ 或 $-1/2$，对应的自旋状态为 α 或者 β。这一概念是在 1925 年，由两个年轻的荷兰物理学家乌仑贝克（G. Uhlenbeck）和古兹米特（S. Goudsmit）为了圆满解释原子光谱超精细结构发现的微小谱带分裂现象提出的假设。

通过一组特定的 n、l 和 m 就可得到一个相应的波函数 $\psi_{n,l,m}$，它表示氢原子中核外电子运动的某一状态。如 $n=1$，$l=0$，$m=0$ 时的波函数为 ψ_{1s}；$n=2$，$l=0$，$m=0$ 时的波函数为 ψ_{2s}；$n=2$，$l=1$，$m=0$ 的波函数为 ψ_{2p}……由 Schrödinger 方程得到这些波函数的同时，可得到与这些状态相对应的能量 E。

3.2 氢原子的基态总能量

求解 Schrödinger 方程，所得到的氢原子系统的总能量为

$$E = -\frac{\mu e^4}{8\varepsilon_0^2 h^2} \times \frac{Z^2}{n^2}$$

简化为式（3-5）。

$$E = -R_H \left(\frac{Z}{n} \right)^2 \tag{3-5}$$

式中，Z 为原子序数；$R_H = 2.179 \times 10^{-18}$ J。对于氢原子而言，式中 $Z=1$，$n=1$ 时，E 表示氢原子的基态能量，即 $E = 2.179 \times 10^{-18}$ J。此式也适用于除氢以外其他单电子体系。例如，He^+、Li^{2+}、Be^{3+}，此时 Z 分别为 2，3，4。这些体系通常叫做类氢离子。

3.3 氢的原子光谱

氢原子由一个质子和一个电子构成，是最简单的原子，因此其光谱一直是了解物质结构理论的主要依据。研究其光谱，可以借由外界提供能量，使激发氢原子内的电子跃迁至高能级后，在跳回低能级的同时，会放出跃迁能量等同两个能级之间能量差的光子，再以光栅、棱镜或干涉仪分析其光子能量、强度，就可以得到其发射的光谱明线。以一定能量、强度的光源照射氢原子，则等同其能级能量差的光子会被氢原子吸收，得到其吸收光谱的暗线。

氢原子光谱是最简单的原子光谱。1885 年瑞士数学家巴尔末（J. Balmer）发现氢原子可见光波段的光谱巴尔末系，并给出经验公式。在可见光和近紫外光谱区发现了氢原子光谱的 14 条谱线，谱线强度和间隔都沿着短波方向递减。其中可见光区有 4 条，分别用 H_α、H_β、H_γ、H_δ 表示，其波长的粗略值分别为 656.28nm、486.13nm、434.05nm 和 410.17nm。氢原子光谱是氢原子内的电子在不同能级跃迁时发射或吸收不同频率的光子形成的光谱。氢原子光谱为不连续的线光谱。

巴尔末首先把上述光谱用经验公式，即氢原子光谱谱线公式 [式（3-6）] 表示出来：

$$\lambda = B \frac{n^2}{n^2 - 4} \qquad (n = 3, 4, 5\cdots) \tag{3-6}$$

式中，B 为一常数。这组谱线称为巴尔末线系。当 $n \to \infty$ 时，$\lambda \to B$，为这个线系的极限，这时邻近二谱线的波长之差趋于零。1890 年里德伯（J. Rydberg）把巴尔末公式简化为式（3-7）。

$$\widetilde{\widetilde{\nu}}_H = R_H \times \left(\frac{1}{2^2} - \frac{1}{n^2} \right) \qquad (n = 3, 4, 5\cdots) \tag{3-7}$$

式中，R_H 称为氢原子里德伯常数，其值为 $(1.096775854 \pm 0.000000083) \times 10^7$ m^{-1}。后来又相继发现了氢原子的其他谱线系，都可用类似的公式表示。波长的倒数称波数 ν，单位是 m^{-1}，氢原子光谱的各谱线系的波数可用一个普遍公式表示 [式（3-8）]。

$$\nu = R_H \times \left(\frac{1}{m^2} - \frac{1}{n^2} \right) \tag{3-8}$$

对于一个已知线系，m 为一定值，而 n 为比 m 大的一系列整数。此式称为广义巴尔末公式。氢原子光谱现已命名的六个线系如下：

莱曼系 $m=1$，$n=2$，3，4，… 紫外区

巴尔末系 $m=2$，$n=3$，4，5，… 可见光区

帕邢系 $m=3$，$n=4$，5，6，… 红外区

布拉开系 $m=4$，$n=5$，6，7，… 近红外区

普丰特系 $m=5$，$n=6$，7，8，… 远红外区

对于核外只有一个电子的类氢原子（如 He^+、Li^{2+} 等），广义巴尔末公式仍适用，只是核的电量和质量与氢原子核不同，要对里德伯常数 R 作相应的变动。当用高分辨分光仪器去观察氢原子的各条光谱线时，发现它们又由若干相近的谱线组成，称为氢原子光谱线的精细结构。它来源于氢原子能级的细致分裂，分裂的主要原因是相对论效应以及电子自旋和轨道相互作用所引起的附加能量。

氢原子光谱的可见光部分见图 3-1。图 3-1 是一系列以 $m=2$ 为特征的谱线，称为巴尔末（Balmer）系。当 $m=1$，3，4，5 时，可得其他不同系列谱线，分别称为莱曼（Lyman）系、帕邢（Paschen）系、布拉开（Brackett）系和普丰特（Pfund）系，位于紫外和红外区（图 3-2）。

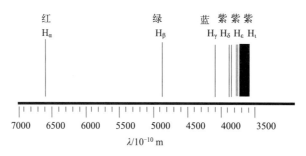

图 3-1 氢原子光谱的可见光部分（巴尔末系）

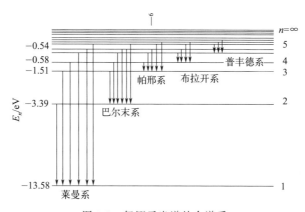

图 3-2 氢原子光谱的全谱系

3.4 氘的光谱位移及质量

同位素的原子核具有相同数量的质子，但中子数不同，核质量不同。反映在谱线上，同位素所对应的谱线发生位移，这种现象称为同位素移位。同位素移位的大小与核质量有密切关系，核质量越轻，移位效应越大。因此，氢同位素具有最大的同位素移位。1932 年尤里（H. Urey）根据里德伯常数随原子核质量变化的理论，用 3L 低温液氢蒸发的方法获得 1mL

重氢含量较高的氢和重氢混合物，然后对其莱曼线系进行了摄谱分析，发现氢原子光谱中每条线都是双线，也就说明这种物质是混合物。通过波长测量并与假定的重氢核质量所得的双线波长相比较，实验值与理论值符合得很好，从而确定了氢的同位素氘（D）的存在。

根据玻尔模型，原子的能量是量子化的，即具有分立的能级。当电子从高能级跃迁到低能级时，原子释放出能量，并以电磁波的形式辐射。氢和类氢原子的巴尔末线系对应光谱线波数 v 见式（3-9）。

$$v = \frac{2\pi^2 m_e e^4 Z^2}{(4\pi\varepsilon_0)^2 h^3 c (1 + \frac{m_e}{m_Z})} \times (\frac{1}{2^2} - \frac{1}{n^2}) \tag{3-9}$$

式中，m_Z 为原子核质量；m_e 为电子质量；e 为电子电荷；h 为普朗克常数；ε_0 为真空介电常数；c 为光速；Z 为原子序数。因此类氢原子的里德伯常数可写成式（3-10）。

$$R_Z = \frac{2\pi^2 m_e e^4 Z^2}{(4\pi\varepsilon_0)^2 h^3 c} \times \frac{1}{(1 + \frac{m_e}{m_Z})} \tag{3-10}$$

若假定原子核不动，则有式（3-11）。

$$R_\infty = \frac{2\pi^2 m_e e^4 Z^2}{(4\pi\varepsilon_0)^2 h^3 c} \tag{3-11}$$

因此

$$R_Z = \frac{R_\infty}{(1 + \frac{m_e}{m_Z})}$$

即有式（3-12）

$$R = \frac{2\pi^2 m_e e^4}{(4\pi\varepsilon_0)^2 h^3 c} \tag{3-12}$$

由此可见，R_Z 随原子核质量 m_Z 变化，对于不同的元素或同一元素的不同同位素 R_Z 值不同。m_Z 对 R_Z 影响很小，因此氢和它的同位素的相应波数很接近，在光谱上形成很难分辨的双线或多线。设氢和氘的里德伯常数分别为 R_H 和 R_D，氢、氘光谱线的波数 v_H、v_D 分别见式（3-13）、式（3-14）。

$$v_H = R_H \left(\frac{1}{2^2} - \frac{1}{n^2}\right) \qquad n = 3,4,5\cdots \tag{3-13}$$

$$v_D = R_D \left(\frac{1}{2^2} - \frac{1}{n^2}\right) \qquad n = 3,4,5\cdots \tag{3-14}$$

氢和氘光谱相应的波长差为式（3-15）。

$$\Delta\lambda = \lambda_H - \lambda_D = \lambda_H(1 - \frac{\lambda_D}{\lambda_H}) = \lambda_H(1 - \frac{v_H}{v_D}) = \lambda_H(1 - \frac{R_H}{R_D}) \tag{3-15}$$

因此，通过实验测得氢和氘的巴尔末线系的前几条谱线的波长及其波长差，可求得氢与氘的里德伯常数 R_H、R_D。有式（3-16）、式（3-17）：

$$R_H = R_\infty / (1 + \frac{m_e}{m_H})\tag{3-16}$$

$$R_D = R_\infty / (1 + \frac{m_e}{m_D})\tag{3-17}$$

其中，m_H 和 m_D 分别为氢和氘原子核的质量。式（3-16）除式（3-17），得式（3-18）。

$$\frac{R_D}{R_H} = \frac{1 + m_e/m_H}{1 + m_e/m_D}\tag{3-18}$$

可解出式（3-19）。

$$\frac{M_D}{M_H} = \frac{m_e}{M_H} \times \frac{\lambda_H}{\lambda_D - \lambda_H + \lambda_D m_e/M_H}\tag{3-19}$$

式中，m_e/M_H 为电子质量与氢原子核质量比值，公认值为 1836.1525。因此利用通过实验测得的波长可求得氘与氢原子核的质量比。实验测定的氢、氘的巴尔末线系可见光区波长见表 3-1，可见氢氘的同位素效应在原子光谱中表现明显。这些数据在氢同位素分离、鉴定以及核反应的过程中，对于氢氘分析有重要价值。

表 3-1　氢、氘的巴尔末线系可见光区波长

氢（H）		氘（D）	
符号	波长/nm	符号	波长/nm
H_α	656.280	D_α	656.100
H_β	486.133	D_β	485.999
H_γ	434.047	D_γ	433.928
H_δ	410.174	D_δ	410.062

【例题 3-1】　计算氢原子 $n = 1$，2，3 时的能级。

解：

$m_e = 9.109 \times 10^{-31}\,\text{kg}$，$m_p = 1.673 \times 10^{-27}\,\text{kg}$，$Z = 1$

$$\mu = \frac{m_e m_p}{m_e + m_p} = \frac{9.109 \times 10^{-31}\,\text{kg} \times 1.673 \times 10^{-27}\,\text{kg}}{9.109 \times 10^{-31}\,\text{kg} + 1.673 \times 10^{-27}\,\text{kg}} = 9.104 \times 10^{-31}\,\text{kg}$$

$$E_1 = -\frac{\mu e^4 Z^2}{8\varepsilon_0^2 h^2 n^2} = \frac{9.109 \times 10^{-31}\,\text{kg} \times (1.602 \times 10^{-19}\,\text{C})^4 \times 1^2}{8 \times [8.854 \times 10^{-12}\,\text{C}^2/(\text{N} \cdot \text{m}^2)]^2 \times (6.626 \times 10^{-34}\,\text{J} \cdot \text{s})^2 \times 1^2}$$

$$= -2.178 \times 10^{-18}\,\text{J}$$

$E_2 = E_1/2^2 = -0.5444 \times 10^{-18}\,\text{J}$，$E_3 = E_1/3^2 = -0.2420 \times 10^{-18}\,\text{J}$

若能量单位采用 eV（$1\text{eV} = 1.602 \times 10^{-19}\,\text{J}$），则有：

$$E_1 = -13.60\,\text{eV}$$

3.5 H_2^+ 分子的薛定谔方程及其解

H_2^+ 是最简单的分子，由汤姆森（J. J. Thomson）于阴极射线中发现的。它在化学上虽不稳定，很容易从周围获得一个电子变为氢分子，但已通过实验证明 H_2^+ 的确存在，其键长为 106pm，键解离能为 255kJ/mol。正如单电子的氢原子作为讨论多电子原子结构的出发点一样，单电子 H_2^+ 是讨论多电子的双原子分子结构的基础，特别是当我们讨论 H_2 分子的时候，有重要参考价值。

H_2^+ 是一个包含两个原子核和一个电子的体系。其坐标关系如图 3-3 所示，图中 A 和 B 代表原子核，r_1 和 r_2 分别代表电子与两个核的距离，R 代表两核之间的距离。

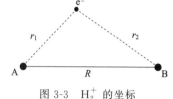

图 3-3 H_2^+ 的坐标

H_2^+ 的 Schrödinger 方程，以原子单位表示为式（3-20）。

$$\left(-\frac{1}{2}\mathbf{\nabla}^2 - \frac{1}{r_a} - \frac{1}{r_b} + \frac{1}{R}\right)\psi = E\psi \tag{3-20}$$

式中，ψ 和 E 各为 H_2^+ 的波函数和能量，左边括号中第一项代表电子动能算符，第二项和第三项代表电子受核的吸引能，第四项代表电排斥能。由于围绕两个原子核运动的电子的质量比核的小得多，电子绕核运动时，核可以看作不动，由此式中不包含核的动能算符项，电子处在固定的核势场中运动，此即玻恩-奥本海默近似，因而解得的波函数只反映电子的运动状态。这样把核看作不动，固定核间距 R 解 Schrödinger 方程，可得到分子的电子波函数（又称分子轨道）和能级。改变 R 值可得不同的波函数和能级，与电子能级最低值对应的 R 为平衡核间距。在分子轨道理论中，分子轨道近似写成原子轨道的线性组合。H_2^+ 的分子轨道以 H 原子 A 和 B 的 ψ_{1s} 的波函数用 ψ_a 和 ψ_b 表示，用它进行线性组合：

$$\psi = c_a\psi_a + c_b\psi_b$$

作为 H_2^+ 时的变分函数，利用变分法求解得式（3-21）、式（3-22）。

$$\psi_1 = \frac{1}{\sqrt{2+2S_{ab}}}(\psi_a + \psi_b) \qquad E_1 = E_H + \frac{J+K}{1+S} \tag{3-21}$$

$$\psi_2 = \frac{1}{\sqrt{2-2S_{ab}}}(\psi_a - \psi_b) \qquad E_2 = E_H + \frac{J-K}{1-S} \tag{3-22}$$

式中，E_H 为基态 H 原子的能量；J，K，S 为三个积分，其数值可以在以核 A 和核 B 为焦点的椭圆坐标中求得（式中以原子单位表示）。J，K，S 求解方程见式（3-23）～式（3-25）。

$$J = \frac{1}{R} - \int \frac{1}{r_b}\psi_a^2 \, d\tau = \left(1 + \frac{1}{R}\right)e^{-2R} \tag{3-23}$$

$$K = \frac{1}{R}S - \int \frac{1}{r_a}\psi_a\psi_b \, d\tau = \left(\frac{1}{R} - \frac{2R}{3}\right)e^{-R} \tag{3-24}$$

$$S = \int \psi_a\psi_b \, d\tau = \left(1 + R + \frac{R^2}{3}\right)e^{-R} \tag{3-25}$$

这些积分都是与 R 有关的，当 R 给定后，可计算其具体数值。图 3-4 为 H_2^+ 的能量曲线。

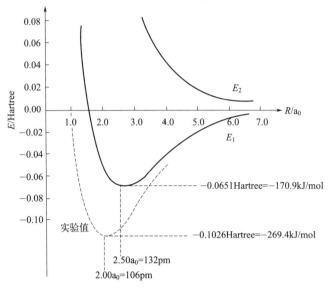

图 3-4　H_2^+ 的能量曲线（H^+ 能量为 0）

（1Hartree＝2625.5kJ/mol）

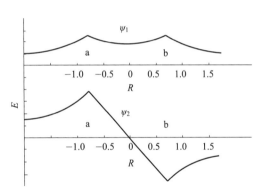

图 3-5　波函数 ψ_1、ψ_2

沿 Z 轴（键轴）分布剖面图

图 3-5 给出 E-R 曲线，由图可见，E 随 R 的变化出现一最低点，它从能量的角度说明 H_2^+ 能稳定地存在，但计算值（170.9kJ/mol）和实验值还有差距（图中 D_e ＝269.4kJ/mol，除去零点能，D_o ＝255kJ/mol）。ψ_1 的能量比 H 原子 ψ_{1s} 低，当电子从氢原子的 ψ_{1s} 轨道进入时，体系的能量降低，ψ_1 是成键轨道；若进入 ψ_2 时，体系的能量升高，是反键轨道。

薛定谔方程的物理意义是：粒子随时间变化的波动方程，确定粒子出现的位置，还有粒子出现的概率波。而波函数的模平方 $|\psi_1|^2$ 和 $|\psi_2|^2$ 就是粒子出现的概率密度函数，H_2^+ 电子密度分布见式（3-26）、式（3-27）。

$$\psi_1^2 = \frac{1}{2+S_{ab}}(\psi_a^2 + \psi_b^2 + 2\psi_a\psi_b) \tag{3-26}$$

$$\psi_2^2 = \frac{1}{2-S_{ab}}(\psi_a^2 + \psi_b^2 - 2\psi_a\psi_b) \tag{3-27}$$

将 H_2^+ 电子密度分布表示为电子云分布差值图，则有图 3-6。值得注意的是，实线是对于成键有利的，虚线是对于反键有利的。

由图 3-6 可见，同 ψ_2 相比，ψ_1 将两原子外侧电子聚到核间，核间电子同时受到两核吸引而成 H_2^+。

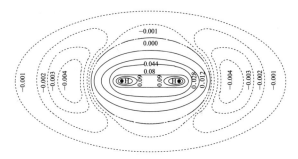

图 3-6　H_2^+ 电子云分布差值图（实线为正值，虚线为负值）

3.6　H_2 分子轨道

　　氢分子是最简单的同核双原子分子，其 Schrödinger 方程的求解包括价键理论和分子轨道理论。1927 年海特勒（W. Heitler）和伦敦（F. London）首次采用价键法求解 H_2 分子的 Schrödinger 方程。传统的价键法将分子中的共价键当作电子配对形成的定域键。他们通过变分法得到 H_2 分子波函数和相应的能量，第一次解释了化学键的本质。海特勒和伦敦计算得到的 H_2 分子的平衡核间距为 0.87Å（$1Å=10^{-10}$ m），解离能为 304kJ/mol，而相应的实验结果分别为 0.742Å 和 432kJ/mol。值得一提的是，1928 年我国留美理论物理学家王守竞采用有效核电荷数为 Z 的 1s 波函数并对 Z 进行变分求解了 H_2 分子的 Schrödinger 方程，得到的平衡核间距为 0.78Å，解离能为 396kJ/mol，计算精度与海特勒和伦敦的结果相比有较大提高。1933 年，詹姆斯（H. M. James）和柯立芝（A. S. Coolidge）对 H_2 分子进行了彻底而又精确的处理，得到的解离能为 429.4kJ/mol。

　　在分子轨道理论中，电子在整个分子的势场范围内运动，分子轨道可用原子轨道线性组合得到。当两个氢原子靠近时，两个 1s 原子轨道（AO）可以线性组合形成两个分子轨道（MO）：一个叫 σ 成键轨道，另一个叫 σ^* 反键轨道，如图 3-7 所示。来自两个氢原子的自旋方式不同的 1s 电子，在成键时进入能量较低的成键轨道，这就是一般的单键。H_2 的分子轨道可以写成 $(\sigma_{1s})^2$。

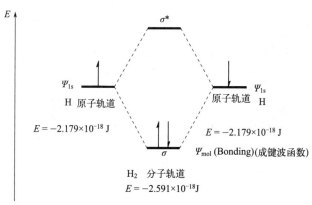

图 3-7　氢原子轨道与氢分子轨道

通过对 Schrödinger 方程的量子力学计算表明，两个氢原子彼此靠近，两个 1s 电子以自旋相反的方式形成电子对，使体系的能量降低。即破坏 H_2 的键要吸热（吸收能量），此热量的大小与 H_2 分子中的键能有关。计算还表明，若两个 1s 电子保持相同自旋的方式，则距离 r 越小，势能 V 越大。此时，不形成化学键。H_2 中的化学键可以认为是电子自旋相反成对，使体系的能量降低。从电子云角度考虑，可认为 H 的 1s 轨道在两核间重叠，使电子在两核间出现的概率大，形成负电区，两核吸引核间负电区，使 H 原子结合在一起（图 3-8）。

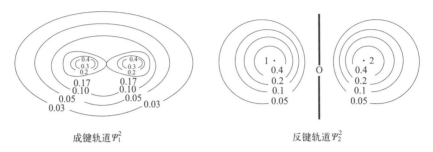

图 3-8 氢分子的电子云分布差值图

3.7 氢化合物的化学键

虽然氢原子只有 1 个 1s 轨道上的 1 个电子参与成键，但是由于氢既能失去一个电子成正一价，又可以得到一个电子成负一价，按照这个观点，它既可以放在元素周期表的左边第一主族顶端，又可以放在周期表的右边第七主族顶端，这和所有元素相比是很奇特的，它几乎能与所有元素组成化合物，所以其形成的化学键也是丰富多彩，已经证明氢原子在不同化合物中可以形成多种类型的化学键。总体而言，氢的化学键包括共价键、离子键、金属键以及复杂多变的氢键。在量子理论、氢原子结构及波动方程（薛定谔方程）以及共价键理论方面做出里程碑贡献的三位科学家简介见图 3-9。

马克斯·普朗克(Max Planck, 1858.4—1947.10)，德国著名的物理学家和量子力学的重要创始人。因发现能量量子化而对物理学做出了重要贡献，在1918年获诺贝尔物理学奖

埃尔温·薛定谔(Erwin Schrödinger, 1887.8—1961.1)，奥地利理论物理学家，1926年提出薛定谔方程，为量子力学奠定了坚实的基础，1933年获诺贝尔物理学奖

莱纳斯·鲍林(Linus Pauling, 1901.2—1994.8)，美国著名化学家，量子化学和结构生物学的先驱者之一。1954年因在化学键方面的工作获诺贝尔化学奖

图 3-9 在原子物理及化学键理论方面作出重大贡献的三位科学家

单个原子 H 可以认为是一个电子和一个质子的复合体，理论和实验都表明原子氢是很不稳定的，它只能在一些特殊环境存在。在化学环境中，氢通过与周围环境交换电子而降低能量，从而形成带电量不等的阴离子或阳离子。

单质氢为零价，故在多数化学材料中氢离子在吸-放氢过程将会发生 $H^+ \rightleftharpoons H^0$ 或 $H^- \rightleftharpoons H^0$ 型转变。这些关系在储放氢频繁的金属储氢材料讨论中很有用，下面对 H^- 和 H^+ 之间进行比较，图 3-10 是 H 的氧化还原价态与电子能量的关系。在图中，在 H^0 和 H^- 之间的能量变化更平缓，在这种情况下 H 所成的键"比较软"，因此相互转换需要的能量更小，这有利于在一些化学反应中可逆吸-放氢的进行。而 H^0 和 H^+ 的能量转变则陡峭得多，意味 H 所成的键"硬很多"，因此吸-放氢过程 H 的状态转换对应的能量交换较高，这不利于可逆吸放氢。这也是非金属二元氢化物（氢带正电）通常不适合用作储氢材料的原因。格罗查拉（Grochala）等人认为氢负离子 H^- 储存形式才适合于储氢用途，他们认为在某些储氢材料体系内可能同时存在 H^- 和 H^+，如 NH_4BH_4（与第五主族 N 元素结合的 H 呈现 +1 价，与第三主族 B 元素结合的 H 呈现 -1 价），也是适合的储氢体系。关于氢的化学价在储氢材料这种特殊情况下的详细讨论，见 8.7 节。这里，反应焓值见式（3-28）～式（3-31）。

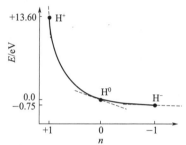

图 3-10　H 的氧化还原价态 n 与其电子能量的关系
（图中切线代表 H^n 的硬度，大小关系为 $H^{+1} > H^0 > H^{-1}$）

$$H^{-1} \longrightarrow H^0 + e^- \qquad (\Delta H^{\ominus} = +0.75\text{eV}) \quad (3\text{-}28)$$

$$H^{+1} + e^- \longrightarrow H^0 \qquad (\Delta H^{\ominus} = -13.60\text{eV}) \quad (3\text{-}29)$$

$$2H^0 \longrightarrow H_2 \qquad (\Delta H^{\ominus} = -4.52\text{eV}) \quad (3\text{-}30)$$

$$H^{-1} + H^{+1} \longrightarrow H_2 \qquad (\Delta H^{\ominus} = -17.37\text{eV}) \quad (3\text{-}31)$$

3.7.1　共价键

共价键是化学键的一种，两个或多个原子共同使用它们的外层电子，在理想情况下达到电子饱和的状态，由此组成比较稳定、坚固的原子之间连接的化学结构叫做共价键。它与离子键不同的是进入共价键的原子向外不显示电荷，因为它们并没有获得或损失电子。共价键强度与离子键差别不太多或甚至有些时候比离子键强，一般也比氢键要强。

氢原子常利用它的 1s 轨道和另一个原子的轨道互相叠加，形成共价单键。通过这种价键形成多种多样的化合物，特别是形成各式各样的有机化合物，其中甲烷分子是最典型的代表，同时甲烷也是最典型的高效低污染能源化合物，表 3-2 列出了一些代表性分子。

表 3-2　共价键结合的氢的化合物（含 H_2 分子）

分子	H_2	HCl	H_2O	NH_3	CH_4
键	H—H	H—Cl	H—O	H—N	H—C
键长/pm	74.14	147.44	95.72	101.7	109.1

由两个原子轨道沿轨道对称轴方向相互重叠导致电子在核间出现概率增大而形成的共价键，叫做 σ 键，可以简记为"头碰头"。σ 键属于定域键，它可以是一般共价键，也可以是

配位共价键。一般的单键都是 σ 键。成键原子的未杂化 p、d 或 f 轨道，通过平行、侧面重叠而形成的共价键，叫做 π 键，可简记为"肩并肩"。π 键与 σ 键不同，参与成键的轨道必须是未成对的 p、d 或 f 轨道。π 键性质各异，有两中心、两电子的定域键，也可以是共轭键和反馈键。两个原子间可以形成最多两条 π 键，例如，碳碳双键中，存在一条 σ 键、一条 π 键，而碳碳三键中，存在一条 σ 键、两条 π 键。由两个 d 轨道四重交盖而形成的共价键称为 δ 键。δ 键只有两个节面（电子云密度为零的平面）。从键轴看去，δ 键的轨道对称性与 d 轨道没有区别，而希腊字母 δ 也正来源于 d 轨道。

在无机化合物中，H_2O、NH_3 都是典型的具有 σ 键的化合物。NH_3 具有四面体结构，N 原子轨道通过 sp^3 杂化，形成四个轨道，其中三个分别与氢原子 1s 轨道重叠形成共价 σ 键，另外一个则是孤对电子（图 3-11）。有机化合物中，其中 C_nH_m 分子中的 C—H 键都是共价键，在生物体系中，各类物质中的碳、氢、氧也组成大量的、各种类型的共价键。CH_4、C_2H_4、C_6H_6 为这些碳氢化合物的典型代表，又是重要碳基能源代表性化合物，它们的共价键结构及分子轨道如图 3-12 所示。

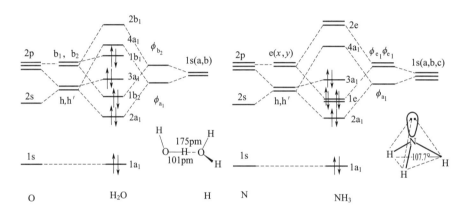

图 3-11　H_2O、NH_3 分子轨道图

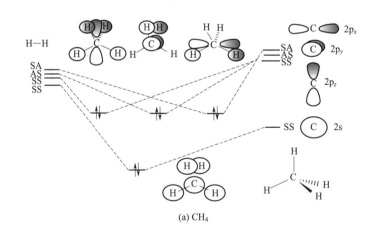

(a) CH_4

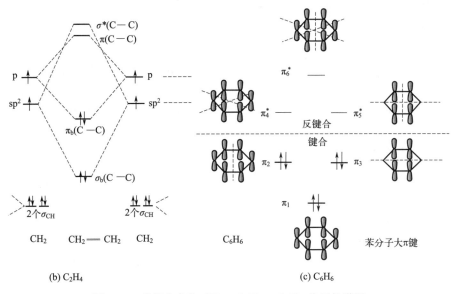

（b）C_2H_4

（c）C_6H_6

苯分子大π键

图 3-12　碳氢化合物 CH_4、C_2H_4、C_6H_6 分子轨道图

在甲烷分子中，碳原子是 sp^3 杂化的，碳原子的四个 sp^3 杂化轨道分别与四个氢原子 1s 轨道重叠形成了四个碳氢 σ 键。在乙烯分子中，碳原子的三个 sp^2 杂化轨道中的两个同氢原子的 1s 轨道重叠形成两个碳氢 σ 键，另一个与相邻的碳原子的 sp^2 杂化轨道形成碳碳 σ 键。未参与杂化的 p 轨道与另一个碳的 p 轨道用侧面互相重叠形成一个 π 键，总共有四个碳氢 σ 键、一个碳碳 σ 键，一个 π 键。图中并未标出乙炔分子的成键情况，但从结构化学知识知道，乙炔中碳原子的一个 sp 杂化轨道同两个氢原子的 1s 轨道形成两个碳氢 σ 键，另一个 sp 杂化轨道与相邻的碳原子的 sp 杂化轨道形成一个碳碳 σ 键，没有参与杂化的两个 p 轨道与另一个碳的两个 p 轨道相互平行，且"肩并肩"地重叠，形成两个相互垂直的 π 键，分别位于 x 轴以及 y 轴。苯分子中，有六个碳氢 σ 键、三个碳碳 σ 键、三个碳碳 π 键组成的一个大 π 键。

3.7.2　硼氢化合物及氢桥键

硼烷（borane）又称硼氢化合物，是硼与氢组成的化合物的总称。硼烷分子有两种类型，即 B_nH_{n+4} 和 B_nH_{n+6}，前者较稳定。现在已制得 20 多种硼烷。其中乙硼烷 B_2H_6、丁硼烷 B_4H_{10} 在室温下为气体，戊硼烷 B_5H_9 或己硼烷 B_6H_{10} 为液体。由于硼位于元素周期表第三主族，具有较强的还原性（容易被氧化），因此硼烷类化合物大多遇氧气和水不稳定，需要在惰性气体保护条件下保存。

硼烷中的第一个成员是 B_2H_6。乙硼烷易溶于乙醚，其余多数溶于苯。加热时易分解成硼和氢气，多数硼烷在空气中能自燃。硼烷燃烧时放出大量的热，所以可用作高能燃料，但这类物质毒性大，在一般条件下燃烧不完全。硼烷分子中组成某些化学键的一对电子共享于 3 个原子之间，形成了三中心键（B—B—B 键和 B—H—B 键）。可用卤化硼与氢化铝锂的反应制取，工业上生产乙硼烷主要是利用三氟化硼与氢化铝锂在乙醚中作用制得。

硼烷在近代工业和军事上具有重要用途，可作为金属或陶瓷零件的处理剂，也可作为橡胶的交联剂，已广泛使用硼试剂来进行化学镀，优点是镀件表面光洁度好，硬度突出，且镀液可无限循环使用，无污染问题发生。在乙醚溶剂中利用乙硼烷与氢化铝锂（钠）的反应制取重要的储氢化合物 $LiBH_4$ 或 $NaAlH_4$，在新药的合成手性定位还原方面，也有很重要的用途。

硼的电负性仅为 2.0，很难形成氢键，因此乙硼烷不是通过氢键结合起来的二聚物，而是通过所谓的氢桥键连接在一起。在乙硼烷中 2 个硼原子（有 8 个轨道）和 6 个氢原子共有 12 个价电子，但要使硼成为稳定的八电子构型，需要 16 个电子，所以说乙硼烷是缺电子化合物。

X 射线等结构分析表明，乙硼烷分子结构如图 3-13 所示。在 B_2H_6 中，B 原子采取不等性的 sp^3 杂化。每个 B 原子的 4 个 sp^3 杂化轨道中，有两个用于与两个 H 原子的 s 轨道形成正常的 σ 键，位于两侧的 2 个 B 原子和 4 个 H 原子在同一平面上，2 个 B 原子之间利用每个 B 原子另外的 2 个 sp^3 杂化轨道（一个有电子，另一个没有）同另 2 个 H 原子的 s 轨道形成 2 个氢桥键。这样的键称为硼氢桥键，因为是 3 个原子共用 2 个电子，所以称作三中心两电子结构（符号：3c-2e），它是缺电子原子形成化合物时所采用的一种特殊的共价结构方式。

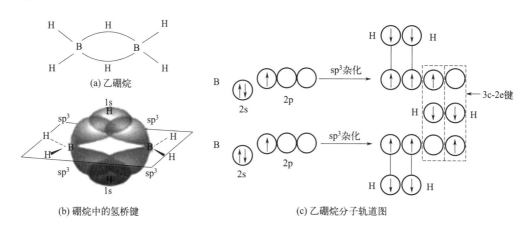

图 3-13 硼烷及氢桥键

3.7.3 氢配体的配位共价键

氢负离子 H^- 作为配体可以和过渡金属离子形成种类繁多的配合物，如 $HCo(CO)_4$、$HMn(CO)_5$、$H_2Fe(CO)_4$ 等，在此，M—H 配位键大多数都是共价键，一般计算氧化数时，将 H 记为 -1 价。

配合物是一类具有特征化学结构的化合物，由中心原子或离子（统称中心原子）和围绕它的称为配位体（简称配体）的分子或离子，完全或部分由配位键结合形成。包含由中心原子或离子与几个配体分子或离子以配位键相结合而形成的复杂分子或离子，通常称为配位单元。凡是含有配位单元的化合物都称作配位化合物。

价键理论认为，配体提供的孤对电子进入了中心离子的空原子轨道，使得配体与中心离子共享这两个电子。配位键的形成经历了两个过程，即杂化和成键，其中杂化也称轨道杂化，是能量相近的原子轨道线性组合成为等数量且能量简并杂化轨道的过程。由此还可衍生出外轨/内轨型配合物的概念，从而通过判断配合物的电子构型及杂化类型，得出配合物的磁性、氧化还原反应性质以及几何构型。对于很多经典配合物来说，价键理论得出的结果还是比较贴近事实的。除了价键理论之外，而后发展的晶体场理论与配位场理论也是比较重要的配合物理论。羰基钴配位化合物 $Co_2(CO)_8$ 是重要的均相催化剂，在羰基化反应、氢甲酰化反应、氧化反应中都有重要应用价值，不饱和键加氢的反应机理见图 3-14，羰基钴制备化学反应见下式：

$$Co+CO/H_2 \Longrightarrow Co_2(CO)_8 \qquad T=200℃，p>6MPa$$
$$Co_2(CO)_8+H_2 \Longrightarrow 2HCo(CO)_4 \qquad 液相中反应$$

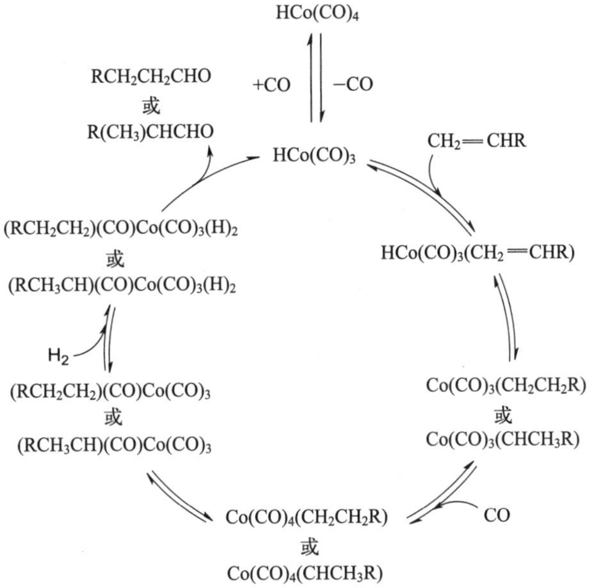

图 3-14　羰基钴配位化合物及不饱和键加氢的反应机理

3.7.4　离子键

离子键指由阴离子、阳离子间通过静电作用形成的化学键。此类化学键往往在金属与非金属间形成。本质上，离子键是由电子转移（失去电子者为阳离子，获得电子者为阴离子）形成的。即阳离子和阴离子之间由静电引力所形成的化学键。离子既可以是单离子，如 H^+、Na^+、Cl^-；也可以由原子团形成，如 SO_4^{2-}、NO_3^- 等。氢原子可按两种不同价态的离子和其他离子形成离子键。

（1）氢负离子 H^-

H^- 生成见式（3-32）。

$$H(g)+e^- \Longrightarrow H^-(g) \qquad \Delta H=72.8kJ/mol \tag{3-32}$$

除 Be 原子以外，当氢气和第一主族和第二主族的元素一起加热时，都能自发地进行反应，生成白色固体的氢化物 MH 和 MH_2，所有 MH 氢化物都具有 NaCl 型结构，MgH_2 具有金红石结构，CaH_2、SrH_2 和 BaH_2 则具有变形的 $PbCl_2$ 型结构。这些固态氢化物的化学和物理性质表明它们是离子化合物。

氢负离子 H^- 具有很大的可极化性。在 MH 和 MH_2 化合物中，H^- 的大小随着 M^+ 和 M^{2+} 的不同而改变，其半径的实验值在很大的范围内变动。从具有 NaCl 型结构的 NaH 的立方晶胞参数 $a=488pm$，可推引出 H^- 的半径为 142pm（表 3-3）。

表 3-3　H^- 的半径大小

化合物	LiH	NaH	KH	RbH	CsH	MgH_2
$r(H^-)/pm$	137	142	152	154	152	130

（2）氢正离子 H^+

一个氢原子失去一个电子形成 H^+，即质子，这是一个吸热过程［式（3-33）］。

$$H(g) \Longrightarrow H^+(g) + e^- \quad \Delta H = 1312.0kJ/mol \tag{3-33}$$

H^+ 一般不能单独存在，除非是孤立地处于高真空之中，H^+ 的半径大约为 $15 \times 10^{-15}m$，比其他原子约小 10^5 倍。当一个 H^+ 接近另一个原子或分子时，它可以使后者的电子云发生变形。所以除在气态离子束的状态下，H^+ 必会依附于其他具有孤对电子的分子或离子、质子。例如 H_3O^+、NH_4^+、HCO_3^- 等。

这些阳离子通常和阴离子通过离子键结合成盐。H^+（即质子）的水合过程具有很高的放热效应，它比其他阳离子的水合能要高得多［式（3-34）］。

$$H^+(g) + H_2O(l) \Longrightarrow H_3O^+(aq) \quad \Delta H = -1090kJ/mol \tag{3-34}$$

3.7.5　金属键

金属键（图 3-15）是化学键的一种，主要在金属中存在。由自由电子及排列成晶格状的金属离子之间的静电吸引力组合而成。由于电子的自由运动，金属键没有固定的方向，因而是非极性键。金属键有很多特性。例如一般金属的熔点、沸点随金属键的强度而升高。其强弱通常与金属离子半径成逆相关，与金属内部自由电子密度成正相关（便可粗略看成与原子外层电子数成正相关）。具有金属键的化合物一般均为热、电的优良导体。金属键的能带理论也称为金属键的量子力学模型，它有 5 个基本观点：

① 为使金属原子的少数价电子（1、2 或 3）能够适应高配位数的需要，成键时价电子必须是"离域"的（即不从属于任何一个特定原子），所有价电子由整个金属晶格的原子共有。

② 金属晶格中原子很密集，能组成许多分子轨道，而且相邻的分子轨道能量差很小，可以认为各能级间的能量变化基本上是连续的。

③ 分子轨道所形成的能带，也可以看成是紧密堆积的金属原子的电子能级发生的重叠，这种能带是属于整个金属晶体的。例如，金属锂中锂原子的 1s 能级互相重叠形成了金属晶格中的 1s 能带。

④ 按原子轨道能级的不同，金属晶体可以有不同的能带（如上述金属锂中的 1s 能带和 2s 能带），由已充满电子的原子轨道能级所形成的低能量能带，叫做"满带"；由未充满电子的原子轨道能级所形成的高能量能带，叫做"导带"。这两类能带之间的能量差很大，以致低能带中的电子向高能带跃迁几乎不可能，所以把这两类能带间的能量间隔叫做"禁带"。例如，金属锂（电子排布为 $1s^2 2s^1$）的 1s 轨道已充满电子，2s 轨道未充满电子，1s 能带是个满带，2s 能带是个导带，二者之间的能量差比较悬殊，它们之间的间隔是个禁带，是电子不能逾越的（即电子不能从 1s 能带跃迁到 2s 能带）。但是 2s 能带中的电子却可以在接受外来能量的情况下，在带内相邻能级中自由运动。

⑤ 金属中相邻近的能带也可以互相重叠，如铍（电子排布为 $1s^2 2s^2$）的 2s 轨道已充满电子，2s 能带应该是个满带，似乎铍应该是一个非导体。但由于铍的 2s 能带和空的 2p 能带能量很接近而可以重叠，2s 能带中的电子可以升级进入 2p 能带运动，于是铍依然是一种有良好导电性的金属，并且具有金属的通性。

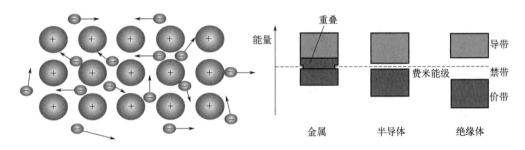

图 3-15　常规金属键及金属键能级图

H_2 分子在极高的压力和很低的温度下，如在约 500GPa 和 5.5K 条件下，转变成直线型氢原子链，H（或是三维的结构）为固态的金属相，其中氢原子是通过金属键相互结合的，金属氢因具有部分充满的电子能带（即导带）而出现金属行为。

科学家运用不同的高压设备实验装置，试图将氢气转变成金属氢，实验中虽使氢气受到高达 340 万个大气压，成功地使氢从气态转变成液态和固态，但始终未能发现液态氢和固态氢导电的迹象。20 世纪 90 年代初，美国劳伦斯利弗莫尔国家实验室及哈佛大学等试图开始利用气体枪研究"高温"超导体，液态金属氢和固态金属氢是他们的主要研究目标。但是，迄今为止固态金属氢是否存在还没有确切结论。在此，氢的金属键不做进一步讨论。

3.8　氢键

3.8.1　氢键定义

（1）氢键发现与提出

虽然文献中使用"氢键"（hydrogen bond）一词已有百年历史，但是一直以来对于氢键都没有统一的科学定义。1920 年，美国化学家拉提麦尔（W. Latimer）在论述 HF、H_2O、NH_3 高沸点的文章中提到"由两个八边形所持的氢核构成一弱键"，被认为第一次明确地提出了氢键的概念。随后，哈金斯（M. Huggins）于 1922 年在一篇题为《原子结构》的文章中也提到"价层中不含电子的带正电的原子核，与含有孤对电子的原子反应，可以形成弱键"，哈金斯声称他早在 1919 年就先于拉提麦尔提出了氢键。

人们根据大量的实验结果发现，卤素氢化物的沸点的变化规律如图 3-16 所示。从图 3-16 可以看出：HF 的沸点应低于 $-85.0℃$，而实际上却高达 $19.9℃$，这是什么原因呢？这是因为在 HF 分子之间存在除分子间的三种吸引作用外，还有一种叫做氢键的作用。

F 原子的外层电子构型是 $2s^2 2p^5$，其中 2p 亚层的一个未成对电子与 H 原子配对，形成共价键。由于 F 的电负性（3.98）比 H 的电负性（2.18）大得多，共用电子对强烈地偏向 F 的一边，使 H 原子的核几乎裸露出来。F 原子有三对孤对电子，在几乎裸露的 H 原子核与另一个 HF 分子中 F 原子某一孤对电子之间产生一种吸引作用，即氢键。通常用虚线表示（图 3-17）。

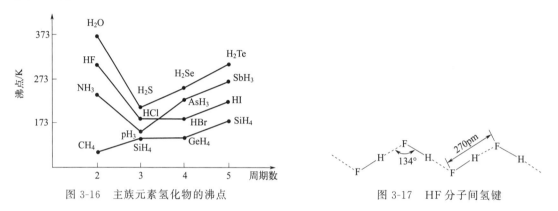

图 3-16　主族元素氢化物的沸点　　　　　图 3-17　HF 分子间氢键

HF 分子在固态、液态甚至是气态时都是以锯齿形链相聚合，这种链是由氢键形成的。实验测知 H—F 键能值约为 28kJ/mol，仅为 F—H 键能（565kJ/mol）的 1/20，氢键的键长为 270pm，就是 F—H⋯F 中两个 F 原子之间的距离。

氢可与电负性大、原子半径小且具有孤对电子的原子结合并形成氢键。在这样的元素中，氟、氧、氮与氢所成的氢键最为突出，它们所形成的氢键键能分别为 25～40kJ/mol、0～29kJ/mol 和 5～21kJ/mol。氢键的键能比共价键的键能小得多，但是有一点却与共价键相仿，氢键也有饱和性和方向性，而取向力、诱导力和色散力则不具有这些性质。如冰中，H_2O 分子靠氢键结合起来形成缔合分子（图 3-18）。

由于氢键的存在，冰和水具有很多不寻常的性质。冰由于氢键的作用结合形成许多空洞，因而冰的密度小于水，并浮在水面上，才使得水中的生物在冬季免遭冻死。

由氢键结合而成的水分子笼可将外来分子或离子包围起来形成笼形水合物。高压下地层和海洋深处的甲烷可形成笼形水合物，可燃冰就是以这种形式存在的。可燃冰，也称天然气水合物，是一种气体分子和水分子在低温高压下形成的结晶物质，分解为气体后，甲烷含量一般在 80% 以上，最高可达 99.9%。可燃冰分子结构就像一个一个由若干个水分子组成的笼子（图 3-19），分子式为 $mCH_4 \cdot nH_2O$。广义而言，可燃冰是氢化物的完美结合，也是现代清洁能源的主要来源。

在高压下，可燃冰在 18℃ 的温度下仍能维持稳定。一般可燃冰组成为 1mol 的甲烷及 5.75mol 的水，然而这个比例取决于多少的甲烷分子"嵌入"水晶格各种不同的包覆结构中。观测的密度大约在 $0.9g/cm^3$。

图 3-18　冰中 H_2O 分子间的氢键

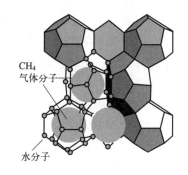

图 3-19　可燃冰（$m CH_4 \cdot n H_2O$）结构

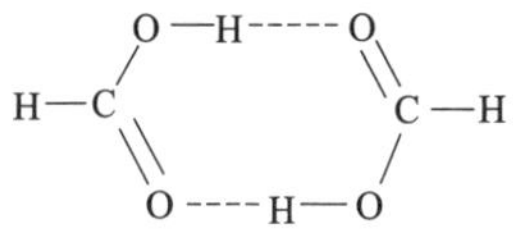

氢键在分子聚合、结晶、溶解、晶体水合物形成等重要物理化学过程中，起着重要作用。当氨水冷却时，$NH_3 \cdot H_2O$、$2NH_3 \cdot H_2O$ 等水合氨分子晶体可以沉淀出来，此类化合物中氨分子和水分子通过氢键结合。此外，在 H_3BO_3、$NaHCO_3$ 分子间都有 $O—H \cdots O$ 氢键。除了分子间氢键外，还有分子内氢键。在有机羧酸、醇、酚、胺、氨基酸和蛋白质中也都有氢键存在，如甲酸靠氢键形成双聚体结构（图 3-20）。

图 3-20　氢键形成双聚体结构

氢键在许多有机化合物（包括蛋白质）中也起着重要作用，在通常温度下氢键容易形成或破坏，这在生理过程中是重要的。有人还提出分子中的氢键在遗传机制中也起着重要作用。

（2）氢键早期定义

氢原子与电负性大、半径小的原子 X（氟、氧、氮等）以共价键结合，若与电负性大的原子 Y（与 X 相同的也可以）接近，在 X 与 Y 之间以氢为媒介，生成 $X—H \cdots Y$ 形式的一种特殊的分子间或分子内相互作用，称为氢键。氢键通常用 $X—H \cdots Y$ 表示，其中 X 和 Y 均为高电负性原子，例如 F、O、N、Cl 和 C。在氢键 $X—H \cdots Y$ 中，Y 原子有孤对电子或含电子区域，它作为质子的受体，而 X—H 作为质子的给予体。氢键既可在分子间形成，也可在分子内形成。出现分子内氢键 $X—H \cdots Y$ 时，分子的构型使 X 和 Y 处于有利的空间位置。总之，氢键是氢分子一种重要的、极为复杂的成键方式。

（3）IUPAC 定义的氢键

1931 年，鲍林在一篇有关化学键成因的论文中讨论 ［H∶F∶H］时第一次用了"氢键"一词。同年，哈金斯讨论氢离子和氢氧根离子在水溶液中的传导作用时，也使用了"氢键"一词。因此，鲍林认为他们同时提出了氢键的概念。1939 年，鲍林出版了名著《化学键的本质》。此书把氢键的概念确定下来并传播开来。鲍林在书中关于氢键的观点主要有两条：

① 在某种情况下，一个氢原子同时被两个电负性很强的原子所吸引，这就相当于氢原子在这两个原子间形成了一个键，称作氢键；

② 一个氢原子只有一个基态 1s 轨道，所以它不能形成 2 个纯共价键，故氢键有很大的离子成分。

自此，氢键的概念得到巩固和发展。特别是鲍林的氢键概念已成为教科书的主流观点。1999 年亚历山大（H. Alexander）在评述关于水中氢键研究成果时，提到了量子力学理论肯定了鲍林的上述观点，而且来自美国、加拿大和法国的科学家利用欧洲同步辐射光源实验室（ESRF）的第三代强束流进行了康普顿散射实验，发现了与理论预言一致的干涉图案，证实了这种观点的正确性。针对上述的多种说法，根据氢键部分共价性质相关的直接实验证据及理论分析，为了对氢键本质和特点明确说明，2011 年，国际纯粹与应用化学联合会（IUPAC）召集有关专家提出了氢键的新定义：氢键是分子或分子碎片 X—H 中的氢原子（其中 X 的电负性比 H 高）与同一或不同分子中的原子或原子团之间的相互吸引，证据显示有成键作用。该工作组给出判断 X—H⋯Y—Z 氢键形成的 6 项判别标准：

① 形成氢键的作用力比较复杂，很难区分或者给出简单的归属。但综合而言，氢键作用力包括静电作用力、给体受体之间的电荷转移能引起的部分共价作用以及色散力。

② X 和 H 原子彼此之间以共价键结合，X—H 键极化，H⋯Y 键强度随 X 电负性增加而增大。

③ X—H⋯Y 通常是线性形的，该角度越接近 180°，氢键越强，H⋯Y 距离越短。

④ X—H 键的长度通常会随着氢键的形成而增加，从而导致 X—H 在红外区的拉伸振动频率红移且 X—H 拉伸振动的红外吸收截面增大。X—H⋯Y 中 X—H 键长拉伸度越大，H⋯Y 键越强。同时，产生与 H⋯Y 键形成相关的新的振动模式。

⑤ X—H⋯Y—Z 氢键会产生特征的（HNMR）信号，包括通过 X 和 Y 之间的氢键自旋耦合对 X—H 中 H 的显著的去屏蔽作用，以及核极化效应增强功能。

⑥ 氢键的吉布斯生成能大于氢键系统的热能，可通过实验检测到。

上述 6 项判别标准之中，其一强调几何要求，即 X—H⋯Y 通常趋于直线形；涉及两种物理作用力，即色散力和静电力（要求 X 比 H 更具负电性）；基于光谱的两个标准即 IR（X—H 振动频率中的红移）和 NMR（X—H 中 H 的去屏蔽）。另外明确提及吉布斯能，因为氢键形成中涉及焓变和熵变。

3.8.2　氢键的分类

随着研究的深入，人们早已突破了 X—H⋯Y 中的 X 和 Y 都是电负性较高、半径较小的原子（如 F/O/N 等）的认知。研究者发现，C 在某些特殊的化学环境中也参与形成氢键。如 HCN 的三聚缔合和氢键结构，甚至三氯甲烷中的 Cl_3C—H 可以生成微弱氢键；还发现 OH_2—Ph—、OH_2—SH— 等，甚至基团 C—H 也能够作为质子供体而形成氢键。1984 年以后，随着研究的深入，人们开始对其他弱氢键如 O—H⋯π、N—H⋯π、O—H⋯M、N—H⋯M、M—H⋯O 和 C—H⋯M（M 代表金属原子）的分析、合成、表征极为关注。大体上可用图 3-21 表示氢键的分类。

3.8.3　氢键的几何形态及键长、键能

在一个典型的 X—H⋯Y 氢键体系中，X—H σ 键的电子云极大地趋向高电负性的 X 原子，屏蔽小的带正电性的氢原子核，它强烈地被另一个高电负性的 Y 原子所吸引。X、Y 通常是 F、O、N、Cl 等原子，也可以是双键和三键成键的碳原子，在这种情况下的碳原子具

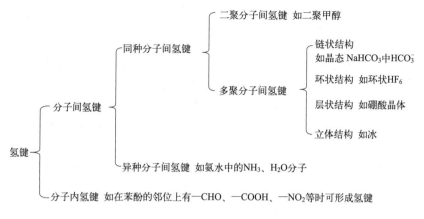

图 3-21 氢键的分类

有高电负性，也同样能形成氢键。例如：

$$\overset{|}{C}-H\cdots O \qquad \equiv C-H\cdots O \qquad \equiv C-H\cdots N$$

氢键的几何形态可用图 3-22 中的 R、r_1、r_2、θ 等参数表示。许多实验研究工作对氢键的几何形态归纳出下列普遍存在的情况：

① 大多数氢键 X—H⋯Y 是不对称的，即 H 原子离 X 较近，距离 Y 较远。典型的氢键实例是冰中 H_2O 分子间的相互作用。

② 氢键 X—H⋯Y 可以为直线形，也可为弯曲形，即 $\theta \leqslant 180°$（表 3-4）。虽然直线形在能量上有利，但很少出现，因为在晶体中由原子排列堆积状态所决定。在冰 Ih（六角形冰）中 H 原子位置偏离 O⋯O 连线为 4pm。所以 θ 值很接近 $180°$。图 3-23 所示为几种常见的氢键几何构型。

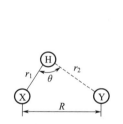

图 3-22 氢键的结构示意图

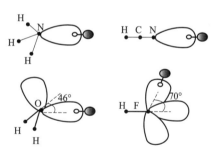

图 3-23 氢键的几何构型

表 3-4 氢氟酸供体与受体之间的氢键键角

受体⋯供体	几何形状	键角/(°)
HCN⋯HF	直线形	180
H_2CO⋯HF	平面三角形	120
H_2O⋯HF	三角锥形	46
H_2S⋯HF	三角锥形	89
SO_2⋯HF	三角锥形	142

③ X 和 Y 间的距离定为氢键的键长。键长越短，氢键越强。当 X···Y 间距离缩短时，X—H 的距离增长。极端的情况是对称氢键，这时 H 原子处于 X—H···Y 的中心点，这是最强的氢键。

④ 键长的实验测定值表明，氢键键长要比 X—H 共价键键长加上 H 原子和 Y 原子的范德华半径之和更短。例如，O—H···O 氢键键长的平均值为 270pm，它要比 O—H 的共价键键长及 H···O 间范德华接触距离总和 369pm 短很多。表 3-5 对比了实验测定的 X—H···Y 氢键键长以及由 X—H 共价键键长、H 和 Y 原子的范德华半径加和的计算值。

表 3-5　氢键键长的实验测定值和计算值

氢键	实验测定键长/pm	理论计算键长/pm	氢键	实验测定键长/pm	理论计算键长/pm
F—H···F	240	360	N—H···F	280	360
O—H···F	270	360	N—H···O	290	370
O—H···O	270	369	N—H···N	300	375
O—H···N	278	375	N—H···Cl	320	410
O—H···Cl	310	405	C—H···O	320	340

此外，氢键 X—H···Y 和 Y—R 键间形成的角度 α，通常处于 $100°\sim140°$，在通常情况下，氢键中的 H 原子是二配位，但在有些氢键中 H 原子是三配位或四配位。对 X 射线和中子衍射测定的 889 个有机晶体的 1509 个 N—H···O=C 氢键统计分析，大约有五分之一（即 304 个）是三配位，而只有 6 个是四配位。不同分子可以形成多配位情况，最为特殊的是氨分子，氨分子中的氮可以与邻近的六个氨分子中的氢形成六条氢键（图 3-24）。

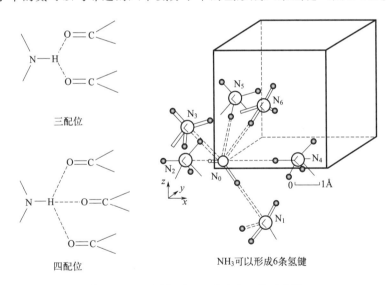

三配位

四配位

NH₃可以形成6条氢键

图 3-24　不同分子可以形成多配位示意图

对于有机化合物中形成氢键的条件，可归纳出三点规则：
① 所有合适的质子给体和受体都尽量用于形成氢键。
② 若分子几何构型适合形成六元环分子内氢键，则形成分子内氢键趋势大。
③ 分子内氢键形成后，剩余的合适的质子给体和受体形成分子间氢键。

3.8.4 氢键的强度

目前描述氢键强度的方法有三种：

① 分别以分子中能够提供质子形成氢键的高电负性的原子或能够接受质子形成氢键的原子数表示；

② 实验基础上的表示方法，应用较多的是亚伯拉罕（M. Abraham）提出的总氢键酸度和氢键碱度；

③ 威尔逊（L. Wilson）建议用化合物中最正氢原子净电荷数和最低未被占据轨道能级表示氢键酸度，用化合物中最负原子净电荷数和最高占据分子轨道能级表示氢键碱度。

对氢键电子本性的研究说明它涉及共价键、离子键和范德华力等广泛的范围。非常强的氢键好像共价键，非常弱的氢键接近范德华力。大多数氢键处于这两种极端状态之间。氢键键能是指以下解离反应的焓的改变量 ΔH：

$$X—H\cdots Y \longrightarrow X—H+Y$$

强氢键和弱氢键有着悬殊的性质。表 3-6 列出不同类型氢键观察到的性质。

表 3-6　不同类型氢键观察到的性质

性质	强氢键	中强氢键	弱氢键
X—H$\cdots$Y 相互作用	共价性占优势	静电性占优势	静电
键长对比	X—H$\approx$H$\cdots$Y	X—H$<$H$\cdots$Y	X—H$<$H$\cdots$Y
H$\cdots$Y/pm	120～150	150～220	220～320
X$\cdots$Y/pm	220～250	250～320	320～400
键角 θ/(°)	175～180	130～180	90～150
键能/(kJ/mol)	>50	15～50	<15
IR 振动 υ_s 位移/cm^{-1}	>25	10～25	<10
实例	酸式盐、HF 配合物	酸、醇、生物分子	弱碱盐、碱式盐

O—H$\cdots$O 氢键键能通常在 25kJ/mol 左右，它是下列相互作用的结果：

① 静电相互作用：这一效应可由下式表示，它使 H$\cdots$O 间的距离缩短。

$$O^{\delta-}—H^{\delta+}\cdots O^{\delta-}$$

② 离域或共轭效应：H 原子和 O 原子间的价层轨道相互叠加所引起，它包括 3 个原子。

③ 电子云的排斥作用：H 原子和 O 原子的范德华半径和为 260pm，在氢键中 H$\cdots$O 间的距离在 180pm 之内，这样将产生电子-电子排斥能。

④ 范德华力能：存在于分子之间的相互吸引作用，对成键有一定贡献，但它的效应相对较小。有关 O—H$\cdots$O 体系的能量通过分子轨道理论计算，其值列于表 3-7 中。

表 3-7　在 O—H$\cdots$O 氢键中能量的贡献

能量贡献形式	能量/(kJ/mol)	能量贡献形式	能量/(kJ/mol)
静电能	-33.4	范德华力能	-1.0
离域能	-34.1	总能量	-27.3
排斥能	$+41.2$	实验测定值	-25.0

过去，人们常把氢键分为强氢键和弱氢键两种（与元素的电负性有关）。现在大都按氢键的键能大小分为较弱、中等、较强 3 种（表 3-8）。

表 3-8　常见氢键的气态解离能数据

较弱	键能/(kJ/mol)	中等	键能/(kJ/mol)	较强	键能/(kJ/mol)
$HSH—SH_2$	7	FH—FH	29	$HOH—Cl^-$	55
NCH—NCH	16	$ClH—OMe_2$	30	$HCONH_2—OCHNH_2$	59
$H_2NH—NH_3$	17	$FH—OH_2$	38	HCOOH—OCHOH	59
$HOH—OH_2$	22			$H_2OH—OH_2$	151

【例题 3-2】　分子间氢键相互作用

苯甲酸分子（BA）羰基的红外伸缩振动峰一般出现在 $1720\sim1740cm^{-1}$ 区域。当苯甲酸溶于乙腈时，由于存在分子间氢键相互作用，溶液中部分的苯甲酸分子会形成稳定的二聚体。当两个苯甲酸分子形成分子间氢键时，不仅会释放一定的热量，也会使得羰基的伸缩振动峰发生红移（本题附图）。

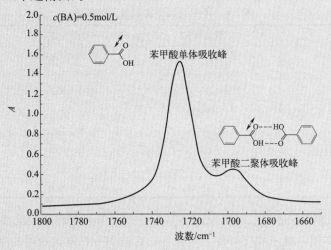

例题 3-2 附图　苯甲酸溶于乙腈时羰基的红外吸收峰

已知在不同温度下，不同浓度的苯甲酸溶液体系里发生的红移现象存在明显的不同。当温度一定时，根据溶液中苯甲酸单体的红外吸收峰面积（A_m）与苯甲酸浓度 c 的关系，可以得到二聚反应的平衡常数 K_D［如式（1）所示］，其中 ε 指苯甲酸摩尔吸光度，l 为测量时光路径长度。不同温度下，K_D 与温度之间的关系如式（2）所示。请根据本题附表的实验数据，尝试拟合计算出 K_D 与 T 之间的关系，并求出二聚反应过程中的 ΔH 和 ΔS。

$$\frac{c}{A_m{}^2}=\frac{1}{\varepsilon l A_m}+\frac{2K_D}{(\varepsilon l)^2} \tag{1}$$

$$\ln K_D=-\frac{\Delta H}{RT}+\frac{\Delta S}{R} \tag{2}$$

例题 3-2 附表　不同浓度、不同温度下苯甲酸单体的红外吸收峰面积

$c/(mol/L)$	A_m					
	$T=290.1K$	$T=295.1K$	$T=300.1K$	$T=305.1K$	$T=310.1K$	$T=315.1K$
0.50	28.118945	28.361155	28.814099	28.439454	28.613452	28.716043
0.45	25.918777	26.102459	26.104453	25.994100	26.280571	26.300400
0.40	23.632890	23.926704	23.841339	24.047989	23.883903	24.279742
0.35	21.277477	21.490136	21.401872	21.236783	21.265440	21.315754
0.30	18.690648	18.835485	18.935739	18.648330	18.677318	18.694058
0.25	16.153404	16.165433	16.183463	15.951309	15.918159	15.822222

解：根据表中提供的数据，可以依次计算出不同温度下的二聚反应平衡常数 K_D。

T/K	K_D
290.15	0.619
295.15	0.532
200.15	0.510
305.15	0.436
310.15	0.383
315.15	0.327

结合式（2），可以拟合出 $\ln K_D$ 与 $1/T$ 的关系如下：

$$\ln K_D = \frac{2262.5078}{T} - 8.2636$$

其中，上述经拟合得到公式的相关系数为 $R^2=0.9795$。

$$\Delta H = -8.314 \times 2262.5078 = -18810.49(J/mol)$$
$$\Delta S = -8.314 \times 8.2636 = -68.70[J/(mol \cdot K)]$$

3.8.5　生物体系中的氢键

生物体中存在着一个由 DNA 经 RNA 到蛋白质的信息传递渠道，DNA 是绝大多数生物体的遗传物质，而蛋白质是生物体中直接发挥各种功能的物质。这两种重要的物质中，氢键是其主要的一种键连接方式，下面将简单介绍介绍生物体中的氢键结构及其特点。

① 几乎所有重要的生命物质都含有氢，并且通过形成氢键在各种生命进程中发挥作用。

② 生命的最基本遗传物质 DNA 通过氢键形成双螺旋结构（图 3-25），碱基之间分别通过两个或三个氢键互补配对，是生成 DNA 双螺旋的基础，可以说没有氢键就没有 DNA 双螺旋链，也就没有高等生物。

③ 生物体系中最普遍、最基础的物质是蛋白质，其结构和功能都与氢键紧密相关。在

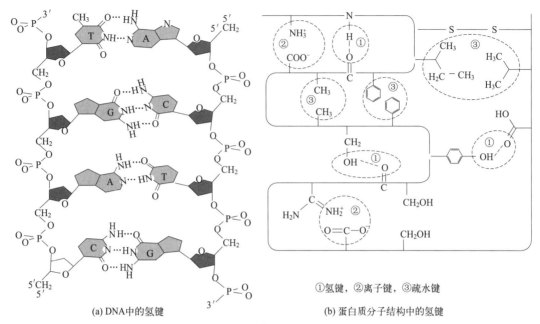

(a) DNA中的氢键　　　　　　　　(b) 蛋白质分子结构中的氢键

①氢键，②离子键，③疏水键

图 3-25　生命体系中的两种氢键

结构上，研究蛋白质最重要的二级结构是由氢键决定的，如 α-螺旋（图 3-26）及 β-折叠（图 3-27）等，另外蛋白质的三级及四级结构也与氢键有关，所以如果没有氢键，蛋白质不能形成正确的空间结构，生命活动就无从进行。此外，蛋白质即使形成了正确的空间结构，要行使生理功能，也离不开氢键。所以说没有氢键，生命中最重要表征的蛋白质就无法行使功能，也就不存在多姿多彩的生物体。

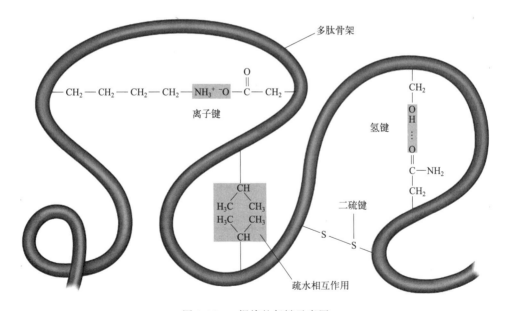

图 3-26　α-螺旋的氢键示意图

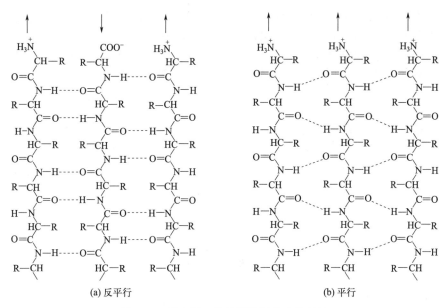

图 3-27　蛋白质 β-折叠两种结构中的氢键

　　④ 生命体系是水溶液体系，也称体液，所有的生化反应都是在水中进行的，而这些反应都涉及水分子间的氢键。

　　⑤ 所有生化反应都涉及酶反应，而所有酶在空间结构上以及催化功能上都有氢键的参与。

　　⑥ 生物大分子之间的相互作用一般涉及氢键的形成，特别是生物分子之间一般是可逆结合，而氢键这种强度适中的作用正适合这种结合。

　　⑦ 所有重要的细胞进程都涉及氢键，如 DNA 的复制、转录、翻译和蛋白质折叠、信号转导、细胞凋亡通路、激素调节等。

　　氢键作用是分子识别的自组装诱导力之一，组分之间的基本识别过程是通过氢键实现的，典型的例子是 DNA 双螺旋结构中的鸟嘌呤和胞嘧啶之间可形成 DDA-AAD 型三重氢键，腺嘌呤和胸腺嘧啶之间可形成 DA-AD 两重氢键（图 3-28）。这种由氢键作用决定的配对关系遗传决定生物信息传递的结构基础，在遗传机制中起了重要作用。

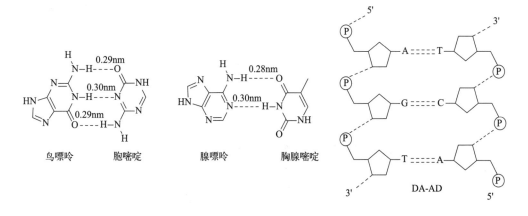

图 3-28　DNA 分子中通过氢键的碱基互补配对

作为遗传物质，DNA 不仅需要能够复制，而且还要保证其在复制中保持信息的相对稳定性。为了做到这一点，DNA 采用半保留复制（semiconservative replication），即复制时双链 DNA 的两条单链互相解离，此时氢键断开，并各自为模板，按照 A 对应 T、G 对应 C 的规则进行复制。最终产生两条新的与母链完全相同的双链 DNA，其中每条子链都保留着一条来自母链的 DNA 单链，所以叫半保留复制。

3.8.6　氢键的普遍性和重要性

氢键存在于各式各样的化合物中，它存在的普遍性是基于下列原因：

① H、O、C、N 和卤素等元素的富存性　许多化合物由 H、O、C、N 和卤素等元素组成，例如水、HX、含氧酸及有机化合物等。这些化合物通常含有—OH、—NH$_2$、—X 及羰基等基团，这些基团很容易形成氢键。

② 氢键的几何条件　氢键的形成不需要像共价键那样严格的几何条件，有关的键长参数和基团的取向都允许在较大范围内变动，对形成氢键有着很大的灵活性和适应性。

③ 较小的键能　氢键的键能介于共价键键能和范德华力能之间，由于它较小的键能所以在氢键的形成和破坏过程中所需的活化能都较低。在液态中，分子间和分子内的氢键是处在断裂到再生成的变动之中。和正常的共价键相比，氢键键能较低，在形成反应过程中具有可逆性和表现多样的作用。

④ 可按分子间和分子内的形式存在　氢键可在分子间形成，也可在一个分子内形成，或者两种情况同时存在。

氢键能够广泛而深刻地影响化合物的化学性质和物理性质，产生多种效应，它存在的重要性如下：

① 氢键，特别是分子内氢键，控制分子的构象，影响化合物的许多化学性质，在决定反应速率上常起着很大的作用。氢键决定着蛋白质和核酸分子三维结构的构型和构象。

② 氢键影响 IR 和 Raman 光谱的频率，使伸缩振动频率 $\nu(X—H)$ 向低波数方向移动（这是由 X—H 键变弱所引起的），而增加谱带的宽度和强度。对 N—H$\cdots$F，频率的变动低于 1000cm^{-1}，对 O—H$\cdots$O 和 F—H$\cdots$F，频率的变动范围为 $1500\sim2000\text{cm}^{-1}$，弯曲振动频率 $\nu(X—H)$ 则向高波数方向移动。

③ 分子间氢键常常使化合物的沸点和熔点升高，而分子内氢键则使熔点、沸点降低。

④ 若氢键存在于溶质和溶剂之间，溶解度会增加，甚至达到完全互溶。例如水和乙醇两种液体的完全互溶性可归因于分子间氢键的形成。

⑤ 关于氢键的共价性问题。氢键的方向性和饱和性，不能完全用静电作用的观点来解释。虽然从量子力学和键能角度来看，氢键也不同于共价键，新的 NMR 脉冲频率实验确实证明了 N—H$\cdots$N、F—H$\cdots$N、N—H$\cdots$O—C、O—H$\cdots$O 氢键具有一定的共价性。C—H$\cdots$Se 氢键离子性不明显，共价性更强，产生的原子间距离比其范德华半径总和还短。而其他分子间力却不具有共价性的任何报道。因此，可以认为氢键是一种特殊的化学键，不同于典型的 π-π 堆积和范德华力，可将氢键称为原子间的另一种作用力。

3.9　氢脆现象及化学作用机制

3.9.1　氢脆现象

氢脆现象是指金属材料中存在过量的氢，并与金属材料内部结构发生某种化学反应，在应力协同作用下造成的一种金属材料脆断。氢脆是高强金属材料和存储材料中广为人知的破坏现象，它导致材料中的亚临界裂纹扩展、断裂萌生，随后会造成机械性能损失和灾难性后果。

1975年美国芝加哥一家炼油厂，因不锈钢管突然破裂，引起爆炸和火灾，造成长期停产。我国在开发某大油田时，也曾因管道破裂发生过井喷，损失惨重。在军事方面氢脆也有许多惨痛的教训，二战初期，英国空军一架战斗机由于引擎主轴断裂而坠落，机毁人亡，此事曾震惊全球。美国空军F-11战斗机也发生过在空中因机械原因突然坠毁事故。这些灾难性的恶性事故，瞬时发生，事先毫无征兆，严重地威胁着生产设备安全。起初人们对出事原因，众说纷纭。后来经过长期观察和研究，终于探明这一系列恶性事故的罪魁祸首：氢与金属材料的相互作用——氢脆。

氢气在达到一定温度和压力时，会解离成直径很小的氢原子向金属材料中渗透，进入材料的氢原子又会在材料内部转化为氢分子，还会和材料中的碳发生反应造成脱碳并生成甲烷，从而在材料内部产生很大的应力，使材料的塑性和屈服强度下降而造成材料裂纹与断裂。金属性能劣化除了氧化、硫化、酸化、生锈等因素外，就是氢脆。

根据氢的来源，氢脆可分为内部氢脆和环境氢脆，前者是指金属材料在冶炼和加工过程（如熔炼、酸洗、电镀、热处理、焊接等）中吸收了过量氢，后者是指金属在硫化氢、氢气、水汽等环境中长期静置时吸收了过量的氢。金属材料长期在氢环境中使用，可能出现氢脆现象，进而引发脆性破坏事故。要确保氢能化工中制氢、储氢和氢运输系统长期稳定运行，就必须考虑金属材料氢脆问题，这是氢能推向产业化的关键技术之一。高温高压下金材的氢脆现象和机理已有深入研究，但对常温高压或常温常压下的氢脆研究还不成熟。近年来，随着加氢站、燃料电池等氢能设备的发展，常温常压下的氢脆问题也开始受到重视。

3.9.2　氢在钢材中的固溶态

氢与材料的相容性问题是高压氢气系统选择金属材料时必须十分重视的问题，与储氢瓶、管线、阀门、仪表、管件使用中的安全性密切相关。前人对高温高压临氢环境下如何防止氢脆与金属材料的选择开展了大量研究工作。温度范围在$150\sim820℃$时，临氢作业用钢防止脱碳和微裂的操作极限，可以作为目前燃料电池汽车（FCEV）供氢系统金属材料选择的参考，但是FCEV供氢系统压力高，温度不高，部分环节是低温环境，使用的氢气纯度高，如何选择材料防止氢脆，提高氢气与材料的相容性应进行必要的研究，而且FCEV供氢系统要在升压降压反复循环条件下长期运行，材料选择时还必须十分关注材料的抗疲劳性能。

为了理解钢铁的氢脆，需要对金属中的氢固溶性质有所了解。首先考虑热平衡金属中的氢浓度。如前所述氢分子首先在金属表面物理吸附，解离成两个氢原子并稳定地化学吸附在金属表面，然后通过热活化过程进入金属格点中。这个过程是可逆的，其反应可以用式（3-35）简单表示，其中g、a、s分别表示气体氢、吸附氢以及固溶态氢。

$$H_2(g) \Longrightarrow H_2(a) \Longrightarrow 2H(a) \Longrightarrow 2H(s) \tag{3-35}$$

压力对于固相和液相平衡的影响极小，而对于含气相的反应来说则是重要因素。例如在一定温度下，气体在金属中的最大溶解度将随气体的压力升高而显著增大，所以压力的变化使气体-金属二元相图形状发生一重大变化。热平衡状态下氢气的压力p与氢在金属中的最大溶解度关系服从西韦茨定律（Sieverts rule），即恒温下双原子气体在金属中的溶解度和气体分压的平方根成正比，又称平方根定律。见式（3-36）。

$$C=\left(\frac{p}{p_0}\right)^{1/2}\exp\left(-\frac{\Delta H}{RT}+\frac{\Delta S}{R}\right)=K\sqrt{P} \tag{3-36}$$

式中，C 为氢在金属中的最大溶解度；K 为常数，取决于温度和晶体结构。当压力一定时，温度对溶解度的影响由式（3-37）所定：

$$C=\left(\frac{p}{p_0}\right)^{1/2}\exp\left(-\frac{\Delta H}{RT}+\frac{\Delta S}{R}\right)=\left(\frac{p}{p_0}\right)^{1/2}e^{\Delta S/R}e^{-\Delta H/(RT)}=Ae^{-\Delta H/(RT)} \tag{3-37}$$

式中，A 为常数；R 为气体常数；T 为温度。因为 ΔH 和 $\Delta S/R$ 值可以从表 3-9 中获得，由此可以计算出在室温附近 0.1MPa 氢气压力下的平衡固溶氢浓度为 $C=5\times10^{-8}$，非常微量，不足以引起氢脆。

表 3-9　氢在常见金属中的 ΔH 及 $\Delta S/R$

金属	$H/(kJ/mol)$	$\Delta S/R/mol^{-1}$	温度范围/℃
Ti(bcp[①])	−53	−7	500~800
Zr(bcp)	−63	−6	500~800
V	−27	−8	150~500
Cr	58	−5	730~1130
Mo	50	−5	900~1500
W	106	−5	900~1750
Fe(bcc[②])	29	−6	7~911
Co(fcc[③])	32	−6	1000~1492
Rh	27	−6	800~1600
Ni	16	−6	350~1400
Pd	−10	−7	−78~75
Cu	42	−6	<1080
Ag	68	−5	550~961
Au	36	−9	700~900

①bcp 为体心立方堆积；②bcc 为体心立方结构；③fcc 为面心立方结构。

与气体状态加氢不同，在电镀或酸洗过程中会直接产生活性氢原子，其中一部分以氢气的形式逸出，另一部分直接进入样品内部。由于不需要氢分子解离过程，而且活性氢原子浓度远大于气体状态氢分子吸附和解离成原子的浓度，所以此时氢扩散速率很快。

图 3-29 为氢的固溶量与温度的变化关系，可知金属发生相变时，氢的溶解度将发生显著的变化。氢在液体金属中的溶解度比固体中的溶解度大很多。如果溶有大量氢的金属液体进行结晶，将有大量氢气被析出，析出氢气将成为气泡逃逸出金属或被保留在金属内部成为气泡，引起氢脆。

一般认为 α-Fe 中固溶的氢原子占据 bcc 晶格的四面体间隙中，从而引起周围的铁点阵变形和体积膨胀。体积膨胀为 $2.0\times10^{-6}\,m^3/mol$，基本与其他金属中的氢发生固溶引起的膨胀相当。

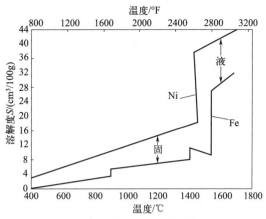

图 3-29 温度对氢气在 Ni/Fe 中的溶解浓度的影响

$[t_{\mathrm{F}}/℉ = (9/5)\,t_℃/℃ + 32]$

3.9.3 氢脆对不同材料的破坏

（1）高强钢氢脆的一般规律

高强钢产生氢脆的因素有高强钢内部引起的组织结构因素和外部引起的环境因素。组织结构因素包括晶粒粒径、位错的稳定性、氢存在状态等。另一方面，环境因素则包括温度、应变速度、氢含量等。钢铁材料氢脆大体来说有如下特点。

① 钢铁材料放在氢气分子的环境中，并不会引起氢脆。然而在酸洗、电镀、酸性腐蚀等氢原子发生的状态下，氢原子很容易与钢铁材料金相组织中微晶结合，导致组织变脆弱。

② 和钢材中的铁原子相比，氢原子更容易与碳元素相结合，产生烃化物，影响金材强度，所以与软质钢材相比，含碳多的弹簧钢、工具钢等更容易产生氢脆现象。

③ 淬火钢中碳会固溶到 Fe 晶体晶格中以原子碳 C 的形式存在，而没有淬火的钢中，则是 Fe 和 Fe_3C（化合物）的混合物。因为原子状态的 C 比化合物中的 C 更容易与 H 结合，所以淬火后的钢材更容易产生氢脆现象。

（2）其他金属材料的氢脆

除了钢铁材料外，Al、Cu、Ti、不锈钢等材料也都存在一定的氢脆（表 3-10）。正因为氢气可以改变钢铁、钛合金、铝合金等一些材料的性质，所以选择氢气系统时金属材料要经过认真评估。这些数据也为我们开发氢能产业链中，选择涉氢设备材料提供帮助。

表 3-10 高压氢气（70MPa）中各种代表性材料的氢脆结果

氢脆度	材料	切口材料强度比 H_2/He	平滑拉深		
			$He/\%$	$H_2/\%$	H_2/He
极严重氢脆	18Ni-250 马氏体时效钢	0.12	55	2.5	0.05
	410 不锈钢	0.22	60	12	0.20
	17-7PH 不锈钢	0.23	45	2.5	0.06
	Fe-9Ni-4Co-0.20C	0.24	67	15	0.22
	铬镍铁合金 718	0.46	26	1.0	0.04

氢脆度	材料	切口材料强度比 H$_2$/He	平滑拉深		
			He/%	H$_2$/%	H$_2$/He
严重氢脆	Ti-6Al-4V（STA）	0.58	—	—	—
	镍 270	0.70	67	50.3	0.75
	HY-100	0.73	63	52.3	0.83
	A533-B	0.78	33	16.5	0.50
	AISI 1020	0.79	45	29.7	0.66
轻微氢脆	304 ELC 不锈钢	0.87	78	71	0.91
	305 不锈钢	0.89	78	75	0.96
	钛	0.95	61	61	1.00

3.10 氢爆碎现象及微观化学机制

许多金属合金材料吸收氢气引起晶格常数变化、晶粒细化、微孔形成，甚至材料的开裂、粉化等有害现象。这些都对氢能开发的各个环节中金属材料的使用有重大影响。但是，有时也可以利用其改善金属材料的某些性能。氢爆碎（hydrogen decreption，HD）现象，是指金属合金吸收氢气引起的微粉化现象，对于稀土永磁材料，这种现象更为明显。可以利用这一现象来制备难以细化粉碎的块状体得到微粉，尤其适用于稀土永磁材料的制备。

3.10.1 稀土永磁材料

稀土永磁材料是钐、钕混合稀土金属与过渡金属（如钴、铁等）组成的合金，用粉末冶金方法压型烧结，经磁场充磁后制得的一种磁性材料。稀土永磁材料分为：钐钴（SmCo）永磁体和钕铁硼（NdFeB）永磁体。其中，SmCo 永磁体的磁能积在 15～30MGOe 之间，NdFeB 永磁体的磁能积在 27～50MGOe 之间。NdFeB 永磁体是磁性最高的永磁材料，被称为"永磁王"。钐钴永磁体，尽管其磁性能优异，但含有储量稀少的稀土钐和昂贵稀缺的战略资源金属钴，因此，它的发展受到了很大的限制。稀土永磁材料可分为第一代（SmCo$_5$）、第二代（Sm$_2$Co$_{17}$）和第三代（NdFeB）稀土永磁材料。20 世纪 60 年代末主导稀土永磁产品的是钐钴永磁体，主要用于军工技术。近年来主要的永磁体为钕铁硼（NdFeB）。1983 年，制备出高性能的稀土永磁材料（NdFeB）。钕铁硼永磁材料，其剩磁、矫顽力和最大磁能积比前者高，不易碎，有较好机械性能，合金密度低，有利于磁性元件轻型化、薄型化、小型和超小型化。NdFeB 磁性材料已经成为现代社会不可或缺的信息技术重要物质。

磁能积是指在永磁体的退磁曲线的任意点上磁感应密度（B）与对应的磁场强度（H）的乘积。它是表征永磁材料单位体积对外产生的磁场中总储存能量的一个参数。单位是 MGOe，1MGOe＝7.96kJ/m^3。图 3-30 为稀土永磁材料最大磁能积发展史。

图 3-31 中，要使磁化到技术饱和的永磁体的磁化强度或磁感应强度降低到零，所需要加的反向磁场强度，称为内禀矫顽力 H_{cj} 和磁感矫顽力 H_{cb}（H_{cb} 简称矫顽力）。H_{cb} 反映永磁体使用过程中退磁的难易程度，H_{cj} 反映了材料保持磁化状态的能力，即抗去磁能力的大小。

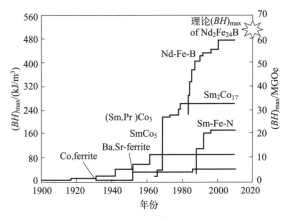

图 3-30 稀土永磁材料及其最大磁能积发展史

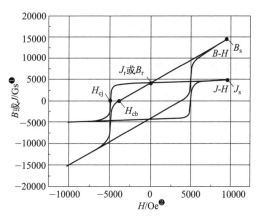

图 3-31 矫顽力说明
B_r—剩余磁感应强度；B_s—饱和磁感应强度；
J_r—剩余磁化强度；J_s—饱和磁化强度

NdFeB 稀土永磁体的化学元素含量见表 3-11。

表 3-11 NdFeB 稀土永磁材料中各元素质量分数　　　　　　　　　　单位：%

合金	Nb	Fe	B
$Nd_2Fe_{14}B$	26.7	72.3	1
$Nd_{1.1}Fe_4B$	37.3	52.5	10.2
$Nd_{97}Fe_3$	98.8	1.2	

　　钕铁硼（NdFeB）的晶体结构较为复杂，它与材料体系的制备条件、化学组分（特别是氧含量）、烧结条件等众多因素有关。$Nd_2Fe_{14}B$ 晶体为四方晶系，晶胞参数为：$a = 880pm$，$c = 1220pm$，$Z = 4$。在晶胞中沿 C 轴有 6 层堆积序列。其中第 1 层和第 4 层为镜面，含有 Fe、Nd 和 B 原子，而其他的层都是只含 Fe 原子的折叠起伏的层。每个 B 原子处在由 6 个 Fe 原子形成的三方棱柱体的中心，3 个在 Fe-Nd-B 平面的上方，3 个在下方。其晶体单胞结构图如图 3-32 所示。

　　烧结 NdFeB 永磁材料的晶界相以富钕相为主，也存在少量富硼相、α-Fe、钕氧化物；此外，也有人报道存在一定数量的 Fe-Nd-O 的晶间铁磁性相。富钕相由 Nd、Fe、O 三种元素组成（可能含有少量 B 元素），其熔点为 650℃左右，

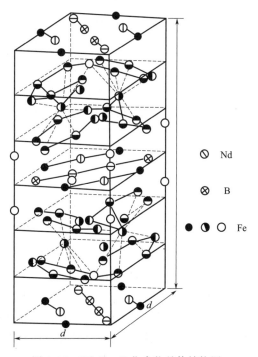

图 3-32 $Nd_2Fe_{14}B$ 化合物晶体结构图

---

❶ $1T = 10^4Gs$

❷ $1Oe = 79.58A/m$

与 Nd-Fe 和 Nd-Fe-B 相图中共晶点温度 640℃和 655℃很接近。在 1050～1100℃的烧结过程中，富钕相完全变为液态，起到使材料烧结致密的作用。

3.10.2 氢爆碎与氢化-歧化-吸氢再复合作用

稀土永磁合金材料吸氢时伴随体积膨胀，从而导致裂纹形成，并沿着晶界和晶粒内扩散，从而引起块状合金微粉化的现象称为氢爆碎现象。氢爆碎现象导致储氢材料以及镍氢电池电极材料寿命下降，更为严重的情况是一些合金钢材设备在高压氢气状态下运行，会产生类似氢脆现象，破坏钢材的力学结构，带来严重安全问题，需要有效抑制。但是有时也可以利用这一现象来制备难以细化粉碎的块状体的微粉，而且得到的微粉中氧成分很低，HD 技术可用于 Nb_3M（M＝Al、Si、Ge、In）粉体的制备和稀土磁性粉体的制备。

氢化-歧化-脱氢-再复合（hydrogenation disproportionation desorption recombination，HDDR）现象，是化合物在吸氢和放氢过程中引起的物理化学组织微细化再复合的现象。1989 年，日本 Takashita 等人发现 HDDR 现象。目前，HDDR 被广泛应用在稀土永磁材料、镍氢电池电极材料的制备。HD 和 HDDR 都可以在稀土永磁材料微粉化加工中得到重要应用。

3.10.2.1 NdFeB 永磁体的 HD 工艺

氢爆碎工艺是利用稀土永磁材料在吸氢和放氢过程中合金本身所产生的晶界断裂和穿晶断裂导致合金充分粉化，从而得到一定微细粒度的合金粉末，进而加强其磁学性能。HD 工艺可以用于 SmCo（或 SmFe）系列以及 NdFeB 永磁体的制备，与传统的球磨粉碎工艺相比，HD 工艺具有易破碎、含氧量低、颗粒细、烧结温度低、节约能源、成本低等优点。

（1）NdFeB 的吸氢过程

金属或合金在一定条件下吸氢或脱氢是可逆的，但第一次形成氢化物是有一定条件和要求的：能渗入金属间化合物的是氢离子而不是氢分子，氢分子的解离需要一定激活能。此外，金属间化合物（合金）的界面应该是清洁的表面，氧化层及其他不与氢反应的杂质将会阻碍反应的进行，为此需要进行"活化处理"。从通氢直到吸氢反应开始，这段时间叫孕育期。吸氢是放热反应，伴随发热（氢化物生成热），直到吸氢饱和，即氢化物生成的过程。

NdFeB 的吸氢可分为两步，首先吸氢的是露在表面的富 Nd 相，其反应见式（3-38）。

$$2Nd + \frac{2}{x}H_2 \longrightarrow 2NdH_x \quad (x=2.7) \tag{3-38}$$

其次是主相 $Nd_2Fe_{14}B$ 与 H_2 发生式（3-39）所示的反应：

$$2Nd_2Fe_{14}B + yH_2 \longrightarrow 2Nd_2Fe_{14}BH_y \quad (y=4.5～5) \tag{3-39}$$

当氢化物 $2NdH_{2.7}$ 由面心立方结构（fcc）变到密排六方结构（hcp），晶格常数变大，体积膨胀 20%。氢化物 $Nd_2Fe_{14}BH_5$ 晶格也变大，相应体积膨胀了 4.5%～5.0%，主相氢化物的形成伴随着放热反应，此反应的生成热 $\Delta H = -57.2kJ/mol$，总的热量可以使反应物温度从室温升高到约 300℃。$Nd_2Fe_{14}BH_5$ 的饱和磁化强度为 $M_s = 152A \cdot m^2/kg$（300K），略有增加，而剩磁 B_r、内禀矫顽力 H_{cj} 剧烈下降，变为软磁相。主相氢化时的晶格变化示于表 3-12。

表 3-12 $Nd_2Fe_{14}BH_5$ 的晶格变化

名称	$M_s/(A \cdot m^2/kg)$	a/nm	c/nm
$Nd_2Fe_{14}B$	144(300K)	0.878	1.211
$Nd_2Fe_{14}BH_5$	152(300K)	0.893	1.232

$Nd_2Fe_{14}B$ 的吸氢可分物理和化学两步。第一步，氢离子渗入晶格，引起晶格常数微小的变化，如表 3-12 第 1 行所示：a 由 0.877nm 变为 0.879nm；c 由 1.211nm 变为 1.218nm。这是物理吸氢，$Nd_2Fe_{14}B$ 结构未发生变化，仅体积增大了 1.04%。第二步，$Nd_2Fe_{14}B$ 进一步吸氢，最后两者发生化学反应，生成氢化物 $Nd_2Fe_{14}BH_5$，体积膨胀了 5.5%，晶格巨变并伴随着连续的噼啪声音，这时氢气压力并不升高，但温度升高，氢化物的爆碎炸裂是微观尺度的，它和氢气爆炸是有本质的区别的。综上所述可以看出，钕铁硼经 HD 处理后，粉末已经发生质变，若进行脱氢可使 $Nd_2Fe_{14}BH_5$ 部分地变成原来的 $Nd_2Fe_{14}B$，但是在烧结温度以下，$NdH_{2.7}$ 中的氢是不能被脱净的。

（2）NdFeB 的脱氢过程

脱氢过程是将氢化物分解，脱氢率随温度、压力的不同而不同，主相脱氢率列于表 3-13。主相 $Nd_2Fe_{14}B$ 在较高温度下与氢发生反应完全分解，形成 NdH_2 和 Fe_2B。

表 3-13 主相在不同条件下的不同脱氢率

氢化物成分	脱氢温度/℃	脱氢压力/MPa	脱氢率/%
$Nd_{17}Fe_{74}B_8Al_1H_{4.5}$	400	0.1	45
$Nd_{17}Fe_{74}B_8Al_1H_{4.5}$	700	0.1	64
$Nd_{15}Fe_{77}B_8H_{3.3}$	600	0.1	30
$Nd_{15}Fe_{77}B_8H_{3.3}$	1040	0.1	100

上述反应为 $Nd_2Fe_{14}B + 2H_2 \longrightarrow 2NdH_2 + 12Fe + Fe_2B$，其反应条件为 $p = 0.1MPa$，$T = 650℃$。NdH_2 和 Fe_2B 完全变回 $Nd_2Fe_{14}B$ 主相，只有在高温下脱氢才能实现。$2NdH_2 + 12Fe + Fe_2B \longrightarrow Nd_2Fe_{14}B + 2H_2 \uparrow$ 的反应条件为 1040℃。研究指出，加热到 1040℃ 主相 $Nd_2Fe_{14}B$ 中的 H_2 才能完全排出，但是升温到 650℃ 时，富 Nd 相已变软熔化，晶间的脆裂现象可能改变，若再继续升温，则必将发生 HDDR 反应，显然走上氢化反应的另一方向。基于 NdFeB 与氢反应的上述特性，现在采用的最佳脱氢温度是 500℃。在此条件下，主相氢化物的氢基本放出，富钕相氢化物 NdH_3 在 500℃ 脱了部分氢变成 NdH_2。这一部分氢化物的脱氢需留在真空烧结时才能进行。

近年来对 HD 工艺、$Nd_2Fe_{14}B$ 及其氢化物的磁性能进行了广泛的研究，工业上也开始大量采用 HD 工艺生产烧结钕铁硼磁体。HD 氢爆碎法适用于能氢化的金属或合金的粗破碎，进料尺寸在 0.1～100mm。出粉粒度约为 10～1000μm，对于储氢合金或 Ni-HM 电池材料所需粉末而言，此粒度已满足实用要求，但对于钕铁硼永磁体的制备来说，粉末粒度应为 0.7～7μm，即其平均粒度为 3～4μm，则必须进一步细磨才能满足要求。

3.10.2.2 NdFeB 永磁体的 HDDR 工艺

黏结 NdFeB 是由 NdFeB 粉末和环氧树脂或尼龙等有机黏结剂构成的复合功能材料，其磁性能好坏主要取决于 NdFeB 粉末。由于黏结 NdFeB 易于成型和具有较佳的磁特性，适合制备薄壁和形状复杂的磁体，并适应计算机等电子信息产品的需求，得到较广泛的应用。然而，目前用于黏结 NdFeB 的磁粉，主要是快淬 NdFeB 粉末。为获得各向异性的 NdFeB 磁粉，早期的试验主要有各向异性 NdFeB 直接破碎法、用快淬技术直接得到各向异性 NdFeB 粉末、快淬 NdFeB 热变形法三种方法。前两种方法并不是有效地制备各向异性 NdFeB 磁粉的方法；后一种方法由于工艺复杂、成本高、性能均匀性差等原因，也一直未能走出实验室。而 HDDR 工艺是一种有效制备用于黏结磁体的各向异性 NdFeB 磁粉的工艺。

HDDR 法制备 NdFeB 微粉的过程如图 3-33 所示。基本过程可以描述为：NdFeB 合金在 650～900℃和 101325Pa 的 H_2 气氛中保温 1～3h，富钕相和粗大的 $Nd_2Fe_{14}B$ 母相（晶粒尺寸约为 0.1mm）吸氢，$Nd_2Fe_{14}B$ 歧化分解成细小的歧化产物 Fe_2B、α-Fe 和 NdH_{2+x} 的混合物（晶粒尺寸为 100～300nm），然后在相同的温度范围，降低氢压使 NdH_2 脱氢，并和 Fe_2B、α-Fe 相再结合成小晶粒的 $Nd_2Fe_{14}B$ 相（晶粒大小为 300nm）。此过程可以用式（3-40）～式（3-42）表示：

加氢过程：
$$Nd + H_2 \longrightarrow NdH_{2+x} \tag{3-40}$$

$$Nd_2Fe_{14}B + H_2 \longrightarrow Fe_2B + \alpha\text{-}Fe + NdH_{2+x} \tag{3-41}$$

脱氢过程：
$$Fe_2B + \alpha\text{-}Fe + NdH_{2+x} \longrightarrow Nd_2Fe_{14}B + H_2 \tag{3-42}$$

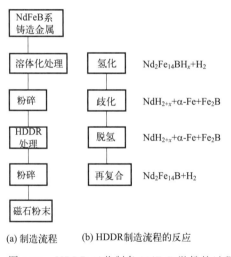

(a) 制造流程　　　(b) HDDR 制造流程的反应

图 3-33　HDDR 工艺制备 NdFeB 微粉的过程

3.11　氢气的溢流现象及化学原理

氢气在固体表面的溢流现象，是指在固体催化剂表面原有的活性中心经吸附的氢分子，会产生一种离子或者自由基的活性物种，它们迁移到别处产生新的次级活性中心的现象。溢流作为一个完整的学术概念是在 1989 年第二届国际溢流会议后确定的，较全面的定义为：一定条件下形成或存在于一种固相表面的活性物种，不经脱附过程进入气相而向同样条件下不能直接形成或本来不存在该活性物种的另一种固相表面上的转移。氢溢流是一种重要的化学过程，它在多种化学和物理过程中发挥着作用，从催化加氢到储氢等，都有着广泛的应用和影响。

溢流可以化学吸附诱导出新的活性中心或进行某种化学反应。如果没有原有活性中心，这种次级活性中心不可能产生出有意义的活性物种。人们发现，在室温下，用 H_2 和纯 WO_3 或 WO_3/Al_2O_3（SiO_2）时，没有反应发生，但若用 H_2＋$WO_3/Pt-Al_2O_3$（或 SiO_2）则反应迅速发生，黄色的粉末变成蓝色。因此认为 H_2 在 Pt 上被解离吸附成活性的原子态氢，而后通过表面迁移与 WO_3 反应。其发生氢溢流的示意图如图 3-34（a）所示，在 Pt 催化剂上的氢溢流、氢溢流的转运以及对于邻位苯酚的脱氢现象如图 3-34（b）所示。氢溢流现象的能量变化见图 3-34（c）。

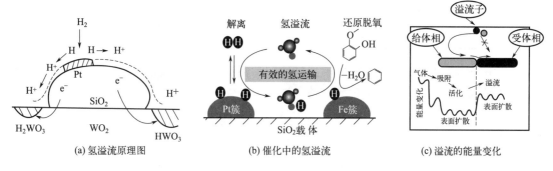

图 3-34　氢溢流的示意图

氢溢流现象的发生至少有两个必要的条件：①能够产生原子态氢（如要求催化剂能够解离吸附氢）；②原子态氢能够顺利迁移运动（如固体粒子的间隙和通道，或质子传递链）。以氢溢流为例，溢流的动力学反应步骤如下。氢分子首先被金属 M（M＝Pt，Pd，Ni 等）吸附和解离，见式（3-43）、式（3-44）：

$$H_2+M \longrightarrow H_2M \tag{3-43}$$

$$H_2+M \longrightarrow 2H_a \cdot M \tag{3-44}$$

然后吸附在金属上的氢原子 H_a 像二维气体似地越过相界面转移到载体 θ 上［式（3-45）］：

$$H_a \cdot M+\theta \longrightarrow M+H_a\theta \tag{3-45}$$

氢溢流可引起氢吸附速率和吸附量的增加，从而使 Co_3O_4、V_2O_5、Ni_3O_4、CuO 等金属氧化物的还原温度下降，氢溢流能将本来是惰性的耐火材料氧化物诱发出催化活性。此外，溢流现象不仅发生于 H_2，而且 O_2、CO、NO 和石油烃类均存在溢流现象。如在 Pt/Al_2O_3 催化剂上沉积焦炭的氧化过程中也存在着氧溢流。相对于氧溢流，氢溢流的研究较为深入，表 3-14 列出了常见的给体相/受体相体系。

氢溢流现象表明，催化剂表面上的吸附物种是流动的。溢流现象增加了多相催化的复杂性，但也有助于对多相催化反应的理解（表 3-14）。它解释了催化重整中高速率的脱氢反应等。氢溢流现象增加了我们对多相催化作用的基本理解，可以认为，在加氢反应中，活性物种可能不只是氢原子，而应该是 H、H^+、H_2^+、H^-、H_2^- 的混合物。

表 3-14　常见的氢溢流体系

受体相	给体相		
	初级溢流	次级溢流	反溢流
Al_2O_3	Pt, Ni, Ru, Fe, Rh, Pd Pt-Re, Pt-Ir, Pt-Ru Pt-Au, Fe-Ir, Fe-Cu	Pt/SiO_2	Pt, Ni
SiO_2	Pt, Pd, Rh, Pt-Au	Pt/Al_2O_3	
TiO_2	Pt, Ni, Rh	Pt/Al_2O_3, Pt/SiO_2	Pt
SnO_2	Pt, Pd		
WO_3	Pt,	Pt/SiO_2	Pt/SiO_2
MoO_3	Pt, WC	Pt/Al_2O_3	Pt/SiO_2
C	Pt, Pd, Co, FeS, CuS		Pt, Ni

氢溢流通常发生在具有能够吸附解离氢的金属表面，这些金属能够将氢分子转化为活性氢自由基或氢离子。然后这些活性氢物种通过金属与载体（如氧化物）的界面迁移到载体表面。这一过程对于多相催化、半导体表面化学以及光、电催化析氢、电极过程等具有重要意义。

思考题

3-1. H_2^+ 和 H_2 的分子轨道如何表示？它们各有什么不同？

3-2. 氢元素能以共价键、离子键、金属键和氢键等形成化合物，各举一例说明。

3-3. 氢为何可参与形成缺电子多中心键，举例说明。

3-4. 分子轨道有几种命名方法，它们各有些什么特点？判断轨道是 σ，π，δ，…的根据是什么？杂化轨道在形成分子轨道上起什么作用？

3-5. 讨论在氢的价态中，为何出现 $H^+ \rightleftharpoons H^0$ 或 $H^- \rightleftharpoons H^0$ 型转变。哪一种价态更为稳定？

3-6. 共价键、离子键、金属键和氢键稳定的本质是什么？

3-7. 氢气与金属接触时，会产生哪几种现象，哪几种有利，哪几种有害？

3-8. 氢脆作用的机理是什么？氢脆会对制氢设备、储氢设备以及加氢设备有何重大危害？

3-9. 氢爆碎对于合金粉体加工有什么作用？举例说明。

3-10. 为什么将氢脆以及氢爆碎这两个现象放到氢的结构化学这一章进行讨论介绍？

3-11. 在生物化学领域中的蛋白质结构方面，氢键为何十分重要？举两个例子说明。

参考文献

[1] 麦松威，周公度，李伟基. 高等无机结构化学[M]. 2版. 北京：北京大学出版社，2006.

［2］ 鲍林. 化学键的本质［M］. 卢嘉锡，等译. 上海：上海科学技术出版社，1966.

［3］ 向义和. 化学键的本质是怎样被揭示的［J］. 自然杂志，2009，31(1)：47.

［4］ 托马斯·哈格. 20 世纪的科学怪杰鲍林［M］. 周仲良，郭宇峰，郭镜明，译. 上海：复旦大学出版社，1999.

［5］ Pauling L. The nature of the chemical bond［J］. Journal of the American Chemical Society，1931，4(53)：1367-1400.

［6］ 陈景. 用经典力学计算氢分子的键长键能及力常数［J］. 中国工程科学，2003，5(6)：39-43.

［7］ Ortega P R，Montejo M，Valera M S，et al. Studying the effect of temperature on the formation of hydrogen bond dimers：A FTIR and computational chemistry lab for undergraduate students［J］. Journal of Chemical Education 2019，96(8)：1760-1766.

［8］ Jeffery G A. An Introduction to Hydrogen Bonding［M］. Oxford：Oxford University Press，1997.

［9］ IEA. The Future of Hydrogen［R］. (2019-06-14)［2021-11-18］. https：//www. iea. org/reports/the-future-of-hydrogen.

［10］ Zhou C S，Ye B G，Song Y Y，et al. Effects of internal hydrogen and surface-absorbed hydrogen on the hydrogen embrittlement of X80 pipeline steel［J］. International Journal of Hydrogen Energy，2019，44(40)：22547-22558.

［11］ Hammer L，Landskron H，Nichtl-Pecher W，et al. Hydrogen-induced restructuring of close-packed metal surfaces：H/Ni(111)and H/Fe(110)［J］. Physical Review B，1993，47(23)：15969-15972.

第四章

传统工艺生产"灰氢"

 导言

氢气制备是氢能开发的根，根深方可叶茂。从煤炭、石油、天然气等化石燃料出发制氢的工艺技术，是人类最早开发的传统制氢技术，自 20 世纪初以来，随着哈伯法合成氨技术的开发，以及石油加氢裂化、加氢脱硫等工业技术的蓬勃发展，大规模工业制氢就得到长足发展，这些制氢工艺虽然得到了氢气，但也产生大量的"三废"，特别是产生大量二氧化碳，污染环境，故将这类氢统称为"灰氢"。

传统化石燃料制氢方法虽然带来严重的环境污染，但这类化石燃料制氢技术又具有产量巨大、工艺成熟、成本低廉的特点，仍是当今世界最为成熟的大规模制氢技术。目前，全球所产氢气中有 90％以上来源于化石燃料制氢，仅有少量氢气是通过氯碱工业中的电解食盐水联产氢等其他方法得到。

本章将首先对煤炭焦化副产氢、煤气化制氢、天然气裂解制氢、水煤气变换制氢传统技术以及超临界水煤气化制氢等制氢技术进行讨论。此外，氯碱行业电解食盐水联产氢、石化加工中烷烃脱氢反应副产氢气等技术也放在本章进行介绍。

4.1 煤化工制氢

煤炭是古代植物残骸埋藏在地下，经历了数亿年复杂的生物化学和物理化学变化逐渐形成的固体可燃性矿产，其主要由植物遗体经生物化学作用、埋藏后再经地质作用转变而成，俗称煤。煤有褐煤、烟煤、无烟煤三类。煤的种类不同，其成分组成与质量不同，发热量也不相同。单位质量燃料燃烧时放出的热量称为发热量，规定凡能产生 29.27MJ 低位发热量的能源可折算为 1kg 标准煤（煤当量），并以此标准折算耗煤量。

煤的化学组成很复杂，可简单分为有机质和无机质两类。有机质是复杂的高分子有机化合物，主要由碳、氢、氧、氮、硫和磷等元素组成，而碳、氢、氧三者总和占有机质的 95％以上，此外无机质也含有少量的碳、氢、氧、硫等元素。碳是煤中最重要的组分，其含量随煤化程度的加深而增高。泥炭中碳含量为 $50\%\sim60\%$，褐煤为 $60\%\sim70\%$，烟煤为 $74\%\sim92\%$，无烟煤为 $90\%\sim98\%$。煤中硫是最有害的化学成分。煤燃烧时，其中硫被氧化生成 SO_2，腐蚀金属设备，污染环境。根据煤中硫的含量可将煤分为 5 级：高硫煤，硫含量大于 4％；富硫煤，硫含量为 $2.5\%\sim4\%$；中硫煤，硫含量为 $1.5\%\sim2.5\%$；低硫煤，硫含量为 $1.0\%\sim1.5\%$；特低硫煤，硫含量小于或等于 1％。煤中硫又可分为有机硫和无机硫两大类。通常来说，煤的分子结构的基本单元是大分子芳香族稠环化合物的六碳环平面网格，在大分子稠环周围连接许多烃类的侧链结构、氧键和各种官能团。无机质元素主要是硅、铝、铁、钙、镁等，它们以蒙脱石、伊利石、高岭石等黏土矿物形式存在，还有黄铁矿、方解石、白云石、石英石等杂质，这些无机物统称为灰分。此外，煤炭的化学组成及元素含量依据埋藏时间、埋藏地点、风化程度也有很大区别，我国北方地区煤的化学组成及元素含量如表 4-1 所示。

表 4-1　我国北方地区煤的化学组成及元素含量

煤样品	C/%	H/%	O/%	N/%	S/%	H/C	O/C
赤峰煤	66.84	5.01	23.78	1.44	2.93	0.90	0.27
哈密煤	76.49	5.27	16.44	1.14	0.67	0.83	0.16
伊春煤	80.01	5.07	12.88	1.11	0.94	0.76	0.12
济宁煤	79.57	5.14	13.07	1.64	0.58	0.78	0.12
龙口煤	68.26	2.97	26.83	1.37	0.57	0.52	0.30
太西煤	89.24	3.77	5.94	0.21	0.84	0.51	0.05

　　中国化石能源结构特点可以简单归纳为"富煤、缺油、少气"。虽然中国能源结构中清洁能源占比逐年攀升，但目前煤炭占比仍高达 90% 以上。煤化工及其产业链是我国一个极其庞大的基础化工产业，其下游产品多达 200 余种（图 4-1），涉及化肥、燃料、基础有机化工、制药原料等化工领域。煤制氢技术是重要的制氢途径之一，也是当前成本最低的制氢方式，但不足之处是该过程会产生较多的碳排放，若和碳捕捉技术联用以减少碳排放，成本将会大大增加。目前，我国生产的氢气中，来自煤制氢的占 60% 以上。传统的煤制氢过程可以分为煤直接制氢和煤间接制氢，煤直接制氢的方式主要有煤气化、煤焦化和煤的超临界水气化三种，煤间接制氢是指将煤首先转化为甲醇，再由甲醇重整制氢。本节主要介绍煤的直接制氢。

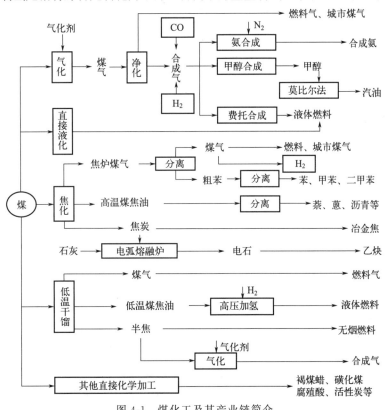

图 4-1　煤化工及其产业链简介

4.1.1　煤焦化副产氢

煤的焦化（或称高温干馏）是指煤在隔绝空气条件下，在 $900\sim1000℃$ 制取焦炭，同时，回收煤焦油、焦炉煤气等副产品，煤焦油经过分离后得到粗苯，再精制加工后，可以制取苯、甲苯、二甲苯、苯酚、二硫化碳等。焦炉煤气中含氢气 $55\%\sim60\%$、甲烷 25%、一氧化碳及少量其他气体等。每吨干煤可得 $0.65\sim0.75t$ 焦炭、$300\sim350m^3$ 焦炉煤气，焦炉煤气可作为城市煤气使用，焦炉煤气亦是制取氢气的原料，通过变压吸附、脱硫等工艺进一步深加工即可得到高纯氢气。

（1）煤焦化原理

煤焦化就是煤的高温热分解过程，即高温干馏过程。在煤的热分解过程中，煤结构中连接烃类的侧链不断断裂，生成小分子的气态和液态产物，其中煤结构中侧链的含氧官能团含量越高，就越容易分解和断裂。当侧链断掉后，煤中碳原子网格逐渐缩合加大，在高温下生成焦炭。如果煤的侧链越少，碳网格平面热稳定性就越强，在热解过程中，煤的结构就难分解。煤焦化可用式（4-1）表示：

$$煤 \xrightarrow[\text{隔绝空气}]{900\sim1000℃} C＋焦油＋CH_4＋H_2＋其他气体 \tag{4-1}$$

实际上，煤的热解过程中发生众多的脱氢、缩合、裂解等反应，具体的化学反应方程式有：

① 缩合反应

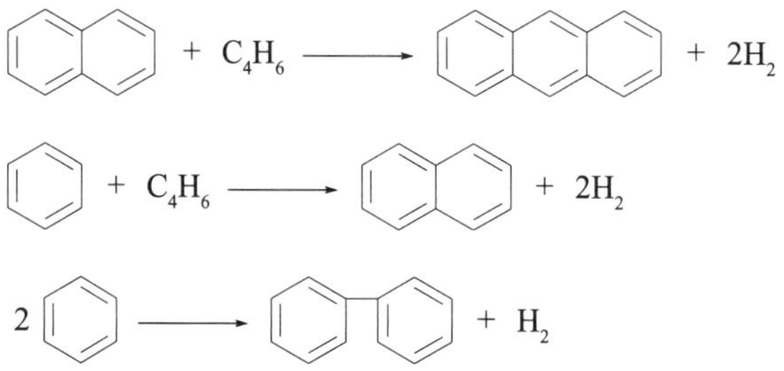

② 裂解反应

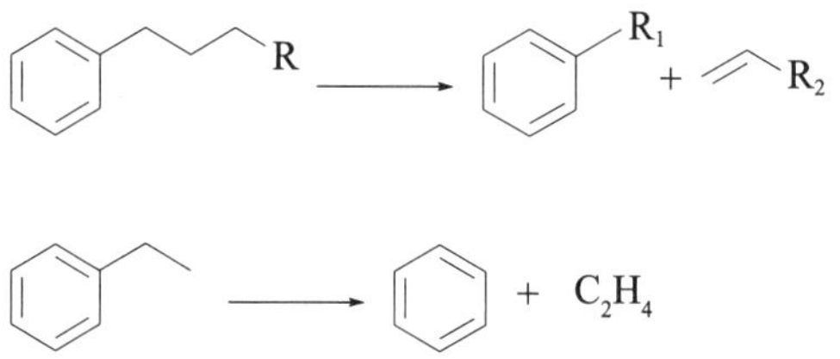

③ 脱氢反应

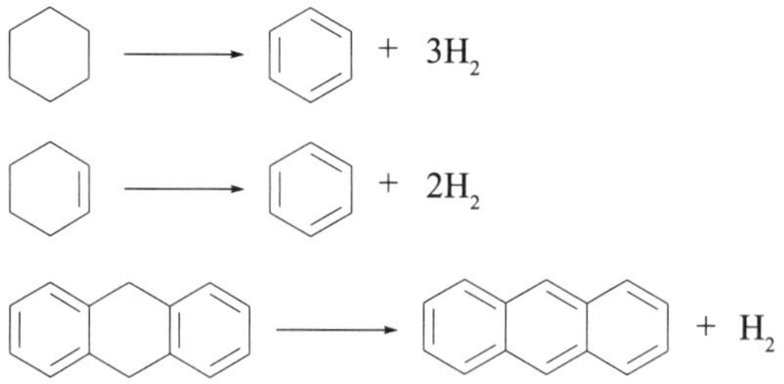

（2）煤焦化过程

煤的成焦过程可简单分为四个阶段。①煤的干燥脱气阶段，温度区间为常温至350℃。此阶段中，煤结构中的侧链开始断裂，释放出水分及CH_4、CO和CO_2等气体，并伴有焦油物产生。②胶质体阶段，温度区间为350～480℃。煤大分子中的侧链继续分解，生成大量黏稠液体，伴随有煤气和煤焦油析出。这个以液相为主的包括气、液、固三相共存的胶体体系即胶质体，其具有黏结性，煤粉能变成大块焦炭正是胶质体作用的结果。③胶质体固化阶段，温度区间为480～550℃。此阶段焦油的逸出量逐渐减少，胶质体中的液体继续分解，有的以气态析出，有的固化为半焦。④半焦变成焦炭阶段，温度区间为550～1000℃。此阶段以缩聚反应为主，焦油停止逸出，半焦经收缩形成有裂纹的焦炭，产生大量煤气（以H_2为主）。

（3）煤化学结构及焦化机理

对于煤的热解，研究人员提出了众多的煤热解反应机理，虽然这些机理不尽相同，但大体可以根据煤原料特性和热解条件进行分类。根据原料特性可分为不黏煤（硬煤）和黏结煤（软煤）；依据热解条件可分为慢速热解和快速热解。很多研究者报道过不同的煤的化学结构模型，但尚不能揭示煤的实质结构。常见的煤化学结构模型有20世纪60年代前的Fuchs模型，60年代后的Given模型，70年代后的Wiser模型，以及80年代以后的Shinn模型，人们普遍接受的是图4-2（a）所示Wiser模型。从图中可以看出，平均3～5个芳环或氢化芳环单位由较短的脂链和醚键相连，形成大分子的聚集体。小分子镶嵌于聚集体空洞或者空穴中，可以通过溶剂抽提溶解出来。

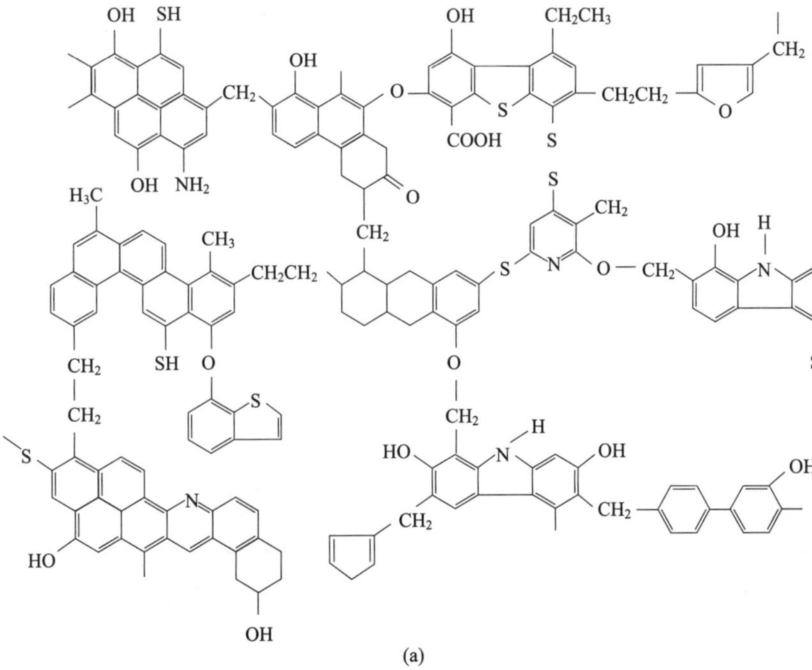

(a)

图 4-2

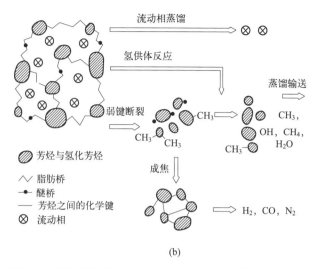

(b)

图 4-2　煤的分子结构 Wiser 模型（a）及慢速热解机理（b）

① 慢速热解。煤的慢速热解过程如图 4-2（b）所示，煤颗粒在一个较长时间内存在一个温升历程，热解反应发生在一个较宽的时间范围内，因此热解反应随温度经历以下步骤：a. 在 120℃以下，煤干燥脱水、脱附孔道中吸附的气体；b. 温度高于 250℃时，流动相经过一个精馏过程；c. 继续提高温度至 400℃以上，非流动相开始形成焦油和气体；d. 芳烃结构通过脱氢缩聚反应形成半焦。在整个过程中杂原子化合物也会发生分解生成硫化物、氮化物和氧化物等。

② 快速热解。如图 4-3 所示，煤快速热解过程由自由基的引发、传递和终结过程所组成，煤颗粒在短暂的时间内经历了快速升温，煤中弱键断裂、形成自由基中间体几乎同时发

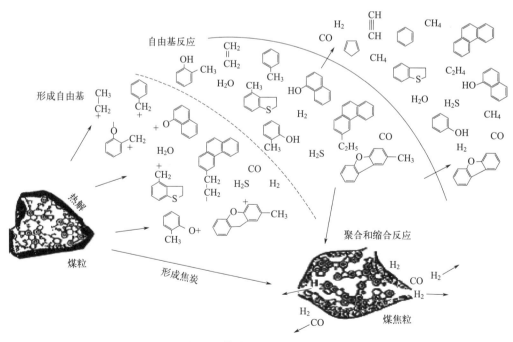

图 4-3　煤快速热解反应机理

生。然后煤骨架上的不稳定烷基侧链、含氧官能团断裂，析出部分氢气、二氧化碳以及烃类气体。在此过程中，氢作为热解反应自由基的稳定剂和抑制剂，能抑制自由基之间的缩合，促使自由基与氢相结合，从而生成小分子挥发分。因此，从宏观角度上讲煤快速热解过程主要包括初始的挥发分释放和挥发分气相中的二次反应两个步骤。

（4）煤焦化工艺

煤焦工艺系统流程原理图如图 4-4 所示，来自炼焦炉的荒煤气进入初冷器之前，已被大量冷凝成液体，同时，煤气中夹带的煤尘、焦粉也被捕集下来，煤气中的水溶性成分也溶入氨水中。焦油、氨水以及粉尘和焦油渣一起流入焦油氨水分离池。焦油送去集中加工，焦油渣可回配到煤料中。炼焦煤气进入初冷器被直接冷却或间接冷却至常温，此时，残留在煤气中的水分和焦油被进一步除去。出初冷器后的煤气经机械捕焦油器使悬浮在煤气中的焦油雾通过机械的方法除去，然后进入鼓风机被升压至 2000mmH$_2$O 左右。然后煤气通过电捕焦油器除去残余的焦油雾，在脱硫塔内用脱硫剂吸收煤气中的硫化氢，同时，煤气中的氰化氢被吸收除去。煤气经过吸氨塔时，由于硫酸吸收氨的反应是放热反应，煤气的温度升高，为不影响粗苯回收的操作，煤气经终冷塔降温后进入洗苯塔内，用贫油吸收煤气中的苯、甲苯、二甲苯以及环戊二烯等低沸点的碳氢化合物和苯乙烯等高沸点的物质。与此同时，有机硫化物也被除去。最终得到较为干净的焦炉煤气。

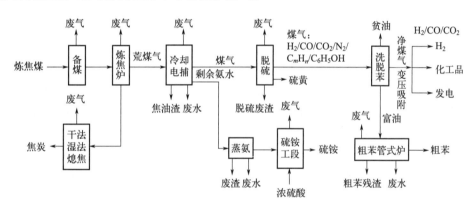

图 4-4　煤炭焦化全过程原理图

焦炉煤气中 H$_2$ 约为 60％，CO 约为 25％，CH$_4$ 约为 7％，还有少量 H$_2$S、COS、NH$_3$ 等杂质气体，含量一般低于 500μL/L。但由于含硫、含氮杂质存在，给提纯精制造成很大困扰，因此，焦化氢气即使经过变压吸附的分离精制后，仍然有极其微量含硫、含氮杂质，一般只作燃料或工业级氢气使用。因此，焦炉煤气制氢的关键在于杂质的净化和产品氢气中微量杂质的控制，只有解决这两方面的难题，才能长周期稳定地生产出满足各类需要的合格氢气。由于焦化氢气生产污染较重，杂质多，净化难度大，除了燃烧产热以外，其他利用价值有限，可以将焦化工艺产氢气称为"灰氢中的灰氢"。

4.1.2　煤气化制氢

（1）煤气化制氢进展

煤气化是指煤或焦炭、半焦等固体燃料在高温常压或高温加压条件下与气化剂反应，转化为气体产物和少量残渣的过程。气化剂主要是水蒸气、氧气、空气及其混合气，气化反应包括了一系列均相与非均相化学反应。所得气体产物按所用原料煤质、气化剂的种类和气化过程的不同而具有不同的组成，可分为空气煤气、半水煤气、水煤气等。

煤气化制氢技术发展已经有两百多年历史，主要以煤气化制氢为主。德国于 20 世纪 30 年代至 50 年代初，完成了第一代煤气化工艺的研究与开发，以纯氧为气化剂。所使用的气化炉主要有采用固定床的碎煤加压 Lurgi 气化炉、常压沸腾床 Winkler 炉和常压流化 K-T 气化炉。德、美等国于 20 世纪 70 年代开始又研发了第二代炉型如 Texaco、Shell、BGL 等，第二代炉型的显著特点是可加压操作。第三代煤气化技术尚处于实验室研究阶段，主要是指煤的催化气化、煤的等离子体气化、煤的太阳能气化和煤的核能余热气化等。

在中国，煤气化技术也有百余年的历史，所采用的技术主要是固定床、流化床和气流床煤气化技术，生产的煤气广泛用作工业燃料气、化工合成气和城市煤气等，我国的煤气化制氢主要用于合成氨的生产原料气。从最近国内煤化工发展趋势看，煤气化的原料气朝合成甲醇、二甲醚、醋酐和醋酸等方向发展。煤炭气化制氢将会有较大的发展。

煤气化制氢是各类煤粉、水煤浆或煤焦与气化剂在高温、常压或加压下进行部分氧化反应，在气化炉中生成以 CO、H_2 为主的合成气，合成气再经过变换、甲醇洗、氢气提纯等工序，得到高纯度的氢气产品的过程。煤气化气体产物中氢气含量随不同气化方法而异。煤气化过程总的化学反应可用下式表示：

$$煤+气化剂 \longrightarrow C+CH_4+CO+CO_2+H_2O+H_2$$

（2）煤气化制氢原理

水煤浆加压气化反应是加压下进行的高温热化学过程，主要反应有：①煤的热裂解与挥发分的燃烧气化；②固定碳与气化剂之间的反应；③反应生成气彼此间进行的反应；④生成的气体与气化剂、固定碳之间的反应。煤气化后所得水煤气中主要含 CO、H_2、CO_2、H_2O、N_2（空气为气化剂时）、H_2S、COS、CH_4 等。除了 C 和氧的完全和部分氧化反应、C 和 CO_2 的歧化反应、硫和氢气合成硫化氢及硫和 CO 反应生成 COS 外，主要反应如式（4-2）～式（4-8）所示：

$$C(s)+H_2O(g) \longrightarrow CO(g)+H_2(g) \qquad \Delta H_{298K}^{\ominus}=+131.6kJ/mol \qquad (4-2)$$

$$C(s)+2H_2O(g) \longrightarrow CO_2(g)+2H_2(g) \qquad \Delta H_{298K}^{\ominus}=+90.4kJ/mol \qquad (4-3)$$

$$CO(g)+H_2O(g) \longrightarrow CO_2(g)+H_2(g) \qquad \Delta H_{298K}^{\ominus}=-41.2kJ/mol \qquad (4-4)$$

$$CO_2+C \longrightarrow 2CO \qquad \Delta H_{298K}^{\ominus}=+172kJ/mol \qquad (4-5)$$

$$H_2+\frac{1}{2}O_2 \longrightarrow H_2O \qquad \Delta H_{298K}^{\ominus}=-241.8kJ/mol \qquad (4-6)$$

$$CO+3H_2 \longrightarrow CH_4+H_2O \qquad \Delta H_{298K}^{\ominus}=-211kJ/mol \qquad (4-7)$$

$$CO_2+4H_2 \longrightarrow CH_4+2H_2O \qquad \Delta H_{298K}^{\ominus}=-223kJ/mol \qquad (4-8)$$

除了式（4-2）、式（4-3）及式（4-5）为吸热反应外，其他反应均为放热反应。可见煤气化反应实际上包含很多个化学反应，主要是碳、水、氧、氢、一氧化碳、二氧化碳相互间的反应，其中碳与氧的燃烧反应，为煤气化过程提供热量。

【例题 4-1】 在煤炭气化过程中，在高温下碳制备水煤气的反应是一个典型的气化反应：

$$C(s) + H_2O(g) \longrightarrow CO(g) + H_2(g)$$

已知反应在1000K和1200K时的标准平衡常数分别为2.472和37.58。试求：

(1) 该反应在这温度区间内的 $\Delta_r H_m^\ominus$（设 $\Delta_r H_m^\ominus$ 在该温度区间内为常数）。

(2) 在1100K时的标准平衡常数。

解：(1) 设 $T_1 = 1000K$，$T_2 = 1200K$，代入范特霍夫（van't Hoff）积分式

$$\ln \frac{K^\ominus(T_2)}{K^\ominus(T_1)} = \frac{\Delta_r H_m^\ominus}{R}\left(\frac{1}{T_1} - \frac{1}{T_2}\right)$$

$$\ln \frac{37.58}{2.472} = \frac{\Delta_r H_m^\ominus}{8.314 J/(mol \cdot K)}\left(\frac{1}{1000K} - \frac{1}{1200K}\right)$$

解得 $\Delta_r H_m^\ominus = 135.8 kJ/mol$

(2) 设 $T_1 = 1000K$，$T_2 = 1100K$

$$\ln \frac{K^\ominus(T_2)}{2.472} = \frac{135.8 kJ/mol}{8.314 J/(mol \cdot K)}\left(\frac{1}{1000K} - \frac{1}{1100K}\right)$$

得到 $K^\ominus(1100K) = 10.91$

讨论：由上述计算可以看出，这个反应是吸热反应，两组 $\Delta_r H_m^\ominus$ 数据略有差别是在取原始数据是有所不同；要在1000K和1200K高温条件下，加入水汽，产生合成气的平衡常数是很大的，也就是反应很容易进行。

【例题 4-2】 1000K 时，反应 $C(s) + 2H_2(g) \Longrightarrow CH_4(g)$ $\Delta_r G_m^\ominus(1000K) = 19.40 kJ/mol$。现有与碳反应的气体，其中 $y(CH_4) = 0.10$，$y(H_2) = 0.80$，$y(N_2) = 0.10$。试问：

(1) $T = 1000K$，$p = 100kPa$ 时甲烷能否形成？

(2) 在上述条件下，压力需增加到多少，上述合成甲烷的反应才可能进行（假设气体均为理想气体）？

解：(1)　　　　$C(s) + 2H_2(g) \Longrightarrow CH_4(g)$　　　$N_2(g)$

　　　　　p_B/kPa　　$100×0.8$　$100×0.1$　$100×0.1$

$$\Delta_r G_m = \Delta_r G_m^\ominus + RT\ln\{[p(CH_4)/p^\ominus]/[p(H_2)/p^\ominus]^2\} = 3.96 kJ/mol$$

$\Delta_r G_m > 0$，反应不能自发形成甲烷。

(2) $\Delta_r G_m = \Delta_r G_m^\ominus + RT\ln\{[0.1p/p^\ominus]/[0.8p/p^\ominus]^2\} \leqslant 0$

$p \geqslant 161.11 kPa$ 时，合成甲烷反应才能自发进行。

课堂讨论题：根据以上计算结果，讨论反应温度、物料比、压力等因素对于造气的影响。

（3）煤气化制氢过程

煤气化制氢主要包括三个过程，分别为造气反应（煤的气化）、水煤气变换反应及氢的提纯和压缩。

造气反应是在气化炉中进行的，温度范围为 $1300\sim1500℃$，水煤气变换反应是将 CO 和水反应，可进一步提高煤气化产物中氢气的含量。煤炭气化过程包含一系列物理、化学变化，可分为干燥、热解、气化和燃烧四个阶段。干燥阶段属于物理变化，其他阶段属于化学变化。煤在气化炉中干燥以后，随着温度的进一步升高，煤分子发生热分解反应，生成大量挥发性物质（包括干馏煤气、焦油和热解水等）时煤黏结成半焦。煤热解后形成的半焦在更高的温度下与通入气化的气化剂发生部分氧化反应，生成以一氧化碳、氢气、甲烷及二氧化碳、氮气、硫化氢、水等为主要成分的气态产物，即粗煤气。

粗煤气经滤去固体组分除尘后送入水煤气变换反应器与水蒸气进行反应，得到 H_2 和 CO_2。经变换反应后的气体混合物分别经脱除 H_2S 和 CO_2 后得到粗氢气，最后送入氢气提纯装置，经变压吸附处理后可得到纯度高于 99.5% 的氢气产物，整个煤气化制氢过程见图 4-5。

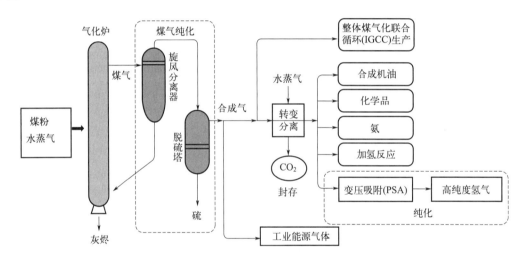

图 4-5　煤气化制氢及相关产品工艺过程框图

（4）煤气化过程的催化剂

从煤气化的原理可知，煤气化过程主要涉及 CO 的生成反应及 CO 转换的水煤气变换反应。煤气化反应过程是加压下进行的高温热化学过程，无需使用催化剂，煤气化过程的催化剂主要是指水煤气变换反应所使用的催化剂。工业中，CO 变换反应中需要的催化剂主要有高温 Fe-Cr（$350\sim500℃$）、低温 Cu-Zn（$190\sim250℃$）和宽温 Co-Mo（$180\sim450℃$）变换系列。CO 变换反应在煤气化过程中占据非常重要的地位，可调控合成气中的 H_2/CO 比例，有关该反应的热力学、动力学、催化反应机理及工艺将会在本章第三节详细介绍。

（5）煤气化工艺分类及工艺流程

① 煤气化工艺分类

现代煤气化制氢工艺主要有水煤浆加压气化和粉煤加压气化两种，块煤气化工艺相对较少。气化炉操作压力范围可从常压到 8.5MPa，目前使用较多的 Texaco 气化炉操作压力分为 3.0MPa、4.0MPa、6.5MPa 等，气化压力的升高可以提高单个气化炉的产能，减少气化炉的数量，投资和能耗均显著降低。

a. 依据煤气化后灰渣排出形态，煤气化分为固态排渣气化、灰团聚气化及液态排渣气化。

b. 依据使用气化剂的种类，煤气化分为空气气化、空气/水蒸气气化、富氧空气/水蒸气气化及氧气/水蒸气气化。

c. 依据原料煤进入气化炉时的粒度，煤气化分为块煤（13～100mm）、碎煤（0.5～6mm）及煤粉（<0.1mm）气化。

d. 依据原料煤与气化剂在气化炉内流动过程中的接触方式不同，分为固定床、流化床、气流床及熔融床气化等。熔融床气化是将煤粉和气化剂以切线方向高速喷入熔池内，使池内熔融物做螺旋状的旋转运动并气化而得名。因熔融床气化技术还没有实际开发应用，所以现在煤气化技术以前 3 种为主。

② 煤气化工艺流程

不同的煤气化工艺对原料煤性质的要求不同，气化用煤的性质主要包括煤的反应性、黏结性、结渣性、热稳定性、机械强度性、粒度组成以及水分、灰分和硫分含量等。煤气化的技术发展迅速，目前煤气化技术是以气流床气化为主，由于气流床组合方式和炉型的不同，又对应多种气流床气化技术。包括 Shell（壳牌）煤气化技术、两段式干煤粉气化技术、Texaco 水煤浆加压气化工艺技术、多喷嘴水煤浆加压气化工艺技术。限于篇幅，以下仅介绍几种典型的气流床气化技术。

a. Shell（壳牌）粉煤加压气化工艺流程。来自煤粉仓的煤粉通过锁斗装置，由氮气加压至 4.2MPa 并以氮气作为动力送至喷嘴，与蒸汽、氧气一起进入气化炉内燃烧，反应温度为 1500～1600℃，煤粉、氧气及少量水蒸气并流从气化炉下部进入气化炉内，可以在短时间内完成升温、挥发分脱除、裂解、燃烧及转化等一系列物理和化学过程，由于气化温度高达 1500℃，压力 3.0～4.0MPa，碳转化率高达 99% 以上，产品气体相对洁净，不含重烃，甲烷含量极低，煤气中有效气体（$CO+H_2$）高达 90% 以上。高温气化不产生焦油、酚等凝聚物，不污染环境，甲烷含量很少，煤气质量好。其工艺流程见图 4-6。

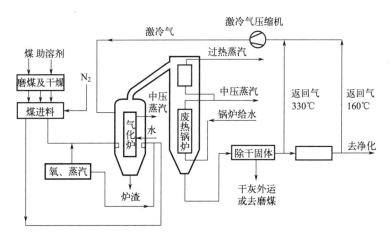

图 4-6 Shell 煤气化工艺流程简图

b. Texaco 水煤浆加压气化工艺流程。如图 4-7 所示，将水煤浆经加压与氧气一起进入气化炉，压力约为 6MPa，生成的粗煤气和熔渣通过喉部进入辐射废锅换热降温，在下降过程中被冷却下来的熔渣进入废锅的水浴中固化，再经锁渣罐定期排入渣池后，通过捞渣机捞出界外。粗煤气离开燃烧室（350～450℃）后经文丘里洗涤器进入洗涤塔除尘和冷却后，送往变换工序。由于采用加压造气，产生的合成气中含有一定量的水蒸气，因此节约了变换工段的蒸汽用量，也就节能，但是在高达 6MPa 的压力以及 450℃ 以上条件下操作，对于原有的高活性中低温耐硫变换催化剂 Co-Mo/γ-Al$_2$O$_3$ 是一个巨大挑战，在此高温高压条件下，催化剂载体会发生晶体结构转变为 α-Al$_2$O$_3$，大比表面积消失，结构垮塌，催化剂很快失活，目前此问题已得到圆满解决，采用以 MgAl$_2$O$_4$ 载体制备的高温耐硫变换催化剂 Co-Mo/MgAl$_2$O$_4$ 有很好的活性及寿命。

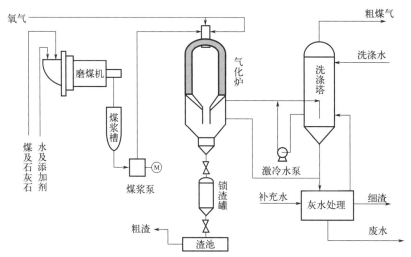

图 4-7　Texaco 水煤浆加压气化工艺流程简图

4.1.3　煤超临界水气化制氢

超临界水气化（supercritical water gasification，SCWG）制氢技术是一种新兴的制氢技术，指各种有机物在超临界水环境下进行低温催化气化反应生成 H$_2$ 和 CO$_2$ 的技术。超临界水气化技术利用超临界水所具有的黏度小、介电常数小、溶解性强及扩散系数大等特点，使得有机物在高温、高压条件下进行分解、气化。该技术具有反应条件温和、反应速度快、反应过程清洁以及能够快速生产氢气等优点，同时利用水在超临界状态特殊的物理化学性质，将煤或者有机废物中残留的污染物元素以无机物的灰渣形式排出，可从源头上解决污染物和粉尘排放，具有显著的经济效益、社会效益和环保效益。西安交通大学动力工程多相流国家重点实验室在煤超临界水气化制氢技术领域做出了显著成果。

（1）煤超临界水气化制氢原理

煤超临界水气化是在高压和中温条件下（水的临界温度 374.3℃，临界压力 22.1MPa），用煤中的碳将超临界水中的氢还原出来，产生 H$_2$ 和 CO$_2$，反应不完全时还有微量的 CO 和甲烷等生成。其制氢原理如图 4-8 所示，在此过程中，超临界水既是载能工质又是反应媒介，使煤中的 C、H、O 元素快速气化转化为 H$_2$ 和 CO$_2$，将煤炭化学能直接高效转化为氢能。气化过程中煤所含的硫和各种金属及无机矿物质成分，由于不存在燃烧等过程所必然伴生的高温氧化环境而不被氧化，因而会在反应器内随着气化进程不断深入而逐步净化沉积于底部，以灰渣形式适当地排出，从源头上根除了 SO_x、NO_x 等气体污染物和粉尘颗粒物（如 PM2.5）的生成和排放，从而实现煤的高效、洁净转化利用。已溶解 H_2 和 CO_2 等气体的超临界混合工质离开气化反应器后可以供热、供蒸汽并分离得到高纯 H_2 和 CO_2 等产品。

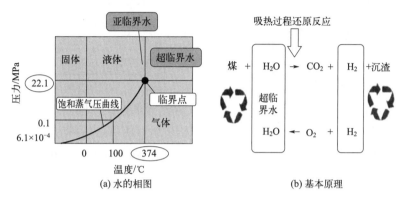

图 4-8 煤超临界水气化制氢原理图

煤超临界水气化制氢反应过程包括了水蒸气重整反应 [式（4-9）]、水煤气变换反应 [式（4-4）] 和甲烷化反应 [式（4-7）和式（4-8）]。

$$C(s)+H_2O(g)\longrightarrow H_2(g)+CO(g)+CO_2(g)+其他气体 \qquad (4-9)$$

与传统的气化方法相比，SCWG 过程以水作为反应介质，可以直接湿物质进料，具有反应效率高、气体产物 H_2 含量高、压力高等特点。目前所有的煤种都能在超临界水体系中进行气化制氢，煤的变质程度越低、煤样的颗粒越小气化率越高，若生物质和煤炭一起时还能够起到协同效应。

（2）煤超临界水气化制氢的催化剂

煤超临界水气化制氢反应过程因包含有水蒸气重整反应、水煤气变换反应及甲烷化等反应，若加入催化剂肯定能提高氢气产量、气化率及降低反应条件。在煤超临界水气化制氢工艺中发现任何能产生 OH^- 的物质都能催化水煤气变换反应，因此，碱类催化剂如 NaOH、KOH、Na_2CO_3、K_2CO_3、$Ca(OH)_2$、$KHCO_3$ 等是使用最广泛的催化剂。研究发现，碱性物质催化剂在煤超临界水气化制氢反应过程中形成的中间产物甲酸盐能促进反应发生，甲酸盐与水反应，得到氢气，同时能抑制焦油、焦炭生成。催化水煤气变换反应机理如图 4-9 所示。

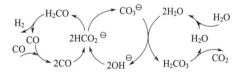

图 4-9 催化水煤气变换反应机理示意图

（3）超临界水煤气化制氢反应动力学

明确煤炭在超临界水气化过程中的反应机制与动力学特性对实现该技术的工业化尤为重要。研究人员对超临界水煤气化过程进行了主反应强化、副反应抑制及多反应协同的相关研究，实现了物质和能量的优化匹配，降低了反应过程阻力，建立了以煤在温和条件下完全气化为前提的超临界水反应器热质传递强化理论。通过实验获得了煤超临界水气化产物的分布，对中间产物按物理、化学性质的相似性进行分类，然后采用集总参数法建立了煤在超临界水中气化的反应路径模型，如图 4-10 所示，图中 k_1，k_2，k_3，…，k_8 分别代表煤超临界水气化过程中 8 个子反应速率常数。

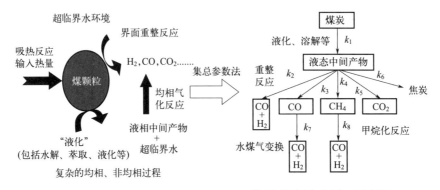

(a) 煤炭超临界水气化制氢主要物理、化学过程示意　(b) 煤炭超临界水气化制氢总参数模型

图 4-10　煤超临界水气化制氢反应过程及动力学模型

（4）煤超临界水气化制氢工艺

煤超临界水气化制氢的气化炉分为间歇式和连续式两种气化炉，其中间歇式气化炉不需使用高压流体泵装置，结构相对简单，常用于固体物料。连续反应器主要为管式气化炉，但是管式气化炉易发生反应不完全、反应器壁面结渣堵塞等问题。借鉴传统流化床气化系统的设计经验，若气化炉使用流化床反应器则能克服管式气化炉的不足。

煤超临界水气化制氢工艺如图 4-11 所示，气化炉为流化床反应器。将合格的原料煤物

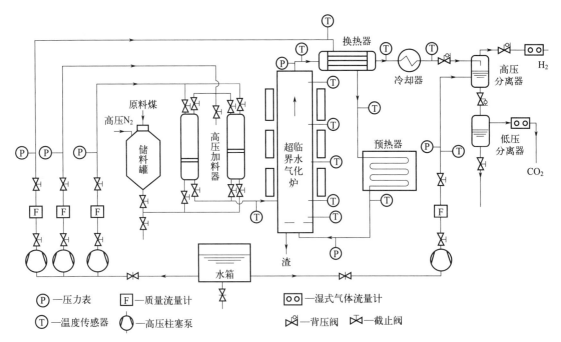

图 4-11　煤超临界水气化制氢工艺流程简图

料加入储料罐中，然后通过高压 N_2 将物料输送至加料器中。来自水箱的纯水通过高压柱塞泵加压至设定压力后依次经过换热器、预热器加热至设定温度，进入气化炉。煤物料与超临界态的水在气化炉内反应，生成的气体混合物通过换热器及冷却器后冷却至常温，再通过背压阀调节压力后进入高压分离器实现氢气与 CO_2 的分离，得到氢气。

煤超临界水气化制氢技术具有清洁、快速、稳定及减少污染物和粉尘排放等优点，但是在工业化实践中，仍存在一些问题需要解决，例如进料预处理、加热系统、压力控制及反应器堵塞、设备的防腐与氢脆等方面，CO_2 资源化的多联产方案可能是超临界水煤气化技术发展的重要方向。

4.2 天然气转化制氢

天然气是指自然界中天然存在的以烃类为主（甲烷、乙烷）的混合气体，包括大气圈、水圈和岩石圈中各种自然过程形成的气体。现已探明世界天然气的储量为 140 万亿立方米，其能量相当于 9150 亿桶原油，远景储量为 250 万亿～350 万亿立方米。天然气根据其产地不同一般分为干气和湿气两大类。干气甲烷含量在 90％以上，湿气除甲烷外，还含有 15％～20％的乙烷、丙烷和丁烷等低碳烷烃。天然气制氢是氢气的主要来源之一，全球每年约 7000 万吨氢气产量，其中约 60％来自天然气制氢，特别是欧美大多数国家的氢气大多源于天然气制氢。

甲烷是结构最简单的有机物化合物，也是含碳量最小、含氢量最大的烃。甲烷在自然界的分布很广，是天然气、页岩气、沼气、可燃冰等的主要成分，俗称瓦斯。它可用作燃料及制造氢气、炭黑、一氧化碳、乙炔、氢氰酸及甲醛等物质的原料。工业用甲烷主要来自天然气、烃类裂解气、炼焦时副产的焦炉煤气、煤气化产生的煤气及炼油时副产的炼厂气，部分气体中的甲烷含量如表 4-2 所示。

表 4-2　部分气体中的甲烷含量

气体类别	天然气	焦炉煤气	烃类裂解气	页岩气（干气）
甲烷体积含量/％	50～99	23～28	4～34	52～93
气体类别	炼厂气	煤气	沼气	油田伴生气
甲烷体积含量/％	4.4	1～12	50～55	70～80

以甲烷为原料制氢的方法主要有甲烷水蒸气重整、甲烷部分氧化、甲烷自热重整、CH_4/CO_2 重整以及近年来发展起来的甲烷催化裂解等。下面分别进行简要介绍。

4.2.1 甲烷水蒸气重整制氢

（1）原理及热力学分析

甲烷水蒸气重整（steam methane reforming，SMR）制氢过程反应体系复杂，反应过程中主要发生的反应见式（4-10）、式（4-11）、式（4-4）。

$$CH_4 + H_2O \longrightarrow CO + 3H_2 \qquad \Delta H_{298K}^{\ominus} = +206.3kJ/mol \qquad (4-10)$$

$$CH_4 + 2H_2O \longrightarrow CO_2 + 4H_2 \qquad \Delta H_{298K}^{\ominus} = +165.1 kJ/mol \qquad (4\text{-}11)$$

$$CO + H_2O \longrightarrow CO_2 + H_2 \qquad \Delta H_{298K}^{\ominus} = -41.2 kJ/mol \qquad (4\text{-}4)$$

甲烷和水蒸气反应除了得到氢气外还得到副产物 CO 和 CO₂［式（4-10）及式（4-11）］，而前述反应得到的 CO 还可与水蒸气发生水煤气变换反应［式（4-4）］，其中反应式（4-10）、式（4-11）和式（4-4）均为可逆反应，式（4-10）及式（4-11）为分子数增加的强吸热反应，式（4-4）为分子数不变的放热反应。由于两步反应的适宜温度不同，需要在不同的反应器中分开进行，但是考虑到甲烷水蒸气重整反应［式（4-10）］进行的同时，也可能发生 CO 变换反应［式（4-4）］的串联反应，因此，在某一确定反应温度条件下，

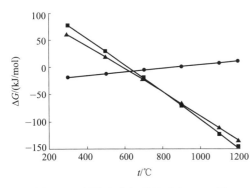

图 4-12　甲烷水蒸气重整反应 $\Delta G\text{-}t$ 图
■—反应(4-10)；●—反应(4-4)；▲—反应(4-11)

反应各组分的含量会达到一个平衡值。实际上，式（4-11）为甲烷水蒸气重整制氢的总包反应，其为一吸热反应，可见甲烷与水蒸气的转化率将随温度升高而增加。甲烷水蒸气重整过程中，反应的吉布斯自由能随温度变化趋势如图 4-12 所示。从图 4-12 可以看出，在反应温度低于 700℃时，ΔG 小于 0，反应可以自发进行。但为尽可能降低反应所得混合气中甲烷的含量，反应操作中的转化温度应该更高一些，但实际操作中由于受到反应器材质的限制，温度的选择一般在 650～1000℃，压力在 0.3～2.5MPa。

此外，在一定反应条件下，在甲烷水蒸气重整转化反应过程中，在催化剂表面还可能进行产生积炭的副反应，见式（4-12）、式（4-13）、式（4-7）。

$$2CO \longrightarrow CO_2 + C \qquad \Delta H_{298K}^{\ominus} = -172.5 kJ/mol \qquad (4\text{-}12)$$

$$CH_4 \longrightarrow C + 2H_2 \qquad \Delta H_{298K}^{\ominus} = +74.8 kJ/mol \qquad (4\text{-}13)$$

$$CO + 3H_2 \longrightarrow CH_4 + H_2O \qquad \Delta H_{298K}^{\ominus} = -211 kJ/mol \qquad (4\text{-}7)$$

积炭是甲烷水蒸气重整制氢催化剂失活的重要原因之一，其会破坏催化剂结构，增大炉管反应器压降，严重时会导致催化剂局部高温过热。工业上常采用提高水碳比（H_2O/CH_4）的方式抑制积炭，缺点是增加了过程的能耗，降低了反应效率。

（2）甲烷水蒸气重整制氢进展

甲烷水蒸气重整工艺自 1926 年开始工业化应用，其是目前工业上应用最广泛、最成熟的天然气制氢工艺。例如，美国超过 95％的氢气源自甲烷水蒸气重整（1000×10⁴t/a）。国内的天然气制氢工艺通过引进国外技术，形成早期的甲烷水蒸气重整制氢工艺。甲烷水蒸气重整工艺大多由原料气处理、水蒸气转化、CO 变换和氢气提纯四大单元组成。

随着西南化工研究设计院有限公司的变压吸附（PSA）装置的建成，PSA 制氢技术逐渐成熟，脱碳和甲烷化单元由能耗更低的 PSA 制氢单元代替。西南化工研究设计院有限公司所研制的催化剂是以金属镍为活性组分，稀土氧化物为助剂，该催化剂具有优良的抗积炭性能、高稳定催化活性，可适用于低水碳比操作。甲烷水蒸气重整制氢工艺框图如图 4-13 所示。

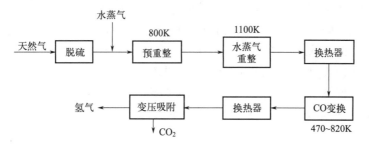

图 4-13　甲烷水蒸气重整制氢工艺简图

（3）甲烷水蒸气重整制氢催化剂

甲烷水蒸气重整反应是强吸热的可逆反应，高温有利于反应的进行，但是即使在1000℃下，它的反应速率仍是很慢的，因此需要使用催化剂来加快反应速率。如前热力学分析，甲烷水蒸气重整两步反应的温度并不匹配，工业上采用两段转化工艺，第一段工艺的转化温度通常在600~800℃，而第二段工艺蒸汽转化温度达到了1000~1200℃。较高的反应温度易使催化剂发生烧结、团聚造成催化剂的晶粒长大而失活。故甲烷水蒸气重整催化剂大多采用负载型的催化剂，活性组分负载在耐高温、机械强度高的载体上。活性组分多为Ni，助剂多为稀土氧化物、碱金属或碱土金属氧化物等，载体以氧化铝和氧化镁为主。

甲烷水蒸气重整反应催化剂的发展方向是压降更低、活性更高、具有更好的抗烧结和防积炭性能。改进思路集中在催化剂制备工艺的提高和催化剂颗粒外型的优化。提高催化剂制备工艺主要包括调整载体和活性金属组分的成分、比例，优化烧制工艺，在催化剂表面附着碱金属等。例如添加钇元素则可以提高镍活性组分的分散度、获得更高的比表面积及更低的积炭活性，γ-Al_2O_3和氧化铬组成的载体中增加黏结剂，则可以减缓催化剂的高温烧结。催化剂外型改进的方向是提升催化剂的机械强度和增加比表面积，主流的甲烷重整催化剂外形先后经历了圆环型、四孔柱型和Q型结构的发展过程。一般来说，甲烷重整反应经过两步工艺过程后，甲烷转化率＞85％，出口甲烷含量＜6％。

（4）甲烷水蒸气重整制氢反应机理

甲烷水蒸气重整的主流反应机理主要有两种，分别为裂解机理和两段反应机理。裂解机理认为，在重整反应体系中，甲烷与水蒸气在相互作用下直接裂解生成氢气和CO。两段反应机理则认为，CH_4首先碳化生成C和H_2，然后生成的C再进一步与H_2O反应生成CO。两种机理中，两段反应机理被更多学者支持，因为它能够解释反应积炭的现象。

基于以上两种反应机理，许多学者对甲烷水蒸气重整的具体反应机理进行了大量研究。早期研究认为，甲烷首先热分解生成次甲基（这一中间产物，进而次甲基经过一系列的反应生成中间产物乙烷、乙烯、乙炔和单质碳，这些中间产物又可与水蒸气反应生成CO、CO_2及H_2。例如，弗罗门特（Froment）等采用$Ni/MgAl_2O_4$催化剂，对甲烷水蒸气重整的动力学进行了详细的研究并提出了反应机理。

后又以Froment的机理模型为参照，系统研究了在不同反应条件、不同催化剂上的甲烷水蒸气重整反应，并使用LHHW方法（Langmuir-Hinshelwood-Hougen-Watson，朗格缪尔-欣谢尔伍德-霍根-沃森）得到本征动力学方程。基于弗罗因德利希（Freundlich）吸附概念提出了六种可能的反应机理，其中代表性的机理可表示为：①水在Ni表面裂解为氢气和表面吸附氧（O∗），甲烷在 Ni 表面裂解为表面吸附氢（2H∗）和表面吸附亚甲基（CH₂∗）；②表面吸附氧（O∗）和表面吸附亚甲基（CH₂∗）反应得到表面吸附 CHO 物种（CHO∗）和表面吸附氢（H∗）；③表面吸附 CHO 物种（CHO∗）解离为表面吸附氢（H∗）和表面吸附 CO(CO∗）或者表面吸附 CHO 物种（CHO∗）和表面吸附氧（O∗）物种反应生成表面吸附 CO₂(CO₂∗）和表面吸附氢（H∗）以及表面吸附 CO 和表面吸附氧物种反应生成表面吸附 CO₂(CO₂∗），该步骤为决速步；④氢气的生成和表面吸附物种的脱附。

（5）甲烷水蒸气重整制氢工艺流程

甲烷水蒸气重整制氢工艺主要由原料气处理、蒸气转化、CO 变换和氢气提纯四大单元组成，其中水蒸气重整炉是 SMR 工艺的核心设备，重整炉的常用炉型有顶烧炉、侧烧炉和梯台炉。在炉管内，天然气和水蒸气的混合物在催化剂的作用下生成氢气、CO 和 CO₂。其工艺流程图如图 4-14 所示。

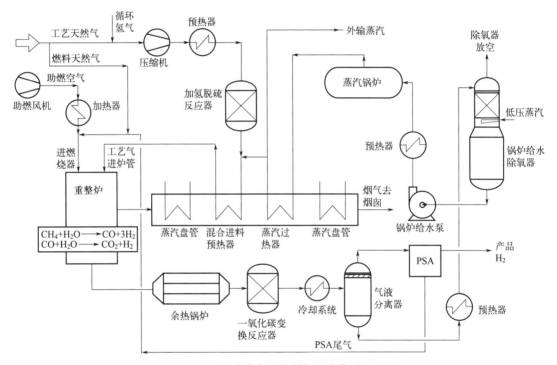

图 4-14 甲烷水蒸气重整制氢工艺典型流程图

天然气进料与少量循环氢气混合后由压缩机加压，经预热器预热后进入加氢脱硫反应器。经过脱硫后的天然气（硫含量小于 0.5×10^{-6}）与水蒸气以体积比 1:(2.0~4.0) 左右混合，被烟气预热至 500~650℃后进入重整炉。在重整炉炉管内，天然气和水蒸气在镍基催化剂作用下发生重整反应。反应后出重整炉的合成气温度为 850~950℃，经余热锅炉回收热量后降温至 300~370℃，然后进入 CO 变换反应器。在催化剂作用下，使合成气中 CO 和水蒸气反应，进一步提高氢气含量（85%~90%）。经过 CO 变换反应器后的合成气经冷却系统回收热量，冷却到约 40℃。最后进入 PSA 装置进行变压吸附得到产品纯氢。剩余氢气与合成气中的 CO、CO₂、饱和水一起，返回重整炉的燃烧器，作为燃料燃烧。

4.2.2 甲烷部分氧化制氢

甲烷部分氧化（partial oxidation of methane，POM）是指由甲烷与氧气进行不完全氧化生成 CO 和 H_2 的过程。从热力学角度分析，甲烷部分氧化优于甲烷水蒸气重整，因为该过程为一温和的放热过程，具有能耗低、反应器体积小、效率高、可大空速运行、选择性和转化率高（>90%）等优点。此外，合成气的组成 $V_{H_2}/V_{CO} \approx 2$，可直接用于下游的甲醇合成和费-托合成等重要工业过程，而且产物中 CO_2 含量低，提高了碳的利用率。根据氧化过程是否使用催化剂，甲烷部分氧化工艺可分为非催化部分氧化制氢和催化部分氧化制氢两种工艺。

（1）原理及热力学分析

甲烷部分氧化制合成气的反应计量方程式如式（4-14）所示。

$$CH_4 + 0.5O_2 \longrightarrow 2H_2 + CO \qquad \Delta H^{\ominus}_{298K} = -35.7 kJ/mol \qquad (4\text{-}14)$$

实际上，上述反应是一个很复杂的反应过程，包含多个副反应，见式（4-4）、式（4-10）、式（4-12）、式（4-13）、式（4-15）、式（4-16）。

$$CO + H_2O \longrightarrow CO_2 + H_2 \qquad \Delta H^{\ominus}_{298K} = -41.2 kJ/mol \qquad (4\text{-}4)$$

$$CH_4 + H_2O \longrightarrow CO + 3H_2 \qquad \Delta H^{\ominus}_{298K} = +206.3 kJ/mol \qquad (4\text{-}10)$$

$$2CO \longrightarrow CO_2 + C \qquad \Delta H^{\ominus}_{298K} = -172.5 kJ/mol \qquad (4\text{-}12)$$

$$CH_4 \longrightarrow C + 2H_2 \qquad \Delta H^{\ominus}_{298K} = +74.8 kJ/mol \qquad (4\text{-}13)$$

$$CH_4 + O_2 \longrightarrow CO_2 + 2H_2O \qquad \Delta H^{\ominus}_{298K} = -880.2 kJ/mol \qquad (4\text{-}15)$$

$$CH_4 + CO_2 \longrightarrow 2CO + 2H_2 \qquad \Delta H^{\ominus}_{298K} = +247.3 kJ/mol \qquad (4\text{-}16)$$

上述式中：总反应［式（4-14）］为体积增大的温和放热反应，反应式（4-4）为等体积的水煤气变换反应，反应式（4-10）为体积增加的吸热反应，反应式（4-12）和式（4-13）为积炭反应，反应式（4-15）为剧烈放热的燃烧反应，反应式（4-16）为体积增加的吸热反应。综合来看，吸热反应需要的热量可由燃烧反应所放出的热量提供。

此外，根据上述热力学分析可知，甲烷部分氧化制氢可分为两步进行，首先部分甲烷发生燃烧反应生成 H_2O 和 CO_2 ［式（4-15）］，接着余下的甲烷和生成的水和 CO_2 反应生成 H_2 和 CO ［式（4-10）和式（4-16）］。根据上述反应计量方程式进行热力学计算可得到不同压力和不同温度对甲烷部分氧化反应的影响，结果如图 4-15 所示。可见高温和低压有利于提高甲烷的转化率及产物 H_2 和 CO 的选择性，因此对甲烷的部分氧化反应，温度的选择至关重要。

图 4-16 分别给出压力为 1bar 和 8bar 条件下，不同温度对理论甲烷转化率及理论 H_2 和 CO 的选择性的影响。由图可知，1bar 和 1073K 时，甲烷的转化率为 90%，H_2 和 CO 的选择性可达 97%，而 8bar 和 1073K 时，甲烷的转化率仅为 70%，H_2 和 CO 的选择性约为 85%。在其他条件不变的情况下，不同的反应温度可以生成不同比例的 H_2 和 CO。

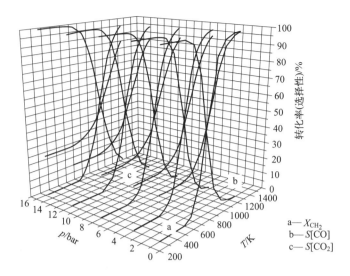

图 4-15　压力和温度对甲烷部分氧化反应的影响

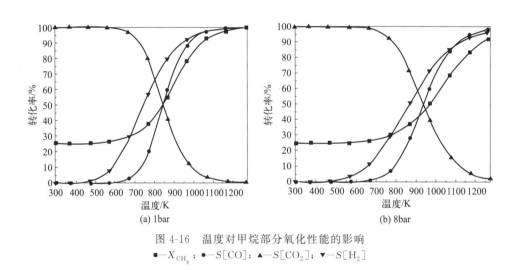

图 4-16　温度对甲烷部分氧化性能的影响
■—X_{CH_4}；●—$S[CO]$；▲—$S[CO_2]$；▼—$S[H_2]$

（2）甲烷部分氧化的工艺发展

20 世纪 90 年代以来，因甲烷部分氧化制合成气技术优于甲烷水蒸气重整技术而受到人们广泛关注，甲烷部分氧化工艺最早由美国 GE 和 Shell 公司开发并成功实现工业化。

对甲烷非催化部分氧化，因没使用催化剂，需要很高的反应温度（1000～1500℃），对反应器材质要求苛刻，且需要复杂的热回收装置来降低能耗，重点在于开发和使用高效的合成气烧嘴技术。使用该技术的国外公司有 Texaco 和 Shell。国内华东理工大学开发出具有自主知识产权的"气态烃非催化氧化技术"，该技术具有原料适宜性强、技术成熟可靠等优点，并于 2018 年成功运用于新疆天盈石化的天然气造气工业装置，转化压力为 3.2MPa，反应温度约为 1300℃。目前已建成了全球单炉处理能力最大（$10 \times 10^4 m^3/h$）的焦炉气非催化部分氧化装置，实现了天然气非催化部分氧化制氢工艺的国产化。

对甲烷催化部分氧化，已先后开发出固定床工艺、流化床工艺及陶瓷膜等工艺。其中固定床工艺是采用较多的工艺，使用的催化剂为 Pt、Rh、Ru 等贵金属或 Ni 基催化剂，氧源为纯氧，当合成气产品用于合成氨制备时，也可采用空气或富氧空气作为氧源。在反应压力 0.1～1.0MPa，温度 600～1000℃，空速 1～10×10^5L/(h·kg) 的条件下，甲烷转化率、H_2 和 CO 的选择性均大于 90％。

流化床工艺所采用的催化剂和固定床类似，反应器类似提升管，可实现催化剂的循环并有效消除积炭、回收反应热。原料中引入水蒸气，原料均可携带催化剂分开进料，该方法可降低旋风分离器分出来的催化剂温度，避免原料气在反应器入口混合时由于高温而导致爆炸。流化床工艺可得到 90％左右的甲烷转化率、100％ H_2 和 86％ CO 选择性。

陶瓷膜工艺是针对甲烷催化部分氧化反应需用纯氧作氧源，而用传统的空气分离方法制纯氧使工艺能耗提高，且设备庞大，成本费用高昂的缺点而开发的。高温下，催化陶瓷膜（混合导体透氧膜）可将空气中的氧转化为氧离子，通过陶瓷膜中的氧离子空位传递到另一侧的催化剂薄层表面而发生甲烷部分氧化反应。陶瓷膜工艺可使制氧过程与催化氧化过程在同一反应器（钙钛矿型或非钙钛矿型的混合氧化物反应器）中进行，从而大大简化了操作过程，可使合成气成本降低 30％～50％。

（3）甲烷非催化部分氧化

甲烷非催化部分氧化是在高温、无催化剂的条件下，天然气直接氧化生成 H_2 和 CO 的过程。甲烷非催化部分氧化制氢技术不需催化剂，无催化剂产生的相关费用，如果后续工序无特殊要求可不进行转化前脱硫，且不需外部加热，从而简化了工艺流程。工艺缺点是反应温度高、转化炉烧嘴的寿命较短，故对转化炉耐温材料和热量回收设备要求较高。

① 反应机理。甲烷非催化部分氧化制备合成气是在高温下进行的，反应气首先在火焰的预热区升温，接着在火焰的一次反应区生成 OH· 及 O· 自由基、CO 以及 H_2 等，最后这些生成物在火焰的二次反应区再复合或在氧气充足时继续氧化生成 CO_2 和 H_2O 等。

② 甲烷非催化部分氧化的工艺。甲烷非催化部分氧化制合成气工艺流程简图如图 4-17 所示，天然气和纯氧通过喷嘴喷到转化炉中。在炉内的射流区发生氧化燃烧反应，为转化反应提供热量，平均反应温度高于 1200℃，反应后的混合气经换热、洗涤得到合成气，最后经变压吸附得到氢气。该工艺技术的关键是烧嘴以及烧嘴与气化炉匹配形成的流场，烧嘴功能是保证天然气与氧气混合良好，提高甲烷的利用率，流场形成适宜的温度分布，达到保护烧嘴和炉顶耐火砖的双重目的。

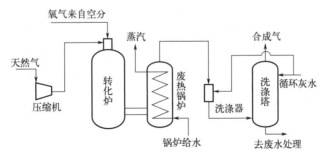

图 4-17　甲烷非催化部分氧化工艺流程示意图

甲烷非催化部分氧化的反应温度高（1200～1400℃），这对反应器材质要求很高，使用催化剂可大幅降低部分氧化反应的温度。此外，由于需要向反应器中输入纯氧，所以需要为装置配备空分系统。结果导致该部分氧化的建设投资较大。

（4）甲烷催化部分氧化

甲烷催化部分氧化（catalytic partial oxidation of methane，CPOM）是指在催化剂的作用下，天然气部分氧化生成 H_2 和 CO，反应温度范围 $750\sim900℃$，生成的转化气中 H_2/CO 接近 2。

① 甲烷催化部分氧化催化剂。甲烷催化部分氧化反应的催化剂种类基本与甲烷水蒸气重整反应相似，可分为过渡金属（Ni、Co 等）、贵金属（Ru、Rh、Pd、Pt 等）、复合金属催化剂（Ni-Co、Pt-Ru、Ni-Pt、Ni-Ru 等）以及钙钛矿氧化物催化剂（$LaCoO_3$、$LaNiO_3$、$LaNi_{1-x}Co_xO_3$ 等），其中工业化的催化剂多为镍基催化剂。但使用传统 Ni 基催化剂易积炭，由于强放热反应的存在，催化剂床层容易产生热点，从而造成催化剂烧结失活。目前研究主要集中在催化剂活性、稳定性、选择性、抗积炭能力和对反应机理的验证等方面。

② 甲烷催化部分氧化反应机理。与非催化部分氧化相比，CPOM 的反应机理更为复杂，同样存在多种反应路径，并且会随着催化剂的种类、微观结构、物化性质以及反应条件的变化而变化。据文献报道，CPOM 的反应机理主要可分为直接氧化机理和间接氧化机理（燃烧-重整机理），如图 4-18 所示。直接氧化机理认为：CH_4 直接解离得到 C 原子和 H 原子[图 4-18（a）～（c）]，然后吸附态 C 原子和氧气解离得到的 O 原子直接反应生成吸附态 CO，吸附态 H 原子两两结合直接生成吸附态 H_2，最后脱附为气态 CO 和 H_2[图 4-18（d）和（e）]。

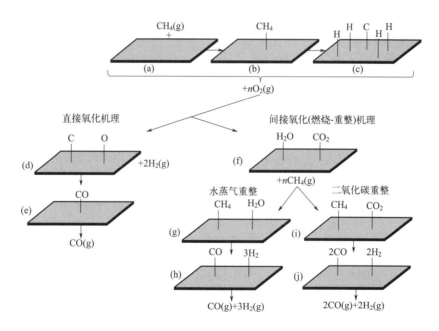

图 4-18　甲烷催化氧化机理示意图

间接氧化机理也称为燃烧-重整机理，CH_4 和 O_2 首先发生燃烧反应生成 CO_2 和 H_2O（图 4-18），当原料气中的 O_2 耗尽时，生成的 H_2O 和 CO_2 再与剩余的 CH_4 发生重整反应生成 CO 和 H_2，即 CO_2 和 H_2O 为直接产物，CO 和 H_2 为间接产物。

③ 甲烷催化部分氧化工艺。图 4-19 为甲烷催化部分氧化制合成气工艺流程示意图，原料气经脱硫净化、预热后与来自空分的氧气和部分蒸汽混合后进入催化部分氧化转化炉。氧气和甲烷在转化炉上部进行部分燃烧反应，然后进入转化炉下部的镍催化剂床层进行重整反应，反应后的混合气经换热器回收热量、洗涤后得到合成气，最后经变压吸附得到氢气。

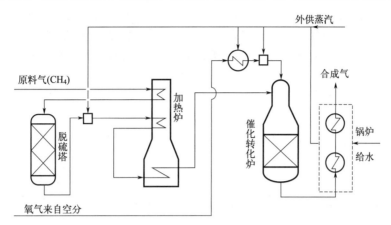

图 4-19　甲烷催化部分氧化工艺流程示意图

4.2.3　CH_4/CO_2 重整制氢

温室气体排放引发的全球变暖问题受到国内外的高度关注。甲烷和二氧化碳均为温室气体，利用二者之间的重整反应制合成气，进而得到氢气是将废 CO_2 原料化及实现碳减排的重要途径之一。CH_4/CO_2 重整可简单分为 CH_4/CO_2 干重整和 CH_4/CO_2 自热重整。

（1）CH_4/CO_2 干重整

① 原理及热力学分析。CH_4/CO_2 干重整（dry reforming of methane，DRM）的原料是 CH_4 和 CO_2，此方法给 CO_2 的利用提供了新的途径。CO_2 DRM 反应过程较为复杂，重整反应的同时，逆变换反应、积炭、消炭等副反应也同步发生。

CO_2 干重整的主反应见式 (4-16)，反应焓变为 247.3kJ/mol，其为体积增大的强吸热反应，高温、低压有利于反应朝重整反应的方向进行，实际上反应只有在温度高于 640℃ 时，才能顺利进行。副反应有 CO 的歧化反应 [式 (4-12)]、甲烷的分解反应及逆水煤气变换反应和消除积炭反应 [式 (4-13)、式 (4-17)、式 (4-3)]，其中 CO 的歧化反应和甲烷的分解反应是导致催化剂积炭失活的主要原因。

$$H_2 + CO_2 \longrightarrow CO + H_2O \qquad \Delta H_{298K}^{\ominus} = +41.2 kJ/mol \qquad (4-17)$$

根据 DRM 主要反应分析可知，在反应体系中添加 H_2O 有助于促进消除积炭的反应，但添加 H_2O 也能促使变换反应向生成 CO_2 的方向移动，从而降低 CO_2 转化率，导致合成气中 CO 含量降低。

② CH_4/CO_2 干重整催化剂。根据热力学计算可知，在常压，850℃ 的反应条件下，CH_4 和 CO_2 转化率才可高于 94%，反应产物 H_2/CO 接近 1。因此甲烷和二氧化碳重整制合成气反应的关键是制备稳定、高效的催化剂。

DRM 催化剂的活性组分多为过渡金属，其中 Rh、Ru、Ir 等贵金属具有较高的 DRM

催化活性。贵金属催化剂多为负载催化剂，常用的载体有 TiO_2、SiO_2、$\gamma\text{-}Al_2O_3$、分子筛、稀土金属氧化物和一些复杂金属氧化物。负载类催化剂具有反应温度低、能耗小、寿命长等优点，比其他过渡金属具有更强的抗积炭能力，但昂贵的价格限制了其工业应用。目前，国内外对 DRM 催化剂的研究主要集中于 Ni、Co、Cu、Fe 等非贵金属催化剂，其中 Ni 基催化剂因具有较好的催化活性和稳定性而被广泛采用，但 Ni 基催化剂也存在易积炭失活的问题。

③ CH_4/CO_2 干重整反应机理。根据所使用的催化剂不同，$CH_4\text{-}CO_2$ 干重整反应机理模型也不尽相同。本文以较为典型的布拉德福德（Bradford）反应模型为例对 CO_2 干重整反应机理做一简要说明。Bradford 模型是以 Ni 和 Pt 作为催化剂的活性组分而建立的，该模型认为在活性组分的催化作用下，CH_4 裂解形成 CH_x* 和 H_2，接着裂解为 $H*$ 原子，吸附的 CO_2 在催化剂的作用下，与 $H*$ 反应，形成 $OH*$。然后 CH_x* 和 $OH*$ 结合形成 CH_xO* 中间体，最后 CH_xO* 中间体分解形成 CO 和 H_2。

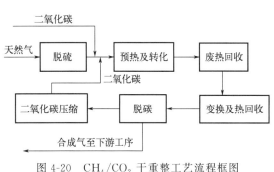

图 4-20　CH_4/CO_2 干重整工艺流程框图

④ CH_4/CO_2 干重整工艺流程。相比于甲烷的氧化工艺，CH_4/CO_2 干重整大规模的工业化应用较少，本文仅给出其工艺流程框图。如图 4-20 所示，甲烷经脱硫、脱有机物等净化后和来自压缩机的 CO_2 混合，经换热器预热后进入干重整炉，在催化剂的作用下进行重整反应。反应后的混合气经换热器回收废热，然后经脱碳分离出 CO_2 后得到合成气。CO_2 经压缩后套用，合成气经变压吸附得到氢气。

（2）CH_4/CO_2 自热重整

CH_4/CO_2 自热重整（autothermal reforming，ATR）是向反应系统同时通入甲烷、氧气和水蒸气，通过调整 CH_4、H_2O、O_2 的进料比例，使氧化反应放出的热量供给吸热的蒸汽重整反应，实现整个系统的热量平衡，不需要外部热源。

① 原理及热力学分析。CH_4/CO_2 自热重整制氢气反应体系涉及 CO_2、CH_4、O_2、CO、H_2、H_2O、C 等众多反应组分，反应过程复杂，其主要反应如下列方程式所示。其中式（4-4）、式（4-6）、式（4-12）、式（4-14）、式（4-15）、式（4-18）、式（4-19）、式（4-20）为放热反应，且平衡常数大，反应速度快，可认为是不可逆的反应。式（4-3）、式（4-10）、式（4-11）、式（4-13）、式（4-16）及式（4-17）为吸热反应，提高温度，有利于正向反应的进行，动力学上有利于提高反应速率。其他反应包括逆水煤气变换反应、积炭和消炭反应。式（4-4）、式（4-10）及式（4-16）是 CH_4/CO_2 自热重整过程的控制步骤。综合来讲，放热反应释放的热量供给吸热反应所需，最终实现反应过程的热量自供给以及热量平衡。

$$2H_2O+C \longrightarrow CO_2+2H_2 \qquad \Delta H^{\ominus}_{298K}=+90.4kJ/mol \qquad (4\text{-}3)$$

$$CO+H_2O \longrightarrow CO_2+H_2 \qquad \Delta H^{\ominus}_{298K}=-41.2kJ/mol \qquad (4\text{-}4)$$

$$2H_2+O_2 \longrightarrow 2H_2O \qquad \Delta H^{\ominus}_{298K}=-241.8kJ/mol \qquad (4\text{-}6)$$

$$CH_4+H_2O \longrightarrow CO+3H_2 \qquad \Delta H^{\ominus}_{298K}=+206.3kJ/mol \qquad (4\text{-}10)$$

$$CH_4 + 2H_2O \longrightarrow CO_2 + 4H_2 \qquad \Delta H_{298K}^{\ominus} = +165.1 kJ/mol \qquad (4\text{-}11)$$

$$2CO \longrightarrow CO_2 + C \qquad \Delta H_{298K}^{\ominus} = -172.5 kJ/mol \qquad (4\text{-}12)$$

$$CH_4 \longrightarrow C + 2H_2 \qquad \Delta H_{298K}^{\ominus} = +74.8 kJ/mol \qquad (4\text{-}13)$$

$$2CH_4 + O_2 \longrightarrow 4H_2 + 2CO \qquad \Delta H_{298K}^{\ominus} = -35.7 kJ/mol \qquad (4\text{-}14)$$

$$CH_4 + 2O_2 \longrightarrow CO_2 + 2H_2O \qquad \Delta H_{298K}^{\ominus} = -880.2 kJ/mol \qquad (4\text{-}15)$$

$$CH_4 + CO_2 \longrightarrow 2CO + 2H_2 \qquad \Delta H_{298K}^{\ominus} = +247.3 kJ/mol \qquad (4\text{-}16)$$

$$H_2 + CO_2 \longrightarrow CO + H_2O \qquad \Delta H_{298K}^{\ominus} = +41.2 kJ/mol \qquad (4\text{-}17)$$

$$CH_4 + O_2 \longrightarrow CO_2 + 2H_2 \qquad \Delta H_{298K}^{\ominus} = -319 kJ/mol \qquad (4\text{-}18)$$

$$2CO + O_2 \longrightarrow 2CO_2 \qquad \Delta H_{298K}^{\ominus} = -283 kJ/mol \qquad (4\text{-}19)$$

$$CO + H_2 \longrightarrow C + H_2O \qquad \Delta H_{298K}^{\ominus} = -175.3 kJ/mol \qquad (4\text{-}20)$$

② CH_4/CO_2 自然重整的反应器及催化剂。CH_4/CO_2 自热重整反应体系虽然涉及诸多组分，若反应器设计合理、催化剂性能优良，最终化学反应达到或者接近化学平衡时，其产物及组成是确定的。CH_4/CO_2 自热重整反应是一个强吸热反应，高温条件下的热量供给是一个难题，开发的反应器结构见图 4-21。

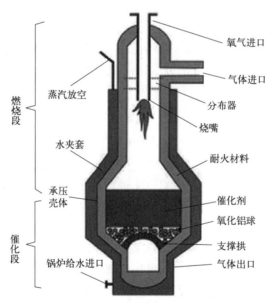

图 4-21　CH_4/CO_2 自热重整反应器结构示意图

可以看出，CH_4/CO_2 自热重整反应器主要包括燃烧段（催化剂以上区域）、催化段（催化剂区域）等主要结构。燃烧段主要有烧嘴、气体分布器等，催化段主要有催化剂、氧化铝耐火球、支撑拱等。CH_4/CO_2 自热重整反应过程中的强放热反应和强吸热反应分步进行，虽然反应温度没有部分氧化反应所需温度高，但也足以对一般金属造成影响，因此，反应器仍需耐高温的材料。

由于整个反应温度区间内积炭不可避免，开发和使用耐高温抗积炭的高效催化剂是重整成功的关键之一。催化剂的研究主要集中在抗积炭催化剂、反应条件对反应动力学影响和 H_2 纯化方面。基于高稳定性、高选择性、高比表面积以及抗积炭性等优点，负载于氧化物上的贵金属（Pt/Rh）和部分过渡金属（Ni、Co）催化剂是目前 CH_4/CO_2 自热重整的主要选择。通过反应条件的优化，可以避免热点出现，减少析炭，得到较为理想的反应产物。例如，当采用一种钯材料的选择性透氢膜时，可将其与流化床结合起来设计出流化床膜反应器，可以将反应产物中的 H_2 分离出来，使甲烷蒸汽重整反应平衡正向移动，提高氢气产量和甲烷转化率。

总体而言，甲烷水蒸气重整是当前工业化程度最高的天然气制氢工艺，是工业氢气的主要来源。虽然非催化部分氧化和 CH_4/CO_2 重整工艺已有工业化装置，但仍需逐渐完善设计。CH_4/CO_2 自热重整目前仍处于实验室研究阶段，离工业化尚有一定的距离。

4.2.4　甲烷裂解制氢

（1）原理及热力学分析

甲烷可直接裂解为碳和氢气，其化学反应方程式如式（4-13）所示。

$$CH_4 \longrightarrow C + 2H_2 \qquad \Delta H_{298K}^{\ominus} = +74.8 \text{kJ/mol} \qquad (4\text{-}13)$$

从热力学角度分析，该反应是吸热及分子数增加的反应，高温、低压有利于反应向右进行。相比于其他传统的甲烷制氢工艺，甲烷直接裂解制氢是最环境友好的制氢工艺，因该路线没有副产物（CO 和 CO_2）的生成。此外，裂解过程生成的固体碳产品也可销售，特别是生产高附加值碳材料，可显著提高甲烷裂解制氢技术的经济效益和竞争力。

当前，甲烷热裂解制氢技术又可细分为：高温热裂解法、催化裂解法、等离子体裂解法、熔融金属裂解法等。限于篇幅，本文主要介绍催化裂解法，对高温热裂解法进行简要介绍。

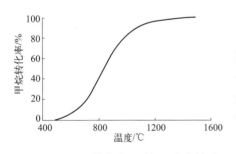

图 4-22　甲烷转化率和裂解温度的关系

（2）甲烷高温热裂解

甲烷分子具有规则的正四面体结构，稳定性好，其 C—H 键能高达 435kJ/mol，因此，足够高的能量供应是甲烷裂解必不可少的条件。由甲烷转化率和分解温度的关系（图 4-22）可知，欲使甲烷分子达到 90% 以上的转化率，理论上的最低温度约为 800℃。实际反应过程中，由于受气体浓度、流速以及停留时间等的影响，在该温度条件下，甲烷转化率远远达不到其理论值。

由于甲烷直接热裂解技术需要较高的反应温度才能达到满意的转化率和氢气产率，并采用外供燃料燃烧供能方式，使得系统能耗以及由此导致的温室气体排放量难以下降。

（3）甲烷催化裂解制氢

① CH_4 裂解催化剂。当前，甲烷催化裂解制氢的催化剂主要集中在碳基催化剂和金属型催化剂上。碳基催化剂包括活性炭、碳纳米管、有序介孔碳（微观上具有有序结构的介孔碳材料）等。相较于碳基催化剂，金属催化剂由于具有较好的催化性能被广泛采用，金属催

化剂主要集中在第八族的过渡金属及贵金属元素上。金属催化剂对甲烷催化裂解催化活性的排列顺序一般为：Ni、Ru、Co、Rh＞Pt、Re、Ir＞Pd、Cu、W、Fe、Mo、Li 等。总体上说，金属催化剂可分为两类：一类是 Pt 等贵金属及其与稀土金属的复合物，该类贵金属复合物的氧化物热稳定性好；另一类是 Ni、Co、Fe、Mg 或对应的金属氧化物，这类催化剂的优势是造价相对低、催化效率高。

② CH$_4$ 催化裂解机理。甲烷催化裂解反应是涉及多个步骤的非均相催化反应，其反应机理较为复杂。以镍基催化剂为例，目前甲烷催化裂解主要有解离吸附和分子吸附两种反应机理。

a. 解离吸附机理。甲烷解离吸附机理模型如图 4-23 所示，其中 I 表示催化剂表面的活性空位，甲烷催化裂解是逐步脱氢的过程，其他 3 个氢原子会在 CH$_4$ 脱离首个氢原子后快速脱离，且第一个 C—H 键裂解是反应速率决定步骤。其反应机理如下。

$$CH_4 + I(空位) \longrightarrow CH_3(ad) + H(ad)$$
$$CH_3(ad) \longrightarrow CH_2(ad) + H(ad)$$
$$CH_2(ad) \longrightarrow CH(ad) + H(ad)$$
$$CH(ad) \longrightarrow C(ad) + H(ad)$$
$$C(ad) \longrightarrow C(dissolved)$$
$$2H(ad) \longrightarrow H_2 + 2I$$

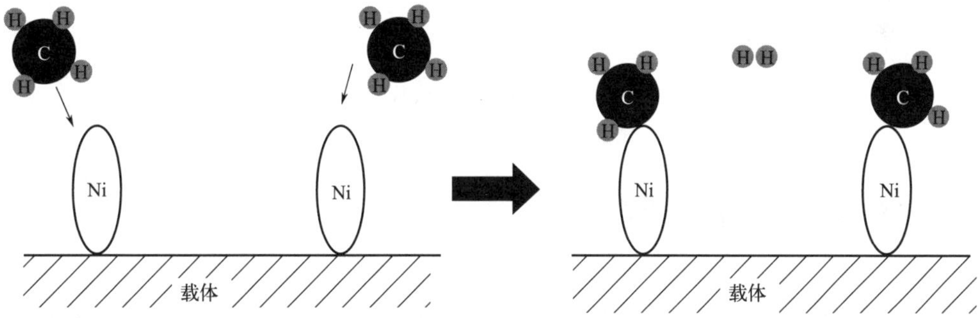

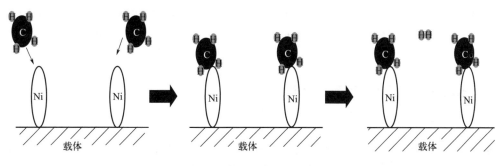

图 4-23　甲烷解离吸附机理模型示意图

b. 分子吸附机理。甲烷分子吸附机理模型如图 4-24 所示，甲烷分子首先附着在活性位点上，然后再进行一系列脱氢步骤。分子吸附机理认为，甲烷吸附和第一个 C—H 键的断裂应分开考虑，其他的类同解离吸附机理。

图 4-24　甲烷分子吸附机理模型示意图

③ CH_4 催化裂解工艺流程。CH_4 催化裂解工艺的核心部件是反应器，目前使用的反应器主要有固定床和流化床两种。固定床反应器中，因甲烷裂解反应的吸热特性，导致反应床层产生较为严重的温度梯度。此外，催化剂上的积炭会堵塞床层的气体通道，造成床层压降增大，影响操作稳定性。流化床反应器具有床层内物料传热传质速率高、温度均匀的优点。此外，运行过程中也可连续使用新鲜催化剂去置换失活或部分失活的旧催化剂和碳材料产物，从而使反应过程连续进行。所以流化床反应器特别适用于 CH_4 催化裂解工艺。

甲烷催化裂解流程如图 4-25 所示。CH_4 进入 CH_4 分解器，在催化剂的作用下分解为碳和 H_2，积炭的催化剂和碳经分离出碳后进入催化剂再生器，除去积炭后循环使用。反应得到的 H_2 和未反应的 CH_4 混合气经换热器降温后进入 H_2/CH_4 分离器分离出 H_2 目标产物，分离出的甲烷合并原料气套用。

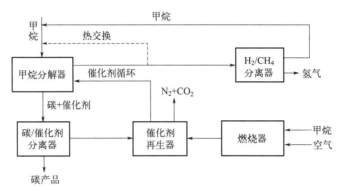

图 4-25 甲烷催化裂解流程示意图

4.3 水煤气变换制氢

水煤气变换反应（water gas shift reaction，WGSR），是以 CO 和 H_2O 为原料，在催化剂的作用下生成 H_2 和 CO_2 的过程，也是传统工业制氢的重要反应。WGSR 已有 130 多年历史，在氨合成、甲醇合成、制氢和城市煤气工业中得到了广泛应用。

CO 和 H_2 的混合气常称为合成气，是费-托合成、甲醇合成、甲醇制烯烃（MTO）、氢甲酰化等有机合成的重要原料，也是氢气和 CO 的来源，在化学工业中有着重要作用。制造合成气的原料多样，许多含碳资源如煤、天然气、石油馏分、农林废料、城市垃圾等均可用来制造合成气。合成气中 H_2 与 CO 的比值（1/2～3/1）随原料和制备方法的不同而异。WGSR 反应通过 CO 与水蒸气反应可生成等体积的 H_2，调节合成气中的 H_2/CO 比例，以便适应后续某些加氢反应（如甲烷化反应、费-托反应）对于 H_2/CO 计量比的需要。

4.3.1 水煤气变换反应原理及热力学

（1）水煤气变换反应原理

水煤气变换反应的反应方程式如前面式（4-4）所示。从化学反应方程式看，WGSR 是一个"标准"的灰氢制备反应，还原态的 CO 从水分子中攫取一个氢分子，自身又被氧化为 CO_2 排放到大气中，给环境带来温室气体，因此，此工艺也就是一个典型的灰氢路线。

WGSR 是一个反应前后分子数相等的温和放热反应（$\Delta H^{\ominus}_{298K} = -41.2 kJ/mol$），应当尽可能在低温下进行，但是，低温下反应速率又很低，需加入催化剂来提高反应速率。通常使用的催化剂有高温变换铁催化剂、低温变换铜催化剂和宽温耐硫变换钴钼催化剂。

从化石燃料制备氢气的总流程而言，如以煤或焦炭为主要原料，经过煤炭气化后，在高温条件下煤气与水蒸气发生催化变换反应，制得 H_2 和 CO 的混合气，然后经过初步的提纯净化，净化后的混合气在催化剂的作用下，使一氧化碳几乎完全转化成二氧化碳。最后经过甲醇洗等净化工艺除去杂质气体，制得高纯氢气（图 4-26），氢气纯度可达到 99.999% 以上。

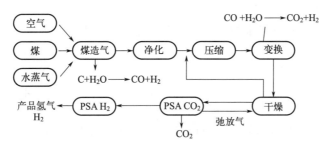

图 4-26　合成气制造、水煤气变换反应以及 PSA 技术相互关系

（2）水煤气变换反应热力学

WGSR 反应焓变与温度的关系式为：

$$\Delta H_R = -4.865 + 1.2184T + 1.1911 \times 10^{-3} T^2 - 4.0625 \times 10^{-6} T^3$$

WGSR 在 300～800K 时的热力学数据列于表 4-3。

表 4-3　WGSR 在 300～800K 时的热力学数据

T/K	$\Delta_r H^{\ominus}_m(T)$ /(kJ/mol)	$\Delta_r S^{\ominus}_m(T)$ /(kJ/mol)	$\Delta_r G^{\ominus}_m(T)$ /(kJ/mol)	$\ln K^{\ominus}(T)$	$K^{\ominus}(T)$
300	−41.155	−42.037	−28.543	11.443	9.321×10^4
400	−40.500	−40.165	−24.434	7.346	1.550×10^3
500	−39.689	−38.362	−20.508	4.933	1.388×10^2
600	−38.745	−36.644	−16.759	3.359	2.876×10
700	−37.690	−35.020	−13.176	2.264	9.619
800	−36.548	−33.496	−9.751	1.466	4.322

通过平衡常数可以看出，在较低温度下反应有利于平衡向产物方向移动，如在 400K 的平衡常数为 500K 的十多倍，所以，大多研究开发工作重点均放在低温催化剂的开发应用方面。同时，由于水煤气原料来源于煤气化或副产煤气，原料气中还含有一定的硫化物杂质以及含氮化合物杂质，如 H_2S、COS、噻吩等，即使深度脱硫净化，也难以达到 10^{-6} 数量级以下，因此，也需要催化剂有足够的耐硫活性，以延长催化剂的寿命。

（3）影响 WGSR 的因素

各种反应条件如温度、压力、水碳比、气空速、催化剂等都对水煤气变换反应有影响。
① 温度。水煤气变换反应是一个放热反应，降低反应温度，有利于化学平衡向生成氢

的方向移动，但反应温度过低又会影响反应速率。为保证反应顺利向产氢的方向进行，在选择合适的反应温度的同时，还要选择具有优良活性的低温催化剂，二者结合才能取得较好的反应效果。目前，Co-Mo系列宽温耐硫变换催化剂使用温度区间可在$180\sim450\,℃$之间。

②压力。水煤气变换反应是一个等体积反应，仅从热力学考虑，压力对反应的影响很小。但在工业生产中使用的催化剂颗粒较大，压力对反应内扩散的影响不容忽视，针对不同的反应压力，在制备催化剂时要考虑孔结构及孔分布，使其能适应工业生产所需压力。由于使用结构优化的$\gamma\text{-}Al_2O_3$或$MgAl_2O_4$尖晶石载体，Co-Mo系列宽温耐硫变换催化剂使用压力区间在$0.3\sim10\,MPa$之间。

③水碳比。理论上水蒸气量的增加，有利于平衡向右移动，促进一氧化碳的转化，但选择水碳比首先要满足所需变换率的要求。转化率要求不高时，同一温度下，多加水蒸气有利于反应的进行。通过表4-4可以看出，在原料气组成一定的条件下，随着温度的降低，变换气中CO的平衡含量降低，CO转化率提高；水蒸气的加入量对转化率有影响，水蒸气的加入量加大，平衡向右移动，CO转化率提高。增加水碳比有利于提高转化率，但如果在一定温度下转化率已经达到一定要求时，再通过增加水蒸气来提高转化率，只会消耗大量的蒸发潜热，总体效率降低，造成维持热量平衡的困难。这就说明在实际应用中并不是水蒸气的量越多越好。一般情况下，实际生产中，WGSR体系的水碳比控制在$1\sim1.8$范围内。

表 4-4　不同温度及水蒸气比例下，干变换气中 CO 平衡含量

温度/℃	H₂O/CO（物质的量的比）			
	1	3	5	7
150	0.009538	0.001757	0.000065	0.000035
200	0.016999	0.002137	0.000216	0.000120
250	0.027313	0.003017	0.000576	0.000316
300	0.059030	0.008375	0.004314	0.002900
350	0.078495	0.015234	0.008030	0.005436
400	0.099126	0.024781	0.013469	0.009210
450	0.120184	0.036818	0.020748	0.014310

注：原料干基组成为$CO\,32\%$、$CO_2\,8\%$、$H_2\,40\%$、$N_2\,20\%$。

4.3.2　水煤气变换反应动力学及反应机理

（1）WGSR反应动力学

一般认为，WGSR反应动力学，可分为三类。

① 朗格缪尔-欣谢尔伍德机理（Langmuir-Hinshelwood mechanism，简称L-H机理）：

$$CO_{ads} + H_2O_{ads} \Longrightarrow CO_{2\,ads} + H_{2\,ads}$$

双分子吸附在催化剂内表面活性位点上，吸附的分子发生反应生成吸附态产物，脱附态的生成物发生脱附、扩散到气相，其反应动力学方程如下：

$$r = \frac{Kb_{CO}b_{H_2O}\left[p_{H_2O}p_{CO} - \dfrac{p_{CO_2}p_{H_2}}{K}\right]}{[1 + b_{CO}p_{CO} + b_{H_2O}p_{H_2O} + b_{CO_2}p_{CO_2} + b_{H_2}p_{H_2}]^2}$$

式中，r 为反应速率；p 为分压；b 为吸附平衡常数；K 为平衡常数。

② 埃利-里迪尔机理（Eley-Rideal mechanism，简称 E-R 机理）：

$$CO_{ads} + H_2O_g \Longrightarrow CO_2 + H_2$$

或

$$CO_g + H_2O_{ads} \Longrightarrow CO_2 + H_2$$

在 Eley-Rideal 反应机理中，气相分子同一个吸附在活性位点上的分子反应得到吸附产物，再脱附扩散到流动相，则动力学方程表示如下：

$$r = \frac{Kb_{H_2O}\left[p_{H_2O}p_{CO} - \dfrac{p_{CO_2}p_{H_2}}{K}\right]}{1 + b_{H_2O}p_{H_2O} + b_{CO_2}p_{CO_2} + b_{H_2}p_{H_2}}$$

式中，r 为反应速率；p 为分压；b 为吸附平衡常数；K 为平衡常数。

③ 幂函数经验动力学方程：采用通用幂函数模型表示催化变换反应速率方程，形式如下。

$$r = 2.39 \times 10^{-6} e^{-\frac{37.66}{RT}} p_{CO}^{1.94} p_{H_2O}^{0.59} p_{CO_2}^{-0.37} p_{H_2}^{-1.17}(1-\beta)$$

式中，R 为气体常数，8.3145×10^{-3} kJ/(mol·K)；p 为各气体分压，kPa；$\beta = y(CO_2)y(H_2)/[K_{ps}y(CO)y(H_2O)]$；$K_{ps}$ 为 CO 变换的反应热力学平衡常数。精确的幂函数经验动力学方程对于化工反应器设计有很大帮助。

总体看，幂函数方程是一种能够较好描述 CO 变换反应的动力学模型，但由于催化剂组成、活化状态、催化剂颗粒大小以及反应条件等不同，文献中所得动力学参数差异很大，如反应活化能可在 $40\sim85$ kJ/mol 之间，而 CO 的反应级数可小于 1 也可大于 1。

目前广泛认可的 WGSR 机理有三种（表 4-5）：氧化还原机理、关联机理（羧基机理）和缔合机理（甲酸机理）。三种机理都认为，CO 和 H_2O 首先吸附到催化剂的表面活性位点上，然后 H_2O 分子解离成 H* 和 OH* 物种。对于氧化还原机理，OH* 解离生成的 O* 将 CO 氧化为 CO_2。而在关联机理中，产生的 OH* 与 CO 反应生成 COOH* 中间物，然后由 COOH* 解离生成 CO_2。在缔合机理中，H_2O 解离生成的 H* 与 CO 反应生成 CHO* 中间物，生成的 CHO* 再与 O* 反应生成甲酸根（HCOO**），然后 HCOO** 解离生成 CO_2。无论何种反应机理，在反应过程中，都会产生活化状态的 H*，将该活化态 H* 用于催化加氢过程，有利于降低活泼氢的生成活化能，强化加氢反应路径。

表 4-5　氧化还原机理、甲酸机理及羧基机理比较

氧化还原机理	甲酸机理	羧基机理
OH(s)⟶O(s)+H(s) OH(s)+OH(s)⟶H₂O(s)+O(s) CO(s)+O(s)⟶CO₂(s)	CO(g)⟶CO(s) H₂O(g)⟶H₂O(s) H₂O(s)⟶OH(s)+H(s) CO(s)+OH(s)⟶HCOO(s) HCOO(s)+OH(s)⟶H₂O(s)+CO₂(s) HCOO(s)⟶H(s)+CO₂(s) CO₂(s)⟶CO₂(g) 2H(s)⟶H₂(g)	CO(s)+OH(s)⟶COOH(s) COOH(s)⟶H(s)+CO₂(s) COOH(s)+OH(s)⟶H₂O(s)+CO₂(s)

（2）WGSR 催化体系及机理

工业上使用的催化剂有三类：铁铬系高温变换催化剂，其工作温度区间为 350～500℃；铜锌系低温变换催化剂，其工作温度区间为 190～250℃；钴钼系宽温变换催化剂，其工作温度区间为 180～450℃，钴钼系宽温变换催化剂还有很强的耐硫能力，可在总硫化物浓度在 $(10～100)×10^{-6}$ 条件下操作。

① Fe-Cr 系高温变换催化剂。20 世纪 30 年代铁铬系高温变换催化剂在合成氨厂就得到广泛使用。传统的 Fe-Cr 系高温变换催化剂，其活性相 γ-Fe_3O_4 为尖晶石结构，铁铬系催化剂结构为尖晶石固溶体，其中 Fe_3O_4 是活性相，在实际应用中，高温烧结易导致 Fe_3O_4 表面积降低，引起活性的急剧下降，耐热性差，因此常加入结构助剂 Cr_2O_3 提高其耐热性，防止烧结引起的活性下降。此外，为提高催化剂性能，部分型号的催化剂中还添加了 K_2O、CaO、MgO 或 Al_2O_3 等助剂。Fe-Cr 基催化剂具有活性高、热稳定性好、寿命长和机械强度高等优点，但是此催化剂在使用中需要大量的水蒸气，以防止催化剂活性组分 Fe_3O_4 被过度还原成金属铁或碳化铁，以及在低汽气比下发生费-托合成副反应。

② Cu-Zn 系低温变换催化剂。Cu-Zn 系催化剂的活性温度较低（190～250℃），主要应用于以天然气为原料制备的低硫含量合成气的低温变换工艺中，ICI 公司于 1963 年成功开发了第一个 Cu-Zn 系低温变换（低变）催化剂，与 Fe-Cr 高温变换催化剂相比，CO 变换反应的起活温度降低了 100℃左右。1965 年，我国也研制出了 Cu-Zn/Al_2O_3 低变催化剂。由于 Cu-Zn 低变催化剂在 180℃左右就可以起活，其在中温变换催化剂串联低温变换催化剂工艺（简称中串低工艺）中作低变使用时，不仅可以大大提高变换率，而且与中变工艺相比，还可以提高产量，降低能耗。Cu-Zn 低变催化剂存在活性温区窄、耐毒性能差和耐热性能差等问题，因此，Cu-Zn 低变催化剂性能的局限性使之只能应用于无硫工艺中。

③ Co-Mo 系宽温变换催化剂。钴钼系宽温耐硫变换催化剂通常以第ⅥB 和ⅧB 族中的某些金属（如 Ni、Co、Mo、W 等）的氧化物或它们的混合物为活性组分，并添加碱金属（如 K 和 Mg 等）为功能性助剂。目前，工业上应用最多的是 Co-Mo 基宽温耐硫变换催化剂，在使用前要将其硫化为 Co-Mo 双金属硫化物，其中 MoS_2 是催化剂的活性相，CoS 为催化助剂。对耐硫变换催化剂载体的改性研究表明，在 Al_2O_3 中加入 MgO 助剂，不仅可以使催化剂对水蒸气以及硫化氢的吸附性能得到大大的提高，还可以使催化剂的结构稳定性得到一定的提高，镁铝尖晶石（$MgAl_2O_4$）是一种非常好的耐硫宽温变换催化剂的载体。

Co-Mo 系耐硫变换催化剂使用前一般为氧化态，而其在使用时的活性相为硫化态，在使用过程中需要进行预硫化处理，也就是活化过程，因此催化剂的硫化过程是工业应用中的一个重要环节，而且直接影响着催化剂的变换活性和稳定性。Co-Mo 系催化剂在 180℃低温时就显示出优异的催化活性，该催化剂具有很宽的活性温区，几乎覆盖了铁铬系高温变换催化剂和铜锌系低温变换催化剂整个活性温区。Co-Mo 系催化剂最突出的优点是其具有很强耐硫和抗毒性能，因而不存在硫中毒问题，不需要预脱除原料气中的硫化物，另外 Co-Mo 系催化剂还具有强度高、使用寿命长、操作弹性大、使用温区宽（180～450℃）等优点。但 Co-Mo 系催化剂的缺点是使用前需要硫化活化过程，使用中工艺气体也需要保证一定的硫含量和较高的汽气比，以防止催化剂反硫化的发生，特别是在高温操作时更为严重，随着温度的升高，最低的硫含量和汽气比也随之提高，当原料含硫量波动较大时，造成操作过程控制复杂化。Co-Mo 基宽温耐硫变换催化剂结构及硫化过程相当复杂，其硫化态结构见图 4-

27 和图 4-28。

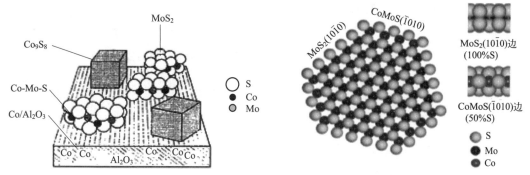

图 4-27　Co-Mo-S 简单模型示意图　　　　图 4-28　Co-Mo-S 催化剂活性相空间结构模型图

一般公认的以硫化钼为催化剂的变换反应机理如下：四价态的硫化钼（MoS_2）是催化活性中心，与水蒸气反应形成五价态 Mo-S-S-O$^-$ 中间体，通过此中间体与 CO 反应，产生四价硫化钼（MoS_2）以及 CO_2，接着 MoS_2 与水反应，生成五价态 Mo-S-S-O$^-$ 中间体及氢气。

催化剂硫化后部分六价态硫化钼还原成了四价态的硫化钼。四价态硫化钼易于夺取水分子中的氧原子，并析离出氢自由基或氢气，可以合理认为是主要的催化活性中心，这一机理能很好解释催化作用的基本反应过程。

四价态硫化钼从水分子中夺取多个氧原子，形成含多个氧原子的五价中间体，由此再与 CO 发生反应转化成 CO_2，是整个反应过程的控制步骤。此外，相比于 Mo，有关 Co 的（助）催化作用机制研究较少，有人认为，Co 的存在会影响硫化钼活性中心的数量，但 Co 是否有其他重要的催化作用机制不甚清楚，有待进一步讨论。

传统的硫化方法基本上采用反应器内气相硫化工艺，即用原料气配入液体 CS_2 高温氢解产生 H_2S，进行循环硫化或一次放空硫化；有些厂家采用高硫原料气直接硫化，也有采用固体硫化剂，即在反应器前串联一个硫化反应器，或将固体硫化剂与催化剂混合装填在加氢反应器内，通入还原气在器内实现硫化剂的热氢解反应产生 H_2S，H_2S 再与氧化态 Co-Mo 催化剂发生硫化反应。氧化态催化剂硫化反应过程如式（4-21）~式（4-24）所示。

$$CoO + H_2S \longrightarrow CoS + H_2O \qquad \Delta H^{\ominus}_{298K} = +13.4 kJ/mol \qquad (4\text{-}21)$$

$$MoO_3 + 2H_2S + H_2 \longrightarrow MoS_2 + 3H_2O \qquad \Delta H^{\ominus}_{298K} = +240.7 kJ/mol \qquad (4\text{-}22)$$

$$CS_2 + 4H_2 \longrightarrow CH_4 + 2H_2S \qquad \Delta H^{\ominus}_{298K} = +240.7 kJ/mol \qquad (4\text{-}23)$$

$$COS + H_2O \longrightarrow CO_2 + H_2S \qquad \Delta H^{\ominus}_{298K} = +35.2 kJ/mol \qquad (4\text{-}24)$$

如果反应体系中，原料中硫化物浓度很低，催化剂中硫化钴及硫化钼则与水汽作用，生成钴、钼氧化物，催化剂失去活性，这种现象俗称"反硫化"现象。

1969 年 BASF 公司首次开发成功的 K8-11 型耐硫变换催化剂，埃克森实验室与丹麦 Topsøe 公司合作成功开发 SSK 型催化剂，1974 年进行工业应用；1985 年上海化工研究院研制了 B301 系列催化剂，1986 年湖北省化学研究所（现华烁科技股份有限公司）研究开发了 B302Q 系列耐硫变换催化剂，1994 年齐鲁石化院开发的 QCS-01 系列高压耐硫变换催化剂成功应用，这三个系列催化剂均属于 Co-Mo-K/γ-Al_2O_3 耐硫变换催化剂，B301 系列采用共沉淀法制备催化剂，B302Q 系列采用浸渍法制备负载型催化剂，QCS-01 采用改性的 TiO_2/$MgAl_2O_4$ 载体，极大克服高压下 γ-Al_2O_3 容易转变为 α-Al_2O_3，比表面减少，引起活性组分流失失活的缺点。这些催化剂都具有各自不同的优越催化性能，也都可用于中小型氮肥厂中温串联低变换或全程低温变换工艺。

国产中温变换催化剂（Fe-Cr）与 Co-Mo 基耐硫变换催化剂性能比较见表 4-6。

表 4-6　Fe-Cr 系温变换催化剂及 Co-Mo 系耐硫变换催化剂的性能比较

催化剂	B116	B117	B301Q	B302Q	B303Q	SSK
主要组成/%	$Fe_2O_3>75$ $Cr_2O_3 1.5\sim3.0$	$Fe_2O_3 73\sim75$ $Cr_2O_3 4\sim5$	$Co\sim Mo$ Al_2O_3	$Co\sim Mo$ $\gamma\text{-}Al_2O_3$	$Co\sim Mo$ $\gamma\text{-}Al_2O_3$	$Co\sim Mo$
形状/mm	$\phi 9\times(5\sim7)$	$\phi 9\times(5\sim9)$	$\phi 3\sim6$	$\phi 3\sim7$	$\phi 3\sim7$	$\phi 3\sim6$ $\phi 5\sim10$
堆密度/(kg/L)	$1.4\sim1.6$	$1.5\sim1.6$	$0.7\sim0.8$	1.0	1.0	1.25
比表面/(m²/g)	$50\sim60$	$50\sim60$	$122\sim148$	173		
使用温度/℃	$300\sim500$	$300\sim500$	$180\sim460$	$180\sim470$	$170\sim480$	$200\sim475$
使用压力/MPa	$\leqslant2.0$	$\leqslant2.0$	$0.7\sim2.0$	$0.7\sim2.0$	$0.7\sim2.0$	
空速/h⁻¹	$500\sim1000$	$500\sim1000$	$500\sim1200$	$1000\sim2000$	$1500\sim3000$	约 2000
H₂S 含量 /(g/m³)	$\leqslant2.0$	$\leqslant2.5$	无上限 >0.1	无上限 >0.1	无上限 >0.15	无上限

Co-Mo 耐硫变换催化剂与 Fe-Cr 系和 Cu-Zn 系变换催化剂比较而言，具有以下特点：

a. 具有较宽的活性温区。其活性温区一般为 $160\sim480℃$，工业应用证明，在 $180℃$ 就有足够的变换活性，但作为宽温变换催化剂使用是有条件的，原料气中需要一定量的 H_2S。

b. 有良好的耐硫与抗毒性能。Co-Mo 系催化剂的活性成分是硫化物，因此可耐高硫，这是 Fe-Cr 系和 Cu-Zn 系变换催化剂所无法比拟的。

c. 具有耐高水汽分压的性能。

d. 强度高。这类催化剂经硫化后，其强度可显著提高。

e. 寿命长。一般在工业装置中这种催化剂可使用 $5\sim8$ 年。

【例题 4-3】　CO 与水蒸气在 Fe 催化剂上反应，生成 CO_2 和 H_2，该反应是一可逆反应，且催化剂表面上只有 CO 和 H_2 吸附，写出反应机理，并推导动力学方程。

（1）表面反应为控制步骤的均匀表面吸附动力学方程。

（2）CO 吸附控制的均匀表面吸附动力学方程。

（3）H_2 脱附控制的均匀表面吸附动力学方程。

解：（1）表面反应为控制步骤，σ 为催化剂表面活性位点。

反应机理：
$$CO+\sigma \Longleftrightarrow CO\sigma$$
$$CO\sigma+H_2O(g) \Longleftrightarrow CO_2+H_2\sigma \qquad 控制步骤$$
$$H_2\sigma \Longleftrightarrow H_2+\sigma$$

若表面反应为控制步骤，则
$$r=-r_A=k_1\theta_{CO}p_{H_2O}-k_2p_{CO_2}\theta_{H_2}$$

式中，k_1，k_2 分别为表面反应正向和逆向的反应速率常数。

其他各步达平衡，且催化剂表面上只有 CO 和 H_2 吸附，根据 Langmuir 吸附等温线方程有

$$\theta_{CO} = \frac{K_{CO} p_{CO}}{1 + K_{CO} p_{CO} + K_{H_2} p_{H_2}}$$

$$\theta_{H_2} = \frac{K_{H_2} p_{H_2}}{1 + K_{CO} p_{CO} + K_{H_2} p_{H_2}}$$

$$r = \frac{k_1 K_{CO} p_{CO} p_{H_2O} - k_2 p_{CO_2} K_{H_2} p_{H_2}}{1 + K_{CO} p_{CO} + K_{H_2} p_{H_2}} = \frac{k'_1 p_{CO} p_{H_2O} - k'_2 p_{CO_2} p_{H_2}}{1 + K_{CO} p_{CO} + K_{H_2} p_{H_2}}$$

式中，K_{CO}、K_{H_2} 分别为 CO 和氢气的吸附平衡常数。

（2）CO 吸附控制

反应机理：

$$CO + \sigma \rightleftharpoons CO\sigma \text{（控制步骤）}$$
$$CO\sigma + H_2O \text{ (g)} \rightleftharpoons CO_2 + H_2\sigma$$
$$H_2\sigma \rightleftharpoons H_2 + \sigma$$

若为 CO 吸附控制，则

$$r = -r_A = r_a - r_d = k_a \theta_0 p_{CO} - k_d \theta_{CO} \tag{1}$$

式中，k_a，k_d 分别为 CO 吸附和脱附速率常数。

催化剂表面上只有 CO 和 H_2 参与吸附，故

$$\theta_{CO} = \frac{K_{CO} p^*_{CO}}{1 + K_{CO} p^*_{CO} + K_{H_2} p_{H_2}} \tag{2}$$

$$\theta_0 = \frac{1}{1 + K_{CO} p^*_{CO} + K_{H_2} p_{H_2}} \tag{3}$$

式中，K_{CO}，K_{H_2} 分别为 CO 和氢气的吸附平衡常数；p^*_{CO} 为催化剂上吸附 CO 所对应的平衡压力，其小于气相中 CO 压力。

因表面反应达到平衡，故

$$K_p = \frac{p^*_{H_2} p^*_{CO_2}}{p^*_{CO} p^*_{H_2O}} = \frac{p_{H_2} p_{CO_2}}{p^*_{CO} p_{H_2O}};$$

$$p^*_{CO} = \frac{p_{H_2} p_{CO_2}}{K_p p_{H_2O}} \tag{4}$$

将式（2）、式（3）、式（4）代入式（1），得

$$r = \frac{k_a p_{CO} - k_d K_{CO} p_{H_2} p_{CO_2}/(K_p p_{H_2O})}{1 + K_{CO}\left(\dfrac{p_{H_2} p_{CO_2}}{K_p p_{H_2O}}\right) + K_{H_2} p_{H_2}}$$

(3) H_2 脱附控制

反应机理：

$$CO + \sigma \Longleftrightarrow CO\sigma$$

$$CO\sigma + H_2O(g) \Longleftrightarrow CO_2 + H_2\sigma$$

$$H_2\sigma \Longleftrightarrow H_2 + \sigma（控制步骤）$$

若为 H_2 脱附控制，则

$$r = -r_A = r_d - r_a = k_d\theta_{H_2} - k_a\theta_0 p_{H_2} \tag{5}$$

催化剂表面上只有 CO 和 H_2 参与吸附，故

$$\theta_{H_2} = \frac{K_{H_2}p_{H_2}^*}{1 + K_{CO}p_{CO} + K_{H_2}p_{H_2}^*} \tag{6}$$

$$\theta_0 = \frac{1}{1 + K_{CO}p_{CO} + K_{H_2}p_{H_2}^*} \tag{7}$$

表面反应达到平衡，故

$$K_p = \frac{p_{H_2}^* p_{CO_2}^*}{p_{CO}^* p_{H_2O}^*} = \frac{p_{H_2}^* p_{CO_2}}{p_{CO}p_{H_2O}}$$

$$p_{H_2}^* = \frac{K_p p_{H_2O}p_{CO}}{p_{CO_2}} \tag{8}$$

将式（6）、式（7）、式（8）代入式（5），得

$$r = \frac{k_d K_{H_2} K_p p_{CO} p_{H_2O}/p_{CO_2} - k_a p_{H_2}}{1 + K_{H_2}\left(\frac{K_p p_{H_2O}p_{CO}}{p_{CO_2}}\right) + K_{CO}p_{CO}} = \frac{k_d K_{H_2} K_p p_{CO} p_{H_2O} - k_a p_{H_2}p_{CO_2}}{p_{CO_2} + K_{H_2} K_p p_{H_2O}p_{CO} + K_{CO}p_{CO}p_{CO_2}}$$

4.3.3 水煤气变换反应工艺

以高含硫的煤、渣油等为原料的合成氨装置，均应选择 Co-Mo 系宽温耐硫变换催化剂，变换工艺为全低变工艺，目前由于采用加压煤气化技术，后续直接加压变换技术，然后再使用甲醇洗脱硫，大大简化全流程。以天然气为原料的合成氨装置，选择 Fe-Cr 系串 Cu-Zn 系催化剂，变换工艺为中串低工艺。变换反应器有轴向、轴径向、等温和控温等结构。至于选择何种结构的变换炉和工艺，应根据原料种类、装置的规模、工艺技术与设备制造的可靠度和全厂的热量平衡等确定。

在变换工业发展过程中，由于球形颗粒 Co-Mo 系耐硫变换催化剂具有宽温、耐硫、高活性、强度高等多方面的优点，在工厂得到广泛使用，下面主要以耐硫变换反应工艺流程为例说明其工艺流程及特点。

（1）中变串耐硫低变工艺

20世纪80年代随着Co-Mo系宽温耐硫变换催化剂的国产化成功，在中变后串联一段低变，低变采用Co-Mo系宽温耐硫变换催化剂，该工艺称为中变串耐硫低变工艺（简称"中串低工艺"）。中串低工艺显著降低了变换反应的终端温度，使变换气的CO含量降低到1.0%，吨氨蒸汽消耗也从高于1000kg降低到约400kg，不仅使变换的能耗大幅降低，也大大增加了变换的操作弹性。中串低工艺应用成功后迅速在全国得到推广，但Fe-Cr系中温变换催化剂的铬污染等环保问题依然存在。

（2）等温变换工艺

干粉煤气化或工业尾气中的CO含量达到60%以上，受热力学平衡的制约，一段催化剂存在超温的问题，单段绝热反应难以达到要求，需要设置多段反应，导致工艺流程长，换热网络复杂，投资成本明显增加，生产操作难度大，为了解决这些问题，采用等温（控温）变换工艺是较好的选择。

2012年后，国内安淳、正元、华烁等公司都先后提出并建成了等温变换装置。等温变换是充分发挥等温反应器快速移除热量的特性，能够在较窄的温区内完成变换反应，因此反应器内没有明显的温升。等温（控温）变换工艺解决了多段绝热变换工艺的大部分缺点。一台等温（控温）变换炉可以完成二台甚至三台绝热变换的变换及热回收要求，因此等温（控温）变换工艺得到较快推广。目前，等温（控温）变换工艺已用于干粉煤气化、水煤浆气化及工业尾气等变换装置中（图4-29）。

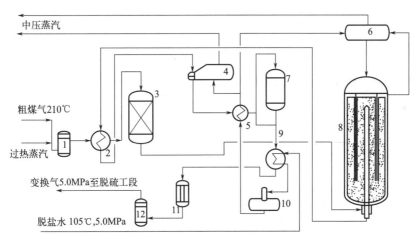

图4-29　等温变换工艺流程简图

1—缓冲罐；2,5,9—换热器；3—预变换炉；4—废热锅炉；6—汽包；7—给水预热器；
8—等温变换炉；10—分离罐；11—管式换热器；12—气液分离罐

变换炉进口压力3.34MPa，进口温度250℃（床层温度265℃，平面温差＜3℃），出口温度260℃。变换炉阻力0.02MPa，进口CO含量45%，出口CO含量0.6%，满足合成氨变换工艺要求。

变换工艺将随着煤气净化技术、变换催化剂和变换设备的创新和发展而发展。变换催化剂也会在提高抗毒性、活性和寿命等方面取得创新进展。变换设备特别是控温（等温）变换反应器需要在设计、制造、合理温度控制、提高使用寿命等方面上下功夫。变换工艺应进一步创新优化。

目前，我国的水煤气变换工艺制氢技术，经过多年不断地研究开发，已经达到世界先进水平，在 $200 \sim 450 \, ^\circ\mathrm{C}$ 范围内，在各类变换工艺中，CO 转化率都可以达到 99% 以上，CO 含量最终可降到 0.3% 以下，深度脱硫已经达到 10^{-6} 级别；对于 CO 而言，可以说是吃干榨尽具有节能减排的双重效果。虽然 WGSR 是一种所谓的"灰氢"生产技术，但是在今后相当长的一段时间内，仍然会是工业主要的产氢技术，今后的努力方向将是尽可能对排放的 CO_2 加以回收并资源化利用，使 WGSR 反应转变为"蓝氢"生产技术。

【例题 4-4】 对于轻烃转化制氢工艺，从原料组成、造气工艺、变换反应、变压吸附以及产品等方面进行综合讨论。

解：（1）关于轻质烃组分

轻质烃就是天然气、液化气、石脑油、炼厂干气等由碳氢两种元素组成的物质的总称。其中天然气、石脑油是工业上用来转化制氢的主要原料，其组成分别如下。

纯气田天然气：$CH_4 > 90\%$，C_2H_6、C_3H_8、C_4H_{10} 等仅各占 $1\% \sim 3\%$，亦称干气。

油田伴生天然气：$CH_4 > 80\%$，C_2H_6、C_3H_8、C_4H_{10} 等总共 $10\% \sim 20\%$，亦称湿气。

石脑油一般含烷烃 55%、单环烷烃 30%、双环烷烃 3%、烷基苯 12%、苯 0.1%。是无色或浅色液体，相对密度为 $0.78 \sim 0.97$，与水的密度基本相当。

（2）关于造气及变换反应

以天然气、石脑油等为原料，通过蒸汽重整转化制合成气，在一定温度、压力以及催化剂作用下，与气化剂（空气、氧气、水蒸气等）反应，得到合成气，各类合成气的杂质及氢气含量见附表 1。转化合成气中的氢气体积分数可达 75% 以上，可直接进入变压吸附提氢工序提纯氢气。为了提高氢气产量，通常会先经过变换工序，使转化合成气中的一氧化碳和水反应生成二氧化碳和氢气，再通过变压吸附提氢工序提纯氢气。

大规模烃类转化制氢装置通常都会配置变换工序，降低转化气中的一氧化碳，提高氢气产量。变换气中的一氧化碳体积分数通常低于 3%，二氧化碳体积分数通常高于 15%。

甲烷制氢反应如下：

$$CH_4 + H_2O \longrightarrow CO + 3H_2 \qquad \Delta H_{298K}^{\ominus} = +206.3 \, \mathrm{kJ/mol}$$

$$CO + H_2O \longrightarrow CO_2 + H_2 \qquad \Delta H_{298K}^{\ominus} = -41.2 \, \mathrm{kJ/mol}$$

天然气、石脑油制氢工艺流程图见本题附图 1 和附图 2。各类合成气的杂质及氢气含量比较见附表 1。

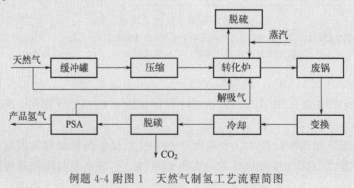

例题 4-4 附图 1　天然气制氢工艺流程简图

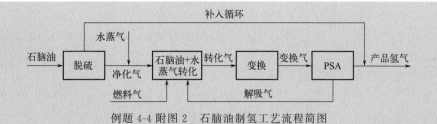

例题 4-4 附图 2　石脑油制氢工艺流程简图

例题 4-4 附表 1　各类合成气的杂质及氢气含量比较

制氢方式	主要杂质	$\varphi(H_2)/\%$
天然气重整制氢	CO、CO_2、CH_4、N_2	75～80
石脑油裂解制氢	CO、CO_2、CH_4、N_2、C_nH_m	75～80
甲醇裂解制氢	CO_2、CO、CH_4、CH_3OH	73～74

（3）关于变压吸附过程

由于转化气和变换气的组分差异大，变压吸附工序使用的吸附剂种类和配比不一样。转化气中一氧化碳含量高，需要增加组合吸附剂中分子筛的占比使变换气中二氧化碳得到有效脱除；变换气中二氧化碳含量高，需要增加组合吸附剂中活性炭的占比以脱除二氧化碳，确保二氧化碳不会进入上部分子筛吸附剂床层，致其失活。由于转化气和变换气中均含有一定量的一氧化碳，如果要求产品氢气中一氧化碳的体积分数低至 0.001% 以下，则可以在吸附剂床层上部增加精脱一氧化碳络合吸附剂，在确保产品中一氧化碳的脱除精度的同时提高氢气回收率。烃类转化制氢装置变压吸附提氢工序的物料平衡见附表 2。

例题 4-4 附表 2　各类烃类转化制氢变压吸附工艺的物料平衡

项目		原料气	产品气	解吸气
组分及含量	$\varphi(H_2)/\%$	74.58	99.90	22.73
	$\varphi(N_2)/\%$	0.32	0.018	0.94
	$\varphi(CO)/\%$	2.92	0.001	8.90
	$\varphi(CO_2)/\%$	18.94	0.001	57.73
	$\varphi(CH_4)/\%$	3.24	0.080	9.71
	合计/%	100	100	100
温度/℃		20～40	20～40	20～40
压力/MPa		2.55	2.5	0.03
流量/(m^3/h)		74000	50000	24400

由上述讨论可以看出，经过造气、变换、变压吸附，最终可以得到含量大于 99.9% H_2，这类粗产品氢气可以满足一般化工加氢需要，若要满足燃料电池、火箭液氢、燃气轮机原料的要求，还要经过进一步纯化，得到超纯氢（约 99.9999%）。每一种原料总的氢回收率不尽相同，分别可达 92%～95%。同时，从上述讨论也可以看出，轻烃造气—净化—变换—变压吸附过程中，杂质硫、氮等杂原子化合物含量极少，但会有大量 CO_2 产生，形

成温室效应,这就是业界将此类工艺制备氢气称为"灰氢"的原因,当然,目前已经有了成熟的二氧化碳捕集技术,将回收的 CO_2 与可再生能源制备得到的绿氢反应又回到甲烷,形成循环,此时的灰氢就称为蓝氢。

（4）CO_2 与绿氢的无限循环:"永远"的能源

可以看出,在上述的烃类物质转换制氢过程中,会有大量的 CO_2 产生,造成环境污染,要想真正实现零碳排放,必须对于二氧化碳进行捕集,再与绿氢反应,生产甲烷或甲醇,再进入下一轮应用循环,这样就得到了"永远"的绿色能源。第一章中的图 1-15 是由太阳能分解水制氢以及氢氧燃烧获取能源,它是零排放、无污染的"永远"能源示意图。

4.4 电解食盐水制氢

电解法制氢对环境友好、不产生二氧化碳和一氧化碳、工艺简单成熟可靠。电解法制氢包括电解食盐水制氢和电解水制氢,电解水制氢部分将在下一个章节介绍,这里仅介绍电解食盐水制氢。

电解食盐水工艺,作为成熟的电解技术是世界上规模最大的电解工业。该工艺主要产品为烧碱,副产氢气和氯气,氯气和烧碱可以广泛应用于轻工、化工、纺织、建材、国防、冶金等部门。我国是世界烧碱产能最大的国家,占全球产能的 40%,年产量基本稳定在 3500 万～3800 万吨之间。根据氯碱平衡表,烧碱与氢气的产量配比为 40:1,如我国 2020 年烧碱产量 3650 万吨,按比例计算同时产出 90 万吨氢气。氯碱电解产生的氢气目前主要用于合成氯化氢,最终大规模用于 PVC（聚氯乙烯）单体生产,剩余氢气一般作为燃料产生蒸汽。

4.4.1 电解食盐水制氢原理及发展

（1）电解食盐水制氢原理

食盐水电解制氢的装置示意图如图 4-30 所示,NaCl 水溶液在电场的作用下,带负电的 OH^- 和 Cl^- 移向阳极,带正电的 Na^+ 和 H^+ 移向阴极。在阳极,Cl^- 比 OH^- 容易失去电子被氧化成氯原子,进而放出氯气;在阴极,H^+ 比 Na^+ 容易得到电子,因而 H^+ 不断从阴极获得电子被还原为氢原子,进而放出氢气。因 H^+ 在阴极上不断得到电子而生成氢气析出,破坏了附近的水的电离平衡,生成 OH^- 的快慢远大于其向阳极定向运动的速率,导致阴极附近的 OH^- 大量增加,使溶液中产生氢氧化钠。其阴、阳极的电极反应及电解食盐水的总反应如式（4-25）～式（4-27）所示。

阳极：
$$2Cl^- \longrightarrow Cl_2 + 2e^- \tag{4-25}$$

阴极：
$$2H_2O + 2e^- \longrightarrow H_2 + 2OH^- \tag{4-26}$$

总反应：
$$2NaCl + 2H_2O \longrightarrow H_2 + Cl_2 + 2NaOH \tag{4-27}$$

Cl_2 与 H_2O 反应生成副产物次氯酸,如式（4-28）所示。

$$Cl_2 + H_2O \longrightarrow HCl + HClO \tag{4-28}$$

（2）电解食盐水制氢发展

1890 年,德国发明了第一台隔膜法电解槽,1892 年制造出了第一台水银电解槽,两者的出现是电解法制 NaOH 的时代诞生的标志。水银法曾在英国和美国实现工业化生产，但是以后逐渐被淘汰。

① 隔膜法。隔膜法生产烧碱是用渗透性好的多孔石棉隔板将阴极室与阳极室分隔开，气体无法通过隔膜，而水和离子能够通过隔膜，既能防止氢气与氯气混合而引起爆炸，又能避免氯气与氢氧化钠反应生成其他物质而导致烧碱成分发生改变。电解单元工艺原理图如图4-31 所示，不断向电解槽阳极注入新鲜的氯化钠水溶液，为避免阴极室的 OH^- 向阳极区扩散，电解液从阳极区向阴极区的流速需要略大于 OH^- 的电迁移速度。阳极产生的氯气和阴极产生的氢气分别在阳极和阴极被导管区分而进入下游工序。

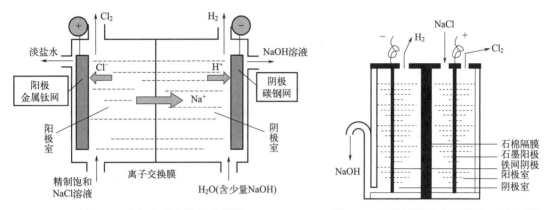

图 4-30　电解食盐水装置示意图　　　　图 4-31　石棉隔膜法电解单元工艺原理图

因石棉隔膜对离子的选择透过性不好，经过阳极进入阴极的液体中含有大量的 NaCl，因此产品烧碱中杂质食盐含量较高，氢气纯度低，能耗高，石棉隔膜强致癌，现已淘汰。

② 离子膜法。离子膜法是继隔膜法的一种改良型生产工艺，主要原理是利用离子交换膜对钠离子的选择透过性，离子膜在电解过程中只允许阳极室 Na^+ 通过离子膜进入阴极室，同时阻止阴极室的 OH^- 的反迁，其电解单元工艺原理见图 4-31，只是将石棉隔膜用离子交换膜代替。离子膜法生产烧碱与隔膜法生产烧碱相比，整个过程中由于离子膜的选择透过性，阴极氢气和阳极氯气实现了高度分离，得到的各类产品的纯度进一步提高，生产装置的安全稳定性得到明显提升。同时由于离子膜厚度很薄，离子膜的电压降十分低，降低了能耗。离子膜法中水资源能够实现循环利用，污水、废气均是零排放，能够实现清洁生产。

4.4.2　电解食盐水的电解槽

食盐水电解工段是氯碱工艺最核心的工序，食盐水电解系统包括电解槽及其辅助设备、原料 NaCl 盐水净化装置、氯气净化及液化装置、氢气纯化装置、氢气压缩机、氢气储罐、直流电源、自控装置等。电解槽承接了上游盐水等工段提供的各类原料，又为下游提供各类分化产品的任务，电解槽为电解工序中的核心装置。具有垂直电极和充满阴极室的隔膜电解槽的结构如图 4-32 所示，电解槽由直流电源、阴极、阳极、电解液、隔膜和隔板组成。

目前广泛使用的食盐水电解槽结构主要有两种：单极式电解槽和复极式电解槽。单极式电解槽和复极式电解槽的主要区别在于电解槽的直流电路的供电方式不同，单极式电解槽内直流电路是并联的，通过各单元槽的电流之和即为一台单极槽的总电流，各个单元槽的电压则是相等的，所以每台单极槽是高电流、低电压运转；复极式电解槽内各单元槽的直流电路是串联的，各单元槽的电流相等，其总电压则是各单元槽电压之和，所以每台电极槽是低电流、高电压运转。相对单极式电解槽，复极式的电解槽结构更紧凑，减小了因电解液的电阻而引起的损失，从而提高了电解槽的效率。但复极式电解槽也因其紧凑的结构增大了设计的复杂性，导致制造成本的上升。基于较高的转换效率，目前工业用的电解槽多为复极式电解槽。

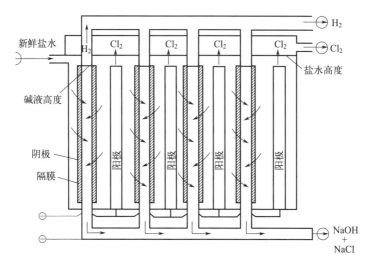

图 4-32　具有垂直电极和充满阴极室的隔膜电解槽的结构示意图

4.4.3　电解槽槽电压的影响因素

电解槽阴阳两极上实际所施加的电压称为槽电压，是电解槽主要的性能指标之一。影响电解槽槽电压 U_i 的因素就是影响食盐水电解电耗的因素。

电解槽的槽电压如下式所示：

$$U_i = E + IR + \eta_{an} + \eta_{ca}$$

式中，$E = \Delta G/(2F)$，为食盐水的理论分解电压；R 为电解槽的总电阻，即电解液电阻、隔膜电阻、电极电阻和接触点电阻的总和，$\Omega \cdot cm^2$；η_{an}，η_{ca} 分别为阳极、阴极过电位。过电位（over potential）是电极的电位差值，又叫超电势，为一个电极反应偏离平衡时的电极电位与这个电极反应的平衡点位的差值，或者说超电势是无电流通过（平衡状态下）和有电流通过的电位差值，过电位是电极性能的主要体现。

对食盐水电解，槽电压 U_i 一般在 3.03V 左右，其中理论分解电压为 2.19V（25℃，1atm），阳极过电位约 0.04V，阴极过电位约 0.3V，电阻电压 0.5V 左右。除了槽结构外，影响槽电压大小的因素有膜的类别、电流密度、烧碱浓度、两极间距、阴阳极液循环量、温度、盐水中杂质、阴阳极活性涂层、电解槽压力和压差、阳极液 pH 值、阴极液 NaCl 浓度等，下面进行简要介绍。

（1）交换膜

在电解槽中，采用薄的亲水性的耐高温隔膜则可以降低电阻，从而降低电耗。食盐水电解槽采用的膜可分为隔膜和离子交换膜两类，目前以离子交换膜为主。

离子交换膜又可分为阴离子交换型（强碱性膜和弱碱性膜）和阳离子交换型（强酸性膜、弱酸性膜和复合膜）。限于篇幅，本节以全氟磺酸型阳离子交换膜为例简要介绍膜的基本结构、离子选择性透过原理及氯碱工业用离子交换膜结构。

全氟离子交换膜（perfluorinated ionomer mermbrane）是 20 世纪 50 年代后，随着工业生产的不断发展，在迫切需要一种耐腐蚀性强、有较高的热稳定性和机械强度的分离膜材料的情况下出现的。磺酸型阳离子交换膜的化学结构可用 $RSO_3H(Na)$ 表示，其中 R 表示网状高分子结构。

$$\left[CF_2—CF_2\right]_x\left[\begin{array}{c}CF_2—CF_2\\ |\\ OCF_2CF—O(CF_2)_2SO_3H\\ |\\ CF_3\end{array}\right]_y$$

磺酸基具有亲水性能，因此膜在溶液中能够溶胀，从而使膜体结构变松，形成许多微细弯曲的通道。这样就可以用溶液中的 H^+、Na^+ 进行交换并透过膜。而膜中 SO_3^- 的位置固定，具有排斥 Cl^- 和 OH^- 的功能，使它们不能通过离子膜，

全氟磺酸离子交换膜碳链上高电负性的氟原子取代了氢原子，使氟碳化合物具有独特的性质。氟原子强烈的吸电子作用增加了全氟聚乙烯磺酸的酸性，磺酸官能团在水中完全解离，其酸性与硫酸相当，进而增强了膜的离子电导率。由于 C—F 键键能（485kJ/mol）比一般的 C—H 键键能高出 84kJ/mol，全氟磺酸离子交换膜具有较好的热稳定性和化学稳定性。又氟原子紧密地包裹在碳碳主链周围，保护碳骨架免于电化学反应自由基中间体的氧化，因此全氟磺酸离子交换膜具有较好的电化学稳定性。

氯碱生产中使用的离子交换膜是具有不对称结构的多层复合膜，面对阴极一侧是全氟羧酸膜，它选择性高，能有效阻挡 OH^- 向阴极方向的渗透作用，提高膜电流效率。缺点是它含水量较低，电阻较大，所以一般较薄（膜厚 $35\sim80\mu m$）。面对阳极一侧为全氟磺酸层，较厚的膜层（膜厚 $250\sim350\mu m$）可提高膜的机械强度。含水量较高，比电阻低，虽然厚度占总厚度的比例提高，但电阻不会升高很多。一般在全氟磺酸层内还夹有全氟纤维（PTFE）编织的增强网布，目的是提高离子交换膜的尺寸稳定性和机械强度，防止电槽中由于离子交换膜溶胀引起的膜变形。

（2）NaOH 浓度与电解温度

NaOH 的浓度高低既影响电解槽理论电解电压，也影响阴阳两极特别是阴极活性涂层的活性和寿命、隔膜寿命、导电性能和选择透过性能以及氯气中氧的含量和阳极电流效率。烧碱浓度的大小取决于所用隔膜的选择透过性能、导电性能、电解槽压力和压差以及电解槽结构等因素。

相对于隔膜电解槽稳定的温度范围（$85\sim95℃$），每种离子膜都对应于一个最佳操作的温度范围。温度过高易引起膜中水的沸腾致使膜破裂，温度过低则膜因脆而易损坏，一般离子膜电解槽的温度范围在 $80\sim90℃$，且波动不大。

（3）阴阳极及其活性涂层

过电位的大小和选用电极材料有关，随着阳极电极的老化，其过电位会增加，若达到析氧电位则会析出氧气，氧气会进一步氧化阳极材料，不利于氯气的析出，导致生成的氯气不纯。阴极电极材料的选择同样重要，过电位中阴极的过电位占主导地位，故希望得到较低的阴极过电位，降低槽压，降低能耗。此外因电解产物为腐蚀性很强的氢氧化钠，所以在选择电极材料的时候，应该选用抗腐蚀性能优异的电极材料。

使用涂层主要有两个目的：一是涂层金属具有更高的电催化活性；二是增大电极的比表面积，以减小电极的真实电流密度来降低过电位。

① 阳极及其活性涂层。金属阳极电极由钛基体和活性涂层两部分组成，活性涂层的主要成分基本上都是以 Ru、Ti、Ir 为主体，并加少量 Zr、Co、Nb 等或 Tr、Sn、Pt、Pd 等的金属氧化物组成。离子膜电解槽的阳极多采用多元涂层。涂层的制备方法主要有梯度法和溶胶-凝胶法，其中溶胶-凝胶法可用于制备纳米级涂层，综合性能更好。

② 阴极及其活性涂层。阴极基材常用的有铁、低碳钢、不锈钢、镍等。因对析氢反应的催化活性比铁阴极更高，目前常用的活性阴极大多为镍基材或铁基体镀镍作为活性层的基体。活性涂层主要采用 Ni、Co 或添加 Mo、Zr 及贵金属（Pt、Pd、Ag、Ru）等的合金组成。

（4）电流密度

电流密度的大小和超电势的高低密切相关，电解食盐水溶液过程中，阴极超电势的数值远高于阳极超电势，其对电解电压的影响也更为显著。对氢超电势，Tafel 于 1905 年就提出了氢超电势和电流密度关系的经验公式，即塔菲尔（Tafel）方程。

$$\eta = a + b \ln\left(\frac{j}{[j]}\right)$$

式中，η 为超电势；a、b 为常数，a 与电极材料、电极表面状态、溶液组成及电解温度有关；j 为电流密度；$[j]$ 为 j 的单位。

【例题 4-5】 降低能耗是氯碱工业发展的重要目标，将氯碱副产氢气用作燃料发电供给氯碱工业，是降低氯碱工业的能耗的有效方法之一。

（1）我国利用氯碱厂生产的氢气做燃料，将氢燃料电站应用于氯碱工业，其示意图如下图，并回答下列问题。

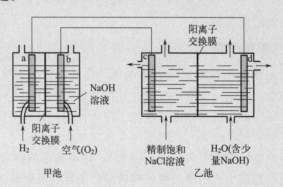

① 甲池中 a 极为"正极"还是"负极"？
② 写出乙池中电解饱和 NaCl 溶液的化学方程式。
③ 判断下列说法的对错。
a. 甲池可以实现化学能向电能转化。
b. 甲池中 Na^+ 透过阳离子交换膜向 a 极移动。
c. 乙池中 c 极一侧流出的是淡盐水。
④ 结合化学用语解释 d 极区产生 NaOH 的原因。

⑤ 实际生产中，阳离子交换膜的损伤会造成 OH⁻ 迁移至阳极区，从而在电解池阳极能检测到 O_2，写出产生 O_2 的电极反应式。

⑥ 给出降低阳极 O_2 含量的生产措施。

（2）降低氯碱工业能耗的另一种技术是"氧阴极技术"。通过向阴极区通入 O_2，避免水电离的 H^+ 直接得电子生成 H_2，降低了电解电压，电耗明显减少。写出"氧阴极技术"的阴极反应式。

解：甲池为原电池，通入 H_2 的 a 电极为阳极，发生氧化反应（负极）；乙池为电解池。

（1）① 负极；② $2NaCl + 2H_2O \xlongequal{} 2NaOH + H_2\uparrow + Cl_2\uparrow$；③ a、c 正确，b 错；④ $2H_2O + 2e^- \xlongequal{} H_2\uparrow + 2OH^-$，$Na^+$ 从阳极区通过阳离子交换膜进入 d 极区；⑤ $4OH^- + 4e^- \xlongequal{} O_2\uparrow + 2H_2O$；⑥ 定期检查并更换阳离子交换膜；向阳极区加入适量盐酸；使用 Cl^- 浓度高的精制饱和食盐水为原料。

（2）$O_2 + 4e^- + 2H_2O \xlongequal{} 4OH^-$

4.4.4　离子膜法制碱工艺

当前普遍采用的烧碱生产工艺为离子膜法，以离子膜法为例对电解食盐水制氢的工艺流程进行介绍，主要分为一次盐水精制、二次盐水精制、电解槽、烧碱蒸发装置四个工序，工艺流程图如图 4-33 所示。

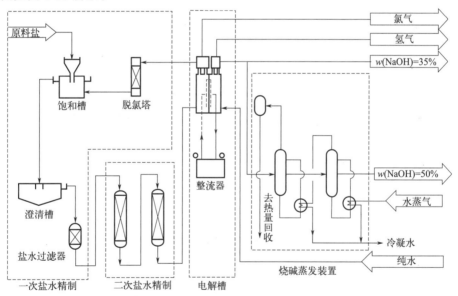

图 4-33　离子膜烧碱装置工艺流程示意

经二次精制后的盐水以一定的流量送往电解槽的阳极侧，高纯水以一定的流量送往电解槽的阴极侧。阴阳两极在直流电作用下发生电解反应产生一定浓度的烧碱、副产氯气和氢气。离子膜电解槽生产的烧碱（33%，氯化钠的含量 < 0.004%）既可以作为成品出售，也可以作为生产高浓度烧碱的中间产品。

由阳极出口总管出来的阳极液经过简单气液分离后进入阳极液循环槽，除一部分继续循环供电解槽使用外，剩余部分则进入脱氯塔进行脱出游离氯。在脱氯塔出口添加还原剂亚硫酸钠，控制氧化还原电位不大于 50mV，确保游离氯完全脱除。脱除后的脱氯淡盐水一部分直接进入化盐水池供化盐使用，另一部分根据工艺需要进行脱硝后再进行化盐。

4.5 烷烃裂解副产氢工艺

传统工业过程中，还有一些副产氢工艺，由于产量一般不大，且杂质含量高，不作详细讨论，这里仅介绍烷烃裂解副产氢气过程。

烃类热裂解是指在高温的条件下，烃类（炼厂气、轻油、柴油、重油等）分子发生碳链断裂或脱氢反应，生成分子量较小的烯烃、烷烃或氢气的反应。烃类裂解分为烷烃裂解（正构和异构），烯烃裂解，环烷烃裂解和芳烃裂解等，烃类裂解过程中，不断分解出气态烃和 H_2，液态产物最终由于含氢量下降而结焦。

烷烃裂解是工业副产氢气的主要来源之一，特别是乙烷和丙烷的脱氢反应。乙烯、丙烯和丁二烯等低级烯烃化学性质活泼，是化学工业的基础化工原料，大量用于合成聚乙烯、聚丙烯、合成橡胶、尼龙等。特别是乙烯和丙烯的产能大，且产能将逐年递增。对乙烷脱氢反应，生成 1 吨乙烯可副产 0.071 吨 H_2；丙烷脱氢反应，生成 1 吨丙烯可副产 0.045 吨 H_2，所以乙烷和丙烷脱氢反应是氢气的重要来源之一。相比于其他烃类裂解，因乙烷裂解和丙烷脱氢副产氢气的产能较大，本节仅讨论乙烷和丙烷脱氢副产制氢。

4.5.1 乙烷裂解制氢

乙烯产量是衡量一个国家石油工业发展水平的重要指标。中国乙烯工业起步于 20 世纪 60 年代，现在已发展为仅次于美国的世界第二大乙烯生产国和消费国。目前乙烯的生产主要有石油裂解、煤基路线和乙烷裂解脱氢等三种路线，相比于其他两种传统路线，乙烷裂解制乙烯具有收率高及副产物甲烷、丙烯含量低的优点。此外乙烷裂解工艺的分离装置能耗相对较低，投资小、经济性强，乙烷作为乙烯原料的成本仅为石脑油裂解法的 60%～70%。

（1）乙烷裂解制氢原理及热力学

乙烷裂解制乙烯是将乙烷在高温裂解炉中发生脱氢反应生成乙烯，并副产氢气，反应方程式如式（4-29）所示：

$$C_2H_6 \longrightarrow C_2H_4 + H_2 \qquad \Delta H^{\ominus}_{298K} = +136.3 \text{kJ/mol} \qquad (4-29)$$

副产应如式（4-30）～式（4-36）所示：

$$2C_2H_6 \longrightarrow C_3H_8 + CH_4 \qquad \Delta H^{\ominus}_{298K} = -11.6 \text{kJ/mol} \qquad (4-30)$$

$$C_3H_8 \longrightarrow C_3H_6 + H_2 \qquad \Delta H^{\ominus}_{298K} = +124.9 \text{kJ/mol} \qquad (4-31)$$

$$C_3H_8 \longrightarrow C_2H_4 + CH_4 \qquad \Delta H^{\ominus}_{298K} = +82.6 \text{kJ/mol} \qquad (4-32)$$

$$C_3H_6 \longrightarrow C_2H_2 + CH_4 \qquad \Delta H^{\ominus}_{298K} = +133.4 \text{kJ/mol} \qquad (4-33)$$

$$C_2H_2 + C_2H_4 \longrightarrow C_4H_6 \qquad \Delta H^{\ominus}_{298K} = -17.5 \text{kJ/mol} \qquad (4-34)$$

$$2C_2H_6 \longrightarrow C_2H_4 + 2CH_4 \qquad \Delta H_{298K}^{\ominus} = +71.1\text{kJ/mol} \qquad (4\text{-}35)$$

$$C_2H_6 + C_2H_4 \longrightarrow C_3H_6 + CH_4 \qquad \Delta H_{298K}^{\ominus} = -22.9\text{kJ/mol} \qquad (4\text{-}36)$$

从上述反应方程式可以看出［式（4-29）～式（4-36）］，乙烷脱氢制乙烯是吸热和分子数增加的反应，低压和高温有利于反应向右进行。图 4-34 为不同温度下（1100～1400K）乙烷热解转化率和乙烯收率及选择性的关系，可见乙烷脱氢制乙烯是一个受热力学平衡限制的强吸热过程。温度升高，副反应乙烯收率和选择性降低，而乙烷的转化率并不是一直随温度升高而增加。工业上为了保证反应速率，实际反应温度区间为 800～1000℃，使用催化剂可降低反应温度。

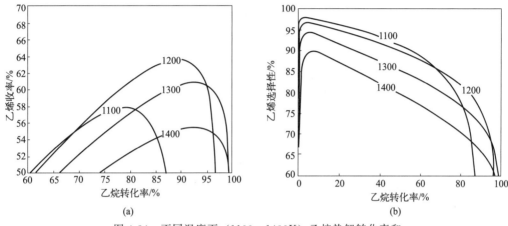

图 4-34　不同温度下（1100～1400K）乙烷热解转化率和
乙烯收率（a）及乙烯选择性（b）的关系

（2）乙烷裂解制氢催化剂

因乙烷裂解路线存在操作温度和能耗较高的缺点，在裂解过程中加入催化剂可显著降低裂解的工作温度。蒸汽催化裂解的关键点在于催化剂需能够承受高温及大量蒸汽，且对乙烷具有高活性与高选择性的同时具备高稳定性和高机械强度的特性。乙烷裂解制氢的催化剂有负载型催化剂及复合氧化物催化剂，常用载体有 ZSM-5、SiO_2 及泡沫镍，活性组分有 Mo、W、Ni 等。复合氧化物过渡金属催化剂多为 Mo、W、Ni 基及其复合氧化物、碱金属和碱土金属催化剂复合氧化物及 V、Mo、Ni 等变价金属氧化物催化剂。

（3）乙烷裂解制氢反应机理

乙烷裂解副产制氢的反应机理一般被认为是自由基机理，但不同催化剂上，乙烷脱氢反应的机理也不尽相同。过渡金属催化剂上主要遵循酸碱反应机理，酸碱活性位催化 C—H 键断裂生成乙基自由基 $C_2H_5 \cdot$，进一步脱氢生成乙烯和氢气；在碱金属和碱土金属催化剂上，乙烷脱氢反应主要遵循多相-均相机理，乙烷在催化剂表面生成 $C_2H_5 \cdot$，然后 $C_2H_5 \cdot$ 在催化剂表面或者脱附到气相中脱氢生成乙烯，并且乙烷脱氢生成 $C_2H_5 \cdot$ 是反应速控步骤；在 V、Mo、Ni 等变价金属催化剂上则遵循氧化还原机理，乙烷先与催化剂表面氧化物种反应生成乙醇金属盐，然后氧化生成乙烯和氢气，另一种反应途径是生成乙基金属盐后发生消除反应生成乙烯和氢气。

（4）乙烷裂解工艺流程

乙烷裂解制乙烯工艺主要由 3 部分组成，分别为热解、压缩、冷却和分离。热解在裂解炉中进行，裂解炉由对流段和辐射段组成。如图 4-35 所示，原料乙烷先由对流段预热至温度为 500～800℃，同时在对流段的中部引入一定比例蒸汽以降低裂解气体组分的分压（水烃质量比为 0.3），减少缩合反应，提高收率，降低管内焦炭的结焦速率。预热后的进料组分进入辐射段进行热解，反应温度 700～900℃。热解得到乙烯和其他副产物经急冷塔冷却至约 600℃以避免继续发生分解反应，冷却后的气体经压缩机多级压缩后，分别经脱酸塔和干燥塔除去酸性气体和部分残留水分。最后在分离阶段使用制冷剂进一步冷却和压缩部分裂解尾气，先后经过脱 C_{4+}、脱 C_1 精馏塔分离出氢气和乙烯组分。剩余的液体产品可通过一系列的精馏塔进行分离。

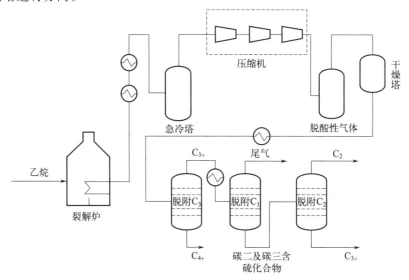

图 4-35　乙烷裂解典型工艺流程

总体而言，乙烷裂解制乙烯工艺是一个高耗能的、受热力学平衡限制的强吸热过程（≥18MJ/kg，以乙烯计），反应温度区间为 800～1000℃。此外裂解炉因积炭需要定期停车处理，同时，因乙烷裂解制乙烯为自由基反应机理导致反应产物复杂，分离能耗高。乙烷氧化脱氢工艺是 20 世纪 70 年代发展起来的新工艺。与乙烷裂解制氢反应相比，乙烷催化氧化脱氢制乙烯工艺是不受热力学平衡限制的放热反应，反应条件温和，产物简单易于分离，可节约工艺装置设备投资。当以氧气为氧化剂时，乙烷可以在较低的反应温度（约 400℃）高选择性地生成乙烯。

4.5.2　丙烷脱氢制氢

丙烯是一种重要的化工原料，是生产丙烯酸、环氧丙烷、丙烯腈和聚丙烯等高附加值产品的中间体，全球年需求量丙烯超过 3 亿吨，用量仅次于乙烯。常见的丙烯生产工艺路线有五种，分别是催化裂化工艺、烯烃歧化工艺、烯烃断裂工艺、甲醇制烯烃工艺、丙烷脱氢工艺，其中丙烷脱氢工艺因具有低成本、高收率、经济效益高等优势，在拥有丰富丙烷资源的地区，丙烷脱氢工艺很有吸引力。丙烷脱氢制氢既能得到重要的化工原料丙烯，又能得到高纯度、廉价的副产氢气。

丙烷脱氢（propane dehydrogenation，PDH）最初是由异丁烷脱氢技术衍生而来的，工业化应用的工艺主要有 UOP 公司的 Oleflex 工艺等。我国 PDH 制丙烯装置产能增长较快，截至 2021 年底已达 1000 万吨/年，副产氢气超过 40 万吨/年。此外，PDH 项目大多位于东部沿海地区，从产业布局角度看，PDH 与未来氢能负荷中心存在很好的重叠，可有效降低氢气的运输成本。而且 PDH 副产氢容易净化，回收成本低，因此 PDH 装置副产氢将成为氢能产业良好的低成本氢气来源。

（1）丙烷脱氢制氢原理及热力学

丙烷脱氢（PDH）是在高温和催化剂的作用下，丙烷分子的碳氢键断裂，氢原子脱离丙烷生成丙烯的同时副产氢气，反应方程式如式（4-37）所示。

$$C_3H_8 \longrightarrow C_3H_6 + H_2 \qquad \Delta H^{\ominus}_{298K} = +124.3 kJ/mol \qquad (4\text{-}37)$$

副反应如式（4-38）～式（4-41）所示：

$$C_3H_8 \longrightarrow C_2H_4 + CH_4 \qquad \Delta H^{\ominus}_{298K} = +98.9 kJ/mol \qquad (4\text{-}38)$$

$$C_3H_8 + H_2 \longrightarrow C_2H_6 + CH_4 \qquad \Delta H^{\ominus}_{298K} = -37.7 kJ/mol \qquad (4\text{-}39)$$

$$C_2H_4 + H_2 \longrightarrow C_2H_6 \qquad \Delta H^{\ominus}_{298K} = -136.6 kJ/mol \qquad (4\text{-}40)$$

$$C_3H_8 \longrightarrow 3C + 4H_2 \qquad \Delta H^{\ominus}_{298K} = +119.5 kJ/mol \qquad (4\text{-}41)$$

从上述反应方程式可以看出，丙烷脱氢过程中主要发生碳氢键断裂和碳碳键断裂，对应生成的产物分别为丙烯以及甲烷、乙烷、乙烯等［式（4-37）～式（4-41）］。丙烷脱氢制丙烯是吸热和分子数增加的反应，低压和高温有利于反应向右进行。丙烷脱氢反应的平衡转化率及 Gibbs 自由能变和温度的关系如图 4-36（a）所示，随着反应压力的升高，达到相同的平衡转化率则需要更高的反应温度。反应压力恒定时，提高反应温度，转化率迅速增加，如在 1bar 时，为达到较高转化率和反应速率，反应温度区间应选取为 550～750℃。进一步增加反应温度，C—H 键断裂的速率及 C—C 键断裂的速率均增加，导致脱氢反应的选择性下降。从图 4-36（b）可知，在高温条件下 C—C 键断裂比 C—H 键断裂更易进行，故欲使在热力学中不易发生的脱氢反应占据绝对优势，选用选择性好的催化剂尤为重要。

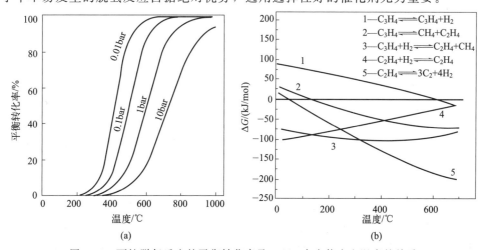

图 4-36　丙烷脱氢反应的平衡转化率及 Gibbs 自由能变和温度的关系

（2）丙烷脱氢制氢催化剂

由于丙烷属于低碳饱和烷烃，与烯烃、炔烃相比具有较低的反应活性，因此要求丙烷脱氢催化剂具有更高的活性。在丙烷脱氢制丙烯的反应中，丙烷中 C—H 键的活化被认为是脱氢反应的决速步骤，所以能活化 C—H 键的物质均可用作丙烷脱氢反应的催化剂。

① 丙烷脱氢传统催化剂。传统的丙烷脱氢催化剂是 CrO_x 和 Pt 基催化剂，虽然它们的脱氢活性高，但 CrO_x 基催化剂对环境不友好，而 Pt 基催化剂的价格昂贵，并且两者都易结焦失活。因此在改进和提升传统催化剂性能的同时，相继开发出了高活性和选择性、低成本及高稳定性的新型催化剂。新型催化剂主要为非贵金属和非贵金属氧化物，如 Ga、Sn、VO_x、ZrO_2、Zn、Fe 和 Co 基催化剂。此外，一些非金属材料如合成碳材料，也被证明具有良好的催化脱氢活性。

② 丙烷脱氢新型催化剂。对于丙烷脱氢工艺而言，由于反应须在苛刻的高温条件下进行，商业化烷烃 Pt 基脱氢催化剂仍面临易烧结、易积炭、催化剂需频繁再生以及由此带来的高能耗、高排放等一系列问题。因此，开发新一代烷烃直接脱氢技术并推进其产业化是重中之重。

近年国内外学者在提升丙烷脱氢催化剂的稳定性方面已取得重要进展，但因高温下金属元素的迁移导致性能劣化，难以在近工业条件下实现 500 小时以上的连续稳定运行。2024 年厦门大学催化团队另辟蹊径，提出"原位动态构建活性位"的概念。利用 In 的亲氧性和动态迁移特性，设计了活性位动态形成且高度稳定的 In/Rh@S-1 催化剂（图 4-37）。

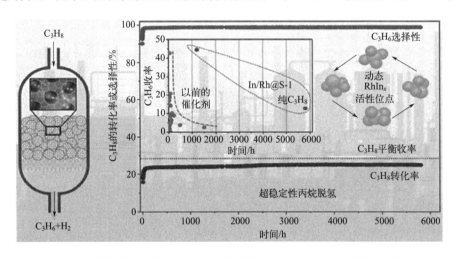

图 4-37　丙烷脱氢新型 In/Rh@S-1 催化剂活性、选择性及使用寿命示意图

在该催化剂中，单原子 Rh 位于 S-1（silicalite-1）分子筛孔内，而通过与分子筛硅羟基作用自发迁移至孔道中的 In 物种以 In—Rh 键稳定 Rh 单原子，形成分子筛孔内限域 In—Rh 活性中心，该活性中心又通过 In—O 键锚定在分子筛骨架上。该方法为超稳、高效单原子催化剂的设计和合成提供了新的技术方案。

该工作取得重要突破，新型 In/Rh@S-1 催化剂可有效规避积炭生成，无需像商用烷烃脱氢工艺须额外添加氢气以抑制积炭，也无需通过空气烧焦频繁再生，使过程更简便且更加绿色。以纯丙烷为反应原料，该催化剂在 550℃的接近工业反应条件下，连续运行长达 5500

小时活性和选择性均保持稳定（图 4-37）。在 600℃ 高丙烷转化率（＞60％）下，In/Rh@S-1 催化剂可连续稳定运行 1200 小时以上。此外，单原子 Rh 表现出非常优异的 C—H 键活化性能，基于单位贵金属质量的丙烯生成速率比当前报道的 Pt 基催化剂高 1～2 个数量级。该工作开辟了 Pt 基和 Cr 基以外的无需频繁再生的烷烃脱氢新催化剂体系，有望开发具有自主知识产权的化工清洁生产技术，助力实现"碳中和"目标。

（3）丙烷脱氢制氢反应机理

丙烷脱氢反应过程中涉及 8 个电子的转移，反应机理比较复杂，需要催化剂具有脱氢和酸碱性等多种功能。因在丙烷脱氢制丙烯的反应中，丙烷中 C—H 键的活化被认为是脱氢反应的决速步。但在不同催化剂上，丙烷脱氢反应的机理也不尽相同，本文以传统的 CrO_x 基催化剂为例，简要介绍丙烷脱氢制氢的反应机理。CrO_x 基催化剂上，活性位是配位不饱和的低聚或隔离的 Cr^{3+} 物种，载体为 SiO_2。丙烷脱氢制氢气的机理示意图如图 4-38 所示，丙烷首先在催化剂表面上吸附，形成中间体 Ⅰ（η^3-H,H,H 加合物），接着发生 C—H 键断裂生成中间体 Ⅱ（Cr—C_3H_7 和 Cr—O—H），随后发生 β-H 消除生成中间体 Ⅲ。脱附生成丙烯后得到氢化铬中间体 Ⅳ，接着发生氢的转移形成铬的二氢加合物 $Cr(H_2)$ 中间体 Ⅴ，最后形成的 H_2 发生脱附并完成催化循环。

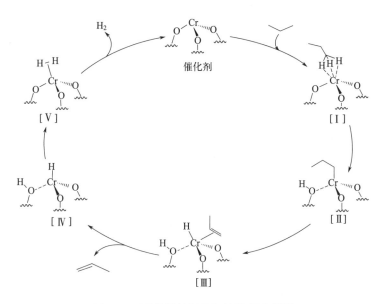

图 4-38　丙烷脱氢制氢气的机理示意图

（4）丙烷脱氢制氢工艺

我国现有的丙烷脱氢制氢工艺（PDH）项目使用较多的是 UOP 公司的 Oleflex 工艺和 ABB Lummus Global 的 Catofin 工艺。因此，下面以 Oleflex 工艺为例简要介绍丙烷脱氢制丙烯的工艺路线。

Oleflex 工艺采用 Pt/Al_2O_3 催化剂，丙烷单程转化率为 40％，丙烯收率为 85％，副产氢气收率为 3.5％。该工艺对环境友好，缺点是生产过程较为复杂，条件苛刻，有火灾以及爆炸等风险，且贵金属铂价格昂贵，催化剂成本较高。其工艺流程图如图 4-39 所示。

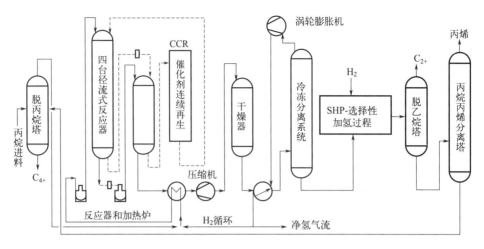

图 4-39 Oleflex 丙烯脱氢工艺流程简图

来自脱丙烷塔的原料丙烷和反应器出来的混合产物进行换热，预热后的丙烷先后进入装填有 Pt/Al$_2$O$_3$ 催化剂的四台串联的径流式反应器进行脱氢反应。脱氢反应器中丙烷单程转化率为 35%～40%，总的转化率约为 85%，失活后的贵金属催化剂经再生塔再生后循环使用。降温后的产物混合气体经压缩后经干燥器干燥后进入冷冻分离系统分出副产的氢气。余下的气体混合物进入选择性加氢器把副产的乙烯还原为乙烷，接着进入脱乙烷塔除去乙烷后进入丙烷丙烯分离塔分出产物丙烯和丙烷，未反应的丙烷进入脱丙烷塔套用。

Oleflex 工艺的优点是物料消耗以及能量消耗相对较低，但 Oleflex 工艺的缺点是对原料纯度的要求较高，对于原料丙烷气纯度不高的工况需要加入原料精制工序。此外 Oleflex 工艺在反应过程中催化剂易结焦而失活，需要适当降低转化率来换取装置长周期运行。

烷烃裂解是工业副产氢气的主要来源之一，特别是乙烷和丙烷的脱氢反应，但是，此类石油化工装置中副产氢一般都在本行业用作后续加氢反应原料，极少对外提供氢源。

思考题

4-1. 简述煤制氢的分类及最主要的三种制氢的方法及原理。

4-2. 国内外主要的煤气化的典型工艺有哪些？各有何特点？

4-3. 为什么说，煤焦化副产氢是"灰氢中的灰氢"？

4-4. 简述煤气化的原理、气化条件及应用领域。

4-5. 甲烷水蒸气重整的原理及为什么采用两段反应工艺？

4-6. 从热力学角度分析，为什么甲烷部分氧化的温度选择尤为重要，对于制取合成气甲烷部分氧化路线要优于水蒸气重整路线？

4-7. 从热力学角度分析，为什么 CH$_4$/CO$_2$ 可以采用自热重整制氢？

4-8. CH$_4$/CO$_2$ 自然重整的反应器的结构特点是什么？

4-9. 简述镍基催化剂上，CH$_4$ 催化裂解机理及常用的反应器有哪些。

4-10. 简述三类水煤气变换催化剂体系变化趋势及各自特点。

4-11. 简述水煤气变换工艺的发展趋势。

4-12. Co-Mo 耐硫宽温变换催化剂中，MoS_2 的作用是什么？CoS_n 的作用是什么？

4-13. 讨论水煤气变换过程中，热力学与动力学对于变换效果的综合影响。

4-14. 为什么称 WGSR 反应制备的氢气为"灰氢"？这类"灰氢"如何可以转化为"蓝氢"？

4-15. 超临界水煤气化制氢反应的原理是什么？包含了哪几个过程？整个过程的优点是什么？

4-16. 超临界水为什么对于煤以及生物质一类的有机物具有特殊的物理化学作用？

4-17. 简述食盐水电解的原理及可能的副反应。

4-18. 从热力学角度分析，怎么提高乙烷裂解制氢和丙烷脱氢制氢反应的收率？

4-19. 煤气化技术发展所追求的目标及发展的方向是什么？

4-20. 传统工业制氢方法有很多问题，今后的发展有哪几个关注点？为什么？

参考文献

[1] 许祥静. 煤气化生产技术[M]. 北京：化学工业出版社，2010.

[2] 郑建涛，许世森，任永强. 两段式干煤粉加压气化技术在煤制天然气中的应用[J]. 洁净煤技术，2012，18(2)：48-52.

[3] 吕友军，金辉，李国兴，等. 基于超临界水气化制氢的煤炭利用技术研究进展[J]. 煤炭学报，2022，47(11)：3870-3885.

[4] Jin H, Liu S, Wei W, et al. Experimental investigation on hydrogen production by anthracene gasification in supercritical water[J]. Energy & Fuels, 2015, 29(10): 6342-6346.

[5] 黄兴，赵博宇，Bachirou G，等. 甲烷水蒸气重整制氢研究进展[J]. 石油与天然气化工，2022，51(1)：53-61.

[6] Xu J, Froment G. Methane steam reforming, methanation and water-gas shift: I. Intrinsic kinetics[J]. AIChE Journal, 1989, 35(1): 88-96.

[7] Hou K, Hughes R. The kinetics of methane steam reforming over a Ni/α-Al_2O_3 catalyst[J]. Chemical Engineering Journal, 2001, 82(1-3): 311-328.

[8] York A P E, Xiao T, Green M L H. Brief overview of the partial oxidation of methane to synthesis gas[J]. Topics in Catalysis, 2003, 22(3-4): 345-357.

[9] 阮鹏，杨润农，林梓荣，等. 甲烷催化部分氧化制合成气催化剂的研究进展[J]. 化工进展，2023，42(4)：1832-1846.

[10] Bradford M. C. J, Vannice M. CO_2 Reforming of CH_4[J]. Catalysis Reviews, 1999, 4(1): 1-42.

[11] Hou P, Meeke D, Wise H. Kinetic studies with a sulfur-tolerant water gas shift catalyst[J]. Journal of Catalysis, 1983, 80(2): 280-285.

[12] Chen J, Zhang J, Mi J, et al. Hydrogen production by water-gas shift reaction over Co promoted MoS_2/Al_2O_3 catalyst: The intrinsic activities of Co-promoted and unprompted sites[J]. International Journal of Hydrogen Energy, 2018, 43(15): 7405-7410.

[13] 肖席珍，赵学信. Co-Mo 耐硫变换催化剂[M]. 北京：化学工业出版社，1994.

[14] 李小定，李耀会，吕小婉，等. Co-Mo/MgO-Al_2O_3 水煤气耐硫变换催化剂失活的研究[J]. 应用化学，1994，11(1)：58-62.

［15］　郝小红，郭烈锦. 超临界水生物质催化气化制氢实验系统与方法研究［J］. 工程热物理学报，2002，23（2）：143-144.

［16］　李永亮，郭烈锦，张明颢，等. 高含量煤在超临界水中气化制氢的实验研究［J］. 西安交通大学学报，2008，42（7）：919-924.

［17］　陈秀山. 氯碱生产装置工艺改进研究［D］. 青岛：中国石油大学，2017.

［18］　温嚣，郭晓莉，苟尕莲，等. 乙烷裂解制乙烯的工艺研究进展［J］. 现代化工，2020，40（5）：47-51.

［19］　Chen S，Chang X，Sun G，et al. Propane dehydrogenation：Catalyst development，new chemistry，and emerging technologies［J］. Chemical Society Review，2021，50（5）：3315-3354.

［20］　Zeng L，Jiang Z，Fu G，Wang Y，et al. Stable anchoring of single rhodium atoms by indium in zeolite alkane dehydrogenation catalysts［J］. Science，2024，383：998-1004.

第五章

水分解制备"绿氢"

 导言

太阳能是取之不尽、用之不竭、清洁廉价的能源，每年太阳辐照地球的能量达到约 10^5 TW，而人类利用的太阳能远远小于接收的太阳能，太阳能在利用过程中量大面广、无三废污染。但是，地域、季节、气候等因素都会对太阳的辐照强度产生影响，将不稳定的太阳能转化为稳定可利用的电能或化学能是最佳解决方案。地球上，水是最大的氢库，太阳能分解水制备"绿色"氢气，这对于人类永久解决能源问题具有深远意义。光催化水分解制氢、电化学水分解制氢、核电站高温废热水分解制氢以及化学链水分解制氢都是近年受到极大关注的研究开发领域。本章对此进行了详细讨论。

近年来，经过地质学家的不懈努力，人类在地下深处发现了大型天然"氢气矿井"，也称自然氢，或被简称为"白氢"。这些颠覆人们常识的现象不再是科幻，而是科学发现，这种自然氢的产生主要原因是地下特殊环境中水岩作用使得水分解生成天然氢气，这一新发现也放在本章最后一节加以简要介绍。

5.1 光催化水分解制氢

5.1.1 光催化水分解制氢原理

地球上的最主要能源来自太阳，与其他能源载体相比，光子不能被储存，而是通过自然过程转化为热、化学能或电的形式，对局部和全球气候产生重大影响。地球上最大的氢库是水，利用太阳能分解水制绿氢是现代新兴的催化制氢技术，采用催化材料将太阳能通过光催化水解转换为氢能储存起来，是人类解决能源和环境问题的一个重要方向。可以通过光化学、电化学和热化学及其联合技术等利用太阳能分解水制氢 [图 5-1（a）]。光催化水分解制氢以半导体光催化剂为媒介，直接利用太阳能驱动化学反应将水分解为氢气和氧气，具有反应条件温和、清洁环保等一系列突出优点，是未来人类解决能源与环境等问题最有发展前景的技术之一。

（1）光催化水分解制氢反应原理

1972 年，东京大学藤岛昭（Fujishima A）等人发现了 TiO_2 在光照和铂电极存在的条件下能将水分解为氢气和氧气。二氧化钛的单晶体非常坚硬，他将坚硬的单晶体切薄切断，并且连上了铜线以增强导电性，形成了电极。将这个电极放入电解液中，使用 500W 的氙灯进行照射，表面就开始"噗噗"地产生气泡，分析之后得知，水分子在二氧化钛表面被氧化成氧气，而在阴极的金属表面被还原成氢气。这一研究成果发表在 1972 年的《自然》杂志

［图 5-1（b）］。2012 年，藤岛昭荣获"汤森路透引文桂冠奖"，他的论文被引用次数超过 6000 次。一位汤森路透的记者在采访中说："在科学界，一篇论文被引用 1000 次以上已是非常稀少，像藤岛昭先生这样被引用超过 6000 次的论文完全是史无前例的。"从而开启了半导体光催化制氢技术领域的研究先河，光催化制氢研究成为半个世纪以来的研究热点。

基于半导体能带理论，在半导体光催化剂的能带结构中，被价电子占据的能带称为价带（valence band，VB），价带缘是其中的最高能级；位于价带缘之上的能量更高的能带被称为导带（conduction band，CB），处于激发态的导带中最低的能级称为导带缘。导带缘与价带缘之间的区域称为禁带，既不允许存在电子，也不允许电子停留。对应地，导带缘和价带缘之间的能量差即为禁带宽度或带隙（E_g）。光生载流子是否能够受到激发取决于半导体的禁带宽度，禁宽宽度决定了半导体的光吸收和氧化还原能力。半导体的价带通过最高占据分子轨道（HOMO）的相互作用形成，而导带通过最低未占分子轨道（LUMO）的相互作用形成。根据泡利原理，电子从能量低的价带开始填充，逐渐填充每一个量子态，直到达到费米能级。当电子吸收了外场能量跃迁到没有电子的能级（导带）时，产生电流并能够导电。

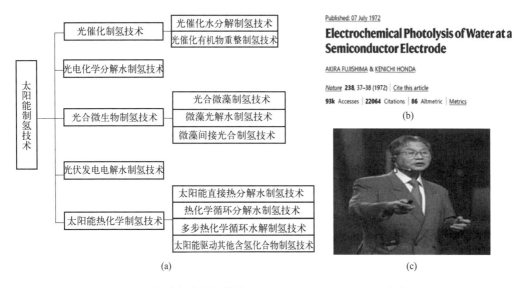

图 5-1　太阳能分解水制氢技术（a）、《自然》论文（b）和藤岛昭（c）

带隙大小决定了半导体吸收光子的能量范围，根据普朗克关系式可计算出半导体的激发波长与带隙的关系为 $hc/E_g = 1240/E_g$。其中 h 为普朗克常数；c 为光的真空速度；E_g 为半导体带隙。根据该公式可以方便地计算出不同半导体光催化剂对光激发的波长阈值。例如，锐钛矿 TiO_2 的带隙为 3.2eV，计算得出其激发波长阈值为 387.5nm，因此只能被波长小于 400nm 的紫外光激发。但是，紫外光在太阳光中的比例较小（约 5%），而波长更长的可见光（$\lambda > 400$nm）占比高达 43%［图 5-2（a）］，因此开发可见光响应的光催化材料对于直接利用太阳光进行光催化水分解制氢具有重要意义。

半导体光催化材料必须满足特定的能带结构，光催化水分解反应才能发生。图 5-2（b）中列出了一些典型半导体的导带和价带位置以及氢气和水的氧化还原电势。能带理论是研究半导体光催化的理论基础之一，对于半导体材料来说，其导带和价带之间是不连续的，即

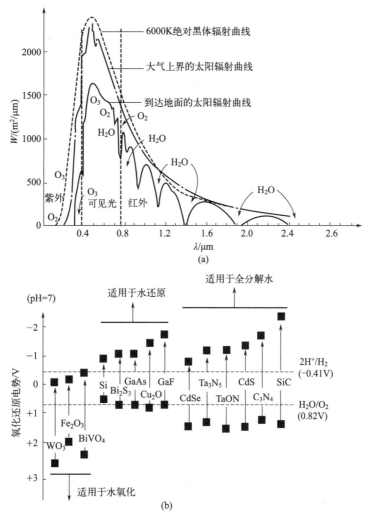

图 5-2　太阳能辐射光谱分布图（a）和半导体导带和价带及氢气和水的氧化还原电势（b）

$E_g \neq 0$，其带隙（E_g）介于 $0.1 \sim 4\text{eV}$ 之间。当受到等于或大于半导体 E_g 的能量的激发时，填充在价带中的电子能够跃迁至导带，使得导带中存在可移动的自由电子。导带中的这些电子可以进一步将质子（H^+）还原为氢气。半导体的导带和价带边缘分别代表了电子的还原能力和空穴的氧化能力。半导体导带边越负，光生电子的还原能力就越强，还原电势比其导带边更正的物质将被其还原；价带边越正，光生空穴的氧化能力越强，氧化电势比其价带边更负的物质可被氧化。水分解产生氢气和氧气反应的吉布斯自由能为 237kJ/mol（即 1.23eV），因此，要使得该反应能够发生，所选用的半导体光催化材料的 E_g 需要大于 1.23eV。所以，用于光催化水分解的半导体材料的导带底位置必须高于 H^+/H_2 的标准还原电势，即比 0.0V 更负；价带顶位置必须低于 H_2O/O_2 的标准氧化电势，即比 1.23V 更正（见图 5-3）。考虑到半导体光催化水分解生成 H_2 和 O_2 的过程中存在过电位，一般需要催化材料的禁带宽度大于 1.8eV。根据公式 $E_g = 1240/\lambda$ 可知，这种半导体材料可吸收的最大太阳光波长 λ 约为 700nm，能量约占整个太阳光谱的 50%。因此可见光催化制氢技术对太阳能的利用是非常有应用前景的。

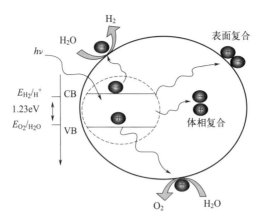

图 5-3　半导体能带结构图及光催化水分解制氢的基本原理

（2）光催化水分解制氢反应步骤

光催化水分解制氢反应涉及以下三个步骤：①半导体对光的捕获以及电荷激发和分离；②光生电子-空穴对的迁移或重组；③氧化还原反应。这些过程已被激光脉冲光解实验所证实。当外界光源照射半导体光催化剂时，若入射光的能量大于或等于半导体的禁带宽度时，光子会激发其价带中的电子跃迁到导带中，同时在价带中产生空穴，价带空穴与导带上的激发电子共同构成光生电子-空穴对（$e^- - h^+$），即所谓的光生载流子。半导体内部的能带是不连续的，因此光生载流子在电场的作用下分离并向材料表面迁移。在迁移过程中部分光生电子与空穴会在内部或表面复合而失去活性，而只有从半导体内部成功迁移至表面的光生电子和空穴才能参与光催化水分解反应。光生电子、空穴分别具备强还原性与强氧化性，能还原或氧化材料表面的电子受体或吸附物质。光生电子将溶液中的 H^+ 还原成氢气，而价带的空穴则将 OH^- 氧化成氧气。

光催化水分解产氢的反应过程如下。

半导体体系：　　　　　　　　光催化剂 $+2h\nu \longrightarrow 2e^- + 2h^+$

溶液中：　　　　　　　　　　$H_2O \longrightarrow OH^- + H^+$

氧化还原反应：　　　　　　　$2e^- + 2H^+ \longrightarrow H_2$（气体）

　　　　　　　　　　　　　　$2h^+ + OH^- \longrightarrow H^+ + 1/2\ O_2$（气体）

总反应：　　　　　　　　　　$H_2O +$ 光催化剂 $+2h\nu \longrightarrow H_2 + 1/2\ O_2$

在光催化水分解过程中，有多种因素会影响光解水性能。如图 5-4 所示，光催化制氢反应的过程主要分为半导体对光的吸收、电子激发产生光生电荷、光生载流子的分离与复合、光生载流子向催化剂表面的迁移、光生电荷在表面发生化学反应五个基本步骤，每个过程都控制着光催化反应的最终性能。首先，光的激发会引起半导体内部发生非平衡的物理和化学变化。半导体吸收光子后会产生激子（即电子-空穴对），在经过飞秒级别的过程后，激子会分别释放电子（e^-）和空穴（h^+）至导带（CB）底和价带（VB）顶。光催化剂吸收能量大于材料带隙能的光子，在体相形成光生电子-空穴对。在这个过程中，材料的带隙宽度决定其对光子的吸收能力。

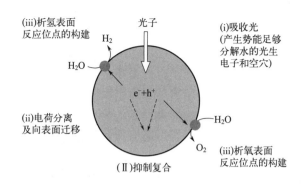

图 5-4　光催化水分解制氢反应的主要过程

　　分离后的电子和空穴很容易在半导体内部或表面复合，最终只有部分载流子到达材料表面，才能与吸附在材料表面的物质发生氧化还原反应，这也是许多光催化材料的反应量子效率不高的主要原因。因此，有效促进电子-空穴对的分离是提高光解水产氢效率的关键。实现光生载流子的高效分离和快速转移，能够有效避免光生载流子的复合，有利于光催化制氢反应性能的提高。分离的光生电荷通常只需要几微秒的时间便能穿过表面转移到表面修饰的助催化剂上。光催化剂的晶体结构、结晶度以及粒子尺寸等对这个过程有显著的影响。缺陷是电子和空穴的复合中心，它们会导致光催化活性的降低，光催化剂结晶性越好，则体相内缺陷数量越少。此外，粒子尺寸越小，光生电子及空穴迁移到催化剂表面反应活性位的距离越短，则电子和空穴在体内复合的概率也大大降低。

　　迁移到光催化剂表面的电子和空穴，能够与水分子发生氧化还原反应，生成氢气和氧气。如果催化剂表面没有合适的反应活性位，电子和空穴就会发生复合。此外，由于水分解反应是自由能变大的上坡反应，逆反应相对很容易发生，这些都会抑制催化剂的光解水活性。与光生电荷在光催化剂体相中的运动过程相比，催化剂表面发生化学反应的过程是相对缓慢的。因而，有效降低光催化剂表面化学反应的活化能，加快催化剂表面的化学反应速率，对提高光催化水分解制氢反应的效率也具有重要的意义。

　　半导体光催化水分解制氢体系通常由两部分组成：一部分是半导体，一部分是助催化剂。半导体主要负责光吸收、激发以及光生载流子的迁移；助催化剂主要负责富集转移到其表面的电荷，同时也可降低反应的活化能，加快反应的速率。由于半导体与助催化剂往往分别隶属于不同的物相，因此其界面结构对光生电荷由半导体向助催化剂的传输具有重要影响。可以将全分解水制氢拆解成两个半反应：产氢半反应和产氧半反应，即将空穴牺牲试剂或电子牺牲试剂引入体系中，快速消耗光激发的空穴和电子，避免因电荷累积而引起的复合。如图 5-5 所示，在牺牲试剂存在的情况下，电子受体的标准电极电位比质子还原的电位更正，而电子供体的标准电极电位比水氧化的电位更负，从热力学上牺牲试剂的反应相较于质子还原与水氧化更容易进行。在产氢半反应中，常用的空穴牺牲试剂为甲醇、SO_3^{2-} / S^{2-}、三乙醇胺和乳酸等；而对于产氧半反应，常用 Ag^+、Fe^{3+} 和 IO_3^- 等作为电子牺牲试剂。

　　对于产氢和产氧两个半反应，相应的反应方程式如下。

光催化产氢半反应：

$$2H^+ + 2e^- \longrightarrow H_2$$

$$Red + nh^+ \longrightarrow O_x \,(Red = 电子供体)$$

光催化产氧半反应：

$$2H_2O + 4h^+ \longrightarrow 4H^+ + O_2$$

$$O_x + ne^- \longrightarrow Red \,(O_x = 电子受体)$$

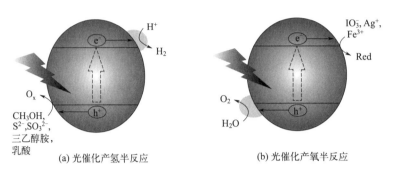

(a) 光催化产氢半反应　　　　　　(b) 光催化产氧半反应

图 5-5　光催化水分解制氢半反应示意图

（3）光催化水分解制氢的热力学分析

水是一种非常稳定的化合物，在标准状态下，1mol 水分解为氢气和氧气需要输入237.2kJ 能量，因此光催化分解水反应是一个非自发进行的反应（$\Delta G > 0$），在没有外加能量的条件下是不能自发进行的。

$$H_2O(l) \longrightarrow H_2(g) + 1/2 O_2(g) \qquad \Delta G^\ominus = 237.2 \text{kJ/mol}$$

分解水的反应必须满足下面的热力学要求：①光子的能量必须大于或等于从水分子中转移一个电子所需的能量，即 1.23eV；②半导体的导带和价带位置必须与水的还原及氧化电位相匹配，即半导体催化剂必须能同时满足水的氧化半反应电势，$E_{ox} > 1.23$V ［pH = 0，一般氢电极（NHE）］和水的还原半反应电势，$E_{red} < 0$V（pH = 0，NHE）。

水分解反应是一种多电子过程的吸热反应，式（5-1）中水产生一分子的 H_2 所需的能量为 2.458eV，这表明两个电子位移的电位差为 1.229V。式（5-2）中完全裂水用四个电子来产生两分子的 H_2 所需的能量输入为 4.915eV。

$$H_2O \longrightarrow 1/2 O_2 + 2H^+ ; \quad 2H^+ + 2e^- \longrightarrow H_2 \tag{5-1}$$

$$2H_2O \longrightarrow O_2 + 4H^+ ; \quad 4H^+ + 4e^- \longrightarrow 2H_2 \tag{5-2}$$

当半导体光催化剂被能量高于带隙的光照射时，电子会被激发进入导带并在价带中留下空穴。光生电子和空穴可以自由移动，在半导体体内离域。这就导致电子在能级内快速达到内部平衡而不是跨越带隙，因为与跨越带隙相比，导带中的弛豫时间更短，如图 5-6 所示。电子状态与内部平衡被称为准平衡状态，准费米能级中的电子和空穴电位见式（5-3）、式（5-4）。在能量大于带隙的光照射下，电子和空穴诱导光催化反应的最大热力学驱动力可由式（5-5）得出。然而，当半导体处于热力学平衡状态时，光催化反应发生的驱动力为零，这证明热量不是产生电子-空穴对的驱动力。因此，对于光催化来说驱动反应发生的能力来自光照射提供的吉布斯自由能。

$$F_n = E_c + k_B \ln nN_c \tag{5-3}$$

$$F_p = E_v + k_B T \ln nN_v \tag{5-4}$$

$$\Delta G = -|F_n - F_p| = -E_g - k_B T \ln np/(N_v N_c) \tag{5-5}$$

式中，E_c 和 E_v 分别是导带最小能级和价带最大能级位置；k_B 为玻尔兹曼常数；T 是绝对温度；N_c 和 N_v 分别是导带和价带状态的有效密度；n 和 p 分别是光生电子和空穴的浓度。

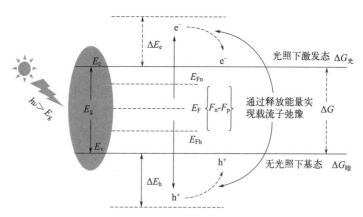

图 5-6　光催化在有光照和无光照条件下的热力学和吉布斯自由能变化示意图

（4）光催化水分解制氢的动力学分析

水分解过程可分为氧化反应和还原反应两个半反应，其中水氧化反应较为困难，是影响水分解反应速率的决速步骤。

$$2H_2O \longrightarrow 2H_2 + O_2 \quad \Delta G_0 = 237.2 \text{kJ/mol}$$

氧化反应：
$$2H_2O + 4h^+ \longrightarrow O_2 + 4H^+$$

还原反应：
$$2H^+ + 2e^- \longrightarrow H_2$$

光催化水分解产氢反应需要满足以下动力学要求。

① 自然界的光合作用对 H_2O 的氧化途径采用 4 电子转移机制，即两个 H_2O 分子在酶催化剂上连续释放 4 个电子一步生成 O_2，波长不大于 680nm 的光子就能诱发放出 O_2 反应，且无能量浪费的中间步骤，这是对太阳能最为合理和经济的利用方式。但当今研究的人工产 O_2 多相催化体系，不管是利用紫外光的 TiO_2、$SrTiO_3$ 或利用可见光的 WO_3、CdS 等，都是采用的单电子或双电子转移机制，因此能量有很大的损失。

② 在光催化水分解制氢过程中，由于单电子转移机制的还原电位太负［式（5-6）］，不可能经过 H·中间自由基得到 H_2，因此只能通过 2 电子还原过程一步生成 H_2［式（5-7）］。

单电子：$H^+ + e^- \longrightarrow H\cdot$ 　　$1/2E^{\ominus}(H^+/H\cdot) = -2.1V(pH=7,NHE)$ 　(5-6)

两电子：$2H^+ + 2e^- + M \longrightarrow H\cdot \longrightarrow H_2$ 　　$E^{\ominus}(H^+/H_2) = -0.41V(pH=7,NHE)$

$$\tag{5-7}$$

从以上公式可以看出，光催化反应的 2 电子过程需要较高的超电势，因此一般需要用助催化剂来降低其超电势。这些助催化剂中，贵金属 Pd、Pt、Rh 的催化活性是最高的。反应（5-7）具有较高的超电势，一般要用助催化剂来降低氢的超电势。Pd、Pt、Rh 等为低超电势金属（0.1～0.3V），催化活性最高。第二类为中超电势金属，如 Fe、Ni、Co，活性次之。

③ 光激发的电子-空穴对会发生复合，这在人工太阳能转化中难以避免。在多相光催化中，当催化剂的颗粒小到一定程度时，体相的电子空穴复合可以忽略，而只考虑在颗粒表面再结合的损失。电子和空穴的表面复合比较复杂，它与固体表面的组成和结构、溶液性质、光照条件等因素都有关系。当前研究的光催化效率一般都较低，只有当表面复合得到了有效的抑制，氧化还原效率才能显著提高。

④ 光催化剂的稳定性也是一个至关重要的因素，直接关系到光催化剂能否在实际中得到应用。有些窄禁带半导体（CdSe、CdS、Si 等）与太阳光有较好的匹配，但在水溶液中极易受到光腐蚀影响。

从动力学角度看，光催化反应效率由三个串联步骤决定，分别为：光吸收与激发；光生电荷分离与迁移；表面氧化还原反应。整个过程中总太阳能转化效率由上述各步共同决定，可由 $\eta_c = \eta_{abs} \times \eta_{cs} \times \eta_{cu}$ 表示。其中，η_c 为太阳能总转化效率；η_{abs} 为光吸收效率；η_{cs} 为光生电荷分离与迁移效率；η_{cu} 表示表面氧化还原反应效率。

以上步骤在实际过程中均可能发生能量损失的现象，其中，缓慢的表面反应动力学和复杂的载流子动力学两个过程是导致半导体光催化剂量子效率和太阳能转化效率偏低的主要原因。此外，改善反应物在半导体界面的吸附扩散动力学也是提高光催化水分解效率的有效途径。同热力学因素相比，载流子动力学、表面反应动力学等对光催化体系分解水制氢效率的影响更为明显。

5.1.2　光催化水分解制氢反应活性评价

光催化水分解制氢的效率可通过光照后半导体光生电子还原水所产生的氢气的量来表示。不同的研究团队会使用不同的光催化水分解制氢装置，如内照式和顶照式，以及不同的光源，如氙灯、汞灯、LED 光源等，典型的光催化水分解制氢的反应装置如图 5-7 所示。光催化分解水产氢活性主要采用气相色谱来进行定量分析，基于特定反应时间内产出氢气的总量或瞬时的产氢速率来计算。实际情况下，气体释放速率在很大程度上取决于详细的实验程序和条件，如光源种类、反应液种类、催化剂用量等。这就需要统一光催化活性的评价标准，催化剂的产氢速率通常采用单位时间、单位质量催化剂上产生氢气的物质的量来衡量，用 mmol/(h·g) 或 μmol/(h·g) 来表示。因而，即便是使用同种光催化剂，得到的产氢速率也会有所不同。这使得不同研究团队之间得到的光催化产氢活性难以直接进行比较。但是，如果将产氢量转化为单位时间、单位数量催化的产氢速率后，不同系统的光催化性能则可进行近似的比较。通常所使用的产氢速率的单位是 mol/h 和 mol/(h·g)。此外，对于全水解过程，由于没有牺牲剂存在，理论上所产生的 H_2 和 O_2 的化学计量比应为 2:1。

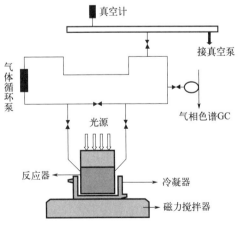

图 5-7　典型光催化反应装置示意图

量子产率（quantum yield，QY）是更加准确的光催化剂活性评价指标，因为其排除了诸如光照强度等实验条件变化的影响。目前采用的量子效率表示方法主要有总体量子产率（QY）和表观量子产率（apparent quantum yield，AQY）两种。量子效率是衡量材料催化性能的最本质指标，定义为吸收一个入射光子能够产生的电子-空穴对个数。在光催化分解水反应中，由于光散射作用的影响，催化剂吸收的光子数量一般很难精确测定，因此实际计算过程得到的都是表观量子产率，其数值往往小于总体量子产率。因此我们所说的半导体的光催化分解水的量子产率通常指材料的表观量子产率，即假设所有的光子，包括外来的光子，都可被催化剂吸收。表观量子产率作为光化学反应中量子产率的扩展，是评价光催化分解水制氢性能的一个重要参数。总量子产率（QY）和表观量子产率（AQY）可由式（5-8）和式（5-9）计算：

$$QY = \frac{反应电子数}{吸收光子数} \times 100\% \tag{5-8}$$

$$AQY = \frac{反应电子数}{入射光子数} \times 100\% = \frac{2 \times 产出氢气分子数}{入射光子数} \times 100\% \tag{5-9}$$

由于吸收光子的数量通常小于入射光子的数量，因此，表观量子产率往往会小于总量子产率。除了量子产率外，还可使用评估太阳能电池的太阳能转化效率（solar energy conversion efficiency）对光催化水分解制氢活性进行评价。太阳能光催化制氢中，太阳能转化效率又称为太阳能转化为氢能效率（solar-to-hydrogen energy conversion efficiency，STH），其等于光催化制氢所收集到的氢气的总能量除以入射的太阳能总能量［式（5-10）］。STH效率越高，代表体系的能量转化效率越高。

$$STH = (产生的氢气总能量/入射的太阳光能量) \times 100\% \tag{5-10}$$

除此之外，还可以使用转换频数（turnover number，TON）和转换频率（turnover frequency，TOF）来评价半导体光催化剂的反应活性，具体公式见式（5-11）、式（5-12）。

$$TON = 生成氢气分子数/光催化剂原子数目 \tag{5-11}$$

$$TOF = 生成氢气分子数/光催化剂原子数目/反应时间 \tag{5-12}$$

5.1.3 光催化剂的种类及结构

日本东京大学藤岛昭（Fujishima A）和本多健一（Honda K）等人开启了半导体光催化领域的新篇章。自此以后，科研工作者们一直在努力寻找制备简单、高效稳定、环境友好的光催化剂，已经有成百上千种半导体被作为光催化剂，实现了紫外/可见光辐照下光催化分解水制氢。按照其元素组成，分解水半导体光催化剂可以分为：金属氧化物、金属硫化物、石墨相氮化碳等有机聚合物、银基化合物、金属有机框架化合物光催化剂等。本章主要介绍几类典型的水分解产氢光催化剂，并对它们的结构和性能进行概述。

（1）金属氧化物

金属氧化物半导体光催化剂主要由过渡金属元素与氧元素组成，具有稳定、无毒、储量丰富等优点，其中 TiO_2、ZnO、Fe_2O_3、Cu_2O、WO_3、Ta_2O_5 和 Ga_2O_3 等过渡金属氧化物是具有代表性的一类光解水制氢催化剂。按照其光吸收范围，金属氧化物半导体可以分为禁带宽度大于 3.0eV 的紫外光活性的光催化剂（如 TiO_2 和 ZnO）和禁带宽度小于 3.0eV 的紫外-可见光活性的光催化剂（如 Cu_2O 和 Fe_2O_3）。

紫外光响应型半导体是研究得比较早的一类光催化剂。其主要成分是一元或多元的过渡金属氧化物，如 ZnO、TiO_2、WO_3、$SrTiO_3$、$PbTiO_3$ 等。其 O_{2p} 轨道构成了价带，过渡金属阳离子中的 d 轨道和 sp 轨道杂化后组成半导体的导带。紫外光响应的半导体光催化剂虽然只能利用太阳光中不到 4% 的能量，但是由于其能带隙较宽，能够很好地覆盖 H_2O 的氧化和还原电位。同时，过渡金属氧化物半导体光催化剂还具有优异的光催化稳定性，能够长时间的使用而不失活。为了提高这类光催化材料对太阳能的利用效率，目前大量的研究工作涉及在维持光催化活性的基础上进一步拓宽其对光吸收的可见光响应范围。

对于 Cu_2O 和 Fe_2O_3 等可见光响应型半导体材料，尽管其具有可见光吸收，但是由于其易被氧化，稳定性较差，同时光生载流子复合严重，限制了其光催化活性的提高。考虑到 Cu^+ 和 Fe^{2+} 容易被氧化成 Cu^{2+} 和 Fe^{3+}，因此可以通过将价带上具有强氧化性的空穴导离 Cu_2O 和 Fe_2O_3 光催化剂表面，避免光催化剂本身被氧化。一方面不仅促进了光生电子-空穴的空间分离，另一方面也提高了 Cu_2O 和 Fe_2O_3 的光稳定性，从而实现了光催化活性和光稳定性的双重提高。

二氧化钛通常以三种晶型存在，分别是锐钛矿、金红石、板钛矿，它们的组成单元均是 TiO_6 八面体，差异仅在于八面体的连接方式和畸变程度不同。锐钛矿相 TiO_2 属于四方晶系结构，其晶胞结构中的 TiO_6 八面体共边连接，每一个八面体均连接相邻的八个八面体。由于其具有较高的费米能级和表面富羟基化的特性，使其相较于其他几种晶型 TiO_2 材料具有更好的光催化活性。金红石结构 TiO_2 同样属于四方晶系结构，其中 TiO_6 八面体具有轻微扭曲特征，每一个晶胞含有六个原子。当作为光催化材料时，由于比表面积较小，晶格缺陷较少，光生载流子容易复合，因而金红石相 TiO_2 的活性通常较差。板钛矿相 TiO_2 属于正交晶系结构，其单位晶格由八个 TiO_2 分子组成，构成板钛矿型 TiO_2 的 TiO_6 八面体是高度畸变的。由于纯板钛矿相 TiO_2 在实验室中不易制备，所以研究相对较少。但是近年来的一些研究表明，板钛矿 TiO_2 在染料敏化太阳能电池以及催化反应中具有潜在的应用前景。锐钛矿、金红石和板钛矿相结构 TiO_2 的禁带宽度分别为 3.2eV、3.02eV 和 2.96eV。

TiO_2 本身的光解水产氢活性较低，难以满足应用要求，因此需要对其进行改性。改性的目的主要包括以下两点：一方面，有效抑制光催化过程中产生的光生电子和空穴的复合，使更多的载流子迁移到催化剂表面参与分解水反应，可以大大提高产氢效率；另一方面，TiO_2 较宽的禁带宽度使其只能被波长较短的紫外光激发，通过改性可以降低 TiO_2 的禁带宽度，从而提高太阳光中占比更多的可见光的利用效率。例如，P、S 等元素的掺入可以在 TiO_2 的价带与导带之间引入"中间带"，从而降低 TiO_2 的禁带宽度，同时还能够降低光生电子和空穴的复合率，提高可见光响应效率。此外，在水分解过程中可能发生的氢气和氧气重新复合成水的逆反应也需要被避免。TiO_2 的改性方法主要有金属或非金属修饰、半导体耦合、染料光敏化等。

① 金属离子掺杂。在 TiO_2 晶格中掺入 Cr^{5+}，能在可见光（$\lambda = 400 \sim 500nm$）照射下持续分解水产生氢气和氧气。随后有研究发现金属离子掺杂对 TiO_2 光催化活性的影响与掺杂离子的电子排布有关。到目前为止，金属掺杂 TiO_2 已经得到了广泛研究，V^{5+}、Ni^{2+}、Cr^{5+}、Mo^{5+}、Fe^{3+}、Mn^{3+}、Sn^{4+}、Ru^{2+}、Os^{2+}、Re^{5+} 等多种金属离子都被发现可以显

著提高 TiO_2 的光解水能力。通过掺杂金属离子，TiO_2 禁带中可以产生杂质能级，从而使 TiO_2 的激发波长发生改变，增强其吸收可见光的能力。掺杂的金属离子还可以起到催化活性中心和电子捕获中心的作用［图 5-8（a）］。电子捕获中心通常是由表面掺杂离子或者晶格缺陷构成的，可以捕获光生电子，从而抑制其与光生空穴之间的复合，提高电子-空穴的传输和分离速率，为光催化水分解产氢反应提供丰富的活性位点，减少光解水产氢所需的电势。

金属（如 Pt、Au、Cu 等）也常以纳米粒子的形式沉积在 TiO_2 表面，这时电子在金属-半导体界面发生转移，形成肖特基势垒，诱导产生光生电子-空穴对并降低其复合速率，从而提高光催化剂的活性。此外，一些纳米尺度的金属（如 Au、Ag、Cu、Pt、Pd、Rh 等）也能通过具有可见光响应的表面等离子体共振（SPR）效应来促进催化剂的活性。

② 非金属离子掺杂。除了金属掺杂，非金属掺杂是提高二氧化钛可见光吸收能力和光催化活性的另一个重要手段。根据能带理论，金属离子的 d 轨道构成金属氧化物半导体的导带能级，非金属离子 O^{2-} 的 p 轨道构成价带能级。O_{2p} 较低轨道能级导致金属氧化物半导体的能隙较宽，经过 N、S、C 等元素掺杂后，晶格中的 O 原子被取代，形成混合的 p 轨道，使价带位置提升并缩小半导体的能隙［图 5-8（b）］。大量研究结果表明非金属元素（N、F、C、P、S 等）掺杂可以明显增强二氧化钛在可见光区域的吸收能力，其中 N 掺杂的效果最为显著。与金属掺杂相比，非金属掺杂在半导体禁带中形成新能级的可能性较小，因此光生电子-空穴复合中心的形成概率降低。

为了进一步提高 TiO_2 的可见光活性，对非金属及金属-非金属共掺杂 TiO_2 材料进行了研究，它们之间的协同作用往往能进一步提高 TiO_2 的可见光催化活性。典型的非金属共掺杂有 F/B、S/F、F/C、C/N、S/N、N/Br、B/N 等，典型的金属-非金属共掺杂有 W/C、Mo/C、V/N、Mo/N、Zr/S、Nb/P 等。

③ TiO_2 基异质结。通常情况下，采用单一半导体实现光催化水分解制氢比较困难，多种半导体复合是提高光催化剂活性的常用方法［图 5-8（c）］。当价带、导带能级位置不同的半导体复合后，两者之间会形成异质结，半导体激发后产生的光生电子会从较高的导带能级转移到较低的导带能级，从而有效地抑制电子和空穴复合。光催化半导体材料按照载流子特性可分为 n 型半导体和 p 型半导体。金属和 n 型或 p 型半导体，以及 p-n 型半导体相互接触后，都可以构成异质结，在界面附近形成空间电势差。异质结正是利用内建电场使得载流子传输具有定向性，在异质结的界面上形成能俘获电子的浅势阱能垒，因而能有效地分离电子-空穴，降低其复合速率。CdS、In_2S_3、V_2O_5、WS_2、WO_3、Fe_2O_3、NiO_x 等半导体均可以与 TiO_2 之间形成有效的异质结，构建异质结可以有效地提高 TiO_2 光催化剂的光吸收能力、提升载流子的分离效率和稳定性，从而获得比单一催化剂更高的产氢活性。

④ 染料敏化。染料敏化是将一些染料通过物理或化学方法吸附在光催化剂表面上，拓宽光催化剂的光谱响应范围。染料在光照下被激发产生电子，并将这些电子输入半导体导带上引发还原反应。通常情况下，染料分子对可见光有良好的吸收能力，从而改善半导体光催化剂的可见光响应能力［图 5-8（d）］，类似于叶绿素在光合作用中的角色。染料敏化半导体光催化分解水制氢体系中使用最广泛的是 Ru(Ⅱ) 过渡金属配合物染料、Ir(Ⅲ) d^6 和 Pt(Ⅱ) d^8 配合物，以及一些非金属有机染料，如荧光素、罗丹明 B、香豆素和赤藓红等。

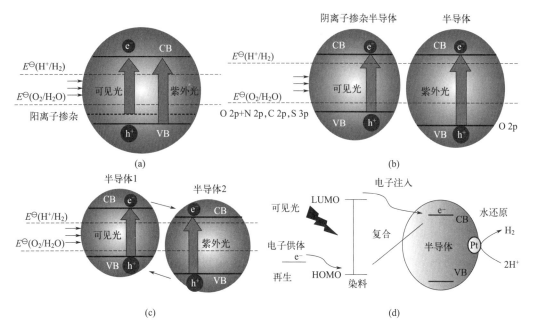

图 5-8 光催化分解水产氢的基本原理

(a) 金属阳离子掺杂对宽带隙半导体能带结构的影响；(b) 非金属阴离子掺杂对半导体能带结构的影响；
(c) 复合半导体的能带结构及其载流子的转移机制；(d) 染料敏化半导体光催化分解水产氢的基本原理

（2）金属硫化物

金属硫化物是近年来广泛关注的光催化水分解制氢体系。由于 S 相比于 O 具有更小的电负性，含有同样过渡金属的金属硫化物价带比金属氧化物的价带更负，导致了金属硫化物的禁带宽度小于相应金属氧化物的禁带宽度，因此金属硫化物比金属氧化物具有更宽的光吸收范围。目前对金属硫化物的研究多集中在 CdS、ZnS 及其固溶体上。

① CdS。CdS 是一种 II-VI 族无机半导体材料，禁带宽度为 2.4eV，具有良好的可见光吸收能力。CdS 主要有立方晶相和六方晶相两种晶体结构（图 5-9），其中六方晶相更稳定。在一定条件下，立方晶相结构 CdS 可以向六方晶相结构转变。根据形态结构，CdS 晶体可分为零维结构（纳米粒子）、一维结构（纳米棒或壳/核结构纳米棒）、二维结构（纳米片或核/壳结构纳米片）、三维结构（纳米球、多层结构）。通过改变 CdS 的晶型结构可以提高其光催化水解产氢的活性和稳定性。CdS 制备简单，是光催化分解水产氢领域的一种比较理想的半导体材料，但是 CdS 本身活性较低，且 S^{2-} 易被光生空穴氧化，需要对其进行改性。与 TiO_2 类似，掺杂其他金属或非金属元素也能显著提高 CdS 的电子-空穴分离效率，减少光化学腐蚀现象，从而提高其光催化性能。在实际应用中，贵金属（Au、Pt、Ag 等）常常用来作为 CdS 的助剂。据报道，负载 Au 纳米粒子的 CdS 产氢速率可达 6.7mmol/(h·g)，是纯 CdS 的 21.6 倍；负载 Pt 的 CdS 纳米棒上，最大氢气生成速率高达 24.15mmol/(h·g)。

② ZnS。ZnS 是典型的 II-VI 族半导体材料，在半导体器件制造工业中具有非常重要的作用。室温下，ZnS 是白色至灰白色或黄色粉末，表现为立方闪锌矿晶相。在高温下（1020℃），ZnS 转变为无色结晶粉末或白色至灰白色或淡黄色粉末，并转化为六方纤锌矿晶

相。如图 5-10 所示，立方闪锌矿和六方纤锌矿的晶相结构非常相似。由于具有优良的载流子传输性能、热稳定性好、电子迁移率高、无毒、水溶性低且成本低廉等优点，ZnS 是一种典型的金属硫化物光解水催化剂，在硫化物/亚硫酸盐作为还原剂存在的情况下，ZnS 光催化分解水的氢气表观量子产率可达 90%。ZnS 的禁带宽度大于 3.7eV，作为一种紫外光响应催化剂，对 ZnS 进行掺杂改性是提高其可见光催化效率的有效方法。通过掺杂、染料敏化以及表面缺陷构筑等对 ZnS 进行改性，是实现对长波长光响应的重要手段。研究发现 1% Cu-ZnS 在无助催化剂的条件下，光催化产氢性能可达 8.30mmol/(h·g)。Cu 掺杂的 ZnS 纳米球光催化剂，在 ZnS 中局部形成 $Cu_{1-x}Zn_xS$ 固溶体，将 ZnS 的吸收边从 350nm 拓展到了 480nm，并且在 425nm 处的量子产率高达 26.2%。此外，N、C 共掺杂的分级多孔 ZnS 光催化剂通常具有结晶良好的纤锌矿结构，显示出比纯 ZnS 更加优异的可见光吸收性能。

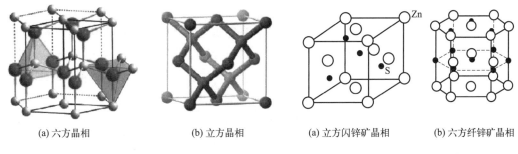

(a) 六方晶相　　　　　(b) 立方晶相　　　　　(a) 立方闪锌矿晶相　　　　(b) 六方纤锌矿晶相

图 5-9　CdS 的晶相结构　　　　　　　　图 5-10　ZnS 晶相结构

与其他硫化物光催化剂一样，ZnS 在光照条件下也面临着光腐蚀问题。研究表明，有合适的牺牲剂如 S^{2-}/SO_3^{2-} 在光催化反应过程中与光腐蚀反应动力学竞争，可有效缓解硫化物半导体的光腐蚀问题。通过形成半导体异质结是提高 ZnS 光稳定性的另一方法。ZnS 与 CdS 形成固溶体后不仅调节了材料的禁带宽度，固溶体表现出优于纯 ZnS 或 CdS 的光催化性能。ZnS-CdS 固溶体光催化剂因其电子结构高度可调、催化分解水制氢性能极为突出、合成方法简单等优点，成为近年来光催化水分解制氢的热点材料。

（3）氮化碳等有机半导体

石墨相氮化碳（$g-C_3N_4$）是一种新型聚合物半导体，由于其具有成本低、化学性质稳定、无危害、禁带宽度窄等优点，使其成为目前的研究热点。$g-C_3N_4$ 具有 sp^2 杂化的 π 共轭电子能带结构和类石墨的二维层状结构，层状结构是由 C—N 六元杂环通过末端氮原子相连而拓展的平面。根据组成结构单元的不同，$g-C_3N_4$ 可分为三嗪基（C_3N_3）和 3-s-三嗪基（C_6N_7）两种（图 5-11）。2009 年首次将 $g-C_3N_4$ 用于光催化水分解制氢，发展了氮化碳光催化研究新领域。$g-C_3N_4$ 禁带宽度为 2.7eV，具备可见光催化水分解产氢活性，是一种很有潜力的新型非金属可见光催化剂。然而，体相 $g-C_3N_4$ 作为光催化剂在实际应用方面仍存在不足，如比表面积小、光生载流子易复合及可见光利用率低等，这些缺点使得 $g-C_3N_4$ 在光解水制氢中的应用受到限制。

许多研究者开展了 $g-C_3N_4$ 的合成及改性等方面的研究，调控纳米结构、掺杂金属或非金属材料改变 $g-C_3N_4$ 的带隙是常用的改性方法。在纳米结构设计方面，使用软模板、硬模

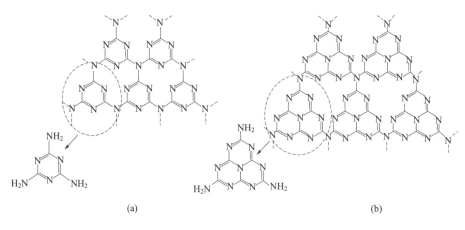

图 5-11　三嗪（a）和 3-s-三嗪（b）结构

板、超分子自组装和剥落策略，或调整 g-C$_3$N$_4$ 基异质结复合材料的物理化学性质，均可以显著提升其光催化性能。将体相 g-C$_3$N$_4$ 制成更薄甚至单层结构也是一种有效的改性办法。理想的单层 g-C$_3$N$_4$ 比表面积通常可高达 2500m^2/g，有助于催化活性位点的充分暴露；超薄平面结构也有利于提高材料的电子传输能力和促进光生载流子的快速跨面扩散。通过非金属或金属掺杂同样可以提高 g-C$_3$N$_4$ 的催化性能，例如 0.2% 的 PtPd/g-C$_3$N$_4$ 复合光催化剂的产氢速率高达 1600.8μmol/(h·g)，是纯 g-C$_3$N$_4$ 纳米片的 800 倍；C 和 I 共掺杂 C$_3$N$_4$ 的产氢速率达 168.2μmol/(h·g)，是纯 C$_3$N$_4$ 的 9.8 倍。与其他半导体复合形成异质结，促进光生载流子的分离也是提高 g-C$_3$N$_4$ 光催化分解水产氢性能的一个重要途径。

（4）银基化合物

银基化合物具有量子产率高、光吸收能力强的优点，是很有前途的光催化分解水催化剂。最广泛采用的可见光响应银基半导体材料有卤化银 AgX（X=Cl、I 和 Br）、Ag$_3$PO$_4$ 和 AgCO$_3$ 等。卤化银是众所周知的光敏材料，一直被广泛应用于摄影胶片，近年来，它们的光催化应用潜力受到重视。当卤化银受到一定波长的入射光照射后，在其导带（CB）中会产生电子，同时在价带（VB）中产生空穴，CB 中的电子被 Ag$^+$ 捕获，形成 Ag 单质。由于 SPR 效应，在半导体表面形成的 Ag 纳米颗粒可以增加半导体或复合材料的可见光吸收能力。这是因为 Ag 纳米颗粒中的等离子体可以诱导电子转移到光催化剂的 CB 中，使其在可见光照射下被激活。AgCl 具有面心立方结构，其禁带宽度较宽（约 3.30eV），仅可被紫外线激活，因此通过与其他可见光响应光催化剂耦合，可以有效分离光生载流子。AgI 也是重要的卤化银半导体，由于禁带宽度较窄（约 2.80eV），其具有较好的可见光响应能力。AgI 和其他半导体（如 TiO$_2$ 和 ZnO）结合将会大大提高光催化剂的可见光活性。Ag/AgI 是典型的光催化剂，由于 Ag 的费米能级比 AgI 的价带电位更负，电子可以从 Ag 有效转移到 AgI 的价带。Ag$_3$PO$_4$ 和 Ag$_2$CO$_3$ 禁带宽度分别为 2.36eV 和 2.75eV，具有较好的可见光吸收能力和光催化活性。

除了上述介绍的几类材料，新型的光催化材料还包括非金属单质（Si、黑磷、α-硫等）、金属复合物、铋基光催化剂、二维材料 MXene、金属有机框架化合物（MOFs）、共价有机框架材料（COFs）等。

5.1.4　影响光催化剂性能的主要因素

（1）催化剂的能带结构

能带结构对光催化剂的活性具有显著影响，不同半导体的能级位置和禁带宽度均不相同。只有适合的导带、价带位置和能级位置，才能使半导体发挥理想的光催化产氢性能。通常来说，越负的导带位置越有利于产氢反应的进行，如 CdS、ZnS 的导带位置均比 TiO_2 更负，因此产氢能力也优于 TiO_2。半导体可利用光的波长范围是由带隙决定的，禁带宽度较宽的半导体只能被紫外光激发，例如，$\alpha\text{-}TiO_2$（3.2eV）、ZnS（3.6eV）、$\beta\text{-}Ga_2O_3$（4.9eV）等；禁带宽度较窄的半导体可以同时利用紫外、可见，甚至近红外区的光，例如，CdS（2.4eV）、$g\text{-}C_3N_4$（2.7eV）等。但是，带隙并不是越窄越好，过窄的带隙会导致光生电子-空穴对复合概率大大增加，反而不利于光催化量子产率的提高。

（2）催化剂的晶体结构

半导体材料的晶体结构是组成材料的原子或分子的有序排列方式。半导体在制备过程中，由于材料前驱体、表面活性剂及反应时间、温度等的不同，会导致半导体光催化剂形成不同的晶体结构。半导体光催化剂的晶体结构不仅会影响到光催化剂的禁带宽度，还会影响其光生电荷的分离效率等。催化剂的结晶度也会对半导体的光催化性能产生重要影响。通常来说，结晶态半导体的光催化活性要明显优于其非晶态，但这并不是说结晶性越好，光催化活性就越高。存在一定程度缺陷的催化剂反而具有更好的光催化活性，例如 Ti^{3+} 掺杂在 TiO_2 晶格中的含有丰富缺陷位的 TiO_2 相比于普通的 TiO_2，具有更强的电子-空穴对分离效率和氧化还原性能。同时，缺陷位也并不是越多越好，当晶体中存在的缺陷过多时，这些缺陷反而会成为电子和空穴的复合中心，最终导致光催化性能的降低，在应用时需要根据实际情况找到催化剂的结晶度平衡点。

另外，研究结果表明不同优势晶面暴露的 TiO_2 具有明显的活性差异。通常来说，TiO_2 纳米晶具有三个典型的暴露晶面，即（101），（001）和（010）面，三种晶面的表面能大小顺序为（001）面（$0.90J/m^2$）＞（100）面（$0.53J/m^2$）＞（101）面（$0.44J/m^2$）。不同的暴露晶面表现出的性质也有差异，包括光学、磁学和化学等性质的不同。如 TiO_2 的（101）晶面倾向于发生还原反应，而（001）晶面倾向于发生氧化反应。

（3）催化剂微观形貌

调控光催化剂的微观形貌是控制催化剂晶面选择性暴露的主要手段，形貌还会影响到材料的比表面积、光生电荷的分离效率和迁移速率等。从形貌上可将纳米光催化材料分为一维、二维和三维材料。一维的纳米半导体材料，如纳米线、纳米棒、纳米管等，由于其结构特性，光生电子和空穴在一个方向上能得到有效的分离，对光催化性能的提高是有利的。二维的纳米半导体材料主要以纳米片、纳米盘的形式存在，包括二维过渡金属硫化物（MoS_2、WS_2、CuS 等）、$g\text{-}C_3N_4$ 及黑磷等。这类二维半导体光催化材料往往以层状结构存在，层之间以较弱的相互作用力结合，通常可以通过较温和的物理或化学方法对其进行剥层，调控其厚度，从而改变其能带结构。此外由于二维晶体具有较高的载流子迁移率、量子霍尔效应、超高的比表面积和高热导率，使得其在光生电荷的分离与迁移方面具有独特的优势，受到了广泛的关注与研究。

（4）表面羟基浓度

催化剂表面的羟基浓度也是影响光催化活性的关键因素之一。一方面，表面羟基可以直接跟迁移到催化剂表面的光生空穴发生反应，生成·OH；另一方面，二氧化钛表面的钛羟基是捕获电子和空穴的浅势阱，通过吸附氧分子，也能形成捕获光生电子的部位。这个过程不仅对氧自由基的产生很关键，而且对于抑制光生电子-空穴对的复合也非常重要。

（5）催化反应条件

光催化反应的条件主要包括反应温度、反应压力、催化剂浓度、反应物浓度、溶液 pH 等。光催化水分解制氢反应在热力学上属于吸热反应，提高反应温度能够明显地提高光催化水分解制氢的速率。光催化分解水反应是个熵增的反应，降低反应体系的压力同样有利于反应的进行。催化剂浓度也会对光催化制氢的性能造成影响，催化剂浓度增加，反应底物的反应速率会明显提升。此外，光催化剂浓度过大也会导致光催化剂在反应过程中发生聚合沉降的现象而无法形成均匀的悬浮液，导致制氢反应的性能下降。反应溶液的 pH 不仅会对光催化剂的稳定性造成影响，而且还会影响光催化反应的反应途径。溶液的 pH 值是对溶液中 H^+ 和 OH^- 浓度的直接反映，由于 H_2 是由 H^+ 还原产生，因而，增大 H^+ 的浓度更有利于光催化制氢反应的进行，即在酸性条件下光催化水分解制氢反应更佳。

5.1.5　光催化水分解反应体系

在光催化水分解系统中，光催化剂与水混合后形成均相或非均相的浆料悬浮液。这种悬浮液吸收人造光源或太阳光的光子，然后在固液气三相界面发生反应，基于浆料的光催化反应器通常用于光催化水分解。从理论上看，一个可靠的光反应器应该能够以最小的光子损失有效地吸收入射光，并促进光催化反应。另一方面，从实际应用或可能扩大到工业用途的角度来看，技术挑战和成本问题同样重要。下面主要介绍几种典型光催化水分解制氢反应器的构造及特点，以及简述光催化分解水技术在实际应用层面的进展。

（1）间歇式光反应器

到目前为止，光反应器的主要类型是间歇式反应器，如图 5-12 所示。反应罐通常由不锈钢、派热克斯玻璃（Pyrex）、石英等制成，反应浆料悬浮液置于反应罐中，磁力搅拌器被用于充分搅拌浆料，从而防止催化剂颗粒沉积。反应器周围通常有冷却水流动，以防止催化剂吸收光后产热而导致反应体系的温度升高，光源透过石英窗照射到反应浆料上驱动反应。完整的光催化分解水系统一般包括以下部分：光源、疏散系统、样品/产品收集装置和气体检测仪器。

几何形状对于光反应器至关重要，因为它决定了整个光化学系统的光子收集效率。光分布决定了局部光子的吸收速率，从而决定了光化学反应速率。光分布可能受到反应罐和粉末催化剂的反射和散射的影

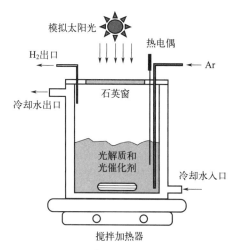

图 5-12　典型间歇式光反应器

响，有时也会受到反应物或支撑材料阻挡光的影响。此外，光源的位置对光分布也有较大影响。

（2）储罐材料

储罐可以由不同的材料制成，包括不锈钢、Pyrex、石英等，罐体的材料可以决定透光率并影响光催化效率。石英通常是理想的透光材料，但考虑其成本较高，因此并不经常使用。不锈钢可以有效地阻挡来自周围环境的漫射光，从而有利于相对精确地控制照明区域。Pyrex 是一种硼硅酸盐玻璃，具有低热膨胀系数和折射率，由于其良好的物理和光学性能，Pyrex 是一种非常流行的光反应器材料。

（3）窗口材料

反应装置接收光照的窗口材料对于保证光催化体系中的良好照明条件至关重要，因此需要选取具有高光子透射性能和低成本的材料。迄今为止，几乎所有的光反应器窗口都是由熔融石英制成。

（4）光源

利用太阳光直接进行光催化分解水产氢是终极目标，因此太阳模拟器通常用在光催化反应器中，以产生与太阳光相似的光谱。除太阳能模拟器外，自然光催化剂开始研究以来，其他光源（灯）也一直被使用，如氙灯、汞灯、卤素灯、LED 光源等。由于不同的光源会产生不同的光谱，光谱与半导体吸收性能之间的耦合可以提高水的分解效率，因此光源的选择很重要。

（5）扩大的光催化水分解反应体系

近期，东京大学成功建造了一套在数月连续安全运行的 $100m^2$ 光催化太阳能制氢系统（见图 5-13），这是迄今为止报道的最大规模的太阳能制氢系统。该系统由平板反应器阵列组成，每个单元的受光面积为 $625cm^2$，紫外线透明玻璃窗与光催化剂片之间的间隙为 $0.1mm$，从而最大限度地减少水负荷，并防止氢气和氧气的积聚和着火。

研究人员在透明玻璃片上手工制备光催化剂片，并在磨砂玻璃板上使用程序化喷涂系统。涂布后，颗粒层覆盖整个玻璃板表面，厚度在玻璃板上从 4 到 $10\mu m$ 变化。光催化剂层含有几百纳米大小的改性 $SrTiO_3/Al$ 颗粒，并通过二氧化硅纳米颗粒固定，在颗粒间空隙中形成介孔通道。来自 $100m^2$ 光催化板反应器的湿 H_2 和 O_2 混合气体通过气体收集和输送管被输送到气体分离装置中。两个交替充填的气藏室（每个 3L）正好位于膜分离器的前面。过滤元件由一束中空的聚酰亚胺纤维组成，这些纤维对 H_2 的渗透率比水蒸气的渗透率低，但比 O_2 的渗透率高约 10 倍。膜分离器的工作原理是隔膜泵提供的吸力，膜上的压差几乎为 $100\ kPa$。膜装置和隔膜泵处理气体产物的能力超过了气体释放速率，因此该装置只需间歇运行即可分离 H_2。富 H_2 滤液气体在常压下由隔膜泵排出，剩余的富 O_2 气体从滤筒中排出。该系统于 2020 年开始进行了长时间运行，由于受到不同时段光照强度差异的影响，产氢速率有一定波动，但高峰产氢速率可达 $3.6\sim3.7L/min$。但是，该系统的效率仍然远远低于太阳能辅助电解水所能达到的效率。

西安交通大学是国内最早启动太阳能光催化水分解制氢研究的团队之一，率先建立了首个直接太阳能连续流规模化制氢示范系统，系统稳定运行超过 200 小时，同时制定了 GB/T

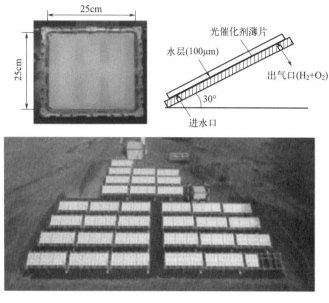

图 5-13　100m² 的光催化水分解制氢阵列板反应器

26915—2011《太阳能光催化分解水制氢体系的能量转化效率与量子产率计算》标准。中国科学院大连化学物理研究所光催化水解制氢研究团队一直在探索太阳能制氢规模化应用。该团队借鉴农场大规模种植庄稼的思路，提出并验证了基于粉末纳米颗粒光催化剂体系的太阳能规模化分解水制氢的"氢农场"（hydrogen farm project，HFP）策略，太阳能转化为氢能效率（STH）超过 1.8%，是目前国际上报道的基于粉末纳米颗粒光催化分解水 STH 效率的最高值。太阳能-氢能转化过程受到诸多动力学和热力学因素限制，目前半导体材料实现的最高太阳能转化氢能效率距离实际应用要求还有很大差距。开发高效产氢光催化剂是光解水制氢技术规模化应用的核心问题，需要加强基础理论研究，以促进这一领域发展。

　　虽然光催化在作为生成新能源方面的应用没有得到真正发展，但是无心插柳柳成荫，光催化在环保、空气治理方面的应用却大放异彩，这一特殊的效应在自清洁材料、空气净化等许多和我们日常生活密切相关的领域得到了广泛应用。

5.2　电催化水分解制氢

　　使用可再生电能，通过电催化水解制氢是一个重要的研究开发领域。1789 年，有人使用静电起电器产生的电通入莱顿（Leyden）罐中首次进行水电解，人们认识到水可以电解得到氧气和氢气。在 1800 年伏特（Volta）发明了伏打电池数周后，尼柯尔森（Nicholson）和卡里斯尔（Carlisle）就使用伏打电池开发了水电解技术。1900 年，施密特发明了第一台工业电解槽。仅仅两年后，就有 400 台电解设备投入使用，主要用于氨生产。由于对氨的高需求，电解在 1920 年至 1930 年间蓬勃发展。在加拿大和挪威建立了装机容量为 100MW 的工厂，主要使用水力发电作为动力源。1927 年，世界第一台大型压滤式电解槽装置在挪威的诺托登（Notodden）安装，由海德鲁公司（Norsk Hydro）制造，当时的产氢量规模是

$10000\,m^3/h$，生产的纯氢用于化肥生产。1954 年日本第一台民用电解装置研制成功，随后电解水技术于 1974 年和 1976 年分别引入韩国和美国，我国于 1994 年开始涉足电解水领域。

5.2.1 电解水制氢基础

（1）电解水制氢概念

电解水制氢是在含有电解液的电解槽中通入直流电，当施加足够大的电压时，水分子将在阴极上发生电化学还原反应产生氢气，在阳极上发生电化学氧化反应产生氧气，因此电解水的过程可以被概括为两个半反应，即阴极析氢反应和阳极析氧反应，而且气体产量与电流和通电时间成正比，反应遵循法拉第定律。在电解水反应中，由于纯水的电离度小，导电性差，属于典型的弱电解质，通常要加入电解质（如硫酸、氢氧化钠、氢氧化钾等）以增加溶液的导电性能来加速水电解反应。然而在含电解质的电解过程中，实际上是溶剂水被电解产生氢气和氧气（总反应公式），而只起运载电荷作用的电解质仍然留在水中没有变化，但是这些电解质的加入常常使得电解液的酸碱度（pH 值）发生变化，直接影响水电解的化学反应过程（如①和②）。

总反应式：$2H_2O \xlongequal{\quad} 2H_2\uparrow + O_2\uparrow$

① 中性条件或碱性条件下：

阴极：$4H_2O + 4e^- \xlongequal{\quad} 2H_2\uparrow + 4OH^-$

阳极：$4OH^- \xlongequal{\quad} 2H_2O + 4e^- + O_2\uparrow$

② 酸性条件下：

阴极：$4H^+ + 4e^- \xlongequal{\quad} 2H_2\uparrow$

阳极：$2H_2O \xlongequal{\quad} O_2\uparrow + 4e^- + 4H^+$

（2）电解池结构

电解是使电流通过电解质溶液或熔融的电解质而在阴、阳两极上引起还原氧化反应的过程，实现将电能转化为化学能的装置称作电解池（也称电解槽），主要由外加电源、电解质溶液、阴阳电极构成。当外接电源在工作时，电流的产生是电子流动的结果，如碱性水溶液电解装置（图 5-14），导线中电子的流向为电源负极流向电解池的阴极，电解池的阳极流向电源的正极；而溶液中阳离子流向为电解池的阳极流向阴极，阴离子流向为电解池的阴极流向阳极。

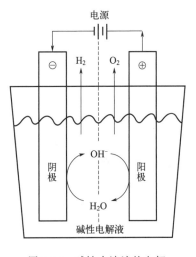

图 5-14　碱性水溶液的电解

5.2.2 电解水原理

（1）电极反应机制

电解水包括析氢反应（hydrogen evolution reaction，HER）和析氧反应（oxygen evolution reaction，OER）两个半反应，不同的反应路径取决于电极表面的电化学和电子性质。其中，HER 是阴极上发生双电子转移过程的产氢关键半反应，主要依赖于水电解中的环境条件。当在酸性介质中，HER 的机制涉及三种反应步骤，首先通过福尔默（Volmer）步骤［式（5-13）］产生吸附氢（H_{ad}），然后析氢反应可以继续海洛夫斯基（Heyrovsky）

步骤［式（5-14）］或塔菲尔（Tafel）步骤［式（5-15）］或两者同时进行产生 H_2 分子，形成的气态 H_2 最终从电极表面脱附；而在碱性介质中时，HER 主要涉及 Heyrovsky 步骤［式（5-16）］或 Tafel 步骤［式（5-17）］，主要促进 H_{ad} 的替换补充、羟基的吸附（OH_{ad}）和水的解离过程，充分提升了反应活性。

Volmer 步骤：$\qquad H^+ + e^- \Longrightarrow H_{ad}$ （5-13）

Heyrovsky 步骤：$\qquad H^+ + e^- + H_{ad} \Longrightarrow H_2$ （5-14）

Tafel 步骤：$\qquad 2H_{ad} \Longrightarrow H_2$ （5-15）

Heyrovsky 步骤：$\qquad H_2O + e^- \Longrightarrow OH^- + H_{ad}$ （5-16）

Tafel 步骤：$\qquad H_2O + e^- + H_{ad} \Longrightarrow OH^- + H_2$ （5-17）

事实上，反应活性、反应动力学和稳定性是随着电极表面的固有性质和实际电化学条件变化的，而且整个反应的速率很大程度上取决于氢吸附自由能（ΔG_H）。如果氢气与表面键合太弱，吸附步骤将限制整个反应速率，而如果键合太强，解吸步骤将限制反应速率。因此，具有 HER 活性的催化剂的必要不充分条件是 $\Delta G_H \approx 0$。更重要的是，当将 HER 材料的催化活性设定为 H—M（金属）键强度的函数时，会出现 H—M 键强度与 HER 反应活性（也就是交换电流密度）的"火山型曲线"关系［图 5-15（a）］，这是一种通过密度泛函理论（DFT）定量说明非均相电催化的萨巴蒂尔（Sabatier）原理范式。

（2）萨巴蒂尔原理

法国化学家萨巴蒂尔（Sabatier）于 1920 年提出所谓的中间化合物模型，并发现镍（Ni）的加氢反应中，Ni 之所以有催化活性是因为既可以很容易地形成氢化物，也可以分解成为纯金属。因此，他提出如果形成中间化合物过于容易（生成焓大），则随后中间物的分解可能很慢；而若形成中间化合物太过困难，则催化反应速率也会很慢。用于表面吸附上，就是反应速率随着吸附热（中间化合物的生成焓）的增加而提高，但是增加到足够高的时候，中间物的吸附过于强而导致反应速率下降。理想的催化反应中，催化剂和反应物种之间的相互作用既不要太强，也不能太弱。如果作用太强，反应产物难以脱附，如果作用太弱，反应物种难以和催化剂结合，即萨巴蒂尔原理。因此，在吸附热与中间物生成焓与催化速率的关系图上，往往都是呈现出一种火山型曲线。

（3）火山型曲线

火山型曲线的根源是由"吸附过程引发表面活性位占据"这一自毒化效应造成的，它的存在可能体现为多相催化的基本属性，也就是说在具有反应中间体的中间结合能（或吸附自由能）的催化表面上可以实现最佳催化活性。理论模拟也表明，如果中间体结合得太弱，表面很难被激活，但如果结合得太强，它们会占据所有可用的表面位点并发生毒化反应，因而中间体结合能必须处在一个适中的位置，才能达到最佳的催化性能。对于给定类别的催化剂材料，吸附太弱不利于吸附，太强不利于脱附，而火山曲线可提供最佳催化剂的见解，但在火山型曲线模型中还存在其他因素，这是定量确定绝对反应速率所要考虑的。就像 MoS_2 具有接近最佳值的 ΔG_H 值而交换电流密度比贵金属低，这主要是因为动力学势垒也可以作为 pH 的函数而改变，形成了电流密度对 pH 的依赖性。但值得注意的是，尽管所涉及的析氢过程（例如关于 pH 或动力学势垒）可能存在变化，但活性火山曲线并不左右移动，而是上下移动，这意味着火山曲线仍然可用来识别最佳 HER 催化剂的键合特征。

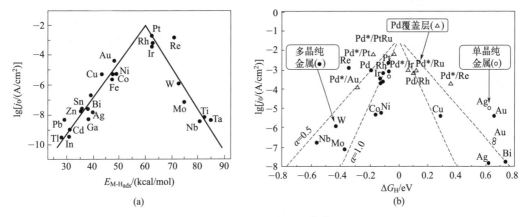

图 5-15　HER 火山型曲线
（a）酸性介质中交换电流密度与金属表面的 H—M 键合能量的关系；
（b）交换电流密度与金属和合金的标准氢吸附自由能关系

（4）析氢活性与 ΔG_H 关系

针对 HER，也可以通过分析 ΔG_H 来准确量化和预测多种金属和合金的析氢活性，而最优的 ΔG_H 值应该在 0eV 左右［图 5-15（b）］，就像几乎热中性 ΔG_H 的铂（Pt）非常接近火山型曲线顶部，具有适中的氢吸附/脱附能力，因而在酸性测试中商业 Pt/C 催化剂也表现出超高的 HER 活性。然而考虑到 Pt 的稀缺性和高成本严重限制大规模的商业制氢工业应用问题，人们开始寻找降低负载量或可替代 Pt 的地球上含量丰富的催化剂。例如，许多二元表面合金表现出很高的 HER 预测活性，具有类 Pt 的氢吸附自由能，同时具有超高的酸性 HER 本征活性。也就是在进行酸性 HER 研究时，不仅可以利用理论计算途径来估算预测新型催化剂的 ΔG_H，还可确定其表面理论活性及其在火山图中的纵坐标位置。与此同时，还应从实验角度测量出本征交换电流密度，从而精确报道所筛选新型催化剂的活性，而 MoS_2 基的 HER 催化剂的发展就是理论指导发现和设计新型电催化剂的一个成功例子。

5.2.3　电解水活性评价指标

（1）过电位

在标准条件下，无论酸性或碱性电解质，1mol 的水分解为氢气和氧气需要 237.2kJ 的能量输入，根据 Nernst 方程，其对应的水分解理论热力学电势为 1.23V，但在实际测试中需要施加比理论值更高的电压（这种差异称为过电位）来驱动水快速分解，而过电位（η）主要来自阳极和阴极的活化势垒以及其他电阻（如接触电阻和溶液电阻）。通常，过电位值对应于 10mA/cm 的电流密度被用来比较不同催化剂间的活性，该电流密度相当于 12.3% 的太阳能制氢效率。实际上水电解不仅是一种上坡反应，正如 ΔG 的正值所反映的那样，而且还必须克服一个显著的动力学障碍，催化剂在降低动力学屏障方面起着至关重要的作用［图 5-16（a）］，而在电催化水分解过程中，催化剂的性能评价主要是基于活性、稳定性和效率。

（2）塔菲尔曲线

从极化曲线中获取的过电位、塔菲尔（Tafel）斜率和交换电流密度可用来反应催化活性。将电流密度和过电势间的关系式以半对数绘图而得到一条直线——Tafel 图［图 5-16（b）］，表示为了达到一定的电流需要改变电极电势的程度。过电势（η）与电流密度（j）存在线性函数关系［式（5-18）］，a、b 是两个重要的动力学参数。其中，a 表示电流密度为单位数值（$1A/cm^2$）时的过电位值，它的大小和电极材料的性质、电极表面状态、溶液组成及温度等因素有关。另一个是 Tafel 斜率 b，这与电子转移动力学方面的催化反应机理有关，以及在过电位为零时提取电流获得的交换电流密度 J_0。对于 HER 来说，理论的 Tafel 斜率为 120mV/dec、40mV/dec 和 30mV/dec，分别对应 Volmer-Heyrovsky 步骤、Heyrovsky 步骤和 Tafel 步骤。与此相比，较小的 Tafel 斜率意味着随电位变化的电流密度增量显著，同时也反映出更快的电催化反应动力学。而交换电流密度描述了平衡条件下的固有电荷转移，意味着较高的电流密度下有着更高的电荷转移速率和更低的反应势垒。因此，较低的 Tafel 坡度和较高的交换电流密度有望筛选出更好的电催化剂。

$$\eta = a + b\lg j \tag{5-18}$$

式中，a，b 为塔菲尔常数；j 为交换电流密度。

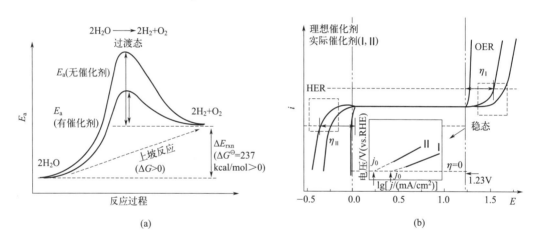

图 5-16 电催化剂在降低活化能垒中的作用示意图（a）及
包括过电位、Tafel 斜率和交换电流密的性能评价示意图（b）

（3）稳定性

过电位或电流随时间的变化曲线可以用来衡量材料稳定性和反应效率。评价稳定性的第一种方法是通过记录特定电流密度下电位随时间而变化的计时电位法（E-t 曲线）或记录固定电位下电流随时间而变化的计时安培法（I-t 曲线）。通常设置电流密度大于 $10mA/cm^2$ 时进行至少 10 小时连续测试，也就是说一段时间内测试电流或电位保持不变，表明催化剂稳定性良好。稳定性评价的另一种方法是通过连续循环伏安法（CV）进行评估，通常要在特定扫描速度下连续记录 5000 个循环。由于线性电位扫描曲线（LSV）通常在稳定测试前后记录，因此如果催化剂迅速失去活性，过电位将明显增加。

（4）法拉第效率

法拉第效率（faradaic efciency，η_F）是一个评估催化剂性能的定量参数，是指实际生成物和理论生成物的百分比，即能量转化的利用效率；而在电解水反应中用来描述外部电路中电子转移到电极表面进行电化学反应的效率，即体系中电子/空穴用于实际产氢/产氧量与理论计算的比率［式（5-19）］。理论值可以通过集成计时安培或计时电位分析，而测量实验值则可通过使用水-气置换法或气相色谱法进行定性和定量检测产气量，以确定在反应过程中有多少电荷用于生成气体产物。由于实际反应过程中会存在各种电阻损耗和一些副反应，因此 η_F 通常低于100%。

$$\eta_F = \frac{N_F}{N_T} = \frac{m \times n \times F}{I \times t} \times 100\%$$

(5-19)

式中，N_F 为实际消耗电荷量；N_T 为流过外电路的总电荷量；m 为相关产物物质的量；n 为反应转移电子数；F 为法拉第常数，96485C/mol；I 为平均电流密度；t 为反应时间。

（5）转换频率

转换频率（turnover frequency，TOF）是指在给定反应程度下，单位时间内、单位活性位上发生反应的次数，或定义为单位时间单位活性位上发生催化反应的次数或生成目标产物的数目或消耗反应物的数目［式（5-20）］。在均相电化学反应中，TOF 仅代表在反应扩散层中靠近电极表面催化剂的活性，与主体电解液中的催化剂无关。值得注意的是，该公式应用于结构单一且表面均匀的材料时较为准确，然而在非均相催化反应中，由于实际催化剂的组成和表面结构的复杂性，可能反应物或中间体会吸附在活性位上导致测定活性位的数目比较困难，使得很难获得准确的 TOF 值。尽管相对不精确，TOF 仍然可以作为比较同一类型催化剂本征催化活性的重要参数，特别是电催化分解水反应中对文献中材料活性具有较高的参考价值。

$$TOF = \frac{1}{\alpha \times F \times N}$$

(5-20)

式中，I 为电流；F 为法拉第常数；α 为生成一分子目标产物时的转移电子数；N 为活性物质的物质的量。

5.2.4 析氢反应催化剂

近些年来，电分解水产氢的发展在很大程度上取决于高活性和耐用性氢析出反应（HER）催化剂的研发，HER 催化剂主要包括贵金属类、非贵金属类催化剂两种类型。

（1）贵金属类催化剂

与其他金属相比，铂族金属（包括 Pt、Pd、Ru、Ir 和 Rh）位于火山曲线的顶点附近，表现出优异的 HER 催化性能。萨巴蒂埃原理解释了中等 M—H 键强度表示氢气的优化吸附和解吸在 Pt 的表面，表现出"准零"过电位和较小的 Tafel 斜坡而获得高催化效率。目前 Pt 的高成本和稀缺性已成为主要限制其广泛应用的问题之一，基于 Ru 和 Pt 以及 Ni、Fe、Mo、W 等多种过渡金属原子的单原子或团簇催化剂已被广泛探索。

在限度减少 Pt 使用量的前提下，将 Pt 与一种或多种金属合金化可大大提高 Pt 的利用率（如 Pt-Ag、Pt-Pd、Pt-Ru），同时也改变了 Pt 原子的配位环境和电子性能，可有效提高催化活性。Pt 与其他 3d 过渡金属（Fe、Co、Ni、Cu）也通过合金化成为热点催化剂，而其中超出纯 Pt 的合金之一是 Pt-Ni。根据 d 带中心理论，靠近费米能级的 d 带中心表现出较强的吸附，而远离的则表现出较弱的吸附。因此，通过计算出氢吸附在这些表面合金的自由能可筛选与识别许多有潜力的 HER 催化剂。

（2）非贵金属类催化剂

合成基于过渡金属，包括 Fe、Co、Ni、Cu、Mo 和 W 催化剂也用于 HER。通过伏安法比较，非贵金属催化性能遵循以下顺序：Ni＞Mo＞Co＞W＞Fe＞Cu。其中，金属 Ni 具有氢吸附的最小自由能 ΔG_H 和最大 HER 交换电流密度，近一个世纪以来一直用在碱性 HER 中。然而，非贵金属电催化剂在强酸性或强碱性条件下容易腐蚀，并在催化循环过程中倾向于聚集成更大的颗粒。为了提高催化性能，采用封装结构和载体固载方法来抑制颗粒聚集可有效保留稳定性。比如，单原子 Ni 掺杂在纳米多孔石墨烯上构成的催化剂，可获得与商业 Pt 相媲美的出色过电位及 120h 的稳定性。

过渡金属化合物由于地球丰度大，成分可调及低成本优势在电催化领域得到大力发展，如过渡金属硫化物、过渡金属氮化物、过渡金属磷化物、过渡金属氧化物、过渡金属碳化物和过渡金属硼化物等已成为替代贵金属 Pt 的最具潜力的一类电催化剂。过渡金属硫化物（TMD）因具有独特的结构和电子特性而成为参与电催化反应的最多材料组之一，第一排过渡金属硫族化合物（MX_2，M＝Fe、Co、Ni，X＝S、Se）也被确定为热点催化剂。同时，将带负电荷的氮原子嵌入过渡金属中，使金属晶格膨胀并拓宽金属的 d 带，从而增加 d 带的收缩和费米能级附近的态密度重新分布，有利于优化过渡金属氮化物（TMN）表现出类似于贵金属（如 Pt 和 Pd）的电子结构。其中，Mo 基和 W 基的二元和三元 TMN 因其独特的类金属物理和化学特性以及模仿 Pt 催化行为等特点而备受关注。自 2005 年就发现 Ni_2P 催化剂是最好的实用催化剂之一（Ni_2P＞Pt＞Ni）之后，将 P 元素掺入相应金属晶格的过渡金属磷化物（TMP）因有效改善金属溶解的热力学过程和相关耐腐蚀性也得到飞速发展。

5.2.5 电解水效率提升策略

深入了解电解水动力学障碍能有效地从原子水平构效关系上指导发展先进的电化学催化剂。因此，如何开发高效和稳定的双功能水分解电催化剂及优化调控反应路径对提升 HER 效率具有重要意义。

（1）催化剂开发策略

通常，HER 活性包括形成分子氢的双电子机制，而 OER 活性涉及四质子耦合电子转移机制形成 O＝O 键并切割 O—H 键。根据理论计算，在室温（25℃）和标准大气压（760mmHg，1mmHg＝0.1333kPa）下，水分解系统的功能在 1.23V 的热力学电压用于电解水转化为氢气和氧气。然而在实际反应中，额外的阻力（如电化学池中的欧姆极化、浓差极化和活化极化）成为限制关键活性的屏障，因此，系统需要施加超过理论估计值的能量来开展反应。其中，由于 OER 反应动力学缓慢的缺点而严重限制了能量转化效率，如何通过改善 OER 反应动力学过程来提升能量转化效率至关重要。一般来说，析氧机制主要可分为常规吸附质析出机制（AEM）和晶格氧氧化机制（LOM）。近年来，AEM 机制并不适用于解释催化剂在 OER 过程中的动力学演变，而晶格氧氧化还原衍生的 LOM 机制使具有金属-氧共价性的固态电催化剂的高本征活性和表面重构问题合理化。

另一方面，从酸碱性反应中发现，OER 在酸性介质下比碱性慢，与碱性 HER 缓慢动力学相似，因为涉及了其他水分解步骤。实际上拥有理想热力学的电催化剂材料中，不同的吸附组分（—OH、—O、—OOH、O$_2$）是会同等地影响到上述四个碱性步骤。—OH 和—OOH 间的恒定自由能相差约 3.2eV，这对氧化物几乎是一致的，而理想的情况是最大化减少—OH 和—OOH 中—O 的自由能以获得过电位值 0.2～0.4V 的降低。基于此，优秀的电催化剂包括贵金属氧化物（IrO$_2$）及过渡金属在内的硫化物、硒化物和磷化物在碱性条件下表现出良好的 OER 活性，甚至开发了碱性水全分解的双功能电催化剂，如金属氧化物/氢氧化物等。

酸性条件下的反应见式（5-21）～式（5-24）。

$$2H_2O \longrightarrow OH_{ads} + H_2O + H^+ + e^- \tag{5-21}$$

$$OH_{ads} + H_2O \longrightarrow O_{ads} + H_2O + H^+ + e^- \tag{5-22}$$

$$O_{ads} + H_2O \longrightarrow OOH_{ads} + H^+ + e^- \tag{5-23}$$

$$OOH_{ads} \longrightarrow O_2 + H^+ + e^- \tag{5-24}$$

在碱性条件下的反应见式（5-25）～式（5-28）。

$$4OH^- \longrightarrow OH_{ads} + 3OH^- + e^- \tag{5-25}$$

$$OH_{ads} + 3OH^- \longrightarrow O_{ads} + 2OH^- + H_2O + e^- \tag{5-26}$$

$$O_{ads} + 2OH^- \longrightarrow OOH_{ads} + OH^- + e^- \tag{5-27}$$

$$OOH_{ads} + OH^- \longrightarrow O_2 + H_2O + e^- \tag{5-28}$$

电化学全水解往往需要比理论值高的电势，这造成大量的能源损失。通常采用增加给定电极上活性位点的数量（载体负载和限域）和增加每个活性位点的本征活性（合金、晶面和形貌调控）两种策略来提高电催化剂体系的活性（或反应速率）。也就是在不影响电荷传输和传质等其他重要过程的情况下，电极上能负载催化剂的量存在物理极限，因此在高负载量时，实际中会观察到平台效应。另一方面，增加本征活性导致电极活性的直接增加，减轻由高负载量引起的输运问题，不仅可以降低催化剂载量，还可以节约催化剂成本。其实，催化剂活性可跨越许多数量级，如性能优异与对比催化剂间的本征活性差异可以超过 10 个数量级，然而高负载量和低负载量催化剂间的差异可能只有 1～3 个数量级。目前，Pt、IrO$_2$ 等贵金属材料已被证实是 OER 和 HER 的有效电催化剂，然而金属材料的稀缺性和高成本阻碍了它们的大规模应用。

近年来，结合两种或多种非贵金属电催化材料构建异质结构已成为一种提高催化剂活性的有效策略。这样不仅可通过组合不同的组分，在界面处产生电子再分布、实现协同效应，还能够通过改变该结构的组成和晶相产生新的界面结构，实现高效的全解水催化功能。具体异质结构主要涉及如下几个方面：

① 化学元素掺杂。在分子水平上改变了电催化剂的组分与结构，提升了电催化反应的热力学和/或动力学性能。掺杂的元素主要包括贵金属、前过渡金属/非 3d 过渡金属和非金属。在掺杂的元素中，非 3d 过渡金属易于优化电催化中间体形成的吉布斯自由能，非金属元素往往具有较高的电负性，影响界面电荷转移，从而促进催化反应。

② 纳米结构工程。催化剂因具有不同的纳米结构可改变其电子结构、热性能、机械性能、比表面积等，实现材料催化性能的有效提升。通过构建一维棒状结构、二维纳米片以及多样化的三维结构，使得催化剂暴露更多的活性位点，实现更快的离子/电子转移速率。

③ 复合材料构筑。通过将具有催化活性的物质与石墨烯、泡沫镍、氮掺杂碳、碳纳米管等其他材料进行复合，获得具有高导电性和离子扩散速率的复合催化材料。这些三维电极材料直接作为催化剂进行碱性电解水产氢展现出极大的优势，能进一步加快催化剂表面气泡的释放，加快传质过程。

（2）反应路径策略

由于 OER 动力学迟缓的缺点而需要更高的过电位来配合 HER，况且 OER 过程中产生的 O_2 价值较低，这也增加了水分解的成本。因此，新的策略旨在通过热力学有利的有机物氧化反应来取代 OER，进而开发更具成本效益的 H_2 生产系统。目前，研究的产氢协同有机氧化反应，包括尿素（0.37V）、肼（−0.38V）、醇、环己酮和木质纤维素衍生物等氧化反应，与 OER（1.23V）相比都具有更有利的氧化电位，在实现水电解能耗显著降低的同时，还可同步获得阳极上高附加值化学产品，甚至解决了全解水中混合 H_2-O_2 的分离问题。

5.2.6 电解槽发展与分类

（1）电解槽发展

1800 年，英国化学家威廉·尼科尔森（William Nicolson）和安东尼·卡莱尔（Anthony Carlisle）首次发现水电解产生氢气和氧气现象。基于电解水原理，英国科学家法拉第（Michael Faraday）在 1832 年阐述了适用于电化学反应中一切电极反应的氧化还原过程——法拉第定律。经历两个多世纪的发展，特别是新材料的开发大大推动了电解槽的技术进步。20 世纪 40 年代，杜邦公司发明了一种兼具机械、热稳定性和性能良好的质子传输材料，使质子交换膜制氢技术成为可能，并率先应用于航空等领域。2010 年后，随着光伏、风电的推广及电解槽成本下降使得绿氢成为商业上储能、工业生产等行业可行的发展目标，如今已经成为能源产业发展方向之一。

（2）电解槽分类

目前水电解制氢技术根据电解隔膜的不同（图 5-17），电解槽种类主要包括碱性电解水制氢（AWE，alkaline water electrolysis）、阴离子交换膜（AEM，anion exchange membrane）电解水制氢、质子交换膜（PEM，proton exchange membrane）电解水制氢和固体氧化物电解水制氢（SOEC，solid oxide electrolysis cell）。

① 碱性电解水制氢（AWE）：以质量分数为 20％～30％的浓 NaOH 或 KOH 碱性水溶液为电解质，采用可浸润电解质的高分子多孔隔膜，如聚苯硫醚（PPS）复合隔膜，在直流电的作用下，水分子在阴极解离产生氢气，而氢氧根离子（OH^-）在阳极反应生成氧气。这是当前最成熟、商业化水平最高、应用最为广泛的制氢技术，也是当前氢能产业的首选技

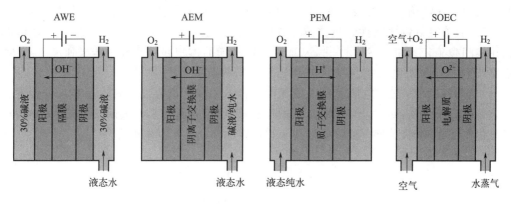

图 5-17　四种电解水制氢技术装置简图

术路线。商用 AWE 系统目前已在模块化生产，产氢速率范围为 $1 \sim 3000 \text{m}^3/\text{h}$。这相当于每个模块消耗 5.0kW～15MW 的电力。同时，几个电解模块并联连接，可获得更大的产氢能力。该技术的优势在于使用非贵金属催化剂，成本友好，操作简单，设备使用寿命长，工艺成熟，单台设备产能高。然而，AWE 绝对能量效率低于其他技术路线，存在串气问题，电流密度小，不能与波动性新能源直接耦合。而且设备体积大，占地多，碱性溶液对设备也具有一定腐蚀性。大型碱性电解水制氢装置的工艺流程见图 5-18。目前，AWE 国产设备已达到国际先进水平，但关键隔膜材料依然靠进口，如比利时 Agfa 公司的 ZIRFON 膜，国内有北京碳能科技、宁波中科氢易等在推动 AWE 隔膜的国产化。

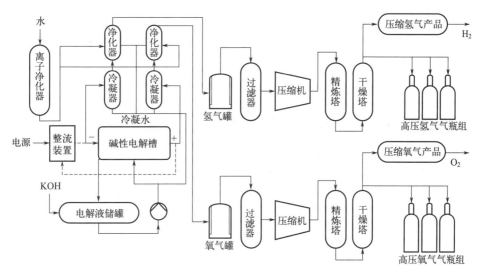

图 5-18　大型碱性电解水制氢装置的工艺流程

②　阴离子交换膜（AEM）电解水制氢。以纯水或碱液为电解质，采用 AEM 作为隔膜阻隔气体和电子在电极间直接传递，实现 OH^- 从阴极到阳极的传输而在催化电极上进行水电解的工艺。AEM 电解水具有传统 AWE 结构简单、可使用廉价的铁钴镍钼基催化剂、性价比高、腐蚀性低、析氧反应动力学快等优点，又兼顾了 PEM 电解水启动快、电流密度大、可直接耦合波动性的可再生能源等优点，是极具发展前景的新一代制氢技术。AEM 电

解槽本质属于碱性槽，双极板、气体扩散层、催化剂和密封件可以依托成熟的 AWE 产业链。AEM 具有良好的气密性，可缓解 AWE 使用多孔膜的串气问题，因此，AEM 电解槽可采用零间隙工艺 [图 5-19 （a）]，从而减小电解槽的体积并提高离子传导速率。AEM 电解水系统包括 AEM 电解槽、气水分离器、电解液储罐、气体储罐、加热器等 [图 5-19（b）]。然而现阶段 AEM 电解水技术成熟度不高，关键问题在于 AEM 碱性稳定性低、高温稳定性差，批量制备工艺不成熟等。德国 Enapter 公司是 AEM 电解槽制造上的先行者，已经推出了 2.4kW 级单槽，通过堆栈技术，可以组装成兆瓦级电解堆。

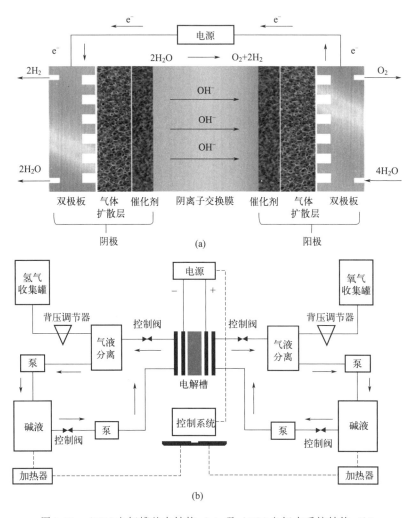

图 5-19　AEM 电解槽基本结构（a）及 AEM 电解水系统结构（b）

　　根据 AEM 上的季铵阳离子不同，商业化 AEM 已经发展了四代。第一代为三甲基铵型。该代 AEM 碱性稳定性低，主要用于电渗析、废酸处理等传统领域，不适用于电解水或燃料电池领域。第二代苯并咪唑型于 2010 年前后由加拿大西蒙菲莎（Simon Fraser）大学开发。第二代碱性稳定性有所提高，但也只适合于低浓度碱液，并且离子电导率不高。2018年瑞典隆德（Lund）大学发明了第三代 AEM：聚芳烃哌啶基 AEM [图 5-20（a）]。第三代 AEM 在低浓度碱液和低温条件下具有良好的稳定性、离子电导率和机械性能，从而为

AEM 电解水的商业化提供了可能性，获得了美国、韩国、瑞士等国高校以及中科大、武汉大学等一大批科研单位的持续研究。目前，美国、瑞士及国内有关公司正在进行第三代 AEM 的产业化。基于第三代 AEM 构建的水电解槽，需要在低温低浓度碱液下工作，且具有离子电导率低和析氧反应动力学慢等缺点，2022 年，武汉立膜科技与湖北大学联合开发了第四代 AEM：聚芳烃奎宁基 AEM ［图 5-20 (b)］。基于 N-甲基奎宁基的球形大位阻、富电子结构和 β 位没有氢原子或远离苯环从而阻止 OH¯ 进攻、抑制霍夫曼消除和亲核取代降解的原理，聚芳烃奎宁基 AEM 在高浓碱液和高温下具有优异的稳定性，比如，在大于 5mol/L 的氢氧化钠水溶液中，80℃下大于 5000h 没有化学降解，也没有电导率下降。该代 AEM 综合性能优良，抗拉强度大于 40MPa，80℃全湿状态下，OH¯ 电导率大于 130mS/cm。

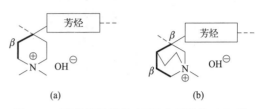

图 5-20　聚芳烃派啶基 AEM 分子结构 (a) 及聚芳烃奎宁基 AEM 分子结构 (b)

基于第四代 AEM 构建的水电解槽，可操作温度和碱液浓度范围大，可以在高温高浓度碱液下工作，因此可以和成熟的 AWE 供应链直接匹配。聚芳烃奎宁基 AEM 的基础树脂利用超强酸催化傅-克聚合反应和季铵化反应两步合成，采用间歇工艺在反应釜中搅拌即可实现批量生产。将树脂配成铸膜液，过滤消泡后，灌注到流延机中，采用分段程序烘干，可实现 AEM 的连续生产。

③ 质子交换膜（PEM）电解水制氢。电解槽使用厚度小于 $200\mu m$ 的较薄的质子交换膜（全氟质子交换膜、部分氟化聚合物质子交换膜、非氟聚合物质子交换膜、复合质子交换膜），液态纯水通过进水通道进入催化层，在直流电源和催化剂的共同作用下水分子在阳极解离，质子（H⁺）通过交换膜迁移到阴极直接产生氢气。PEM 系统有着紧凑、简单的设计，但对水中的杂质较为敏感（如铁、铜、铬、钠）。目前电解槽使用的是化学、机械性都很稳定，且耐压的综合性能最佳的全氟磺酸膜（PFSA），商业化应用最为广泛，因此 PEM 电解池可在高达 70bar 下运行，安全性和产物纯度较高。然而 PEM 电解槽的缺点是需在高酸性、高电势和不利的氧化环境中工作，对提升材料稳定性有特殊需求。

PEM 电解产生的氢气纯度可以达到 99.999%，可直接通入燃料电池使用。质子交换膜电解池可以在高电流密度（＞$1.0A/cm^2$）和高压下（＞5MPa）工作。高电流密度可以保证生产的氢气效率和纯度大幅提高，适用于使用空间受限且用电需求量大的地方；高压制氢可在输运前省去增压所需的附加设备，降低氢气配给环节的运营成本。PEM 电解池的质子跨膜传输对功率输入反应迅速，电解槽制氢响应时间小于 5s，其快速的动态响应速度可完美匹配可再生能源发电间歇性和波动性，将难以利用的可再生能源转化为清洁高价值的氢能，从而产生巨大的效益。质子交换膜的应用使得阴阳极间距缩短至几十至几百微米，显著减少由离子迁移引起的能耗。因此质子交换膜技术被认为是利用可再生能源电解水制氢的优质技术。质子交换膜电解水制氢关键部件电解小池的原理及细分部件见图 5-21。

目前 PEM 已迈入 10MW 级别示范应用阶段，产氢量分别为 1070kg/d，2400～48000kg/d 和 4050kg/d。2022 年 12 月，中国石化首套自主研发的兆瓦级 PEM 电解水制氢成套技术实现工业应用，日产高纯度（纯度为 99.9995%）氢气 1.12t，而 100MW 级别的 PEM 电解槽国内外还都正在开发。美国 Plug Power 公司开发的最大的 PEM 电解槽系统于 2024 年 2 月投产，设计产能为 15t/d 的液态电解氢——每天足以为大约 15000 辆叉车提供动

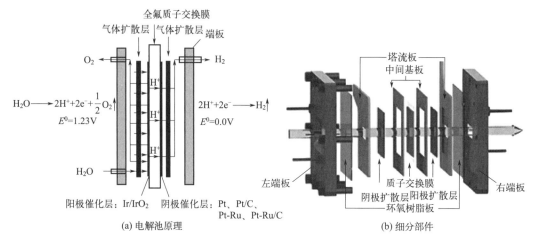

图 5-21　PEM 电解水制氢

力。通过 8 台 5MW PEM 电解槽，水被分离成氢气和氧气，然后氢气在 −252.8℃的温度下液化，并使用其低温拖车通过物流网络运送到加氢站。

④ 固体氧化物电解水制氢（SOEC）。这是一种在高温状态下电解水蒸气制氢技术，SOEC 的阴极（氢电极）采用 Ni/YSZ 材料，而阳极（氧电极）采用锶掺杂的锰酸镧（LSM），电解质为氧化钇稳定的氧化锆（YSZ）。电解过程中，在阴极发生还原反应得到氢气，所形成的氧离子通过 YSZ 电解质迁移到阳极，并在阳极释放电子，形成氧气。高温电解的电解效率可接近 100%，总的制氢效率接近 50%。电解槽通常在 600～900℃高温下运行。动力学上的优势使其可使用廉价的镍电极。如利用工业生产中高品质的余热（比如能量输入为 75%电能＋25%水蒸气中的热能），SOEC 的系统效率近期内有望达到 85%，并在 10 年内达到欧盟的 2030 目标 90%。SOEC 电解槽进料为水蒸气，若添加二氧化碳后，则可生成合成气（氢气和一氧化碳的混合物），再进一步生产合成燃料（如柴油、航空燃油）。因此 SOEC 技术有望被广泛应用于二氧化碳回收、燃料生产和化学合成品合成。

固体氧化物电解池中，对阳极材料的主要要求是高温条件性质稳定、与电解质材料兼容、较高的离子电子导电率等。钙钛矿结构的混合氧化物（如 LSM，即 $LaMnO_3$ 掺入 Sr^{2+} 形成的离子电子混合导体），在早期被广泛用作阳极材料，但存在离子电导率低的问题，通常需要添加离子导电材料（如氧化钇掺杂的氧化锆）以制成复合阳极材料来提高离子电导率。近几年，一系列镧-锶-钴-铁体系的混合离子电子导体（锶掺杂的钴酸镧 LSC、铁酸镧 LSF、钴部分取代的铁酸镧 LSCF 等）表现出较高的离子电导率，且氧扩散能力较好，但稳定性有待提升。

固体氧化物电解技术具有高效、简单、灵活、环境友好等优势。a.氢气转化率高。从电解水能量转化效率考虑，实验室电解制氢效率接近 100%，因为高温操作降低了水的理论分解电压，即有效降低了反应过电势，降低了能耗。b.操作灵活且规模可控。将多个电解池片耦合可成倍地提高单位时间的产氢量。c.可逆操作。SOEC 有在电池和电解池模式间可逆运行的优势，其电化学原理见图 5-22。然而，从整体能量使用率来看，SOEC 技术的高温条件会造成热能的损失以及水资源的过量使用，同时增大了对电解池材料的要求，使得该技术目前只能在特定的高温场合下应用，短期内无法大规模投入实际应用。

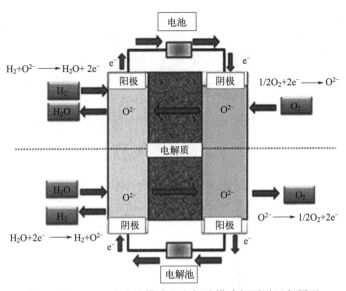

图 5-22　SOEC 在电池模式和电解池模式间可逆运行原理

目前，PEM 电解水材料的研发重点是机理研究和提升材料性能，而 AEM 则是材料开发和机理研究，并设立相关国家实验室为主导的研发专项。我国科技部 2022 年度"催化科学"重点专项项目申报指南于"可再生能源转化与存储的催化科学"子项下设"阴离子交换膜电解水制氢研究"专项，基于高效催化剂的设计方法及规模化可控制备方法，研制高离子电导率、高稳定性阴离子交换膜；研究催化剂与膜相界面电荷传输和气体扩散行为；阐明电解系统结构动态演化规律和失效机制；构筑适用于波动输入功率工况的低能耗阴离子交换膜电解水器件等内容。从材料、性能、效率和成本对比，这四种电解水技术都有自身的优势和挑战（表 5-1），而从成本方面来看，电解水制氢成本主要来源于电费、固定成本、设备维护和水费这四项开支。

表 5-1　四种电解槽对比

项目	AWE	AEM	PEM	SOEC
电解质隔膜	石棉膜	阴离子交换膜	质子交换膜	固体氧化物
电流密度/(A/cm²)	<0.8	1～2	1～4	0.2～0.4
使用电耗/(kW·h/m³)	4.2～5.5	4.5～5.5	4.3～6	3.0～4.0
能量效率/%	60～75	60～75	70～90	85～100
工作温度/℃	70～90	40～60	50～80	600～1000
产氢纯度/%	99.8	99.99	99.99	99.99
产氢压力/MPa	1.6	3.5	4	4
操作特征	启停不便	快速启停	快速启停	启停不便
环保性	石棉危害	无污染	无污染	无污染

5.2.7　光电化学制氢技术

类似于太阳能光伏发电技术，光电化学制氢技术（PEC）采用光伏半导体材料产生的光电化学能直接将水分子分解成氢气和氧气，是太阳能储存在化学燃料中的一种理想途径。相对于传统的光催化水分解制氢［图 5-23（a）］，典型的光电化学分解池由光阳极和阴极构成。光阳极通常为光半导体材料，受光激发可以产生电子空穴对，光阳极和对电极（阴极）组成光电化学池，在电解质存在下光阳极吸光后在半导体导带上产生的电子通过外电路流向阴极，水中的氢离子从阴极上接受电子产生氢气［图 5-23（b）］。目前光电催化阳极/阴极材料主要聚焦在 TiO_2、$BiVO_4$、Fe_2O_3、CdS、Cu_2O、Si 等。美国能源部认为 PEC 器件使用寿命大于 10 年、太阳能到氢的转化效率（STH）达到 20％ 应是 PEC 技术的发展目标。目前报道的 PEC 器件最大 STH 已超过 19％，部分 PEC 器件持续运行所产生的氢气体积可达到 1000mL 以上。

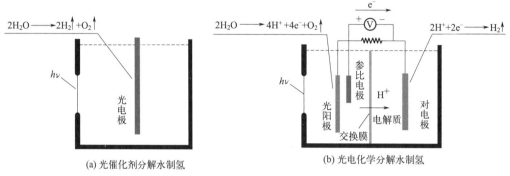

图 5-23　光催化水分解制氢及光电化学分解水制氢原理示意图

【例题 5-1】　标准情况下（$p=101.325kPa$，$T=298.15K$），以商业 MoS_2 为 HER 电催化剂为例进行电解水实验。在 1.0mol/L 的 KOH 电解液中，三电极系统在恒定电流密度（$30mA/cm^2$）条件下连续工作 60min，其中石墨棒作为对电极，饱和 Hg/HgO 电极为参比电极，MoS_2 修饰的氟掺杂氧化锡（FTO）电极（电极面积 $1cm^2$）为工作电极，并通过水置换法确定阴极处产生的氢气体积为 13.5mL 和阳极处约 6.5mL 的氧气，那么为了评价催化剂的产氢性能，它的法拉第效率（FE）是多少？如果 FE 低于 100％，是什么原因造成的？

解：标准情况下，$p=101.325kPa$，$T=298.15K$，$R=8.314J/(mol·K)$，根据理想气体状态方程（$pV=nRT$），气体摩尔体积 $V_m=24.45L/mol$，

因此，依据实验测得的氢气（$V=13.5mL$），可根据式（1）计算出测得氢气的物质的量 $n(H_2)_M$

$$n(H_2)_M = \frac{V}{V_m} \tag{1}$$
$$=13.5×10^{-3}\ L/(24.45L/mol)$$
$$=0.55×10^{-3}\ mol$$

在这段通电时间内（$t=60min=3600s$），可根据式（2）计算理论上氢的物质的量 $n(H_2)_T$，$F=96485C/mol$，$i=30mA/cm^2=0.03A/cm^2$

$$n(H_2)_T = \frac{it}{2F} \tag{2}$$
$$=0.03A×3600s/(2×96485C/mol)$$
$$=0.56×10^{-3}\ mol$$

最后,通过式(3)计算 FE,

$$FE = \frac{n(H_2)_M}{n(H_2)_T} \times 100\%$$ 　　　　　　　(3)

$$= 0.55 \times 10^{-3} \text{ mol}/(0.56 \times 10^{-3} \text{ moL}) \times 100\%$$

$$= 98\%$$

计算所得的 FE<100%,这是因为理论上 FE 等于 100%,然而在实际反应中常常有副反应和热效应等因素会降低电流效率。因此,在材料设计过程中应考虑优化的反应路线,同时突出开发具有更高选择性电催化剂等重要性。

【例题 5-2】 过渡金属磷化物用于电化学分解水产氢具有缓解能源危机的巨大潜力,设计开发了一种 CoP/C 纳米盒复合结构催化剂在酸性介质中表现出超低过电位、小 Tafel 斜率和出色的耐久性。当需要阐述催化剂的电催化活性时,需要如何评价?在多相催化体系中可以给出一个精确的 TOF 吗?已知电化学活性面积为 495cm²/g,CoP 单位面积活性位点为 1.214×10^{15} cm^{-2},电压-0.15V(vs. RHE)下电流密度为-20mA/cm²。

解: 为了方便比较不同催化材料之间的反应性能,特别是涉及材料的一些本征催化活性的比较,计算 TOF 不失为一个可行的途径。虽然在多相催化体系中,TOF 的计算很难达到理想的状态,但是作为评价催化剂的一种方法还是有它的价值,能更好地理解和评估多相催化体系。

根据题目,我们以负载型 CoP/C 催化剂为例计算 TOF 值。

$$TOF = \frac{\text{几何面积的总氢周转次数}}{\text{几何面积的活性位数}}$$

而氢气周转总数是根据电流密度计算的。

$$总氢气周转数 = \left(j \frac{mA}{cm^2}\right) \left(\frac{1Cs^{-1}}{1000mA}\right) \left(\frac{1mol 电子}{96485C}\right) \left(\frac{1mol H_2}{2mol 电子}\right) \left(\frac{6.022 \times 10^{22} H_2 分子}{1mol H_2}\right)$$

$$= 6.2 \times 10^{15} \frac{H_2/s}{cm^2}$$

已知,电化学活性面积(ECSA)为 495cm²/g,CoP 单位面积活性位点为 1.214×10^{15} cm^{-2},电压-0.15V(vs. RHE)下电流密度为-20mA/cm²,所以相应电流密度下的 TOF 值可以按如下计算:

$$TOF = \frac{\left(6.2 \times 10^{15} \frac{H_2/s}{cm^2}\right)}{\text{表面位点} \times \text{电化学活性面积}}$$

$$= \frac{\left(6.2 \times 10^{15} \frac{H_2/s}{cm^2}\right)}{1.214 \times 10^{15} cm^{-2} \times 495 cm^2/g} = 0.01 s^{-1}$$

电解水制氢作为绿色环保技术具有良好发展前景，我国"十四五"规划也将氢能发展作为长期发展战略，其中重点是要提高电解水制氢转化效率。近年来，电解水催化剂的发展取得了实质性的进展，特别是在探索活性位点和开发新的催化剂方面；与此同时，电解水制氢工艺不断创新发展，并有大批规模化项目落地。欧盟、美国、日本企业纷纷推出了 PEM 电解水制氢产品，特别是 Proton Onsite、Hydrogenics、Giner、西门子股份等公司相继将电解槽规格规模提高到兆瓦级。而国内最具代表性的制氢工程是宁夏宝丰能源建设的"国家级太阳能电解水制氢综合示范项目"，单台产氢量达到 $1000\mathrm{m}^3/\mathrm{h}$；此外，大连物化所与阳光电源合作于 2021 年联合开发 250kW（$50\mathrm{m}^3$）PEM 电解槽，并在鄂尔多斯市伊金霍洛旗展开示范应用。纵观海内外电解水技术研究发展，如何推动"双碳"背景下高电流密度、大功率和低能耗仍是装置大型化技术攻坚与装备研发的重要方向。

5.3 核电余热水分解制备绿氢

5.3.1 核电余热-化学偶联水分解制绿氢

核电是清洁、安全、成熟的发电技术，有望成为兼顾低成本和脱碳的技术。由核能-化学偶联制备的绿氢，有时也被称为"黄氢"，"黄氢"来源于重铀酸铵，铀燃料的原料，一种浅黄色固体，分子式是（$\mathrm{NH_4}$）$_2\mathrm{U_2O_7}$。

对于利用核电站的高温余热与化学偶联制氢，已经提出了很多可能的循环，对这些循环进行了大量的研究，在热力学、动力学、设备、能效及预期制氢价格等几方面进行研究和比较，以便找到最有应用前景的循环。另一种核能辅助的制氢技术是高温下电解水制氢。如在高温下电解水蒸气制氢，可以减少电能的需求，例如，在 1000℃ 下电解，电能需求就降低到大约 70%，其余 30% 由热能提供。

核能制氢技术就是将核反应热在发电后产生的余热与先进化学制氢工艺耦合，进行大规模水分解制氢。核反应堆可有多种选择与制氢工艺耦合，但从制氢角度来看，制氢效率与工作温度密切相关。在理论上，水的热解离是利用水分解制氢的最简单的反应，但是不能用于大规模制氢，其原因有两点：第一，水分解制氢反应需要 2500℃ 以上的高温；第二，要求发展能在高温下分离产物氢和氧的技术，以避免气体混合物发生爆炸。这是在材料和工程上都极大的挑战。为了避免上述问题，人们提出采用若干化学反应将水分解分成几步完成的办法，这就是所谓热化学循环。热化学循环既可以降低反应温度，又可以避免氢氧分离问题，而循环中所用的其他辅助原料都可以循环使用。

利用核能余热水分解制氢以水为原料，具有不产生温室气体、高效率、大规模等优点。高温气冷堆是我国自主研发的具有本征安全性的第四代先进核能技术，其高温高压的特点与适合大规模制氢的热化学循环制氢技术十分匹配，被公认为最适合核能制氢的堆型。

5.3.2 核能发电简介

核能发电是利用核反应堆中核裂变所释放出的热能进行发电的方式。它与火力发电相似。只是以核反应堆以及蒸汽发生器来代替火力发电的锅炉，以核裂变能代替矿物燃料的化学能。除沸水堆（也叫轻水堆）外，其他类型的动力堆都是一回路的冷却剂通过反应堆芯加热，在蒸汽发生器中将热量传给二回路或三回路的水，然后形成蒸汽推动汽轮发电机。沸水堆则是一回路的冷却剂通过反应堆芯加热变成 70 个大气压左右的饱和蒸汽，汽水分离并干燥后直接推动汽轮发电机。高温气冷堆能够提供高温工艺热，在 800℃下，高温电解的理论效率高于 50%，温度升高会使效率进一步提高。在此种方案下，高温气冷堆（出口温度 700～950℃）和超高温气冷堆（出口温度 950℃以上）是目前最理想的高温电解制氢的核反应堆。

（1）核能发电原理

核能发电的能量来自核反应堆中可裂变核材料（燃料）进行裂变反应所释放的裂变能。裂变反应指铀-235、钚-239、铀-233 等重元素在中子作用下分裂为两个碎片，同时放出中子和大量能量的过程。反应中，可裂变物的原子核吸收一个中子后发生裂变并放出两三个中子。若这些中子除去消耗，至少有一个中子能引起另一个原子核裂变，使裂变自持地进行，则这种反应称为链式裂变反应。在反应堆中，控制棒是"吃"中子的材料，通常由金属镉或者硼的合金制成，通过对中子的吸收来控制核裂变"链式反应"的速度，从而稳定释放"裂变能"。实现链式反应是核能发电的前提。中子与铀-235 核的自持链式反应可以由人为方式来控制。核裂变反应如式（5-29）、式（5-30）所示。

$$^{235}U + n \longrightarrow ^{236}U \longrightarrow ^{135}Xe + ^{95}Sr + ^2n \tag{5-29}$$

$$^{235}U + n \longrightarrow ^{236}U \longrightarrow ^{144}Ba + ^{89}Kr + ^3n \tag{5-30}$$

（2）核反应堆简介

由于核反应堆的类型不同，核电厂的系统和设备也不同。压水堆核电厂主要由压水反应堆、反应堆冷却剂系统（简称一回路）、蒸汽和动力转换系统（又称二回路）、循环水系统、发电机和输配电系统及其辅助系统组成。通常将一回路及核岛辅助系统、专设安全设施和厂房称为核岛。二回路及其辅助系统和厂房与常规火电厂系统和设备相似，称为常规岛。电厂的其他部分，统称配套设施。从工艺上讲，核岛利用核能生产蒸汽，常规岛采用高温蒸汽带动汽轮机发电机生产电能。

反应堆冷却剂系统将堆芯核裂变放出的热能带出反应堆并传递给二回路系统以产生蒸汽。通常把反应堆、反应堆冷却剂系统及其辅助系统合称为核供汽系统。现代商用压水堆核电厂反应堆冷却剂系统一般有 2～4 条并联在反应堆压力容器上的封闭环路。每一条环路由一台蒸汽发生器、一台或两台反应堆冷却剂泵及相应的管道组成。一回路内的高温高压含硼水，由反应堆冷却剂泵输送，流经反应堆堆芯，吸收了堆芯核裂变放出的热能，再流进蒸汽发生器，通过蒸汽发生器传热管壁，将热能传给二回路蒸汽发生器给水，然后再被反应堆冷却剂泵送入反应堆。如此循环往复，构成封闭回路。整个一回路系统设有一台稳压器，一回路系统的压力靠稳压器调节，保持稳定。压水堆核电站示意图如图 5-24 所示。

（3）高温气冷堆简介

高温气体冷却反应堆（HTGR，亦称作超高温反应堆，VHTR）在设计上属于第四代核反应堆，关键特点是采用氦气作为反应堆冷却介质，使用石墨作为减速剂。这种反应堆不仅可以使用低浓缩铀作为燃料，也可以使用高浓缩铀和钍燃料，实现钍-铀燃料循环。其堆芯可以采用柱状燃料元件（类似常规反应堆堆芯）或球形元件（类似球床反应堆堆芯）。理

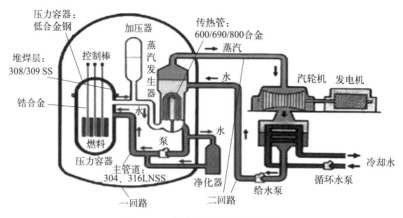

图 5-24　压水堆核电站示意图

论上讲，甚高温反应堆的出口温度可以达到 $950 \sim 1000℃$，远高于一般轻水堆。其产生的高温使得通过热化学硫-碘循环生产氢气等应用成为可能。

清华大学核能与新能源技术研究院（INET）于 2000 年成功建成 10MW 高温气冷试验堆 HTR-10。HTR-10 的成功建成和运行，标志着中国在这一代表先进核能技术发展方向的先进堆型的开发上走在世界前列，也为我国开展核能制氢研究提供坚实基础。

5.3.3　核电余热-化学偶联制氢方法

5.3.3.1　硫-碘循环热化学制氢

（1）硫-碘循环热化学制氢原理

水分解热化学循环制氢的理论效率可以达到 50% 甚至更高。大规模制氢对循环系统的要求是：步骤不能太多；循环量不能太大，最好是气体或液体；副反应少；反应速度快。目前研究的水解热化学循环有三类：硫-碘（S-I）循环、氧化物循环和低温循环。目前认为最有应用前景的硫循环是由美国 GA 公司发展的硫-碘（S-I）循环和由西屋公司发展的混合硫循环（HyS）。硫-碘循环工艺包括 3 个化学反应：

$$SO_2 + I_2 + 2H_2O \Longrightarrow 2HI + H_2SO_4 \quad （本生反应） \quad 25 \sim 125℃$$

$$2HI \Longrightarrow H_2 + I_2 \qquad 125 \sim 725℃$$

$$H_2SO_4 \Longrightarrow H_2O + SO_2 + \frac{1}{2}O_2 \qquad 850 \sim 950℃$$

该方法通过对使用碘（I）、硫（S）、水的多个化学反应进行组合来制造氢气。在碘循环设备内进行 HI 分解为 H_2 和 I_2 的反应；碘氧化二氧化硫为三氧化硫，进一步产生硫酸的循环，S-I 法制取氢工艺循环如图 5-25 所示。

（2）本生反应

硫-碘循环包括本生（Bunsen）反应、HI 分解反应和 H_2SO_4 分解反应三个热化学反应，中间物质 SO_2 和 I_2 循环利用，实现了较低温度条件下的水分解，热效率较高，可匹配核能等新能源，实现大规模制氢。

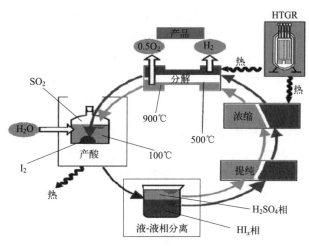

图 5-25　硫-碘制氢化学工艺循环概要图

如图 5-25 所示，硫-碘循环工艺分为三部分。① I_2、SO_2 和 H_2O 在三相反应器中发生 Bunsen 反应，反应温度 100℃左右，此反应为自发进行的放热反应。反应生成的 HI 和 H_2SO_4 在过量 I_2 的存在下，分成两个液相（密度较低的 H_2SO_4 相和密度较高的 HI_x 相）。②H_2SO_4 相经过纯化步骤，除去硫酸相中的 SO_2、I_2 及 HI，浓缩后进入反应器中发生分解反应，生成 H_2O、SO_2 和 O_2。此反应为吸热反应，反应温度为 800～900℃，可以利用高温气冷堆提供所需高温热量。③HI 相同样经过提纯和浓缩后，在反应器中发生分解反应，生成 H_2 和 I_2。此反应也为吸热反应，反应温度为 400～500℃。②和③步的分解产物（SO_2、I_2 和 H_2O）回到①中继续反应。硫-碘循环可以将原本需在 2500℃以上高温进行的水分解在 800～900℃实现。Bunsen 反应看似简单的无机反应，但是反应条件苛刻，同时也有三个副热化学反应［式（5-31）～式（5-33）］，要尽量避免。

$$2HI+H_2SO_4 \longrightarrow SO_2+I_2+2H_2O \tag{5-31}$$

$$6HI+H_2SO_4 \longrightarrow S+3I_2+4H_2O \tag{5-32}$$

$$8HI+H_2SO_4 \longrightarrow H_2S+4I_2+4H_2O \tag{5-33}$$

通过对 H_2SO_4-HI-I_2-H_2O 四元体系发生副反应的实验研究，得到如下结论：

① 增加水量能明显抑制 Bunsen 反应溶液中副反应发生，缩短副反应所需时间；

② 增加碘量也能抑制 Bunsen 副反应发生，缩短副反应的反应时间；

③ 在 50℃，当 H_2SO_4/HI/I_2 为 1/2/1.6 时，HI/H_2SO_4 约为 2，此时，Bunsen 反应两相溶液中，增加水量影响不大，此工况可作为 Bunsen 反应操作条件；

④ 在 60℃，H_2SO_4/HI/H_2O=1/2/12 时，Bunsen 副反应的反应系数在 2 附近有较明显波动。

此时，硫或硫化氢形成对发生副反应的影响较为明显，但 Bunsen 逆反应相对于硫或硫化氢形成的副反应仍占主导。Bunsen 副反应的复杂度随着碘量增加而增大，碘量对于副反应的影响是两方面的。

Bunsen 反应作为硫-碘循环核心反应，其反应条件、转化率和生成物的分离与提取对整个硫-碘循环均有重要的影响。针对生成物的分离与提取，GA 公司提出加入过量碘，使两种酸自发分层的方法。在加入过量碘后，碘与氢碘酸络合，增加了 HI 溶液密度，促使两种酸溶液分离。在此基础上许多学者对 Bunsen 反应进行了研究。但此传统方法要使用过量碘和水，且在 H_2SO_4 相和 HI_x 相中均含有少量杂质，因此，需要后续的纯化、浓缩、分离及精馏等工序，进一步增加了整个循环系统的操作过程和能耗，这对硫-碘循环系统的发展不利。对这种情况，可考虑开发其他的 Bunsen 反应方法来提高循环系统效率。

（3）HI 分解反应

上述循环中的挑战主要集中于 Bunsen 反应和 HI 分解反应，这两个反应也是循环制氢的关键步骤。Bunsen 反应的实现方式、操作条件及进行程度对 HI 分解循环和 S-I 循环的闭合起到举足轻重的作用。由于产物 HI/H_2SO_4 混酸在常规条件下难以分离，传统 Bunsen 反应使用过量反应物 I_2 和 H_2O 以形成不混溶的氢碘酸相和硫酸相产物，并且反应在高于 I_2 熔点（387K）的温度下进行，以提供流动态的 I_2 至反应器。过量反应物和高温操作条件会引发高能耗、副反应、碘蒸气挥发再沉积堵塞反应器及严重的腐蚀等一系列技术困难。

负载贵金属的活性炭可作为 HI 分解反应的催化剂，在贵金属活性组分选择方面有许多研究，采用浸渍还原法制备了 Pt-Ir/AC 以及 Pd-Ni/AC 系列两大类双金属催化剂。结果表明，Pt-Ir 双金属催化剂的稳定性和活性都得到了提高，Pd-Ni/AC 催化剂也有很高活性。HI 分解化学反应过程见式（5-34）。

$$2HI =\!=\!= H_2 + I_2 \qquad T = 350 \sim 550\text{℃} \qquad \Delta H = 12\text{kJ/mol} \tag{5-34}$$

通过对常压、温度 $500 \sim 700$K 时碘化氢分解反应过程进行实验研究，根据朗缪尔吸附原理模型，建立了以活性炭作为催化剂的 HI 分解反应速率方程［式（5-35）～式（5-38）］：

$$r = -\eta k p R_{HI} \tag{5-35}$$

$$R_{HI} = \frac{x_{HI}}{1 + K_{I_2} p x_{I_2}} - \frac{\sqrt{x_{H_2} x_{I_2}}\left(1 + K_{I_2} p \dfrac{x_e}{2}\right)}{K_P\left(1 + K_{I_2} p x_{I_2}\right)} \tag{5-36}$$

$$k = 1.58 \times 10^{-1} \exp\left[-E_{a1}/(RT)\right] \tag{5-37}$$

$$K_{I_2} = 5.086 \times 10^{-11} \exp\left[-E_{a2}/(RT)\right] \tag{5-38}$$

式中，η 为内扩散有效因子；k 和 K_{I_2} 分别为 HI 分解反应速率常数和碘的吸附反应速率常数；E_{a1} 和 E_{a2} 为以上两种反应的活化能；R_{HI} 为 HI 分解反应速率与各项参数的详细关联；x_e 为 HI 平衡转化率。

HI 分解反应已经有了很多研究报道，但是对于 Bunsen 反应体系中涉及的 HI 分解反应，由于物料及产物的复杂性以及体系中存在的微量杂质，HI 分解催化剂优化仍然存在挑战。从某种意义上说，这个热化学循环也是热催化分解水制氢的一个特例。

（4）硫酸高温分解反应

硫酸高温分解反应是很成熟的反应，但由于在 Bunsen 反应中存在很多组分，且分离难度大，给高温分解也带来了很多问题，该过程由两个子反应构成，即式（5-39）、式（5-40）：

$$H_2SO_4 =\!=\!= H_2O + SO_3 \qquad 800 \sim 900\text{K} \tag{5-39}$$

$$SO_3 =\!=\!= SO_2 + \frac{1}{2}O_2 \qquad 1000\text{K} \tag{5-40}$$

式（5-39）为硫酸分解过程，是吸热的自发反应；式（5-40）为 SO_3 分解反应，是强吸热的催化反应。两个反应的动力学方程式见式（5-41）、式（5-42）。

$$r_1 = k_1(p_{H_2SO_4} - p_{H_2O} p_{SO_3}/K_1) \tag{5-41}$$

$$r_2 = k_2(p_{SO_3} - p_{SO_2}\sqrt{p_{O_2}}/K_2) \tag{5-42}$$

式中，k_1 和 k_2 分别为化学反应式（5-39）和式（5-40）的反应速率常数，计算见式（5-43）、式（5-44）。

$$k_1 = 0.001 mol/(Pa \cdot m^3 \cdot s) \tag{5-43}$$

$$k_2 = 0.047 e^{\left(\frac{-9.9 \times 10^4}{RT}\right)} mol/(Pa \cdot kg \cdot s) \tag{5-44}$$

$K_j = \exp\left(\dfrac{\Delta_r G_{T,j}^{\ominus}}{-RT}\right)$ 为化学反应 j [对应反应式（5-39）或式（5-40）] 的平衡常数，其中 $\Delta_r G_{T,j}^{\ominus}$ 为化学反应 j 的标准吉布斯自由能，其计算可以参考有关计算公式。

硫酸分解是一个具有动力学特性的可逆反应，但其反应缓慢。因此，高性能催化剂成为该反应发展的关键。布朗（Brown）等对催化剂的组成和反应机理进行了综述，总结了铂载体催化剂的稳定性和活性。而在金属氧化物中，Fe_2O_3 催化剂性能最佳。目前开发和测试的几种催化剂，在大多数情况下都具有良好的活性。但由于 H_2SO_4 分解的条件苛刻，给工艺长期稳定操作及寿命带来巨大挑战。

硫-碘循环热化学方法成本低、效率高，且可大规模运行，是较具发展前景的制氢方法之一。但由于分解反应所需条件苛刻，催化剂的长期稳定性仍然是一个严峻的问题。因此，为了实现规模化制氢，仍需更加深入地研究催化剂和反应器的应用。

（5）电化学 Bunsen 反应

电化学 Bunsen 反应原理如图 5-26 所示，通电后，在阳极中 SO_2 被氧化失去电子与水生成硫酸溶液，多余的氢离子通过质子交换膜进入阴极，而阴极液中的 I_2 被还原生成 I^- 与多余的氢离子组成 Bunsen 反应产物 HI。阳极和阴极的反应如式（5-45）、式（5-46）。

阳极：

$$SO_2 + 2H_2O \longrightarrow H_2SO_4 + 2H^+ + 2e^- \tag{5-45}$$

阴极：$I_2 + 2H^+ + 2e^- \longrightarrow 2HI \tag{5-46}$

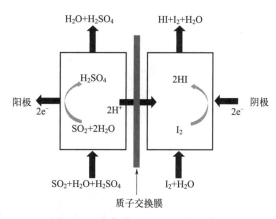

图 5-26　电化学 Bunsen 反应示意图

电化学 Bunsen 反应可以很好地对生成物分离并直接进行下一步反应，但反应过程消耗电能较多，并且反应后溶液浓度不高，后续还要消耗大量热能。因此，Bunsen 反应新方法还需要进一步的研究发展。为了促进 HI 分解，各学者也对催化剂做了深入的研究。已经报道催化剂有活性炭载体 Pt、Pd、Ni 以及各类合金及金属氧化物催化剂。

5.3.3.2　低温铜-氯循环制氢

近年来，低温循环反应也受到了很大关注，例如铜-氯（Cu-Cl）循环。混合 Cu-Cl 循环主要在美国阿贡国家实验室开展研究，该循环包括 3 个热反应和 1 个电化学反应 [式（5-47）～式（5-50）]：

$$2Cu + 2HCl \Longrightarrow 2CuCl + H_2 \qquad 430 \sim 475℃ \tag{5-47}$$

$$4CuCl \Longrightarrow 2CuCl_2 + 2Cu（电化学反应） \qquad 25 \sim 75℃ \tag{5-48}$$

$$2CuCl_2 + H_2O \Longrightarrow CuO \cdot CuCl_2 + 2HCl \qquad 350 \sim 400℃ \tag{5-49}$$

$$CuO \cdot CuCl_2 \Longrightarrow 2CuCl + \frac{1}{2}O_2 \qquad 530℃ \tag{5-50}$$

5.3.3.3　高温水蒸气电解制氢

（1）电解制氢化学原理

电解水制氢的化学原理在 5.2 节已作详细介绍，此处不再赘述。但大多数电解技术都是低温电解，是靠电能来实现水的分解，如果在高温下电解水蒸气制氢（HTSE）就可以具有以下优势：

① 减少电能消耗，在 1000℃下电解电能需求就降低大约 70%，其余 30% 由热能提供；
② 降低电解池的极化损失和欧姆电阻。

（2）电解池结构

如图 5-27 所示，高温水蒸气电解技术使用固体氧化物电解质，通过水蒸气电解反应生成氢气和氧气。具体而言，首先向由电极和固体氧化物电解质组成的电解池供电，使水蒸气在阴极（氢气极）分解为氧离子和氢离子；氧离子通过作为氧离子导体的固体氧化物电解质移动到阳极（氧气极），形成氧分子回收，而留在阴极的氢离子形成氢分子回收。

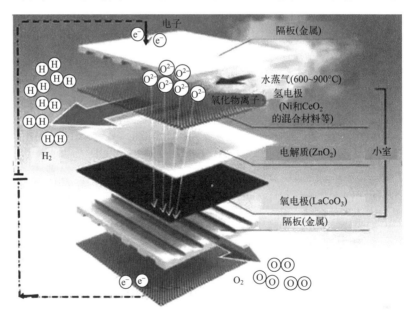

图 5-27　固体氧化物电解质的高温水蒸气电解原理图

5.3.4 制氢设备材料的耐腐蚀问题

核能废热制氢开发过程中材料是关键问题之一，硫-碘循环腐蚀性环境包括高温条件下强腐蚀物质硫酸、氢碘酸、碘及其混合物。在整个过程中，H_2SO_4 在 400℃ 的沸腾蒸发是腐蚀最严重的步骤。有关研究机构筛选了多种材料，包括 Fe-Si 合金、SiC、Si-SiC、Si_3N_4 等；研究了它们在不同浓度的硫酸蒸发和汽化条件下的抗腐蚀性能。含硅陶瓷材料如 SiC、Si-SiC、Si_3N_4 等都表现出了良好的抗硫酸腐蚀性。对于 Fe-Si 合金，Si 含量对抗腐蚀性能起决定作用，但材料表面形成钝化层的临界硅含量随硫酸浓度而异。在较低温度的体系中，如 Bunsen 反应、两相纯化部分、HI 浓缩部分的材料，可以用钢衬玻璃或搪瓷、钢衬聚四氟等；在硫酸浓缩部分可以采用哈氏合金、合金 800；在 HI 分解部分，可以采用镍基合金 MAT21。

与硫-碘循环工艺相比，高温电解环境的腐蚀性要弱得多，但其核心部件高温氧化物电解池（SOEC）仍处于相对苛刻的环境中。目前 SOEC 采用的主要材料均为固体氧化物燃料电池所用材料，阴极为 Ni/YSZ 多孔金属陶瓷；阳极为掺杂锰酸镧（$LaMnO_3$）；电解质为氧化钇稳定的氧化锆（YSZ）或氧化钪稳定的氧化锆。为了扩大制氢规模，需要将多个电解池组装成电堆，为此还需要有连接体和密封材料。连接体材料可以使用 $LaCrO_3$ 基的陶瓷材料和高温合金材料。密封材料的研究主要集中在以硅酸盐、硼酸盐、磷酸盐为基础的玻璃材料、玻璃-陶瓷复合材料和陶瓷复合材料。

5.4 化学链水分解制氢

5.4.1 化学链水分解制氢原理

化学链分解 H_2O 制氢设想源于化学链燃烧理论，化学链燃烧（chemical-looping combustion，CLC）是指将一个氧化还原反应分解后在同一反应器中依次进行，或在不同反应器中同时进行两个或多个独立反应。反应物之间物质和能量的传递通过一个固体媒体实现，媒体中要有某一元素价态在两个值之间循环变化。相比于传统化学反应过程，化学链反应过程具有效率高、安全性能高和操作灵活等优点。

CLC 基本概念被引入热化学制氢工艺的开发。衍生出许多类似的化学链反应技术如化学链重整（CLR）制氢技术、合成气化学链制氢（SCL）技术和生物质直接化学链制氢系统（BDCL）等。化学链重整反应是强吸热的碳氢燃料转化过程，其产物的选择及反应所需的能量来源是设计化学链重整直接制氢工艺时需要着重考虑的两个方面。在还原床中，碳氢化合物与氧载体反应，可以被完全氧化为 CO_2 和 H_2O，也可以被部分氧化为 CO 和 H_2，或者与催化剂协同作用进行选择性氧化。

热力学计算表明，常压下，温度高于 3000℃ 时 CO_2 分解的吉布斯自由能小于零；而 H_2O 分解的吉布斯自由能在温度高于 4073℃ 时才小于零。由此可见，有效直接分解 CO_2 和 H_2O 需要的温度相当高。因此，基于金属氧化物的两步热化学分解方法因操作简单且不需要分离等优势而受到各国学者的广泛关注。这一概念最早由通用汽车公司 Funk 等人在 20 世纪 60 年代提出。具体过程如下：第一步为金属氧化物在高温惰性气氛中分解，放出晶格氧［式（5-51）］，该步为强吸热过程；第二步为还原态材料夺取 CO_2 或 H_2O 中的氧，生成 CO 或 H_2［式（5-52）］，该步为弱放热过程，需要在较低温度下进行。

$$MeO_x \longrightarrow MeO_{x-1} + 1/2O_2 \tag{5-51}$$

$$MeO_{x-1} + CO_2 + H_2O \longrightarrow MeO_x + CO + H_2 \tag{5-52}$$

5.4.2 氧载体材料的选择

氧载体（oxygen carrier，OC）能够实现各反应器之间物质和热量的传递，高性能氧载体的选择是保证化学链系统稳定运行的关键因素之一。化学链技术中氧载体需要具备以下特点：氧化还原速率高、载氧能力大、抗积炭能力强、机械强度大、廉价易得、环保等。除了以上特点外，氧载体的选择还应考虑其熔点、密度、比表面积、颗粒大小。

对简单金属氧化物进行热力学分析后发现能作为 CO_2 和 H_2O 分解的氧载体大概有 15 种，目前研究较多的氧载体包括 CeO_2、SnO_2、V_2O_5 和 ZnO 等简单氧化物，尖晶石结构的铁酸盐（Fe_3O_4、$NiFe_2O_4$、$CoFe_2O_4$、$Ni_xFe_{3-x}O_4$、$Co_yFe_{3-y}O_4$ 等）及钙钛矿（ABO_3、$LaMnO_{3-\delta}$ 等）结构的氧化物。

CeO_2 晶体为面心立方晶体结构，是具有萤石结构的氧化物。其中，阳离子按面心立方点阵排列，且每个阳离子被 8 个阴离子包围；同时，阴离子占据四面体位置，并与 4 个阳离子配位。这种结构的一个重要特征是阴离子构成立方亚晶格的中心，每隔一个被一个阳离子占据，非常有利于氧空位的形成和氧离子的迁移。因此，氧化铈具有优良的储放氧功能及高温下快速氧空位扩散能力，被广泛应用于各类氧化还原体系。许多学者深入研究了 CeO_2 的氧化还原特性，用于化学链重整同时制取氢气，并将 ZrO_2 引入 CeO_2 体系形成铈锆固熔体 $Ce_xZr_{1-x}O_2$（$x > 0.5$），提高了储氧性能，同时 Ce-Zr-O 体系也具有蒸汽重整催化作用，因而整体反应活性有所提高。很多其他学者也对铈基氧载体进行了贵金属掺杂实验，但其反应活性还有待进一步提高。

1977 年，日本提出了 Fe_3O_4/FeO 两步水分解体系思路，还原-氧化反应见式（5-53）、式（5-54）。

$$Fe_3O_4 \longrightarrow 3FeO + 1/2O_2 \tag{5-53}$$

$$H_2O + 3FeO \longrightarrow Fe_3O_4 + H_2 \tag{5-54}$$

铁有四种氧化态 $Fe/FeO/Fe_2O_3/Fe_3O_4$，化学链制氢过程中，铁氧化合物能在这四种氧化态间相互转化。氧化铁价格低廉，反应活性较高，携氧能力强，而且 Fe_2O_3 和 Fe_3O_4、FeO 分别具有强弱不同的氧化能力，因此在 CO_2 和 H_2O 分解的载氧体得到了广泛的研究。

不同温度下 Fe-C-O 系统和 Fe-H-O 系统中气体组成的平衡相图见图 5-28，可以看出，Fe_2O_3 被还原成 Fe_3O_4 过程中，CO 和 H_2 几乎能完全转化为 CO_2 和 H_2O。例如，当 Fe_2O_3 在 900℃被还原成 Fe_3O_4 时，Fe-C-O 系统 CO 的平衡组成为 0.005%，也就是说要实现 CO 的完全转化必须有 Fe_2O_3 存在。但若要实现制氢，Fe_2O_3 必须被还原为 FeO 或 Fe，此时 CO 浓度会大于 39%，并且为了提高 H_2 产率应尽可能将 Fe_2O_3 还原到更低的氧化态 Fe（还原成铁后 H_2 的产率是 FeO 的 4 倍），此时 CO 的浓度为 64%。从热力学分析看，氧化反应器中需要存在高氧化态的铁氧化物来实现 CO 的完全转化，同时氧化反应器中需要产生低氧化态的铁氧化物来增加氧化反应器中 H_2 的产率。在 Fe_2O_3 中加入具有较高塔曼温度

的惰性载体如 Al_2O_3、$NiAl_2O_4$、TiO_2、ZrO_2、$MgAl_2O_4$ 等构成复合氧载体，可以增加颗粒的机械强度，提高颗粒的比表面积，抑制高温下积炭的产生。

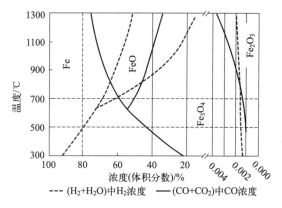

图 5-28　铁氧化物的平衡相图

作为热化学分解水体系，Fe_3O_4-FeO 体系的理论产氢量高达 4.3mmol/g，而且不存在易挥发金属。常压下 Fe_3O_4 的还原温度约为 2200℃。降低气相氧分压可以将其分解温度降到 1300～1400℃之间。但在上述反应条件下，氧载体容易烧结（Fe_3O_4 和 FeO 的熔点分别为 1700℃和 1350℃）。烧结导致氧析出反应表面减少和氧离子迁移到反应前沿的距离增加，这二者对气固相反应极其不利。为了解决上述问题，研究者尝试通过负载来缓解烧结，掺杂来降低氧化态还原温度或提高还原态熔点。

向 Fe_3O_4 主体相中引入比其容易还原的金属氧化物或比其熔点高的氧化物均能改善其还原-氧化性能。研究发现，掺杂 Mn、Co、Ni、Cu 和 Zn 等过渡金属可以显著降低 Fe_3O_4 的还原温度和增加释氧量，但只有 Ni 和 Co 掺杂对提高产氢量有明显效果。

近年来，具有特定晶型的复合金属氧化物在铁基氧载体开发中受到重视，其中钙钛矿型金属氧化物（perovskite，ABO_3）通过 A、B 两种阳离子的取代或过渡金属阳离子的价态变化形成氧缺陷，利于氧传递，是一种较理想的复合氧载体结构，可以用于化学链重整直接制氢。几种主要的载氧体晶体结构简图如图 5-29 所示。

通常，氧载体还原需要的高温由太阳能提供。对氧载体进行负载和掺杂能够大幅地改善氧载体分解 CO_2 和 H_2O 的性能。因原料廉价易得、制备过程简单，铁酸盐是一类极具发展潜力的热化学分解材料。但该材料反应速率低，循环周期长。如何通过掺杂改性、优化制备方法或引入催化剂来加快气固相反应是今后需要重点突破的方向。钙钛矿是一类具有巨大应用前景的太阳能热分解 H_2O 和 CO_2 的材料。目前，该类材料面临的主要挑战是热化学稳定性差、热效率低以及还原-氧化温差大。今后，如何提升氧载体反应速率和机械强度应受到关注。

5.4.3　化学链水分解反应体系

目前化学链水分解制氢在反应体系及反应器方面都处在初级阶段探索，两步法分解 H_2O 和 CO_2 过程中，还原在高温进行而氧化在低温进行，这两个反应的温差通常大于 150℃。大温差不仅降低了系统的能量利用效率，而且较大温差下快速热循环产生的热应力给工程和材料设计带来了巨大挑战。

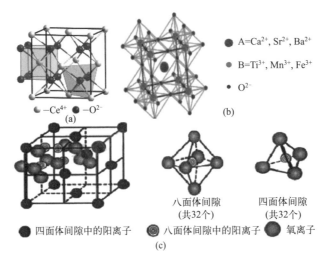

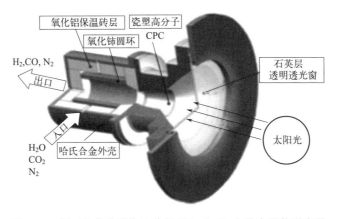

图 5-29　几种主要的氧载体晶体结构图
(a) CeO_2；(b) 钙钛矿结构；(c) 铁氧体尖晶石结构

加州理工学院与苏黎世联邦理工学院合作，设计了多孔整体式氧化铈上太阳能驱动的 CO_2 和 H_2O 分解原创性实验装置（图 5-30）。该太阳能反应器由一个带窗孔腔式接收器组成，聚集的太阳辐射从窗孔进入，在腔内多次反射被吸收。将形状为 1/4 圆弧的多孔单片氧化铈组装成圆柱体放置在腔内，太阳辐射直接照射在氧化铈内壁上，氧化铈圆环和氧化铝保温砖之间存在环形间隙，反应气体从环形间隙中进入，沿径向流入腔内，生成的气体产物沿轴向从腔底部流出。太阳能反应器中氧化铈释氧温度被控制在 1420～1640℃之间，CO_2 和 H_2O 的分解温度为 900℃。在这一反应温度下，CO、H_2 的最高产率分别为 67mmol/min 和 34mmol/min。该化学链热化学水分解反应系统循环约 500 次后的制氢活性仍然没有明显下降。

图 5-30　用于热化学两步法分解 CO_2 和 H_2O 的太阳能反应器

将 CO_2 和 H_2O 转化合成气或氢气，既可降低大气中的 CO_2 浓度，又能节约化石能源。直接将 CO_2 和 H_2O 热分解为 CO、H_2 和 O_2，是最简单的制氢方法。以太阳能聚光产生的高温作为能源，借助于载氧体媒介分解 H_2O 是太阳能热化学制氢研究的热点。要达到大规

模分解 CO_2 和 H_2O 制备 CO 和 H_2 的要求，还需要大幅提高太阳能到化学能的能量转化效率。载氧体氧化物性能对分解反应起至关重要的作用，提高载氧体还原氧化性能依然是今后研究的重点。此外，新型高温太阳能热化学反应器开发对提高分解过程的能量转化效率也十分重要。

5.5 天然氢的发现及地质作用水分解机理

近年人们惊奇地发现，在地层深处存在大量氢气聚集区，这类氢气被称为"天然氢"（natural hydrogen），或被简称为"白氢"。白氢是一种由地质作用及地球化学作用生成的可持续产生的氢。长时间以来，人们一直认为氢气难以在地下存在或实在太少而不具备勘探、开发价值。然而，世界各地多次在地表下或深井下检测到自然氢气存在，大大颠覆了人们之前的认知。

一些国家已尝试对天然氢资源进行开发，并已取得较好的成果（图 5-31）。1987 年，在马里巴马科（Bamako）北部钻井作业时意外发现了纯度为 98％的氢气（其余 2％为甲烷），并应用于民生领域；2011 年加拿大 Hydroma 公司第一次在马里利用天然氢进行发电；1982 年美国在 Scott 井中检测到含量 50％的氢气；2019 年在堪萨斯州钻探出美国第一口天然氢井；2021 年，美国石油地质学家协会成立了第一个天然氢气委员会；法国在其东北部矿区地下发现了天然氢气，据估算，该地下天然氢气

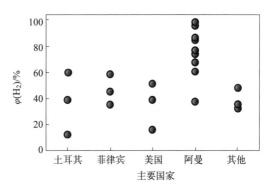

图 5-31 蛇绿岩相关的天然氢气发现及含量

储量最高可达约 2.5×10^8 t。澳大利亚 Gold Hydrogen 公司于 2021 年取得南澳大利亚的袋鼠岛和约克半岛勘探氢气许可，初步评估了勘探区内天然氢气资源量约为 1.3×10^6 t，商业价值可与马里氢井相媲美。中国的天然氢资源研究仍处在起步阶段，未能把天然氢作为一种能源进行独立研究，仅在少量其他勘探工作中留有检测到氢气的记录，但我国同样具备发掘高含量天然氢气的地质条件，前景良好。

2020 年，Zgonnik 发表了长篇综述，系统分析、解释了天然氢的发现、勘探、分析等资料，统计了全球 24 种地质环境下 331 处天然氢的发现点，其中仅 64 处已查明成因。在这些成因中，水岩反应占 25 处，地球脱气相关有 14 处，而辐解相关仅有 5 处且氢气含量一般低于 20％。由此可见，地球脱气和水岩反应是产生高浓度氢气的常见方式。而蛇纹石化是地球上最重要的水岩作用之一，如阿曼泉水中的高含量氢气是由地下水与超镁铁质岩石接触时发生蛇纹石化（serpentinization）反应形成的（图 5-31）。

天然氢气的成因可概括为无机和有机两大类型，已发现的天然氢气多为无机成因。有机成因的天然氢气主要是通过地热作用和微生物作用产生的，如有机质的分解、发酵以及固氮过程等。无机成因可进一步分为多种类型，如橄榄石水分解、地球深部脱气、水的辐解、岩浆热液、岩石碎裂以及地壳风化等，其中蛇纹石化作用是最重要的成因，其次为地球深部脱气和水的辐解。橄榄石在自然界通常以 Mg-Fe 二元固溶体形式 $[(Mg,Fe)_2SiO_4]$ 存在。

铁橄榄石（Fe_2SiO_4）与水反应产氢反应见式（5-55）。

$$3Fe_2SiO_4 + 2H_2O \Longrightarrow 2Fe_3O_4 + 3SiO_2 + 2H_2 \uparrow \qquad (5\text{-}55)$$

镁橄榄石（Mg_2SiO_4）与水的反应有 2 种形式。一种是镁橄榄石与式（5-55）中生成的过量 SiO_2 反应生成蛇纹石 $Mg_3Si_2O_5(OH)_4$［式（5-56）］：

$$3Mg_2SiO_4 + 4H_2O + SiO_2 \Longrightarrow 2Mg_3Si_2O_5(OH)_4 \qquad (5\text{-}56)$$

另一种是镁橄榄石还可与水发生反应生成蛇纹石［$Mg_3Si_2O_5(OH)_4$］和氢氧化镁［式（5-57）］：

$$2Mg_2SiO_4 + 3H_2O \Longrightarrow Mg_3Si_2O_5(OH)_4 + Mg^{2+} + 2OH^- \qquad (5\text{-}57)$$

由此可知，蛇纹石化成因的富氢流体的 pH 值一般都较高，为 10～12。

蛇纹石化反应总的反应见式（5-58）。

$$Fe_{0.2}Mg_{1.8}SiO_4 + 1.37H_2O \Longrightarrow 0.5Mg_3Si_2O_5(OH)_4 + 0.3Mg(OH)_2 + 0.067Fe_3O_4 + 0.067H_2 \qquad (5\text{-}58)$$

水岩反应泛指一切地质作用过程中发生的流体与岩石的相互作用（图 5-32）。与氢气生成有关的水岩反应主要包括蛇纹石化作用、水与新暴露岩石表面的反应和矿物中的羟基反应。其中蛇纹石化作用是水岩反应产氢中研究最多，也是最重要和最常见的。岩石中的橄榄石和辉石矿物在低温（<300℃）、高 pH 值（>10）条件下也可发生水岩反应，导致橄榄石和辉石中的二价铁被氧化成三价铁，形成磁铁矿（Fe_3O_4）和其他矿物，同时释放分子氢气［式（5-59）］。

$$2Fe^{2+} + 2H_2O \Longrightarrow 2Fe^{3+} + H_2 + 2OH^- \qquad (5\text{-}59)$$

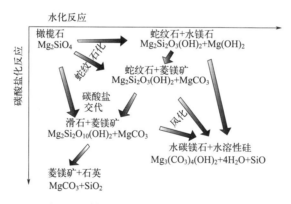

图 5-32　橄榄石蛇纹石化及碳酸盐化途径

近年来研究者通过一系列高温高压水热实验，探讨了 300～500℃、3kbar 条件下橄榄石、辉石、橄榄岩和玄武岩混合物以及玄武岩蛇纹石化过程中氢气和烷烃的生成。

天然氢气的生成量与橄榄石蛇纹石化的程度呈正相关，而影响蛇纹石化过程中产氢速率的 2 个主要因素是反应温度与催化剂。热力学计算结果表明，橄榄石发生蛇纹石化反应的最佳温度为 200～310℃，超过或低于这一温度范围都会抑制氢气的生成，但自然界（如阿曼以及挪威等）同样存在许多低温（<122℃）蛇纹石化过程。最新研究表明，Ni^{2+} 的加入能

极大提高蛇纹石化过程的产氢速率，在 90℃时，仅添加质量分数为 1‰ 的 Ni^{2+} 就能使氢的生成速率显著提高约 2 个数量级。此外，其他矿物的加入也会影响橄榄石蛇纹石化的速率，如当加入辉石时，其中 Al 会大幅增加橄榄石蛇纹石化速率。

水的放射性分解被认为是氢的重要来源。地壳中含有大量铀、钍和钾等放射性元素，放射性衰变产生的能量足以将水分解为 H_2 和 H_2O_2，而 H_2O_2 极不稳定，很快分解成 H_2O 和 O_2。水的辐解过程中除了生成氢气外，还存在相应比例的氧气，但由于氢气和氧气均具有活跃的化学性质，在后期地质过程中也都易与其他物质发生反应，因此这 2 种气体很难被同时检测到，这也是部分学者对水的辐解生氢过程质疑的原因。

有学者对全球自 1980 年以来自然界中的氢气生产量进行估算（图 5-33），总体而言，氢气生成量估算值呈数量级增加，2020 年专家估算天然氢生成量为 $(800\pm90)\times10^9\,m^3/a$。但是，目前天然氢的大规模勘探开发仍存在许多问题：①氢本身的性质导致氢气易挥发迁移和易于自然被消耗，这种消耗氢气量能否、如何人为约束有待进一步研究；②深源成因的氢气仍被封存在地球深处，开发技术难度大；③现有氢气检测化学手段仍存在不足；④由于自然氢气存在地质多样性、机制多样性，尚未建立完善的勘探开发基本概念。

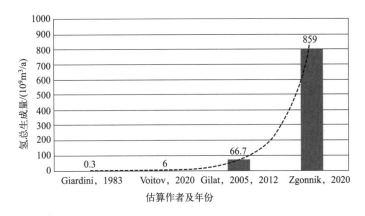

图 5-33　不同作者对自然界氢生成量估算及年份

氢气在能源转型中起着至关重要的作用，在地下寻找天然氢是世界上的一个新领域。全球对"氢矿系统"的认识尚处于早期阶段，我国更是处于认知尚浅的阶段，天然氢作为一个新兴的勘探领域，可能发展成为一门新的学科并经历与石油天然气工业类似的发展历程。石油勘探领域从探矿到对油气系统的系统性认知，经历了近百年，而氢系统的建立将基于石油勘探领域已发展的技术和知识的基础上，有望在短时间内取得相应的成果。天然氢的大规模勘探仍存在许多问题，但是理论上讲，白氢是天然可再生能源，它通过地球化学反应在地下不断自然产生，这意味着能够源源不断地被开采。白氢开采和生产一旦实现商业化，不仅可以代替灰氢，甚至可使绿氢生产黯然失色。业界认为，这种干净且具成本优势的可再生白氢，有望重塑氢能源格局，并掀起新一轮绿色革命。

思考题

5-1. 光催化水分解制氢的典型光催化剂主要有哪些？

5-2. 二氧化钛的光催化水分解制氢原理是什么？

5-3. 二氧化钛的晶型结构主要有哪几种？不同晶型的光催化水分解制氢性能有什么不同？

5-4. 促进光催化剂光生电子和空穴分离的手段主要有哪些？试举例说明。

5-5. 举例说明光催化水分解制氢的氧化还原电势的条件有哪些。

5-6. 影响光催化剂光催化活性的主要因素有哪些？

5-7. 目前水分解光催化剂的发展瓶颈有哪些？

5-8. 为什么要发展可见光催化剂？提高光催化剂可见光响应的方式有哪些？

5-9. 举例说明提高二氧化钛光催化分解水产氢效率的改进方法有哪些？

5-10. 典型的光催化分解水产氢反应器主要有哪些？试概述它们的基本组成部分。

5-11. 现有一光催化产氢体系，由 CdS 纳米棒（CdS NRs）、抗坏血酸（H_2A）和 $[(bpy)_2Co(NO_3)] \cdot NO_3$ 三组分构成。这三种试剂在反应中分别起到什么作用？影响反应效率的关键反应参数有哪些，如何通过实验确定这些反应参数的最优值？采用哪些方法可以确定光催化产氢反应的效率？

5-12. 电催化分解水制氢的工作原理与影响因素是什么？

5-13. 如何通过开发高效稳定的电催化剂及优化反应路径来提升 HER 效率？

5-14. 目前电解池有哪几类？结合国内外现状谈谈哪一类更具有发展前景。

5-15. 核电余热分解水制备绿氢的概念与发展意义是什么？

5-16. 说明化学链分解水制氢原理及其意义。

5-17. 讨论通过地球化学反应在地下不断产生自然氢这一发现的意义。

5-18. 讨论自然氢生成的主要机理：水岩化反应以及蛇纹石化反应。

5-19. 讨论题：

有人提出一条新的含硫污染物资源化制氢技术路线——硫化氢裂解循环法，即

（1）$H_2S + H_2SO_4 \longrightarrow 2H_2O + SO_2 + S$

（2）$S + O_2 \longrightarrow SO_2$

（3）$2SO_2 + 2I_2 + 4H_2O \longrightarrow 4HI + 2H_2SO_4$

（4）$4HI \longrightarrow 2H_2 + 2I_2$

其总反应为：$H_2S + 2H_2O + O_2 \longrightarrow 2H_2 + H_2SO_4$

可以通过 4 步反应将硫化物 H_2S 转化为氢气和硫酸，也可以通过后两步反应将 SO_2 转化成氢气和硫酸。试讨论这一方法的可行性。

参考文献

［1］ Fujishima A，Honda K. Electrochemical photolysis of water at a semiconductor electrode[J]. Nature，1972，238：37-38.

［2］ Borgarello E，Kiwi J，Graetzel M，et al. Visible light induced water cleavage in colloidal solutions of chromium-doped titanium dioxide particles[J]. Journal of the American Chemical Society，1982，104（11）：2996-3002.

［3］ Choi W，Termin A，Hoffmann M. The role of metal ion dopants in quantum-sized TiO_2：Correlation between photoreactivity and charge carrier recombination dynamics[J]. The Journal of Physical Chemistry, 1994, 98(51): 13669-13679.

[4] Asahi R, Morikawa T, Ohwaki T, et al. Visible-light photocatalysis in nitrogen-doped titanium oxides [J]. Science, 2001, 293(5528): 269-271.

[5] 李仁贵, 李灿. 太阳能光催化分解水研究进展[J]. 科技导报, 2020, 38: 49-61.

[6] Liu S, Guo Z, Qian X H, et al. Sonochemical deposition of ultrafine metallic Pt nanoparticles on CdS for efficient photocatalytic hydrogen evolution[J]. Sustainable Energy & Fuels, 2019, 3(4): 1048-1054.

[7] 黄俊敏, 陈健民, 刘望喜, 等. 具有三维光催化活性表面的 Cu 掺杂 ZnS 纳米框架材料用于太阳能光催化产氢[J]. 催化学报, 2022, 43: 782-792.

[8] Li Y, Jin R, Xing Y, et al. Macroscopic foam-like holey ultrathin g-C$_3$N$_4$ nanosheets for drastic improvement of visible-light photocatalytic activity[J]. Advanced Energy Materials, 2016, 6(24): 1601273-1601284.

[9] 肖楠, 李松松, 刘霜, 等. 新型 PtPd 合金纳米颗粒修饰 g-C$_4$N$_4$ 纳米片以提高可见光照射下光催化产氢活性[J]. 催化学报, 2019, 40(3): 352-361.

[10] Sun R, Hu X, Tan B, et al. Covalent triazine frameworks with Ru molecular catalyst for efficient photocatalytic oxygen evolution reaction[J]. Science China Materials, 2024, 67: 642-649.

[11] Li W, Wang X, Li M. Construction of Z-scheme and p-n heterostructure: three-dimensional porous g-C$_3$N$_4$/graphene oxide-Ag/AgBr composite for high-efficient hydrogen evolution[J]. Applied Catalysis B: Environmental, 2020, 268: 118384.

[12] Ma Y, Wang X, Jia Y, et al. Titanium dioxide-based nanomaterials for photocatalytic fuel generations [J]. Chemical Reviews, 2014, 114(19): 9987-10043.

[13] Huang C, Yao W, T-Raissi A, et al. Development of efficient photoreactors for solar hydrogen production[J]. Solar Energy, 2011, 85: 19-27.

[14] 祁育, 章福祥. 太阳能光催化分解水制氢[J]. 化学学报, 2022, 80: 827-838.

[15] Nishiyama H, Yamada T, Nakabayashi M, et al. Photocatalytic solar hydrogen production from water on a 100-m^2 scale[J]. Nature, 2021, 598: 304-307.

[16] Skúlason E, Karlberg G, Rossmeisl J, et al. Density functional theory calculations for the hydrogen evolution reaction in an electrochemical double layer on the Pt(111)electrode[J]. Physical Chemistry Chemical Physics, 2007, 9(25): 3241-3250.

[17] Marković N, Sarraf S, Gasteiger H, et al. Hydrogen electrochemistry on platinum low-index single-crystal surfaces in alkaline solution[J]. Journal of the Chemical Society, Faraday Transactions, 1996, 92(20): 3719-3725.

[18] Zhao G, Rui K, Dou S, et al. Heterostructures for electrochemical hydrogen evolution reaction: a review[J]. Advanced Functional Materials, 2018, 28(43): 1803291.

[19] Jiang C, Moniz S, Wang A, et al. Photoelectrochemical devices for solar water splitting-materials and challenges[J]. Chemical Society Reviews, 2017, 46(15): 4645-4660.

[20] Luo M, Yao W, Huang C, et al. Shape effects of Pt nanoparticles on hydrogen production via Pt/CdS photocatalysts under visible light[J]. Journal of Materials Chemistry A, 2015, 3(26): 13884-13891.

[21] Chen J, Lim B, Lee E, et al. Shape-controlled synthesis of platinum nanocrystalsfor catalytic and electrocatalytic applications[J]. Nano Today, 2009, 4(1): 81-95.

[22] Zhang L, Roling L, Wang X, et al. Platinum-based nanocages with subnanometer-thick walls and well-defined, controllable facets[J]. Science, 2015, 349(6246): 412-416.

[23] Chinchilla R, Najera C. The sonogashirareaction: booming methodology in synthetic organic chemistry [J]. Chemical Reviews, 2014, 114(3): 1783-1826.

[24] 电子工业部第十设计研究院.氢气生产与纯化[M].哈尔滨：黑龙江科学技术出版社，1983.

[25] Qiu H，Ito Y，Cong W，et al. Nanoporous graphene with single-atom nickel dopants：an efficient and stable catalyst for electrochemical hydrogen production[J]. Angewandte Chemie International Edition，2015，54(47)：14031-14035.

[26] Li H，Tang Q，He B，et al. Robust electrocatalysts from an alloyed Pt-Ru-M(M＝Cr，Fe，Co，Ni，Mo)-decorated Ti mesh for hydrogen evolution by seawater splitting[J]. Journal of Materials Chemistry A，2016，4(17)：6513-6520.

[27] Zhou F，Zhou Y，Liu G，et al. Recent advances in nanostructured electrocatalysts for hydrogen evolution reaction[J]. Rare Metals，2021，40：3375-3405.

[28] Gao D，Zhang J，Wang T，et al. Metallic Ni_3N nanosheets with exposed active surface sites for efficient hydrogen evolution[J]. Journal of Materials Chemistry A，2016，4(44)：17363-17369.

[29] Liu P，Rodriguez J. Catalysts for hydrogen evolution from the[NiFe] hydrogenase to the $Ni_2P(001)$ surface：the importance of ensemble effect[J]. Journal of the American Chemical Society，2005，127(42)：14871-14878.

[30] Li D，Tu J，Lu Y，et al. Recent advances in hybrid water electrolysis for energy-saving hydrogen production[J]. Green Chemical Engineering，2023，4(1)：17-29.

[31] 黎明,曾梦莹,钱宇,等. 一类含氮杂环聚合物、一类聚合物薄膜及其应用：CN116693785B[P]. 2024-02-09.

[32] 张平,于波,徐景明. 核能制氢技术的发展[J]. 核化学与放射化学，2011，33(4)：193.

[33] Zhang P，Wang L，Chen S，et al. Progress of nuclear hydrogen production through the iodine-sulfur process in China[J]. Renewable and Sustainable Energy Reviews，2018，81：1802.

[34] 顾忠茂. 氢能利用与核能制氢研究开发综述[J]. 原子能科学技术，2006，40(01)：30-35.

[35] Kubo S，Nakajima H，Kasahara S，et al. A demonstration study on a closed-cycle hydrogen production by the thermochemical water-splitting iodine-sulfur process[J]. Nuclear Engineering and Design，2004，233(1-3)：347-354.

[36] Wang Z，Chen Y，Zhou C，et al. Decomposition of hydrogen iodide via wood-based activated carbon catalysts for hydrogen production[J]. International Journal of Hydrogen Energy，2011，36(1)：216-223.

[37] Wang L，Li D，Zhang P，et al. The HI catalytic decomposition for the lab-scale H_2 producing apparatus of the iodine-sulfur thermochemical cycle[J]. International Journal of Hydrogen Energy，2012，37(8)：6415-6421.

[38] Li D，Wang L，Zhang P，et al. HI decomposition over Pt Ni/C bimetallic catalysts prepared by electroless plating[J]. International Journal of Hydrogen Energy，2013，38(25)：10839-10844.

[39] Ying Z，Zhang Y，Zheng Y，et al. Performance of electrochemical cell with various flow channels for Bunsen reaction in the sulfur-iodine hydrogen production process[J]. Energy Conversion and Management，2017，151：514-523.

[40] Wang H. Hydrogen production from a chemical cycle of H_2S splitting[J]. International Journal of Hydrogen Energy，2007，32(16)：3907.

[41] Chueh W C，Falter C，Abbott M，et al. High-flux solar-driven thermochemical dissociation of CO_2 and H_2O using nonstoichiometric ceria[J]. Science，2010，330：1797-1801.

[42] Furler P，Scheffe JR，Steinfeld A. Syngas production by simultaneous splitting of H_2O and CO_2 via ceria redox reactions in a high-temperature solar reactor[J]. Energy & Environmental Science，2012，5：6098-6103.

[43] 黄瑞芳，孙卫东，丁兴，等. 橄榄岩蛇纹石化过程中氢气和烷烃的形成[J]. 岩石学报，2015，31(7)：

1901-1907.

[44] Song H，Ou X，Han B，et al. An overlooked natural hydrogen evolution pathway：Ni^{2+} boosting H$_2$O reduction by Fe(OH)$_2$ oxidation during low：temperature serpentinization[J]. Angewandte Chemie International Edition，2021，60(45)：24054-24058.

[45] Prinzhofer A，Cacas-Stentz C. Natural hydrogen andblend gas：a dynamic model of accumulation[J]. International Journal of Hydrogen Energy，2023，48：21610-2162.

第六章

碳氢化合物分解制"绿氢"

 导言

　　人类使用的最原始的能源——薪柴，本质是今天人们提到的生物质，碳氢化合物是各类生物质的主要组成部分，因此，从碳氢化合物中"挖掘"氢也具有重要意义。太阳能通过叶绿素光合作用将空气中的二氧化碳与水反应产生碳氢氧化合物，即生物质，生物质是取之不尽、用之不竭的绿色能源。生物质中含有大量的氢元素，因此成为地球上仅次于水的第二大绿色"氢库"。生物质为生命体提供能源和食物，通过氧化反应又生成二氧化碳和水并提供热能，自然界就这样不断重复构成了碳循环，同时也构成了水循环。充分利用有机物中的氢元素，也是今后生产"绿氢"的最佳方法之一。此类"绿氢"的生产工艺虽然可以得到氢气，但是也会产生大量 CO_2，本质上讲，这是一种"蓝氢"生产工艺，因此要注意 CO_2 的捕集及利用。

　　生物质能本质是太阳能以化学能形式储存在生物质中的能量形式，它一直是人类赖以生存的重要能源之一，是仅次于煤炭、石油、天然气之后第四大能源，在整个新能源系统中占有重要的地位。

　　本章将讨论通过各种化学、生化、物理方法，从生物质中挖掘"绿氢"的基本原理及工艺，特别注重生物质气化制氢、生物质发酵制氢、微波加热制氢以及各类含氢高分子材料及有机物，如废弃塑料、生物质甲（乙）醇等烃类分解制备氢气的相关工艺。

　　生物质化学链制氢技术，可以实现氢、热、电、二氧化碳联产化工流程集成，效率得到极大提高，具有广阔的前景。本章专门对此工艺过程中的化学原理、热力学、工艺过程、氧载体、反应器等作了详细介绍，期待生物质化学链制氢在今后工业化道路上取得重大进展。

6.1 生物质简介

6.1.1 生物质种类

　　生物质是指利用大气中二氧化碳、水等物质通过光合作用而产生的各种有机体，即一切有生命的可以生长的有机物质通称为生物质。它包括植物、动物和微生物。广义概念中生物质包括所有的植物、微生物以及以植物、微生物为食物的动物及其生产的废弃物。代表性的生物质包括农作物、农作物废弃物、木材、木材废弃物和动物粪便。生物质的狭义概念主要是指农林业生产过程中除粮食、果实以外的秸秆、树木等木质纤维素、农产品加工业下脚料、农林废弃物及畜牧业生产过程中的禽畜粪便和废弃物等物质。生物质具有可再生、低污染、分布广泛的特点。通常把用于能量转化的生物质分为以下几大类：木材残余物，农业废弃物，能源植物，城市垃圾（废纸、废塑料）。

　　生物质能是人类使用的最古老的能源，燧人"钻木取火"的神话源于古代中国神话传说。相传在一万多年前，燧人氏在燧明国（今河南商丘一带）发明了钻木取火，开启了华夏文明。在原始社会，先民学会使用薪柴生火取暖、烤肉就是人类文明的起点之一。而在当今，生物质能利用是指通过生物质转化为能量供人们使用。生物质能主要是指绿色植物通过叶绿素将太阳能转化为化学能而储存在生物质内部的能量。生物质为生物质能的载体。它是仅次于煤炭、石油和天然气而居于世界能源消费总量第四位的能源。人类通过燃烧生物质获取能量。在各种可再生能源中，生物质很独特，它不仅能储存太阳能，还是一种可再生的碳氢能源，可转化成常规的固态、液态和气态燃料。生物质能源具有普遍性，它几乎不分国家、地区，到处存在，而且廉价、易取，生产及使用过程也较为简单。

生物质能资源所蕴藏的能量相当惊人，根据估算，地球上每年生长的生物质能总量达1400亿～1800亿吨（干重），相当于目前世界总能耗的 10 倍，我国生物质能资源也相当丰富，具有各类林木生物质资源量 200 亿吨以上，农林产品加工废弃物，包括秸秆、稻壳、玉米芯、甘蔗渣、棉籽壳及林业废弃物等，年产量在 4 亿吨以上。而作为能源用途的生物质不到总量的 1％，充分利用潜力巨大。

生物质种类繁多，具有不同特点，利用技术复杂、多样，纵观国内外生物质利用技术，均是将其转换为固态、液态和气态燃料加以高效利用，主要途径有：

① 直接燃烧技术，包括户用炉灶燃烧技术、锅炉燃烧技术、与煤混合燃烧技术等。

② 生物转化技术，如小型户用沼气池、大中型厌氧消化。

③ 热化学转化技术，包括生物质气化、干馏、快速热解液化技术。

④ 液化技术，包括提炼植物油技术、制取乙醇和甲醇等技术。

⑤有机垃圾能源化处理技术。

生物质利用的主要方法包括热化学法、物理化学法以及生物化学法，具体分类见图 6-1。本章主要讨论生物质的物理、化学、生物利用技术，特别关注其制备氢气的各类技术。

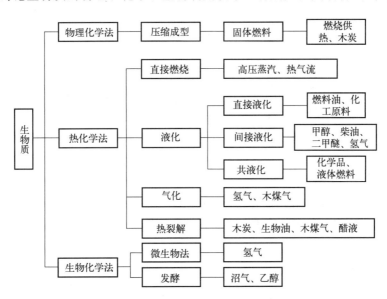

图 6-1　生物质制备化学品、制氢以及供热等各类利用技术

6.1.2　生物质组分与结构

从化学角度看，生物质的化学组成是各类含有碳氢氧化学元素的化合物，主要包括纤维

素、半纤维素、木质素、少量淀粉等；它与常规的矿物燃料石油、煤、天然气等属于同类（表 6-1 与表 6-2），也是地球上仅次于水（H_2O）的第二大"氢库"。所以，生物质的特性和利用方式与矿物燃料有很大的相似性，可以充分利用已经发展起来的能源技术开发利用生物质能，特别是利用生物质制氢。

表 6-1　生物质与部分化石燃料化学组分比较

固体燃料	$C_6H_xO_y$	H/C	$H_2+0.5O_2 \longrightarrow H_2O$ 完全反应后 H/C	固体燃料	$C_6H_xO_y$	H/C	$H_2+0.5O_2 \longrightarrow H_2O$ 完全反应后 H/C
纤维素	$C_6H_{10}O_5$	1.67	0.00/6＝0.00	无烟煤	$C_6H_{1.5}O_{0.07}$	0.25	1.4/6＝0.23
木材	$C_6H_{8.6}O_4$	1.43	0.6/6＝0.1	城市垃圾	$C_6H_{9.64}O_{3.75}$	1.61	2.14/6＝0.36
泥炭	$C_6H_{7.2}O_{2.6}$	1.20	2.0/6＝0.33	新闻纸	$C_6H_{9.12}O_{3.93}$	1.52	1.2/6＝0.20
褐煤	$C_6H_{6.7}O_2$	1.10	2.7/6＝0.45	塑料薄膜	$C_6H_{10.4}O_{1.06}$	1.73	8.28/6＝1.4
半烟煤	$C_6H_{5.7}O_{1.1}$	0.95	3.0/6＝0.50	厨余物	$C_6H_{9.93}O_{2.97}$	1.66	4.0/6＝0.67
烟煤	$C_6H_4O_{0.53}$	0.67	2.94/6＝0.49				
半无烟煤	$C_6H_{2.5}O_{0.14}$	0.38	2.0/6＝0.33				

表 6-2　生物质的主要化学组成

生物质原料	灰分	C	H	O	N	S
玉米秸	5.1	46.8	5.74	41.4	0.66	0.11
麦秸	7.6	45.8	5.96	40.0	0.45	0.16
棉柴	15.2	40.5	5.07	38.1	1.25	0.02
稻壳	14.8	39.9	5.10	37.9	2.17	0.12
玉米芯	3.6	47.8	5.38	43.4	0.4	0.05
稻草	19.1	38.9	4.47	35.3	1.37	0.11
废木	2.4	51.3	5.59	38.6	1.7	0.1
木屑	0.9	49.2	5.70	41.3	2.5	0
白桦木	0.4	48.7	6.40	44.5	0.08	0

生物质挥发组分高，化学活性强，易燃。在 400℃ 温度下，大部分挥发组分可释出，而煤在 800℃ 时才释放出 30％ 左右的挥发组分，将生物质转换成气体燃料比较容易实现。生物质燃烧后无机残渣（灰分）少，并且不易黏结，可大大简化除灰过程及设备。

生物质是由二氧化碳与水经过叶绿素光合作用产生，其含硫量和含氮都很低，因此，生物质利用过程中 SO_2 及 NO_x 的排放量小，较少污染空气，这也是开发利用生物质能的主要优势之一。生物质能利用产生的二氧化碳，又可被植物光合作用所吸收，这就是人们常说的实现二氧化碳"零"排放，减少大气中的二氧化碳含量，从而降低"温室效应"。

生物质主要由纤维素、半纤维素、木质素等多种复杂碳氢氧有机物组成，也含有少量无机物，主要组成简要介绍如下。

（1）纤维素

纤维素是植物细胞壁的主要成分。纯纤维素是无色无味的白色丝状物，不溶于水和一般有机溶剂，但溶于浓盐酸和浓硫酸，也可以酸水解降解、氧化降解、碱性降解、微生物降解、热降解和机械破碎。纤维素是自然界中数量最大的有机化合物，也是一种最丰富的可再生资源，占植物界碳含量的 50％ 以上。纤维素是 D-葡萄糖以 β-1,4-糖苷键组成的大分子多糖，分子量为 50000～2500000，相当于 300～15000 个葡萄糖基，其结构见图 6-2。

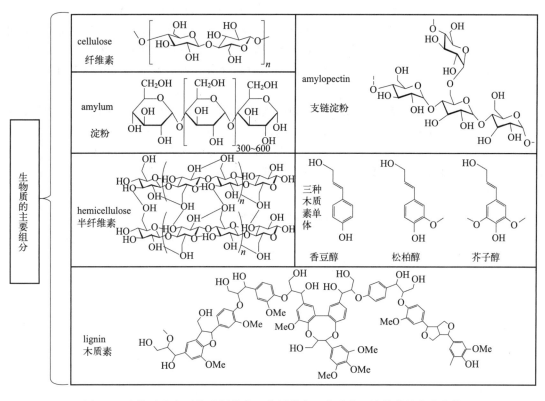

图 6-2　生物质中主要物质纤维素、半纤维素、木质素、淀粉等的化学结构

从结构式可知，纤维素除了头尾两个葡萄糖残基外，中间的残基只含有三个游离羟基即一个伯羟基、两个仲羟基，它们的反应活性是有区别的。纤维素的分子式可写作 $(C_6H_{10}O_5)_n$，其中 n 为聚合度，自然界中存在的纤维素 n 在 10000 左右。纤维素中碳、氢、氧元素的质量分数分别约为 44％、6％和 50％。纤维素经浓酸（40％盐酸或 72％硫酸）水解，可获得 97％（理论量）的葡萄糖，说明纤维素是由葡萄糖缩合而成的均缩己糖。

（2）半纤维素

半纤维素是一群复合聚糖的总称，这些聚糖混合物将植物细胞壁中的纤维素和木质素紧密地相互贯穿在一起。半纤维素分子量较小，聚合度通常在 200 左右。半纤维素中碳、氢、氧元素的质量分数分别约为 45％、6％和 49％。半纤维素绝大部分不溶于水，可溶于水者也是呈胶体溶液状。

半纤维素由 D-葡萄糖、D-木糖、D-阿拉伯糖、D-甘露糖、D-半乳糖醛酸、D-葡萄糖醛酸和 4-甲氧基-D-葡萄糖醛酸以及少量的 L-鼠李糖基和各种带有甲氧基、乙酰基的中性糖基等组成。根据聚合物主链的组成，通常将半纤维素分为聚木糖类半纤维素、聚甘露糖类半纤维素和其他类半纤维素三大类。

（3）木质素

木质素是一类复杂大分子有机聚合物，在植物中含量仅次于纤维素，草本植物中的木质素含量为 15％～25％，木本植物中为 20％～40％。木质素是由相同的或类似的结构单元

（苯丙烷结构单元）重复连接而成的具有网状结构的无定形芳香族聚合物，其中碳、氢、氧元素的质量分数分别大致为 62%、6% 和 32%，含碳量高于纤维素和半纤维素，而含氧量低于它们。一般认为愈创木基型（松柏醇）、紫丁香基型（芥子醇）和对羟苯基型（香豆醇）是木质素最主要的三种结构单元，三种结构单元中都含有羟基，只是甲氧基含量不同而已，结构形式如图 6-2 所示。

木质素和半纤维素一起填充在细胞壁和微细纤维之间，也存在于细胞间层，把相邻的细胞连接在一起，使植物细胞能够抵抗微生物的侵蚀，增加强度，并提高细胞壁的透水性。木质素在酸中十分稳定，利用这一特性可以将木质素和其他成分分开，分离后的木质素为无定形褐色物质。生物质主要组成纤维素、半纤维素、木质素以及淀粉分子结构简图见图 6-2。各类生物质中纤维素、半纤维素、木质素含量及组分见表 6-3。

表 6-3 各类生物质中纤维素、半纤维素、木质素含量平均值　　　　　单位：%

生物质原料	纤维素	半纤维素	木质素
玉米秸	41.7	27.2	20.3
麦秸	33.2	24.6	15.1
棉柴	42.0	24.0	15.0
稻壳	30.6	28.6	24.4
玉米芯	48.0	32.0	15.0
甘蔗渣	38.1	38.5	20.2
杨木	48.6	25.5	19.3
松木	40.4	24.9	23.5
栓皮	41.0	24.0	27.8
棉花	99.4	—	—

6.2 生物质热解气化制氢

生物质热解气化是将生物质热化学转换的技术，基本原理是在不完全燃烧条件下，将生物质加热，使较高分子量的有机碳氢化合物链裂解，变成较低分子量的可燃性气体，在转换过程中加入气化剂如空气、氧气或水蒸气，其产品主要是可燃性气体混合物。由于生物质气化产生较多的焦油，许多研究人员在气化后采用催化裂解的方法来降低焦油含量并提高燃气中氢的含量。

从应用角度来看，热化学法制氢较易实现生产及应用，近年来，随着技术发展和研究深入，衍生出了利用生物质液相产物催化重整制氢技术。本章将重点介绍以生物质为原料的常规热化学转化与催化重整制氢技术。常规生物质热化学制氢过程，包括气化热解和超临界转化制氢、催化重整制氢、化学链制氢技术等。

生物质气化中有不同的反应阶段，主要分为干燥、热解、氧化反应和焦油重整阶段（图 6-3），这四个过程在气化炉内对应形成四个区域，但每个区域之间并没有严格的界限。通常，生物质首先被干燥，使其水分含量降低到 35% 以下，然后进行热解。得到的挥发产物和焦油进一步被部分氧化，最后在气化剂作用下将焦油、重烃和其他烟气裂解或重整成合成气。干燥阶段是指当木质纤维素类生物质从顶部进入气化炉内，温度上升到 200～300℃ 时，生物质中的水分会转化为蒸汽，在这个阶段由于温度相对较低，生物质不会发生化学反应，干燥之后的物料在重力作用下移动。热解阶段是指当温度达到 $500\sim600℃$ 时，生物质脱挥发分或热分解，析出焦油、CO_2、CO、CH_4、H_2 以及碳氢化合物等大量的气体，剩下残余的木炭。氧化阶段是指气化介质与生物质残留物发生剧烈反应，放出大量的热，这使得该区域的实际炉温可达到 $1000\sim1200℃$，不仅可以促进其他区域的反应，同时也可以使得挥发性组分发生燃烧或者进一步降解。生物质气化产生的合成气含有 CO、CO_2、H_2、N_2、CH_4 以及少量高级碳氢化合物。合成气可以通过水煤气变换反应处理得到纯 H_2。

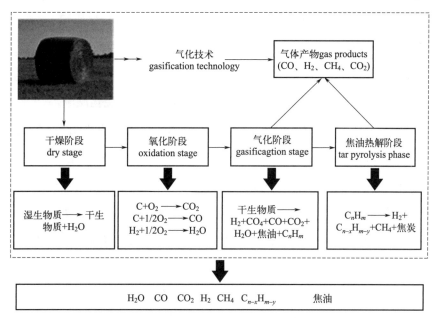

图 6-3　生物质气化过程中各个阶段涉及的反应

6.2.1　热解气化过程

生物质以氧气（空气、富氧气或纯氧等）、水蒸气等为气化剂，在高温条件下通过热化学反应将生物质转化为可燃性气体，在高温条件下，借助于空气部分（或氧气）、水蒸气的作用，使生物质的高聚物发生热解、氧化、还原重整反应，最终转化为一氧化碳，氢气和低分子烃类等可燃气体（图 6-3）。气化技术可将低值的固体生物质转化成具有较高价值的可燃气体，生物质热解气化制氢涉及的化学反应式见式（6-1）～式（6-17）。

干燥过程：

$$湿生物质 \longrightarrow 生物质 + H_2O（吸热过程） \tag{6-1}$$

热解过程：

$$生物质 \longrightarrow CO + H_2 + CO_2 + CH_4 + H_2O(g) + 焦炭 + 焦油（吸热过程） \tag{6-2}$$

氧化反应：

$$C + \frac{1}{2}O_2 \longrightarrow CO \qquad \Delta H = -111kJ/mol \tag{6-3}$$

$$C + O_2 \longrightarrow CO_2 \qquad \Delta H = -394\text{kJ/mol} \tag{6-4}$$

$$H_2 + \frac{1}{2}O_2 \longrightarrow H_2O \qquad \Delta H = -285\text{kJ/mol} \tag{6-5}$$

$$CO + \frac{1}{2}O_2 \longrightarrow CO_2 \qquad \Delta H = -284\text{kJ/mol} \tag{6-6}$$

$$CH_4 + 2O_2 \longrightarrow CO_2 + 2H_2O \qquad \Delta H = -803\text{kJ/mol} \tag{6-7}$$

还原反应：

$$C + CO_2 \longrightarrow 2CO \qquad \Delta H = +172\text{kJ/mol（布氏反应）} \tag{6-8}$$

$$C + H_2O \longrightarrow CO + H_2 \qquad \Delta H = +131\text{kJ/mol（水煤气反应）} \tag{6-9}$$

$$C + H_2O \longrightarrow CO_2 + H_2 \qquad \Delta H = -41.2\text{kJ/mol（水煤气反应）} \tag{6-10}$$

$$C + 2H_2 \longrightarrow CH_4 \qquad \Delta H = -72.8\text{kJ/mol（甲烷化反应）} \tag{6-11}$$

$$2CO + 2H_2 \longrightarrow CH_4 + CO_2 \qquad \Delta H = -247\text{kJ/mol（甲烷化反应）} \tag{6-12}$$

$$CO + 3H_2 \longrightarrow CH_4 + H_2O \qquad \Delta H = -206\text{kJ/mol（甲烷化反应）} \tag{6-13}$$

$$CO_2 + 4H_2 \longrightarrow CH_4 + 2H_2O \qquad \Delta H = -165\text{kJ/mol（甲烷化反应）} \tag{6-14}$$

$$CH_4 + H_2O \longrightarrow CO + 3H_2 \qquad \Delta H = +206\text{kJ/mol（甲烷湿法重整）} \tag{6-15}$$

$$CH_4 + CO_2 \longrightarrow 2CO + 2H_2 \qquad \Delta H = +247\text{kJ/mol（甲烷干法重整）} \tag{6-16}$$

焦油重整：

$$焦油 + H_2O \longrightarrow CO + H_2 + CO_2 + C_xH_y \tag{6-17}$$

上述过程中，干燥阶段主要蒸发生物质原料中水分，是吸热过程，不需要额外反应物，所需要热量主要来自气化过程其他阶段，通常温度在200℃以下干燥彻底完成。热解过程是在 O_2/空气不足状态下，干燥的生物质燃料借助氧化反应释放热量发生热降解，主要生成 CO、CO_2 等小分子挥发性物质、固体焦炭和液态焦油等，其比例主要取决于原料性质和操作条件，该过程一般在200～700℃之间完成。氧化过程主要是从生物质热解中产生的一些可燃气体和物质在有限 O_2 状态下发生燃烧和部分燃烧反应，主要生成二氧化碳和水，均为放热反应，并为生物质干燥和热解提供能量，温度快速上升至1000℃以上，该过程一般在1000～1500℃温度下进行。还原过程较复杂，包括热解和氧化两个过程的所有产物，气体混合物与焦炭相互作用，最终形成了合成气，有吸热也有放热反应，一般在600～1000℃下进行。

（1）气化反应历程

固体燃料的气化反应主要是非均相反应，其中既有化学过程，又有传质、传热、流动等物理过程，因此气化反应速率受到这两方面的影响。

固体燃料气化反应的历程：在气化炉中，生物质可以看成一个微小颗粒，干燥后，生物燃料首先发生热解，然后发生固体炭与气体间的反应。对于气固之间的两相反应，通常认为需要经过以下7个步骤：

① 反应气体由气相扩散到生物质或炭表面（外扩散）；

② 反应气体再通过颗粒的孔隙进入小孔的内表面（内扩散）；

③ 反应气体吸附在固体炭的表面；

④ 气相分子与生物质表面之间进行表面化学反应；

⑤ 吸附态的产物从固体表面脱附；

⑥ 产物分子通过固体孔隙扩散出来（内扩散）；

⑦ 产物分子从颗粒表面扩散到气相中（外扩散）。

上述历程可以分为两类：一类是物理过程，即外扩散过程①、⑦和内扩散过程②、⑥；另一类是表面化学反应过程，即③、④和⑤。在气化反应中，各步骤的阻力不同，反应过程总速率取决于阻力最大的步骤，整个反应受到该步骤的控制。

根据阿伦尼乌斯（Arrhenius）定律，反应温度对化学反应速率有着巨大的影响，因此可以将气固反应速率按照反应温度从低到高的顺序分为化学动力区、内扩散控制区和外扩散控制区，在三个控制区之间存在着两个过渡区。

① 化学动力区。当温度很低时，表面化学反应速率很慢，而反应气体在固体炭表面和内部的扩散速率远远大于反应速率，表面反应控制了整个过程。化学动力区的特征是反应气体浓度在炭颗粒内外近似相等，当然传质过程要求颗粒内部有一定浓度梯度，但这个浓度梯度非常小，以至于可以假定反应气体在颗粒内部的浓度近似相等。这时实验测得的表观活化能等于该反应的本征活化能。

② 内扩散控制区。当温度升高到一定程度，化学反应速率提高很快，由于固体炭颗粒内表面积之和远远大于外表面积，反应气体在内表面迅速消耗，以致来不及向颗粒内部传输足够的反应气体，内扩散控制了总反应速率。反应气体在颗粒内部的渗入深度远小于颗粒半径 R，表面化学反应在炭粒表面的薄层中进行，实验测得的表观活化能 $E_a=1/2ET$，表面利用系数 $n<1/2$。

③ 外扩散控制区。当温度升到很高时，化学反应速率大大加快，以至于反应气体在颗粒外表面几乎完全消耗，浓度在到达外表面时已接近为零，外扩散控制了总反应速率。外扩散区的特征是反应气体在外表面浓度接近零，这时内表面几乎得不到反应气体的供应，内表面利用系数远远小于1。

④ 过渡区。在化学动力区和内扩散控制区之间、内扩散控制区和外扩散控制区之间分别有一个过渡区，过渡区总反应速率受到相邻两控制区反应速率的共同影响。

（2）热解气化热力学

热力学分析，可以理论上预测产生气体的反应热及主要成分，并以此分析反应过程中工艺参数设计对氢气产率的影响。但是，由于生物质来源复杂，种类繁多，碳氢氧组分含量各异且处理方式各不相同，因此，准确计算反应热力学数据十分困难，一般以公式计算作为参考，而实际热化数据需要采用热化学平台仪器进行实测，如热重分析-差热分析法（TG-DTA）、热重分析-示差扫描量热法（TG-DSC）等。

化学反应热效应可以根据物质的燃烧热之差，也可以根据物质的生成焓之差来计算。根据燃烧热计算热效应的公式为：

$$\Delta H = \sum n_i \Delta H_{c,i} - \sum n_j \Delta H_{c,j}$$

式中　$\Delta H_{c,i}$——反应物中第 i 种组分的燃烧热，kJ/mol；

　　　$\Delta H_{c,j}$——产物中第 j 种组分的燃烧热，kJ/mol；

n_i——反应物中第 i 种组分的物质的量；

n_j——产物中第 j 种组分的物质的量。

根据生成焓计算热效应的公式为：

$$\Delta H = \sum n_j \Delta H_{f,j} - \sum n_i \Delta H_{f,i}$$

式中　$\Delta H_{f,i}$——反应物中第 i 种组分的生成焓，kJ/mol；

　　　$\Delta H_{f,j}$——产物中第 j 种组分的生成焓，kJ/mol。

气化反应是在高温下进行的，根据基尔霍夫（Kirchhoff）定律，温度对反应焓的影响表达式为：

$$\left[\frac{\partial(\Delta H)}{\partial T}\right]_p = \sum(n_j C_{p,j}) - \sum(n_i C_{p,i}) = \Delta C_p \tag{6-18}$$

式中　$C_{p,i}$，$C_{p,j}$——反应物和产物各组分的定压比热容，kJ/（mol·K）。

根据物质比热容的经验式，$C_p = \Delta a + \Delta b T + \Delta T^2 + \Delta c'/T^2$，将其代入积分，可求得任意温度下的反应焓 $\Delta H_{r,T}$［式（6-19）］：

$$\Delta H_{r,T} = \Delta H_0 + \Delta a T + \frac{\Delta b}{2}T^2 + \frac{\Delta c}{3}T^3 - \frac{\Delta c'}{T} \tag{6-19}$$

式中　ΔH_0——积分常数，由已知温度下的反应焓数据求得。

表 6-4 列出了部分气化反应在高温下的热力学数据，结合式（6-18）以及式（6-3）～式（6-16）的反应焓数据就可以计算在不同温度下的反应热。

表 6-4　部分气化反应的热力学数据

T/K	热效应 ΔH_T/(kJ/mol)						
	$C+O_2$ $\longrightarrow CO_2$	$C+1/2O_2$ $\longrightarrow CO$	$C+CO_2$ $\longrightarrow 2CO$	$C+H_2O$ $\longrightarrow CO+H_2$	$C+2H_2O$ $\longrightarrow CO_2+2H_2$	$CO+H_2O$ $\longrightarrow CO_2+H_2$	$C+2H_2$ $\longrightarrow CH_4$
1000	-395.0	-112.1	170.7	135.9	101.1	-34.8	-89.8
1100	-395.2	-112.7	169.7	135.9	102.0	-33.9	-90.7
1200	-395.4	-113.3	168.7	135.8	102.9	-32.9	-91.4
1300	-395.6	-114.0	167.6	135.6	103.6	-32.0	-91.9
1400	-395.8	-114.7	166.5	135.4	104.3	-31.1	-92.2

（3）气化反应动力学

生物质气化动力学是研究气化的理论基础，内容主要包括热解过程机理及动力学表达式、燃烧及还原过程中主要化学反应及过程速率等。

① 热解过程。热解是指固体生物质在非燃烧状态下受热分解成气体、焦油和炭的过程。温度和加热速率是影响热解效果的最主要参数。该过程包含许多复杂的反应，低温时的反应产物主要是 CO_2、CO、H_2O 和焦炭；温度升高至 400℃ 以上时，又发生另一些反应，主要产物是 CO_2、CO、H_2、H_2O、CH_4、焦油等；温度继续升高至 700℃ 以上并有足够的停留时间时，将出现二次反应即焦油裂解等，产物也发生相应改变，氢气和不饱和烃类气体含量得到增加。一般而言，随着温度升高，气体产率增加，焦油及炭的产率下降，且气体中氢气

及碳氢化合物的产量增加，二氧化碳含量减少，气体热值提高。因此，提高反应温度，有利于以产气为主要目的的气化过程的进行。

研究表明，热解经历两步独立的反应过程：第一步是固相反应，即高分子聚合脱水反应，其反应速率非常快；第二步反应是气相反应，或气相与炭的反应，包括裂解（cracking）、重整（reforming）和变换（shifting）等。裂解是气相挥发分中重碳氢化合物（如焦油）裂解成低分子化合物的过程，在此吸热反应过程中，C—C 键、C—H 键、C—O 键、环状分子链断裂，形成氢氧化物、碳氧化物、甲烷和不饱和碳氢化合物等；重整是碳氢化合物与水蒸气的吸热反应，生成碳氧化物及氢基；变换是水蒸气与一氧化碳的反应，生成二氧化碳和氢气。裂解和重整反应在热解的气相反应中占有相当重要的地位。温度与滞留时间是决定气相反应程度的主要因素。热解过程中的初始挥发分在 700℃下的滞留时间与不可凝气体产量之间的关系，滞留时间对气相反应的影响很大，尤其是在短的滞留时间情况下延长滞留时间的效果尤为明显，但当滞留时间大于 9s，若再继续增加滞留时间，效果就不明显了。

计算固体生物质气化动力学的表达式见式（6-20）。

$$\frac{\mathrm{d}a}{\mathrm{d}t} = A\,\mathrm{e}^{-E_\mathrm{a}/(RT)}(1-a)^n \tag{6-20}$$

式中，a 为反应程度；n 为反应级数；E_a 为活化能，J/mol；A 为指前因子，s^{-1}；T 为反应温度，K。

反应速率 r 的计算见式（6-21）：

$$r = A_1\,\mathrm{e}^{BT} \tag{6-21}$$

$$A_1 = 2.695 \times 10^{-4}\,\mathrm{s}^{-1}, B = 7.234 \times 10^{-3}\,\mathrm{K}^{-1}$$

式中，r 为碳与水蒸气的反应速率，s^{-1}；T 为反应温度，K。一些生物质在不同温度下的热解动力学参数值见表 6-5。

表 6-5　生物质在不同温度下的热解动力学参数

样品	T/K	a	A/s^{-1}	n	$E_\mathrm{a}/(\mathrm{kJ/mol})$	R
白松	710	0.293~0.95	9865.9	0.6354	17.8523	0.9998
白松	810	0.335~0.96	122.11	0.5944	11.994	0.9997
白松	900	0.148~0.96	40.83	0.6756	8.5559	0.9994
橡胶木	700	0.311~0.92	230570	0.681	24.7075	0.9984
橡胶木	800	0.358~0.945	5846	0.7501	18.2681	0.9989
橡胶木	900	0.137~0.97	200.6	0.776	13.2696	0.9992

② 氧化过程。焦炭的燃烧速率受燃烧温度和燃烧时间控制。焦炭的燃烧速率随温度增加而增大，且近似呈直线关系，当温度从 350℃ 增加至 900℃ 时，燃烧速率增加了一倍多。随着时间增加，焦炭颗粒将越来越少，燃烧速率按对数速率递减。焦炭的燃烧速率又受氧通过包裹在炭黑外面灰层的扩散速率控制，因此细颗粒的燃烧速率比大颗粒快得多。

③ 还原过程。还原过程中的化学反应主要是炭与二氧化碳、水蒸气和一氧化碳之间发生的反应，这些反应都是可逆的，增加温度与减少压力均有利于反应向右进行。水蒸气与炽热炭的反应虽然有几种可能的形式，但都是吸热反应，增加温度均有利于水蒸气还原反应的进行，然而生成 CO 或 CO_2 的化学反应平衡常数是不同的：温度低于 700℃ 时，反应有利于

CO_2 的生成；反之，温度越高，越有利于 CO 的生成，同时也有利于 H_2 的生成。另外，温度低于 700℃ 时，水蒸气与炭的反应速率极为缓慢，在 400℃ 时，几乎没有反应发生，只有从 800℃ 开始，反应速率才有明显增加。

表 6-6 是以炭与水蒸气的反应速度为基准，对于上述三个过程即热解过程、燃烧过程和还原过程的反应速度及其比较。可见无论在哪个温度下，热分解是十分迅速的，而炭燃烧反应也较快，WGSR 的速度较慢。

表 6-6 生物质气化过程中的三个反应速度与速度比

温度/℃	热解过程		氧化过程		还原过程	
	反应速率/[mg/(s·cm²)]	速率比	反应速率/[mg/(s·cm²)]	速率比	反应速率/[mg/(s·cm²)]	速率比
700	3.170	81	0.937	1	0.039	
800	4.117	40	1.063	10	0.103	1
900	5.893	30	1.141	6	0.194	1

6.2.2 气化制氢工艺

生物质气化制氢过程可以分为一步法和两步法（图 6-4）。气化一步法制氢是指生物质在反应器中被气化剂直接气化后，获得富氢气体的过程；气化两步法制氢是指生物质在第一级反应器内被直接气化后，再进入第二级反应器发生裂化重整反应的过程。两步法可以充分利用气化过程中产生的焦油等长链烷烃物质，增加氢气的含量，所以两步法制氢技术运用较多。一步法和两步法气化制氢过程都包括生物质的预处理、生物质气化及催化变换、氢气分离和净化等，两步气化法配合催化剂的使用，能使来自生物质原料的焦油转化为气体产品，从而大大降低了焦油的含量，同时也增加了气化效率。

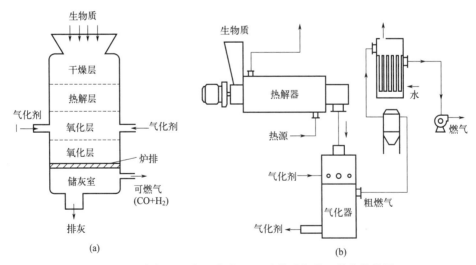

图 6-4 一步法（a）与两步法（b）生物质气化工艺路线简图

两步气化法过程中，催化剂有很多选择，配合催化剂的使用，能使大量焦油完全转化为气体产品，由于使焦油转化为合成气体，所以其能源效率更高（表 6-7）。

表 6-7　两步气化法制氢气体成分对比

气化剂	H_2/%	CO/%	CH_4/%	CO_2/%	N_2/%	O_2/%	热值/(MJ/m³)
空气	14～20	12～20	1.0～2.5	12～25	45～60	<1.0	4.0～5.0
富氧气体	26～38	26～38	0.5～2.0	16～25	8～10	<1.0	7.0～9.5

6.2.3　反应温度的影响

研究结果表明，生物质气化反应是吸热过程，反应温度的升高能增加气体产量并减少副产物的形成。温度越高，反应速率越快，生物质在热解阶段气体产量增加，且有利于 H_2 的产生，CO 的减少。温度对不同生物质气化产 H_2 体积分数的影响见表 6-8。

表 6-8　温度对不同生物质气化产 H_2 体积分数的影响

原料	最佳温度/℃	H_2 体积分数/%	变量	反应条件
稻壳	850（750～850）	13.1	H_2 体积分数较 750℃时提升 42.4%；碳转化率 86%，提升 21%	空气-蒸汽混合物为气化剂；蒸汽与生物质量比值为 0.8
松木屑	900（700～950）	47.7	900℃之后 H_2 体积分数下降；碳转化率随温度升高而提高	水蒸气流量 10mL/min
玉米秆	950（750～950）	62.53	H_2 由 750℃时的 37% 增加至 62%	水蒸气流量 5mL/min

6.2.4　燃空当量比及气化剂影响

（1）燃空当量比

生物质燃烧气化过程中，气氛极为重要，一般用燃空当量比（ER）定义燃烧气氛，燃空当量比是指气化实际供给空气量与生物质完全燃烧理论所需空气量之比，即式（6-22）。

$$ER = AR/SR \tag{6-22}$$

式中，AR 为气化时生物质量与实际供给的空气量之比，kg/kg，其值取决于运行参数；SR 为生物质量与所供生物质完全燃烧最低所需要的空气量之比，kg/kg，其值取决于生物质的燃料特性。

由式（6-22）可以发现，燃空当量比是由生物质的燃料特性所决定的一个参数，ER 越大，燃烧反应进行的就越多，反应器内的温度也就越高，因而越有利于气化反应的进行；但另一方面，气化气体中 N_2 和 CO_2 含量也会随之增加，从而使气化气体中的可燃成分得到稀释，气化气体的热值随之也降低。所以，气化时应综合考虑各种因素（包括生物质原料的含水率和气化方式等）来确定具体 ER。由于原料与气化方式的不同，实际运行中将生物质气化最佳燃空当量比控制在 0.2～0.4 较为适宜。图 6-5 是以典型生物质木屑为原料得出的燃空当量比对于几种主要气化产物的影响。

（2）气化剂影响

采用不同的气化介质，对气体产物的组成及焦油也有很大不同。以下重点对不同气化剂的产氢结果进行说明。

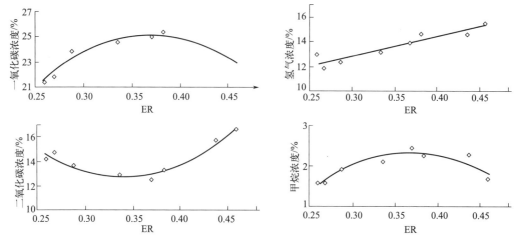

图 6-5 燃空当量比对燃烧气化气相产物 CO、CO_2、H_2、CH_4 等组分的影响

① 空气气化。生物质与空气中的氧气发生反应，生成混合气体和固体炭，空气是取之不尽、用之不竭的原料，而且气化气中还原性气体可以与氧气发生不完全氧化反应，释放出大量的热量，维持气化反应进行；空气气化的不足在于空气主要是 N_2 进入气化炉中，稀释可燃气体浓度，降低了气化气的热值，所以通过空气气化产生的可燃气体热值较低。

② 氧气气化。采用纯氧作气化介质，能明显改善产气的低热值现象并且优化合成气的成分。氧气气化使用比空气更高的气化温度。H_2 和 CO 的产率随着温度的升高而增加。对以稻草为生物质的氧气气化制氢进行了分析，在较高的温度下，H_2 产率提高，而 CO_2 含量降低。氧气气化条件为 95% 纯氧，利用制浆造纸工业中的制浆树皮，以 O_2 为气化剂制取合成气。在较高的 O_2 流量下，CO 和 H_2 含量降低，有利于 CO_2 和 H_2O 的生成。

③ 蒸汽气化。蒸汽气化制氢是指以水蒸气作为气化介质，将生物质原料进行气化转化为富氢燃气的过程（图 6-6）。蒸汽气化制氢技术选择蒸汽作为气化剂，目的是去除氮、水等不可燃成分以提高燃料热值，同时去除硫和氮可防止其产物进入大气，降低碳氢元素质量比。气化过程中生物质原料经过干燥、热解、还原和燃烧阶段，其中干燥产物和热解产物会在还原阶段释放水分并且去除 CO、CO_2、轻质碳氢化合物和焦油，最终在燃烧阶段碳分解产生更多的气态产物。

气化剂对气化反应产物的质量与数量产生较大影响。表 6-9 给出了不同气化剂在生物质水蒸气气化过程中的产物。可以看出，蒸汽作为气化剂时，氢气产量是空气作为气化剂时产量的 3 倍。与其他气化剂相比，生物质蒸汽气化工艺成本较低，在合成气体中的 H_2 含量高，热值高。水蒸气促进了含碳物种的重整反应和水煤气变换反应，可有效提高产氢率。尽管水蒸气汽化有利于产氢，但是由于蒸汽重整反应吸热，整个系统的能量效率可能反而降低。

在生物质蒸汽气化制氢过程中，生物质的类型、原料粒径、气化温度、蒸汽与生物质质量比（S/B）、催化剂类型等参数都会影响氢气产量。根据已有文献报道，木质素含量较大的生物质原料有利于提高气化制氢效率。灰分含量较高的豆科秸秆制氢所得气体中虽然焦炭和焦油产量较高，但其氢气产量同样高于灰分含量较低的松木锯末。因此，在选择生物质原料时，应综合考虑其各组分对于氢产量的不同影响。

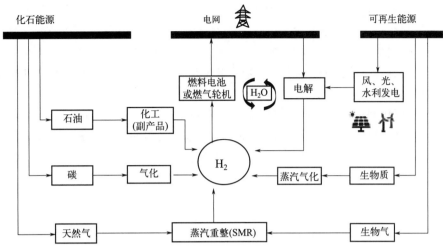

图 6-6　生物质蒸汽气化制氢与传统化石能源对比

表 6-9　不同气化介质下所得气体产物的体积分数　　　　　　　单位:%

气体产物	空气	氧气	水蒸气	水蒸气-空气
H_2	12.0	25.0	20.0	30.0
O_2	2.5	0.5	0.3	0.5
N_2	40.0	2.0	1.0	30.0
CO	23.0	30.0	27.0	10.0
CO_2	18.0	26.0	24.0	20.0
CH_4	3.0	13.0	20.0	2.0
C_nH_m	2.0	4.0	8.0	7.5

　　生物质原料粒径对于制氢效果存在较大影响。较大的生物质颗粒的传热热阻大，会导致气化过程中无法完全热解，产生多余的残余焦炭。此外，也有相关工作通过实验证明，减小生物质原料的粒径后能够强化传热效果，进而提高气化速率并且产生较高含氢量和较低含焦油量的气化产物。因此，通过降低生物质原料粒径或开发先进气化炉处理大颗粒生物质颗粒，能够有效提高制氢效率。

6.2.5　催化剂种类及活性

　　生物质气化制氢被认为是生产 H_2 最快、最经济的方法，但过程中会产生焦油，严重影响气化效率和氢气产率，同时会对设备造成损害。为了促进焦油裂解和提高 H_2 体积分数，催化气化是一种有效的方法。催化剂要得到更经济高效的利用必须具有以下特性：①催化剂对于去除焦油要有明显的效果；②催化剂要有较强的抗焦和抗烧结失活的能力；③催化剂要有较强的机械性能；④催化剂要有易于再生和便于回收利用的性能；⑤催化剂成本较低，便于产业化利用。

　　使用催化剂能够克服生物质蒸汽气化过程中焦油的生成，主要是通过在反应器内与生物质混合，或使合成气再次通过催化剂床层将焦油转化为额外的 H_2 和 CO。目前用于生物质气化的催化剂类型主要有镍系催化剂、以白云石 $[CaMg(CO_3)_2]$ 以及橄榄石 $[(Mg,Fe)_2$ $[SiO_4]]$ 为代表的天然矿石催化剂和碱金属及碱土金属催化剂等商业化的催化剂，而复合催化剂以其良好的催化特性也备受研究关注。

镍系催化剂广泛用于生物质气化过程，能有效减少生物质合成气中焦油的含量。含焦油量低于 $2g/m^3$，温度在 $750℃$ 左右的条件下，Ni 基催化剂能够去除 99.9% 以上的焦油，同时能调整合成气成分，使得 H_2 和 CO 含量显著增加，其缺点在于价格较贵，且在焦油含量较高时催化剂容易积炭烧结失活。

由于 Ni 基催化剂机械强度低，可以通过负载到载体上来提高其耐磨性。Ni 基催化剂使用海泡石负载时能提高催化剂的活性，增加气化反应产品气的热值；温度为 $500℃$、Ni 负载量为 6% 时反应活性最高，焦油转化率最高，可达 90% 以上，但是 Ni 基催化剂在高温下抗积炭能力差，此反应条件下结焦率高达 19%，对催化性能有较大影响。

天然矿石类催化剂如白云石、石灰石、橄榄石等来源广泛、容易获得，是较早使用的催化剂，可直接混入生物质中参与反应，操作简单，对气体产率的提高和焦油去除都有明显的作用。其中石灰石的机械强度最低，容易磨损失活。白云石是碳酸盐矿物，高温煅烧后可以分解出 CaO 和 MgO，能够引起脂肪烃和芳香烃端链上 π 电子体系重新排布，造成其碳碳长链逐步断裂，产生氢自由基，形成 H_2 从而提高合成气中 H_2 含量；由于 CO_2 的释放，白云石形成了较大的孔径和比表面积，可以通过吸附产品气中的 CO_2 提高合成气品质。白云石作为催化剂还可原位转化焦油，降低焦油产率并通过脱烷基化反应促进另外两种反应产物即气体和焦炭的形成，加入白云石可以明显提高 H_2 体积分数并随温度升高而增加。

碱金属及碱土金属催化剂是生物质气化过程使用的一类重要催化剂，包括碱金属及碱土金属、碱土金属氧化物、碱金属盐和氢氧化物（图 6-7）。碱及碱土金属催化剂可以有效地促进生物质分解，提高气化效率，但是由于难以回收且价格昂贵，限制了其商业化应用。

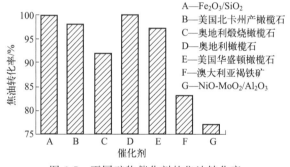

A—Fe_2O_3/SiO_2
B—美国北卡州产橄榄石
C—奥地利煅烧橄榄石
D—奥地利橄榄石
E—美国华盛顿橄榄石
F—澳大利亚褐铁矿
G—$NiO\text{-}MoO_2/Al_2O_3$

图 6-7　不同矿物催化剂的焦油转化率

复合催化剂是通过加入助剂调节其与载体材料之间的相互作用，抑制催化剂结晶和晶粒长大，从而提高催化剂抗积炭性能，延长使用寿命并改善催化剂中金属活性组分的分散度。Fe 是生物质催化气化反应中常见的助剂元素，Fe 元素的加入能够促进液相产物裂解，从而促进产气生成。Fe 加入白云石中，与 CaO 起到共催化的作用，不仅增加了白云石的机械强度，还会在 CaO 表面形成能够降低焦油的化合物 $Ca_2Fe_2O_5$，表 6-10 列出了相关复合催化剂的活性数据。

表 6-10　不同复合催化剂的生物质气化制氢效率

催化剂	原料	反应条件	合成气品质	催化效果
镍-铑/$\gamma\text{-}Al_2O_3$	豆渣	温度 $650℃$，碳与蒸汽质量比为 0.12	H_2 体积分数为 65%	气化率为 83%，无焦油

催化剂	原料	反应条件	合成气品质	催化效果
水滑石 Ni/Mg/Al	雪松木	温度 800℃，水蒸气流量 0.02mL/min，反应 30min	—	较高抗积炭能力和催化剂稳定性
NiO/白云石	松木屑	900℃气化，730℃重整	H_2 体积分数为 72%	产氢 45.8g/kg
Ni/CeO$_2$/Al$_2$O$_3$	木屑	温度 900℃，反应 60min，催化剂负载量 40%	—	焦油裂解率高
Rh/CeO$_2$/SiO$_2$	雪松木	空气流量 20mL/min	—	碳转化率 98%，促进积炭燃烧
Ni-Fe/γ-Al$_2$O$_3$	藻类	加热速率为 10K/min，终温 850℃	H_2 体积分数为 74%	产氢率 25g/kg，促进生物质裂解

6.2.6 热解过程分析

热解气化一般分三个阶段进行，涉及了诸多化学反应。第一阶段，生物质及其组分中的水分在低于 200℃的温度下蒸发。第二阶段，生物质在加热条件下进行反应，脱去易挥发的成分，形成不同的羧基、羰基和羟基化合物。这也是木质纤维素生物质的主要成分纤维素、半纤维素和木质素从生物质中分离并在相应的温度下开始分解的阶段。第三阶段，在较高的温度下发生二次热解，重化合物裂解成较小的分子，如 CH_4、H_2、CO 和 CO_2。更多的时候，这些阶段相互重合。此外，这些阶段发生的确切温度取决于生物质本身的组成。图 6-8 展示了生物质热解制氢的一般技术。热解可以根据升温速率和操作条件分为许多不同的类型，以下主要讨论闪速热解、快速热解、慢速热解三种热解类型。

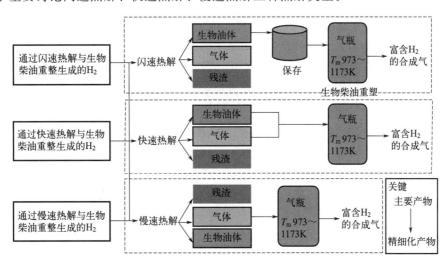

图 6-8 闪速热解、快速热解、慢速热解三种方法制氢对比

（1）闪速热解

当以极短的停留时间，温度一般控制在 500～650℃之间时，称为中温闪速热解，其产物以可冷凝气体为主，冷凝后变成生物油。图 6-8 是生物质闪速热解的过程示意图，热量传

递到生物质颗粒表面，并由表面传递到颗粒的内部，生物质颗粒被加热后迅速分解为炭和热解蒸气（一次裂解），其中，热解蒸气由可冷凝气体和不可冷凝气体组成；随着热解过程的继续，在多孔生物质颗粒内部的热解蒸气将进一步热解（二次裂解），使一部分可冷凝气体转变成不可冷凝气体，可冷凝气体经过快速冷凝得到生物油。该过程在提高生物油总收率的同时还促进和诱导了纤维素/木聚糖挥发物的脱氧重整生成 H_2、CO、CO_2 甚至 CH_4 等气体。

（2）快速热解

快速热解在 0.5~10s 的时间内使用 10~200℃/s 的中等升温速率将生物质加热到 850~1250℃。快速热解产生液体生物油作为主要产品，在可冷凝的挥发性物质转化为液体后，伴随产生少量蒸汽和焦炭。由快速热解产生的液态生物油可以通过重整制取 H_2。与原始生物质相比，它具有较高的热值（20MJ/kg）和能量密度。由于产物气体中的 H_2 含量远低于生物油产率，因此通过催化蒸汽重整来升级生物油以产生 H_2 是有效的策略。催化剂的存在通过有利于 WGSR 反应而增强 H_2 生产。

（3）慢速热解

慢速热解是使用 0.1~1℃/s 的低加热速率在 400~500℃ 范围内加热生物质的传统工艺，存在 5~30min 的停留时间。热解过程的主要产物是固体炭，但同时也形成少量的液体生物油和热解气体。较高的停留时间有利于二次热解反应的发生并最终除去所形成的蒸汽。一般来说，较高的温度（大于 600℃）能提高目标产物气体的产率，这是由于生物油和炭通过裂化转化为气体。

6.2.7 热解制氢工艺及反应器

生物质热解过程温度一般在 400~1200℃，这一温度低于气化所需温度。热解是一种最先应用于生产木炭的热化学过程，它在生物质中的应用也很有前景。同时，降解过程一般不需要氧化剂的参与。在某些特殊情况下，低化学计量比的 O_2 被用作氧化介质，以允许产热和促进部分氧化。生物质热解的主要产物是液态生物油、固态生物炭和不凝气相产物 CO_2、CH_4 和 H_2。生物质二次热解制氢工艺流程见图 6-9。

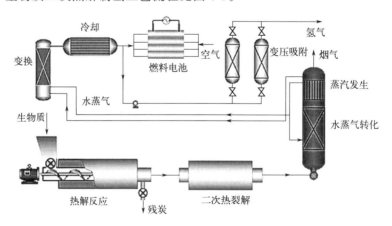

图 6-9　生物质二次热解制氢工艺流程图

气化制氢中反应器尤为关键。固定床气化炉是指气流在经过气化炉内物料层时，物料相对于气流是静止的，典型的固定床气化炉是上吸式气化炉或下吸式气化炉（图 6-10），两者各有优缺点。固定床气化炉结构简单，容易操作，但由于存在燃气中焦油含量较高、热量传递效果差等缺点，不适用于大规模化生产。流化床气化器是含有惰性流化颗粒的系统，一般包括两种类型：鼓泡流化床气化器（BFB）和循环流化床气化器（CFB）。以鼓泡流化床较为典型，如图 6-11 所示。鼓泡流化床气化器中，使气体通过床层材料来使床层材料流化或者鼓泡。循环流化床气化器中，床层材料在上升管和下降管之间循环。根据气化器设计的不同，原料可以从气化器的顶部、中部或者底部被送入气化器中。气化器的选择应该根据系统的处理量、应用领域和产物的综合利用来进行选择。流化床气化器广泛应用于固体原料气化过程中，然而，由于一定程度的颗粒夹带和混合问题，鼓泡流化床气化器难以实现高的固体气化率。循环流化床气化器可以通过旋风分离器来实现床层材料颗粒的循环利用，增加了颗粒的停留时间从而使得原料的气化率提高。流化床气化炉由于较高的传热传质系数、反应速率快、副产物少、较好的温度分布和较优的气固接触条件等适合用于生物质气化。

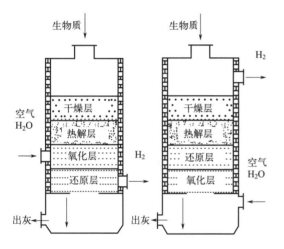

图 6-10 固定床气化炉（下吸式及上吸式）

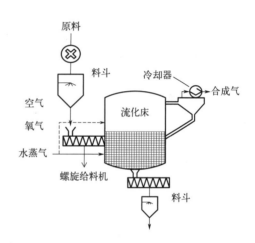

图 6-11 典型的鼓泡流化床气化炉

6.2.8 气化制氢吸附增强技术

吸附增强技术实质是一种化学链技术，它可进一步提高生物质蒸汽气化制氢的氢气浓度。近年有人开始研究吸附增强生物质蒸汽气化工艺，并用借鉴煤的气化工艺，可用于生物质气化，将生物质的气化、水煤气变换反应和二氧化碳的吸附组合在一个反应器中进行，打破化学平衡，提高氢气的纯度和产量。原理如图 6-12 所示。在流化床对生物质进行吸附增强蒸汽气化，在另一个流化床中完成 $CaCO_3$ 的再生，其中气化过程产生的焦油和添加的燃料在空气中燃烧，为 $CaCO_3$ 再生为 CaO 提供热量。经过这一项气化制氢吸附增强技术，使得氢气的纯度达到 75%。

6.2.9 生物质燃烧气相污染物排放

植物根系可以从土壤中吸收氮肥无机离子以及某些可溶性有机氮化合物，如氨基酸、酰胺等转化为机体的组成部分，因而生物质中或多或少含有一定量的氮元素，氮在燃烧过程中

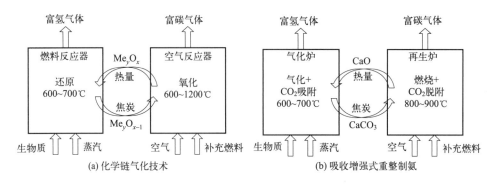

图 6-12　化学链气化（a）与吸收增强气化制氢（b）过程示意图

可通过一定途径排出，引发含氮物气相污染物排放问题。

燃料型 NO_x 在燃料燃烧过程中所占的比例较大，其生成机理非常复杂，这是因为燃料型 NO_x 的生成和破坏过程不仅与燃料特性、燃料的结构有关，还与燃料中氮化物热分解后在挥发分和焦炭中的比例、成分和分布有关，而且反应过程还与燃烧条件，如温度和氧及各种成分的浓度等关系密切。由于生物质半焦含量相对较少，大多氮来源于挥发分（66%～75%）。燃料型 NO_x 的产生更多地取决于燃料中 N 含量、燃料反应活性及燃烧过程中的氧气浓度。所产生的 NO_x 中大多为 NO，NO_2 不到 5%。

研究表明，生物质燃料中含氮的主导挥发分为 NH_3 和 HCN，它们可与 O_2 发生反应，生成 NO。但是 NH_3 和 HCN 作为 NO_x 生成的前驱体，在燃烧环境下的反应途径非常复杂，如图 6-13 所示，HCN 可以通过一定反应生成 NH_3，NH_3 可以和 NO 发生反应生成 N_2 和水，也能被分解生成 NH_2 和 NH 自由基，进而既可被 O_2 氧化为 NO，也可与 NO 和 OH 自由基生成 N_2。从燃烧工艺角度考虑，有效的配风对于减少 NO_x 排放量是非常重要的。为减少 NO_x 产生，可采用分级供风和分级供燃料等措施。另一方面燃烧的稳定性和炉内温度、气氛场的合理分布和稳定对于降低 NO 的排放也至关重要。若上述措施不能够降低 NO_x 到约定水平，则需要进行后续措施，如采用炉内喷氨的选择性非催化还原（SNCR）技术，或尝试使用再燃技术。

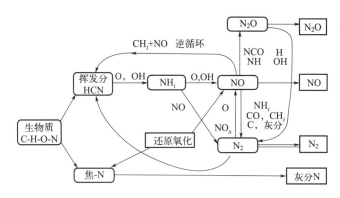

图 6-13　生物质燃烧中氮的转化途径

固体燃料燃烧中另一种主要气相污染物 SO_x 的排放在生物质中并不严重，这主要得益于生物质平均含硫量在 0.1%，远远低于煤炭的平均含硫量。

6.2.10 生物质超临界水气化热解制氢

生物质超临界水气化（SCWG）是另外一种特殊气化方式，SCWG 不需要任何干燥或预处理步骤，能够进一步降低能源消耗。未处理的生物质含水率一般很高，直接进行气化或热解过程的热效率很低，如对含湿量高的生物质进行干燥预处理，需要消耗大量的能量。超临界水的介电常数低于普通水，使其成为非极性溶剂，超临界水中氢键的减弱也让产氢较为容易。超临界水可改变相行为、扩散速率和溶剂化效应，使反应混合物均相化，增大扩散系数，从而控制相分离过程和产物的分布，由于这些原因，生物质在超临界水中气化制氢过程的热效率不随生物质含湿量变化，对于高含湿量的生物质，在超临界水中气化具有比常规气化和热解过程更高的热效率。以超临界水（SCW）为介质的气化炉是一种新型的气化设备。在此条件下，水处于超临界状态，温度大于 374℃，压力大于 22MPa，能同时作为反应介质和催化剂。它可以在低温（374～550℃）或高温（550～700℃）下运行。生物质在超临界水中经历热解、水解、缩合、脱氢等一系列复杂的热化学转化后产生氢气、一氧化碳、二氧化碳、甲烷等气体，反应过程主要包括蒸汽重整反应、水煤气变换反应以及甲烷化反应。在这过程中，水既作为反应媒介又作为反应物，超临界水气化制氢过程中的化学反应如下：

$$CH_nO_m + (1-m)H_2O \longrightarrow (n/2+1-m)H_2 + CO$$

$$CO + H_2O \longrightarrow CO_2 + H_2$$

$$CO + 3H_2 \longrightarrow CH_4 + H_2O$$

$$CO_2 + 4H_2 \longrightarrow CH_4 + 2H_2O$$

对生物质 SCWG 制氢技术的研究主要集中在不同操作条件（温度、压力、反应物浓度、停留时间、催化剂等）对不同生物质产氢的影响。

① 温度因素。SCWG 制氢过程中温度是最重要的因素。随着温度升高，气化率（GE）、碳气化率（CGE）以及氢气产量会大幅度地提高。生物 SCWG 的操作温度可以分为两个区域：低温区（350～500℃），高温区（500～800℃）。在低温区，CH_4、CO 产量很多，H_2 产量较少。这是因为主要发生甲烷化反应。随着温度升高，当到达高温区时，重整反应和 WGSR 就会增强。温度继续升高，WGSR 将成为主导，从而 H_2 产量很多，CH_4、CO 产量较少。一般温度低于 500℃主要产生富含甲烷气体，高于 500℃主要产生富含氢气气体。

② 压力因素。压力对 SCWG 制氢过程影响比较复杂。在临界点附近气化效果很明显，远离临界点效果不太明显。其对制氢过程的影响与 SCW 的性质密切相关。随着压力的提高，SCW 的密度、介电常数、离子积就会变大，从而增强离子反应，抑制自由基反应。

③ 反应物浓度因素。反应物浓度高不利于 SCWG 过程的进行。这是由于浓度高，反应物难气化，甚至会在反应过程中结焦而堵塞反应器。浓度低，对提高气化率和氢气产量有利。当反应物浓度增加时，气体的相对产率就会减少，这表明 SCWG 反应表现出负的反应级数。这是因为中间产物降解到气体是低反应级数，这个反应弱于高反应级数的聚合反应，因此增加反应物浓度会减少气体相对产率。对于生物质超临界水气化制氢可参阅 4.1.3 节内容。

6.3 生物质发酵制氢

6.3.1 生物质发酵制氢简介

生物质发酵制氢源于沼气发酵，在人类活动的各个时期，人们依靠长期生活经验，将秸秆、人畜粪便、有机污水等各种废弃物堆放在地池内，在密闭条件下被多种微生物发酵分解转化，产生一种含有氢气-甲烷-CO_2的混合气体——沼气，可以燃烧，其特性与天然气相似，这是人类利用废弃有机物发酵制可燃物的传统手段。生物质发酵制氢是现代版的沼气技术，是在较温和条件下通过微生物酶催化将工农业固体废弃物、有机废水中的有机质分解，产生氢气或氢气-甲烷-CO_2混合气的过程。这种方法能耗低且具有"变废为宝"的特点。

6.3.2 生物质发酵制氢主要过程

生物质发酵制氢的方式主要有光合作用和厌氧发酵两种。光合作用制氢是利用藻类和光合细菌直接将太阳能转化为氢能。厌氧发酵制氢是指发酵细菌在黑暗环境中降解生物质产氢。发酵底物在氢酶的作用下，通过发酵细菌生理代谢释放分子氢的形式来保证代谢过程的顺利进行。用于生物产氢的微生物有藻类、光合细菌、发酵性细菌以及梭状芽孢杆菌和肠道细菌等兼性厌氧菌或严格厌氧菌等。光合制氢由于光合产氢细菌生长速度慢、光转化效率低和光发酵设备设计困难等问题，目前仍不易实现工业化应用。相比而言，厌氧发酵过程较光合生物制氢稳定，不需要光源，产氢能力较强，更易于实现规模化应用。目前常用的生物发酵制氢可归纳为3种：光发酵、暗发酵与光暗耦合发酵制氢。

（1）光发酵制氢

光发酵制氢是光合产氢微生物依靠从小分子有机物中提取的还原物质和光提供的能量将H^+还原成H_2的过程。光发酵制氢可以在较宽泛的光谱范围内进行，制氢过程没有氧气的生成，且培养基转化率较高，以葡萄糖作为光发酵培养基质时，制氢化学机理如式（6-23）所示。

$$C_6H_{12}O_6 + 6H_2O \xrightarrow{\text{光能}} 12H_2 + 6CO_2 \tag{6-23}$$

研究较多的光合产氢微生物主要有蓝绿藻、深红红螺菌、深红假单胞菌、类球红细菌等。近年来，诸多学者已经对光合细菌产氢的最适温度、最适光照强度、最适pH、最适接种量等参数进行了初步探索，深化了对产氢过程中光合产氢菌群生长繁殖与周围环境条件间关系的认识，为大规模培养条件的优化与完善提供了依据，对于其规模化生产、资源开发利用以及废弃物再利用产氢生物反应系统的设计与优化具有重要的参考价值。

（2）暗发酵制氢

暗发酵生物制氢指专性厌氧或兼性厌氧微生物利用有机物进行发酵制氢。与光合制氢相比，暗发酵生物制氢有以下优越性：①不受光照限制，可实现持续稳定产氢；②产氢菌种的产氢能力高于光合产氢菌种；③原料来源丰富且价格低廉。相对于光合制氢，暗发酵生物制氢更能够在短时间内实现。因此，在生物制氢的方法中，暗发酵制氢的方法更具有发展潜力。为提高发酵产氢的能力，现有研究多集中于选育能够高效产氢的优势菌种或者菌群。当乙酸为终产物时，暗发酵生物制氢反应式如式（6-24）所示。

$$C_6H_{12}O_6 + 2H_2O \longrightarrow 2CH_3COOH + 4H_2 + 2CO_2 \qquad (6\text{-}24)$$

① 厌氧产氢微生物的种类。厌氧发酵产氢的微生物主要包括专性厌氧菌和兼性厌氧菌，以梭状芽孢杆菌属和肠杆菌属细菌研究较多。严格地讲专性厌氧菌产氢高于兼性厌氧菌，但产氢能力存在很大的差异。已有的产氢研究倾向于先分离高效产氢菌（群），再进行单纯基质产氢的特性研究。但是这种研究模式及研究成果不能够适用于复杂的有机基质的发酵产氢，且由于需要将基质灭菌而不具普遍操作性。而在开放环境的产氢过程中，抑制耗氢菌的生长及代谢，使产氢微生物成为优势菌群，以避免消耗产生的氢气是该方式亟待解决的问题。

② 发酵制氢新菌种。新的产氢菌种筛选主要有两个目标：高的氢气转化率和更宽的底物利用范围。多年来的研究发现产氢菌种主要包括肠杆菌属、梭菌属、埃希氏肠杆菌属和杆菌属这四类。其中尤以肠杆菌属和梭菌属研究得最多。

可将产氢微生物分为以下几大类。①专性厌氧异养微生物。这类微生物不具有细胞色素体系，通过丙酮酸代谢途径产氢，包括梭菌、甲基营养菌、产甲烷菌以及脱硫菌。②兼性厌氧菌。该类产氢菌细胞具有细胞色素体系，能够通过分解甲酸的代谢途径产氢，包括大肠杆菌和肠道细菌等。③需氧菌，包括产碱杆菌属和杆菌属细菌等。近几年来，研究者从现有产氢菌的工艺优化中走出来，开发新的产氢菌种基因工程改造产氢菌及氢酶。肠杆菌属及梭菌属显微照片如图6-14所示。表6-11列出发酵产氢的细菌类型。

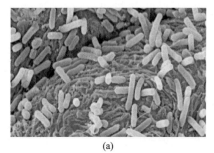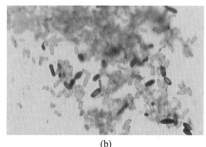

(a)　　　　　　　　　　　(b)

图 6-14　肠杆菌属（a）与梭菌属（b）显微照片图

表 6-11　发酵产氢的细菌类型

发酵类型	最终产物主要成分	典型微生物
丁酸型发酵	丁酸、乙酸、CO_2、H_2	*Clostridium*
丙酸型发酵	丙酸、丁酸、乙酸、CO_2、H_2	*Propionibacterium*
乙醇型发酵	乙醇、乙酸、CO_2、H_2	*Clostridium*，*Ruminoccus*，*Ethanoligenens*
混合型发酵	乳酸、乙醇、乙酸、CO_2、H_2	*Escherichia*，*Proteus*，*Shigella*，*Salmonella*

肠杆菌属，直杆状，$(0.6\sim1.0)\mu m \times (1.2\sim3.0)\mu m$，符合肠杆菌科的一般定义。革兰氏染色阴性，周生鞭毛（通常4～6根）运动。因其厌氧，容易在通用培养基上生长。发酵葡萄糖，产酸产气（通常 $CO_2:H_2=2:1$）。最适生长温度为30℃，多数临床菌株在37℃生长，有些环境菌株37℃时生化反应不稳定。广泛分布于自然界，在44℃时不能由葡萄糖

产气。

梭菌属，细胞杆状，$(0.3\sim2.0)\mu m\times(1.5\sim2.0)\mu m$，常排列成对或短链，圆的或渐尖的末端。通常多形态，革兰氏染色常呈阳性，以周生鞭毛运动。可以水解糖、蛋白质，或两者都无或两者皆有。它们通常从糖或蛋白胨产生混合的有机酸和醇类。糖发酵能力强，产酸产气，不还原硫酸盐。最适宜温度 $10\sim65℃$，多数菌株在 $37℃$ 生长，广泛分布在环境中。

（3）光暗耦合发酵制氢

利用厌氧光发酵制氢细菌和暗发酵制氢细菌的各自优势及互补特性，将二者结合以提高制氢能力及底物转化效率的新型模式被称为光暗耦合发酵制氢。暗发酵制氢细菌能够将大分子有机物分解成小分子有机酸，来获得维持自身生长所需的能量和还原力，并释放出氢气（表 6-12）。由于产生的有机酸不能被暗发酵制氢细菌继续利用而大量积累，导致暗发酵制氢细菌制氢效率低下。光发酵制氢细菌能够利用暗发酵产生的小分子有机酸，从而消除有机酸对暗发酵制氢的抑制作用，同时进一步释放氢气。所以，将二者耦合到一起可以提高制氢效率，扩大底物利用范围。

发酵细菌产氢效率低的根本原因在于在分解得到的有机酸中，除甲酸可进一步分解产生 H_2 和 CO_2 外，其他有机酸不能继续分解。另外，光合细菌不能直接利用淀粉、纤维素等复杂有机物，只能利用葡萄糖和小分子有机酸，所以光合细菌直接利用废弃物产氢效率同样很低。因此，可以利用发酵细菌将有机物分解为小分子有机酸，接着利用光合细菌产氢，可使两者优势互补（表 6-13）。连续的暗发酵和光发酵产氢可用式（6-25）表示。

光发酵-暗发酵的偶联发酵：

$$C_6H_{12}O_6+6H_2O+光能\longrightarrow12H_2+6CO_2 \qquad (6-25)$$

表 6-12　不同基质条件下光暗耦合发酵制氢

基质	暗发酵细菌	光发酵细菌	氢气产率 /(mol/mL)
葡萄糖	*Ethanoligenens harbinense* B49	*Rhodopseudomonas faecalis* RLD-53	6.32
蔗糖	*C. saccharolyticus*	*R. capsulatus*	13.7
木薯淀粉	*Microflora*	*Rhodobacter sphaeroides* ZX-5	6.51
餐厨垃圾	*Microflora*	*Rhodobacter sphacroides* ZX-5	5.40
芒草	*Thermotoga neapolitana*	*Rhodobacter capsulatus* DSM155	4.50

表 6-13　多种纤维素类基质直接发酵制氢

纤维素基质	微生物	温度/℃	氢气产率
纤维素 MN301	*Clostridium cellulolyticum*	37	1.7mol/mol 葡萄糖
微晶纤维素	*Clostridium cellulolyticum*	37	1.6mol/mol 葡萄糖
纤维素 MN301	*Clostridium populeti*	37	1.4mol/mol 葡萄糖
脱木质纤维素	*Clostridium thermocellum* ATCC 27405	60	1.6mol/mol 葡萄糖
蔗渣	*Caldicellulosiruptor saccharolyticus*	70	19.2mol/g 原料
麦秸	*Caldicellulosiruptor saccharolyticus*	70	44.9mol/g 原料
玉米秆	*Caldicellulosiruptor saccharolyticus*	70	38.1mol/g 原料

6.3.3　生物质发酵制氢影响因素

生物发酵制氢的影响因素主要有菌种、温度、pH、水力停留时间（HRT）、载体材料等，通过了解各影响因素对生物制氢的影响机制，可得出更加合适的制氢条件。

（1）菌种

菌种在各类厌氧反应床生物制氢中发挥着至关重要的作用。在产氢过程中使用的菌种有纯培养物和混合培养物，在工业化的进程中，纯培养物对基质和操作条件的选择都有高度的局限性，而以混合培养物进行产氢时，多种微生物可适用于各种废水，容易把多糖类化合物快速分解。一般情况下，多种可能性的基质和经济效益的作用使得混合培养物在流化床中应用时更可取。

（2）温度

温度影响微生物生长、代谢途径和酶活性，适合的温度会给产氢菌提供一个良好的生长环境，混合菌群发酵产氢可分为中温发酵、高温发酵和极端高温发酵三种类型。中温发酵产氢一般在 28～38℃下进行，高温发酵产氢一般在 55℃左右进行，极端高温发酵产氢一般在高于 65℃的条件下进行。许多研究表明，在一定范围内，氢收率（HY）随着温度的升高而增加，这是由于高温更有利于糖的水解过程，同时氢的溶解度降低减弱了对微生物生长的限制。但是温度的持续增加并不是一个合理的选择，高温引起设备投资和运行成本的增加，同时过高的温度不利于微生物的多样性，影响产氢效果。所以温度并不是越高越好，要综合经济性、酶活性等方面考虑，根据特定的条件选择最佳温度。

（3）pH 值

研究表明，保持厌氧发酵制氢的最佳 pH 值稳定十分必要，随着 pH 值降到 4.7 以下时，氢气产量显著下降。细菌代谢过程中酶的活性、微生物的形态和生长都与 pH 值密切相关，处于最佳的 pH 值范围之内，微生物的活性更高。流化床制氢时，一般使用暗发酵细菌进行，长期运行下，酸性底物累积而导致 pH 值过低，极大地降低了氢气的产率，所以在流化床上会设置 pH 值检测器。对不同种类的废水进行发酵制氢时，反应最佳 pH 值因不同的废水类型而有所差异。食物以及农业废弃物发酵制氢的最佳 pH 值范围分别为 5.0～6.0 和 6.5～7.7。

（4）水力停留时间

当采用流化床反应器进行发酵制氢工艺时，HRT（水力停留时间）很重要，HRT 主要用来衡量底物在生物反应器中停留时间的长短，较低的 HRT 可能导致底物未被全部降解，并且会冲击生物膜，导致生物量的流失；而较高的 HRT 会降低产氢量，蔗糖和葡萄糖的最佳 HRT 值的范围在 1～14h。其中较高 HRT 适用于工业废水处理，由于成分的复杂性，有毒物质可能会导致过程停滞。一般情况下，HRT 可以低一点，这样能够加快制氢的速率。为了避免低 HRT 下的生物量冲刷，通过流化床固定化技术，使微生物形成有效的生物膜而进行持续制氢。

（5）固定微生物载体材料

当采用流化床反应器进行发酵制氢工艺时，还要注意固定微生物的方法及载体，常用的固定微生物的方法有吸附法、交叉法和包埋法等，经过固定化的微生物载体能够在反应器中维持一个较高水平的生物量，而流化床技术就是将产氢微生物固定在惰性载体材料上，所以载体材料的选择对流化床产氢影响巨大。大量的试验证明微生物对膨胀黏土和活性炭具有更好的吸附性，可以固定承载更多的生物量。

6.3.4　氢酶结构

发酵生物制氢工艺研究已逐渐深入到细胞内部，通过氢酶的改造来实现对产氢的强化。能够产氢的微生物都含有氢酶。氢酶是产氢代谢中的关键酶，它催化氢气与质子相互转化的反应：$2H^+ + 2e^- \longrightarrow H_2$。目前已经有超过 100 种的氢酶基因序列可以在基因库上获得，但是仍然有大量已知产氢菌株的氢酶基因尚未被鉴定，挖掘更多的氢酶基因也是生物制氢研究的重要方向。由于产氢细菌内的氢酶种类繁多，改造氢酶基因也是一个提高产氢的手段。

氢酶是一类氧化还原蛋白，绝大多数氢酶含有金属原子。根据氢酶所含金属原子的种类可将氢酶分为 [NiFe]-氢酶和 [Fe]-氢酶。目前研究的氢酶多数属于 [NiFe]-氢酶，它包括吸氢酶和放氢酶。[NiFe]-氢酶广泛存在于各种微生物中。[Fe]-氢酶一般具有较高的催化产氢活性，研究最多的是梭菌和绿藻中的 [Fe]-氢酶。氢酶在细胞中有不同的分布。某些氢酶与细胞质膜相结合，称为膜结合态氢酶（membrane-bound hydrogenase，MBH），它们一般参与细胞的能量代谢过程。另一些氢酶则存在于细胞质或细胞周质腔中，称为可溶性氢酶（soluble hydrogenase，SH），它们一般参与维持细胞内的代谢平衡。

（1）Fe-氢酶及 NiFe-氢酶结构与活性中心

氢酶按其金属组成成分主要分为三大类：[Fe]-氢酶、[NiFe]-氢酶和 [NiFeSe]-氢酶。后 2 种氢酶通常存在于耗氢微生物中，催化氧化反应；而 [Fe]-氢酶催化还原反应，与氢气的生成直接相关。已有多条来源于不同微生物的氢酶基因序列被测定。但是仍然有大量已知产氢菌株的氢酶基因尚未被鉴定，目前，对于氢酶结构研究最多、结构最清楚的 [Fe]-氢酶、[NiFe]-氢酶，已有准确 XRD 测定，其结构分别如下（图 6-15）。

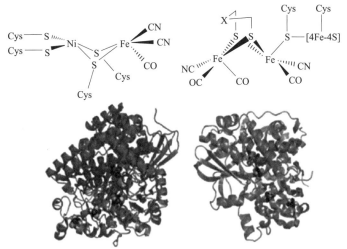

Desulfovibrio gigas [NiFe]-hydrogenase　　*Desulfovibrio desulfuricans* [FeFe]-hydrogenase

(a) [NiFe]-氢酶　　　　　　　　　　(b) [Fe]-氢酶

图 6-15　氢酶晶体结构示意图

（2）氢酶的催化中心

虽然［NiFe］-氢酶和［Fe］-氢酶的结构有很大的不同，但在催化机制上基本是一致的。从结构上看，都由四部分组成：电子传递通道、质子传递通道、氢气分子传递通道和活性中心。质子和电子分别通过质子传递通道和电子传递通道传递到包藏于酶内部的活性中心，形成的氢气分子再由其传递通道释放到酶的表面。

［NiFe］-氢酶活性中心是由 Ni 和 Fe 组成的异双金属原子中心，以 4 个硫代半胱氨酸（Cys）残基通过硫键连接在酶分子上（图 6-15）。当［NiFe］-氢酶处于氧化态时，呈直角金字塔结构，Ni 原子位于塔顶，它有四个配体位于塔底各角，另外还通过桥连配体与 Fe 原子相连，第六个配体位置是空的，而 Fe 原子具有六个配体形成扭曲的八面体结构。［NiFe］-氢酶分子是异质二聚体的球形蛋白，半径约为 3nm，分为大小两个亚基［图 6-15（a）］。大亚基含有活性中心，小亚基上则含有［Fe-S］簇。大、小亚基彼此紧密结合。活性中心和较内部的两个［4Fe-4S］簇相互接近并位于亚基之间作用的平面上。氢酶分子共包含有 12 个 Fe 原子、1 个 Ni 原子和 12 个酸不稳定硫化物。

［Fe］-氢酶与［NiFe］-氢酶不同之处在于其活性中心是两个 Fe 原子（Fe1 和 Fe2）组成的双金属中心，该活性中心通过 Fe1 上的一个硫代半胱氨酸与近端［4Fe-4S］簇相连而连接在酶分子上。Fe1 原子具有 CN—和 CO—两个双原子配体，还通过两个 S 原子与另外一个配体连接，该配体可能是—CH_2—CO—CH_2—、—CH_2—NH—CH_2—或—CH_2—CH_2—CH_2—；另外还通过一个桥连配体与 Fe2 相连，这样 Fe1 就具有六个配体而形成扭曲的八面体结构。［Fe］氢酶一般由一条肽链（如巴氏梭状芽孢杆菌的氢酶 CpI）或两条肽链（如脱硫弧菌的氢酶 DdH）组成，Fe2 在 DdH 中只有五个配体从而带有一个空的位点。在 CpI 中则带有第六个配体即水分子，这个键比较弱，很容易被破坏。由此可以看出，NiFe-氢酶和 Fe-氢酶活性中心均含有一个空电荷位的位点，该位点可能与结合 H_2 有关，有研究表明，氢酶的竞争性抑制剂 CO 曾被发现结合在该位点上。由于酶催化结构及催化作用机理太过复杂，也不是本书重点，在此从略。

6.3.5 酶催化反应过程及机理

（1）发酵过程

厌氧发酵过程主要包括水解、产酸、产氢产乙酸和产甲烷化四个步骤，简介如下。

① 水解阶段：生物质中各组分大都以大分子状态存在，这些复杂有机物不能被微生物直接吸收利用，首先须被微生物分泌的胞外酶（如纤维素酶和脂肪酶等）酶解成可溶于水的小分子化合物，即纤维素、淀粉等碳水化合物水解成糖类，糖类再分解成丙酮酸；蛋白质水解成氨基酸，再经脱氨基作用形成有机酸和氨，脂类水解后形成甘油和脂肪酸。水解后的小分子化合物才能进入微生物细胞内，进行随后的一系列的生物化学反应。

② 产酸阶段：产酸微生物将水解阶段产物转化成小分子有机酸、醇、CO 及氨等，主要产物是挥发性有机酸，故称为产酸阶段。

③ 产氢产乙酸阶段：产氢产乙酸细菌将挥发性有机酸、长链脂肪酸、醇类等产物分解生成乙酸和氢。

④ 产甲烷阶段：产甲烷细菌利用乙酸、CO_2、H_2 等基质形成甲烷。

（2）暗发酵制氢原理

暗发酵产氢机制在微氧或厌氧条件下，许多微生物在代谢过程中可将质子还原为氢气。细菌首先氧化降解底物以提供生物合成的结构单元以及生长所需的能量。这一氧化过程所产生的电子需要被消耗掉以保持细胞内的平衡。在好氧环境下，氧气被还原为水。而在厌氧或缺氧环境下，其他物质需要充当电子受体，如质子，被还原生成氢气。目前常见的暗发酵产氢主要有三种途径：丙酮酸脱羧途径、甲酸裂解途径和 $NADH/NAD^+$ 平衡调节途径。以下主要讨论丙酮酸脱羧途径和甲酸裂解途径。

① 丙酮酸脱羧途径。丙酮酸脱羧途径主要存在于严格厌氧菌，如梭菌。以葡萄糖为例的梭菌丙酮酸脱羧产氢途径如图 6-16 所示。1mol 葡萄糖首先经糖酵解途径生成 2mol 丙酮酸、2mol ATP、2mol NADH，其中 2mol NADH 在 NADH-铁氧还蛋白氧化还原酶（NFOR）的催化下生成 2mol 还原型铁氧还蛋白（Fd_{red}）；丙酮酸在丙酮酸-铁氧还蛋白氧化还原酶（PFOR）的催化下生成 2mol 还原型铁氧还蛋白（Fd_{red}）、2mol 乙酰 CoA 和 2mol CO_2；上述共 4mol Fd_{red} 在氢化酶的催化下生成 4mol H_2，而 2mol 乙酰 CoA 在磷酸转酰酶和乙酸激酶的相继催化下生成 2mol 乙酸，至此，每 1mol 葡萄糖生成 2mol 乙酸、2mol

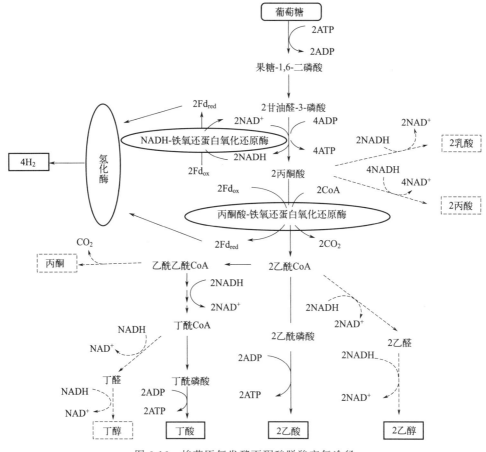

图 6-16 梭菌厌氧发酵丙酮酸脱羧产氢途径

ATP—腺嘌呤核苷三磷酸；NADH—还原型烟酰胺腺嘌呤二核苷酸；
NAD—氧化型烟酰胺腺嘌呤二核苷酸；ADP—腺嘌呤核苷二磷酸

CO_2 和 4mol H_2。因此，该途径最大理论产氢率为 4mol/mol。实际上大部分严格厌氧菌的副产物为乙酸和丁酸，有的梭菌在某种条件下还会代谢生成乙醇、丙酸，甚至还有丁醇、丙酮、乳酸等，使得最终产氢率达不到理论值。

② 甲酸裂解途径。甲酸裂解途径主要存在于甲基营养菌、兼性厌氧菌和好氧菌中。参与甲酸裂解途径产氢的酶主要为丙酮酸-甲酸裂合酶（pyruvate formate lyase，PFL）和甲酸-氢裂合酶（formate hydraogen lyase，FHL）。FHL 是一个膜结合的多酶复合体系，包含甲酸脱氢酶（formate dehydrogenase，FDH）和氢化酶，并通过一个中间电子载体将两者连接。同样是葡萄糖经糖酵解途径生成丙酮酸后进一步脱羧，微生物利用丙酮酸脱羧后形成的甲酸首先在 FDH 的催化下氧化为 CO_2，产生的电子转移给 Fd_{ox} 生成 Fd_{red}，在氢化酶的作用下利用 Fd_{red} 的电子还原质子产生氢，并使 Fd_{ox} 再生。按照这一代谢途径，甲酸裂解途径产氢的最大理论产氢率为 2mol/mol。肠杆菌的甲酸裂解产氢途径如图 6-17 所示。

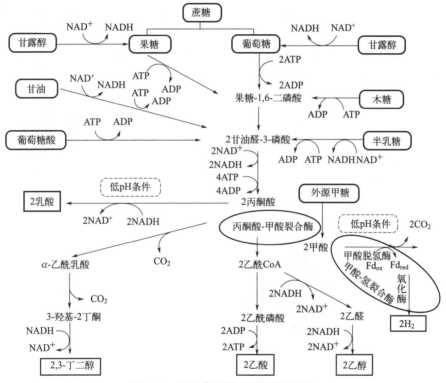

图 6-17　肠杆菌的甲酸裂解产氢途径

6.3.6　生物质发酵制氢反应器

利用生物反应器进行发酵制氢是工业上常见方法，目前生物质发酵制氢方法中比较有效的反应器是厌氧流化床生物反应器（AFBR），微生物膜通过微生物与载体颗粒的自然黏附而保持，采用流化床结构可以让反应器内保留较多的生物量，保证了制氢持续稳定地进行，此技术适合大规模工业生产，具有十分广阔的前景。

常见的生物反应器分为悬浮式和固定式两大类，悬浮式反应器直接使微生物以游离的状态存在于反应器中，游离的微生物不能从废水中分离，导致大量的生物流失，无法实现连续性污水净化和制氢。采用流化床固定式技术比微生物游离状态下的产氢效率更高。在微生物培养阶段，选择内部结构疏松多孔的生物载体，如活性炭、膨胀黏土、聚乙烯、陶瓷珠等，通过一定的固定化手段，使微生物在支撑材料表面附着并形成生物膜，采用水力或气体驱动方式，使得携带有微生物的支撑材料进入流化状态，更好地与废水进行反应。

（1）流化床厌氧微生物发酵制氢反应器

图 6-18 为典型流化床厌氧微生物发酵制氢反应器结构示意图，该系统包括流化床主体反应室、三相分离器、气体净化器、流量计、集气罐、水浴循环系统、循环泵、养料储存罐、给料泵、pH 值与温度检测仪和 pH 调节系统。流化床主体结构上半部分为三相分离器，使得气液固三相分离，产生的气体经过气体纯化器处理后纯度更高，之后通过流量计记录后进入集气罐储存。流化床外部采用嵌套结构，间隔内为恒温水浴系统，使反应温度一直维持在生物适宜生存的温度范围内，保持较好的生物活性。为了使反应更彻底，循环泵使废水不断在流化床反应器内循环。与此同时，养料储存罐也不断为反应提供营养，通过给料泵将养料送入循环回路中。为了使得微生物始终处于最佳的产气环境，顶部除气体出口之外，还设有 pH 值与温度检测仪，当 pH 值变化时，及时通过 pH 调节系统通入合适的溶液到循环回路中，以保证流化床内溶液保持稳定的 pH 值。温度检测器检测反应温度，通过水浴循环系统使流化床始终处于反应最适宜温度。

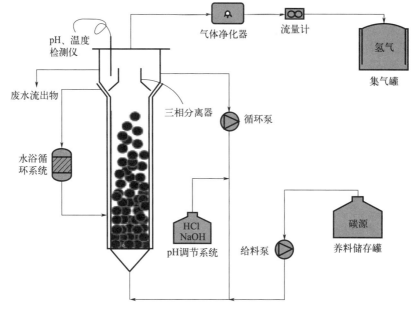

图 6-18　典型流化床厌氧微生物发酵制氢反应器结构

（2）两段式厌氧发酵制氢反应器

流化床的出现更加符合未来工业化的发展趋势，但暗发酵反应中大部分的氢仍然被封于丙酸、乙酸、丁酸和乙醇等发酵底物中，无法进行更为有效地利用。为此，采用联合式反应器的新技术在厌氧发酵制氢领域开始得到重视。

一段式生物发酵制氢时，基质中所含营养物质无法完全转化为氢，因为在微生物发酵过程中，其与基质反应会产生挥发性脂肪酸（VFA）或醇类物质，这些物质无法被降解，导致能量的利用率较低，使得生物产氢量受到了极大的限制。如图 6-19（a）所示，该系统采用氢气-甲烷整合技术，在产氢之后，利用剩余的酸性有机物产甲烷，具有提高能量利用率、减小反应器尺寸、优化工艺条件和增加缓冲容量等优势。

连续光-暗两步发酵法被公认为是最有前景的生物制氢方法之一，图 6-19（b）展示了两步发酵法的工艺流程，由图可知理论暗发酵阶段 1mol 己糖可以产生 4mol 氢气，光发酵阶段可以产生 8mol 氢气，总体来看光-暗两步发酵法可以产生 12mol 氢气，其所具有的产氢量是不容小觑的。有人已实现实验室阶段连续光-暗两步发酵最大 HY 为 7mol/mol，暗发酵阶段的微生物具有菌种来源丰富、适应能力强、生长速率快等特点，但理论产氢量并不是很多；光发酵微生物使用条件局限，但产氢量大，同时能分解暗发酵所不能降解的挥发性脂肪酸和醇类等小分子有机物，将两者联合具有广阔的前景。

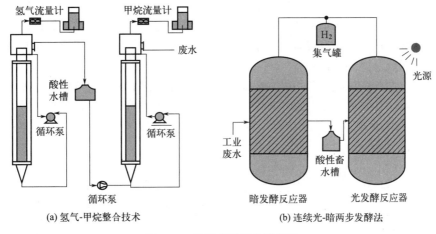

(a) 氢气-甲烷整合技术　　　　(b) 连续光-暗两步发酵法

图 6-19　两段式厌氧发酵制氢

连续光照进行发酵，总体 HY 达到了 5.8mol/mol，在暗发酵阶段仅有 0.34mol/mol，这是由于该实验并没有对进入 AFBR 的废水进行预处理，导致大量抑制产氢的细菌和硫酸盐进入反应器中。通过合理的预处理及选择适宜的反应条件，可明显提高两步发酵法的氢气转化效率。

6.3.7　生物质发酵制氢优缺点

生物制氢过程中，暗发酵制氢具有产氢能力高、产氢速率快、产氢持续稳定、反应装置简单、操作方便、原料来源广泛等优点，经过努力，有望在一定时期内实现规模化生产。

生物法制备绿氢，虽有很多优点，同样存在一些问题限制其产业化发展：①暗发酵制氢虽稳定、快速，但由于挥发酸的积累会产生反馈抑制，从而限制了氢气产量。②光暗耦合发酵制氢中，两类细菌在生长速率及酸耐受力方面存在巨大差异。如何解除两类细菌之间的产物抑制，做到互利共生，是亟待解决的问题。

6.4　废弃塑料热解制氢

6.4.1　废弃塑料及利用

塑料是有机单体加聚或缩聚反应聚合而成的高分子化合物。塑料的分子组成一般为碳氢化合物（或还含有少量其他杂原子），据最新统计，我国每年新增的垃圾塑料超过 6000 万吨，在垃圾场中的废弃塑料大约有 10 亿吨，目前这种"白色污染"已成为全球性的环境难题。通用塑料为五大品种，即聚乙烯（PE）、聚丙烯（PP）、聚氯乙烯（PVC）、聚苯乙烯（PS）及丙烯腈-丁二烯-苯乙烯共聚合物（ABS）。这五大类塑料占据了使用塑料的绝大多数。

减少废弃塑料污染，最有效的方法是提高废弃塑料回收率、增加废弃塑料资源化利用价值。废弃塑料可通过物理化学回收、热化学利用等转化为高品质的化工原料，从而实现废弃塑料的清洁、高效回收利用。塑料的化学回收是通过化学的方法打破聚合物内部的分子结构组成得到塑料单体、液体化学品或化工燃料的方式。

废弃塑料富含碳、氢两种元素，常见的聚烯烃、聚苯乙烯类塑料所含的碳元素高达 80%～93%，氢含量 8%～16%。废弃塑料的热值可达 40MJ/kg 以上，几乎与燃油相持平，利用热能回收法可以高效获取其中的能量。然而塑料燃烧过程中，会释放氮氧化物、二噁英等有害气体造成二次污染，且热能回收利用率低。从可持续发展和资源高值化利用角度，废弃塑料的化学回收法受到广泛关注。

当前在废弃塑料资源化利用方式中，以获取合成气或化工原料为目标的废弃物热解技术因原料适用性广、低污染和低排放，被认为是最有前景的废弃塑料利用技术之一。如图 6-20 所示，通过热解技术以及后续的催化重整，塑料废弃物可转化为含氢气体、固体和液体等一系列化工燃料和原料。

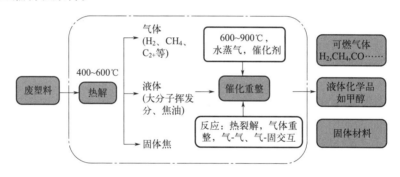

图 6-20　废弃塑料热解技术

6.4.2　废塑料热解催化重整制氢

气化热解是将废弃塑料通过不完全燃烧产生合成气（H_2+CO）的热化学工艺。合成气可用作费-托合成以及各类化学反应，也可直接在锅炉、加热炉、内燃机中燃烧利用。气化工艺与废弃塑料焚烧相比，减少了三废（如二氧化碳等）的排放，同时气化过程产生的二噁英也大幅减少。气化技术具有能源回收、显著减少垃圾填埋以及污染物排放低等优点，因而其在处理废弃塑料方面的应用越来越普遍。

（1）气化主要过程

气化热解过程是在没有空气或氧气的情况下对废弃物进行热降解，或将废弃塑料暴露在一定氧气浓度中，但不足以发生燃烧的热化学过程。图 6-21 为热解-空气气化过程示意图。

塑料气化要求最大限度地将其转化为气体产品或合成气，该过程主要的副产品为焦油和木炭。气化涉及多个步骤和复杂的化学反应，但可以概括为以下几个主要过程（图 6-22）：

干燥、热解、气相裂解重整反应以及非均相炭气化。这些步骤对工艺性能的影响及其动力学意义取决于原料特性和气化条件。

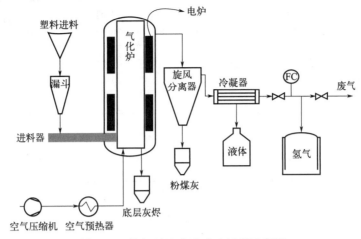

图 6-21　热解-空气气化基本过程示意图

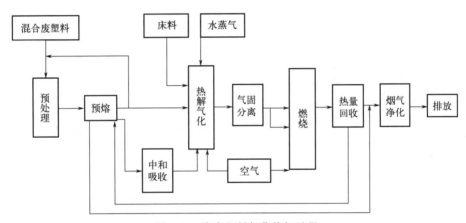

图 6-22　废弃塑料气化热解过程

（2）干燥

干燥过程对废弃塑料的气化影响较小。废弃塑料的含水量通常比其他气化原料（如生物质和煤）要低得多，而且这种水分是外部的，不受扩散限制，因而其干燥速度很快。

（3）热裂解

废弃塑料的理化特性决定了热解是其气化的关键步骤，熔融塑料的低导热性和高黏性降低了该过程的热降解动力学，特别是当气化炉不能提供高传热率和避免熔融塑料团块的形成时，极大影响了热解的动力学过程。废弃塑料的另一个特点是挥发物含量高，如聚烯烃或聚苯乙烯，在快速加热条件下进行热解时，几乎可以完全转化为挥发物。

表 6-14 为几种典型废弃塑料在氮气气氛下的热解特性。可以看出，影响废弃塑料热解的因素主要包含原料种类、反应器、热解温度、压力和升温速率等。温度对三态产率的影响较大，适当地提高热解温度可以促进分子内部键的断裂，提高液体和气体产率，而过高的热解温度会促进大分子热解产物的进一步裂解生成小分子气体。

表 6-14 典型废弃塑料热解特性研究

塑料类型	反应器	反应参数				气液固产率		
		热解温度/℃	压力/MPa	升温速率/(℃/min)	停留时间/min	液体/%	气体/%	固体/%
HDPE	固定床	450	—		60	74.5	5.8	19.7
LDPE	固定床	500	—	10	20	95	5.0	0
PP	固定床	380	0.1			51	24.2	0
PS	固定床	425	0.3~1.6	10	60	97	2.5	0.5
PVC	真空固定床	520	0.2	10		12.8	0.3	28.1
PET	流化床	630		10		4	39	46

注：HDPE 是高密度聚乙烯；LDPE 是低密度聚乙烯；PET 是聚对苯二甲酸乙二醇酯。

聚烯烃类塑料热解的气体产物以氢气、甲烷、乙烷和丙烷为主，聚氯乙烯热解气主要成分是氯化氢，而聚酯塑料因含有氧，热解气中含较高的 CO 和 CO_2 气体；在热解油方面，低温下（约 400℃）聚乙烯受热经历随机断键后生成大量的长链脂肪烃（$C_5 \sim C_{40}$），随温度升高（425~500℃），长链脂肪烃进一步裂解，烷烃和烯烃产率下降，而单环或多环芳烃产率增加，最后可占液体油的 68%。聚苯乙烯的热解油以多环芳烃为主，并随着热解温度增加，低碳芳烃含量增多。热解制备液体最佳热解温度通常在 450~550℃之间。

（4）均相气化反应

均相气化反应包括各种各样的反应，这些反应的平衡和程度主要取决于所使用的气化剂在进料中的比例和温度。反应如下：

$$C_nH_m + nH_2O \longrightarrow (n+m/2)H_2 + nCO$$
$$CH_4 + H_2O \Longleftrightarrow 3H_2 + CO \qquad \Delta H = 206kJ/mol$$
$$C + H_2O \longrightarrow H_2 + CO \qquad \Delta H = 131kJ/mol$$
$$C_nH_m + nCO_2 \longrightarrow (m/2)H_2 + 2nCO$$
$$C + CO_2 \Longleftrightarrow 2CO \qquad \Delta H = 172kJ/mol$$
$$H_2O + CO \Longleftrightarrow H_2 + CO_2 \qquad \Delta H = -41kJ/mol$$

需要注意，气化反应仅涉及 H_2O 和 CO_2，O_2 仅参与促进燃烧和产生 CO、CO_2 和 H_2O 的部分氧化反应。氧化反应放出的热为高吸热的蒸汽重整反应与二氧化碳重整反应以及布氏（Boudouard）反应［式（6-8）］提供了所需的能量，蒸汽通过蒸汽重整反应式（6-9）、式（6-10）和提高水汽转移平衡［式（6-13）］来提高氢气的产量。气化过程中高温的主要缺点是水汽转移反应的热力学限制，为了提高转化效率，在气化过程中需要使用重整催化剂，其中镍基催化剂最为常见。这些催化剂对焦油和其他碳氢化合物的重整反应具有很高的反应活性，并通过促进水气转移反应提高氢气产率。

（5）气化工艺

目前最多的采用空气气化，由于氮气的稀释作用，这种方法产生的气体产品热值相对较低。空气气化的主要优点是工艺简单，因为不需要外部能源，气体产品中的焦油含量通常低于蒸汽气化。因此这种气体主要用于能源生产。

蒸汽气化可以产生富含氢气的合成气，H_2/CO 比高，比直接空气气化产生的合成气更适用于化学合成应用。该方法的主要挑战在于向反应器输入热量以进行蒸汽转化反应。

塑料气化工艺的主要挑战在于气体产品中的焦油含量，当使用空气或 O_2 代替蒸汽时得到的合成气中焦油含量较低。除了气体产品中的焦油含量外，蒸汽气化还面临另一个重大挑战，即该过程的热量需求。为了克服这一限制，有人在双流化床反应器中研究了不同塑料的蒸汽气化。PE 和 PP 气化产生的合成气中氢气浓度高达 40％，氢气产率分别为 4％和 3％。在气体组成方面，PE 和 PP 气化过程中甲烷的浓度分别为 30％和 40％，乙烯的浓度分别为 15％和 11％。烃类的高含量提高了产气的热值，达到了 $25MJ/m^3$，然而高浓度的甲烷和低碳烷烃证明了合成气中含有焦油。

采用流化床蒸汽气化技术，将不同比例的塑料废弃物与松木混合气化，并对该系统的产氢性能进行了研究。混合物中废弃塑料的质量比在 20％～60％，随着废弃塑料比的增加，所产合成气中 CO 含量降低，但氢气含量增加。当混合物中废弃塑料含量为 60％时，合成气中的氢气含量为 20％，合成气的热值和能源效率达到了最高。

① 反应条件对热解重整的影响。废弃塑料成分复杂，蒸汽气化中热解重整制备富氢气体要经历固体废弃塑料裂解、挥发分重整的一个气固交互的复杂氛围，不同反应条件对热解-重整过程影响各异，不同原料特性以及相互之间作用对目标产物的分布和形成也有较大差异。废弃塑料水蒸气重整制氢的因素主要有原料特性、温度和气化介质等。较高的温度能够促进碳氢化合物的热裂解，促进热解焦油的催化重整反应，减少焦油的产生，提高原料中碳的转化率。在催化重整温度和水蒸气量对废弃塑料制备富氢气体的影响中，当重整温度由 600℃升至 900℃时，气体产率提高了一倍，水蒸气重整反应增强，氢气产率从 0.12g/g 增加至 0.26g/g。水蒸气的量增加也有助于提高氢气产率，而当水蒸气量高于 4.7g/h 时，气体产率和氢气产量增加逐渐趋于平缓。

② 负载镍催化剂催化废弃塑料热解。催化剂在塑料的热解-重整转化过程中发挥着重要的作用，帮助长链断裂为短链以及打破化学键促进小分子气体产物的形成。同时催化剂能够降低裂解、重整反应发生对于温度的要求，缩短反应时间提高反应效率。塑料热解-催化重整过程中，由于水蒸气重整反应为吸热反应，往往需要较高反应温度（700～900℃），金属催化剂颗粒在高温下易发生团聚颗粒变大。较大金属颗粒因与反应中间产物接触面积减少，催化剂对碳氢中间产物的重整能力降低，造成积炭覆盖催化活性中心，导致催化剂失活。

镍金属表面有较强的活化 C—H 键和 C—C 键的能力，而且相比其他贵金属催化剂如 Ru、Pt，镍基催化剂相对成本低因而应用更为广泛。多孔分子筛由于发达的孔隙结构，是一种良好的催化剂载体，同时由于其独特的孔道结构本身就是良好的催化剂。在分子筛上负载 Ni 后，Ni 的引入提高了催化剂的催化活性。

分子筛负载镍催化剂催化废弃塑料热解重整制氢的反应在两级式固定床反应台架上进行，热解温度 500℃，催化温度为 850℃，给水量为 6g/h，不同分子筛载体负载镍的催化结果如表 6-15 所示。当采用预处理后的分子筛作为催化剂时，实验结果显示，ZSM5-30 类型分子筛相较于其他两种分子筛，得到了较高的气体产量，氢气产率达到 57mmol/g。这是由于 ZSM5-30 比其他两个分子筛具有更高的酸强度。总体而言，三种未负载镍的分子筛对于塑料热解挥发分重整的催化能力相差较小，然而若改变催化重整的条件如温度和水蒸气的量，气体产率变化非常明显。

表 6-15　分子筛负载镍催化塑料热解-重整气体产物分布

气体	石英砂	ZSM5-30	β-zeolite-25	Y-zeolite-30	Ni/ZSM5-30	Ni/β-zeolite-25	Ni/Y-zeolite-30
H_2 产率/(mmol/g)	55.85	57.44	53.87	55.42	66.09	61.38	58.06
CO 产率/(mmol/g)	31.30	31.80	29.59	31.73	34.63	33.54	32.19
H_2 浓度/%	54.43	54.99	55.58	53.99	56.20	55.84	53.64
CH_4 浓度/%	6.85	6.43	6.07	7.36	4.55	4.39	6.11
CO 浓度/%	30.50	30.45	30.53	30.92	29.45	30.51	29.74
CO_2 浓度/%	6.48	6.80	8.91	6.00	8.72	8.61	9.39
$C_2 \sim C_4$ 浓度/%	1.74	1.33	1.92	1.73	1.07	0.65	1.13

　　分子筛 Ni/ZSM5-30 气体产率最高，合成气产量为 100.7mmol/g，H_2 和 CO 的产率分别达到 66.09mmol/g 和 34.63mmol/g。不同催化剂催化塑料热解重整的催化性能由大到小排序为 Ni/ZSM5-30＞Ni/β-zeolite-25＞Ni/Y-zeolite-30。

　　③ 反应条件对催化活性的影响。在气化反应过程中，反应条件如温度、水蒸气的供给量也是不可忽视的因素。图 6-23 给出了不同重整温度下气体产物浓度以及气体产量的结果，在不添加催化剂的情况下，在 650℃，CO 和 H_2 的产率都很低，随着催化温度的升高，H_2 和 CO 的浓度明显增加，而 CO_2、CH_4 以及 C_2H_4 等明显减少。这主要因为挥发分的热裂解反应以及碳氢化合物的重整反应为吸热反应，随着催化床层温度的升高，两者反应增强，产生更多的氢气和一氧化碳。在引入催化剂后，氢气和一氧化碳的变化趋势和未添加催化剂相似，都随着温度升高而增加，但其产量明显增加。然而从温度对气体产物的影响程度来看，不添加催化剂时温度的影响程度要明显高于添加催化剂时温度的影响。从各个气体组分

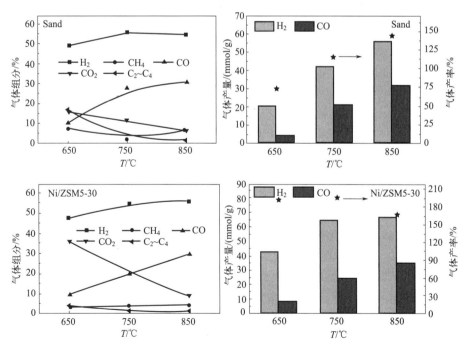

图 6-23　温度对塑料热解-重整气体产物的影响

的浓度角度，随着温度升高，无论催化剂存在与否，H_2 的浓度（体积分数）保持在 $50\%\sim56\%$ 之间，CO 的浓度明显增加，而 CO_2 的浓度降低，这是由于水煤气变换反应在高温下受到抑制。

图 6-24 为水蒸气添加量对 Ni/ZSM5-30 的催化特性的影响。从图中可以看出当无水蒸气时，氢气的浓度较高，然而其产量较低，但 CO 浓度很低，而随着水蒸气的添加，其氢气含量明显降低，CO 的量大幅度增加，这主要因为水蒸气与废弃塑料挥发分中的含碳化合物发生气化反应，从而产生更多的 CO 和 H_2，因此使得氢气和 CO 的产率都明显提高。由于废弃塑料本身所含的氧很少，不添加水蒸气时，一氧化碳的产量仅有 3.8mmol/g，而引入水蒸气后，促进了水蒸气重整反应以及水煤气变换反应，一氧化碳产量显著增加。

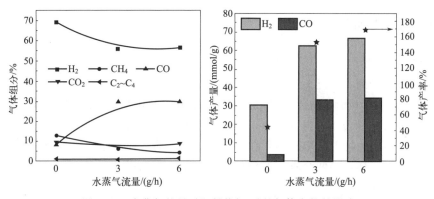

图 6-24　水蒸气的量对塑料热解-重整气体产物的影响

④ 塑料热解-重整反应机理。分子筛的结构孔道类型对于催化剂活性影响更大，ZSM5
类型的分子筛整体表现出对废弃塑料热解挥发分的较高活性，分子筛本身的酸性对积炭和催化活性的影响较小。然而 Y 型分子筛由于其独特的笼结构，其负载 Ni后的催化剂更易积炭，使得催化剂快速失活，降低了其催化活性。对不同分子筛负载的镍基催化剂孔结构以及Ni 在分子筛孔内分布分析发现，分子筛的多孔性为镍活性组分的分散提供了有利的条件，尤其是较大的介孔可以改善 Ni 在催化剂内部的渗透，从而为反应中间体提供了更多接触催化剂活性组分的机会，促进反应的发生，提高合成气产率。图 6-25 表示分子筛负载 Ni 作为催化剂催化废弃塑料热解-重整的催化机理。

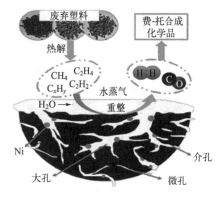

图 6-25　分子筛负载 Ni 催化剂
催化塑料热解-重整机理图

热解反应条件尤其是催化剂、温度、水蒸气的量对
于反应产物选择性影响也很大。较低重整温度下（$650\sim750℃$），通过添加催化剂，H_2 和CO 产率可提高至不添加催化剂时的两倍。同时 Ni/ZSM5-30 在 $650℃$ 下催化得到 H_2 和 CO产率要高于 $750℃$ 下不添加催化剂时的产率，这进一步说明了催化剂可使得反应能够在一个相对更缓和的条件下发生，减少了温度对于反应程度的限制。此外水蒸气的引入改变了反应系统中主要的反应路径，在水蒸气供给量不充足的条件下，水蒸气量越大，合成气产率变化很大。

⑤ 气化工艺小结。废弃塑料的气化与焚烧和填埋等技术相比，气化减少了空气和环境

污染，同时高温气化过程减少了有机固体废物对环境的影响，并将废弃塑料完全转化为清洁的合成气。在气化过程的最后，可以产生许多有用的副产品以及主要产品，如燃料、电和热。

塑料气化的主要挑战是焦油的形成，这会导致严重的操作问题，降低整个过程的效率和产生的气体的应用。当塑料与其他原料（如生物质和煤）共投时，由于原料之间的协同作用，气化过程的适应性显著增加。原料中塑料含量的增加提高了氢气含量和气体产品的热值，然而焦油含量也会增加。目前塑料气化仍存在一些其他挑战，如操作成本较高、合成气中的 CO_2 量较高、气化效率较低、产品气质量低等，还需要继续开发新的反应器及催化剂，不断优化工艺参数。

6.4.3 微波催化裂解制氢

（1）微波热解概述

微波加热技术受到了广泛关注，与传统加热系统相比，它提供了一种独特的、更加均匀的内部直接加热过程（图 6-26）。在传统的传热过程中，热量通常由外部提供，并通过传导、对流和辐射从材料表面向内部传递，加热效率取决于材料固有的导热性。相比之下，微波加热的温度分布较为均匀，电磁辐射在整个样品中传播，样品吸收辐射能转化为热能。微波和其他电磁辐射一样，由两个垂直的分量组成：磁场和电场。后者主要通过偶极极化和传导对材料进行微波加热。

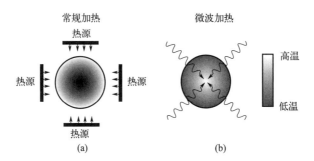

图 6-26　传统加热（a）和微波加热（b）传热温度分布比较

与传统热解不同，微波热解在应用中具有精确、快速、选择性控制加热以及成本低等优点。由于微波热解具有的特点，其也被确定为用于处理废弃塑料传统加热技术的节能替代品。废弃塑料微波热解产品中的小部分可以用来维持温度或通过燃烧为微波供电，从而避免了对额外能源的需求。然而在吸收性差的材料中，微波加热可能不如传统加热有效，微波加热会引起样品温度分布的变化，这对测量和控制微波热解过程中样品温度分布的均匀性带来了挑战。

（2）微波加热机制

基于分子的热运动，微波加热主要有三种加热机制。第一种机制是偶极极化，它通过极化分子之间的高速旋转和碰撞产生热量。第二种机制是界面极化，界面极化是在外电场的作用下，由于界面两边的组分具有不同的电导率以及介电常数，电介质中的电子或阴阳离子在界面处聚集所引起的非均相介质界面处的极化。第三种机制是传导机制，微波激发介质中自由离子运动产生电流，同时运动引起离子之间的碰撞，从而产生热量。

如图 6-27 所示，微波加热的优点是均匀化加热、快速加热和选择性加热。微波辐射能对物质整体均匀加热，而不像传统加热那样先加热物质的外表面。微波热解也缩短了反应时间，提高了热解效率。其缺点是在塑料等介电常数较低的材料中发热效率低，微波能量传递差，热失控加速。众所周知，微波加热效率在很大程度上取决于材料的介电性质，然而塑料的介电常数很低，这导致微波辐射的吸收与转化效率低，能量的利用率低。

对于以上问题，可以在热解前将材料与微波吸收剂机械混合，能够增强微波热解对聚合物链的裂解作用，从而在短时间内达到较高的温度。

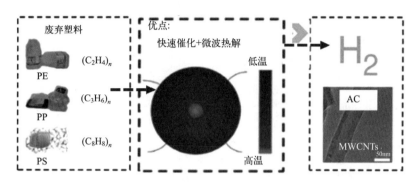

图 6-27 微波热解废塑料的过程示意图

（3）微波热解装置

目前关于废弃塑料微波热解的研究，一般都在实验室规模的间歇式反应装置上进行。反应器通常由微波发生器、密封反应器和反应器外的收集系统组成。最近开发了一种连续微波热解（CMAP）装置（图 6-28），它有一个碳化硅下吸式混合床，总微波输出功率为 9kW，进料可储存在料斗内，由容量为 10kg/h 的螺旋给料机连续给料。

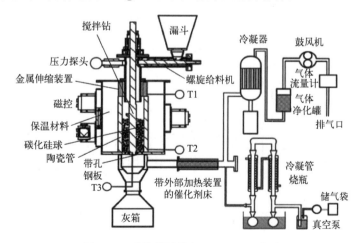

图 6-28 连续微波热解（CMAP）装置

（4）一步法微波热解塑料

CMAP 装置中，该过程涉及微波引发的固-固催化反应，即将机械粉碎的塑料混合物与作为添加剂的铁氧化物/铝氧化物复合催化剂相混合，然后进行微波处理，使得大量的氢气迅速生成。这种简单的一步法微波催化过程，大大简化了废弃塑料催化分解的方法，可快速将普通块状塑料粉末分解成氢气和高价值的碳材料。实验数据显示，高效的催化剂在暴露于微波后，氢气迅速析出，并在约 90s 内形成固体炭和其他小碎片。微波催化反应开始后 30 秒内，析出的氢气可迅速增加到 80%，见图 6-29。

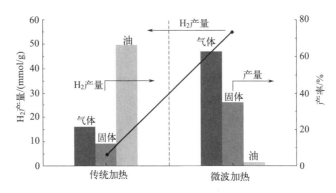

图 6-29　微波加热与传统热解比较

以 $FeAlO_x$ 作为催化剂获得的氢气产率约为 97%，这表明塑料中含有的 97% 以上的氢气已被提取。与传统热催化过程相比，使用 $FeAlO_x$ 产生的挥发性液体可以忽略不计（图 6-30）。这是由于传统加热过程和微波加热过程之间的差异，微波电磁能量被 $FeAlO_x$ 颗粒选择性地优先吸收，并且通过微波引发的 C—H 化学键的催化断裂，从而高效地获得氢气。

如图 6-30 所示，对 $FeAlO_x$ 催化剂进行了循环测试，将塑料片与 $FeAlO_x$ 催化剂颗粒按重量比 1∶1 物理混合，每个循环产生的残留物在每个测试循环之后与相同数量的塑料片混合投入下一循环测试。H_2 产率随着循环次数的增加而逐渐降低，这是由于随着循环的增加，炭逐渐沉积在催化剂表面，降低催化活性。

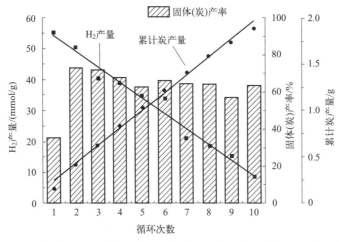

图 6-30　$FeAlO_x$ 催化剂微波热解塑料 H_2 产率、固体（炭）产率及累计产碳量的关系

微波的根本区别和优势在于 $FeAlO_x$ 催化剂颗粒在此过程中同时发挥两种作用。首先来自入射微波电磁辐射的有效能量吸收传递，启动催化剂颗粒的物理加热过程。其次当催化剂

颗粒达到所需温度时，其表面发生催化反应。当微波与 $FeAlO_x$ 催化剂颗粒相互作用时，热量在整个催化剂颗粒中迅速产生。电磁加热与材料性质密切相关，材料性质决定了加热速率。该催化剂的催化机制是微波引发的 C—H 键在活性铁催化剂上的断裂，氢气在这个过程中不断释放，同时产生炭（图 6-31）。

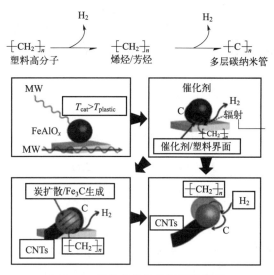

图 6-31　催化剂微波分解塑料机理

6.5　生物甲醇-乙醇催化分解制氢

甲醇是一种重要的化工原料，可以从化石燃料以及生物质气化的合成气催化合成生产，年产量很大，甲醇便于储备和运输，能量转换效率高，是 H_2 和 CO 的良好承载体，被认为是未来最有希望的高携能绿色燃料，同时甲醇裂解气中不含硫氮等氧化物，因此甲醇是一种优良的氢源和储氢介质，可以为氢燃料电池和各种加氢反应等提供氢源。从生物质出发也可以通过发酵制备乙醇，从这个角度考虑，甲醇、乙醇也是典型的生物质直接下游产物，由这些低碳脂肪醇出发催化分解制氢也具有一定意义（图 6-32）。

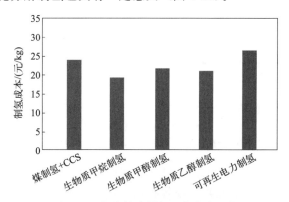

图 6-32　各种低碳制氢生产成本比较
CCS—碳捕集与封存

6.5.1 甲醇裂解制氢

甲醇直接裂解可以得到合成气，通过重整变换、分离工艺，得到纯氢，现在大多甲醇裂解制氢都会采用甲醇裂解或重整一体化工艺。

将甲醇部分氧化反应（放热）与水蒸气重整反应（吸热）耦合是一个热量综合利用的工艺，水蒸气重整反应的产物气中 H_2 含量高，加入氧后，甲醇发生部分氧化不仅提供了热量，同时也提高了甲醇的转化率。甲醇裂解制氢工艺简单，甲醇和水在催化剂作用下裂解转化成氢气和二氧化碳，同时会产生少量一氧化碳和甲烷气体，经变压吸附提纯可以制得不同纯度的氢气。其反应式见式（6-26）～式（6-30）。

主反应
$$CH_3OH = CO + 2H_2 \qquad \Delta H = +90.7kJ/mol \tag{6-26}$$

$$CO + H_2O = CO_2 + H_2 \qquad \Delta H = -41.2kJ/mol \tag{6-27}$$

总反应：
$$CH_3OH + H_2O = CO_2 + 3H_2 \qquad \Delta H = +49.7kJ/mol \tag{6-28}$$

副反应：
$$2CH_3OH = CH_3OCH_3 + H_2O \tag{6-29}$$

$$CO + 3H_2 = CH_4 + H_2O \tag{6-30}$$

甲醇裂解或重整的催化剂包括贵金属催化剂（如 Pd、Pt、Rh）和非贵金属催化剂（如 Cu、Ni、Zn 等），贵金属催化剂具有较好的催化活性和高温稳定性，但由于成本高而受到限制；非贵金属催化剂中，镍系催化剂具有较好的稳定性，而铜系催化剂对甲醇裂解表现出较好的催化性能，且其价格便宜、制备容易，用于甲醇裂解的非贵金属催化剂主要为负载的 Cu 和 Ni 催化剂，其中以 Cu（Ni）/SiO$_2$ 研究较多，制备方法包括浸渍法、离子交换法等，但反应过程中催化剂的失活现象比较明显。在 260～300℃、2MPa 和液时空速（LHSV）为 $0.9h^{-1}$ 的反应条件下，甲醇的转化率为 95%～97%，裂解气中氢气的摩尔分数为 75%。副产物 CO_2 和 CH_4 含量一般较低，且随压力变化不大。Cu/SiO$_2$ 催化剂甲醇裂解催化性能见图 6-33。

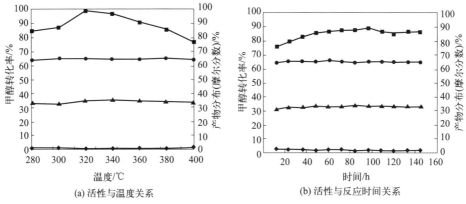

图 6-33 Cu/SiO$_2$ 催化剂甲醇裂解催化性能
■—甲醇转化率；●—H$_2$；▲—CO$_2$；◆—MF

甲醇裂解制氢相较于煤制氢和天然气制氢具有投资少、耗能少、产物无硫化物、灵活方便等优势，原料甲醇也有储存和运输方便等特点，在一些氢气运输不方便，用量少的情况下十分有利。但是，甲醇原料的生产成本较高，造成制氢单位成本较高，因此解决甲醇的来源问题，降低原料成本，提高甲醇的催化裂解效率是甲醇裂解制氢今后取得发展的关键。

6.5.2 乙醇催化重整制氢

生物质乙醇是目前技术最成熟的生物质能源化学品。通用的工艺是以淀粉基作物为原料,通过水解与发酵获得乙醇。生物质乙醇目前主要用作燃料乙醇,作为乙醇汽油的调和组分广泛应用于交通能源,有近二十年推广应用基础,具备了较为完善的储运与分销网络,转而作为氢能源的载体也具有较高的可行性。

20世纪70年代以来,生物乙醇已在巴西成功实现规模化生产,随后在其他国家也实现规模化,原料主要来自甘蔗和玉米。2020年我国生物燃料乙醇产能达到700万t/a,且有大量现代化食用酒精产能作为产业基础。我国30×10^4 t/a的淀粉基乙醇工厂各项技术经济指标已经达到国际先进水平。利用生物质乙醇的重整制氢具有环境友好等特点,可以高效便捷地为各种用氢系统提供氢气,引起了众多关注。未来,在乙醇重整制氢技术放大和规模化应用方面,生物乙醇可能是最具前景的氢能载体,预计到2030年,第二代生物乙醇预计达到2000万t/a产能,形成国内分布式化学储氢供氢布局。

(1)乙醇重整制氢反应

乙醇重整制氢系统按引入氧的方式分为两种:乙醇蒸气重整(SR)和部分氧化重整(POX),由于乙醇重整是一个吸热过程,所以系统需要供热系统,按供热方式分就有两种方式:外部供热模式和内部供热模式。外部供热模式是指燃料在外部燃烧或外部加热以供重整过程所需的热量,如SR系统;在内部供热模式中,把空气、乙醇和水同时送入反应器。重整反应需的热量靠微量乙醇的燃烧放热来提供,如POX系统。

甲醇部分氧化反应(放热)与水蒸气重整反应(吸热)耦合是一个热量综合利用的工艺,也非常适用于乙醇重整制氢(图6-34),其作为燃料电池的氢源极为有利,乙醇部分氧化过程主要包含式(6-31)和式(6-32)两个反应:

$$C_2H_5OH + 1/2O_2 \longrightarrow 2CO + 3H_2 \qquad \Delta H_{298K} = 14.1kJ/mol \qquad (6-31)$$

$$C_2H_5OH + 3/2O_2 \longrightarrow 2CO_2 + 3H_2 \qquad \Delta H_{298K} = -552.0kJ/mol \qquad (6-32)$$

即乙醇部分氧化反应生成CO和H_2为吸热反应,而生成CO_2和H_2为放热反应。

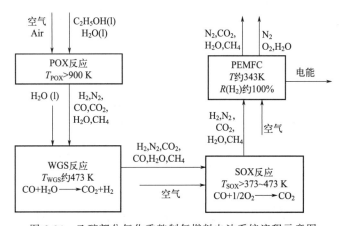

图6-34 乙醇部分氧化重整制氢燃料电池系统流程示意图

POX—部分氧化重整;WGS—水煤气变换;SOX—选择氧化;PEMFC—质子交换膜燃料电池

一般情况下，乙醇在高温下的水蒸气重整反应主要为式（6-33）和式（6-34）。

$$C_2H_5OH + O_2 + H_2O \longrightarrow 2CO_2 + 4H_2 \qquad \Delta H_{298K} = -311.3kJ/mol \qquad (6-33)$$

$$C_2H_5OH + 3H_2O \longrightarrow 2CO_2 + 6H_2 \qquad \Delta H_{298K} = 296.7kJ/mol \qquad (6-34)$$

对于乙醇重整催化剂，目前主要分为三类：Pt、Ru、Rh 和 Pd 等贵金属、非贵金属、其他催化剂。早期的研究借鉴了甲醇水蒸气重整反应使用的 Cu 催化剂，但是对于 SR 反应而言，Cu 催化剂呈现出副产物多、易积炭、易烧结等缺点。金属 Co 催化剂由于其成本高、毒性大，研究者也不多，因此大部分研究集中在 Ni 催化剂上。

金属 Ni 由于活性高价格便宜，而被广泛应用于加氢和脱氢反应的催化剂。Ni 有利于乙醇的气化，促进 C—C 键的断裂，增加气态产物含量，降低乙醛、乙酸等氧化产物，并使凝结态产物发生分解，提高对氢气的选择性。而且 Ni 使得催化剂活性温度降低，对甲烷重整和水煤气变换反应都有较高的活性，可以降低产物中的甲烷和 CO 含量。许多研究者对乙醇水蒸气重整 Ni 系催化剂的助剂进行了广泛的研究。例如，Ni-Cu/CeO$_2$ 催化剂中 NiO、CuO、CeO$_2$ 三者之间存在较强的相互作用，使 Ni 得到了更好的分散，大幅度提高了反应性能，也大大提高了催化剂抗积炭性能。

（2）乙醇水蒸气重整反应机理

从原子经济角度来看，水蒸气重整是一个高效的反应，因为它不仅能从乙醇中提取氢原子，而且能有效地从水分子中提取氢原子；结合生物质乙醇的可再生性和环境友好性，乙醇水蒸气重整制氢反应有很大的发展前景。但乙醇水蒸气重整是个非常复杂的反应，根据催化剂的不同，反应的途径也随之发生变化。图 6-35 是反应路径示意图。

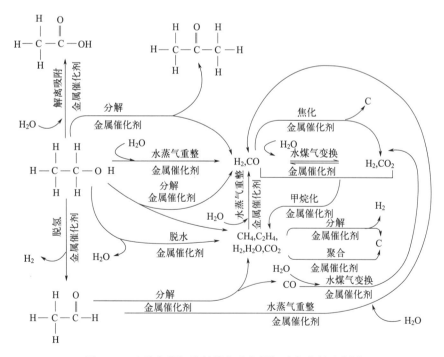

图 6-35 乙醇水蒸气进行催化重整制氢反应途径示意图

学者研究了 Ni/Al_2O_3 催化剂上乙醇水汽重整反应的动力学。提出了反应速率方程 [式 (6-35)]：

$$-r_A = k_0 e^{-E_a/RT} c_A^n \qquad (6-35)$$

式中，k_0 为反应速率常数，$kmol^{0.6}(m^3)^{0.4}/(kg \cdot s)$；$c_A$ 为乙醇浓度；n 为乙醇级数（$n=0.4$）；$E_a=4.4kJ/mol$。

（3）乙醇重整制氢小结

乙醇水蒸气重整反应催化效率一般较好，浸渍法制备的 $Ni-M/\gamma-Al_2O_3$ 负载型催化剂表现出最优良的性能，923K 时在该催化剂上乙醇转化率为 100%，氢气收率为 71%，并且有高的 H_2/CO 比。增加水醇比有利于氢气和 CO 的生成，抑制甲烷的生成以及积炭反应。随着液时空速的增加，氢气收率减少。乙醇水蒸气重整反应制备氢气在分散式氢燃料电池氢源供应中有潜在的应用前景。

【例题 6-1】 根据图 6-35 给出的乙醇水蒸气进行催化重整制氢反应途径示意图，以及结合掌握的工业催化知识，讨论乙醇水蒸气催化重整反应相关机理

解： 根据图 6-35 的乙醇水蒸气重整催化制氢的反应路径，涉及的有关过程与机理如下：

① 乙醇在具有酸性活性位的催化剂上倾向于先发生脱水反应生成乙烯。部分乙烯会发生聚合反应生成积炭，导致催化剂失活，部分乙烯快速地发生重整反应生成 CO、H_2；CO 会通过水煤气变换反应生成 CO_2 和 H_2。

② 在碱性催化剂上，乙醇倾向于发生脱氢反应生成乙醛，乙醛进一步发生脱羧基反应生成 CH_4 和 CO 或者发生缩合反应生成丙酮，部分乙醛也会发生重整反应。水煤气变换反应、CH_4 水蒸气重整反应也会同时发生，部分 CO 在富氧的条件下可以直接氧化生成 CO_2。

③ 由于反应体系中存在水蒸气和氢气，所以水气变换及其逆反应在整个反应温度区间内都有可能发生，该反应对氢气的选择性有较大的影响。

④ 反应过程中积炭主要是在高温缺氧条件下产生。

如前所述，高温（>773K）有利于制氢反应的进行，因此目前乙醇制氢多采用高温工艺。但高温有利于 CO 的产生，因此需要在后续采用 WGSR 或变压吸附降低 CO 含量至满足燃料电池需要，这增加了制氢成本和反应系统体积，降低了热效率。因此近年来低温（300~400℃）乙醇制氢技术得到了发展，低温乙醇重整在适当催化剂和条件下可实现尾气中零 CO 含量，但同时低温工况有助于 CH_4 的产生甚至积炭，从而降低了 H_2 的选择性和寿命，因此开发合适的低温催化剂是目前低温乙醇制氢研究的重点。

6.5.3 二甲醚分解制氢

二甲醚（CH_3OCH_3），在常温下为无色气体。沸点 -24.9℃，易冷凝、易运输，相对密度为 0.666，溶于水和乙醇等有机溶剂。在 0.5MPa 下，可以压缩为液体。含氢量高、无毒、易压缩、环境友好，是理想的有机物分解制氢原料。二甲醚重整制氢方法有三种：二甲

醚水蒸气重整制氢、部分氧化重整制氢和自热重整制氢。

（1）二甲醚水蒸气重整制氢

二甲醚水蒸气重整的反应过程主要分两步进行，第一步是二甲醚水解成甲醇［式（6-36）］：

$$CH_3OCH_3 + H_2O \longrightarrow 2CH_3OH \qquad \Delta H = +37kJ/mol \qquad (6-36)$$

第二步是甲醇的水蒸气重整［式（6-37）］：

$$CH_3OH + 3H_2O \longrightarrow 6H_2 + 2CO_2 \qquad \Delta H = +49kJ/mol \qquad (6-37)$$

总的化学反应方程式为式（6-38）：

$$CH_3OCH_3 + 3H_2O \longrightarrow 6H_2 + 2CO_2 \qquad \Delta H = +135kJ/mol \qquad (6-38)$$

二甲醚水蒸气重整制氢的产物中氢含量比较高，适合燃料电池使用，同时因为操作简单，原料运输方便，是目前最常用的燃料电池供氢方式，也是分布式供氢站的主要原料。该制氢方法缺点是由于该反应是吸热反应，需要从外部提供热量。升高温度对二甲醚的转化有利，但由于升高温度也会加速逆水汽变换等副反应发生，从而使 CO 浓度升高，这将不利于其作为氢气原料，供应于质子交换膜燃料电池。加大水蒸气与二甲醚的比例，可以降低 CO 的浓度，但同时也增加了能量消耗。因此，为了节约能源和降低产物中的 CO 产量，可以通过合成合适的催化剂尽可能地降低反应温度。

（2）部分氧化重整制氢

部分氧化重整是原料在氧气不足的情况下发生氧化还原反应，生成 CO 和 H_2［式（6-39）］。

$$CH_3OCH_3 + \frac{1}{2}O_2 \longrightarrow 2CO + 3H_2 \qquad \Delta H = -25kJ/mol \qquad (6-39)$$

该反应为放热反应，无须外部供热，但反应速度快，放热量大，容易在催化剂床层中产生"热点"，致使催化剂失活。且产物中 CO 含量高，氢气含量低，可以作为固体氧化物燃料电池的原料，不适用于质子交换膜燃料电池，通常又通入空气作为氧化剂，大量 N_2 的引入导致 H_2 浓度的进一步降低，因此使用效率比较低。

（3）自热重整制氢

自热重整将部分氧化重整和水蒸气重整进行耦合，反应无须外部供热。此方法可以得到较高的氢产量，同时又克服了反应床层中"热点"问题，其目的在于作为燃料电池的供氢方式，适于燃料电池汽车供氢站。但是，该技术也存在一定的难度，其反应体系复杂，要求精确调节氧气、水蒸气和二甲醚之间的比例，控制较为复杂。

6.6 化学链烃化物分解制氢

6.6.1 化学链分解制氢基本原理

自从化学链燃烧（CLC）的概念被引入到热化学制氢工艺的开发后，派生出许多化学链制氢技术，如化学链重整（CLR）制氢以及煤直接化学链制氢（CDCL）、合成气化学链制氢（SCL）技术和生物质直接化学链制氢系统（BDCL）等。化学链重整反应是强吸热的碳氢化合物转化过程，其产物的选择及反应所需的能量来源是设计化学链重整直接制氢工艺时需要着重考虑的两个方面。在还原床中，碳氢化合物与氧载体（一般为金属氧化物）反应，可以被完全氧化为 CO_2 和 H_2O，也可以被部分氧化为 CO 和 H_2，或者与催化剂协同作用进行选择性氧化。近年，已开发出可循环使用、高反应活性的氧载体材料，同时反应器系统也由固定床间歇操作向循环床连续操作发展。

以在氧化铁上甲烷分解制氢为例，各化学方程式见式（6-40）～式（6-45）。

燃料反应器：

$$CH_4 + 12Fe_2O_3 \longrightarrow CO_2 + 2H_2O + 8Fe_3O_4 \qquad \Delta H_{298K} = -145kJ/mol \qquad (6\text{-}40)$$

$$CH_4 + 4Fe_3O_4 \longrightarrow CO_2 + 2H_2O + 12FeO \qquad \Delta H_{298K} = -334.3kJ/mol \qquad (6\text{-}41)$$

$$CH_4 + 4FeO \longrightarrow CO_2 + 2H_2O + 4Fe \qquad \Delta H_{298K} = -286.6kJ/mol \qquad (6\text{-}42)$$

蒸汽反应器：

$$3Fe + 4H_2O \longrightarrow Fe_3O_4 + 4H_2 \qquad \Delta H_{298K} = +16.8kJ/mol \qquad (6\text{-}43)$$

$$3FeO + H_2O \longrightarrow Fe_3O_4 + H_2 \qquad \Delta H_{298K} = +43.2kJ/mol \qquad (6\text{-}44)$$

空气反应器：

$$4Fe_3O_4 + O_2 \longrightarrow 6Fe_2O_3 \qquad \Delta H_{298K} = -237.0kJ/mol \qquad (6\text{-}45)$$

CLC 系统包括两个连接的流化床反应器，即空气反应器和燃料反应器。固体氧载体在空气反应器和燃料反应器之间循环，燃料进入燃料反应器后被固体氧载体的晶格氧氧化，完全氧化后生成 H_2、CO_2 和水蒸气。由于没有空气的稀释，产物纯度很高，将水蒸气冷凝后即可得到较纯的 H_2、CO_2，而无须消耗额外的能量进行分离，所得的 H_2 作为下游工艺原料，CO_2 可用于其他用途。在空气反应器中，被还原的氧载体（M_yO_{x-1}）被送入的空气氧化，两个反应方程式见式（6-46）和式（6-47）。

$$M_yO_x + H_2O + CH_4 \longrightarrow M_yO_{x-1} + H_2 + CO_2 \qquad (6\text{-}46)$$

$$M_yO_{x-1} + 1/2O_2 \longrightarrow M_yO_x \qquad (6\text{-}47)$$

6.6.2 热力学分析

氧载体的氧化还原能力直接决定还原床和氧化床中的产物类型及纯度。化学链过程多在高温下进行，反应体系接近平衡，可以利用埃林汉姆图（Elingham）图（图 6-36）比较不同温度下金属氧化物的氧化还原能力。它是根据 $\Delta G = \Delta H - T\Delta S$ 的关系推出，ΔG 与温度 T 的关系应为线性函数，斜率是 $-S$。因为从金属到金属氧化物，氧气被用掉，它反映的是金属与氧气反应生成金属氧化物时吉布斯自由能 ΔG 随温度 T 的变化曲线。在该图中，金属氧化物用于完全氧化、部分氧化、与水制氢的可能性可分别由式（6-48）～式（6-50）3 个反应的对应曲线界定：

$$2H_2 + O_2 \Longrightarrow 2H_2O \qquad \Delta G = -377kJ/mol \qquad (6\text{-}48)$$

$$2CO + O_2 \xrightarrow{\hspace{1cm}} 2CO_2 \qquad \Delta G = -378 \text{kJ/mol} \qquad (6\text{-}49)$$

$$2C + O_2 \xrightarrow{\hspace{1cm}} 2CO \qquad \Delta G = -413 \text{kJ/mol} \qquad (6\text{-}50)$$

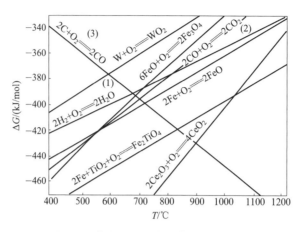

图 6-36　化学链反应氧载体 Elingham 图

众所周知，在化学反应过程中，吉布斯自由能变 ΔG 的数值越大，反应自发进行的趋势越小；ΔG 的数值越小，反应自发进行的趋势越大，反应进行得越彻底。在图 6-36 中，位于反应 1 曲线下方或周围的金属氧化物利于氧化床中水制氢反应，而位于反应 1、2 曲线上方的金属氧化物可用于还原床中燃料的完全氧化。位于反应 3 曲线上方金属氧化物可以用于燃料的部分氧化，而其下方氧化物氧化能力较弱，不利于积炭的消除。综合考虑还原床及氧化床的需求，用于化学链重整直接制氢的氧载体应位于反应 1～3 曲线周围区域，如图 6-36 所示的 Ce_2O_3/CeO_2、W/WO_2、$Fe/FeO/Fe_3O_4$ 等体系。同时，氧化床应在低温下操作以利于水制氢转化率的提高，而还原床应尽量在高温下操作以利于燃料的转化及积炭的消除。

6.6.3　氧载体材料

氧载体能够实现各反应器之间物质和热量的传递，高性能氧载体的选择是保证化学链系统稳定运行的关键因素之一。化学链技术中氧载体需要具备以下特点：氧化还原速率高、载氧能力大、抗积炭能力强、机械强度大、廉价易得、环保等。除了以上特点外，氧载体的选择还应考虑其熔点、密度、比表面积、颗粒大小等。

氧化铈具有很好的携氧能力及脱氧能力，许多学者深入研究了 CeO_2 的氧化还原特性，用于化学链重整同时制取氢气，并将 ZrO_2 引入 CeO_2 体系形成铈锆固熔体 $Ce_xZr_{1-x}O_2$（$x > 0.5$），提高了储氧性能，同时 Ce-Zr-O 体系也具有蒸汽重整催化作用，因而整体反应活性有所提高。还对铈基氧载体进行了贵金属掺杂实验，其反应活性还有待进一步提高，而且还原过程中积炭问题比较严重。

氧化钨 WO_3 可以在 1000℃时高选择性地将甲烷转化为 CO 和 H_2，而且过程中没有出现积炭或碳化钨，被还原的金属钨可以与水蒸气反应生成 H_2，同时 W 被氧化为 WO_3，完成再生。但由于 WO_3 的反应活性较低，甲烷转化率及氢的产率均不理想。

铁氧化合物有四种氧化态：Fe、FeO、Fe_3O_4、Fe_2O_3。化学链制氢过程中，铁氧化合物能在这四种氧化态间相互转化。氧化铁价格低廉，反应活性较高，携氧能力强，而且 Fe_2O_3 和 Fe_3O_4/FeO 分别具有强弱不同的氧化能力，因此在双床和三床化学链重整直接制氢系统中均得到了广泛的应用。$MgAl_2O_4$ 具有结构稳定、耐高温、氧传递速率高、不易积炭等特点，人们发现 $MgAl_2O_4$ 为载体时的制备的 $Fe_2O_3@MgAl_2O_4$ 氧载体具有最高的反应活性。

具有特定晶型的复合金属氧化物在铁基氧载体开发中也受到重视，钙钛矿型金属氧化物（ABO_3）通过 A、B 两种阳离子的取代或过渡金属阳离子的价态变化形成氧缺陷，利于氧传递，是一种较理想的复合氧载体结构，可以用于化学链重整直接制氢。

钙钛矿型复合氧化物是结构与钙钛矿 $CaTiO_3$ 相同的一大类化合物，钙钛矿结构可以用 ABO_3 表示，A 位为碱土元素，阳离子呈 12 配位结构，位于由八面体构成的空穴内；B 位为过渡金属元素，过渡金属离子与六个氧离子形成八面体配位。钙钛矿型催化剂在中高温活性高，热稳定性好，成本低。研究发现，表面吸附氧和晶格氧同时影响钙钛矿催化活性。较低温度时，表面吸附氧起主要的氧化作用，这类吸附氧能力由 B 位置金属决定，温度较高时，晶格氧起作用，改变 A、B 位置的金属元素可以调节晶格氧数量和活性，用＋2 或＋4 价的原子部分替代晶格中＋3 价的 A、B 原子也能产生晶格缺陷或晶格氧，进而提高催化活性。

6.6.4　化学链分解制氢工艺

CLR 是化学链燃烧和甲烷水蒸气重整这两种工艺的结合，此工艺采用管壳式设计，将重整反应器置于化学链燃烧系统中的燃料反应器内，整合的反应器包括鼓泡流化床和重整列管反应器（图 6-37）。列管反应器中装有甲烷重整催化剂，甲烷和水蒸气在列管反应器中发生重整反应生成合成气，合成气经水汽变换（WGS）和变压吸附（PSA）后得到高纯氢气，变压吸附后的尾气作为化学链燃烧的燃料。除了重整反应热量来源不同外（CLR 是由氧载体提供），CLR 工艺中的甲烷重整过程与传统的甲烷水蒸气重整（SMR）没有太大区别。CLR 制氢过程中同样需要水汽变换和变压吸附单元来获得富氢气体和移除多余的 CO_2，而且由于甲烷重整反应器位于化学链燃烧反应器内，设备腐蚀问题会影响系统的运行。但理论分析表明 CLR 的氢气产量比传统的 SMR 高，CLR 可实现 CO_2 捕集以及变压吸附后高活性尾气再利用。

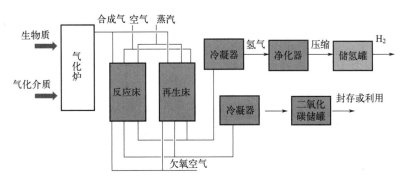

图 6-37　生物质气化-化学链重整直接制氢工艺流程简图

（1）双床化学链系统

双床化学链系统如图 6-38（a）所示，双床化学链重整直接制氢工艺包括还原床和氧化床两个反应器，主要原料分别为碳氢燃料和水蒸气。在还原床中，氧载体将燃料部分氧化为合成气，合成气中的 H_2：CO 比例通过引入富碳（如 CO_2）或富氢物质调整（比例通常在 2～2.2），可以用于费-托合成生成液态燃料。被还原的氧载体进入氧化床中与水蒸气反应制取氢气，可以用于费-托合成中所生成的重质油的加氢裂化；氧载体同时再生，随后循环回到还原床。双床系统的总反应为强吸热燃料蒸汽重整，反应热通常由外部提供给还原床。此类外部换热式还原床对反应器壁材料的要求较高，不仅需要热传导效率高，而且需要耐氧载体磨损。反应热可以由太阳能集热器或者核反应堆提供，也可以通过类似于甲烷蒸汽重整供热方式，经燃烧燃料来提供。

在双床化学链系统中，还原床要求氧载体将燃料中的碳氢元素尽可能地转化为 CO 和 H_2，减少 CO_2 和 H_2O 的生成，因此需要氧载体的氧化能力适中，同时具备一定的重整催化功能。氧化床要求氧载体应尽可能提高 H_2O 向 H_2 转化的比率，以降低水蒸气产生和冷凝过程中的能量损耗。从热力学平衡的角度考虑，还原床与氧化床对氧载体的要求一致，即在两个反应器的气体出口前，均希望氧载体能够与高 H_2/H_2O 和 CO/CO_2 比例的气体产物平衡共存。当氧载体存在多个价态变化时，上述热力学平衡对反应床中的气固接触方式提出了一定的要求：还原床应采用并流接触方式，即氧载体与燃料的流动方向一致，利于被还原的氧载体控制合成气产品的组成。氧化床中应采用逆流接触方式，即氧载体与蒸汽的流动方向相反，这样还原态的氧载体可以与产品气体接触，确保富氢产品的生成。

（2）三床化学链系统

三床化学链系统如图 6-38（b）所示，与双床系统相比，三床化学链重整直接制氢工艺新增了空气反应器，其中引入空气与氧载体进行再生。在还原床中，氧载体将燃料完全氧化为 CO_2 和 H_2O，经水蒸气冷凝后得到高纯度 CO_2，可以加压后打入地下用于强化采油或封存。被还原的氧载体进入氧化床中与水蒸气反应制取氢气，氧载体同时得到部分再生。三床系统的总反应为燃料的自热重整，其中燃料与氧气反应生成 CO_2 和 H_2O 为强放热反应，所放出的热量可以用于燃料蒸汽重整所需的热量。通过调整系统内 O_2 与 H_2O 的进料比例，可以实现自热制取氢气或氢气与热电联产，同时近零能耗捕集 CO_2。为了满足反应热的需求，燃烧床与还原床温差通常较大，对氧载体的材料性能和反应器的结构提出了较高的要求。

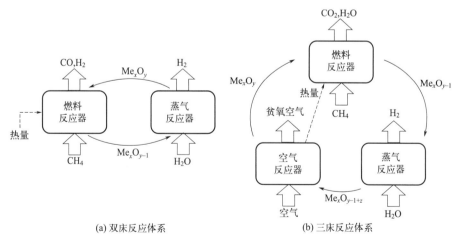

(a) 双床反应体系   (b) 三床反应体系

图 6-38　化学链重整制氢工艺示意图

（3）生物质化学链重整制氢

生物质和煤等化学链重整制氢系统，根据反应燃料的不同可以分为两类：一类是利用煤气化合成气或天然气等气体燃料进行化学链制氢；另一类是利用煤、生物质等固体燃料进行直接化学链制氢。当前，以气体燃料进行化学链制氢已有示范装置出现，以煤、生物质等固体燃料进行化学链制氢尚处在过程模拟及实验室测试阶段。煤直接化学链制氢将成为发展的重要方向，从目前化学链技术发展的整体情况看，以煤、生物质等固体为燃料的化学链技术逐年增多，这将为煤直接化学链制氢技术的研究提供重要帮助。

煤直接化学链制氢更有优势。研究结果表明，煤直接化学链制氢的产率可以达到 78%，比传统的煤气化制氢过程产率高 30%，同时可捕获 90% 以上的 CO_2。有人通过模拟对比了煤直接化学链制氢（CDCL）和合成气化学链制氢（SCL）技术，结果表明，相比 SCL，CDCL 有更高的 H_2/CO_2 比，并且在原料（水和空气）消耗量和中间工艺过程方面 CDCL 更有优势。从我国国情来看，煤等固体燃料相对气体燃料储量丰富，开展煤直接化学链制氢的研究对保证我国对 H_2 的需求更有意义。

6.6.5 化学链制氢案例

（1）以松木屑为生物质化学链制氢

松木屑为主要生物质，维也纳工业大学（TU Wien）在其 8MW 生物质双床流化床气化工艺的基础上，对 CaO 吸收增强式（sorption-enhanced refoming，SER）生物质制氢进行了研究，与未采用 SER 技术相比，产气中 H_2 含量从 $35\%\sim40\%$（干基）提高至 75%。传统的双床流化床，产气中氢主要以 H_2、H_2O 和 HC 形式存在，而采用 SER 工艺，主要以 H_2 或 H_2O 的形式存在。

研究表明，以松木屑为生物质，煅烧橄榄石为热载体，反应温度和水蒸气/生物质比对氢气产率和焦油含量具有非常重要的影响，最佳水蒸气/生物质比为 $0.6\sim0.9$，可得到 53.3% 的氢气含量（干基），焦油含量低于 $0.7g/m^3$。此外，研究还表明纤维素和半纤维素含量更高的生物质在本工艺中更有利于催化气化制氢；可以加入 CaO 吸收气化产生的 CO_2，使水煤气变换反应向有利于氢产生的方向移动可以提高产气中 H_2 含量。

在搭建的生物质化学链制氢系统进行了质量和能量平衡分析，以 CaO 作为 CO_2 吸收剂，质量和能量平衡图如图 6-39 所示，其热效率可达 87%，产气中氢气浓度可达 71% 而 CO_2 浓度近乎为 0，但如果 CaO 再生效率低至 50% 时，整个系统的效率将降低至 57%。

（2）煤炭化学链制氢工艺

现有煤制氢工艺与天然气自热重整工艺类似，需要首先通过水煤气和部分氧化反应产生高温合成气，煤的高碳含量决定了气体中 H_2 与 CO 物质的量比较低，需要继续通过中低温水气变换反应提高 H_2 含量，最后在流程末端进行 CO_2 和 H_2 的分离，同样存在能耗大、平衡转化率低、CO_2 捕集成本高和气体分离复杂等不足。为了克服上述问题，将化学链技术应用到低碳制氢过程，化学链制氢技术可以在实现制氢的同时将产物近零能耗原位分离。

煤化学链制氢工艺包括三个反应器：燃料反应器（FR）、蒸汽反应器（SR）、空气反应器（AR）。以 Fe_2O_3 氧载体为例，燃料反应器中 Fe_2O_3 氧载体被煤还原为低价态氧化物 FeO 或金属 Fe，并生成 H_2O 和 CO_2，水蒸气冷凝后可以直接进行高纯 CO_2 的捕集和封存；

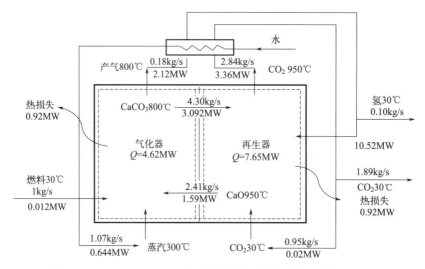

图 6-39　在 $CaCO_3/CaO$ 上木屑化学链气化制氢质量及能量平衡图

蒸汽反应器中 FeO 或 Fe 被水蒸气部分氧化为 Fe_3O_4，生成气体经冷凝后可得到高纯 H_2；空气反应器中部分氧化的 Fe_3O_4 载氧体被 O_2 完全氧化为 Fe_2O_3，并放出大量的热以维持系统的热量平衡。

宁夏大学建成了兆瓦级煤化学链气化商业示范装置，以宁夏羊场湾烟煤为燃料，用钛铁矿（ilmenite）作为氧载体，因其有较高物理稳定性和良好氧化还原性。其化学成分为 32% Fe_2TiO_5、22% Fe_2O_3、8% TiO_2、19% SiO_2、9% Al_2O_3、3% MgO 及其他成分。

图 6-40 为兆瓦级化学链气化工业示范装置工艺流程图，该装置采用交互式双循环流化床反应器形式。AR 和 FR 的下部分别为湍动床与鼓泡床，两者中上部均为上升管。燃料颗粒途经给煤管送入 AR 返料器与来自 AR 旋风分离器下降管的氧化态氧载体混合后一同送入 FR 鼓泡区域。高温氧化态氧载体向燃料气化过程提供显热，同时被气化产物部分还原。新

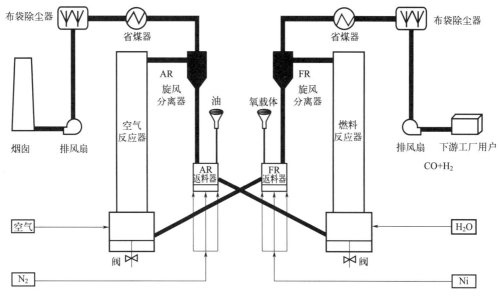

图 6-40　煤化学链气化商业示范装置流程图

鲜氧载体（OC）则经给料管送入 FR 返料器与 FR 旋风分离器下降管的还原态氧载体混合后一同进入 AR 湍动区域。空气作为 AR 流化气使还原态氧载体氧化再生。最后，FR 产生的合成气（$CO+H_2$）经省煤器的换热和布袋除尘器（bag filter）除尘后，供给下一工段使用。AR 产生的贫氧空气则经换热和除尘后进入烟囱放空排放。

图 6-41 显示了在压力 0.1MPa、蒸汽流率 508kg/h、蒸汽温度 200℃、旋风分离器效率 95％的条件下，煤化学链气化系统自热运行时，燃料反应器（fuel reactor，FR）温度 850～950℃和空气反应器（air reactor，AR）温度 950～1050℃对系统合成气组分分布和合成气产率的影响情况。当 FR 温度分别为 850℃、900℃、950℃时，随着 AR 温度从 950℃升高至 1050℃，CO 和 H_2 浓度均略微下降，CO_2 浓度略微上升。可见，当给定 FR 温度时，应降低两反应器间的固体循环流率，从而控制 AR 向 FR 的氧传递量，以保证系统获取更高的合成气产量。因此，AR 的最佳操作温度为 950℃。同时可以看到，当 AR 温度为 950℃时，系统的合成气总浓度和合成气产率分别从 FR 温度为 850℃时的 63％和 1.4m^3/kg 下降到 950℃时的 61％和 1.3m^3/kg。而 FR 温度与氧化态氧载体显热相关。此时，FR 温度越低，AR 中氧载体携带的热量越易满足 FR 中煤粉的气化需求，进而使煤尽可能地转化为合成气。另一方面，当 AR 温度恒定时，两反应器温差越小，系统自热所需的固体循环流率越低，因而减少了 FR 中合成气的损耗。因此，FR 的最佳操作温度为 850℃。

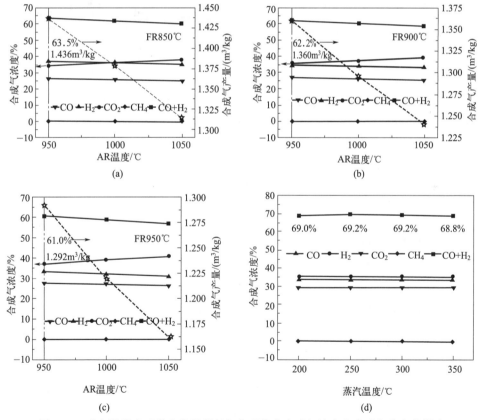

图 6-41　反应器温度对煤化学链制氢气化系统中合成气浓度和合成气产率的影响
（a）AR 温度对合成气浓度和合成气产率影响（FR 850℃）；（b）AR 温度对合成气浓度和合成气产率影响（FR 900℃）；（c）AR 温度对合成气浓度和合成气产率影响（FR 950℃）；（d）蒸汽温度对煤化学链气化系统合成气浓度影响

钛铁矿（$Fe_2TiO_5 + Fe_2O_3$）活性成分含量对煤化学链气化的合成气浓度、合成气产率和 H_2/CO 也有较大影响（图 6-42）。如钛铁矿 1 活性成分含量为 69%，合成气总浓度约为76%。而钛铁矿 4 活性成分含量为 54%，其对应的合成气总浓度为 75%。

通过分析反应器温度、蒸汽流率和温度、旋风分离器效率、载氧体活性成分含量等工艺参数对系统合成气产率、合成气组分浓度、合成气 H_2/CO、固体循环流率等工艺性能的影响，确定了合成气产量最大化的自热操作条件。结果表明，煤化学链气化系统的净热功率越接近于零，系统越趋于自热运行。最佳操作条件为燃料反应器温度 850℃、空气反应器温度950℃、蒸汽流率 305kg/h、蒸汽温度 300℃、旋风分离器效率 98%，合成气总浓度（CO+H_2）约为 75%。此外，钛铁矿的活性成分含量对煤化学链气化系统的固体循环影响显著。

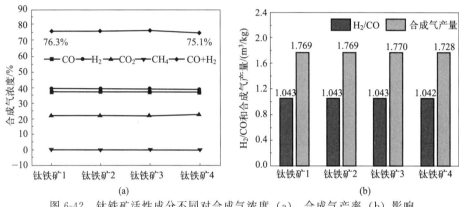

图 6-42　钛铁矿活性成分不同对合成气浓度（a）、合成气产率（b）影响

化学链制氢工艺是在高温和高压条件下运行，氢气产量将随着温度的增加而增加，但载氧体在高温下可能会烧结，高压也会促进碳沉积反应，这对氢气的纯度有负面影响。提高载氧体在高温高压下的稳定性和抗碳沉积的能力是工业运行过程中的关键因素。目前大多数文章报道的氧载体都是通过实验室合成，成本较高，而对一些天然的矿物、矿石或工业含铁副产品研究较少，这些材料成本较低且对环境影响较少，若能开发廉价氧载体将对大规模工业应用非常有利。

6.6.6　化学链制氢反应器

化学链技术是目前能源技术研究的热点之一，其关键技术包括载体材料的制备和反应器的设计。对于反应器而言，循环双流化床与经典的化学链两步反应过程内在相互契合，因此化学链反应器也多为循环双床结构。流化双床气化技术已被德国、瑞典、美国等多家公司以及中国科学院、浙江大学、东南大学、宁夏大学等院校广泛研究，相比于循环单流化床而言，其可以将固体燃料（煤、生物质等）的热解气化和半焦燃烧分开，利用高温循环灰或惰性载热体（沙子等）为气化炉提供热量，在不采用纯氧或富氧气化剂条件下获得中高热值燃料气，实现符合能源品位梯级利用原理的热与电、气与油的多联产。随着化学链技术的发展，循环双流化床技术和化学链技术进一步相互融合，例如化学链技术中利用载碳体增强吸附二氧化碳制富氢合成气与传统的循环双流化床气化技术有许多相通之处。未来化学链技术可以充分借鉴循环双流化床技术发展的经验，同时循环双流化床技术也可以借助化学链技术获得更多的实际应用，彼此融合发展。许多学者探讨了化学链反应器的设计原理，并详细归纳和总结了世界上现有各类不同形式的化学链反应器，以及其设计细节的共同点和目的。

其中，膜分离技术主要利用不同气相物质的分子大小不同进行选择性通过。与膜分离技术相互耦合的化学链反应器示意图如图 6-43 所示，其主要在反应器内部加装有选择性过滤膜。典型装置有荷兰埃因霍芬理工大学的化学链反应器。加入选择性过滤膜可以进一步帮助突破反应器内的热力学平衡限制，以获取更高纯度的目标产物，如氢气等。然而，膜分离装置设计对整个系统的设计、运行、维护和放大过程提出了更高的挑战。该型反应器目前仍处于实验室研究阶段，且由于膜的成本较高，如何适用于未来大型化的化学链反应器也是一个巨大挑战。

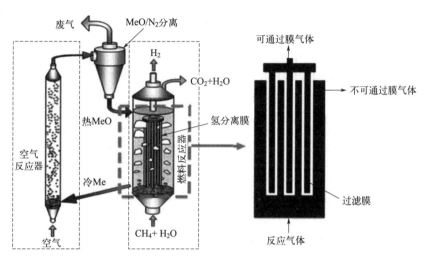

图 6-43　带有膜分离装置的化学链过程反应器示意图

目前，规模化生物质气化-化学链制氢技术，通过生物质气化-化学链制氢技术路线是一种绿氢制备技术，有望在未来实现规模化制取高纯氢气。相较于生物质气化技术工业化应用已较为成熟，建立 MW 级规模的生物质气化-化学链制氢系统，仍需解决反应活性、高选择性氧载体的筛选和稳定运行的自热循环反应器设计两大挑战。美国、德国、荷兰、韩国等国研究设计建造了多套生物质气化-化学链制氢扩大试验装置，2022 年，我国安徽当涂发电公司搭建了生物质气化-化学链制氢中试装置，设计规模为 $80kW_{th}$，物质进料量 20kg/h，设计产氢量 $10m^3/h$，双固定床反应器设计直径为 350mm、高为 2700mm。目前装置正在组装调试阶段。表 6-16 为目前世界上千瓦级化学链制氢系统的基本运行参数和制氢数据，可以看出，在不久的将来，生物质化学链制氢技术会迎来突破，成为主要的"绿氢"生产技术。

表 6-16　千瓦级化学链制氢系统的基本运行参数及氧载体

单位	规模	燃料	反应器类型	氧载体类型
查尔姆斯理工大学	$0.2kW_{HHV}$	合成气	双流化床	$Fe_2O_3/MgAl_2O_4$
俄亥俄州立大学	$25kW_{th}$	合成气	移动床	Fe_2O_3
韩国能源研究所	$0.1kW_{HHV}$	甲烷	移动床	$20\% Fe_2O_3/ZrO_2$
美国国家碳捕获中心	$250kW_{th}$	合成气	高压移动床	Fe_2O_3
格拉茨理工大学	$10kW_{th}$	甲烷	固定床	$80\% Fe_2O_3/20\% Al_2O_3$
格拉茨理工大学	$30kW_{th}$	沼气	固定床	Fe_2O_3

单位	规模	燃料	反应器类型	氧载体类型
东南大学	$50kW_{th}$	甲烷	多级流化床	Fe_2O_3
东南大学	$0.3kW_{HHV}$	油相生物油	双流化床	天然铁矿石
清华大学	$30kW_{th}$	合成气	填充床	Fe_2O_3
台湾工研院	$30kW_{th}$	甲烷	移动床	Fe_2O_3

6.6.7 展望

生物质气化-化学链制氢技术具有高度的灵活性，可以生物质气化-化学链制氢系统为基础，结合余热回收、发电系统、碳捕集回收利用系统等，实现氢、热、电、二氧化碳联产的化工流程集成，系统效率进一步提高。目前，仍需要针对大规模化学链制氢系统开展相关能流、物流、碳足迹方面的模拟计算，可以将化学链制氢系统与制氢原料端（如生物质气化过程）或氢能利用端系统（如燃料电池）相结合，进一步提高系统整体的能量利用效率，降低总体工艺的生产成本，指导化学链制氢系统的放大设计和大规模生物质气化-化学链制氢系统的优化运行。

化学链制氢涉及化学反应工程、催化科学、金属氧化物材料、颗粒技术等多学科交叉，其工艺开发与过程放大难度较大，应注重理论与实验相结合。尽管在现有的技术基础上，制氢取得了一些突破，但仍然需要更大的科学与工程突破，使其在效率和经济上具有一定的竞争力，并且能够大规模稳定地生产。总之，化学链制氢技术是一种先进的热化学低碳制氢技术，应协同加强循环载体材料和反应器系统的基础研究与应用放大，加快过程开发。

思考题

6-1. 比较生物质气化制氢中不同气化方式的优缺点及对制氢工艺的影响。

6-2. 不同气化工艺（如空气气化、蒸汽气化、纯氧气化）对产生的气体产品特性有何差异？在选择气化工艺时，考虑的关键因素是什么？

6-3. 如何减轻催化剂失活，特别是由积炭引起的失活，以延长工艺过程中的催化活性？

6-4. 举例说明生物质制氢中发酵法制氢技术有哪些，简述其中的主要过程。

6-5. 简述光发酵制氢技术的局限性。影响光发酵制氢技术的主要因素有哪些？

6-6. 用化学方程式表示生物质超临界水制氢的主要过程。

6-7. 生物发酵制氢相比于化学法制氢有什么特点？

6-8. 生物发酵制氢的技术路线有哪些？你认为短期内有工业化前景的是哪个路线？为什么？

6-9. 简述生物质暗发酵法制氢的反应机理。

6-10. pH 和温度对生物发酵制氢的影响如何？

6-11. 以葡萄糖为例，写出光-暗耦合发酵制氢的反应方程式。

6-12. 两段式厌氧发酵制氢反应器相比于一段式制氢反应器有什么优势？

6-13. 在实验室规模的实验中，已经展示了废弃塑料微波裂解的过程。如何将这项技术扩展到工业应用中，并在向更大、连续处理系统过渡时可能出现什么挑战？

6-14. 比较使用不同催化剂（如 Pd、Pt、Rh 等贵金属催化剂和 Cu、Ni、Zn 等非贵金属催化剂）进行乙醇重整的优缺点。

6-15. 集成热源（如外部燃烧热或内部反应燃烧热）如何影响整体能量平衡和甲醇、乙醇制氢的效率？

6-16. 化学链制氢原理中，Elingham 图对于开发制氢工艺有何指导意义？

6-17. 化学链制氢原理中，为什么要选用适当的金属氧化物作为氧载体，为什么很多情况下，要选用氧化铁作氧载体，它有哪些优点？你能用一句简单的话来描述氧载体的作用吗？

6-18. 讨论煤化学链制氢工艺中的影响因素，工艺流程、氧载体、反应温度、压力分别对于氢气产生量以及纯度有何影响。

参考文献

[1] Pandey B, Prajapati Y K, Sheth P N. Recent progress in thermochemical techniques to produce hydrogen gas from biomass: A state of the art review[J]. International Journal of Hydrogen Energy, 2019, 44(47): 25384-25415.

[2] Kumar G, Eswari A P, Kavitha S, et al. Thermochemical conversion routes of hydrogen production from organic biomass: Processes, challenges and limitations[J]. Biomass Conversion and Biorefinery, 2023, 13(10): 8509-8534.

[3] 孙立，张晓东. 生物质热解气化原理与技术[M]. 北京：化学工业出版社，2013.

[4] 朱锦锋，陆强. 生物质热解原理与技术[M]. 北京：科学出版社，2014.

[5] 袁振宏，吴创之，马隆龙，等. 生物质能利用原理与技术[M]. 北京：化学工业出版社，2016.

[6] 石元春. 我国生物质能源发展综述[J]，智慧电力，2017，45(7)：1.

[7] Tan R S, Tuan Abdullah T A, Ripin A, et al. Hydrogen-rich gas production by steam reforming of gasified biomass tar over Ni/dolomite/Al$_2$O$_3$ catalyst [J]. Journal of Environmental Chemical Engineering, 2019, 7(6): 103490.

[8] Al-Rahbi A S, Williams P T. Hydrogen-rich syngas production and tar removal from biomass gasification using sacrificial type pyrolysis char[J]. Applied Energy, 2017, 190: 501-509.

[9] Arregi A, Amutio M, Lopez G, et al. Evaluation of thermochemical routes for hydrogen production from biomass: A review[J]. Energy Conversion and Management, 2018, 165: 696-719.

[10] Bhattacharya A, Das A, Datta A. Energy based performance analysis of hydrogen production from rice straw using oxygen blown gasification[J]. Energy, 2014, 69: 525-533.

[11] Ding N, Azargohar R, Dalai A K, et al. Catalytic gasification of cellulose and pinewood to H$_2$ in supercritical water[J]. Fuel, 2014, 118: 416-425.

[12] Cao L, Yu I K M, Xiong X, et al. Biorenewable hydrogen production through biomass gasification: A review and future prospects[J]. Environmental Research, 2020, 186: 109547.

[13] Tian T, Li Q, He R, et al. Effects of biochemical composition on hydrogen production by biomass gasification[J]. International Journal of Hydrogen Energy, 2017, 42(31): 19723-19732.

[14] Park H C, Choi H S. Fast pyrolysis of biomass in a spouted bed reactor: Hydrodynamics, heat transfer and chemical reaction[J]. Renewable Energy, 2019, 143: 1268-1284.

[15] Setiabudi H D, Aziz M a A, Abdullah S, et al. Hydrogen production from catalytic steam reforming of biomass pyrolysis oil or bio-oil derivatives: A review[J]. International Journal of Hydrogen Energy,

2020，45（36）：18376-18397.

[16] 王娟，翟世涛，夏志强. 利用固体废弃物微生物发酵产氢研究进展[J]. 中国农学通报，2013，29（9）：139-148.

[17] 温汉泉，任宏宇，曹广丽，等. 生物膜法光发酵制氢的研究现状与展望[J]. 环境科学学报，2020，40（10）：3539-3548.

[18] 刘雪梅，任南琪，宋福南. 微生物发酵生物制氢研究进展[J]. 太阳能学报，2008，29（5）：544-549.

[19] Peters J W，Lanzilotta W N，Lemon B J，et al. X-ray crystal structure of the Fe-only hydrogenase（CpI）from Clostridium pasteurianum to 1.8 resolution[J]. Science. 1998，282：1853-1858.

[20] Gray C T，Gest H. Biological formation of molecular hydrogen[J]. Science，1965，148（3667）：186-192.

[21] Huang G F，Wu X B，Bai L P，et al. Improved O_2-tolerance in variants of a H_2-evolving[NiFe]-hydrogenase from Klebsiella oxytoca HP1[J]. FEBS Lett，2015，589（8）：910-918.

[22] 马诗淳，罗辉，尹小波. 厌氧产氢微生物研究进展[J]. 微生物学通报. 2009，36（8）：1244-1252.

[23] 刘晶晶，龙敏南. 氢酶结构及催化机理研究进展[J]. 生物工程学报，2005，21（3）：348-353.

[24] Vincent K A，Parkin A，Armstrong F A. Investigating and exploiting the electrocatalytic properties of hydrogenases[J]. Chemical reviews，2007，107（10）：4366-4413.

[25] 柯水洲，马晶伟. 生物制氢研究进展（Ⅰ）产氢机理与研究动态[J]. 化工进展，2006，25（9）：1001-1005.

[26] Volbeda A，Charon M H，Piras C，et al. Crystal structure of the nickel-iron hydrogenase from Desulfovibrio gigas[J]. Nature，1995，373：580-587.

[27] 李玉友，褚春凤，堆洋平. 厌氧发酵生物制氢微生物及工艺开发的研究进展[J]. 环境科学学报，2009（8）：1569-1588.

[28] Akhlaghi N，Najafpour-Darzi G. A comprehensive review on biological hydrogen production[J]. International Journal of Hydrogen Energy，2020，45（43）：22492-22512.

[29] Ramprakash B，Lindblad P，Eaton-Rye J J，et al. Current strategies and future perspectives in biological hydrogen production：A review[J]. Renewable and Sustainable Energy Reviews，2022，168：112773.

[30] Hallenbeck P C，Abo-Hashesh M，Ghosh D. Strategies for improving biological hydrogen production[J]. Bioresource technology，2012，110：1-9.

[31] Baeyens J，Zhang H，Nie J，et al. Reviewing the potential of bio-hydrogen production by fermentation[J]. Renewable and Sustainable Energy Reviews，2020，131：110023.

[32] Motasemi F，Afzal M T. A review on the microwave-assisted pyrolysis technique[J]. Renewable & Sustainable Energy Reviews，2013，28：317-330.

[33] Hoang A T，Nižetić S，Ong H C，et al. Insight into the recent advances of microwave pretreatment technologies for the conversion of lignocellulosic biomass into sustainable biofuel[J]. Chemosphere，2021，281：130878.

[34] Zhang X，Rajagopalan K，Lei H，et al. An overview of a novel concept in biomass pyrolysis：microwave irradiation[J]. Sustainable Energy Fuels，2017，1（8）：1664-1699.

[35] Sun J，Wang W，Yue Q. Review on Microwave-Matter Interaction Fundamentals and Efficient Microwave-Associated Heating Strategies[J]. Materials，2016，9（4）：231.

[36] Jie X，Li W，Slocombe D，et al. Microwave-initiated catalytic deconstruction of plastic waste into hydrogen and high-value carbons[J]. Nat Catal，2020，3（11）：902-912.

[37] Undri A，Frediani M，Rosi L，et al. Reverse polymerization of waste polystyrene through microwave assisted pyrolysis[J]. J Anal Appl Pyrolysis，2014，105：35-42.

［38］ Zhou N，Dai L，Lv Y，et al. Catalytic pyrolysis of plastic wastes in a continuous microwave assisted pyrolysis system for fuel production［J］. Chem Eng J，2021，418：129412.

［39］ Lin L，Yu Q，Peng M，et al. Atomically dispersed Ni/α-MoC catalyst for Hydrogen production from methanol/water［J］. Journal of the American Chemical Society，2020，143(1)：309-317.

［40］ 王文举. Ni 催化剂催化乙醇重整制氢的研究［D］. 天津：天津大学，2009.

［41］ XiaoR，Zhang S，Peng S H，et al. Use of heavy fraction of bio-oil as fuel for hydrogen production in iron-based chemical looping process［J］. International Journal of Hydrogen Energy，2014，39(35)：19955-19969.

［42］ Antzara A，Heracleous E，Bukur D B，et al. Thermodynamic analysis of hydrogen production via chemical looping steam methane reforming coupled with in situ CO_2 capture［J］. International Journal of Greenhouse Gas Control，2015，32：115-128.

［43］ Cho W C，Lee D Y，Seo M W，et al. Continuous operation characteristics of chemical looping hydrogen production system［J］. Applied Energy，2014，113：1667-1674.

［44］ Singh L，Wahid Z A. Methods for enhancing bio-hydrogen production from biological process：A review［J］. Journal of Industrial and Engineering Chemistry，2015，21：70-80.

［45］ 曾亮，巩金龙. 化学链重整直接制氢技术进展［J］. 化工学报，2015(8)：2854-2862.

［46］ 吴笛，吴石亮，肖睿. 规模化生物质气化-化学链制氢技术研究进展与展望［J］. 新型电力系统，2023(2)：184-199.

［47］ 袁鹏星，郭庆杰，胡修德，等. $3MW_{th}$ 煤化学链气化商业示范装置的自热运行和参数分析［J］. 过程工程学报，2023，23(4)：616-626.

［48］ 王华，祝星. 化学链蒸汽重整制氢与合成气技术［M］. 北京：科学出版社，2012.

［49］ He F，Huang Z，Wei G，et al. Biomass chemical-looping gasification coupled with water/CO_2-splitting using $NiFe_2O_4$ as an oxygen carrier［J］. Energy Convers Manage，2019，201：112157.

第七章

氢气分离及提纯

 导言

　　各类制氢方法得到的工业级氢气均含有各种杂质，纯度不高，无法使用；为满足应用领域对氢气的高纯度要求，必须对氢气进行分离纯化。氢气分离和提纯方法主要有深冷分离法、变压吸附法、膜分离法等，近年还开发出高效的超音速分离法。

　　由于分离原理不同，这些工艺技术的工艺特点各不相同。实际生产过程中选择合适的氢气提纯方法，不仅要考虑工艺合理性、装置的经济性，同时也要考虑很多其他因素的影响，如工艺操作灵活性、可靠性、原料气的含氢量以及杂质含量对下游装置的影响等。随着氢燃料电池、火箭液氢燃料、半导体工业、精细化工等产业的发展，对高纯氢甚至超纯氢提出了更高要求，如燃料电池以及半导体生产中均要求氢气纯度在 99.9999% 以上，这些都进一步彰显了氢气分离与纯化的重要性。本章将详细讨论氢气的分离与纯化工艺方法，也会简单介绍氢气纯度的分析方法。

7.1　氢气分离纯化概述

7.1.1　不同制氢工艺的主要杂质

　　工艺路线、原料组成、制备方法和后续分离净化工艺等不同，最终得到的粗氢气组成及杂质也各不相同，各类工艺路线制备的粗氢所含的杂质见表 7-1。

表 7-1　不同制氢工艺的主要杂质及粗氢含量

制氢方式	主要杂质	$\varphi(H_2)/\%$
天然气重整制氢	CO、CO_2、CH_4、N_2	$75\sim80$
石油裂解制氢	CO、CO_2、CH_4、N_2	$75\sim80$
煤水蒸气制氢	CO、CO_2、H_2S、CH_4、N_2	<40
电解水制氢	O_2、H_2O	>99
氯碱工业副产氢	O_2、N_2、H_2O、Cl_2、CO_2、CO	>92
合成氨弛放气制氢	CH_4、NH_3、N_2、Ar	$70\sim78$
高炉煤气制氢	O_2、N_2、CH_4、CO、H_2S、HCN、CO_2	$55\sim60$
丙烷脱氢副产氢	C_nH_m、CO_2、CO、H_2S、N_2、H_2O、O_2	$60\sim95$
乙烷裂解副产氢	C_nH_m、CO_2、CO、H_2S、N_2、H_2O、O_2	$54\sim60$
甲醇裂解制氢	CO_2、CO、CH_3OH	$73\sim74$

由表 7-1 可见，粗氢中的杂质组分主要为 CO、CO_2、H_2S、NH_3 等，其他惰性组分有 H_2O、CH_4、N_2、Ar 等，其中 H_2S、CO 是加氢反应催化剂的主要毒物，CO、H_2S 是氢燃料电池的毒物，会严重影响电堆电极中贵金属催化剂的使用寿命，而氢气中微量 H_2O、CO_2 是液氢火箭燃料使用时最大的爆炸事故隐患。氢燃气轮机可以实现大规模氢能到电能的转化，且转化效率会随着功率的提高而提高，是一种重要的氢电转化技术，氢燃气轮机将逐步发展成为国民经济的国之重器，但是氢气中的微量 H_2S 将严重影响燃烧器以及气轮机的安全及使用寿命。因此，氢气中的微量杂质要引起极大的注意，国家也对此颁布了严格的国家标准。净化的目的是除去氢气中杂质（如 H_2S、CH_4、CO、CO_2 以及水分等），以保证后续工艺及用氢顺利进行。

7.1.2　氢气分离纯化的意义

氢气是我国新能源化工、石油化工、交通运输、材料加工等领域的重要原料，我国已将氢能定位为未来能源体系的重要组成部分，氢能应用领域必然更为广阔，随之而来的是氢能供应品质的更高要求。降低成本、无污染、高效制备高纯度 H_2 是行业降本增效、提高市场竞争力的重要手段。

有些工业生产中对氢气的纯度要求较高，比如电子工业要求氢气纯度大于 6N（N 是 nine 的简写，几个 N 就是指纯度为几个九，6N 就是 99.9999%），在某些情况下甚至要求更高；在石油化工行业，所需氢气的纯度一般要大于 99.9%，因为氢气的纯度不仅对加氢装置的能耗有较大影响，而且氢气中的一些杂质（如 CO 和 H_2S）会使催化剂中毒，所以要对含氢原料气进行分离提纯以满足不同的生产需要。

常见的氢气分离提纯工艺特点及应用领域见表 7-2，在氢气的分离纯化过程中，氢气中的杂质组分和含量不尽相同，采用不同的分离方法得到的分离效率及效果也不同。

表 7-2　各类氢气分离纯化工艺特点及应用领域

项目	变压吸附法	低温分离法	金属氢化物法	膜分离法	溶剂吸收法	超音速分离法
纯化设备或材料	吸附床	冷箱和压缩机	Fe-Ti、稀土-Ni、稀土-Mg 等合金	金属钯膜、聚合物膜等	吸收再生设备	超音速分离装置
φ（待纯化 H_2）/%	50.00~80.00	30.00~90.00	>99.00	70.00~99.50	<85.00	65.00~80.00
脱除杂质	CO_2、H_2O、CH_4、CO	CO_2 及重烃等杂质	所有杂质	所有杂质	CO_2、H_2S	H_2O、CO_2、H_2S
优点	①可靠②多床层，省去原料气预处理工序	氢气纯化程度、回收率高	①安全可靠、操作简单，材料价格相对较低②纯化程度高	①温度、压力、操作适用范围广②能耗低	①工艺相对成熟，酸气脱除率高②氢纯度高	①设备易加工、成本低、能耗低②不添加化学药剂，环保
操作压力/MPa	1.0~15.0	2.0~5.0	<1.0	0.1~20.0	0.3~3.0	0.2~6.0
操作温度/K	273~298	<90	273~298	273~723	330~380	190~273

项目	变压吸附法	低温分离法	金属氢化物法	膜分离法	溶剂吸收法	超音速分离法
φ(纯化后 H_2) /%	93.00～99.99	90.00～98.00	99.5	85.00～99.99	98.00	90.00
H_2 回收率/%	70～85	＜95	＜90	＜99	＜95	＜86

7.1.3 氢气品质国家标准

目前我国对氢气品质的现行国家标准有 GB/T 3634.2—2011《氢气　第 2 部分：纯氢、高纯氢和超纯氢》、GB/T 37244—2018《质子交换膜燃料电池汽车用燃料　氢气》等。对氢气品质的主要质量要求见表 7-3。

表 7-3　纯氢、高纯氢、超纯氢质量技术指标

项目名称	要求	指标		
		纯氢	高纯氢	超纯氢
氢气(H_2)纯度(体积分数)/10^{-2}	$\geqslant$	99.99	99.999	99.9999
氧气(O_2)含量(体积分数)/10^{-6}	$\leqslant$	5	1	0.2
氮气(N_2)含量(体积分数)/10^{-6}	$\leqslant$	60	5	0.4
一氧化碳(CO)含量(体积分数)/10^{-6}	$\leqslant$	5	1	0.1
二氧化碳(CO_2)含量(体积分数)/10^{-6}	$\leqslant$	5	1	0.1
甲烷(CH_4)含量(体积分数)/10^{-6}	$\leqslant$	10	1	0.2
水分(H_2O)含量(体积分数)/10^{-6}	$\leqslant$	10	3	0.5

7.2　深冷低温分离法

深冷低温分离法可分为低温冷凝法和低温吸附法。深冷分离法是利用在低温条件下，原料气组分的相对挥发度差（也可理解为沸点差），部分气体冷凝，从而达到分离的目的，其实质就是气液体化技术。现已广泛应用于分离空气中的氧气，同时，深冷低温分离法也是石油化工行业分离裂解气的主要技术之一。

7.2.1　低温冷凝法

氢气标准压力下的沸点为 20.4K，而氮、氩、甲烷的沸点（77.53K、87.44K、111.85K）与氢的沸点相差较远，因此采用冷凝的方法可将氢气从这些混合气体中分离出来，各种气体的沸点见表 7-4。此外，氢气的相对挥发度比烃类物质高，因此低温冷凝法也可实现氢气与烃类物质的分离。低温冷凝法的特点是适用于氢含量很低的原料气，当氢含量为 20% 以上经低温冷凝得到的氢气纯度高，可以达到 95% 以上，氢回收率高，达 92%～97%。当原料气中氢气含量较高时，混合物的临界温度过低，液化难度增大。一般只有氢气体积分数为 30%～80%，CH_4 和 C_3H_6 体积分数为 40% 左右的混合气才适用于低温冷凝法

分离，提浓后的氢气体积分数为 $90\%\sim95\%$，收率最高可达 98%。

表 7-4　各种气体的沸点

气体	H_2	N_2	CO	CH_4	C_2H_6	CO_2	C_3H_8	$i\text{-}C_4H_{10}$
沸点/K	20.5	77.5	81.6	111.8	184.5	194.6	231.1	261.4

但由于低温冷凝过程中压缩和冷却能耗很高，因此需要较多的压缩机和低温设备，设备投资及维护费用较高，生产使用受限，一般适用于大规模气体分离过程。低温冷凝法常用于原料气中氢气体积适宜、$C_3\sim C_5$ 含量较高、杂质含量低的催化裂解气、加氢裂化气、焦化气等气体的氢气提纯。

7.2.2　低温吸附法

低温吸附法是在液氮的低温条件下，利用吸附剂对氢气源中低沸点气体杂质组分的选择性吸附作用制取纯度可达到 99.9999% 以上的超纯氢气的方法，氢气纯化装置分两组交替使用，每组都由干燥器、热交换器、吸附器组成。用常温抽空法再生。干燥剂可用 5A 或 4A 分子筛，吸附剂可用硅胶或活性炭。当一组吸附器在纯化时，另一组处于放压、升温、抽空再生、垫气（一种不连续的保持空间压强稳定的操作）、降温、充压过程以备下一周期重新使用。抽空再生时，干燥器需加热到较高的温度，使较难脱吸的水分脱吸。吸附器可用温水升温，常温下抽空。如果有水分进入吸附器，再生时需升温到稍高的温度（$353.15\sim393.15$K）。抽气口应设置在原料气入口端，以防止杂质污染后段吸附剂层。再生后吸附器需用高纯氢逆向垫气，达到正压后再套液氮降温。降温时，吸附剂对氢气的吸附量很大，因此降温垫气要慢，防止产生流速激增，吸附区迅速向前推进，从而降低氢气的纯度。垫气充压要逆向进行，以保证后段吸附剂不被杂质污染，从而保证切换后仍能得到纯度极高的氢产品。低温吸附器工作周期一般不宜过短。一方面由于频繁交替切换，升降温次数太多，液氮的平均消耗量较大，同时由于纯化器一般只用两组，在一组使用过程中，另一组必须完成放压至充压的全部再生过程。周期太短这些再生步骤就难以完成，而且一有故障就没有足够时间处理。另一方面，工作周期愈长，流体经吸附器的接触时间也愈长，纯化程度也愈高，工作周期一般选为 $4\sim8$ 小时。

吸附剂一般选用活性炭、硅胶和分子筛，吸附剂吸附饱和后，经升温、减压脱附或解吸操作，可使吸附剂再生。该法对原料气的要求较高，原料气中氢含量一般要求大于 95%，且需精脱 CO_2、H_2S 和 H_2O 等杂质，因此，通常与其他分离法联合使用，制备超高纯氢气。此工艺的优点是产品纯度高，但设备投资大、能耗较高、操作较为复杂，不适用于大规模生产。

7.2.3　氢同位素的分离

同位素混合物的分离是现代分离技术中最大的挑战之一，因为同位素几乎相同的物理化学性质使其难以有效分离。特别是稳定的氢同位素氘（D 或 $_1^2H$）和氚（T 或 $_1^3H$），这些又对于核聚变反应堆的安全使用至关重要。此外，氘是一种不可替代的原料，广泛应用于工业和科学研究，特别是在分析技术，如中子的光谱和动力学研究中散射，同位素示踪和质子核磁共振波谱。天然存在的氢同位素含量低，因此，全球对氢同位素需求的增加加速了氢同位素分离技术的发展。

国际热核聚变实验堆（ITER）和中国聚变工程实验堆（CFETR）的氚工厂设计中氢同位素分离都采用了低温精馏法，但低温精馏不使用任何分离材料，仅依据不同组分（H_2、D_2、T_2、HD、HT、DT 分子）的沸点差异通过物理蒸馏过程来分离，其分离因子低，系统氚滞留量大，能耗大。

目前较为成熟的氢同位素分离方法中，钯膜渗透法和置换色谱法的分离材料基本都是采用的钯或含钯材料，主要利用了钯的氢同位素效应，也就是不同组分的氢同位素（H_2、D_2、T_2、HD、HT、DT 分子）在通过钯合金膜时，由于在钯膜上的扩散速度不同，在出口端的各个同位素比例会发生变化；同等条件下钯在众多过渡金属中具有最大的氢同位素效应。纯钯材料主要有钯黑和海绵钯，含钯材料包括惰性载体载钯材料和钯合金两类。载钯材料主要有载钯硅藻土和载钯氧化铝等，钯合金有 Pd-Pt、Pd-Ag、Pd-Y、Pd-Cu 和一些三元合金等。

钯黑是商业化的纯钯材料，钯含量在 99％以上，通常为粒径在亚毫米量级的黑色粉末，而海绵钯是由钯粉经过二次聚结而成的海绵状颗粒，具有一定的孔隙率和比表面积。相对于载体钯材料，相等体积的纯钯材料具有更大的氢容量，但粉末材料的传质阻力较大，而海绵钯经多次吸放氢循环后也会出现粉化板结的情况，因此目前纯钯材料已经很少被用作氢同位素分离色谱的分离材料，但在氕氚排代方面还有应用。

近年来也涌现出了一些性能优异的氢同位素分离新材料，例如石墨烯、有机金属骨架（metal-organic framework，MOF）材料及共价有机骨架材料（covalent organic frameworks，COF）等，如 IRMOF-1、IRMOF-14、COF-6、COF-102、ZIF-68、ZIF-74、Zn-TBIP 材料等。对同位素的吸附选择性与温度密切相关，受外界压力的影响较小。Zn-TBIP 吸附剂在 20K 时 T_2/H_2 选择性最高达到 32。氢的同位素液化分离纯化原理及工艺过程在第 2.4 节有详细介绍。

7.3 变压吸附分离提纯法

变压吸附（pressure swing adsorption，PSA）是对气体混合物进行提纯的工艺过程，变压吸附工艺的基本原理是利用吸附剂对吸附质在不同分压下有不同的吸附容量，并且在一定的吸附压力下，有选择性地吸附气体混合物中的杂质组分来提纯氢气。杂质在高压下被吸附剂吸附，使得吸附容量极小的氢得以提纯；然后杂质在低压下脱附，使吸附剂获得再生。在高压下，增加杂质分压以便将其尽量多地吸附于吸附剂上，从而提高产品纯度。吸附剂的解吸（脱附）或再生在低压下进行，尽量减少吸附剂上杂质的残余量，以便于在下个循环再次吸附杂质。一般选用的吸附剂有：活性氧化铝、硅胶、分子筛、活性炭等。该法对原料气中杂质的要求不苛刻，一般不需要进行预处理；原料气中氢含量一般为 50％～90％，且当氢含量比较低时，变压吸附法具有更突出的优越性；同时，变压吸附法可分离出高纯度的氢气，纯度最高可达 99％～99.9999％。该法装置和工艺简单、设备能耗低、投资较少，适合大中小各种规模生产，但氢气的回收率较低，只有 60％～80％。目前，该法已用于水煤气分离氢，得到的氢气纯度为 99.999％。

变压吸附是吸附分离技术的重大进步，并在气体的物理吸附分离法中占有主要地位。20世纪 60 年代中期由美国联碳公司实现工业化，开始用于气体分离和纯化。目前已在工业上大规模应用。我国在 80 年代初实现工业化，其规模从 $500m^3/h$、$1000m^3/h$ 到 $3000m^3/h$。

根据经济分析，PSA法比深冷法降低投资10%以上，操作费用降低40%左右。氢纯度达99%~99.9999%，氢回收率为85%~95%。西南化工研究设计院在变压吸附领域取得重要成果。

7.3.1 变压吸附原理

PSA是一个近似等温变化的物理吸附分离过程，它是在固定的吸附床上利用气体混合物中各组分在吸附剂上的吸附容量随着压力变化而差异的特性进行分离，在较高的压力（纯化氢气时，一般为1~2.5MPa）下扩散到吸附剂表面，再进行选择性吸附，然后在解吸环节，在较低的压力下进行解吸，解吸的物质反扩散到气体相（图7-1）。这样两个过程组成了各塔交替切换循环工艺。每个循环的时间为几分钟或十几分钟。吸附床中任一点的流量、组成、压力、温度甚至流动方向，都在随时间作周期性的变化。并且，在同一时刻，各塔分别处于不同的操作步骤。PSA法可以一步除去所需产品以外的多种杂质组分。分离或纯化氢气时，杂质组分作为吸附相而被分离掉，氢气作为吸余相连续地输出。

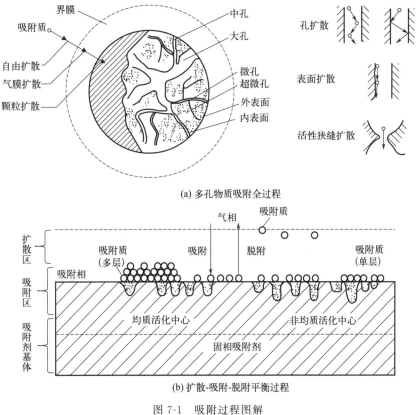

(a) 多孔物质吸附全过程

(b) 扩散-吸附-脱附平衡过程

图 7-1 吸附过程图解

PSA的主要优点是：

① 工艺过程简单，设备投资少，能耗低，磨损和技术维护低；

② 产品纯度高，且过程一步完成；

③ 系统的可靠性高，过程在常温下进行，不需用溶剂或化学药剂，吸附剂可用10年以上，操作可实现自动化连续化。其主要缺点是氢气的损失较大，一般为10%~25%，另外对自动控制系统的质量要求很高。

如图 7-2 所示，变压吸附操作是在垂直于常温吸附等温线和高温等温线之间垂线进行，而变压吸附操作由于吸附剂的热导率较小，吸附热和解吸热引起床层温度的变化不大，可以看成等温过程，从图 7-2 的 $E \rightarrow C$ 可以看出：在温度一定时，随着压力的升高吸附容量逐渐增大。制氢 PSA 装置的工作原理利用的是上图中吸附剂在 E-C 段的特性来实现气体的吸附与解吸的。吸附剂在常温高压下大量吸附原料气中除氢以外的杂质组分，然后降低压力使各种杂质得以解吸。在吸附、解吸、再生的循环中完成氢气的提纯。所采用的压力变化可以是：①常压下吸附，真空下解吸；②加压下吸附，常压下解吸；③加压下吸附，真空下解吸这几种。

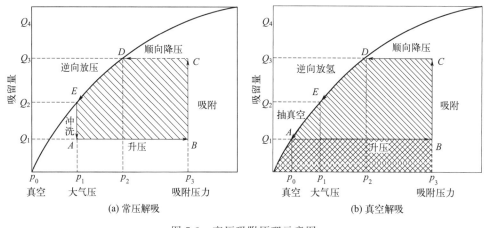

图 7-2　变压吸附原理示意图

下面，分别对于常压解吸〔图 7-2（a）〕及真空解吸过程〔图 7-2（b）〕，讨论变压吸附工艺。

（1）常压解吸

①升压过程（A-B）。如图 7-2（a）所示，经解吸再生后的吸附床处于过程的最低压力 p_1，床层内杂质的吸留量为 Q_1（A 点），在此条件下让其他塔的吸附出口气体进入该塔，使塔压升至吸附压力 p_3，此时床内杂质的吸留量 Q_1 不变（B 点）。

② 吸附过程（B-C）。在恒定吸附压力下原料气不断进入吸附床，同时输出产品组分，吸附床内杂质组分的吸留量逐步增加，当达到规定的吸留量 Q_3 时（C 点）停止进入原料气，吸附终止，此时吸附床上部仍预留有一部分未吸附杂质的吸附剂。

③ 顺放过程（C-D）。沿着进入原料气输出产品的方向降低压力，流出的气体仍然是产品组分。这部分气体用于其他吸附床升压或冲洗。在此过程中，随床内压力不断下降，吸附剂上的杂质被不断解吸，解吸的杂质又继续被吸附床上部未充分吸附杂质的吸附剂吸附，因此杂质并未离开吸附床，床内杂质吸留量 Q_3 不变。当吸附床降压到 D 点时，床内吸附剂全部被杂质占用，压力为 p_2。

④ 逆放过程（D-E）。逆着进入原料气输出产品的方向降低压力，直到变压吸附过程的最低压力 p_1（通常接近大气压力）。床内大部分吸留的杂质随气流排出器外、床内杂质吸留量为 Q_2。

⑤ 冲洗过程（E-A）。在压力 p_1 下吸附床仍有一部分杂质吸留量，为使这部分杂质尽可能解吸，要求床内压力进一步降低。为此利用其他吸附床顺向降压过程排出的产品组分，

在过程最低压力 p_1 下对床层进行逆向冲洗不断降低杂质分压使杂质解吸并随冲洗气带出吸附床。经一定程度冲洗后，床内杂质吸留量降低到过程的最低量 Q_1 时，再生结束。至此，吸附床完成了一个吸附-解吸再生过程，准备再次升压进行下一个循环。

（2）真空解吸

① 升压过程（A-B）。如图 7-2（b）所示，经真空解吸再生后的吸附床处于过程的最低压力 p_0，床内杂质吸留量为 Q_1（A 点），在此条件下让其他塔的吸附出口气体进入该塔，使塔压跃升至吸附压力 p_3。

② 吸附过程（B-C）。在恒定的吸附压力下原料气不断进入吸附床，吸附床内杂质组分的吸留量逐步增加。当达到规定的吸留量 Q_3 时（C 点）停止进入原料气，吸附终止。此时吸附床上部仍预留有一部分未吸附杂质的吸附剂。

③ 顺放过程（C-D）。沿着进入原料气输出产品的方向降低压力，流出的气体为产品组分，这部分气体用于其他吸附床升压或冲洗。在此过程中，吸附床内压力不断下降，吸附剂上的杂质被不断解吸，解吸的杂质继续被吸附床上部未充分吸附杂质的吸附剂吸附。因此杂质并未离开吸附床，床内杂质吸留量 Q_3 不变。当吸附床降压到 D 点时，床内吸附剂全部被杂质占用，压力为 p_2。

④ 逆向放氢过程（D-E）。逆着进入原料气输出产品的方向降低压力，直到变压吸附过程的最低压力 p_1（通常接近大气压力），床内大部分吸留的杂质随气流排出器外，床内杂质吸留量为 Q_2。

⑤ 抽真空过程（E-A）。在压力 p_1 下吸附床仍有一部分杂质残留量，在此利用真空泵抽吸的方法降低床层压力，因为降低了杂质分压使杂质解吸并随抽空气带出吸附床。抽吸一定时间后，床内压力为 p_0，杂质残留量降低到过程的最低量 Q_1 时，再生结束。至此，吸附床完成了一个吸附-解吸再生过程，准备再次升压进行下一个循环。

7.3.2　吸附剂种类

吸附剂是吸附分离工艺的基础和核心，吸附剂的性能会直接影响吸附分离工艺的性能。在对含氢气源进行变压吸附法分离提纯之前首先要选择合适的吸附剂。变压吸附法所用吸附剂必须满足以下基本条件。①吸附容量大，即单位体积或单位重量的吸附剂应能够吸附尽可能多的吸附质。通常吸附剂的吸附容量与吸附剂比表面积、微孔体积以及吸附剂的密度有关。一般来说比表面积越大，吸附剂的体积吸附量也越大。因此吸附剂要有较大的比表面积。使用大容量吸附剂可以降低吸附分离设备的尺寸或增大装置的处理能力，降低成本。②吸附选择性高，即吸附剂应具有对含氢原料气中的一种或几种杂质成分进行选择性吸附的性能，而对其他组分基本不吸附或吸附量很小。③吸附剂再生容易，因为吸附剂再生的难易程度会直接影响吸附分离产品的纯度或回收率，而且还会增加分离工艺的操作费用，从而影响到吸附分离工艺的经济效益。另外，吸附剂要有良好的机械强度和热稳定性，并且要容易再生，因为吸附剂的机械强度会影响吸附剂的使用寿命。

利用吸附剂的选择吸附性，可实现对含氢气源中杂质组分的优先吸附而使氢气得以提纯；利用吸附剂的易再生性，可实现吸附剂在低温、高压下吸附而在高温、低压下解吸再生从而构成吸附剂的吸附与再生循环，达到连续分离提纯氢气的目的。工业 PSA-H_2 装置所选用的吸附剂都是具有较大比表面积的固体颗粒，主要有：活性氧化铝、活性炭、硅胶和分子筛等。吸附剂最重要的物理特征包括孔容积、孔径分布、表面积和表面性质等。不同的吸附剂由于有不同的孔径大小分布、不同的比表面积和不同的表面性质，因而对混合气体中的各组分具有不同的吸附能力和吸附容量。优良的吸附性能和较大的吸附容量是实现吸附分离的基本条件，要在工业上实现有效的分离，还必须考虑吸附剂对各组分的分离系数（α）应尽量大。分离系数越大，分离越容易。如组分 A 和 B 的分离系数见式（7-1）。

$$\alpha = \frac{x_A y_B}{x_B y_A} \tag{7-1}$$

式中，x 和 y 分别是吸附相和气相的组成。

一般而言，变压吸附气体分离装置中的吸附剂分离系数不小于 3。下面将简介变压吸附气体分离装置常用的几种重要吸附剂。

（1）活性氧化铝

活性氧化铝，又名活性矾土，其化学式为 $Al_2O_3 \cdot nH_2O$。它是一种多孔性、高分散度的固体材料，有很大的比表面积，其微孔表面具备催化作用所要求的特性，如吸附性能、表面活性、优良的热稳定性等。活性氧化铝对气体、水蒸气和某些液体的水分有选择吸附本领。吸附饱和后可在 448.5～588.15K 加热除去水而复活，吸附和复活可进行多次。活性氧化铝是对水有强亲和力的固体，一般采用三水合铝或三水铝矿的热脱水或热活化法制备，在变压吸附过程中主要用于各种类型装置中对氢气进行脱水处理。辽宁本钢燃气厂将物理化学性能极其稳定的高空隙 Al_2O_3 填在吸附塔底部，用于脱除水分。它对水有较强的亲和力，是一种对微量水深度干燥用的吸附剂。

（2）活性炭

将原煤、木炭或者坚果壳等含碳物质依次经过高温炭化、活化、酸洗、漂洗等各种化学、物理步骤后制成的固体就叫作活性炭。活性炭本身有发达的孔道结构，比表面积非常大，吸附能力强，化学性质稳定，不易被溶解，可再生循环，符合当今世界对环保的要求，对大多数常见吸附质解吸容易，因而被广泛用于溶剂的回收、三废的治理、催化剂的载体及气体分离等领域。经过改良后的活性炭，能够改变活性炭表面官能团的结构及孔道结构，进一步增大其吸附能力。美国 TDA 研究公司以改性椰壳活性炭吸附剂实现模拟煤制变换气或碳氢燃料重整气在 373.15～573.15K 下分离 CO_2。新型富氮活性炭吸附剂在 473.15K 下 CO_2 吸附量可达 1.197mmol/g，并实现了高水蒸气含量下 CO_2 的选择脱除。在 PSA 工业中，活性炭主要用于各种类型装置中 CO_2 的脱除、硫化物及其他高沸点组分的脱除等。

（3）分子筛

分子筛类吸附剂是一种含碱土元素的结晶态偏硅铝酸盐，其化学通式为 $M_x/m[(AlO_2)_x \cdot (SiO_2)_y] \cdot zH_2O$。M 代表阳离子，$m$ 表示其价态数，z 表示水合数，x 和 y 是整数。在高倍显微镜下可以看到孔道的有序排列；其次受温度的影响比较小，吸附性能较稳定，尤其是对极性分子有良好的吸附作用。沸石分子筛特点是能够分离开极性差异很微小的分子。山西煤化所设计了一种碳分子筛变压吸附氨弛放气制氢方法，将氨弛放气经水洗塔输出后直接通入装填有碳分子筛吸附剂的吸附塔，在 0.4～2MPa、常温下通过程序控制进行变压吸附制氢。该方法可使氢气回收率≥85%，特别适于化肥厂氨弛放气的回收利用。常见的沸石分子筛有 A 型、X 型、Y 型分子筛等。

以从甲醇尾气中回收氢为例，要除去的杂质组分为 Ar、N_2、CO、CH_4、CO_2 等。采用变压吸附法分离主要取决于吸附剂对氢和这些杂质组分间的分离系数 α。氢和这些杂质组分间在不同吸附剂上的分离系数 α 见表 7-5。可以看出，以 5A 型分子筛、13X 型分子筛和活性炭做吸附剂，氢和这些杂质组分间的分离系数 α 都大于 3，说明分离是可行的。

表 7-5   不同吸附剂下氢气和杂质的分离系数 α

分离系数 α	吸附剂		
	5A	13X	活性炭
N_2/H_2	6.9	5.25	5.1
CO/H_2	17.2	12.6	6.97
CH_4/H_2	9.65	8	14.4
CO_2/H_2	54.18	59.2	30.1

（4）硅胶

硅胶的化学分子式一般写作 $SiO_2 \cdot nH_2O$，属于无定形多孔二氧化硅。硅胶不仅对水有极强的亲和力，而且对烃类和 CO_2 等组分也有较强的吸附能力。硅胶主要分为天然硅胶和人工合成硅胶，人们生活中使用的干燥剂本质就是可以吸附气体的硅胶。硅胶是一种多孔性物质，孔径大小相近，分布均匀，是吸附效果比较好的吸附剂，其特点有：①化学性质稳定，一般不溶于酸性物质，是储存、生产纯化学制剂良好的介质；②吸附性能强，易脱附；③吸附选择性高，可较好地分离混合气中各组分；④硅胶吸附属于物理吸附，不发生化学变化，不产生新物质，再生时效率较高。除上述特点，硅胶还有其他优点，比如价格便宜、制取简单等。利用硅胶吸附性能，在 CO_2/N_2、CO_2/H_2 系中实现 CO_2 的脱除，结果表明较大的比表面积与较小的孔径有利于硅胶对 CO_2 的吸附。

几种常用吸附剂对吸附质的吸附强弱顺序如下。

13X 分子筛：$H_2O > C_4H_{10} > C_6H_6 > H_2S > C_5H_{12} > C_4H_{10} > CO_2 > N_2 > O_2 > H_2 > He$。

活性炭：$H_2S > C_3H_8 > C_2H_6 > C_2H_4 > CO_2 > CH_4 > CO > N_2 > O_2 > Ar > H_2$。

细孔硅胶：$H_2O > C_3H_8 > C_2H_2 > CO_2 > C_2H_4 > C_2H_6 > CH_4 > CO > N_2 > O_2 > Ar > H_2$。

活性氧化铝：$H_2O > C_3H_8 > C_2H_4 > C_2H_6 > CH_4 > H_2$。

可以明显看出，所有物质中，氢气吸附是最弱的，据此，可以通过吸附能力大小分离各类杂质。

7.3.3 变压吸附基本步骤

变压吸附工艺通常包括 4 个步骤：高压吸附、低压解吸、减压冲洗和升压复原。最简单的装置由两塔组成，一塔吸附，另一塔完成其余 3 个过程。增加塔数提高均压次数，可以提升氢气回收率，目前已开发出 4 塔工艺。首先，富氢混合气体在高压下自下而上进入吸附床层，CO_2、CO、CH_4 等杂质被床层内吸附剂吸附，而弱吸附组分氢气作为产品脱离床体。然后根据吸附组分的性能，采用逆向泄压、产品氢吹扫等方法使吸附剂获得再生，吸附剂再生完成后，吸附床再次升压至吸附压力，至此吸附床就完成了一个吸附和再生的循环过程，如图 7-3 所示。

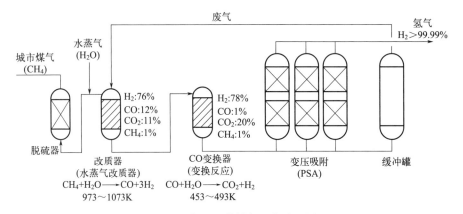

图 7-3　变压吸附制氢工艺流程图

单一的固定吸附床操作，无论是变温吸附还是变压吸附，由于吸附剂需要再生，吸附都是间歇式的。因此工业上都是采用两个或更多的吸附床使吸附床的吸附和再生交替进行。当一个塔处于吸附过程时，其他塔就处于再生过程的不同阶段；当该塔结束吸附步骤开始再生过程时，另一个塔又接着进行吸附过程，这样就能保证原料气不断输入，产品气不断产出，整个吸附过程才是连续的。

7.3.4　影响变压吸附的主要因素

（1）原料气组成对装置吸附能力的影响

由于不同的制氢装置所采用的转化工艺、制氢原料等诸多方面存在差异，所以 PSA 原料中温变换气中烃类及 CO、CO_2 的含量差别也较大，原料气组成与吸附塔的处理的关系很大。PSA 的氢气吸附能力通常是以产氢量或原料量来衡量的，当原料气中氢气含量越高时，由于所需要吸附的杂质含量低，在吸附剂能力一定的情况下，吸附塔的处理能力越大；反之原料气杂质含量越高，特别是净化要求高的有害杂质含量越高时，吸附塔的处理能力越小。

（2）原料气温度对装置吸附能力的影响

从图 7-2 中可以看出，在其他条件相同的情况下，原料气温度越高，吸附平衡曲线越靠下，吸附剂的吸附容量越小，吸附、解吸、再生的循环时间越短，吸附塔的处理能力越低。

（3）操作压力对装置吸附能力的影响

PSA 单元的吸附压力一般为系统压力变化过程中的最高压力，在近年来的制氢装置设计中，最高吸附压力与中温变换反应器出口压力接近。一般来讲，制氢转化的压力在 2.9～3.1MPa 之间，整个转化到中变反应的系统压差越小，原料气的压力越高，吸附剂的吸附量越大，吸附塔的处理能力越高，但由此增加的操作费用和设备投资会随之增加。而解吸压力越低，吸附剂再生越彻底，吸附剂的动态吸附量越大，再次吸附效果好，吸附塔的处理能力越高。

（4）氢气纯度的影响

由于 PSA 装置的氢气损失来源于吸附剂的再生阶段，因而吸附塔的处理能力越高，则再生的周期就可以越长，单位时间内的再生次数就越少，氢气损失就越少，氢回收率就越高。

在不同的工艺流程下，所能实现的均压次数不同，吸附剂再生时的压降也就不同，而吸附剂再生时损失的氢气量随再生压降的增大而增大。一般来讲，PSA 流程的均压次数越多，再生压降越小，氢气回收率越高。但从另一方面考虑，均压次数太多，容易将部分杂质带入下一吸附塔并在吸附塔顶部形成二次吸附，从而使该塔在转入吸附时因顶部被吸附的杂质随氢气带出而影响产品氢纯度。

对于冲洗流程和真空流程来讲，冲洗流程需消耗一定量氢气用于吸附剂再生，而真空流程则是通过抽真空降低被吸附组分的分压使吸附剂得到再生，故采用冲洗流程时，氢气回收率较低，但真空流程能耗较高。

7.3.5　变压吸附特点

与其他气体分离技术相比，变压吸附技术具有以下优点：

① 低能耗。PSA 工艺适应的压力范围较广，一些有压力的气源可以省去再次加压的能耗。PSA 在常温下操作，可以省去加热或冷却的能耗。

② 产品纯度高且可灵活调节。如 PSA 氢气提纯，产品纯度最高可达 99.9999%，并可根据工艺条件的变化，在较大范围内随意调节产品氢的纯度。

③ 工艺流程简单。可实现多种气体的分离，对水、硫化物、氨、烃类等杂质有较强的耐受能力，无须复杂的预处理工序。

④ 自动化程度高，操作方便。整套吸附装置由计算机控制，能够实现全自动生产。

⑤ 装置调节能力强，操作弹性大。由于变压吸附是物理吸附，因此可以通过改变吸附时间等操作参数来改变生产负荷，从而适应前工序的变化，并且可以保证不同负荷条件下，生产的产品质量不变。变压吸附装置对原料气中杂质含量和压力等条件改变也有很强的适应能力，调节范围很宽。

⑥ 投资小，操作费用低，维护简单，检修时间少，开工率高。

⑦ 吸附剂使用周期长。一般可达十年以上，且补加新吸附剂就可以延长使用时间。

⑧ 装置可靠性高。变压吸附装置通常只有程序控制阀是运动部件，而目前国内外的程序控制阀经过多年研究改进后，使用寿命长，故障率极低，装置可靠性很高，具有故障自动诊断、吸附塔自动切换等功能。

⑨ 环境效益好。除因原料气的特性外，PSA 装置的运行不会造成新的环境污染，几乎无"三废"产生。

7.3.6　变压吸附氢气提纯的应用实例

（1）焦炉煤气变压吸附制氢的典型工艺

焦炉煤气变压吸附制氢工艺过程分为 5 个工序：原料压缩工序、冷冻净化分离工序、变压吸附脱碳烃工序、脱硫压缩工序、变压吸附制氢和脱氧工序。焦炉煤气变压吸附制氢工艺流程见图 7-4。

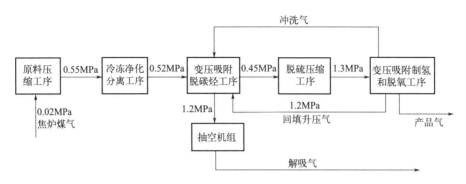

图 7-4 焦炉煤气变压吸附制氢工艺流程图

① 原料压缩工序。原料气焦炉煤气经粗净化（脱除焦油）后进入压缩工序，经压缩机加压后将焦炉煤气从 0.02MPa 加压至 0.55MPa，并经冷却器冷却至约 313.15K 后进入冷冻净化分离工序。

② 冷冻净化分离工序。压缩后的焦炉煤气（0.55MPa、约 313.15K）进入冷冻净化分离工序。经冷冻盐水冷却，将温度降至 276.15~278.15K，此时焦炉煤气中游离水、焦油、萘、苯等被析出。分离后的净化气与原料气换热，使温度达到 293.15~298.15K 后送至下一道工序。

③ 变压吸附脱碳烃工序。该工序的主要目的是脱除焦炉煤气中强吸附组分 HCN、CO_2、H_2S、NH_3、NO、有机硫以及大部分 CH_4、CO、N_2 等。净化后焦炉煤气由下而上通过吸附床层，其中强吸附组分 H_2S、CO_2 及大部分弱吸附组分 O_2、N_2、CH_4、CO 等被吸附剂吸附，停留在床层内，H_2 及少部分其他弱吸附组分 CH_4、CO、N_2 等从吸附床层上部流出，称为半成品气（此时氢气体积分数为 94%~95%）。

④ 脱硫压缩工序。半成品气经冷却后进入脱硫塔，将半成品气中的硫脱除达到产品气的要求。将脱硫后的半成品气从 0.45MPa 压缩至 1.3MPa，再进入变压吸附制氢和脱氧工序。

⑤ 变压吸附制氢和脱氧工序。该工序的主要目的是脱除硫、O_2、CO、H_2O 等杂质，达到产品气质量要求。当产品气中的氧含量不符合产品气质量要求时，开启脱氧系统。在经过变压吸附后，H_2 中还含有少量 O_2，这些 O_2 经过钯催化剂进行催化反应除去。其反应式为：$H_2 + \frac{1}{2}O_2 \longrightarrow H_2O$。反应后生成的水，经变温吸附（压力不变，提高吸附剂的温度）干燥除去。

⑥ 产品气纯度。通过上述变压吸附制氢工艺，制取 H_2 纯度达 99.99%、O_2 体积分数 $\leqslant 2 \times 10^{-6}$ 的产品气。

（2）合成氨弛放气变压吸附氢气提纯

合成氨弛放气中氢气含量在 60% 以上，在标准状态下，某合成氨厂弛放气量每天 230~280m^3。回收这部分弛放气中的氢气并使其返回合成系统中循环利用，可提高合成氨生产装置的生产能力。这部分弛放气经变压吸附分离提纯后，除去了其中的惰性组分，可返回合成氨系统中增加产量。同时，这部分氢气的返回也使循环气中惰性气体 CH_4 的含量大大降低，对降低压缩机能耗、增加压缩机效率有明显的效果。另外，合成氨弛放气氢气提纯装置中的原料气不需压缩，弛放气经减压后直接进入变压吸附装置，能耗低。

合成氨厂尾气变压吸附氢气提纯广泛采用四塔流程，图 7-5 所示为合成氨弛放气变压吸附氢气提纯的工艺流程图。该工艺操作中，尾气先经高压水洗除 NH_3，硅胶干燥脱水并除去微量 NH_3 后，进入变压吸附系统。变压吸附系统的操作压力一般为 1.6～2.4MPa。

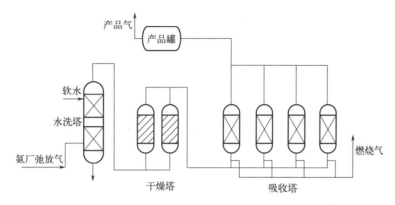

图 7-5　合成氨弛放气变压吸附氢气提纯的工艺流程

【例题 7-1】　结合实例，讨论大型甲醇裂解制氢工艺中变压吸附提氢的工艺及实际效果讨论：

甲醇裂解制氢是集中式制氢或分布式制氢的优先选择，但早期甲醇裂解制氢装置的反应压力比较低，特别是小型甲醇裂解制氢装置，反应压力在 1.0MPa 左右，变压吸附提氢工序得到的氢气压力约 0.9MPa。由于后续供氢气的压力往往比较高，为了与后续压力匹配，同时也为了降低装置的整体投资，目前大型甲醇裂解制氢装置的操作压力已经超过 2.0MPa。

变压吸附工序常采用串联的两段抽真空再生工艺。第一段是脱除原料气中大部分的二氧化碳，选用对二氧化碳选择性好、吸附能力强的硅胶、活性炭等吸附剂。第二段是提纯氢气，进入第二段的原料气中氢气体积分数已经达到 90% 以上，二氧化碳的体积分数大幅降低，一氧化碳的体积分数增大，除选择吸附二氧化碳的吸附剂以外，还要选用分子筛类吸附剂对一氧化碳进行脱除。为了提升氢气总回收率，二段的解吸气可返回甲醇裂解转化反应器入口回收一氧化碳和氢气，氢气总回收率可达 95% 以上，每吨甲醇的氢气产量可以达到 2000m³ 以上。大型甲醇裂解制氢装置工艺流程见附图，两段变压吸附工序的总物料平衡表见附表。

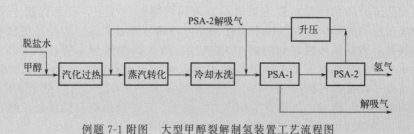

例题 7-1 附图　大型甲醇裂解制氢装置工艺流程图

例题 7-1 附表　大型甲醇裂解制氢装置两段变压吸附工序的总物料平衡表

项目		原料气	产品气	解吸气
组分及含量	$\varphi(H_2)$ /%	74.40	99.9979	9.29
	$\varphi(CO)$ /%	1.30	0.0010	4.60
	$\varphi(CO_2)$ /%	23.80	0.0010	84.34
	$\varphi(CH_4)$ /%	0.10	0.0001	0.35
	$\varphi(CH_3OH)$ /%	0.40	<0.0001	1.42
	合计/%	100.00	100.0000	100.00
温度/℃		20~40	20~40	20~40
压力/MPa		2.0	1.9	0.02
流量/(m³/h)		13931	10000	3931

7.4　膜分离法

气体膜分离是利用气体通过多孔膜时，有选择性通过薄膜，从而分离混合气体中的某个特定气体物质的一种分离技术，其具有经济、便捷和高效的特点，是继深冷分离和 PSA 之后的最具发展前景的第三代新型气体分离技术。

膜分离技术基于物质透过膜（固体和液体）的速率不同，使混合物中各组分得以分离、分级或富集。由于大多数膜分离过程中，物质不发生相变化，不需用分离剂（吸附剂或吸收剂），分离系数较大，操作温度在室温左右，所以一般认为，膜分离过程节能、高效，是解决当代人类面临的能源、资源、环境等重大问题的有用技术。膜分离采用错流过滤或死端过滤方式。与变压吸附法相比，膜技术分离具有以下优点：能耗低；成本低；操作简单；紧凑性和便携性；环境友好。

此外，对于化石燃料制氢的常规反应器，需要在不同的工艺单元之间进行高温换热器和复杂的能量整合，才能获得所需的高纯度氢气。膜技术可以与其他气体处理步骤结合使用，以实现更高的氢气通过量。目前商业化应用的膜材料主要是中空纤维膜、螺旋缠绕膜以及钯合金膜分离器。中空纤维使用最为广泛，约占世界使用总量的 89%，用于空气中 N_2 分离、H_2 分离、天然气中 CO_2 分离、N_2/H_2O 分离等。氢气分离膜技术是开发应用最早、技术最成熟的气体膜分离技术之一，第一种工业化的气体分离膜是用于 H_2/N_2 分离的聚砜中空纤维膜。

气体膜分离技术过程如图 7-6 所示，利用膜对不同组分的气体选择渗透性和扩散性能不同而实现气体分离和纯化，其传质推动力为膜两侧的分压差，分离过程中无相变，能耗较低，分离过程容易实现，若气体本身存在压力，则分离过程的经济性将更加明显。膜分离机理分为两种：微孔扩散机理和溶解-扩散机理。微孔扩散机理主要针对多孔薄膜，如图 7-6（b）所示。它的分离原理是不同分子动力学直径的分子在微孔中的扩散速率不同。通过控制薄膜孔径可以提高薄膜的选择性。溶解-扩散机理，主要适用于致密非多孔膜的气体分离，原理如图 7-6（c）所示，气体分子在压力作用下首先于高压侧与膜接触，然后经过吸附、溶解、扩散、脱溶和逸出等步骤实现对特定气体的分离。

膜分离法的主要特点是无相变、能耗低、设备简单、操作方便安全及运行可靠性高。按

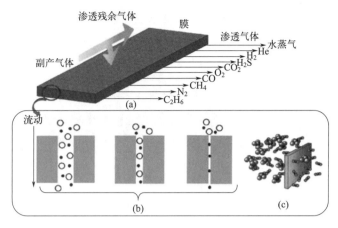

图 7-6　气体膜分离过程

(a) 扩散过程；(b) 微孔扩散；(c) 溶解-扩散

照膜的结构可将固体膜分为多孔膜和致密膜。简单地说，多孔膜是通过对粒径、形状、电荷的辨别实现控制分离的；而致密膜则依靠吸附和扩散实现分离。多孔膜的渗透机理主要为微孔扩散机理，混合气体分子经过膜的微孔时呈努森流（分子流）穿过膜，当膜的微孔直径等于或小于气体分子平均自由程时，才能达到分离的目的；而致密膜的渗透机理为溶解扩散机理，气体分子在压力作用下，首先在膜的高压侧接触，然后吸附溶解、扩散、脱溶、逸出，从而实现某种特定气体的分离。膜分离法的优点是投资少，能耗较低，装置及操作简单，可在温和条件下实现分离，实现连续分离，易于和其他分离过程结合。膜分离法回收氢气已广泛应用于合成氨工业和石油化工业等。但是膜分离法仍存在一定的问题，如致密膜虽可获得很高选择渗透性，但渗透通量较低；多孔膜克服了渗透通量低的缺点，但渗透选择性较低。

7.4.1　溶解-扩散机理

气体分离是以膜两侧气体的分压差为推动力，利用不同气体在膜中渗透速率的差异，使不同气体在膜两侧富集实现分离的过程。如图 7-7 所示。

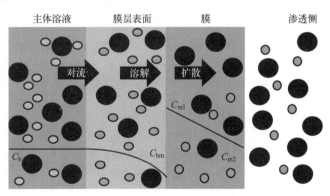

图 7-7　溶解-扩散模型

表征气体分离膜的主要特性参数是渗透系数 P。按照溶解-扩散模型可以推导出式（7-2）。

$$P = DS = \frac{Q_i l}{\Delta p A} \tag{7-2}$$

式中，D 为扩散系数，cm^3/s；S 为溶解度系数，标准状态，$cm^3/(cm^3 \cdot Pa)$；Q_i 为 i 组分的标准状况下的渗透气体的体积流量，cm^2/s；Δp 为渗透压差，Pa；A 为膜面积，cm^2；l 为膜厚度，cm。

【例题 7-2】 一块长宽均为 0.05m，厚度为 0.02m 的高分子膜，其允许通过的最大流量为 $0.1m^3/s$。如果流体在膜前后之间的压差为 2000Pa，求该膜的渗透系数 P。

解： $P = (0.1 \times 0.02)/(2000 \times 0.05 \times 0.05) = 2.5 \times 10^{-3}$

P 是气体分离膜的主要参数，它的最常用单位是 $cm^3 \cdot cm/(cm^2 \cdot s \cdot Pa)$，其值一般是在 $10^{-8} \sim 10^{-14}$ 之间。并且由上述公式可知，为了提高气体透过量，必须增大渗透系数、压差和膜表面积以及减小膜厚度。此外为了提高混合气体的分离效率，一定要选用渗透系数差较大的膜。

对于非对称膜，由于无法准确估算它的致密皮层厚度，因此常用渗透速率 J 来考察气体透过膜的难易程度［式（7-3）］。

$$J_i = (P/l)_i = \frac{Q_i}{\Delta p A} \tag{7-3}$$

式中，$(P/l)_i$ 为气体 i 组分的渗透速率。

7.4.2 微孔扩散机理

微孔扩散机理主要针对的是多孔膜材料介质，在多孔介质中气体传递机理包括分子扩散、黏性流动、努森扩散及表面扩散等。工业生产中使用的多孔膜的孔径一般在 $0.02 \sim 20\mu m$，在使用过程中，混合气体的分子平均自由程小于多孔膜孔径，这样有利于分离过程的进行。同时，由于扩散作用会受到温度和压力的影响，在操作过程中应保证较高的温度和较低的压力，可有效避免气体在多孔膜上的吸附作用导致分离效果变差。由于气体分子与多孔介质之间的相互作用程度受限于多孔膜材料的孔径及内孔表面性质，从而在混合气体的分离过程表现出不同的传递特征，其以气体分离为例的原理及分离器如图 7-8 所示。

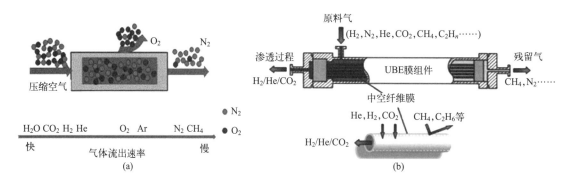

图 7-8 气体膜分离微孔扩散机理（a）及膜分离器（b）

7.4.3 氢气分离膜种类

选择合适的材料和制膜工艺，可获得高性能的氢气分离膜，提高产出 H_2 的纯度和产率；降低膜过程的能量消耗，延长膜使用寿命，降低膜工艺的运行成本。随着材料领域的研究发展，出现了更多的氢气分离膜类型：致密金属膜、无机多孔膜、金属有机框架（MOF）膜、有机聚合物膜、混合基质膜（表 7-6）。

表 7-6　各类氢气分离膜及其优缺点

膜分离技术	金属钯膜扩散	聚合物膜分离	多孔无机膜分离	MOF 膜分离
纯化介质	金属钯膜	醋酸纤维膜、聚砜膜、聚醚砜膜等	金属膜、陶瓷膜、碳分子筛膜等	MOF 晶体膜、MOF 混合基质膜
φ（待纯化 H_2）/%	99.50	70.00～95.00	70.00～95.00	70.00～95.00
脱除杂质	所有杂质	所有杂质	所有杂质	所有杂质
优点	①温度、压力范围、适用性广 ②装置损耗小 ③纯化速率快	①能耗低、占地面积小、连续运行 ②原料易得，易于大规模加工	①热稳定性好 ②化学稳定性好	①结构均匀可变、空隙率高 ②孔径可调
缺点	①H_2S、CO、CO_2 易导致钯膜中毒 ②生产成本高、透氢速率低	①冷凝液使分离效果变差 ②热稳定性较差，高压塑化现象	①氢气回收率低 ②反应时间长、设备造价昂贵、使用寿命短	①成本较高、易产生缺陷 ②基体 MOF 层结合力差、强度差
操作压力/MPa	<2.0	2.0～20.0	0.4～2.1	0.1～0.6
操作温度/K	573～723	273～373	293～723	293～493
φ（产品 H_2）/%	99.99	85.00～99.00	85.00～99.00	85.00～99.00
H_2 回收率/%	<99	85～95	<93	95

（1）致密金属膜

致密金属膜是最常用的氢气分离膜，Ni、Pd、Pt 以及元素周期表中第ⅢB 族至第ⅤB 族的金属都能透过氢。致密金属膜对于 H_2 具有优良的选择性和渗透性，应用前景广泛，但实际工业应用仍面临各种挑战，如膜的热稳定性、机械性能和化学稳定性有待提高，易被杂质气体毒化，制备成本高也限制了应用规模扩大。H_2 在致密金属膜中遵循溶解-扩散机理，在由单一元素组成的纯金属膜中，H_2 渗透性能取决于金属的晶格结构、化学反应性、晶格缺陷。首先是以第ⅤB 族元素（如 Nb、Ta、V）和 α-Fe 为体心的立方结构，具有较高的 H_2 渗透性。其次是面心立方结构（相关元素为 Ni、Pd、Pt 等）得到较多的关注和研究，其中与 Pd 相关的结构表现出相对高的 H_2 渗透性。尽管相比于 Pd，Nb、Ta、V 的 H_2 透过性能更好，但 Nb、Ta、V 易与 H_2 生成稳定的氢化物，所出现的氢脆现象将破坏材料的机械性能。相对于 H_2 的扩散速率，第ⅣB 族和第ⅤB 族金属（如 Nb、Ta、V）催化氢分子解离与重新结合的速率过低，也会在表面生成致密的氧化物，可能抑制氢分子在金属中的解离和吸附。为了提高单一金属的物理特性（如强度、稳定性、抗老化性）并保持较高的 H_2 渗透性，通常加入其他元素形成金属晶体合金。例如，基于第ⅣB 族（Zr、Ti、Hf）和第ⅤB 族（V、Nb、Ta）元素的合金具有较高的 H_2 渗透性能。

① Pd 及其合金膜制备方法。多种金属膜中，Pd 及其合金膜长期以来获得广泛关注和深入研究，采用 Pd 及其合金膜纯化后，H_2 纯度可达 99.99999%。阻碍纯 Pd 膜应用的突出问题是氢脆现象，即当温度低于 573.15K、压力低于 2MPa 时，Pd 存在 α 相与 β-氢化物相

转变，晶格之间产生应力，出现缺陷。Pd 膜在接触硫化物、CO、H_2O 等物质时会发生中毒现象，严重降低 H_2 渗透性能。为了避免 Pd 膜的氢脆、中毒现象同时降低膜的成本，多在 Pd 中掺入其他元素（如 Fe、Cu、Ni 等）形成合金膜。

Pd 及其合金膜的制备方法主要分为化学镀、化学气相沉积、物理气相沉积、电沉积等，在实际应用过程中可根据具体条件选择适用方法。

a. 化学镀。通过还原剂将金属离子还原，形成金属薄层并作为催化剂促进后续反应进行。在化学镀过程中，首先通过敏化、活化、在支撑材料表面引入 Pd 前驱体颗粒，然后形成 Pd 层。化学镀易于成膜、成本低、设备简单，但也存在操作复杂、消耗时间长的问题。

b. 化学气相沉积。通过热分解不稳定前驱体来制备 Pd 分离层，可调控厚度。与化学镀相比，化学气相沉积可制备更薄的 Pd 及其合金膜（最小厚度可至 $2\mu m$），但是需要前驱体具有较高的挥发性和热稳定性。

c. 物理气相沉积。真空条件下，通过高能电子束或离子束将材料源气化成气态原子级粒子，后沉积形成薄膜；与化学气相沉积类似，不涉及化学分解反应（前驱体为纯金属所致）。

d. 电沉积。指金属或合金从其化合物的液相体系中电化学沉积的过程，在这一过程中金属或合金沉积在电极上。电沉积设备简单、易于成膜，膜的厚度可通过调节时间或电流来改变；但只能将薄膜沉积在导电性材料（如不锈钢）上，使用范围存在局限性。

② Pd 及其合金膜基底材料。Pd 及其合金膜主要分为自支撑膜、具有支撑层的膜两类。自支撑膜没有基底支撑，膜的不同部位材料相同，通常为片状或管状结构。早期的自支撑管式膜壁厚度约为 $100\mu m$，较厚的管壁可提高 H_2 分离纯度，但 H_2 渗透性能较低，昂贵的造价限制了应用范围；目前在小规模 H_2 纯化、研究性应用中，为了评价 Pd 及其合金材料的本征特性，相关方法仍有应用。为了具有足够的机械性能，自支撑膜的厚度一般不小于 $20\mu m$，相应的 H_2 渗透速率较低 $[1.4\times10^{-8}\sim9.3\times10^{-7}\ mol/(m^2\cdot s\cdot Pa)]$。

具有支撑层 Pd 膜结构示意图如图 7-9 所示，通常是在多孔基底上沉积 Pd 或其合金超薄层以形成复合膜；基底提供机械强度，Pd 或其合金超薄层提供选择渗透性能。基底的性质可影响 Pd 或其合金超薄层的结构及性能，常用的基底有玻璃、陶瓷、不锈钢。

金属钯膜对 H_2 具有选择透过性能，其机理是 H_2 分子首先在 Pd 表面化学吸附，被相邻的两个 Pd 原子解离为两个 H 原子，进而溶解在 Pd 体相内。如果膜两侧 H_2 的压力不同，膜两侧就存在着 H/Pd 浓度梯度，由浓度梯度引起的化学势梯度使 H 原子从高化学势向低化学势侧扩散，然后两个 H 原子在低压侧钯膜表面再耦合为氢分子 H_2。通常认为，氢气透过钯膜遵循溶解-扩散机理，它包含以下几个过程，如图 7-10 所示。

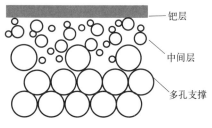

图 7-9　Pd 合金膜结构示意图

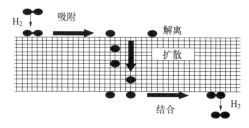

图 7-10　钯膜透氢机理示意图

通常认为，氢气透过钯膜的过程包含以下 7 个步骤：

① 氢气分子由高压侧向钯膜表面扩散；

② 氢气分子在金属钯表面上吸附；

③ 吸附在表面的氢溶解于钯膜；

④ 溶解在金属钯中的氢原子从一侧扩散到另一侧；

⑤ 低压侧钯膜表面的氢原子析出，结合成氢分子；

⑥ 氢分子在低压侧钯膜脱附；

⑦ 氢气分子向低压侧气体相扩散。

钯复合膜纯化组件结构如图 7-11 所示。

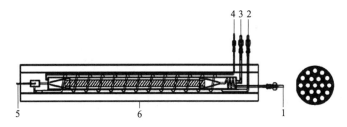

图 7-11　多通道合件设计图及侧视图
1—尾气出口；2—原料氢入口；3—产品氢出口；4—吹扫气入口；5—测温热电偶；6—电加热套

氢在钯膜中的渗透通量通常用下式表述：

$$J = F(p_r^n - p_p^m)$$

式中，J 是渗透通量；F 是渗透系数；p_r 和 p_p 分别是膜滞留（retentate）侧和渗透（permeate）侧的氢气压力；$n，m$ 是压力指数。需要注意的是，当膜的两侧不是纯氢时，p_r 和 p_p 均是指氢的分压。式中渗透系数 F 可表示为式（7-4）。

$$F = \frac{Q}{l} \tag{7-4}$$

式中，Q 是膜的渗透性，l 表示膜厚度。此时氢的渗透性完全由氢原子在钯膜中的扩散速率决定。渗透通量将遵循西韦特（Sievert）定律，压力指数 $n = 0.5$。这样，式中的氢渗透通量 J、渗透系数 F、渗透性 Q 的单位可分别表示为 mol/(m^2 · s)、mol/(m^2 · s · Pa$^{0.5}$)、mol/ (m · s · Pa$^{0.5}$)。由于膜通量 J、渗透系数 F、渗透性 Q 都可以被称作 "渗透率"，可以通过其计量单位加以区分。

温度也是影响氢气渗透通量的主要因素，高温有利于氢的渗透。若膜的压力指数不随温度变化，则温度 T 与氢对钯膜渗透性 Q 的关系符合 Arrhenius 定律 [式（7-5）]：

$$Q = Q_0 e^{\frac{E_a}{RT}} \tag{7-5}$$

实验结果表明，绝大多数情况下 E_a 都在 10～20kJ/mol 范围。数据说明，氢分子透过钯膜是一个比较容易进行的过程，没有很大的能垒（表 7-7）。

氢气经过钯膜的渗透过程遵循菲克第一定律，即在单位时间内通过垂直于扩散方向的单位截面积的扩散物质流量（称为扩散通量）与该截面处的浓度梯度成正比。其中钯膜透氢的推动力是钯膜两侧的 H$_2$ 分压，H$_2$ 从分压高的一侧向分压低的一侧渗透。氢气在钯膜两侧的压力对透氢过程影响显著,通过最小二乘法对该过程中的透氢压力指数(n)进行了拟合,结合多组钯膜透氢的试验数据,建立了钯膜的透氢模型[式(7-6)]。

$$J_{H_2} = Q_{H_2}(p_{\text{feed}}^n - p_{\text{perm}}^m) \tag{7-6}$$

式中　　J_{H_2}——给定温度下的氢气透量,mol/(m^2·s);

　　　　Q_{H_2}——给定温度下的氢气渗透速率常数;

p_{feed},p_{perm}——体系反应侧和渗透侧的压力,kPa;

　　　　n,m——透氢过程中的压力指数。

表 7-7　多通道钯复合膜的透氢效果

靶膜/中间层	载体	制备方法	厚度/μm	温度/K	Δp/kPa	透氢速率/[10^{-7} mol/(m^2·s·Pa)]	选择性
Pd	Al$_2$O$_3$	化学镀	0.9	733	103	31	1200
Pd$_{88}$Ag$_{12}$/γ-Al$_2$O$_3$	Al$_2$O$_3$	化学镀	11	823	413	12	2000
Pd/γ-Al$_2$O$_3$ with Pd/γ-Al$_2$O$_3$	Al$_2$O$_3$	化学镀	6	753	100	26	2100
Pd/γ-Al$_2$O$_3$ packed Pd/γ-Al$_2$O$_3$	Al$_2$O$_3$	化学镀	2.6	643	413	4.8	3000
Pd	Al$_2$O$_3$	化学气相沉积	2	573	30	33	5000
Pd/ZrO$_2$	Al$_2$O$_3$ (多通道)	化学镀	6~8	673	100	27.3	54479

有人采用 99.99956% 氢气作为原料,其中含杂质氮气 3.8×10^{-6},杂质二氧化碳 0.06×10^{-6}。当氢气回收率 92% 时,产品氢气纯度达 99.9999996%。其中氮气含量为 4.3×10^{-9},二氧化碳未检出,装置可连续稳定运行,产品氢气纯度始终大于 99.999999%。

(2)无机多孔膜

能够实现气体分离的无机多孔膜,其孔径通常小于 2nm,一般为微孔,因而孔径的孔型成为决定无机多孔膜分离性能的重要因素。根据膜材料种类,无机多孔膜分为分子筛膜、二氧化硅膜、碳基材料膜。由于无机多膜孔材料的孔道结构对分离性能至关重要,在基础研究方面需着重阐明膜分离的构效关系。通过精细设计、有效调控等方式制备可控尺寸、分布均一的无机膜材料,是未来发展方向。在追求高分离性能的同时,综合考虑规模化制备膜的可行性、经济性、稳定性等因素。

① 分子筛膜。分子筛膜主要由硅酸盐、磷酸铝、硅磷酸铝形成,具有良好的机械性能、较高的化学与热稳定性。由于无法制备分子筛自支撑膜,分子筛膜较多采用多孔基底作为支撑层以提供必要的机械强度,常用的基底有 Al$_2$O$_3$、多孔金属。立方晶体(LTA)型分子筛膜应用最为广泛,Na-LTA 型分子筛膜因其孔径最小(约 0.4nm)而在理论上适用于基于分子筛分原理的混合气体分离过程。通过离子交换处理可得孔径 0.3nm 的 K-LTA 型分子筛膜,可用于分离 H$_2$/CO$_2$ 体系。LTA 型分子筛膜存在较多的晶格间缺陷(尺寸为 1~2nm),造成 CO$_2$ 等杂质气体也可快速通过。

如图 7-12 所示，采用偶联剂提高分子筛层与多孔基底之间的结合力，在维持 H_2 渗透性能的同时显著提高了分离性能；以 3-氯丙基三甲氧基硅烷（APTES）作为偶联剂，293K、100 kPa 测试条件下的 H_2 渗透速率为 $2.2 \times 10^{-7} \, mol/(m^2 \cdot s \cdot Pa)$，二元混合气体测试中的 H_2/CO_2、H_2/N_2、H_2/CH_4、H_2/C_3H_8、H_2/C_3H_6 选择性分别为 7.4、6.8、5.3、15.3、36.8。

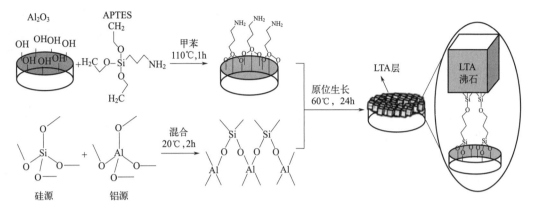

图 7-12　APTES 作为 LTA 沸石膜与氧化铝载体之间连接剂制备 LTA 膜

② 二氧化硅膜。二氧化硅膜是无定形微孔膜最重要的代表，因为与其他金属氧化物（如氧化铝、氧化钛或氧化锆）相比，可以更容易地制成超微孔或超微孔薄膜，并且可以用于分子筛应用。不同于分子筛膜，SiO_2 膜多为无定形结构，易于形成多孔超薄分离层，具有优异的分子筛分性能。溶胶-凝胶法和化学气相沉积法是在多孔基质上沉积二氧化硅层的最广泛使用的技术。人们对二氧化硅膜进行了广泛的研究以进行氢纯化，其中一些表现出了较高的分离性能。

例如微孔无定形二氧化硅膜通过共价键与四面体 SiO_4 连接，形成连续的三维网络，孔径分布可调，平均孔径约为 0.3nm。由于小分子气体 H_2（0.29nm）和 CH_4（0.38nm）、CO_2（0.34nm）、CO(0.37nm) 的动力学尺寸存在明显差异，二氧化硅膜可以通过分子筛机制有效筛分氢气，如图 7-13 所示。

为了提高膜的机械强度和最大化渗透流速，具有分离能力的二氧化硅膜通常作为纳米级薄层

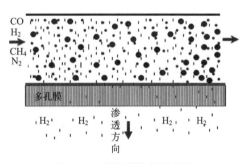

图 7-13　多孔膜分离示意图

沉积在多孔载体上，例如石英玻璃或 α-氧化铝，从而制备出二氧化硅复合膜。这些孔径较大的多孔载体不仅可以提供足够的机械强度，而且价格低廉。氧化铝是目前大多数研究中最常用的膜基体。在实际情况中，微米级孔径的膜基体与纳米级孔径的分离层往往很难紧密贴合，孔径大小的差距会导致膜表面出现裂缝、针孔等缺陷。因此，目前主流的解决方法是在分离层和多孔膜基体之间增加一层中间层。中间层的孔径大小一般介于分离层和膜基体之间，以保证膜层之间可以紧密贴合。而且为了保证高温条件下复合膜的性能，避免膜结构和形貌的破坏，一般采用热膨胀系数相近的氧化铝、氧化锆、氧化钛等陶瓷材料作为二氧化硅复合膜的中间层材料。中间层的制备方法一般与分离层相同。

一般来说，致密陶瓷膜比微孔膜具有更高的 H_2 选择性。这些陶瓷材料具有质子和电子的传导性能，仅允许 H_2 渗透。理论上，由于只有氢渗透，其选择性与 Pd 以及 Pd 合金膜相似。然而，这些陶瓷比钯基膜要少得多。这些陶瓷膜在含 CO、CO_2 和 H_2S 的蒸气中也具有相对较高的耐久性和稳定性。此外，当陶瓷膜在高温下运行时，H_2 迁移动力学快速增大得到较高的通量。与传统的膜分离技术相比，由高温质子和电子导体组成的致密陶瓷膜具有优异的稳定性和高的氢选择性，且成本低。利用致密的质子导体陶瓷膜，水蒸气重整、碳燃料的部分氧化、煤的气化和高温生物测定等过程中容易原位获得 H_2。这些过程可以与水煤气变换反应相结合，将重整气体（如合成气）中的一氧化碳转化为更多的氢和碳氧化物，这可能降低制氢成本。但是陶瓷膜本身的脆性，使其机械强度较低，这些材料不容易密封并耦合到传统的由不锈钢制成的膜反应器模块上。

③ 碳基材料膜。碳基材料膜中最常见的是无定形多孔碳分子筛膜，通常是在真空或惰性气体保护环境下，将聚糠醇、聚丙烯腈、酚醛树脂、聚酰亚胺等聚合物前驱体碳化或热解制备而成。聚合物在碳化过程中发生分子链断裂，生成的小分子以气体形式逸出，气体逸出时的通道形成了多孔结构。膜中较大的孔（0.6～2.0nm）由较小的孔连接，从而赋予膜较好的筛分性能和渗透性能。碳分子筛膜的形式分为自支撑膜、基底支撑复合膜：前者多是中空纤维膜，具有装填密度高的优点；后者的机械强度获得明显提高，具有更为广泛的应用潜力。复合膜制备时，需采用刮刀涂覆法、旋转涂覆法、浸涂法等，将聚合物涂覆在基底上；基底的性质（如孔结构、表面粗糙度）对形成无缺陷碳分子筛膜具有重要影响；多次涂覆-碳化可有效避免缺陷的形成，但会导致分离层厚度增加、气体渗透速率降低。

石墨烯膜是一种新型的碳膜。石墨烯为单分子层结构且表面光滑，易于获得较高的渗透速率，兼具良好的机械性能和化学稳定性。然而，石墨烯的方向环可阻挡分子从其中通过，单片完整的石墨烯并无渗透性能，常用的应对方法有两种（图 7-14）：在石墨烯片上打孔；将石墨烯组装成层状结构，形成二维纳米通道。有多种物理或化学方法可用于在石墨烯片上打孔，如氧化刻蚀、激光辐照、氩离子轰击、电子束辐射、蒸汽刻蚀。需要指出的是，虽然石墨烯片打孔在分离性能方面表现出良好潜力，但是在精密控制、大面积制备、组装为实际膜组件等方面仍存在很多技术难题。

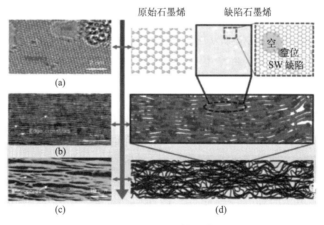

图 7-14　石墨烯基膜
（a）单层多孔石墨烯；（b）多层石墨烯；（c）石墨烯基复合材料；
（d）未使用材料及有缺陷材料放大图

（3）金属有机框架（MOF）膜

MOF 是一种有机-无机杂化多孔固体材料，晶型结构规整，由金属离子或金属离子簇以及有机链段构成。作为一种新型多孔材料，MOF 膜材料以其高孔隙率、大比表面积、孔尺寸高度可调、结构多样的特点展示出良好的 H_2 分离效果。然而，MOF 材料本身仍然处于实验室研发阶段，稳定性不佳的问题需要解决；将 MOF 材料与其他功能材料进行复合，可在保证吸附分离性能的同时提升 MOF 材料的结构稳定性，这是 MOF 膜材料后续的发展方向。

原位生长、二次生长是制备 MOF 膜的常用方法。原位生长法是指在合成过程中将载体直接浸入合成溶液中，在特定的反应条件下进行 MOF 晶体的成核和生长，并最终在载体表面形成致密 MOF 膜层的合成方法。该方法虽然操作简便，但是存在着以下不足：载体表面的成核能垒较高，异相成核难度较大；存在体相成核的竞争，异相成核密度较低；晶体成核和生长过程同时进行，导致难以实现膜生长过程的精确调控。因此，采用原位生长法制备 MOF 膜对于反应条件要求较高，成膜难度较大。图 7-15 为一种特殊的 MOF 材料 ZIF-8 的制备图。关于 MOF 材料的进一步讨论参阅第 8.6 节。

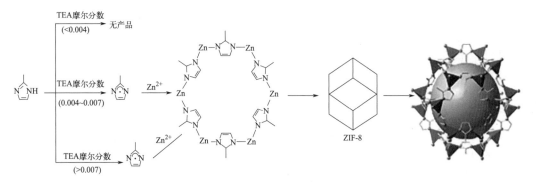

图 7-15　ZIF-8 制备过程简图
（TEA：三乙胺）

二次生长法通常需要在载体表面预先引入晶种层以提供成核位点，再将沉积有晶种层的载体置入合成溶液中，在特定的反应条件下二次生长以实现晶粒间连生形成致密膜层。相较于原位生长法，二次生长法中晶种层的引入极大提高了载体表面的成核密度，同时，将晶体成核和生长过程分开，有利于膜层生长过程的精准调控便于控制膜厚和膜的优选取向等参数。但是，采用二次生长法制备的 MOF 膜通常存在与载体表面结合力不足的问题。晶种层的预沉积是二次生长法的关键步骤，常用的沉积晶种层的方法主要有旋涂、真空抽滤、浸涂、浸渍-提拉、喷涂、溶剂热生长等，例如图 7-16 所示为预先通过电泳法在未改性载体上沉积晶种层，再通过二次生长制备超薄连续 ZIF-8 膜的方法。连续且与载体表面紧密结合的晶种层是制备连续致密且稳定性强 MOF 膜的重要前提。因此，提高晶种层与载体表面结合力，保证膜的机械稳定性是采用二次生长法制备 MOF 膜亟须解决的问题。

MOF 气体分离膜主要是利用不同气体分子的尺寸差异或膜内扩散速率的差异来实现混合气体的有效分离。其中，MOF 材料的孔径、膜内孔道分布、气体分子与 MOF 材料间相互作用等都会影响其实际分离效果。因此，在保障 MOF 膜致密连续的前提下，选择合适的 MOF 材料、调控 MOF 膜微结构、对孔道吸附位点进行修饰等都是进一步提升 MOF 膜气

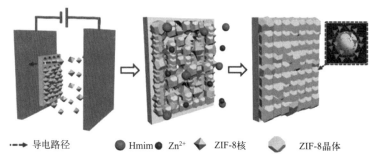

导电路径 Hmim Zn²⁺ ZIF-8核 ZIF-8晶体

图 7-16 电泳沉积法结合二次生长制备 ZIF-8 薄膜

体分离性能的有效途径。目前，有关 MOF 膜微结构优化的研究目前主要集中在 MOF 膜厚度控制、减少晶间界缺陷和取向调控等方面。

（4）有机聚合物膜

有机聚合物膜是利用气体通过膜的速率差异而进行分离，其优点是选择性较高，氢气产品的纯度一般为 92%～98%，氢气的纯度受原料气中氢气含量和杂质成分的影响，氢气回收率一般为 70%～85%。聚合物膜对氢、氧、氮、甲烷和二氧化碳等气体具有良好的化学稳定性，但当原料气中的硫化氢、氨和烃类物质浓度较高时，须进行预处理。聚合物膜的工作温度一般不超过 70℃，聚酰亚胺可在 100℃ 下长期使用，温度过高将影响膜的使用寿命，温度过低则影响膜的渗透性能；当原料气中含有易冷凝组分时，工作温度应高于冷凝物露点 10～15℃；此外，聚合物膜的抗腐蚀性差使其应用受到一定的限制。

目前广泛用于氢分离的聚合物材料主要有聚酰亚胺、聚苯并咪唑及其衍生物膜和聚砜。有机聚合物膜易于制备、调控且价格低廉，具有较高的商业价值，有机聚合物膜材质仍是今后一段时间内氢气膜分离过程的主要膜材质。有机聚合物膜因自身结构特性，很难同时具备较高的气透性与选择性，这是未来研究需要着力解决的问题。将无机、高选择性的材料混合到聚合物膜中，提高聚合物的选择性和处理能力，改善耐高温、抗化学腐蚀性能，成为有机聚合物膜材料的主要发展方向。

① 聚酰亚胺膜。聚酰亚胺是由二胺和二酐单体通过缩聚反应生成的一类含有酰亚胺环的高性能聚合物，作为分离膜材料，其合成方程式见图 7-17。

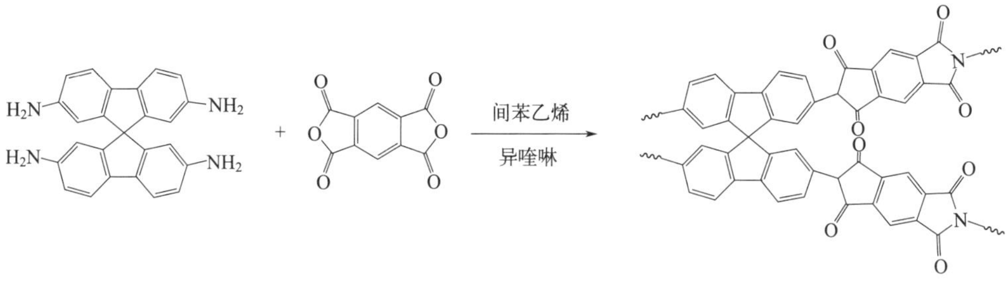

图 7-17 以 2,2′,7,7′-四氨基-9,9′-螺二芴和均苯四甲酸酐为单体制备聚酰亚胺

聚酰亚胺具有以下特点：

a. 具有很高的热稳定性，有利于分离温度较高的物质，而且具有高玻璃化转变温度（T_g）的聚酰亚胺膜在高温下能够同时保持高渗透性和高选择性；

b. 具有较高的力学性能，便于制造膜组件，使膜组件能够承受较高的工作压力；

c. 具有良好的成膜性，可以选择不同种类的凝固浴和铸膜液以获得不同性能的膜；

d. 对不同溶剂具有很高耐受性，可避免其他化学物质对膜造成破坏而影响膜分离效果；

e. 结构具有多样性，可针对不同的分离对象，合成同时具有高渗透性和高选择性膜材料。

虽然聚酰亚胺具有良好的分离性能和稳定性，适用于制备分离膜，但膜的选择性较低，无法满足高纯 H_2 分离需求。通常采用后处理过程以增强膜性能。

② 聚苯并咪唑及其衍生物膜。苯并咪唑因具有刚性棒状分子结构表现出优异的热稳定性和机械稳定性。如图 7-18 所示，聚（2,2'-间苯二胺-5,5'-苯并咪唑）（PBI）是最为典型的苯并咪唑聚合物。由于分子内强的氢键作用和链段刚性，PBI 膜能够将 H_2 从多种混合气体中有效分离出来。

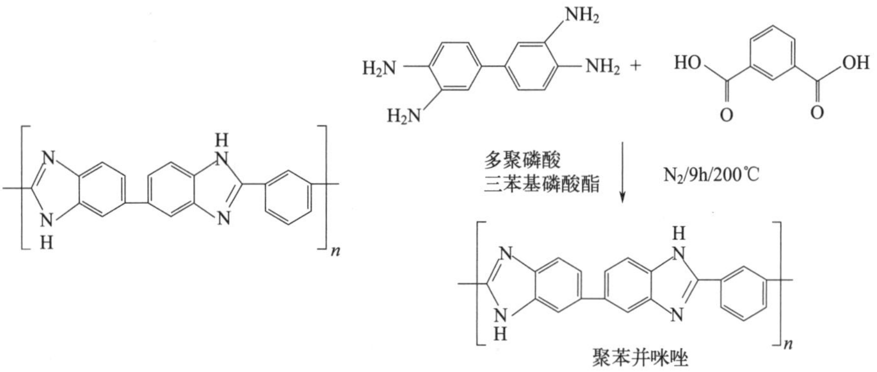

图 7-18　PBI 单体结构及合成方法

③ 聚砜。聚砜是一种机械性能优良，耐热性好，耐微生物降解，并且价廉易得的膜材料，由聚砜制成的膜具有膜薄、内层孔隙率高且微孔规则等特点，因而常用来作为气体分离膜的基本材料。例如，美国 Monsanto 公司开发的 Prism 分离器采用的就是聚砜非对称中空纤维膜，并采用硅橡胶涂敷，以消除聚砜中空纤维皮层的微孔，将其用于合成氨厂弛放气以及炼厂气中回收氢气，H_2 和 N_2 的分离系数可达到 30～60，该复合膜能从含氢大于 30% 的原料气中得到 80%～96% 的氢，可制取 99% 的氢，回收率大于 85%。大连化学物理研究所于 1990 年成功地研究了聚砜复合中空纤维膜，用于氢含量只有 40%～60% 的催化裂化干气中氢气的回收，回收率可达 90%。

（5）混合基质膜

混合基质膜指将有机和无机材料掺杂而成的膜，通常有机聚合物作为连续相，无机材料作为分散相。不仅可以弥补聚合物膜和无机膜的不足，而且能够联合两者优点（如聚合物良好的加工性能、无机材料的高气体分离性能）。因此，混合基质膜在气体分离领域得到广泛应用。大量无机材料以及聚合物的存在与发展，为设计先进的混合基质膜提供了更多的可能性。填料与基质之间的相容性问题是制约混合基质膜发展的重要因素，因而实现有序掺杂是提高混合基质膜材料性能的重要方向。

理想的混合基质膜要求无机材料在有机聚合物中均匀分散，且添加量尽可能多。但实际应用中的一些问题，如非选择性界面孔隙、链段僵化、孔隙堵塞，限制了无机材料的添加量。为了获得高选择渗透性能的氢气分离膜，玻璃态聚合物、具有分子筛分功能的无机材料进行组合是优化选择。较多采用的有机聚合物为聚酰亚胺和聚（2,2'-间苯二胺-5,5'苯并咪唑），初期使用的无机材料有 SiO_2、分子筛等。例如聚酰亚胺/SiO_2 混合基质膜，相应的 H_2、CO_2、CH_4 等气体渗透性能有所改善，对 H_2 的选择性也有明显提高；聚碳酸酯/4A 分子筛混合基质膜则具有较高的 H_2 渗透性和选择性，如 H_2/N_2、H_2/CH_4 选择性（吸附比例）分别为73.2、70.4。MOF 在混合基质膜方向具有极大潜力。例如掺杂有 ZIF-8 的混合基质膜，ZIF-8 添加量为50%时的 H_2/CH_4 选择性从121提高到472。

虽然各类氢气分离膜如无机膜、有机膜、混合基质膜等，均表现出良好的 H_2 分离纯化性能，但对照分布式、小型化的应用场景需求，氢气分离膜技术体系仍有待提高。

① Pd 基金属膜的贵金属特性导致制膜成本高，进一步提高 Pd 基金属膜的选择渗透性能并改善性价比，是促进工业应用的有效手段。对于无机多孔膜，分离性能受到孔径及其分布的影响；MOF 膜具有窄的孔径分布但孔径较大，气体多以努森扩散传递而导致分离性能偏低；在联合两者优点并取得突破后，将促进分子筛分机制膜的飞跃发展。

② 有机聚合物膜易于工业化生产，但相对无机膜而言，耐高温、机械性能仍待提高。通过对高分子膜材料进行改性或者制备高分子合金，是新型气体分离膜开发的重要方向。

③ 混合基质膜兼具有机聚合物、无机材料的优点，但当前的膜产品多为两者随机掺杂；后续研究对相应排布进行可控调节，将显著提高膜性能。膜分离技术工艺流程图见图 7-19。

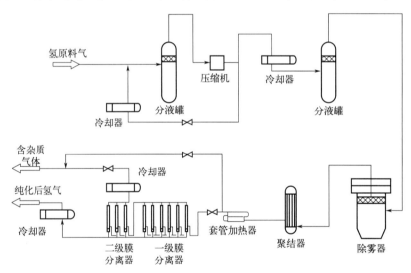

图 7-19　膜分离工艺流程简图

7.4.4　膜分离与变压吸附耦合技术

氢气提纯的主要工艺有膜分离、PSA、深冷分离等。不同工业氢气分离方式的指标总结对比见表 7-8。有些工艺耦合可以相互发挥优点，弥补不足。

表 7-8　不同工业氢气分离方式的指标总结对比

指标	深冷分离	膜分离	PSA
速率/(m^3/h)	5000~10000	100~64900	10000~500000
工作压力/MPa	1.0~8.0	10.0~15.0	0.5~6.0
进料压力/MPa	1.0	0.2~0.5	1.0

指标	深冷分离	膜分离	PSA
原料气中氢气占比/%	>30	>30	>50
预处理要求	除去 H_2O、CO_2、H_2S	除去 H_2S	无
纯化后氢气体积分数/%	90~95	99.99	>99.99
回收氢气/%	98	95	85
相对投资费用/万元	2~3	1	1~3
操作弹性/%	30~50	30~100	30~100
扩产难度	非常困难	非常简单	简单

氢气提纯工艺中，膜分离和 PSA 相互耦合能够起到很好的综合效果，应用较为广泛。PSA 的最大优点是可以生产高纯度氢气，但其氢气收率较低，解吸气中氢含量通常高于 40.00%，有时高达 60.00%。解吸气中高浓度氢气会造成氢气资源较大浪费。膜分离技术操作简单灵活，对原料选择性较为宽泛，但是受膜性能限制，当原料氢纯度较低时，产品气纯度难以满足炼厂氢网纯度要求。单一的氢气回收技术往往达不到高效、高回收率的目的，需结合实际情况和各种氢气回收技术特点，通过两种或多种回收技术，对富氢气体进行梯级分离，实现高效、高回收率的氢气提纯回收。

以某炼厂实际情况和氢网系统为例，通过比较 PSA、膜分离、深冷分离等氢气回收技术特点，选择膜分离与 PSA 耦合工艺路线。

PSA、膜分离及深冷分离工艺均具有较高的操作弹性，处理量可在设计值的 30%~100%范围内操作，而操作灵活性则各不相同。当进料组分变化时，PSA 可通过调整吸附时间维持产品氢纯度，操作灵活性最高；膜分离也可通过调整膜前后压差满足产品氢纯度要求，操作灵活性居中；深冷产品气受原料性质变化影响最为明显，如原料中低沸点组分含量增加，将会直接影响产品气纯度，操作灵活性较差。对操作可靠性而言，膜分离可靠性最高，装置易损件较少；PSA 程控阀因频繁动作，有一定故障率，但故障塔可实现在线切除，维修程控阀后可将故障塔再次并入系统，可靠性居中；深冷分离原料预处理系统故障率较高，容易导致装置停工，因此可靠性较差。

该炼厂的多股炼厂尾气氢含量较高，如重整 PSA 解吸气中氢气含量约 64.96%，煤柴油低分气、轻烃回收干气中氢气含量约 62.95%。以上气体流量共约 $60000m^3/h$（标准状况，下同）排放至瓦斯管网，造成氢气资源的极大浪费。该浓度尾气（干气）虽然属于富氢气体，但不适用于该厂 PSA 进料要求，无法循环回收。而对于膜分离而言，上述尾气完全满足膜分离进料要求，但受膜分离性能限制，获得高纯度氢气产品的同时，氢气回收率又会有较大损失。

如图 7-20 所示，炼厂以重整 PSA 解吸气、轻烃回收干气、煤柴油加氢低分气为富氢膜（一段膜）主要原料，和现有重整 PSA 装置耦合来实现对上述物流的分离和回收。通过富氢膜分离装置对较低氢气含量的炼厂气进行提纯，达到重整 PSA 原料气要求后进入重整 PSA 装置，经重整 PSA 提纯后产品氢外送氢网，PSA 解吸气送至富氢膜继续提纯。为了保持 $220×10^7$ kg/a 重整 PSA 装置不超过设计的处理能力，增加辅助重整氢膜（二段膜）分离装置处理不含 CO_2、O_2 等杂质的部分重整尾气。

联合膜分离与 PSA 装置，可充分发挥二者的优势，对各股尾气进行整合，从而实现对富氢气体的梯级分离，达到高纯度、高回收率氢气提纯目的。

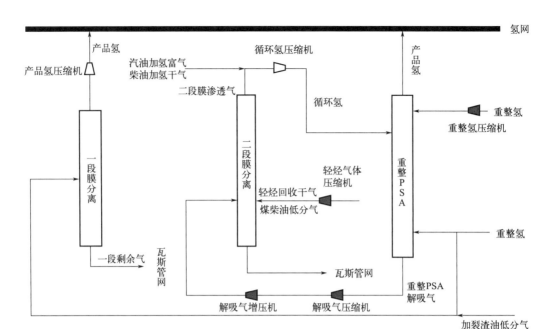

图 7-20　富氢膜与 PSA 耦合设计图

（1）一段膜（富氢膜）分离工艺

重整氢（2.60MPa，约 20000m³/h）进入重整氢缓冲罐，缓冲并去除固体颗粒和凝结水。罐顶气体（40℃）进入重整氢膜前除雾器除去杂质和液滴后，进入膜前预热器预热至 85℃，使原料气远离露点，避免因氢气渗透后渗余气中烃类含量升高产生凝液破坏膜分离层。预热后气体（85℃，2.52MPa）进入重整氢膜分离器。膜渗透侧产出高纯度氢气（0.32MPa，氢气含量＞97.00%），进入重整氢膜后水冷器冷却至 40℃后进入产品氢压缩机前缓冲罐，气相自罐顶进入产品氢压缩机，增压至 2.50MPa 后作为高纯产品氢气进入氢网。渗余气（2.45MPa，氢气含量 46.55%）则排入瓦斯管网。

富氢膜结构类似管壳式换热器，壳体内部为数万根细小中空纤维膜丝。混合气体进入膜分离器后沿纤维一侧轴向流动，易渗透气体透过膜在渗透侧富集，滞留气体则通过渗余气侧排出。

（2）二段膜（重整氢膜）分离工艺

富氢膜（二段膜）工艺进料包括经增压后的重整 PSA 尾气（80℃）和轻烃回收干气与煤柴油加氢低分气（60℃），原料气混合后经富氢原料气水冷器冷却至 40℃，进入富氢原料气缓冲罐对原料气体进行分液处理，再经富氢膜前除雾器、富氢膜前过滤器除去液滴及杂质后进入富氢膜分离。高压渗余气排放至瓦斯管网，低压渗透气（0.32MPa，氢气含量 96.07%）经重整氢膜后水冷器冷却到 40℃后（0.28MPa）与汽油加氢脱硫尾气、柴油加氢干气汇合进入循环氢压缩机前缓冲罐，脱除可能存在的饱和水。以上渗透气经循环氢压缩机增压至 2.65MPa 后，进入循环氢缓冲罐对循环氢进行分液处理，除去凝结水，防止压缩机出口夹带水分被带入重整 PSA 装置。

（3）重整 PSA 氢气提纯

渣油低分气、循环氢与重整氢混合，经气液分离器分液后经 PSA 原料气预热至 40℃，压力为 2.60MPa，然后进入变压吸附部分提纯氢气，获得氢气浓度 ≥ 97.0％的产品氢气输出界外；PSA解吸气经稳压进入混合PSA解吸气压缩机，升压后循环回本装置作为二段膜分离的原料。

7.5 低温甲醇洗净化

低温甲醇洗是一种采用冷甲醇脱除各类合成气中 H_2S、CO_2 等酸性气体的气体净化工艺，提高合成气（H_2＋CO）含量的高效工艺技术；最早由林德公司和鲁奇公司共同开发完成，又经过大连理工大学优化改进，已经成为合成气净化提纯的主流工艺。该工艺选择性强、气体净化度高、吸收效果好、能耗低，与其他化学吸收或其他物理吸收方法相比，优点突出。随着国内煤化工、甲醇化工、天然气化工、生物质化工的发展，采用低温甲醇洗工艺进行合成气净化提纯的应用也越来越多。

由于甲醇是吸收二氧化碳、硫化氢、氧硫化碳等极性气体的良好溶剂，尤其在低温下其溶解度更大，因而该技术被广泛应用在以煤或重油为原料的大型合成氨厂和城市煤制气装置中，用来脱除合成气或粗煤气中的二氧化碳和硫化氢，分离提纯氢气与一氧化碳。该工艺中所涉及的气体的吸收与溶解的温度范围为 $-60 \sim 60℃$，压力范围为 $2.1 \times 10^5 \sim 77.3 \times 10^5 Pa$（绝压）。各类气体在低温中的溶解度如表 7-9 所示。

表 7-9　各种气体在低温甲醇中的溶解度

温度/K	N_2	CO_2	H_2	CO	H_2S	CH_4
210	0.211	90.40	0.073	0.436	653.0	1.093
230	0.191	33.55	0.074	0.319	201.9	0.732
250	0.174	14.57	0.080	0.262	75.92	0.578
270	0.171	7.87	0.092	0.246	36.62	0.544
290	0.184	5.14	0.109	0.258	21.95	0.600
310	0.197	3.40	0.121	0.274	13.67	0.699
320	0.182	2.38	0.112	0.252	9.367	0.687

注：反应条件为 $10^3 m^3/kg$，$p=10^5 Pa$。

7.5.1　低温甲醇洗工艺原理

甲醇是一种优良的溶剂，化学性质稳定，不易降解。在 $-40℃$ 低温下，相对于 CO 和 H_2 相比，CO_2 在甲醇中溶解度约为 80 倍，COS 溶解度为 300 倍，H_2S 的溶解度为 500 倍。根据亨利定律，气体的溶解度与其气相平衡分压成正比，在低温下，适当提高压力可降低溶剂甲醇循环量。因此可以用甲醇脱除合成气中的 CO_2、H_2S 和 COS 等酸性气体，而有效气 CO、H_2 等损失较小。此外，利用 CO_2、H_2S 和 COS 溶解度不同，还可通过再生方式，分别获得较纯净 CO_2 和高浓度的 H_2S 气体，可做进一步的利用，提高经济效益。使用甲醇可以将净化气中总硫含量脱至 0.1×10^{-6} 以下，CO_2 可脱至 10×10^{-6} 以下。在操作中甲醇不起泡、不分解，纯甲醇对设备和管道也不腐蚀。

7.5.2　低温甲醇洗工艺流程

造气工段送来合成气，喷入少量循环甲醇，目的是除去原料气中夹带的水分，防止在低温条件下结冰，造成管道、设备堵塞。经气液相分离后，甲醇水溶液去甲醇水分离塔，回收甲醇。原料气进入吸收塔，与低温的甲醇溶液逆流接触，气相中 H_2S、CO_2 酸性气体分段依次吸收后，达到工艺要求，经换热回收冷量后送入下游装置，吸收了 H_2S、CO_2 酸性气体的富甲醇液送至 CO_2 闪蒸塔、H_2S 浓缩塔减压闪蒸出 CO_2，同时富甲醇溶液中 H_2S 浓度进一步升高，送入 H_2S 热再生塔经热力升高温度，释放出吸收的 H_2S 气体去进一步处理，塔底贫甲醇液经降温、提高压力后送至吸收塔循环。CO_2 闪蒸塔塔顶 CO_2 气体、H_2S 浓缩塔塔顶尾气经洗涤水降低夹带的甲醇液滴后送至下游装置利用或放空。

合成气中微量 $Fe(CO)_5$、$Ni(CO)_4$ 以及 NH_3 含量过高，会妨碍工艺过程正常运转。其中 $Fe(CO)_5$、$Ni(CO)_4$ 会在操作条件下生成 FeS 或 NiS；NH_3 与 CO_2 反应生产碳酸氢铵，积聚在系统中可能造成局部堵塞，影响甲醇液循环。水含量过高也会影响低温甲醇洗工艺效果。

7.5.3　低温甲醇洗工艺案例

在煤造气工段、变换工段后面，来自变换工段的 313.15K 的变换气经一系列换热器换热冷却至 −20℃，再经分离器分离掉甲醇水溶液后进入甲醇洗涤吸收塔。吸收塔分上下两部分，下塔主要用于脱硫，上塔分三段，中间两段用于吸收气体中的 CO_2，顶段精洗段用于吸收气体中尚存少量的 CO_2、H_2S，确保出界区的净化气 CO_2、H_2S 含量符合控制指标。下塔富含硫、上塔富含碳的甲醇液分别从两塔底部取出进入各自闪蒸罐闪蒸回收氢气。从闪蒸系统出来的富硫甲醇、富碳甲醇液经节流膨胀分别进入 CO_2 解吸塔及 H_2S 浓缩塔解吸 CO_2、浓缩 H_2S。解吸塔顶部出来的 CO_2 产品气经水洗塔洗涤后送出界区。浓缩塔出来的富硫甲醇液进入甲醇再生塔中被再沸器中的甲醇蒸气气提，气体的酸性气（H_2S、少量 CO_2）经冷量回收后送至硫回收装置。再生塔塔底取出的再生甲醇经冷却后进入甲醇收集罐，返回系统重新利用。目前该技术已经十分成熟，具有投资少、能耗低、成本低特点。其工艺流程图见图 7-21。

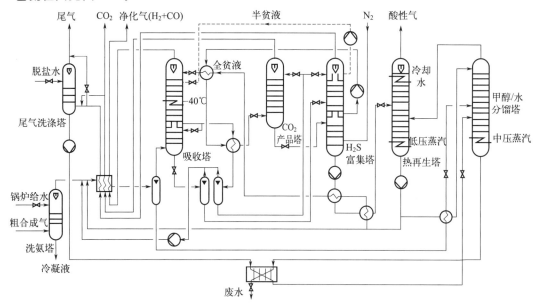

图 7-21　低温甲醇洗工艺流程图

7.6 超音速气体纯化技术

超音速纯化技术作为新一代气体纯化技术，目前已在天然气处理加工方面（脱水、脱烃、液化）得到了广泛的发展。同时，该技术也为富氢燃料气的纯化提供了新方法，并且其可行性已被证实。该技术具有设备易加工、能耗低、无需添加化学药剂等一系列优点。将其应用于大体量制氢原料气的纯化预处理阶段具有极高的工业价值，配合传统纯化技术使用可极大地降低成本与能耗。超音速分离装置主要由超音速喷管、旋流器、分液装置和扩压器等部件组成，如图 7-22 所示。基本原理是利用制氢原料气中各杂质气体的临界压力与临界温度不同（表 7-10），将制氢原料气通入超音速喷管后的速度提升至 1.5Ma（1Ma 约为 340m/s）以上，温度降至 $-70℃$ 以下，使 H_2O、CO_2、H_2S、重烃等可凝性杂质凝结液化，而后通过内部旋流装置改变凝结组分的运动轨迹，通过离心作用将凝结杂质由分液装置排出，实现氢气的纯化与分离。

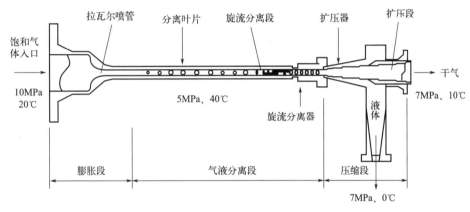

图 7-22　超音速分离器原理图

超音速分离装置主要由拉瓦尔喷管、旋流分离段和扩压管三部分组成，如图 7-22 所示。整体结构简单紧凑，占地面积小，降温幅度大（最大温降可达到 $-100℃$），同时具备节流阀、膨胀机、旋流器和压缩机的功能。天然气以均匀的流速进入拉瓦尔喷管，在喷管的渐缩段，流速由亚声速显著增大并在喉部达到声速，温度和压力持续降低。然后气体进入渐扩段，流速进一步增大，根据系统需要，决定气体的马赫数，在这个过程中温度和压力进一步降低，达到设计温度。气体从拉瓦尔喷管流出后，在旋流分离段降低流速和紊流度，并在旋流器的作用下产生旋向加速度，一般要求达到 10^6 m/s²，甚至 $2.2×10^7$ m/s²。气体中重烃或凝结的水滴在离心力的作用下沿着壁面流出，气相则进入扩压管，流速降低的同时压力和温度逐渐回升。整个过程没有外部能量的输入，全部的能量转化均发生在系统内部，可以看作是绝热等熵过程。

表 7-10　典型气体组分的临界温度与临界压力

气体组成	临界温度/K	临界压力/MPa
H_2	20.15	1.297

气体组成	临界温度/K	临界压力/MPa
H_2O	647.15	22.798
H_2S	373.55	9.010
CO_2	304.21	7.382
CH_4	190.55	4.640

2000 年，荷兰 Twister BV 公司先后研制了两代较为成熟的超音速分离装置，该装置将相变凝结与气液密度差原理相结合，产生了较好的分离净化效果。2004 年，世界上第一台天然气超音速分离装置在马来西亚沙捞越气田投产应用。吉尔希克（Girshick）等提出的内部一致成核理论以及 Gyarmathy 等提出的液滴生长模型为制氢原料气超音速纯化数值模拟提供了理论基础。Han 等基于此建立了适用于超音速纯化的 H_2-CO_2 凝结流动方程，验证了该技术的可行性。斯福尔扎（Sforza）等验证了利用超音速喷管纯化煤气化合成气中氢气的可行性（图 7-23）。尽管该技术还未完全成熟，但具有广阔的应用前景。

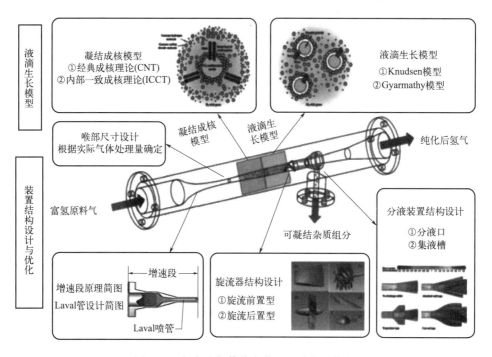

图 7-23 超音速气体分离装置设计优化简介

针对高含碳及高含硫制氢原料气，采用超音速分离耦合醇胺溶剂吸收级联式纯化系统可更为有效地达到氢气纯化的目的。工艺流程如图 7-25 所示，制氢原料气首先进入超音速分离器进行氢气纯化的预处理，超音速分离器尤其针对 CO_2、H_2S、水等组分具有良好的分离效果。随后经预处理后的富氢气流继续进入醇胺溶剂吸收纯化流程以实现高纯氢气的制备。利用超音速分离器无溶剂损耗的优势对制氢原料气进行预处理，可有效降低同等处理量下单一醇胺溶剂吸收过程的溶剂损失与系统能耗，实现节能减排的目的。

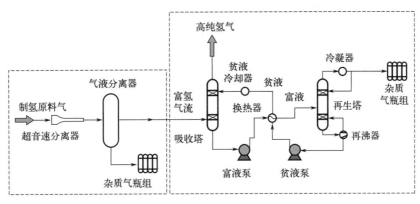

图 7-24　超音速分离与醇胺溶剂吸收系统耦合工艺流程

7.7　超纯氢的制备及微量杂质分析

7.7.1　超纯氢的制备

高纯氢是一种重要的工业原料，随着科学技术和新兴产业的迅速发展，在电子、药物、冶金、建材、石油化工、电力能源等工业部门以及国防尖端技术和科学研究领域都获得广泛的应用，其用量正逐年增长。当今，电子工业已成为世界上各项尖端技术和新兴产业发展的基础，是发达国家经济发展的重要支柱之一，为生产出大规模和超大规模集成电路、非晶硅太阳能电池和性能优异的光导纤维，需要纯度为 5N～6N（99.999％～99.9999％）的高纯氢或超纯氢，有的特殊场合甚至要求 9N 纯度的超纯氢；石油及化学工业中，所用氢气的纯度对产品的质量和能耗都有很大的影响，而在各种使用催化剂的加氢工艺中，为防止催化剂中毒，对氢中杂质含量的要求相当苛刻，大都需要纯度在 5N 以上的高纯氢；冶金工业用氢气还原金属氧化物制备 W、Ti、Co、Ni、Cr、Si 等高质量高纯物质产品时，氢气纯度越高，O_2、N_2、CO、H_2O 的含量越低，则产品质量越好；此外，在航空航天、药物合成、科学研究等国民经济的一些重要领域中，都迫切需要提供价格合理的、高质量的氢气。氢气还是清洁的能源，可以取代诸如煤、石油、天然气等化石燃料；用于发电、汽车燃料和生产燃料电池，氢气纯度越高，其效率越高，而且对环境污染亦大大减小，所以 21 世纪高纯及超纯氢的市场将越来越大。对于制备高纯及超纯氢工艺研究以及分析方法也备受关注。

（1）金属氢化物分离法

金属氢化物分离法利用储氢材料与氢气发生氢化反应，对氢气具有高度的选择性。当氢气与储氢材料接触时，只有氢气能够与之发生氢化反应，而其他杂质气体则不会发生反应。储氢材料在降温升压过程中吸收氢气，在升温减压过程中释放氢气，这一特性有助于其在氢气纯化方面的应用。在氢气吸附过程中，催化下的合金使氢分子解离为氢原子，并向金属内部扩散，最终固定在金属晶格中。当储氢合金受热时，氢气从金属晶格中排出，氢气的纯度可高达 99.9999％。因此，金属氢化物法通常被用于氢气的储存和净化领域。储氢材料主要包括稀土系、镁系、锆系和钛系储氢合金，例如 $LaNi_5$、Mg_2Ni、$ZrMnFe$、$TiVMn$ 等。值得注意的是，由于储氢合金在反复吸氢和放氢过程中可能会逐渐粉化，因此必须在生产装置的终端设置高效过滤器，以去除粉尘并确保产出高纯度、高洁净度的氢气产品。

金属氢化物分离法具有产出高纯度氢气、操作简单、能耗低和材料价格低廉等特点，是获得高纯度氢气的最适用技术之一。然而，它也存在一些明显的缺点，包括氢气回收过程中材料易与杂质气体发生反应，导致纯化材料中毒而失去活性，从而降低纯化效率。此外，氢气释放时存在氢滞留现象，相对来说，氢处理量较小，更适用于实验室等小规模产生高纯度氢气的场景。

氢气纯化装置通常由预处理器和装有储氢合金的纯化器组成。多个纯化器可联合操作，以连续获得高纯度的氢气，其纯度可达到 99.9999% 以上。在操作过程中，一个纯化器降温至约 293.15K、升压至约 15MPa 时吸氢放热，而另一个纯化器在升温至约 333.15K、减压至约 10MPa 时脱氢吸热。通过这样的热交换方式，两个纯化器能够互相提供换热，无须外部热源。这种装置能够持续生产纯度为 99.9999% 以上的超纯氢。

（2）钯合金金属膜

金属钯膜对 H_2 具有选择透过性能，然而纯钯膜是不适合做扩散膜的，因为温度在 573K 以下时会发生 α-β 相转变。它使合金尺寸不稳定，并严重变形，分离效果不佳。目前，Pd-Ag 复合膜的使用最为广泛，其纯化的氢气纯度可达 6N 以上。

因为钯复合膜在氢气气氛下，当温度由高温降低至 548.15K 及其以下时，金属钯将发生氢脆现象而导致钯膜破裂，所以原料氢一般预热到 573.15K 以上才能进入钯膜；利用钯复合膜这一特性，在特定温度范围（673.15~773.15K）下，将氢气透过而不让其他杂质气体渗透，从而实现氢气的纯化。然而，这种方法对原料气中的氧和水也有较高的要求。氧气会在钯复合膜上引发氢氧催化反应，导致钯金属局部过热，而水分则会使钯金属发生氧化中毒。因此，原料气在进入钯合金扩散室纯化之前，需要先通过预纯化器去除氧和水，并经过滤器去除尘埃。通过这样的处理，才能得到纯度达到 99.9999% 的氢气。

此外钯复合膜的厚度及其组成成分对透氢的稳定性也有非常重要的影响，在实际工业过程中，也高度重视这一点。钯复合膜厚度越小，影响氢渗透速率的温度会大幅度降低，当钯复合膜的厚度为 1μm、温度为 573.15K 时，中强度的污染物会对钯复合膜透氢产生一定程度的影响，但厚度为 10μm 的钯复合膜只有强度污染物在低温时才能对其产生影响。

使用钯基合金膜从含氢气体混合物中分离制备高纯度氢气是目前生产高纯氢气最有效、环保和经济的方法，但钯膜扩散法提纯技术仅适用于小规模生产，暂时无法满足大规模生产的需求。

（3）低温吸附法

对于纯度较高的电解氢气，主要杂质是水、氮气和氧气，需要先经过冷凝除水，然后进行催化除氧，最后再进行低温吸附法的精制。目前广泛使用的是冷凝-低温吸附法和低温吸收-吸附法。

冷凝-低温吸附法是一种分两步进行的氢气纯化方法。首先，通过低温冷凝法对氢气进行预处理，去除杂质水和二氧化碳等。这一步需要在不同的温度下进行二次或多次冷凝分离。接下来，采用低温吸附法进行精制。经过预冷的氢气进入吸附塔，在液氮蒸发温度

（77.15K）下，利用吸附剂去除各种杂质。例如，可以使用活性氧化铝去除微量水，使用4A分子筛吸附除氧，使用5A分子筛除去氮气，使用硅胶除去一氧化碳、氮气和氩气，使用活性炭除去甲烷等。吸附剂可通过加热氢气进行再生。通常采用两个吸附塔交替操作的工艺。通过这种方法纯化后的氢气纯度可达到5N～6N。

低温吸收-吸附法，也需要进行两步操作。首先，根据原料氢气中的杂质种类选择合适的吸收剂，如甲烷、丙烷、乙烯、丙烯等，在低温下循环吸收和解吸氢气中的杂质。例如，可以使用液体甲烷在低温下吸收一氧化碳等杂质，然后使用丙烷吸收其中的甲烷，从而得到99.99％的氢气。然后，再使用吸附剂去除其中微量杂质，制得纯度为5N～6N的高纯氢气。

7.7.2 超纯氢中微量杂质分析

随着市场的需求增加，氢作为能源工业或半导体工业的重要资源的作用日益显著，因此超纯氢的质量保证就是一个日益凸显的问题。由于超纯氢产品中的技术指标很低，用传统的检测方法已经很难满足日益扩大的检测需求。

氢气纯化技术是指利用多种方式去除制氢原料气中的杂质组分，最终获得符合工业生产应用标准的超纯氢气。纯化过程是实现氢能有效利用的关键步骤，纯化后的氢气被广泛应用于冶金、生物医疗、燃料电池、航空航天等高新技术产业。对于超纯氢气杂质的控制标准见表7-11。

表7-11 新旧版本的ISO 14687对燃料电池用氢杂质组分含量要求

项目名称	ISO 14687-2:2012	ISO 14687:2019
氢气纯度（摩尔分数）/％	99.97	99.97
非氢气总量/(μmol/mol)	300	10
单类杂质的最大浓度		
水（H_2O）/(μmol/mol)	5	5
总烃/(μmol/mol)	2（按甲烷计）	2（按Cl计,甲烷不包括内）
甲烷（CH_4）/(μmol/mol)	—	100
氧（O_2）/(μmol/mol)	5	5
氦（He）/(μmol/mol)	300	300
氮（N_2）/(μmol/mol)	100（两者总量）	300
氩（Ar）/(μmol/mol)		300
二氧化碳（CO_2）/(μmol/mol)	2	2
一氧化碳（CO）/(μmol/mol)	0.2	0.2
总硫/(μmol/mol)	0.004（按H_2S计）	0.004 按（SI计）
甲醛（HCHO）/(μmol/mol)	0.01	0.2
甲酸（HCOOH）/(μmol/mol)	0.2	0.2
氨（NH_3）/(μmol/mol)	0.1	0.1
总卤化物（按卤离子算）/(μmol/mol)	0.05	0.05
最大颗粒物浓度/(mg/kg)	1	1

注：ISO 14687-2：2012已废止。

现有的超纯氢气体检测的分析方法包括：微气相色谱法、变温浓缩热导气相色谱法、色谱＋质谱联用法以及放电离子化气相色谱法＋氢气分离器。

7.7.3　氢气痕量杂质分析方法及标准

纯化后氢气中的痕量有害杂质是否降低到满足国际标准化组织（ISO）和美国汽车工程师学会（SAE）针对质子交换膜燃料电池（PEMFC）制定的标准，需要使用高灵敏度的分析方法，如气相色谱、质谱仪、红外色谱、离子色谱、液体色谱等。

氢气中各类微量杂质的分析方法及能够达到的分析极限见表 7-12～表 7-16。

表 7-12　氢气中烃类的检测方法

检测方法	检测限	参考标准
气相色谱（FID 检测器）	0.1×10^{-9}	ISO 14687-2：2012 SAE J2719-201511
傅里叶红外变换光谱	1×10^{-6}	ISO 14687-2：2012
气相色谱-质谱	1×10^{-9}	ISO 14687-2：2012
气相色谱（TCD 检测器）	1×10^{-9}	GB/T 3634.2—2011

表 7-13　氢气中 CO/CO_2 的检测方法

检测方法	检测物	检测限	参考标准
气相色谱-质谱	CO_2	0.1×10^{-6}	SAE J2719—201511
气相色谱 （FID 检测器）	CO/CO_2	0.1×10^{-9}	GB/T 3634.2—2011 ISO 14687—2：2012
气相色谱 （脉冲放电氦离子化检测器 PDHID）	CO/CO_2	1×10^{-9}	ISO 14687—2：2012
傅里叶变换红外光谱	$CO/CO-$	0.1×10^{-6}	SAE J2719-201511 ISO 14687-2：2012

表 7-14　氢气中硫化物的检测方法

检测方法	检测限	参考标准
离子色谱（IC）	0.1×10^{-9}	ISO 14687-2：2012
气相色谱 （SCD 检测器）	0.1×10^{-9}	T/CECA-G 0015-2017 SAE J2719-201511 ISO 14687-2：2012

表 7-15　氢气中甲醛、甲酸的检测方法

检测方法	检测物	检测限	参考标准
气相色谱-质谱	HCHO/HCCO	0.1×10^{-6}	ISO 14687-2：2012
气相色谱（FID）	HCHO	0.1×10^{-9}	ISO 14687-2：2012
气相色谱（PDHID）	HCHO	1×10^{-9}	ISO 14687-2：2012

表 7-16　氢气中氨、卤化物的检测方法

检测方法	检测物	检测限	参考标准
傅里叶变换红外光谱	NH_3	1×10^{-6}	SAE J2719-201511 ISO 14687-2：2012
离子选择电极法	NH_3	0.01×10^{-9}	T/CECA-G 0015-2017
离子色谱	NH_3/卤化物	0.1×10^{-9}	ISO 14687-2：2012 T/CECA-G0015-2017

7.7.4　气相色谱法分析烃类杂质特点

（1）微气相色谱法

微气相色谱是分析非活性氢和杂质气体混合物的一种很好的测量技术，具有分析时间短、占用空间小、成本低的优点。

① 微气相色谱仪。可以快速、精准完成气体成分分析的仪器。其模块化的设计使得复杂样品的分析变得容易、快速，每个色谱模件均包含微型进样器、微型检测器和高分辨毛细管色谱柱，故每个色谱模件均可视作一个可独立操作的气相色谱。其配置的多通道（多至 4个）微型气相色谱仪，可在 120s 内完成对气体主要成分的分离，对样品气进行分析，达到最佳的分析效果而不影响分析速度。

采用微型气相色谱仪分析 H_2 中 He、Ne、N_2、CH_4、CO 杂质气体的含量。采用 3m×0.32mm×30μm 预柱和 14m×0.32mm×30μm 分析柱作色谱分离柱，高纯氢气作载气。仪器采用反吹进样模式，具备压缩进样功能，最小进样量为 1.0μL。当进样时间为 0ms 时，进样量即为 1.0μL。随着进样时间的延长，微进样器可通过压缩样品气增加进样量，仪器设置的最大进样时间为 1200ms。检测结果可同时得到杂质组分 He、N_2、CH_4 的线性方程。由于 H_2 中 He、Ne 组分不能完全分离，且检测杂质含量为 0.0001% 的 H_2 样品时，Ne、CO 组分无法检测出峰，因此，微色谱仪对 CH_4 气体的检测具有较好线性。可见，微型气相色谱仪可建立 H_2 中 He、Ne、N_2、CH_4、CO 杂质组分的分析方法并优化了分析条件，实现 H_2 中 He、Ne 的有效分离。该方法能实现对 H_2 中 10^{-6} 数量级的 CH_4 气体的准确定量。H_2 样品中 He、Ne、N_2、CH_4、CO 杂质组分均能在 180s 内全部出峰。

② 定量计算方法。

a. 归一化法。归一化法适用于试样中所有组分都能流出色谱柱，并都能在色谱图上显示出色谱峰的体系的定量。

假设试样中有 n 个组分，每个组分的质量分别为 m_1，m_2，…，m_n，各组分含量的总和为 m，其中组分 i 的含量可用式 (7-7) 表示。

$$\omega_i = \frac{m_i}{m} \times 100\% = \frac{m_i}{m_1 + m_2 + \cdots + m_i + \cdots + m_n} \times 100\%$$

$$= \frac{A_i f_i}{A_1 f_1 + A_2 f_2 + \cdots + A_i f_i + \cdots + A_n f_n} \times 100\% \tag{7-7}$$

式中，f_i 为质量校正因子，可求得质量分数，如为摩尔校正因子，则得摩尔分数或体

积分数（气体）；A_i 为峰面积。归一化法的优点是简便、准确。进样量、流速等操作条件变化时，对分析结果影响较小。

【例题 7-3】 某色谱条件下，分析只含有氢气、一氧化碳、二氧化碳和甲烷四组分的样品，结果如下：

项目	氢气	一氧化碳	二氧化碳	甲烷
质量校正因子 f	1	0.45	0.75	0.32
峰面积 A/cm^2	25.89	0.63	0.57	0.86

试用归一化法求氢气的百分含量。

解：

$$\omega(H_2) = \frac{1 \times 25.89}{1 \times 25.89 + 0.45 \times 0.63 + 0.75 \times 0.57 + 0.32 \times 0.86} \times 100\% = 96.3\%$$

b. 内标法。内标法只需要测定试样中某一个或几个组分，而且试样中所有组分不能全部出峰时亦可用此法。

所谓内标法，是将一定量的纯物质作为内标物，加入准确称取的试样中，根据被测物和内标物用内标物的质量及其在色谱图上相应的峰面积比，求出某组分的含量，设 m_i、m_s 分别为被测物和内标物的质量，m 为试样总量，则 $m_i = A_i f_i$，$m_s = A_s f_s$，$\dfrac{m_i}{m_s} = \dfrac{A_i f_i}{A_s f_s}$，即 $m_i = \dfrac{A_i f_i}{A_s f_s} m_s$，$\omega_i = \dfrac{m_i}{m} \times 100\% = \dfrac{A_i f_i m_s}{A_s f_s m} \times 100\%$。

一般以内标物为基准，则 $f_s = 1$，此时计算式可简化为式（7-8）。

$$\omega_i = \frac{A_i f_i m_s}{A_s m} \times 100\% \tag{7-8}$$

内标法定量较准确，应用广泛，且不像归一化法有使用上的限制。缺点是每次分析都要准确称取试样和内标物的质量，因而该方法不宜于快速控制分析。对于复杂样品，有时难以找到合适的内标物。该法适于只需对样品中某一个或几个组分进行分析的情况。

c. 外标法。外标法又称定量进样——标准曲线法，是用待测组分的纯物质来制作标准曲线的色谱定量分析方法。配制一系列不同浓度的标准溶液，在一定的色谱条件下，分别测定相应的响应信号（峰面积或峰高），以响应信号为纵坐标，以标准溶液含量为横坐标绘制标准曲线。分析试样时，进样量与制作标准曲线时进样量一致，在相同的色谱条件下，测得试样中待测组分的峰面积（或峰高），即可从标准曲线上查得相应的含量。

（2）变温浓缩热导气相色谱法

变温浓缩法利用液氮冷却气源，使得杂质能在浓缩柱上全部浓缩下来，然后用热水解吸，由载气带进色谱进行检测。此时的杂质含量远远高于载气中的杂质含量，通过浓缩的样品量及检出的杂质含量，可计算出样品中的杂质含量。色谱柱分离出来的 CO、CO_2、CH_4 如果直接进入离子化室，CO、CO_2 不能被离子化。因此，不可能在电场中发生偏转，被收集筒收集形成微弱的电流，也就不能在记录仪上显示谱图。必须在色谱柱和离子化室之间安装一个转化炉，先将 CO、CO_2 转化为甲烷，然后再进入离子化室进行检测。该方法步骤较为复杂，因此目前工业上多使用改进后的变温浓缩，首先对色谱气路系统进行改装，安装六通阀和定体积采样管，同时将定体积采样管换成浓缩柱，最后通过样品的流速与浓缩时间来计算浓缩的样品量。浓缩进样要求压力稳定、流速平稳，为了达到这一目的，在取样管路中加上稳流阀、阻尼管和转子流量计等。改装后的气路产品管道氢纯度为 6N 级，瓶装氢浓度为 5N 级。

（3）色谱-质谱联用法

因为电子工业及标准气体的生产对气体纯度的要求越来越高，气体组分越来越复杂，传统的分析方法已很难满足痕量杂质（10^{-9} 级）、复杂组分的分析要求。应用气质联用法可以实现对高纯氢气中气体杂质的定量分析。气质联用的原理是混合物样品经色谱柱分离后进入质谱仪离子源，在离子源被电离成离子，离子经质量分析器、检测器之后即成为质谱信号并输入计算机。样品由色谱柱不断地流入离子源，离子由离子源不断进入分析器并不断得到质谱，只要设定好分析器扫描的质量范围和扫描时间，计算机就可以采集到一个个质谱图。计算机可以自动将每个质谱的所有离子强度相加，显示出总离子强度，总离子强度随时间变化的曲线就是总离子色谱图，总离子色谱图的形状和普通的色谱图是一致的，可以认为是用质谱作为检测器得到的色谱图。

（4）放电离子化气相色谱法+ 氢气分离器

由于变温浓缩色谱法操作复杂，气相色谱仪搭配光电离子化检测器（DID），利用高能光电离检测样品，可以同时检测 N_2、O_2、CO、CO_2、CH_4 等多种杂质到 1×10^{-8}（体积分数），并可一次进样同时分析多种杂质含量。光电离子化检测器是一种浓度型的通用多功能检测器，使其在高纯氢气的分析上具有独特的优势。

思考题

7-1. 氢气分离的物理化学方法有哪些？

7-2. 选择吸附法有哪几类？

7-3. 膜分离法的膜材料分为哪几类？

7-4. 什么是低温分离法？

7-5. 什么是变压吸附，变压吸附特点是什么？

7-6. 简述变压吸附吸附剂种类及其性质。

7-7. 简述变压吸附提纯氢气主要步骤。

7-8. 什么是膜分离，它在工业上有哪些应用？

7-9. 一块直径为 0.086m、厚度为 0.16m 的圆形分子膜，其允许通过的最大流量为 $8m^3/min$。如果流体在膜前后之间的压差为 3kPa，求该膜的渗透系数 P。

7-10. 简述氢气分离膜机理。

7-11. 氢气分离膜有哪些类型？

7-12. 有机聚合物膜的优缺点有哪些？

7-13. 简述膜分离与 PSA 的技术特点。

7-14. 高纯氢提纯方法有哪些？

7-15. 在某色谱条件下，分析只含有氢气、甲烷、二氧化碳和氮气四组分的样品，结果如下：

项目	氢气	二氧化碳	甲烷	氮气
质量校正因子 f	1	1.23	0.69	0.87
峰面积 A/cm^2	112.7	1.8	1.02	0.98

使用归一化法求氢气含量，并分别计算各个杂质含量。

7-16. 对含量为 80% 的氢气进行色谱分析，结果显示，氢气的峰面积为 368.5cm^2。将某未知气体进行色谱分析后，数据如下：氢气峰面积为 448.7cm^2，一氧化碳峰面积为 20.5cm^2，二氧化碳峰面积为 31.6cm^2。计算未知气体中氢气含量。

7-17. 查找 H_2、CO、CO_2、H_2S 等化合物在甲醇中的溶解度，注意溶解度与温度的关系，解释为什么可以用低温深冷甲醇对合成气进行脱硫脱碳。

7-18. 阐述分离过程中的溶解-扩散机理。

7-19. 钯膜分离技术的优点有哪些？膜分离器的结构如何？操作温度为什么要在 300℃ 以上？

7-20. 钯膜分离的活化能 E_a 一般都在 10～20kJ/mol 范围。这些数据说明什么？与合成氨的活化能相比，有何差别？

7-21. 讨论超音速气体纯化新技术的优缺点，它是否可以单独使用就可以得到高纯氢气，与其他氢气纯化技术联合使用有何好处？

7-22. 氢气中的微量杂质一般有哪些？杂质种类与制备工艺有何联系？在分析微量杂质时，需要注意什么？

参考文献

[1] 陈健，等. 吸附分离工艺与工程[M]. 北京：科学出版社，2022.

[2] 陈健，古共伟，郜豫川. 我国变压吸附技术的工业应用现状及展望[J]. 化工进展，1998，17(1)：14-17.

[3] 张钢强，孙朋涛，刘书缘，等. 变压吸附制氢的研究进展[J]. 石油化工，2022，51(04)：498-502.

[4] 李义良. 超高纯氢的制备[J]. 低温与特气，1996，3：38-40.

[5] 强志炯，李少波，沈涛. 高纯氢的制取及其技术要点[J]. 低温与特气，1999，4：40-42.

[6] 冯庆祥. 用低温变温吸附法制取高纯氢[J]. 制冷学报，1981，2：11-19.

[7] 董子丰. 氢气膜分离技术的现状、特点和应用[J]. 工厂动力，2000，1：25-35.

[8] 蒋柏泉. 钯-银合金膜分离氢气的研究[J]. 化学工程，1996，24(3)：48-52.

[9] 邓潇君，熊仁金，闫霞艳，等. 新型氢同位素分离材料研究进展[J]. 材料导报，2023，37(13)：21080180.

[10] Kim J Y, Oh H, Moon H R. Hydrogen isotope separation in confined nanospaces: carbons, zeolites, metal-organic frameworks, and covalent organic frameworks [J]. Advanced Materials, 2019, 31(20): 1805293.

[11] 魏玺群，陈健. 变压吸附气体分离技术的应用和发展[J]. 低温与特气，2002，2(3)：1-5.

[12] Dang C X, Li H K, Yang G X, et al. High-purity hydrogen production by sorption-enhanced steam reforming of iso-octane over a Pd-promoted Ni-Ca-Al-O bi-functional catalyst [J]. Fuel, 2021, 293, 120430.

[13] 栾永超，熊亚林，何广利，等. 氢气分离膜研究进展[J]. 中国工程科学，2022，24(03)：140-152.

[14] Al-Mufachi N A，Rees N V，Steinberger-Wilkens R. Hydrogen selective membranes：A review of palladium-based dense metal membranes[J]. Fuel，2015，47，540-551.

[15] Bernardo G，Araujo T，Lopes T S，et al. Recent advances in membrane technologies for hydrogen purification[J]. International Journal of Hydrogen Energy，2020，45(12)：7313-7338.

[16] 林定标，唐春华，李慧，等. 多通道型高效钯复合膜在超高纯氢气提纯的应用[J]. 低温与特气，2018，36(2)：41-47.

[17] 戴文斌，唐宏青. 低温甲醇洗工艺气体溶解度的计算[J]. 计算机及应用化学，1994，1：44-51.

[18] 齐胜远. 全贫液、半贫液低温甲醇洗工艺技术比较[J]. 化肥工业，2013，8：56-64.

[19] 刘振兴，赵崴巍，杨洪广，等. 高纯氢中微量杂质的微气相色谱分析[J]. 原子能科学技术，2014，48(S1)：91-95.

[20] 蒋文明，韩晨玉，刘杨，等. 碳中和背景下氢气纯化技术研究进展[J]. 石油与天然气化工，2023，52(5)：38-49.

[21] Han C Y，Jiang W M，Liu Y，et al. Numerical study on carbon dioxide removal from the hydrogen-rich stream by supersonic Laval nozzle[J]. International Journal of Hydrogen Energy，2023，48(38)：14299-14321.

[22] 刘小敏，张邦强，艾斌，等. 质子交换膜燃料电池用氢质量标准的发展历程和现状[J]. 化工进展，2021，40(2)：703-708.

第八章

储氢原理及供氢技术

 导言

　　氢能开发的三大关键技术中，氢气制备和应用技术都日趋成熟，而氢气的储存技术却面临很大的挑战。氢气特殊的物理性质，如液化困难、密度小、扩散快、易燃易爆、存在氢脆风险等，使得安全高效的储运及供氢环节成为氢能产业大规模发展的关键。

　　储氢技术有多种研究开发路线，各有优劣。本章比较了现有主流氢能储运原理及技术。其中包括高压气态储运、低温液态储运、有机液态储运、金属氢化物储运及加氢站的配置选择布局。其中，固体物化学吸附或物理吸附储氢，特别是氢化物储氢，在能量存储、能量转化和能量利用中具有很大应用潜力；有机物储放氢也有很多优点。加氢站看似简单，但是，由于大都设在人口稠密地区，也面临许多技术挑战。为此，人们正在积极研发分布式分解制氢、加注氢气技术，本章分别对这些技术加以介绍，以固体物储氢特别是氢化物储氢过程，以及分布式制氢、加注氢技术为重点进行讨论。

8.1　氢气储运的重要性

　　氢气储存及运输方式是氢能开发应用的重要问题。氢气能量密度高，是汽油的 3 倍；质量轻，11.2m³ 的氢气质量只有 1kg；因为密度远远小于空气，非常容易散失；还极容易和很多物质发生化学反应，因此在储运方面面临许多重大挑战。

　　目前常用的储氢技术主要包括物理储氢、化学储氢与其他储氢，不同的储氢方式应用场景不同（图 8-1）。物理储氢技术成熟，化学储氢更有前瞻性。衡量储氢技术性能的主要参数是体积储氢密度、质量储氢密度、充放氢的可逆性、充放氢速率、可循环使用寿命及安全性等，其中体积储氢密度为单位体积系统内储存氢气的质量，质量储氢密度为系统储存氢气的质量与整个储氢系统的质量（含容器、存储介质材料、阀门及氢气等）之比。许多研究机构提出储氢标准，如国际能源署（IEA）、美国能源部等。目前，美国能源部公布的标准最具权威性，该机构认为适于工业应用的理想储氢技术需满足含氢质量分数高、储氢体积密度大、吸收释放动力学快速、循环使用寿命长、安全性能高等要求。从技术条件和目前的发展现状看，高压储氢、液化储运及金属氢化物储氢三种方式更能满足商用要求。

　　表 8-1 列出了美国能源部针对储氢系统提出的 2020 年与 2025 年研发目标和最终目标。对储氢材料的要求是：能量密度大（包含质量储氢密度和体积储氢密度）、能耗少、安全性高。对于车用氢气存储材料，国际能源署提出的目标是质量储氢密度大于 5%，体积储氢密度大于 50kg/m³，并且放氢温度低于 423K，循环寿命超过 1000 次；而美国能源部提出的目标是质量储氢密度不低于 6.5%，体积储氢密度不低于 62kg/m³。车用储氢系统的实际储氢

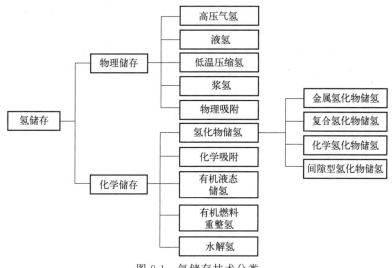

图 8-1　氢储存技术分类

能力大于 3.1kg（相当于小汽车行驶 500km 所需的燃料）。低成本储氢材料的相关基础研究是氢气储存实现突破的核心所在，建立在储氢机理突破基础上的低廉高效储氢材料的制备是重中之重。

表 8-1　美国能源部针对轻型燃料电池汽车车载储氢体系的技术指标（部分）

储氢参数	单位	2020 年	2025 年	终极目标
来自氢气的能量	kW·h/kg(kg/kg)	1.5(0.045)	1.8(0.055)	2.2(0.065)
氢气的可用能量密度	kW·h/L(kg/L)	1.0(0.030)	1.3(0.040)	1.7(0.050)
操作环境温度	℃	−40/60(sun)	−40/60(sun)	−40/60(sun[①])
最低/最高输送温度	℃	−40/85	−40/85	−40/85
循环寿命(1/4 箱到满箱)	循环次数	1500	1500	1500
储存系统最小输送压力	bar(绝压)	5	5	5
储存系统最大输送压力	bar(绝压)	12	12	12
车载效率	%	90	90	90

①sun 表示所述操作环境温度且完全暴露在阳光直射下。

8.2　储氢原理、材料、性能要求

根据储氢形式的不同，氢气储存可分为物理储氢和吸附材料储氢。其中，物理储氢主要包括高压气态储氢和低温液态储氢，吸附材料储氢又可分为化学吸附储氢和物理吸附储氢。高压气氢储运技术发展最为成熟，是目前工业中使用最普遍、最直接的氢能储运方式。

① 高压气态储氢即通过高压将氢气压缩到耐高压的容器中，高压容器内氢以气态储存，氢气的储量与储罐内的压力成正比。通常采用气罐作为容器，简便易行，其优点是存储能耗低、成本低（压力不太高时），且可通过减压阀调控氢气的释放，因此，高压气态储氢已成为较为成熟的储氢方案。高压气态储氢是目前多数燃料电池汽车企业优选的储氢方式，如日本丰田采用的 70MPa 的高压储氢罐。

② 低温液态储氢技术是利用氢气在高压、低温条件下液化，体积密度为气态时的 845 倍的特点，实现高效储氢，其输送效率高于气态氢。低温液态储氢是太空运载、国防等特殊领域沿用已久的成熟的储氢技术，但由于能耗过大、汽化率高、安全性等问题，目前还不适用于民用领域，但是，在火箭发动机液氢液氧（LH_2-LO_2）燃料存储中有广泛应用。

③ 固态吸附材料储氢具有高体积储氢密度、低储氢压力和高安全性等显著优势，被认为是储氢技术的未来发展趋势。现已开发的固态储氢材料种类繁多，主要的吸附材料有镧/镁基合金、碳纳米管、金属有机框架材料、配位氢化物、无机多孔分子筛等。最成功的案例是 $LaNi_5$ 体系的储氢合金，自 20 世纪末至今，已被应用于镍氢电池的负极材料。其原因在于镍氢电池具有安全性、可靠性和长期服役的稳定性。此外 TiFe 系储氢合金还被用于潜艇储能。物理吸附材料的储氢密度不高，特别是体积储氢密度低，且操作温度低，在实用化方面鲜见报道。氢化物的释氢温度高、动力学性能差、吸放氢可逆性等都是迫切需要解决的问题，离实用化还有很长一段路要走。

④ 有机液体储氢是借助芳香烃等不饱和液体有机物和氢气的可逆反应实现储氢，通过加氢反应实现氢的储存，借助脱氢反应实现氢的释放，质量储氢密度在 5% 以上，储氢量大，且储氢材料为液态有机物，方便在常温常压条件下运输。但存在加氢和脱氢工艺条件相对苛刻、装置较复杂以及有可能发生副反应导致氢气纯度不高等问题。

⑤ 管道运氢。在陆地上进行大量氢气输送时，气体管道输送很有效。一般的氢气集装箱和长管拖车中都有连接钢瓶的气体管道，在陆地上能够铺设大规模、长距离而且高压的氢气管道进行氢气输送。管道运输是具有发展潜力的低成本运氢方式。由于氢气在低压状态（工作压力 1~4MPa）下运输，因此相比高压钢瓶输氢能耗更低，但管道建设的初始投资较大。欧洲和美洲是世界上最早发展氢气管网的地区，已有 70 年历史，在管道输氢方面已经有了很大规模，如美国 Praxair 公司的分公司林德管道公司在得克萨斯州蒙特贝尔维尤至阿瑟港和奥兰治之间铺设了 113km 的氢气输送管道，林德管道公司每天能够输送 $2.83 \times 10^6 m^3$ 以上的氢气，氢气纯度为 99.99%。我国氢气管网发展不足，目前已知最长的输氢管道为巴陵-长岭输氢管道，全长约 42km、压力为 4MPa。几种主要氢气储运方式的比较见表 8-2，各种固体储氢材料分类如图 8-2 所示。

表 8-2　几种主要储氢运氢方式的比较

性能	高压气氢	低温液氢	金属储氢	有机储氢	管道运输氢
储氢密度/(kg/m³)	14.5	64	50	40~50	3.2
制备电耗/(kW·h/kg)	2	12~17	放热	放热	<1
脱氢温度/℃			室温~350	180~310	
反应能耗/(kJ/mol)			25~75	54~65	
运输设备	长管车	液氢槽车	金属罐车	液体罐车	管道
单车运输量/kg	300~400	3000	300~400	2000	连续
运输温度/℃	常温	−252	常温	常温	常温
压力/MPa	20	0.13	0.4~10	常压	1.0~4.0
储运能效/%	>90	75	85	85	95
适用距离/km	<300	>200	<150	>300	>500

不同的储氢方式对应的储氢材料及其储氢机理不一样，其性能也各有优劣，下面分别对不同的储氢机理进行介绍。

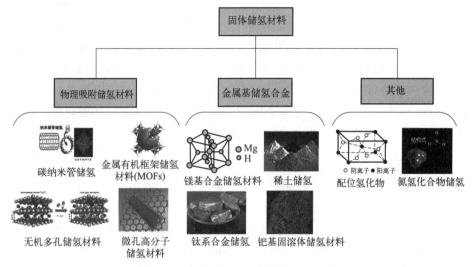

图 8-2　各种固体储氢材料分类示意图

8.2.1　高压气体储氢原理

氢气在高温低压时可看作理想气体。通过理想气体状态方程 $pV=nRT$ 来计算不同温度和压力下气体的量。式中，p 为气体压力；V 为气体体积；n 为气体的物质的量；R 为气体常数；T 为温度。理想状态时氢气的体积密度与压力成正比。然而，由于实际分子是有体积的，且分子间存在相互作用力，随着温度的降低和压力的升高，氢气逐渐偏离理想气体的性质，理想气体状态方程不再适用。

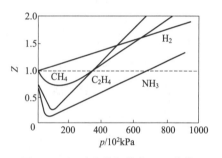

图 8-3　0℃时几种气体的 Z-p 曲线

真实气体与理想气体的偏差在热力学上可用压缩因子 Z 表示。图 8-3 列举了几种气体在 0℃时压缩因子 Z 随压力变化的关系，可见氢气的压缩因子随压力的增加而增大。图 8-4 为高压氢气瓶压力与体积储氢密度的关系。

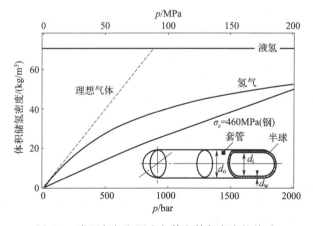

图 8-4　高压氢气瓶压力与体积储氢密度的关系

高压气氢储运技术发展最为成熟，是目前工业中使用最普遍、最直接的氢能储运方式。氢气在常温常压状态下密度仅为 $0.083kg/m^3$，质量能量密度约为 $142MJ/kg$，但单位体积能量密度仅为天然气的 1/3。通常利用高压压缩的方式将氢气储存在特制容器中。随着压力从 $0.1MPa$ 增加到 $70MPa$，氢密度从 $0.083kg/m^3$ 增加到 $40kg/m^3$，体积能量密度从 11.8 MJ/m^3 增加到 $5637.4MJ/m^3$。高压气氢储运具有运营成本低、承压容器结构简单、工作条件较宽、易循环利用等优点，但缺点也较明显，高压压缩氢气的储氢密度仍然很低，并且压缩过程造成了约 10% 氢气能量的损失。

（1）氢气的压缩

氢气的密度很低，气态储氢要达到比较高的储氢密度，必须采用高压对氢气进行压缩，这就要求储氢容器有高的耐压强度。常见的高压钢瓶气压为 $15MPa$，若容积为 40L，可储存氢气 $0.5kg$，相当于标准状态下气体体积约 $6m^3$。基于对高压容器的安全要求，高压钢瓶需一定厚度以保证强度，高压钢瓶的质量约 100kg。由此可知，高压钢瓶的质量储氢密度和体积储氢密度分别约为 0.5% 和 $10kg/m^3$。显然，这样的储氢密度偏低，不能满足高密度储能的要求。因此，需通过提高容器的压力来提高储氢密度。图 8-4 为氢气压缩压力与其体积储氢密度的关系。由图可见，氢气密度并不是随压力升高而线性增加，压力为 $35MPa$ 和 $70MPa$ 时，氢气的体积储氢密度可达 $20kg/m^3$ 和 $30kg/m^3$。压力达 $100MPa$ 后，其体积储氢密度随压力增加较缓慢，即难以压缩。另外，压缩功随压力升高不断增加，$70MPa$ 时等温压缩功高达 $2.2kW \cdot h/kg$，实际操作中非等温条件下压缩功则要更高。从这两方面因素来看，压力不宜太高。当然，压力提高，相应也对氢气瓶提出了更高的要求。

（2）高压气体储氢容器

氢气有很强的渗透性，尤其在高压条件下更容易逸出，因此高压储氢容器内衬材料首先要有很好的阻隔氢气逸出的作用；同时为了降低储氢容器的质量，内衬材料必须密度较轻。目前金属内衬纤维缠绕储氢容器的内衬材料多为铝、钛等轻质金属；全复合储氢容器的内衬材料多采用高密度聚乙烯等高分子材料，但目前很难找到一种塑料完全满足内衬的阻隔性要求，通常采用多层复合结构，通过各种不同塑料层的合理匹配，实现各层塑料性能的有效互补，从而克服单层塑料的某些固有不足，在确保内衬使用性能的前提下节约昂贵塑料层的使用，降低成本。此外，为降低氢气在高压下的渗透，还可采用化学等离子体沉积技术在内衬层里面沉积厚度为几十微米的氧化硅，或类金刚石碳来阻隔氢气的逸出。也可在容器内表面镀上一层薄薄的金属层，金属所特有的分子结构及其分子的规则排列阻隔了气体分子的渗透，可以大大提高内衬材料的阻隔性能和装饰性。

增强层中的材料多为纤维材料，这层材料是承受内部压力作用的主要载体。缓冲层材料需要具有很好的抗冲击能力。当容器意外发生坠落时，触地点受到巨大的外部冲击载荷作用，很容易对容器造成直接破坏，因此需要设置缓冲层，吸收冲击的能量，将最大冲击载荷转移，重新分布在整个区域，起到保护容器的作用。通常选取轻质、绝热性以及热稳定性好的可压缩材料作为缓冲材料。

随着氢能应用端的需求不断扩大，轻质高压是高压储氢气瓶发展的不懈追求。目前高压储氢容器已逐渐由全金属气瓶（Ⅰ型瓶）发展到非金属内胆纤维全缠绕气瓶（Ⅳ型瓶）。几种类型的高压储氢气瓶见表 8-3。

表 8-3　不同类型储氢容器对比

类型	Ⅰ型	Ⅱ型	Ⅲ型	Ⅳ型
材质	纯钢制 金属瓶	钢制内胆 纤维缠绕瓶	铝内胆 纤维缠绕瓶	塑料内胆 纤维缠绕瓶
工作压力/MPa	17.5～20	26.3～30	30～70	＞70
介质相容性	有氢脆、有腐蚀性	有氢脆、有腐蚀性	有氢脆、有腐蚀性	有氢脆、有腐蚀性
质量储氢密度/%	约1	约1.5	2.4～4.1	2.5～5.7
体积储氢密度/(g/L)	14～17	14～17	35～40	38～40
使用寿命/a	15	15	15～20	15～20
是否可以车载	否	否	是	是

全金属储氢气瓶，即Ⅰ型瓶，其制作材料一般为 Cr-Mo 钢、316L 不锈钢、铝合金等。19 世纪 80 年代后期，英国和德国发明了通过拉伸和成型制造的无缝钢管制成的压力容器，大大提升了金属压力容器的储气压力。到 20 世纪 60 年代，金属储氢气瓶的工作压力已经从 15MPa 增加到 30MPa。由于氢气的分子渗透作用，钢制气瓶很容易被氢气腐蚀出现氢脆现象，导致气瓶在高压下失效，出现爆裂等风险。同时由于钢瓶质量较大，储氢密度低，质量储氢密度在 1%～1.5%。一般用作固定式、小储量的氢气储存，绝大多数的实验室氢气高压钢瓶就是这类气瓶。国外Ⅳ型瓶尤其是在汽车领域已经成功商用。2001 年，Quantum 公司成功研制公称工作压力为 70MPa 的高压储氢气瓶。在车载领域最具代表性的是日本丰田 Mirai 以塑料内胆和纤维缠绕的Ⅳ型储氢瓶，其额定工作压力 70MPa，储氢密度高达 5.7%，容积为 122.4L，储氢总量为 5kg。

因此，新型高压气瓶均采用复合材料设计。第三代高压氢气瓶采用铝合金做内胆，用碳纤维缠绕内胆以保证强度，第四代高压氢气瓶甚至采用了塑料内胆，以进一步减轻气瓶质量。目前压力为 35MPa 的高压气瓶已商品化，其质量储氢密度达到 5.0%。现在的氢燃料电池汽车多采用这种高压气瓶作为氢源系统。

（3）高压-固态复合储氢

高压-固态复合储氢技术将高压气态储氢充放氢响应速度快与固态氢化物储氢体积储氢密度高、工作压力低的优点相结合，是实现安全高效储氢的新方法。复合储氢罐结构如图 8-5 所示。在向气瓶中加注氢气时，压力超过储氢材料平台压力后，固体开始大量吸收氢气，之后氢气被高压压缩储存在空隙中，在气瓶放气时，空隙中的高压氢气首先释放，压力降低到储氢材料平台压力后，固体开始释放氢气，成为额外的氢气来源。有人采用有效储氢容量为 1.7% 的 Ti-Mn 型储氢合金开发了一种工作压力低于 5MPa 的气态和固态复合储氢系统，该系统具有 $40.07kg/m^3$ 的高体积储氢密度。

氢气储罐压力越大，可以储存的氢气量越多，但氢气密度并不随着压力升高而线性增长，储存压力高达 200MPa 时只能获得 $70kg/m^3$ 的氢气密度；压力高于 70MPa 后储量增加不大，因此储存压力一般设置为 35～70MPa。较高的存储压力和氢脆现象还会引发容器破裂、氢气泄漏问题。

高压复合储氢罐的工作原理也十分简单（图 8-5）：在高压复合储氢罐内，一方面储氢材料自身可存储氢气，从而实现了固态储氢；另一方面由于储氢粉体材料的堆垛密度有限，

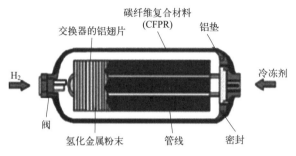

图 8-5　高压-固态复合储氢罐结构

高压储氢罐内粉体材料的空隙也参与储氢，从而实现气-固混合储氢。由于储氢材料具有很高的体积储氢密度，高压储氢罐与储氢材料复合后，其体积储氢密度得到有效提升，即使在较低的充氢压力下，也能保证较高的质量储氢密度和体积储氢密度。储氢罐填充氢气时，随着氢气的充入且氢压高于储氢材料的平台压时，储氢合金开始大量吸氢；在储氢罐使用过程中，当氢气压力下降至储氢材料的脱氢平台压时，氢化物成为额外的氢源释放氢气。高压复合储氢罐在体积储氢密度和质量储氢密度上均占有一定优势。

【例题 8-1】　使用多层强力高分子材料缠绕不锈钢材质储罐，并填充金属氢化物粉末进行放氢实验。已知金属氢化物的密度为 $3000kg/m^3$，粉末床床层体积为 $120cm^3$，孔隙度为 0.5，储罐的重量为 800g，金属氢化物理论储氢量为 5.6%，试计算储罐储氢的质量密度。

解：

氢化物质量：$M_{MH} = \xi V_{bed} \rho_{MH} = 0.5 \times 120 \times 3000 \times 10^{-3} = 180(g)$

存储氢气质量：$M_{H_2} = M_{MH} \times 5.6\% = 180 \times 0.056 = 10.08(g)$

储罐储氢的质量密度为：

$$\frac{M_{H_2}}{M_{储罐} + M_{MH}} = \frac{10.08}{800 + 180} \times 100\% = 1.03\%$$

8.2.2　低温液氢储存

在极低低温区，氢可以液体形式存在，而在 0℃ 和 105Pa 的压力下，则是密度为 $0.08988kg/m^3$ 的气体，在三相点和临界点之间很小的范围内，氢气在 −253℃ 下是密度为 $70.8kg/m^3$ 的液体。相图（图 2-3）中可看出绝大部分为氢的气态区，液态氢仅出现在固态线和连接 21.1K 三相点及 33K 临界点的直线之间。

在室温（298.15K）下，氢的气体行为可用范德华方程描述［式（8-1）］：

$$p = \frac{nRT}{V - nb} - a\frac{n^2}{V^2} \tag{8-1}$$

式中，p 为气体压力；V 为体积；T 为绝对温度；n 为氢气的物质的量；R 为气体常数；a 是偶极作用或斥力常数；b 为氢分子所占的体积或引力常数。氢分子之间强的排斥力决定了氢气具有较低的临界温度（$T_c = 33K$）。

（1）氢气的 ρ -T 图

与高压气态氢相比，超临界氢存储密度更大，且不受加注时温升的影响，有利于提高氢能利用效率；液氢存储时需要外部耗能将氢气降温至 20.0K，而超临界储氢不需要 20.0K低温，因此节约能源，同时避免了液氢蒸发所造成的一系列问题（图 8-6）。

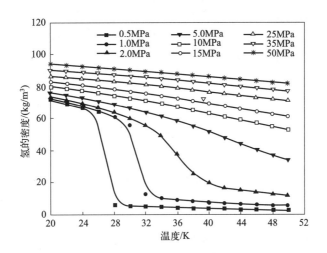

图 8-6　氢气的 ρ-T 图

由相图可知，氢气在一定的低温下，会以液态形式存在。因此，可以使用一种深冷的液氢储存技术低温液态储氢。与空气液化相似，低温液态储氢也是先将氢气压缩，在经过节流阀之前进行冷却，经历焦耳-汤姆孙等焓膨胀后，产生一些液体。将液体分离后，将其储存在高真空的绝热容器中，气体继续进行上述循环。液氢储存具有较高的体积能量密度。常温、常压下液氢的密度为气态氢的 845 倍，体积能量密度比压缩储存要高好几倍，同体积下其储氢质量大幅度提高。液氢储存特别适宜于储存空间有限的运载场合，如航天飞机用的火箭 LH_2/LO_2 氢氧发动机、汽车发动机和洲际飞行运输工具等。若仅从质量和体积上考虑，液氢储存是一种极为理想的储氢方式。但是由于氢气液化要消耗很大的冷却能量，液化 1kg氢需耗电 4～10kW·h，增加了储氢和用氢的成本。另外液氢储存容器必须使用超低温用的特殊容器，液氢储存的装料和绝热不完善容易导致较高的蒸发损失，因而其储存成本较贵，安全技术也比较复杂。

如图 8-7 所示，低温压缩氢气能够实现高存储密度，当将氢气降温至 41K 并加压至35MPa 时，其体积密度为 81g/L，是 70MPa、288K 条件下压缩氢气密度 40g/L 的 2 倍。相较于高压常温储氢，它可以在较低的储存压力下达到较高的能量密度。相较于低温液态储氢，它可以最大限度地减少液化氢储存的蒸发损失。宝马集团已经开始对具有高能量和远续航里程要求的氢能汽车的低温压缩储氢进行验证。低温压缩罐可以兼容气体和液体，具有更大的灵活性和经济性。

理想状态下，氢气液化耗能为 3.92kW·h/kg。目前的氢气液化主要是通过液氮冷却和压缩氢气膨胀实现，耗能为 13～15kW·h/kg，几乎是氢气燃烧所产生低热值（产物为水蒸气时的燃烧热值 33.3kW·h/kg）的一半，而氮气的液化耗能仅为 0.207kW·h/kg，因此降低氢气液化耗能至关重要。一个有效的方法就是扩大液氢的制备规模，通过大规模设备，

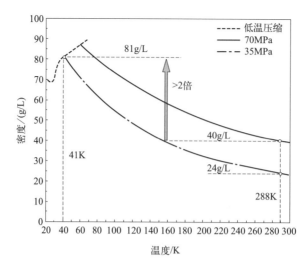

图 8-7　低温压缩氢气与常温高压氢气密度对比

可以将氢气液化能耗降低到 $5\sim8\mathrm{kW\cdot h/kg}$。调整工艺也是一个有效方法，比如使用 He-Ne 布雷顿法制备液氢，能耗为 $6.4\mathrm{kW\cdot h/kg}$。另外，通过创新氢液化流程和提高设备工艺及效率的方法，提高氢液化装置的效率和降低能耗。一些采用高性能换热器、膨胀机和新型混合制冷剂的氢液化创新概念流程的能耗最低已至 $4.4\mathrm{kW\cdot h/kg}$。因为液化温度与室温之间有 200K 以上的温差，加之液态氢的蒸发潜热比天然气小，所以不能忽略从容器表面传导进来的渗入热量引起的液态氢的汽化。罐的表面积与半径的 2 次方成正比，而液态氢的体积则与半径的 3 次方成正比，所以由渗入热量引起的大型罐的液态氢汽化比例要比小型罐的小。同样条件下，液氢容积越大，液态氢气蒸发越小。

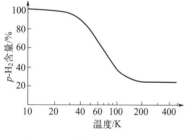

图 8-8　平衡态时氢分子中仲氢（p-H$_2$）含量随温度变化

（2）正-仲氢转化

两个原子核旋转方向一致的氢分子被称为正氢（ortho-hydrogen），两个原子核旋转方向相反的氢分子被称为仲氢（para-hydrogen）。在平衡状态下正、仲氢的相对比例仅为温度的函数，如图 8-8 所示。在常温下达到平衡状态时，正氢占 75%，仲氢占 25%，该状态的氢为正常氢（normal hydrogen）。在液氮温度（77K）下，处于平衡态时，正氢占 52%。在液态氢的沸点温度下（1atm），仲氢占 99.8%。

当温度低于氢气的沸点时，正氢会自发地转化为仲氢。从正氢到仲氢的转化过程是一个放热反应，其反应热也是温度的函数。如 300K 时，转化反应热为 270kJ/kg。随着温度的降低，反应热升高，当 77K 时达到 519kJ/kg。当温度低于 77K 时，转化热为 523kJ/kg，是一个常数。正-仲氢转化过程放出的热量大于沸点温度下两者的蒸发潜热（452kJ/kg），在液氢的储存容器中若存在未转化的正氢，则会在缓慢的转化过程中释放热量，造成液态氢的蒸发，即挥发损失。因此在氢气液化过程中，应使用催化剂加速正仲氢转化过程。氢气低温液化工艺简介及正仲氢催化转化过程详细讨论见 2.4.3 小节。

（3）液氢储存容器材料

传统的液氢容器材料选用金属，如不锈钢和铝合金。例如欧洲航天局在使用液氢液氧（LH_2-LO_2）作为运载火箭发动机燃料时，就使用了压力为 40MPa、容积为 $12m^3$ 的高压液氢容器，其内容器用多层 $3\sim5mm$ 薄钢板绕制而成，是总壁厚 250mm 的不锈钢绕板结构；中国也研发了压力为 10MPa、容积为 $4m^3$ 的高压液氢容器，其内容器为总壁厚 60mm 的不锈钢单层卷焊结构。

为了适应液氢储罐在车载储氢等领域的应用，在保持容器强度的同时减小容器的重量（即容器的轻量化），以及提高质量储氢效率，是液氢储罐设计的基本原则。此外，减小内层的比热容非常利于抑制灌氢时的液体蒸发和损失。为了实现液氢容器的轻量化，与高压气态储氢类似，传统的金属材料逐步被低密度、高强度复合材料所取代。

复合材料的低密度、高强度、低热导率、低比热容等性质都能很好地满足液氢储存容器的轻量化以及减小灌氢时的液体损失，但是复合材料的气密性和均匀性不如金属材料，易导致空气或氢气透过复合材料进入真空绝热层。此外，纤维和塑料的热膨胀系数差异大，导致冷却时产生宏观裂纹的可能性增高。

由于氢元素的特性以及液氢较低的温度（20K），用于液氢储运容器的材料需考虑其氢脆性、渗透性、耐低温能力以及良好的机械性能。常用于低温储氢的材料包括金属合金材料和低温复合材料，其中金属材料包括不锈钢、铝合金、钛合金等。

① 不锈钢。奥氏体不锈钢具有良好的低温性能，是低温工况的首选材料，也是液氢储运容器应用最广泛的材料。按照化学成分不同，奥氏体不锈钢可以分为 Cr-Ni-Mn（200 系列）和 Cr-Ni（300 系列），其中广泛应用于低温液体储运容器的是 300 系列。我国 50 吨级氢氧发动机试车的 $100m^3$ 液氢罐采用 304 不锈钢，航天发射场 $300m^3$ 液氢运输罐车采用 321 不锈钢。

② 铝合金。铝合金目前已广泛应用到液氢容器中，特别是低温推进剂罐中。用于低温的铝合金主要有固溶硬化和沉淀硬化两种。铝合金液氢储罐在美国已经应用于火箭发射领域，其中使用了 2195 铝合金、2029 铝合金和 2219 铝合金。我国运载火箭推进剂罐已从 5A06 合金发展到 2A14 铝合金和 2219 铝合金，长征五号运载火箭的液氢储罐就采用 2219 铝合金。

③ 钛合金。钛合金作为一种新型低温材料，主要用于氢氧发动机储氢罐、氢泵叶轮等结构，大大提高了火箭推重比、工作寿命以及液体火箭发动机的可靠性。然而，钛合金在低温应用中最大的问题在于其伸长率、冲击韧性和断裂韧性随着温度的降低而降低。针对该问题进行大量研究后发现，通过降低 C、H、O 等以及氯元素的含量，钛合金的低温性能可以得到有效提高。美国研发的低温钛合金也在阿波罗项目中得到广泛应用。我国在低温钛合金领域起步较晚，先后开展了 Ti-2Al-2.5Zr、Ti-3Al-2.5Zr、CT20 等低温钛合金的研发，并取得了自主知识产权。

④ 复合材料。与铝合金储罐相比，复合材料具有更高的强度和更低的密度，并能够减轻 25％ 的质量。美国航空航天局（NASA）开发了 CYCOM5320-1/IM7 复合材料作为液氢储罐的替代材料。与传统铝合金储罐相比，该复合材料不仅避免了因氢气渗透而导致的微裂纹，并且减轻了 30％ 的质量，降低了 20％ 的成本。我国研制的复合材料近年来已成功应用于运载火箭的承载结构中。然而，复合材料在液氢储罐中的应用仍需要系统深入地研究，在

树脂材料、成型工艺、材料低温性能以及氢渗透等方面仍有许多技术亟待突破。

（4）液氢存储容器

液氢储罐一般由低温材料制成并且需要具有良好的绝热性能。液氢储罐种类较多，根据其使用场景不同，可以分为固定式和移动式两类；根据储罐所用绝热方式不同，又可以分为普通堆积绝热储罐和真空绝热储罐两类。由于绝热方式较多，且为保证储罐绝热效果，往往选择多种绝热方式结合使用。

① 固定式。固定式液氢储罐容积较大，一般能够储存约 $330m^3$ 的液氢，其形状可以多种多样，较为常见的是球形和圆柱形。液氢损耗机理的研究表明，液氢储罐的漏热损失通常与容器表面积和体积的比值（S/V）成正比，而球形储罐具有最小的 S/V 值，损耗率最低，并且球形结构机械强度高、应力分布均匀，是理想的储罐形状。NASA 常使用的大型液氢球形储罐直径为 25m，容积可达 $3800m^3$，日蒸发率＜0.03%。随着技术的发展，日本和美国分别完成了储量为 $10000m^3$ 和 $40000m^3$ 球形液氢储罐的设计，采用真空双层绝热结构，在内外两个叠置罐体之间设有真空层，其中有的液氢储罐静态蒸发率（boil-off rate，BOR）低于 0.1%/d。然而，球形储罐加工难度大、造价高昂，当前我国自行研制的大型固定式液氢储罐多为圆柱形液氢储罐。

② 移动式。移动式液氢储罐可以分为卧式储罐和集装箱式储罐。卧式储罐常采用卧式圆柱形设计（图 8-9），可以采用公路、铁路运输以及船运等多种运输方式，最常见的是采用液氢罐车进行公路运输。由于运输工具的尺寸限制，公路运输所用液氢储罐宽度限制在 2.44m 之内。卧式液氢储罐的容积越大，容器表面积与体积的比值（S/V）就越小，液氢蒸发率就越低，所以 3 种运输方式的液氢损耗率：公路运输＞铁路运输＞船运。$30m^3$ 的公路运输用液氢槽罐的日蒸发率约为 0.5%，$107m^3$ 的铁路用储罐容积蒸发率约为 0.3%，$910m^3$ 的船运储罐蒸发率能够低至 0.15%。移动式液氢储罐需要有更高的抗冲击强度以满足运输要求。

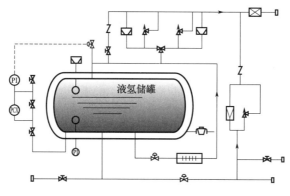

图 8-9　圆柱形液氢储罐结构图

（5）低温绝热技术

低温绝热技术是液氢储运的核心技术，其绝热效果直接影响液氢在储运过程的损耗率。宏观上，低温绝热技术可以分为被动绝热和主动绝热两大类，其中被动绝热与主动绝热区别在于外界有无主动提供冷量输入。目前，被动绝热技术已广泛运用于各种低温设备中。主动绝热技术由于结构复杂、能耗大以及成本高等因素限制，虽绝热效果更好，但应用场景相对有限。其中，ZBO（zero boil-off）主动制冷技术能够实现零蒸发存储，目前还主要应用于长期在轨航天器推进剂的储存上，具体技术原理在 10.6 节有较为详细介绍。

8.2.3 物理吸附储氢

物理吸附储氢主要利用高比表面积吸附剂提供快速的氢动力学和低的氢结合能的优势。与化学吸附储氢材料相比，物理吸附储氢的吸附热低，一般在 10kJ/mol 以下，作用力弱，只是分子之间的范德华力，不涉及化学键的断裂和生成，一般只能在低温下达到较大的储氢量。活化能很小，吸放氢速度较快，一般可逆，循环性好。在比表面积增大的同时，提高材料与氢气的作用力，进而提高储氢温度，是物理储氢材料发展的方向。

物理吸附常用的理论模型有 Langmuir 模型、Freundlich 模型和 BET 多层吸附模型，对于氢气吸附的理论研究，Langmuir 等温式是非常合适的模型，结合吸附平衡常数 K，可以从理论上分析温度、压强、熵变和吸附焓变对吸附量的影响。

Langmuir 单分子层吸附理论从动力学出发，其基本观点是气体在固体表面的吸附是一个动态平衡，即吸附和解吸两个相反过程共同作用的结果。这个理论有两个基本假设：吸附是单分子层吸附；气体分子之间没有相互作用，也不受临近固体表面力场的作用。从以上基本观点出发，可推导出 Langmuir 吸附等温式的两种形式 [式（8-2）、式（8-3）]。

$$\theta = \frac{ap}{1+ap} \tag{8-2}$$

$$\frac{p}{V} = \frac{1}{V_m a} + \frac{p}{V_m} \tag{8-3}$$

式中，θ 是固体表面的覆盖率；V 是压力 p 时固体表面的气体吸附量；V_m 是固体表面达到单分子层吸附饱和时的气体吸附量；a 是吸附反应的平衡常数或称为吸附系数。

Langmuir 公式给出了平衡条件下吸附剂吸附位覆盖率与气体压强之间的关系。在实际情况下，气体在固体表面的吸附常常不是严格的单层吸附，而是多层吸附，这时 Langmuir 单层吸附模型很难在所有压力范围内适用。布鲁尼尔（Brunauer）、埃密特（Emmett）、泰勒（Teller）三人提出了多分子层吸附模型，即 BET 模型。BET 模型认为在单分子层吸附后，固体表面还会继续发生多分子层吸附，第一层吸附的强弱是由气体与固体表面的作用决定的，而以后各层只与气体分子之间的作用力有关。BET 吸附等温式见式（8-4）。

$$\frac{p/p_0}{V(1-p/p_0)} = \frac{1}{cV_m} + \frac{c-1}{cV_m}(p/p_0) \tag{8-4}$$

上述两个公式并不能模拟全部气体吸附系统在压力范围内的情况，人们还提出了 Freundlich 经验公式等由吸附曲线归纳出的理论模型，并根据具体情况将几种理论模型结合起来，如 Langmuir-Freundlich 等温式。根据不同的理论模型进行计算，固体的比表面积有不同的表示方法，由基本假设可知，对于同一个固体材料 Langmuir 比表面积比 BET 比表面积的数值更大。BET 公式用到了多层吸附的概念，只能适用于多层物理吸附的情况，化学吸附由于涉及气体分子和材料表面形成的化学键，没有多层吸附的概念。而 Langmuir-Freundlich 等温式既可以适用于物理吸附也可以适用于化学吸附。

物理吸附储氢的吸附材料主要有分子筛、活性炭、玻璃微球、新型吸附剂等，碳纳米管属于新型吸附剂。其中碳纳米管是一种类似石墨的六边形网格所组成的管状物，两端封闭，外径统一，长度一般从几微米到几百微米。碳纳米管具有比活性炭更大的比表面积，并且有大量微孔，具有比较大的氢气吸附能力。物理吸附的优点是可以在低压下操作、储氢系统相对简单以及材料的耗费也比较低，但是其存在的明显缺点是质量和体积密度低，并且必须在低温下操作。

8.2.4 化学吸附储氢

氢气化学吸附储氢原理与气固化学吸附机理相同，吸附氢气的储氢材料有金属或合金、配位氢化物、MOFs 等。在这些储氢材料中，氢以原子、分子或离子形式与其他元素结合。这里主要以金属或合金储氢为例，阐述基于化学吸附机制的储氢原理。

多数金属都能与氢反应形成金属氢化物。在一定的温度和压力下，金属和氢接触就会发生反应，反应为可逆反应［式（8-5）］。反应进行的方向由氢气的压力和温度决定。如果氢气的压力在平衡压力以上，则反应向形成金属氢化物的方向进行；反之，若低于平衡氢压，则发生金属氢化物的分解。为了提高反应速度，一般可将金属粉碎，以便增大接触面积。金属的种类不同，其反应条件也不同。

$$M + \frac{n}{2}H_2 \Longleftrightarrow MH_n \tag{8-5}$$

式（8-5）中 M 代表储氢金属，MH_n 代表金属氢化物（也可表示其他类型的氢化物）。反应向右进行，称为氢化反应，属放热反应；反应向左进行，称析氢反应，属吸热反应。式中 n 表示吸储氢的有效量，也是能够可逆利用的氢吸储量；此有效氢量，是储氢材料的重要性质。通常，1 个金属原子或 1 个合金原子能够与数个氢原子结合。例如，每 1 个金属原子会与 0.5 个或 1.5 个氢原子结合。当金属或合金处于氢吸储平衡压以上状态时，如果增加氢压，氢就会侵入金属结晶中，以结晶状态储存；如果降低金属或合金体系的压力，并低于解离平衡压，合金中的氢就会释放。因此，只要控制操作压力，就可将储氢容器中的氢吸储或释放。

当金属或合金的组成一定，体系温度一定时，则从相律可知，只要确定压力，就可知道氢的吸储或释放量。这个压力，通常称为吸储压或释氢压（解离压）。一般吸储压与解离压并非一致，将此称为滞后现象。

在氢气的吸储和释放过程中，伴随着热能的生成或吸收，也伴随着氢压的变化。因此，可利用这种可逆反应，将化学能（H_2）、热能（反应热）和机械能（平衡氢压）有机地组合起来，构成具有各种能量形态转换、储存或输运的载能系统。

（1）氢在储氢金属（合金）中的位置

典型的金属晶体有三种：面心立方晶系（fcc）、体心立方晶系（bcc）和密排六方晶系（hcp）。传统的储氢金属与氢反应形成间隙型氢化物时，氢进入金属中晶格间的位置里。进入晶格中的氢原子，有 6 配位的八面体晶格和 4 配位的四面体晶格两种位置（图 8-10）。氢原子进入哪一个位置，取决于进入的方位和金属的原子半径。金属原子半径小的（如 Ni、Cr、Mn、Pd、Ti 等），氢原子进入八面体晶格；相反，金属原子半径大的（如 Zr、Se、稀土元素等），氢原子进入四面体晶格。

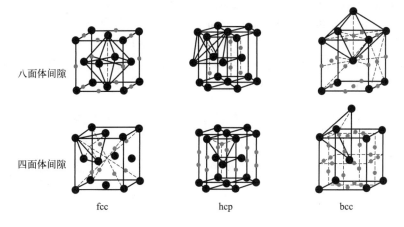

八面体间隙

四面体间隙

| fcc | hcp | bcc |

图 8-10　氢占据金属四面体或八面体中的位置

当氢占据不同金属晶格的不同间隙位置时，每个金属原子可以被占据的氢原子数分别为：fcc 晶格中，八面体位置 1 个，四面体位置 2 个；bcc 晶格中，八面体和四面体的位置分别为 3 个和 6 个；而 hcp 中对应的分别为 1 个和 2 个（见表 8-4）。我们可以看到 bcc 相对于 fcc 和 hcp 结构，单位金属原子可被占据的间隙位置大大高于其他金属，这表明 bcc 结构在储氢材料领域可能具备独特的性能应用。比如 bcc 金属 V 或者 bcc 结构 Ti-V 基合金等，如果氢能够占据所有的四面体和八面体空隙，其储氢容量将可以达到 15% 左右（依据 VH_9 计算），不过由于一般氢原子在金属态氢化物中相互距离要大于 2.1Å 等规则以及电子化学结构等方面的限制，使得氢在金属与合金中往往只部分占据某种间隙。

表 8-4　不同结构金属的八面体和四面体间隙

项目	面心立方 fcc	密排六方 hcp	体心立方 bcc
金属填充密度/%	74.05	74.05	68.02
八面体位置/金属原子	1	1	3
四面体位置/金属原子	2	2	6

金属或合金中的氢原子一旦进入晶格，吸附氢的密度就比标准状态下的氢气密度高 1000 倍。这时，还伴随着热能的进出，为能量的相互转换提供了可能条件。单位体积储氢材料所含氢的密度，是一个重要参数，如 $LaNi_5H_6$ 为 6.2×10^{22} H/cm^3，比标准状态下氢气的密度高 1000 倍，几乎与液态氢的密度相当。

（2）氢化反应热力学

储氢合金的吸放氢热力学通常用 pCT 曲线图（图 8-11）来表示。图 8-11（a）中，横坐标为固相中氢原子与金属原子之比，纵坐标为氢压。曲线包括三个阶段。①α 相形成的阶段。氢气分子在金属表面解离为氢原子，氢原子从金属表面进入金属内部，进入金属（合金）晶格内形成固溶体 α 相，固溶度随氢压升高而增加。②α 相转化为 β 相的阶段，固溶体中氢原子浓度超出固溶度极限，开始生成金属氢化物即 β 相。此段平台区是 α 相和 β 相的两相共存区域，平台压正是此温度下的两相平衡压。氢压高于平衡压的情况下金属持续吸氢生成氢化物，反之则氢化物持续分解为金属。在一定温度下平衡氢压近似恒定，通常被称为平台区域，此区间表示有效的储氢容量。③α 相已完全转变为 β 相。平台区后，继续升高氢压，氢可以继续固溶进 β 相，并有可能形成新的氢化物和出现新的平台区。升高温度，氢化物的平衡氢压也随之升高，从而影响吸氢或放氢反应的进行方向。在配位氢化物等储氢材料中，也常用 pCT 表征它们的储氢特征。可以发现，随着温度的增加，其平台压力区逐渐变短，因此温度过高不利于吸氢反应的进行。

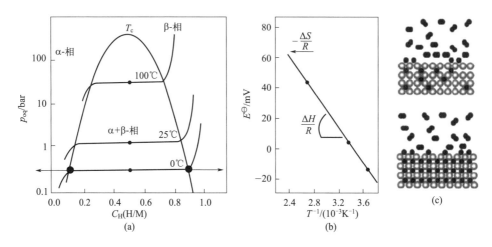

图 8-11　金属氢化物的 pCT 曲线（a）、Van't Hoff 图（b）和相变过程模型（c）

根据式（8-6）和式（8-7），我们可以推导出范特霍夫（van't Hoff）方程［式（8-8）］。

$$\Delta G = \Delta H - T\Delta S \tag{8-6}$$

$$\Delta G = -RT\ln K_p = RT\ln p_{H_2} \tag{8-7}$$

$$\ln p_{H_2} = \frac{\Delta H}{R} \times \frac{1}{T} - \frac{\Delta S}{R} \tag{8-8}$$

式中，ΔG、ΔH 和 ΔS 分别为反应的 Gibbs 自由能的变化量、焓变化量以及熵变化量；R 为气体常数；T 为热力学温度，K；p_{H_2} 为平衡氢压。

根据 pCT 曲线中得到的不同温度下的放氢平衡压，我们便可以得到表示 $\ln p_{H_2}$ 与 $1/T$ 关系的 van't Hoff 曲线图，并拟合出此反应的 van't Hoff 方程。根据方程的斜率和截距，我们可以分别得到氢化物的反应生成焓和生成熵。从不同体系的 van't Hoff 曲线图上，我们可以直观地挑选出我们所需要的在不同温度和压力条件下能够释放氢的体系。

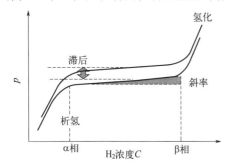

图 8-12　实际情况下金属氢化物的
等温吸氢与放氢的 pCT 曲线

pCT 曲线是衡量材料储氢性能的重要依据，它直接反映了材料吸/放氢过程的可逆储氢容量、平衡氢压、平台斜率和滞后效应。根据平衡氢压（p_{H_2}）与温度（T）的关系和 van't Hoff 方程，计算储氢材料的吸/放氢过程焓变 ΔH 和熵变 ΔS。

准确完整反映吸/放氢两个过程的 pCT 曲线如图 8-12 所示。图 8-12 中上边曲线表示氢吸储（氢化）过程，下边一条曲线表示氢释放（析氢）

过程。

需要指出的是，许多金属氢化物在实际条件下的等温 pCT 平台往往存在一定的斜率（slope），如图 8-12 所示。具体表现为在等温平台的吸氢过程中（由金属相 α 转变为氢化物相 β 间），随材料的吸氢量增加，需要逐渐提高氢气压力才能继续吸氢。逆反应则需要进一步降低氢气压力才能维持放氢反应。另外，吸放氢反应存在滞后效应（hysteresis），即吸氢平衡氢压总是高于放氢平衡氢压。事实上，较大的平台斜率和吸放氢滞后对储热应用是不利的。研究发现，不同种类的氢化物的 pCT 曲线差异明显，在实际应用时需要加以考虑。

氢吸储或释放等温线的水平段部分（下称为坪域）表明当氢浓度变化时，平衡氢压的变化趋势较为缓和的区域，这是反映储氢材料可逆性的一个重要特性。

通常，储氢材料在参与能量转换的过程中，氢被反复吸储或释放。因此，吸储氢的水平段平衡氢压（以下简称为吸氢坪压 p_a）与释放氢的水平段平衡氢压（以下简称释氢坪压 p_d）之间的滞后性宜小。尤其在热泵系统滞后性越小，其能量损失也越小。反映滞后性的参数，可用滞后因子 $\ln(p_a/p_d)$ 表示。

同时，pCT 等温线水平段的倾斜程度（下称为坪斜度），可用 $d(\ln p_d)/dc$ 表示，其中 $d(\ln p_d)$ 是 pCT 等温线的解离压之差；dc 为氢化物的浓度差。在制造储氢材料时，一般可通过适当的热处理，降低坪斜度；也可添加某些元素或将多种金属氢化物重新组配，可减少滞后现象。

（3）储氢过程反应动力学

H_2 与金属接触时，首先吸附于表面，借助化学交互作用，使 H—H 键断裂，解离成 H 原子（0.79Å）。H 从合金表面向内部扩散，进入比 H 大得多的晶格间隙位置（四面体或八面体间隙），先形成含氢固溶体 α 相，此时合金晶体结构类型仍保持不变，只是晶格参数由于 H 的进入而发生变化。当溶解氢浓度较低时，含氢固溶体的溶解度 $[H]_M$ 正比于平衡氢压 p_{H_2} 的开方，即满足式（8-9）：

$$p_{H_2}^{1/2} \propto [H]_M \tag{8-9}$$

在一定温度和氢压条件下，合金与 H_2 发生反应，同时释放出热量，形成金属氢化物 β 相，此时，金属的晶体结构一般都发生改变。当提高温度或降低压力时，金属氢化物吸收热量并释放出 H_2，其吸/放氢反应过程可表示为式（8-10）：

$$MH_x + H_2 \rightleftharpoons MH_y + \Delta H \tag{8-10}$$

式中，MH_x 为 α 相；MH_y 为 β 相；ΔH 为金属氢化物生成焓。吸氢过程是放热反应，即 $\Delta H < 0$；而放氢过程则是吸热反应，即 $\Delta H > 0$。对金属/合金-氢体系，可通过调控体系温度（T）和氢压（p）来改变吸/放氢过程。金属/合金通过吸氢放热，吸热放氢可逆反应实现了 H_2 的高效存储，且相变生成的 β 金属氢化物单位体积能够存储比液态储氢方式更多的 H。

可将金属氢化反应分解为以下 5 步：H_2 表面物理吸附；物理吸附 H_2 解离后形成化学吸附 H_{ad}；H_{ad} 表面渗透，进入材料内部；含氢固溶体 α 相形成，即 H_{ad} 转化为吸收氢 H_{ab} 的过程 $H_{ad} \longrightarrow H_{ab}$；金属氢化物 β 相形核长大，放氢过程与吸氢过相反。可以看出，金属吸氢过程分为表面过程及内部过程两方面，其中表面主要涉及 H_2 吸附解离、H 表面渗透；

内部过程则主要与 H 扩散占位、氢化物形核长大相关，只有同时调控材料表面及内部状态，才能获得优异的吸/放氢热动力学特性。

金属或合金的氢化反应一般由以下几个步骤组成：

① 氢气由气体主相向金属或合金迁移；

② 氢气由气相边界向金属或合金表面扩散；

③ 氢气在合金表面形成物理态吸附，此时氢在合金表面的状态为氢分子；

④ 氢分子在表面分解形成氢原子，氢原子在金属或合金表面形成化学态吸附；

⑤ 化学吸附在表面的氢原子穿透金属或合金的表面进入其主体；

⑥ 氢原子在氢化物相中向颗粒内部扩散，到达氢化物与金属或合金的界面；

⑦ 氢原子在氢化物与金属或合金表面参与反应，形成氢化物。

以上是简化的金属或合金体系中的氢化反应过程，当体系是多元组分，或者有催化剂等其他因素时，氢化反应过程往往要复杂得多。在以上简单氢化反应过程中，一般步骤③～⑦相对于步骤①或者步骤②要慢得多，当其中某一个步骤是整个氢化过程中最慢的一步，整个反应的速度就由这个步骤决定，此步骤反应称为氢化过程中的控速反应。很多人通过简易球形模型来研究不同储氢金属或合金体系氢化动力学过程。根据不同的反应过程机理，不同的方程被用来解释这些反应过程（见表 8-5），因此当氢化反应过程可以被某个方程很好地吻合时，即表明此方程所阐述的反应过程即为整个氢化反应过程中的限速反应。

以氢在 LaNi$_5$ 的储存为例。首先，合金的表面与氢接触，则氢分子（H$_2$）被合金表面吸附。合金表面层由 La$_2$O$_3$ 和 La（OH）$_3$ 组成，其间隙之间有 Ni 单体存在；从表面层深入合金内部，其组成为 LaNi$_5$。然后随着氢压增加，氢分子的间隔缩小、分子数增加，氢分子开始在 Ni 层中被化学吸附；接着，由于紧靠 Ni 的 La$_2$O$_3$ 与 La(OH)$_3$ 的作用，氢分子键断裂，以原子状态扩散至表面层底部。第三步，靠近 LaNi$_5$ 的氢原子，以原子的状态深入晶格中。

氢原子直径较小，氢在金属中比任何其他溶质都扩散得快，在金属点阵内可以以很高的速度扩散，扩散系数通常在 $10^{-8} \sim 10^{-3}\,\mathrm{cm}^2/\mathrm{s}$ 范围内，但对这种快速扩散机理还不完全清楚。氢原子的质量很小，可以预料量子效应和隧道效应起作用，氢在 Nb、Ta 和 V 等金属中扩散的活化能是同位素质量函数的事实支持了这种推测。研究氢在金属中的扩散行为是确定氢在金属行为的一个很重要的方面，尤其是对于储氢合金体系中的氢扩散研究，对于吸放氢过程中的动力学有很大的影响。氢在金属中扩散系数的测定方法可以使用核磁共振法、弹性后效法等，在金属体系中氢浓度很高时，可以采用穆斯堡尔谱法及中子衍射等方法来测定。

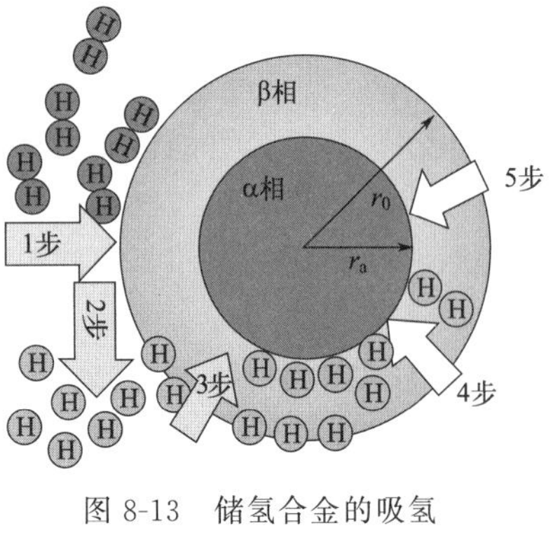

图 8-13　储氢合金的吸氢反应简化的五步模型

在一定的温度和氢气压力下，合金储氢材料能发生放热反应吸收氢气生成金属氢化物，并在加热的情况下发生吸热反应释放所吸收的氢气，不同材料的反应温度和压强是不同的。其吸收氢气的微观机理是氢分子首先吸附在金属表面（图 8-13），随着氢键断裂而解离成氢原子，氢原子通过内部扩散进入金属原子的间隙形成金属固溶体（称为 α 相），之后固溶体中的氢原子进一步向金属内部扩散，达到固溶转化为化学吸附的活化能后从而形成氢化物（β 相）。

一般认为氢在金属中有四种可能的扩散机理。在极低的温度下，氢作为带态而形成离域化，在带态中的氢的传播受到声子和晶格缺陷散射的限制。在稍高的温度下，氢被定域在具体的间隙位中，需要热能来改变其位置。这时分两种情况，一种可能性是从一个间隙位跳到另一个间隙位的隧穿。另一种可能性是在两个位间的跳跃，这便涉及氢扩散的活化能，这是经典的扩散机制，在高温时起主要作用。

表 8-5　不同反应机理以及对应的反应方程

机理	方程
一维扩散	$\alpha^2 = kt$
二维扩散（二维颗粒形状）	$(1-\alpha)\ln(1-\alpha) + \alpha = kt$
三维扩散（Jander 方程）	$[1-(1-\alpha)^{1/3}]^2 = kt$
三维扩散（Gialing-Braunshtein 方程）	$1-2\alpha/3-(1-\alpha)^{2/3} = kt$
一级动力学	$-\ln(1-\alpha) = kt$
二维相界反应	$1-(1-\alpha)^{1/2} = kt$
三维相界反应	$1-(1-\alpha)^{1/3} = kt$
零级反应	$\alpha = kt$
成核生长（Avrami-Erofeev 方程），$m=1.11$	$[-\ln(1-\alpha)]^{1/2} = kt$
成核生长（Avrami-Erofeev 方程），$m=1.07$	$[-\ln(1-\alpha)]^{1/3} = kt$

对吸放氢反应动力学的理论描述，主流模型为扩散模型和形核模型。目前广泛采用的是晶体形核生长（Johnson-Mehl-Avrami，JMA）模型。JMA 模型是建立在平衡态或近平衡态（即等温过程）过程的反应动力学模型，用式（8-11）表示：

$$\xi = 1 - \exp(1-kt^n) \tag{8-11}$$

两边取对数，得式（8-12）：

$$\ln[-\ln(1-\xi)] = \ln k + n\ln t \tag{8-12}$$

式中，ξ 为反应产物的体积分数；t 为反应时间；n 为阿夫拉米（Avrami）指数（也称反应级数）；k 为反应速率常数，与吸放氢反应的温度和压力有关。

图 8-14（a）所示为金属氢化物的典型吸氢反应动力学曲线，图 8-14（b）所示为采用 JMA 模型的线性拟合图，由图 8-14（b）的拟合得到 n 和 $\ln k$ 的值。进一步地，得到在不同温度 T 下的反应速率常数 k，利用式（8-13）所示的阿伦尼乌斯关系（Arrhenius relation）计算出氢化物材料的吸/放氢反应活化能 E_a。

$$k = A\exp\left(-\frac{E_a}{RT}\right) \tag{8-13}$$

式中，k 为温度 T 下的反应速率常数；A 为指前因子；E_a 为活化能；R 为理想气体常数。值得注意的是，合金/氢化物的热传导效应，往往是决定吸氢-放氢反应速率的关键因素。如 $LaNi_5$ 在 25℃、氢压为平衡压力 2 倍条件下，氢化反应速度非常快，在 0.5s 就可完成 75% 的吸氢。如此快速的吸氢反应会伴随大量的反应热释放，导致材料显著的自加热效应。而且氢化物的热导率一般低于合金材料，因此吸氢过程的瞬时温升可达数十摄氏度。因此对于一些反应速率较快的储氢材料，热传导往往是其限制性因素。由此可见，氢化物反应床的宏观吸放氢速率，由氢化物反应动力学和反应器整体传热性能两者共同决定，所以材料传热的问题和优化方法在氢化物储热系统设计中也应重点考虑。

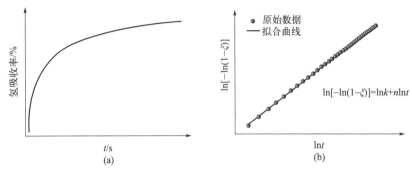

图 8-14　典型金属氢化物的反应动力学曲线（a）和采用 JMA 模型的线性拟合图（b）

【例题 8-2】　$MgNiH_6$ 合金的吸氢控速步骤为形核长大过程，Avrami 指数 n 为 1，压力项表达式为 $\ln(p/p_{eq})$。已知活化能为 30kJ/mol，速率常数为 $400s^{-1}$，293K 时的平衡压为 1MPa。试求解该合金在 293K 和 3MPa 吸氢压力时，吸氢 80% 所需要的时间。

解： 形核长大过程控速的动力学方程（$n=1$）为：

$$-\ln(1-\varepsilon)=k_{ng}t$$

式中，速率常数 k 与温度、压力的关系可以写为：

$$k_{ng}=k_{ng,0}\exp\left(\frac{-E_a}{RT}\right)\ln\left(\frac{p}{p_{eq}}\right)$$

代入活化能、速率常数及平衡压值，动力学方程有：

$$-\ln(1-0.8)=400\times\exp\left(\frac{-30000}{8.314\times293}\right)\times\ln\left(\frac{3}{1}\right)\times t$$

经过计算，得到吸氢为 80% 的反应时间为 811.8s，大约为 13.5min。

8.3　固体储氢材料及性能

固体吸附储氢材料储氢具有储氢密度高、运输储存方便、安全性好、成本低，因此应用前景良好。固态储氢的工作原理是利用某些特殊材料对氢气的吸附能力实现对氢气的储存和运输。固态储氢材料则按氢吸附结合的方式分为化学吸附储氢材料（如金属合金储氢、配位氢化物等）和物理吸附储氢材料（如分子筛、碳基材料、金属有机框架材料等）。图 8-15 给出了目前所采用和正在研究的储氢材料的质量储氢密度和体积储氢密度。综合考虑质量、体积储氢密度和温度，除液氢储存外，还没有其他技术能满足上述要求。

从以上各类储氢材料在不同压力温度下 H_2 吸附量关系棒状图（图 8-16），可以看出，轻金属硼及铝的配合氢化物的储氢效果是较为理想的。

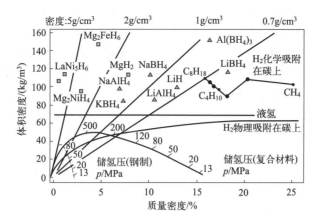

图 8-15　各类储氢材料的质量密度、体积密度与 H₂ 吸附量关系图

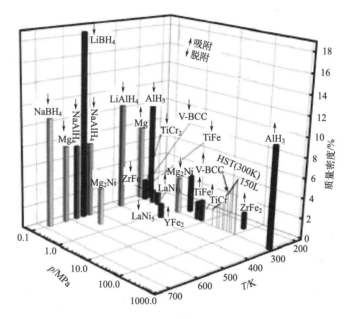

图 8-16　各类储氢材料质量密度、体积密度与 H₂ 吸附量关系棒状图

8.4　沸石分子筛储氢

沸石分子筛是一种天然形成（称为沸石）或人工合成（通常称为分子筛）的具有筛选分子作用的水合硅铝酸盐。分子筛是由 TO_4（T 最常见的为 Si 和 Al，也可以是 P、Ti、Ga、Ge、B、Fe、V 等原子）四面体通过中间的桥氧原子连接而成，具有三维有序结构的无机多孔骨架材料。分子筛的化学通式为（$M_2'M$）$O \cdot Al_2O_3 \cdot xSiO_2 \cdot yH_2O$，$M'$、$M$ 分别为一价、二价阳离子，如 K^+、Na^+ 和 Ca^{2+}、Mg^{2+} 等，用以平衡分子筛骨架负电荷。经典的分子筛骨架基本结构是 SiO_4 和 AlO_4 四面体，这些初级结构单元通过顶点的氧原子可以连接成四元环、六元环、八元环等次级结构单元。由于结构及形式都不同，"笼"形的空间孔洞

分为 α、β、γ、六方柱、八面沸石等"笼"的结构，各种次级结构单元按照不同的排列方式组合，类似于搭积木的方式，构成了不同的分子筛骨架结构。每个孔笼又能通过多元环窗口与其他孔笼相通，在分子筛晶体内部孔笼之间形成了许多通道，从而构成了分子筛的孔道。通常可以根据孔道尺寸的不同，将分子筛分为小孔分子筛（8 元环）、中孔分子筛（10 元环）、大孔分子筛（12 元环）以及超大孔道的分子筛（大于 12 元环）。此外，分子筛材料还可以根据骨架元素组成的不同，分为硅酸盐分子筛、磷酸铝分子筛以及锗酸盐分子筛等不同类型的分子筛。由于具有大的比表面积、规则的孔道结构、离子交换性及可调变的酸碱性等性质，分子筛在吸附分离、工业催化、化工材料等领域有着重要而广泛的应用。

沸石分子筛是常用的催化剂载体及固体吸附分离材料，其生产工艺成熟，产品价格低廉，有着规整的孔道和可观的内表面积，能够选择性吸附气体，是一种具有发展潜力的储氢材料。沸石的比表面积高达 $100\sim500m^2/g$，按照孔道特征可以分为一维、二维和三维体系。沸石窗口的有效孔径为 $0.4\sim1nm$，大于氢分子的动力学直径，理论上氢分子可以自由地出入窗口。沸石样品具有较高的氢吸附能力，吸附氢气质量分数可达 7%（表 8-6）。

表 8-6　各种沸石材料的性质

储氢材料	温度/K	压力/MPa	比表面积/(m²/g)	储氢效率/%
PIM-1	77	0.1	1054~32433	1.2~31.9
$LiC_{39}H_9$	274~322	35~350	—	6.78
类沸石碳	469	2	1200~32400	6.90
BIK	77	0.1	209	1.30

沸石的储氢量主要取决于它的微孔结构，而微孔结构与沸石的化学组成所含有的阳离子以及骨架组成有着密切的关系。H_2 在沸石孔牢固结合，轻质碱金属阳离子（如 Li^+、Na^+、Mg^{2+}）进入沸石的多孔骨架对电荷进行平衡，增加了氢吸附的结合能；另一方面，沸石的孔隙结构提供了高比表面积，能够对氢气进行物理吸附。

沸石分子筛有着规整的孔道和可观的内表面积，能够选择性吸附气体，作为储氢材料近些年来吸引了研究人员的关注。沸石分子筛的储氢量主要取决于它的微孔结构，而微孔结构与分子筛的化学组成所含有的阳离子以及骨架组成有着密切的关系。H_2 在分子筛孔牢固结合，轻质碱金属阳离子（如 Li^+、Na^+、Mg^{2+}）进入分子筛的多孔骨架对电荷进行平衡，增加了氢吸附的结合能；另一方面，分子筛的孔隙结构提供了高比表面积，能够对氢气进行物理吸附。产生吸附的原因主要是分子引力作用在固体表面产生的一种"表面力"，当流体流过时，流体中的一些分子由于做不规则运动而碰撞到吸附剂表面，在表面产生分子浓聚，使流体中的这种分子数目减少，达到分离、清除的目的。由于吸附不发生化学变化，只要设法将浓聚在表面的分子赶走，沸石分子筛就又具有吸附能力，这一过程是吸附的逆过程，称为解吸或再生。由于分子筛孔径均匀，只有当分子动力学直径小于分子筛孔径时才能很容易进入晶穴内部而被吸附，所以分子筛对于气体和液体分子就犹如筛子一样，根据分子的大小来决定是否被吸附。由于分子筛晶穴内还有着较强的极性，能与含极性基团的分子在分子筛表面发生强的作用，或是通过诱导使可极化的分子极化从而产生强吸附。这种极性或易极化的分子易被极性分子筛吸附的特性体现出分子筛的又一种吸附选择性。

沸石分子筛的储氢过程为：①室温下，氢分子不能进入分子筛笼中；②加热，分子筛窗口膨胀，氢分子进入分子筛笼中；③冷却，氢分子被圈闭于分子筛笼中；④再加热，被圈闭于分子筛笼中的氢即可被释放。该储放氢机制称作热胀模式。对于加热储氢的原因，通常认为是由于分子筛的窗口过于狭窄，氢分子较难进入，因此加热有利于窗口的扩张。但事实上，分子筛窗口的有效孔径为0.42~1nm，大于氢分子的动力学直径，理论上氢分子可以自由地出入窗口，一些学者认为，常温下氢气难以进入分子筛笼的主要原因是分子筛表面具有较强的极性，尤其是窗口位置，极易使氢分子极化，产生静电吸附作用，导致氢分子在窗口位置发生堆栈，阻碍了后续氢的进入。加热分子筛，一方面使窗口孔径增大，另一方面增强了氢分子的热运动，氢分子易于摆脱固体表面的吸附作用而进入分子筛笼中，冷却至室温，氢分子重新在窗口位置发生堆栈，吸附的氢分子被圈闭于分子筛笼中，一般将这种储放氢模式称为极化-热胀模式。

具有不同结构的沸石分子筛储氢性能虽有差异，但储氢量普遍较低，一般不超过3.0%。天然矿石中储氢性能较好的包括海泡石、埃洛石等。其中，储氢量最大的埃洛石可达2.8%。沸石分子筛的氢吸附等温线与脱附等温线基本重合，表明氢在沸石分子筛微孔中的吸附为物理吸附。因此，沸石分子筛吸附的氢可以全部释放，储氢材料可循环利用。

8.5 碳基吸附储氢材料

碳基储氢材料主要包括活性炭、碳纤维和碳纳米管等，因种类繁多、结构多变、来源广泛，较早受到关注（图8-17）。鉴于碳基材料与氢气之间的相互作用较弱，材料储氢性能主要依靠适宜的微观形状和孔结构，因此，提高碳基材料的储氢性能一般需要通过调节材料的比表面积、孔道尺寸和孔体积等来实现。碳纳米管由于其高比表面积、低密度、高安全性和可循环利用等优点，已成为最有潜力的碳基储氢材料之一。

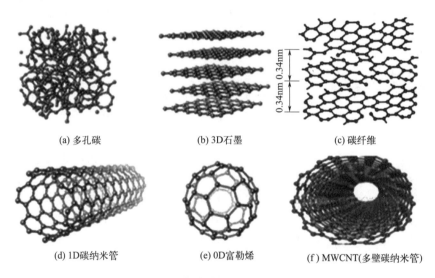

(a) 多孔碳　　　　　(b) 3D石墨　　　　　(c) 碳纤维

(d) 1D碳纳米管　　　　(e) 0D富勒烯　　　　(f) MWCNT(多壁碳纳米管)

图8-17　各类碳材料结构示意图

8.5.1 活性炭

活性炭具有较高的比表面积和发达的孔隙结构，吸附能力强且性质稳定，表面化学结构易调控，价格相对低廉，是极具潜力和竞争力的碳基储氢材料。比表面积 $3000m^2/g$ 的活性炭储氢量为 $2.0\%\sim3.0\%$。

以醋酸纤维素制备的富氧超级活性炭，比表面积可达 $3000m^2/g$，孔体积为 $1.8cm^3/g$，具有 90% 以上的微孔，在 77K、3MPa 条件下实现储氢量 8.9%，但在室温、3MPa 条件下的储氢量为 1.2%；以松果为原料、采用 KOH 活化制备的活性炭，微孔体积比例大于50%，在 77K 和 8MPa 下储氢量为 5.5%；利用生物质制备的活性炭经 KOH 活化后，比表面积为 $2800m^2/g$，在 -196℃、8MPa 下的最大储氢量为 6.3%；以煤液化沥青为原料同样采用 KOH 活化法制备的超级活性炭在 77K、400kPa 下吸附 $5.3\%\sim7.4\%$ 的氢气，高于常规活性炭储氢材料。通过增加表面积、丰富微孔结构，能够在一定程度上增加活性炭的储氢量，然而目前的研究都是基于低温高压环境下才获得较为理想的储氢量，而在常温条件下活性炭的储氢量会明显降低，因此需要进一步研发常温条件下有较高储氢量的活性炭。

活性炭纤维是纤维状的特殊活性炭，含有丰富的微孔结构，微孔体积可占总孔体积的90% 以上，同时微孔直接开口于纤维表面，有助于提高吸附量和吸附速率。而且活性炭纤维表面分布着大量不饱和的碳原子，能够在生成微孔结构的同时形成丰富的表面官能团，便于针对吸附目标对象进行改性，进一步提升吸附性能。

8.5.2　碳纳米管

碳纳米管（CNTs）是一种具有特殊结构（径向尺寸为纳米量级，轴向尺寸为微米量级，管子两端基本上都封口）的一维纳米材料，主要由呈六边形排列的碳原子构成一层到数十层的同轴圆管。层与层之间保持固定的距离，约 0.34nm，直径一般为 $2\sim20nm$。此外，还有一些五边形碳环和七边形碳环存在于碳纳米管的弯曲部位。根据碳六边形沿轴向的不同取向可以将碳纳米管分成锯齿形、扶手椅形和螺旋形三种。碳纳米管可以看作是石墨烯片层卷曲而成，因此按照石墨烯片的层数可分为：单壁碳纳米管（single-walled carbon nanotubes，SWCNTs）和多壁碳纳米管（multi-walled carbon nanotubes，MWCNTs），见图 8-18。碳纳米管中碳原子以 sp^2 杂化为主，同时六角形网格结构存在一定程度的弯曲，形成空间拓扑结构，其中可形成一定的 sp^3 杂化键，即形成的化学键同时具有 sp^2 和 sp^3 混合杂化状态，而这些 p 轨道彼此交叠在碳纳米管石墨烯片层外形成高度离域化的大 π 键，碳纳米管外表面的大 π 键是碳纳米管与一些具有共轭性能的大分子以非共价键复合的化学基础。碳纳米管作为一维纳米材料，质量轻，六边形结构连接完美，具有许多异常的力学、电学和化学性能。

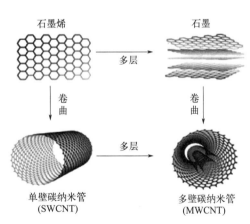

图 8-18　单壁碳纳米管和多壁碳纳米管结构示意图

（1）单壁碳纳米管（SWNTs）储氢

对碳纳米管储氢性能研究最早始于单壁碳纳米管，其储氢研究采用的方法主要还是热脱附法、重量法和体积法。但由于各研究者的处理方法不一样，对其储氢量存在很大争议。

1997 年美国国家可再生能源实验室采用程序控温脱附仪（TPDS）首次对单壁纳米碳管的储氢性能进行了研究，得出在 130K 和 $4×10^4$ Pa 条件下的纯单壁纳米碳管的储氢量为 5%～10%，进一步的研究表明，采用高温氧化的方法处理碳纳米管，使管末端开放，可以有效增加吸附量并提高吸附速率。

SWNTs 是碳纳米管中的极限形式，由一层石墨片卷曲而成，是长径比很高的纳米级中空管。SWNTs 的内径一般小于 2nm，而这个尺度是微孔和中孔的分界尺寸，这说明 SWNTs 的中空管具有微孔性质，可以看作是一种微孔材料。理想 SWNTs 的微观结构相当规整，与传统 MPC（微孔碳）所具有的狭缝型孔不同。SWNTs 具有圆柱形的微孔。根据吸附势能理论，圆柱形比相同尺寸的狭缝型孔具有更大的吸附势能。理论预测，单根碳纳米管具有很大的比表面积，是一种潜在的微孔吸附材料。通过对孔径结构的研究分析，认为 MWNTs 是一种中孔吸附剂，而根据吸附等温线计算认为 SWNTs 是一种微孔吸附剂，这样的结果与电镜直接观察的结果相近。由于碳纳米管一般是以阵列成束状存在，因此，碳纳米管之中除了具有中空管形成的一维微孔结构外，还具有管间形成的孔，这样就丰富了碳纳米管中孔的种类。但是由于单壁管成束状存在，也损失了相当部分的比表面积。

（2）多壁碳纳米管（MWNTs）储氢

多壁碳纳米管（MWNTs）吸附储氢直到最近几年才得到关注，多壁碳纳米管是由 2～50 层石墨片层绕轴卷曲而成的管状物，直径一般在几十个纳米以下，长度一般在毫米或微米量级，如此大的长径比使得碳纳米管在生长过程中会自然地发生弯曲和缠绕，一般的制备方法得到的 MWNTs 都是以无序方式聚集的。与单壁碳纳米管相比，由于存在层间结构，多壁碳纳米管除了氢气可能吸附在外表面或储存在中空管内以外，还有可能在管间发生吸附。由此推测多壁碳纳米管可能具有更好的储氢能量。有报道 MWNTs 在 -196℃ 时的储氢质量分数可达 5.5%，而在室温下却只有 0.6%。他们认为，氢气在碳纳米管上的吸附只是表面现象，和氢气在高表面石墨上的吸附相似。在对催化裂解法制备的多壁碳纳米管进行高温（1700～2200℃）退火处理后，在 25℃ 和 10MPa 条件下测定储氢容量达到了 4%。

8.6 金属有机框架材料储氢

金属有机框架化合物（metal-organic frameworks，MOFs）是由含氧、氮等的多齿有机配体（大多是芳香多酸或多碱）与过渡金属离子自组装而成的配位聚合物。Tomic 在 20 世纪 60 年代中期报道的新型固体材料即可看作是 MOFs 的雏形，在随后的几十年中，科学家对 MOFs 的研究主要致力于其热力学稳定性的改善和孔隙率的提高，在实际应用方面没有大的突破。直到 20 世纪 90 年代，以新型阳离子、阴离子及中性配体形成的孔隙率高、孔结构可控、比表面积大、化学性质稳定、制备过程简单的 MOFs 材料才被大量合成出来。其中，金属阳离子在 MOFs 骨架中的作用一方面是作为结点提供骨架的中枢，另一方面是在中枢中形成分支，从而增强 MOFs 的物理性质（如多孔性和手性）。这类材料的比表面积远大于相似孔道的分子筛，而且能够在去除孔道中的溶剂分子后仍然保持骨架的完整性。

MOF-5 是由 4 个 Zn^{2+} 和 1 个 O^{2-} 形成的无机基团 $[Zn_4O]^{6+}$ 与 1,4-苯二甲酸二甲酯（1,4-benzenedicarboxylate，BDC）以八面体形式连接而成的三维立体骨架结构。其中每个立方体顶点部分的二级结构单元 $[Zn_4O(COO)_6]$ 是由以 1 个氧原子为中心、通过 6 个羧酸根相互桥联起来的 4 个锌离子为顶点的正四面体组成。

在 MOF-5 的合成过程中，溶解 Zn^{2+} 的溶剂和有机配体 BDC 暴露在气氛或者水溶液中温度的变化与 MOF-5 的结构形成有密切的关系，将 $Zn(NO_3)_2 \cdot 6H_2O$ 与 BDC 混合后于 80℃放置 10h 制得的 MOF-5 为无色的立方晶体结构，而增加反应温度和反应时间得到的材料为黄色的晶体。另外，由于 MOF-5 在去溶剂化处理之前会有有机配体以及溶剂分子填充于材料的孔道结构中，去溶剂化作用的条件如煅烧温度和气氛的选择对材料的性能影响也很大。他们通过暴露于空气中制得的 MOF-5 在 77K、40bar 条件下储氢量为 5.1%，而不暴露于空气中制得的 MOF-5 在同样条件下的储氢量达到了 7.1%。

MOFs 材料储氢和碳纳米管的储氢原理比较相似，主要是物理吸附储氢，其最大储氢量跟比表面积有线性关系，这意味着提高比表面积可以提高其最大储氢量（表 8-7）。由于其具有丰富的结构和较高的储氢容量，近年来成为储氢研究的热点之一。

表 8-7　几种 MOFs 材料储氢量及吸附热比较

名称	储氢含量/%	吸附热 Q_{st}/(kJ/mol)
IRMOF-1(MOF-5)	4.5(77K,1 bar)	4.9～4.4(77～87K)
IRMOF-8	3.6(77K,15 bar)	6.1(77～298K)
IRMOF-11	3.5(77K,34 bar)	9.1～5.1(77～87K)
MOF-74	2.3(77K,26 bar)	8.3～5.6(77～87K)
MOF-177	7.6(77K,66 bar)	4.4(77～87K)

新型储氢材料的 MOF-5 与常规 MOFs 相比最大的特点在于具有更大的比表面积。1999年合成了具有储氢功能、由有机酸和锌离子合成新的 MOFs 材料 MOF-5，并于 2003 年首次公布了 MOF-5 的储氢性能测试结果。MOF-5 的典型结构如图 8-19 所示，有效比表面积为 $2500～3000m^2/g$，密度约为 $0.6g/cm^3$。有些特殊 MOFs 如 MOF-525、MOF-545，比表面积分别高达 $2620m^2/g$ 和 $2260m^2/g$。

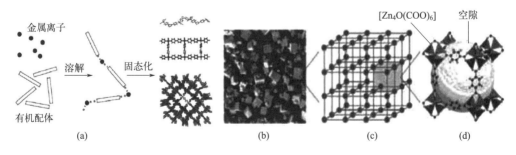

图 8-19　MOF-5 制备过程及其晶体结构示意图
(a) 合成过程；(b) 晶体结构外形；(c) 具有三维立方点阵结构；(d) 晶体结构示意图

通过改变 MOF-5 的有机联结体可以得到一系列网状结构的 MOF-5 的类似化合物 IRMOFs（isoreticular metal-organic frameworks）；通过同时改变 MOF-5 的金属离子和有机联结体可以得到一系列具有与 MOF-5 类似结构的微孔金属有机配合物 MMOMs（microporous metal organic materials）。MOF-5、IRMOFs 和 MMOMs 因具有纯度高、结晶度高、成本低、能够大批量生产、结构可控等优点，在气体存储尤其是氢的存储方面展示出广阔的应用前景。

8.7 氢化物储氢原理及材料

8.7.1 氢化物结构及性能

（1）氢化物简介

氢化物储氢材料是迄今为止研发最广泛、种类最多、储氢效果最为优异的储氢材料。

目前对氢化物的定义并不统一。传统的氢化物是指氢与正电性的元素或基团形成的化合物，如 NaH 和 CaH_2 等。根据国际纯粹化学与应用化学联合会（IUPAC）的命名法则，CH_4 与 NH_3 等被称为母体氢化物，并不符合传统的定义。《大英百科全书》对氢化物的定义则更为广泛，即氢化物泛指由氢和其他元素形成的化合物。根据氢与另一个元素成键的性质可将氢化物划分为离子型（如 NaH、KH）、共价型（如 H_2O、NH_3）和金属型（如 TiH、LaH）三类。

$H(1s^1)$ 的电负性（$\chi=2.2$）适中，这意味着它既可以失去电子形成 $H^+(1s^0)$，又可以结合一个电子形成 $H^-(1s^2)$。H 的外围电子松散，易于极化，因此 H 是软而强的路易斯碱，这与 H^- 和 H^+ 明显不同。以分子、团簇、表面物种或者体相材料等形式存在的氢化物是由一个或多个 H 与正电性更强的元素或者基团相连而成。这些氢化物保持了 H 的高能量、强还原性、高活性等特征，在能源存储与利用（如储氢、储热、储电等）以及化学转化中显示出异乎寻常的性能。

氢化物在氢气的吸脱附过程中会释放或吸收热量，这意味着氢化物也可用于储热。氢化物储热基本原理是基于两种不同类型氢化物（分别称为高熔值氢化物和低熔值氢化物）脱氢熔变差异。太阳能聚热所产生能量使得高熔值氢化物（如 TiH_2、MgH_2、Mg_2FeH_6 等）脱氢，这些氢气被低熔值氢化物吸收。夜晚或者阴天的时候低熔值氢化物（如 Na_3AlH_6、$LaNi_5H_6$）释放氢气，而高熔值氢化物将这些氢气吸收并放出热量。常见的几种氢化物的密度、熔点见表 8-8，几种代表性氢化物晶体结构见图 8-20。

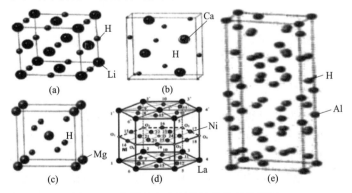

图 8-20　常见的几种氢化物晶体结构简图
（a）LiH；（b）CaH_2；（c）MgH_2；（d）$LaNi_5$；（e）AlH_3

表 8-8　　常见的几种氢化物的密度、熔点

金属	密度/(g/cm^3)	氢化物	密度/(g/cm^3)	熔点（常压下）/℃
Li	0.534	LiH	0.78	686.4
Ca	1.55	CaH_2	1.9	1000 以上
La	6.19	LaH_2	5.14	1124 分解
Ce	6.9	CeH_2	5.43	1000 以上
Y	4.47	YH_2	4.41	1000 以上
Mg	1.74	MgH_2	1.44	287 分解
Pd	12.02	PdH	10.97	140 分解
V	6.11	VH_2	4.51	258 分解

（2）金属氢化物分类

最早的化学吸附储氢材料主要是金属氢化物，即金属单质或者合金在一定温度或压强条件下，与氢气发生反应而形成，常见的有：MgH_2、AlH_3、TiH_2、ZrH_2、Mg_2NiH_4、$TiFeH$ 等。储氢合金种类繁多，性能各异。

氢能和许多金属结合形成二元氢化物 MH_n。氢负离子 H^- 含有 2 个电子，作为电子对给体，和 M 形成配位键。金属的二元氢化物具有下列特征：

① 大多数这类氢化物为非计量，其组成和性质主要取决于制备时金属的纯度。

② 许多氢化物物相显现金属性，例如具高导电性和金属光泽。

③ 氢化物通常是由金属和氢反应而得，除了形成真正的氢化物物相之外，氢还会溶于金属之中出现固溶体相。

金属氢化物可以分为两类：共价型和间隙型。

① 共价型金属氢化物。许多过渡金属氢化物的晶体结构已测定。在诸如 $CaMgNiH_4$、Mg_2NiH_4、Mg_2FeH_4 和 K_2ReH_9 等化合物中，H^- 作为电子对的给体，和过渡金属原子以共价键结合，形成 $[MH_n]^{m-}$ 配位离子。在 $[NiH_4]^{4-}$、$[FeH_6]^{4-}$ 和 $[ReH_9]^{2-}$ 等这些负离子中，过渡金属原子通常具有 18 个价电子的惰性气体的电子组态。

② 间隙型金属氢化物。大多数间隙型金属氢化物有着可变的组成，例如 PdH_x，$x<1$。PdH_x 的结构模型为：氢原子把它们的价电子传递到金属原子的 d 轨道，因而变成可流动的质子。在 PdH_x 中氢的流动性模型的提出是基于下列实验事实：a. 当氢气的含量增加时，钯的磁化率下降；b. 当加一个电场到 PdH_x 的线状体的两端时，氢向着负极迁移。许多间隙型过渡金属氢化物呈现出的引人注目的性质是氢在固体中的扩散速率。当温度略微升高，扩散速率增大。利用这种扩散作用，可将 H 通过一根钯-银合金管的管壁，使它获得超高度的纯化。

（3）合金储氢性能评估指标

合金的储氢性能。通常由其吸放氢的难易程度（活化性能）、吸放氢量、平台压力高低以及反应过程中的热焓等参数评价，具体性能评估参数及其测试方法讨论如下。

吸放氢曲线即 pCT 曲线（pressure-composition-isotherm）是衡量储氢合金储氢性能的重要特性曲线，图 8-21 是 $LaNi_5$ 在 303K、318K、333K、347K 下的 pCT 曲线。图中横坐标为储氢量，纵坐标为吸放氢的平衡压力。从该图中可以得到合金的储氢量、吸放氢平衡压力、平台宽度。

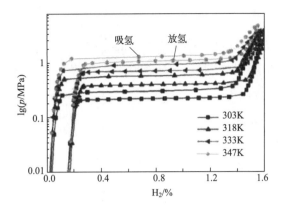

图 8-21 LaNi$_5$ 在 303K、318K、333K、347K 温度下的吸放氢曲线图

将 pCT 曲线中不同温度下的绝对温度倒数与平台压力的对数作图，可得到一条曲线，用范特霍夫方程（van't Hoff equation）可以计算出系统的反应生成焓 ΔH 及反应熵 ΔS [式（8-14）]。

$$\ln \frac{p^{\mathrm{eq}}}{p_{\mathrm{eq}}^0} = -\frac{\Delta H}{RT} + \frac{\Delta S}{R} \tag{8-14}$$

式中，p 为 pCT 曲线中的吸放氢平台压力，MPa；T 为温度，K；ΔH 为反应热，kJ/mol；ΔS 为反应熵，kJ/(mol·K)；R 为 8.3145kJ/(mol·K)。通过以下例题可以进一步理解 pCT 图的意义。

【例题 8-3】 LaNi$_5$ 合金在 343～383K 下的放氢 pCT 曲线如附图所示，对应的平台压分别为 0.796MPa、1.475MPa 和 2.498MPa。试求：

（1）该 pCT 曲线对应的氢化物是什么成分？

（2）LaNi$_5$ 合金的放氢反应焓和反应熵分别是多少？

（3）LaNi$_5$ 合金在 298K 下的放氢平台压为多少？

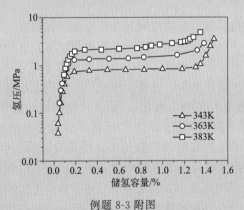

例题 8-3 附图

解：（1）根据储氢量换算 H/M 的比例，其中 H 的摩尔质量是 1.00g/mol，La 和 Ni 的摩尔质量是 138.91g/mol 和 58.69g/mol，则最大储氢量 1.5%，对应的 H 的原子比为：

$$x(\mathrm{H}):x(\mathrm{M})=\dfrac{\dfrac{1.5}{1.00}}{\dfrac{98.5}{138.91+58.69\times5}}=6.6$$

因此，认为该放氢的物相为 $\mathrm{LaNi_5H_6}$。

（2）根据 van't Hoff 方程

$$\ln p_{\mathrm{H_2}}^{\mathrm{eq}}=\dfrac{\Delta H^\circ}{RT}-\dfrac{\Delta S^\circ}{R}$$

用 $\ln p_{\mathrm{H_2}}^{\mathrm{eq}}$ 对 $1/T$ 作图，拟合获得的斜率为 $\dfrac{\Delta H^\circ}{R}$，截距为 $-\dfrac{\Delta S^\circ}{R}$。计算获得 $\Delta H^\circ=$ 31.29kJ/mol，$\Delta S^\circ=-89.34\mathrm{J/(mol\cdot K)}$。

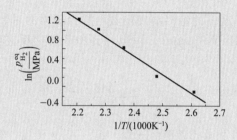

（3）将该反应焓和反应熵数据代入 van't Hoff 方程

$$\ln p_{\mathrm{H_2}}^{\mathrm{eq}}=\dfrac{31.29\times1000}{8.314\times298}-\dfrac{89.34}{8.314}$$

得 298K 下平台压为

$$p_{\mathrm{H_2}}^{\mathrm{eq}}=0.152\mathrm{MPa}$$

（4）金属-氢化物体系相图

相图是一种用来表示相平衡系统的组成与某些参数（如温度、压力）之间关系的二维或三维图形。相图通常由同一物质不同相之间的平衡曲线组成，这些曲线展示了系统中不同相之间的稳定平衡状态。相图有助于理解多相体系中各种聚集状态及其所处的条件，如温度、压力和组成。它对于材料的组织结构、制备、性能、应用以及相变规律研究具有重要意义。

① 金属-氢体系相图的基本原理。对于金属-氢化物构成的相图，由于引入了气态元素氢，使得金属-氢相图具有不同于凝聚相体系的特性。含氢相图的构建需要具备一系列的基本条件：间隙原子氢在金属中具有高的扩散速率，使低温下的金属-氢体系相平衡能够被测量和构建；氢在金属中的化学势与气态中的化学势相等，可通过测定气态的氢分压 $p_{\mathrm{H_2}}$，可获得氢在金属中的化学势。其他金属-气体体系也可以通过测定气态分压来确定气体原子在金属中的化学势，但是由于这些气体原子的扩散速率远小于氢原子，所以只能建立高温下的相平衡。

钯金属能在常温下吸收大量氢，在催化加氢以及钯合金膜分离领域有重要理论及应用价值，受到学界及工业界广泛关注，Pd-H 相图也是最先构建的 M-H 体系。早期建立金属-氢相图主要依赖实验测定，而随着计算机技术出现，人们开始利用热力学基本原理计算不同体系的相间关系，并最终发展成为相图理论重要分支，即相图计算技术（CALPHAD，calculation of phase diagram）。通过 CALPHAD 方法构建金属-氢化物体系各相的 Gibbs 自由能描述，包括金属储氢相、氢化物、气相，就可以计算各相之间的平衡关系、M-H 相图、氢化反应的反应焓和反应熵等热力学参数，从而设计储氢合金成分，为氢化反应条件和制备、热处理、储氢工艺提供指导。

② 代表性金属-氢体系相图。Pd-H 体系的计算相图及其 pCT 关系曲线如图 8-22 所示；Mg-H 体系是重要的，有很好应用前景的储氢体系，其相图如图 8-23 所示；La-Ni$_5$-H 体系也是具有理论以及应用价值的重要储氢体系，其相图如图 8-24 所示。

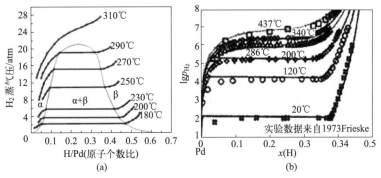

图 8-22　Pd-H 体系的计算相图（a）及 pCT 关系曲线（b）

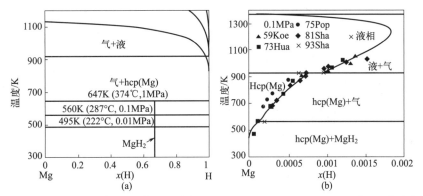

图 8-23　不同 H$_2$ 压力下 Mg-H 体系的计算相图（a）以及 0.1MPa（H$_2$）富 Mg 侧相图（b）

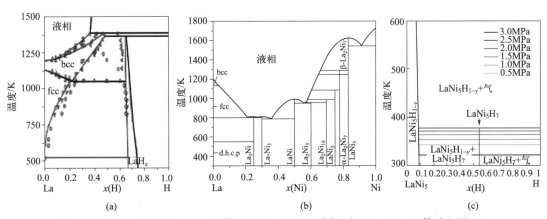

图 8-24　La-H 体系（a）、La-Ni 体系相图（b）及不同压力下 La-Ni$_5$-H 体系相图（c）

③ 化学势（μ）平衡相图。化学势（chemical potential，μ）是吉布斯自由能对组分偏微分，又称为偏摩尔势能。化学势是描述系统中单位物质的自由能变化的指标。在化学反应中，化学势的变化决定了反应的方向和速率。在相平衡中，化学势相等表明两相之间没有自由能的差异，即没有势能差异，从而达到平衡状态。化学势在处理相变和化学变化的问题时具有重要意义。

以 μ_α 和 μ_β 分别代表第 i 组元在 α 相和 β 相中的化学势［式（8-15）］，则当初始时，第 i 组元物质即由 α 相进入 β 相。当达到平衡时，两相中第 i 组元物质达到平衡。可见，物质在两相中的化学势不同，是发生相变的条件。

$$\mu_\alpha = -T\frac{\mathrm{d}S}{\mathrm{d}N}|E, N_\beta, \beta \neq \alpha \tag{8-15}$$

在相变过程中，由于物质在不同组元间的转移是在恒温和恒压下进行的，故可以通过比较两相中物质化学势的大小来判断物质在各组元间转移的方向和限度，即物质总是从化学势较高的相转移到化学势较低的相。当物质在两相中的化学势相等时，则相变过程停止，系统达到平衡态。储氢放氢过程是典型的物质在不同组元间的转移过程，因此，用化学势平衡相图具有重要意义。配位氢化物 $NaAlH_4$ 及 $LiAlH_4$ 是储氢系统中最重要的两种化合物，他们的化学势平衡相图如图 8-25 及图 8-26 所示。

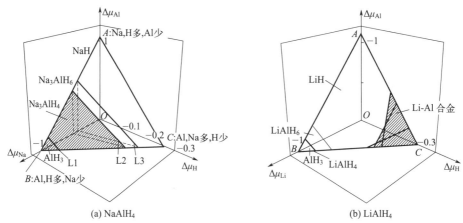

(a) $NaAlH_4$ 　　　　(b) $LiAlH_4$

图 8-25　M-Al-H 三维坐标系中 $MAlH_4$ 的化学势平衡相图

（阴影部分是 $MAlH_4$ 能稳定存在的化学势范围）

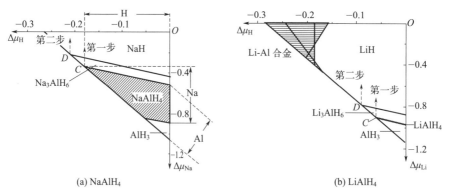

(a) $NaAlH_4$ 　　　　(b) $LiAlH_4$

图 8-26　在 $\Delta\mu_H - \Delta\mu_M$ 投影面上的 $MAlH_4$ 平衡相图

（图中，C 和 D 分别是第一步和第二步吸放氢临界点，图中还给出 H、Na 和 Al 的化学势范围）

④ 氢化物稳定性。氢化物开始分解的温度与其稳定性有关，一般来说反应自由能受温度的影响不大，可以用标准反应自由能近似表示反应自由能，式（8-16）是标准反应自由能与标准反应焓、标准反应熵和温度的关系。当标准反应自由能数值为零时反应体系处于放氢的临界状态。吸放氢反应的反应熵与氢气的标准熵相差不大，可以粗略认为反应体系中的熵变由氢气的标准熵决定［式（8-17）］。因此氢化物开始放氢温度可以用式（8-18）估计。

$$\Delta_r G_{dec}^{\ominus} = \Delta_r H_{dec}^{\ominus} - T\Delta_r S_{dec}^{\ominus} \tag{8-16}$$

$$\Delta_r S_{dec}^{\ominus} = S(H_2)^{\ominus} = 130.7[J/(mol \cdot K)] \tag{8-17}$$

$$\Delta_r G_{dec}^{\ominus} = 0 \Longrightarrow T_{dec} = \frac{2\Delta_r H_{dec}^{\ominus}}{nS(H_2)^{\ominus}} \tag{8-18}$$

有人用这个方法研究了一些二元氢化物和 Al 基配位氢化物的开始放氢温度规律（图 8-27），他们拟合发现放氢温度和氢化物反应焓接近线性。可见，用氢化物反应焓粗略估计其稳定性是较好的近似。他认为热力学不稳定的氢化物虽然容易放氢但很难吸氢，难以实现吸放氢可逆；而热力学过于稳定的氢化物需要较高的放氢温度。用于储氢的理想材料体系，在热力学稳定性应该是适中的，通常还需添加合适的催化剂，以降低吸放氢动力学势垒。

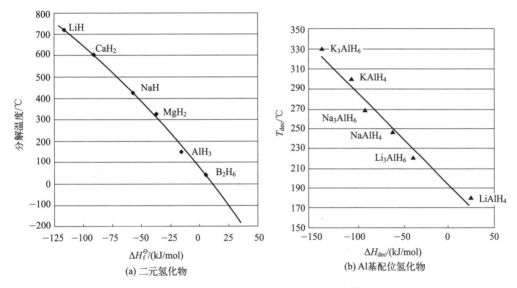

图 8-27　氢化物起始分解温度和反应焓关系

⑤ 吸放氢平台压力与晶胞体积大小关系。通过 AB 两侧的元素替代，可改变合金的晶胞大小，而晶胞的大小与吸放氢平台压力有一定的关联（图 8-28）。总体而言，晶胞体积越大，储放氢平台压力越低。这个可能是由于更大的晶胞尺寸更容易氢的进出，降低了其储放氢的过程活化能。

8.7.2 金属合金氢化物储氢

金属合金氢化物储氢是利用金属或合金在一定条件下吸放氢实现。它由一种吸氢元素或者是对于氢有很强亲和力的元素（A）和另一种吸氢量小或者与氢亲和力弱的元素（B）共同组成。其中，A 金属主要是第ⅠA、ⅡA、ⅢB～ⅤB族金属，如 Ti、Zr、Ca、Mg、V、

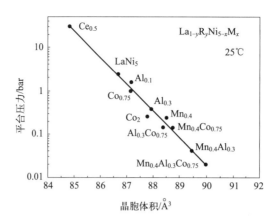

图 8-28　室温下吸放氢平台压力与晶胞体积大小的关系

Nb 及稀土元素等。A 金属的主要作用是调节控制储氢量，氢与这类金属结合时会发生放热反应。B 金属如 Fe、Co、Mn、Cr、Cu、Al 等，其是调节控制吸放氢的可逆性，调节生成热与分解压力。氢原子很容易在金属晶格间移动，氢原子固溶于这些金属时会发生吸热反应。依照金属氢化物成分和结构的不同，一般可将金属氢化物分为 AB_5 型、AB_2 型、AB 型和 A_2B 型合金等。此类金属合金在一定的温度和压力下，与 H_2 发生可逆反应生成金属氢化物（MH_x），在此过程中完成的储存和释放。

吸氢过程分为两个阶段，第一个阶段随着氢压的增加，氢溶于金属的数量逐渐变大，形成含氢固溶体（α 相）。当达到氢在金属中的极限溶解度时，第二个阶段开始，α 相与氢继续反应，生成氢化物 β 相。此后系统压力不变，氢在恒压下被金属吸收。当所有 α 相都变为 β 相时，全部金属都变成金属氢化物，即吸氢完成。放氢反应为上述过程的逆反应。

储氢合金吸放氢过程还伴随有热效应发生。吸氢过程放出热量，脱氢过程吸收热量。根据上述储氢合金吸放氢原理，储氢合金在降低温度或提高压力时吸收氢气。相反，在升高温度或降低压力时则放出氢气。储氢合金这种在不同条件下的吸放氢特性及其伴随的热效应特征，使其在各科技领域中具备广泛用途（表 8-9）。

表 8-9　典型储氢合金储氢性能比较

H 储存介质	H 密度/(10^{22}/cm³)	相对密度	H_2 质量密度/%
H_2（标准状态）	5.3×10^{-3}	1	100
$-263℃ LH_2$	4.2	778	100
$MgNiH_4$	5.6	1037	3.6
$FeTiH_{1.95}$	5.7	1056	1.85
$LaNi_5 H_6$	6.2	1148	1.37
MgH_2	6.6	1222	7.65

合金材料储氢主要涉及元素周期表中第 ⅠA 族碱金属、第 ⅡA 族碱土金属、过渡金属、稀土金属、金属间化合物等，这些金属可与氢气反应生成金属氢化物。其储氢机理是氢分子与合金接触时吸附于合金表面上，氢分子的 H—H 键解离成为氢原子，由于氢原子半径仅有 53pm，所以氢原子可以从合金表面向内部扩散，侵入比氢原子半径大得多的合金原子和

合金间隙中（晶格间）形成固溶体。固溶于金属中的氢再向内部扩散，这种扩散必须具有由化学吸附向溶解转换的激活能，当固溶体被氢饱和后，过剩的氢原子就与固溶体反应生成金属氢化物，从而达到储氢的目的。其中，第ⅠA、ⅡA族金属与氢反应可形成碱金属、碱土金属氢化物，氢与金属以较强离子键结合，所以生成热大，十分稳定，如LiH、MgH_2等。尽管这类金属氢化物储氢密度较高，但如何降低它们生成热和吸放氢温度等热力学、动力学问题一直未能彻底解决。

合金储氢属化学反应储氢，性能相对稳定，应该说储氢合金在吸放氢机理、制备技术、工艺流程及储氢评价等方面均是较为成熟的储氢材料。周期表中所有金属元素都能与氢化合生成氢化物。不过这些金属元素与氢的反应有2种性质，据此可分为两类元素，一类元素容易与氢反应，能大量吸氢，形成稳定的氢化物，并放出大量的热，这些金属主要是第ⅠA、ⅡA、ⅢB～ⅤB族金属，如Ti、Zr、Ca、Mg、V、RE（稀土元素）等，它们与氢的反应为放热反应，这些金属称为放热型金属，或者叫A类元素；另一类金属与氢的亲和力小，但很容易在其中移动，氢在这些元素中溶解度小，通常条件下不生成氢化物，这些元素主要是第ⅥB～ⅧB族过渡金属，如Fe、Co、Ni、Cr、Cu、Al等，氢溶于这些金属时为吸热反应，称为吸热金属，或者叫B类元素。储氢合金根据其主要成分可分为稀土系（如AB_5型）、镁系（如A_2B型）、钛系（如AB型）、锆系Laves相和钒系固溶体（如AB_2型）5类（表8-10）。

表8-10　各类金属储氢材料的储氢性能

类型	典型代表	氢化物	储氢质量分数/%	平衡压p_{eq}，T
AB_2	ZrV_2	$ZrV_2H_{5.5}$	3.0	10^{-9}MPa，323K
AB_3	$CaNi_3$	$CaNi_3H_{4.4}$	1.8	0.05MPa，298K
AB_5	$LaNi_5$	$LaNi_5H_6$	1.4	0.2MPa，298K
AB	FeTi	$FeTiH_{1.8}$	1.9	0.5MPa，303K
BCC	TiV_2	TiV_2H_4	2.6	1.0MPa，313K
A_2B	Mg_2Ni	Mg_2NiH_4	3.6	0.1MPa，555K
元素	Mg	MgH_2	7.6	0.1MPa，573K

8.7.2.1　稀土合金储氢

以$LaNi_5$为代表的稀土系储氢合金，被认为是所有储氢合金中应用性能最好的一类。1969年，荷兰飞利浦（Philips）实验室首次报道了$LaNi_5$合金具有很高的储氢能力，从此储氢合金的研究与利用得到了较大的发展。金属间化合物$LaNi_5$具有六方结构，其中有许多间隙位置，可以固溶大量的氢。$LaNi_5$晶胞是由3个十二面体、9个八面体、6个六面体和36个四方四面体组成。其中3个十二面体、9个八面体和6个六面体的晶格间隙半径大于氢原子半径，可以储存氢原子。而36个四方四面体间隙较小，不能储存氢原子。这样，一个晶胞内可以储存18个氢原子，即最大储氢量为1.379%。$LaNi_5$与氢反应生成$LaNi_5H_6$，$LaNi_5$最大储氢量约为1.38%。$LaNi_5$初期氢化容易，反应速度快，20℃时的氢分解压仅几个大气压，吸放氢性能优良。$LaNi_5$储氢合金的主要缺点是镧的价格高，循环退化严重，易于粉化，密度大。

采用混合稀土 Mm（La，Ce，Sm）替代 La 是降低成本的有效途径，但 $MmNi_5$ 的氢分解压升高，滞后压差大，给使用带来困难。我国学者研制的含铈量较少的富镧混合稀土储氢合金 $MlNi_5$（Ml 是富镧混合稀土），吸氢量可达 $1.5\%\sim1.6\%$，室温放氢量 $95\%\sim97\%$，并且平台压力低，吸放氢滞后压差小于 20MPa。其动力学性能良好，20℃时的吸氢平衡时间小于 6min，放氢平衡时间小于 20min。$MmNi_5$ 的成本比 $LaNi_5$ 低 2.5 倍，易熔炼，抗中毒性好，再生容易。采用多组分掺杂取代 $La_{1-x}RE_xNi_{5-x}M_x$ 体系材料也得到了很好效果。

此外还可以用 Al、Mn、Si、Sn、Fe 等置换 Ni 以克服合金的粉化，改善其储氢性能。加入 Al 后合金可以形成致密的 Al_2O_3 薄膜，合金的耐腐蚀性明显提高；但随 Al 含量的增加，电极活化次数增加，放电容量减小，快速放电能力减弱。Mn 对提高容量很有效，加 Mn 可以提高合金的动力学性能，但循环性能受到负面影响。Si 的加入可以加快活化并获得较好的稳定性，但同时提高了自放电速率并降低高倍率放电性能。Sn 可以提高材料的初始容量及电极的循环寿命，改善吸放氢动力学过程，而含 Fe 的合金，具有长寿命、易活化等特点。

La-Ni 体系相图表明 La-Ni 有多种化合物，其中 $LaNi_5$ 金属间化合物具有很强的吸氢能力，高温时存在一个较大的均匀区间。下面给出几个温度下 $LaNi_x$ 的均匀区限度：1200℃，$x=4.85\sim5.40$；1100℃，$x=4.90\sim5.10$；1000℃，$x=4.95\sim5.50$。$LaNi_5$ 具有 $CaCu_5$ 型六方结构。每个单胞中有 6 个原子，一个 La 原子占据 $1a$ 位置，原子坐标为 $(0,0,0)$；两个 Ni 原子（A 位）占据 $2c$ 位置，原子坐标为 $(1/3,2/3,0)$、$(2/3,1/3,0)$；3 个 Ni 原子（B 位）占据 $3g$ 位置，原子坐标为 $(1/2,0,1/2)$、$(0,1/2,1/2)$、$(1/2,1/2,1/2)$。点阵常数 $a=0.5017nm$，$c=0.3982nm$，$v=8.677\times10^{-2}nm^3$。吸氢之后，氢处于由 La 原子和 Ni 原子构成的两种四面体晶格和一个八面体晶格之间，如图 8-29 所示。$LaNi_5H_6$ 也是 $CaCu_5$ 结构，点阵常数 $a=0.5382nm$，$c=0.4252nm$，$v=1.0677\times10^{-1}nm^3$，体积膨胀 22.9%。$LaNi_5$-$H_2$ 系统在 313K 以上时，pCT 曲线上出现两个平台，对应 β-$LaNi_5H_3$ 和 γ-$LaNi_5H_6$ 两种氢化物，这与 $LaNi_5H_6$ 分两步分解的特征相符。X 射线衍射分析得到下列晶格参数：α 相固溶体，$a=0.501\sim0.506nm$，$c=0.4000nm$；β 相氢化物，$a=0.527\sim0.531nm$，$c=0.405\sim0.410nm$；γ 相氢化物，$a=0.536\sim0.540nm$，$c=0.418\sim0.425nm$。

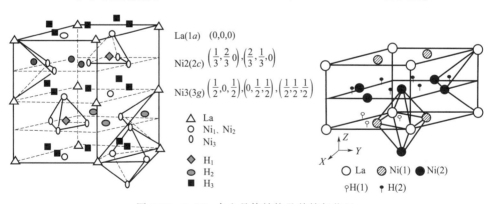

图 8-29　$LaNi_5$ 合金晶体结构及其储氢位置

β 相可与 α 相或 γ 相共存。X 射线衍射、差热分析和 pCT 曲线证明 $LaNi_5$-H_2 系统中存在着 α-$LaNi_5H<0.5$、β-$LaNi_5H_{3.8}$、γ-$LaNi_5H_6$、γ'-$LaNi_5H_{6.5}$ 和 δ-$LaNi_5H_{5.4}$ 氢化物，并认为 β 相属于斜方晶系。$LaNi_xH$（$4.8\leqslant x\leqslant5.5$）在 40℃ 的解吸等温线分析表明：在 $LaNi_5$ 相均匀区内，随着 x 不同，吸氢特性有很大的变化，在这个均匀区内，随着 Ni 在化

合物中浓度的增加，氢化物的稳定性减小。

LaNi$_5$ 室温下与几个大气压的氢反应即可被氢化，生成具有六方晶格结构的 LaNi$_5$H$_6$。其氢化反应可用式（8-19）表示：

$$LaNi_5 + 3H_2 \Longrightarrow LaNi_5H_6 \tag{8-19}$$

LaNi$_5$ 吸氢形成 LaNi$_5$H$_6$，储氢量约 1.45%，25℃的分解压力（放氢平衡压力）约 0.2MPa，分解热−30.1kJ/mol，很适合于室温环境下操作。将 LaNi$_5$ 作为负极材料，氢的吸收和释放，使合金反复膨胀、收缩发生微粉化，作为储氢或电池负极材料都不理想。因此，很多学者都致力于改善其储氢及电化学特性，以及降低成本的研究。其中主要有用其他元素部分代替 La 和 Ni，采用混合稀土金属代替 La，进行制取工艺改革，对合金进行表面处理等。这些均取得了较大进展，从而使 LaNi$_5$ 系合金逐步进入实用化阶段。

8.7.2.2 镁系合金储氢

镁为第ⅡA族碱土金属元素，化学性质不稳定，Mg 作为镁基材料中主要的可逆储氢相，为 hcp 晶体结构，可在约 573K 和 2.4～40MPa 氢压下与 H$_2$ 反应生成 MgH$_2$。当氢压较低时，形成低压相 α-MgH$_2$，反之则形成高压相 β-MgH$_2$ 和亚稳态相 γ-MgH$_2$。在高温高压的条件下单质镁可以与氢气直接反应生成氢化镁。Mg/MgH$_2$ 可逆吸放氢反应在 300～400℃和 25～400bar 氢压条件下可以发生。

MgH$_2$ 是一种白色晶体材料，在正常情况下，以 α-MgH$_2$ 存在，为金红石型四方晶体结构（晶胞参数为 $a=b=0.45170nm$，$c=0.30205nm$），常压下比较稳定，当处于高压条件下（>1GPa）时，α-MgH$_2$ 能转化为亚稳态的斜方 β-MgH$_2$ 相。当温度高于 350℃时，又会转变为稳态的 α-MgH$_2$。通常情况下，球磨处理可能会使部分 α-MgH$_2$ 转变为 γ-MgH$_2$，在一定温度和氢压条件下又会重新转变为稳定的 α-MgH$_2$。图 8-30 为 Mg、γ-MgH$_2$ 和 β-MgH$_2$ 的晶体结构。

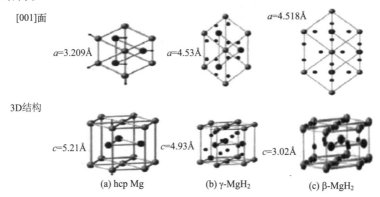

图 8-30　Mg、γ-MgH$_2$、β-MgH$_2$ 的晶体结构

1964 年，美国威斯沃尔（Wiswall）等人首次发现了 Mg$_2$Ni 储氢合金材料，他们在 Mg 金属中加入 Ni 和 Cu，研究发现在 300℃下，形成的合金材料 Mg$_2$Ni 和 Mg$_2$Cu 能快速吸氢，从此揭开了大规模的镁基储氢材料的研究序幕。Mg$_2$Ni 合金的最大特点是储氢量高，按 Mg$_2$NiH$_2$ 计算，其储氢量为 3.6%，理论电化学容量约为 1000mA·h/g，镁基合金储氢材料主要具有如下的优点：

① 合金密度较小，仅为 $1.74g/cm^3$；

② 储氢容量高，纯镁的储氢容量为 7.6%，Mg_2Ni 也可达到 3.6%；

③ 资源丰富。

这使得镁基储氢合金具有非常大的应用前景，受到了各国科学家的广泛关注。

然而，镁基储氢合金材料也存在如下缺点：

① 活化困难，速度慢且活化要求温度高；

② 吸放氢循环稳定性、动力学性能差；

③ 生成的氢化物过于稳定，需要 300℃ 才能有效地吸放氢；

④ 用作电极时在碱液中的耐腐蚀性差，循环寿命低；

⑤ 单位体积的储氢量低。

由于如上缺点的存在，使得镁基储氢合金材料的应用受到了限制。因此，如何改善镁及镁基合金的储氢性能成为研究储氢材料的一大热点。

由于 MgH_2 生成热大，相对稳定，放氢温度高，动力学性能差，使其应用受到了限制。掺入过渡元素 Ni、Cu、Ti 等能够降低氢化镁的活化能和改善反应动力学性能，从而促进了镁与氢气的反应，如 Mg-Ni-Cu、Mg-Ni-Ti、Mg-Ni-Co-Ca 等合金储氢密度可达到 3%～5%，储氢温度为 150℃，放氢温度低于 300℃。镁系储氢合金的制备除了熔炼法，还可用氢化燃烧合成法、还原扩散法、共沉淀还原法和机械力化学法。目前镁系储氢材料的制备主要为机械合金化方法，以 Ti、Zr、Al 来代替部分 Mg 制备纳米晶和非晶态合金，如纳米晶 $Mg_{1.9}Ti_{0.1}Ni$ 合金 200℃ 时未经活化即可快速储氢，储氢密度为 3.0%；用 Zr 代替部分 Mg，混合球磨 120h 形成的 $Mg_{1.8}Zr_{0.2}Ni$ 非晶态合金，30℃ 时储氢密度为 2.3%，200℃ 以下可逆放氢量为 2.0%；纳米镁碳复合材料的储氢密度在 6.0% 以上。

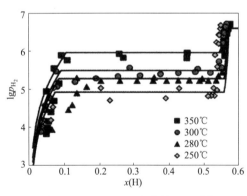

图 8-31　Mg_2Ni-H 合金的 pCT 图

从热力学性能进行分析，由 pCT 曲线再结合 van't Hoff 方程计算可以发现 MgH_2 的 ΔH 较低（$-74kJ/mol$），MgH_2 是典型的离子化合物，具有很强的离子键能，导致其具有很高的热力学稳定性，在一个大气压下需要在 300℃ 以上才能放氢。根据 MgH_2 在不同温度下的 pCT 曲线以及相对应的 van't Hoff 方程曲线的截距和斜率求出 MgH_2 的理论焓变和理论熵变，分别为 $74kJ/mol$、$130J/(K\cdot mol)$。研究表明实际测得的 MgH_2 的焓变值 $70～85kJ/mol$，实际测得的熵变值在 $126～146J/(K\cdot mol)$ 之间（图 8-31）。

从动力学性能方面分析，MgH_2 的吸放氢反应速率非常缓慢，镁粉在 400℃、10bar 氢压下也需要几个小时的时间完成吸氢过程。在各阶段需要外界提供多于能垒的能量，反应才能发生，所以反应活化能的大小直接影响了反应发生的快慢，影响 MgH_2 吸放氢反应的动力学性能。可以通过对比活化能的高低找出制约 MgH_2 吸放氢动力学性能的关键环节。在 Mg 吸氢过程中，首先是 H_2 物理吸附在 Mg 的表面上，吸氢活化能为 $1～10kJ/mol$，然而紧接着 H 在 Mg 表面的解离的活化能高达 $432kJ/mol$，因为 Mg 不具有类似于 Ni、Pd 等过渡金属能与反氢键轨道相互作用的 d 轨道，这使得 H_2 的解离非常困难。此外，镁颗粒极其活泼，表面容易氧化生成氧化层/氢氧化层，从而会阻碍镁表面氢分子的解离以及原子的扩散过程，这也成为严重滞后吸氢进程的因素。

H 原子在 Mg 中的扩散速度也是控制反应动力学快慢的关键环节，扩散速率主要受到温度、压强、材料自身性质等的影响。在高温高压（远高于平台压）时，会在 Mg 的表面形成一层 MgH_2 相，氢原子在 MgH_2 中扩散速率也仅仅为 $1.58 \times 10^{-16} \, m^3/s$，会阻碍 Mg 颗粒内部进一步氢化的过程；当温度和压力处于较温和的条件下，MgH_2 相的形成速率主要受氢原子在 Mg 中扩散快慢的影响，氢原子在 Mg 中的扩散速率为 $4 \times 10^{-13} \, m^3/s$，极大地限制了 MgH_2 的形核长大，极慢的扩散速率阻碍了颗粒内部的 Mg 相氢化为 MgH_2 相的过程。氢的解吸一般是在低压条件下进行的，而且氢的扩散也很难成为 MgH_2 的分解速率的限制因素，这与吸氢过程有所不同。

鉴于 Mg_2NiH_4 合金优异的储氢性能，日本东北大学于 1997 年首次采用氢化燃烧合成法（hydriding combustion synthesis，HCS）直接合成了 Mg_2NiH_4，该法合成过程在炉温低于 870K 条件下进行，避免了镁的挥发，可直接从镁-镍混合粉末制备出符合化学计量的镁镍储氢合金。由于反应中间产物 Mg_2Ni 组织疏松、比表面积大和活性高的特点，一步法即可直接获得储氢合金氢化物。HCS 法对 Mg-Ni 储氢合金的制备方法进行了创新，为 Mg_2NiH_4 储氢体系后续的快速发展与实际应用奠定了基础。

综上所述，MgH_2 具有很高的储氢容量，优异的可逆性能和循环稳定性，而且它还具有价格低廉，资源丰富等优点，但是其吸放氢动力学及热力学性能较差，限制了其在实际中的应用，研究者们尝试各种方法对 MgH_2 的动力学及热力学性能进行改善。

8.7.2.3 钛系合金储氢

TiFe 合金是钛系储氢合金的代表，理论储氢密度为 1.86%，室温下平衡氢压为 0.3MPa，具有 CsCl 型结构。钛系合金的优点是资源丰富，成本低，在室温下即可吸放氢，易于工业化生产；其缺点是活化困难，需要在较高温度和压力下进行，并且容易受杂质气体的影响。为了克服这些缺点，在二元合金的基础上用其他元素代替 Fe，开发出了一系列 TiFe 复合合金，如 $TiFe_{0.8}Ni_{0.15}V_{0.05}$、$TiMn_{0.5}Co_{0.5}$、$TiCo_{0.75}Cr_{0.25}$ 等。在 Ti-Fe 系 AB 型储氢合金中，每个晶胞由三个扁平的八面体空隙构成。其中，单个八面体空隙又由四个不标准的四面体空隙组成，而每个四面体空隙都是由 2 个 A 原子和两个 B 原子构成（图 8-32）。可以看出，尽管合金中有很多空隙，但由于受到 Shoemaker 填充不相容原理的限制，氢只能占据在不共面的四面体空隙中。

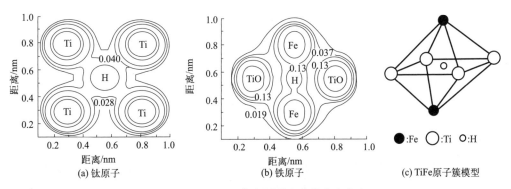

图 8-32　TiFe 八面体中原子电荷等密度分布

为了解决热力学问题，人们通常将吸热型金属与放热型金属按比例进行组合，使目标合金可以在理想条件下自由可逆地吸放氢。一般地，放热型金属易与 H 发生反应，生成氢化物，而吸热型金属在同等条件下不易与 H 发生反应。在 TiFe 体系中，Ti 属于放热型金属，容易与 H 形成稳定的化学键；而 Fe 在该体系中属于吸热型金属，很难与 H 形成稳定的氢化物。

图 8-32（a）和（b）分别是吸氢后 TiFe 系储氢合金晶胞中含有 Ti、Fe、H 的原子平面电荷密度分布。从图中可以很明显地看出 H 与 Fe 明显有很多重叠的区域，与 Ti 重叠的电荷密度则很少，这说明在 TiFe 系储氢合金中 H 与 Ti 的成键作用相对于 H 与 Fe 较弱。TiFe 合金吸氢生成焓为 $-23.0kJ/mol$，而单质金属 Ti 生成氢化物的生成焓是 $-125kJ/mol$，正是这种较弱的成键使得 Ti-Fe 系储氢合金可以在固定条件下自由吸/放氢。这也可以从另一方面说明，在该体系中 Fe 对放氢过程起到了催化作用。

8.7.2.4　锆系合金储氢

锆系合金以 $ZrMn_2$ 为代表，为 Laves 相合金，理论储氢密度为 1.5%，易于活化、热效应小，但稳定性较差。为了改善其稳定性，采用多元合金复合的方法，如 $Zr(Mn\text{-}V\text{-}Ni\text{-}M)_a^{2+}$（M 代表 Cr、Fe、Co，$0 \leqslant a \leqslant 1$）系列合金。

Laves 相合金属于拓扑密堆结构，化学通式为 AB_2，Laves 相合金的晶胞间隙都为四面体间隙，四面体间隙有三类：A_2B_2、AB_3、B_4。每个单位晶胞的四面体间隙总数为 17，其中 A_2B_2 为 12，AB_3 为 4，B_4 为 1。合金吸氢时，氢原子占据四面体间隙，晶胞体积发生膨胀，但不改变结构。每个单位晶胞中，C14 结构最多可容纳 6 个氢原子，C15 结构最多可容纳 6 个氢原子。根据理论计算和中子衍射实验发现，氢原子优先占据 A_2B_2 四面体间隙，其次是 AB_3 四面体间隙，而 B_4 四面体间隙不吸氢或很少被氢原子占据。

Laves 相的成因，在二元系合金中，如果两个组元的原子半径相差很小，组元间的电化学交互作用不显著，则容易形成电子化合物；如果两个组元原子半径相差大，则容易形成间隙化合物。介于这两个极端，即 A、B 两个组元的原子半径有一定差别时，常出现一些中间相，它们的特征是具有简单的原子比。Laves 相就是一种化学式主要为 AB_2 型的密排立方或六方结构的金属间化合物。Laves 相中原子半径比 r_A/r_B 在 1.1～1.6 之间。在许多 Laves 相（AB_2）中，过渡金属一般为组元 B，但有时也可以起组元 A 的作用。

早在 20 世纪 60 年代，研究就发现 ZrV_2、$ZrCr_2$、$ZrMn_2$ 能吸氢形成氢化物 ZrV_2H_n、$ZrCr_2H_4$、$ZrMn_2H_{3.6}$，这些二元合金储氢量较大、易活化、动力学性能好，但是氢化物的放氢平台压太低，过于稳定，并且在碱性溶液中电化学性能极差，不适宜做电极材料，最初只应用于热泵和空调。$ZrMn_2$ 是 AB_2 型 Laves 相储氢合金的重要代表之一，$MgZn_2$ 型（C14）结构，$\alpha = \beta = 90°$，$\gamma = 120°$，$ZrMn_2$ 可以在室温和 8atm 氢压下吸氢形成氢化物 $ZrMn_2H_{3.6}$，吸氢质量分数达 1.77%。$ZrMn_2$ 合金虽具有储氢能力较强、吸放氢动力学性能好等特点，但因氢化物生成热较大、吸放氢平台压力太低不利于在实际中应用。

8.7.2.5　钒系固溶体储氢

钒系固溶体以 V-Ti 和 V-Cr 为代表，与氢反应可生成 VH 及 VH_2 两种类型氢化物，VH_2 的理论储氢密度为 3.8%，VH 由于平衡压太低（10^{-9} MPa），室温时 VH 放氢不能实现，又由于 VH_2 向 VH 转化，储氢密度只有 1.9%。但钒系固溶体的储氢密度仍高于现有稀土系和钛系储氢合金。钒系固溶体合金具有储氢密度较大、平衡压适中等优点，但其氢化物的分解压受杂质的影响很大，且合金熔点非常高、价格昂贵、制备困难、对环境有污染，不适合作为大规模应用的储氢材料。目前钒系固溶体储氢合金研究的重点是优化合金的相结构来提高钒系固溶体的储氢性能，以及利用低廉的 V 合金原料代替纯 V 来降低合金的成本。

8.7.3 配位氢化物储氢

配位氢化物储氢材料主要包括配位铝复合氢化物、金属硼氢化物、金属氮氢化物和氨硼烷化合物。配位铝氢化物是一类非常重要的储氢材料，通式为 $M(AlH_4)_n$，其中，M 可以是碱金属或碱土金属。这类储氢材料中研究较多的是 $NaAlH_4$ 和 Na_3AlH_6。$NaAlH_4$ 的理论储氢量高达 7.4%，但这种材料的吸放氢温度均较高。添加少量 Ti 元素以后，$NaAlH_4$ 的吸放氢温度可降低。配位金属氢化物在储氢领域的应用主要受限于氢化物的化学特点。这类材料吸氢后形成的产物化学性质过于稳定，放氢困难，导致吸放氢循环可逆性较差。改善配位铝氢化物储氢性能的方法是向材料中添加催化剂，以便改善吸氢-放氢性能。代表性配位氢化物储氢容量如表 8-11 所示。

表 8-11　碱金属与碱土金属配位氢化物及其储氢容量

氢化物	质量储氢量/%	氢化物	质量储氢量/%
MgH_2	7.6	NH_3BH_3	19.6
AlH_3	10.1	$Ti(BH_4)_3$	13.1
$LiBH_4$	18.5	$LiAlH_4$	10.6
$NaBH_4$	10.7	$NaAlH_4$	7.5
KBH_4	7.5	$KAlH_4$	5.8
$Mg(BH_4)_2$	14.9	$Mg(AlH_4)_2$	14.9
$Ca(BH_4)_2$	11.6	$LiNH_2$	8.7
$Al(BH_4)_3$	16.9	$Mg(NH_2)_2$	7.1

8.7.3.1 轻金属 LM-B-H 化合物储氢

轻金属 LM-B-H 配位氢化物体系拥有 LM-A1-H 配位氢化物体系和 LM-N-H 配位氢化物体系更高的可逆储氢容量，成为高容量储氢材料应用基础研究的候选者，但该体系较差的热力学性能以及较高的动力学能垒导致了轻金属 LM-B-H 配位氢化物的放氢温度位于 260～500℃之间较高的温度范围内。常见的 LM-B-H 化物有 $LiBH_4$ 和 $NaBH_4$。

LM-B-H 配位氧化物的典型代表最早合成于 1940 年，在 275℃发生熔化反应，并于 400℃开始进行分解反应生成 LiH 和 B，最终于 600℃释放出约 9.0% 的氢气。$LiBH_4$ 的分解反应方程式为式（8-20）：

$$LiBH_4 \Longleftrightarrow LiH + B + 3/2H_2 \tag{8-20}$$

$LiBH_4$ 的理论储氢容量约为 13.6%，在 600℃和 155MPa 以上氢压条件下可以非常缓慢并部分地实现式（8-21）的可逆反应。通过添加 MgH_2 形成 $2LiBH_4-MgH_2$ 样品，能够有效地降低 $LiBH_4$ 的热力学稳定性，实现 8%～10% 的可逆储氢容量，其反应方程式如式（8-

21）所示：

$$2LiBH_4 + MgH_2 \rightleftharpoons 2LiH + MgB_2 + 4H_2 \qquad (8\text{-}21)$$

该反应使 $LiBH_4$ 放氢反应焓变减少了 25kJ/mol。此外，通过将 $LiBH_4$ 纳米化并装填入多孔碳纳米框架结构中能够有效改善 $LiBH_4$ 的动力学性能，实现放氢。操作温度降低 75℃，放氢速率提升约 50 倍。

除 $LiBH_4$ 外，常见的轻金属硼氢配位氢化物还有 $NaBH_4$、KBH_4 与 $Mg(BH_4)_2$ 和 $Ca(BH_4)_2$。这些碱金属与碱土金属硼氢化物均具有较高的氢含量，并随着碱金属与碱土金属电负性的增加而逐渐降低放氢操作温度。同样地，轻金属硼氢配位氢化物体系表现出类似于轻金属 LM-Al-H 配位氢化物体系的较差的可逆储氢能力。因此，改善轻金属 LM-Al-H 配位氢化物体系的吸/放氢能力是实现实用化高容量储氢材料的最大期望。

（1）$LiBH_4$ 的吸/放氢反应

$LiBH_4$ 在加热的过程中呈现出三个明显的吸热峰，分别对应于相转变、熔化和放氢反应，表明三个阶段均是可逆的过程。$LiBH_4$ 在 $100\sim200$℃之间的热分解过程大约释放 0.3% 的氢，相当于理论储氢容量的 1.5%，主要的放氢大约起始于 400℃，并于 500℃附近时反应速率达到最大值，至 600℃ 释放出理论容量一半的氢量，最终产物可认为是"$LiBH_2$"，当加热至 680℃时单个分子中的四个氢脱出三个，并且本阶段的放氢反应为压力控制过程。可以看出，$LiBH_4$ 在加热过程中的相变和各个反应过程的焓变如图 8-33 所示。常温状态下，$LiBH_4$ 最稳定的状态是具有橄榄石结构，熔化之后很快有大量的氢释放，生成 LiH 和 B。LiH 极其稳定（$\Delta H_f = -90.7kJ$），分解温度在 700℃ 之上，因此 LiH 分解之前的放氢反应过程是改善 $LiBH_4$ 放氢性能的关键。

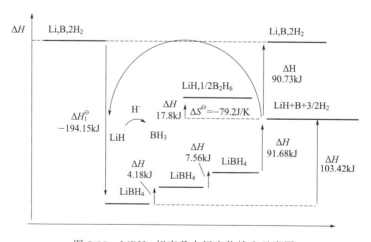

图 8-33　$LiBH_4$ 相变及中间产物焓变示意图

实验发现，$LiBH_4$ 的分解反应分为两步；首先分解为 $LiBH_4$，然后分解为 LiB，并且在这过程中可能存在中间相 Li_3H_8 和 $Li_2B_nH_n$（$n=5\sim12$）。研究表明，具有单斜晶结构的 $Li_2B_{12}H_{12}$ 是最稳定的，该物质由 Li^+ 和 $[B_{12}H_{12}]^{2-}$ 组成，通过拉曼光谱和固态核磁共振证实了 $Li_2B_{12}H_{12}$ 的生成，较好地符合了理论计算预测的结果。因此，$LiBH_4$ 的放氢反应可以用式（8-22）表示：

$$LiBH_4 \rightleftharpoons 1/12Li_2B_{12}H_{12}+5/6LiH+13/12H_2 \rightleftharpoons LiH+B+3/2H_2 \qquad (8\text{-}22)$$

$Li_2B_{12}H_{12}$ 的生成机理表明，在放氢反应过程中生成的硼烷等物质很有可能与剩余的 $LiBH_4$ 反应生成 $Li_2B_{12}H_{12}$，甚至有可能是 $Li_2B_{10}H_{10}$。

$LiBH_4$ 的放氢反应是可逆的，其分解的产物 LiH 和 B 可在 600℃和 35MPa 的氢压下保温 12h 或者 1000K 和 15MPa 的氢压下保温 10h 生成 $LiBH_4$。LiH 和 B 与氢反应的过程中需要打破具有较强键能的硼晶格，然后 Li 和 B 原子交互扩散并发生反应，这种极差的氢化反应动力学导致 $LiBH_4$ 的吸氢温度高于 600℃。改善 $LiBH_4$ 的氢化动力学性能可以通过 Li 和 B 在原子尺度的均匀散布解决。

（2）$LiBH_4$ 储氢性能的改性研究

与传统储氢合金的储氢机理不同，配位氢化物在吸/放氢可逆过程中伴随着氢化物结构的完全破坏与重组，从而决定了技术手段改善性能的复杂性和困难性。热力学计算表明 $LiBH_4$ 放氢过程的峰值温度超过 400℃，因此研究人员尝试了大量方法以改善 $LiBH_4$ 的放氢性能，降低其放氢反应的操作温度，主要包括反应物去稳定改性、离子替代、催化改性和纳米化等。

① 去稳定改性。反应物去稳定改性是在样品中添加另外一种单质或化合物，在加热过程中与样品发生反应改变反应路径，进而改变反应熔变的方法。自 2005 年研究人员首次利用 MgH_2 改变了 $LiAlH_4$ 的分解反应，进而改善了 $LiBH_4$ 的吸/放氢性能后，大量的研究工作围绕着 $LiBH_4/MgH_2$ 体系展开。研究表明，MgH_2 对 $LiBH_4$ 的去稳定作用可使含有 2%～3%（摩尔分数）$TiCl_3$ 的 $2LiBH_4\text{-}MgH_2$ 样品放氢反应的操作温度降至约 350℃，并于 500℃之前完成反应，在 100bar 氢压条件下在 230～250℃保温 10h 实现 8%～10%（质量分数）的可逆储氢容量，其反应方程如式（8-15）所示，该反应熔变为 46kJ/mol，T(1bar)=225℃，但整个反应在测试过程中表现出较差的动力学性能。进一步的研究表明，不同的反应条件下 $2LiBH_4\text{-}MgH_2$ 样品有不同的反应机理，式（8-15）需要大于 3bar 的氢压作为起始条件，而当静态真空或者惰性气体填充作为起始条件时，加热过程中 MgH_2 与 $LiBH_4$ 将各自单独分解，其方程式见式（8-23）。

$$2LiBH_4+MgH_2 \rightleftharpoons 2LiBH_4+Mg+H_2 \rightleftharpoons 2LiH+Mg+2B+4H_2 \qquad (8\text{-}23)$$

静态真空条件下，MgH_2 过量的 $0.3LiBH_4\text{-}MgH_2$ 样品在任何条件下的热分解过程中，温度高于 420℃时 Mg 会与 LiH 反应生成 Li-Mg 合金。产物中 B—B 键的键强大于 MgB_2，使该反应难以可逆，因此 $LiBH_4/MgH_2$ 体系的样品需要一定的起始氢压（>3bar）以避免 $LiBH_4$ 的单独分解。

② 纳米化改性。相比于晶体材料，纳米材料中晶界的无序区域比例升高，为氢和其他轻质元素的快速扩散提供条件，可以有效提高吸/放氢性能，所以通过机械纳米化的手段将 $LiBH_4$ 限制在介孔尺度或者混合 $LiBH_4$ 与碳纳米管及介孔凝胶也是有效的改进手段，同时热处理过程中保持材料的纳米颗粒结构也是改善储氢材料性能的关键。

8.7.3.2 轻金属 LM-Al-H 化合物储氢

铝氢化物中的 4 个 H 原子与 Al 原子通过共价作用形成 $[AlH_4]^-$ 四面体，而 $[AlH_4]^-$ 再以离子键与金属阳离子相结合，其典型代表有 $LiAlH_4$ 和 $NaAlH_4$。上述复合价键结构造成铝氢化物具有高的热稳定性，如纯 NaAlH$_4$ 在 220℃时才开始缓慢脱氢，其两步分解反应见式（8-24）。

$$3NaAlH_4 \Longrightarrow Na_3AlH_6 + 2Al + 3H_2 \qquad (5.3\% \ H_2, 180 \sim 260℃) \qquad (8-24)$$

通过两步反应分别放出 3.7%和 1.9%氢气，而 NaH 则需要在 425℃以上才能分解，此时认为 NaAlH$_4$ 的储氢特性无实用意义。然而，自从研究人员报道 NaAlH$_4$ 掺杂含 Ti 催化剂可实现可逆吸/放氢循环以来，使 NaAlH$_4$ 成为最受关注的储氢材料之一。而对于 NaAlH$_4$，由于 Li$^+$ 化学活性较强，使其在存储运输过程中存在极大的安全隐患，因此，将其作为可应用的储氢材料的研究目前还开展较少。

（1）NaAlH$_4$ 的储氢原理

纯 NaAlH$_4$ 在加热时，首先会在 180℃左右熔化，之后继续升温，第一步分解反应会在 185～230℃之间发生，第二步分解反应在 260℃以上才会进行，而第三步分解反应的开始温度则高于 400℃。多步放氢以及各自不同的放氢条件是配位氢化物一个显著的特点。三步分解反应理论放氢量为 7.4%，反应式见式（8-25）～式（8-27）。

$$NaAlH_4 \Longrightarrow \frac{1}{3}Na_3AlH_6 + \frac{2}{3}Al + H_2 \qquad (3.7\% H_2) \qquad (8-25)$$

$$\frac{1}{3}Na_3AlH_6 \Longrightarrow NaH + \frac{1}{3}Al + \frac{1}{2}H_2 \qquad (1.9\% H_2) \qquad (8-26)$$

$$NaH \Longrightarrow Na + \frac{1}{2}H_2 \qquad (1.8\% H_2) \qquad (8-27)$$

由于第三步放氢温度过高，对于 NaAlH$_4$ 放氢性能和机理研究目前主要集中于前两个阶段，理论放氢量分别为 3.7%和 1.9%，即 NaAlH$_4$ 的实际可逆放氢容量为 5.6%。NaAlH$_4$ 的 pCT 曲线及晶体结构见图 8-34。

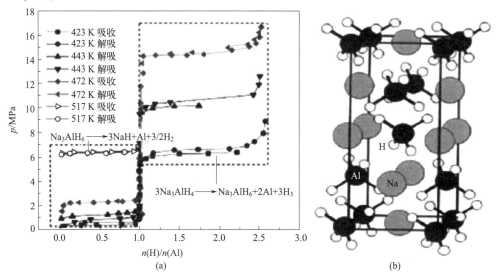

图 8-34 NaAlH$_4$ 在不同温度下的 pCT 曲线（a）及 NaAlH$_4$ 晶体结构（b）

（2）NaAlH$_4$ 的改性

纯 NaAlH$_4$ 由于其较高的热稳定性，很难直接用来进行可逆储氢。截至目前，提高 NaAlH$_4$ 的动力学性能的改性方法主要有颗粒纳米化、掺杂改性和多元化改性三种。

① 纳米化改性。NaAlH$_4$ 在吸/放氢过程中会伴随着 Al、Na 等元素的长程迁移，因此颗粒尺寸不可避免地会对其吸/放氢性能产生影响，这一点与传统金属合金储氢材料有所不同。传统金属储氢材料在吸/放氢过程中通常只存在 H 原子的扩散，而不会有金属原子的长程扩散。相对而言，氢原子的扩散速度要比金属元素的扩散快得多。因此可以想象，一旦将 Al、Na 等元素的扩散局限于非常狭小的空间，其动力学性能应该可以得到改善。研究发现，当颗粒减小到 2~10nm 时，NaAlH$_4$ 在室温下即可开始放氢。随着尺寸的增加，开始放氢温度和峰值温度随之增加。当颗粒尺寸大于 1μm 时，NaAlH$_4$ 表现出块体本征特性，其放氢分解的温度在 180℃ 以上。

② 掺杂改性。NaAlH$_4$ 储氢体系掺杂改性是目前研究最多，也是最有可能实用化的改性方法。自首次发现 Ti 的醇盐可以有效改善 NaAlH$_4$ 体系的吸/放氢动力学性能以来，多国学者纷纷投入 NaAlH$_4$ 体系掺杂改性的研究中。目前的主要研究方向为掺杂方法的改善、有效掺杂剂的探索和掺杂体系的催化本质以及催化机理的研究三个方面。

"湿法掺杂"是最早应用于 NaAlH$_4$ 催化改性的方法。掺杂时，首先将提纯的 NaAlH$_4$ 悬浮于甲苯或乙醚溶液中，然后加入 Ti 的醇盐［Ti(OBun)$_4$］或 TiCl$_3$ 等催化剂进行搅拌，最后真空干燥得到无色掺杂的 NaAlH$_4$ 粉末。实验表明，此种方法制备的 NaAlH$_4$ 能够在较低温度下吸/放氢，其可逆储氢量可达 4% 左右，但吸/放氢动力学性能和循环稳定性较差。

8.7.4 展望

固态储氢作为一种具有较高储氢密度的储氢方式，应用于车载具有较大的发展潜力。MgH$_2$、LiBH$_4$、LiAlH$_4$、NaAlH$_4$、LiNH$_2$ 作为最具代表性的固态储氢材料，理论储氢密度分别达到了 7.6%、18.5%、10.5%、7.4%、9.6%，是目前车载储氢的研究热点，但这类高质量密度储氢材料又会受到动力学、热力学以及循环性能等方面的限制。如氢原子与金属原子键能高、稳定性好、可逆性差，反应时间长以及吸放氢循环过程中不可避免的储氢容量损失、寿命减少等。这些材料无法直接用作车载氢源，为克服储氢材料的不足，催化剂等其他掺杂可用于储氢材料性能的改进，其中过渡金属及其化合物是常用的掺杂脱氢催化剂；或在体系中添加其他反应物以改变反应途径，从根本上降低脱氢过程中的活化能以及焓变与熵变；也可通过物理、化学途径，改变储氢材料的结构形态，如利用球磨减小颗粒或晶粒直径，或将储氢材料限制在多孔框架材料中；通过离子取代，削弱原子间键的作用，可促进氢气释放；甚至可以通过反应产物的催化作用促进脱氢反应的进行。

为提高固态储氢材料性能，多种改进措施已被采用，并取得了一定进展，但仍无法完全满足车载储氢的目标要求，循环过程中质量储氢密度不可避免地会有下降，且材料吸放氢条件较为苛刻。应在研究高储氢密度材料的基础之上，开发能在合理的温度和压力条件下进行可逆吸放氢的固态储氢材料，并具备较长的循环寿命以及较低的成本。

8.8 有机液体储氢

有机液体储氢是通过液体有机物的可逆加氢和脱氢反应来实现储氢，更准确地讲，就是利用特定的有机化合物作为载体，进行载氢与卸氢的过程。烯烃、炔烃以及某些不饱和芳香烃与其相应加氢产物，如苯-环己烷、甲苯-甲基环己烷等可在不破坏碳环主体结构下进行加氢和脱氢，并且反应可逆（表 8-12）。有机液体氢化物储氢系统的工作原理为：对有机液体氢载体催化加氢，储存氢能；在现有的管道及存储设备中，将加氢后的有机液体氢化物进行储存，运输到目的地；在目的地脱氢装置中催化脱氢，释放储存的氢气，供给用户（或终端）使用。脱氢反应后的氢能载体可返回原地再次实现催化加氢，从而使有机液态氢载体达到循环使用目的。

表 8-12　不同有机液体储氢介质的物理参数和储氢性能

储氢介质	熔点/℃	沸点/℃	理论储氢量/%
环己烷	6.5	80.7	7.19
甲基环己烷	−126.6	101	6.18
反式-十氢化萘	−30.4	185	7.29
咔唑	244.8	355	6.7
乙基咔唑	68	190 (1.33kPa)	5.8

有机物储氢的特点如下：储氢量大，储氢密度高。常用的苯和甲苯的饱和含氢量分别为 7.19% 和 6.18%，为常温型金属氢化物储氢量的 3～5 倍，远高于现有的金属氢化物储氢和高压储氢的方法，其储氢密度也分别高达 56.0g/L 和 47.4g/L（表 8-13）。以环己烷储氢构成的封闭循环系统为例，假定苯加氢反应时放出的热量可以回收的话，整个储放氢循环过程的效率高达 98%。作为氢载体的环己烷和甲基环己烷在室温下都呈液态，与汽油类似，可以方便地利用现有的储存和运输设备，对于长距离和大规模的氢能输送意义重大。加氢和脱氢反应高度可逆，储氢剂可反复循环使用。有机液态储运氢气过程见图 8-35。与甲苯体系类似的，德国 Hydrogenious LOHC Technologies 公司实现了以苄基甲苯为载体的有机液体储氢商业化应用，其储氢量为 54kg/m^3，释放氢气的纯度可达 99.9% 以上。

表 8-13　常见液体碳氢化合物的可逆吸放氢化学反应式和储氢量

反应式	最大储氢量
$C_6H_6 + 3H_2 \Longleftrightarrow C_6H_{12}$	7.19%，56kg/m^3
$C_7H_8 + 3H_2 \Longleftrightarrow C_7H_{14}$	6.16%，47.4kg/m^3
$C_{10}H_8 + 5H_2 \Longleftrightarrow C_{10}H_{18}$	7.29%，65.3kg/m^3

有机液体可逆储放氢技术由于其独特的优点，作为大规模、季节性氢能储存手段或随车脱氢做汽车燃料在技术上是可行的，有很大的发展潜力。当然，有机液体储氢也存在很多不足：技术操作条件较为苛刻，要求催化加氢和脱氢的装置配置较高，导致费用较高；脱氢反应需在低压高温非均相条件下，受传热传质和反应平衡极限的限制，脱氢反应效率较低，且

容易发生副反应，使得释放的氢气不纯，在高温条件下容易破坏脱氢催化剂的孔结构，导致催化剂失活。

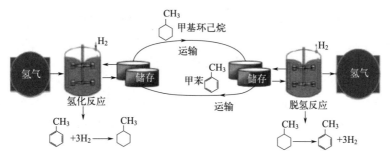

图 8-35　有机液态储运氢气过程示意图

8.8.1　传统有机液体储氢

（1）环己烷

环己烷作为储氢材料是利用苯-氢-环己烷的可逆化学反应来实现储氢。环己烷具有较强的储氢能力，含氢量高达 7.19%，且在常温 20～40℃时环己烷为液态，其脱氢产物苯在常温常压下也处于液态，可以用现有的燃料输送方式进行储运，较为简便。1mol 环己烷可以携带 3mol 的氢，反应所需热量远低于氢燃烧时所释放的热量，可以提供较为丰富的氢能。

如图 8-36 所示，环己烷脱氢后产物为苯，脱氢过程需要消耗一定的热量；相反，苯环经过加氢反应生成环己烷。苯和环己烷可以通过苯-氢-环己烷的可逆化学反应实现氢化和脱氢过程。而且，这一过程需要的生成热绝对值较大，说明氢化或脱氢反应需要的条件较苛刻。

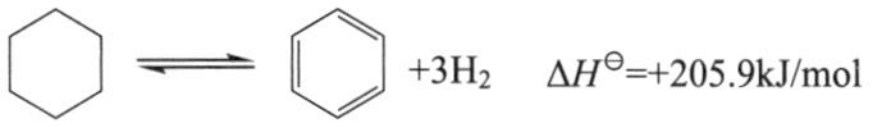

$$\text{环己烷} \rightleftharpoons \text{苯} + 3H_2 \qquad \Delta H^\ominus = +205.9\text{kJ/mol}$$

图 8-36　环己烷为代表的液体有机氢化物储氢反应框架

有人研究了在 Pt-Sn/Al$_2$O$_3$ 催化剂作用下环己烷的高效脱氢过程。在"湿-干"多相态条件下环己烷在 Pt-Sn/Al$_2$O$_3$ 催化作用下脱氢反应的研究发现，当加热温度 382℃、进料速率 1.06mL/min、催化剂存在时，系统反应 2h 的产氢量可达 32.4L，平均产氢速率 12.09mmol/min。所有实验反应的选择性均达到 100%，生成氢气的纯度几乎为 100%。Pt 单金属催化剂对环己烷脱氢反应具有较高的催化活性。而且，由于 Pd 使氢气溢出的能力比 Pt 强，共混后催化活性更好（图 8-37）。Ni-Cu/SBA-15 也对环己烷有很好的脱氢性能，Cu 的加入改变了金属 Ni 的晶体结构，形成 Ni-Cu 合金并被分散在 SBA-15 表面，从而增强了其在环己烷脱氢过程中的选择性和转化率，抑制了催化剂在高温下的结焦失效，其在 350℃下的脱氢转化率达 99%。关于 H$_2$ 在 Pd-Pt 催化剂上的溢流效应参阅本书 3.11 节。

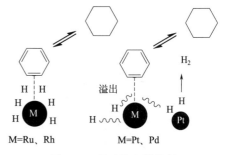

图 8-37　环己烷在催化剂表面的脱氢过程示意

（2）甲基环己烷

甲基环己烷含氢量为 6.2%，脱氢可产生氢气和甲苯。甲基环己烷和甲苯在常温常压下均呈液态，也可利用现有的管道设备储存和供应氢能，因此甲基环己烷也是比较理想的有机液体储氢载体。

甲苯-甲基环己烷体系是目前发展最为成熟的有机液体储氢体系。甲苯加氢反应总方程式如图 8-38 所示，该反应为体积减小的放热反应，高压低温条件有利于加氢。对甲苯加氢进行产物在线分析发现，甲苯加氢为三步加氢过程，即甲苯中的不饱和碳键逐步加氢成为饱和碳键，过程中间产物为甲基环己二烯与甲基环己烯，具体反应机理如图 8-38 所示。甲苯分子中接近甲基的 1 号、6 号 C 原子首先加氢转化为甲基环己二烯；附后甲基环己二烯分子中的 2 号、3 号 C 原子加氢转化为甲基环己烯；最后甲基环己烯分子中 4 号、5 号 C 原子加氢转化为甲基环己烷。由此可见，甲基的存在会影响双键的加氢次序，距离甲基越近的双键越先完成加氢。

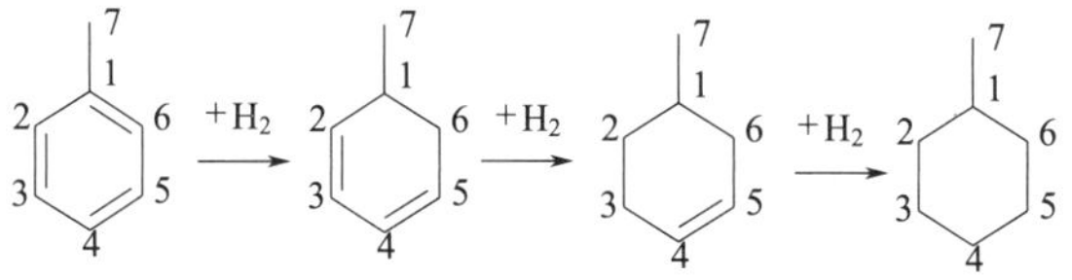

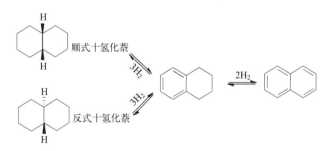

图 8-38　甲苯加氢反应机理

（3）十氢化萘

十氢化萘储氢能力强，含氢量高达 7.3%，体积储氢密度为 62.93kgH_2/m^3，常温下呈液态，也便于储运，但在加氢、脱氢以及运输过程中可能存在原料不断损耗的问题。1mol 十氢化萘可携带 5mol 的氢，反应所需热量约为 66.7kJ/mol H_2，约占氢气燃烧所释放热量的 27%，可提供丰富氢能（图 8-39）。

图 8-39　顺式（反式）十氢化萘脱氢过程示意图

8.8.2　新型有机液体储氢

传统有机液体氢化物脱氢温度高，难以实现低温脱氢，制约其大规模应用和发展。用不饱和芳香杂环有机物作为储氢介质成为新的选择，这种化合物质量和体积储氢密度较高，而且其中杂原子（N、O）的添加可以有效地降低加氢和脱氢反应温度。咔唑和乙基咔唑是含氮的芳香杂环有机物，其储氢密度达到车载储氢系统的标准。

（1）咔唑

咔唑（$C_{12}H_9N$）主要存在于煤焦油中，可通过精馏或萃取等方法分离得到。常温下为无色单斜片状结晶，有特殊气味，溶于喹啉、吡啶、丙酮；微溶于乙醇、苯、乙酸、氯代烃；不溶于水，易升华，紫外光线下显示强荧光和长时间磷光。

有人研究了雷尼镍（Raney-Ni）催化剂作用下咔唑的加氢性能和 Pd/C 作用下的脱氢反应。在咔唑和十氢萘添加比为 1/5.9，温度 250℃，压力 5MPa，0.5g 催化剂，8g 咔唑的反应条件下，加氢转化率达到 90%；温度 220℃、催化剂用量 11.1%、加入 3mL 反应产物的情况下，脱氢转化率为 60.5%，且产物主要为咔唑和四氢咔唑。采用 Ni_2P 及双金属催化剂对咔唑的加氢脱氮反应进行了研究，都具有较高的活性和选择性，在实验条件下，磷化物催化剂比商用 Ni-Mo/Al_2O_3 催化剂活性高，催化剂表面具有更多的酸性位，且在反应条件下更稳定。NiB 合金作为催化剂，对模型化合物咔唑的加氢脱氮反应进行了研究。结果表明，该催化剂对其加氢脱氮具有很好的活性，主要产物为双环己烷，且反应主要与 Ni 金属相关。

（2）乙基咔唑

乙基咔唑（$C_{14}H_{13}N$）为无色片状晶体，溶于热乙醇、乙醚、丙酮，不溶于水，遇光易变黑，易聚合。研究表明，乙基咔唑作为一种新型有机液体储氢材料，在 130～150℃ 可实现快速加氢，150～170℃ 可实现脱氢，其理论储氢量为 5.8%，脱氢反应活化能为 126.8kJ/mol，是理想的有机储氢介质。

乙基咔唑的脱氢反应焓约为 50kJ/mol，在 200℃ 下发生脱氢反应后的氢气纯度高达 99.9%。有人对乙基咔唑的加氢与脱氢性能进行研究，在 7MPa 氢压、150℃ 下乙基咔唑与氢反应的转化率可达 98%。图 8-40 为乙基咔唑的加氢反应具体过程示意，由图可知，乙基咔唑加氢反应为双键的分步加氢过程，生成的初始平行产物为四氢乙基咔唑和八氢乙基咔唑。四氢乙基咔唑的快速消耗以及六氢乙基咔唑的生成表明，六氢乙基咔唑是由四氢乙基咔唑加氢生成的。作为主要中间产物的八氢乙基咔唑能通过两种双键加氢路径生成十二氢乙基咔唑和十氢乙基咔唑。反应产物中含有大于 95% 的十二氢乙基咔唑及少于 5% 的副产物八氢乙基咔唑，此时乙基咔唑的累积吸氢量约为 5.3%。

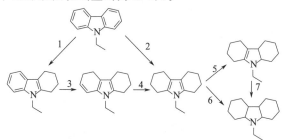

图 8-40　乙基咔唑加氢反应过程

图 8-41 所示为乙基咔唑在经过加氢反应后的十二氢乙基咔唑的脱氢反应历程。十二氢乙基咔唑由于吡咯环所在的平面与两侧的六元环不在同一个平面上，呈现中间高两边低的扭曲结构，同时乙基基团的空间位阻效应抑制了 N 原子在催化剂表面的吸附，因此推测十二氢乙基咔唑在催化剂表面存在两种可能的吸附结构：一种借助吡咯环面上的四个碳原子吸附在催化剂表面，在催化剂作用下进行脱氢反应，导致产物八氢乙基咔唑的产生；另一种方式

可能是六元环上的六个碳原子吸附在催化剂表面，催化脱氢生成六氢乙基咔唑，由于六氢乙基咔唑两个六元环中一个环的共轭体系被破坏，导致该结构不稳定，迅速进一步脱氢生成四氢乙基咔唑。由此可以推测，十二氢乙基咔唑脱氢反应首先经过一个平行反应分别生成四氢乙基咔唑和八氢乙基咔唑，接着八氢乙基咔唑又进一步脱氢，生成四氢乙基咔唑，然后四氢乙基咔唑再脱氢生成乙基咔唑。

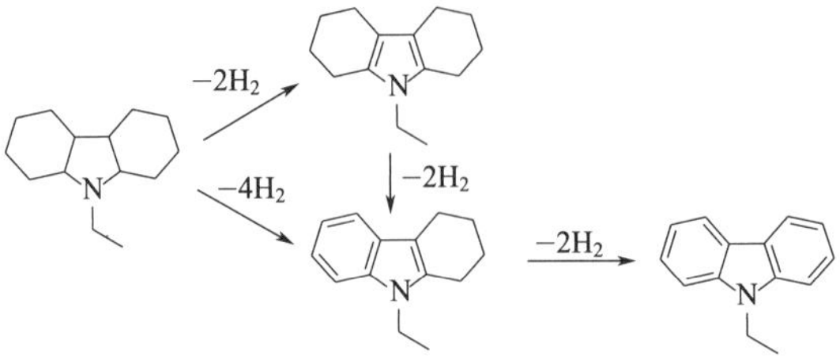

图 8-41　十二氢乙基咔唑脱氢反应过程

（3）有机胺-甲醇/乙醇储氢体系

近年来，含有醇、胺等官能团的有机液体小分子通过脱氢偶联释放氢气，同时又可以在可逆加氢条件下回到醇、胺，此过程得到了较多关注，这类反应条件相对温和，脱氢温度相比传统有机液体储氢体系能够低 100℃左右，且原料廉价易得，质量储氢密度在 5%～7% 之间，是一类具有潜在实用价值的有机液体储氢体系。此类体系主要采用钌分子催化剂，使用钌催化剂，可以实现乙二胺-甲醇、乙二胺-乙醇、N,N'-二甲基乙二胺-甲醇体系的可逆卸氢、载氢过程，其理论储氢容量分别为 6.5% 和 5.3%（图 8-42）。相比甲醇水蒸气重整制氢得到 H_2 和 CO_2 的混合物，利用有机胺进行醇重整制氢仅产生 H_2，此外得到的含有酰胺结构的化合物为液体，利于 H_2 的分离使用。

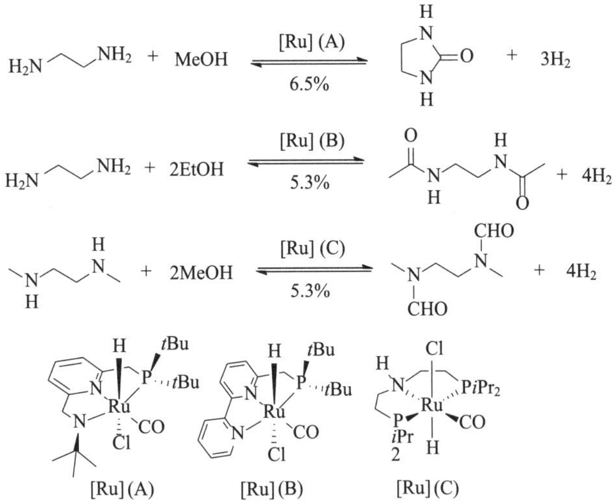

图 8-42　有机胺-甲醇/乙醇储氢体系及催化剂

（4）乙二醇储氢体系

乙二醇（ethylene glycol）又名"甘醇"，是最简单的二元醇。乙二醇是无色无臭、有甜味的黏稠液体，能与水、丙酮互溶，但在醚类中溶解度较小。乙二醇的应用遍及全行业，2016年全球产能超过3400万吨。例如，它是汽车防冻液和冷却液系统以及挡风玻璃和飞机除冰液的重要成分。此外，它还广泛应用于聚酯纤维和树脂（如聚对苯二甲酸乙二醇酯）的制造。重要的是，乙二醇不仅可以从化石资源中获得，还可以从生物质制备，这凸显了其作为可持续资源的潜力。研究表明，乙二醇是一种理想的液体有机储氢介质。这种富氢有机液体可以发生脱氢酯化反应，生成液态低聚酯产物（一种贫氢有机液体），该产物可以可逆地氢化回到乙二醇，该体系的最大理论质量储氢密度为6.5%（图8-43）。

有学者利用三齿钌催化剂实现了基于乙二醇的可逆加氢脱氢体系。使用优化的钌催化剂（1%，摩尔分数，余同），添加2%叔丁醇钾，以1mL甲苯和1mL N,N-二甲基甲酰胺作为溶剂，在150℃和72小时的反应条件下，乙二醇的转化率可以高达97%，释放61mL的氢气，氢气纯度可达99.65%。在加氢反应中，在1%钌催化剂、40atm氢气的条件下，低聚酯混合物可以在48h内以92%的收率完全氢化回到乙二醇。

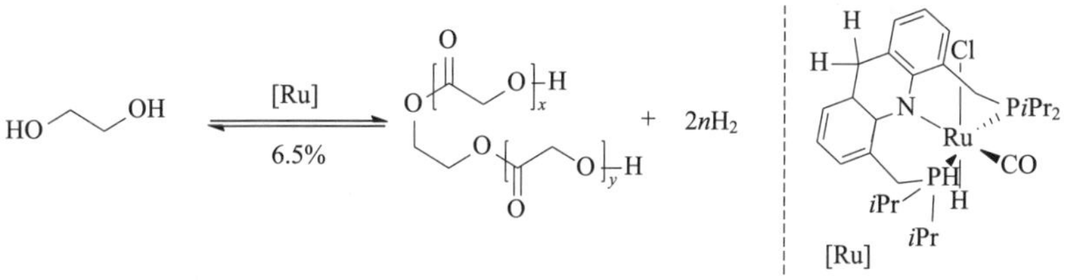

图 8-43　乙二醇储氢体系

（5）甲酸储氢体系

甲酸（化学式为HCOOH）是一种无色液体，具有刺激性气味。甲酸具有优良的溶解性，可溶于水和大多数有机溶剂。在化学工业中，甲酸是许多化合物的重要中间体，用于合成药物、染料和农药等。

研究表明，甲酸作为一种有机液体储氢材料，其产生 H_2 过程（$\Delta G^{\ominus}=-32.9\text{kJ/mol}$）相较于其他氢载体如氨（$\Delta G^{\ominus}=+33.3\text{kJ/mol}$）、甲烷（$\Delta G^{\ominus}=+113.6\text{kJ/mol}$）、甲醇（$\Delta G^{\ominus}=+8.9\text{kJ/mol}$）在热力学上更为有利。甲酸的理论质量储氢密度为4.34%，且原料廉价易得，是一种理想的储氢介质。如图8-44所示，甲酸在催化剂的作用下可以释放出氢气和二氧化碳，也可以在催化条件下实现二氧化碳加氢制备甲酸。但甲酸脱氢过程中会产生温室气体二氧化碳，若能开发出碳平衡的甲酸脱氢方式，则更有利于其作为理想的储氢介质。

到目前为止，甲酸储氢体系的催化剂仍然以贵金属催化剂为主，近年来开始有基于丰产金属催化的可逆加氢脱氢催化剂被报道，其中，铁基钳形配体络合物催化剂在该过程中体现出较好的性能。德国学者研究了三齿铁催化剂催化基于甲酰胺的碳平衡储氢和释氢循环体系。如图8-44所示，CO_2 与胺进行碳捕获形成 $CO_2 \cdot R_2NH$ 复合物，在催化剂作用下加氢形成胺和甲酸，进一步脱水可以产生甲酰胺，该过程的逆向反应则能够实现以甲酸脱氢为关键步骤的产氢过程。该体系中，在铁催化剂用量为500mg/kg、$KHCO_3$ 和甲酰胺的比例为1:1、四氢呋喃和水的体积比为1:1、反应温度为90℃的条件下反应16h，氢气产率可达92%，同时选择性大于99%；在铁催化剂用量为500mg/kg、$KHCO_3$ 和胺的比例为1:1、四氢呋喃和水的体积比为1:1、氢气压力为60bar、反应温度为90℃的条件下反应12h，甲酰胺产率可以达到97%。

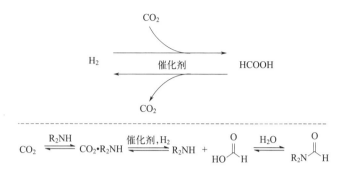

图 8-44 甲酸储氢体系

8.9 加氢站与供氢

8.9.1 集中式加氢站供氢

氢气加氢站是氢能产业链中游环节最后一环，也是有重大挑战的一项任务。日美欧等国加氢站的建设起步早，站点多，中国起步较晚，2019 年以后，中国加氢站数量呈爆发式增长，不同国家的供氢站差异很大，反映在部署方法、规模、储存压力和利用率的差异。

美国、欧洲各国、日本从液氢的储存到使用，包括加氢站，都有比较规范的标准和法规，液氢发展产业链比较完备，国外将近 1/3 的加氢站为液氢加氢站，而在国内，目前仍少有企业涉足液氢领域。小规模加氢站的建设易造成资源、土地的浪费，同时给氢气的储运能力带来更大的压力，因此，应加快建设大规模（1000kg/d）的加氢站。大规模液氢加氢站具有储运效率高、运输成本低、单位投资少、氢气纯度高、站内能耗少以及兼容性强等优势。

我国加氢站的建设正在不断加速，至 2022 年，我国加氢站数量已达 300 座，预计到 2035 年将超过 5000 座。国内加氢站的气源多以外运的高压气氢为主，少数加氢站利用光伏发电兼具站内制氢模式，氢气的运输规模和站内存储，成为制约加氢站规模和运营稳定的重要环节。基于氢化物材料的固态储氢具有较高的储氢能力，质量储氢密度高，同时合金储氢材料的释放速度可控性较好，放氢压力低（0.1MPa），可长距离储运，运输过程安全性高，未来可用于加氢站储运氢方式的规模化推广，2020 年国内首座镁基固态储氢示范站在山东省济宁市落成，加氢能力为 550kg/d，2023 年国内第一代吨级镁基固态储运氢车在上海投入运营，最大运氢量为 1.2t，为常规氢气长管拖车的 4 倍，未来固态储氢可替代或作为高压气氢的补充成为可能。

8.9.2 分布式加氢站供氢

集中式加氢站建设越多，依靠长管拖车运输氢气的弊端将越突出。因此，分布式站内制氢就地供氢方式越来越受到关注。实际上，氢气的储存和运输是当前和未来影响氢能市场竞争力的关键环节。常压下由于液态氢气密度是气态氢气密度的近 800 倍，即使将气态氢气压缩至 70MPa，其密度也仅增加到约 40kg/m³，还不到液态氢气的 60%。所以，单从储能角度上考虑，低温液态储氢运输具有优势。但氢气的液化技术要求很高，常压下液化温度很低，也就是说，在温度高于 −240℃ 时不能通过加压实现氢气的液化。在如此低的温度下实施氢气液化存在技术难度大、装备要求高、投资巨大的缺点，而且由于储存温度与环境温差很大，使得生产出来的液氢对容器的绝热性能要求很高，进一步增大了容器的制造成本。

分布式加氢站实质是指建有制氢系统的加氢站，做到氢气"即产即用"，以最大限度地减少氢气储运过程带来的高额费用和安全风险。为保证城市用氢需求，制氢会发生在人口稠密区，因此要求制氢反应区占地面积小，反应过程清洁无污染，无毒副产物，反应路线温和安全。以不同工艺技术路线划分，站内加氢制氢技术主要分为天然气制氢、甲醇制氢、电解水制氢和有机液态载体（LOHC）制氢 4 类。各国具有代表性的制氢加氢一体站情况见表8-14。

表 8-14　各国具有代表性的制氢加氢一体站情况

地区	国家	项目名称	站内制氢技术
欧洲地区	德国	Westk üste100 项目	电解水制氢
	法国	SMT AG 项目	ALK 电解水制氢
	英国	Hrdrogen Mini Grid 风电制氢项目	PEM 电解水制氢
北美地区	美国	加利福尼亚州 HyGen 加氢站	电解水制氢
东亚地区	日本	H₂Kusatsu Farm 加氢站	电解水制氢
		富山县 H₂One™ 电站项目	电解水制氢
		大川加氢站	天然气重整制氢（以市政燃气或 LPG 原料）
		福冈市中部水处理中心加氢站	天然气重整制氢（以污水处理厂发酵沼气为原料）
	中国	白城分布式发电制氢加氢一体化示范项目	PEM 电解水制氢＋ALK 电解水制氢
		佛山南庄制氢加氢加气一体化站	天然气重整制氢＋电解水制氢
		河北张家口液态阳光加氢站	甲醇重整制氢

实施分布式制氢和就地供氢技术。氢气纯化主要有变压吸附法、膜分离、CO 选择性甲烷化等，但适合分布式制氢场合的技术主要是膜分离法或甲烷法。分布式制氢在储运环节优势明显，难点在制氢环节。图 8-45 是几种重要的站内制氢-加氢分布式加氢站流程简图。

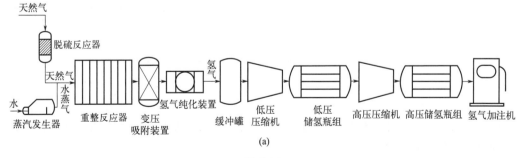

(a)

图 8-45

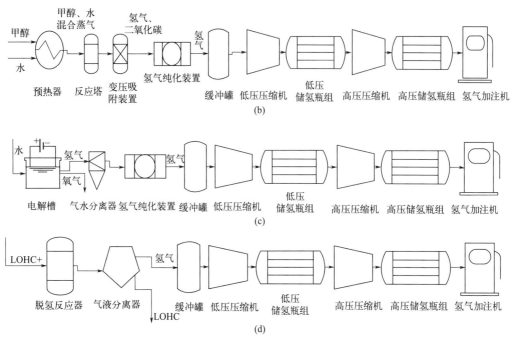

图 8-45　几种重要的站内制氢-加氢分布式加氢站流程简图
（a）天然气化学链制氢；（b）甲醇裂解制氢；（c）电解水制氢；（d）LOHC 制氢

分布式加氢站内制氢、供氢可以利用加氢站现有的储氢基础设施和水、电等公用工程条件（图 8-46），不需要为制氢建造新的基础设施，有利于减少建设成本，降低氢气销售价格，也可以减少因氢气运输增加的成本和安全风险。分布式甲醇制氢和天然气制氢可以做到供氢与氢消费同步协调，即产即用，优势明显，是当前发展的重点。

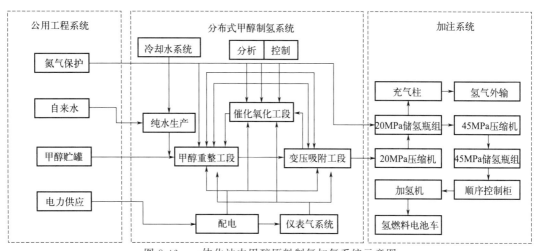

图 8-46　一体化站内甲醇原料制氢加氢系统示意图

分布式制氢-加氢具有广阔的市场前景和应用价值。其优越的性能和经济效益，将会在未来的氢能市场上占据重要的地位。同时，在技术的研发和推广过程中，需要加强合作和创新，提高技术的成熟度和市场的竞争力。

加氢站作为一个集制氢、分离纯化、压缩、高压储存、高压加注氢气于一体的场所，对于加氢站内设备设施选型应遵循 GB 50516—2010《加氢站技术规范（2021 年版）》和

DB44/T 2440—2023《制氢加氢一体站安全技术规范》，主要设备设施的安全措施必须高标准严要求。即要重视加氢站内工艺系统与设备本质安全设计，特别是对于加氢站的最重要的设备加氢系统（加氢机）要进行严格的可靠性测试（图 8-47），做到氢气不泄漏；如果发生泄漏，要有相应设备和控制系统能及时检测发现并采取控制措施；同时必须做好电气防爆设计以及严禁烟火等安全制度，杜绝点火源发生；加氢站应当设置防爆墙，严格控制安全间距，制定行之有效的应急预案，备齐应急物资，做到即使发生火灾，也能将影响范围控制在可接受范围。

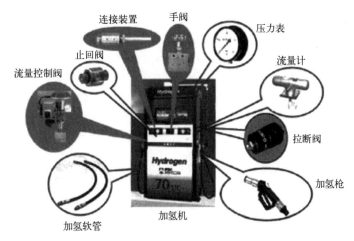

图 8-47　需要进行可靠性测试的加氢系统关键组件

总之，氢能的开发利用是更快实现碳中和目标、保障国家能源安全、实现低碳转型的重要途径之一。在"节能减排"目标下，氢能行业将迎来大发展是必然趋势。我国具有发展氢能的先天优势，正在构建成熟的氢能技术产业链，并加快实现"氢能中国"战略。

思考题

8-1. 常见的储氢方式有哪些？简述不同储氢方式的特点及其优缺点。

8-2. 一般而言，储氢目标是体积储氢密度不低于 $62kg/m^3$，试选用合适的气体状态方程，计算采用高压气体储氢技术时达到这一目标需对应的压力大约为多少？

8-3. 在高压气态储氢中，若储氢罐的瓶压是 20MPa，体积为 50L，试计算在 300K 时，可以储存的氢气的质量为多少？

8-4. 试述化学吸附储氢与物理吸附储氢的区别。

8-5. 简述金属氢化物的吸/放氢热力学的压力-成分-温度（pCT）曲线的特征，以及如何通过 pCT 曲线计算金属氢化物的反应生成焓和生成熵。

8-6. 金属镁作为储氢材料具有什么优缺点？通过哪些技术和手段可以改善金属镁的储氢性能？

8-7. 多步放氢以及各自不同的放氢条件是配位氢化物一个显著的特点，请写出 $LiBH_4$ 的多步放氢反应方程式。

8-8. 构建纳米约束体系可以改善 $NaAlH_4$ 脱氢/加氢特性，请从微观角度解释其原因。

8-9. 计算固态储氢材料 $LaNi_5H_6$、$TiFeH_{1.9}$、Mg_2NiH_4 的质量储氢密度。

8-10. 碳纳米管作为储氢材料的吸附量和吸附机理一直存在争议,你认为碳纳米管是一种有潜力的储氢材料吗?

8-11. 有机化合物储氢在存储和输运上的特点是什么?

8-12. 储氢材料在应用时需满足哪些条件?

8-13. 研究表明,将 N-乙基咔唑和 N-丙基咔唑混合可以起到降低体系熔点的作用,试计算当 N-乙基咔唑和 N-丙基咔唑以物质的量的比 2:3 混合时,其理论质量储氢密度。

8-14. 简述有机液体储氢体系中,苯-环己烷、甲苯-甲基环己烷、萘-十氢化萘、乙基咔唑-十二氢乙基咔唑等体系的优劣。

参考文献

[1] Hassan I A, Ramadan H S, Saleh M A, et al. Hydrogen storage technologies for stationary and mobile applications: Review, analysis and perspectives[J]. Renew Sustain Energy Rev, 2021, 149: 111311.

[2] 李璐伶, 樊栓狮, 陈秋雄, 等. 储氢技术研究现状及展望[J]. 储能科学与技术, 2018, 7: 586-594.

[3] Tarasov B P, Fursikov P V, Volodin A A, et al. Metal hydride hydrogen storage and compression systems for energy storage technologies[J]. Int J Hydrog Energy, 2021, 46: 13647-13657.

[4] 蒲亮, 余海帅, 代明昊, 等. 氢的高压与液化储运研究及应用进展[J]. 科学通报, 2022, 67: 2172-2191.

[5] 陈萍, 何腾, 郭建平, 等. 氢化物: 载氢载能体[M]. 北京: 科学出版社, 2021.

[6] Darren P. Broom. 储氢材料: 储存性能表征[M]. 刘永锋, 潘洪革, 高明霞, 等译. 北京: 机械工业出版社, 2013.

[7] 周承商, 刘煌, 刘咏, 等. 金属氢化物热能储存及其研究进展[J]. 粉末冶金材料科学与工程, 2019, 24(5): 391.

[8] Lin H J, Lu Y S, Zhang L T, et al. Recent advances in metastable alloys for hydrogen storage: A review[J]. Rare Metals, 2022, 41(6): 21.

[9] 李谦, 罗群. 金属氢化物热力学与动力学[M]. 上海: 上海大学出版社, 2021.

[10] 周超, 王辉, 欧阳柳章, 等. 高压复合储氢罐用储氢材料的研究进展[J]. 材料导报, 2019, 33(1): 117.

[11] 许炜, 陶占良, 陈军. 储氢研究进展[J]. 化学进展, 2006, 18(2): 11.

[12] 孙立贤, 宋莉芳, 姜春红. 新型储氢材料及其热力学与动力学问题[J]. 中国科学, 2010(9): 10.

[13] He T, Pachfule P, Wu H, et al. Hydrogen carriers[J]. Nature Reviews Materials, 2016, 1(12): 16059.

[14] 马通祥, 高雷章, 胡蒙均, 等. 固体储氢材料研究进展[J]. 功能材料, 2018, 49(4): 6.

[15] Zhu Y, Ouyang L, Zhong H, et al. Closing the loop for hydrogen storage: facile regeneration of $NaBH_4$ from its hydrolytic product[J]. Angewandte Chemie International Edition, 2020, 59(22): 8623-8629.

[16] Zhang X, Liu Y, Ren Z, et al. Realizing 6.7% reversible storage of hydrogen at ambient temperature with non-confined ultrafine magnesium hydrides[J]. Energy & Environmental Science, 2021, 14(4): 2302-2313.

[17] Zhang Q, Uchaker E, Candelaria S L, et al. Nanomaterials for energy conversion and storage[J]. Chemical Society Reviews, 2013, 42(7): 3127-3171.

[18] Wijayanta A T，Oda T，Purnomo C W，et al. Liquid hydrogen，methylcyclohexane，and ammonia as potential hydrogen storage：Comparison review[J]. International Journal of Hydrogen Energy，2019，44(29)：15026-15044.

[19] Usman M R. Hydrogen storage methods：Review and current status[J]. Renewable and Sustainable Energy Reviews，2022，167：112743.

[20] Tarhan C，Cil M A. A study on hydrogen，the clean energy of the future：Hydrogen storage methods [J]. Journal of Energy Storage，2021，40：102676.

[21] Sun Q，Wang N，Xu Q，et al. Nanopore-supported metal nanocatalysts for efficient hydrogen generation from liquid-phase chemical hydrogen storage materials[J]. Advanced Materials，2020，32 (44)：2001818.

[22] Sordakis K，Tang C，Vogt L K，et al. Homogeneous catalysis for sustainable hydrogen storage in formic acid and alcohols[J]. Chemical Reviews，2018，118(2)：372-433.

[23] Rusman N A，Dahari M. A review on the current progress of metalhydrides material for solid-state hydrogen storage applications [J]. International Journal of Hydrogen Energy，2016，41 (28)：12108-12126.

[24] Preuster P，Papp C，Wasserscheid P. Liquid organic hydrogen carriers(LOHCs)：Toward a hydrogen-free hydrogen economy[J]. Accounts of Chemical Research，2017，50(1)：74-85.

[25] Ouyang L，Chen W，Liu J，et al. Enhancing the regeneration process of consumed $NaBH_4$ for hydrogen storage[J]. Advanced Energy Materials，2017，7(19)：1700299.

[26] Lototskyy M V，Yartys V A，Pollet B G，et al. Metal hydride hydrogen compressors：A review[J]. International Journal of Hydrogen Energy，2014，39(11)：5818-5851.

[27] Dalebrook A F，Gan W，Grasemann M，et al. Hydrogen storage：Beyond conventional methods[J]. Chemical Communications，2013，49(78)：8735-8751.

[28] Andersson J，Grönkvist S. Large-scale storage of hydrogen[J]. International Journal of Hydrogen Energy，2019，44(23)：11901-11919.

[29] 贾超，原鲜霞，马紫峰. 金属有机骨架化合物(MOFs)作为储氢材料的研究进展[J]. 化学进展，2009，21(9)：1954-1962.

[30] 杜泽学，慕旭宏. 分布式制氢技术的发展及应用前景展望[J]. 石油炼制与化工，2021，52(1):1-9.

[31] 魏民，常胜，李东，等. 分布式制氢技术在加氢站中的应用进展[J]. 化工机械，2023，50(3)：281-289.

第九章

氢电转化：燃料电池

 导言

  氢燃料电池具有燃料可再生、无污染等优点，是氢能向电能转化的最便捷、最高效的方式，也被认为是真正意义上"零排放"的清洁能源，目前全球主要经济体都已将发展燃料电池上升为国家战略，大力发展氢燃料电池是我国实现可持续发展和构建绿色经济的必由之路。为促进氢燃料电池行业的发展，我国出台各种政策，鼓励氢燃料电池行业的发展与创新。本章将从燃料电池基本概念、发展历史、反应原理、分类、关键部件的研发以及应用等方面着手，详细介绍燃料电池相关知识。

9.1 氢燃料电池概述

9.1.1 氢燃料电池基本概念

  燃料电池是一种把存储在燃料中的化学能直接转换成电能的发电装置，又称电化学发电器。它是继水力发电、火力发电和核电之后的第四代发电技术。燃料电池是通过电化学反应把燃料化学能中的吉布斯自由能部分转换成电能，不受卡诺循环效应的限制，因此效率高；另外，燃料电池用燃料和氧气作为原料，故排放出的有害气体极少，同时没有机械传动部件损耗，因此使用寿命长。由此可见，从节约能源和保护生态环境的角度来看，燃料电池是最有发展前途的发电技术。

  燃料电池可用的燃料具有多样性，比如，可以采用天然气、沼气等天然燃料，也可以使用氢气、甲醇、乙醇、甲醛等小分子燃料。其中，以氢气为燃料的燃料电池通常被称为氢燃料电池，其基本原理是电解水的逆反应，通过向燃料电池的阳极和阴极分别输入氢气和氧气，氢气经过阳极向外扩散，在催化剂的作用下失去电子，生成氢离子（即质子），质子穿过质子交换膜在阴极和氧气发生反应，生成水，电子通过外部的负载到达阴极，从而在外电路产生电流。

  氢燃料电池对环境无污染。它是通过电化学反应，而不是采用燃烧（汽油、柴油）或储能（蓄电池）方式——最典型的传统后备电源方案。传统燃料燃烧会释放 CO_x、NO_x、SO_x 气体和粉尘等污染物，而氢燃料电池只会产生水和热。如果氢能是通过可再生能源（光伏发电、风能发电等）产生的，那么整个循环就是彻底地不产生有害物质的过程。

9.1.2 燃料电池的发展简史

  燃料电池的起源可以追溯到 19 世纪初，迄今为止已有 180 多年的历史。1838 年瑞士化学家尚班（C. F. Schoenbein）教授发现了燃料电池的化学效应，结合氢气和氧气产生水和电流，并刊登在当时著名的《科学》杂志。英国物理学家兼法官格罗夫（W. R. Grove）爵士于 1839 年 2 月把理论证明刊登在杂志上，其后又于 1842 年刊登了燃料电池设计草图，因此获得了"燃料电池之父"的称号。Grove 爵士报道了世界上第一个燃料电池的雏形。当时，为了提高反应所产生的电压，Grove 将四组同样的装置串联起来，并将它称为"气体"电池。这种装置后来被公认为世界上第一台燃料电池，如图 9-1 所示。

1932 年，剑桥大学的培根（Bacon）博士在多孔结构的气体扩散电极的基础上开发出双孔电极，并将这种装置叫作 Bacon 电池，这便是第一个碱性燃料电池（alkaline fuel cell，AFC）。在 1959 年，Bacon 真正制造出了一台功率为 5kW 的燃料电池。1966 年通用汽车推出了全球第一款燃料电池汽车 Electrovan，充分诠释了燃料电池技术商品化应用的潜力。2000 年之前燃料电池汽车产业发展进入氢燃料电池汽车概念设计及原理性认证阶段，以概念车形式推出氢燃料电池汽车。2000—2010 年是燃料电池汽车示范运行验证、技术攻关研究阶段。2010—2015 年是燃料电池汽车性能提升阶段，这一阶段在燃料电池的汽车功率密度、寿命上实现了突破，因此在特定领域的商业化取得显著成果。燃料电池率先使用在物流运输等领域，初步实现特定领域用车商业化。2015 年之后燃料电池汽车进入推广阶段，丰田 Mirai 和本田 Clarity 汽车的上市代表着私人燃料电池乘用车开始销售，宣告着燃料电池汽车正式进入了商业化阶段。

中国的燃料电池研究始于 1958 年。电子工业部天津电源研究所（现中国电子科技集团公司第十八研究所）最早开展了熔融碳酸盐燃料电池（molten carbonate fuel cell，MCFC）的研究。20 世纪 70 年代航天事业的发展推动了中国燃料电池的研究高潮。经过几十年的研究，中国的科学工作者在燃料电池的研究上取得了不少进展，但总体水平与发达国家尚有一定的差距。目前，中国有运输燃料电池、便携式手提燃料电池和军用体系三种燃料电池系统。在能源短缺的背景下，燃料电池的发展对中国的未来至关重要。

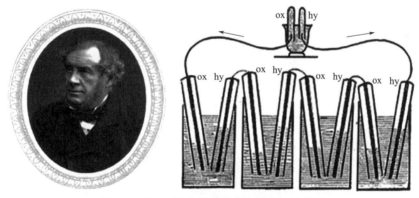

图 9-1　Grove 爵士及其提出的燃料电池模型

9.2　氢燃料电池结构与工作原理

9.2.1　氢燃料电池结构

氢燃料电池由电堆和系统部件（空压机、增湿器、氢循环泵、氢瓶）组成。电堆作为整个电池系统的核心，包括了膜电极、双极板构成的各电池单元以及集流板、端板、密封圈等重要部件。膜电极的关键材料是质子交换膜、催化剂、气体扩散层，这些部件及材料的耐久性决定了电堆的使用寿命和工况适应性。图 9-2 所示是质子交换膜燃料电池（proton exchange membrane fuel cell，PEMFC）的基本结构示意图。电极是提供电子转移的场所，导电离子在电解质内迁移，电子通过外电路做功并构成回路。电解质的作用是分隔开电子和离子，使得离子可以通过电解质移动到阴极，而电子仅能通过电路到达阴极。燃料电池工作时，燃料和氧化剂分别被输送到电池两极，发生氧化和还原反应，然后通过外电路输出电能。

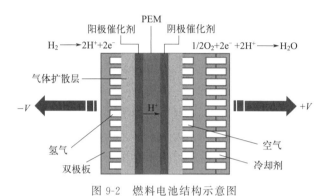

图 9-2　燃料电池结构示意图

9.2.2　氢燃料电池工作原理

　　氢燃料电池的工作原理与原电池或二次电池相似，电解质隔膜两侧分别发生氢氧化反应与氧还原反应，电子通过外电路负载做功，反应产物为水。但与原电池不同的是，燃料电池中的反应物并非预先存储于电池内部，而是在发生反应时通入燃料气和氧化气反应后并排出生成物，因此，燃料电池并非能量存储装置而属于转化装置，在反应过程中其电极和电解质并未直接参与到反应中。为了使燃料电池可以持续供电，就需要源源不断地从外部向燃料电池供给燃料和氧化剂。如图 9-3 所示，以质子交换膜燃料电池为例，其工作原理是氢气作为燃料被连续地输送到燃料电池的阳极，在阳极催化剂的作用下发生电化学氧化反应［阳极反应，式（9-1）］，生成质子，同时释放两个自由电子。质子穿过质子交换膜到达阴极，在氢气的分解过程中释放出电子，电子通过负载流向阴极产生了电流。在阴极，氧气在阴极催化剂的作用下，发生电化学还原反应［阴极反应，式（9-2）］，即从电解质传递过来的质子和

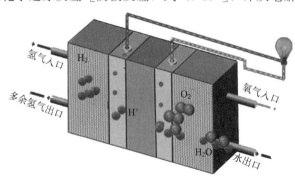

图 9-3　燃料电池工作原理示意图

从外电路传递过来的电子结合生成水分子。总的电池反应为式（9-3）。简而言之就是氢燃料电池内部的氢气与氧气进行化学反应，生成水并产生电流的过程，即电解水的逆反应。

$$阳极反应： \qquad H_2 \longrightarrow 2H^+ + 2e^- \qquad E^\ominus = 0V \qquad (9-1)$$

$$阴极反应： \qquad 1/2O_2 + 2H^+ + 2e^- \longrightarrow H_2O \qquad E^\ominus = 1.23V \qquad (9-2)$$

$$电池反应： \qquad H_2 + 1/2O_2 \longrightarrow H_2O \qquad E^\ominus_{cell} = 1.23V \qquad (9-3)$$

9.3 氢燃料电池反应热力学

热力学是研究能量相互转化过程中所遵循的规律的科学。燃料电池是能量转化装置，所以燃料电池热力学是理解化学能到电能转化的关键。对于燃料电池，热力学可以预言一个燃料电池的化学反应是否能够自发地发生。热力学也可以告诉我们一个反应所能产生的电压的上限。因此，热力学可以给出燃料电池的各个参数的理论边界值。任何真正的燃料电池的各项参数只能在热力学极限值之内。

9.3.1 电池电动势

对于一个氧化还原反应，可以将其分解为两个半反应即还原剂的阳极氧化和氧化剂的阴极还原，并与适宜的电解质构成电池，按电化学方式可逆地实施该反应。由化学热力学原理可知，该过程的可逆电功（即最大功）为式（9-4）。

$$\Delta G = -nFE \qquad (9-4)$$

式中，ΔG 为反应的 Gibbs 自由能变；n 为反应转移的电子数；F 为法拉第常数，96485C/mol；E 为电池的电动势。该方程为电化学的基本方程，它是电化学与热力学联系的桥梁。

以氢氧反应为例，如果气体遵循理想气体状态方程，对于氢气和氧气的复合反应，有式（9-5）：

$$\Delta G = \Delta G^\ominus + RT \ln \frac{a_{H_2O}^{1/2}}{p_{H_2} p_{O_2}} \qquad (9-5)$$

其中，

$$\Delta G^\ominus = -nFE^\ominus \qquad (9-6)$$

因此，描述氢氧燃料电池的电动势的能斯特方程可表示为式（9-7）：

$$E = E^\ominus - \frac{RT}{nF} \ln \frac{a_{H_2O}^{1/2}}{p_{H_2} p_{O_2}} \qquad (9-7)$$

对于 PEMFC，反应过程中转移的电子数为 2，当反应在 25℃、0.1MPa 下进行时，若反应生成的是液态水，反应的 Gibbs 自由能变为 −237.2kJ；若反应生成气态水，反应的 Gibbs 自由能变为 −228.6kJ。根据方程式可计算出电池的可逆电动势分别为 1.229V 和

1.190V。然而，电池在实际运行过程中，由于极化和温度等原因，开路电压总是低于电池的电动势。

（1）电池电动势与温度的关系

电池反应的 Gibbs 自由能变 ΔG 是温度的函数，当电池的工作温度发生变化时，由能斯特（Nernst）方程可知，电池的电动势将随之而改变。电池反应在任意温度 T 下进行时的 Gibbs 自由能变 ΔG_T 可由该温度下反应的焓变 ΔH_T 和熵变 ΔS_T 计算得到。

由化学热力学可知，当反应在恒压条件下进行时，ΔG 随温度变化的关系为式（9-8）：

$$\left(\frac{\partial \Delta G}{\partial T}\right)_p = -\Delta S \tag{9-8}$$

代入式（9-4），可得式（9-9）：

$$\left(\frac{\partial E}{\partial T}\right)_p = \frac{\Delta S}{nF} \tag{9-9}$$

式（9-9）给出了电池电动势与温度变化的关系，$\left(\frac{\partial E}{\partial T}\right)_p$ 为电池电动势的温度系数。展开可得式（9-10）：

$$E_T = E^{\ominus} + \frac{\Delta S}{nF}(T - T_0) \tag{9-10}$$

式中，E_T 是任意温度 T 下的电池可逆电压，$E^{\ominus}$ 为标态下的可逆电池电压。一般条件下，可以假定 ΔS 与温度无关，如果需要更精确的 E_T 值，可以通过积分求解。

根据式（9-10）可知，如果电化学反应 ΔS 是正的，则 E_T 随温度升高而升高；如果 ΔS 为负的，则 E_T 随温度升高而降低。对于大多数燃料电池而言，ΔS 为负，因此，随温度的升高，电池电压会下降。

（2）电池电动势与压力的关系

由电化学热力学可知，当反应过程的温度变化时，如果参加反应的反应物与产物在温度变化范围内均无相变，则有式（9-11）、式（9-12）：

$$\Delta S = \int \frac{\Delta c_p}{T} \mathrm{d}T \tag{9-11}$$

$$\Delta H = \int \Delta c_p \mathrm{d}T \tag{9-12}$$

式中，Δc_p 为反应的定压比热容变化。若某物质有相变，则在计算由 T 改变引起的 ΔH 变化时需考虑相变潜热 ΔH_t 和在相变过程中的熵变 $\Delta H_t / T_t$（T_t 为相变温度，ΔH_t 为相变潜热）。在热力学数据表中已给出了各种物质在 25℃、0.1MPa 下的 $\Delta H^{\ominus}$、$\Delta S^{\ominus}$、$\Delta G^{\ominus}$ 值和 c_p 与温度的函数关系 [式（9-13）、式（9-14）]：

$$c_p = a + bT + cT^2 \tag{9-13}$$

$$c_p = a + bT + \frac{c'}{T^2} \tag{9-14}$$

可以 25℃ 为始点，计算任一温度下的 ΔH 与 ΔS，从而计算 ΔG，再依据式（9-10）、式（9-12）求出任一温度下的电池电动势、热力学效率等参数。

由化学热力学可知，对于 i 种物质构成的体系，第 i 种物质的化学势（chemical potential，μ）与体系 Gibbs 自由能的关系为式（9-15）、式（9-16）：

$$\mu_i = \left(\frac{\partial G}{\partial n_i}\right)_{T,P,n_i} \tag{9-15}$$

$$G_{T,p} = \sum \mu_i n_i \tag{9-16}$$

μ_i 可表示为式（9-17）：

$$\mu_i = \mu_i^{\ominus}(T) + RT \ln a_i \tag{9-17}$$

式中，a_i 为第 i 物种的活度。对于理想气体，a_i 等于气体的压力，即有式（9-18）：

$$\mu_i = \mu_i^{\ominus}(T) + RT \ln p_i \tag{9-18}$$

由化学热力学可知式（9-19）：

$$\Delta G = -RT \ln K \tag{9-19}$$

其中 K 为上述反应的平衡常数，结合式（9-10），对于气体反应，可得式（9-20）：

$$E = E^{\ominus} - \frac{RT}{nF} \sum \nu_i \ln p_i \tag{9-20}$$

式中，$E^{\ominus} = -\dfrac{RT}{nF} \ln K$ 为电池标准电动势，$E^{\ominus}$ 为温度系数，与反应物的浓度、压力无关；ν_i 为反应式中的计量系数，对反应物取负值，对产物取正值；p_i 为气体组分的分压。式（9-20）即反映电池电动势与反应物、产物活度或者压力关系的 Nernst 方程。

9.3.2　燃料电池的效率

燃料电池通常是在恒温恒压下进行工作，因此电池反应可以看作是一个恒温恒压体系，其 Gibbs 自由能变化量可以表示为式（9-21）。

$$\Delta G = \Delta H - T \Delta S \tag{9-21}$$

式中，ΔH 为电池燃料释放出来的全部能量。

当体系处于可逆条件下时，Gibbs 自由能的变化量就是系统所能做出的最大非体积功，用公式表示为式（9-22）：

$$\Delta G_r = -W_r \tag{9-22}$$

式中，W_r 为系统最大的非体积功，对于燃料电池里所发生的电化学反应来说，这个最大的非体积功即为最大电功。因此，燃料电池的理论效率为式（9-23）：

$$\eta_r = \frac{W_r}{-\Delta H_r} = \frac{\Delta G_r}{\Delta H_r} = 1 - T \frac{\Delta S_r}{\Delta H_r} \tag{9-23}$$

式中，η_r 为燃料电池的理论效率，即热力学效率，燃料电池可能实现的最大效率。

由方程（9-23）可知，燃料电池的热力学效率取决于其过程熵变的大小和符号。

由化学热力学可知，化学反应的熵变主要由反应物与产物的气态物质物质的量差值决定。若反应的总气态物质物质的量减少，则熵变为负值，热力学效率小于100%，并随着温度的升高，电池电动势减小，即电动势温度系数为负值；若反应气态物质物质的量变化为零，则电池的热力学效率接近100%，电池的电动势随温度的变化很小；若反应的气态物质物质的量增加，则反应的熵变为正值，电池的热力学效率大于100%，即电池过程还吸收环境的热做功，电池电动势随温度的升高而增加。

在标准条件下（25℃、0.1MPa），如果氢燃料电池按反应式（9-3）进行时，可查表得到反应的 Gibbs 自由能变为 $-237.2kJ/mol$，焓变为 $-285.1kJ/mol$，从而可求得氢燃料电池的理论效率见式（9-24）。

$$\eta_r = \frac{\Delta G_r}{\Delta H_r} = \frac{-237.2\text{kJ/mol}}{-285.1\text{kJ/mol}} = 0.83 \tag{9-24}$$

通过式（9-24）的计算可以看出，氢燃料电池的最大效率为80%左右，实际工作过程中，由于温度、压力的不同，电池的最大效率将随之发生变化。

燃料电池的实际有用功为式（9-25）。

$$W_e = U_e I \Delta\tau \tag{9-25}$$

式中，U_e 为工作条件下燃料电池的端电压；I 为燃料电池单位工作表面积实际输出电流。故式（9-23）可写为式（9-26）：

$$\eta_e = \frac{W_e}{\Delta H} = \frac{W_r}{\Delta H} \times \frac{W_e}{W_r} = \frac{W_r}{\Delta H} \times \frac{U_e I \Delta\tau}{\varepsilon I t \Delta\tau} = \frac{W_r}{\Delta H} \times \frac{U_e}{\varepsilon} \times \frac{I}{It} = \eta_t \eta_V \eta_1 \tag{9-26}$$

式中，η_t 为燃料电池热效率，可逆时即为电池总效率；η_V 为燃料电池相对内效率，与不可逆程度有关；η_1 为燃料电池电流效率，其值一般小于1。

从上式可以看出，提高燃料电池的实际效率可以从热力学、动力学和燃料利用率等方面考虑。如，通过对电极结构进行优化、增加电极反应面积、开发高活性电催化剂等都可有效降低活化过电势、提高燃料利用率；通过提高电解质的离子电导率、减小电解质隔膜的厚度、增加电池内部各导电元件的导电率和接触性可实现降低欧姆过电势；选择适宜的工作温度和工作压力、改变燃料气体的组成、降低燃料气体的杂质等，都有助于提高可逆电压，从热力学角度提高效率。

9.4 燃料电池反应动力学

在上一节中，我们讨论了燃料电池热力学，主要是电极处于平衡状态时的情况，给出的是电极反应处于可逆状态下的信息，由热力学函数计算所得的燃料电池的电动势是其所具有的理论上可以获得的最大电势，这一电势只能在电极上没有电流通过的情况下才能够达到。实际上，燃料电池作为一种发电装置，工作时必须有电能的输出才有意义，也就是说燃料电池工作时必然要有电流流经电极和电解质。当有电流通过时，在电池内部的电极上会发生一系列的物理和化学过程，电极过程的基本历程如图 9-4 所示，可以简单归纳为：

① 反应物粒子从溶液本体向电极表面传递。这一步骤称为液相传质步骤。

② 反应物粒子在电极表面或电极表面附近的液层中进行某种转化，如水化离子脱水在表面吸附或发生化学变化。（前置转化步骤）

③"电极/溶液"界面上的电子传递，生成反应产物。这一步骤称为电化学步骤或电子转移步骤。

④ 反应产物在电极表面或表面附近的液层中进行某种转化，例如从表面上脱附或发生化学变化。（后置转化步骤）

⑤ 反应产物生成新相，如结晶或生成气体；反应产物从电极表面向溶液中或液态电极内传递，也称为液相传质步骤。

任何电极过程都包括①、③、⑤步。

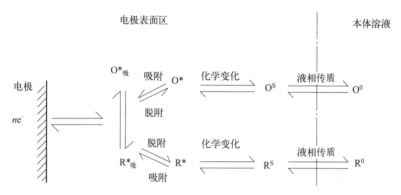

图 9-4 电极过程的基本历程示意图

在微观层面上，燃料电池反应包含在电极表面与邻近电极表面的化学物质之间的电子传输。在燃料电池中利用热力学有利的电子传输过程从化学能中获得电能。在热力学中我们知道了如何判断热力学有利的电池设计，而学习燃料电池反应动力学，是要明确电流发生过程的机理。燃料电池产生的电流（单位时间电子数）取决于电化学反应的速率（单位时间内的反应数），所以提高反应速度对于燃料电池性能的改善至关重要。

9.4.1 法拉第定律

当燃料电池工作时，输出电能而对外做功，电池燃料（如氢）和氧化剂（如氧）的消耗与输出电量之间的定量关系服从法拉第定律。

根据法拉第定律：燃料和氧化剂在电池内的消耗量 Δm 与电池输出的电量 Q 成正比，即式（9-27）。

$$\Delta m = k_e Q = k_e I t \tag{9-27}$$

式中，Δm 为化学反应物质的消耗量；Q 为产生的电量，等于电流强度 I 和时间 t 的乘积；k_e 为比例因子，表示产生单位电量所需的化学物质量，称为电化当量。

电量 Q 的单位是库仑，$1C = 1A \cdot s$。电化当量对氢 $k_e^H = 1.04 \times 10^{-5} g/(A \cdot s)$，对氧 $k_e^O = 8.29 \times 10^{-5} g/(A \cdot s)$。

法拉第定律反映燃料和氧化剂消耗量与其本性之间的关系。它告诉我们，氢氧燃料电池每输出 1 法拉第常数的电量（$26.8 A \cdot h$ 或 $96485C$），必须消耗 $1.008g$ 氢（燃料）和

8.000g 氧（氧化剂）。

9.4.2 电化学反应速率

与化学反应速率定义一样，电化学反应速率 v 也同样定义为单位时间内物质的转化量 [式（9-28）]：

$$v = \frac{d(\Delta m)}{dt} = k_e \frac{dQ}{dt} = k_e I \tag{9-28}$$

即电流强度 I 可以表示电化学任何电化学反应的速度，这也适用于 PEMFC。

电化学反应均是在电极与电解质的界面上进行的，因此电化学反应速度与界面的面积有关。将电流强度 I 除以反应界面的面积 A，得式（9-29）：

$$j = \frac{I}{A} \tag{9-29}$$

式中，j 为电流密度，即单位电极面积上的电化学反应速度，A/cm^2；A 代表面积。同电流密度相似，电化学反应的速率也可以以单位面积为基础表示。假设单位面积反应速率的符号为 ν，则有式（9-30）：

$$\nu = \frac{1}{A} \times \frac{dN}{dt} = \frac{I}{nFA} = \frac{j}{nF} \tag{9-30}$$

式中，dN/dt 是电化学反应速率；n 表示每个电化学反应所传输的电子数。

对于 PEMFC，大多采用多孔气体扩散电极，反应是在整个电极的立体空间内的三相（气、液、固）界面上进行的。对任何形式的多孔气体扩散电极，由于电极反应界面的真实面积难以计算出来，通常是以电极的几何面积计算电流密度，所以得到的电流密度称为表观电流密度，表观电流密度可以用来表示电化学反应速度。

【例题 9-1】 给一个燃料电池系统提供 $5cm^3/min$ 的氢气（标准状态），假设氢气的利用率为 100%，单片电极的面积为 $300cm^2$，求该燃料电池反应的反应速率、电流和电流密度。

解：反应速率可根据式（9-30）进行计算

$$\nu = \frac{1}{A}\frac{dN}{dt} = \frac{1}{A} \times \frac{p(dV/dt)}{RT} = 6.83 \times 10^{-7} \, mol/(min \cdot cm^2)$$

1mol 氢气氧化释放 2mol 电子，所以 $n=2$，那么可以根据式（9-29）求出电流（I）和电流密度（j）：

$$I = nFA\nu = 2 \times 96485 \frac{C}{mol} \times 300cm^2 \times 6.83 \times 10^{-7} \, mol/(min \cdot cm^2) = 0.659A$$

$$j = nF\nu = 2 \times 96485 \frac{C}{mol} \times 6.83 \times 10^{-7} \, mol/(min \cdot cm^2) = 0.00220A/cm^2$$

9.4.3 极化

图 9-4 中电极历程中的每一个过程都或多或少存在着阻力，为了使电极反应能够持续不断地进行、离子能够不断迁移，保证电池不断输出电功，就必须消耗燃料电池自身的能量去

克服这些阻力。因此，电池的电压就会低于其理论平衡电压，电池的效率就会低于其最大效率。为了提高电池的效率，需要寻找电压下降的原因，从而找到解决办法，可以尝试从燃料电池动力学入手。

从动力学角度看，电池电压下降就是发生极化现象，即电池电压偏离了平衡电压。根据产生的原因，极化可以分为欧姆极化、浓度极化和活化极化三种类型。当电极上没有电流通过且电极处于平衡时的电势称为平衡电极电势（φ_{eq}），而有电流流过电极而使电极过程偏离平衡时的电势称为实际电势（φ），这种电势偏离平衡电势的现象称为电极极化，定量表示极化程度大小的量就是过电势，通常用 η 表示［式（9-31）］。

$$\eta = \mid \varphi - \varphi_{eq} \mid \tag{9-31}$$

当阳极上发生极化时，电极电势向正方向移动，$\varphi > \varphi_{eq}$；当阴极上发生极化时，电极电势向负方向移动，$\varphi > \varphi_{eq}$。因此，阳极的实际电势（φ_a）为式（9-32）：

$$\varphi_a = \varphi_{eq,a} + \eta_a \tag{9-32}$$

阴极的实际电势（φ_c）为式（9-33）：

$$\varphi_c = \varphi_{eq,c} + \eta_c \tag{9-33}$$

电池的实际电压（E）为正负极电势差与两极间电阻导致的电压降之差，如式（9-34）所示：

$$E = \mid \varphi_c - \varphi_a \mid - IR = (\varphi_{eq,c} - \varphi_{eq,a}) - (\eta_a - \eta_c) - IR \tag{9-34}$$

η 的大小决定了电池实际输出电压的大小，过电势越大，电阻越大，则电池的电压越小。

当燃料电池运行并输出电能时，正如前述，输出电量与燃料和氧化剂的消耗服从法拉第定律。燃料电池的性能可以用电流-电压特性图（j-V 曲线）来表征，也就是电流-电压曲线图，也称为极化曲线，具体显示为在给定电流输出下的电压输出。典型的低温氢氧燃料电池的极化曲线如图 9-5 所示。极化曲线可以看作是由 3 个特征区域组成。

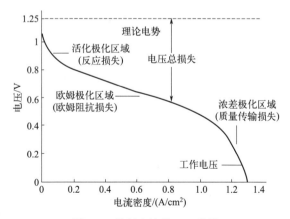

图 9-5　燃料电池的 j-V 曲线

在低电流密度区，电压损失主要由活化极化引起，表现为电池电压随电流密度增加而迅速下降（对数变化）；在中电流密度区，电压损失主要来自欧姆极化，表现为电压随电流密度增加而直线下降（线性变化）；当电流密度继续增加而达到极限电流时，电池电压则急剧下降（对数变化），这一电压骤降现象主要是由浓度极化引起（质量传输）。任何极化的发生都将引起电池性能下降，因此，PEMFC的研发重点之一就是尽量降低活化过电势、浓差过电势以及欧姆过电势，使得电池的实际输出电压尽量靠近热力学理论平衡电压。

在燃料电池中，实际的输出电压比理想的动力学预计的电压要小。此外，实际燃料电池的输出电流越大，电压输出就越低，从而限制了可以释放的总功率。燃料电池的功率 $P = I \times V$。燃料电池的功率密度曲线可在电流电压 $I\text{-}V$ 曲线中构造。即在 $I\text{-}V$ 曲线中，每一点的电压值乘以相对应的电流密度值即可得到功率密度曲线，如图 9-6 所示。燃料电池的功率密度随着电流密度的增加而增加，当燃料电池的功率密度达到峰值后，随即随着电流密度的增加开始下降。在燃料电池设计时，一般设计成工作在功率密度峰值或低一些的值。一般来说，燃料电池输出的电流越多，损耗也越大，具体又包括三种主要的燃料电池损耗：活化损耗、浓度损耗和欧姆损耗。其中，活化损耗表示的是由反应动力学引起的活化损耗；欧姆损耗表示的是离子和电子传导引起的欧姆损耗；浓度损耗表示的是由质量传输引起的浓度损耗。这三种损耗构成了燃料电池 $j\text{-}V$ 曲线的特征形式，其中，活化损耗主要影响 $j\text{-}V$ 曲线的初始部分，欧姆损耗主要体现在曲线的中间部分，浓度损耗在曲线末端最为显著。

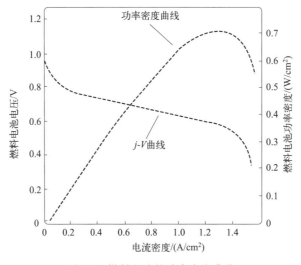

图 9-6　燃料电池的功率密度曲线

在 PEMFC 中，若在电池内加入参比电极，如标准氢电极，并测量氢电极与氧电极的电极电位，会发现当电池从 $I = 0$ 状态转入 $I \neq 0$ 的状态（即 $I > 0$）时，氢电极、氧电极的电位均发生了极化。即使对于氢气氧化这样简单的基本反应，仍包含系列的基元反应。例如氢气氧化过程，其具体反应过程如下：

① 氢气到电极的质量传输：

$$H_{2(\text{bulk})} \longrightarrow H_{2(\text{near electrode})}$$ (9-35)

② 氢气在电极表面的吸附：

$$H_{2(\text{near electrode})} + M \longrightarrow M \cdots H_2$$ (9-36)

③ 氢分子在电极表面分裂成两个氢原子（化学吸附）：

$$M\cdots H_2 + M \longrightarrow 2(M\cdots H) \tag{9-37}$$

④ 电子从化学吸附的氢原子传输到电极，同时释放氢原子进入电解质：

$$2\times[M\cdots H \longrightarrow (M+e^-)+H^+_{(near\ electrode)}] \tag{9-38}$$

⑤ 氢离子远离电极的质量传输：

$$2\times[H^+_{near\ electrode} \longrightarrow H^+_{(bulk\ electrolyte)}] \tag{9-39}$$

总的反应速率将受到反应过程中最慢步骤限制，这一步骤被称为决速步（RDS）。假设上面总的反应速率受限于化学吸附的氢和金属之间的电子传输步骤（步骤④），则步骤④就是该反应的决速步，它决定了整体反应速率。从动力学角度看，燃料与氧气反应过程中需要克服能量壁垒，能量壁垒的存在阻碍了反应的进行，使得反应速率不能无限进行，这个能量壁垒被称为"活化能"（ΔG^*）。如图 9-7 所示，图中 a 点称为中间活化态。处于活化态的物质克服了自由能垒，可以顺利转化为生成物或反应物。尽管反应的整体是能量降低的过程，但是基本反应步骤中并不都是能量降低的反应，反应物到中间活化态需要翻越一个能量"山坡"，"山坡"就成了反应的活化能。

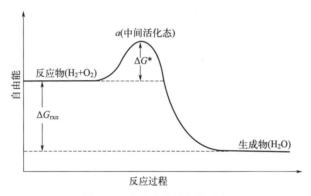

图 9-7　反应过程活化能变化

只有处于活化态的物质能经历从反应物到生成物的转化。因而，反应物到生成物的转化速率取决于反应物能处于活化态的概率。统计力学论点认为一种物质处于活化态的概率指数依赖于活化能垒的大小：

$$P_{act} = e^{\frac{-\Delta G_1^{\neq}}{RT}} \tag{9-40}$$

式中，P_{act} 表示发现反应物处于活化态的概率；$\Delta G_1^{\neq}$ 表示反应物和活化态之间的能垒大小。从这一概率，我们可以将反应速率描述成一个统计过程，其中涉及可以参与反应的反应物数量（单位反应面积上），发现处于活化态的那些反应物的概率和那些活化物质衰变成生成物的速率：

$$\nu_1 = c_R^* \times f_1 \times P_{act} = c_R^* \times f_1 \times e^{\frac{-\Delta G_1^{\neq}}{RT}} \tag{9-41}$$

式中，ν_1 代表正方向（从反应物到生成物）的反应速率；c_R^* 是反应物的表面浓度；f_1 是衰变到生成物的速率。此衰变速率决定于活化物质的寿命和它转化成生成物而非退回到反应物的可能性（一个处于活化态的物质可以向两个方向"衰变"）。

9.4.4　交换电流密度

（1）交换电流密度

对于燃料电池，人们对电化学反应产生的电流感兴趣。因而，希望从电流密度角度重写反应速率。电流密度和反应速率由式 $j = nFv$ 相关联。因而，正向电流密度可以表示成式（9-42）：

$$j_1 = nFc_R^* \times f_1 \times e^{\frac{-\Delta G_1^{\neq}}{RT}} \tag{9-42}$$

逆向电流密度可以表示成式（9-43）：

$$j_2 = nFc_P^* \times f_2 \times e^{-(\Delta G_1^{\neq} - \Delta G_{rxn}^{\neq})/RT} \tag{9-43}$$

在热力学平衡下，正向电流密度和逆向电流密度必须是平衡的，以至于没有净电流密度（$j = 0$）。换句话说，有式（9-44）：

$$j_0 = j_1 = j_2 = nFc_R^* \times f_1 \times e^{\frac{-\Delta G_1^{\neq}}{RT}} \tag{9-44}$$

我们称 j_0 为反应的交换电流密度，j_0 反映了反应物质的活性。虽然在平衡条件下，净反应速率为零，但正向反应和逆向反应都在以 j_0 的速率发生着动态平衡。交换电流密度是衡量燃料电池性能好坏的重要指标之一，交换电流密度越大，说明燃料电池大电流放电性能越好，通过设计改良催化剂，提高燃料电池的交换电流密度，可以有效地改善燃料电池输出能力。

（2）交换电流的影响因素

从热力学角度（能斯特方程）看，反应物浓度与可逆电势之间是对数关系，因此，增加反应物浓度对可逆电势影响较小；从动力学角度（交换电流密度公式）看，反应物浓度与交换电流密度呈线性关系，影响比较显著。在电极反应过程中，如果反应物的消耗速度大于补充速度时（即传质受到限制），造成局部反应物浓度降低，对输出影响较大，这就是浓差极化损失。根据式（9-38），交换电流密度与活化能垒成指数关系，稍微降低活化能垒可以非常有效地提高交换电流密度。交换电流密度主要取决于催化材料和材料的结构。交换电流密度与温度倒数成指数关系，稍微降低温度倒数就可以非常有效地提高交换电流密度。根本原因在于，温度代表了分子动能，高温时分子动能大，越过活化能垒的概率增加，也就增加了反应速率。

9.4.5　巴特勒-福尔默方程

电化学反应的一个明显特征是能通过改变电池电压来控制活化能垒的大小，在所有电化学反应中，以带电离子形态存在的物质要么包含在反应物中，要么在生成物中，带电离子的自由能对电势很敏感。因而，改变电极电势将改变参与反应的带电物质的自由能，从而影响活化能垒的大小，最终改变反应速率。那么，电势的改变如何影响电极反应的反应速率？也就是说电势和电流（potential-current）之间存在什么关系？

如果我们忽略反应界面的全部伽伐尼电势可能带来的益处，则可以使电池系统在动力学上对正向反应是有利的。通过牺牲部分热力学有用的电池电压，电池可以产生一个净电流。而要使得燃料电池获得电流，其阳极和阴极的伽伐尼电势都必须降低（降低量不一定相等）。将伽伐尼电势降低，从而使正向活化能垒降低（$\alpha nF\eta$），同时提高了逆反应的活化能（$1-\alpha$）$nF\eta$。这里的 α 取决于活化能垒的对称性，称为传输系数。它表示反应界面电势的改变如何改变正向和逆向的活化能垒的大小。α 的值总是介于 $0\sim1$ 之间，对于"对称"的反应，$\alpha=0.5$；对于大部分电化学反应，α 的取值范围为 $0.2\sim0.5$。

在平衡条件下，正向反应的电流密度和逆向反应的电流密度都为 j_0。远离平衡态时，我们可以将新的正向电流密度或逆向电流密度写成由 j_0 开始并考虑正向活化能垒和逆向活化能垒的变化 [式（9-45）、式（9-46）]：

$$j_1=j_0 e^{\alpha nF\eta/(RT)} \tag{9-45}$$

$$j_2=j_0 e^{-(1-\alpha)nF\eta/(RT)} \tag{9-46}$$

净电流密度 j 则为式（9-47）：

$$j=j_1-j_2=j_0\left[e^{\alpha nF\eta_{act}/(RT)}-e^{-(1-\alpha)nF\eta_{act}/(RT)}\right] \tag{9-47}$$

这就是巴特勒-福尔默方程（Butler-Volmer 方程，简称 B-V 方程），被认为是电化学动力学的奠基石。B-V 方程告诉我们，想要获得更大的电流，就必须牺牲更多的电势。

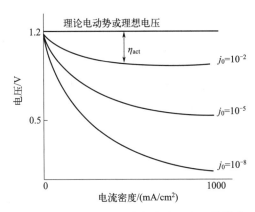

图 9-8　交换电流密度大小对电压的影响

就燃料电池性能而言，电池电压随电流增大呈现指数损失趋势，损失的大小 η_{act} 依赖于交换电流密度 j_0 大小，具有一个高的 j_0 对电池性能至关重要（图 9-8）。

当 η_{act} 非常小（室温下小于 15mV）时，根据 $e^x\longrightarrow 1+x$，B-V 方程可简化为式（9-48）：

$$j=j_0\frac{nF\eta_{act}}{RT} \tag{9-48}$$

这表明电流密度和过电势在偏离平衡状态较小的情况下呈现线性关系，与传输系数 α 无关。

当 η_{act} 非常大（室温下 $50\sim100$mV），B-V 方程中第二项非常小，可以忽略，方程简化为式（9-49）：

$$j=j_0 e^{\alpha nF\eta_{act}/(RT)} \tag{9-49}$$

那么 η_{act} 可以表示为式（9-50）：

$$\eta_{act}=-\frac{RT}{\alpha nF}\ln j_0+\frac{RT}{\alpha nF}\ln j \tag{9-50}$$

也就是 η_{act} 与 j 的对数呈线性关系，简化表示为式（9-51）：

$$\eta_{act}=a+b\lg j \tag{9-51}$$

这就是 1905 年 Tafel 通过实验总结出的经验公式，被称为塔菲尔公式（Tafel 公式）。其中，a 是塔菲尔常数；b 是塔菲尔斜率。

对比式（9-44）和式（9-45），可以写出 Tafel 公式中的常数 a 和 b 的值：

$$a = \frac{-2.303RT}{\alpha nF} \ln j_0 \qquad b = \frac{2.303RT}{\alpha nF}$$

通过将 $\lg j$ 对 η 作图，就能得到 Tafel 曲线，再求出电子转移常数 α 和交换电流密度 j_0。

9.5 氢燃料电池特点

氢燃料电池具有其他能量存储与转化装置不可比拟的优越性，具有发电效率高、安全性好、清洁、良好的操作性能以及发展潜力大等优点。

（1）能量转化效率高

燃料电池发电装置在电化学反应过程中，能量转化效率不受"卡诺循环"的限制，不存在机械能做功造成的损失。因此，与热机和发电机相比，能量转化效率极高。目前，汽轮机或采油机的最大效率为 40%～50%，用热机带动发电时，效率仅为 35%～40%；而燃料电池的效率可达到 60%～70%，其能量转化效率可达 90%，实际使用效率则是普通内燃机的 2～3 倍。其他物理电池，如温差电池效率为 10%，太阳能电池效率为 20%，均无法与燃料电池相比。

（2）发电环境友好

燃料电池作为中、大型发电装置使用时可减少化学污染排放。对于氢燃料电池而言，发电的产物仅为水，可实现真正的零排放。此外，由于燃料电池无热机活塞引擎等机械传动部分，故操作环境没有噪声污染且无机械磨损，11MW 大功率磷酸燃料电池发电系统的噪声水平低于 55dB。燃料电池工作安静，适用于潜水艇等军事系统的应用。

（3）模块结构、方便耐用

燃料电池发电系统由单个电池堆叠至所需规模的电池组构成，因而单电池是发电系统的单元，电池组的数量决定了发电系统的规模。电站采用模块结构，由工厂生产各种模块，在电站现场简单施工安装完成。因各个模块可以替换，维修方便，可靠性高。

（4）响应性好、供电可靠

燃料电池发电系统对负载变动响应速度快。当燃料电池的负载有变动时，它会很快响应，所以无论处于额定功率以上过载或低于额定功率运行，都能承受且效率变化不大。在电力系统供电中，电力需要变动的部分，可由燃料电池承担，如在用电高峰时燃烧电池可作为调节的储能电池使用。燃料电池的供电功率范围极广，可用在大中型电站，也可用在应急电源和不间断电源，甚至是携带式电源和动力电源等方面。

9.6 氢燃料电池分类

燃料电池的分类方法很多，可以根据燃料的种类、电解质类型、系统的工作温度等进行分类。目前最常用的分类方法是按照燃料所采用的电解质类型进行分类。一般根据燃料电池的电解质性质可以将燃料电池分为五大类型：质子交换膜燃料电池（proton exchange membrane fuel cell，PEMFC）、碱性燃料电池（alkaline fuel cell，AFC）、磷酸燃料电池（phosphoric acid fuel cell，PAFC）、熔融碳酸盐燃料电池（molten exchange fuel cell，MCFC）和固体氧化物燃料电池（solid oxide fuel cell，SOFC）。各类燃料电池的具体技术特点如表9-1所列。

表 9-1　各类燃料电池的技术特点对比

类型	AFC	PAFC	MCFC	SOFC	PEMFC
电解质	KOH	H_3PO_4	Li_2CO_3-K_2CO_3	Y_2O_3-ZrO_2	全氟磺酸膜
导电离子	OH^-	H^+	CO_3^{2-}	O^{2-}	H^+
阳极催化剂	Ni 或 Pt/C	Pt/C	Ni（含 Cr, Al）	金属（Ni, Zr）	Pt/C
阴极催化剂	Ag 或者 Pt/C	Pt/C	NiO	掺锶的 $LaMnO_4$	Pt/C、铂黑
燃料气	精炼氢气、电解氢气	天然气、甲醇、轻油	天然气、甲醇、石油、煤	天然气、甲醇、石油、煤	氢气
氧化剂	纯氧	空气	空气	空气	纯氧，空气
工作温度	65～220℃	180～200℃	约 650℃	500～1000℃	室温～80℃
工作压力	＜0.5MPa	＜0.8MPa	＜1MPa	常压	＜0.5MPa
极板材料	镍	石墨	镍、不锈钢	陶瓷	石墨、金属
发电效率	60%～90%	40%	＞50%	＞50%	50%
可应用领域	航天，特殊地面，广泛	特殊需求，区域供电	区域供电，联合发电	区域供电	电动汽车，潜艇，可移动动力源
优点	启动快；室温常压下工作	对 CO_2 不敏感；成本相对较低	空气做氧化剂、天然气或甲烷做燃料	空气做氧化剂、天然气或甲烷做燃料	空气做氧化剂；固体电解质；室温工作；启动迅速
缺点	需以纯氧做氧化剂；成本高	对 CO 敏感；启动慢；成本高	工作温度较高	工作温度过高	对 CO 非常敏感；反应物需要加湿

上述几种类型的燃料电池具有各自的工作特性和使用范围，并处于不同的发展阶段，下面将对各种类型的燃料电池进行详细介绍。

9.7　质子交换膜燃料电池

质子交换膜燃料电池（PEMFC）通常是以全氟磺酸型固体聚合物为电解质的燃料电池，所以也称聚合物电解质燃料电池（PEFC）或固体聚合物电解质燃料电池（SPEFC）。由于采用较薄的固体聚合物膜作为电解质，PEMFC 除了具有一般燃料电池不受卡诺循环限制、能量转化效率高等特点外，还具有可低温快速启动、无电解液流失和耐腐蚀性强、寿命长、比能量和比功率高、设计简单、制造方便等优点。PEMFC 不仅可用于建设分散性燃料电池电站，还特别适用于可移动能源系统，是电动车和便携式设备的理想候选能源之一。

9.7.1 结构和工作原理

以氢气作为燃料的 PEMFC 单体电池的结构和工作原理如图 9-9 所示，单体电池主要由氢气气室、阳极、质子交换膜、阴极和氧气气室组成。质子交换膜将电池分割成阴极和阳极两部分。阴极和阳极均采用多孔气体扩散电极，气体扩散电极具有双层结构，即由扩散层和催化层组成。通过热压将阴极、阳极与质子交换膜复合在一起，形成膜电极集合体（membrane electrode assembly，MEA）。PEMFC 一般采用氢气作为燃料，氧气作为氧化剂。在工作过程中气体首先通过气体扩散层，进入催化剂层，其中阳极催化层中的氢气在催化剂作用下发生反应生成的质子和电子分别通过质子交换膜和外电路传递至阴极，质子和电子在阴极与氧气发生反应生成水。

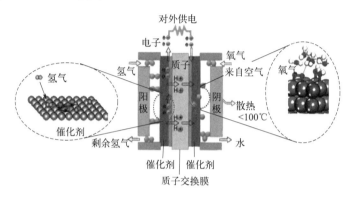

图 9-9 质子交换膜燃料电池的结构和工作原理示意图

9.7.2 催化剂

在 PEMFC 中，阴极和阳极分别发生氧气还原反应（oxygen reduction reaction，ORR）和氢气氧化反应（hydrogen oxidation reaction，HOR），尽管在热力学上是有利的，但由于其不良的动力学特征，特别是 ORR 总是在远离平衡的高超电势下才可能发生，严重降低了燃料电池的能量效率。一般来说，电极反应速率越慢，过电势就越高，性能损失越大。与反应速率直接关联的是电极催化材料，因此，降低燃料电池性能损失的关键在于开发高性能的电极催化剂。电催化剂表面的微观形貌和状态、在电解质中特定化学环境下的稳定性以及反应物和产物在催化剂中的传质特性等也都会影响电催化剂的活性。

（1）对催化剂的要求

① 电催化活性高，对 CO 等杂质及反应中间产物具有优异的抗中毒能力。

② 比表面积高，使催化剂具有尽可能高的分散度和高的比表面积，可以降低贵金属的用量。

③ 导电性能好，因为氢或氧在催化剂上反应后的电子要通过催化剂传导，其中，载体对催化剂的导电性影响很大。

④ 稳定性能好，催化剂的稳定性取决于其化学稳定性和抗中毒能力。

⑤ 适当的载体，催化剂的比表面积要大，其粒径一定要小，而且分散性要好。常用的

催化剂载体有活性炭、炭黑、碳纳米管、导电聚合物、碳化钨（WC）等。

目前，Pt 是所有金属材料中 HOR 和 ORR 催化活性最高的材料，并且具有高稳定性、抗腐蚀性等。然而，Pt 作为稀有贵金属，其昂贵的价格和极低的储量阻碍了其在燃料电池商业化中的应用。全球每年的铂产量大约是 200 吨，即使每年所有的铂都用于制造以 PEMFC 驱动的汽车，使用目前最成熟的技术方案，其产量不会超过 500 万辆，不到全球汽车年总产量的 1/10。此外，Pt 催化剂所带来的高成本使燃料电池在与其他能量转化技术对比中处于劣势。因此，燃料电池技术继续发展和走向商业化应用依赖于低铂、非铂催化剂的发展。下面将分别介绍阳极和阴极催化剂的研究进展。

（2）阳极催化剂

在氢电极阳极氧化过程中氢反应可以分为以下几个步骤：

① 氢分子溶解进入溶液并扩散到电极表面；

② 电极的活性表面吸附氢分子并且解离为氢原子，首先是溶解的氢在电极上化学解离吸附或电化学解离吸附；

③ 吸附氢后发生电化学氧化：

$$MH \Longrightarrow H^+ + M + e^-$$

④ 反应产物离开电极表面。

实验已证明氢的溶解与扩散到电极表面是常出现的控制步骤，或称传质控制。因此改善传质步骤，如使用搅拌手段是加速反应的有力措施。这一措施主要在三电极体系中测试时采用，在燃料电池中由于不宜采用，而采用扩大接触面积、缩短传质路径的措施，即特殊的多孔电极结构。表面反应也可成为控制步骤，此时改善电极表面性质，即催化性能成为重要的任务。

氢的阳极氧化是氢的阴极还原的逆过程，但反应机理不能归结为简单的逆过程。对于阳极氢气的氧化，最早曾采用镍、钯作为催化剂，后来使用 Pt 黑作为催化剂，但是由于 Pt 黑的粒径较大，分散度较低，导致 Pt 的利用率不高。现在多采用碳载 Pt(Pt/C) 作为阳极反应的催化剂。如果采用纯氢气作为 PEMFC 的燃料气，由于氢气在 Pt 金属表面的电氧化动力学过程很快，所以阳极极化非常小。然而，燃料气氢气大多来自工业副产氢、天然气重整等，虽然可以为 PEMFC 提供大量低成本的氢气，但是由于其中含有一定量的 CO，而 CO 能很强地吸附在 Pt 表面，使 Pt 催化剂中毒，从而阻止氢的进一步吸附和解吸，阻碍燃料的催化氧化。即使是含有很少量的 CO（10^{-5} 数量级），催化剂表面也容易中毒，从而导致严重的阳极极化，使得催化性能显著下降。因此，阳极抗 CO 毒化是 PEMFC 研究中无法回避的问题，对推进其实际应用具有重要的意义。

要解决 CO 的中毒问题，首先要对富氢气体进行净化，预先去除 H_2 中的 CO，使 CO 的含量尽量控制在 10×10^{-6} 以下的水平。其次，可以在阳极燃料气体中注入空气/氧气，使吸附在 Pt 表面的 CO 氧化成 CO_2，这样能够在一定程度上避免 CO 毒化。最后，必须研究抗 CO 中毒的催化剂。诺尔斯科夫（Nørskov）等人从 CO 和 H_2 在金属表面竞争吸附的角度出发，在假设没有双功能氧化机理的前提下，利用密度泛函理论（DFT）研究了几十种二元金属的合金化对 CO 吸附的影响。结果表明，吸附 CO 弱的金属，对 H_2 的吸附也较弱。考虑到 PEMFC 阳极催化剂既要有抗 CO 能力，又必须有强的 HOR 活性，他们认为，基本上没有能够完全替代 Pt 的金属。

目前，PtRu/C 催化剂是研究最广泛的 PEMFC 抗 CO 阳极电催化剂，已经实现了商业化。关于 PtRu 二元催化剂抗 CO 性能提高的原因，主要有两种观点：一是促进机理（promoted mechanism），也被称为双功能机理（bifunctional mechanism）；另一个是本征机理（intrinsic mechanism），也称为配体机理（ligand mechanism）。双功能机理认为，对于 PtRu 催化剂，Ru 具有比 Pt 低的氧化电位，因而 H_2O 分子能够在 Ru 上以较低的电位解离形成高活性的羟基（—OH）。吸附在 Ru 上的—OH 与邻近的 Pt 上吸附的 CO 反应生成 CO_2 而释放 Pt 活性位用于 HOR，从而提高了电催化剂的抗 CO 性能。双功能机理可表达为式（9-52）、式（9-53）。

$$Ru + H_2O \longrightarrow Ru—(OH)_{ads} + H^+ + e^- \tag{9-52}$$

$$Pt—(CO)_{ads} + Ru\text{-}(OH)_{ads} \longrightarrow Pt + Ru + CO_2 + H^+ + e^- \tag{9-53}$$

配体机理认为，Ru 的加入改变了 CO 在 Pt 上的吸附强度，使得 CO 在 Pt 上的吸附减弱，同时在 Pt 上的覆盖度降低。具体地讲，就是 Ru 改变了 Pt—CO 化学键强度。

（3）阴极催化剂

在 PEMFC 中，电池的极化主要来自氧电极反应，因此，必须提高阴极 ORR 催化剂的性能。ORR 从化学反应式上看似简单，但深入研究后发现其过电势高、中间产物种类多、动力学机制复杂等特点极大地限制了 PEMFC 的发展。为了提升 ORR 的动力学速率，降低该反应的极化过电势，通常需要采用合适的催化剂加速反应进行，但在高电势、强腐蚀性环境下仅有少部分材料能够长期稳定催化反应发生。

ORR 是一个多电子转移过程，分为直接过程和间接过程。其中直接过程根据氧气吸附结构的变化分为缔合过程（associate process）或解离过程（disassociate process），反应见式（9-54）~式（9-62）。

间接过程

$$O_2 + H^+ + e^- + * \longrightarrow OOH* \tag{9-54}$$

$$OOH* + H^+ + e^- \longrightarrow H_2O_2 \tag{9-55}$$

$$H_2O_2 + 2H^- + 2e^- \longrightarrow 2H_2O \tag{9-56}$$

直接过程
缔合过程：

$$O_2 + H^+ + e^- + * \longrightarrow OOH* \tag{9-57}$$

$$OOH* + H^+ + e^- \longrightarrow O* + H_2O \tag{9-58}$$

$$O* + H^+ + e^- \longrightarrow OH* \tag{9-59}$$

$$OH* + H^+ + e^- \longrightarrow H_2O \tag{9-60}$$

解离过程：

$$O_2 + 2H^+ + 2e^- + * \longrightarrow 2OH* \tag{9-61}$$

$$2OH* + 2H^+ + 2e^- \longrightarrow 2H_2O \qquad (9\text{-}62)$$

其中 * 代表催化剂表面的活性位点。影响 ORR 反应途径的因素众多，合适的催化剂可以加快 ORR 速率的同时提升反应途径选择性，但是其催化机理目前并不十分清楚，但可以确定的是其反应过程中氧分子及含氧中间体在催化材料表面的吸附状态和吸附强度与 ORR 反应速率直接相关。Nørskov 等研究发现虽然在不同催化剂作用下的 ORR 反应过程有所差别，DFT 计算数据不同但所得结论基本一致即 ORR 活性和活性位点与反应中间体（O 以及 OH）的吸附能密切相关。他们通过密度泛函理论计算 ORR 过程中 M—O 及 M—OH 的键能强度，得到不同单金属 ORR 活性与氧的吸附能 ΔE 关系曲线，即广泛接受的"火山关系图"［图 9-10（a）］。从火山关系图上可以看出 Pt 是最佳的单金属 ORR 催化剂但仍有上升空间，调节 Pt 对 O 的吸附能，能使其更加接近火山曲线顶点，达到性能顶峰。目前采用合金化、形貌控制等策略制备的 Pt 基合金的 ORR 性能远远高于单金属 Pt 催化剂［图 9-10（b）］。

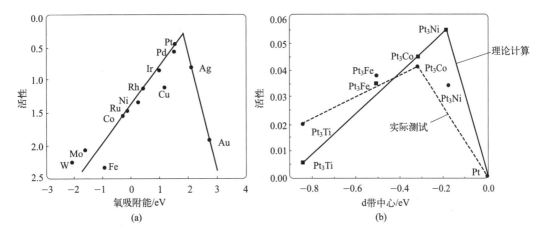

图 9-10 氧还原活性与金属表面氧吸附能之间的关系曲线（a）及
Pt 基合金催化剂的活性与 d 带中心的关系曲线（b）

9.7.3 质子交换膜

质子交换膜是质子交换膜燃料电池的核心关键材料，它为质子传递提供通道，同时作为隔膜隔离阴阳极反应物，还有电子绝缘和支撑催化剂的作用，其性质对 PEMFC 的性能和稳定性有着至关重要的影响。对于质子交换膜，一般要满足以下要求：

① 良好的质子传导性和低的电子传导性，保证足够低的欧姆电阻以提高电流密度；

② 较高的化学稳定性，能够在还原气氛、氧化气氛及酸碱性条件下保持足够的稳定性，防止膜发生降解失效；

③ 燃料和氧化剂渗透率低，减少燃料从阳极侧向阴极侧渗透直接与氧化剂反应，防止造成燃料的不必要损失及产生局部过热；

④ 热稳定性及机械强度好，尺寸稳定性好，以保证燃料电池在实际使用时干态、湿态的转换过程不会发生过大的形态变化；

⑤ 膜的表面性质适合与催化剂结合；

⑥ 适当的性价比，保证质子交换膜性能的同时能够尽可能降低价格以适合大规模产业化使用。

燃料电池用质子交换膜的起源可以追溯至 20 世纪 50 年代。1955 年，美国通用电气（GE）公司开始尝试用磺化聚苯乙烯离子交换膜替代硫酸作为电解质构建质子交换膜燃料电池，并于 1960 年研制了世界上第一台基于聚苯乙烯磺酸膜质子交换膜燃料电池。然而，聚苯乙烯磺酸膜在使用过程中容易发生降解，导致燃料电池的性能迅速下降；降解产物也会排出，污染燃料电池中生成的水。随后在 1966 年，美国杜邦（Dupont）公司经过长时间的研究与探索，推出了第一种全氟磺酸（polyperfluorosulfonic acid，PFSA）聚合物膜，即后来的 Nafion 系列产品。正是由于这种膜的出现，质子交换膜燃料电池技术的发展取得了令人瞩目的成绩。目前，全氟磺酸型质子交换膜是商业化应用最广泛的一种质子交换膜材料。质子交换膜根据高分子链中是否含氟，可分为全氟质子交换膜、部分含氟质子交换膜及碳氢质子交换膜

9.7.4 膜电极组件

膜电极组件（membrane electrode assembly，MEA）是集膜、催化层（catalyst layer，CL）、气体扩散层（gas diffusion layer，GDL）于一体的组合件，也是燃料电池的核心部件之一，如图 9-11 所示，MEA 通常由五层组成：阴极扩散层、阴极催化剂层、质子交换膜、阳极扩散层以及阳极催化剂层。PEMFC 的电极为气体扩散电极（gas diffusion electrode，GDE），由气体扩散层和催化层组成。GDL 起着支撑催化层，并为电化学反应提供电子传输通道、气体通道和排水通道的作用。CL 是电化学反应发生的场所，也是电极的核心部分。

图 9-11　PEMFC 的膜电极组件示意图

（1）气体扩散层

GDL 通常由基底层和微孔层组成，基底层主要是由包括碳纸/碳布形成的多孔层，再涂覆微孔层从而形成气体扩散层。基底的厚度一般在 $100\sim300\mu m$，目前应用最广泛的是日本东丽公司生产的 TGP 系列碳纸，国内碳纸类材料的实验室技术已可对标国际部分先进产品水平，有望逐步实现产业化。碳纤维纸或碳纤维布一般需要进行疏水处理，以避免阴极发生"水淹"。通常的做法是将碳纤维纸或碳纤维布在 PTFE 乳液中浸泡、干燥、烧结，重复这三个步骤，直到 PTFE 达到一定的负载量。微孔层是将导电炭黑（例如 Cabot 公司的 XC-72）与疏水剂（PTFE）混合均匀后采用丝网印刷、喷涂或涂布的方式将其涂覆到基底表面，经过高温固化得到微孔层。微孔层涂覆后的基底层进一步优化了微观上的传质、传热、

导水和导电性能。通常将阳极气体扩散层、阳极催化层、质子交换膜、阴极气体扩散层和阴极催化层组成的膜电极称之为"五合一"膜电极，若将微孔层包括进组件中合称为"七合一"膜电极。膜电极的气体扩散层通常直接与双极板的流道接触，便于反应气体的扩散和反应产物的排出，起到支撑催化层物理结构和电子传输的作用。

（2）催化层

CL 提供"固液气"三相物质传输界面和电化学反应场所，使得阴阳极反应气体、质子和电子能够在电催化剂发生反应。多孔的催化层和气体扩散层共同构建了反应气体和反应产物的物料传输通道。质子交换膜提供质子传输的通道，将阳极反应的质子传递到阴极侧，同时也提供了电子的绝缘和阴阳极两侧反应气体的隔离，避免了电子短路和反应气体的混合。电子依靠催化层中电催化剂的电子导电性进行传输，并通过气体扩散层到达外电路。

在 PEMFC 内部存在复杂的传输反应过程，反应物（氢气、氧气）首先沿着气体通道流动，然后在对流和扩散的作用下依次穿过气体扩散层与微孔层到达催化层，最终在催化层的三相界面（triple-phase boundary，TPB）处发生氧化还原反应，生成产物并放出能量。由此可见，催化层中不仅发生两相流动与物质输运过程，同时还伴随有电化学反应与产热，是电池中最复杂的关键组件之一。由于催化层中有三种组分参加化学反应，即气体（氢气和氧气）、电子和质子，因此要求上述三种组分都能到达催化剂表面。气体要通过空隙，电子通过导电载体，质子通过离聚物，这对催化剂层材料提出了很高的要求。首先它必须是多孔的，这样氢气和氧气才能通过；其次它的导电性必须好，这样电流才能大；然后，它和离聚物的接触要好，确保质子能过来；再次，催化剂层必须很薄，使得由于质子迁移速率和反应气体渗透到催化剂层深处所引起电池电位损耗最小；最后，反应生成的水必须有效清除，否则催化剂将浸入水中，导致气体无法到达。

CL 一般由碳载体、催化剂、离聚物和孔隙四相组成。典型的电极制备方式是将分散良好的浆液沉积到基底上，等溶液蒸发后，Pt 颗粒、碳载体与离聚物形成一个复杂的多孔结构，碳载体为 Pt 颗粒提供支撑，同时传导电子。离聚物为质子和反应物气体提供传导路径，孔隙为反应物和产物的传输提供通路，Pt 颗粒则是电化学反应的催化位点。电化学反应在离聚物、孔隙和催化剂组成的三相交界处发生，TPB 越多，电池性能越高。催化层的传输与反应能力共同决定了电池性能的高低。

（3）膜电极

膜电极的制备方法和制备工艺对膜电极结构有较大的影响，通过调控电极中三相反应界面以及电子、质子、气体和水的传输，直接影响燃料电池性能。MEA 结构设计和优化、材料的选择和制备工艺的优化一直是 PEMFC 研究的技术关键。20 世纪 60 年代，美国通用电气公司采用铂黑作为燃料电池催化剂，当时膜电极铂载量超过 $4mg/cm^2$；20 世纪 90 年代初，美国洛斯阿拉莫斯国家实验室采用碳载铂取代铂黑的油墨（ink）制造工艺后，使得膜电极的铂载量大幅度降低；2000 年后，低温、全固态的膜电极技术逐渐成熟，使得 PEMFC 进入面向示范应用的阶段。伴随着 PEMFC 几十年发展，膜电极技术经历了几代革新，大体上可分为热压法膜电极（GDE）、CCM 法和有序化膜电极三种类型。

第一代 GDE 热压法膜电极又称 CCS（catalyst-coated substrate）法，指将催化剂直接涂布在气体扩散层上，然后用热压法将气体扩散电极和质子交换膜结合在一起形成 MEA。

GDE 型 MEA 的制备工艺比较简单，由于催化剂是涂覆在 GDL 上，有利于 MEA 的气孔形成，同时又能保护 PEM 不变形。但是，GDE 型 MEA 在制备过程中 GDL 上涂覆催化剂的量不好控制，而且催化剂浆料容易渗透进 GDL 中，造成部分催化剂不能充分发挥作用，其利用率甚至低于 20%，增加了 MEA 的成本。此外，由于涂覆了催化剂的 GDL 与 PEM 的膨胀系统不一样，在燃料电池长时间运行过程中，容易导致两者之间的界面局部剥离，从而引起燃料电池内部接触电阻增加，MEA 综合性能不够理想。目前 GDE 结构 MEA 制备工艺已经很少采用，已基本被淘汰。

第二代 CCM（catalyst-coated membrane）膜电极，指采用卷对卷直接涂布、丝网印刷、喷涂等方法直接将催化剂、磺酸树脂和适当分散剂组成的浆料涂布到质子交换膜两侧。与 GDE 型 MEA 制备方法相比，CCM 型较好，不易发生剥离，同时降低了催化剂层与 PEM 之间的传递阻力，有利于提升质子在催化剂层的扩散和运动，从而促进催化层和 PEM 之间的质子接触和转移，减小质子转移阻抗，使得 MEA 性能得到了大幅度的提升，对 MEA 的研究由 GDE 型转向 CCM 型。此外，由于 CCM 型 MEA 的 Pt 载量比较低且利用率得到大幅度提高，从而降低了 MEA 的总体成本。CCM 型 MEA 缺点是在燃料电池运行过程中容易发生"水淹"现象，主要原因是 MEA 的催化层中没有疏水剂，气体通道比较少，气、水传输阻力较大。因此，为了减小气、水传输阻力，催化剂层的厚度一般不超过 $10\mu m$。

由于 CCM 型 MEA 具有良好的综合性能，已在车用燃料电池领域得到商业化应用。比如，丰田 Mirai、本田 Clarity 等。国内武汉理工新能源开发的 CCM 型 MEA 已出口美国 Plug Power 公司应用于燃料电池叉车，大连新源动力公司开发的 CCM 型 MEA 已实现装车应用，Pt 基贵金属担载量低至 $0.4mg/cm^2$，功率密度达到 $0.96W/cm^2$。同时，昆山桑莱特、武汉喜马拉雅、苏州擎动、上海交大、大连化学物理研究所等企业及高校院所也在进行高性能 CCM 型 MEA 开发。国外科慕、戈尔、巴拉德等公司已实现 CCM 型 MEA 开发商业化大批量生产。

第三代有序化膜电极，是近些年新发展起来的 MEA 制备技术，能够实现催化层中催化剂载体、催化剂、质子导体（Nafion）等物质的有序分布，以此扩大三相反应界面、形成优良的多相传质通道，进而降低电子、质子及反应物的传质阻力，可大幅度提高催化剂利用率、膜电极的性能和使用寿命。该方法进一步提高了燃料电池性能，降低催化剂铂载量（$\approx 0.1mg/cm^2$），是目前膜电极制造研究的热点，但仍处于研发试验阶段，只有小部分公司实现量产，如 3M。

有序化膜电极无疑是下一代膜电极制备技术的主攻方向，在降低铂元素载量的同时，还需要进一步考虑以下几方面的问题：有序化膜电极对杂质很敏感；通过材料优化、表征和建模，拓宽膜电极操作范围；在催化层中引入快质子导体纳米结构；低成本量产工艺开发；深入研究膜电极的质子交换膜、电催化剂和气体扩散层之间的相互配合关系及协同作用。

9.7.5 双极板

PEMFC 的电堆主要由质子交换膜、催化剂层、气体扩散层和双极板组成。双极板（bipolar plates，BP）又称集流体，是 PEMFC 重要部件之一。双极板两侧分别与阳极和阴极的膜电极接触，起到了膜电极结构支撑、分隔氢气和氧气、收集电子、传导热量、提供氢气和氧气通道、排出反应生成的水、提供冷却液流道等诸多重要作用。即 7 个基本功能：分隔燃料与氧化剂，阻止气体透过；收集、传导电流；输送反应气体，将气体均匀分配到电极的反应层进行电极反应；提供电气连接；去除水副产物；消散反应热；承受夹紧力。一般情况下，双极板占电堆总质量的80％以上，占总成本约30％，而电堆体积基本是由双极板占据。基于以上的功能，理想的双极板必须满足以下需求：

① 燃料（如氢气）和氧化剂（如氧气）通过由双极板、密封件等构成的共用孔道，经各个单池的进气管导入各个单池，并经由流场均匀分配到电极各处。因此，双极板两侧的流场是氧化剂和燃料的通道，所以双极板必须是无孔的。

② 必须由导电、导热良好的材料构成，以实现单电池之间电的连接以及废热的排出。

③ 构成双极板的材料必须具有抗腐蚀性，以达到电池组寿命要求。

目前，根据材料的不同，双极板可以分为石墨双极板、金属双极板以及复合材料双极板。

（1）石墨双极板

石墨由于其导电率高、化学稳定性和热稳定性强且耐腐蚀的特点，是目前国内双极板应用的主流。石墨是一种多孔脆性材料，强度低脆性大，不能满足双极板气密性要求，需要反复进行浸渍、碳化处理制成无孔石墨板。无孔石墨板一般由碳粉/石墨粉和石墨化树脂在高温（2500℃）条件下石墨化制备而成。这个过程需要进行严格的升温程序，因此，生产周期长、成本高。另外，石墨化后由于杂质的蒸发，可能会出现新的孔隙，导致石墨板表面的孔隙率为20％～30％。气孔的存在有着导致 PEMFC 泄漏，从而降低反应气体浓度，进而降低电堆性能的风险，所以需要对石墨板进行浸渍处理，以降低其孔隙率并改善其表面质量，目前应用较为广泛的是经过反复浸渍的无孔石墨板。

（2）金属双极板

与石墨双极板相比，金属双极板具有良好的导电性、导热性、机械加工性、制作工序较少、可制作超薄双极板、可批量生产的优点，是目前世界各国研发制备双极板的重点之一。但是在 PEMFC 工作条件下具有抗腐蚀问题（氧化，还原，一定的电位和弱酸性电解质下的稳定性），同时与扩散层（碳纸）的接触电阻较大。可以通过改变合金组成与制备工艺的方法来提升其抗腐蚀性。到目前为止，不锈钢、铝合金、钛合金、镍合金、铜合金和金属基复合材料已被应用于双极板制造。但使用过程中存在易腐蚀的缺点，需要表面改性涂层保护。丰田汽车公司率先在旗下 Mirai 燃料电池汽车上使用金属双极板和涂层，解决了腐蚀、成本和导电等一系列问题。金属双极板的涂层材料主要包括两类：第一类是碳基涂层，如石墨涂层；第二类是金属基涂层，如贵金属涂层、金属碳化物或氮化物涂层及金属氧化物涂层等。从涂层的工艺线路来看，目前主要有四种不同的工艺路线：电镀、化学镀（例如热浸镀、涂料喷装、喷涂）、CVD（化学气相沉积）、PVD（物理气相沉积）。目前，国内在金属板涂层方面应用更多是 PVD 工艺。采用 PVD 工艺的涂层纯度高、致密性好，涂层与基体结合牢固，涂层不受基体材料的影响，是比较理想的金属双极板表面改性技术。

（3）复合材料双极板

复合双极板综合了纯石墨板和金属板的优点，具有密度低、抗腐蚀、易成型的特点，能够使电堆装配后达到更好的效果。但是，目前加工周期长、长期工作可靠性较差限制了其应用。复合双极板按照结构可分为结构复合双极板和材料复合双极板。结构复合双极板是以薄金属或其他高强度、高致密性的导电板作为分隔板，以有孔薄碳板、金属网等作为流场板，以导电胶黏合。这种复合结构双极板结合了金属板与石墨板的优点，由于金属板的引入，石墨只起导电与形成流道的作用，而不需要致密与增强作用，同时由于石墨板的间隔，金属板不需要直接接触腐蚀介质，减轻了金属双极板的腐蚀，这样使得双极板具有耐腐蚀、良导电、体积小、质量轻、强度高的优势，但缺点是制作过程较为烦琐，密封性相对较差。材料复合双极板主要是通过热塑或热固性树脂料混合石墨粉/增强纤维形成预制料，并固化/石墨化后成型。

金属基复合材料双极板虽然集合了石墨双极板和金属双极板的优点，但是由于其结构及制备工艺复杂，难以实现批量化生产，生产成本远高于碳基复合材料双极板，在 PEMFC 中推广有一定困难，但是对于特殊场景用途具有一定优势。

9.7.6 流场

双极板流场的设计直接影响到电池内部反应气体的分布和传输、水管理、燃料利用率，最终影响电池的输出性能，是质子交换膜燃料电池最重要的研究点之一。流场设计的第一要点就是均匀性，因为不均匀的流场分布会引起催化剂层反应气体的分布不均，导致部分活化区域反应不充分，使得局部电流密度偏低，进而直接影响电池的性能。质子交换膜燃料电池流场的形式有很多种，有平行流场、蛇形流场、交指型流场和 Z 形流场等。

9.7.7 应用

由于 PEMFC 的诸多特性使其广泛应用于电动汽车、航天飞机、潜艇、通信系统、中小规模电站、家用电源以及其他需要移动电源的场所。车用燃料电池所具有的效率高、启动快、环保性好、响应速度快等优点，使其当仁不让地成为 21 世纪汽车动力源的最佳选择，是取代汽车内燃机的理想解决方案。在军事上，微型燃料电池要比普通的固体电池具有更大的优越性，其增长的使用时间就意味着在战场上无须麻烦的备品供应。此外，对于燃料电池而言，添加燃料也比较简单。同样的，燃料电池的运输能效可以极大地减少活动过程中所需的燃料用量，在进行下一次加油之前，车辆可以行驶得更远，或者在偏远的地区活动更长的时间。这样，战地所需的支持车辆和人员的数量可以显著地减少。PEMFC 在移动电源方面应用潜力很大，开发 1kW 至数十千瓦的 PEMFC 可以用作部队、海岛、矿山的移动电源。

9.8 碱性燃料电池

碱性燃料电池（alkaline fuel cell，AFC），通常是以 KOH 或 NaOH 等碱性溶液为电解质，用 H_2 或者 NH_3、N_2H_4 等裂解产生的 H_2 为燃料，空气或氧气为氧化剂，使用贵金属（Pt、Pd、Au、Ag 等）和过渡金属（Ni、Co、Mn 等）或者它们组成的合金作为催化剂。AFC 是燃料电池系统中最早开发并成功用于空间技术领域的燃料电池。对碱性燃料电池的研发始于 20 世纪 30 年代早期，至 50 年代中期英国工程师培根研制成功 5kW 的碱性燃料电池系统，成为碱性燃料电池技术发展的里程碑。此后的 20 世纪 60 到 70 年代，由于载人航天飞行对高比功率、高比能量电源需求的推动，碱性燃料电池备受重视。20 世纪 60 年代初期，碱性燃料电池成功应用于美国阿波罗登月宇宙飞船及航天飞机上，实际飞行结果表明，

AFC 作为宇宙探测飞行等特殊用途的动力电源已经达到实用化阶段。

9.8.1 工作原理

碱性燃料电池的组成和工作原理如图 9-12 所示。在阳极，氢气与碱中的 OH^- 在电催化剂作用下，发生氧化反应生成水，并将电子通过外电路传递到阴极；在阴极，氧气在电催化剂的作用下接受传递来的电子，发生还原反应生成 OH^-，生成的 OH^- 通过饱浸碱液的多孔石棉膜迁移到氢电极。

电池总反应为式（9-63）：

$$H_2 + \frac{1}{2}O_2 \longrightarrow H_2O \tag{9-63}$$

在 25℃下的理论电动势为：

$$E^\ominus = 0.401 - (-0.828) = 1.229V$$

实际上由于反应的不可逆性，开路电压一般在 1.1V 以下。

根据 AFC 的工作原理，阳极侧产生水，而阴极侧氧气还原消耗水，为保持电池连续工作，除需与电池消耗氢气、氧气等速地供应氢气、氧气外，阳极侧生成的水必须及时排出，从而避免将电解质溶液稀释或淹没多孔气体扩散电极。除此之外，反应生成的热量也要及时排出以维持电池温度的恒定，这可由蒸发和 KOH 的循环来实现。

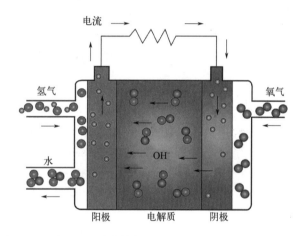

图 9-12　碱性燃料电池的组成和工作原理

9.8.2 结构

碱性燃料电池的常见结构有基体型和自由电解液型。基体型碱性燃料电池具有调节增减电解液用量的储液部件，装有冷却板并构成叠层结构。典型的电解液保持体材料有石棉膜。早期的碱性燃料电池系统多采用饱吸 KOH 溶液的石棉膜作电解质隔膜，石棉膜的作用除了分隔燃料和氧化剂外，还能保持电解液，但也会被电解液浸蚀。这种石棉膜基体型碱性燃料电池由美国爱立-查默尔斯（Allis-Chalmers）公司率先研制（图 9-13），并已应用于航天飞机。

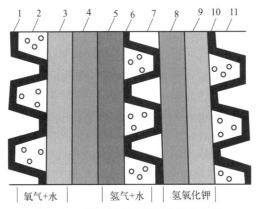

图 9-13　石棉膜基体型碱性燃料电池

1—氧支撑板；2—氧蜂窝（气室）；3—氧电极；4—石棉膜；5—氢电极；6—氢蜂窝（气室）；
7—氢支撑板；8—排水膜；9—排水膜支撑板；10—除水蜂窝（蒸汽室）；11—除水蜂窝板

9.8.3　催化剂

AFC 的催化剂必须要满足三个条件：一是对氢气的电化学氧化和氧气的电化学还原具有良好的催化活性；二是在强碱溶液中具有良好的化学和电化学稳定性；三是催化剂要具有良好的导电能力。AFC 电解质中的阴离子是 OH^-，与一些酸性电解质中的阴离子相比，OH^- 不容易在催化剂表面发生特性吸附，而且碱性介质对催化剂的腐蚀要比酸性低很多，所以 AFC 可以采用的催化剂种类繁多，而且活性也高。AFC 催化剂的选择比较灵活，可以使用较为廉价的催化剂（如铁、镍等）代替贵金属催化剂（如铂、铑、金、银等），可明显降低燃料电池的生产和运行成本。以下将分别介绍阴极氧还原反应和阳极氢氧化反应的催化剂研究进展。

（1）阴极氧还原催化剂

① 碱性介质中氧还原反应机理。碱性条件下的氧还原反应与酸性条件下类似，同样是一个多电子转移过程，可分为缔合过程（associate process）或解离过程（disassociate process），不同的是，碱性条件下电解液中的传质物质为 OH^-，所以反应的最终产物是 OH^- 而不是水。式（9-64）～式（9-71）为碱性条件下氧还原反应缔合过程和解离过程的具体步骤。

缔合过程：

$$O_2 + * \longrightarrow O_2 * \tag{9-64}$$

$$O_2 * + H_2O + e^- \longrightarrow OOH * + OH^- \tag{9-65}$$

$$OOH * + e^- \longrightarrow O * + OH^- \tag{9-66}$$

$$O * + H_2O + e^- \longrightarrow OH * + OH^- \tag{9-67}$$

$$OH * + e^- \longrightarrow OH^- + * \tag{9-68}$$

解离过程：

$$O_2 + 2 * \longrightarrow 2O * \tag{9-69}$$

$$2O* + 2e^- + 2H_2O \longrightarrow 2OH* + 2OH^- \tag{9-70}$$

$$2OH* + 2e^- \longrightarrow 2OH^- + 2* \tag{9-71}$$

其中*代表催化剂表面的活性位点，O_2*、$OOH*$、$O*$ 和 $OH*$ 表示反应中间体。这些反应中间体的吸附是 ORR 动力学过程中的关键环节，各步骤的反应活性很大程度上取决于相应含氧中间体在催化剂上的吸附能。具体地说，如果中间体的吸附作用太弱，它将限制 O_2 的吸附和随后的解离形成 $O*$；而若中间体的吸附作用过强，也会阻碍形成的中间体 $O*$ 或 $OH*$ 的脱附，进而影响随后的 ORR 反应。因此，理想的 ORR 催化剂应该对含氧中间体具有中等的结合能。

② 碱性介质中 ORR 催化剂研究进展。相比酸性和中性环境，氧还原反应在碱性条件下过电位最低，动力学过程最快，反应发生最容易。由于阴极的过电位损耗是电池输出功率降低的主要因素，因此一般的碱性电池的输出功率要高于质子膜燃料电池，输出电压一般在 $0.8\sim0.95V$ 之间。对于碱性燃料电池来讲，研究高效的催化剂，提高催化材料 $4e^-$ 反应选择性可以更大幅度地提升材料的输出功率。

迄今为止，已经开发出了各种各样的碱性氧还原催化剂。其中，Pt 等贵金属是氧气的电还原催化活性最高的材料。但是 Pt 本身稀少的储存量，高昂的成本，不够理想的稳定性，使得人们不得不采取办法来达到减少 Pt 用量的同时，增强催化剂活性和寿命的目的。在 Nørskov 通过计算得到的金属 ORR 活性火山图中（图 9-14），Ag 显示出仅次于 Pt 和 Pd 的 ORR 活性。另外，普尔贝（Pourbaix）表明在碱性条件下 Ag 的 ORR 稳定性高于 Pt。考虑到 Ag 在贵金属中储量最大，价格仅为 Pt 的 1/50、Pd 的 1/120。使用 Ag 基材料取代 Pt 作为碱性膜燃料电池的阴极催化剂，将使碱性膜燃料电池的成本大大降低。

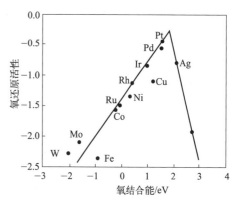

图 9-14 不同金属的 ORR 活性与 O 结合能的函数关系图

近十几年来，随着各国对燃料电池研究投入的加大及电池技术的快速发展，对非贵金属阴极催化剂的研究也取得了大量成果。目前，研究报道的高性能非贵金属氧还原催化剂主要包括过渡金属氧化物和金属-氮-碳复合催化剂（M-N-C）等。

过渡金属氧化物，比如 Fe、Co 和 Mn 的氧化物，在碱性电解质中表现出优异的氧还原活性，有望在 AFC 中代替贵金属铂催化剂。金属-氮-碳复合催化剂也是研究较多的高性能氧还原电催化剂。Yeager 等人通过高温热解过渡金属和含氮的非大环化合物前驱体，获得了过渡金属-氮-碳复合物（M-N-C），使其氧还原活性与稳定性得到了显著的提高，尽管过渡金属-氮-碳催化剂的研究已经取得了长足的进步，但在真正的应用中与商业铂碳还有很大的差距。碳材料有稳定性好、比表面积高、导电性好、孔隙率可调等诸多优点，是迄今为止在电化学能量转化和存储领域研究最热的催化剂材料之一。研究发现，仅使用 XC-72 做阴极催化剂，燃料电池的功率密度也能达到 $25\%\sim36\%$（相当于全部使用 Pt/C 催化剂），而经过掺杂的碳材料表现出更好的氧还原催化活性和稳定性，被认为是潜在的代替 Pt 基催化剂的新型催化剂。目前杂原子掺杂碳材料的掺杂原子主要有 N、P、S、B、F 等，掺杂类型主要有单掺杂、双掺杂以及多种原子的混合掺杂。关于杂原子掺杂类碳材料活性提高的原因已经有许多研究。

综上所述，碱性条件下氧还原电催化剂的发展较为迅速，并且各种性能接近或媲美商业 Pt 的高效率低成本的催化剂不断涌现，这为碱性燃料电池的发展提供了助力和技术支撑。

（2）阳极氢氧化催化剂

① 碱性介质中氢氧化反应机理。在进行催化剂设计之前，深刻理解碱性条件下 HOR 机理是十分重要的，这关系着催化剂的设计方向。碱性介质中，HOR 的基元反应过程见式（9-72）～式（9-74）。

Tafel 步骤：

$$H_2 + 2M* \longrightarrow 2M*—H_{ad} \tag{9-72}$$

Heyrovsky 步骤：

$$H_2 + OH^- + M* \longrightarrow M*—H_{ad} + H_2O + e^- \tag{9-73}$$

Volmer 步骤：

$$M*—H_{ad} + OH^- \longrightarrow M* + H_2O + e^- \tag{9-74}$$

其中 M* 表示催化位点，H_{ad} 表示吸附态氢原子。对于 HOR，Tafel 步骤被称为 H_2 分子在催化位点上的解离吸附。Heyrovsky 步骤是指 H_2 在催化位点上的解离吸附的同时，转移一个电子并生成 H_2O。Volmer 步骤为吸附态氢原子 H_{ad} 与 OH^- 反应生成 H_2O 和一个电子。Tafel-Volmer 和 Heyrovsky-Volmer 途径是 HOR 过程中可能存在的两种反应途径，通过比较 Tafel 斜率、活化能、H_{upd} 电荷转移电阻等评价标准，可推导出两种途径对应的速率决定步骤（RDS）。目前，人们已经对 HOR 反应机理进行了大量研究。这些机理的研究主要集中于参与 HOR 过程的反应中间体或物种，如吸附的氢（H_{ad}）、羟基（OH_{ad}）或界面水（H_2O*）。因此，主要的机理研究理论包括氢结合能（HBE）理论、表观 HBE_{app} 理论和双功能机理。

氢结合能（HBE）理论由 Yan 等人首次提出。他们通过研究 Pt 在 pH＝0.2～12.8 内的 HOR 动力学发现，Pt 催化剂的循环伏安（CV）曲线上欠电势沉积氢原子 H_{upd} 的脱附峰随着电解质 pH 值的增加而右移 [图 9-15（a）]。根据 HBE 与脱附峰电势之间的关系（$HBE = -FE_{peak}$，F 为法拉第常数），HBE 与 H_{upd} 脱附峰电势呈线性关系，表明电催化剂的 HBE 随电解质 pH 值的增加而增加 [图 9-15（b）]。相反地，Pt 催化剂的 HOR 活性随着电解质 pH 值的增加而降低。因此，Yan 认为随着 pH 的上升，HBE 相应升高，从而导致催化活性降低。而氢氧物种并不通过吸附直接参与反应。Lu 等人研究发现，对于 PtNi 和酸洗 PtNi 来说，二者具有截然不同的亲氧性，但 HBE 均低于 Pt。结合活性顺序 Acid-PtNi/C≈PtNi/C＞Pt/C，从而证实 PtNi 催化剂展现出更好的 HOR 性能是由于电子效应而不是亲氧效应，进一步支持并验证了 HBE 理论。

尽管很长一段时间内 HBE 理论作为指导 HOR 催化剂设计的黄金法则取得了相当大的成功，但考虑到 HBE 是催化材料的固有性质，不应随电解质 pH 的变化而改变；另外，有实验结果表明，具有较小 HBE 的金属在碱性溶液中的 HOR 催化活性也降低，这与 HBE 理

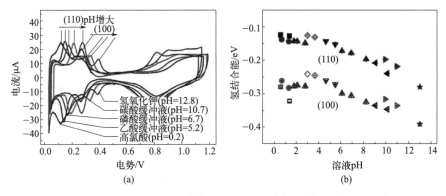

图 9-15　不同 pH 时 Pt 的 CV 曲线（a）以及对应的不同晶面的 HBE 值（b）

论矛盾。因此，Yan 等改进了 HBE 理论，他们认为反应过程不仅涉及吸附态氢（H_{ad}）的氧化，亦包括水分子的活化吸附过程，由此产生了表观 HBE_{app} 理论。HBE_{app} 为 HBE 和水结合能（H_2O-BE）的差值。该理论认为，水结合能（H_2O-BE）随着 pH 的增加而减弱，H_{upd} 峰的偏移是氢结合能和水结合能竞争的净结果，而 HBE 被认为在不同的 pH 值下是不变的，因为它是金属的固有性质。也就是说，在高碱度时，水的吸附作用减弱是 HOR 动力学降低的主要原因。这个理论也得到了戈达德（Goddard）等人的支持，他们发现不同 pH 值下的 HEB_{app} 的变化趋势与量子力学分子模拟的实验结果一致。此外，还利用了红外等有效测量手段展示了不同 pH 下的界面水结构，证明了 Pt 表面 H_{upd} 峰的 pH 变化是由界面水的结构引起的，而不是电极表面阳离子的特性吸附。

另一种主流的 HOR 机理被称为双功能机理。即 H_{ad} 及 OH_{ad} 均为 HOR 的中间体，两者在催化剂表面的吸附强度对 HOR 动力学均有重要影响。马克维奇（Markovic）等人合成了 $Ni(OH)_2$ 修饰的 Pt 催化剂（图 9-16）。其中，$Ni(OH)_2$ 为 OH_{ad} 提供吸附位点，Pt 为解离吸附 H_2 和生成 H_{ad} 提供活性位点，由于 H_{ad} 吸附能和 OH_{ad} 吸附能共同影响了 HOR 动力学，$Ni(OH)_2$ 修饰的 Pt 催化剂具有更高的 HOR 活性。这也证明了 OH_{ad} 的结合能（吸附能）也可作为碱性 HOR 动力学的描述符。达里奥（Dario）等人据此提出描述 HOR 动力学与 HBE 及 OHBE 的三维火山型关系图。他们认为同时具有适中 HBE 及 OHBE 的催化剂表面具有最高的 HOR 催化活性，以往仅仅通过优化单一结合能的策略不适用于碱性氢电极高活性催化剂的筛选，该理论的提出为新型催化剂的理性设计指明了方向。

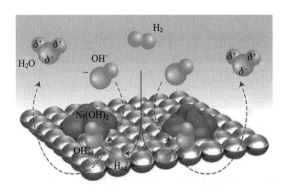

图 9-16　$Ni(OH)_2$ 修饰的 Pt 催化剂催化 HOR 的机理示意图

虽然人们已经对 HOR 反应机理进行了大量研究，但碱性条件下 HOR 的理论研究尚未完全达成一致认识，各个机理均有证据支持和难以解释的实验现象。找出碱性条件下 HOR 的关键描述符，指导提升催化剂活性是进一步研究的重点。

② 碱性介质中 HOR 催化剂研究进展。对于阴离子交换膜燃料电池（AEMFC），因其阴极高效率低成本氧还原电催化剂的发展而更具实际应用前景。然而，对于 AEMFC 的阳极氢氧化反应，即使是最先进的铂催化剂也显示出比酸性体系低 2～3 个数量级的活性，这严重限制了 AEMFC 的商业应用，因此，研发高效的碱性氢氧化催化剂非常重要且紧迫。

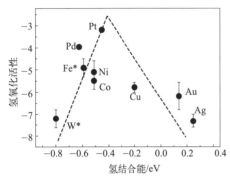

图 9-17　单金属的氢结合能与交换电流密度之间的关系图

通常，碱性条件下的 HOR 反应由氢的吸附和氢的脱附两个步骤组成，两者对于 HOR 的催化活性都有着重要的影响。由单金属的氢结合能与 HOR 活性的火山图可知（图 9-17），Pt 位于相对最优的氢结合能区，因此是最好的单金属氢氧化催化剂。其他贵金属，如 Ir、Pd 和 Ru 等对应于较优的氢结合能区，因此，它们具有较高的 HOR 性能。然而，由于贵金属的高成本和极度稀缺特性，如何减少贵金属的用量并提升活性位点的本征活性仍然是一个长期的任务。

为了减少贵金属的用量并提升活性位点的本征活性，研究者开发了不同的策略。包括成分调控（如二元合金、金属间化合物、高熵合金等），尺寸调控（纳米颗粒、纳米团簇和单原子等），结构调控以及载体调控等。通过调整电催化剂表面对反应中间体的结合能，实现催化性能的提升。

为降低氢氧根交换膜燃料电池的阳极成本，发展非贵金属催化剂取代贵金属催化剂的研究愈来愈多。在众多非贵金属元素中，单质 Ni 具有类 Pt 的电子结构，因此有望表现出高电催化性能。但因其氢结合能太强而大幅地限制了 HOR 过程的高效进行。因而，需要通过其他途径来调制 Ni 金属的氢结合能。其调控策略与贵金属的调控策略有一定的共通之处。合金化是最常见的调节 Ni 的氢结合能的有效手段。除了二元合金，三元合金催化剂也引起了研究者的关注。另外，杂原子掺杂可有效调控 Ni 的电子结构或者产生缺陷，从而提升催化剂的 HOR 性能。同样地，利用金属载体之间的相互作用是调节 Ni 的氢结合能，提升催化性能的另一个有效途径。除此之外，异质结构催化剂由于两相之间的协同作用以及界面作用而对多种催化反应表现出优异的催化能力。

尽管目前非贵金属基催化剂在不断发展，但其距离实际应用还有较大差距。寻找可替代贵金属铂且价格低廉的优良阳极催化剂是 AEMFC 在催化剂探究方面的一个持续热点。

9.8.4　电极

催化剂分散于载体上，就成为电极。催化剂载体的主要功能是作为活性组分的基体，增大催化剂比表面，分散活性组分。常用方法是将它制成多孔结构。从结构上看可分为两类：一类是高比表面的雷尼（Raney）金属，通常以 Raney 镍为基体材料作阳极，银基催化剂粉为阴极；另一类是高分散的担载型催化剂，即将铂类电催化剂高分散地担载到高比表面、高导电性的担体（如碳材料）上。铂类电催化剂分散在活性炭颗粒表面，不仅使其活性表面积增大，降低对有毒物质的敏感性，而且活性炭还为反应产物提供传质通道，增大散热面积，提高铂催化剂的热稳定性。此外，活性炭本身也具有良好的催化作用。

电极是电化学反应发生的场所，整个电极要工作于气、液、固三相界面。为了确保电极反应高效平稳地运行，对于所有类型电极的一般要求为：

① 良好的导电能力以降低欧姆电阻；

② 较高的力学强度和适当的孔隙率；

③ 在碱性电解质中化学性质稳定；

④ 长期的电化学稳定性，包括催化剂的稳定性及与电极组成一体后的稳定性。

通常采用多孔气体扩散电极。多孔气体扩散电极的优点如下：①多孔气体扩散电极能够为反应物提供较大的反应面积，有利于物质传导。②多孔电极的比表面积要比其几何面积大几个数量级。在碱性燃料电池的发展过程中，先后成功开发了两种不同结构的气体扩散电极，分别为双孔结构电极和黏结型憎水电极。

双孔结构电极是由培根发明的，并在阿波罗登月飞行用的燃料电池中得到了应用。电极分为粗孔层与细孔层两种孔结构。其粗孔层孔径≥$30\mu m$，细孔层孔径＜$16\mu m$，电极厚度约为 1.6mm。其中细孔层与液体电解质相接触，而粗孔层与气体相接触。电池工作时，只要将反应气与电解质控制在一定的压差内，便能够使反应在一个特定的界面上进行。

黏结型憎水电极是将亲水并且具有电子传导能力的电催化剂（如铂/碳）与具有憎水作用和一定黏合能力的防水剂（如聚四氟乙烯乳液）按一定比例混合，采用特殊的工艺（如滚压、喷涂等），制成具有一定厚度的电极。在水溶性电解质中，各种导电的电催化剂可被电解质浸润，不但能提供电子通道，而且还可以提供液相和导电离子的通道，但它不能为气体气相传质提供通道。憎水剂的加入除了能提供反应气体气相扩散的通道外，还具有一定的黏合作用，能将电催化剂黏合到一起构成黏结型多孔气体扩散电极。它可简单地被视为在微观尺度上是相互交错的两相体系。

由防水剂构成的憎水网络为反应气的进入提供了电极内部的扩散通道；由电催化剂构成的能被电解液完全浸润的亲水网络为其提供水与导电离子 OH^- 的通道。同时，由于电催化剂是电的良导体，它也为电子传导提供了通道。由于电催化剂浸润液膜很薄，这种结构的电极应具有较高的极限电流密度。另外，因为电催化剂是一种高分散体系，具有高的比表面，因此，这种电极也具有较高的反应区（三相界面）。

9.8.5 隔膜

碱性燃料电池常用的隔膜材料是石棉膜。在石棉膜型碱性燃料电池中，饱浸碱液的石棉膜的作用有两个。一是利用其阻气功能，分隔氧化剂和还原剂；二是为 OH^- 的传递提供通道。石棉的主要成分为氧化镁和氧化硅的水合物（$3MgO \cdot 2SiO_2 \cdot 2H_2O$），是电的绝缘体。长期在强碱性（如 KOH）水溶液中，其酸性组分（SiO_2）会与碱反应生成微溶物（K_2SiO_3），影响膜的通透性，最终导致隔膜的解体。为了减少石棉膜在浓碱中的腐蚀，可以在制膜之前将石棉预先用浓碱处理，或是在碱溶液中加入少量硅酸钾以抑制平衡向不利方向移动，减少膜在电池中因腐蚀而导致的结构变化。

因为石棉对人体有害，而且会在浓碱中缓慢腐蚀，为改进碱性隔膜电池的寿命与性能，已成功开发出钛酸钾微孔隔膜，并成功地用于美国航天飞机用碱性燃料电池中。另外，罗莎（V. M. Rosa）等研究了聚四氟乙烯（PTFE）、聚苯硫醚（PPS）以及聚砜（PSF）等材料，发现 PPS 和 PTFE 在碱性溶液中具有与石棉同样允许液体穿透而有效地阻止气体通过，具有较小的电阻和较好的抗腐蚀性，其中PPS甚至还优于石棉。

9.8.6 电解质

作为燃料电池的电解质必须满足以下条件：

① 稳定，即在电池工作条件下不发生氧化与还原反应，不降解；

② 具有较高的电导率，以利于减少欧姆极化；

③ 阴离子不在电催化剂上产生强特殊吸附，防止覆盖电催化剂的活性中心，影响氧还原动力学；

④ 对反应试剂（如氧、氢）有大的溶解度；

⑤ 对用PTFE等防水剂制备的多孔气体扩散电极，电解质不能浸润PTFE，以免降低PTFE等防水剂的憎水性，阻滞反应气在电极憎水孔的气相扩散传质过程。

碱性燃料电池以KOH或NaOH溶液为电解质。由于碱性电解质易与空气中的CO_2反应生成碳酸盐，且KOH与CO_2反应生成的K_2CO_3的溶解度比Na_2CO_3的溶解度高，不易形成杂质，使用寿命长；而且溶液蒸气压低，可以在高温下使用。此外，在高温和高浓度下，可以获得高的电流密度。所以通常选用KOH溶液作为电解质。一般，在低温碱性燃料电池（低于120℃）中，使用的KOH溶液的质量分数为30%～45%，高温碱性燃料电池（约260℃）中，KOH溶液的质量分数可达85%。

近年来，有人尝试将阴离子固体聚合物电解质应用在碱性燃料电池中。法国工业电化学实验室科研人员制备了一种含有嵌段共聚物聚环氧乙烯（PEO）的固体聚合物电解质，其离子电导率为10^{-3} S/cm。如果这种固体聚合物电解质能够在碱性燃料电池中使用不仅可以避免目前碱性燃料电池存在的电解质泄漏等问题，还可以提高碱性燃料电池的体积能量密度。

9.8.7 双极板与流场

起支撑、集流、分割氧化剂与还原剂作用并引导氧化剂和还原剂在电池内电极表面流动的导电隔板通称为双极板。对双极板的功能要求包括以下几个方面：

① 双极板用于分割氧化剂与还原剂，因此双极板应具有阻气功能，不能使用多孔透气材料。当需要使用多层复合材料时，则至少有一层必须无孔。

② 双极板起收集和传导电流的作用，因此，要求双极板材料必须是电的良导体。

③ 双极板要具有良好的导热性，可保证电池工作时温度均匀分布，并有利于电池的废热及时顺利地排出。

④ 双极板必须具有抗腐蚀能力。在碱性燃料电池工作条件下，性能稳定、比较廉价的双极板材料是镍和无孔石墨板。

作为航天电源，要求具有高的质量比功率和体积比功率，因此多采用厚度为毫米级的镁、铝等轻金属制备双极板。如美国用于航天飞机的动态排水石棉膜型碱性燃料电池采用镁板镀银或镀金作双极板。对地面和水下应用，可采用无孔石墨板或铁板镀镍作双极板，用腐蚀加工工艺制备点状或平行沟槽流场，再镀镍作为碱性燃料电池双极板。

为保证反应气体在整个电极均匀分布，双极板两侧应加入或置入使气体均匀分布的通道，即流场。流场均是由各种形状的沟槽和脊组成，脊与电极接触，起集流作用。沟槽引导反应气体的流动，沟槽所占比例大小会影响接触电阻。目前，已开发出点状、网状、多孔体、平行沟槽、蛇形等多种流场。在实际应用中，可根据流场的优缺点、电池类型和反应气纯度选择适配形状的流场。

9.8.8 应用与发展现状

20世纪60年代，碱性燃料电池被用于阿波罗飞船登月飞行，标志着燃料电池技术的成功应用。碱性燃料电池在航天方面的成功应用，曾推动人们探索它在地面和水下应用的可行性。20世纪90年代以来，众多汽车生产商都在研究使用低温燃料电池作为汽车动力的可行性。但是，由于它以浓碱为电解液，在地面应用必须脱除空气中的微量CO_2；而且，它只能以纯氢或NH_3、N_2H_4等分解气为燃料。若以各种烃类重整气为燃料，则必须分离出混合气中的CO_2。因此，使得碱性燃料电池在汽车上的应用受到限制。但碱性燃料电池可以不采用贵金属催化剂，如果使用CO_2过滤器或碱液循环等手段去除CO_2，克服其致命弱点后，用于汽车的碱性燃料电池将具有现实意义。因此，碱性燃料电池领域近年的研究重点是CO_2毒化解决方法和替代贵金属的催化剂。CO_2毒化问题可以通过多种方式解决，如通过电化学方法消除CO_2，使用循环电解质、液态氢，以及开发先进的电极制备技术等。

虽然碱性燃料电池已成熟应用于航天等方面，但仍存在以下的问题：

① 碱性燃料电池最大的问题在于二氧化碳的毒化。电池对燃料中CO_2敏感，碱性电解液对二氧化碳具有显著的化合力，电解液与CO_2接触会生成碳酸根离子（CO_3^{2-}），这些离子并不参与燃料电池反应，且削弱了燃料电池的性能，影响输出功率；碳酸的沉积和阻塞电极也将是一种可能的风险，这一最终的问题可通过电解液的循环予以处理。使用二氧化碳除气器是增加成本和复杂度的解决方法，它将从空气流中排出二氧化碳气体。

② 循环电解液的利用，增加了泄漏的风险。氢氧化钾是高腐蚀性的，具有自然渗漏的能力，甚至有透过密封的可能性，具有一定的危险性，且容易造成环境污染。此外，循环泵和热交换器的结构，以及最后的汽化器均更为复杂。另一问题在于，如果电解液被过度地循环或单元电池没有完全地绝缘，则在两单元电池间将存在内部电解质短路的风险。

③ 需要冷却装置维护其较低的工作温度。

9.8.9 碱性膜燃料电池

AFC虽然是最早研究成功并得以应用的燃料电池，但是在地面上应用时面临CO_2与电解质反应的问题，因此必须经常更新电解质，或重新组装燃料电池堆；此外，作为电解质隔膜的石棉对人体健康有重大的危害，导致碱性燃料电池的利用率相当低。这种以阴离子固体聚合物为电解质的电池被称为阴离子交换膜燃料电池（AEMFC），也称为碱性膜燃料电池（AMFC）、氢氧化物交换膜燃料电池（HEMFC）或固体碱性燃料电池（SAFC）。它使用阴离子交换膜来分隔阳极室和阴极室。AFC是基于碱性阴离子（通常是氢氧根OH^-）在电极之间的传输，最初的AFC使用氢氧化钾水溶液（KOH）作为电解质。而在AEMFC中，含水KOH被可传导氢氧根离子的固体聚合物电解质膜取代。与传统AFC相比，这可以克服电解质泄漏和碳酸盐沉淀的问题。

AEMFC的组成和结构如图9-18所示。从结构上讲，AEMFC与PEMFC非常类似，都是使用固体高分子膜作为电解质，膜电极组件是其关键核心部件。但是，二者在电解质上还是有明显的区别，AEMFC使用的是可以传导OH^-的碱性膜，而PEMFC使用的是可以传导H^+的质子交换膜。OH^-从阴极传递到阳极，与H^+的运动方向刚好相反，AEMFC的电池反应式与 AFC 相同。AEMFC 结合了 AFC 和 PEMFC 的优势，其碱性条件提供了一个相对温和的反应环境，使得一些价格低廉的非贵金属材料可以用于催化剂，从而大大降低催化剂的成本，并且，电池组件和电堆材料在碱性条件下具有较好的稳定性。

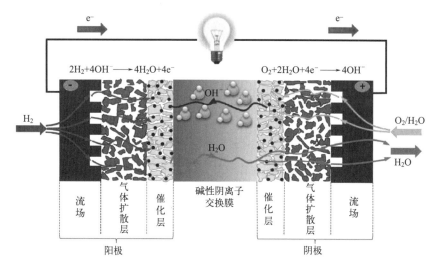

图 9-18　碱性膜燃料电池组成和结构示意图

由于 AEMFC 的电池反应式和 AFC 相同，其阳极 HOR 和阴极 ORR 的电催化剂和 AFC 中的一样，相关内容已经在前文中进行了讲述，下面的内容主要介绍阴离子交换膜的研究进展。

（1）阴离子交换膜

AEMFC 的特点在于其使用的碱性阴离子交换膜（AEM），AEM 的主要功能是将 OH^- 阴离子从阴极传输到阳极，同时在高碱性条件下阻止电子和燃料的交换，起到传导离子和阻隔燃料的作用。早期的 AEMFC 研究重点在于其关键材料 AEM 的开发。聚合物电解质由于一个离子被固定在高分子主链无法参与离子传输，且膜内水含量较低使得离子活度降低，因此聚合物电解质的离子电导率远低于水溶液。PEM 中质子传输主要以高效的跳跃机理进行，而 OH^- 体积较大，其传导更依赖于离子运载机理，因而 AEM 离子电导率较低。因此，提升 AEM 的离子电导率是发展 AEMFC 首先需要解决的问题。

AEM 的性质决定着碱性燃料电池的性能、能量效率和使用寿命。为了满足 AEMFC 的性能要求，AEM 需要满足以下几种性能：

① 高的离子电导率，保证燃料电池具有良好的性能；

② 良好的化学稳定性和尺寸稳定性，保证燃料电池正常运行情况下，仍保持低的溶胀度；

③ 较强的稳定性能和热稳定性；

④ 能够成型为致密的薄膜，用于分隔阴阳两极的燃料与氧化剂；

⑤ 作为催化层的黏结剂，应具备良好的溶解性，能够在合适的溶剂中形成碱性聚合物溶液，进而涂在催化层的表面制备膜电极。

AEM 是由聚合物骨架连接而成的主链和通过化学键与之相连的阳离子基团构成的侧链所围成的空间结构，为可供与阳离子侧链所带电荷性质相反的阴离子迁移的"通道"，以实现选择性透过阴离子阻拦阳离子的目的。聚合物骨架是 AEM 的根基，主要决定了 AEM 的机械性能与热稳定性。聚合物主链的结构一般为聚苯醚（PPO）、聚芳醚砜（PAES）、聚芳醚酮（PAEK）、聚苯并咪唑（PBI）等芳香族聚合物和聚烯烃类聚合物，结构示意图如图 9-19 所示，不同聚合物主链结构在其物理化学稳定性以及拉伸强度表现出良好的成膜性以及柔韧性。但这些聚芳醚类聚合物在高温、高碱性环境下化学稳定性较差，在亲核性 OH^- 的进攻下，阳离子两侧的醚键与季碳的水解断裂导致主链降解；同时，吸电子基团（如砜基、羰基）的诱导效应会降低聚芳醚主链的碱稳定性，加速主链的降解。

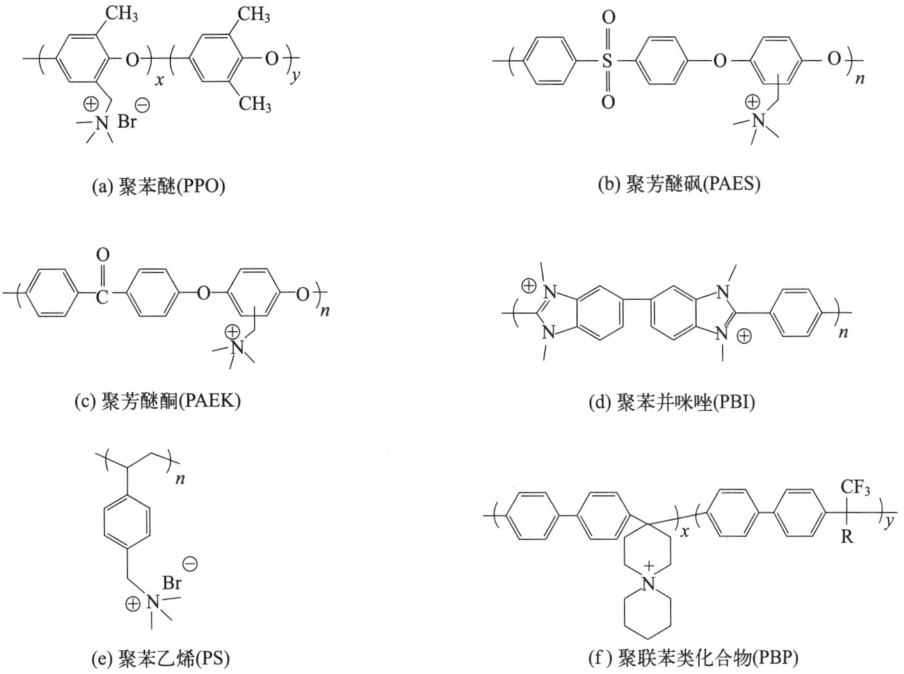

(a) 聚苯醚(PPO)　(b) 聚芳醚砜(PAES)　(c) 聚芳醚酮(PAEK)　(d) 聚苯并咪唑(PBI)　(e) 聚苯乙烯(PS)　(f) 聚联苯类化合物(PBP)

图 9-19　聚合物骨架结构示意图

为了获得具有高离子电导率的 AEM 材料，研究者们通过提升 AEM 的离子交换容量（IEC）即增加 OH^- 浓度的方法，但是高的 IEC 使得膜的含水量增加、溶胀变大，随之带来机械性能的下降。为了解决这一问题，研究者采用自交联的方法限制膜在高 IEC 下的溶胀，提升其机械性能。另一种策略是引入疏水侧链诱导形成亲疏水微观相分离通道，提升离子传输效率，在低 IEC 条件下实现高的离子电导率。通过以上策略，实现了 AEM 离子电导率与机械性能的平衡。目前，离子电导率不再是 AEM 的瓶颈，已经有众多 AEM 达到了与 Nafion 相当甚至超越 Nafion 的离子电导率。

由于聚合物骨架需要与不同类型的阳离子基团进行改性反应从而制备 AEM，而阳离子基团的主要作用是提供阴离子传导功能，一般为季铵盐、咪唑和胍基等。阳离子基团带正电，易受到亲核性 OH^- 的进攻，发生霍夫曼降解、亲核取代或形成叶立德中间体，诱导重排，所以提高阳离子基团的碱稳定性是需要解决的关键问题之一。分子结构设计是提升 AEM 阳离子稳定性的有效策略。武汉大学电化学课题组制备了阳离子为甲基哌啶的季铵化聚对三联苯哌啶（QAPPT）材料，具有优异的离线稳定性，在 80℃下 1mol/L KOH 溶液中浸泡 5000h 后阳离子的剩余率超过 95%。其他研究者采用位阻保护的方法，引入烷基和苯基对咪唑阳离子进行保护，得到具有超高阳离子稳定性的 AEM，在 80℃ 下 5mol/L KOH/CD$_3$OH 中浸泡超过 30 天后阳离子剩余量超过 99%，几乎不发生降解。

（2）碱性膜燃料电池面临的挑战

阴离子交换膜燃料电池同时具有碱性燃料电池和质子交换膜燃料电池的优点，不需要使用液体电解质，避免了漏液以及腐蚀的危险，同时非贵金属催化剂在碱性介质中具有优异的氧还原活性和稳定性，因此有望摆脱燃料电池对贵金属催化剂的依赖，具有广阔的应用前景。但要实现大规模商业化应用仍然存在一些问题：

① 阴离子交换膜的开发。阴离子交换膜是 AEMFC 中的核心部件，起到隔绝燃料和氧化剂、传导氢氧根离子的作用，其性能好坏将直接影响电池的放电效率和工作寿命。如何在提高 AEM 电导率的同时提高其稳定性具有巨大的挑战。不同于已经实现量产的 PEM，虽然目前研究者已经报道了部分 AEM，但距离大规模批量化生产应用还有很长的路要走。

② 提高稳定性。相比于技术成熟的 PEMFC，AEMFC 目前还不能长时间稳定运行。一方面，在燃料电池运行过程中 AEM 的耐碱性和耐热性受到极大考验。另一方面，燃料电池运行电压通常是 0～1.2V，但在实际运行过程中，其工作环境是更加复杂的，如果 AEM 受到损坏，气体发生渗透，导致氢气与氧气直接接触，燃料电池的电压则会急剧升高。在高电压下，催化剂将会加速老化，导致部分失活甚至全部失活，严重影响燃料电池的工作效率和使用寿命。

③ 降低成本。作为燃料电池核心部件膜电极的成本一直居高不下。其主要原因是燃料电池中要使用贵金属 Pt 作为催化剂来提高反应速率，增加燃料电池工作效率。在燃料电池电堆中，相较于只有两个电子参与的阳极氢氧化过程，阴极氧还原反应有四个电子参与反应，中间过程相对复杂，同时反应过程中有多种中间产物生成，导致反应动力学过程迟缓，且具有较高的过电势。因此，开发低铂或非铂氧还原催化剂是降低燃料电池成本的关键。

9.9 磷酸燃料电池

AFC 应用于地面需要以空气代替纯氧作为氧化剂，必须清除空气中微量的 CO$_2$，而且采用各种重整富氢气体代替纯氢时，也必须除掉其中相当多的 CO$_2$，导致燃料电池系统复杂化，而且提高了燃料电池系统的成本。鉴于此，从 20 世纪 60 年代开始，以酸为电解质的酸性燃料电池研发受到普遍重视。其中，磷酸燃料电池（phosphoric acid fuel cell，PAFC）首先获得突破，是最早实现民用商业化的燃料电池系统，也被称作第一代燃料电池。

9.9.1 工作原理

图 9-20 为 PAFC 的组成和工作原理示意图。PAFC 采用的是 100%磷酸电解质，其常温下是固体，相变温度是 42℃。氢气燃料被加入阳极，在催化剂作用下被氧化为质子，同时释放出两个自由电子。氢质子和磷酸结合成磷酸合质子，向阴极移动。电子向阴极运动，而水合质子通过磷酸电解质向阴极移动。因此，在阴极上，电子、水合质子和氧气在催化剂的作用下生成水分子。PAFC 所发生的电极和电池反应见式（9-75）～式（9-77）。

阳极反应：
$$H_2 \longrightarrow 2H^+ + 2e^-$$
(9-75)

$$阴极反应： \qquad \frac{1}{2}O_2 + 2H^+ + 2e^- \longrightarrow H_2O \qquad (9\text{-}76)$$

$$总反应： \qquad \frac{1}{2}O_2 + H_2 \longrightarrow H_2O \qquad (9\text{-}77)$$

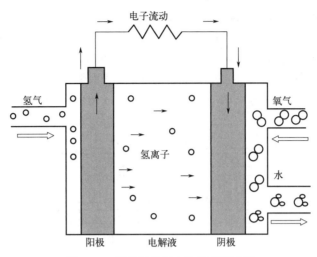

图 9-20　磷酸型燃料电池机理示意图

9.9.2　特点

PAFC 由于采用磷酸作为电解质，可以直接采用烃类和醇类化合物的重整富氢气体作为燃料、采用空气作为氧化剂而不必考虑 CO_2 的净化问题。此外，PAFC 在 200℃ 左右工作，CO 对催化剂的毒化大大降低，催化剂对 CO 的耐受能力可以达到 1%～2%；而且，PAFC 也可以有效排出水，减小了排水难度，有利于简化燃料电池系统。

但是，与 AFC 相比，在酸性燃料电池中，由于酸的阴离子吸附特性等原因，导致氧气在酸性电解质中电化学反应速率很慢。因此，为了减少阴极极化、提高氧还原反应速度，必须采用大量的贵金属作为催化剂，造成 PAFC 的建造成本提高。即使采用贵金属催化剂，PAFC 的工作性能也要比 AFC 差许多。而且，PAFC 也不能允许燃料气中存在过多的 CO，所以还需要进行 CO 的脱除。此外，PAFC 的工作温度一般在 200℃ 左右，此时，磷酸的腐蚀性要比碱性中强很多，很多电池材料会发生严重的腐蚀，因此电池材料的寿命也是必须解决的问题。

9.9.3　工作条件

基于电解液磷酸的蒸气压、材料的耐腐蚀性能、电催化剂的耐 CO_2 能力等要求，PAFC 的工作温度一般为 180～210℃，提高工作温度能使 PAFC 效率更高。PAFC 的工作压力为常压至几百千帕。对于不同的 PAFC，小功率采用常压操作，大功率的大多采用加压操作，较大压力下 PAFC 电化学反应速率加快、发电效率提高。燃料利用率是指在燃料电池内部转化为电能的氢气量与燃料气中所含的氢气量之比，PAFC 的燃料利用率为 70%～80%。PAFC 的氧化剂利用率为 50%～60%。以空气作氧化剂为例，空气中氧含量约为 21%，50%～60% 的氧化剂利用率指的是空气中的氧有 50%～60% 在燃料电池内被消耗掉。典型的 PAFC 燃料气中约含 80% H_2、20% CO_2 以及少量 CH_4、CO 与硫化物，当燃料电池纯度不满足要求时，需要将燃料气体通过高温催化脱硫处理。

9.9.4　系统组成

PAFC由燃料电池本体、燃料转化装置、热量管理单元和系统控制单元四部分组成。

PAFC单电池基本构成如图9-21所示，包括电极支持层、电极（燃料极与空气极）、集流器-隔板、介于两电极之间的含浓磷酸的电解质层。电极的支持层与电极之间需保持一定的孔隙率，以维持足够的透气性，电极催化剂层常采用铂基催化剂，铂负载量为 $0.2 \sim 0.75 \mathrm{mg/cm^2}$。根据电极与隔板间的结构形式，PAFC单电池分为槽形电极型与槽形隔板型。

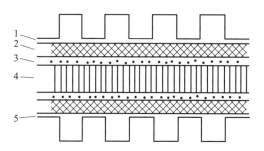

图 9-21　磷酸型燃料电池（单电池）基本构造图
1—气体通道；2—多孔支持层；3—多孔催化剂层；4—磷酸电解质；5—集流层

燃料转化过程包括脱硫、催化重整转化与一氧化碳变换三个反应过程。每个过程的相关信息如表9-2所示。

表 9-2　燃料转化过程相关信息

项目	脱硫过程	蒸汽转化过程	CO变换过程
作用	脱硫	天然气转换成 H_2 和CO	将CO变换成富氢气体和 CO_2
反应式	$R{-}SH + H_2 \longrightarrow R{-}H + H_2S$ $H_2S + ZnO \longrightarrow ZnS + H_2O$	$CH_4 + H_2O \longrightarrow CO + 3H_2$	$CO + H_2O \longrightarrow CO_2 + H_2$
操作条件	温度：573~673K 压力：0~0.98MPa	温度：1023~1123K 压力：0~0.98MPa 水/碳比：2~4	温度：高温段593~753K，低温段453~553K 压力：0~0.98MPa
催化剂	Co-Mo催化剂、 Ni-Mo催化剂、ZnO	Ni催化剂	Fe-Cr催化剂 Cu-Zn催化剂

9.9.5　关键材料

（1）催化剂和电极

PAFC需要采用贵金属Pt作为催化剂，为了降低Pt的载量和成本，通常将Pt或者Pt基合金担载在载体材料上以提高其比表面积。载体材料要求导电性能优异、比表面积较高和耐腐蚀。碳材料是理想的催化剂载体，它的主要作用是分散Pt催化剂颗粒，为电极提供大量微孔从而有利于其他扩散；同时，碳材料具有良好的电子导电性可以降低催化层电阻；此外，碳材料也具有良好的稳定性，基本可以满足PAFC的使用要求。PAFC通常采用碳载铂

（Pt/C）或铂合金（Pt-M/C）催化剂。Pt/C 催化剂的活性取决于催化剂的晶体结构、晶粒尺寸和比表面积等参数。一般 Pt 晶粒尺寸越小，其比表面积越大，催化剂的活性就越高。但是，Pt 晶粒的尺寸过小，其催化活性反而会下降。

虽然 Pt/C 催化剂具有良好的催化活性，但是在 PAFC 的工作条件下，纳米尺度的 Pt 颗粒表面积会逐渐减小，导致电池性能降低。造成 Pt 表面积减小的原因除了磷酸电解质和反应气体中的杂质在 Pt 表面的吸附外，Pt 的溶解沉积和 Pt 在载体表面的迁移是非常重要的因素。此外，由于铂与碳载体之间的结合力很小，较小的铂微晶可经碳表面迁移、聚合，生成大的微晶，进而导致铂表面积下降。为降低贵金属铂的用量，可引入过渡金属合金元素与铂形成合金，还可以进一步增加其电催化活性。

PAFC 采用的电极与 AFC 类似，也是一种多孔气体扩散电极。这种电极主要由发生电化学反应的催化层和支撑催化层的气体扩散层组成。催化层由高度分散的 Pt/C 催化剂和憎水性物质如 PTFE 组成，其厚度一般在 0.05mm 左右，催化剂的负载量为 0.1～0.5mg/cm^2。通过优化催化层中 PTFE 含量可以控制催化层的憎水性以维持均衡的电解质润湿性和气体扩散能力。与催化层相邻的支撑层是气体扩散层，可以允许反应气体和电子通过。在 PAFC 的工作温度下，100% 磷酸的腐蚀性非常强，通常需要采用碳材料作为气体扩散层。气体扩散层的制作方法是将孔隙率高达 90% 的碳纸浸渍 PTFE 乳液，然后进行烧结，处理后的碳纸孔隙率降低为 60% 左右，然后再在处理后的碳纸表面由憎水性和碳粉构成整平层，再在高温下进行烧结。所得的气体扩散电极的孔径为 20～40μm，厚度为 0.2～0.4mm。

（2）电解质与基体材料

PAFC 的电解质是浓磷酸溶液。磷酸是一种无色、黏稠、容易吸水的液体，常温下导电性较小，当工作温度高于 150℃ 时，磷酸具有良好的电子导电性，200℃ 时其导电率可以到达 0.6 S/cm。磷酸具有非常好的稳定性，即使在 250℃ 时的电化学环境中磷酸仍然能够稳定存在。反应气体在磷酸溶液中的溶解度较高，有利于降低反应过程中的浓度极化，提高电极反应速率。高温下，磷酸的蒸气压较低，电解质损失速率降低，可以延长对电池的维护周期。磷酸与电极材料的接触角比较多（超过 90°）。可以降低电解质的润湿性，有利于优化电极结构。而且，高温下磷酸的腐蚀性较低，可以提高电池材料的寿命。

PAFC 的工作温度主要由磷酸电解质决定。在低于 150℃ 时，磷酸分解产生的阴离子会吸附在 Pt 催化剂的表面，阻止氢气或氧气在催化剂表面进一步吸附，从而降低电化学反应速率。当温度高于 150℃ 时，磷酸主要以一种聚集态超磷酸（$H_4P_2O_7$）形式存在，$H_4P_2O_7$ 很容易发生离子化形成 $H_3P_2O_7^-$，其体积较大，在 Pt 催化剂表面的吸附很少，对反应气体的吸附无明显影响。因此，PAFC 的反应温度要高于 150℃。

磷酸电解质的浓度对电池性能有重要的影响，一般 PAFC 所用的磷酸浓度接近 100%，此时电解质溶液中含有大约 72% 的 P_2O_5，在 20℃ 时其密度约为 1.863g/mL。如果磷酸的浓度过高（大于 100%），电解质的离子传导率较低，质子在电解质的迁移阻力增大，从而增加电池的欧姆内阻。相反，如果磷酸的浓度太低（小于 95%），磷酸对电池材料的腐蚀性急剧加强，所以 PAFC 中磷酸电解质的浓度一般维持在 98% 以上。

此外，需要注意的是，高浓度的磷酸具有较高的凝固点，一般超过 40℃，如果 PAFC 低于这个温度工作，磷酸将发生凝固，其体积也随之增加，频繁的体积变化会导致电极和基体材料的不可逆损伤，造成电池性能下降。因此，即使 PAFC 不工作，电堆温度必须保持在 40℃以上。这种对温度的要求是 PAFC 的一个不足之处。

PAFC 中磷酸电解质不是以自由形式存在，而是通过毛细作用力保持在多孔的电解质基体材料中。用来保持磷酸的基体材料必须满足以下要求：对磷酸具有较好的毛细作用，能保持足够多的电解质；具有良好的电绝缘性，防止电池发生短路；具有良好的防止电池内反应气体交叉渗透的能力；有良好的导热性；高温工作条件下的稳定性；有足够的机械强度等。在 PAFC 工作条件下，SiC 是惰性的，具有良好的化学稳定性。目前，用以保持磷酸电解质的多孔性基体材料通常由 SiC 微粉和少量的 PTFE 黏结组成，通过毛细作用使磷酸保持在基体材料中。

（3）双极板

PAFC 的双极板材料为复合碳板，包括中间的无孔薄板和两侧的多孔碳板。作为 PAFC 的双极板，其在电池工作条件下的稳定性十分重要。通常由石墨粉和酚醛树脂为原材料制备带流场的双极板，即对模铸双极板，其性能由石墨粉粒度分布、树脂类型与含量、模铸条件与焙烧温度等决定。

9.9.6　电池性能影响因素

PAFC 的工作电压一般在 $600 \sim 800 \mathrm{mV}$，工作电流密度为 $100 \sim 400 \mathrm{mA/cm^2}$，在电池运行过程中，其性能与工作温度、反应气体压力、反应气体的组成和利用率等条件密切相关。

（1）工作温度的影响

升高温度有利于加速传质和电化学反应速率，降低电池内阻。对于阴极氧还原反应，氧气在 Pt 催化剂上的反应速率随温度的升高而大大改善，尤其在高于 180℃时效果更为明显。尽管升高温度对阳极氢气氧化反应速率的影响不大，但却对阳极催化剂的中毒问题有明显的影响。随着温度的升高，阳极催化剂表面的 CO 吸附量降低，有利于缓解催化剂的中毒问题，提高燃料电池对重整气中 CO 的耐受能力。

虽然提高 PAFC 的工作温度可以改善电池性能，但加剧了催化剂 Pt 晶粒团聚、电池组件腐蚀、电解质分解、蒸发和浓度改变等后果，不利于燃料电池的寿命。从目前的技术水平上来看，提高 PAFC 的峰值工作温度不能超过 220℃，连续工作温度不能超过 210℃，一般维持在 $180 \sim 200 ℃$ 范围内。

（2）反应气体压力的影响

压力对 PAFC 性能的影响可以分为两部分：对电池电动势的影响和对不可逆极化的影响。根据电化学热力学，PAFC 的电动势 E 与工作压力的对数成线性关系［式（9-78）］：

$$E(T, p_2) = E(T, p_1) - 2.3 \frac{\Delta m R T}{n F} \lg \left(\frac{p_2}{p_1} \right) \tag{9-78}$$

式中，p_1 和 p_2 为两个不同的压力值；Δm 为燃料电池反应方程式中气体分子数的减少值。对于氢氧磷酸燃料电池，$\Delta m = 0.5$，因此，反应气体压力升高，电池的电动势随之增加。

根据电化学动力学，反应气体压力对不可逆极化的作用表现在增加压力会增加工作气体中氢气、氧气和水蒸气的分压，氢气和氧气分压的增加可以减小电极的浓度极化，而水蒸气分压的增加则降低了电解质的浓度，提高电解质的电导率，从而降低电池的欧姆内阻。虽然随着反应气体压力的提高，PAFC 的能量转化效率改善，但是，采用较高的反应气体压力需要提高电池组件的机械强度并且要改善电池系统的气密性，还会增加额外的能量损失，并增加电池系统的体积。

（3）反应气体利用率的影响

一般而言，增加燃料的利用率或者降低入口处燃料的气体浓度都会增加 PAFC 的浓度极化和电动势损失，从而降低电池性能。但是，因为氢气氧化反应的可逆性较好，燃料气的利用率对电池的性能并没有明显的影响。PAFC 中氢气的利用率在 70%～85%，废气中的剩余氢气通常被燃烧以提供燃料气重整过程中所需要的热量。氧气的利用率会影响 PAFC 的性能，氧气利用率的增加会相应增加阴极的极化。

虽然降低燃料和氧化剂的利用率可以提高 PAFC 的性能，但是同时也增加了燃料的浪费，并且会增加反应气体的流速，导致额外的能量损失，同时会增加电解质的流失，因此，对燃料和氧化剂的利用率进行优化是非常必要的。目前，PAFC 中燃料气的利用率为 70%～85%，氧气的利用率为 50%～60%。

（4）杂质的影响

PAFC 通常采用化石燃料经重整获得富氢气体作为燃料，以空气作为氧化剂。富氢气体中除氢气以外，还含有一定量的 CO 和 CO_2 等副产物以及一些未反应的有机化合物。例如天然气的重整气中含有 78% 左右的 H_2、20% 左右的 CO_2 和少量的其他气体，如 CH_4、CO 和一些硫和氮的化合物等。这些气体杂质虽然含量不高，但对 PAFC 性能有较大的影响。

氢气中含有少量的 CO 对 Pt 催化剂的 HOR 反应有较大的毒性，CO 的存在会导致阳极极化明显增加。主要是因为 CO 会在 Pt 表面产生强烈的化学吸附，一般两个 CO 分子可以替代一个 H_2 分子的位置，这样就阻止了 H_2 的进一步吸附和反应。除了 CO 外，重整气中还可能含有一定量的硫化物，如 H_2S 和 COS 等。此外，空气中也会含有 SO_2 和 SO_3 等硫化物。当燃料气或者空气中的硫化物含量超过允许值时，PAFC 的性能迅速恶化。硫化物的毒化作用是因为其在 Pt 催化剂表面的强烈吸附，阻碍了氢气氧化和氧气还原反应的活性位点。

此外，反应气体中的氮化物也对 PAFC 性能有一定的影响。N_2 对电池性能没有明显的毒害作用，它主要是作为气体的稀释剂。气体含氮化合物如 NH_3、HCN 和 NO_x 等则有一定程度的毒害作用。HCN 和 NO_x 等氮化物会毒化催化剂，造成电化学极化增加。燃料或氧化剂中的 NH_3 则会和磷酸电解质发生反应，产生磷酸盐，从而降低电解质的电导率，而且还会影响电极反应速率，因此，反应气体中 NH_3 的含量要低于 0.2%。

（5）PAFC 的寿命

燃料电池寿命与操作条件、工作温度、压力等多种因素有关。燃料电池寿命是指输出电压降至初始值的 90% 时的运行时间；初始输出电压值是指在试运行 100 小时以后的输出电压值。一般认为电池初期运行至少要 100 小时后才能达到稳定状态。PAFC 的标准寿命为 4 万小时，相当于连续运行 5 年时间。据计算，电池初期性能为 0.7V、200mA/cm^2，在运行 4 万小时后，降至 0.63V、200mA/cm^2。

PAFC 的寿命在很大程度上取决于温度、工作压力、输出电压和负载变化等工作条件。一般认为，PAFC 性能的衰退主要是由于 Pt 催化剂颗粒的烧结、碳载体的腐蚀等现象，就衰退速度而言，阴极高于阳极。铂颗粒烧结使催化剂的活性表面积减少，降低了电池性能。在运行过程中，碳载体表面的铂颗粒逐渐迁移，凝聚成较大颗粒，相关计算表明，烧结速度与运行时间的对数成正比。大约在150℃时，开始出现铂颗粒的表面迁移，温度高于150℃时，则以铂颗粒的凝聚为主。

载体碳的腐蚀会引起铂颗粒的减小，同时加速碳表面润湿。这两种现象不仅降低催化剂的活性面积，也阻碍了气体向催化剂层的扩散。载体碳的腐蚀速度取决于电压和工作温度等因素，电压愈高，温度愈高，腐蚀速度愈快。

因此，提高电池寿命需从以下几个方面入手：

① 控制电池电压，尽量不超过0.8V。在180～190℃温度下，电池不能处于开路状态。实验数据表明，温度为180℃，开路电压达1.0V时，测得的衰减速度是低于180℃、有负荷时的8倍。因此在实际操作过程中，停机时需采用适当的方法来降低电池电压，如向反应气体吹入氮气、短路等可行方法。重新启动时，也需采用类似的措施以延长电池寿命。

② 避免操作过程中的瞬间剧烈变化，如快速开关操作等。快速开关机器会扰动反应气流，造成电极间压差，使电极上出现酸涌或酸缺乏现象。因此需设置专门的控制系统，以避免这类现象。

③ 需向电池提供充足的反应气体，避免输出电压的失常。在瞬间操作过程中，必须向电池供应充足的气体，在出现紧急电力情况时，重整器很难立即提供充足的反应气体，因此必须提供合理的备选方案。燃料电池的寿命问题将会直接决定燃料电池的经济实用性。

9.9.7　现状与未来

PAFC是迄今为止最成熟的燃料电池发电装置，可用于发电厂、现场发电、动力电源、可移动电源等场景。PAFC用于发电厂包括两种情形：分散型发电厂，容量在10～20MW之间，安装在配电分站；中心电站型发电厂，装机容量在100MW以上，可以作为中等规模热电厂。PAFC电厂比起一般发电厂具有如下优点：即使在发电负荷较低时，依然保持高的发电效率。1991年，日本东芝与美国国际燃料电池公司（IFC）联合为东京电力公司建成了世界上最大的11MW PAFC装置。该装置发电效率达41.1%，能量利用率为72.7%。PAFC作为基本动力电源，同时配备蓄电池，满足车辆启动和爬坡时峰值的用电要求。PAFC可以用作通信、紧急供电、娱乐等电源。PAFC作为军事上的通信电源，其优点在于运行时噪声较低、热辐射量较少，有利于隐蔽目标。

9.10　熔融碳酸盐燃料电池

9.10.1　概述

熔融碳酸盐燃料电池（molten carbonate fuel cell，MCFC）是由多孔陶瓷阴极、多孔陶瓷电解质隔膜、多孔金属阳极、金属极板构成的燃料电池，其电解质是熔融态碳酸盐。MCFC的概念最早出现在20世纪40年代。20世纪50年代布罗斯（Broes）等演示了世界上第一台熔融碳酸盐燃料电池。80年代加压工作的MCFC开始运行。

MCFC属于高温燃料电池，与低温燃料电池相比，MCFC的成本和效率很有竞争力，概括起来它有四大优势。第一，在工作温度下，MCFC可以进行内部重整。燃料的重整，如甲烷的重整反应可以在阳极反应室进行，重整反应所需热量由电池反应的余热提供。这既降低了系统成本，又提高了效率。第二，MCFC的工作温度为$600 \sim 700^\circ C$，能够产生有价值的高温余热，可被用来压缩反应气体以提高电池性能，也可用于供暖或锅炉循环。第三，不存在电催化剂CO中毒问题，可使用燃料的范围广。几乎所有燃料重整都产生CO，它可使低温燃料电池电极催化剂中毒，但却可成为MCFC的燃料。第四，电催化剂以镍为主，不使用贵金属。

MCFC特点在于，电池材料价格低廉，电池堆易于组装，效率在40%以上，同时噪声低，无污染，余热利用价值高，并可用脱硫煤气、天然气为燃料。电池的隔膜与电极均可采用带铸方法制备，工艺成熟，易于大批量生产。

但是MCFC也存在明显的不足，主要体现在这几个方面，在高温工作时，电解质易于挥发，腐蚀性强，密封技术苛刻；阴极需要不断供应CO_2，为此需要增设CO_2循环系统；与低温燃料电池相比，MCFC启动时间较长，不适合做备用电源等这些方面阻碍了MCFC的快速发展。若能成功解决电池关键材料的腐蚀等技术难题，使电池使用寿命从现在的1万~2万小时延长到4万小时，MCFC将商品化，并作为分散型或者中心电站进入发电设备市场。

9.10.2 工作原理

熔融碳酸盐燃料电池以碳酸锂（Li_2CO_3）、碳酸钾（K_2CO_3）及碳酸钠（Na_2CO_3）等熔融碳酸盐为电解质，采用镍粉烧结体作为电极材料。发电时，向阳极输入燃料气体，向阴极提供空气与CO_2的混合气。在阴极，氧化剂接受外电路电子，并与CO_2反应生成碳酸根离子（CO_3^{2-}），碳酸根离子在电场作用下经过电解质向阳极迁移。在阳极，氢气与碳酸根离子（CO_3^{2-}）反应生成CO_2和水蒸气（H_2O），同时向外电路释放电子（图9-22）。电化学反应见式（9-79）~式（9-81）。

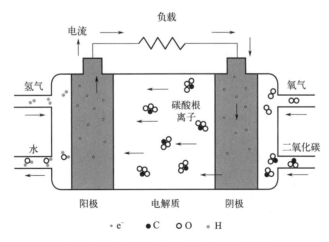

图9-22　熔融碳酸盐燃料电池工作原理图

阴极反应：

$$\frac{1}{2}O_2 + CO_2 + 2e^- \longrightarrow CO_3^{2-} \tag{9-79}$$

阳极反应：

$$H_2 + CO_3^{2-} \longrightarrow H_2O + CO_2 + 2e^- \tag{9-80}$$

总反应：

$$H_2 + \frac{1}{2}O_2 \longrightarrow H_2O \tag{9-81}$$

在实用的 MCFC 中，由于工作温度的提高，燃料气并不完全是纯的氢气，还有一些其他的燃料气，如 CO、甲烷和更高级的烃类化合物等。所以，在阳极除了氢气氧化反应外，还存在一些其他燃料气的反应。需要注意的是，其他一些燃料气也有可能进行直接的电化学氧化反应，比如 CO 的反应见式（9-82）。

$$CO + CO_3^{2-} \rule[0.5ex]{2em}{0.4pt} 2CO_2 + 2e^- \tag{9-82}$$

与氢气氧化反应相比，这些其他燃料气的直接氧化反应速度非常慢，主要还是通过相应的氧化反应转变为 H_2 再进一步氧化的。比如，CO 的氧化主要是通过水汽转换反应 [式（9-83）] 进行：

$$CO + H_2O \rule[0.5ex]{2em}{0.4pt} CO_2 + H_2 \tag{9-83}$$

在 MCFC 的工作温度下，水汽转换反应在镍催化剂表面很容易达到平衡。再比如，甲烷的直接电化学反应也可以忽略，甲烷和其他一些烃类化合物一般也要经过气相重整过程（通常称为甲烷化反应）转化为 H_2 进行反应，见式（9-84）。

$$CH_4 + H_2O \rule[0.5ex]{2em}{0.4pt} CO + 3H_2 \tag{9-84}$$

根据 MCFC 的工作原理，H_2O 和 CO_2 是电池反应气体的重要组分，阳极产生的 H_2O 有助于 CO 的水汽转换反应和烃类化合物的甲烷化反应的进行，从而能产生更多的 H_2，同时在反应燃料气中也需要存在一定量的 H_2O 以避免反应在气流通道或者电池内部产生积炭。

与其他类型的燃料电池不同，反应气体中的 CO_2 是 MCFC 工作必不可少的物质。在阴极，CO_2 为反应物，在阳极 CO_2 为产物 [式（9-85）]。为了确保 MCFC 能够平稳工作，必须将阳极尾气中的 CO_2 循环到阴极作为氧气还原的反应气体。因此，在 MCFC 中，除了离子和电子回路外，还存在一个 CO_2 回路。CO_2 循环通常采用的方法是将阳极室所排出的尾气经过燃烧消除其中的氢和 CO 后，进行分离除水，然后再将 CO_2 送回阴极。

$$2CO \rule[0.5ex]{2em}{0.4pt} CO_2 + C \tag{9-85}$$

9.10.3 关键材料与部件

MCFC 的关键材料与部件为阳极、阴极、隔膜和双极板，电解质为熔融态碳酸盐。为加速电化学反应的进行，必须有能耐受熔盐腐蚀、电催化性能良好的电催化剂，并由该电催化剂制备成多孔气体扩散电极。为确保电解质在隔膜、阴极和阳极间的良好匹配，电极与隔膜必须具有适宜的孔匹配率，以增大电化学反应面积，减小电池的活化与浓差极化。

（1）电极

电极是氢气或一氧化碳氧化及氧气还原的场所，在阴极和阳极上分别进行氧阴极还原反应和氢（或一氧化碳）阳极氧化反应，由于反应温度为 650℃，反应由电解质（CO_3^{2-}）参与，要求电极材料有很高的耐腐蚀性能和较高的电导率。

就阳极材料而言，MCFC 最早采用的阳极催化剂为 Ag 和 Pt。为了降低电池成本而使用导电性与电催化性能良好的 Ni，但在高温和电池组装压力下，金属晶体结构产生微小应变，即产生蠕变。蠕变破坏了阳极结构，减少了电解质储存量，导致电极性能衰减，所以为防止在 MCFC 工作温度与电池组装力作用下镍发生蠕变，又采用 Ni-Cr、Ni-Al 合金阳极电催化剂；还有向 Ni 阳极中加入非金属氧化物（$LiAlO_2$ 和 $SrTiO_3$）或以非金属氧化物做核，在其表面镀一层 Ni 或 Cu。阴极上氧化剂和阳极上燃料气均为混合气，尤其是阴极的空气和 CO_2 混合气体在电极反应中浓差极化较大，因此电极均为多孔气体扩散电极结构。气体扩散电极的多孔结构有利于反应气体、电解质熔盐及电催化剂之间形成气-液-固三相反应界面。就阴极材料而言，普遍采用 NiO，由多孔镍在电池升温过程中氧化而成，而且被部分锂化。NiO 电极易发生溶解，Ni^{2+} 在电解质基底中被经电池隔膜渗透过来的氢还原为金属镍，形成的枝状晶体沉积于隔膜上，导致电池性能降低，寿命缩短，严重时将会导致电池短路。为此正在开发偏钴酸锂、偏锰酸锂、氧化铜、二氧化铈等新的阴极电催化剂。

就电极的制备而言，电极用带铸法制备。将一定粒度分布的电催化剂粉料，如羰基镍粉、用高温反应制备的偏钴酸锂（$LiCoO_2$）粉料或用高温还原法制备的镍-铬（Ni-Cr，铬质量分数为 8%）粉料与一定比例的黏结剂、增塑剂和分散剂混合，在正丁醇和乙醇的混合溶剂中经长时间研磨制得浆料。浆料在带铸机上成膜，之后于高温、还原气氛下去除有机物，最终制成多孔气体扩散电极。

（2）电解质和隔膜

就电解质而言，MCFC 的电解质是 62% Li_2CO_3＋38% K_2CO_3（摩尔分数），490℃下，它在 $LiAlO_2$ 隔膜上完全浸润。MCFC 是高温电池，电极内无增水剂，电解质在隔膜、电极间分配主要靠毛细力实现平衡。

就隔膜而言，隔膜是 MCFC 的核心部件，要求强度高，耐高温熔盐腐蚀，浸入熔盐电解质后能阻气密封，并且具有良好的离子导电性。早期 MCFC 隔膜采用的是 MgO，然而 MgO 在熔盐中有微弱的溶解并会开裂。目前则已普遍采用偏铝酸锂来制备电池隔膜。偏铝酸锂（$LiAlO_2$）有 α、β 和 γ 三种晶型，分别属于六方、单斜和四方晶系。它们的密度分别为 $3.400g/cm^3$、$2.610g/cm^3$ 和 $2.615g/cm^3$，其外形分别为球状、针状和片状。在 650℃电池工作温度下，偏铝酸锂粉体是不发生烧结的。$LiAlO_2$ 由 Al_2O_3 和 Li_2CO_3 混合（物质的量之比为 1∶1），去离子水为介质，长时间充分球磨后经 600～700℃高温焙、烘、烧、投制得。当温度为 450℃时，虽然反应混合物中大部分是 Al_2O_3 和 Li_2CO_3，但反应已经开始。

由于隔膜是由偏铝酸锂粉体堆积而成，要确保隔膜耐受一个大气压（0.1MPa）的压差，隔膜孔径最大不得超过 $3.96\mu m$，偏铝酸锂粉体的粒度就应尽量细小，必须将其粒度严格控制在一定的范围内。为增加电解质隔膜的强度，有时向基体中添加一定量 Al_2O_3 颗粒或纤维作增强剂，形成颗粒或纤维增强的复合材料。还有的隔膜不仅包含偏铝酸盐，同时含有碱金属碳酸盐的混合物，并可通过带铸法进行制备。带铸法是在 γ-$LiAlO_2$ 中掺入 5%～15% 的 α-$LiAlO_2$，同时加入一定比例的黏结剂、增塑剂和分散剂等。用正丁醇和乙醇的混合物做溶剂，经长时间球磨制备出适于带铸的浆料，然后将浆料以带铸机铸膜，在制备过程中控制其中所含溶剂的挥发度，使膜快速干燥。将制的膜数张叠合，热压成厚度为 0.5～

0.6mm、堆密度为 $1.75 \sim 1.85 \text{g/cm}^3$ 的电池隔膜。

隔膜与电极的孔匹配也是我们需要深入考虑的，首先要确保电解质隔膜中充满电解液，所以它的平均孔半径应最小；为减少阴极极化，促进阴极内氧的传质，防止阴极被电解液"淹死"，阴极的孔半径应最大；阳极的孔半径居中。在 MCFC 运行过程中，电解质熔盐会有一定的流失。在固定填充电解质的条件下，当熔盐流失太多时，电解质已不能充满隔膜中的大孔，会发生燃料与氧化剂的互串，严重时导致电池失效。因此必须注意减少电池运行中的熔盐流失或者研究向电池内补充电解质的方法。

（3）双极板

双极板用于分隔氧化剂（空气）和还原剂（重整气），并提供气体的流动通道，同时还有集流导电的作用，且双极板的两面都做成波纹状，供反应气体通过。在 MCFC 工作环境下，很少有陶瓷等材料能在含锂碳酸盐中足够稳定地存在，只有一些金属适合做 MCFC 的双极板。MCFC 的双极板通常由不锈钢或各种镍基合金钢制成，目前使用较多的是不锈钢双极板。在高温电解质环境下，双极板尤其是阳极的双极板会发生腐蚀，腐蚀的主要产物为 LiCrO_2 和 LiFeO_2［式（9-86）、式（9-87）］。

$$\text{Cr} + 1/2\text{Li}_2\text{CO}_3 + 3/4\text{O}_2 \Longrightarrow \text{LiCrO}_2 + 1/2\text{CO}_2 \tag{9-86}$$

$$\text{Cr} + \text{K}_2\text{CO}_3 + 3/2\text{O}_2 \Longrightarrow \text{K}_2\text{CrO}_4 + \text{CO}_2 \tag{9-87}$$

双极板的腐蚀会产生较为严重的后果：一方面会消耗电解质，而且在密封面会造成电解质流失；另一方面会增加双极板的欧姆电阻和接触电阻，而且双极板的机械强度降低，这些都会影响燃料电池的寿命。为减小双极板的腐蚀速度，抑制因为腐蚀层增厚而导致接触电阻增加，加大电池的欧姆极化，可以在阳极侧采用镀镍的措施来保护。MCFC 靠进入熔盐的偏铝酸锂隔膜密封，通称湿密封。为防止在湿密封处造成电池腐蚀，双极板的湿密封处通常采用铝涂层保护。在电池的工作条件下，该铝涂层会生成致密的偏铝酸锂绝缘层。

综上所述，MCFC 在结构方面的特点有四点。一是阴阳极活性物质都是气体，电化学反应需要合适的气-固-液三相界面。因此，阴、阳电极必须采用特殊结构的三相多孔气体扩散电极，以利于气相传质、液相传质和电子传递过程的进行。二是可以发现两个单电池间的隔离板，既是电极集流体也是单电池间的连接体。它把一个电池的燃料气与邻近电池的空气隔开，因此，它必须是优良的电子导体并且不透气，在电池工作温度下及熔融碳酸盐存在时，在燃料气和氧化剂的环境中具有十分稳定的化学性能。此外，阴阳极集流体不仅要起到电子的传递作用，还要具有适当的结构，为空气和燃料气流提供通道。三是单电池和气体管道都进行了良好的密封，以防止气体和氧化剂的泄漏。当电池在高压下工作时，电池堆应安放在压力容器中，使密封件两侧的压差减至最小。四是熔融态的电解质必须保持在多孔惰性基体中，既具有离子导电的功能，又有隔离燃料气体和氧化剂的功能。

9.10.4 电池性能影响因素

一般而言，MCFC 的典型工作电流密度为 $100 \sim 300 \text{mA/cm}^2$，工作电压为 $0.7 \sim 0.95\text{V}$，设计寿命一般在 4 万小时左右。工作条件对 MCFC 的性能会产生各种影响。

① 温度的影响。根据电化学热力学可知，对于氢氧熔融碳酸盐燃料电池电动势的温度系数为负值。而且由于电池的工作温度很高，$T\Delta S$ 数值较大，所以 MCFC 的电动势较低，

即其理论能量效率较低。MCFC 多以重整气为燃料，工作时存在水汽转换和甲烷化等反应，高温时气体组分会发生变化，通常也会导致电池电动势随温度升高而降低。

但从动力角度讲，高工作温度减小了电化学极化，尤其是阴极的电化学极化，而且物质传递速度加快有助于降低浓度极化，此外，欧姆极化也会降低，因此，高温下实际电池的工作电压会升高。碳酸盐电解质的熔点一般高于 500℃，在此温度以上，电池性能随温度升高而提升，但当高于 650℃时，电压随温度增加而增加的量逐渐减小；另外，由于高温下液体蒸发以及材料的腐蚀使电解质的损失加大。因此，MCFC 比较理想的工作温度为 650℃。

② 反应气体压力的影响。由能斯特方程可知，当 MCFC 的反应气体压力由 p_1 提高到 p_2 时，由热力学引起的电池电动势升高 ΔE 见式（9-88）。

$$\Delta E = 46 \lg(p_2/p_1) \tag{9-88}$$

因此，反应气体的工作压力升高一个数量级，MCFC 的电动势增加 46mV。此外，提高反应气体的工作压力，气体在电解质中的溶解度增大，而且其他的传质速率加快，因此，从动力学角度看，极化减小，燃料电池的放电性能提高。此外，反应气体压力的增大还有利于减少电解质的蒸发。

然而，提高反应气体的压力也有利于副反应的发生，如碳沉积和甲烷化反应等。碳沉积可能堵塞阳极气体通路，而甲烷化则会消耗较多的氢气。而且，加压会加速阴极的腐蚀，缩短电池的寿命。

③ 反应气体组分和利用率的影响。在 MCFC 的阴极 CO_2 和 O_2 消耗比例为 2：1，因此，当 CO_2 和 O_2 的组成比为 2：1 时，阴极反应性能最佳。在阳极，除了氢气氧化反应外，还存在水汽转换反应和重整反应，这两个反应是快速平衡反应，因此，氢气含量越高，电池性能越好。

由于 MCFC 的工作温度高，可以直接采用重整气和煤制气等作为燃料，其中含有硫化物、卤化物和含氮化合物等杂质。气体中的杂质也是影响 MCFC 性能的重要因素。例如硫化物，H_2S 吸附在 Ni 表面阻止电化学反应，阻止水汽转换反应，被氧化为 SO_2 与电解质中的碳酸根离子反应造成电解质有效成分下降；卤化物与电解质反应从而造成腐蚀；氮化物则是因为电池的燃烧器循环中燃烧产生 NO_x，它将在阴极室与电解质发生不可逆反应生成硝酸盐；气体中的微尘则会堵塞气体通路，造成危险。

与其他类型的燃料电池类似，随着反应气体的消耗，电池的电压下降，因此，提高反应气体的利用率一般会导致 MCFC 的电压降低。为提高电池的整体电压，MCFC 应在低反应气体利用率下工作，但这将导致燃料的利用不充分。为获得整体最佳性能，折中后的燃料利用率一般为 75%～85%，氧化剂利用率一般为 50%。

除了温度、工作气体压力以及反应气体组成和利用率之外，MCFC 工作时的电流密度、电解质的成分和电解质板结构等都会影响电池性能。MCFC 中，随电流密度的增大，欧姆电阻、极化和浓度损失都增大，从而导致电池的电压下降，所以要使电流密度保持在一个较为适当的值。对于 MCFC 的电解质和电解质板，一般典型的电解质组成是 62% Li_2CO_3 ＋ 38% K_2CO_3，为获得较好的单电池性能，电解质板要做得薄一些，与电解质进行更充分地接触。

9.10.5 应用现状

MCFC 电极催化剂材料为非贵金属，价格低廉，电池堆易于组装，同时还具有效率高

（40%以上）、噪声低、无污染、余热利用价值高等诸多优点。以天然气、煤气和各种烃类（如柴油）为燃料的 MCFC 在建造高效、环境友好的 50～10000kW 的分散电站方面具有显著的优势，非常适用于大规模及高效率的电站应用。它不但可减少 40%以上的二氧化碳排放，而且还可实现热电联供或者联合发电，将燃料的有效利用率提高到 70%～80%。对于发电能力在 50kW 左右的小型 MCFC 发电站，可用于地面通信、气象站等；发电能力为200～500kW 的 MCFC 中型电站，可用于水面舰船、机车、医院、海岛和边防的热电联供；而发电能力在 1000kW 以上的 MCFC 电站，可与热机构成联合循环发电，可作为区域性供电站，也可与市电并网。其中最被看好的则是用于电厂，与固体氧化物燃料电池以及磷酸燃料电池相比，MCFC 的发电效率最高。由于它可以使用含 CO 的燃料，电极不用贵金属催化剂，系统不用大量冷却水。因此，在电厂结构设计上比较简单，在价格上也有潜在优势，电热的综合利用使总的效率高达 80%以上。

9.11　固体氧化物燃料电池

固体氧化物燃料电池（solid oxide fuel cell，SOFC）采用固体氧化物作为电解质，是一种在中高温下直接将存储在燃料和氧化剂中的化学能转化为电能的全固态化学发电装置。SOFC 开发始于 20 世纪 40 年代，但是由于技术上的限制直至 80 年代以后其研究才得到蓬勃发展。早期开发出来的 SOFC 工作温度较高，一般在 800～1000℃。科学家已经研发成功中温固体氧化物燃料电池，其工作温度一般在 800℃左右。一些国家的科学家也正在努力开发低温 SOFC，其工作温度可以降低至 650～700℃。工作温度的进一步降低，使得 SOFC的实际应用成为可能。

相比于其他类型的燃料电池，SOFC 具有一些非常突出的优点：它广泛采用陶瓷材料作为电解质、阴极和阳极，具有全固态结构；所采用的固体氧化物电解质通常很稳定，其组成不随燃料和氧化剂的变化而改变，而且在电池工作条件下没有液态电解质的迁移和损失问题；可采用燃料范围广泛，不需要使用贵金属催化燃料和氧化剂的反应就能够迅速达到平衡，因此可以在较高的电流密度和功率密度下运行；发电效率较高，热电联产方式下，总效率可达 70%以上。

SOFC 的缺点主要是由于工作温度高，存在明显的自由能损失，其理论效率比 MCFC低，开路电压比 MCFC 低几百毫伏，但这部分的损失效率可以通过高温余热补偿。另外，由于工作温度高，很难找到具有良好热和化学稳定性的材料满足 SOFC 的技术要求。

9.11.1　工作原理和结构

SOFC 工作过程中，氧气在阴极（空气电极）得到电子被还原为氧离子（O^{2-}），氧离子在电池两极氧浓度差的驱动下通过电解质迁移至阳极（燃料电极）与燃料发生氧化反应。工作原理见图 9-23。反应见式（9-89）～式（9-91）。

阴极反应：

$$O_2 + 4e^- \longrightarrow 2O^{2-} \tag{9-89}$$

阳极反应：

$$2H_2 + 2O^{2-} \longrightarrow 2H_2O + 4e^- \tag{9-90}$$

电池总反应：

$$2H_2 + O_2 \longrightarrow 2H_2O \tag{9-91}$$

因为 SOFC 可以采用多种燃料，所以阳极也存在多种反应，包括式（9-92）、式（9-93）。

以煤气作为燃料：
$$O^{2-} + CO = CO_2 + 2e^- \tag{9-92}$$

以天然气为燃料：
$$4O^{2-} + CH_4 = CO_2 + 2H_2O + 8e^- \tag{9-93}$$

所对应的电池总反应分别为式（9-94）、式（9-95）。

以煤气作为燃料：

$$CO + 1/2O_2 = CO_2 \tag{9-94}$$

以天然气为燃料：

$$CH_4 + 2O_2 = CO_2 + 2H_2O \tag{9-95}$$

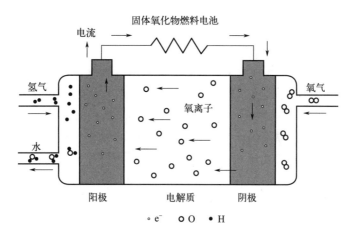

图 9-23　SOFC 工作原理示意图

从原理上讲，SOFC 是最理想的燃料电池之一，但是催化剂以及电解质材料仍然存在一系列技术问题，一旦问题被解决，SOFC 有望成为集中式发电和分散式发电的新能源。

9.11.2　电解质

固体电解质是 SOFC 的关键组成部分，SOFC 的操作温度依赖于固体电解质的电导率、性质以及效率。固体电解质的主要功能包括：①隔离阴、阳极之间的氧化还原反应；②防止电子在电池内部传输；③作为离子通道完成能量转化。目前，SOFC 固体电解质材料的主要有两种类型：萤石结构和钙钛矿结构。

目前萤石结构氧化物研究多为 ZrO_2、Bi_2O_3 和 CeO_2。CeO_2 基电解质在中温条件下具有较高的电导率，同等温度下（例 500℃）是 ZrO_2 基电解质的 20 倍。CeO_2 基相关材料可以做得薄而致密，采用阳极支撑或金属支撑，可以得到较高功率密度的单电池。但是在氧分压降低及温度升高条件下，CeO_2 可能会发生还原反应生成 Ce^{3+}，降低电池性能。由于 Ce^{3+}（离子半径 0.1143nm）与 Ce^{4+}（离子半径 0.0970nm）间尺寸膨胀约 17.2%，导致单胞的尺寸膨胀，最终导致整体结构膨胀，影响电池安全性。同时电导率升高造成电池内部短路，导致电池开路电压降低，进而影响电池功率密度，降低效率。为了将 Ce^{3+} 的含量控制在极低的水平，一些 +3 价元素如 Gd、Sm 以及 Y 等被掺杂入 CeO_2 基电解质来抑制部分 Ce^{3+} 的生成。目前 SOFC 的发展趋势是降低电池的工作温度，800℃左右中温型 SOFC 受到重视。Cd_2O_3 和 Sm_2O_3 掺杂的 CeO_2 固体电解质在 600~800℃的中温区间将有应用前景。

纯 ZrO_2 在室温下一般为单斜相，温度升高至 1170℃时转变为四方相，在 2370℃ 转变为立方萤石结构。其中立方相及四方相被认为是良好的氧离子导体。在 ZrO_2 中掺杂 +3 价元素，如 Y 和 Sc 可以影响 ZrO_2 的稳定晶相。其中掺杂量 6%~10%（摩尔分数）Y_2O_3 的 ZrO_2 是应用最广的萤石结构电解质材料。Y_2O_3 在 ZrO_2 晶格内产生大量的氧离子空位以保持整体的电中性。研究发现，加入两个三价离子，就引入一个氧离子空位。掺杂 Y_2O_3 的量不能影响 ZrO_2 的电导率，8%（摩尔分数）Y_2O_3 掺杂的 ZrO_2（YSZ）是 SOFC 中普遍采用的电解质材料。在 950℃时，电导率为 0.1S/cm，它有很宽的氧分位范围，在 1.0~1.0×10^{-20}Pa 压力范围内呈纯氧离子导电特性，只有在很低和很高的氧分位下才会产生离子导电和空穴导电。YSZ 必须在 900~1000℃的温度下才有较高的功率密度，这给双极板和密封胶的选择及电池组装带来了一系列困难。采用 Sc_2O_3 和 Yb_2O_3 掺杂的 ZrO_2 作为 SOFC 固体电解质，性能优于 YSZ，但是造价较高。

研究人员发现 Sr、Mg 掺杂的 $LaGaO_3$ 具有较高的电导率且具有作为中、低温电解质的潜力。$LaGaO_3$ 具有多种晶格结构，如立方、正交、三角及单斜。当在 La 位掺 Sr 及 Ga 位掺 Mg 时，GaO_6 八面体的倾斜角度得到了缓解，晶格的对称性得到了增强。但 $La_{1-x}Sr_xGa_{1-y}Mg_yO_{3-\delta}$ 在室温下同样具有多种晶格结构，如立方、正交及单斜。在这些结构中，立方相的氧空位形成能及氧离子迁移能最低，具有最好的性能。但是，在制备过程中，由于 Sr 在 La 位上的固溶度有限，且加热过程中 Ga 容易挥发，导致体系可能会生成一些杂相，如 $LaSrGa_3O_7$、$LaSrGaO_4$、$La_4Ga_2O_9$、$SrGaO_3$ 或 La_4SrO_7，这导致了材料电导率较低。

研究人员制备了 $5\mu m$ 厚的 $La_{0.9}Sr_{0.1}Ga_{0.8}Mg_{0.2}O_3$（LSGM）电解质。它的特点是阳离子导电性能好，不产生电子导电，同时在氧化和还原气氛下稳定。研究发现，在 800℃时用 LSGM 作固体电解质，电池的功率可以达到 $440mW/cm^2$，在 700℃时为 $200mW/cm^2$，稳定性能好。钙钛矿结构氧化物有希望成为中温 SOFC 电池的固体电解质。

9.11.3 催化剂

（1）阴极催化剂

传统的 SOFC 运行温度在 800~1000℃，高温极大地阻碍了其实际应用。若将其操作温度降低到中低温区间（600~800℃或更低），可延长其寿命，具有重大意义。降低操作温度可提高 SOFC 的稳定性，但同时电极反应（阳极催化氧化及阴极氧还原反应）速率也会随温度降低而变慢，其中阴极氧还原反应受温度影响最严重，阴极极化电阻会随温度降低而显著增大。因此，需要研发可用于中低温条件的新型阴极材料。阴极催化剂必须满足以下物理化学特性：

① 对氧还原反应具有高催化活性；

② 足够的电子、离子电导率，以增加电化学活性位点密度；

③ 高稳定性（相稳定性、结构稳定性和热稳定性）以及与其他电池组分的相容性；

④ 制备成本低，方便产业化。

目前广泛采用的阴极材料有 K_2NiF_4 结构、$AAB_2O_{5+\delta}$ 双钙钛矿结构、$La_{1-x}Sr_xCo_{1-y}Fe_yO_{3-\delta}$、$Ba_{1-x}Sr_xCo_{1-y}Fe_yO_{3-\delta}$、$La_{1-x}Sr_xMnO_{3-\delta}$ 等以及部分 $A_{2n}B_nO_{3n+1}$ 型类钙钛矿结构阴极。

近年来，锰镧系钙钛矿 $LaMnO_3$ 成为阴极催化剂的研究重点，其热膨胀系数和电解质材料（YSZ）接近，但是这种材料的离子电导率相对较低，导致活性较差，只能在电极、电解质和气体的三相界面处进行反应。在 $LaMnO_3$ 中掺杂 Sr 可以提高其导电性（LSM，$La_{1-x}Sr_xMnO_3$）。一般 $x=0.1\sim0.3$。LSM 具备氧还原电催化活性和良好的电子导电性，同时与 YSZ 的热膨胀系数匹配性良好。但是 LSM 材料需要在较高的工作温度下才可以达到适用的性能，较高的工作温度会对 SOFC 的实际应用造成严重的障碍。

为了克服以上限制，采用离子和电子混合导体（MIEC）材料来扩展氧电极的有效活性面积被证明是有效的方法。最广泛研究的 MIEC 材料是一系列钙钛矿氧化物材料，包括 $La_{1-x}Sr_xCoO_{3-\delta}$（LSC）、$La_{1-x}Sr_xCo_{1-y}Fe_yO_{3-\delta}$（LSCF）、$Sm_{1-x}Sr_xCoO_{3-\delta}$（SSC）和 $Ba_{1-x}Sr_xCo_{1-y}Fe_yO_{3-\delta}$（BSCF）等。高温下，LSC 的电子电导率达到 $1000S/cm$ 以上，接近某些金属的电导率，具有很高的氧空位浓度。但是由于 B 位 Co 含量较多，热膨胀系数较大，与电解质不太匹配，长期高温运行或热循环过程中容易与电解质分离，发生脱落问题，因此采用 Fe 部分取代 LSC 中 B 位的 Co，以降低材料的热膨胀系数。LSCF 是目前在中低温下应用最广泛的氧电极材料，常与 GDC 电解质形成复合电极材料，但是 LSCF 相结构不太稳定，研究人员发现在 B 位掺杂 Nb 形成 LSCFN（$La_{0.4}Sr_{0.6}Co_{0.2}Fe_{0.7}Nb_{0.1}O_{3-\delta}$）可以显著提高其稳定性。此外，LSCF 中 Sr 元素偏析和易受 CO_2 腐蚀，显著影响其长期工作的寿命。研究者基于基底原子捕获策略发展了一种与传统方法不同的逆向原子捕获方法，将商业 LSCF 粉体材料与酸性 MoO_3 进行共混高温煅烧，导致 LSCF 的界面 Sr 离子被 MoO_3 捕获形成 $SrMoO_4$〔式（9-96）〕和在 LSCF 中形成 Sr/O 空位。该方法提升了（Co/Fe）—O 化学键的共价性，该方法可以在提升晶格氧的氧化还原活性同时消除 LSCF 中 Sr 离子的偏析问题，从而改善 LSCF 阴极的电化学性能和长期稳定性。

$$Sr_{Sr}^X + O_o^X + MoO_3 \longrightarrow V_{Sr}^{II} + V_o^- + SrMoO_4 \qquad (9-96)$$

（2）阳极催化剂

SOFC 的阳极主要是为燃料的电化学氧化提供反应场所，所以阳极材料应该具有以下的基本特征：良好的电子导电性，高的催化氧化活性，在还原性气氛中稳定性好，与电解质热膨胀性质匹配等。此外，阳极材料还应具有强度高、韧性好、加工容易和成本低等特点。适合做 SOFC 的阳极材料主要有过渡金属和贵金属，此外还有一些电子导电陶瓷和混合导体氧化物等。由于镍的价格低廉，而且具有良好的电催化剂活性，因此成为 SOFC 中广泛采用的阳极催化剂。通常将 Ni 和氧化物电解质材料（比如 YSZ）混合制备成金属陶瓷电极 Ni-YSZ。将高催化活性的金属 Ni 分散在氧离子导体 YSZ 中，这样既能够保证 Ni-YSZ 燃料电极具有良好的电子电导率和对燃料气体的催化活性。YSZ 作为骨架，在保持金属颗粒的分散性和孔隙率的同时还可以提高燃料电极的离子电导率，增加电极反应的三相界面，此外，还可以改善电极材料与电解质材料之间热膨胀系数的匹配性。但是 Ni-YSZ 电极长期运行时，会发生 Ni 迁移和团聚等问题，并且由于 Ni/NiO 在氧化/还原循环过程中体积变化较大，会引起 Ni-YSZ 电极破裂，因此 Ni-YSZ 电极的氧化还原循环稳定性较差。阳极 YSZ 的含量一般不超过总质量的 50%，否则不会起到抑制烧结的作用，当含量超过 60%，电极的电子导电率会明显降低。

9.11.4 双极板

双极板的主要作用是连接相邻单体电池的阳极和阴极并分割氧化剂和燃料。SOFC 的双极板必须在高温和氧化还原气氛中具有良好的机械强度和化学稳定性，必须具有足够高的电导率以减小电池中的欧姆电压降，并且在工作温度范围内与其他电极材料具有相似的热膨胀系数，同时还要具有良好的致密性。此外，双极板材料还必须易于加工，成本较低。

能用作双极板的材料主要有钙或锶掺杂的钙钛矿材料，如 $LaCrO_3$ 和 $LaMnO_3$ 等，这类材料具有良好的抗高温氧化性和导电性能，并且与电池其他组件的热膨胀性能兼容。

9.11.5 应用

SOFC 应用广泛，主要应用在便携式电源、分布式发电/热电联供系统、高性能动力电源、大型发电站等领域。在分布式及数据中心应用领域，由风险资金成立的布鲁姆能源（Bloom Energy）公司，是目前商业化最成功的燃料电池公司，目前已为苹果、沃尔玛、谷歌及可口可乐等提供了数千套的 SOFC 分布式发电系统。目前来看 SOFC 主要应用于家庭热电联产项目，还无法适用于大型发电站，这与 SOFC 自身还存在很多缺点有关，如：工作温度高、启动时间长、对材料要求高，密封问题一直存在、部件制造成本高等。

传统的能源技术不环保且不可再生，使用化石燃料和核能的成本也在逐年增加，因此可再生能源将发挥至关重要的作用。相较于传统能源技术，燃料电池具有零污染、低噪声、高效率等优点，可以被应用到交通运输、电力生产、工业生产和移动设备等领域。但是燃料电池的成本相对较高，而且氢气的储存和运输技术也面临着挑战。此外，燃料电池的耐久性也需要得到改善，尤其是在高温高压环境下，燃料电池易出现降解和腐蚀等问题。为了解决以上问题，燃料电池技术需要不断进行技术创新。例如，通过研究新材料以及制造工艺来降低成本，利用纳米技术提升催化剂效率，开发更高效的储氢技术等。此外，还可以通过改进燃料电池的结构和材料选择来提高其耐久性和性能。虽然目前燃料电池存在成本偏高，以及关键部件问题待解决等问题，但随着材料科学及工程学的发展，燃料电池必然能够应用到各类生产与生活中。

思考题

9-1. 简述什么是燃料电池，并说明燃料电池有哪些特点。

9-2. 燃料电池有哪些关键材料和部件？它们在燃料电池中的作用是什么？

9-3. 以氢氧燃料电池为例，说明燃料电池的原理。

9-4. 简述开路电压、电化学极化、浓差极化和欧姆极化的概念。

9-5. 从理论上分析燃料电池具有较高发电效率的原因。

9-6. 从理论上分析如何提高燃料电池的效率。

9-7. 简述燃料电池都有哪些类型及各自的优缺点。

9-8. 一个燃料电池以 2A 的电流工作了 24h，求氢气和氧气的消耗量。

9-9. 根据实验结果，25℃时电极反应 $O+e^- \longrightarrow R$ 的阴极极化电流与过电位的数据如下表所示，求该电极反应的交换电流密度和传递系数 α。

$j/(A/cm^2)$	η/V
0.002	0.593
0.006	0.789
0.010	0.853
0.015	0.887
0.020	0.901
0.030	0.934

9-10. 绘制燃料电池 I-V 曲线，并标注其三个特征区域

9-11. 对于氢氧固体氧化物燃料电池，当温度从 100℃升至 500℃时，其可逆电压下降了多少？

参考文献

[1] 衣宝廉. 燃料电池——原理·技术·应用[M]. 北京：化学工业出版社，2003.

[2] Jiao K，Xuan J，Du Q，et al. Designing the next generation of proton-exchange membrane fuel cells[J]. Nature，2021，595：361.

[3] 黄镇江. 燃料电池及其应用[M]. 北京：冶金工业出版社，2005.

[4] 查全性. 电极过程动力学导论[M]. 2 版. 北京：科学出版社，1987.

[5] Bord A J，Faulkner L R. 电化学方法[M]. 谷林瑛，等译. 北京：化学工业出版社，1986.

[6] 刘建国，李佳，等. 质子交换膜燃料电池关键材料与技术[M]. 北京：化学工业出版社，2021.

[7] Wilberforce T，Hassan Z E，Ogunbemi E，et al. A comprehensive study of the effect of bipolar plate (BP)geometry design on the performance of proton exchange membrane(PEM)fuel cells[J]. Renewable and Sustainable Energy Reviews，2019，111：236260.

[8] 程新群，等. 化学电源[M]. 北京：化学工业出版社，2008.

[9] 吴朝玲，等. 氢能与燃料电池[M]. 北京：化学工业出版社，2022.

[10] 牛志强. 燃料电池科学与技术[M]. 北京：科学出版社，2021.

[11] 拉米尼，等. 燃料电池系统：原理设计应用[M]. 北京：科学出版社，2006.

[12] Mu X Q，Liu S L，Chen L，et al. Alkaline hydrogen oxidation reaction catalysts：Insight into catalytic mechanisms，classification，activity regulation and challenges [J]. Small Structures，2023，4：2200281.

[13] Zhang X Y，Xiao X Z，Gao M X，et al. Toward the fast and durable alkaline hydrogen oxidation reaction on ruthenium[J]. Energy Environmental Science，2022，15：4511.

[14] 衣宝廉，俞红梅，侯中军，等. 氢能利用关键技术系列——氢燃料电池[M]. 北京：化学工业出版社，2021.

[15]　本特·索伦森. 氢与燃料电池：新兴的技术及其应用[M]. 隋升，郭雪岩，李平，等译. 北京：机械工业出版社，2015.

[16]　钱斌. 燃料电池与燃料电池汽车[M]. 北京：科学出版社，2021.

[17]　郭心如，郭雨旻，罗方，等. 磷酸燃料电池的能效，㶲及生态特性分析[J]. 发电技术，2022，43(1)：73-82.

[18]　隋升，顾军，李光强，等. 磷酸燃料电池(PAFC)进展[J]. 电源技术，2000，24(1)：49-52.

[19]　陈鑫. 燃料电池催化剂：结构设计与作用机制[M]. 北京：化学工业出版社，2021.

[20]　相艳，李文，郭志斌，等. 磷酸掺杂型高温质子交换膜燃料电池关键材料研究进展[J]. 北京航空航天大学学报，2022，48(9)：1971-1805.

[21]　陈军，陶占良，苟兴龙. 化学电源：原理、技术与应用[M]. 北京：化学工业出版社，2006.

[22]　Lacovangelo C D，Pasco W D. Hot-Roll-Milled electrolyte structures for molten carbonate fuel cells[J]. J Electrochem Soc，1988，131：217-224.

[23]　Daza L，Rangel C M，BarandaJ，et al. Modified nickel oxides as cathode materials for MCFC[J]. J. Power Sources，2000，86(1-2)：329-333.

[24]　孙克宁. 固体氧化物燃料电池[M]. 北京：科学出版社，2020.

[25]　王志成，顾毅恒. 固体氧化物燃料电池：材料、系统与应用[M]. 北京：科学出版社，2023.

第十章

氢热转化：氢氧燃烧

 导言

　　人类生存及社会活动中，获取能量是最基本的需求，能量靠能源提供。人类从原始社会到现代社会，在获取能源方面经历了漫长的演变过程。如今，随着化石能源日益消耗殆尽，以及化石燃料燃烧带来的严重环境污染，新能源的开发，尤其是高效无污染的氢能与热能的转化和利用就显得尤为重要。

　　氢气与氧气氧化燃烧产生热量并生成水，同时，水又可以通过光催化、电催化等方法分解为氢和氧，如此无限循环。氢氧化合燃烧，放出热量，再通过热机做功，提供能源方便人类使用，利用氢氧燃烧产生优质能源已经成为人类开发新能源的最大愿望。氢能-热能转化做功的热机有氢燃气轮机、氢内燃机、火箭氢氧发动机、燃氢锅炉等，本章对氢氧燃烧基本化学原理、特点、各类燃烧过程以及氢能-热能转化驱使热机做功过程进行详细的讨论。

10.1 氢能-热能转化及氢氧燃烧性能

10.1.1 氢能-热能转化

　　氢能化学中，氢氧燃烧生成水的反应及水催化分解制氢的反应，是两个极其重要的反应（它们互为逆反应），这两个反应在制备绿氢以及氢能-热能转化应用方面意义十分重大。氢能燃烧转化为热能的优势如下：

　　① 氢能源是一种清洁能源，除了传统煤制氢和石油制氢等灰氢制备工艺外，还可开发催化水分解制氢和生物质制氢等多种绿色制氢技术。

　　② 氢气燃烧性能好，热值高，燃烧速度快，可与其他燃料混合燃烧以提高混合燃料的燃烧速度；氢气扩散系数高，可与助燃气迅速均匀混合，提高燃烧效率。

　　③ 氢气属于超清洁燃料，其燃烧产物仅为水，其生成物水又可循环利用，不会产生CO_2，氢能自身从根本上消除了对环境的污染。

　　氢能的利用形式较为多样，可通过热机的直接燃烧产生热能，随即转化为对外做功，还可以利用氢燃料电池的电化学反应直接产生电能，也可对外输出机械功。此外，氢能储存和运输形式也较为多样，采用分布式运行方式，可以满足不同应用场合的需求。当然，氢气很强的化学活性及常温常压下为气态的理化特性，使得其在成本和安全双重约束条件下，在制造、分离、储运和安全使用等方面都面临极大挑战。

10.1.2 氢气的燃烧特性

燃烧是物质迅速氧化产生光和热的过程，其本质是氧化还原反应。燃烧需要三种要素并存才能发生，分别是可燃物（如燃料）、助燃物（如氧气）、达到燃点的温度。助燃物是燃烧反应中的氧化剂（从广义上看应该是有助于燃烧的物质），氧气是燃烧反应中最常见的助燃物，当然一些其他物质也可能是助燃物。

氢气燃烧具有着火范围宽、火焰传播速度快和点火能量低等特性，故其燃烧效率比其他燃料相对要高。氢气还是一种理想的洁净燃料，其优点在于燃烧后除达到生成氮氧化物温度时生成 NO_x 外，没有其他有害化合物及烟尘等污染物生成。它可以代替化石燃料，在工业和生活中广泛应用。

（1）氢气燃料性能、能量密度及使用范围

氢气作为二次能源，可通过多种方式转化为下级能源使用，氢氧燃烧可以直接产生热能，可作为氢内燃机的燃料，此时氢氧反应输出的是功；可以作为燃气轮机、锅炉的燃料；可以作为火箭发动机的燃料；也可作为小型焊具的燃料，如氢氧焰焊枪燃料；还可作为氢燃料电池的燃料，通过电化学装置，将整个过程拆分为两个半反应，中间接上负载，氢氧反应的化学能即转化为电能。

氢气的重要用途是作为火箭、内燃机、燃气轮机及其他各类动力系统的燃料。由于单位质量氢燃烧产生的热量是单位质量汽油中的五碳烷烃燃烧的 2.7 倍，且液氢的质量密度仅为汽油密度的 1/10，因此，使用同等质量的燃料时，氢燃料飞机的航程要比燃油飞机的航程增大 1.5~2.7 倍。

氢气用作发动机燃料更具有普遍意义。氢燃料发动机的重要特性之一就是燃-空混合气的燃烧速度快，燃烧速度在很大程度上决定了发动机工作循环的动态放热过程。氢燃料用于发动机除了污染少，还具有最大的单位质量发热量。氢气和空气的混合气具有特别宽的可燃范围，通过调节供氢量，即可使发动机在整个负荷范围内工作。表 10-1 列举了氢气与其他一些可燃气体、汽油等燃料的物理化学性质以及在发动机中使用性能的对比。

表 10-1　气体燃料和汽油的物理化学性质及燃烧性能

参数	H_2	CH_4	丙烷	丁烷	汽油
密度/(kg/m³)	0.09	0.72	2.02	2.7	720~750
定容比热容/[kJ/(kg·℃)]	0.904	1.181	2.675	3.756	—
定压比热容/[kJ/(kg·℃)]	1.277	1.549	3.048	4.128	—
低热值/(MJ/kg)	119.91	45.8	46.39	45.76	42.5
低热值/(MJ/m³)	1.079	35.82	91.27	118.65	—
燃点/K	820~870	920~1020	780	760	740~800
燃烧温度[①]/℃	2660	2538	2527	—	—
热导率/[10³W/(m·℃)]	172	30.7	15.2	13.3	—
火焰传播速度（最大值）/(m/s)	3.10	0.32	0.39	0.3~0.4	1.2
按理论混合比计算的空气量/(m³/m³)	2.38	9.52	23.8	30.94	58.0
按理论混合比计算的发热量/(MJ/m³)	3.19	3.41	3.46	3.5	3.83

参数	H₂	CH₄	丙烷	丁烷	汽油
燃料与空气(按体积比)混合的燃烧区间/%	4~74.3	5.3~15.0	2.3~9.5	1.9~8.4	1~7.6
最小点火能量/mJ	0.02	0.29	0.31	0.26	0.24
燃烧极限对应的余气系数	10~0.15	2.0~0.6	1.8~4	1.7~0.3	1.3~3.0

①受到燃烧方式、绝热条件、测量位置、仪器等影响。

由表 10-1 可见，氢气具有许多适合内燃机使用的热力学性能，对于火花点火式发动机，燃料的可燃性非常重要，氢气-空气混合气的最小点火能量为其他可燃气体的 1/4~1/6。氢的最小点火能量与汽油相比要小一个数量级。当然，点火能量小以及燃速快也会带来一些安全问题，使用中需要注意。发动机燃料的能量密度也是移动式运载工具关注的重点之一，尤其是常温常压为气态的燃料，其体积能量密度更为重要。常见燃料的能量密度如图 10-1 与表 10-2 所示。

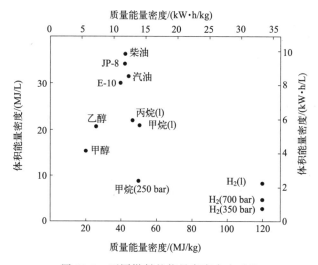

图 10-1　不同燃料的能量密度大小对比

表 10-2　燃料的能量密度

名称	质量能量密度/(MJ/kg)	体积能量密度/(MJ/m³)		液体密度/(kg/m³)
		液态	气态	
汽油(92 号)	43.11	31240		720~775(20℃)
柴油(0 号)	46.04	38430		810~580(20℃)
液化石油气(LPG)	45.22~50.23	25320~28130	93.2	530~580(0.1MPa，−15℃)
压缩天然气(CNG)	54.85	23590~25230	35.3	424~466(0.1MPa，−161℃)
H₂	120.80	10110	12.74	70.85(0.1MPa，−252.8℃)

氢气及其他几种典型燃料和氧气的燃烧反应，其燃烧反应热如下：

$$\text{H}_2(\text{g}) + \frac{1}{2}\text{O}_2(\text{g}) \Longrightarrow 2\text{H}_2\text{O}(\text{l}) \qquad \Delta H_{298k} = -285.83\text{kJ/mol}$$

$$\text{CH}_4(\text{g}) + 2\text{O}_2(\text{g}) \Longrightarrow \text{CO}_2(\text{g}) + 2\text{H}_2\text{O}(\text{l}) \qquad \Delta H_{298k} = -890\text{kJ/mol}$$

$$2C_2H_2(g) + 5O_2(g) = 4CO_2(g) + 2H_2O(l) \qquad \Delta H_{298k} = -2600kJ/mol$$
$$2C_2H_6(g) + 7O_2(g) = 4CO_2(g) + 6H_2O(l) \qquad \Delta H_{298k} = -3120kJ/mol$$
$$C_5H_{12}(g) + 8O_2(g) = 5CO_2(g) + 6H_2O(l) \qquad \Delta H_{298k} = -3520kJ/mol$$

对 $2H_2(g) + O_2(g) = 2H_2O(l)$ 与 $C_5H_{12}(g) + 8O_2(g) = 5CO_2(g) + 6H_2O(g)$ 换算成同等单位质量放出的热量进行比较，每千克氢气燃烧时放出的热量为 120802kJ，而每千克五碳烷燃烧时放出的热量是 45344kJ。即同等质量氢气的燃烧热大约是汽油中五碳烷燃烧热的 2.7 倍。作为比较，乙炔焰温度特别高，是由于乙炔燃烧生成产物热容量较小。就以上反应而言，相等质量乙炔、乙烯和乙烷燃烧结果，H_2O 比热容大 [4.2kJ/(kg·℃)]，而水受热汽化要吸热，乙炔完全燃烧所需氧的量最少，生成水的量也最少。燃烧 1kg 氢气，理论上需要的氧气量为 8kg，需要的空气量为 38kg，产生的水蒸气量 9kg，为保证氢气充分燃烧，设过量空气系数为 α，则燃气量为 $G_g = \alpha G_a - G_{O_2} + G_{H_2O}$，燃气量是 α 的函数。可见，在燃烧时，用以提高氧的温度以及使水汽化所消耗的反应热也最少。所以，乙炔焰的温度最高。

【例题 10-1】 计算 1kg H_2、CH_4、C_2H_2、C_2H_6 和 C_5H_{12} 在富氧条件下的反应热，探究其各自的 CO_2 排放量。

解：

$$M(H_2) = \frac{1kg}{4kg/mol} = 0.25mol, \Delta H_{H_2} = -285.83 \times 2 \times 0.25 = -142.9(kJ)$$

$$M(CH_4) = \frac{1kg}{16kg/mol} = 0.0625mol, \Delta H_{CH_4} = -890.3 \times 0.0625 \approx -55.64(kJ)$$

$$M(C_2H_2) = \frac{1kg}{26kg/mol} = 0.0385mol, \Delta H_{C_2H_2} = -2600 \times 0.0385 \approx -100(kJ)$$

$$M(C_2H_6) = \frac{1kg}{30kg/mol} \approx 0.033mol, \Delta H_{C_2H_6} = -3120 \times 0.033 = -102.96(kJ)$$

$$M(C_5H_{12}) = \frac{1kg}{72kg/mol} = 0.0139mol, \Delta H_{C_5H_{12}} = -3520 \times 0.0139 \approx -48.89(kJ)$$

$$M(CO_2, CH_4) = M(CH_4) = 0.0625(mol)$$

$$M(CO_2, C_2H_2) = 2 \times M(C_2H_2) = 2 \times 0.0385 = 0.077(mol)$$

$$M(CO_2, C_2H_6) = 2 \times M(C_2H_6) = 2 \times 0.033 = 0.066(mol)$$

$$M(CO_2, C_5H_{12}) = 5 \times M(C_5H_{12}) = 5 \times 0.0139 = 0.0695(mol)$$

（2）氢气燃烧术语及特点

① 燃点。气体、液体和固体等可燃物与空气共存，当达到一定温度时，与火源接触即自行燃烧，火源移走后，仍能继续燃烧的最低温度，即为该物质的燃点或着火点。燃点比闪点一般要高 0~20℃。

② 闪点。在规定的试验条件下，使用某种点火源造成液体汽化而着火的最低温度。闪燃是液体表面产生足够的蒸气与空气混合形成可燃性气体时，遇火源产生短暂的火光，发生一闪即灭的现象。发生闪燃的最低温度称为闪点。它是可燃性液体储存、运输和使用的一个安全指标，同时也是可燃性液体的挥发性指标。

③ 点火能量。点火能量即物质的静电火花极限感度。绝大部分可燃性气体被点燃所需的点火能量很低，基本不会超过 1000mJ，所以非常容易被点燃。一般可燃碳氢化合物最小点火能仅为 0.25mJ。而氢气最小点火能则更小，只有大约 0.02mJ，可燃性气体中最小，这也是氢气被认为是高危险气体的原因之一。

④ 爆炸极限。可燃物质（可燃气体、蒸气和粉尘）与空气（或氧气）在一定的浓度范围内均匀混合，形成预混气，遇到火源即发生爆炸，称为爆炸极限。

可燃性混合物的爆炸极限有着火上限和着火下限之分，分别称为爆炸上限和爆炸下限。爆炸上限指的是可燃性混合物能够发生爆炸的最高浓度。在高于爆炸上限时，空气不足，导致火焰不能蔓延不会爆炸，但能燃烧。爆炸下限指的是可燃性混合物能够发生爆炸的最低浓度。由于可燃物浓度不够，过量空气的冷却作用，阻止了火焰的蔓延，因此在低于爆炸下限时不爆炸也不着火。几种常见气体（H_2、CO、CH_4、C_2H_2 和 C_2H_4）的爆炸范围如图 10-2 所示。

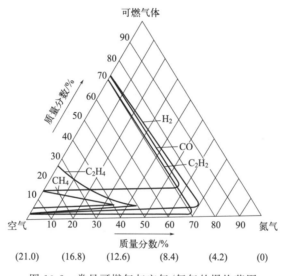

图 10-2　常见可燃气与空气/氮气的爆炸范围

⑤ 自燃温度。自燃温度是在没有火花和火焰的条件下，物质能够在空气中自燃的最低温度。

⑥ 辛烷值。辛烷值是燃料在稀混合气情况下抗爆性的表示单位，是在规定条件下与试样抗爆性相同时的标准燃料中所含异辛烷的体积分数。在常见燃料中，氢气的辛烷值较高。

⑦ 过量空气系数。过量空气系数是燃烧的重要指标之一，俗称余气系数，是指在燃烧过程中实际供给的空气量与燃料完全燃烧所需空气量之比，过量空气系数与燃烧速度、抗爆震性能以及燃烧热效率都有关系。研究结果表明，当过量空气系数 $\alpha = 0.55 \sim 0.6$ 时，氢气-空气混合气的燃烧速度最大，平均为 3.1m/s，按理论混合比混合的氢气-空气混合气的平均燃烧速度为 2.15m/s。

⑧ 氢气爆炸及抑爆过程。氢气爆炸极限的体积分数为 4%～74.3%（图 10-3），爆炸极限范围大，且爆炸下限很低，氢气密度为 0.0899kg/m³，这些都意味着一旦氢气发生泄漏很快就会达到爆炸下限。同时，氢气的点火能非常小，只有大约 0.02mJ，是可燃气体中最小的。这些都是氢能开发应用中的危险因素。氢气的爆炸压力受多种因素影响，包括气体未点燃时的起始压力、起始温度以及爆炸空间大小和形状等。

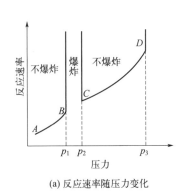

(a) 反应速率随压力变化

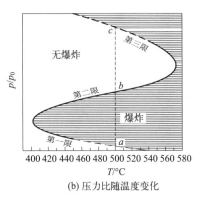

(b) 压力比随温度变化

图 10-3　氢氧混合物的爆炸范围

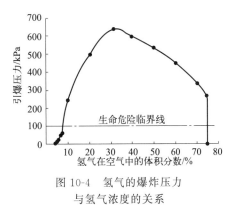

图 10-4　氢气的爆炸压力
与氢气浓度的关系

图 10-4 为氢气的爆炸压力与氢气浓度的关系，可以发现，在浓度为 4%～5% 的范围内，氢气爆炸压力大约只有 5kPa，爆炸压力非常小；在 5%～7% 浓度范围内，爆炸压力仍小于 60kPa；当氢气浓度超过 8% 时，爆炸压力迅速增加并超过 100kPa，此时氢气的爆炸压力开始具有危险性。而在氢气浓度接近其爆炸上限（75%）时，爆炸压力迅速下降。当氢气浓度在 30% 附近时，爆炸压力达到最大，约为 650kPa。当空气中氢气的浓度达到 31.6%（30% 附近）时，氢气燃烧的最高火焰温度约为 2045℃，与其他可燃气体在空气中燃烧的火焰温度相比相对要高。

⑨ 氢气纯度对抑爆的影响。可燃气体的纯度对其爆炸极限的影响非常明显，可燃气体中混入惰性气体（N_2、CO_2、H_2O 和 Ar 等）会使爆炸极限缩小。惰性气体对可燃气体的抑爆作用效果通常与其比热容有关，比热容大的惰性气体一般来说抑制效果更明显，如 $CO_2 > N_2 > H_2O$（蒸汽）。

常压下，在可燃气体中掺入惰性气体，其混合气体爆炸范围缩小（上、下限会相互靠近），当达到某种比例时，爆炸上、下限相等，一旦超过此混合比，可燃混合气体即变为不可燃气体。图 10-5 综合了惰性气体与氢气的混合气体爆炸极限随混合比改变的变化曲线。不难看出，惰性气体对其与氢气的混合气体爆炸下限的影响比上限更明显。

而当氢气中混有不可燃卤代烷时，爆炸极限范围的缩小程度则更为显著，可以使混合气体爆炸下限即最小点火能量得到较大幅度提升。所以，现在市面上常见的气体灭火剂很多都是以不可燃卤代烷作为主要成分。可见，也可采用阻燃卤代烷对氢气的爆炸极限进行控制。

（3）氢气的防爆抑爆

① 惰性气体稀释作用。存放氢气的容器中加入惰性气体，使氢气维持在较低的浓度范围，在大气压力和周围环境温度一定的情况下，当惰性气体的加入使氢气浓度低于爆炸下限时，氢气的燃烧氧化反应进行十分缓慢，无法达到稳定燃烧或爆炸状态。

② 隔离作用（"窒息"作用）。惰性气体的掺入可以显著降低可燃混合物（氢气与空气）中的氧分子浓度，燃烧链式反应中所需氧分子减少，导致相关支链反应数目下降，因此化学

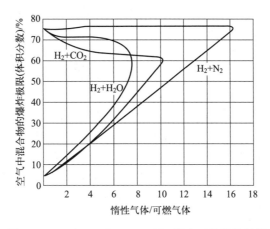

图 10-5　H_2 与 H_2O、N_2、CO_2 混合时的爆炸极限

反应速率将明显降低，惰性气体起到隔离"窒息"作用。

③ 冷却作用。加入惰性气体可以使可燃气体燃烧温升下降。根据分子反应理论，化学反应速率常数：$K = A\exp(-\dfrac{E_a}{RT})$。温度升高时，使得放热反应逆向进行，即向吸热反应方向进行。温升减小导致 K 值减小，燃烧氧化反应速率减小，从而使爆炸更难发生。

④ 阻燃卤代烷气体。与惰性气体一样，气态不可燃卤代烷烃对氢气的抑爆作用也体现在两方面，不同的是，其在化学反应动力学方面的作用更加显著。正常情况下，氢气在空气中的燃烧主要进行以下三个反应：$H + O_2 \longrightarrow OH \cdot + O \cdot$；$O \cdot + H_2 \longrightarrow OH \cdot + H \cdot$；$OH \cdot + H_2 \longrightarrow H_2O + H \cdot$。

当可燃混合物中加入不可燃卤代烷时，卤代烷分子带走了产生 $HO_2 \cdot$ 基团后多余的能量，主要反应则变为：$H \cdot + O_2 + M \longrightarrow HO_2 \cdot + M$；$HO_2 \cdot + H \cdot \longrightarrow H_2 + O_2$。

对于无氢卤代烷（以甲烷卤代烃 CX_4 为例），则有：$CX_4 + H \cdot \longrightarrow CX_3 + HX$；$HX + H \cdot \longrightarrow H_2 + X$；$HX + O \cdot \longrightarrow OH \cdot + X$；$HX + OH \cdot \longrightarrow H_2O + X$。

对于含氢卤代烷（以甲烷卤代烃 CHX_3 为例），则有：$CHX_3 + H \cdot \longrightarrow H_2 + CX_3$。

上述反应中基本不再产生活化中心 $H \cdot$、$O \cdot$ 和 $OH \cdot$ 基，反应物中游离的 $H \cdot$、$O \cdot$ 和 $OH \cdot$ 基浓度将明显降低，链式反应开始出现中断。在氢气浓度较高的情况下，游离 $H \cdot$ 基的数量将明显占优，此时不可燃卤代烷与 H 基的反应成为主导，表 10-3 则是 25℃、1atm 时 CF_4 和 CHF_3 与 $H \cdot$ 基反应生成不同产物时的活化能 E_a 和反应速率常数 K 的比较。

表 10-3　CF_4 和 CHF_3 与 $H \cdot$ 基化学反应参数对比

反应物	生成物	活化能 E_a/(kJ/mol)	反应速率常数 K/[cm³/(mol·s)]
$CF_4 + H \cdot$	$CF_3 + HF$	173	2.01×10^{-41}
	$CHF_3 + F$	266	1.36×10^{-58}
$CHF_3 + H \cdot$	$CF_3 + H_2$	41	8.30×10^{-21}
	$CHF_2 + HF$	165	2.70×10^{-40}
	$CH_2F_2 + F$	264	4.13×10^{-58}

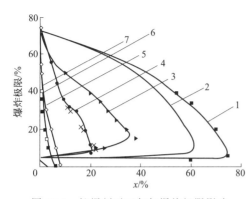

图 10-6 抑爆剂对于氢气爆炸极限影响

1—N_2；2—CO_2；3—CF_4；4—CHF_3；

5—$i\text{-}C_4H_8 + 15\%CO_2$；6—$i\text{-}C_4H_8$；

7—$i\text{-}C_4H_8 + 9\%CF_4$

可见，无论是主要反应还是次要反应，相对于 CHF_3，CF_4 与 H 基反应的活化能更高、反应速率常数更小，且速率常数数量级相差较大，说明 CF_4 与 H 发生反应更困难、反应速度更慢，这也是 CF_4 比 CHF_3 比热容更大，但对氢气的整体抑爆效果却远不如后者的原因（如图 10-6 所示）。

⑤ 动力学因素对抑爆作用。惰性气体分子可以与燃烧链式反应过程中产生的活化中心自由基发生化学反应生成不可燃的非活性基团，如 $N_2 + O \cdot \longrightarrow NO + N$、$CO_2 + H \cdot \longrightarrow COOH$，当系统中惰性气体分子浓度很大时，此类反应会造成系统中 H 基和 O 基等链式反应活化中心浓度的降低，从而使燃烧氧化反应更难持续发生。还有一个重要作用是，惰性气体是一种良好的第三体，惰性气体混入使得三体反应（如 $H \cdot + OH \cdot + M \longrightarrow H_2O + M$）更容易发生；而在爆炸压力比较大的情况下，此类三元反应物发生碰撞概率将比二元碰撞概率还要高，部分活化中心自由基的能量将惰性气体分子带走，致使链式反应的各支链活化中心浓度减小，进而加速链反应的中断。因此可以说，惰性气体的混入可以阻碍氢气燃烧链式反应的进程，也就是说惰性气体可以通过化学反应动力学作用抑制氢气的爆炸。

10.2 燃烧机理及反应动力学

10.2.1 氢氧燃烧反应机理

氢氧燃烧反应理论一般认为系自由基（游离基）的链式反应，该理论将燃烧的链式反应分为三个阶段：链引发、链传递和链终止。链引发阶段即产生游离基，并形成反应链的阶段。产生游离基的方式有很多，包括但不限于点燃、光照、辐射、催化和加热。少数物质间会自发化合引发燃烧，如氢气和氟气在冷暗处就能剧烈燃烧引发爆炸。链传递阶段，游离基反应的同时又产生更多的游离基，使燃烧持续甚至扩大。链终止阶段，游离基失去能量或者所有物质反应耗尽，没有新游离基产生而使反应链断裂，反应结束。

现代燃烧反应动力学研究一般采用化学反应动力学仿真软件，如 Chemkin-Pro 软件，以气相动力学、表面动力学和传递过程三个核心软件包为基础，包含 21 种常见的化学反应模型及后处理程序，对燃烧过程、化学气相沉积、催化过程及其他化学反应的模拟。Chemkin-Pro 包含的三个核心程序模块如下：

① 气相动力学（gas-phase kinetics）。是所有动力学计算的基础，包括气相成分组成、气相化学反应与相关的 Arrhenius 数据等信息。

② 表面动力学（surface kinetics）。很多反应过程包括多相反应，如化学气相沉积、催化反应和固体腐蚀等。在这些反应里，surface kinetics 提供两相反应所需的各种信息，如表面结构、表面和体内成分组成及热力学数据、表面化学反应等。

③ 传递（transportation）。提供气相多组分黏度、热导率、扩散系数和热扩散系数等。

氢气发生燃烧爆炸的重要原因是支链反应。直链反应是消耗一个传递物时，再生成一个传递物，传递物不增不减，所以反应稳步进行。而支链反应则是消耗一个传递物时，再生成两个或更多传递物，即氢氧燃烧爆炸反应。

在支链反应中，如此1变2，2变4，4变8……迅猛发展，一瞬间就达到爆炸的程度。现以分子比为2∶1的氢、氧混合气体为例，来说明温度和压力对支链爆炸反应的影响。如图10-3所示，混合气在500℃时，压力只要不超过约0.2kPa就不会爆炸，高于0.2kPa，就发生猛烈的支链反应而爆炸。500℃时压力在0.2～7kPa之间都会爆炸，但若压力高于7kPa，则又不发生爆炸。由图10-3可以看出，若压力再高到一定程度还会爆炸。所以500℃爆炸下限（或爆炸低限）为0.2kPa，爆炸上限（或爆炸高限）为7kPa，压力再高又爆炸，则是第三限。其他温度下也有类似情况，如图10-3（b）所示，温度越高，则爆炸界限越宽且上限对温度更为敏感，下限还受容器大小以及表面形状、表面性质等因素的影响。

H_2 和 O_2 的混合气在一定条件下会发生爆炸，也就是剧烈的氧化反应，由于造成爆炸的原因不同，爆炸可分为两种类型，即热爆炸和支链爆炸。当 H_2 和 O_2 发生支链爆炸反应时：

链的开始　　　　　$H_2 \longrightarrow H\cdot + H\cdot$

直链反应　　　　　$H\cdot + O_2 + H_2 \longrightarrow H_2O + OH\cdot$

　　　　　　　　　$OH\cdot + H_2 \longrightarrow H_2O + H\cdot$

支链反应　　　　　$H\cdot + O_2 \longrightarrow OH\cdot + O\cdot$

　　　　　　　　　$O\cdot + H_2 \longrightarrow OH\cdot + H\cdot$

链在气相中的中断　$2H\cdot + M \longrightarrow H_2 + M$

　　　　　　　　　$OH\cdot + H\cdot + M \longrightarrow H_2O + M$

链在器壁上的中断（严格意义上说，它们不是气相反应）表观上可以描述如下：

游离基（自由基）＋器壁 $\longrightarrow$ 被吸收产物（即"销毁"）

当一个氧化放热反应在无法散热的情况下进行时，反应热使反应系统的温度猛烈上升，而温度又使这个放热反应的速率按指数规律加快，放出的热量也跟着增多，这样的循环很快使反应速率几乎毫无止境地加快，最后就会发生爆炸。这样发生的爆炸就是热爆炸。

燃烧反应通常都有一定的爆炸区，当反应达到燃烧或爆炸的压力范围时，反应的速率由平稳而突然加快。从图10-3氢氧混合系统的爆炸界限与温度、压力的关系可以看到，当总压力低于 p_1［见图10-3（a）］时，即 AB 段，反应进行比较缓慢、平稳，这是由于在低压范围内，分子运动的自由程长度较长，活化分子扩散到器壁的速度大，增加了在器壁上销毁活化分子的可能性，致使链断裂，即在初始活化分子浓度不大且低压时，反应缓慢、平稳。当压力在 p_1～p_2 之间时，压力增加，反应速率很快，自动加速，发生爆炸或燃烧。当压力超过 p_2，一直到 p_3 阶段，即 CD 段，反应速率反而减慢，这是由于压力升高到一定值时，分子自由程长度极短，绝大部分的活化分子在气相由于分子之间的碰撞而销毁，即活化分子因与其他惰性分子或自己同类的非活化分子之间的碰撞而失去活化能，因此爆炸上限对惰性气体的掺入是非常敏感的。当压力超过 p_3 时，又发生爆炸。假设 M 为气相中任意气体分子（如 H_2 或 O_2 等），则 M 能带走反应中过剩能量有利于生成较不活泼的 H_2O，它能扩散到器壁而变成 $H\cdot$、$O\cdot$ 和 O_2，所以 M 也能销毁活性物种。

发生上述现象是因为在反应中有链发展和链中断步骤。若链中断的概率大，则链发展就不会很快。在压力很低时，系统中自由原子很容易扩散到容器壁上而销毁，因此减少了链的传递者，反应不会进行得太快。当压力逐渐增大后，在容器中分子的有效碰撞次数增加，致使链的发展速率大大增加，直至发生爆炸。当压力超过 p_2 时，反应反而变慢，这是因为系统内分子的浓度增加，容易发生三分子的碰撞而使自由原子消失，致使爆炸终止。例如，$O \cdot + O \cdot + M \longrightarrow O_2 + M$。

上述系统中两个压力限与温度的关系，可用图 10-3（b）来表示。图中 ab 为低爆炸界限，bc 为高爆炸界限。第三限以上的爆炸是否属于热爆炸尚不可确定。

10.2.2 燃烧反应速率

反应速率控制着燃烧过程的许多方面，如点火、火焰稳定、火焰传播、燃烧装置性能及污染物生成等。基于燃烧反应机理体系，如使用 Chemkin-Pro 等化学动力学模拟软件，其速率常数一般采用扩展的 Arrhenius 方程三参数形式，即式（10-1）：

$$k = AT^n(-\frac{E_a}{RT}) \tag{10-1}$$

式中　A——指前因子；

　　　T——温度，K；

　　　n——温度指数；

　　　E_a——活化能，J/mol；

　　　R——气体常数，8.314J/(mol·K)。

由于燃烧反应的复杂性，研究人员通过激波管等实验数据进行动力学分析，可得到速率常数表达式，经过不确定度加权统计分析，得到了三参数速率常数表达式，如式（10-2）所示。该速率常数在 1000K 下的不确定度约为 10%。

$$k_1 = (3.632 \pm 0.045) \times 10^{15} \times T^{-0.425 \pm 0.010} \times e^{-\frac{16422.149 \pm 16.054}{T}} \tag{10-2}$$

该式也可采用 Arrhenius 双参数形式表示［式（10-3）］：

$$k = A\exp(-\frac{E_a}{RT}) \tag{10-3}$$

双参数 Arrhenius 方程式有利于燃烧机理的构建和简化。表 10-4 给出了氢氧燃烧反应机理的反应动力学参数，表中 M 为第三体（器壁），动力学参数的具体处理过程可参见相关文献。

表 10-4　氢氧燃烧反应机理的反应动力学参数

编号	基元反应式	指前因子 $A/[\text{cm}^3/(\text{mol·s})]$	活化能 $E_a/(\text{J/mol})$
$R_A 1$	$H_2 + O_2 \Longleftrightarrow HO_2 + H \cdot$	1.763×10^{14}	241671
$R_A 2$	$H_2 + M \Longleftrightarrow H \cdot + H \cdot + M$	3.327×10^{14}	426661
$R_A 3$	$H \cdot + O_2 \Longleftrightarrow O \cdot + OH \cdot$	1.04×10^{14}	66880
$R_A 4$	$H_2 + O \cdot \Longleftrightarrow H \cdot + OH \cdot$	6.83×10^{13}	43405

编号	基元反应式	指前因子 $A/[\mathrm{cm^3/(mol \cdot s)}]$	活化能 $E_a/(\mathrm{J/mol})$
R_A5	$H_2+O_2(+M) \Longleftrightarrow HO_2(+M)$	1.137×10^{14}	0
R_A6	$HO_2 \cdot + H \cdot \Longleftrightarrow OH \cdot + OH \cdot$	7.709	8360
R_A7	$H_2+HO_2 \cdot \Longleftrightarrow H_2O_2+H \cdot$	3.01×10^{13}	109002
R_A8	$H_2O_2(+M) \Longleftrightarrow OH \cdot + OH \cdot (+M)$	2.206×10^{15}	209974
R_A9	$H_2+OH \cdot \Longleftrightarrow H \cdot + H_2O$	4.38×10^{13}	29218

10.2.3 污染物 NO_x 生成机理

氢与空气混合燃烧时因高温而使 N_2 被氧化产生 NO_x 产物，NO_x 包括 N_2O、NO 和 NO_2，NO_x 排放量是衡量各类生产工艺以及热机燃烧性能的重要技术指标之一。内燃机及燃气轮机等热机由于使用了氢作为燃料，无论是纯氢燃烧、甲烷燃烧，还是掺氢甲烷等燃烧都会提高燃烧温度，一般认为，高温可达到 1800K 以上。在此条件下，N_2 与 O_2 发生反应，会产生大量 NO_x，这些都明显与开发氢能源的初衷相悖。因此，如何减少 NO_x 排放就备受关注。

一般而言，可通过各种方法，如优化燃烧工艺、调整燃料配比、改进燃烧室结构、贫燃预混结合分级燃烧、湿法预混结合低温燃烧等方法降低火焰温度，进而降低热力型 NO_x 的排放。为了在不影响热机效率及其稳定性的前提下尽量降低污染物的排放，急需了解高温高压环境下热机燃烧过程中 NO_x 的生成机理，为高效低污染稳定燃烧技术的发展提供依据。

（1）燃烧生成 NO_x 的实验观察

氢燃料内燃机在较大燃空当量比下 NO_x 排放的浓度很高，甚至远高于传统内燃机。这说明 N_2 和 O_2 的氧化反应也是氢空气混合气燃烧的重要组成部分，这部分反应还可能对氢氧的氧化产生作用，因而研究氢空气的燃烧过程必须考虑 N_2 和 O_2 的反应过程。NO 是排放物 NO_x 的主要成分，NO_x 的生成条件及影响因素如图 10-7 所示。

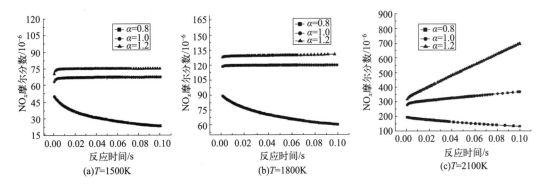

图 10-7 温度及过量空气系数 α 对 NO_x 生成的影响

由图 10-7 可以看出，NO_x 生成主要与过量空气系数、燃烧温度、反应时间等因素相关。温度越高，NO_x 生成量越大，特别是 1800K 以上，效果越明显；反应时间长，NO_x

生成量也增加；同时，过量空气系数加大，意味着氧化氛围增强，NO$_x$也会大幅度提升。实验中，掺氢比以及燃空当量比定义如下。

① 掺氢比（H$_2$ substitution ratio，HSR）。以甲烷为例，掺氢比定义为 φ_{H_2} 与 φ_{H_2} + φ_{CH_4} 的比值，如式（10-4）所示：

$$HSR = \frac{\varphi_{H_2}}{\varphi_{H_2} + \varphi_{CH_4}} \tag{10-4}$$

② 燃空当量比（equivalence ratio）。燃空当量比即实际燃料空气比与理论燃料空气比之间的比（实际上是过量空气系数的倒数），对燃烧特性的影响很大，其关系式为式（10-5）：

$$\varphi = \frac{F/A}{(F/A)_{st}} \tag{10-5}$$

式中，F/A 为实际燃料空气质量比；$(F/A)_{st}$ 为理论燃料空气质量比。

（2）NO$_x$ 生成机理

研究发现，燃烧过程中 NO$_x$ 的生成，可以采用化学动力学分析，其反应途径可分为捷里道维奇（Zeldovich）机理、N$_2$O 型、快速型及 NNH 型等 4 个形成途径，其反应机理及形成路径分析如下：

① Zeldovich 机理又称热力型机理。热力型 NO 通常在火焰区和后火焰区域生成，反应为强吸热过程，NO 生成量与燃烧温度之间存在指数函数关系。

② N$_2$O 转化成 NO 的反应主要在火焰区生成。

③ 快速型。快速型 NO$_x$ 的生成是通过碳氢化合物高温分解形成的 CH 自由基撞击大气中的 N$_2$ 分子，生成 HCN 和 N，再进一步与 O$_2$ 反应以极快的速度生成 NO。

④ NNH。N$_2$ 与 H 原子发生碰撞反应形成 NNH，而后与 O 原子氧化反应生成 NO。

对内燃机用含氮燃料来说，需要考虑燃料型 NO$_x$，它是由燃料中所含有的氮元素在燃料燃烧时形成的。燃料中含氮的有机化合物通过热裂解，生成 CN、HCN 及 NH 等中间产物，进一步氧化生成 NO$_x$。

以甲烷为例，典型燃烧机理为 GRI-Mech 3.0 模型，其适用的温度和压力范围分别为 1000～2000K 和 10Torr～10atm（1Torr＝0.133kPa），常用于燃空当量比为 0.1～5 的一维预混燃烧。该机理包括 53 种组分，325 步基元反应，其中有 19 个基元、67 步反应是仅与 H、N、O 和 Ar 四种元素相关的。这 19 个基元和 67 步反应组成的机理就是 GRI-Mech 3.0 的氢氧机理模型。

基于 GRI-Mech 3.0 模型，考察 N$_2$ 与 O$_2$ 进行氧化反应生产 NO$_x$ 的路径。图 10-8 给出燃空当量比为 1.0、温度分别为 1700K 和 2130K 时，N$_2$ 氧化为 NO 的反应路径。

由图 10-8（a）可知，低温（$T = 1700$K）时，按照反应速度快慢程度，N$_2$→NNH→NO、N$_2$→NNH→NH→NO、N$_2$→NNH→NH→HNO→NO、N$_2$→NNH→NH→N→NO 这 4 条反应路径是对 NO 生成反应速率最快的途径。而 N$_2$→N$_2$O→NH→HNO→NO、N$_2$→N$_2$O→NH→NH$_2$→HNO→NO 和 N$_2$→N$_2$O→NO 的反应速率较慢，N$_2$→N→NO 在 N$_2$→N 阶段反应速度为 10^{-9} 数量级，N$_2$O→NO 的反应速度同样很慢。

从图 10-8（b）可知，高温（$T = 2130$K）时，NO 生成最为重要的反应途径变为 N$_2$→

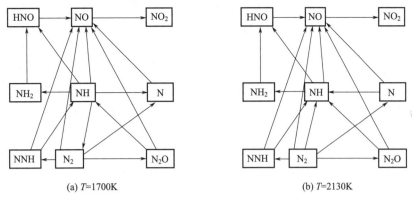

(a) $T=1700K$　　　　　　　　　(b) $T=2130K$

图 10-8　N_2 和 O_2 进行氧化反应生成 NO_x 的路径网络图

NO 和 $N_2{\rightarrow}N{\rightarrow}NO$ 这 2 条反应路径，其涉及的反应主要为 $N+NO \longrightarrow N_2+O$ 以及 $N+OH \longrightarrow H+NO$。

综合分析低温和高温下 N_2 的氧化反应过程，整个燃烧过程极其复杂，详细机理中基元反应数量巨大，又受到实验等各种因素影响，一直没有统一定论。2000 年前后，米勒（Mueller）提出的氢氧反应模型也被相关研究者采用。

10.2.4　氢氧燃烧方式

（1）浓淡燃烧技术

浓淡燃烧技术是分别指富氧燃烧和贫氧燃烧，因为富氧燃烧和贫氧燃烧都能极大地降低 NO_x 的生成。在燃烧器内形成过浓燃烧和稀薄燃烧，避开了极易生成 NO_x 的理论混合比，而氢燃烧所产生的 NO_x 主要是热力型氮氧化物，故采用氢的浓淡燃烧技术可以大幅度地降低 NO_x 排放。其不同于煤粉的浓淡燃烧（组织煤粉浓淡燃烧过浓侧的燃空当量比为 1:4 时，燃烧条件将有利于产生快速型 NO_x），因为氢气燃烧过程中不存在促使快速型 NO_x 生成的 CH 基团。影响氢浓淡燃烧 NO_x 排放的主要因素有淡氢气侧的过量空气系数、整体燃空当量比和供应热量的大小等。

（2）氢与纯氧燃烧

氢燃烧生成的污染物主要是 NO_x，如果能够在氢燃烧过程中降低氮的浓度，这对于控制 NO_x 的排放无疑是十分有效的。在空气中燃烧时要降低氮化物浓度几乎是不可能的（除非降低燃烧温度），但是在使用富氧空气或纯氧作为氧化剂使燃料燃烧时则可以形成低氮燃烧。

纯氧燃烧不仅在理论上可以使得热力型 NO_x 的生成降为零，而且，由于燃烧气体中不含与热辐射有关的氮气，因而具有能强化火焰的热辐射以及提高传热效率的优点，几乎可彻底消除 NO_x 的生成，从而实现氢燃烧的零排放。不过这种方式在实际应用中还存在问题，如制纯氧的高能耗、燃烧器对高温火焰的耐受性以及当燃烧器里混入被视为杂质的微量氮气或空气时就会产生高浓度 NO_x 等。

（3）化学链燃烧技术

化学链燃烧（chemical-looping combustion，CLC）技术是 20 世纪 80 年代提出的一种

新燃烧方式。化学链燃烧技术的能量释放机理是通过燃料和空气不直接接触的无火焰化学反应，打破了传统的火焰燃烧概念。这种新能量释放方法是新一代的能源动力系统，它提出了根除 NO_x 产生的新途径。

CLC 系统由氧化反应器、还原反应器和氧载体组成。其中，氧载体由金属氧化物（MeO）与载体组成，MeO 是真正参与反应传递氧的物质，而载体是用来承载 MeO 并提高化学反应特性的物质。MeO 首先在还原反应器内进行还原反应，燃料（还原性气体，如 CH_4、H_2 等）与 MeO 中的氧反应生成 CO_2 和 H_2O，MeO 还原成金属；然后，送至氧化反应器，被空气中的氧气氧化。这两个反应的总反应与传统燃烧方式相同。还原反应和氧化反应的反应热总和等于总反应放出的燃烧热。

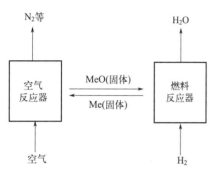

图 10-9　化学链燃烧技术原理

氢的化学链燃烧技术原理如图 10-9 所示，它是氢与金属氧化物的反应。金属氧化物（MeO）与金属（Me）在两个反应之间循环使用，一方面分离空气中的氧，另一方面传递氧。通过该反应机理，氢所放出的热量与氢氧直接燃烧所放出的热量等同，但克服了氢氧直接燃烧时制纯氧消耗能量和燃烧后水蒸气会带走能量的不足。氢的化学链燃烧技术具有其他燃烧技术不可比拟的优越性。不仅氢能的利用效率高，考虑到环境因素，还能够消除 NO_x 的生成，因为金属与氧气的氧化反应是无火焰化学反应，这完全区别于传统的燃烧方式。

化学链燃烧通过氧载体实现化学氧的转移，氧载体也是氧化还原反应的媒介，因而其性能对化学链燃烧技术非常关键。当前研究较多的氧载体有 Ni、Fe 和 Cu 等金属的氧化物，常用氧载体性能特点如表 10-5 所示。氢气与氧气化学链燃烧可以实现完全的消氢反应，在合适的工况下，尾气中没有氢气残留。

表 10-5　常用氧载体性能特点

氧载体	优点	不足
Ni 基	反应活性高；抗高温能力强、高温挥发性较低；	价格昂贵；毒性大
Fe 基	价格便宜、熔点高，不易烧结	反应活性差；载氧量低
Ga 基	价格便宜；载氧量高	反应活性差
Cu 基	反应活性高；载氧量大；不易与惰性载体发生反应	熔点较低，高温下易烧结

（4）催化燃烧技术

催化燃烧技术，是在一定温度和压力下，通过调控催化剂活性组分、载体结构与孔隙大小及燃烧条件等，对各类燃料进行催化选择性燃烧。

燃烧催化剂按活性组分可以分为贵金属催化剂和非贵金属催化剂。贵金属催化剂虽然活性较高，但是价格极其昂贵，高温下易流失，使得其应用受到限制。相对来说，非贵金属催化剂更具有应用潜力。廉价的 γ-Al_2O_3 是最为常见的催化剂载体，具有很高的比表面积。铂、钯、钴和锰等均可实现低温燃烧并且具有较好的活性、耐热性、寿命和经济性。研究表明，催化剂的还原能力愈强，氢燃烧的催化活性也就愈高。

整体式催化剂是指活性组分负载在整体式载体上的一类催化剂，整个催化剂就是一个催化反应器。与传统的用于固定床反应器的颗粒催化剂相比，整体式催化剂具有床层压降低、传质效率高、温度梯度和浓度梯度小等优点。较低的温差和较短的热源与散热器之间的距离有利于提高换热效率，因此这种反应器更适用于放热反应和吸热反应之间的耦合。

10.3 氢内燃机

21世纪以来，传统能源如石油、天然气等化石能源应用不断攀升，环境污染和温室效应问题日渐凸显，在应对全球气候变化的国际背景下，为实现可持续发展，全球能源系统加速向低碳和（或）零碳化转型。在世界各国大力发展太阳能、风能和氢能等绿色能源的同时，低碳或零碳燃料的应用备受关注。氢作为化学储能型能源，依靠其高质量能量密度和清洁无污染的特性被视为未来能源技术方向，是实现"碳达峰"与"碳中和"最佳能源形式之一，氢气作为车用燃料越来越受到人们关注。

10.3.1 氢内燃机发展简史

氢内燃机历史可以追溯到17世纪，当时瑞士人李瓦茨研发了第一款单缸氢气发动机。

1968年，苏联科学院西伯利亚分院理论和应用力学研究所基于车用内燃机分别进行了燃用汽油和氢气的试验，并采取改用液氢的结构方案，提高内燃机热效率，减轻热负荷。1972年美国洛斯阿拉莫斯国家实验室将一辆别克牌轿车改成液氢汽车，发动机是一台增压的六缸四冲程内燃机，充装一次液氢后可行驶270km。奔驰公司1978年开发了第一辆氢燃料样车，采用氢与空气均匀混合后从内燃机进气管吸入气缸的供给方式即通过进气道进气；宝马公司同年开始研发以氢气为燃料的内燃机汽车，2004年法国通过H_2R的氢内燃机所驱动的汽车、装备6LV12氢燃料内燃机，最大功率为210kW，0到100km/h加速约6s，最高速度达302.4km/h。这表明氢动力汽车的性能丝毫不逊于传统燃料汽车。福特公司2007年氢燃料V-10内燃机正式投产，成为世界首个正式生产氢燃料内燃机的汽车制造商。2018年，英国利物浦企业成功改装沃尔沃卡车为氢内燃机卡车。

我国氢内燃机的研究开始于20世纪80年代初，各高校和科研单位对内燃机燃氢和燃氢双燃料内燃机等进行了实验研究，取得了一定的研究成果。从采用缸内直喷及模糊神经网络控制所开展的液氢内燃机试验研究、氢气与轿车用内燃机中的汽油掺混燃烧，到热效率达45%的单一氢燃料内燃机研发与成功试验，碳氢化合物（HC）、CO和CO_2排放几乎为零，完全可实现超低排放并具有良好的低温启动性；同时，也表现出异常燃烧现象和NO_x排放等，当然这与喷氢方式、喷射正时及点火正时等密切相关。

近年在氢燃料的制取和供应上所取得的成效，又为氢内燃机的应用奠定了良好的基础，但关键技术上，如规模制氢、增压技术、氢气供应（包括储氢、运氢）与系统安全、控制策略、排放控制、综合管理等仍有一些关键技术需进一步研发。

10.3.2 氢内燃机燃氢特性

（1）氢气作为车用燃料的特点

氢的物理化学性质与传统化石燃料的物理和化学性质显著不同。氢燃料自身的特性对发动机设计及其技术发展产生了重大影响。从表 10-1 可以看出，氢气作为车用燃料的特点主要表现在以下方面：

① 可燃范围大。氢气在空气中的可燃范围（4%～74.3%）远大于甲烷（5.3%～15%）、汽油（1%～7.6%）与柴油（0.6%～5.5%），其显著优势是氢气可以在稀薄混合物中燃烧，且允许并使内燃机在部分负载下减少节流损失，提高热效率。同时，由于氢气在空气中的层流燃烧火焰速度很快（1.85m/s），因此在同等情况下氢气燃烧更完全，燃烧过程更清洁。

② 点火能量小。氢气的点火能量（0.02mJ）远小于甲烷（0.29mJ）和汽油（0.24mJ），这意味着氢可以在燃烧中掺杂混合气，并快速点火。但由于在化学计量比下，它在空气中的最小点火能量比碳氢化合物燃料低一个数量级，因此存在燃烧室残留物中点燃氢气的风险。

③ 扩散能力强。氢的扩散系数（8.5×10^{-6} m^2/s）远大于甲烷（1.9×10^{-6} m^2/s），意味着氢气在与其他燃料掺烧时容易形成均质混合气保证充分燃烧，而且从应用安全的角度看，一旦发生泄漏也更容易扩散，减少不安全因素。

④ 辛烷值高。氢的辛烷值已超过 130，而一般汽油的辛烷值约为 90，说明氢燃料的抗爆性比汽油更好，内燃机能够采用更高的压缩比。

⑤ 热值高。氢的单位质量低热值约为甲烷的 2.6 倍，约为汽油的 2.7 倍，约为柴油的 2.8 倍，因此，氢与碳氢燃料的混合物可用于提高发动机的有效效率和降低比燃料消耗。

⑥ 密度低。氢的低密度使内燃机气缸中氢-空混合物的能量密度降低，导致低功率输出。减少功率输出的一个有效方法是在进气门关闭情况下使用直接 H$_2$ 喷射。为了增加氢密度和相关体积能量含量，有必要提高储氢压力。

（2）内燃机的燃氢特性

氢气的燃烧类型可根据燃烧速度、燃料混合方式与燃烧状态分为三类，具体见表 10-6。根据预混可燃气体的火焰传播速度大小，可分为层流燃烧与湍流燃烧。根据燃烧前可燃性气体与氧混合状况不同，其燃烧方式分为扩散燃烧、部分预混燃烧和预混燃烧。根据燃烧条件的充分程度，可分为连续燃烧与断续燃烧。

表 10-6　燃烧分类模式

分类模式	名称
可燃气体燃烧速度	层流燃烧、湍流燃烧
燃料混合方式	预混燃烧、部分预混燃烧、扩散燃烧
燃烧状态	连续燃烧、断续燃烧

由于氢气无色无味，燃烧时火焰透明，因此不容易察觉。在许多情况下，为能够感知氢气燃烧现象，经常在氢气中加入微量乙硫醇，刺激感官的同时为火焰着色。氢气具有较强的自燃性（标准大气压，自燃温度约为 850K），可燃范围大，具有良好的火焰传播性能，易于实现稀薄燃烧。大气中氢的扩散系数为 0.63cm^2/s，可快速与空气混合形成均质混合气。

氢气在空气中，以燃空当量比完全燃烧时，反应由三个反应物分子变成两分子水，在该燃烧过程中，氢气能放出大量热量，其热值（119.9 MJ/kg）约为甲烷、汽油、柴油的 3 倍，表明从质量密度看氢是一种高能燃料。氢气在空气中的燃烧反应虽然其反应产物为水，无污染，但由于燃烧过程放出的高热量促使空气中的氮和氧发生副反应，产生 NO$_x$ 等有害物质。

10.3.3 氢内燃机结构特点

（1）氢内燃机的基本结构

这里以往复活塞式氢内燃机为例，它保留了传统发动机的基本结构，沿用曲柄连杆机构（包括曲轴、活塞、连杆等）、配气机构（包括凸轮轴及其附属部件等）和固定件（包括气缸体、气缸盖、油底壳等）等结构形式，内燃机的整体构造及四冲程活塞发动机工作原理如图 10-10 所示。

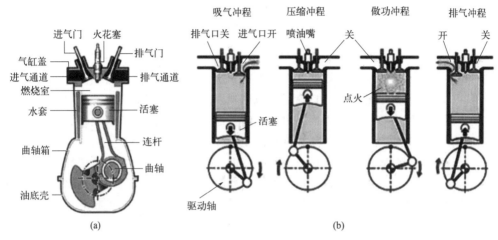

图 10-10　内燃机整体构造（a）及四冲程活塞发动机工作原理图（b）

氢内燃机工作原理与传统内燃机工作原理类似：氢气利用储氢罐的压力通过管路引入缸内并与空气混合，在气缸内点火后进行燃烧，释放出的热能使缸内产生高温高压燃气。燃气膨胀推动活塞做功，再通过曲柄连杆机构或其他机构输出机械功，驱动从动机械工作，这样就通过吸气-压缩-做功-排气四个冲程将燃料化学能转化为机械能［图 10-10（b）］。

（2）氢气喷射技术

根据氢燃料喷射位置的不同，氢燃料发动机的氢气喷射技术可以分成缸外喷射和缸内直喷两种方式，其中缸外喷射技术可分为进气口喷射和进气歧管喷射，缸外喷射与缸内直喷对比见表 10-7。

表 10-7　不同喷射方式时发动机的特点

内容	进气口喷射	进气歧管喷射	缸内高压直喷
喷射压力/MPa	0.5～3.0	0.5～3.0	＞15（15～35）
喷射时间点	进气冲程初段	进气冲程末段	压缩冲程初段至⑨接近压缩上止点
能量变化情况	损失 30%	损失 30%	提升 20%
喷射特点	升功率低、异常燃烧风险大	升功率低，有异常燃烧风险	升功率高、效率高、对喷嘴要求高
混合气特点	易形成不均匀混合气	易形成均匀混合气	混合气均匀或分层
回火情况	高风险回火	低风险回火	无回火

氢燃料直喷技术通常采用火花辅助或热表面辅助（即电热塞）点火。这种喷射模式还具有采用双燃料模式的潜力（即氢气由柴油引燃产生的高温环境点燃，称为双燃料氢柴油直喷

模式）。氢燃料喷射技术的三种方式如图 10-11 所示。

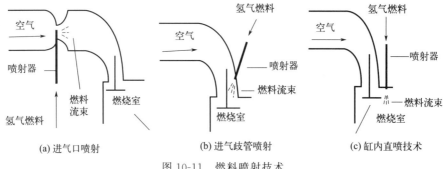

图 10-11　燃料喷射技术

进气口喷射技术是进气冲程期间将燃料喷射到进气门上游的进气口中。由于氢气最小点火能量低，淬火距离短，基于进气口喷射的氢燃料发动机可能存在一些潜在问题，例如提前点火、发生爆震和回火等。另一方面，进气口喷氢还影响发动机的充气效率。与氢燃料直喷发动机相比，进气口喷射还增加了压缩冲程期间所耗的功。

进气歧管喷射则是直接通过机械或电子控制的喷射器将氢燃料直接输送到进气歧管，而不是从进气总管吸入氢燃料。在每个进气冲程开始时，利用电子喷射器将氢燃料喷射到歧管中，其优势就是在高速条件下相比进气总管喷氢具有响应速度快，并可相对精确控制喷射正时和持续时间。

缸内直喷技术包含两类：一种是缸内低压直喷，喷射压力为 1.5～6.0MPa，一种是缸内高压直喷，喷射压力大于 15MPa。缸内压力较低时，低压直喷需要在进气门关闭时立即喷射氢气，而高压直喷则需要在压缩冲程结束时再喷射氢气。

（3）技术指标

氢内燃机的技术指标用来表征其性能特点，并作为评价其性能优劣的参考依据。同时，其技术指标还反映了氢内燃机结构的不断完善、创新和性能优化的情况。氢内燃机的技术指标主要包括：

① 动力性指标。动力性指标即表示发动机做功能力，一般使用有效转矩、有效功率、发动机转速与平均有效压力等作为评价氢内燃机动力性能的指标。

a. 有效转矩。有效转矩指发动机对外实际输出的转矩，用 T_e 表示，单位为 N·m。发动机有效转矩与曲轴转角位移的乘积即为发动机输出轴的有效功。

早期开发的氢内燃机有效转矩较低，难以与汽油发动机相提并论。尤其是采用自然吸气的进气道喷射，使内燃机的最大功率和转矩更加受限。

b. 有效功率。有效功率指氢内燃机在一定时间内对外输出的有效功，用 P_e 表示，单位为 kW，同时，也为有效转矩与曲轴角速度的乘积，其计算公式为式（10-6）：

$$P_e = T_e \frac{2\pi n}{60} \times 10^{-3} = \frac{T_e n}{9550} \tag{10-6}$$

式中　n——曲轴转速，r/min。

c. 转速。氢内燃机转速指内燃机主轴每分钟的旋转次数，用 n 表示，单位为 r/min。转速的快慢与单位时间内内燃机对外做功次数的多少或内燃机有效功率的大小有关。

在氢内燃机产品铭牌上标定的有效功率及相应的转速分别称为标定功率和标定转速，氢内燃机在标定功率和标定转速下的工作状况称为标定工况。

d. 平均有效压力。平均有效压力指单位气缸工作容积所做的有效功，用 P_{me} 表示，单位为 MPa。平均有效压力在实际工作中表现为平均指示压力 P_{mi} 与平均机械压力 P_{mm} 之差。一般而言，平均有效压力越大，内燃机对外做功的能力越强。

② 经济性指标。有效燃料消耗率一般指氢内燃机做一定量的有效功所需要的燃料量，用 b_e 表示，单位为 g/(kW·h)，其计算公式为式（10-7）：

$$b_e = \frac{B}{P_e} \times 10^3 \tag{10-7}$$

式中　B——氢内燃机单位时间内的燃料消耗量，kg/h；

　　　P_e——氢内燃机的有效功率，kW。

显然，氢内燃机有效燃料消耗率越低，其经济性越好。

③ 环境指标。氢内燃机的环境指标是用来评价其排气品质和噪声水平的，关系到人类健康及其赖以生存的环境。

氢内燃机的废气污染物主要为氮氧化物。中国已在 2020 年实行《国家第六阶段机动车污染物排放标准》，要求内燃机氮氧化物排放量由 60mg/km 减少至 35mg/km。

氢内燃机在工作时会产生噪声，按声源可分为机械噪声、气动噪声和燃烧噪声。据统计，现代发动机噪声一般为 85～110dB。

④ 工艺性指标。工艺性指标是指评价氢内燃机制造工艺性和维修工艺性好坏的指标。氢内燃机结构工艺性好，则便于制造和维修，相应地可以降低生产成本和维修成本。

【例题 10-2】　设计一台四缸四冲程的氢内燃机，平均指示压力为 0.8MPa，平均机械损失压力为 0.1MPa，要求 1500r/min 时发出的功率为 60kW，需将活塞的平均速度控制在 10m/s。

（1）计算升功率。

（2）假设每分钟消耗氢气 54g，求有效燃料消耗率。

（3）缸径与行程比取多大合适？

解：（1）$p_{me} = p_{mi} - p_{mm} = 0.8 - 0.1 = 0.7(MPa)$

$$P_L = \frac{P_e}{V_s i} = \frac{p_{me} n}{30\tau} = \frac{0.7 \times 1500}{30 \times 4} = 8.75(kW/L)$$

（2）$b_e = \frac{B}{P_e} \times 10^3 = \frac{\frac{54 \times 60}{60}}{60} \times 10^3 = 54[g/(kW \cdot h)]$

（3）由 $\frac{P_e}{V_s i} = \frac{p_{me} n}{30\tau}$

可得 $V_s = P_e \frac{30\tau}{p_{me} i} = 60 \times \frac{30 \times 4}{0.7 \times 1500 \times 4} = 1.714(L) = 1714(cm^3)$

由活塞平均速度与行程转速的关系，即 $c_m = \frac{Sn}{30}$

可得 $S = \frac{30 c_m}{n} = \frac{30 \times 10}{1500} = 0.2(m) = 20(cm)$

由 $V_s = \dfrac{\pi D^2}{4} S$

可得 $D = \sqrt{\dfrac{4V_s}{\pi S}} = \sqrt{\dfrac{4 \times 1714}{20\pi}} = 10.45 (\text{cm})$

所以 $\dfrac{D}{S} = \dfrac{10.45}{20} = 0.522$

10.3.4 氢内燃机技术

氢内燃机继承了传统发动机百年来发展过程中所积累的全部理论与经验，从内燃机自身看，没有不可逾越的技术鸿沟。氢内燃机总体结构与传统内燃机一致，但二者燃料供应系统及性能方面仍有比较大的区别。主要是从氢燃料自身的特点出发并考虑现有的产业基础进行技术研发。

（1）单一氢内燃机

① 往复活塞式氢内燃机。四冲程往复活塞式内燃机（RPE）是当今主流的内燃机形式，广泛用于乘用车、商用车和船舶等。与往复活塞式汽油内燃机（GPRE）相比，往复活塞式氢内燃机（HRPE）具有更高的热效率，制动热效率可以超过45%，比往复活塞式汽油内燃机高10%～20%。

在气口喷射（PI）往复活塞式氢内燃机中，由于氢气不含碳元素，相较于传统化石燃料其化学计量数较高，因此氢气在燃烧时占据了较大的气缸容积，极大地限制了进入燃烧室的燃料量即进气充量受限。此外，氢气的低体积比热值进一步减少了燃气能量，限制了升功率的进一步提高。虽然缸内直喷（DI）可以有效增加氢气量，可以达到相同规格往复式活塞汽油内燃机理论功率的1.17倍，但当前市售氢气直喷喷嘴较少，技术上受润滑等限制。增压是一种提高升功率的有效方法，但它也会导致结构复杂和可靠性问题。

② 转子式氢内燃机。转子式氢内燃机是一种不同于往复活塞式内燃机的特殊内燃机。它通过独特的旋转结构取消了往复式活塞内燃机中的曲轴、凸轮轴、气门等机构。转子内燃机结构简单而特殊，使其比活塞式内燃机具有许多优点，例如比功率较高、结构紧凑、体积小、噪声低、转速高等，这也是转子式氢内燃机被用于跑车、无人机、移动发电机和增程器等的主要原因之一。然而，转子式内燃机的特殊结构也带来了许多缺点，例如长而窄的燃烧室、较大的面容比以及单向主流流场引起的对反向火焰传播的抑制并可能导致燃烧室末端产生未燃烧区，降低燃烧效果等。

转子式氢内燃机具有良好的适用性，这是因为它们之间的优缺点是相互弥补的，具体如下：淬火距离小的氢气更适合在转子式内燃机狭窄的燃烧室中燃烧；氢气极快的燃烧速度有助于火焰在转子式内燃机燃烧室内传播；转子式内燃机转速高，氢气极快的火焰燃烧速度有利于满足高速转子式内燃机的燃烧要求；高速条件下混合时间较短，但扩散性能好的氢气能较好地满足转子式内燃机燃料混合的要求；即使点火能量低，氢气也容易点燃，这意味着火焰内核更容易形成，难以因高速单向流动而熄灭；往复活塞式内燃机存在动力不足的问题，但是转子式内燃机的高功率特性可以弥补其缺陷。因此，转子式氢内燃机具有特定的优越性能。

（2）氢混合燃料内燃机

鉴于氢燃料具有清洁燃烧的特性与其宽广的可燃性极限，经常被考虑与其他传统和替代燃料结合使用，从而改善其燃烧性能。氢对其他碳氢燃料的燃烧效应已在众多内燃机实验的文献中有相关报道。世界不同地区正在开展多项研究，将氢气与汽油、柴油、压缩/液化天然气（CNG/LNG）、液化石油气、生物柴油和许多其他替代燃料一起用于内燃机。

① 汽油掺氢内燃机。从 20 世纪 80 年代中期开始，中国对氢燃料混合汽油内燃机的初步研究表明，当时只能实现少量的氢气与汽油混合作为内燃机燃料。随后，科学家们开始关注汽油掺氢内燃机的研究，特别是在过去的 20 年中取得了比较大的进展。

a. 汽油掺氢往复活塞式内燃机。汽油掺氢往复活塞式内燃机是指在各种内燃机运行条件下，用氢气和汽油混合燃料进行燃烧的火花点火式内燃机。氢燃料的加入不仅对改善烃类燃料的着火性能具有重要意义，还有利于改善烃类燃料的燃烧特性和物理化学特性。因此，在性能方面一般会优于传统汽油机。

近些年来，研究汽油掺氢式内燃机燃烧的新策略，实现负荷控制，探索燃烧持续时间，也是研究汽油掺氢式内燃机的重要方向之一。无论是在冷启动工况或在怠速和部分负荷工况下加注氢，都能提高汽油掺氢式内燃机的综合性能。与此同时，稀薄燃烧能够实现汽油掺氢式内燃机在进气门全开条件下的部分负荷控制，提高内燃机的运行效率，即便是在低负荷工作条件下，也能保证较低缸内平均指示压力的循环变动。

b. 汽油掺氢转子式内燃机。与往复活塞式内燃机相比，汽油掺氢转子式内燃机的部件数量少，振动小，结构紧凑。除了这些特点之外，转子式内燃机的机械设计使它们能够在更高的速度下获得更高的功率和性能。另一方面，与往复活塞式内燃机相比，转子式内燃机也有一些缺点，通常包括低速时功率输出低、密封性能差、热效率低以及大量的 CO 和 HC 排放。因此，降低废气排放和提高燃油经济性也是掺氢转子式内燃机在实际应用中需要解决的主要问题。

虽然汽油掺氢转子式内燃机可靠性不高，燃油经济性和排放性能均不佳，但通过加 H_2 可改善燃烧过程，也是缓解内燃机在各种工况下，尤其是怠速工况下性能恶化的有效方法，可有效减小内燃机循环波动，缩短燃烧持续时间与火焰发展和传播周期，降低 HC、CO 和 CO_2 排放等。

② 柴油掺氢内燃机。柴油掺氢燃烧，可降低柴油机中 CO、CO_2、HC 和颗粒物的排放，并有助于 NO 向 NO_2 的转化。如果同时采用废气再循环（EGR）技术和掺氢燃烧，虽可同时降低 HC、CO 和烟度排放，提高燃烧速度和热效率，但也可能会增加 NO_x 排放，而且过大的 EGR 会导致燃料的不完全燃烧和热效率降低，所以应选择适当的 H_2 比，可以最大限度地发挥 H_2 掺混在减少排放方面的积极作用。柴油掺氢也能够减少排放物中有些有害碳氢化合物，如醛、烯烃、炔烃和环烃等，并对碳烟颗粒的合成有抑制作用。汽油和柴油发动机是目前应用最广泛的内燃机。在汽油和柴油发动机中加入氢气有许多优点，也存在一些缺点。其优缺点归纳如表 10-8 所示。

表 10-8 汽油和柴油掺氢式内燃机优缺点对比

内燃机类型	优点	缺点
汽油掺氢内燃机	减少 HC 排放、传热损失和循环变动，缩短火焰传播时间；提高热效率，提升工作稳定性；扩大稀燃极限；改善冷启动和怠速性能	缸内平均有效压力升高；NO_x 排放量增加；当掺氢比过大时，怠速工况下 CO 排放增加

内燃机类型	优点	缺点
柴油掺氢内燃机	提高缸内最大压力、放热率、热效率和输出功率；循环变动减少，减小喷油提前角；强化预混燃烧，促进扩散燃烧；减少常规排放（$CO/CO_2/HC$）和非常规排放（烯烃/芳烃/醛类）等	可能存在异常燃烧；NO_x 排放量和排气温度升高；燃烧不正常现象次数增加；燃烧噪声增大

柴油发动机因为其油耗低和输出功率高通常用于中型和重型汽车，但仍然因为颗粒物、氮氧化物和碳氢化合物的高排放受到限制。采用氢-柴油混合燃料可以减少柴油机的积炭，总体上改善内燃机性能。此外，氢气的燃烧特性允许内燃机在较低燃空当量比下工作，而由于氢气扩散快、火焰传播速度快，促进了缸内燃料的快速燃烧。我国最早的柴油掺氢式内燃机研究始于 20 世纪 80 年代中期，特别是近十年来，对柴油掺氢式内燃机的研究逐渐增多。

③ 天然气掺氢内燃机。在天然气中掺入适量氢气能够优化混合燃料的燃烧效果。天然气燃烧的限制之一是火焰传播速度慢，甲烷作为天然气燃料最主要的成分，其火焰传播速度（0.32m/s）远低于大多数碳氢化合物。在混合燃料中，氢气的高火焰传播速度可以很大程度上弥补天然气的低火焰传播速度。同时，这一特性缩短了氢-天然气混合物的燃烧时间，提高了燃烧效率。

天然气中掺氢可以较好地解决纯天然气内燃机中点火能量较高、层流燃烧速度较慢而导致其稀燃能力较差的问题，尤其在低负荷工况高内燃机转速时可以提高稀薄燃烧极限。

掺氢技术与 EGR 的结合可以改善天然气掺氢内燃机的性能。在内燃机中通过适当的 EGR 和 H_2 可以实现稳定的低温燃烧。虽然当 EGR 率较高时，内燃机的功率输出降低，其循环变动也会增加，不过随着掺氢量逐渐增加，循环变动能维持一个较低的水平，燃烧稳定性也能得到改善，特别在 H_2 含量高的情况下，NO_x 的排放随着 EGR 率的增加而减少。

以天然气为燃料的内燃机，通过提高压缩比和采用富氢燃烧对其热力学过程的改善具有相似的影响。随着压缩比和氢气含量的增加，气缸压力峰值和压力上升速率增加，点火提前，燃烧持续时间缩短，燃烧稳定性得到改善。同时，可以通过压缩比和氢含量的改变来改善燃料燃烧热力学过程并获得更高的有效压速比（EER），从而达到更高的指示效率。当然，氢含量增加到一定值，热效率也可能会降低，NO_x 排放量继续增加。因此，应将氢气含量控制在适当的比例，以达到效率和排放之间的平衡。

④ 醇基燃料掺氢内燃机。醇是可再生燃料。以醇类（甲醇、乙醇和正丁醇）为动力的内燃机可以实现无烟燃烧并降低 NO_x 排放。然而，由于醇类的汽化潜热较大，燃料的蒸发和扩散特性比汽油差，可能导致混合燃料均匀性下降和燃烧不充分，从而影响内燃机的经济性和排放。鉴于氢的优良特性，在醇类内燃机内掺烧氢气有助于上述问题的解决。

a.甲醇内燃机掺氢。由于甲醇含有氧原子并且具有高 H/C 比，甲醇的碳排放比纯汽油发动机更低。此外，甲醇具有高辛烷值，使内燃机能够采用更大的压缩比来提高燃油经济性，减少有害物排放。由于氢能强化燃烧和缩短淬火距离，随着 H_2 的加入，不仅可以提高热效率，降低循环变动，同时可有效减少冷启动期的 CO 和 HC、HCHO 和未燃甲醇的排放，但可能会增加 NO_x 的排放。添加少量氢气有助于提高冷启动期间甲醇内燃机的峰值气缸压力和转速，改善冷启动时的稳定性。稀薄条件下在甲醇内燃机中掺氢有利于提高内燃机的热效率，特别是在低负载下，加氢对甲醇内燃机热效率的提高作用更为显著。与此同时，氢气混合后，火焰发展和传播时间均缩短，可增强甲醇内燃机缸内燃烧并减少排气损失。在添加氢气后，缸内循环变动降低。这意味着添加氢气有助于提高内燃机在稀薄条件下的运行稳定性。氢气的掺烧也会对甲醇内燃机的点火正时有一定影响。延迟点火正时容易导致掺氢甲醇内燃机的循环变动增加，影响内燃机的指示热效率。但由于氢气的点火能量低、火焰传播速度快，甲醇-氢气混合物的均匀性和燃烧增强，致使甲醇掺氢内燃机的指示热效率提升，火焰发展和传播周期均随着氢气混合分数的增加而缩短。同时，提前点火可能导致甲醇掺氢内燃机的 HC 排放量增加，相应地其氮氧化物排放可以通过延缓点火正时来控制。

b.乙醇内燃机掺氢。由于氢气的可燃性强、火焰传播速度快，添加氢气可有效减少乙醇内燃机循环变动并扩大稀薄燃烧极限，获得更高的制动热效率。在稀薄条件下添加氢气有助于提高制动平均有效压力，缩短燃烧持续时间，减少乙醇内燃机在无节流条件下的排气损失。

H_2 的加入有助于提高乙醇内燃机的性能，同时减少有害排放物的生成。随着掺氢量的增大，CO 和 HC 的排放先减后增，CH_3CHO 的排放减少，但是 NO_x 的排放会增加。

事实上，醇类目前较多地被用作化石燃料的添加剂。冷启动性能差是制约醇类内燃机发展的关键因素。未来需要致力于提出一种基于加氢的全面有效的燃烧策略（如醇氢发动机），以解决醇类内燃机冷启动困难的问题，同步研究掺氢醇类内燃机的性能。

⑤ 氨掺氢内燃机。将氨气与氢气混合，不仅能提高氨燃烧性能，而且保持了零碳排放的优良特性。研究表明，当氢气体积分数达到 10％时，氨氢混合燃烧的燃烧效率最好，此时内燃机输出功率最高；此外，由于氨和氢具有更高的辛烷值，它们还可以提高内燃机压缩比，以此提高内燃机的循环热效率和输出功率。在排放方面，氨掺氢的排放产物不含碳化合物，有效解决了内燃机碳排放问题。但氨在实际燃烧过程中，点火能量高，且自身内含氮，其燃烧排放中 NO_x 排放偏高。

（3）传统内燃机与氢内燃机比较

传统燃料内燃机和氢内燃机的基本区别主要来自不同燃料的理化性质。最明显的区别是，传统化石燃料在常温下是液体，而氢即使在低得多的温度下仍然是气体（液化温度为 −253℃）。与此同时，氢燃料还存在密度小、体积比能量低、可燃性范围较宽、最小点火能量较小、层流火焰传播速度快和淬火距离较小等特性，这些都是氢内燃机和传统化石燃料内燃机之间在性能和排放特性方面有差异的重要原因。

就废气排放而言，燃用传统化石燃料的内燃机会产生大量有害污染物，如 CO、HC、NO_x、SO_x 和颗粒物等，但是所有这些有害污染物（NO_x 除外）在氢燃料内燃机中本质上是不存在的。在以碳氢化合物为燃料的内燃动力中，针对火花点火式内燃机，其火花塞点火尖端处的绝缘体突出部位容易被外来杂质（如燃料或残留碳）覆盖住，产生结垢现象，但在氢内燃机中，这种现象基本不存在。如果在氢内燃机排气中发现的任何一氧化碳和碳氢化合物的痕迹，都是由内燃机的润滑油造成的。目前某氢燃料内燃机的主要技术经济指标与某汽油机对比如表 10-9 所示。

表 10-9　氢燃料内燃机的主要技术经济指标与汽油机对比

项目	汽油机技术经济指标	氢内燃机技术经济指标
CO_x 排放量/(g/MJ)	89.0	0
NO_x 排放量/(g/MJ)	30.6	28.8(无技术处理)

项目	汽油机技术经济指标	氢内燃机技术经济指标
燃烧热/(MJ/kg)	44.0	141.9
发动机最高热效率/%	45	46
发动机使用寿命/10^4 km	30	40（预期）

10.3.5　氢内燃机的问题与解决措施

氢独特的理化性质决定了氢可以作为内燃机的理想燃料，同时也容易出现独有的异常燃烧情况。特别是氢的燃烧速率快、点火能量低、着火界限宽、火焰传播速度快、扩散系数大等可能导致燃烧过程的早燃、回火、爆震（爆燃）等。这些燃烧过程中的异常现象，一般统称为异常燃烧。这些异常燃烧无疑会导致功率与热效率降低，排放的氮氧化物增加，影响汽车的动力性、经济性和排放性等，严重时可能会导致内燃机熄火停车，造成交通事故。

（1）氢内燃机燃烧的相关问题

① 早燃。在内燃机压缩行程中，由于缸内存在炽热点，可能会提前点燃混合气，使进入缸内的混合气开始燃烧。内燃机在高速、高负荷运转状态下，可能会产生过高的炽热点，这些炽热点可能位于燃烧室的尖角。由于最小点火能量与燃空当量比密切相关，当氢气-空气混合物接近化学计量比时，早燃现象逐步明显。

② 回火。回火指在进气阶段，进气门还没有完全关闭，缸内混合气未经火花塞点燃的情况下被炽热点引燃着火，火焰在压缩负功影响下传播到进气管内的一种不正常现象，类似于早燃。回火和早燃的主要区别在于异常燃烧发生的时间。早燃发生在压缩冲程期间，进气门已经关闭，而回火发生在进气门打开时。这导致进气歧管中的压力上升，一般情况下可以清楚地听到声音，更为重要的是这可能损坏或破坏进气系统。点火能量较低时，当混合气接近化学计量比时，更容易发生回火。浓混合气工作时，回火会造成强烈的噪声，甚至可能损坏内燃机。

③ 爆震。当混合气的形成方式是外部预混合时，在过量空气系数较低的情况下，燃烧初期时的压力升高过快，出现不希望的气体组织形式。当气体自燃时，伴随着剩余能量的迅速释放，产生高振幅的压力波，通常称为内燃机爆震，也叫爆燃。内燃机爆震时的压力波振幅会引起内燃机机械应力和热应力的增加。内燃机爆震的倾向取决于内燃机设计以及燃料-空气混合物的性质。燃料燃烧爆震与其辛烷值有关。有时，通过对比内燃机燃料与正庚烷和异辛烷混合燃料的耐爆震性来确定该燃料的爆震性能。

（2）解决氢内燃机燃烧问题的相关措施

① 废气再循环。废气再循环（EGR）就是指将内燃机排出的废气再次引入气缸内，或调整配气相位来实现，以此增加缸内惰性气体（水蒸气、氮气等）成分，混合气中氧气含量也会大量减少，同时减缓着火。这些措施可以有效控制早燃和回火等异常燃烧问题，还可以降低 NO_x 的排放总量。其缺点是由于尾气进入气缸，减少了新鲜混合气在混合气中的含量，对内燃机功率有些影响。

② 进气降温。进气降温包括在进气过程中喷射冷空气、水或液态氢等。喷入的水蒸发可以吸收热量，降低燃烧温度，减缓着火前的化学过程和燃烧速度。试验结果表明，进气降

温能有效地控制早燃和回火的发生以及降低 NO_x 排放量，避免内燃机功率下降。但是如果喷入过多的水，又容易乳化内燃机机油，丧失机油润滑能力，并锈蚀汽缸壁等。

③ 调整内燃机压缩比。提高压缩比，膨胀比随之变大，做功后期的排气温度会变低，燃烧室壁面温度会降低，缸内炽热点温度也随之降低。适当提高压缩比，降低排气温度，提高了内燃机输出功率，还可以有效抑制早燃和回火等异常燃烧现象的发生。

④ 改变配气正时。配气正时是内燃机气缸活塞的工作行程与进、排气门开闭的匹配，也就是凸轮相对于活塞对应位置的匹配。如果配气不合适，不仅会影响内燃机的经济性与动力性，甚至可能造成内燃机难以启动。调整配气正时归根结底就是准确调整凸轮轴相对曲轴的相位。

10.3.6　氢内燃机应用

相比纯电动车和氢燃料电池，内燃机产业链更完整、技术成熟度更高、成本更低，因而通过内燃机升级及清洁燃料使用应该是未来减碳的关键。在现有技术和低成本储运条件下，广义上的氢（高含氢燃料）应是一种理想的清洁能源。氢作为内燃机燃料时，极易实现稀薄燃烧，排放污染物少，热效率高，是内燃机脱碳的最佳技术路径之一。

（1）氢燃料汽车

我国的商用车保有量仅有 11%，却产生了道路车辆 56% 的碳排放，对新能源的需求最为迫切。但商用车高负载的工况对电驱动系统并不友好，而转型氢燃料电池的高成本又很难让它快速普及，此时氢内燃机再一次成了关注的焦点。而乘用车方面，由于纯电动车、氢燃料电池、混动的选项比较多，尤其是氢的理化特性对氢内燃机的需求并不那么迫切。目前国内相关车企都在进行相应的技术储备。

（2）氢燃料飞机

目前氢能飞机的动力主要包括氢燃料电池和氢发动机等，相较于氢燃料电池，燃氢发动机的发展较为缓慢，这跟氢燃料与航空煤油的许多特性不同密切相关。航空内燃机从燃油到燃氢，对其结构设计尤其是燃烧室的设计带来了挑战。20 世纪 80 年代，苏联便在航空发动机上使用氢燃料开展试验研究，在飞机上成功测试了 NK88 双燃料（煤油和氢）发动机。20 世纪 90 年代后，氢能飞机的研究从军用扩展至民用。2000 年，欧盟资助了一项为期两年的低温民用飞机项（CRYPLANE），系统研究了在民用航空亚声速飞行领域使用液氢的可能性。

氢燃气涡轮一般包括氢燃料涡扇发动机（如图 10-12 所示）和氢燃料电动风扇发动机两种形式。前者结构与现役航空发动机基本相同，氢燃料在燃烧室内燃烧，推动涡轮并带动风扇产生推力；后者则是通过涡轮带动发电机发电，由电动机带动风扇产生推力。相比较使用

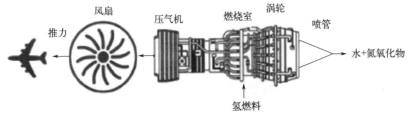

图 10-12　氢燃料涡风发动机

化石燃料，燃氢仅产水蒸气和部分氮氧化物，不会产生一氧化碳、二氧化碳和硫化物等温室气体和烟尘等污染物，飞行过程对气候的影响可降低 50％～75％。为适应氢能使用特性，需对传统航空发动机燃烧室、燃料喷射与混合装置、热循环和管理系统等进行改进或重新设计，并开发针对氢燃料的低氮氧化物排放技术。

2020 年空客公司发布了 ZEROe 的氢能飞机概念：涡扇氢混合动力、涡桨氢混合动力和翼身融合混合动力。其中，翼身融合飞机由两台氢燃料涡扇发动机提供动力，液氢储存和分配系统位于后增压舱；涡桨氢混合动力飞机的液氢储存和分配系统设计与第一种类似，只是换成了两台氢燃料涡桨发动机驱动六叶螺旋桨提供推力，涡扇氢混合动力液氢储罐位于机翼下方，内部空间较为宽敞，主动力仍为两台氢燃料涡扇发动机。

2023 年，我国工业和信息化部、科学技术部、财政部、中国民用航空局等四部门联合印发《绿色航空制造业发展纲要（2023—2035 年）》，推动绿色航空制造业高质量发展。《纲要》明确，坚持多技术路线并举，积极探索绿色航空新领域新赛道。"十四五"期间，小型航空器以电动为主攻方向，干支线等中大型飞机坚持新型气动布局、可持续航空燃料和混合动力等多种路线并存；同时，积极探索氢能源、液化天然气等技术路线，前瞻布局未来产业。

10.4 氢燃气轮机

10.4.1 燃气轮机简介

燃气轮机的本质是一种旋转叶轮式热力发动机，其目的是以连续流动的热气体为工质，通过膨胀带动叶轮高速旋转，将燃料的能量转变为有用功。1791 年，英国人巴伯首次描述了燃气轮机的工作过程；1872 年，德国人施托尔茨设计了一台燃气轮机，并于 1900—1904 年进行了试验；1905 年，法国人勒梅尔和阿芒戈制成第一台能对外输出功的燃气轮机。随着空气动力学的发展，人们掌握了压气机叶片中气体扩压流动的特点，解决了设计高效率轴流式压气机的问题，因而在 20 世纪 30 年代中期出现了效率达 85％的轴流式压气机。与此同时，涡轮效率也有了提高。在高温材料方面，出现了能承受 600℃以上高温的铬镍合金钢等耐热钢。1939 年，在瑞士制成了四兆瓦发电用燃气轮机，效率达 18％。从此，燃气轮机进入了实用阶段，并开始迅速发展。

目前，燃气轮机与蒸汽汽轮机联合发电是最清洁的燃用化石燃料的热力循环发电形式。事实上，在相同的发电量下，与燃煤电厂相比，使用天然气为燃料发电的燃气轮机二氧化碳排放量减少了 50％。工业界致力于到 2030 年使燃气轮机完全使用可再生气体燃料，从而具备 100％碳中和的燃气发电能力。随后的目标是在联合循环配置中力求电厂热效率达到 65％以上。

燃气轮机对于燃料的适应性强，重型燃气轮机的燃料一般是天然气、重油和轻柴油，目前国内已经有以混合煤气（高炉煤气与焦炉煤气混合）以及掺氢为燃料的燃气轮发电机组。舰船、坦克用小型燃气轮机一般以柴油为燃料，飞机用航空煤油。不过，这类燃料最大的问题就是燃烧后会产生大量的温室气体，加剧全球变暖，影响生态环境。随着可再生能源制氢成本的下降以及储氢、运氢技术的成熟，氢燃料燃气轮机技术逐渐开始研发应用。虽然我国近 10 年内基于燃气轮机的调峰电站燃料还是以天然气为主，但随着科技不断进步，氢能源发电将成为电力结构中的重要组成部分，氢燃气轮机发电也能成为重要的电站技术之一。

10.4.2 燃气轮机原理

氢燃气轮机本质上还是燃气轮机，其工作原理与燃气轮机基本一致，即使用以氢为燃料的燃气轮机，仍通过使用升级改造后的燃气轮机发电。空气和氢气分别经压气机逐级增压后形成混合气，随后被送入燃烧室燃烧生成高温高压气体，实现化学能向热能的转化。随后，这些气体被送入涡轮机膨胀做功，推动与涡轮机连接的外负荷转子一起高速旋转，实现热能到机械能的转化。燃气轮机工作系统简图见图 10-13。

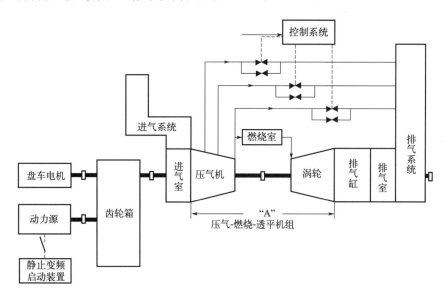

图 10-13　燃气轮机工作系统简图

10.4.3 燃气轮机结构

燃气轮机主要结构有三大部分：压气机，燃烧室，燃气轮机（透平或动力涡轮）。压气机有轴流式和离心式两种，轴流式压气机效率较高，适用于大功率、大流量的场合。在小流量时，轴流式压气机因后面几级叶片很短，效率低于离心式燃气轮机。其工作原理为：叶轮式压缩机从外部吸收空气，压缩后送入燃烧室，同时燃料（气体或液体燃料）也喷入燃烧室与高温压缩空气混合，在定压下进行燃烧。生成的高温高压烟气进入燃气轮机膨胀做功，推动动力叶片高速旋转，乏气排入大气中或再加利用。图 10-14 为重型燃气轮机基本结构示意图。

燃烧室和涡轮不仅工作温度高，而且还承受燃气轮机在启动和停机时，因温度剧烈变化引起的热冲击，工作条件恶劣，它们是决定燃气轮机寿命的关键部件。为确保有足够的寿命，这两大部件中工作条件最严酷的零件如火焰筒和叶片等，须用镍基和钴基合金等高温材料制造，同时还须用空气冷却来降低工作温度。

对于一台燃气轮机来说，除了主要部件外还要配备良好的附属系统和设备，包括启动装

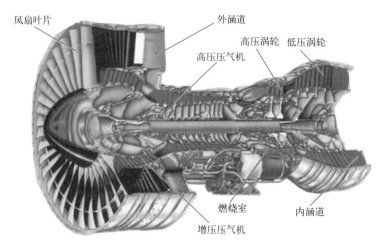

图 10-14　重型燃气轮机基本结构示意图

置、燃料系统、润滑系统、空气滤清器、进气和排气消声器等。

压气机是燃气轮机中高速旋转的叶片对空气做功以提高空气压力的部件。按照气流流动的方式分类，压气机可分为离心式和轴流式两大类，同时具有两类特点的压气机称为混合式压气机。离心式压气机在叶轮的中央入口吸入空气，叶片旋转过程中在离心力作用下使得空气流向外侧进入扩压器通道。扩压器位于叶轮的出口处，通道是扩张型的，空气在流经通道时速度下降，温度和压力都上升（图 10-15）。轴流式压气机有两大基本组成部分，一是以转子为主体的可转动部分，在转子上装有叶片，故称为动液或工作叶片。另一部分是以机壳及装在机壳上各静止部件为主体的固定部分，称为压气机静子。轴流式气体流动方向大致平行于压气机旋转轴。空气通过轴流压气机不断受到压缩，空气比体积减小、密度增加。因此轴流式压气机的通道截面积逐级减小，呈收敛形，压气机出口截面积比进口截面积小很多。混合式压气机的气流部分主要由前端的轴流式和后端的离心式组成，目的是改善后段容积流量小的气动性能，提高效率，避免轴流式后段由于叶片绝对高度过短增加流量损失。

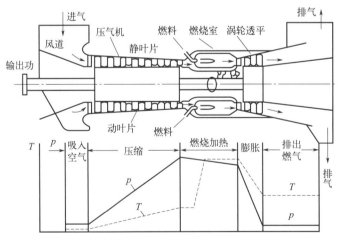

图 10-15　燃气轮机结构及做功示意图

10.4.4 燃气轮机的简单循环

（1）理想的简单循环过程

对于燃气轮机的理想简单循环，简化处理一般需假设以下条件：

① 循环工质假定为满足气体状态方程的理想气体；

② 理想热力循环发生在燃气轮机工作的全过程；

③ 工质热力学性质和流量不发生变化；

④ 热力学过程可逆无能量损耗。

在该循环中，发生在压气机内的过程为绝热压缩过程，由于不考虑摩擦损失，这一过程为可逆过程，即等熵压缩过程。同样地，发生在透平机械内的工质也不与外界发生热交换，为等熵膨胀过程。工质在燃烧室进行燃烧时未与外界发生热量交换与摩擦损失，由此可认为在燃烧室的升温过程为等压加热过程。燃气轮机排气经过排气管道或者烟囱排向大气过程中，高温的燃气对环境放热并降低到环境温度，也就是压气机进口温度，在不考虑排气压力损失时，可认为这一过程为定压放热过程。

基于上述假定，燃气轮机简单热力学循环的四个热力学过程如图 10-16 所示，包括：压气机中的理想绝热过程（1—2）、燃烧室中的定压加热过程（2—3）、燃气透平中的理想绝热过程（3—4）与排气过程中的定压放热过程（4—1）。该热力过程可通过 $p\text{-}V$ 图和 $T\text{-}S$ 图描述，其中，点 1 表示压气机的进口端，点 2 表示压气机的出口端即燃烧室的进口端，点 3 表示燃烧室的出口端即燃气透平的进口端，点 4 表示燃烧室的出口端即排气过程初始位置。可见，该热力学循环就是布雷顿循环。

（2）主要性能指标

基于燃气轮机的理想简单循环，其技术性能指标主要包括以下内容：

① 压缩比。压缩比 π 表示的是压气机出口的气体压力 p_2^* 与压气机进口的气体压力 p_1^* 的比值，表示热力学过程中工质被压缩的程度，一般而言，压气机的进口压力可视为大气压力 p_a，即式（10-8）：

$$\pi = \frac{p_2^*}{p_1^*} = \frac{p_2^*}{p_a} \tag{10-8}$$

② 温比。温比 τ 表示热力学循环过程中，工质的最高温度（燃烧室出口温度 T_3^*）与最低温度（压气机进口温度 T_1^*）的比值。一般而言，压气机的进口温度可视为大气温度 T_a，即式（10-9）：

$$\tau = \frac{T_3^*}{T_1^*} = \frac{T_3^*}{T_a} \tag{10-9}$$

③ 比功。比功表示燃气轮机每进入 1kg 燃料，在完成一个热力学循环后所能对外输出的功，即式（10-10）：

$$\omega_{GT} = \frac{P_{GT}}{G} \tag{10-10}$$

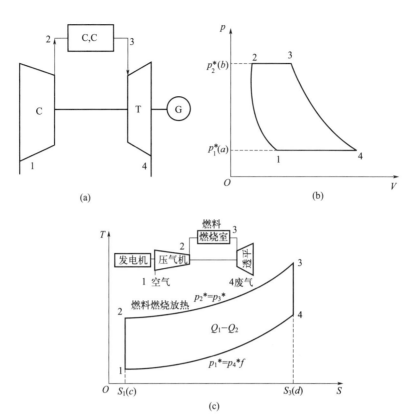

图 10-16 燃气轮机理想简单循环过程（a）及 p-V 图（b）与 T-S 图（c）

式中 G——压气机的空气流量，kg/s；

P_{GT}——燃气轮机的额定功率，kW。

实际上，比功的大小能够反应燃气轮机机组的尺寸。当额定功率相同时，比功越大，燃气轮机需要的空气流量越小，该机组尺寸便可小一些。

④ 热效率。热效率 η_{GT} 表示工质在经过一个循环过程后，其产生的机械功与外界给工质的热量之比，即式（10-11）：

$$\eta_{GT} = \frac{\omega_{GT}}{q} = \frac{\omega_T - \omega_C}{q} = \frac{\omega_T - \omega_C}{f H_u} = \frac{P_{GT}}{G_f H_u} \tag{10-11}$$

式中 q——相对 1kg 空气，外界给工质的热量，kJ/kg；

ω_T——相对 1kg 空气，燃气透平对外做的功，kJ/kg；

ω_C——相对 1kg 空气，压气机的压缩轴功，kJ/kg；

f——燃料流量与空气流量之比，即相对 1kg 空气加入的燃料量；

H_u——燃料的低位发热量，kJ/kg；

G_f——燃料流量，kg/s。

（3）燃气轮机理想简单循环的热力学过程分析

根据对燃气轮机理想简单循环的四个假设，由热力学第一定律可知，外界提供给气体的热量等于气体对外做功与气体的焓增之和，即式（10-12）：

$$\Delta q = \omega + c_p \Delta T^* \tag{10-12}$$

在理想简单循环的每个热力学过程中，功与热的变化如下。

1-2 压气机等熵压缩：$\Delta q_{12} = 0$，$\omega_C = c_{pa}(T_2^* - T_1^*) = c_p T_1^* (\pi^m - 1)$。

2-3 燃烧室等压加热：$\Delta q_{23} = c_{pg}(T_3^* - T_2^*)$，$\omega_{23} = 0$。

3-4 透平中等熵膨胀：$\Delta q_{34} = 0$，$\omega_T = c_{pg}(T_3^* - T_4^*) = c_{pg} T_3^* (1 - \pi^{-m})$。

4-1 大气等压放热：$\Delta q_{41} = c_{pg}(T_4^* - T_1^*)$，$\omega_{41} = 0$。

式中，$m = \dfrac{k-1}{k}$，k 表示绝热指数。

将上述变化情况与图 10-16 对照，能够发现，ω_C 的大小等价于 p-V 图中的 1-2-b-a 围成的面积，Δq_{23} 等价于 T-S 图中的 2-3-d-c 围成的面积，ω_T 的大小等价于 p-V 图中的 3-4-a-b 围成的面积，Δq_{23} 等价于 T-S 图中的 4-1-c-d 围成的面积。基于上述分析，对于燃气轮机理想简单循环比功与热效率又有了全新的表达。

① 理想简单循环比功［式（10-13）］

$$\omega_{GT} = \omega_T - \omega_C \tag{10-13}$$

比功在 p-V 图上表示为 1-2-4 围成的面积。将上述分析过程代入该式，可得式（10-14）：

$$\omega_{GT} = c_{pg} T_1^* \left[\tau (1 - \pi^{-m}) - (\pi^m - 1) \right] \tag{10-14}$$

分析该式能够发现，ω_{GT} 仅与温比 τ 和压缩比 π 有关。

② 理想简单循环热效率［式（10-15）］

$$\eta_{GT} = \frac{\omega_{GT}}{q} = \frac{\omega_{GT}}{\Delta q_{23}} \tag{10-15}$$

热效率在 T-S 图上表示 1-2-3-4 围成面积与 2-3-a-b 围成面积的比值。将上述分析过程代入该式，可得式（10-16）：

$$\eta_{GT} = 1 - \pi^{-m} \tag{10-16}$$

即燃气轮机的循环热效率仅与压缩比 π 有关，提升燃气轮机的热效率最重要的还是提升其压缩比。

由于过程 1-2 与过程 3-4 为等熵过程，过程 2-3 与过程 4-1 为等压过程，所以有式（10-17）～式（10-19）：

$$\pi = \frac{p_2^*}{p_1^*} = \frac{p_3^*}{p_4^*} \tag{10-17}$$

$$\frac{T_2^*}{T_1^*} = \left(\frac{p_2^*}{p_1^*}\right)^{\frac{k-1}{k}} = \pi^{\frac{k-1}{k}} \tag{10-18}$$

$$\frac{T_3^*}{T_4^*} = \left(\frac{p_3^*}{p_4^*}\right)^{\frac{k-1}{k}} = \pi^{\frac{k-1}{k}} \tag{10-19}$$

（4）实际简单循环与理想简单循环的差异

理想简单燃气轮机循环是为了简化分析而出现的一种理论模型，但实际简单循环与理论循环仍存在一定差异，综合而言，有以下不同。

① 在实际压缩与膨胀过程中的损耗。损耗必然会出现，过程为不可逆的绝热过程，而不是等熵过程。损耗的存在使得实际压缩功比理想的要大，实际膨胀功比理想的要小。这一结果就导致了气体在压气机中的实际温升 $\Delta T_{Cs} = T_{2s}^* - T_{1s}^*$ 高于理想温升 $\Delta T_C = T_2 - T_1$，在燃气透平的实际温降 $\Delta T_{Ts} = T_{3s} - T_{4s}$ 低于理想温降 $\Delta T_T = T_3^* - T_4^*$。图 10-17 为不可逆简单理想循环过程中燃气轮机的 T-S 图。可发现，实际温升 ΔT_{Cs}、理想温升 ΔT_C 与压气机效率 η_C 的关系如式（10-20）所示：

$$\eta_C = \frac{c_{pa}(T_{2s}^* - T_{1s}^*)}{c_{pa}(T_2 - T_1)} = \frac{T_{2s}^* - T_{1s}^*}{T_2 - T_1} = \frac{\Delta T_{Cs}}{\Delta T_C} \tag{10-20}$$

式中　c_{pa}——空气的定压比热容，kJ/(kg·K)。

实际温降 ΔT_{Ts}、理想温降 ΔT_T 与燃气透平效率 η_T 的关系如式（10-21）所示：

$$\eta_T = \frac{c_{pg}(T_3^* - T_4^*)}{c_{pg}(T_{3s} - T_{4s})} = \frac{T_3^* - T_4^*}{T_{3s} - T_{4s}} = \frac{\Delta T_T}{\Delta T_{Ts}} \tag{10-21}$$

式中　c_{pg}——燃气的定压比热容，kJ/(kg·K)。

一般来说，η_C 范围为 $0.80 \sim 0.92$，η_T 范围为 $0.87 \sim 0.94$。

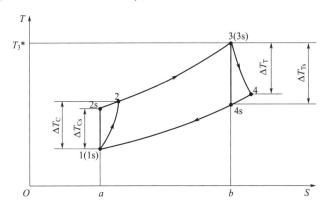

图 10-17　不可逆简单理想循环过程中燃气轮机的 T-S 图

② 工质流经压气机进气道、燃烧室、燃气透平排气道的压力损失。假设压气机进气道、燃烧室、燃气透平排气道的压力损失分别为 Δp_C、Δp_B 和 Δp_T，单位为 MPa。显而易见，Δp_C 使得压气机进口压力与出口压力均小于理论值，Δp_B 与 Δp_T 分别使得燃气透平进口压力与出口压力小于理论值。工程中常用压损率表示燃气轮机各管道的压力损失大小，即

进气道压损率：
$$\varepsilon_C = \frac{\Delta p_C}{p_0^*} = 0.01 \sim 0.015$$

燃烧室压损率：
$$\varepsilon_B = \frac{\Delta p_B}{p_2^*} = 0.03 \sim 0.06$$

排气管压损率：
$$\varepsilon_T = \frac{\Delta p_T}{p_0^*} = 0.025 \sim 0.07$$

式中，p_0^* 表示压气机进气道压力，一般为大气压力 p_a。

透平压缩比见式（10-22）：

$$\pi_T = \frac{p_3^*}{p_4^*} = \frac{p_1^*}{p_0^*} \times \frac{p_2^*}{p_1^*} \times \frac{p_3^*}{p_2^*} \times \frac{p_0^*}{p_4^*} = \left(\frac{p_0^* - \Delta p_C}{p_0^*}\right)\left(\frac{p_2^* - \Delta p_B}{p_2^*}\right)\left(\frac{p_0^* - \Delta p_T}{p_0^*}\right)\pi$$

$$= (1 - \varepsilon_C)(1 - \varepsilon_B)(1 - \varepsilon_T)\pi \tag{10-22}$$

③ 燃料不完全燃烧损失与燃烧室的散热损失。这使得空气吸收的热量 q_B 小于燃料的理论燃烧量 fH_u。这一关系可以用燃烧室效率 η_B 表示，即式（10-23）：

$$\eta_B = \frac{q_B}{fH_u} \tag{10-23}$$

一般来说，η_B 范围为 $0.96 \sim 0.99$。

④ 压气机与透平之间的工质由于漏气、抽气冷却、燃料喷入等原因，二者流量不等，即式（10-24）：

$$q_{mgs} = q_m + q_{mf} - \Delta q_m = (1+f)q_m - \Delta q_m \tag{10-24}$$

式中　q_{mgs}——燃气质量流量，kJ/kg；

$\quad\quad q_{mf}$——燃料质量流量，kJ/kg；

$\quad\quad q_m$——空气质量流量，kJ/kg；

$\quad\quad \Delta q_m$——流量损失之和，kJ/kg。

实际比功也因此发生变化，即式（10-25）：

$$\omega_n = (1+f)\omega_T - \omega_C \tag{10-25}$$

【例题 10-3】　燃气轮机在理想简单循环过程中，以氢气为燃料，环境条件为 $T_a = 288K$，$p_a = 101kPa$，计算时取 $\pi = 15$，$T_3^* = 1500K$，氢热值为 $1.4 \times 10^5 kJ/kg$，求热效率 η_{GT}。

解：取 $c_{pa} = 1.005kJ/(kg \cdot K)$，$k_a = 1.4$。

（1）对于燃烧后的气体，取 $c_{pg} = 1.156kJ/(kg \cdot K)$，$k_g = 1.33$

$$T_1^* = T_a = 288K$$

$$T_2 = T_1\pi^{\frac{1.4-1}{1.4}} = 288 \times 15^{\frac{1.4-1}{1.4}} = 624.34(K)$$

$$\Delta T_C = T_2 - T_1 = 624.34 - 288 = 336.34(K)$$

$$\omega_C = c_{pa}\Delta T_C = 1.005 \times 336.34 = 338.02(kJ/kg)$$

（2）燃烧过程：

$$T_3^* = 1500K$$

$$q_B = q_{23} = c_{pg}(T_3 - T_2) = 1.156 \times (1500 - 624.34) = 1012.26(kJ/kg)$$

（3）膨胀过程：

$$T_4 = \frac{T_3}{\pi^{\frac{k_g-1}{k_g}}} = \frac{1500}{15^{\frac{1.33-1}{1.33}}} = 753.92(K)$$

$$\Delta T_T = T_3 - T_4 = 1500 - 753.92 = 746.08(K)$$

$$\omega_T = c_{pg}\Delta T_T = 1.156 \times 746.08 = 862.47(kJ/kg)$$

（4）整体性能：

$$f = \frac{q_B}{H_u} = \frac{1012.26}{1.4 \times 10^5} = 7.23 \times 10^{-3}(kg)$$

$$\omega_n = \omega_T - \omega_C = 862.47 - 338.02 = 524.45(kJ/kg)$$

$$\eta_{GT} = \eta_B \frac{\omega_n}{q} = \frac{\omega_n}{\Delta q_{23}} \times \frac{q_B}{fH_u} = \frac{\omega_n}{fH_u} = \frac{524.45}{7.23 \times 10^{-3} \times 1.4 \times 10^5} = 51.8\%$$

10.4.5　氢燃气轮机先进技术

燃气轮机燃料一般有煤气、天然气、氢或掺氢天然气等，他们都有各自的优缺点；早期曾使用过煤气，目前大量燃气轮机使用的是天然气，但是，随着对环保的严格要求，人们对于纯氢燃料以及掺氢甲烷燃料寄予极大的希望，氢气与天然气不同的热物理和化学性质导致了燃烧特性的差异，这在贫预混燃烧情况下更为显著。

采用氢作燃料的燃气轮机，其技术水平要求更高。以氢为燃料的燃气轮机能表现出更好的燃烧性能和燃烧效率。而对于以氢为燃料的重型燃气轮机，燃烧器出口处的燃烧速度高于以天然气为燃料的燃气轮机，即使用氢燃料需要保证更高的流量。而采用微混合燃烧技术能够利用超小的氢燃料火焰，无需水或蒸汽即可实现低 NO_x 燃烧，有利于提升循环效率。

目前绝大多数商用氢燃气轮机采用的技术仍然使用掺氢燃料。安萨尔多（Ansaldo）能源公司的 GT 26 燃机采用回热技术，具有额外的自由度，可平衡两个燃烧器的功率。对现有 Ansaldo GT26 标准预混和回热燃烧器进行了全面的单燃烧器高压试验，其中天然气中掺氢量 15%～60%，结果证实了 H 级燃气轮机可以在不改变硬件和性能的情况下，30% 的掺氢量可稳定燃烧。通用电气公司研发的最新燃烧系统 DLN 2.6e，利用微型管路对燃气进行快速预混，可提升氢气预混燃烧的充分性，并能实现掺氢量达 50% 的工况。华天航空动力公司对燃氢燃气轮机燃烧室设计技术（贫燃旋流预混、贫燃旋流直喷、稀释扩散和微混）的掺氢范围及优缺点进行比较，通过贫燃旋流多点直喷技术，即主燃氢气与预燃氢气在不同出口采用直喷技术进行快速掺混，避免了局部高温的影响，预估 NO_x 排放低于 25×10^{-6}。三菱动力等研发了基于传统 DLN 燃烧室技术的干式 DLN 多喷嘴燃烧室。空气从压气机到燃烧室的过程中通过旋流器形成旋流。而燃料则通过旋翼上的小孔供应，实现了燃料与空气的快速预混。在掺氢率为 30% 时，与天然气电厂相比 CO_2 含量下降了 10%。

10.4.6　甲烷掺氢燃气轮机技术

目前还难以纯氢作燃料、实现大功率燃气轮机的规模化工业应用。大多数研究人员认为，富氢气体的使用将是向低碳能源过渡的主要方向。事实上，使用纯氢为燃料，可能增加

NO_x 的排放，因氢气的燃烧温度高于甲烷的燃烧温度。为此，有人考虑用蒸汽和氮气稀释氢气，从氢气特性看从天然气切换到氢气会导致工作流体的质量流量降低，同时研究也表明：用氮气和蒸汽等惰性气体稀释的氢气可以用作燃气轮机的燃料。

甲烷作为现有燃气轮机的燃料最为经济，甲烷由一个碳原子和四个氢原子组成，有学者对两种降碳技术进行对比，并对各种方式获得的富氢燃料通过燃烧联合循环发电进行热力学分析，以了解其发电时 CO_2 排放和效率的影响，进而分析不同氢含量的富氢燃料特性。第一种情况表明，向甲烷中非线性添加氢气会降低 CO_2 排放：掺氢 20% 降低 7% 的 CO_2 排放量；掺氢 50% 降低 24% 的 CO_2 排放量；掺氢 75% 降低 51% 的 CO_2 排放量。第二种情况是考虑使用可再生能源通过甲烷重整获取富氢燃料。重整后，在富氢燃料中可获得高达 75% 的氢体积分数。当 100% 的甲烷被重整时，二氧化碳排放量可降低 27%（通过甲烷重整的车载制氢技术等价于 53% 的掺氢量）。

总之，在未来无碳清洁能源系统中，通过氢燃气轮机实现低碳或零碳发电，是可行的技术路线之一。面对燃气轮机中氢燃烧带来的问题，在传统燃烧室和设计新型燃烧室方面进行了大量的研究开发，在提高燃机效率、保障安全、控制回火和降低 NO_x 排放上取得了重大进展。近年来，国内外一些大的能源公司等已将开发可燃烧纯氢燃料的大功率燃气轮机提上日程，预计不久的将来可实现全氢燃气轮机。

中国在燃气发电掺氢方面积极探索，2021 年 12 月国家电投荆门绿动电厂在甲烷燃气轮机成功实现 15% 掺氢燃烧改造和运行，设计最高掺氢比例为 30%；同年 12 月，广东省能源集团旗下的惠州大亚湾石化区综合能源站建设 2×600MW 9H 型燃气-蒸汽联合循环热电冷联产机组，投产后两台燃气轮机将采用 10% 的氢气掺混比例与天然气混合燃烧；次年 3 月，浙江石化燃气-蒸汽联合循环电站项目的三台西门子 SGT5-2000E 机组，先后点火成功，为世界首套天然气与氢气、一氧化碳混合介质燃气轮机。

燃气发电掺氢技术的发展与燃气轮机的发展具备强耦合关系，目前通用电气公司（GE）在全球已有超过 100 台采用低热值含氢燃料机组在运行，累计运行时长超过 800 万小时，其中部分机组的燃料含氢量超过 50%，积累大量实践经验。GE 公司将零碳排放的燃气技术分为五步，目标在 2030 年前 GEHA 燃气机具备 100% 的燃氢能力，最终实现零碳排放。因此，未来 100% 燃氢的燃气轮机，在技术上是可行的。

10.4.7　燃烧室及其结构改进

燃烧室是燃气轮机中最重要部件之一，燃烧室可以在近乎等压的条件下，把燃料中的化学能有效地释放出来，使其转化为高温燃气的热能，使其为燃气透平中的膨胀做功准备条件。燃气轮机燃烧室通常用高温合金材料制备，在整台燃气轮机中，燃烧室位于压气机和燃气透平之间。燃烧室可以使燃料与压气机送来的一部分压缩空气在其中进行有效燃烧。与此同时，压气机送来的另一部分压缩空气与燃烧后形成的燃烧产物均匀地掺混，使混合气温度降低到燃气透平进口的初温水平，以便送到燃气透平中去做功。燃烧室主要由壳体、扩压器、火焰筒、旋流器、点火装置、联焰管和燃气收集器组成。燃烧室壳体是构成燃气的通道，是燃气轮机的主要承力件，在设计上必须保证壳体具有足够的强度和刚性。扩压器是由燃烧室内外壳构成的扩压通道，降低燃气速度，提高燃气压力，保持燃烧的顺利进行，并减少压力损失。一般而言，在扩压器中，需要把压气机的出口流速降低至原来的 $\frac{1}{5} \sim \frac{1}{3}$。火焰筒是燃烧室的核心部件，其结构应保证合理进气，并与燃料混合形成回流，便于点火和稳定燃烧。旋流器位于火焰筒的头部，大多为环状，围绕燃料喷嘴安装，以改善燃烧过程或缩短火焰长度。值班火焰装置的作用是在启动并开始燃烧时提供初始点火炬（图 10-18）。

燃烧室产生的高温高压燃气推动燃气透平对外做功，实现热能向机械能的转化。燃气透平由静子和转子两大部分组成。静子是双层结构，外层是气缸，内层有静叶持环，转子由转盘、轴及动叶组成。透平喷嘴，其作用是使高温燃气在其中膨胀加速，把燃气的内能转化为动能，推动转子旋转做功。透平转子结构分为鼓筒式、盘式和盘鼓式三类。在大型燃气轮机中广泛采用盘鼓式转子，而盘式转子主要用在级数较少的航空燃气轮机及小功率燃气轮机中。透平动叶的作用是把高温燃气的能量转变为转子机械功。由于燃气轮机工作温度较高，容易带来一系列问题，如热膨胀、热应力、热冲击和热腐蚀等。特别是对于透平，要实现从燃烧室排出的 1100℃ 以上的燃气膨胀做功后降低到 600℃ 以下，故需要采用冷却技术确保燃气轮机部件工作温度在材料许可范围内。

（1）燃烧室特点

燃气轮机的燃烧筒结构和流动分布代表结构如图 10-18 所示，主要部件包括主燃料喷嘴、值班燃料喷嘴、火焰筒、过渡段、旁通管、旁通阀等。气体燃料系统经过气体截止阀后分为两路：一路主路，经压力控制阀和流量控制阀后到主燃料喷嘴；另一路是值班燃料路，也经一个压力控制阀和流量控制阀后到值班燃料喷嘴，值班燃料喷嘴作用主要是形成一个较小的扩散火焰，起到稳定燃烧的作用。每个燃料喷嘴装有数个主燃料喷嘴和一个值班燃料喷嘴。燃烧喷嘴的设计是为了在降低 NO_x 的同时提高预混火焰的稳定性。一般在中心布置 1 个值班燃料喷嘴，环形布置数个预混喷嘴。此外预混燃烧室过渡段上增加了旁通管道和旁通阀，这样设计的好处在于燃烧室的燃空当量比可以通过这种方式得到调整，保持在较低功率下的稳定燃烧，保持预混燃烧低 NO_x 的排放的特性。

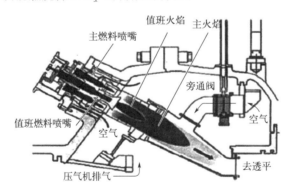

图 10-18　燃烧室结构及工质流动示意图

此外为了降低燃烧后 NO_x 的排放，还有在头部布置多个分散小型燃烧器，通过调节燃烧器之间的燃料分配及燃烧模式，分级升降负荷，如图 10-19 所示，兼顾高负荷工况的 NO_x 排放和低负荷工况的稳定性。

氢气燃烧速度更快，火焰距离更短，氢火焰更接近燃料喷嘴，因此喷嘴温度更高。由此带来的回火和 NO_x 排放高等问题，针对这些问题，目前出现了两类氢燃烧室研究开发方向，分别是改进传统燃烧室和开发新型燃烧室。两者基本都是通过提高流动速度和降低火焰

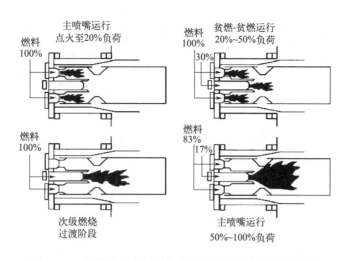

图 10-19　通用电气公司燃烧室头部分级运行原理示意图

温度的方式解决回火和 NO_x 问题，但是这种方法容易引起燃烧不稳定现象。这种不稳定燃烧，与燃烧室内传播的声波耦合而产生的破坏性压力振荡，严重影响了氢燃烧室的发展。

燃气轮机使用氢燃料主要有以下技术问题：

① 氢气的可燃范围很广，燃烧速度快，使用预混燃烧方式有回火的可能。

② 当氢气含量高时，较短的点火延迟时间可能会增加意外自燃的风险。

③ 与天然气相比，氢气燃烧的热声振幅水平和频率也不同，对燃烧稳定性有影响。

④ 同体积下，氢气的热值低于天然气，输出相同功率热需要更大体积流量的氢气。

⑤ 燃烧氢气还会增加废气中的水分含量，导致向热端部件的热传递增加，需要更多冷却；而且水分含量的增加还会使热腐蚀更容易发生，会缩短某些零部件的使用寿命。

在氢燃气轮机燃烧室结构与性能优化方面，主要包括：改进传统燃烧室和研发设计新型氢燃烧室。总体特点见表 10-10。

表 10-10　三种氢燃气轮机燃烧器原理及性能比较

项目	多喷嘴燃烧器	扩散燃烧器	多点燃烧器
燃烧方式	扩散燃烧方式	扩散燃烧方式	预混燃烧方式
结构简图	空气 燃料 预混火焰 扩散火焰 空气 预混火焰 预混喷嘴	空气 空气 燃料 水汽 扩散火焰 空气 空气	空气 燃料 预混火焰 预混喷嘴
NO_x	使用预混喷嘴，火焰温度均匀，NO_x 生成量低	燃料与空气分开喷入火焰温度高的区域 NO_x 生成量大	预混喷嘴更小，火焰温度均匀，NO_x 生成量低
回火	火焰传递范围大，纯氢燃烧时风险大	没有预混燃烧的那种回火风险	火焰传递范围小，风险小

项目	多喷嘴燃烧器	扩散燃烧器	多点燃烧器
循环效率	不喷水/蒸汽，效率高	为减少 NO_x 生成量需要喷射蒸汽/水，效率低	不喷水/蒸汽，效率高
氢燃料占比（体积分数）	~30%	~100%	~100%（开发中）

（2）新型燃烧室

① 微混合燃烧室。微混合燃烧室是防止氢燃气轮机回火和降低 NO_x 排放量最现实可行的方法，图 10-20 给出了微混合燃烧室工作原理图。在传统的燃气轮机燃烧方式中，火焰广泛地分布于整个燃烧室，微混合燃烧室则用大量的小火焰取代了整个的大火焰。NO_x 的生成不仅与燃烧反应过程中的温度有关，还与反应物在高温火焰场中的停留时间相关。微混合燃烧室减少了反应物停留时间，显著降低了 NO_x 生成。此外，从混合器出口极小喷嘴喷出的高速射流消除了回火的风险。

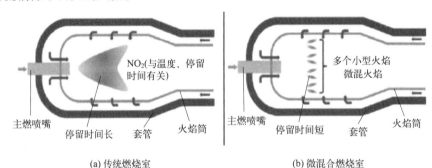

图 10-20　传统燃烧室和微混合燃烧室燃烧原理对比图

图 10-21 是川崎公司微混合燃烧室的图片。整个燃烧室由 410 个小火焰组成，每个火焰由直径为 1mm 或更小的燃料喷嘴组成。对微混合燃烧室进行参数优化后在常压下进行数值和实验研究，在全工况范围内燃烧效率均大于 99%，NO_x 排放可降低至 10^{-6} 数量级。

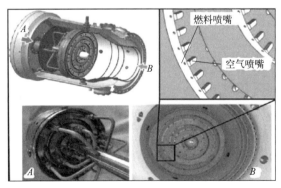

图 10-21　川崎微混合燃烧室燃烧器及喷嘴剖面图

② 燃料轴向分级燃烧技术。燃气轮机（燃气温度＞1450℃）尾气中 NO_x 主要为热力型，生成速率与燃气在燃烧室内的停留时间成正比。因此，尽量减少高温燃气的停留时间能

够降低 NO_x 排放。轴向分级燃烧技术就是利用了这一原理。如图 10-22 所示，燃烧室在轴向上分为两级，其燃烧温度可以独立调节。空气和燃料各分为两部分，一部分空气与一部分燃料预混后进入第一级燃烧，剩余的空气与燃料喷入第二级，与第一级燃烧产物混合后继续燃烧。通过调节两级的空气和燃料分配比例，降低第一级的温度，减少第二级的停留时间，可以有效降低 NO_x 排放。

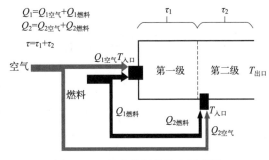

图 10-22　轴向分级燃烧室示意图

轴向燃料分级继续沿用了空气稀释、预混燃烧、旋流燃烧、头部分级等多项燃烧技术，可以看作是现有贫预混燃烧室在轴向上增加了一个分级自由度，属于燃烧组织方式的改进。通过调节第一级和第二级的燃料分配，轴向分级燃烧室不但有效降低了 NO_x 排放，还具有优异的低负荷稳定性，拓宽了可调比。燃料分两级注入还提高了燃料适应性，允许更大的华白（Wobbe）指数变化范围，燃烧活性更高的燃料。此外，由于轴向分级燃烧室增加了后端空气孔，减小了燃烧室压力损失，可以提高循环效率，并有助于抑制热声振荡。

10.4.8　氢燃气轮机应用案例

如表 10-11 所示，GE、西门子（Siemens）、日本公司和中国联合重型氢燃气轮机有限公司（LIGTC）在 2020—2021 年间都陆续推进氢燃料燃气轮机示范项目，燃气轮机型号包括 7F、7HA.02、SGT-400、SGT5-2000E、M501JAC、M1-17、SGT-800 等，单机功率 10～519MW，掺氢比例为 5%～100%。这些都说明重型燃氢轮机在国家能源供应方面正发挥越来越重要的作用。

表 10-11　世界各主力燃氢汽轮机公司应用示范项目

公司	主要合作方	燃机机型	单机功率/MW	掺氢比例/%
GE	—	6B	44	70～95
	CVEC	7F	187	5
	Long Ridge 电厂	7HA.02	约 519	50
Siemens	欧盟政府、Engie Solutions、Centrax、Arttic 公司、德国航空航天中心和四所欧洲大学	SGT-400	约 10～15	100
	巴西石化企业 Braskem	2*SGT-600	—	60
	俄罗斯 TAIF 集团	2*SGT5-2000E	联合循环 495	27
MHPS	美国犹他州国有山间电力公司（IPA，Intermountain Power Agency）	2 台 M501JAC	370	30～100
JERA	NEDO	—	—	30
KHI	—	M1-17	1	100
UGTC	荆门市高新区管委会、国家电投湖北分公司、盈德气体集团有限公司	SGT-800	56	15～30

10.5 液氢燃料火箭

为了满足航天技术对于有效载荷不断增加的需求，以及国际市场对航天技术的激烈竞争，氢燃料是航空领域中一种很有前途的替代资源。氢气的利用减少了有害污染物的排放，缓解气候变化。所以以液氢为推进剂的氢氧发动机在航天技术中具有比较重要的地位。

推进剂是在燃烧时能迅速产生大量高温气体的化学物质。推进剂与燃料的作用是类似的，都能够通过燃烧提供能量。不过二者的燃烧条件并不同。燃料燃烧室需要有空气或者氧气助燃，而推进剂则不需要。对于氢氧发动机而言，液氢与液氧共同构成了二元液体推进剂。

10.5.1 氢燃料火箭结构

就运载火箭而言，无论是单级还是多级，燃料是液体还是固态，其主要组成部分均包括箭体结构（即结构系统）、推进系统（即动力装置系统）和控制系统。这三大系统被称为运载火箭的主系统，主系统的可靠运行，是运载火箭成功飞行的关键。此外，运载火箭上还有一些不直接影响飞行成败并由箭上设备与地面设备共同组成的系统，如遥测系统、外弹道测量系统、安全系统和瞄准系统等。

（1）箭体结构

箭体结构即火箭的整体结构，用来维持火箭的外形，承受火箭在地面运输、发射操作和在飞行中作用在火箭上的各种载荷，安装连接火箭各系统的所有仪器、设备，把所有系统和组件组合成一个整体。火箭头部有整流罩保护有效载荷，尾部设有尾翼提高直线飞行时的气动稳定性。

（2）推进系统

推进系统是氢燃料火箭最为关键的部件，是火箭能够成功飞天的"心脏"。该系统包括五个子系统，即吹除预冷系统、推进剂存储系统、推进剂输送系统、推进剂调节及利用系统。

由于液氢液氧推进剂的沸点与密度都很低，氢氧发动机的设计就不同于普通燃油发动机的设计，其启动前必须进行吹除、预冷（这也是其显著特点之一），目的是保证输送导管和泵内于启动前无空气、水汽及杂质并使推进剂呈液态，保证涡轮泵能够正常启动。

推进剂输送系统，除采用高压补燃系统的航天飞机主发动机外，其他几种发动机均为常规的涡轮泵式供应系统，其构成基本相同。该系统包括液氢、液氧涡轮泵、涡轮增压器、推力室和输送导管等。高压涡轮泵用于加速氢气和氧气的流速，与燃烧室结合产生强涡流，进而把气体推向燃烧室。涡轮增压器是用于产生高压力氢气和氧气的压缩机。推力室主要包括点火装置、燃烧室壁、燃烧室和尾喷管等。点火装置即燃烧器头，将预混气体点燃，发生一系列燃烧反应，释放出大量热能，并产生高速气流。燃烧室是氢燃料火箭中实现燃烧的关键部位，目的是加热、加压，并使氢与氧充分混合。燃烧室壁是由陶瓷或合金制成的薄膜，起到主保护作用，隔断高温和高压。产生的高热气体推动尾部的涡轮机旋转，随后通过尾喷管排出。尾喷管用于控制火箭飞行的方向和速度。涡轮增压器、推力室与涡轮机构成了涡轮发动机的主要组成部件。氢氧发动机的本质就是涡轮发动机。

推进剂存储系统即液氢与液氧的储存系统，一般通过计算机控制其排出的体积流量。

推进剂调节系统，是指对发动机的推力与推进剂的配比进行精准控制，使得推进剂按照设定的目标消耗。该调节系统通过对氧化剂（氧）和燃料（氢）实际耗量的测量和反馈，自动控制两组元（氧、氢）的流量，使氧化剂和燃料同时耗尽，提升其运载能力。

（3）控制系统

控制系统是控制火箭沿预定轨道正常、可靠飞行的部分。控制系统由制导和导航系统、姿态稳定系统、电源供配电和时序控制系统三大部分组成。制导和导航系统控制运载火箭按预定的轨道飞行，把有效载荷送到预定位置并使之准确进入轨道。姿态稳定系统的功用是纠正运载火箭飞行中的俯仰、偏航与滚动误差等，并使其保持正确的飞行姿态。电源供配电和时序控制系统则按预定飞行时序实施供配电控制。某火箭整体结构如图 10-23 所示。

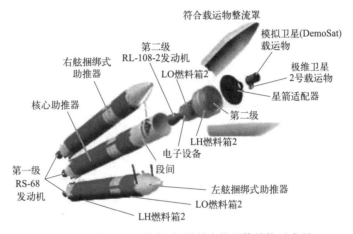

图 10-23 某型号液体氢/氧燃料火箭整体结构示意图

10.5.2 氢燃料火箭工作原理

氢燃料火箭的工作原理是将液氢和液氧混合后点燃产生大量的高温高压气体，从而把火箭推向空中并进入轨道（其核心部件即为氢氧发动机）。具体步骤如下：液氢和液氧分别被储存在两个独立的罐体中，中间通过管路连接，先把液氧抽取出来，利用涡轮泵使其从液态变为气态，然后经过涡轮增压器压缩成高压气体并进入推力室，随后把液氢抽取出来并通过高压涡轮泵压缩，与压缩的氧气预混后进入推力室。在推力室内点燃混合的氢气和氧气，产生大量的高温高压气流，经过燃烧室的出口排出，高速气体流经涡轮机与尾喷管被加速并排放，推动火箭在空中运行，其结构组成如图 10-24 所示。

10.5.3 氢燃料火箭性能及基本计算

对于氢燃料火箭而言，有三个方面需要进行评估：一是火箭达到指定速度的能力，航空航天中用速度增量描述；二是火箭的加速能力，一般用推重比描述；三是火箭的燃料燃烧效率，一般用比冲进行描述。

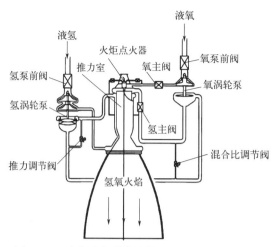

图 10-24　液氢液氧燃料火箭发动机结构组成简图

（1）速度增量

描述速度增量 ΔV，一般用齐奥尔科夫斯基公式，表达式为式（10-26）：

$$\Delta V = v_e \ln \frac{m_0}{m_1} \tag{10-26}$$

式中　v_e——火箭的喷气速度，m/s；

m_0——火箭发射前的总质量，kg；

m_1——火箭工作结束后的总质量，kg。

齐奥尔科夫斯基公式是基于理论上火箭燃烧掉推进剂，最后能够达到的最高速度，忽略了一切外界影响，包括阻力、重力等，且在真空环境中才能达到的理论值，但由于实际情况影响，实际的速度增量比上述理论增量要小一些。

所以，火箭设计应尽量减轻箭体质量和发动机壳体质量，增加燃料质量，提升 $\dfrac{m_0}{m_1}$，同时使用高热值燃料如氢以提高喷射气体的速度 v_e。

（2）推重比

推重比 $\dfrac{F}{m_0}$，顾名思义就是火箭产生的推力与其自身重力的比值。在不同的地域，如海平面或者真空，其推重比是不同的，因为火箭的推力受环境的影响，不同环境的压强不同，产生的推力也就不一样。

火箭推力的计算分为动量项与压力项两项，具体表达为式（10-27）：

$$F = \dot{m} v_e + A(p_e - p_0) \tag{10-27}$$

式中　$\dot{m}$——推进剂喷出的质量流量，kg/s；

p_e——发动机喷嘴处的压强，Pa；

p_0——外界环境压强，Pa；

A——火箭发动机喷管出口处的截面积。

（3）比冲

比冲 I_{sp} 表示单位推进剂流量所产生的冲量与推进剂所受到的质量之比，单位为 s，其表达式为式（10-28）：

$$I_{\mathrm{sp}} = \frac{\int_0^t F \mathrm{d}t}{g \int_0^t \dot{m} \mathrm{d}t} \tag{10-28}$$

式中　t——推进剂的燃烧时间，s；

　　　F——推进剂燃烧所产生的推力，N。

在氢燃料火箭中，推进剂即为氢气。

但火箭在正常工作状态下（不考虑压力项），推进剂质量流量与推力几乎保持不变，故简化为式（10-29）：

$$I_{\mathrm{sp}} = \frac{F}{\dot{m}g} = \frac{\dot{m}v_{\mathrm{e}}}{\dot{m}g} = \frac{v_{\mathrm{e}}}{g} \tag{10-29}$$

比冲还可定义为：在定常假设下（大部分情况）其数值为火箭的有效排气速度除以地表重力加速度。

（4）喷气速度

喷气速度的提升与燃料息息相关。在氢燃料发动机喷口处，可近似将喷嘴认为是拉瓦尔喷管，则其喷气速度为式（10-30）：

$$v_{\mathrm{e}} = \sqrt{\frac{2k}{k-1} \times R \times T^* \left[1 - \left(\frac{p_{\mathrm{e}}}{p^*} \right)^{\frac{k-1}{k}} \right]} \tag{10-30}$$

式中　k——喷管中氢气的比热比，标准工况下为 1.4；

　　　R——喷管中氢气的气体常数，8.314J/(mol·K)；

　　T^*——燃气的总温，K；

　　p^*——发动机燃烧室内氢气的总压力，Pa。

当 $p_{\mathrm{e}} = p^*$ 时，称喷管尾气处于完全膨胀状态。喷管的设计就是为了实现尾气的完全膨胀。

【例题 10-4】　根据齐奥尔科夫斯基公式，计算火箭在消耗其总重量的 98% 之后，以 3000m/s 进行喷气，其能否成功绕地飞行？

解：$\Delta V = v_{\mathrm{e}} \ln \dfrac{m_0}{m_1} = 3000 \ln \dfrac{100\%}{100\% - 98\%} = 11.736(\mathrm{km/s}) > 7.9\mathrm{km/s}$，可以绕地飞行。

10.5.4　火箭发射推进原理

火箭向空中飞行是靠火箭发动机来完成的。火箭发动机点火以后，推进剂（液体或固体燃料以及氧化剂）在发动机燃烧室里燃烧，产生大量高压气体；高压气体从发动机喷管高速喷出，对火箭主体产生的反作用力，使火箭沿气体喷射的反方向前进。固体推进剂是从底层向顶层或从内层向外层快速燃烧的,而液体推进剂是用高压气体对燃料与氧化剂储箱增压,然后用涡轮泵将燃料与氧化剂进一步增压并输送进燃烧室。推进剂的化学能在发动机内燃烧转化为燃气的动能,形成高速气流喷出,产生推力,将火箭送上天空。

火箭的发射过程中,点火升空时需要大的推力以抵抗自身重力和空气阻力,因此需要好的加速性能,但大的比冲不是必要的。在此阶段,密度大、推力大、构造性能高的固体推进剂的辅助引擎,液氧和煤油组合的芯一级火箭最合适。在水平加速阶段,阻力很小,此时使用液氧和液氢组合的芯二级火箭可以充分发挥其比冲大的优势。表 10-12 比较了几种液体火箭的结构和其使用的推进剂,可见现代的运载火箭很多为多级火箭,并非都使用单一的推进剂。辅助引擎或者芯一级火箭使用成本低、密度大、推力大的固体推进剂,可弥补液氢液氧推进剂的缺点。

表 10-12 几种液体火箭结构及其推进剂

项目		Delta IV Heavy	长征五号 CZ-5	H-2A
全长/m		52	56.97	53
芯（整体直径）/m		5, 15	5	4.0, 4.1~5.1
国家		美国	中国	日本
发射时质量/t		733	859~879	289
发射能力 LEO, GTO/t		28.8, 14.2	25 (CZ-5B), 14 (CZ5)	10.0, 4.0
推进剂	燃料组合, 真空比冲/s	液氧/液氢 242	液氧/煤油 335	固体复合材料
	芯一级, 真空比冲/s	液氧/液氢 328	液氧/液氢 430	液氧/液氢 390
	芯二级, 真空比冲/s	液氧/液氢 462	液氧/液氢 442	液氧/液氢 447

注: LEO 是近地球轨道; GTO 是地球同步转移轨道。

10.5.5 液体燃料和氧化剂推进剂

对于火箭而言,推进剂占整体质量的 80% 以上,且燃烧时间只有几分钟,与其他运输工具相比,推进剂的重要性不言而喻。对于液体火箭推进剂的热化学性质、燃烧性能和安全性等有很多要求,主要有以下几点:

① 体积密度大,燃料箱就可小型化,可节省机体重量。

② 高沸点,低凝固点,高热导率,低蒸气压,物理特性随温度的变化小。

③ 化学反应放热大,燃烧温度高,产物分子的质量小,有助于提高引擎性能。

④ 无毒,防爆,无腐蚀,易储存。

由于传统的固体推进剂以及液体推进剂都存在许多问题,上述几条也是所谓绿色推进剂技术要求及研究开发的目标。表 10-13 对液氢液氧及其他几类液体推进剂性能进行了对比。

表 10-13 液氢液氧及其他几类液体推进剂性能比较

氧化剂	燃料	混合比	理论比冲 I_{sp}/s	容积密度 /(kg/m²)	特征排气速度/(m/s)	燃烧温度 /K	代表引擎
液氧	液氢	4.83	455	320	2385	3250	长征五号引擎 日本 LE-7A Space Shuttle

氧化剂	燃料	混合比	理论比冲 I_{sp}/s	容积密度 /(kg/m²)	特征排气 速度/(m/s)	燃烧温度 /K	代表引擎
液氧	航空煤油	2.77	358	1030	1780	3700	长征五号一级 Space-x 9
N_2O_4	偏甲基肼	2.61	333	1180	1720	3415	长征三号三级

液体火箭发动机起源于第二次世界大战期间德国，1937 年德国进行了"A"系列液体火箭研究，用液氧和酒精作为推进剂，并用过氧化氢作为涡轮工质。1942 年进行了 A4 型火箭的首次飞行试验，射程为 300km，即著名的 V2 火箭。二战后，苏联、美国、英国及我国的第一代液体火箭，实际上都是在 V2 火箭基础上发展起来的。自 1950 年到现在，各国对氟类、硼类、肼类、烃类、过氧化氢和液氢等液体推进剂先后展开了全面研究，给第二、三代液体火箭发动机的发展创造了良好条件，并促进了洲际弹道导弹、人造卫星和宇宙飞船的迅速发展。

液体推进剂发展过程中遇到剧毒、强腐蚀性、易燃易爆、环境污染、生产工艺及材料相容性的重重关卡，进展缓慢，现在又取得较大的发展。固体火箭发动机具有结构简单、维护方便、零部件少、可靠性高、发射准备时间短、机动性好、使用安全、储存期长等优点，自 20 世纪 60 年代开始，在战略导弹中也开始采用固体火箭发动机。

当然，液体火箭也有其独特的优越性，如比冲较大，推力可调节，可以多次点火起动和推力容易控制等优点。目前液体火箭发动机多用于发射卫星和空间飞行器，我国的"长征"系列火箭均属于液体火箭。应当指出，固体推进剂与液体推进剂在不同的使用领域都发挥着各自不同的重要作用。至今为止，液体推进剂仍然是世界各国使用量最大的推进剂。因此，目前有固体推进剂和液体推进剂并重、固体火箭和液体火箭并举的发展局面。不同推进剂在火箭发动机级和各年代使用情况如图 10-25 所示。

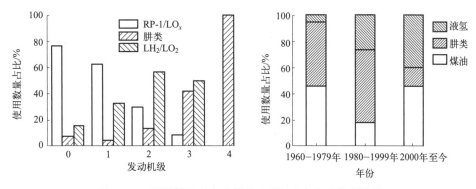

图 10-25　不同推进剂在火箭发动机级和各年代使用情况

第一个液体火箭于 1926 年在美国试验，推进剂是 LO_2 和煤油。20 世纪 40 年代的 V2 火箭用 LO_2 和乙醇作推进剂，第二次世界大战期间战术武器所用的液体火箭的氧化剂是 H_2O_2，燃料用含水肼、甲醇、乙醇、煤油以及它们的混合物，比冲 160～190s。20 世纪 50 年代，苏联发射人类第一颗人造卫星的火箭用 LO_2 和煤油作推进剂，以后美国将 N_2O_4 扩混肼用于"大力神"导弹上，液体推进剂开始迅速发展。60 年代，美国用于"阿波罗"计划的大推力火箭使用了 LO_2/LH_2、$LO_2/RP-1$、$LO_2/混肼$ 和 MMH 等推进剂。70 年代开始研制且到 80 年代开始使用的美国航天飞机和海空军使用的巡航导弹，其主发动机均使用液体推进剂。到 80 年代以后，俄罗斯继续使用液体推进剂火箭装备各种地-地和潜-地导弹和航天飞机，主要液体火箭推进剂的现状简述如下。

（1）液氢液氧（LH$_2$/LO$_2$）推进剂

液氢液氧 LH$_2$/LO$_2$ 是目前实用的比冲最高的火箭推进剂。在世界各国的氢氧火箭发动机上已大量使用。由于世界航天产业的不断发展，预计今后液氢推进剂用量将大幅提高。

液氢沸点 $-252.7℃$，冰点 $-259.1℃$，沸点时密度 $0.07077g/cm^3$。LH$_2$/LO$_2$ 燃烧温度高达 3250K，重要的高能低温液体火箭燃料，液氢还能与液氟组成高能推进剂。液氢是仲氢和正氢的混合物。仲氢与正氢的化学性质完全相同，而物理性质有所差异，表现为仲氢的基态能量比正氢低。在各种温度下正、仲氢的平衡混合物，称为平衡氢。正、仲氢的平衡浓度在 273K 以下随温度变化而变化。温度在 273K 以上的正、仲氢平衡混合物称为正常氢，由 75% 正氢和 25% 仲氢组成。

液态氧，呈浅蓝色，沸点为 $-183℃$，凝固点 $-222.65℃$，冷却到 $-218.8℃$ 成为雪花状的淡蓝色固体，液氧的密度（在沸点时）为 $1.14g/cm^3$。液氧具有强顺磁性，在航天工业中，液氧是一种重要的氧化剂，通常与液氢或煤油搭配使用。一些最早期的弹道导弹采用液氧作为氧化剂，如 V2（液氧-酒精）和 R-7（液氧-煤油）。在作为推进剂时，液氧能为发动机提供很高的比冲。另外，相对于另一种常见的推进剂组合四氧化二氮-偏二甲肼（肼类物质有剧毒），液氧的几种搭配形式清洁环保。典型的低温液体推进剂燃料热化学数据如表 10-14 所示。

表 10-14　三种典型低温液体推进剂燃料热化学数据对比

参数名称	液氧	液甲烷	液氢
分子量	31.99	16.04	2.02
三相点/K	54.36	90.69	13.96
标准沸点/K	90.19	111.67	20.37
密度/(kg/m^3)	1141.20	422.35	70.85
动力黏度/(μPa·s)	194.67	116.76	13.49
比热容/[kJ/(kg·K)]	1.70	3.48	9.77
热导率/[mV/(m·K)]	150.77	183.70	103.62

（2）煤油（RP-1）推进剂

航空煤油为无色透明烃类液体，或略显淡黄色。沸程 180～310℃（有时略有变动）。平均分子量在 200～250 之间。密度大于 $0.84g/cm^3$。闪点 40℃ 以上。运动黏度 40℃ 为 1.0～2.0mm^2/s。航空煤油的分子式都是 CH$_3$(CH$_2$)$_n$CH$_3$（n 为 12～16），热值不小于 42886kJ/kg。喷气式飞机的飞行高度在一万米以上，这时高空气温低达 -55～$-60℃$，这就要求航空煤油在这样的低温下不能凝固。具体要求航空煤油的冰点指标不得高于 -55～$-60℃$，以便确保飞机在高空能正常飞行。RP-1 煤油，也称火箭推进器-1 号，是高度提炼的煤油，类似航空煤油，杂质如硫化物、烯烃、芳烃含量都更低。

航空煤油密度适宜，热值高，燃烧性能好，能迅速、稳定、连续、完全燃烧，且燃烧区域小，积炭量少，不易结焦；低温流动性好，热稳定性和抗氧化稳定性好，可以满足超音速飞机、深空火箭等航天器低温高空飞行的需要。

其他液体推进剂还有肼（N_2H_4）推进剂、偏二甲肼（UDMH）、甲基肼或一甲基肼（MMH）、硝基氧化剂、三氟氧化氯、五氟化氯和液氟以及烃类燃料等，在此不一一介绍。

（3）三组元高比冲液体推进剂研究

近年来国外对未来大型运载器的助推发动机方案进行了大量概念性研究和原理性试验，认为在 LO_2/LH_2/烃类燃料发动机中，以 $LO_2/LH_2/CH_4$ 三元组推进剂为最佳，可较大幅度地提高比冲，有利于解决点火、结焦、积炭和材料不相容等问题，该类三组元推进剂发动机比冲可达到 360s 或更高。另外，三组元推进剂发动机另一个特性是能够把氢加到主燃烧室中燃烧，这样可把比冲提高至 380s，其他三组元液体推进剂还有 $LO_2/LH_2/RP-1$、$LO_2/LH_2/C_3H_8$ 等。

10.5.6　液氢低温储存技术

由于液氢、液氧沸点相对较低（LH_2 沸点 $-253℃$，LO_2 沸点 $-183℃$），受热易于蒸发，因此在太空中难以长期储存。需要昂贵的保温层，在使用时不能密封，需要不断地蒸发，从而降低了效率。并且因其与液氧的沸点相差大，为了不使液氧冻结，燃料箱与氧化剂箱有时需做成非共壁容器结构，工艺复杂。当然，要液氧、液氢保持液态，必须采用特殊的包装容器。一旦得到外界热量供给，即使是常温下，也会快速汽化，这种瞬时产生的气态以数百倍液态体积膨胀，瞬间发生猛烈爆炸，造成巨大灾难。因此在太空中难以长期储存。低温推进剂在轨加油站必须解决微重力下的低温液体储存、传输、加注问题，包括在低温液体推进剂的传输过程中不能产生气液两相流（不能产生气泡）以及发生泄漏时能向储存系统发出警报的方法。

随着载人火星探测任务的发展，对低温推进剂长期在轨储存与传输技术需求日益增强，NASA 对于该项技术在 2030 年前的发展目标是具备在空间零蒸发（zero-boil-off，ZBO）存储 LO_2、最小损耗（reduction boil-off，RBO）存储 LH_2 的能力。

由于 LH_2 具有极低的沸点，被动控制无法做到完全绝热，ZBO 储存只能依靠主动冷却。主动冷却系统以制冷机为主，以循环气体作为制冷机工作流体。对于 LH_2，尽管采用高性能的 20K 制冷机冷却推进剂，已经在轨验证的空间制冷机效率也只能达到 $0.1\%\sim0.2\%$，20K 温区能效比为 $500\sim1000W/W$。RBO 系统工作原理如图 10-26 所示。

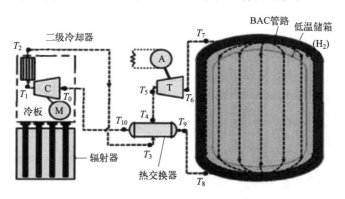

图 10-26　最小损耗 RBO 系统工作原理

由图 10-26 可知，从冷能利用的品质和效率来讲，相较于 20K 温区的空间制冷机，采用更易于实现的 90K 制冷机技术结合大面积冷屏（broad area cooling，BAC）来冷却更高温度的储箱外表隔热层则更具有前景。主要原因在于采用 20K 温区的制冷机时功率和质量消耗较大、费效比低，不仅需要超大面积的太阳能帆板为制冷机供电，而且还需要大型展开式辐射器为制冷机废热提供散热途径。而利用不同品质的冷量与系统功耗及质量消耗之间的非线性关系，采用主动制冷机通过制冷工质将冷量传输给 BAC 管路，冷却相对较高温区的储箱外绝热结构，以抵消或减小向储箱内部的漏热，实现 LH_2 最小蒸发损耗。此外，LO_2 沸点相对较高，LH_2 储箱 90K BAC 出口工质可以继续用于冷却 LO_2 储箱，实现 LO_2 ZBO 及冷量的综合利用（见图 10-27）。研究表明，对比采用 BAC 冷屏和直接对 LH_2 采用主动制冷两种方式，同等条件下采用冷屏后主动制冷系统质量和功耗消耗可分别节省 60％和 64％左右。

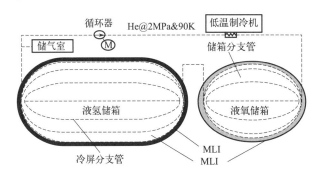

图 10-27　液氢、液氧贮箱采用大面积冷屏冷量传输方式
（MLI，Multi-layer Insulation，多层隔热组件，主体材料为玻璃纤维增强复合材料）

作为 LH_2 长时间在轨储存的被动和主动散热组件，MLI 和 BAC 被安装在泡沫（spray on foam insulation，SOFI）的表面。该绝热系统材料从外至内的依次为：层密度为 20 层/cm 的 30 单元标准密度 MLI；BAC 冷屏；层密度为 8 层/cm 的 30 单元低密度 MLI；SOFI；储箱金属壁面。针对不同推进剂种类和任务模式对热控制的需求，需要针对性地进行 MLI 的密度计算和层数设计，并通过黏接搭扣进行连接，以允许拆除和重新安装。

10.5.7　氢燃料火箭优点和不足

氢燃料火箭的优点主要有：

① 氢氧具有较高的热值。由于氢的分子量较小，所以氢氧的比冲相较于其他燃料火箭发动机是最高的。而较高的比冲就意味着要实现相同的速度变化，需要携带的燃料就更少。总体质量相对更轻。液氢液氧的真空比冲高达 455s，在 1atm 的标准大气压下比冲也有 390s，相较于常规动力火箭，比冲要高出 40％～50％。

② 氢氧燃料清洁干净。氧机中的燃料不含碳元素，产物只有水。即使考虑到贫氧燃烧也只会富余氢气。这些产物相对干净，不会发生燃烧不充分的固体小颗粒副产物堵塞发动机管线的情况（类似于汽油机的积炭等），特别适合重复使用。

③ 性质稳定。液氢与液氧易于点火，燃烧稳定且效率高，液氢的临界压力低，比热容高，适宜作为推力室再生冷却剂。

④ 氢氧燃料循环效果好。氢氧燃料反应产物只有废热、水与电。电可以供给航天器使用，水可以支持生命维持系统，废热也可收集进行余热利用，能实现产物的充分利用。

氢燃料火箭的不足主要有：

① 氢气的沸点极低。氢气在常压下的沸点仅为$-252.87℃$，意味着这个温度下普通金属会变得非常脆，表明燃料罐需要由特殊的材料制成或者在储氢过程中对氢气进行加压提升沸点。同时，储氢罐也需要厚重的保温材料防止汽化，这些重量的增加削弱了氢氧机高比冲的优势。

② 氢气的分子过小。这意味氢气分子可以通过金属材料进一步扩散，产生一定程度的泄漏。泄漏时间越长、泄漏量就越大，从而影响氢燃料火箭的正常运行乃至安全。

③ 氢气对储氢材料存在氢脆现象。氢脆是指由于氢扩散到金属中以固溶态存在或生成氢化物而导致材料断裂的现象。氢脆对材料的威胁导致氢气的长期储存变得更加困难。

10.6　氢燃料锅炉

在一些有副产氢气的情况下，氢气可作为锅炉燃料使用。

10.6.1　氢燃料锅炉基本结构

氢燃料锅炉装置主要由锅炉本体、燃烧器、供气系统、给水及水处理系统等组成。锅炉本体主要包括炉膛、水冷壁、对流管束、下降管、集箱、汽水分离器等。锅炉炉膛一般为圆筒型，炉内燃气在微正压条件下燃烧，需保证其气密性，确保烟气不致外逸。炉膛上方需设置至少一个防爆门，其侧面一般布置多个火焰观察装置，以便监测炉内燃烧情况。水冷壁与对流管束均布置在锅炉炉膛内部，不过水冷壁布置在炉膛四周，对流管束布置在炉膛上侧。在氢燃料锅炉中，水冷壁主要分为管式水冷壁与膜式水冷壁，水冷壁主要是通过热辐射方式，将炉膛热量传递给管内循环水。对流管束是锅炉的对流受热面，用于吸收高温烟气的热量，下降管是把汽水分离器里的水输送到下集箱，使管子受热面有足够的循环水量，保证运行可靠。集箱主要是汇集、分配管内循环水，保证各受热管拥有可靠的供水或汇集各管路的汽水混合物，省料器本质也是利用排烟温度的余热来提高给水温度的热交换器，其作用是提高给水温度，提高锅炉热效率。汽水分离器的作用是去除蒸汽系统或压缩空气系统中所夹带液滴。锅炉启停过程中由于热负荷低，无法实现一次循环，汽水分离器在此起到汽包作用，实现汽水分离。

燃烧器由点火变压器、点火电极、紫外线火焰检测器、温度监测器、风门执行器与电控系统等组成。紫外线火焰检测器用于检测火焰是否存在或稳定。温度监测器主要功能为燃气温度的监测与控制以及系统水和媒质水温度的监测与控制。供气系统由预冷器、冷却器、过滤器、稳压阀、安全阀、检漏装置与风机等组成。给水及水处理系统主要由纯水箱、除氧泵与除氧器组成。水质会影响锅炉的热效率和使用寿命，做好锅炉水处理工作是保证锅炉安全经济运行的重要环节之一。

10.6.2　氢燃料锅炉工作原理

氢气通过管道运输进入预冷器、冷却器、过滤器进行预处理冷却降温，处理后的氢气通过阻火器送至氢燃料锅炉底部燃烧器中的燃烧室。空气经助燃风机加压后，再经自动调节阀进入氢气锅炉燃烧器并至燃烧室。空气与氢气按一定比例混合燃烧，在炉膛内燃烧放热并生成高温燃气，产生的热量加热锅炉内水汽管道中的除氧水。纯水箱中的水经除氧水泵被送至除氧器进行加热除氧，除氧后的水由给水泵加压送入锅炉顶部省煤器内，利用烟道内尾气余热进行预热，再进入锅炉内进行加热产生饱和蒸汽。产生的蒸汽通过锅炉顶部的炉外汽水分离器，进入厂区低压蒸气管网，供生产岗位使用。

锅炉正常操作参数：蒸汽操作压力为 2.25MPa，温度为 250～275℃。以天津某公司离子膜烧碱装置的 45t/h 氢气锅炉为例，结构如图 10-28 所示。

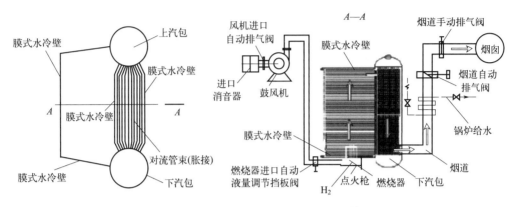

图 10-28　立式燃氢锅炉基本结构及流程简图

【例题 10-5】 按每小时可用于燃烧的氢气消耗量为 1700m³ 计算，H_2 纯度 99%，H_2 密度 0.09kg/m³，不完全燃烧损失为 2%，氢气的热值为 14×10^4 kJ/kg，锅炉效率为 88%。计算燃氢锅炉产生蒸汽量（提供蒸汽参数为 1.0MPa、180℃）。

解： 氢气热值：$Q = 1700 \times 99\% \times 0.09 \times (1 - 0.02) \times 14 \times 104 = 20758600$(kJ/h)

锅炉每小时的利用量：$Q = 20758600 \times 88\% = 18267600$(kJ/h)

平均每小时锅炉生产的蒸汽量：

$Q_z = 18267600 \div (2777.7 - 84.3) = 6780$(kg)，即每小时可产生约 6.8t 蒸汽。

上式中，2777.7 为蒸汽 1.0MPa、180℃时的饱和蒸汽焓值；84.3 为 20℃时水的焓值。

10.6.3　氢燃料锅炉的安全性

氢气与天然气、城市煤气、液化石油气等常规气体燃料相比，易燃易爆是其最大的特点。因此，氢燃料锅炉无论从本体结构、燃烧系统、自动控制还是安装、运行操作上都提出了更高要求。要通过采取相关措施如安装安全附件等方式，确保锅炉运行的安全性。

10.7　氢氧焰的利用：金属切割和焊接

10.7.1　氢氧焰切割

火焰切割是金属加工过程中的一种热切割工艺，是利用预热氧和可燃气如丙烷、天然气、乙炔、焦炉煤气、氢气等混合燃烧的火焰，将切割材料局部加热至燃点，使切割材料在高压氧流中连续燃烧，燃烧所产生的熔渣被切割气流吹扫掉，从而形成割缝的一种切割工艺。

火焰焊接是将金属材料加热到熔点以上，使两块金属熔化结合在一起的工艺。

燃气的实用性受其燃烧特性的影响，燃烧特性包括燃烧热值、燃烧速度和燃烧温度。氢的燃烧热值比其他燃料低、火焰温度也比乙炔低，但其燃烧速度比其他燃料快得多，可以部分弥补其燃烧热值低、火焰温度低的不足。

长期以来，金属的气焊与气割主要采用乙炔或煤气作为燃料，生产乙炔的主要原料是电石，消耗大量的煤和电能，且在制备乙炔时还会产生大量废渣。乙炔易燃、易爆，储存和运输不方便，燃烧时对环境造成污染。开发多种能源的热切割设备，利用各种清洁可燃气体，特别是氢气，很有必要。

氢氧火焰在进行高温切割时，具有预热时间短、切割速度快、穿透度强、切缝小、减少材料损耗、降低生产成本等优点。使用氢氧火焰进行金属板材切割后，其切口平滑，不像乙炔切割会结渣。通过氢氧火焰在高温切割领域中的应用并对氢氧火焰与乙炔、丙烷火焰在切割试验中进行对比，进一步证明氢氧气不仅缩短作业时间，还极大地降低了生产成本，经过上述对比可采用氢氧气应用于连铸还火焰切割，可以为企业带来显著的经济效益。

氢氧火焰切割有如下特点：

① 割缝。连铸机采用天然气或煤气切割钢板时，割缝一般在 $8\sim12mm$，而采用氢氧气切割的过程，均在 $4\sim6mm$，降低连铸切割损耗。

② 切割面。氢氧切割与天然气切割速度基本相当，但氢氧切割的切面平整，相对毛刺量较少，减少了去毛刺机垂刀的消耗。同时，挂渣量少且易清理，降低了工人劳动强度。

③ 成本。氢氧切割过程主要消耗能源为水电，同时氢氧切割过程自带氧气，可减少预热氧的消耗。

④ 安全性和环保性。氢气的密度小，浮力大，氢在通风排气条件下自然上升，泄漏的氢气能快速向各个方向扩散，使其泄漏区域的氢浓度快速降低，为安全带来了有利的一面。

10.7.2　氢氧焰焊接

氢氧焰是氢气在氧气中燃烧的火焰，其燃烧温度可高达 $2500\sim2900℃$，连熔点很高的石英（熔点在 $1715℃$）也能在氢氧焰灼烧下熔融。且氢氧焰不会使熔化石英中混入碳、金属等杂质，因此，氢氧焰可以用来加工石英制品。石英的膨胀系数很小，烧到红热的石英制品投入冷水里也不会裂碎，石英的绝缘性能比普通玻璃和陶瓷都好。因此，石英可用来制造耐高温的试管、烧瓶、坩埚以及光学仪器和电学仪器的特殊玻璃。与氧炔焰气焊气割相比，无污染、切口焊缝整齐、加工处无冷脆现象，是许多场合的不二选择。

水焊机是利用水在碱性催化剂（如氢氧化钾）作用下，在电解槽两端通直流电，将水发生电化学反应生成氢气和氧气，再以氢气作为燃料，氧气助燃，经安全阀与阻火器再经氢氧火焰枪点火形成氢氧火焰，对工件施焊。这个过程的化学实质是电解水产生氢气和氧气，再将氢氧混合经过焊枪燃烧；该仪器主要由电解槽、电解电源、安全阀与阻火器、火焰调节罐、氢氧火焰枪组成。

1962 年，澳大利亚布朗（Y. Brown）教授制作了第一台布朗水焊机（由水电解生成的氢氧发生器，外加按 2∶1 比例氢氧混合气的燃烧焊枪），由于布朗教授采用的是氢气即产即用的技术，并且采用水能灭火的原理制作的湿式阻火器，解决了安全问题。实验证明，氢氧混合气只有在高压储存条件下遇明火或静电，并且在火焰枪喷嘴设计不合理而导致供气速度跟不上燃烧速度时才会回火，一般情况下都是安全的。

水焊机是利用水在碱性催化条件下（如氢氧化钠或氢氧化钾水溶液），在电解槽两端通直流电，使水发生电化学反应生成氢气和氧气，以氢气作为燃料，氧气助燃，经安全阀与阻火器再经氢氧火焰枪点火形成氢氧火焰，产生高温对工件施焊，如图 10-29 所示。

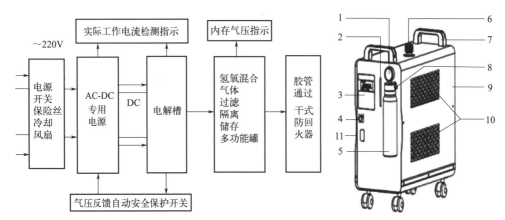

图 10-29　氢氧水焊接机原理及结构简图

1—压力表；2—水位指示；3—控制面板；4—产气量调节；5—助剂罐；6—加液盖；
7—提手；8—出气口；9—外壳；10—通风口；11—开关电源

各类水焊机的应用范围如下。

① 小型水焊机：工艺品的产品抛光；有机玻璃火焰抛光；金银首饰焊接；电机漆包线焊接；光纤焊接；小型石英管软化等。

② 中大型水焊机：制药厂水针剂安瓿瓶拉丝封口；石英玻璃棒压铸成型；空调铜焊焊接；蓄电池铅极板群焊接等。

思考题

10-1. 氢气做燃料使用有哪些特点？

10-2. 氢氧燃烧反应包括哪些过程？

10-3. 影响 NO_x 排放的主要因素有哪些？采用什么措施可以降低 H_2 燃烧中 NO_x 排放？

10-4. 氢燃料内燃机主要由哪些系统组成？

10-5. 氢气喷射方式有哪些形式？并试述其异同。

10-6. 单一燃料内燃机与混合燃料内燃机有何区别？

10-7. 醇掺氢内燃机有哪些类别，其各自有哪些特点？

10-8. 面对氢内燃机存在的技术问题，分析其解决方案。

10-9. 氢内燃机汽车有什么特点？

10-10. 在燃气轮机循环过程中，以氢气为燃料，轴功率 $P_{GT}=260MW$，环境条件为 $T_a=290K$，$p_a=101kPa$，计算时取 $\eta_c=0.9$，$\eta_T=0.88$，$\eta_B=0.97$，$\varepsilon_C=0.01$，$\varepsilon_B=0.03$，$\varepsilon_T=0.03$，$\pi=16$，$T_3^*=1613K$，氢热值为 $1.4\times10^5 kJ/kg$，求：

（1）压缩机做功 ω_C；（2）空气吸热量 q_B；（3）燃气透平做功 ω_T；（4）热效率 η_{GT}。

10-11. 燃气轮机在运行过程中主要有几个热力循环过程，其能量形式如何变化？

10-12. 已知氢氧发动机燃烧室压强为 6MPa，温度为 3200K，工作地点在海平面，若火箭处于完全状态下工作，火箭的喷气速度为多少？比冲为多少？

10-13. 长征五号起飞重量高达 869t，在近地轨道上的运载量为 25t，与地球同步转移轨道上的运载量为 14t，假设其喷气速度为 2500m/s，请计算长征 5 号在近地轨道上的速度，计算是否能在与地球同步转移轨道上实现第二宇宙速度；若不能实现，运载量应为多少？

10-14. 已知长征五号的燃料质量 165.3t，燃料燃烧时间为 1810s，基于上一题的火箭喷气速度，估算发动机的平均推力。

10-15. 火箭飞上天过程中受到哪些力的作用？

10-16. 燃氢锅炉主要由哪些部件组成，其优缺点是什么？

参考文献

[1] Smith G P, Golden D M, Frenklach M, et al. GRI-Mech 3.0[J]. [s. n.], 1999.

[2] 蒋德明. 内燃机燃烧与排放学[M]. 西安：西安交通大学出版社，2001.

[3] Ichikawa Y, Yuasa A, Uechi H, et al. Development of hydrogen-fired gas turbine combustor[J]. Journal of the Combustion Society of Japan, 2019, 61(195): 15-23.

[4] Dinesh K J R, Jiang X, Kirkpatrick M P, et al. Combustion characteristics of H_2/N_2 and H_2/CO syngas non-premixed flames[J]. International Journal of Hydrogen Energy, 2012, 37(21): 16186-16200.

[5] Konnov A A, Colson G, De Ruyck J. NO formation rates for hydrogen combustion in stirred reactors [J]. Fuel, 2001, 80(1): 49-65.

[6] 孙柏刚，包凌志，罗庆贺. 缸内直喷氢燃料发动机技术发展及趋势[J]. 汽车安全与节能学报，2021，12(03): 265-278.

[7] Fischer M, Sterlepper S, Pischinger S, et al. Operation principles for hydrogen spark ignited direct injection engines for passenger car applications[J]. International Journal of Hydrogen Energy, 2022, 47(8): 5638-5649.

[8] Meng H, Ji C, Xin G, et al. Comparison of combustion, emission and abnormal combustion of hydrogen-fueled Wankel rotary engine and reciprocating piston engine[J]. Fuel, 2022, 318: 123675.

[9] 谢满，蒋炎坤. 汽油机掺烧甲醇裂解气试验研究[J]. 车用发动机，2016(03): 35-39.

[10] Wang J, Chen H, Liu B, et al. Study of cycle-by-cycle variations of a spark ignition engine fueled with natural gas-hydrogen blends[J]. International Journal of Hydrogen Energy, 2008, 33(18): 4876-4883.

[11] Jiang Y, Chen Y, Xie M. Effects of blending dissociated methanol gas with the fuel in gasoline engine [J]. Energy, 2022, 247: 123494.

[12] Li B, Jiang Y. Chemical kinetic model of a multicomponent gasoline surrogate with cross reactions[J]. Energy & Fuels, 2018, 32(9): 9859-9871.

[13] 蒋炎坤. 醇氢汽车技术及其动力系统[C]//国际清洁能源论坛（澳门）. 国际氢能产业发展报告（2017）. 北京：世界知识出版社，2017: 21.

[14] Wang S, Ji C, Zhang B. Effect of hydrogen addition on combustion and emissions performance of a spark-ignited ethanol engine at idle and stoichiometric conditions[J]. International Journal of Hydrogen

Energy，2010，35(17)：9205-9213.

[15] Su T，Ji C，Wang S，et al. Effect of ignition timing on performance of a hydrogen-enriched n-butanol rotary engine at lean condition[J]. Energy Conversion and Management，2018，161：27-34.

[16] Sarathy S M，Thomson M J，Togbé C，et al. An experimental and kinetic modeling study of n-butanol combustion[J]. Combustion and Flame，2009，156(4)：852-864.

[17] Xu X，Liu E，Zhu N，et al. Review of the current status of ammonia-blended hydrogen fuel engine development[J]. Energies，2022，15(3)：1023.

[18] Banihabib R，Lingstädt T，Wersland M，et al. Development and testing of a 100kW fuel-flexible micro gas turbine running on 100% hydrogen[J]. International Journal of Hydrogen Energy，2024，49：92-111.

[19] 邹昆，日本氢燃气轮机的技术特点[J].东方汽轮机，2022(4):1-5.

[20] 崛川敦史，等. 水素をつかう：水素発電技術の開発[J]. 川崎重工技報，2020，71(182):28-31.

[21] 李星国.氢燃料燃气轮机与大规模氢能发电[J].自然杂志，2022,45(2):113-118.

[22] 林宇震，等. 燃气轮机燃烧室[M]. 北京：国防工业出版社,2008.

[23] 焦树建. 燃气轮机燃烧室[M]. 北京：机械工业出版社,1990.

[24] 蒋洪德，任静，李雪英，等.重型燃气轮机现状与发展趋势[J].中国电机工程学报，2014，34(29)：7.

[25] 梅恩哈德·T·斯科贝里.燃气轮机设计、部件和系统设计集成[M].岳国强，等译.北京：国防工业出版社，2021.

[26] Bothien M R，Ciani A，Wood J P，et al. Sequential combustion in gas turbines：the key technology for burning high hydrogen contents with low emissions[C]//Turbo expo：Power for land，sea，and air. American Society of Mechanical Engineers，2019，58615：V04AT04A046.

[27] Pashchenko D. Hydrogen-rich gas as a fuel for the gas turbines：A pathway to lower CO_2 emission[J]. Renewable and Sustainable Energy Reviews，2023，173：113117.

第十一章

氢烃转化：加氢反应

 导言

　　碳（烃）基燃料的生产加工中，加氢是一个重要的化工过程。氢在其中扮演了重要的角色，如原油加工中的加氢裂化、汽柴油加氢脱硫、渣油加氢提质等，这些都是汽油、柴油、煤油生产中的重要反应。同时，煤化工中的煤炭加氢液化、费-托合成、甲烷化、甲醇合成以及二氧化碳制烃等等，也都是通过催化加氢完成的。因此，上述氢能与烃基能源的相互转化，都对今后新能源的开发有重要意义。

　　"富煤、贫油、少气"是我国能源禀赋特点，这使得我国目前必须依靠煤炭作为主要能源，同时，我国的原油储量又十分有限，也对低质原油高效加工利用提出了更高要求。煤炭以及石油清洁高效加工生产燃油是碳基能源加工的重要领域。通过煤炭直接液化或加氢液化、石油加氢裂解及加氢精制、合成气加工等各类技术，可以得到优质的碳基能源产品，如汽油、柴油、煤油、甲烷、甲醇等。相比世界其他地区，我国应该更加重视氢能在煤炭、石油等碳基能源加工中的作用。近年来，"液态阳光燃料"以及"甲醇经济"的概念受到极大重视，通过二氧化碳与绿氢反应合成甲醇或甲醇，将使人类不再依赖完全化石燃料来提供运输燃料和烃类产品，碳基燃料燃烧产生的二氧化碳又进入再循环，从而使人类逐步摆脱对化石燃料的依赖。本章主要针对上述过程，介绍各类加氢反应在氢能与碳基能源转换中的应用及深远意义。

11.1　原油加工与加氢裂化

11.1.1　原油加工工艺

　　传统的化石燃料，如煤、石油、天然气以及由此通过化学加工得到的二次能源产品如汽油、煤油和柴油等，人们通称为碳基燃料，可以看出，这些碳基燃料在燃烧时，碳及氢都在起作用，称其为烃基燃料更为合适。因此，无论对于传统化石燃料，还是对于现代绿氢能源，烃与氢都是相辅相成、互相转化的。煤炭加氢液化、石油加氢裂化、合成气的费-托合成等都是氢能源与碳基能源互动的典型案例。

　　典型的原油加工工艺流程框图如图 11-1 所示。可以看出，即使在传统的石油能源加工中，除常减压蒸馏加工外，催化加氢在大多加工过程中都有举足轻重的作用。

　　石油经过常减压蒸馏以及后续加工可以得到汽油、煤油和柴油等油品，以及 $C_1 \sim C_5$ 的气态石油化工产品，这些油品可以产品形式出厂，而相当大的部分是后续加工的原料。催化裂化和加氢裂化是获得更多轻质油品并提高其质量的重要二次加工过程。催化裂化是重质石油烃类在催化剂存在时，于 $470 \sim 530℃$ 和 $0.1 \sim 0.3MPa$ 条件下，大分子发生裂解反应，转化成轻烃、汽油、柴油、重质油及焦炭的工艺过程。

加氢裂化过程涉及的反应包括加氢精制反应（加氢脱除硫、氮、氧、金属杂质和芳烃）和大分子裂化反应。加氢裂化技术可以同时满足石油加工的轻质化和高质化要求，受到炼油行业重视，也是炼油的核心技术。根据原料来源，加氢裂化反应可以分为渣油的加氢裂化、馏分油的加氢裂化和重油的加氢裂化。若根据加氢裂化过程中是否有氢气消耗，又可以将加氢裂化分为耗氢的裂化反应、不饱和键的加氢反应和不耗氢的异构化反应等。

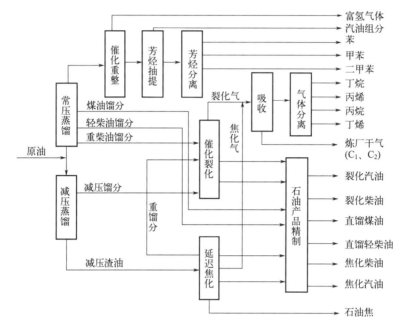

图 11-1　原油加工工艺流程框图

原料油在蒸馏塔里按蒸发能力分成沸点不同的馏分，这些馏分有的经调和、加添加剂后以产品形式出厂，相当大的部分是后续加工装置的原料。粗汽柴油经过加氢深度脱硫即可得到高品质汽柴油，蒸馏塔塔底得到渣油。渣油的加氢裂化又可以称为渣油加氢处理。渣油加氢裂化的原料包括常压重油和减压渣油。在高压和高温条件下，渣油与氢气在催化剂上反应，其中的硫、氮化合物分别生成硫化氢、氨气和烃类物质；而渣油主要组成中一些较大的烃类分子则发生裂解和加氢反应，转变成较小分子的优质组分，如柴油等。

11.1.2　催化裂化过程简介

石油组分催化裂化，就是使原油中大分子烃类在热作用以及催化作用下发生裂化生成小分子烃类化合物，裂化技术发展密切依赖于催化剂的发展。催化裂化是石油二次加工的主要方法之一。重质油在高温和催化剂的作用下发生裂化反应，转变为裂化气、汽油和柴油等小分子烃。主要反应有分解、异构化、氢转移、芳构化、缩合、生焦等。与热裂化相比，其轻质油产率高，汽油辛烷值高，柴油安定性较好，并副产富含烯烃的液化气。催化裂化早期采用无定形硅酸铝催化剂，现在采用分子筛催化剂。分子筛裂化催化剂主要组分为含稀土的 Y 分子筛或 USY 分子筛，另外还含有硅溶胶、铝溶胶、高岭土等黏结剂。反应器采用带提升管的流化床反应器。选用适宜的催化剂对于催化裂化过程的产品产率、产品质量以及经济效益具有重大影响。催化裂化装置通常由三大部分组成，即反应再生系统、分馏系统和吸收稳定系统，其中反应再生系统是全装置的核心。

催化裂化的流程主要包括三个部分：①原料油催化裂化；②催化剂再生；③产物分离。原料喷入提升管反应器下部，在此处与高温催化剂混合、汽化并发生反应，反应温度为480～530℃，压力0.14～0.2MPa。反应产生的油气与催化剂在沉降器和旋风分离器分离后，进入分馏塔分出汽油、柴油和重质回炼油。裂化气经压缩后去气体分离系统。结焦的催化剂在再生器中用空气烧去积炭后，再经过提升管返回反应器循环使用，再生温度为600～730℃。

11.1.3　加氢裂化

广义而言，加氢裂化包括加氢处理、加氢裂化、加氢精制等，涉及的原料也很广泛，如煤炭加氢液化就是一种加氢裂化。对于原油加工而言，加氢裂化是针对重质原油、渣油、煤焦油、焦油重油、减压蜡油、轻质原油中的大分子等加氢裂化为较小分子。由于此类油品结构复杂，还含有硫、氮、金属（如Ni/V）及环结构大分子，同时，加氢裂化还可以将原料中的硫、氮等杂原子化合物加氢脱除。不同原料来源决定了原料油中稠环芳烃和硫、氮等杂原子化合物含量高，这也决定了加氢催化裂化反应产物种类多。也有一些原油加工后的粗汽油、粗柴油和粗煤油，需要进一步加氢精制，得到品种更为优良的产品。加氢是连接氢能源与碳基能源互动的一座主要的桥梁。

狭义而言，加氢裂化是指原油加工中，紧跟常减压工艺后的一种重要加氢技术手段，原油经过常减压蒸馏后，得到的油品在高温、高压以及氢气、催化剂存在的条件下，发生催化裂化反应，转化为气体、汽油、喷气燃料、柴油等，同时将原料油中的硫、氮、氧和金属等杂原子加氢脱除的过程。加氢裂化的液体产品收率达98％以上，其产品质量也远高于催化裂化加工后的产品。

11.1.3.1　加氢裂化技术发展

20世纪30年代，德国、英国利用二硫化钨-酸性白土作为加氢裂化催化剂处理煤焦油。20世纪50—60年代，美国采用较高活性的催化剂，使加氢裂化的应用逐步得到推广，并先后建成了固定床加氢裂化和流化床加氢裂化装置。前者在工业生产中得到较广泛的应用，出现了许多专利技术；后者因设备昂贵，工业装置较少。

近年来，我国加氢裂化技术发展迅速，国内有多套加氢裂化装置，目前，国内已经有50多套加氢裂化生产装置投入使用，总产能约10^8t/a。加氢裂化过程如图11-2所示。原料经过加热炉加热后送入加氢精制反应器，加氢精制反应器主要脱除原料油中的硫、氮化合物

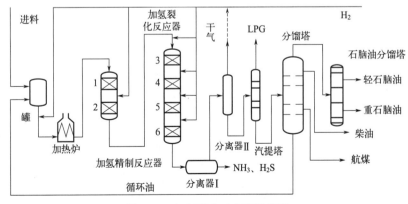

图11-2　加氢裂化工艺流程简图

以及原料油中的金属，然后再进入裂化段进行裂化反应；经过精制和裂化后的产物在加氢裂化主分馏塔中分离得到柴油、航空煤油、重石脑油、轻石脑油和气体等产品。未转化的油品在主分馏塔底部循环到原料油罐继续反应。整个反应装置可分为加氢精制段和加氢裂化段，其中精制段分两段床层，裂化段分四段床层。由于该反应为放热反应，实际操作过程中在各段床层之间通入冷氢为反应过程提供氢气，加入冷氢可适当控制其裂化反应温度。

11.1.3.2 加氢化学反应

烃类在加氢裂化条件下的反应方向和深度，取决于烃的组成、催化剂性能以及操作条件，主要发生的反应类型包括裂化、加氢、异构化、环化、脱硫、脱氮、脱氧以及脱金属等（图11-3）。加氢裂化反应遵循正碳离子 β 位断裂机理，当裂化反应作用较强时会促进在酸性中心上发生二次裂化，生成低碳数的石脑油馏分。

① 烷烃的加氢裂化反应。在加氢裂化条件下，烷烃主要发生 C—C 键的断裂反应，以及生成的不饱和分子碎片的加氢反应，此外还可以发生异构化反应。

② 环烷烃的加氢裂化反应。加氢裂化过程中，环烷烃发生的反应受环数的多少、侧链的长度以及催化剂性质等因素的影响。单环环烷烃一般发生异构化、断链和脱烷基侧链等反应。双环环烷烃和多环环烷烃首先异构化成五元环衍生物，然后再断链。

③ 烯烃的加氢裂化反应。加氢裂化条件下，烯烃很容易加氢并裂解变成饱和烃，此外还会进行聚合和环化等反应。

④ 芳香烃的加氢裂化反应。对于侧链有三个以上碳原子的芳香烃，首先会发生断侧链生成相应的芳香烃和烷烃，少部分芳香烃也可能加氢饱和生成环烷烃。双环、多环芳香烃加氢裂化是分步进行的，首先是一个芳香环加氢成为环烷芳香烃，接着环烷环断裂生成烷基芳香烃，然后再继续反应。

⑤ 非烃化合物的加氢裂化反应。在加氢裂化条件下，含硫、氮、氧杂原子的非烃化合物进行加氢反应生成相应的烃类以及硫化氢、氨和水。

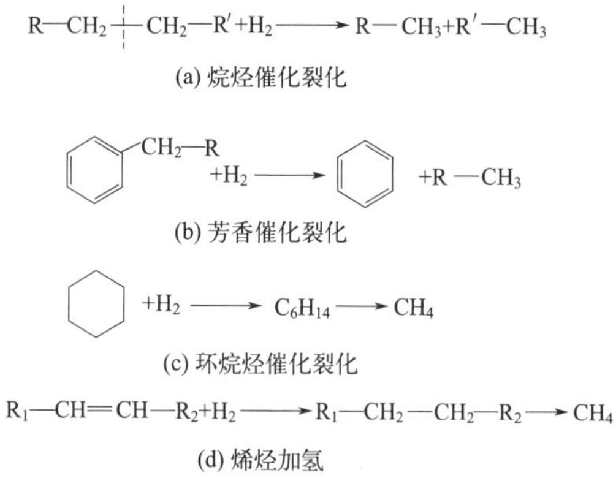

$$R\!-\!CH_2 \vdots CH_2\!-\!R' + H_2 \longrightarrow R\!-\!CH_3 + R'\!-\!CH_3$$

(a) 烷烃催化裂化

(b) 芳香催化裂化

$$\bigcirc + H_2 \longrightarrow C_6H_{14} \longrightarrow CH_4$$

(c) 环烷烃催化裂化

$$R_1\!-\!CH\!=\!CH\!-\!R_2 + H_2 \longrightarrow R_1\!-\!CH_2\!-\!CH_2\!-\!R_2 \longrightarrow CH_4$$

(d) 烯烃加氢

图 11-3 典型的烃化物加氢裂化反应

加氢裂解反应众多，化学反应的热力学平衡常数 K 可由式（11-1）计算

$$K = \exp\left\{\frac{-\Delta_r G_m^{\ominus}}{RT}\right\} ; \Delta_r G_m^{\ominus} = \sum v_i \Delta_r G_m^{\ominus}(i) \tag{11-1}$$

式中，$\Delta_r G_m^{\ominus}$ 和 $\Delta_r G_m^{\ominus}(i)$ 分别为标准反应吉布斯自由能变化和 i 物质的摩尔标准生成吉布斯自由能；v_i 是化学反应计量系数。

加氢裂化反应是原料中的重油大分子裂解为轻油或者气体的小分子物质，当大分子裂解为小分子时化学键断裂，吸收热量。故裂解过程是吸热过程，但是烯烃加氢过程是个强放热过程，综合的热效应还是表现为放热，所以加氢裂化反应会出现温升。

11.1.3.3　加氢裂化催化剂

加氢裂化的技术核心是加氢裂化催化剂。加氢裂化催化剂是由金属组分和酸性活性中心组成的具有加氢和裂化双功能的催化剂。其中，活性金属一般采用贵金属（Pt、Pd、Ir 等）或第 ⅥB 族、第 ⅧB 族的过渡金属元素，如 MoS_2、WS_2、Pt 和 Pd 等是活性物种，还可能含有 Ni 和 Co 等助剂。金属活性组分的加氢活性排序为：贵金属＞过渡金属硫化物＞贵金属硫化物。非贵金属体系的加氢活性顺序为：Ni-W＞Ni-Mo＞Co-Mo＞Co-W。工业应用的加氢裂化双功能催化剂一般以分子筛作为裂化活性组分，特别是 Y 型分子筛。载体主要采用酸性较弱的 Al_2O_3 或酸性较强的分子筛以及 Al_2O_3 和分子筛的组合。分子筛由于具有相对较强的酸性，被广泛应用于芳烃的加氢裂化反应中。活性金属的种类、用量、分散度和不同金属的配比都会对其加氢活性产生影响。助剂在催化剂中虽然只占很少一部分，但却极大地提高了催化剂的催化活性。

① 加氢裂化催化剂的加氢活性组分。由第 ⅥB 族和第 ⅧB 族中的几种金属元素（如 Fe、Co、Ni、Cr、Mo、W）的氧化物或硫化物组成。

② 催化剂载体。加氢裂化催化剂的载体有酸性和弱酸性两种。酸性载体有硅酸铝、分子筛等，弱酸性载体为氧化铝等。载体具有如下几方面的作用：增加催化剂的有效比表面积；提供合适的孔结构；提供酸性中心；提高催化剂的机械强度；提高催化剂的热稳定性；增加催化剂的抗毒能力；节省金属组分的用量，降低成本。新的研究表明，载体也可能有某些活性位点直接参与反应过程。

分子筛为加氢裂化反应提供酸性中心，一方面使得萘类化合物的六元环（脂环）转化为五元环的异构反应，并进一步开环裂解；另一方面使单环芳烃直接发生断侧链的反应，这两类反应对于取得较高的轻质芳烃收率都十分重要。不同种类分子筛酸性质和孔道结构不尽相同，因而表现出了不同的裂化反应性能，Y、ITQ-21、ZSM-5、Beta、MCM-41 等分子筛都常用作加氢裂化催化剂的酸性载体。

③ 催化剂的预硫化。加氢裂化催化剂的活性组分是以氧化物的形态存在的，而只有呈硫化物的形态时才有较高活性，因此加氢裂化催化剂使用之前需要将其预硫化。预硫化就是使其活性组分在一定温度下与 H_2S 反应，由氧化物转变为硫化物。预硫化的效果取决于预硫化的条件，催化剂一般在反应器内进行原位预硫化，常用方法为气相硫化法，预硫化温度一般 $350\sim400℃$。

11.1.3.4　加氢裂化反应网络及机理

加氢裂化反应原料组成十分复杂，其反应网络及机理也十分复杂，此处略去简单的烷烃、烯烃及单芳环加氢裂解反应网络，稠环芳烃（PAHs）在重质油中含量较高，且国内对于车用柴油中 PAHs 含量严格控制，因此重质油中稠环芳烃（萘、蒽、菲）的加氢裂化倍加重视。稠环芳烃加氢裂化反应一般包括加氢、异构化、氢转移、开环裂化及脱氢缩合生焦反应，反应机理的研究主要在萘、蒽、菲等模型化合物上开展。加氢裂化反应实质上就是催化裂化正碳离子反应伴随加氢反应。裂化反应为吸热反应，加氢反应为放热反应，从热力学方面看，低温、高压有利于加氢反应，高温、低压有利于裂化和异构化反应。对于较为复杂的稠环芳烃的反应网络机理，一般认为有如下反应网络（图11-4～图11-8）。

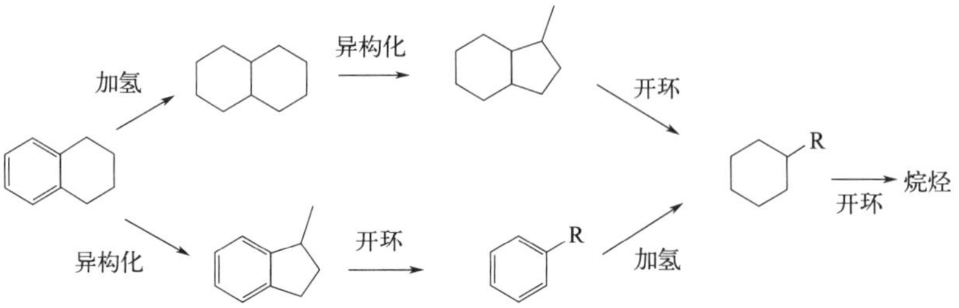

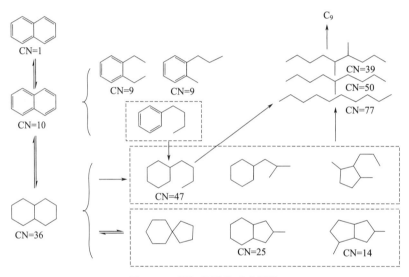

图 11-4　四氢萘加氢裂化反应途径

图 11-5　萘加氢裂化反应网络
CN—十六烷值

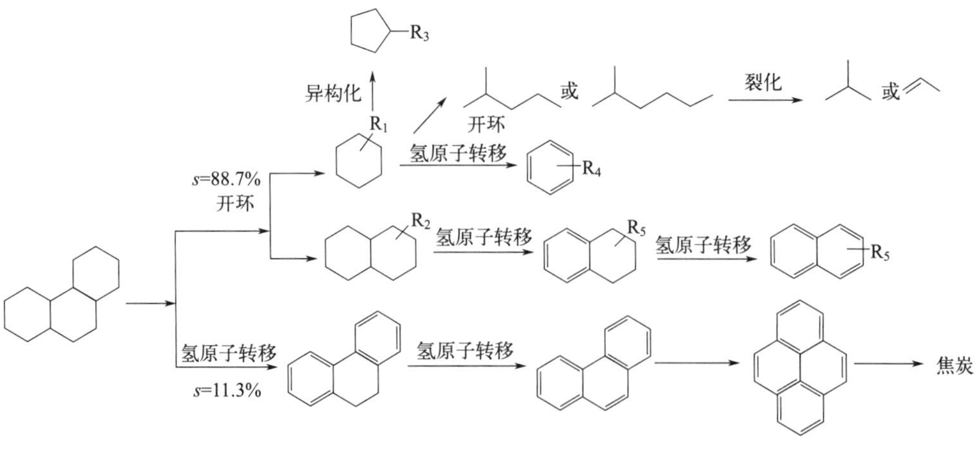

图 11-6　全氢菲加氢裂化反应路径

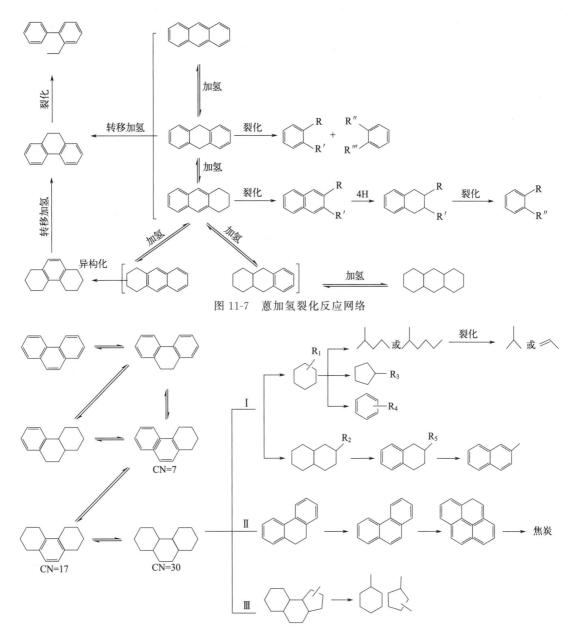

图 11-7　蒽加氢裂化反应网络

图 11-8　菲、全氢菲在催化剂上的加氢裂化反应网络

11.1.3.5　加氢裂化反应动力学

加氢裂化反应动力学极其复杂，为了简化为公式，关联反应动力学模型有两种。一种是利用实验室或工业装置的原料、工艺参数等大量数据，依据一定的计算方式进行收敛回归运算，最终得到原料与产品、产品收率、催化剂、工艺参数等的关联计算公式。上述动力学模型的研究主要集中在 20 世纪 60 年代。另一种关联模型是将加氢裂化反应与物理规律进行类比，将动力学模型转化为类比模型进行运用，典型代表有集总动力学模型。

加氢裂化简单关联模型的建立和应用，是在一定时间范围内，根据反应活性数据，经过数据处理，做出总包反应指数方程。反应中氢气大量过剩，将四氢萘的加氢裂化反应视为拟一级反应，分别按照 Langmuir-Hinshelwood 机理（L-H 机理，反应发生在两个吸附物种之间）、Rideal-Eley 机理（R-E 机理，反应发生在吸附物种和气相分子之间）进行推导得到反应物的速率方程表达式。如式（11-2）和式（11-3）所示。

$$\text{L-H 机理：} -r = K_D K_H Q_D Q_H = \frac{K_D K_H p_D p_H}{(1 + K_D p_D + K_H p_H + K_C p_C)^2} \tag{11-2}$$

$$\text{R-E 机理：} -r = K_D Q_D p_H = \frac{K_D p_D p_H}{1 + K_D p_D + K_C p_C} \tag{11-3}$$

式中，K_D，K_H 分别为四氢萘、氢气吸附速率常数；Q_D，Q_H 分别为四氢萘、氢气吸附覆盖度；p_D，p_H，p_C 分别为四氢萘、氢气及产物分压。

将实验结果代入动力学模型进行参数的估算，并判定该反应过程是否符合 L-H 反应机理。但是这种总反应动力学模型无法反映催化剂在各步反应的催化活性，在化工反应器设计方面也没有实用价值。因此，实际应用意义不大。

集总动力学（lumping kinetics）模型：由于加氢裂解原料的组分组成都相当复杂，且不同的组分会发生众多反应，反应体系十分复杂。集总动力学根据反应物和产物的性质、动力学特征将参与反应的不同组分划分为不同的集总并建立动力学模型，从而推导反应动力学方程。然后，将实验数据代入方程中，通过参数估算得到最终的反应动力学参数（图 11-9）。

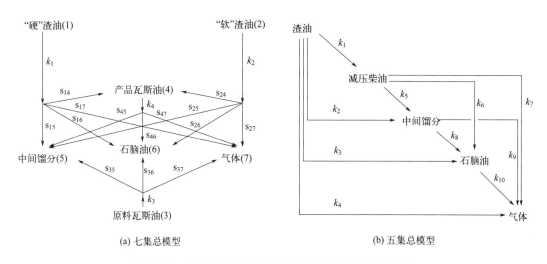

图 11-9　不同加氢裂化反应网络及反应动力学参数简图

集总动力学模型按一定的分类将反应中的分子划分为不同虚拟组分，常见的分类依据有馏程、化学结构、碳原子数等。按分类依据可归结为传统集总动力学模型、连续集总动力学模型和分子集总动力学模型 3 类。几种典型的不同集总数的动力学模型优缺点见表 11-1。

表 11-1　不同集总数的动力学模型比较

集总模型	优点	缺点
三集总	模型相对完整，研究了氢分压、空速对反应的影响	距离工程实际应用有很大差距
四集总	考虑了氢耗量、空速、反应温度对模型的影响	需要进行参数估计，求解常微分方程
五集总	考虑不同空速、反应器长度、反应器温度下反应器的模型	将所有反应假设为一级动力学模型

集总模型	优点	缺点
六集总	考虑操作温度、压力、停留时间、反应速率级数的影响	部分模型未考虑能量平衡，引入模型参数
八集总	考虑到全局的约束条件	不能反映原料变化的产品分布

对于加氢裂化反应动力学模型来说，无论是通过关联还是集总方法进行构建，其目的多数是预测产品收率及性质，进而节约成本，增加效益。因此，精确的预测性是鉴定加氢裂化反应动力学模型优劣的决定性指标。另外，在石油加工过程中，原料、催化剂和工艺条件均可能会发生改变，因此模型的适用性也是考察其是否具备应用价值的重要指标。

在上述模型基础上，有人针对加氢裂化装置建立了八个集总模型，模型增加了新鲜物料流速、反应温度、物料循环速率和催化剂寿命影响参数，其预测结果与实际测定值基本吻合（见图 11-10），预测性较好。

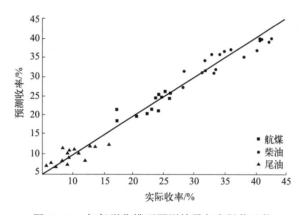

图 11-10　加氢裂化模型预测结果与实际值比较

11.1.3.6　加氢反应条件的影响

影响石油重质油加氢过程（包括加氢裂化和加氢精制）的主要影响因素有反应压力、温度、空速、原料性质、氢油比和催化剂性能等。

① 反应压力。反应压力的影响是通过氢分压来体现的，氢分压取决于操作压力、氢油比、循环氢纯度以及原料的汽化率。含硫化合物加氢脱硫和烯烃加氢饱和的反应速度较快，在压力不高时就有较高的转化率；而含氮化合物的加氢脱氮反应速度较低，需要提高反应压力或降低空速来保证一定的脱氮率。

② 反应温度。提高反应温度会使加氢裂化和加氢精制的反应速度加快。在通常的反应压力范围内，加氢精制的反应温度一般不超过 420℃，加氢裂化的反应温度一般为 360～450℃。

③ 空速。空速在微观上体现了原料在催化剂表面上的停留时间，宏观反映了装置的处理能力。根据催化剂活性、原料油性质和反应深度的不同，空速在较大的范围内（0.5～10h^{-1}）波动。重质油料和二次加工得到的油料一般采用较低的空速，降低空速可使脱硫率、脱氮率及烯烃饱和率上升。

④ 氢油比。提高氢油比可以增大氢分压，这不仅有利于加氢反应，而且能够抑制生成积炭的缩合反应，但是却增加了动力消耗和操作费用。此外，加氢过程是放热反应，大量的循环氢可以提高反应系统的热容量，减小反应温度变化的幅度。

11.1.3.7 加氢裂化工艺流程

目前的加氢裂化工艺绝大多数都采用固定床反应器，根据原料性质、产品要求和处理量的大小，加氢裂化装置一般按照两种流程操作：一段加氢裂化和两段加氢裂化。除固定床加氢裂化外，还有流化床加氢裂化和悬浮床加氢裂化等工艺。加氢裂化反应流程图及固定床反应器见图 11-11。

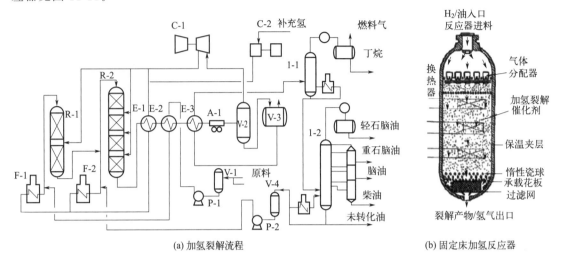

(a) 加氢裂解流程　　　　　　　(b) 固定床加氢反应器

图 11-11　加氢裂化反应流程图 (a) 及反应器 (b)

F-1，F-2—循环氢加热炉；R-1—加氢精制反应器；R-2—加氢裂化反应器；E-1，E-2，E-3—热交换器；

A-1—空冷器；C-1—循环氢压缩机；C-2—补充氢压缩机；P-1—加氢进料泵；P-2—循环油泵；

V-1—进料缓冲罐；V-2—高压分离器；V-3—低压分离器；V-4—循环油缓冲罐；1-1—脱丁烷塔；

1-2—分馏塔

（1）固定床一段加氢裂化工艺

一段加氢裂化主要用于由粗汽油生产液化气，由减压蜡油和脱沥青油生产航空煤油和柴油等。一段加氢裂化只有一个反应器，原料油的加氢精制和加氢裂化在同一个反应器内进行，反应器上部为精制段，下部为裂化段。

以直馏柴油馏分一段加氢裂化为例。原料油经泵升压至 16.0MPa，与新氢和循环氢混合换热后进入加热炉加热，然后进入反应器进行反应。反应器的进料温度为 370～450℃，原料在反应温度 380～440℃、空速 1.0h^{-1}、氢/油体积比约为 2500 的条件下进行反应。反应产物与未反应原料一起换热至 200℃左右，注入软化水溶解 NH_3、H_2S 等，以防止水合物析出堵塞管道，然后再冷却至 30～40℃后进入高压分离器。顶部分出循环氢，经压缩机升压后返回系统使用；底部分出生成油，减压至 0.5MPa 后进入低压分离器，脱除水，并释放出部分溶解气体（燃料气）。生成油加热后进入稳定塔，在 1.0～1.2MPa 下蒸出液化气，塔底液体加热至 320℃后进入分馏塔，得到轻汽油、航空煤油、低凝柴油和塔底尾油。一段加氢裂化可用三种方案进行操作，即原料一次通过、尾油部分循环和尾油全部循环。

（2）固定床两段加氢裂化工艺

两段加氢裂化装置中有两个反应器，分别装有不同性能的催化剂。第一个反应器主要进行原料油的精制，使用活性高的催化剂对原料油进行预处理；第二个反应器主要进行加氢，在裂化活性较高的催化剂上进行裂化反应和异构化反应，最大限度地生产汽油和中间馏分油。两段加氢裂化有两种操作方案：第一段精制，第二段加氢裂化；或者第一段进行精制及进行部分裂化，第二段进行加氢裂化。两段加氢裂化工艺对原料的适应性大，操作比较灵活。

（3）流化床加氢裂化

流化床加氢裂化工艺是借助于流体流速带动一定颗粒粒度的催化剂运动，形成气、液、固三相床层，从而使氢气、原料油和催化剂充分接触而完成加氢裂化反应。该工艺可以处理金属含量和残炭值较高的原料（如减压渣油），并可使重油深度转化。但是该工艺的操作温度较高，一般为 400～450℃。

（4）悬浮床加氢裂化工艺及反应器

悬浮床加氢裂化工艺可以使用非常劣质的原料，其原理与沸腾床相似（表 11-2）。其基本流程是以细粉状催化剂与原料预混合，再与氢气一同进入反应器自下而上流动，并进行加氢裂化反应。催化剂悬浮于液相中，在反应器上部，气液固三相经过旋风分离器后，液相组分落入反应器中部继续加氢，轻组分以及未反应的氢气混合一起，随着反应产物一起从反应器顶部流出（图 11-12）。

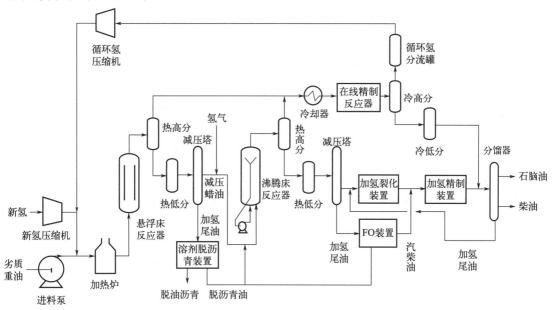

图 11-12　悬浮床加氢裂化工艺流程简图

表 11-2　沸腾床加氢裂化技术性能比较

技术名称	技术特点	反应条件	主要技术经济指标
H-Oil	2 台反应器串联，循环泵外置，外循环操作	415～440℃，16.8～20.7MPa，空速 0.4～1.3h^{-1}	转化率 45%～90%，脱硫率 55%～92%，脱金属率 65%～90%
LC-Fining	3 台反应器串联，循环泵内置于反应器底部，内循环操作	385～450℃，7.0～18.9MPa	转化率 40%～97%，脱硫率 60%～90%，脱金属率 50%～98%

技术名称	技术特点	反应条件	主要技术经济指标
STRONG	单或双反应器，无须循环泵	385～450℃ 8～18MPa	转化率40%～85%， 脱硫率50%～98%

可以看出，石油炼制中的主要生产工艺过程有：原油蒸馏（常、减压蒸馏）、热裂化、催化裂化、加氢裂化、石油焦化、催化重整、加氢脱硫以及炼厂气加工、石油产品精制等，主要生产汽油、喷气燃料、煤油、柴油、燃料油、润滑油、石油蜡、石油沥青、石油焦和各种石油化工原料。众多的工艺过程中，几乎都与氢气的产生以及消耗相关，也就是烃基能源的加工与氢能应用密切相关。

11.2 汽油-柴油加氢脱硫

11.2.1 加氢脱硫技术简介

加氢脱硫（HDS）是一种催化加工过程，广泛用于从初级石油产品（如汽油、喷气燃料、煤油、柴油和燃料油）中去除硫，生产超低硫汽油、柴油等产品，减少二氧化硫向大气中排放。截至2020年，大多数国家公路柴油的总硫含量都限制在10～30mg/kg范围内（表11-3）。加氢脱硫的另一个重要原因是，硫即使在极低浓度下，也会使催化重整装置中的贵金属催化剂（铂和铼）中毒，极大影响后续加工；另外，微量有机硫化物对于汽柴油燃烧后尾气处理催化剂也有极为不利影响，必须深度脱硫以保护燃油车三元尾气处理催化剂。

表 11-3　世界部分国家和地区近年汽、柴油含硫量标准

国家 （地区）	汽油含硫量/(mg/kg)				柴油含硫量/(mg/kg)			
	2016 年	2017 年	2018 年	2019 年	2016 年	2017 年	2018 年	2019 年
美国	30	30	30	15	15	15	15	15
中国	50	50	10	10	50	50	10	10
欧洲	10	10	10	10	10	10	10	10
日本	10	10	10	10	10	10	10	10

油品脱硫方法的选择取决于其中含硫化合物的结构和性质。液体燃料中的含硫化合物组分很复杂，可以简单分为无机硫和有机硫，其中有机硫主要有四氢噻吩、噻吩、苯并噻吩（BT）、二苯并噻吩（DBT）、甲基二苯并噻吩（MDBT）和4,6-二甲基二苯并噻吩（4,6-DMDBT）等，同时含有少量的硫醚、硫醇和二硫醚。工业上对汽柴油脱硫的主流技术是催化加氢脱硫。对于硫醇、硫醚、二硫化物和四氢噻吩等脂肪族含硫物质，其硫原子上的孤对电子密度很高，且C—S键较弱。因此，容易进行催化加氢脱硫反应。而对于具有芳香性的有机硫，如噻吩和苯并噻吩类物质，由于硫原子上的孤对电子与噻吩环上的电子之间形成了稳定的共轭 π 键，十分稳定，导致其加氢脱硫十分困难。

11.2.2 硫化物反应活性特点

不同类型的硫化物因其分子的结构和大小不同,HDS 反应活性差别很大,并且在不同催化剂上也具有不同的反应机理和路径。硫醇、硫醚及四氢噻吩等简单脂肪族硫化物没有 π 键和硫原子上孤对电子的共轭结构,因此这些化合物中硫原子的脱除较容易,C—S 可直接断裂。噻吩类杂环化合物中硫原子的脱除难度一般要高于上述简单脂肪族硫化物。各类硫化物的结构与它们的相对 HDS 活性关系如图 11-13 所示。

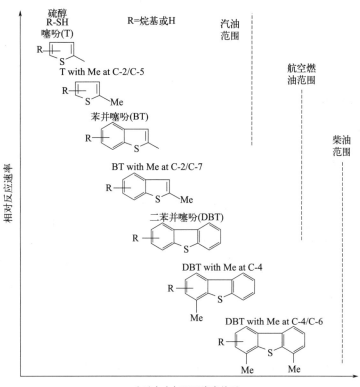

图 11-13 加氢脱硫中有机含硫化合物活性与分子类型和大小关系
T with Me at C-2/C-5 是指在 C2 或 C5 位置上带有甲基的噻吩,其余类同

Co-Mo/Al$_2$O$_3$ 催化剂上,几种典型含硫化合物的拟一级反应速率常数见表 11-4。可以看出,随着硫化物中芳香环数的增加,其反应速率常数降低明显,DBT 的脱硫速率比噻吩(T)的脱硫速率慢两个数量级,而带有空间位阻的 4,6-DMDBT 的脱硫速率要比 T 的脱硫速率慢三个数量级。因此,油品的超深度脱硫的难点在于具有较大空间位阻的 4,6-DMDBT 的脱除。

表 11-4 含硫化合物的 HDS 反应速率常数

反应物	化学结构	$k/[\mathrm{L}/(\mathrm{g} \cdot \mathrm{s})]$
噻吩(thiophene,T)		1.38×10^{-3}

反应物	化学结构	$k/[\text{L}/(\text{g}\cdot\text{s})]$
苯并噻吩（benzothiophene，BT）		8.11×10^{-4}
二苯并噻吩（dibenzothiophene，DBT）		6.11×10^{-5}
苯并[b]萘[2,3-d]噻吩[benzo[b]naphtho[2,3-d]thiophene，BNT]		1.61×10^{-4}
4,6-二甲基二苯并噻吩（4,6-Dimethyldibenzothiophene，4,6-DMDBT）		1.14×10^{-6}

11.2.3 加氢脱硫催化剂

（1）负载型 Co-Mo-S/γ-Al₂O₃ 催化剂

常用的加氢脱硫催化剂是以 Mo 或 W 硫化物为主催化剂，以 Co 或 Ni 硫化物为助剂所组成。这些金属的单独硫化物对于有机硫的加氢转化具有一定活性，但是适当组合后表现出很强的协同催化增强效应。Ni-W 和 Co-Mo 体系是加氢脱硫工艺中最常用的金属组合。在深度脱硫、脱氮和脱芳烃等领域，Ni-W 系催化剂是最有效的组合，但在加氢功能上 Ni-W 催化剂还表现出较强的烯烃饱和性能；Co-Mo 体系中，Co 的加入不仅促进加氢脱硫反应，还对异构烯烃的加氢饱和有轻微的抑制，而正构烯烃的加氢饱和受到 Co 的强烈抑制。

硫化物催化剂是石油炼制加工过程中重要催化剂，广泛应用于加氢脱硫（HDS）、加氢脱氮（HDN）、芳烃加氢（HDAr）、加氢裂化（HC）及润滑油加氢改质等过程；同时，Co-Mo 硫化物催化剂也是性能优良的耐硫水煤气变换反应催化剂。金属硫化物催化剂上有机硫化物、氮化物和芳烃的 HDS、HDN 和 HDAr 反应和催化机理是加氢脱硫催化剂开发的理论基础。加氢脱硫催化剂的活性金属组分多采用 Co-Mo 组合。工业上实际用的催化剂中含 Mo 5%～10%，Co 1%～6%，Co/Mo 原子比为 0.2～1.0，催化剂的活性取决于原始配方中 Co-Mo 总量和比例。下面着重介绍加氢脱硫催化剂及其工业应用。

金属硫化物催化剂的"活性相"，可通过其氧化态前体硫化而成，其氧化态前体一般没有催化活性，只有硫化后才有催化活性。一般采用 H₂S/H₂ 硫化气体或者 CS₂ 液体对氧化态催化剂进行了硫化，故而金属硫化物比金属氧化物具有更好的抗硫中毒能力。但是，金属硫化物催化剂在使用过程中存在硫的流失问题，容易导致催化剂失活产品的污染。

载体是催化剂的重要组成部分，一般传统 HDS 催化剂都是 γ-Al₂O₃ 作载体，其具有良好的机械、再生性能和价格低廉的优点。载体使得更昂贵的活性物质更好分布，产生的 MoS₂ 具有催化活性，Co-Mo/γ-Al₂O₃ 结构示意图见图 11-14。载体和催化剂之间的相互作用也是一个影响脱硫活性的因素，因为载体通常不是完全惰性的，也会参与催化作用。

（2）加氢脱硫本体催化剂

2001 年，埃克森美孚（Exxon Mobil）等公司联合开发了一种新型的加氢脱硫本体催化剂（NEBULA）。此种催化剂是一种由 Ni、Mo、W 组成的非负载型本体催化剂，其活性是现有其他加氢催化剂的 3 倍以上。可使炼油厂利用其现有加氢处理器，无须增加投资即可满足

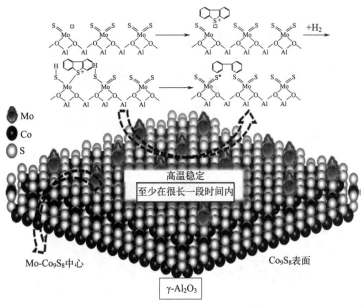

图 11-14　Co-Mo-S/γ-Al₂O₃ 催化剂及加氢脱硫反应示意图

$15\mu g/g$ 的柴油质量标准。对比试验使用轻瓦斯油与轻循环油的 $70:30$ 混合油（这是典型的炼厂进料）在传统的工艺条件下，即压力 5.1MPa、温度 327℃、空速 $1.5h^{-1}$，该催化剂取得了硫含量为 $10\mu g/g$ 的产品。

11.2.4　加氢脱硫催化剂活性相结构

（1）硫化物催化剂的活性相

硫化物催化剂的活性相，其氧化态前体只有硫化后才有催化活性。一般采用 H_2S/H_2 硫化气体或者 CS_2 液体对氧化态催化剂进行了硫化。目前已有共识，Co-Mo-S/γ-Al₂O₃ 催化剂体系中，MoS_2 是活性相，CoS 为助剂，添加 Co 会使 MoS_2 在载体表面高度分散，并且和 MoS_2 之间发生相互作用，大大削弱 Mo—S 键，促使 Mo 发挥更高的活性。

（2）MoS_2 基本结构

MoS_2 是典型的层状过渡金属硫化物，基本晶体结构如图 11-15 所示。单层 MoS_2 由 3 层原子层构成，上下两层为硫原子层、中间一层为金属钼原子层，形成 S-Mo-S 的"三明治"夹心结构，多层 MoS_2 由单层 MoS_2 通过层间微弱范德华力结合而成。

MoS_2 晶体在一个结构单元中，每个 Mo 原子与 6 个硫原子配位，形成两层硫之间夹一层金属 Mo 的类似三明治层状薄片结构，单层 MoS_2 可以通过堆积形成多层 MoS_2 结构，但最多不超过 5 层，层与层之间仅有弱的范德华力相互作用，层间距为 0.65nm。MoS_2 团簇一般具有两种低指数边缘，分别为 Mo 边和 S 边，一般认为这些边缘才是催化反应的活性中心，而基面不具有催化活性。

根据 S-Mo-S 不同的配位结构以及堆积方式，MoS_2 可分为 1T、2H 和 3R 相。2H-MoS_2 的每个晶层内 Mo 原子位于 S 原子形成的三棱柱中心，与周围的 6 个 S 原子配位，并沿 c 轴以每两个 S-Mo-S 晶层为一个结构单元重复堆叠而成，具有六方晶系的配位结构。与

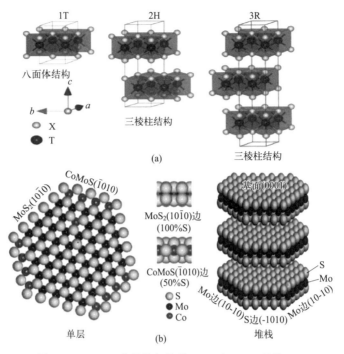

图 11-15　MoS$_2$ 的晶体相结构（a）及 MoS$_2$ 晶体（b）

2H 相不同，1T-MoS$_2$ 的晶层内上下两层 S 原子呈不对称排列，以 2H 相中三棱柱结构为基础，将其中一层 S 原子绕顶面中心旋转 60° 所得，Mo 原子与周围的 6 个 S 原子呈八面体配位，并以这种具有特殊 S-Mo-S 结构的晶层沿 c 轴重复堆叠。3R-MoS$_2$ 具有与 2H-MoS$_2$ 相同的原子配位结构的晶层，但是其晶层沿 c 轴排布形式与 2H 相不同，以每 3 个 S-Mo-S 晶层为周期排布，因其较为罕见故本文不作详细介绍。1T 和 3R 构型均属于热力学亚稳态，2H-MoS$_2$ 属于热力学最稳定状态。1T 和 3R 构型均可在一定条件下转化为 2H，因此 2H-MoS$_2$ 的结构及其加氢脱硫反应机理研究最为广泛。

迄今为止，提出了 10 多种关于过渡金属硫化物催化活性相的结构模型，其中典型的模型有：单层模型、嵌入模型、Rim-Edge 模型及 Co-Mo-S 模型等。其中影响较大的是"Co-Mo-S"模型和"Rim-edge"模型。

（3）Co-Mo-S 模型

Co-Mo-S 模型认为，在 Co-Mo-S 相中，Co 占据 MoS$_2$ 的棱边位置。但 Co-Mo-S 相的结构并不是一个单一的严格按 Co/Mo/S 化学计量的体相结构，而是一种簇结构。在这些结构中，Co 的浓度范围很宽，可以在纯 MoS$_2$ 和完全覆盖 MoS$_2$ 棱边之间变化。受催化剂制备和活化条件、添加物、载体种类和金属担载量等条件影响，Co-Mo-S 相还可分为单层（Ⅰ型）和多层（Ⅱ型）两种结构。许多研究表明，Co 位于单层 MoS$_2$ 的侧面具有 Co-Mo-S（Ⅰ）结构，而在多层 MoS$_2$ 中除底层外都具有 Co-Mo-S（Ⅱ）结构。对于 Al$_2$O$_3$ 负载的催化剂，Ⅰ型 Co-Mo-S 相与载体相互作用较强，而Ⅱ型 Co-Mo-S 相与载体间相互作用则较弱。在Ⅰ型结构中，还残留有大量的 Mo-O-Al 键，Mo 难以完全硫化，而Ⅱ型硫化度很高。Ⅱ型 Co-Mo-S 相是Ⅰ型 Co-Mo-S 相活性的两倍。HDS 反应发生在硫空穴（或配位不饱和中心

CUS），CUS 可以与进料中的含硫化合物中的硫原子成键。CUS 主要位于层状 MoS$_2$ 结构的边角位置。

（4） Rim-edge 模型

达奇（Daage）和基亚内利（Chianelli）等人提出 rim-edge 模型。他们认为在 MoS$_2$ 中，存在具有加氢活性的 rim 位和氢解活性的 edge 位两类活性中心，其中 MoS$_2$ 片层的最上和最下晶层的边缘为 rim 位，具有直接脱硫（DDS）和加氢脱硫（HYD）活性，而中间晶层边缘为 edge 位，仅具有 DDS 活性。Rim-edge 模型揭示了反应路径选择性与层数的关系，但该模型不能解释空间位阻小的噻吩 HDS 选择性变化原因。

该模型所描述的 MoS$_2$ 堆积类型和"Co-Mo-S-Ⅱ"类似，只是它提出了 rim 和 edge 活性位置，如图 11-16 所示。加氢反应一般发生在 MoS$_2$ 簇的上下边沿"rim"位，而直接脱硫则发生在 MoS$_2$ 的侧面的"edge"活性位上。也就是"rim"活性中心被认为有利于空间位阻硫化物先进行芳环饱和反应再进行氢解脱硫反应，由于加氢反应有利于难脱除的大分子含硫化合物的脱除，因此对于深度脱除大分子含硫化合物来说，rim 活性位具有更高的 HDS 活性。

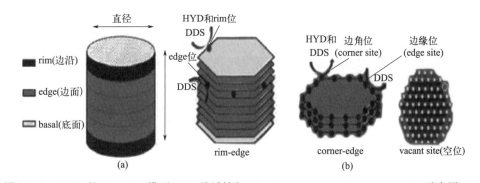

图 11-16 MoS$_2$ 的 rim-edge 模型（a）及活性相 rim-edge、corner-edge、vacant site 示意图（b）

（5）催化反应路径及机理

HDS 催化剂基于二硫化钼（MoS$_2$）与少量其他金属一起使用。催化活性位点的性质仍然是一个活跃的研究领域，通常认为是 MoS$_2$ 的基面结构与催化作用无关，而与这些片材的边缘位点有关。在 MoS$_2$ 的边缘在个微晶中，钼中心可以稳定配位不饱和位点，也称为阴离子空位。诸如噻吩的底物与该位点结合并经历一系列反应，导致 C—S 断裂和 C═C 键氢化。因此，氢通过去除硫化物、氢化和氢解作用等多种作用，产生阴离子空位。图 11-17 显示了该循环的简化图。

对于 HDS 反应机理，一般认为在硫化态 CoMo/γ-Al$_2$O$_3$ 上硫键强度不同（Co—Mo—S 中 S 键强度最弱），硫化催化剂上部分硫为不稳定硫，存在不稳定硫与阴离子空穴的相互转化。不稳定硫的量随反应条件而变化，在 MoS$_2$ 边缘存在—SH 基，—SH 与空位在邻近位置可互相转化和共存。在 400℃下，部分与 CoMo 键合的硫更不稳定，在 H$_2$ 存在下以—SH 形式存在，形成 H$_2$S 后，即从催化剂脱附，一个阴离子空穴就会产生，同时相邻的 Mo^{4+} 就会部分还原为 Mo^{3+}。一般情况下 Mo^{4+}⟶Mo^{3+} 的还原是困难的，只有在 H$_2$ 存在时才可进行。H$_2$S 在催化剂上解离吸附，并由于 H 高移动性而与邻近的不稳定硫形成新的—SH

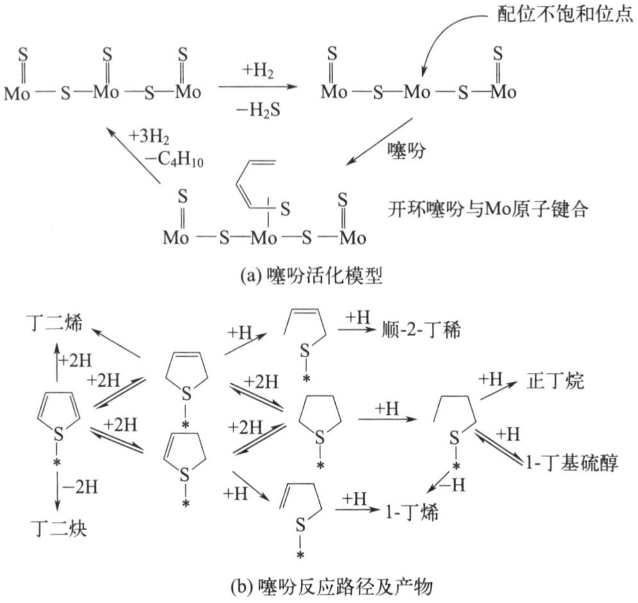

(a) 噻吩活化模型

(b) 噻吩反应路径及产物

图 11-17　噻吩加氢脱硫反应途径

基，旧的空穴消失，由不稳定硫形成 H_2S 解吸时形成新的阴离子空穴。这部分不稳定硫与 HDS 有紧密关系，硫交换速度在通常 HDS 反应条件下很快。硫化态 Co-Mo-Al_2O_3 上 H_2S 与不稳定硫的交换，以及不稳定硫与空位的转化如图 11-18 所示。可以看出空穴在反应条件下不是固定而是移动的。

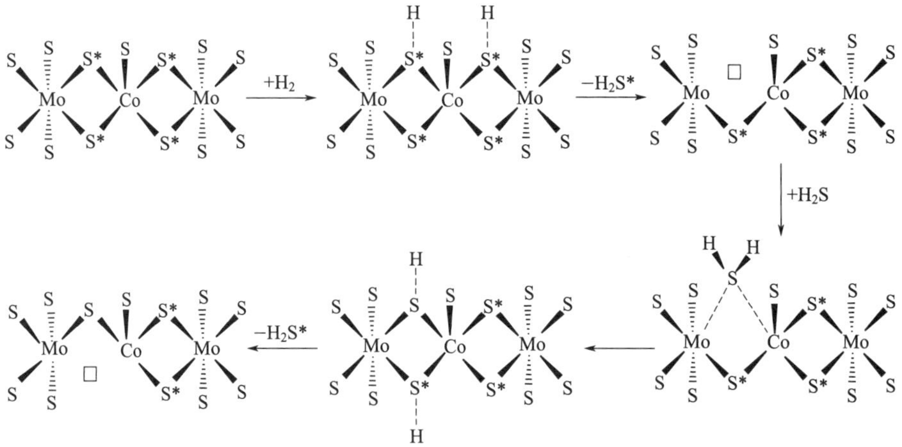

图 11-18　硫化态 Co-Mo/γAl_2O_3 上 H_2S 与不稳定硫的交换示意图

在 CoMo/Al_2O_3 上，Co_9S_8 体相中的硫都是稳定的，只有与 Co/Mo 都相连的硫才参与 HDS 反应。Co 对 Mo/Al_2O_3 的提高作用是因为 Co 使硫更易移动，形成新的活性中心，即 Co-Mo-S 活性相，其中硫键键强最弱。

催化剂表面的硫原子在 H_2 的作用下，形成—SH 基，相邻的—SH 形成 H_2S；释放出 H_2S 后，在催化剂表面形成阴离子空位。DBT 通过硫原子吸附在催化剂表面的阴离子空位上，然后发生 C—S 键断裂，联苯释放到气相中，硫原子保留在催化剂上，氢解反应所消耗的氢大部分来源于催化剂表面的—SH。留在催化剂上的硫在 H_2 的作用下，又可形成—SH基，同时 H_2S 的释放又可在催化剂表面形成阴离子空位，催化剂表面活性中心的转化就这样发生了。加氢脱硫的反应网络如图 11-19 所示。

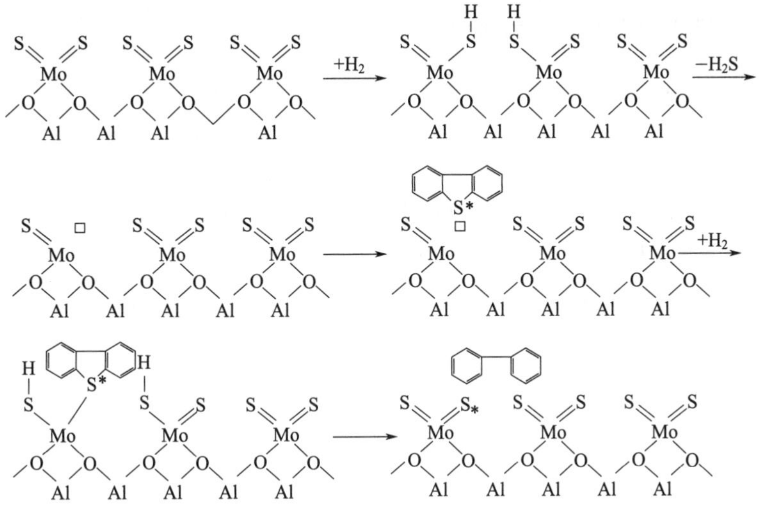

图 11-19　DBT 在 MoS_2 上的 HDS 机理
S＊—35S；□—S 空位

由于金属硫化物催化剂对反应物（H_2、有机硫化物、氮化物和芳烃等）的吸附活性低，表面吸附物种浓度小，因此金属硫化物催化剂上的催化作用机理研究十分困难。虽然通过扫描隧道显微镜（STM）技术和 DFT 计算对金属硫化物活性相的研究取得了很好的结果，但是，由于 STM 实验是以金（Au）作为载体基质，以金属 Mo 和 Co 作为 MoS_2 和 Co-Mo-S 的前驱物，而工业催化剂一般是以 Al_2O_3 作为载体，以 MoO_3 和 CoO 作为 MoS_2 和 Co-Mo-S 前驱物，涉及金属氧化物在载体 Al_2O_3 上的硫化过程，所以当前 STM 的研究结果具有一定的局限性。

11.2.5　加氢脱硫反应动力学

（1）汽油加氢脱硫反应动力学

许多学者报道了加氢脱硫反应动力学，他们详细讨论了不同底物、不同氢压在不同反应条件下的反应动力学方程式及反应机理，他们提出的反应动力学以 Langmuir-Hinshelwood 模型为基础。以固定床加氢脱硫实验为例，在压力 12MPa、氢油比 800、反应温度为 $260\sim 320$℃、LHSV 为 $2h^{-1}$ 条件下，使用 Ni-Mo-W/γ-Al_2O_3 催化剂，分别对噻吩类化合物、苯并噻吩类化合物和二苯并噻吩类化合物进行研究，发现噻吩类化合物与二苯并噻吩类化合物加氢脱硫反应符合一级反应模型，苯并噻吩类化合物加氢脱硫反应符合二级反应模型。建立了不同组分差异加氢速率动力学模型，相对误差为 0.6%。该动力学方程分别描述不同反应温度下加氢过程中煤液化油噻吩类化合物（S_1）、苯并噻吩类化合物（S_2）和二苯并噻吩类化合物（S_3）浓度随时间的变化规律，总硫含量变化规律为：$\omega_S = \omega_{S_1} + \omega_{S_2} + \omega_{S_3}$，忽略微

量 ω_{S_3} 后，最终得到总体加氢脱硫经验动力学方程 ω_S 为式（11-4）：

$$\omega_S = \exp\left[3.66 - 355.21\exp\left(-\frac{4747.41}{T}\right)t\right] + \exp\left[6.05 - 9.21\exp\left(-\frac{3244.20}{T}\right)t\right]$$

$$(11\text{-}4)$$

（2）柴油加氢脱硫绝热反应动力学

对于硫化物，按照加氢脱除的难度分为 3 个集总。其中，第一集总（S_1）包括容易加氢脱除的硫化物，具体包括噻吩、苯并噻吩类硫化物；第二集总（S_2）包括较难加氢脱除的硫化物，具体包括二苯并噻吩、1 个碳取代的二苯并噻吩；第三集总（S_3）包括最难加氢脱除的硫化物，具体包括 2 个及 2 个以上的碳取代的二苯并噻吩。在考虑温度、压力、氢油比、空时、空塔线速度和 H_2S 抑制加氢反应的条件下，建立了如式（11-5）～式（11-8）所示的加氢脱硫反应动力学模型。

$$\frac{d\omega_{S_1}}{d\tau} = \frac{-k_{0 \cdot S_1}\,e^{\frac{-E_{a_{S_1}}}{RT}}\,S_1^{n_{S_1}}\,p_{H_2}^{\alpha_{S_1}}\,r_{H/O}^{\beta_{S_1}}\,\eta_S}{1 + f_{H_2S}\omega_{H_2S} + f_{NS}\omega_N + f_{A_{11}}\omega_1 + f_{A_{22}}\omega_2 + f_{A_{33}}\omega_3} \tag{11-5}$$

$$\frac{d\omega_{S_2}}{d\tau} = \frac{-k_{0 \cdot S_2}\,e^{\frac{-E_{a_{S_2}}}{RT}}\,S_2^{n_{S_2}}\,p_{H_2}^{\alpha_{S_2}}\,r_{H/O}^{\beta_{S_2}}\,\eta_S}{1 + f_{H_2S}\omega_{H_2S} + f_{NS}\omega_N + f_{A_{11}}\omega_1 + f_{A_{22}}\omega_2 + f_{A_{33}}\omega_3} \tag{11-6}$$

$$\frac{d\omega_{S_3}}{d\tau} = \frac{-k_{0 \cdot S_3}\,e^{\frac{-E_{a_{S_3}}}{RT}}\,S_3^{n_{S_3}}\,p_{H_2}^{\alpha_{S_3}}\,r_{H/O}^{\beta_{S_3}}\,\eta_S}{1 + f_{H_2S}\omega_{H_2S} + f_{NS}\omega_N + f_{A_{11}}\omega_1 + f_{A_{22}}\omega_2 + f_{A_{33}}\omega_3} \tag{11-7}$$

其中部分参数的计算见式（11-6）：

$$\eta_s = \tanh(\text{parp}_{S_i} \times \upsilon)$$
$$\omega_{H_2S} = \omega_{S_0} - \omega_{S_1} - \omega_{S_2} - \omega_{S_3} \tag{11-8}$$

式（11-5）～式（11-8）中，ω_{H_2S} 为转化为硫化氢的硫的质量分数，mg/kg；ω_N 为氮化物的质量分数，mg/kg；$E_{a_{S_1}}$、$E_{a_{S_2}}$、$E_{a_{S_3}}$ 分别为硫化物第一集总、第二集总、第三集总的反应活化能，kJ/mol；$f_{A_{ij}}$ 为加氢脱硫模型中的芳烃的吸附平衡常数；f_{H_2S} 为加氢脱硫模型中的 H_2S 的吸附平衡常数；f_{NS} 为加氢脱硫模型中的氮化物的吸附平衡常数；$r_{H/O}$ 为氢气和柴油的体积比；S_1、S_2、S_3 分别为硫化物第一集总、第二集总、第三集总的反应指前因子；n_{S_1}、n_{S_2}、n_{S_3} 分别为加氢脱硫模型中所述第一集总、第二集总、第三集总的反应级数；parp_{S_i} 为硫化物的相关系数；p_{H_2} 为氢气压力，MPa；R 为理想气体常数；ω_{S_0} 为反应前硫的总质量分数，mg/kg；ω_{S_1}、ω_{S_2}、ω_{S_3} 分别为第一集总、第二集总、第三集总硫的质量分数，mg/kg；υ 为空塔线速度，m/min；α_{S_i} 为加氢脱硫模型中的氢气压力的影响因子；β_{S_i} 为加氢脱硫模型中氢/油体积比的影响因子；η_S 为加氢脱硫模型中的外扩散影响因子；τ 为空时，h。硫化物含量随时空的变化曲线见图 11-20。

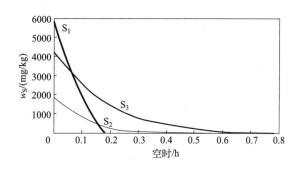

图 11-20　加氢脱硫反应动力学模型 3 个
集总中硫化物含量随空时的变化曲线

11.2.6　汽油催化加氢脱硫

汽油是由 $C_5 \sim C_{12}$ 的脂肪烃、环烷烃和一定量芳香烃组成的馏程为 $50 \sim 220{}^{\circ}\text{C}$ 的透明可燃液体，主要用作汽车点燃式内燃机的燃料。车用汽油一般是由几种组分调和而成，主要有重整汽油、原油常压蒸馏的直馏汽油、烯烃加氢后的烷基化汽油以及催化裂化（FCC）汽油等。其中重整汽油、烷基化汽油和直馏汽油中含有少量的硫或无硫，这是因为：①原油中的硫化物主要集中在高沸点；②用于烷基化和重整单元的原料一般都是经过加氢处理过的。而用于催化裂化单元的原料主要是常压渣油或减压蒸馏的产物，其中含有高达 $0.5\% \sim 1.5\%$ 的硫。虽然 FCC 汽油只占汽油总量的 $30\% \sim 40\%$，但是汽油中 $85\% \sim 95\%$ 的硫来自 FCC 汽油。因此，为了满足日益严格的汽油标准，FCC 汽油的质量升级是车用清洁燃料生产的关键所在。

FCC 汽油中的含硫化合物基本是有机化合物，硫化物类型及分布见表 11-5，重馏分主要为苯并噻吩；中馏分主要为噻吩和烷基噻吩；轻馏分主要为硫醇、硫醚。其中噻吩和噻吩类衍生物是影响脱硫效果的关键组分，它们一般占含硫化合物总量的 70% 以上，这类含硫化合物具有类似于芳环的共轭结构，在催化裂化反应条件下比较稳定，很难发生裂化脱硫反应。在催化裂化过程中，含硫化合物脱除的难度次序为苯并噻吩＞烷基噻吩＞噻吩＞四氢噻吩＞硫醚、硫醇。目前炼油工业上主要采用催化加氢脱硫技术作为降低 FCC 汽油硫含量的手段。

表 11-5　某炼厂 FCC 汽油中硫的类型及分布

类别	含量比例/%	类别	含量比例/%
硫醇	7.80	四氢噻吩	2.39
硫醚	2.81	苯并噻吩	0.29
噻吩	6.38	未确定类型	12.34
烷基噻吩	67.99	合计	100.0

（1）汽油加氢脱硫的原理

在石油中常见的硫化物为噻吩类芳香族含硫杂环。从噻吩本身到苯并噻吩和二苯并噻吩等更大分子衍生物，石油中存在多种噻吩类。噻吩本身及其烷基衍生物更容易氢解，而二苯并噻吩，尤其是其 4,6-二取代衍生物，被认为是最具挑战性的底物。苯并噻吩在简单的噻吩和二苯并噻吩之间处于对 HDS 易感性的中间位置。

汽油中不论是最容易脱除的硫醇还是活性较低的二苯并噻吩，含硫化合物的加氢脱硫反应过程均可表示为：$RSH + H_2 \longrightarrow RH + H_2S$。

另外，由于 FCC 汽油中烯烃含量较高，采用常规的催化加氢脱硫技术，在脱硫的同时势必引起烯烃的大量饱和，造成辛烷值损失。因此，适于 FCC 汽油的脱硫技术必须在脱硫的同时尽量减少辛烷值的损失。目前主流的技术路线是采用选择性加氢脱硫催化剂尽量避免或减少烯烃饱和，其基本原理如下：

① FCC 汽油中烯烃主要集中在轻汽油馏分中，而含硫化合物主要集中在重汽油馏分中，因此可以选择适宜的切割点将汽油分为轻汽油馏分和重汽油馏分，在轻汽油馏分中，烯烃含量高，硫含量低，且含硫化合物主要为小分子的硫醇、二硫化物、硫醚等，可以通过碱洗进行脱硫处理。

② 在重汽油馏分中，烯烃含量低，硫含量高，且含硫化合物主要是噻吩类及其衍生物，可以采用加氢脱硫。在加氢脱硫的同时可采用具有异构化和芳构化功能的催化剂，以减小加氢后汽油的辛烷值损失。将处理过的轻重汽油馏分混合，即选择性加氢脱硫的汽油馏分。

（2）汽油加氢脱硫工艺流程

选择性催化加氢脱硫技术具有操作条件缓和、汽油收率高并且氢耗低、辛烷值损失小等优点，是目前国内外 FCC 汽油催化脱硫技术的主流。法国阿克森斯（Axens）公司的 Prime-G$^+$ 技术和美国 ExxonMobil 公司的 SCANfining 技术代表当前国际先进水平，均以高选择性的催化剂为核心，采用常规连续床反应器，工艺简单，见图 11-21。Axens 公司的 Prime-G$^+$ 技术在我国应用较为广泛，能将 FCC 汽油中的硫含量脱除到 $50\mu g/g$ 以下。

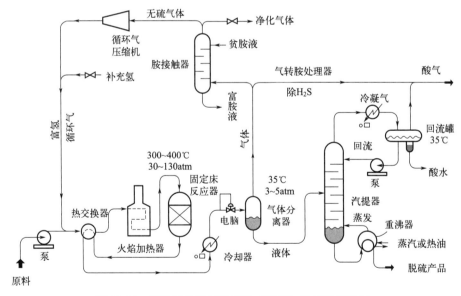

图 11-21　炼油厂典型加氢脱硫（HDS）装置的示意图

① Axens 公司的 Prime-G$^+$ 加氢脱硫工艺。Prime-G$^+$ 技术的工艺流程主要由选择性加氢部分和加氢脱硫部分组成。选择性加氢催化剂采用的是 Axens 公司 HR-845，活性组分为

Ni-Mo；加氢脱硫催化剂用的是 Axens 公司的 HR-806，活性组分是 Co-Mo。Axens 公司 Prime-G$^+$ 技术工艺流程见图 11-22；两种催化剂的主要性能见表 11-6。

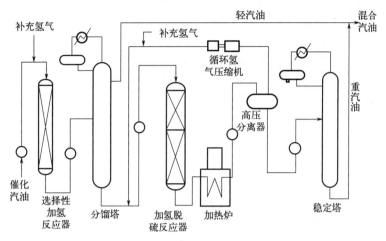

图 11-22　Prime-G$^+$ 汽油加氢脱硫工艺流程

表 11-6　选择加氢催化剂和加氢脱硫催化剂主要性能

催化剂牌号	HR-845	HR-806
活性组分	Mo-Ni	Co-Mo
颗粒直径/mm	2～4	2～4
比表面积/(m^2/g)	140	130
孔体积/(cm^3/g)	0.4	—
自然装填密度/(g/cm^3)	0.84	0.46
密相装填密度/(g/cm^3)	0.88	0.48
抗压强度/MPa	≥1.55	—

　　将全馏分 FCC 汽油加入选择性加氢反应器，脱除了其中的二烯烃，同时轻汽油组分中的轻硫醇与轻硫化物与烯烃发生硫醚化反应转化为较重的硫化物进入重汽油中。该过程无 H$_2$S 生成、烯烃不被饱和、辛烷值不损失，这是其选择性加氢技术的突出特点，可以最大限度保留轻汽油中的烯烃含量。经过选择性加氢反应的产物经过分离塔进行轻重分离，重汽油组分进入加氢脱硫反应器，通过 Co-Mo 催化剂体系进行深度脱硫反应。加氢脱硫反应器内介质全部为气相，在两个催化剂床层之间设有急冷油以控制反应器床层温升最高不超过 25℃，急冷油采用加氢脱硫产品分离罐中的脱硫重汽油。加氢脱硫反应器中的反应压力为 1～3MPa，反应温度为 200～300℃。这样整个过程下来，汽油的硫含量可以降低到 30μg/g 以下，辛烷值基本不变。

　　② 中石油汽油加氢脱硫（CDOS-HCN）工艺。中石油克拉玛依石化建有 500kt/a 汽油选择性加氢脱硫（CDOS-HCN）装置（图 11-23），装置一次性投产成功，并达到国Ⅵ标准汽油标准。

　　CDOS-HCN 工艺技术配套的催化剂及保护剂的物化性质见表 11-7。可知，经催化剂 HDDO-100 加氢处理，原料二烯值（以 I$_2$ 计）从 1.72g/100g 降至低于 0.17g/100g，满足二烯值≤0.5g/100g 的设计要求，该催化剂将原料中硫醇从 23μg/g 降至 1μg/g；且轻汽油产品中硫含量仅为 4.4μg/g，满足轻汽油中硫含量≤10μg/g 的控制要求，可为醚化提供优

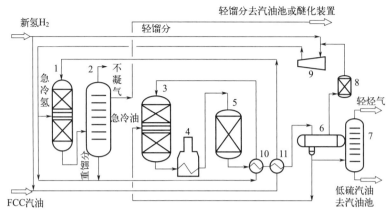

图 11-23　炼油厂典型 CDOS-HCN 工艺流程图

1—选择性加氢反应器；2—分馏塔；3—加氢脱硫反应器 I；4—加热炉；
5—加氢脱硫反应器 II；6—气液分离器；7—稳定塔；8—循环氢脱硫塔；
9—循环氢压缩机；10,11—换热器

质的轻质原料；催化剂 HDOS-100/DHM-100 将重汽油中硫含量降至 $17\mu g/g$，满足重汽油中硫含量$\leqslant22\mu g/g$ 的控制要求。

表 11-7　催化剂及保护剂物化性质

催化剂	形状	尺寸/mm	侧压强度/(N/cm)	化学组成	比表面积/(m²/g)
HDDO-100	三叶草	2	>120	$NiO\text{-}MoO_3/Al_2O_3\text{-}TiO_2$	>130
HDOS-200	三叶草	2.8/1.6	>120	$MoO_3\text{-}CoO/Al_2O_3\text{-}TiO_2$	>150
HDMS-100	三叶草	2	>120	$NiO/Al_2O_3\text{-}TiO_2$	>150
HCP-100	多孔球	16	>100	Al_2O_3	
HCP-200	齿轮柱	10	>60	$MoO_3\text{-}CoO(NiO)/Al_2O_3\text{-}TiO_2$	>120
HCP-300	齿轮柱	6	>60	$MoO_3\text{-}CoO(NiO)/Al_2O_3\text{-}TiO_2$	>120

③ 工艺流程说明。在炼油厂中，加氢脱硫反应一般使用固定床反应器，温度范围为 $300\sim400℃$，压力范围为 $3.0\sim13.0MPa$，通常在氧化铝负载钴和钼催化剂存在下进行加氢脱硫。在处理有机氮杂环含量高的原料时，还会使用 $NiMo/Al_2O_3$ 催化剂，以便应对特定的难以处理的原料。

将液体进料泵加至所需的高压，并通过富氢循环气体流连接。通过流过热交换器预热所得的液体-气体混合物，然后预热的进料流过火焰加热器，在该加热器中进料混合物完全蒸发并加热到所需的高温，然后进入反应器并流过催化剂的固定床，进行加氢脱硫反应。

热反应产物流过热交换器而部分冷却，其中反应器进料被预热，然后在其流过压力控制器（PC）之前流过水冷热交换器，并且压力降低至 $3\sim5atm$。所得到的液体和气体的混合物在约 35℃和 $0.3\sim0.5MPa$ 条件下进入气体分离器容器。

11.2.7 柴油催化脱硫

当前，环境污染问题日益突出，环保法规日益严格，油品质量升级加速推进。原定 2018 年实施的国 V 柴油标准已提前至 2017 年 1 月 1 日全面实施，而对组分控制尤其是多环芳烃组分控制更为严格的国Ⅵ柴油标准已于2019年实施，按照国际最新标准，柴油中硫含量不能高于10mg/kg（表11-8）。因此，实现柴油的高值化、清洁化利用成为待面临的重大难题之一，在此严格标准要求下，作为柴油脱硫的主要方式——催化加氢脱硫，已经达到硫脱除率大于99.99%的超深度。

表 11-8　国内柴油质量标准

项目	执行日期	密度(20℃)/(kg/m³)	十六烷值	硫含量/(μg/g)	多环芳烃质量分数/%
国Ⅳ车柴	2015-01-01	810～850	≥49	≤50	≤11
国Ⅴ车柴	2017-01-01	810～850	≥51	≤10	≤11
国Ⅵ车柴	2019-01-01	820～845	≥51	≤10	≤7

柴油是C_{10}～C_{22}的烃类混合物，主要由原油蒸馏、催化裂化、热裂化、加氢裂化、石油焦化等过程生产的柴油馏分调配而成，分为轻柴油（沸点范围180～370℃）和重柴油（沸点范围350～410℃）两大类。与汽油相比，柴油能量密度高、燃油消耗率低，因此广泛用于重载车辆、船舶的柴油发动机。柴油组分里的含硫化物主要有两类：苯并噻吩及其衍生物类和二苯并噻吩及其衍生物类。与汽油和航空煤油中存在的噻吩、苯并噻吩及其衍生物相比，柴油中主要存在的是二苯并噻吩及其衍生物，该类含硫化合物更难以通过传统的加氢脱硫催化剂脱除。

（1）柴油的催化加氢超深度脱硫

根据加氢脱硫活性的不同，可以将柴油中的硫化物分成四类：第一类是烷基取代的苯并噻吩；第二类是二苯并噻吩及其除了在4位或6位之外有烷基取代基的二苯并噻吩衍生物；第三类是在4位或6位有一个烷基取代基的二苯并噻吩衍生物；第四类是在4位和6位同时有烷基取代基的二苯并噻吩衍生物，如4,6-二甲基二苯并噻吩（4,6-DMDBT）。研究发现，这四类化合物在未加氢柴油中的总硫含量分布分别为39%、20%、26%、15%，它们的相对加氢速率常数分别为36、8、3和1。通过加氢脱硫将柴油中的硫含量降到500μg/g时，剩余的主要是第三和第四类硫化物；而在加氢脱硫到30μg/g的柴油中只有第四类硫化物存在。因此，要达到新的硫含量标准，其中的前三类化合物必须完全脱除，第四类硫化物也必须绝大部分被脱除。由此可见，要实现柴油的超深度脱硫，4,6-DMDBT的高效脱除是关键。柴油超深度催化加氢脱硫工艺见图11-24。

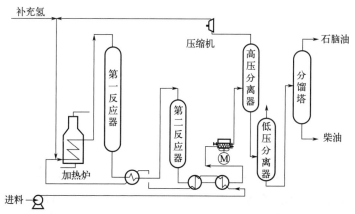

图 11-24　柴油超深度催化加氢脱硫处理工艺流程简图

（2）柴油的加氢脱硫催化剂

为了实现柴油的超深度脱硫，需要对原有的加氢脱硫催化剂进行改进，并开发一些新型的催化剂。与汽油的加氢脱硫催化剂一样，传统的柴油加氢脱硫催化剂也是以 Co 或 Ni 作为催化剂助剂，以 Mo 或 W 作为催化剂活性组分，采用活性氧化铝做载体，还可以通过添加各种助剂来改善催化剂的性能。常见的催化剂有：$CoMo/\gamma\text{-}Al_2O_3$、$NiMo/\gamma\text{-}Al_2O_3$、$NiW/\gamma\text{-}Al_2O_3$ 等。

FDS 催化剂是中石油催化重点实验室开发的新一代柴油加氢处理催化剂。FDS-1 催化剂具有高脱硫活性的同时，还具有良好的脱氮和脱芳烃性能，可处理国内外炼厂中低硫含量劣质柴油。应用结果表明：在反应压力 6～8MPa、体积空速 $1.0～2.5h^{-1}$、反应温度 320～360℃、氢油比（300～600）：1 的条件下，处理柴油原料，硫含量（1500～4000）$\times 10^{-6}$，可直接生产国 V 柴油（硫含量小于 10×10^{-6}），已达国际先进水平。

11.3 渣油催化加氢提质技术

11.3.1 渣油加氢提质简介

渣油（residual oil）是原油经常压和减压蒸馏所得的残存油，为黑色黏稠液体。渣油常用于加工石油焦、残渣润滑油、石油沥青等产品，也可作为裂化原料。渣油还可生产合成气或氢气，或裂解制乙烯。渣油主要由碳氢两种元素组成，此外还有少量硫、氮、氧等元素组成的杂环化合物，同时，渣油中还含有微量镍、钒等金属有机化合物，这些都需要通过加氢脱硫、脱氮、脱金属除去，以免对下游化学加工催化剂产生毒害作用，除掉这些杂质再通过进一步加工，可以制备高品质汽油、柴油。

通常情况下，减压渣油占原油的 30%～50%，但却含有原油中几乎全部的金属杂质、70% 以上的硫化物和 80% 以上的含氮化合物（表 11-9）。其加工难点主要是渣油分子结构复杂，胶质、沥青质转化处理困难。渣油加工是一个组合技术，主要包括延迟焦化、减黏裂化、催化裂化、溶剂脱沥青等脱碳技术及渣油加氢处理、渣油加氢裂化脱硫等加氢技术。其中，加氢脱硫是重要一步。

表 11-9 典型高硫渣油的主要性质

项目	数据	项目	数据
密度(20℃)/(kg/m³)	981.1	ω(氢)/%	11.00
运动黏度(100℃)/(mm²/s)	120.3	镍含量/(μg/g)	29.5
残炭/%	12.60	钒含量/(μg/g)	81.1
ω(硫)/%	4.016	饱和分/%	26.1
ω(氮)/%	0.27	芳香分/%	47.2
ω(碳)/%	84.41	胶质/%	22.7

随着劣质原油开采量的增多以及加工技术进步，加氢在重质油加工中的份额逐渐增大。对于含硫、氮、重金属较多的劣质重质原料，加氢是必不可少的加工手段（表 11-10）。同

时，随着环保要求日渐严格，为了提高汽柴油含硫化合物脱硫效果，这也引起人们对于渣油预先加氢脱硫的高度重视。

表 11-10　原料和 HDN、HDS 反应产物的基本性质

原料及产品	密度(20℃) /(g/cm³)	运动黏度(100℃) /(mm²/s)	ω(残炭)/%	ω/%				
				C	H	S	N	其他
原料	0.9747	86.29	11.46	85.13	11.18	2.86	0.36	0.47
HDS 产品	0.9456	39.02	6.91	86.54	11.92	0.95	0.31	0.28
HDN 产品	0.9387	32.62	5.79	86.78	12.10	0.56	0.24	0.32

11.3.2　渣油加氢提质的化学反应

渣油加氢提质遵循"深精制，浅裂化"原则，也就是深度脱除硫化物、氮化物、金属化合物，适当控制重烃加氢裂化，以便达到为下游产品加工减少杂质，减少催化剂毒物，以及为汽柴油超深度脱硫脱氮生产高质量燃油作好准备。

（1）加氢脱硫反应

硫化物在石油馏分中的分布一般是随着石油馏分沸程的升高而增加，大部分硫均集中在重馏分和渣油中。在直馏汽油中，以硫醇和硫醚为主，少量二硫化物和噻吩。中间馏分中，主要是硫醚和噻吩类。高沸点馏分中，主要是噻吩、苯并噻吩、二苯并噻吩及其同系物。渣油中还有相当大一部分硫存在于胶质、沥青质中，这部分含硫化合物的分子量更大、结构也复杂得多。

渣油中含硫化合物准确的结构类型与分布类型非常难以获得，因此研究者们针对渣油中含硫化合物的分析检测做了众多研究工作。研究开发了色谱分离定量识别重油硫类型的分析方法，该方法可以使样品中硫的回收率达到 80% 左右。他们将渣油中硫定量为 6 种：噻吩类（T）、苯并噻吩类（BT）、二苯并噻吩类（DBT）、苯并萘噻吩（BNT）类、菲噻吩（PhT）类及其他类。噻吩类加氢脱硫反应过程如图 11-25 所示。

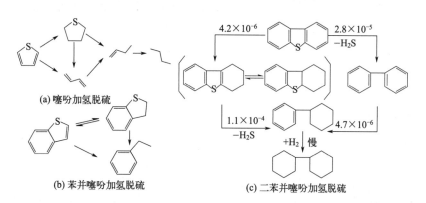

图 11-25　硫化物噻吩、苯并噻吩和二苯并噻吩加氢脱硫反应网络图

直到 2000 年初，高分辨傅里叶变换离子回旋共振质谱（FT-ICR-MS）引入重油表征，渣油中含硫化合物表征获得重大突破。但是，仅依靠 FT-ICR-MS 还不能鉴定含硫化合物的

异构体。实际上，渣油中含硫化合物分子包括单核分子和多核分子两类，即通常所知的"孤岛模型"和"群岛模型"。炼油厂的渣油加工中，它们对应的含硫化合物会生产出截然不同的产品。为了获得含硫化合物的准确结构信息，需要解决多核和单核结构的分布以及含硫化合物分子异构体的鉴定问题。珀塞尔（Purcell）等人成功开发出了具有窄分离窗口的串联质谱作为定量研究渣油中含硫化合物异构体的工具；然后采用常压光子离子化高分辨傅里叶变换离子回旋共振质谱（APPI-FT-ICR-MS）技术对加氢渣油中的含硫化合物进行定性分析，获得不同含硫化合物的分布情况；最后通过碰撞诱导解离进一步分离处理加氢渣油中最丰富的硫化合物，获得碎片硫的结构，进而推测出硫化物的结构。研究发现，在渣油加氢过程中，渣油中最多的硫类化合物为 S_1 类，其次是 S_2 类和 N_1-S_1 类。渣油加氢处理（RHT）过程中最难处理的含硫化合物是 DBT 和 4,6-DMDBT 硫化物，这些硫化物脱除程度决定了 RHT 过程中渣油的 HDS 深度（图 11-26）。

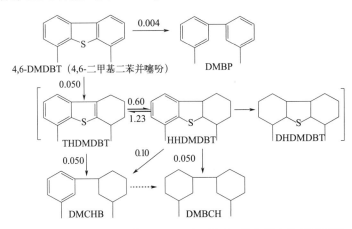

图 11-26　4,6-DMDBT 在 Ni-MoS$_2$/γ-Al$_2$O$_3$ 催化剂上的反应网络

4,6-DMDBT 在 γ-Al$_2$O$_3$ 负载 NiMo 催化剂上的 HDS 存在两条反应路径，一条是直接脱硫路径（DDS），生成产物是二甲基联苯（DMBP）；另外一条是加氢脱硫路径（HYD），生成一系列中间产物之后再生成二甲基环己基苯（DMCHB），然后非常少量 DMCHB 转化为完全加氢产物二甲基联环己烷（DMBCH）。他们还测定了 300℃下各步反应的速率常数得出，DDS 路径的反应速率只是 HYD 反应路径的 1/10。因此，4,6-DMDBT 在该催化剂上的 HDS 以 HYD 路径为主，其主要原因是位于 4、6 位的两个甲基空间位阻过大，阻碍了硫原子与活性中心的接触而显著降低了该反应物的 HDS 速率。

（2）加氢脱氮反应

原油产地的不同，原油中的含氮量也不同，其质量分数为 0.05%～0.5%。渣油中含氮化合物按照酸碱性来分类可以分为两类：碱性氮化物和非碱性氮化物。常见的碱性氮化物一般是吡啶、喹啉及其衍生物，常见的非碱性氮化物一般是吡咯、吲哚、咔唑及其衍生物。对于五元杂环氮化合物和六元杂环氮化合物，一般认为芳香环先加氢饱和，然后碳氮键再断裂，对于几种典型含氮有机物加氢脱氮反应过程如图 11-27 所示。

加氢脱氮催化剂活性组分包括贵金属和非贵金属硫化物，通常传统加氢活性组分包括贵金属和非贵金属硫化物，它们包括第ⅥB族的钼、钨及第ⅧB族的钴、镍、铁、钯、铂等，工业上一般使用 Ni-Mo/Al$_2$O$_3$ 催化剂。

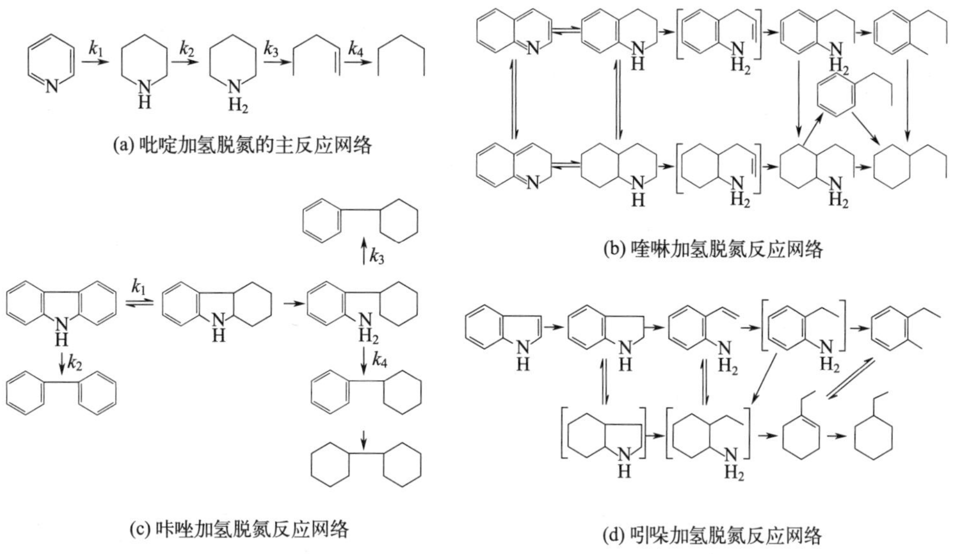

(a) 吡啶加氢脱氮的主反应网络

(b) 喹啉加氢脱氮反应网络

(c) 咔唑加氢脱氮反应网络

(d) 吲哚加氢脱氮反应网络

图 11-27　典型含氮有机物加氢脱氮反应过程示意图

（3）加氢脱金属反应

加氢脱金属就是脱除渣油中镍、钒在内的各种金属杂质，减少其对下游催化剂以及后续加工装置的不利影响。

渣油中的镍、钒可以分为卟啉（TPP）化合物和非卟啉化合物，镍、钒卟啉化合物种类较多，结构复杂。镍卟啉和钒卟啉在分子结构上存在明显不同，钒卟啉中的钒是 4 价，以 $(VO)^{2+}$ 形式存在，镍钒非卟啉化合物多为含硫、氮、氧原子的四配位络合物。金属卟啉主要集中在多环芳烃、胶质和部分沥青质之中；而金属非卟啉化合物则主要集中在重胶质和沥青质之中，且在沥青质中的非卟啉化合物可能与沥青质的片层交联在一起，所以金属非卟啉化合物相对来说更难脱除。

金属卟啉化合物的分子平面中心是以 8 个吡咯形成的大 π 环，外围附有苯环、烃基等取代基。在被吸附到催化剂表面的过程中，通常认为是通过其大 π 环平面与催化剂表面上的活性位接触，且主要的接触方式是"平躺"。用 X 射线吸收精细结构谱（EXAFS）技术观察到卟啉化合物吸附在催化剂 MoO_3 层的顶部氧原子上，由此认为卟啉是平躺在氧化钼上的。还发现，金属卟啉与惰性载体的相互作用远弱于与催化剂活性组分的相互作用，可见催化剂活性组分存在着更利于金属卟啉吸附的吸附位（图 11-28）。

钒卟啉除通过 π 电子系统与吸附表面相互作用外还存在另外两种不同形式的相互作用：①钒卟啉（VO-TPP）经由 V=O 基团中的 V^{4+} 与吸附表面上的 Lewis 碱位（给体位）相互作用，这使得卟啉环上产生过量的负电荷，而这些负电荷可能经由与电子受体位（Lewis 或 Brönsted 酸位）相互作用的 π 键而被中和；②V=O 基团通过氧原子也可能与受体位相互作用，这使得卟啉大环上的电子密度减少，并促进了钒的电子离域。

有人提出了催化剂表面活性位的转化及加氢脱金属机理（图 11-29）。硫化氢通常是各馏分油加氢脱硫处理的副产物，在硫化氢的存在下，上述反应机理可以表述如下：①金属卟啉通过其卟啉分子吸附在催化剂饱和位上，硫化态催化剂上—SH 基团的质子被加到金属卟啉环上；②吸附的高电子离域的金属卟啉环加氢，形成中间产物二氢卟酚；③在催化剂硫空位上金属—氮（M—N）键加氢裂解，金属沉积在催化剂上。可见，硫化氢的存在促进了前两步的加氢反应。

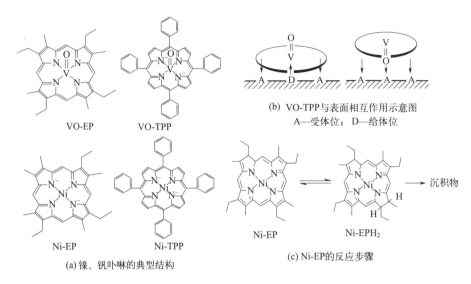

(b) VO-TPP与表面相互作用示意图
A—受体位；D—给体位

VO-EP　　VO-TPP

Ni-EP　　Ni-TPP

Ni-EP　　Ni-EPH₂　　→ 沉积物

(a) 镍、钒卟啉的典型结构

(c) Ni-EP的反应步骤

图 11-28　金属卟啉化合物结构及其加氢脱氮反应过程

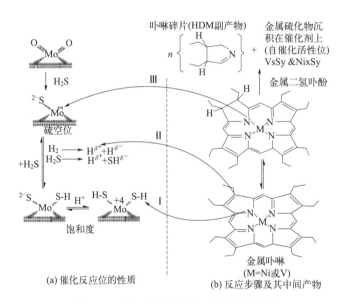

(a) 催化反应位的性质

(b) 反应步骤及其中间产物

图 11-29　H₂S 存在下的加氢脱金属机理

渣油加氢脱金属是一个复杂的过程，在这个过程中存在着很多复杂的影响因素，其中一些因素对加氢脱金属过程起着重要的作用，甚至可能改变脱金属的途径。加深对这些影响因素的理解可以帮助人们更清楚地认识整个加氢脱金属过程，并指导其工艺的优化。

渣油加氢过程主要包括加氢脱硫、加氢脱氮、加氢脱金属过程，其中也会发生少量重质烯烃和芳烃加氢饱和及烃类加氢裂化反应，在此不再赘述其详细反应机理。

11.3.3 渣油加氢工艺

渣油加氢过程及其氢耗包括三部分：第一部分是渣油脱硫、脱氮生成硫化氢和氨气的氢耗，这部分氢耗在运行初期和末期的变化不大且是必需的；第二部分是加氢反应生成 $C_1 \sim C_4$ 气体的氢耗，这部分氢耗在运行末期高于运行初期氢耗；第三部分是 C_{5+} 中芳烃饱和造成的氢耗。目前，渣油加氢处理有固定床加氢、移动床加氢、沸腾床加氢和悬浮床加氢 4 种工艺。

11.3.3.1 固定床渣油加氢技术

（1）固定床渣油加氢工艺

典型固定床加氢工艺技术有 RDS/VRDS 工艺、Resid/HDS 工艺、Unicracking/HDS 工艺、Residfining 工艺、RCD/Unibon 和 S-RHT 工艺技术，操作条件与结果见表 11-11。

固定床加氢反应器进行加工工艺中，催化剂固定在反应床，物流与氢气自上而下流过，产物从反应器底部排出。固定床加氢过程在工艺和设备结构上比浆态床和沸腾床要简单得多，但是它的应用有一定的局限性。在处理高金属和高沥青质、高胶质含量的原料时，催化剂失活和结焦较快，因此设有催化剂在线置换和更新系统，另外床层也易被焦炭和金属有机物堵塞。因此，在使用过程中，需加设保护反应器，从而使运转周期延长。

由于渣油中颗粒物、杂质含量高且种类繁多，在加氢过程中，颗粒物、金属杂质（如铁与钙、镍与钒）、胶质和沥青质等很容易沉积在催化剂的颗粒之间或催化剂的外表面，一方面使反应器床层压降快速上升，另一方面堵塞催化剂的孔道，造成催化剂快速失活。这两方面都会导致工业装置频繁停工和更换催化剂，缩短装置运行周期，降低装置的经济效益，而且会加大催化剂的卸载难度，增加安全隐患。为保证装置的运行周期，通常需要控制原料油的总金属含量一般要小于 $200\mu g/g$，残炭含量低于 15%，沥青质含量低于 5%。固定床工艺在相当长的一个时期内仍是炼厂渣油加氢技术的首选。

表 11-11　典型固定床加氢工艺的操作条件及反应结果

工艺名称	反应温度 /℃	反应压力 /MPa	体积空速 /h^{-1}	化学氢耗 /(m^3/m^3)	转化率 /%	脱硫率 /%	脱氮率 /%	脱金属率 /%	脱残炭率 /%
RDS/VRDS	350～430	12～18	0.2～0.5	187	31	94.5	70	92.0	50～60
Resid/HDS	340～427	10～18	0.1～1.0	150	>20	91.8	40～50	91.5	40～50
Unicracking/ HDS	350～430	10～16	0.1～1.0	90～180	15～30	87.9	40～60	68.1	50～75
Residfining	350～420	13～16	0.2～0.8	190	20～50	81.6	60～70	72.5	56.5
RCD/Unibon	350～450	10～18	0.2～0.8	130	20～30	92.0	40	78.3	59.3
S-RHT	350～427	13～16	0.2～0.7	150～187	20～50	92.8	72.8	83.7	67.1

（2）加氢催化剂

渣油加氢催化剂是渣油轻质化技术的关键。渣油加氢过程中存在多种类型的反应，采用固定床工艺，很难通过一种或一类催化剂来完成整个催化过程。

Co-Mo/γ-Al$_2$O$_3$ 或 Ni-Mo/γ-Al$_2$O$_3$ 系催化剂在煤化工、石油炼制、石油化工、燃油超深度脱硫等各个领域都有重要应用，是非常重要的工业催化剂。Co-Mo 和 Ni-Mo 催化剂的不同组合在馏分油加氢过程中表现出了优异的催化性能。Ni-Mo 催化剂的加氢活性更高，更适用于脱氮及脱芳构化反应；而 Co-Mo 催化剂脱硫活性更高，且适用于高硫含量的油品。添加 P、F、B 等助剂对 Ni-Mo 系以及 Co-Mo 系加氢脱硫催化剂活性也有很大的影响。

① 催化剂种类及其性能。国外为固定床渣油加氢技术提供催化剂的专利商主要有美国 ART 公司的 ICR 系列催化剂、丹麦 Topsøe 公司的 TK 系列催化剂、法国石油研究院 (IFP) 的 HMC 系列催化剂等。国内则以中石化大连院的 FZC 系列催化剂及中石化石油化工研究院的 RHT 系列催化剂为主。

IFP 的 HDM 及 HDS 催化剂商品牌号分别为 HMC-841（Ni-Mo 系）及 HT-308（Co-Mo 系）。反应操作为：反应温度 360~420℃；氢油比（体积比）700~1200，氢分压 12~15MPa；氢耗 1.4%~1.7%（纯 H$_2$）；体积空速 0.13~0.22h^{-1}。HMC-841 脱金属率可达 85%，脱沥青质可达 90%，大于 550℃ 时，渣油的转化率可达 60%，金属容量可达 80%。HMC-841 与 HT-308 配合使用时，脱金属率为 95%（对常压渣油）及 90%（对减压渣油），脱残炭率为 60%~65%。该催化剂的最大特点是当反应过程中有水参与时其活性可以提高 10%~20%，从而减少了催化剂用量及反应器容积。

② 优化催化剂级配技术。渣油固定床加氢处理过程中需要使用多种催化剂的组合，包括保护剂、脱硫催化剂、脱金属催化剂、脱残炭催化剂。催化剂级配装填是指不同功能催化剂在同一个反应器中联合使用。沿着反应物流动的方向，催化剂的颗粒粒径、孔径、孔隙率逐渐递减，活性由弱到强。各种催化剂的装填比例根据原料性质、操作条件和产品质量要求而定。当原料中大颗粒杂质较多时，应增加大粒径保护剂的装填比例，而当原料中小颗粒杂质较多时，应增加小粒径保护剂的装填比例。另外，渣油加氢装置反应器投资较大，为充分利用反应器空间，可以考虑采用具有一定加氢活性和孔隙率较高的活性支撑剂（如中石化石油化工研究院开发的 RDM-32-3b 和 RDM-32-5b）代替反应器底部的 3~4mm 的瓷球。催化剂级配装填可有效改善物流分布，有利于颗粒物的均匀沉积，提高容垢能力，是缓解床层压降快速升高、提高催化剂利用率的有效途径之一。在渣油加氢反应器中，催化剂级配装填的顺序由上向下为保护剂、脱金属剂、加氢脱硫剂、加氢脱氮剂。

（3）前置上流式反应器（UFR）

为了降低进料中的金属含量，防止催化剂过早失活，工艺上除了在原料油缓冲罐设置氮封、进料管线上设置自动反冲洗过滤器、高铁钙含量的原料油增设脱钙剂加注设施外，通常还会在主反应器前加设上流式反应器（UFR）或可切除/互换式保护反应器。

前置的 UFR 主要特征为：UFR 设置 3 个床层，床层间用急冷油代替冷氢，从而可更有效地控制床层温升；使用催化剂多层级配技术装填两种上流式专用脱金属剂和保护剂，以有效降低金属结垢堵塞催化剂床层的可能性。第一床层催化剂活性较低，第二、三床层催化剂活性较好；渣油和氢气自下而上低速通过 UFR，使催化剂床层轻微膨胀，金属和焦炭等沉积物可以均匀地沉积在整个催化剂床层。运行结果表明，增设 UFR，反应系统初始压降减小且上升速率缓慢，平均脱硫、脱金属和脱残炭率分别达到 49%、31%、26%，投资较少，且容易操作和控制。

IFP 公司的 Hyval-F 技术前置两台可互换式保护反应器，通过特殊的高压切换阀，可以变换其操作方式，如单独、串联（并联）。Hyval-F 工艺流程见图 11-30。

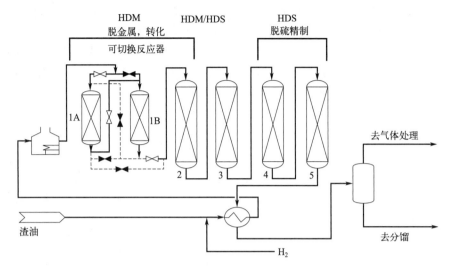

图 11-30　具有互换式保护反应器的 Hyval-F 工艺流程

11.3.3.2　浆态床渣油加氢技术

（1）浆态床渣油加氢流程

悬浮床加氢裂化技术是由 20 世纪 40 年代的煤液化技术演化发展而来。悬浮床加氢裂化是在临氢与分散的催化剂和/或添加剂共存的条件下于高温、高压下发生热裂解与加氢反应的过程。悬浮床反应器所用催化剂或添加剂的粒度较细，呈粉状，悬浮在反应物中，可有效抑制焦炭生成。悬浮床加氢技术对原料的杂质含量基本没有限制，甚至可加工沥青和油砂。

浆态床渣油加氢裂化技术的原料适应性强，适合于高残炭、高硫、高金属、高酸值、高黏度劣质渣油，甚至是煤和渣油混合物的深加工。该技术同时具有转化率高、轻油收率高、柴汽比高、产品质量好、加工费用低等优点，一次转化率可以达到 90% 以上。该技术具有很好的发展前景。

（2）浆态床渣油加氢催化剂

主要成分为钼化合物和炭黑，金属钼具有较高的加氢活性，炭黑具有较强的抑制生焦能力。催化剂用量以钼计为 $10\sim180\mu g/g$，炭黑质量分数为 $0.5\%\sim1.0\%$，反应温度 $470\sim500℃$，氢分压为 $10\sim20MPa$，氢油体积比为 $300\sim1000$，反应时间 $10\sim60min$。Headwaters 公司渣油加氢技术使用油溶性 Mo、Ni、Fe 或 Co 化合物作为催化剂前驱体，如多羰基铁、钼和 2-乙基乙酸钼等，硫化钼含量小于 $150\mu g/g$。借助溶剂将催化剂前驱体溶解后在适当温度加入重油或渣油中或直接溶解于重油或渣油。在加氢裂化条件下，油中溶解的催化剂前驱体形成金属硫化物颗粒，无须预处理即可得到较高的金属硫化物活性。金属硫化物颗粒的外表面和内表面吸附焦炭前驱体，阻止其聚合。

（3）　Uniflex 技术

Uniflex 技术源自加拿大矿物与能源研究中心（Canmet）开发的加氢裂化工艺，是最有效的方法之一。后来改进工艺包，还与阿尔伯塔大学能源研究所进行了合作开发。2006 年霍尼韦尔（UOP）公司以此为基础开发了 Uniflex 技术。Uniflex 技术由 Canmet 工艺反应器部分和 UOP 公司 Unicracking 和 Unionfing 工艺的技术元素组合而成，改进的 Uniflex 工艺流程如图 11-31 所示。从图可知，减压渣油、循环油与催化剂的混合物及氢气分别由加热炉加热后，进入浆态床反应器，浆态床反应产物进入后续的分离、分馏系统，回收的氢气再循环，分馏得到轻质油品；分馏塔底部物料进入减压塔分离，所得的部分重质瓦斯油（HVGO）再循环返回原料系统。

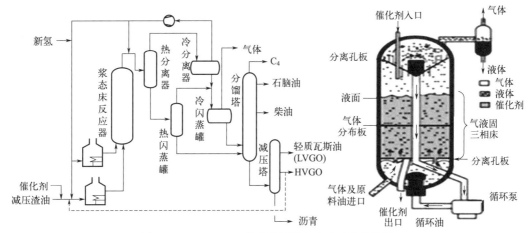

图 11-31　Uniflex 工艺流程图及上流式反应器简图

悬浮床加氢裂化技术具有如下优点：①原料适应性非常强；②空筒反应器，无特殊内构件，结构简单，装置投资低；③渣油转化率高（可在≥90%的转化率下操作），轻油收率高，柴汽比高，化学氢耗较低，加工费用低；④工艺简单，操作灵活，既可在高转化率下操作，也可在低转化率下操作；⑤催化剂简单、廉价，可连续补充和排出；⑥不存在床层堵塞和压降问题，也不存在反应器超温现象。悬浮床加氢裂化技术的缺点是产品质量差，尾油金属含量和残炭值很高，二次加工性能差。

11.4　煤炭直接液化

11.4.1　煤炭加氢液化

煤炭通过加氢转化为液态燃油或化工品的过程称为煤的液化。煤液化涉及一系列复杂的化学反应。煤炭分子结构显示，煤中非共价键力在煤大分子构成中起主要作用，其次是共价键力。煤炭液化反应过程就是煤中非共价键和共价键的断裂，以及芳香环加氢生成小分子的过程。

煤炭液化目的是获得大宗燃料和化学品等液态碳氢化合物，主要包括汽油、柴油、煤油、石脑油和液化石油气（LPG）等碳基能源产品。煤液化是提高煤炭资源利用率、减轻燃煤污染的有效途径之一，属于洁净能源技术。我国由于富煤少油，煤液化产品是最理想的石油替代能源。按照其技术路线的不同，煤炭液化可以分为加氢直接液化和间接液化，这里先讨论煤炭直接液化。

11.4.2　煤的元素含量及化学组分

煤以大分子碳氢有机物为主，同时含有少量无机物。煤中的有机物主要由碳、氢、氧、氮和硫等五种元素组成，其中碳、氢、氧占有机物的 95％以上；此外，还有少量硅、铝、铁、钙、镁、磷和其他元素。煤的结构十分复杂，其有机质大分子是由许多结构相似的单元所组成；单元的核心是缩合程度不同的芳香环、脂肪环和杂环，环间由氧桥或亚甲基桥连接而形成大分子；环上侧链有烷基、羟基、羧基或甲氧基等。煤中无机物主要以蒙脱石、伊利石、高岭石等黏土矿物形式存在，还有黄铁矿、方解石、白云石等杂质，这些无机物统称灰分。煤的化学组分及化学结构已在第四章作过详细介绍，在此从略。

11.4.3　煤炭直接液化简史与工艺

（1）煤炭直接液化技术简史

煤炭直接液化过程演化经历了大约三个阶段。

第一阶段为煤炭液化的发展期，1913 年德国化学家贝吉乌斯（F.Bergius）发明了在高温高压下可将煤加氢液化生产液体燃料专利，为煤液化技术奠定了基础。1927 年，法本（Farben）公司在德国建成第一座煤炭加氢液化工厂。20 世纪 30 至 50 年代，德国富煤缺油，因战争需要大力发展煤液化提供军用燃料。德国燃料公司成功开发了耐硫钨钼加氢催化剂，并优化加氢工艺，使这一技术工业化。此后，德国建了许多加氢液化工厂，生产能力达到 4×10^6 t/a，提供了二战期间德国所需航空用油的 98％。在此期间，英国、法国、前苏联等利用德国技术相继建了 15×10^4 t 的煤加氢液化厂，也建成投产多套直接液化和煤焦油加氢装置。

第二阶段为 20 世纪 50 年代到 70 年代后期，由于中东发现大量油田，致使石油生产迅猛发展，廉价石油开发使煤炭直接液化失去了竞争能力，煤炭液化处于停滞状态。

第三阶段为煤液化新工艺的研究，20 世纪 70 年代，中东战争引发石油危机，导致国际市场石油价格飙升，提醒人们石油并非取之不尽、用之不竭。1973 年后，欧美各国又重新关注煤炭直接液化新技术的开发工作，其中研究工作的重点是降低反应条件的苛刻度，达到降低液化油生产成本的目的。先后开发了溶剂精制煤 SRC-I 和 SRC-I、氢煤法（H-coal process）、德国液化新工艺（NewIG）等。该时期煤液化研究和技术开发方面都做了许多工作，并建立了许多大中型示范液化厂。

从 1982 年至今，世界上出现的具有代表性的煤直接液化工艺是德国的新液化（IGOR）工艺、美国的 HTI 工艺和日本的 NEDOL 工艺。这些新液化工艺的共同特点是煤炭液化的反应条件比先前液化工艺大为缓和，先后完成中间放大试验。中国因富煤缺油，在煤炭直接液化技术研究和开发方面也做了大量工作，通过国际合作，开发出中国煤直接液化工艺，并实现了百万吨级煤直接液化制油工业化示范。

（2）煤炭直接液化工艺过程

首先将煤磨碎成细粉后，与溶剂油调和制成煤浆。溶剂对于加氢液化有很大影响，环己酮、十氢化萘、N-甲基吡咯烷酮/二硫化碳（NMP/CS$_2$）都是优良的溶剂。然后在高温、高压和催化剂存在的条件下，通过加氢裂化使煤中复杂的有机高分子化学结构发生热裂解或加氢裂解，直接转化为低分子的清洁液体燃料（汽油、柴油、煤油等）和其他化学品。这个过程称为加氢液化。加工过程中，也会发生加氢脱硫或加氢脱氮反应，煤直接液化过程原理见图 11-32，工艺流程见图 11-33。

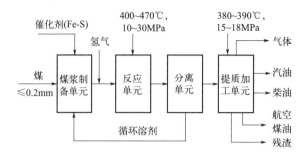

图 11-32　煤加氢直接液化基本过程原理图

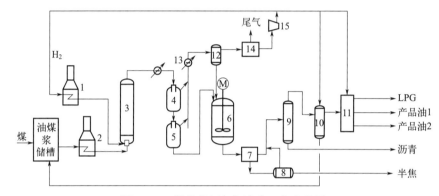

图 11-33　煤炭低压加氢液化工艺流程图

1—氢气加热炉；2—煤浆加热炉；3—液化反应器；4—高压分离器；5—节流降压分离器；6—液化熟浆槽；
7—过滤器；8—干馏和激冷器；9—蒸馏塔；10—加氢稳定反应器；11—加氢改质反应器；12—低压分离器；
13—冷却器；14—PSA 装置；15—氢气压缩机

（3）煤炭直接液化工艺条件

　　煤是由缩合芳香环为结构单元通过桥键连在一起的大分子固体物，而石油是不同大小分子组成的液体混合物；煤以缩合芳香环为主，石油以饱和烃为主；煤的主体是高分子聚合物，而石油的主体是低分子化合物；石油的 H/C 原子比高于煤，原油为 1.76，而煤为 0.3～0.8，煤的氧含量显著高于石油。因此，要把煤转化为油，需要加氢裂解，同时必须除矿物质。

　　要将煤转化为液体产物，首先要将煤的大分子裂解为小分子；要提高 H/C 原子比，降低 O/C 原子比，就必须增加 H 原子或减少 C 原子。总之，煤液化的实质就是在适当的温度、氢压、溶剂和催化剂条件下，提高 H/C 原子比，使固体煤转化为液态油。在反应温度下，煤分子中的一些键能较小的化学键发生热断裂，变成较小分子的自由基。在加氢反应中所使用的循环油中通常含有氧化芳烃，在加压时又有相当量的气相氢溶于循环油中，两者均提供了使自由基稳定的氢源。通过加氢，改变了煤的分子结构和 H/C 原子比，同时脱除杂原子，使煤液化成油。煤的液化不仅可以生产汽油、柴油、液化石油气、喷气燃料，还可以得到轻质芳烃（BTX）等化工产品。随着热解反应温度升高，几类典型反应如下。

　　裂化反应：$R—CH_2—R' \longrightarrow R—R' + —CH_2—$

饱和反应：$-CH_2 + 2H' \longrightarrow CH_4$，$-OH + H' \longrightarrow H_2O$

焦油生成反应：$-R-CH_2 + H' \longrightarrow R-CH_3$

聚合/交联反应：$R-OH + H-R \longrightarrow R-R + H_2O$，$R-H + H-R' \longrightarrow R-R'$（焦炭）$+ H_2$

碳氧化物形成反应：$R-COOH \longrightarrow R-H + CO_2$

其中 R 为苯、萘、菲形成的自由基。

把固体的煤转化成液体的油的煤液化工艺必须具备以下四大功能：①将煤结构中的大分子分解成小分子；②提高煤的 H/C 原子比，使其达到石油的 H/C 原子比水平；③脱除煤中氧、氮、硫等杂原子，使液化油的质量达到石油产品的标准；④脱除煤中的无机矿物质。

加氢液化对原料煤的要求主要有以下几个方面。

① 挥发分大于 35%（无水无灰基），灰分小于 10%（干基），因此，要对煤进行洗选，得到精煤再进行液化。

② 煤的可磨性好。液化前需将煤磨成 200 目左右的煤粉，并干燥至水分小于 2%；配制成水煤浆，故可磨性不好会增加能耗，磨损设备，增加生产成本。

③ 氢含量高。氢含量大于 5%，碳含量为 82%～85%，H/C 原子比越高越好，氧含量则越低越好，这样可减少加氢时的供气量，也可减少废水的产生，提高经济效益。

另外，煤中杂原子要少。硫、氮等杂原子含量应尽可能低，以降低油品加工提质的费用。

为了加快液化反应速率、提高转化率、油收率以及设备的处理能力、降低反应压力、改善油品性质、煤炭液化一般选择加氢裂解催化剂。很多金属化合物对煤加氢液化都有催化作用，常见的可以分为四类。

① 金属卤化物催化剂。较常见的是 $ZnCl_2$，这是因为 $ZnCl_2$ 的活性适于煤液化。$AlCl_3$ 活性太高，产物主要是轻质烃类气体，液体很少。$ZnCl_2$ 的价格较其他卤化物便宜，且易得，还可完全回收。卤化物催化剂的缺点是腐蚀性严重、添加量大。

② 非铁过渡金属催化剂。过渡金属催化剂（如 Co/Ni/Mo 等）因其较高催化剂活性受到研究者的广泛的关注，但是过渡金属催化剂较高的成本限制了其在煤液化工艺中的大规模使用，催化剂的回收再利用是过渡金属催化剂研究的难点。以 SiO_2 和 TiO_2 为载体，通过浸渍法将 Co、Ni 等负载在载体上，负载型催化剂的催化活性较高，液化油收率高达 70%，反应后催化剂可以通过磁力进行回收，且回收再生的催化剂仍具有较高的催化活性。

③ 铁系催化剂。铁系催化剂价格便宜，在液化过程中一般只使用一次，在煤浆中催化剂与煤和溶剂一起进入反应系统，再随反应产物排出，经固液分离后与未转化的煤和矿物质一起以残渣的形式排出装置。常见铁系催化剂是含有硫化铁或氧化铁的矿物或冶金矿渣，如天然黄铁矿主要含 FeS_2，炼铝工业排出的赤泥中主要含有 Fe_2O_3。有工业价值的煤加氢催化剂一般选用铁系催化剂或镍钼钴类催化剂。

④ 酸性催化剂。研究发现，在催化剂制备过程中加入酸性离子能提高催化剂的分散性，高温下抑制催化剂的团聚，而且这种酸性具有明显的加氢脱氮和加氢脱硫性能。酸根离子一方面能改变液化催化剂的表面性质，有效改善催化剂分散度；另一方面能改变催化剂在反应中活性相的转变历程。

煤直接液化工艺具有以下特点：

① 反应条件苛刻，一般要在有溶剂、催化剂和高温高压条件下进行；

② 液化油收率高，可达 63%～68%；

③ 煤耗较高，3～4t 原料生产 1t 液化油；

④ 馏分油以汽油、柴油为主，目标产品的选择性相对较高；

⑤ 煤炭液化对煤种的依赖性大，煤质要求高。

11.4.4 煤炭直接液化反应机理

（1）热裂解反应

直接液化过程中，煤分子结构的分解是通过加热实现的，煤结构单元之间的桥键加热到 300℃以上就有一些弱键开始断裂，随着温度的升高，键能较高的键也会断裂，产生以结构单元为基础的自由基碎片。

溶剂在煤液化反应中起到重要的作用。在生产中通过溶剂与煤粉的混合制成油煤浆，便于液化原料的加压和输送，溶剂在反应过程中还起到传质和传热的作用；在液化反应中溶剂溶解煤热解自由基，使热解自由基分散在溶剂中，从而抑制热解自由基之间的缩聚反应，同时还可以向热解自由基供氢，生成液化产物。

根据不同的热解条件和原料特性，已经提出了众多的煤热解反应机理，这些机理不尽相同，它们之间的区别大体可以归纳为：慢速热解（参看第四章图 4-2）和快速热解（参看第四章图 4-3）区别，不黏煤（硬煤）和黏结煤（软煤）之间的区别。对于慢速热解，热解反应发生在一个较宽的时间范围内，热解反应随温度经历以下几个步骤：首先在 120℃以下，煤干燥脱水、脱附孔道中吸附的气体，温度高于 250℃时，流动相经过一个精馏过程；继续提高温度至 400℃以上，非流动相开始形成焦油和气体，最终芳烃结构通过脱氢缩聚反应形成半焦。

而对于快速热解，煤颗粒在短暂的时间内经历了快速升温，煤中弱键的断裂几乎同时发生。

（2）加氢反应

在高压氢气环境和有溶剂分子存在的条件下，不稳定的自由基，与氢结合生成稳定的低分子产物（液体油、水及少量气体）。此外，煤结构中的某些 C＝C 也可能被氢化。加氢反应关系着煤热解自由基的稳定和油收率的高低。加氢效果不好时，自由基碎片可能会缩合成半焦，油收率降低。煤本身的稠环芳烃结构影响煤加氢的难易程度，稠环芳烃结构越大，分子量越大，越难加氢。

（3）加氢脱杂原子反应

加氢液化过程中，煤结构中的含氧、硫和氮等杂原子的键也发生断裂，分别生成 H_2O、CO、CO_2、H_2S 和 NH_3 而被脱除。煤中杂原子加氢脱除的难易程度与其存在形式有关，一般侧链上的杂原子比芳环上的杂原子易脱除。煤分子中的氧主要以官能团（如—COOH、—OH、—C＝O 和醌基等）、醚键和杂环（如呋喃类）等形式存在。研究表明，脱氧率小于 60% 时，煤炭转化率随脱氧率的增加而线性增加；脱氧率为 60% 时，煤炭转化率为 90%，可见煤中有 40% 左右的氧较稳定而不易脱除。煤中的硫以硫醚、硫醇和噻吩等形式存在，由于硫的电负性较弱，脱硫反应易进行。煤中的氮大多存在于杂环中，少数为氨基，脱氮相对比较困难，一般脱氮需要剧烈的反应条件和催化剂存在才能进行，而且是先被氢化后再进行脱氮，耗氢量大。

加氢脱硫脱氮的反应方程式如下：

$$RSH + H_2 \longrightarrow RH + H_2S$$

$$5H_2 + \text{(pyridine)} \longrightarrow C_5H_{12} + NH_3$$

（反应结构式：噻吩加氢脱硫生成烃类）

（4）缩合反应

加氢液化中，当温度过高或氢供应不足时，煤的自由基碎片或反应物分子及产物分子会发生缩合反应，生成半焦和焦炭。缩合反应会导致煤的液化产率降低，应设法抑制其发生。

11.4.5 煤炭直接液化典型工艺

20 世纪 80 年代后，各国相继开发出一批新工艺，如德国在线油品精制工艺（IGOR，Integrated Gross Oil Refine）、日本 NEDOL 工艺和美国碳氢技术公司（HTI）两段催化液化工艺等。中国煤炭科学研究总院从 20 世纪 70 年代末开始开展煤炭直接液化技术研究。2008 年，神华集团煤炭直接液化百万吨级示范工程开始投煤试车，并成功生产出合格的石脑油和柴油等最终产品。国内外最具代表性的工艺为德国 IGOR 工艺。

该工艺的流程图如图 11-34 所示。煤与循环溶剂及可弃性铁系催化剂（赤泥）配成煤浆，与氢气混合后预热，预热后的混合物进入液化反应器。液化操作温度为 470℃，压力为 30.0MPa，空速为 0.5t/(m³·h)。产物进入高温分离器，分离器底部液化粗油进入减压蒸馏塔，塔底产物为液化残渣，顶部闪蒸油与高温分离器的顶部产物进入第一固定床加氢反应器，反应温度为 350～420℃，液体空速为 0.5t/(m³·h)。第一固定床反应器的产物进入中温分离器。中温分离器底部重油为循环溶剂，用于煤浆制备。中温分离器顶部产物进入第二固定床反应器，反应温度、压力、液体空速均同第一固定床反应器。两个反应器内均装有负载 Mo-Ni 催化剂。第二固定床反应器产物进入低温分离器，分离器出口富氢气经水洗、油洗后循环使用。低温分离器底部产物进入常压蒸馏塔，在塔中分馏为汽油和柴油馏分。

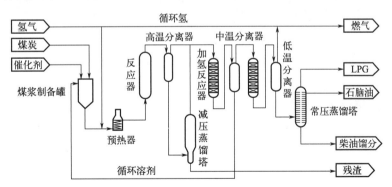

图 11-34　德国煤炭加氢液化 IGOR 工艺流程

该工艺的主要特点是：①反应条件较苛刻，温度为 470℃，压力为 30MPa；②催化剂使用炼铝工业的废渣（赤泥）；③液化反应和液化油加氢精制在一个高压系统内进行，可一次得到杂原子含量极低的液化精制油，该液化油经过蒸馏就可以得到十六烷值大于 45％的柴油，汽油馏分再经重整即可得到高辛烷值汽油；④循环溶剂是加氢油，其供氢性能好，液化转化率高。

神华公司高压加氢液化工艺于2008年投料试车，该装置将经过洗煤的精煤送入磨煤机，制成水分小于3％、粒度200目的干煤粉，然后将煤粉、催化剂与溶剂油混合制成质量分数约45％的油煤浆，油煤浆被加压至20MPa并加热后，与氢气混合打入液化反应器，反应器为强制外循环反应器，操作压力17MPa，反应温度430～455℃。反应产物经多级降温减压分离后，气体送氢回收处理再利用；液固反应物常减压蒸馏，出口液相经加热送入稳定器加氢（15MPa，350℃），得到加氢溶剂，经分馏得到高沸点的溶剂油返回制油煤浆，其他液体送加氢改质工序生产汽、柴油和LNG液体产品。该工艺流程图见图11-35，其特点如下。

① 采用两个强制循环的悬浮床反应器，反应温度为455℃、压力为19MPa。由于强制循环悬浮床反应器内为全返混流，温度分布均匀，温度控制容易，不需要急冷氢控温，反应器内气体滞留系数低，液速高，没有矿物质沉积，产品性质稳定。

② 采用超细水合氧化铁（FeOOH）基催化剂，催化剂用量为0.5％。

③ 煤浆制备全部采用经过加氢的循环溶剂。由于循环溶剂采用预加氢，溶剂性质稳定、成浆性好，可以制备成含固体浓度为45％～50％、煤浆黏度低且流动性好的高浓度煤浆；循环溶剂预加氢后，供氢性能好，能阻止煤热分解过程中自由基碎片的缩合，防止结焦，延长了加热炉的操作周期，提高了热利用率。

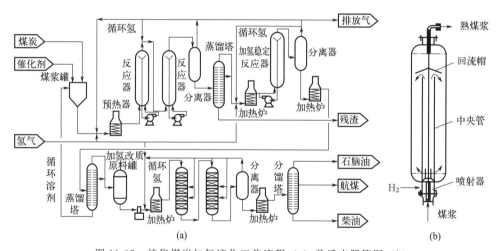

图11-35　神华煤炭加氢液化工艺流程（a）及反应器简图（b）

11.4.6　煤炭直接液化产物分布

煤直接液化是在有溶剂液相条件以及氢气存在下，通过催化剂作用将煤炭有机大分子的结构裂解，转化为汽油、柴油、煤油、燃料油、液化石油气和其他石油化学品等液体产品的工艺过程。

以新疆淖毛湖煤为例，采用四氢萘为溶剂，Fe_2O_3为催化剂，硫黄为助催化剂。在380～440℃，氢初压7.5MPa、反应时间为1h的条件下，转化率、油产率、气产率随反应温度的升高增幅显著，420℃时煤的转化率已达94％，油产率68％，呈现出良好的液化性能，沥青质产率在400℃达到最大值12.3％，随着温度升高至420℃，沥青质产率下降到3.6％，温度进一步升至440℃时，沥青质产率进一步下降到1.1％。不同条件下加氢液化反应后产物分为油（O）、气（G）、沥青质（PAA）三部分，其中，沥青质是液化中间产物沥青烯和前沥青烯的总称。

11.5 费-托合成

11.5.1 费-托合成简介

费-托合成是指将合成气经过催化剂作用，将一氧化碳加氢转化为液体燃料的过程，这是一个典型的氢能与碳基能源相互转化的过程。1923 年，德国化学家费歇尔（F. Fishcher）和托罗普施（H. Tropsch）等首次报道了用 CO 和 H_2 在铁的催化下合成了含氧碳氢化合物，进一步发现长链烃类是 CO 在 Fe/ZnO 和 Co/Cr_2O_3 催化剂上加氢的主要产物，这类反应被称为费-托合成（Fischer-Tropsch synthesis，F-T synthesis）。这项技术为煤化工生产油品提供新的途径。

F-T 合成是典型的碳基能源型工艺，在我国"三北"富煤地区有好的发展机遇。F-T 合成及相关反应 ΔG 随温度变化的热力学关系见图 11-36。

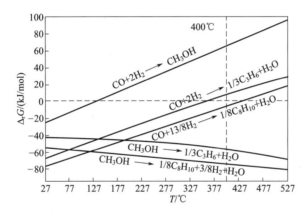

图 11-36　F-T 合成及相关反应吉布斯自由能（ΔG）随温度的变化关系

目前，国外典型的工业化煤间接液化技术有南非萨索尔（Sasol）的费-托合成技术、荷兰壳牌（Shell）公司的 SMDS 技术和埃克森美孚公司的 MTG 合成技术等。

F-T 合成所包括的反应式如下。

① 烃类（烷烃和烯烃）的合成

$$m\mathrm{CO}+(2m+1)\mathrm{H}_2 \longrightarrow C_m H_{2m+2}+m\mathrm{H}_2\mathrm{O}$$
$$m\mathrm{CO}+2m\mathrm{H}_2 \longrightarrow C_m H_{2m}+m\mathrm{H}_2\mathrm{O}$$
$$2m\mathrm{CO}+(m+1)\mathrm{H}_2 \longrightarrow C_m H_{2m+2}+m\mathrm{CO}_2$$

② 含氧化合物（甲醇及高级醇类）的合成

$$\mathrm{CO}+2\mathrm{H}_2 \longrightarrow \mathrm{CH}_3\mathrm{OH}$$
$$n\mathrm{CO}+2n\mathrm{H}_2 \longrightarrow C_n H_{2n+1}\mathrm{OH}+(n-1)\mathrm{H}_2\mathrm{O}$$

F-T 合成总反应式：$n\mathrm{CO}+2n\mathrm{H}_2 \longrightarrow \leftbrace\mathrm{CH}_2\rightbrace_n+n\mathrm{H}_2\mathrm{O}$

11.5.2　费-托合成动力学及 ASF 规则

F-T 合成反应复杂，产物种类多，F-T 合成主要受热力学和动力学的控制，热力学限制合成产物的平衡组成。在正常条件下，F-T 合成反应平衡的到达是非常慢的，所以选择性和活性主要取决于催化剂的性质和反应条件，利用催化剂促进目的反应的进行以提高过程的选择性。对 FT 合成反应来说，决定选择性的一个重要概念是产物的碳数分布。如果 F-T 合成反应可以认为是从单碳物种开始，它的产物分子量大小将随其他单个碳物种单元的重复加大而逐步增大，那么产物的碳数分布通常可借助键增长概率 α 和与其竞争的链终止概率（$1-\alpha$）来描述，即所谓的 Anderson-Schultz-Flory（ASF）分布：

$$W_n = n\alpha^{n-1}(1-\alpha)^2$$

$$\ln\left(\frac{W_n}{n}\right)n\ln\alpha + 2\ln\left(\frac{1-\alpha}{\sqrt{\alpha}}\right)$$

式中，α 为碳链增长因子；n 为烃类产物所含碳原子数；W_n 为碳数为 n 的烃类产物的质量分数。F-T 合成的 Anderson-Schultz-Flory 碳数分布见图 11-37。

一旦参数 α 被确定，整个产物分布也随之确定。如果将重量浓度对聚合度 $D[D=1/(1-p)]$ 作图，则链增长机理对选择性的影响就变得十分明显。$C_5 \sim C_{11}$ 烃（汽油馏分）的选择性不可能高于 50%，对于 $C_{12} \sim C_{20}$ 烃（柴油馏分）也是如此。只有甲烷和甲醇的选择性可达 100%。这给高选择性合成液体燃料带来非常严重的限制。

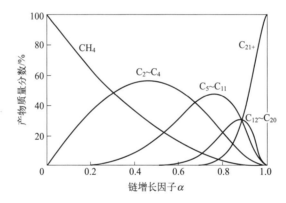

图 11-37　F-T 合成产物的 ASF 碳数分布

对于 CO 加氢反应的反应动力学，尽管研究者做了大量研究，但详细的动力学关系还需进一步探索。对于固定床反应器中的 Fe 基催化剂，常用的反应动力学方程为：

$$r = \frac{mp_{H_2} \times p_{CO}}{p_{CO} + \alpha \times p_{H_2O}}$$

该方程适用的压力范围为 $0.8 \sim 8.0$MPa，从方程推断，H_2 分压升高有利于反应速率增加，H_2O 的生成对反应不利。研究表明，尽管存在热力学和 ASF 产物分布的限制，但 CO 加氢反应的选择性主要由动力学控制，催化剂的性能将明显改变最终的产物分布。此外，反应器类型（如固定床反应器、流化床反应器、浆态床反应器等）和操作条件（如反应温度、压力和空速等）对反应结果也会产生影响。

11.5.3 费-托合成催化剂

F-T合成催化剂的活性组分主要是第ⅧB族的Fe、Co、Ni、Ru等金属，出于成本以及产物选择性的考虑，实际上只有Fe系和Co系具有实际应用的价值。与Co系催化剂相比，铁基催化剂用于F-T合成具有的优点是：①由于催化剂具有较高的水煤气变换反应活性，适合用于H_2/CO比低的（$0.5\sim0.7$）煤基合成气；②催化活性高、价格低廉；③适用于很宽的温度范围；④产物烯烃组分含量高。但是，Fe催化剂也有其本身的缺点，如铁催化剂在使用过程中容易粉化、堵塞反应器，产生大的压降，并导致催化剂回收困难。下面主要介绍Fe系和Co系F-T合成催化剂。

（1）Fe系催化剂

工业上用于F-T合成的铁基催化剂主要有负载铁、熔铁和沉淀铁基催化剂。沉淀铁催化剂具有高比表面积、高孔容，活性较高，可用于低温（$220\sim240℃$）固定床反应器和浆态床反应器，主要产品是石蜡。熔铁催化剂用于高温（$300\sim350℃$）流化床反应器，主要产品是汽油和烯烃。负载铁催化剂虽然具有更强的加氢能力，机械强度高，但是甲烷选择性偏高，寿命较短。

① 负载铁催化剂。负载铁催化剂的载体主要有分子筛、氧化铝和碳纳米管等。负载铁催化剂可以有效延缓催化剂的失活，增强催化剂的耐磨性，提高催化剂的稳定性，并有可能通过金属载体相互作用调节催化剂性能。

② 沉淀铁催化剂。沉淀铁催化剂主要有Fe-Cu系及Fe-Mn系两大类，其主组分均为α-Fe_2O_3。Fe-Cu系催化剂添加的助剂有K_2O、CuO和SiO_2、Al_2O_3，主要产物为重质烃，经再加工生产柴油、汽油、煤油及硬蜡等。南非Sasol最早工业化的用于低温固定床F-T合成名为ARGE的催化剂就是一例Fe-Cu-K-SiO_2催化剂。

③ 熔铁催化剂。熔铁催化剂是先将磁铁矿与助剂融化，然后经还原而成，金属氧化物以固溶体形式存在。常用的助剂有稀土氧化物（La，Ce）、Cr_2O_3、MgO及K_2O等。特点是活性较小，机械强度高，主要用于流化床反应器。

图11-38给出了不同碳化温度下CO转化率随反应时间变化的趋势，可见随着碳化温度升高，反应诱导期逐渐缩短，即催化剂在反应之前的碳化程度加深。多种热力学和动力学因素会导致F-T合成过程中C化学势（μ_c）的变化，继而引起碳化铁物种的变化。较低的碳化温度或较高的μ_c，有利于活性相χ-Fe_5C_2的生成，而χ-Fe_5C_2在较高温度下不稳定，且在F-T合成过程中极有可能被氧化，这也解释了当碳化温度升高至300℃时催化活性的明显降低。相比之下θ-Fe_3C则由于催化剂表面含碳量高表现出较低的活性和选择性。

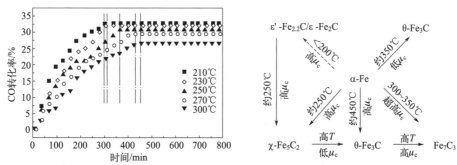

图11-38 不同碳化温度F-T合成活性及活性相α铁的物相演变规律

（2）Co系催化剂

金属Co加氢活性与Fe相似，但与Fe基催化剂相比，Co基催化剂对水煤气变换反应不敏感，因而反应速率不受水分压的影响，生成CO_2的选择性低。Co基催化剂反应过程中稳定且不易积炭和中毒，具有较高的F-T链增长能力，产物中含氧化合物极少，因而产物中烃类化合物相对较多，产物烃类中又以重质烃为主。Co因产量有限，价格较高，所以具有工业应用价值的钴基催化剂多为负载型催化剂。

（3）载体

F-T合成中应用最为广泛的载体多为金属氧化物，包括Al_2O_3、SiO_2、TiO_2等熔点高、热稳定性好氧化物。在高温煅烧时易产生较强相互作用，使活性金属难被还原，但还原后金属碳键强度减弱，抑制了CH_4生成。

11.5.4 费-托催化反应机理

费-托反应体系的产物分布、表面组成等十分复杂，经过多年的深入研究，仍未能统一。目前其反应机理主要有以下几种。

（1）表面碳化机理

表面碳化机理是最早提出的费-托合成反应机理。Fishcher和Tropsch基于Fe、Ni等金属在一定条件下与CO反应时，首先发生碳化生成碳化物，再生成烃类的现象，提出当H_2和CO同时与活性金属相接触时，CO首先在催化剂表面解离形成金属碳化物（图11-39），进而促成了亚甲基（—CH_2—）中间体生成，并逐步插入实现碳链增长，生成烷烃、烯烃等产物。

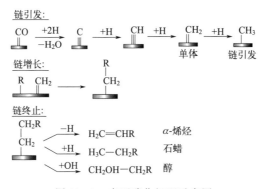

图11-39 表面碳化机理示意图

在表面碳化机理的基础上，又有人提出了亚甲基机理，认为在催化剂的活性位上，CO分子发生解离吸附，单晶表面吸附的CO直接解离形成C和O基团，O与表面的H迅速结合形成H_2O脱除，C则与表面的H结合生成—CH_2—单体，继续加氢反应生成烃类化合物。

（2）烯醇机理

烯醇机理在羰基插入机理上发展而来，认为CO在催化剂表面并非直接解离吸附，而是在H的辅助下，经由HCOH中间体实现活化步骤。HCOH作为单体反复插入，逐步脱水、加H实现链增长，生成烃类和含氧化合物，过程如图11-40所示。其他产物和合成步骤为：

酸经歧化生成羧酸，羧酸与醇类反应生成酮，α-烯烃二次加氢生成 n-烷烃。但该机理也同样缺少直接的实验证据。

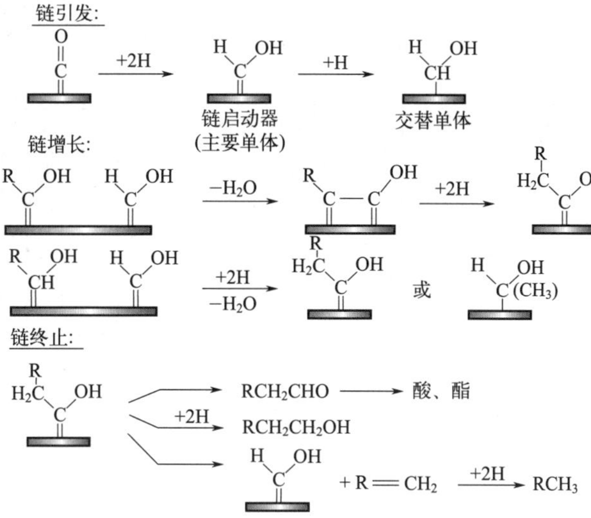

图 11-40　F-T 合成的烯醇机理

11.5.5　费-托合成工艺及技术

（1）F-T 合成技术

F-T 合成技术包括高温 F-T 合成和低温 F-T 合成两种工艺。高温 F-T 技术除可生产汽油、柴油外，还可生产数量可观的乙烯、丙烯等轻质烯烃，是以天然气为原料生产烯烃的技术路线之一。高温 F-T 合成技术又可分为疏相（移动）流化床和密相流化床技术。疏相（移动）流化床技术的优点是合成的初级产物烯烃产量高、在线装卸催化剂容易、装置运转时间长、装置本身热效率高、压降低、投资低、反应器径向温差低。其缺点是操作复杂、检查维修成本高、装置放大困难、合成气硫含量要求低。密相流化床技术又叫改进型 Synthol工艺。改进型工艺产品构成可根据局部市场的需要通过改变催化剂和调整装置而变化。低温F-T 合成技术主要采用管式固定床 Arge 反应器和浆态床反应器。浆态床反应器结构比管式固定床反应器更简单，反应物混合好，可等温操作，单位反应器体积的产率高，可在线装卸催化剂，放大更容易。

（2）浆态床费-托合成工艺流程

浆态床费-托合成工艺是 Sasol 公司基于低温费-托合成反应而开发的浆态床合成中间馏分油工艺，其工艺流程如图 11-41 所示。SSPD 反应器为三相鼓泡浆态床反应器，在 240℃下操作，反应器内液体石蜡与催化剂颗粒混合成浆体，并维持一定液位。合成气预热后从底部经气体分布器进入浆态床反应器，在熔融石蜡和催化剂颗粒组成的浆液中鼓泡，在气泡上升过程中，合成气在催化剂作用下不断发生费-托合成反应，生成石蜡等烃类化合物。反应产生的热量由内置式冷却盘管移出，产生一定压力的蒸汽。石蜡采用 Sasol 公司开发的内置式分离器专利技术进行分离。从反应器上部出来的气体经冷却后回收烃和水。获得的烃化物流送往下游的产品改质装置，水则送往反应水回收装置进行处理。浆态床反应器结构简单，传热效率高，可在等温下操作，易于控制操作参数，可直接使用现代大型气化炉产生的低 H_2/CO 值（0.6～0.7）的合成气，且对液态产物的选择性高，但传质阻力较大。

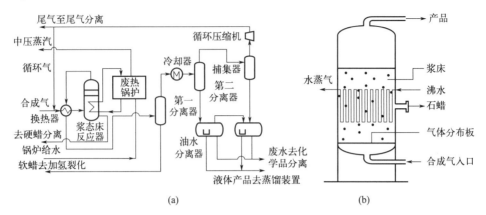

图 11-41　Sasol 浆态床费-托合成工艺流程（a）及浆态床反应器（b）

（3）高温费-托合成工艺

目前兖矿能源公司在国内开发掌握高温固定流化床费-托合成技术，已建设并成功运行了 10 万 t/a 高温费-托合成工业示范装置，利用煤气化产生并经净化的合成气和氢气作为原料气，在 330～360℃温度下，在固定流化床反应器中与催化剂作用，发生费-托合成反应，生成一系列的烃类和含氧化合物，并副产 4.0MPa 高品位蒸汽。

兖矿能源公司的高温费-托合成工艺开发了一种新型的固定流化床费-托合成反应器。该反应器内构件包括气体分布装置、换热装置以及旋风分离器。反应器底部设置气体分布装置，包括管式气体分布器和板式气体分布器，有效地解决了分布器堵塞、气体均布及床层流化均匀等问题，避免了反应器底部催化剂的堆积和内部热点的产生；床层密相区设置换热装置，独特的多程换热组件，优异的换热性能解决了换热面积、管内两相流速与压力、温度及换热管所占通道对工艺的约束，实现了反应器温度的有效控制和反应热的高效回收。

该反应器的操作条件：固体颗粒粒度为 1～200μm；催化剂质量分数为 10%～50%；气体线速为 0.2～0.8m/s；温度 270～380℃；压力 1.5～5.0MPa。目前，该反应器已在 10×10^4 t/a 高温费-托合成工业示范装置上成功应用（反应器直径 3m），反应器内反应效果好、反应器生产强度和处理能力高，其中 CO 的转化率高达 99.6%。

11.5.6　费-托合成的产物质量选择性分布

费-托合成的产物分布中，产物碳数分布主要集中在 $C_1 \sim C_{21}$，烃选择性为 99.5%，C_{22+} 高碳烃选择性<1%；产物中 $C_2 \sim C_4$ 烯烃选择性达到 20%～25%；总烯烃选择性达到 53%～60%；C_4 以上 α-烯烃选择性约 28%～30%，其中 1-戊烯选择性为 3.9%，1-己烯选择性为 4.6%，1-辛烯选择性为 2.9%，1-癸烯选择性为 2.5%，这些 α-烯烃都具有较高的进一步加工价值；气相烃类产物中正构烷烃含量为 35%～38%，$C_2 \sim C_4$ 烯烃占 46%～50%；含氧有机化合物含量一般在 7%～10%，而含氧有机化合物中醇占 60%～70%、醛占 8%～15%，酮占 10%～20%，酸占 5%～8%，酯<0.5%。

【例题 11-1】 讨论工业浆态床反应器 F-T 合成过程，在 F-T 合成中，合成气（CO＋H_2）转化生成碳氢化合物，请讨论说明工业浆态床反应器进行 F-T 石蜡产品的操作过程。

解： 图 11-41（b）为 Sasol 浆态床反应器，合成石蜡产品反应计量通式为：

$$25CO + 51H_2 \longrightarrow C_{25}H_{62} + 25H_2O$$

反应器直径为 5m，高为 22m，在温度为 240℃、压力为 20atm 条件下操作，合成气以鼓泡形式通过重油床层，而重油本身也是费-托合成反应的一种产物。按照催化剂担载量为 $100kg/m^3$ 的规则（即溶液的密度），催化剂的含量为 1%～20% 之内，内部热交换器中通入冷却水进行冷却，维持反应器为 240℃。

合成气以 $150000m^3/h$ 的流量进料，气相组成为 1% 的 CO_2、12% 的 CH_4、29% 的 CO 和 58% 的 H_2。新鲜气体与循环气体混合，混合气体在 120℃ 时进入反应器。液相蜡产品以 4.5m/h 的流速流出，产品是分子式为 C_nH_{2n} 的碳氢化合物的混合物，n 值在 20～50 之间变化。出口尾气包括 38% 甲烷、37% 氢气、14% CO_2 和 11% C_2～C_5 的轻烃化合物。Sasol 反应器是由 3 个或 4 个浆态床反应器串联后得到的，每个反应器中的液相被认为全混流，而气相被认为是以活塞流向上流动。

11.6 CO/CO_2 加氢制甲烷

11.6.1 甲烷化反应简介

甲烷是天然气的最主要成分，因其氢碳比例高、发热量大、燃烧温度高、燃烧排放 CO_2 少、环境污染小，广泛应用于工业和民用燃料或化工原料。甲烷可以从甲烷气田、煤层气、海底可燃冰中开采得到，而我国能源资源呈现"富煤贫油少气"特点，开发各类煤气甲烷化工艺技术，对充分利用煤炭资源、提升我国天然气供给具有重要意义。同时，鉴于节能减排的全球战略需求，加强研发 CO_2 加氢制甲烷也具有十分诱人的前景。

最初，人们关注甲烷化是因为在合成氨过程中，为了消除原料氢气中 CO 使合成氨铁催化剂中毒的影响，对微量 CO 气体进行加氢生成甲烷。20 世纪 60 年代以后，人们逐渐认识到通过各类煤气加氢生产甲烷在碳基能源中的意义。

甲烷化技术的推广应用，是利用煤、焦炉气或副产 CO 以及工业大量排放的 CO_2 进行催化加氢制备甲烷，为工业及民用提供清洁、廉价绿色能源，相关反应方程式见式（11-9）～式（11-11）。

$$CO + 3H_2 \longrightarrow CH_4 + H_2O \qquad \Delta H_{298K} = -206.3kJ/mol \qquad (11\text{-}9)$$

$$CO_2 + 4H_2 \longrightarrow CH_4 + 2H_2O \qquad \Delta H_{298K} = -165kJ/mol \qquad (11\text{-}10)$$

$$CO + H_2O \longrightarrow CO_2 + H_2 \qquad \Delta H_{298K} = -41.16kJ/mol \qquad (11\text{-}11)$$

上述反应化学式中，反应式（11-9）代表的是 CO 的甲烷化反应，反应式（11-10）则是 CO_2 的甲烷化反应，反应式（11-11）指代的是水煤气变换反应。甲烷反应过程是多个反应同时存在的复杂体系，还有可能伴随着许多副反应的发生，反应式见式（11-12）～式（11-14）。

$$2CO \longrightarrow C + CO_2 \qquad \Delta H_{298K} = -172.4 \text{kJ/mol} \qquad (11\text{-}12)$$

$$CO + 2H_2 \longrightarrow C + H_2O \qquad \Delta H_{298K} = -131.3 \text{kJ/mol} \qquad (11\text{-}13)$$

$$CH_4 \longrightarrow 2H_2 + C \qquad \Delta H_{298K} = +74.8 \text{kJ/mol} \qquad (11\text{-}14)$$

反应式（11-12）是 CO 的歧化反应，反应式（11-13）则是 CO 的还原反应，反应式（11-14）是 CH_4 的分解反应。反应温度较低时，主要是 CO 歧化反应；反应温度较高时，会发生 CH_4 的分解析碳。碳的形成和沉积会堵塞催化剂床层，加速催化剂的失活。

11.6.2 甲烷化反应特点及影响因素

从表 11-12 可以看出，甲烷化反应有如下特点：

① 平衡常数很大，在使用催化剂的活性温度范围内，可以认为平衡不是限制因素；

② 强放热反应，理论计算表明，每转化 1% CO 可使气体温升 71℃，每转化 1% CO_2 可使气体温升 61℃；

③ 甲烷化反应是 F-T 法合成烃类的一个特殊案例。

在甲烷化技术工程化时会遇到如下难题：

① 强放热反应，可引起催化剂床层剧烈升温，可使催化剂烧结；

② 气体中氢碳比如果偏小，增加了析碳的可能；

③ 气体中毒物可使催化剂中毒而失活。

表 11-12　CO/CO_2 甲烷化反应及相关反应热力学参数

反应	反应方程式	$\ln K$	ΔG /(kJ/mol)	ΔS /[J/(mol·K)]	ΔH /(kJ/mol)
CO_2 甲烷化	$CO_2(g) + 4H_2(g) \Longrightarrow CH_4(g) + 2H_2O(g)$	24.87	−141.93	−241.50	−164.75
CO_2 还原	$CO_2(g) + 2H_2(g) \Longrightarrow C + 2H_2O(g)$	11.00	−62.80	−91.72	−90.15
CO_2 制 CH_3OH	$CO_2(g) + 3H_2(g) \Longrightarrow CH_3OH(g) + H_2O(g)$	−0.61	3.48	−177.11	−49.32
逆水煤气变换	$CO_2(g) + H_2(g) \Longrightarrow CO(g) + H_2O(g)$	−5.01	28.60	42.05	41.14
CH_4 干重整	$CO_2(g) + CH_4(g) \Longrightarrow 2CO(g) + 2H_2(g)$	−29.88	170.54	256.54	247.02
CO 甲烷化	$CO(g) + 3H_2(g) \Longrightarrow CH_4(g) + H_2O(g)$	19.86	−133.33	−172.45	206.00
CO 制 CH_3OH	$CO(g) + 2H_2(g) \Longrightarrow CH_3OH(g)$	4.40	−25.12	−219.15	−90.46
CO 还原	$CO(g) + H_2(g) \Longrightarrow C + H_2O(g)$	16.02	−91.40	−133.77	−131.29

11.6.3 甲烷化催化剂

甲烷化催化剂的性能决定着甲烷化的反应速率和 CO/CO_2 的选择性强弱，而且对甲烷化技术配套反应器及上下游工艺流程均有影响。为满足工业需要和能耗要求，开发具有高活性、高热稳定性、耐硫、抗积炭性能好、抗毒性好、制备简单且价格低廉的甲烷化催化剂，是现阶段甲烷化技术研究的重点之一。

甲烷化所用催化剂主要为氧化物负载型催化剂，一般将其分为贵金属催化剂和过渡金属催化剂，主要有 Ru、Rh、Fe、Co、Ni、Mo。其中 Ru 表现出长时间的稳定性和较高的反应活性，但由于价格昂贵工业应用较少。Ni 基催化剂在工业上有大规模应用，另外还有一些关于双金属催化剂和合金催化剂的报道。载体通常起着担载和分散活性组分的作用，它可增大比表面积，提高耐热性和机械强度，有时还能担当共催化剂和助催化剂的角色。常用的载体材料有二氧化硅（SiO_2）、氧化铝（Al_2O_3）、SiC 等及复合氧化物载体。

11.6.4　CO 甲烷化

（1）CO 甲烷化反应机理

探索 CO 甲烷化反应机理对于多相催化和低碳化学的研究具有意义。近年来国内外学者对 CO 甲烷化反应机理进行了大量研究，取得了许多进展。

表面碳机理，一般认为 CO 甲烷化反应分为 CO 的吸附与脱附、CO 和 H_2 反应两步进行。根据杂化轨道理论，CO 中孤对电子容易与活性金属中的空轨道结合，形成强吸附态的 CO*。CO* 容易在活性金属表面发生歧化反应，生成吸附态的表面 C* 物种和表面 H 物种，表面 C* 与金属表面活化的 H 经过多步结合生成 CH_4。

表面碳机理认为，CO 在活性金属表面的解离速率是影响反应速率的关键，对于解离方式则存在直接解离和氢助解离 2 种分歧。大量的研究发现，CO 的解离方式会随催化剂的不同而变化，CO 在 Ni 基催化剂上的甲烷化反应速率控制步骤为 C—O 键的断裂。大量研究结果表明温度是影响甲烷化反应途径的主要因素，并且在低温（低于 250℃）情况下，活性金属表面的甲烷化过程以 CO 解离途径为主。在 CO 甲烷化的反应过程中，除以上机理外还有一些其他甲烷化反应机理。

（2）CO 甲烷化催化剂

① 活性组分。在 CO 甲烷化反应中，以 Ru 为活性组分制备的催化剂常常表现出较好的稳定性和反应活性，但价格昂贵。Fe 基催化剂容易制备，价格便宜，但甲烷选择性差、容易积炭、副产物多、易生成液态烃和其他含氧化合物。Co 基催化剂虽然具有良好的催化活性，但甲烷化选择性较差，主要产物为重质烃。各种金属组分的甲烷化催化剂按活性大小顺序排列为：Ru＞Rh＞Ni＞Co＞Pt＞Fe＞Mo＞Pd＞Ag。Ni 基催化剂活性较高，选择性好，最具工业应用前景。

② 载体。以 Ni 基催化剂作为活性组分，常用的载体有 Al_2O_3、ZrO_2 等。Al_2O_3 通常是指 γ-Al_2O_3 或 η-Al_2O_3 等活性氧化铝，γ-Al_2O_3 表面上两类离子 Al^{3+} 和 O^{2-}，能与 NiO 中的 Ni^{2+} 相互作用，形成较强的表面离子键，从而使 NiO 在 γ-Al_2O_3 表面上分散更有利，还原后生成的 Ni 晶粒也会很细；另外，Al_2O_3 可以稳定 Ni 晶粒，阻止 Ni 晶粒聚集长大，从而提高催化剂的活性和选择性，并能使活性组分分散性增加，提高催化剂的热稳定性。

③ 影响催化剂稳定性的因素。在 CO 甲烷化反应中，积炭是导致甲烷化催化剂失活的主要因素。积炭会阻塞催化剂孔道，覆盖催化剂表面活性位点，从而使催化剂的活性大大降低。催化剂的组成、结构、性质对其抗积炭的性能有非常重要的影响。不同的金属催化剂对应的积炭速率不同：Ni＞Pd＞Rh＞Ru≈Pt≈Rr。镍基催化剂存在积炭的缺点，甲烷化反应中 CO 的歧化和 CH_4 的分解反应均会造成催化剂积炭。

11.6.5 CO_2 甲烷化

（1）CO_2 甲烷化反应机理

CO_2 甲烷化在热力学上是有利的。然而，动力学限制通常是必须克服的困难，这需要了解 CO_2 甲烷化过程中涉及的基本反应机理。目前 CO_2 甲烷化的反应机理主要有以下 2 种。①CO_2 首先被解离成反应中间体 CO_{ads}，然后 CO_{ads} 被直接解离或 H 辅助 CO_{ads} 解离生成 CH_4；②逆水煤气变换反应（RWGS）途径。CO_2 首先与载体表面羟基反应生成碳酸氢盐，然后在金属粒子附近（很可能在金属/载体界面上）形成甲酸盐，进而与吸附的 H 快速反应生成吸附 CO，其中只有一部分 CO 吸附 H 反应，最终生成 CH_4；另一部分非活性 CO 物种，主要以双羰基形式存在，吸附在低配位活性金属上。尽管 CO_2 甲烷化反应比较简单，但其反应机理仍未十分确定，有待进一步研究。

（2）CO_2 甲烷化反应催化剂

① 活性组分。在 CO_2 甲烷化反应过程中，Ru 基催化剂表面可储存大量的 CO_{ads}，进而具有较高的甲烷产率和稳定性。Rh 也是常用于 CO_2 甲烷化反应的贵金属。Fe 基催化剂具有较高的水热稳定性和 CH_4 选择性。Co 作为 CO_2 甲烷化反应的活性金属，在 CO_2 甲烷化反应中也表现出较好的活性。与上述 Ru、Rh、Co 和 Fe 基催化剂相比，Ni 基催化剂的 CO_2 甲烷化反应活性低于 Ru 和 Fe 催化剂，但是高于 Co 和 Rh 基催化剂（Ru＞Fe＞Ni＞Co＞Rh），但是其 CH_4 选择性最高（Ni＞Rh＞Co＞Fe＞Ru）（表 11-13）。

表 11-13　不同活性金属在 CO_2 甲烷化反应中的优缺点

活性金属	优点	缺点
Ru	CO_2 转化率高、高金属分散性、高稳定性	价格高、CH_4 选择性低
Rh	CH_4 选择性高	CO_2 转化率低、价格高
Ni	价格低、CH_4 选择性高	高温下易烧结，易硫中毒
Rh	CO_2 转化率高、价格低	反应过程中活性相易发生变化，稳定性差
Co	CH_4 选择性高	与 Fe 和 Ni 相比价格昂贵，高温稳定性差

除此之外，双金属催化剂的反应性能通常优于相应的单金属催化剂。Ni-Fe 基催化剂因能形成提高反应性能的合金相（Ni_3Fe），活性优于仅以 Ni 为活性中心的催化剂。Ni-Co/Al_2O_3 催化剂因添加 Co 物种能显著提高催化剂的化学吸附 H_2 量、CO_2 转化率和 CH_4 的选择性。

② 载体。以 Ni 基催化剂作为活性组分，γ-Al_2O_3 用作 CO_2 甲烷化反应的载体可以增强 Ni 的分散性，但 Ni/Al_2O_3 上碱性位点的数量和强度是影响其活性的主要因素，Ni/Al_2O_3 上的碱性位点强度较弱，可能是导致 CH_4 选择性较低的原因。此外，Ni/Al_2O_3 还有一个典型的特征，即易形成较难还原的 $NiAl_2O_4$ 尖晶石相，导致 Ni 的还原度降低，一般向 Ni/Al_2O_3 中添加助剂予以改善。

相对于其他载体，ZrO_2 的比表面积不大，但其在氧化还原气氛下可以保持稳定，且同时拥有酸碱位点，对反应的适应性很强。在 Co 负载量相同的情况下，Co/ZrO_2 上的积炭率明显比 Co/Al_2O_3 低，这可能是由于 ZrO_2 上产生了更多的氧空位，增强了 CO_2、H_2 的活化和 CO 中间物种的吸附，进而抑制了碳的形成，由此提高了 Co/ZrO_2 的 CO_2 甲烷化性能。

③ 影响催化剂稳定性的因素。虽然 Ni 基催化剂在 CO 甲烷化反应中通常由于积炭较为严重而导致失活，但在 CO_2 甲烷化反应中导致失活的主要原因并不是催化剂积炭，而是归因于以下两个因素：

a. 催化剂中毒。反应原料气中的硫杂质是导致 Ni 基甲烷化催化剂快速且不可逆失活的一个主要原因。硫中毒主要是几何效应（阻断反应活性位），而不是电子效应。不同的含硫物种（例如 COS，H_2S 等）能稳定吸附在 Ni 和氧化铝载体上。研究发现，含 CeO_2 的 Ni/Al_2O_3 催化剂具有较好的抗 H_2S 中毒能力，这主要是通过形成 Ce_2O_2S 晶相以限制硫化镍的形成。

b. 金属粒子烧结。制备 CO_2 甲烷化 Ni 基催化剂时，选用缓慢热解、CO_2 活化后得到的活化生物炭作为载体。他们的实验结果表明，生物炭本身并没有参与甲烷化反应，但是由于 Ni 粒子烧结导致了催化剂失活。通过对载体的修饰，例如添加 CeO_2、掺氮等，以形成新的晶相（例如形成 Ce_2O_2S 晶相以限制 NiS 形成）或增强金属-载体间相互作用是提高 CO_2 甲烷化催化剂抗硫中毒性、抗烧结能力的有效方法。

11.6.6 国外甲烷化技术路线

戴维 CRG 甲烷化技术是英国天然气公司 20 世纪后期开发的甲烷化工艺，工艺流程见图 11-42，该工艺分为两段转化，分别是大量转化和补充转化，并且各段都设有两个反应器。前两个反应器为串并联高温反应器，新鲜气一部分与循环气混合进入第一甲烷化反应器，一部分直接进入第二甲烷化反应器。第二甲烷化反应器出口的气体一部分作为循环气体进入第一个反应器，进行换热处理。在 150℃下经循环压缩机加压后与新鲜气进行混合反应，并且需要对温度进行合理把控，通过甲烷化反应将反应热给消耗掉。第三、第四甲烷化反应器为串联低温反应器，主要进行补充甲烷化反应。采用戴维甲烷化工艺生产得到的合成天然气体积分数高，可直接输送至天然气管道。目前，戴维甲烷化工艺在国内多个煤制天然气项目中得到很好的应用。

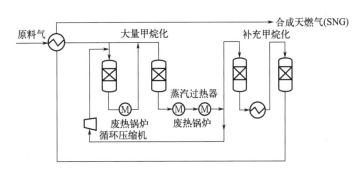

图 11-42　戴维甲烷化工艺流程

11.6.7 国内甲烷化技术路线

（1）CO 甲烷化

中国大唐集团科研总院研发的甲烷化反应器装置主要是由 4 个甲烷化反应器通过相互串并联方式进行连接，前两个反应器属于高温反应器。第二个反应器出口的气体作为循环气，目的是对第一个反应器出口的气体温度进行合理有效地控制，通过向第三、第四个反应器中通入原料气进行调节以满足客户对产品气质量的要求，经过这一改进使得循环气量下降，整个装置的能量消耗也减少，详细流程见图11-43。因为副产蒸汽压力和温度存在很大的差异性，在这样的情况，使得第一、第二反应器出口需要通过串联方式设置废热锅炉来完成热量的回收处理。

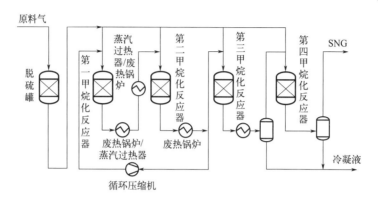

图 11-43　中国大唐集团科研总院甲烷化工艺流程

（2）CO₂ 甲烷化

云南电科院与东南大学合作共同开发，提出将冗余水电就地大规模转化为可储存、运输的天然气的技术路线，即采用大规模电解水的方式产生洁净的氢源，结合附近工业炉产生的 CO_2，采用甲烷化反应工艺路线，将氢气转化为天然气。合成过程中，H_2、N_2、CO_2 三路气体经过流量计通入流化床底部风箱中，再经过布风板进入床内发生化学反应，反应后气体进入换热器，充分冷却后进入气液分离装罐中，气液分离后气体经过背压阀，主气路与催化燃烧装置连接，旁路与色谱连接分析产物。在操作压力为 0.3MPa、温度为 320℃、进气量 H_2/CO_2 为 4∶1 条件下，CH_4 的选择性＞99.9％，CO_2 转化率＞92％。此外，本工艺中使用工业炉 CO_2 作为碳源，甲烷化过程中利用 CO_2 也有助于碳排放，实现了 CO_2 的再利用，对我国降低碳排放具有重要意义。

11.7 CO/CO₂ 加氢合成甲醇

11.7.1　甲醇的重要性

甲醇是理想的化学储氢分子，其储氢密度高，理论质量储氢密度高达 12.5％，能量密度是锂离子电池的 10 倍以上。1t 甲醇经水汽重整可释放 187.5kg 的氢气，储氢密度高于液态氢，也比其他化学储氢载体的储氢量高。同时，甲醇可在常温常压下存储，且没有刺激性气味；水溶性甲醇在环境中可生物降解。更重要的是，使用现有液体能源基础设施，可以很容易地以液体形式运输和配送甲醇。

1994 年，诺贝尔化学奖获得者乔治·安德鲁·欧拉（George A. Olah）提出了"甲醇经济"的概念，他认为通过二氧化碳加氢生产甲醇，甲醇发挥能源或化工原料的作用，产生的二氧化碳又进入下一轮循环，2018 年，我国科学家提出液态阳光的理念，其字面意思是把阳光（太阳能）变为液体燃料，即利用太阳能等可再生能源转化水和二氧化碳制取液体燃料，甲醇是液态阳光首选目标产物。其核心内容是通过 CO_2 加氢合成甲醇及其衍生品，作为氢能的载体进行利用，甲醇与甲烷、氨等氢气载体相比，具有价格、储存、运输、分布式应用种种优势，有较少的安全风险，也有明显优势。

11.7.2　合成气制甲醇工艺

（1）合成气制甲醇工艺流程

传统工业上合成气的原料主要是煤、天然气、渣油和石油焦等。合成气制备完成后，一般不能直接满足后续工艺的需要，还需要通过水煤气变换反应，让水蒸气与 CO 发生反应，以调节合成气中 H_2 与 CO 的比例，进而作为后续生产过程的原料。甲醇合成时 H_2 与 CO 的理论化学计量比为 2∶1，反应中一般控制 H_2 过量，一方面可以抑制高级醇和高级烃的生成，另一方面还可以利用氢的高导热性防止局部过热。

目前，合成气制甲醇是生产甲醇最主要的方法。甲醇合成反应是体积减小的反应，当反应压力变大时，利于正向反应，同时还能提高反应速率，但是反应压力越高，对反应器的要求越高，也增加成本。其主要反应方程式如下：

$$CO + 2H_2 \longrightarrow CH_3OH \qquad \Delta H_{298K} = -25.34 \text{kJ/mol}$$
$$CO_2 + 3H_2 \longrightarrow CH_3OH + H_2O \qquad \Delta H_{298K} = -49.47 \text{kJ/mol}$$
$$CO + H_2O \longrightarrow CO_2 + H_2 \qquad \Delta H_{298K} = -41.19 \text{kJ/mol}$$

根据反应压力区别，合成气制甲醇工艺可分为高压法、中压法和低压法。1966 年英国帝国化学工业（ICI）公司和鲁奇（Lurgi）公司先后提出了 Cu 催化剂的低压甲醇合成工艺，反应压力为 5～10MPa。他们发现 Zn 能分散 Cu 金属颗粒，提高催化剂催化性能，并降低甲醇反应条件，他们对高压铜系催化剂进一步改进，开发了基于 Cu、ZnO 和 Cr_2O_3 或 Al_2O_3 的三元铜系催化剂，并发展了低压甲醇合成工艺，为工业甲醇技术带来巨大突破。相比高压合成工艺，循环回路中的压缩和热交换负荷显著降低，大大降低了工业成本，较低的反应温度也抑制了低碳烃偶联，从而提高了甲醇选择性，一直沿用至今。随着甲醇合成工业规模的大型化，在该工艺基础上又研发出了中压合成工艺，反应压力为 9～20MPa。20 世纪 70 年代以后，甲醇合成装置几乎都采用中压和低压合成工艺。

尽管工业合成气制甲醇技术已有百年历史，但是合成工艺没有根本改变，只是在开发催化剂方面做了大量工作，尽可能降低合成压力，节约能耗，降低生产成本，现代合成甲醇工艺，以 Lurqi 公司的低压合成工艺最具代表性（图 11-44）。

（2）甲醇合成反应机理

对于合成甲醇反应机理，众多学者提出了以 CO_2 为直接碳源的反应机理，他们认为甲醇合成时同时会发生水煤气变换反应，而 CO 的主要作用可能是与吸附的由于水分子解离产生的氧反应生成 CO_2，合成甲醇的体系反应机理如下：

$$H_2 + 2*(Cu) \longrightarrow 2H*(Cu)$$
$$CO_2 + *(Cu) \longrightarrow CO_2*(Cu)$$

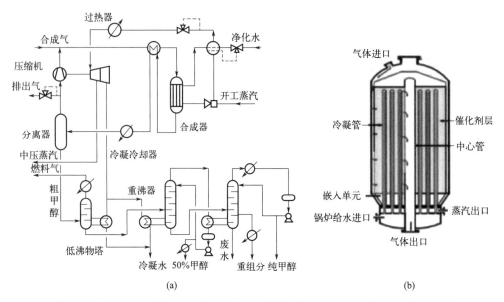

图 11-44　CO 加氢低压合成甲醇 Lurqi 工艺流程图（a）及合成塔结构简图（b）

$$CO_2*(Cu)+H*(Cu)\longrightarrow HCOO*(Cu)$$
$$2H*(Cu)+HCOO*(Cu)\longrightarrow CH_3O*(Cu)+O*(Cu)+*(Cu)$$
$$H*(Cu)+CH_3O*(Cu)\longrightarrow CH_3OH*(Cu)+*(Cu)$$
$$H_2O+*(Cu)\longrightarrow H_2+O*(Cu)$$
$$CO+O*(Cu)\longrightarrow CO_2+*(Cu)$$

提出的反应机理很好地解释了在 $CO+H_2$ 中适当添加 CO_2 就可以提高反应速度的结论，依据该机理也得出甲醇产率随着 CO_2 含量的增大而增大，但事实却不尽其然，微观反应机理十分复杂，研究结果又证明，当 CO_2 含量过高时，甲醇产率会下降，因为 CO_2 不仅仅是反应物，同样作为反应过程中的稀释剂以及助剂，CO_2 会与解吸后的氢反应生成甲酸盐，这增加了 CO 加氢反应途径，同时促进了甲醇的合成反应。

（3）催化剂体系

Cu/ZnO 催化剂是目前工业常用合成气制甲醇催化剂。早期研究认为活性金属 Cu 与 ZnO 之间的接合界面处存在较强的电子协同作用。研究认为在 CO/H_2 甲醇合成条件下，Cu/ZnO 催化剂中金属 Cu 位点的电荷转移到周围部分还原的 ZnO_x 上形成了 $Cu^{\delta+}/Zn_{1-x}$ 活性位点，因此可还原的 ZnO_x 相作为 $Cu^{\delta+}$ 相的稳定相，有助于 CO 的吸附和随后的加氢反应的进行。

制备高性能 Cu/ZnO 催化剂需要满足三个特性：①具有高的 Cu 有效比表面积，有助于反应过程中 Cu 活性位点的暴露；②铜物种存在晶格缺陷，以形成较多的活性位点；③活性金属 Cu 与 ZnO 间存在较强的协同作用，以促进 CO 和 H_2 的吸附活化。

引入载体 Al_2O_3 可以抑制 Cu 颗粒的烧结团聚，同时 Al_2O_3 载体可以通过电子效应来增强催化剂的本征活性。添加助剂会影响催化剂对反应物分子的吸附作用。通过对比不同助剂 SiO_2、TiO_2、SiO_2-TiO_2 对 CuO-ZnO-Al_2O_3 催化剂吸附性能的影响。发现助剂 SiO_2、TiO_2 同时兼具结构效应和电子效应，既能提高 CuO、ZnO 的分散度，也能增强铜锌间的协同作用，而且部分还原态 Ti^{3+} 还能够促进催化剂中 Cu^{2+} 还原为 Cu^+、Cu^0。

11.7.3 CO_2 加氢制甲醇绿色工艺

（1） CO_2 加氢制甲醇热力学

近年来，国内外学者先后提出了甲醇经济以及太阳燃料甲醇的概念，利用弃电可以把水和 CO_2 转为甲醇，这样不仅可以减少 CO_2 排放，还可以利用某些场合弃风弃电浪费掉的可再生能源。CO_2 加氢制甲醇是其中的关键技术，其主要的副反应为逆水煤气变换反应（RWGS）。从热力学角度分析，甲醇合成是放热反应，分子数减少；副反应逆水煤气变换反应为吸热反应，分子数不变。因此温度降低，提高反应物的分压，有利于主反应正向进行。CO_2 是一种热力学稳定的化合物，因此提高温度有利于 CO_2 的活化，提高反应的转化率。此外，CO_2 甲烷化反应也是副反应之一。CO_2 甲烷化反应是必须抑制的副反应，因该反应放热剧烈，造成能量浪费。而且甲烷在系统中为惰性组分，在循环工艺中，甲烷不断循环会造成累积，不得已地弛放使得氢和二氧化碳原料利用率大大降低。因此在 CO_2 加氢制甲醇中必须降低甲烷选择性。

研究者认为 CO_2 加氢合成甲醇反应过程中出现多个基元反应，生成不同的中间体，经过大量的实验研究和结果分析，推测 CO_2 加氢合成甲醇的反应机理如图 11-45 所示。

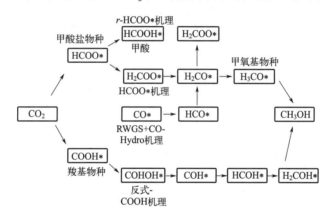

图 11-45　CO_2 加氢合成甲醇反应机理示意图

（2） CO_2 加氢催化剂

虽然工业上合成气制甲醇过程中使用的 $Cu/ZnO/Al_2O_3$ 催化剂也可以催化 CO_2 加氢到甲醇，但是该催化剂在应用于 CO_2 加氢时，更易于生成 CO。不同于 CO 加氢，CO_2 加氢到甲醇过程中会产生大量水，水会加速催化剂的烧结与失活。近年来，CO_2 加氢制甲醇催化剂得到了广泛关注。报道的代表性催化剂有 $ZnO\text{-}ZrO_2$、$GaZrO_x$、$CdZrO_x$、In_2O_3 等。

① Cu 催化剂。Cu 基催化剂的研究主要集中在催化结构-活性关系建立、反应机理研究等方面。此外，许多工作还探索了反应器的设计和优化，以缓解 H_2O 引起的催化剂烧结，从而提高甲醇的选择性，降低能耗。目前，针对 Cu/ZnO 催化剂的活性位点有两种观点：Cu 与 ZnO 在界面的协同作用，促进了 CO_2 的加氢反应，其协同作用应发生在 Cu 与 ZnO 的界面，或 ZnO 覆盖在 Cu 表面，X 射线光电子能谱（XPS）和俄歇电子能谱（AES）进一步确认了 ZnO 的存在；另一种观点认为 Cu-Zn 表面合金位点是活性中心，这种合金位点的

形成将促进 ZnO 部分还原为 $Zn^{\delta+}$，或构成了 Zn 原子对 Cu 表面的修饰。

通常添加助催化剂，如 K、Ba 等碱土金属，La、Ce 等稀土金属，TiO_2、ZrO_2 等过渡金属氧化物，以及 SiO_2 等。载体则通常选用金属氧化物如 Al_2O_3、ZrO_2、CeO_2 等，也包括诸如 SBA-15、MCF、KIT-6 的介孔 SiO_2 分子筛、碳纳米管（CNTs）。

② ZnO-ZrO_2 体系催化剂。ZnO-ZrO_2 固溶体催化剂也是用于催化 CO_2 加氢制甲醇的优秀催化体系，研究结果表明，单独的 ZrO_2 和 ZnO 催化 CO_2 加氢制甲醇的活性均很低，而 ZnO-ZrO_2 催化剂却表现出较高的催化活性。当 Zn 质量分数为 13% 时，催化剂的活性最高，在 5.0MPa、24000mL/（g·h）、H_2/CO_2＝3～4、315～320℃ 的反应条件下，该催化剂可以实现单程超过 10% 的 CO_2 转化率和约 90% 的甲醇选择性。同时，该催化剂有非常高的热稳定性以及抗 SO_2 和 H_2S 毒化的能力。

③ In_2O_3 催化剂。近年来，In_2O_3 基催化剂也逐步引起人们的重视。利用 In_2O_3 基催化剂，二氧化碳加氢高选择性制备甲醇，选择性最高达到了 99.8%，但二氧化碳转化率只有 5.2%。此外在反应气体中引入少量 CO 可以帮助催化剂表面形成更多氧空位缺陷，从而提高催化剂的活性。在随后的工作中，对 CO_2 在 In_2O_3 上加氢到甲醇的动力学和机理进行了研究并发现，包含氧空位缺陷的 In_2O_3 结构是 CO_2 加氢的活性位点。不同催化剂性能见表 11-14。

表 11-14　不同类型催化剂在 CO_2 加氢中的催化性能

催化剂	CO_2/H_2	空速 /h^{-1}	流量 /[mol/(g·h)]	温度 /K	压力 /MPa	CO_2 转化率/%	甲醇时空收率 /[mol/(kg·h)]	甲醇选择性/%
ZnO-ZrO_2	1∶3	—	0.93	573	2.0	3.4	7.75	87
	1∶3	—	0.93	593	5.0	10	Ca.23.04	Ca.86
Pd/Ga_2O_3	1∶3		1.24	523	5.0	19.6	Ca.20.28	51.5
CdZrO$_x$	1∶3	24000	—	573	2.0	5.4	—	80
GaZrO$_x$	1∶3	24000	—	573	2.0	2.4	—	75
In_2O_3/ZrO_2	1∶4	16000	1.1	573	5.0	5.2	9.22	99.8

11.7.4　展望

甲醇具有广泛的应用前景，除了可以直接作为燃料外，更重要的是它是一种重要的储氢载体，且储运、使用都极为安全、方便，CO_2/CO 加氢制备甲醇是氢能转化为另一种化学能的新工艺。有人曾经质疑，认为 CO_2 与 3mol H_2 反应产生 1mol 水，等于白白地浪费了 1mol 的氢气。他们提议将 CO_2 在高温条件下与生物炭反应生成绿色 CO 气体，然后用绿色的 CO 气体与电解水制取绿氢生产绿色甲醇。这个观点忽略了"碳（C）"的来源问题，也点明了液态太阳燃料的关键——如何利用绿色路线制氢，即如何制备廉价、高效、清洁氢气。

利用可再生能源还原 CO_2 制甲醇实现对 CO_2 的循环利用。国际上，冰岛碳循环国际公司（CRI）开发二氧化碳加氢制甲醇（ETL）技术，完成了由地热能驱动的二氧化碳加氢制甲醇。该公司从热电厂排放气体中捕集二氧化碳，由地热能产生的电力电解水得到氢气，在此基础上合成甲醇。

2018 年，中国科学院大连化物所在西北建成首个液态阳光甲醇合成工业示范项目，该项目利用大规模太阳能发电，进而电解水产氢，用可再生能源产生的氢气与二氧化碳反应生成甲醇，从而把可再生能源的能量存储在液体燃料甲醇中，是真正意义上的液态阳光，即直接利用太阳能实现液体燃料合成。该项目主要由三个单元构成，即光伏发电、电催化水分解制氢、二氧化碳加氢制甲醇。采用新型锌锆氧化物固溶体催化剂进行二氧化碳加氢制甲醇，甲醇时空收率达到 194kg/（m^3 · h）、选择性达到 98.5%，甲醇在有机相中含量达到 99.7%，表现出优异的催化活性、选择性和稳定性。这一技术不同于传统煤、天然气所制得的甲醇，真正实现了零碳排放，也开启了绿色化工新纪元。但是，液态阳光甲醇工程要实现大规模工业化还将面临许多工程技术问题及经济成本的挑战。

思考题

11-1. 对于煤造气反应、一氧化碳变换反应、甲烷氧化反应、甲醇合成反应，讨论氢能与碳基能源相互转化的过程，哪些是产氢反应，哪些是用氢反应？他们各自的热力学特点是什么？

11-2. 将本章内容与第四章内容比较，可以发现，很多地方涉及相同领域的加氢与制氢，在此，讨论一下制氢与加氢形成的氢循环，同时，也就讨论了碳循环。

11-3. 原油加氢裂解的目的是什么？原料氢从何而来，得到的产物是什么？

11-4. 汽油、柴油加氢脱硫的目的各是什么？两者有何不同？从原料组分、催化剂、产物以及各自的难度方面进行讨论？

11-5. 渣油加氢提质的目的是什么？它涉及哪几个重要过程，为什么说它的难度要远远大于汽柴油加氢脱硫？

11-6. 从渣油加氢这一小节，图 11-13 以及表 11-4 中的含硫化合物 4,6-DMDBT 为什么特别难以加氢脱硫？从分子结构的角度予以说明。

11-7. 以上三个加氢过程中，为什么又可以选用同一种 $Co-Mo/Al_2O_3$ 催化剂？仅从脱硫的角度出发，哪一个反应体系脱硫的难度大一些？

11-8. 煤炭热裂解的产物是什么？对于我国的能源供应有何意义？

11-9. 煤炭直接加氢裂解的产物是什么？与热裂解有何不同？两者的工艺条件哪个好一些？

11-10. 常用的甲烷化催化剂活性组分有哪些？影响催化剂稳定性的因素有哪些？

11-11. 从 $CO+H_2$ 出发，可以得到哪些主要产物？各自在碳基能源中有何作用？

11-12. F-T 合成中，主要产物是什么？这个工艺的主要缺点是什么？

11-13. 对于甲烷化反应而言，温度过高过低有什么影响？

11-14. 在多相催化反应中，固定床反应器与流化床反应器的特点分别是什么？有何异同？

11-15. 要想实现 CO_2 加氢制备甲烷工艺的工业化，需要从哪些方面考虑？

11-16. 有人说甲醇是氢能源的完美载能体，请分别从合成，储运、使用以及安全的角度，说明甲醇作为氢载体的优势。

11-17. 合成气制甲醇反应的特点是什么？反应中可能有哪些副反应发生？

11-18. 液态阳光甲醇技术提出对人类经济社会发展的意义有哪些？它与传统的合成甲醇最大的区别在哪里？

11-19. 请简要阐述 CO_2 加氢制甲醇的 $ZnO-ZrO_2$ 固溶体催化剂的催化机理。

11-20. 费-托合成是以合成气为原料在催化剂和适当条件下合成烯烃（$C_2 \sim C_4$）以及烷烃（CH_4、$C_5 \sim C_{11}$、$C_{12} \sim C_{18}$ 等，用 $C_n H_{2n+2}$ 表示）的工艺过程。回答下列问题：

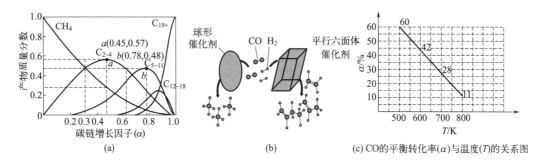

(a)　　　　　　　　　　(b)　　　　(c) CO 的平衡转化率（α）与温度（T）的关系图

思考题 11-20 附图

（1）费-托合成产物碳原子分布遵循 ASF 分布规律。碳链增长因子（α）是描述产物分布的重要参数，不同数值对应不同的产物分布。ASF 分布规律如思考题 11-20 附图（a），若要控制 $C_2 \sim C_4$ 的质量分数 0.48~0.57，则需控制碳链增长因子（α）的范围是_____。

（2）近期，中国科学院上海高等研究院在费-托合成烃的催化剂上取得重大进展。同种催化剂形状不一样，得到产物不同。如思考题 11-20 附图（b）所示，Co_2C 作催化剂，选择球形催化剂时所得的主要产物为_____。（写名称）

（3）中国科学院大连化物所研究团队直接利用 CO_2 与 H_2 合成甲醇。一定条件下，向 2L 恒容密闭容器中充入 1mol CO_2 和 2mol H_2 发生反应 $CO_2(g)+3H_2(g) \rightleftharpoons CH_3OH(g)+H_2O(g) \Delta_r H_m = -131.0kJ/mol$。$CO_2$ 的平衡转化率（α）与温度（T）的关系如思考题 11-20 附图（c）所示。

已知：$H_2(g)+O_2(g)=H_2O(l)$　　$\Delta_r H_m = -285.8kJ/mol$

① $CH_3OH(g)$ 的燃烧热 $\Delta_c H_m =$ _____。

② 500K 时，在另一个 2L 密闭容器进行 $CO_2(g)+3H_2(g) \rightleftharpoons CH_3OH(g)+H_2O(g)$。某时刻测得各物质的量浓度分别为 $c(CO_2)=0.4mol/L$、$c(H_2)=0.2mol/L$、$c(CH_3OH)=0.6mol/L$、$c(H_2O)=0.6mol/L$，此时反应_____（填"是"或"否"）达到平衡，理由（用具体数据说明）是_____。

11-21. 燃煤烟气中的 SO_2 是主要的大气污染物之一。氢气可用于还原二氧化硫，其主要反应为：$2H_2(g)+SO_2(g)=S_x(g)+2H_2O(g)$。

（1）用氢气进行脱硫的优点是_____。

（2）如思考题 11-21 附图（a）表示 Co/Al_2O_3 催化下，相同时间内、不同温度下的 SO_2 的转化率。由图可知该反应为放热反应，解释图中温度小于 350℃时，转化率随温度升高而增大的原因是_____。

（3）以 Co/Al_2O_3 作催化剂时氢气脱硫的过程由两步反应组成，过程如思考题 11-21 附图（b）所示。

① 结合思考题 11-21 附图（b）中的信息，写出第一步反应的化学方程式：_____。

② 已知在反应过程中，过量的 H_2 可发生副反应：$H_2(g)+S_x(g)\rightleftharpoons H_2S(g)$，思考题 11-21 附图（c）中的两条曲线分别代表 SO_2 的转化率或 S_x 的选择性随 H_2/SO_2 体积比的变化（S_x 的选择性：SO_2 的还原产物中 S_x 所占的百分比），可推断曲线_____（填"L_1"或"L_2"）代表 S_x 的选择性，理由是_____。

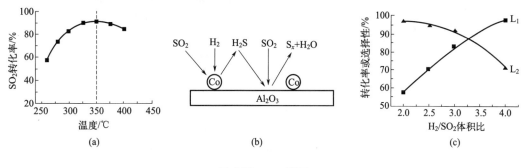

思考题 11-21 附图

参考文献

[1] Liu L，Guo R，Sun J，et al. The research development of diesel hydrodesulfurization catalysts[J]. Chemical Industry and Engineering Progress，2016，35(11)：3503-3510.

[2] Lauritsen J V，Bollinger M V，Lægsgaard E，et al. Atomic-scale insight into structure and morphology changes of MoS_2 nanoclusters in hydrotreating catalysts[J]. Journal of Catalysis，2004，221(2)：510-522.

[3] Lauritsen J V，Kibsgaard J，Olesen G H，et al. Location and coordination of promoter atoms in Co-and Ni-promoted MoS_2-based hydrotreating catalysts[J]. Journal of Catalysis，2007，249(2)：220-233.

[4] Daage M，Chianelli R R. Structure-function relations in molybdenum sulfide catalysts：the "Rim-Edge" model[J]. Journal of Catalysis，1994，149：414-427.

[5] Vrinat M L. The kinetics of the hydrodesulfurization process-a review[J]. Applied Catalysis，1983，6(2)：137-158.

[6] 闫天兰，闫玥儿，张亚红，等. 二硫化钼加氢脱硫催化剂研究进展[J]. 复旦学报，2022，61(6)：16.

[7] Wu G L，Yin Y C，Chen W B，et al. Catalytic kinetics for ultra-deep hydrodesulfurization of diesel[J]. Chemical Engineering Science，2020，214：115446.

[8] Stratiev D，Petkov K. Residue upgrading：Challenges and perspectives[J]. Hydrocarbon Processing，2009，88(9)：93-96.

[9] Bellussi G，Rispoli G，Landoni A，et al. Hydroconversion of heavy residues in slurry reactors：Developments and perspectives[J]. Journal of Catalysis，2013，308(4)：189-200.

[10] 马晓，赵加民，袁迎，等. 渣油加氢过程中硫转化规律研究进展[J]. 石油学报，2022，38(4)：970-979.

[11] 刘勇军，付庆涛，刘晨光. 渣油加氢脱金属反应机理的研究进展[J]. 化工进展，2009，28(9)：1546-1552.

[12] Rana M S，Ancheyta J，Rayo P，et al. Heavy oil hydroprocessing over supported NiMo sulfided catalyst：an inhibition effect by added H_2S[J]. Fuel，2007，86(9)：1263-1269.

[13] Purcell J M，Merdrignac I，Rodgers R P，et al. Stepwise structural characterization of asphaltenes during deep hydroconversion processes determined by atmospheric pressure photoionization（APPI）fourier transformation cyclotron resonance（FT-ICR）mass spectrometry[J]. Energy & Fuels，2010，24（4）：2257-2265.

[14] Liu L，Song C X，Tian S B，et al. Structural characterization of sulfur-containing aromatic compounds in heavy oils by FT-ICR mass spectrometry with a narrow isolation window[J]. Fuel，2019，240：40-48.

[15] Zhao J M，Dai L S，Wang W，et al. Unraveling the molecular-level structures anddistribution of refractory sulfur compounds during residue hydrotreating process[J]. Fuel Processing Technology，2021，224：107025.

[16] 隋宝宽，刘文洁，王刚，等. Ni 和 Co 物种对渣油加氢脱金属催化剂性能的影响[J]. 石油化工，2022，51(10)：1161-1166.

[17] 刘生玉. 中国典型动力煤及含氧模型化合物热解过程的化学基础研究[D]. 太原：太原理工大学，2004.

[18] Mochida I，Okuma O，Yoon S H. Chemicals from direct coal liquefaction[J]. Chemical Reviews，2014，114(3)：1637-1672.

[19] Whitehurst D D，Th S B. Coal liquefaction fundamentals[M]. Washington D. C.：American Chemistry Society，1980.

[20] Schulz H. Short history and present trends of Fischer-Tropsch synthesis[J]. Applied Catalysis A：General，1999，186(1-2)：3-12.

[21] Gaube J，Klein H F. Studies on the reaction mechanism of the Fischer-Tropsch synthesis on iron and cobalt[J]. Journal of Molecular Catalysis A：Chemical，2008，283(1-2)：60-68.

[22] Gao J J，Wang Y L，Ping Y，et al. A thermodynamic analysis of methanation reactions of carbon oxides for the production of synthetic natural gas[J]. RSC Advances，2012，2(6)：2358-2368.

[23] Olah G A. Beyondoil and gas：the methanol economy[J]. Angewandte Chemie International Edition，2005，44(18)：2636-2639.

[24] 王集杰，韩哲，陈思宇，等. 太阳燃料甲醇合成[J]. 化工进展，2022，41(3)：1309-1317.

[25] Shih C F，Zhang T，Li J，et al. Powering the future with liquid sunshine[J]. Joule，2018，2(10)：1925-1949.

[26] Zhong J W，Yang X F，Wu Z L，et al. State of the art and perspectives in heterogeneous catalysis of CO_2 hydrogenation to methanol[J]. Chemical Society Reviews，2020，49(5)：1385-1413.

[27] Al-Qadri A A，Nasser G A，Adamu H，et al. CO_2 utilization in syngas conversion to dimethyl ether and aromatics：Roles and challenges of zeolites-based catalysts[J]. Journal of Energy Chemistry，2023，79：418-449.

[28] Chang C D，Lang W H，Silvestri A J. Synthesis gas conversion to aromatic hydrocarbons[J]. Journal of Catalysis，1979，56(2)：268-273.